Der Grand Canyon ist eine der großartigsten Landschaften der Erde. Touristen betrachten das Weltwunder meist nur an einigen Aussichtspunkten von oben, doch das ganze Naturschauspiel erschließt sich erst dem, der die knapp 400 Kilometer des Canyons per Boot und zu Fuß selbst durchmißt. Deshalb bricht eine Gruppe von Wissenschaftlern der unterschiedlichsten Disziplinen zu einer zweiwöchigen Bootsfahrt durch diese Wildnis auf, und William H. Calvin wird mit seinem Tagebuch zum Chronisten einer abenteuerlichen Reise auf einem Fluß, der stellenweise tatsächlich bergauf fließt. Wildwasser und Stromschnellen, bizzare Felsformationen, extreme Flora und Fauna, zauberhafte Grotten und gigantische Wasserfälle, Ruinen untergegangener Indianerkulturen – all das löst bei den Wissenschaftlern Diskussionen darüber aus, wie diese wunderbare Natur der Erde einst entstanden ist. Kommentiert und erläutert von den jeweiligen Experten zieht die ganze Evolution an uns vorüber, vom Urknall bis zum Großhirn des Homo sapiens. Mit diesem Buch begründet William H. Calvin seinen Ruf, literarisches Erzählen und gekonnte Wissensvermittlung zu einer einzigartigen Synthese verschmelzen zu lassen. So schwärmte beispielsweise die ›Süddeutsche Zeitung‹: »Ein herrlich mitreißendes Buch über die natürliche Entstehung des Denkens – die 700 Seiten vergehen so schnell wie die Fahrt auf dem Colorado für die Teilnehmer.«

*William H. Calvin*, geboren 1939 in Kansas City, ist theoretischer Neurophysiologe. Nach dem Studium der Physik und später der Biophysik promovierte er 1966 an der Universität von Washington, wo er heute als Ordentlicher Professor für Psychiatrie und Verhaltensforschung forscht und lehrt. Zahlreiche wissenschaftliche und populärwissenschaftliche Veröffentlichungen, auf deutsch zuletzt ›Wie der Schamane den Mond stahl‹ (1996).

William H. Calvin

# Der Strom, der bergauf fließt

## Eine Reise durch die Evolution

Mit Karten und Abbildungen

Aus dem Amerikanischen von
Friedrich Griese

Deutscher Taschenbuch Verlag

Von William H. Calvin
ist im Deutschen Taschenbuch Verlag erschienen:
Die Symphonie des Denkens (30467)

Ungekürzte Ausgabe
Januar 1997
Deutscher Taschenbuch Verlag GmbH & Co. KG, München
© 1986 William H. Calvin
Titel der amerikanischen Originalausgabe:
The River that Flows Uphill
Macmillan Publishing Company, New York
ISBN 0-02-520920-5
© der deutschsprachigen Ausgabe:
1994 Carl Hanser Verlag, München
ISBN 3-446-17280-7
Umschlaggestaltung: Costanza Puglisi
Umschlagfoto: John Blaustein (© FOCUS)
Satz: Gerber Satz, München
Druck und Bindung: C. H. Beck'sche Buchdruckerei, Nördlingen
Printed in Germany · ISBN 3-423-30579-7

Im Gedenken an meinen Vater

FRED HOWARD CALVIN

(1909–1979)

dem diese Reise gefallen hätte.

# Inhalt

# Vorwort

So verschiedene Theoretiker wie Freud, Skinner, Marx und Mao haben behauptet, daß es unmöglich sei, sich an den eigenen Haaren in die Höhe zu ziehen, sei es in moralischer oder sonstiger Hinsicht, wenn die historischen, sozialen, genetischen und wirtschaftlichen Bedingungen in der Welt, in der man lebt, nicht mitspielen. Andere Denker haben zu zeigen versucht, daß es innerhalb eines mechanistischen Rahmens tatsächlich möglich ist, unseren intuitiven Auffassungen von zielstrebigem Handeln, Willensfreiheit und moralischer Verantwortung gerecht zu werden.

Owen J. Flanagan, Jr.
*The Science of the Mind*, 1984

Die Behauptung des Archimedes, er könne, wenn er nur einen Hebel und einen Standort habe, die ganze Welt aus den Angeln heben, bringt uns zum Schmunzeln. Einen solchen Standort gibt es nicht.

Die passende Grundlage scheint auch das Problem zu sein, wenn man versucht, sich an den eigenen Haaren in die Höhe zu ziehen. Dennoch gibt es dieses Phänomen, und die Zunahme unseres Gehirnvolumens ist ein Beispiel dafür. Charles Darwin entdeckte, worauf wir stehen, wenn wir uns selbst in die Höhe ziehen. Er schlug – das war seine großartige Leistung – einen plausiblen Mechanismus vor, der es einfacheren Lebensformen ermöglichte, sich ohne äußere Hilfe zu komplizierteren und vollkommeneren Formen emporzuschwingen. 1838 kam Darwin auf die Idee von der natürlichen Selektion, die die bei allen Arten zu beobachtenden zufälligen Variationen weiterverarbeitet; und seither entdekken wir immer mehr Beispiele von Lebensformen, die sich durch Evolution an den eigenen Haaren in die Höhe ziehen. Diese Beispiele reichen vom Urknall bis zur Bildung des Großhirns.

Über einen Mechanismus, den Jacob Bronowski als stratifizierte Stabilität bezeichnete, kann aus Chaos zufällig Ordnung und sogar Intelligenz entstehen. Wenn wir eines Tages einen Computer oder einen Übermenschen bauen werden, der schlauer ist als wir, aber nicht unsere destruktiven Neigungen besitzt, werden wir damit die Tradition fortsetzen, sich aus eigener Kraft weiterzuentwickeln.

Ein Stoff wie für ein Heldenepos. Diese Geschichte der Evolution sollte man in einer angemessenen Umgebung erzählen, vielleicht vor dem großartigsten Schaubild, das die Erde von der Evolution liefert: im anderthalb Kilometer tiefen Grand Canyon des Colorado River. Seine Gesteinsschichten reichen bis in die Zeit zurück, als Bakterien das Leben auf der Erde beherrschten; seine Fossilien bezeugen die postpräkambrische Explosion von Lebensformen von zunehmender Komplexität; seine Ruinen enthüllen die Menschheitsgeschichte der Steinzeit. Und die unverstellte Natur, die wir dort antreffen, zeigt uns jene noch von keiner Zivilisation berührten Umstände, für die uns die Evolution geformt hat; sie läßt uns jene Anfänge erahnen, die wir uns kaum vorzustellen oder in Worte zu fassen vermögen.

Die Umgebung mag vielleicht passen; dennoch fühlt man sich von der Aufgabe überfordert, hierüber nur eine ganz gewöhnliche Geschichte zu erzählen. Das Gefühl, den Reichtum und die Komplexität der Natur nicht angemessen beschreiben zu können, ist für die meisten Wissenschaftler und mit Sicherheit für meine Kollegen, die Neurophysiologen, nichts Neues. Wir trösten uns mit der Erkenntnis, daß begrenzte Annäherungen an die Wahrheit nützlich, lehrreich und eine heuristische Hilfe sein können; so hat Newtons Beschreibung fallender Äpfel, aus relativistischer Sicht unzureichend, doch Einstein den Weg geebnet. Und allmählich entwickeln wir näherungsweise Antworten auf zwei uralte Fragen: Wie ist der Mensch entstanden? Und: Was ist der menschliche Geist? Die neuen Erkenntnisse der Anthropologie, der Evolutionsbiologie und der Neurobiologie machen es möglich, aus der Kenntnis der Bausteine von unten her Wissen aufzubauen. Descartes – und bis vor kurzem auch die meisten anderen Denker – war noch gezwungen, von oben nach unten zu arbeiten, ausgehend von der primären Intuition *Cogito ergo sum*, und von daher die zugrundeliegende Natur des Gehirns zu erraten.

Nur wenige Wissenschaftler haben das Glück, eine natürliche Umgebung vorzufinden, innerhalb derer sie interessierten Lesern weitreichende wissenschaftliche Konzepte darlegen können. Seit Homer haben Schriftsteller jedoch immer wieder festgestellt, daß die Schilderung einer Reise geeignet ist, den Leser mitzureißen, und seit Galilei ist Wissenschaftlern bekannt, daß man neue Ideen durch Unterhaltungen zwischen imaginären Personen vermitteln kann. Dieses Buch soll von Gesprächen berichten, die während einer vierzehntägigen Fahrt auf dem Colorado River in der Tiefe des Grand Canyon zwischen Wissenschaftlern und Laien geführt wurden. Die Gesprächsthemen reichen von der Ökologie bis zur Selbstorganisation in der Evolution intelligenten Lebens; die Reisenden machen sich Gedanken über die aus evolutionärer Sicht späte Entstehung von Sprache und Bewußtsein. Die Schilderung beruht im großen und ganzen auf Tatsachen, abgesehen davon, daß ich gelegentlich Dinge in die Unterhaltungen auf dem Fluß eingestreut habe und daß ich einige Personen erfunden habe. (Allerdings habe ich auch den wirklichen Personen, die bei ihren Vornamen genannt werden, hin und wieder Dinge in den Mund gelegt). Die wissenschaftlichen Zusammenfassungen, die ich hier vortrage, sind von der Art, wie sie Wissenschaftler benutzen, wenn sie Außenstehenden ihr Fachgebiet erklären; doch muß ich den Leser darauf hinweisen, daß einige dieser »vereinfachten Wahrheiten« kurzlebiger sein werden als andere. Betrachten Sie dies daher als einen Entwurf, als ein Buch, das immer wieder revidiert werden muß.

W. H. C., Seattle

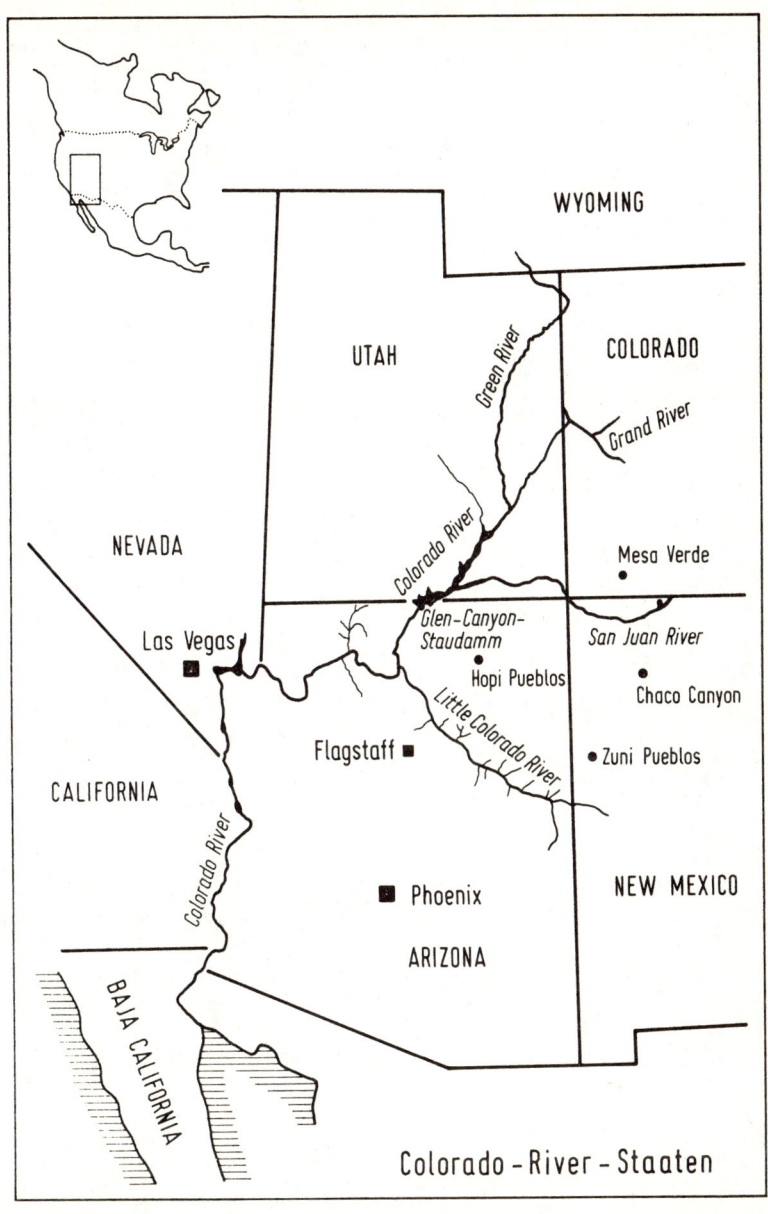

Colorado - River - Staaten

# Prolog
## Navajo-Reservat
## Erster Tag, etwa 2.00 Uhr

Woher kommen wir Menschen? Darwin nannte dies »das Hauptthema«. Die Frage wird bisweilen schon von Fünfjährigen gestellt. Daß wir überhaupt danach fragen können, ist ein Beweis für das menschliche Bewußtsein. Ich habe Zweifel, ob die Tiere hier in der Wüste, darunter die zwei Fledermäuse, die über mir herumflattern, jemals über ihre Herkunft und ihr Schicksal nachdenken. Wir Menschen entwerfen gern Szenarien von der Art »Was wäre, wenn?«; dabei verknüpfen wir verschiedene Vorstellungen aus unserem Gedächtnis, um mit ihrer Hilfe die Vergangenheit zu erklären und die Zukunft vorherzusagen. Unser Bewußtsein kann jedoch nur so gut sein wie die mentalen Bilder, mit denen es arbeitet. Und Erinnerungen sind erstaunlich unzuverlässig.

Die Navajo-Indianer von Arizona, in deren Wüstenreservat ich gerade im Mondlicht eine Tasse Kaffee schlürfe, sind erst vor 500 Jahren als Jäger und Sammler aus Alaska und dem Nordwesten Kanadas hier eingewandert. Sie kamen gerade rechtzeitig, um von den Spaniern im 16. Jahrhundert »entdeckt« zu werden. Bestimmt erzählten sie ihren Enkelkindern Geschichten über das alte Land und die Wanderung, so wie mein Großvater Leebrick mir erzählt hat, wie er 1882 mit einem Planwagen aus Virginia in den Westen nach Missouri zog. Doch nur 20 Großelterngenerationen später haben die Navajos jegliche Erinnerung an ihre frühere Heimat am Yukon verloren.

Die Navajos stehen mit ihrer Vergeßlichkeit nicht allein. Wahrscheinlich haben die meisten Völker größtenteils keine Ahnung von der Geschichte gehabt; sie glaubten, die

Ohne Schrift kann der Mensch seine Geschichte nicht lange im Kopf behalten. Dank seiner Intelligenz kann er einigermaßen die Abfolge der Generationen erfassen, doch ohne Schrift wird das vergangene Geschehen rasch zum tastenden Mythos und zur Legende. Das größte Epos der Menschheit, die vier langen Schlachten mit dem vorrückenden Eis der kontinentalen Gletscher, ist spurlos aus dem Gedächtnis der Menschen verschwunden. Unsere schriftlosen Vorfahren verschwanden, und mit ihnen ist innerhalb weniger Generationen eine der gewaltigsten Erzählungen aller Zeiten untergegangen.

Der Anthropologe Loren Eiseley
(1907–1977)

> Wer das Entschwundene wieder
> ins Leben zurückruft, erfährt ein
> Glück, als würde er es erschaffen.
> Der Historiker Barthold Niebuhr
> (1776–1831)

Welt sei praktisch immer so gewesen, wie sie ist. Natürlich abgesehen von der Schöpfung. Leider gibt es Hunderte von Schöpfungsgeschichten, und sie stimmen kaum miteinander überein.

Das änderte sich mit der Erfindung der Schrift. Dank ihrer besitzt eine Gemeinschaft – ein wenn auch schmales – Fenster in die Vergangenheit. Dank der Schrift wußten die Juden noch 70 Generationen nach ihrer Vertreibung, daß sie einst ein altes Volk im Nahen Osten gewesen waren. In jenem Teil der Welt, wo einst der Ackerbau entstand, reichen die historischen Zeugnisse stellenweise 200 Generationen zurück. Man kann nachlesen, wie Imperien und andere Plagen kamen und gingen. Durch die Erkenntnis, daß die Welt sich verändert, bekommen Erscheinungen der Gegenwart eine andere Bedeutung. Im 19. Jahrhundert erkannten Geologen, daß es eine Eiszeit gegeben hat; das erklärte jene Felsblöcke, die von ihrem Ursprungsort über weite Entfernungen transportiert worden waren, die merkwürdige Form mancher Täler und die parallelen Schleifspuren auf ihrem Felsengrund. Sie begegneten ätzender Kritik, als sie vorsichtig die Vermutung äußerten, durch die Täler seien kilometerdicke Eismassen geglitten, die einen Großteil Nordeuropas, Asiens und Nordamerikas bedeckt hätten. Völliger Unsinn, befanden Kritiker. Doch die Geologen hatten recht. Es kann sogar Dutzende von Eiszeiten gegeben haben.

Wir können die Vergangenheit heute auf unterschiedliche Weise rekonstruieren. Die Höhlenmalereien in Frankreich und Spanien erlauben uns einen Blick auf das Leben vor 1100 Generationen, auf dem Höhepunkt der letzten Eiszeit. Die noch existierenden voragrarischen Gesellschaften vermitteln uns eine gewisse Vorstellung davon, wie das Leben vor 400 Generationen ausgesehen haben mag, nachdem das Eis geschmolzen war, aber noch vor der Seßhaftwerdung des Menschen und dem Beginn des Ackerbaus. Für die heutigen Inuit (Eskimos) ist die letzte Eiszeit noch nicht vorbei. Ihre traditionelle Lebensweise gibt uns eine ungefähre Vorstellung davon, wie unsere Vorfahren an den Grenzen der Eiszeit überlebt haben mögen, wo man nur durch großes Jagdgeschick über den Winter kam.

Die Wissenschaft ist dabei, die fehlenden Fakten über den Ursprung des Menschen zu rekonstruieren und anhand der Steine und Knochen, die sich erhalten haben, Zeiträume, Orte und anatomische Veränderungen zu einem Bild zusammenzufügen. Auch wenn über vorgeschichtliche Kulturen nur sehr wenig bekannt ist, hat die Wissenschaft doch unsere früheren Vorstellungen radikal verändert. Unser Gehirn etwa hat sich sehr rasch vergrößert; das dauerte etwa 100 000 Generationen, von denen 99,6 Prozent als Jäger und Sammler lebten, bevor Ackerbau, Zivilisation und Wissenschaft auftraten. Dieses Gehirn benutzen wir heute für etwas ganz anderes als für die Aufgaben, die seine Evolution prägten.

Wir haben entdeckt, daß unsere Wurzeln zurückreichen in eine Welt, von der heute kaum noch etwas zu sehen ist. Um uns selbst – unsere Freuden, unsere Ängste, unsere Fähigkeiten und unser Bewußtsein – zu verstehen, müssen wir verstehen, was uns geformt hat: die Lebensweise unserer Vorfahren und die Herausforderungen, die sie zu bestehen hatten.

Es kann Zufall sein, doch hat das menschliche Hirnvolumen ständig zugenommen, seit vor etwa zwei bis drei Millionen Jahren merkwürdige Schwankungen des Erdklimas einsetzten. Nach vielen Millionen Jahren einer Tendenz zur Abkühlung und Trockenheit begann die Erde in den nördlichen Breiten Eis zu bilden, das bis zu 30 Prozent der Landoberfläche bedeckte – eine außergewöhnliche Entwicklung, denn die Pole der Erde waren während 99 Prozent ihrer Existenz frei von Eiskappen gewesen. Etwa alle hunderttausend Jahre schmilzt ein Teil des gebildeten Eises ab, danach setzt die Eisbildung wieder ein. Dieser Vorgang hat sich mehrere dutzendmal wiederholt, und bei jeder Kälteperiode wurde die stärker selektierte Bevölkerung am Rand des Eises nach Süden abgedrängt, wo sie mit den Bevölkerungen der tropischen Zone konkurrieren mußte, während jede Wärmeperiode den Überlebenden an der Eisgrenze die Chance eines allmählichen Bevölkerungswachstums bot – ein Zyklus, der sich ebenfalls wiederholte.

Während dieser Periode von zwei bis drei Millionen Jahren seit dem Beginn der Klimaschwankungen erfuhr das Gehirnvolumen einer einzigen Spezies ein – gemessen an den Maßstäben der Evolution – außerordentlich rasches Wachstum. Aus irgendeinem Grund – und das Tempo läßt vermuten, daß es ein zwingender Grund war – nahm der Umfang unseres Gehirns auf mehr als das Dreifache zu. Es wurde 3,6 mal größer als das Gehirn, das während dieser Zeit für die übrigen Primaten groß genug war. Warum?

★

Vielleicht ist das die entscheidende Frage, und sie ist aufgekommen, nachdem Menschen jahrtausendelang nachts unter den Sternen saßen und sich gefragt haben, was das Leben eigentlich ist und woher wir eigentlich gekommen sind. Das »Hauptthema« geht mir heute Abend durch den Kopf, während ich hier oberhalb des Colorado River im Mondlicht auf einer großen Sandsteinplatte in der Wüste sitze und mir die Finger an einer Kaffeetasse wärme. Der beinahe volle Mond ist im Begriff, im Südwesten unterzugehen, und so dicht über dem gebirgigen Horizont erscheint er mir, alles andere beherrschend, sehr groß und gelb.

Doch schon ein paar Minuten, nachdem der Mond die Berge berührt hat, ist er verschwunden. Die Sterne erscheinen. Diese Sommernacht ist schon so weit fortgeschritten, daß man im Osten einige der Sternbilder des Winterhimmels aufsteigen sehen kann.

Durch einen solchen Anblick angeregt, haben schon viele über unseren Ursprung nachgedacht, doch mit Denken allein kommt man nicht weit. Dem modernen Menschen stehen bei seinen Überlegungen sehr viel mehr Fakten und Konzepte zu Gebote, und wir verstehen besser die Natur des Bewußtseins selbst, verstehen besser, wie und warum wir denken.

Nur dadurch, daß uns einige Mittel zu Hilfe kamen, wie etwa die Schrift und die Wissenschaft, sind wir zu einer verfeinerten Version der Frage gelangt: »Woran lag es, daß die Gehirne größer wurden, so daß die Menschen sich von den Affen unterscheiden?« Die Schrift machte es möglich, daß im Laufe von Generationen Berge von Fakten zusammengetragen wurden. Das seßhafte Leben förderte die Entwicklung der Technik.

Fakten und Techniken unterstützen das menschliche Bewußtsein in dem Bemühen, Geschichten zu erfinden: Wir machen uns mentale Bilder von Vergangenheit und Gegenwart, verknüpfen sie mit verschiedenen künftigen Möglichkeiten und gelangen zu Szenarien vom »Was-wäre-wenn«-Typ. Dann »überlegen wir uns die Sache«, versuchen vorherzusehen, was bei einem Plan schiefgehen könnte, und auf diese Weise verwerfen wir dank unseres Urteilsvermögens die meisten Pläne, bevor wir zur Tat schreiten. Wir treffen Entscheidungen und leben mit ihnen.

Diese Fähigkeit, die Realität in unseren Köpfen nachzubilden, verleiht uns einen enormen Vorteil; einerseits bewahrt sie uns vor Schwierigkeiten, andererseits verhilft sie uns zu Einsichten, wie man etwas auch anders machen kann. Hier von Plänen zu sprechen hieße, nur einen Aspekt zu betonen – ich spreche lieber von Szenarien. Wir stellen uns vor, daß wir etwas tun, um zu sehen, wie es läuft. Wir denken uns gern Geschichten aus, um zu hören, wie sie klingen.

In der Wissenschaft werden ebenfalls Fakten und Techniken zusammengetragen, doch dadurch, daß sie das Bewußtsein zu einer Gruppenaktivität macht, verfeinert sie es noch. Ein Wissenschaftler bemüht sich, die Fakten und Ideen, die eine bestimmte Vorstellung betreffen, zu begreifen; er denkt sich ein Szenario oder eine Gleichung aus, die die meisten der bekannten Tatsachen zu erklären scheint, und veröffentlicht dann seine Theorie, damit jeder sie nachprüfen kann; und daraufhin versuchen wir alle (der Urheber eingeschlossen), sie zu durchlöchern. Dadurch gelangen wir zu einer besseren Erklärung. Die »wissenschaftliche Methode« besteht gerade in diesem Hin und Her des Anpassungsverfahrens (vergleichbar mit der Art, wie ein Zimmermann eine Tür einhängt) und nicht in dem Unsinn, den Lehrbücher über exakte logische Deduktion zu verbreiten pflegen. Sich ein Szenario auszudenken, gelingt vielleicht am besten einem einzelnen, doch wenn es darum geht, Ausnahmen von dem Szenario zu finden, sind viele gefragt.

Wenn ich so darüber nachdenke, scheint mir, daß wir bald zu einer umfassenden Theorie über den Ursprung des Menschen gelangen werden. Die Mehrzahl der Erkenntnisse, die wir über die menschliche Vorgeschichte besitzen, ist allein in der letzten Generation zusammengetragen worden. Auch unser Wissen über das Gehirn von Tier und Mensch hat in denselben 25 Jahren gewaltige Fortschritte gemacht: Wie mentale Bilder entstehen, wie trügerisch unser Gedächtnis ist und wie es uns zum Narren halten kann, wie unsere Gefühle funktionieren und wie unser Gehirn die Gesundheit des übrigen Körpers beeinflußt – das alles verstehen wir heute besser. Wir Neurophysiologen können uns inzwischen sogar eine Vorstellung davon machen, wie das menschliche Gehirn innerlich funktioniert, und wir erfinden sogar Szenarien darüber, wie das Gehirn Szenarien erfindet. Es ist viel passiert. Das beeinflußt ganz fundamental die Art und Weise, wie wir uns selbst sehen, und zwar in alltäglichen Situationen und nicht bloß, wenn wir gerade in einer sternklaren Nacht den Mond betrachten, der hinter den Bergen versinkt, und beim Verblassen des Mondscheins aus dem nachtschwarzen Himmel die Milchstraße hervortritt.

Noch wissen wir nicht, warum es zu jenen evolutionären Veränderungen kam, doch in Kürze werden wir ein genaues Szenario liefern können, das die entscheidende Frage nach dem Hirnvolumen und einige damit zusammenhängende Fragen beantworten sollte. Es gibt inzwischen eine ganze Reihe von Experten, die genügend wissen, um mehr als bloße Vermutungen über die Entstehung des Menschen zu äußern und Szena-

> Unsere neuen [anthropologischen] Ansichten über unseren Ursprung sind in Wirklichkeit Ersatzmythen, die ihrerseits teils Wissenschaft, teils Mythos sind ... Die Menschen möchten sich die Geschichte ihres evolutionären Ursprungs offenbar frei wählen können. Vergessen Sie das nicht, wenn Sie diese oder eine andere Darstellung der Evolution zum Menschen lesen.
> Der Archäologe
> Glynn Llywelyn Isaac
> (1937–1985)

rien zu entwerfen, die mit den bekannten Tatsachen übereinstimmen –
man müßte sie nur zum Reden bringen.

Man braucht gewöhnlich eine besonderen Umgebung, um Wissenschaftler dahin zu bringen, daß sie frei von der Leber über Dinge spekulieren, die noch ungesichert sind. Vielleicht ist eine lange Bootsfahrt
durch den Grand Canyon genau das Richtige dafür. Auf dem Fluß und
am Lagerfeuer, überwältigt von den Evolutionsgeschichten, die der
Grand Canyon selbst erzählt – das sind genau die Orte, wo man diese
vorläufigen wissenschaftlichen Versionen der alten Schöpfungsmythen
erörtern kann.

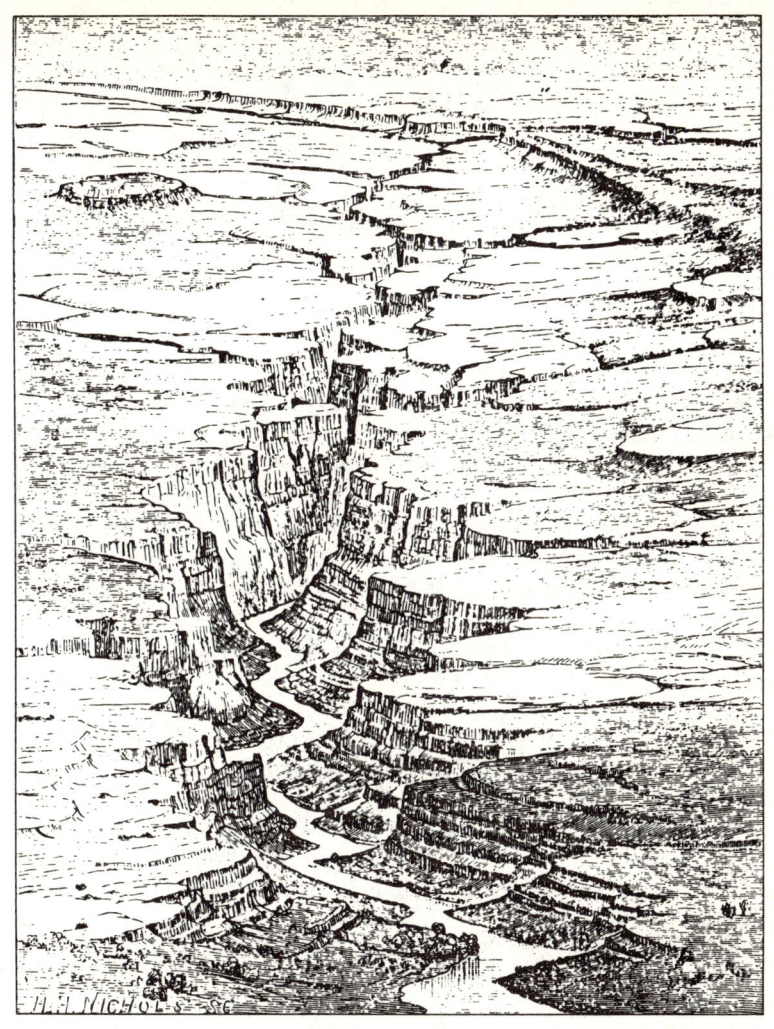

Blick von der East-Kaibab-Monokline auf das
**MARBLE-PLATEAU**
Zeichnung von H. H. Nichols aus dem Expeditionsbericht von John
Wesley Powell, der 1869–1872 den Marble Canyon und den Grand
Canyon des Colorado River erkundete.

# Aussicht auf das
# Marble-Plateau
# Erster Tag, Sonnenaufgang

Die Autostraße tritt aus einem schmalen Einschnitt zwischen den pastellfarbenen Felsen des Painted Desert hervor. Vom Rand der Klippe aus erschließt sich ein weiter Blick ins Land. Tief unter mir erstreckt sich, soweit ich blicken kann, nach Südwesten hin die flache Wüste des Marble-Plateaus, das durch die Schatten, welche die aufgehende Sonne wirft, noch länger erscheint. Am fernen Horizont liegt der Grand Canyon, das größte Evolutionsschauspiel auf unserem Planeten.

Ein Stück stromauf vom Grand Canyon beginnt der Colorado River seinen Abstieg durch die Schichten unserer biologischen Geschichte. Das geschieht in einem schmalen Canyon, irgendwo unterhalb der Stelle, wo ich jetzt stehe.

Ich stapfte von der Straße aus in die bergige Wüste hinein und spürte auf dem Gesicht den frischen Morgenwind. Als ich mich dem Rand der Klippe näherte, erschloß sich nach Norden hin ein großartiger Ausblick auf eine majestätische, hufeisenförmige Felsformation, das Füllhorn, aus dem sich das flache Marble-Plateau zu ergießen schien.

Jetzt teile ich die Aussicht mit vier Vögeln, die ganz in ihr morgendliches Geschwätz vertieft sind und sich nicht darum scheren, daß ich hier sitze und in mein Flußtagebuch schreibe. Über den Weg hinweg fällt das Licht der Morgensonne auf die Klippen. Während die Erde sich langsam um ihre Achse dreht und mich mit sich nimmt, beginnt die Schattenlinie des jungen Tages über das Marble-Plateau auf mich zuzukriechen.

Morgen im Painted Desert: das unglaubliche Orangerot und Blaugrau der Felsen, verstärkt durch das besonders warme Licht der aufgehenden Sonne, die hell beschienenen Flecken und die Schatten. Die beste Tageszeit. Sie ist es wert, die ganze Nacht hindurch zu fahren, um rechtzeitig hier zu sein.

Der Colorado River, der den Grand Canyon einkerbte, muß irgendwo dort mitten in dem Hufeisen sein, unterwegs zu seinem größten Kunstwerk, um noch ein paar geringe Veränderungen an der Skulptur des Canyons vorzunehmen. Der Colorado ist kein kleiner Fluß, sondern einer der größen Nordamerikas. Doch selbst von diesem Aussichtspunkt aus ist nichts von ihm zu sehen.

Während der Fahrt erhaschte ich einen kurzen Blick auf den Fluß im Mondlicht. Jetzt scheint es, als gebe es auf dem Marble-Plateau weder Flüsse noch Bäume, Schafe, Rinder, Zäune, bestellte Felder, Häuser, Städte oder sonst etwas von dem, was an Flüssen zu entstehen pflegt. Wenn ich mich so setze, daß der Rand der Klippe mir den Blick auf die einsame Autostraße verwehrt, könnte man meinen, daß das Marble-Plateau und die umgebende Landschaft zu einem Planeten gehören, auf dem Menschen keine Spuren hinterlassen haben. Ich würde sogar von einem leblosen Planeten sprechen, wären da nicht die Vögel und die Kakteen, die auf den nahegelegenen Felsen wachsen.

Die einzigen Verletzungen der Oberfläche, die ich sehen kann, sind natürlichen Ursprungs: Das Marble-Plateau ist zerfurcht von gewaltigen, im Zickzack verlaufenden Klüften, die tief in die Erde hinein reichen. Eine dieser Klüfte ist der Marble Canyon, den der Colorado River durchfließt, bevor er den Grand Canyon erreicht, die anderen sind in den Fluß mündende Nebentäler, eingekerbt durch die Wassermassen, die bei Sommergewittern niedergehen. Der Fluß ist von hier aus nicht zu sehen, weil er sich in den letzten 30 Millionen Jahren ein sehr tiefes Bett gegraben hat.

Die Kalkablagerung, aus der das Marble-Plateau besteht, entstand vor ungefähr 250 Millionen Jahren, gegen Ende des Paläozoikums. Die Landmassen und Meeresböden bildeten damals einen einzigen großen Kontinent, Pangäa, umgeben von einem einzigen großen Ozean, Panthalassa. Das Gestein meines Aussichtspunkts hier oben entstand vor ungefähr 200 Millionen Jahren, zu Beginn der Dinosaurierzeit des Mesozoikums, als Pangäa sich in eine Reihe kleinerer Kontinente aufzuspalten begann, aus denen dann unsere heutigen Erdteile wurden; allerdings hatten sie noch eine weite Reise vor sich. Beim Aufstehen trat ich zufällig einen Brocken aus dem Mesozoikum los, der sogleich in das Paläozoikum hinabrollte. Ich hörte, wie er durch die geologischen Zeitalter hinunterpolterte.

★

Nicht nur vom Fluß, auch von den Klüften ist nichts mehr zu sehen, als ich den Abhang unter den Echo Cliffs hinunter- und über das Plateau fahre.

Leblos? Jetzt sehe ich, daß hier und da auf dem Plateau Wüstengewächse stehen. Aber auch das Gestein selbst wurde durch Lebewesen gebildet. Kalkstein entsteht auf dem Meeresboden, wenn die kleinen Schwebetierchen sterben und ihre Skelette, die Kalzium enthalten, herabsinken. Und auch die andere Hälfte des Kalziumkarbonats, aus dem Kalk besteht, wurde weitgehend von Lebewesen beigesteuert: Das von Tieren ausgeatmete Kohlendioxid, $CO_2$, kann, wenn es nicht durch Pflanzen wiederverwertet wird, zu einem Bestandteil dieses prächtigen harten Gesteins werden. Kalk ist also eigentlich nicht so leblos wie die Lava, die aus dem Inneren der Erde hervorströmt, sondern ein Überrest früheren Lebens.

Mit sanften Auf- und Abschwüngen umrundet die vor mir liegende Straße einige kleinere Erhebungen; von oben hatte es ausgesehen, als sei dieses Gelände vollkommen flach. Wenn ich den Blick von der Straße löse, bietet sich mir ein sehr abwechslungsreiches Bild, denn ringsum erhebt sich die hufeisenförmige Felsformation, deren Schichten alle Farben des Regenbogens in blassen Pastelltönen aufweisen, worunter Rot und Braun dominieren. Hier in der Wüste deutet nichts auf das dramatische Schauspiel hin, das mich erwartet. Die Straße durchquert eine der flachen Bodensenken und schwenkt um eine Felsgruppe herum nach links, und plötzlich tut sich vor mir ein riesiger Spalt in der Erde auf, so breit wie eine Autobahntrasse. Der Canyon empfängt seine Besucher nicht gerade sanft.

Für die ersten spanischen Entdeckungsreisenden, die aus dem Süden kamen, muß der Anblick des Canyons ein ungeheurer Schock gewesen sein, waren sie doch nicht vorgewarnt wie ich, der ich von den Klippen aus die Klüfte gesehen hatte. Vielleicht hielten einige der Pferde der Konquistadoren beim Anblick des gähnenden Abgrunds so plötzlich an, daß die Reiter über den Kopf der armen Tiere hinweg zu stürzen drohten. Nachdem sie sich dann gefaßt und zu Fuß bis an den Rand vorgewagt hatten, sahen sie, daß es mitten in dieser Wüste Wasser gibt, ja sogar eine ganz erstaunliche Menge Wasser: Es war vermutlich der größte Fluß, den sie je gesehen hatten. Doch zu dem Wasser hinunterzukommen ist ebenso schwierig wie außen an der Freiheitsstatue von der Fackel bis zum Wasser des New Yorker Hafens herunterzuklettern. Und dann ist da noch das kleine Problem, wie man wieder hinaufkommt. Aber das gehört nun einmal zum Leben eines Entdeckungsreisenden. Ich weiß zum Glück einen bequemen Weg ans Wasser hinunter. Am Fuß des Hufeisens, von hier aus ungefähr sieben Kilometer flußaufwärts, liegt Lee's Ferry, wo man den Fluß im 19. Jahrhundert überquerte. Es ist im ganzen Staat Arizona wohl die einzige Stelle, wo man leicht zum Fluß hinunterkommt. Alle, die eine lange Bootsfahrt auf dem Fluß machen wollen, müssen an diesem Uferstück abstoßen.

Lee's Ferry – der einzige Anfang. So wie wir die Zeit vom Beginn des
Universums an zählen, so ist Lee's Ferry der Ort, von dem aus alle Entfernungen auf dem Colorado River berechnet werden. Als man bei der
Benennung der zahlreichen Seitencanyons des Grand Canyon mit phan-
tasievollen spanischen, Hindu und lokalen indianischen Namen nicht
mehr weiterkam, legte man die Entfernung flußabwärts von Lee's Ferry
zugrunde, und so entstanden Namen wie 75 Mile Creek und 220 Mile
Canyon.

Die Fähre wurde 1928 durch die Navajo Bridge ersetzt. Diese zwei-
spurige Bogenbrücke sieht geradezu antik aus. Sie läuft in der Mitte
spitz zu wie die ältesten eisernen Bogenbrücken in England. Zwar wäre
es übertrieben zu sagen, daß sie an betende Hände erinnert, die über
dem Fluß zusammenkommen, doch hat sie in der Mitte des Bogens ein
Verbindungsstück, das es ihr erlaubt, sich ein bißchen aufzuwölben,
wenn die Mittagshitze den Stahl dehnt.

Wer will, kann in der Brücke ein riesiges Thermometer von texanischen Ausmaßen sehen: Je heißer es wird, desto spitzer erscheint sie.
Beim Überqueren der Brücke fährt man bis zur Mitte leicht bergauf,
dann überquert man den höchsten Punkt und fährt auf der anderen Seite
wieder bergab. Ich aber mache genau auf dem höchsten Punkt halt. Ich
stelle den Motor ab. Stille. Hier ist halten verboten, aber ich mache
nicht aus meinem eingefleischten Hang zur Widersetzlichkeit Halt, sondern wegen der Aussicht. Außerdem ist zu dieser Tageszeit weit und
breit kein anderes Fahrzeug zu sehen.

Es ist, als wäre ich der einzige Mensch auf dieser Welt, ein Besucher,
der einen fremden, schönen Planeten erkundet und gelegentlich auf
Überreste einer alten Zivilisation und ihrer primitiven Technik stößt, der
darauf lauscht, wie Wind und Vögel klingen, der die natürlichen Düfte
dieses Planeten einsaugt, unvermischt mit dem täglichen Schmutz der
Zivilisation. Flußauf weht ein leichter Wind, der mich streift, als ich
mich über das alte Geländer lehne. Eine wirklich angenehme Brise.

30 Stockwerke unter mir fließt der Colorado River. Der Canyon ist
ungefähr so breit wie hoch. Ein Schachtel-Canyon. Die steilen Wände
scheinen braun. Der Fluß erscheint bei diesem schattigen Licht in einem
dunklen Minzgrün. An beiden Ufern gibt es hier und da einen Sandstrand, der mit grünen Sträuchern bewachsen ist.

Wegen ihrer Neigung zum Mäandrieren fließen Flüsse selten ein län-
geres Stück geradeaus, doch von der Brücke aus kann ich die Kluft in
beiden Richtungen etwa einen Kilometer weit überschauen, bis der Fluß
hinter einer Biegung verschwindet. Das Wasser fließt viel schneller, als

ich gedacht hatte. In der Nähe des linken Ufers höre ich einen Platscher und schaue genauer hin, ob noch etwas passiert. Waren es Biber? Fallende Steine? Ein Fisch, der aus dem Wasser sprang? Es wiederholt sich nicht.

Es ist eine andere Welt da unten. Viele Vögel fliegen über den Fluß, sicher auf Insektenjagd. Die Schwalben (oder sind es Segler?) fliegen dann und wann bis zur halben Höhe der Canyonwand hinauf und verschwinden in einem Loch, vermutlich um ihre hungrige Brut zu füttern. Hier oben auf der Brücke ist man Zuschauer, Passant, ähnlich wie ein Flugzeugpassagier, der die Landschaft unter sich betrachtet. Der physische Abstand ist kleiner geworden, seit ich vorhin vom Rand der Klippe auf den Fluß hinunterschaute, doch innerlich bin ich noch nicht angekommen. Ich stehe buchstäblich über allem. Nur durch den Wind, die Gerüche und das schwache Rauschen des Flusses unten fühle ich mich mit der Landschaft verbunden.

Diese Distanz begegnet einem heute immer wieder. Die elementaren Klangeindrücke und Erlebnisse unserer Vorfahren, die als Sammler und Jäger lebten, sind uns durch die Zivilisation verwehrt, und damit sind wir abgeschnitten von unseren alten Wurzeln aus voragrarischer Zeit. Die Evolution vom vormenschlichen Stadium zum Menschen hat mindestens 100 000 Generationen gedauert; die höchstens 400 Generationen, die wir nicht mehr als Sammler und Jäger verbracht haben, dürften an unserem Genbestand nicht viel geändert haben. Unsere tiefen Wurzeln reichen zurück zu Stämmen der Eiszeit. So flexibel und anpassungsfähig wir auch sein mögen, unser zivilisiertes Verhalten ist dennoch nur ein Firnis, ein Zuckerguß, der manchmal zu dünn sein kann, wenn er nicht fest in klassischen Verhaltensmustern der Eiszeit verankert ist. Dann und wann in die Wildnis aufzubrechen, ist vielleicht eine Möglichkeit, diese Wurzeln zu wässern, die Verbindung zu der Kultur, die sich darüber gelegt hat, zu festigen und Verwerfungen vorzubeugen.

Endlich ist die Sonne über den Rand der Echo Cliffs geklettert. Die Schattengrenze hat den Canyon erreicht. Im Licht der aufgehenden Sonne türmen sich vereinzelte Wolken hoch über den Klippen. Sonnenaufgänge im Gebirge und in der Wüste habe ich immer am liebsten gehabt. Und hier stehe ich in einer gebirgigen Wüste. Wenn die Sonne heute direkt über mir stehen wird, werde ich mit einer Gruppe zusammen dort unten den Fluß hinabfahren. Wahrscheinlich werden wir zu dieser Brücke hinaufblicken. Touristen werden uns zuwinken. Die Navajo Bridge wird das letzte Bauwerk der Zivilisation sein, das wir in den nächsten zwei Wochen zu sehen bekommen. Über 225 Meilen hinweg wird der Fluß von keiner Straße berührt, wird es keine Zäune, keine Reklametafeln geben. Dort herrscht eine Wildnis, wie sie die Touristenmassen, die von oben, durch ein sicheres Geländer geschützt, einen Blick auf den Grand Canyon werfen, nie zu sehen bekommen.

Um eine Reise in die Vergangenheit zu machen, die Meilensteine in der Evolution intelligenter Wesen zu sehen, zu den Ursprüngen des Lebens selbst zu reisen und zu versuchen, das alles schlüssig miteinander zu verbinden, können wir nichts besseres tun, als uns auf den Grund des Grand Canyon zu begeben. Dort werden wir uralte Gesteine finden, Fossilien und die Wohnsitze von Menschen der Steinzeit. Wir werden dort das Land so antreffen, wie es unsere Vorfahren erlebt haben, während all der unzähligen Generationen, in denen die Vorläufer des Menschen zu Menschen geformt wurden. Es ist die dunkel in unserer Erinnerung fortlebende Welt, der wir entflohen sind.

Für eine solche Reise braucht man Zeit. Am besten läßt man sich den Colorado River hinuntertreiben und nimmt sich ein paar Wochen Zeit, um die Stromschnellen per Boot, die Seitencanyons zu Fuß und die Wasserfälle in der Weise zu erkunden, daß man sich darunterstellt. Natürlich mit den richtigen Reisegefährten.

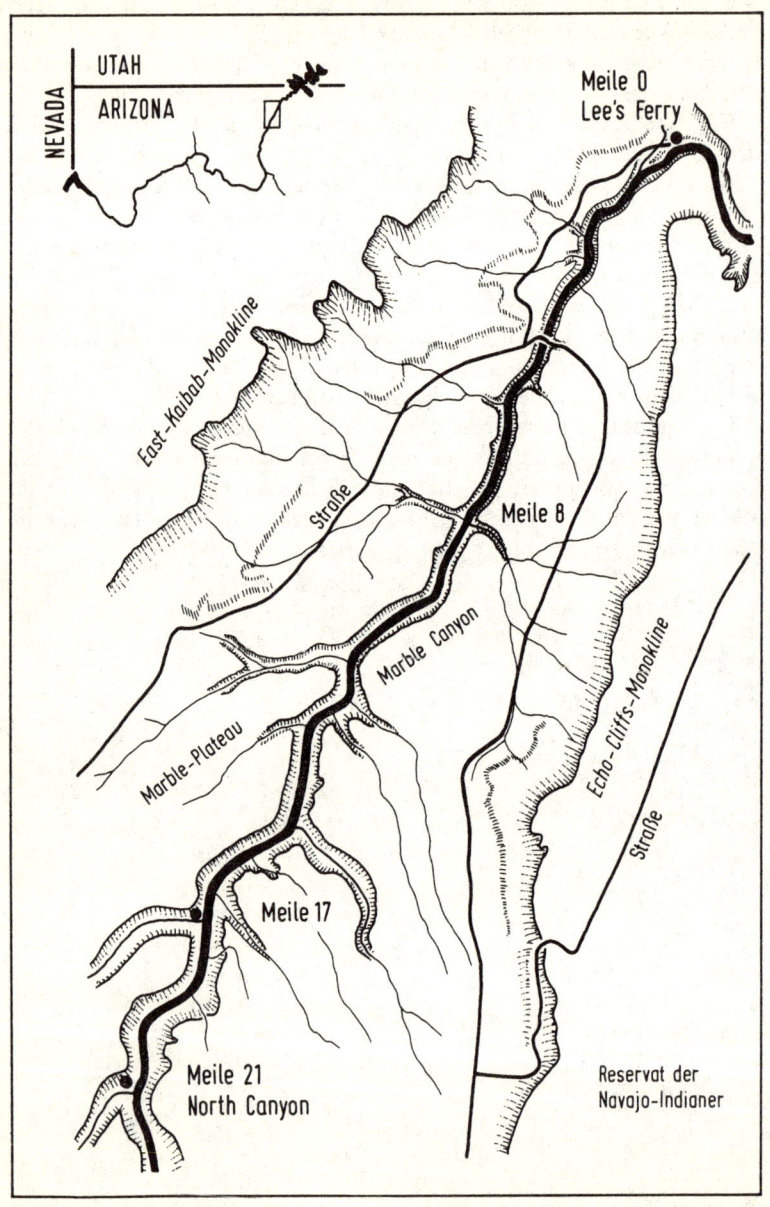

# Erster Tag
## Meile 0
## Lee's Ferry

Gegen Mittag legten wir bei Lee's Ferry ab und fuhren auf den Colorado River hinaus. Während wir von der Zivilisation forttrieben, war es nur eine Frage von Minuten, bis all die Nationalpark-Wächter, die zum Abschied winkenden Zuschauer, die Lastwagen, Busse, Sportartikelverkäufer und Motorboote hinter der ersten Flußbiegung verschwunden waren. Fort. Ganz einfach fort.

Was blieb, war der unglaubliche Anblick. Dies ist wirklich eine Wüste wie gemalt. Der untere Teil der Felswände heißt Chocolate Cliffs, nicht etwa weil sie eßbar wären. Die

> Sage mir, worauf du achtest,
> und ich sage dir, wer du bist.
>> José Ortega y Gasset

dunkelroten Felsen darüber sind die Vermillion Cliffs, und irgendwo jenseits des Horizonts liegen das Kodachrome Basin und das Rainbow Plateau. Rot, Orange und Braun kommen in verschiedenen Kombinationen vor, oft durchzogen von schillernden metallischen Farben. Schieferschichten zeigen die Farben Blau, Purpurrot, Grün, Rosa, Grau, Kastanienbraun und Braun.

Dieses Panorama bildet ein Halbrund, das uns die weitere Aussicht flußaufwärts versperrt. Kurz vor Lee's Ferry macht der Fluß eine so scharfe Biegung, daß der Canyon kaum zu sehen ist. Flußaufwärts läuft der Blick sich tot. Es ist, als würde der Colorado River, aus dem Nichts kommend, in voller Breite am Fuß der Felswand entspringen.

Die roten Felsen sind von dem dahinschießenden grünen Wasser abgegrenzt durch eine weiße Hochwassermarkierung, die den Fluß einfaßt und den Linien ähnelt, die sonst Schnellstraßen begrenzen. Im Kontrast dazu steht das Grün an den Ufern des Colorado, das Supergrün der Weiden und Tamarisken. Viele, die die Großartigkeit des Canyons nicht selbst erlebt haben, trauen den Bildern, die es davon gibt, nicht – sie vermuten hinter den intensiven Farben einen fotografischen Trick. Man muß es wirklich selbst gesehen haben.

Der Colorado hat ein beachtliches Tempo drauf und erzeugt dadurch eine angenehme Brise. Oft rudern wir nicht, sondern lassen uns einfach treiben. Wer auf dem Ufer mit uns Schritt halten wollte, müßte beim

Joggen schon eine ansehnliche Geschwindigkeit vorlegen. An Land machte uns die heiße, stehende Luft zu schaffen, während wir darauf warteten, daß die letzten Sachen an Bord geschafft und die letzten Anrufe aus der einzigen Zelle getätigt wurden, in der die Eidechsen mithörten. Eidechsen sind hochentwickelte Tiere, die so vernünftig sind, vor der Mittagssonne Schutz zu suchen.

Jetzt spüren wir den frischen Wind. Die Wellen, die er erzeugt, schlagen gegen den Boden unseres Bootes, als wir die Einmündung des Paria River passieren. Der in Utah entspringende Paria führt das Wasser des Bryce Canyon in den Colorado ab.

★

Heute morgen habe ich vor dem Eintreffen der anderen den Canyon des Paria erkundet. Der Paria (reimt sich auf »Maria«) ist an den meisten Stellen ein trüber Bach und so schmal, daß ich ihn fast überspringen kann, doch möchte ich nicht in seiner schmalen Schlucht von einer plötzlichen Flutwelle überrascht werden. Verglichen mit ihm ist der Colorado ein reißender Strom, so breit wie eine sechsspurige Autostraße. Das schlammige Wasser des Paria fließt von rechts in den Colorado und vermischt sich mit dessen Wasser wie Sahne, die man langsam in einen dunklen Pfefferminztee gießt.

An den Ufern des Paria gab es eine Unmenge Eidechsen, die nervös mit den Schwänzen zuckten und zwischen den Felsblöcken umherhuschten, die der Paria in kräftigeren Zeiten hierher befördert hatte. Viele Eidechsen scheinen einen Kragen zu haben, einen dunklen Ring um den Hals. Es sind also sicher Schwarzkrageneidechsen. Doch nein, es handelt sich um gelbrückige Stacheleidechsen. So steht es zumindest in der blauen Bibel der Flußfahrer, dem unschätzbaren wasserfesten Buch *The Colorado River in Grand Canyon: A Comprehensive Guide to its Natural and Human History* von Larry Stevens. Alle Autoren, deren Bücher bisher in einer gebundenen, einer Taschenbuch- und einer Buchclubausgabe erschienen sind, haben nun ein neues Ziel: eine wasserfeste Ausgabe ihrer Werke, die wirklich etwas aushält.

Alle mir bekannten Bootsführer auf dem Colorado besitzen vielseitige Kenntnisse und Fähigkeiten, doch Larry Stevens ist wirklich unschlagbar: Er ist Graphiker, Autor, Verleger, Fotograf, Biologe und Bootsführer in einer Person. Ein wahrer Renaissancemensch. Jetzt nehmen ihn aber die Forschungen für seine Doktorarbeit in Anspruch, und deshalb ist er in diesem Sommer nicht auf dem Fluß. Zum Glück haben wir in unserer Mannschaft einen anderen Biologen und Bootsführer, Alan Williams. Während wir die Boote beluden, machte er mich mit dem neuesten Stand seiner Untersuchungen bekannt. Als Ökologe erforscht er, wie Pappeln gegen den Befall von Blattläusen psychologische Kriegsführung einsetzen. Sie sorgen dafür, daß 10 Prozent ihrer Blätter für Blattläuse so attraktiv sind, daß die winzigen Insekten sich um einen Stehplatz auf einem der wohlschmeckenden Blätter bis auf den Tod bekämpfen, so daß der Schaden für die übrigen 90 Prozent des Laubes begrenzt bleibt. Wenn Sie das unglaublich finden, erzähle ich Ihnen, was ein anderer Ökologe herausgefunden hat: Eine befallene Weide verbreitet einen »Alarm«-Duft, der die Weiden in Windrichtung vor den Angreifern warnt, so daß sie ihre wohlschmeckenden Abwehrmittel rechtzeitig mobilisieren können. Dabei hatte ich Pflanzen für stumpfsinnig gehalten. Ob Eidechsen so sozial empfinden, bezweifle ich.

Die Eidechsen machen Liegestütz. Erst laufen sie herum, dann bleiben sie stehen und machen eine Zeitlang Liegestütz. Dabei geht nicht nur der Kopf auf und nieder, sondern der ganze Körper geht mit. Zu dieser Übung kommt es, wenn zwei Eidechsen sich begegnen. Die eine Eidechse bläst sich auf, um größer zu erscheinen, als sie in Wirklichkeit ist, dann legt sie ein paar zackige Liegestütze hin, auf die ein Feldwebel stolz wäre. Die andere Eidechse reagiert darauf mit einer eigenen Vorstellung. Anschließend gehen sie ihrer Wege und widmen sich wieder dem Ernst des Tages, nämlich der Suche nach Nahrung und nach einem Sexualpartner, solange die Sonne noch scheint, bevor die Dunkelheit (oder zu starke Sonneneinstrahlung) sie zur Ruhe zwingt.

Eidechsen sind weitläufig mit uns verwandt. Wir hatten einen gemeinsamen Vorfahr ungefähr zu der Zeit, als die Basis der Felsen hier sich bildete. Die ersten Reptilien traten vor 340 Millionen Jahren auf, als Abkömmlinge von Amphibien (zu ihnen zählen die Frösche), die nicht so stark an das Landleben gebunden waren. Kurz darauf begann die Entwicklung der Säugetiere.

★

Unser Boot trägt uns hinunter durch die Epochen, und die Felsen auf dem linken Ufer werden von Minute zu Minute älter. Genauer gesagt, um Millionen Jahre in jeder Minute. Unser Fahrzeug ist ein aufblasbarer Abkömmling jener flachen Ruderboote, die man Dory nennt, gekreuzt mit einem Rettungsfloß. Sein Grundriß entspricht dem des klassischen Rettungsfloßes, es hat die Länge eines normalen Autos und wird durch zwei aufgeblasene Querverbindungen in drei Abteile gegliedert. Durch die Spannung der Gummihaut (eigentlich Neopren) ragen die beiden

Enden ein wenig empor, denn es ist gut, einen Bug zu haben, wenn man direkt in die Wellen hineinfährt, und noch besser sind zwei Buge, weil das Boot sich in den Stromschnellen umdrehen kann. Zwei Passagiere sitzen vorne, zwei hinten, und auf dem erhöhten Teil in der Mitte sitzt der Ruderer mit seinen Riemen. Die Dollen für die Riemen sitzen auf einem rechteckigen Aluminiumrahmen, der das Mittelteil versteift. Wir führen den gesamten Proviant für die vierzehntägige Reise mit. Die Bootsführer sind allesamt Profis – die Stromschnellen des Colorado River gehören zu den gefährlichsten Wildwassern Nordamerikas und sind kein Übungsplatz für Amateure.

Hinter uns liegt ein großartiges natürliches Amphitheater, ein Panorama aus vielfarbigen Felsen. Über den blauen Himmel ziehen flockige weiße Kumuluswolken. Bald treiben wir in den eigentlichen Canyon hinein, dessen Wände direkt aus dem Fluß aufsteigen und uns einschließen, zuerst am linken und schließlich auch am rechten Ufer. Der Fels der Wände ist rund 245 Millionen Jahre alt, Kalkstein aus dem Paläozoikum, der einstmals einen Meeresboden bildete. Er enthält Fossilien von Fischen und Reptilien, ist aber ein bißchen zu alt, um auch noch Überreste der Dinosaurier zu bergen. Die Schichten aus dem Mesozoikum von vor ungefähr 220 Millionen Jahren, die sich oberhalb der heutigen Canyonwände abgelagert hatten, sind längst durch Erosion abgetragen worden. Allerdings finden sich noch Dinosaurierschichten in den Vermillion Cliffs hinter Lee's Ferry. Und irgendwo oberhalb dieser Schichten finden sich die Vögel, beginnend vor etwa 200 Millionen Jahren. Das heißt, die fossilen Vögel – die heutigen Abkömmlinge der Vögel aus dem Mesozoikum umflattern uns jetzt auf der Jagd nach Insekten.

Die Canyonwände wachsen zusehends höher und höher hinauf. Wir waren noch keine Stunde auf dem Fluß, als wir vor uns die spitze Brücke sahen, die die Schlucht überspannt, 30 Stockwerke über uns. Für einen Moment verschaffte sie uns ein wenig Schatten mitten auf dem Fluß, dann waren wir schon wieder aus dem Schatten heraus. Wir haben uns noch nicht einmal umgesehen, um von diesem letzten Zeichen der uns vertrauten Welt Abschied zu nehmen.

# Meile 4
# Die Navajo Bridge

Eine Überraschung – im seichten Wasser stapfte ein großer Blaureiher mit seinem wiegenden Gang umher. Dieser Vogel könnte einem Künstler als Modell für den geflügelten Dinosaurier gedient haben. Auf einem Felsblock stehend, war er fast so groß wie einer von uns. Schließlich schwang er sich anmutig, mit langsamen Flügelschlägen in die Lüfte, nicht so schwerfällig, wie der Pterodaktylus unseren Vorstellungen nach gewesen sein muß. Aber der Reiher hat ja auch Federn. Sie verbessern die Flugleistung erheblich, was man an der Luftakrobatik der Segler und Schwalben beobachten kann, die zwischen unseren Booten herumflitzen und auf der Jagd nach Insekten fast die Wellen streifen. Wir spähten eine Zeitlang zu den Canyonwänden hinauf, in der Hoffnung, in kleinen Felsspalten die Schwalbennester auszumachen.

> Das frühe Mesozoikum hat etwas Rührendes und Heroisches.
> Clarence Day

Nicht weit von uns sitzen auch einige große Raben mit glänzendem schwarzem Gefieder auf den Felsen. Im Unterschied zu den deutlich kleineren Krähen haben Raben struppige Kehlfedern und ebenfalls struppige Federn an den Flügelspitzen. Sie streiten miteinander und stoßen ein ärgerliches *korrk* aus. Der Bootsführer des uns benachbarten Bootes hat offenbar eine Rabengeschichte erzählt, denn einige der Neurobiologen beginnen nun ihrerseits Geschichten über kluge Vögel zu erzählen.

Ich selbst habe einmal eine Geschichte von einem Naturfilmproduzenten in Seattle gehört, der beobachtet hatte, auf welch findige Weise einige Krähen, die an den Stränden des Nordwestens leben, einen Fähranleger benutzen, um Muscheln zu knacken. Muscheln schützen sich vor Freßfeinden durch einen Schließmuskel, der die Halbschalen fest zusammenhält. Mit einem Brecheisen würde man sie vielleicht aufkriegen, doch die Krähen haben eine einfache Methode gefunden, die Schalen zu zertrümmern. Kurz vor Ankunft der Fähre kommen sie angeflogen, mit Muscheln im Schnabel, die sie bei Ebbe auf dem nahegelegenen Strand gesammelt haben. Die große Muschel-Luftbrücke! Sie legen die Muscheln dann in einer Reihe hin, genau dort, wo die Autos von der Fähre herunterkommen. Die Autos fahren dann natürlich über die Muscheln,

und wenn sie weg sind, machen sich die Krähen über den Inhalt der auf-
gebrochenen Muschelschalen her. Krähen haben ein ziemlich großes
Gehirn. Ihr Körpergewicht entspricht ungefähr dem einer ausgewachsenen Ratte, doch ihr Gehirn ist fünfmal so groß.

Auch Möwen stellen sich beim Öffnen der Schalen nicht dumm an.
Man weiß seit langem, daß sie die Muscheln in die Höhe tragen und
dann auf steinigen Untergrund fallenlassen. Sie machen damit die
Schwerkraft zu einem einfachen, aber wirkungsvollen Werkzeug. Wenn
es beim erstenmal nicht klappt, packt die Möwe sich die Muschel und
trägt sie nochmals in die Höhe, wenn es sein muß, gut ein dutzendmal,
bis sie an die Nahrung herankommt. Natürlich funktioniert diese
Methode am besten bei steinigem Untergrund, aber ich habe auch schon
Möwen gesehen, die bei Ebbe ihre Muscheln wiederholt auf gewöhnlichen Sandstrand fallenließen. Der Aufprall auf den harten, nassen Sand
scheint nach einigen Wiederholungen doch seine Wirkung zu tun.

Es sind nicht nur Küstenvögel, die auf diese Methode gekommen sind,
um Schalen zu knacken. Der Schmutzgeier wendet sie in der afrikanischen Savanne an. Er trägt ein Straußenei in die Höhe und läßt es dann
fallen. Wenn das Ei dafür zu groß ist, hat der Geier einen anderen
Trick: Er trägt einen Stein in die Höhe und bombardiert damit das Ei.
Dies wurde schon in der Mitte des 19. Jahrhunderts beobachtet, lange
bevor der Mensch das Luftbombardement nochmals erfand.

Auch Raben bombardieren. Forscher, die ein Rabennest auf der halben Höhe einer steilen Felswand untersuchen wollten, wurden von den
aufgeregten Eltern angegriffen. Dann kamen Steine herunter. Die Forscher glaubten zunächst, es seien lose Steine, die von den besorgen
Elterntieren losgetreten worden waren. Sie sammelten dann die Steine
ein und entdeckten daran einen vielsagenden Ring aus organischem
Material. Sie schlossen daraus, daß die Raben die halb eingegrabenen
Steine aus der Erde oberhalb des Abhangs herausgewuchtet hatten, um
sie fallenzulassen. Das Bombardement war kein Zufall.

Wir Neurobiologen sprechen gern über die Forschung, speziell wenn
es um unser Fachgebiet geht: wie das Gehirn funktioniert. Für uns ist
das eigentlich nicht ein Arbeitsthema, das wir im Urlaub vergessen wollen, sondern mehr ein Hobby, von dem wir nicht lassen können. Einige
von uns haben sich auf Menschen spezialisiert, andere auf Affen, und
eine kleine Schar erforscht die primitiven Gehirne von wirbellosen Tieren. Die einen kommen aus der Medizin, andere aus der Zoologie, der
Anthropologie oder der Psychologie. Dieser unterschiedliche Bildungs-
hintergrund sollte uns doch in die Lage versetzen, die Grundlagen zu

verstehen, auf denen das Gehirn aufbaut, denn dadurch haben wir als Gruppe keinen schlechten Überblick über die Evolution. Der Grand Canyon versorgt uns natürlich im Übermaß mit ihren Zeugnissen. Sie stecken in den Wänden, die uns umgeben, eine Schicht über der anderen. Und die Zahl der Schichten nimmt ständig zu, je weiter wir fahren. »Ihr wißt ja, daß manche Darwinfinken auf den Galapagos-Inseln Werkzeuge benutzen«, begann Dan Hartline. Er ist ein alter Freund aus Hawaii, ebenfalls Neurobiologe. »Die Finken dort stammen wahrscheinlich alle von einer einzigen Finkenart ab, die aus Südamerika nach Westen abgetrieben wurde. Man braucht nur ein einziges Tier, das vom Wind weit aufs Meer hinaus getrieben wird, um ein ganzes Inselreich zu bevölkern.«

»Ein Tier dürfte sich ziemlich einsam fühlen – müssen nicht zwei auf dieselbe Insel verschlagen werden?« warf jemand ein.

»Man braucht nur ein befruchtetes Weibchen«, erwiderte Dan, »und ein bißchen Inzest. Auf den Galapagos-Inseln vermehrte sich diese Art sehr rasch. Sie spaltete sich dann in eine ganze Reihe neuer Arten auf, die sich durch die Schnabelform unterscheiden, je nachdem, was sie fressen. Manche haben dicke Schnäbel, um Samen knacken zu können, andere haben lange dünne Schnäbel, die sich dazu eignen, Insekten aus Baumritzen herauszuholen. Die Finken haben sich, wie man in der Wirtschaft sagt, diversifiziert.

Der Fink, der Werkzeuge benutzt, hat keinen besonders langen Schnabel«, fuhr er fort, »und er hat bestimmt nicht eine so lange Zunge wie der Specht, der damit tief in den Spalt eindringt. Trotzdem kommt er an die Insekten heran. Er nimmt einen abgebrochenen Zweig oder einen Kaktusdorn in den Schnabel und steckt ihn in den Spalt, woraufhin die Insekten auf den Stock krabbeln. Den zieht er dann heraus und frißt die Insekten. Ich finde das ziemlich schlau – gerade wie ein Schimpanse nach Termiten angelt, indem er einen Stock in den Termitenhaufen steckt.«

Auf Inseln kann man die Wirkung der Evolution sehr gut beobachten. Auf Hawaii gibt es zum Beispiel eine Unmenge von winzigen Fruchtfliegen. Die Inseln als solche bestehen noch nicht sehr lange, aber in dieser kurzen Zeit haben sich die Fliegen noch stärker diversifiziert als die Darwinfinken. »Aber sind solche evolutionären Erklärungen nicht ziemlich fragwürdig?« wollte jemand aus dem Boot neben uns wissen. »Ich habe in der Zeitung gelesen, daß Darwin sich geirrt hat.«

»Es wäre erstaunlich, wenn er sich bei den vielen Einzelheiten, die seine Schriften enthalten, nicht hier und da geirrt hätte«, antwortete ich.

»Aber insgesamt lag er verblüffend richtig. 1858 wußte man ja noch nichts von den Genen, und auch die Populationsbiologie war noch unbekannt. Durch welchen Mechanismus sich die Gene verändern, so daß aus einer alten Art eine neue hervorgeht, davon hatte er keine Ahnung. Ihm ging es aber um die Frage, *ob* eine Evolution stattgefunden hat. Wie, wo und wann sie sich vollzogen hat, das ist eine ganz andere Frage.«

»Daß eine Evolution stattgefunden hat, kann man ganz klar aus zwei Tatsachen herleiten«, erklärte Dan Hartline. »Erstens hat jedes Individuum ein oder zwei Elternteile, und das war, soweit wir wissen, immer so. Dadurch sind wir durch eine ununterbrochene Kette mit der Vergangenheit verbunden. Zweitens gilt für jede Art, daß es eine Zeit gegeben hat, zu der sie noch nicht existierte. Aus diesen beiden Tatsachen zusammen ergibt sich, daß eine Evolution stattgefunden hat, in der aus Vorfahren, die einer anderen Art angehörten, durch Modifikationen die heutige Art entstanden ist.«

Dies war schon vor Darwin offenkundig und allgemein bekannt. Es gibt auch andere »Erklärungen«, aber die sind im buchstäblichen Sinne unnatürlich. »Hier auf dem Fluß«, sagte ich, »sind wir zum Beispiel überall von Vögeln umgeben. In den Wänden des Canyons finden sich aber keine Vogelfossilien; diese Gesteinsschichten sind zu alt, sie bildeten sich, als Fische und Amphibien noch die vorherrschende Form tierischen Lebens waren und die Reptilien sich gerade erst entwickelt hatten. Wenn man jedoch nordwärts nach Utah geht, wo ich gestern war«, sagte ich und deutete stromaufwärts, »findet man Erdschichten aus sehr viel jüngerer Zeit, die noch nicht verwittert sind. Sie enthalten Fossilien, die abgewandelten primitiven Reptilien ähneln, sowohl Vögeln als auch Dinosauriern. Weiter nordwärts, in Wyoming, findet man sogar Knochen von frühen Primaten. Wenn es also in der mehr als 200 Millionen Jahre zurückliegenden Zeit keine Vögel gegeben hat, so haben die ersten Vögel doch sicherlich auch Eltern gehabt, Dinosaurier, die noch nicht richtig fliegen konnten.«

»Dan, entschuldige, wenn ich so dumm frage«, warf jemand ein, »aber hast du nicht gesagt, daß es auch möglich sei, daß ein Individuum nur ein Elternteil hat? Ich meine, wir hätten in der Schule gelernt, daß dafür immer zwei nötig sind.«

»Vielleicht warst du damals zu sehr auf Sex fixiert«, scherzte ein anderer.

»Sex und Fortpflanzung werden oft durcheinander geworfen«, meinte Dan schmunzelnd. »Unterschiedliche Geschlechter haben sich aber erst im letzten Drittel unserer biologischen Geschichte ausgebildet. Und bei vielen Arten sind noch die altmodischen Fortpflanzungsmethoden wie Knospung und Sporenbildung wirksam.«

»Du meinst Klone?«

»Das ist wieder eine andere Methode. Allerdings benutze ich das Wort nur noch ungern, seit die Presse es aufgegriffen und in auflagensteigernden Schlagzeilen ausgeschlachtet hat, in denen es hieß, man hätte von Hitler einen Klon machen können.«

»Wer hat denn nun das Fliegen erfunden?« fragte Dan Richard, der vorn in unserem Boot saß. Wir haben zwei Dans. Dieser ist Rechtsanwalt und juristischer Berater des Gouverneurs von Kalifornien. »Ich bin Segelflieger und habe mich immer gefragt, wie das Fliegen angefangen hat. Waren die Fliegen die ersten, die fliegen konnten?«

»Wahrscheinlich«, erwiderte ich, »aber nicht die gewöhnlichen, zweiflügligen Fliegen, die dir auf die Nerven gehen. Sie sind eine modernisierte Form von älteren vierflügligen Insekten, bei denen die Gene, die das zweite Flügelpaar hervorbringen, unterdrückt sind, so wie bei den Hühnern die Gene für die Zähne unterdrückt sind. Aber das Fliegen selbst ist sehr alt. Es ist so oft neu erfunden worden, daß man sich fragen kann, ob die Insekten wirklich die ersten waren. Es hat fliegende Dinosaurier gegeben, zum Beispiel den Pterodaktylus, deren reptile Vorfahren aber vermutlich nicht fliegen konnten. Die Vögel bildeten zum Fliegen statt bloß mit Haut überzogener Schwingen Federn aus. Unter den Säugetieren waren es die Fledermäuse, die aus einer Haut an den Vordergliedmaßen einen Flügel machten.«

»Es gibt eine ganze Reihe von Säugetieren, die von Baum zu Baum segeln können«, merkte Abby an. »Indem sie alle Viere von sich strecken, spannen sie lose gefaltete Haut aus, so daß eine Art Fallschirm entsteht.«

»Wußtet ihr, daß es nicht nur Flughörnchen und fliegende Fische, sondern sogar segelnde Schlangen gibt?« fragte Dan Richard. »Ich habe es im Fernsehen gesehen. In den Tropen gibt es eine Schlange, die Insekten frißt, welche oben in den Bäumen leben. Mit Hilfe von schuppenartigen Fortsätzen am Bauch klettert sie auf einen Baum. Wenn er leergefressen ist, müßte sie eigentlich wieder runter und auf einen anderen Baum klettern. Das tut sie aber nicht, sondern sie läßt sich fallen, macht sich platt wie ein Bumerang und schwebt zu einem anderen Baum. Es gibt sogar eine Spinne, die das Fallschirmprinzip benutzt.«

»Das Springen von Baum zu Baum ist im Grunde eine neu erfundene Verhaltensweise«, bemerkte Dan Hartline. »Erst ist das Verhalten da, dann folgt die Form, hat Konrad Lorenz einmal gesagt. Die Anatomie paßt sich später an, um ein Verhalten ungefährlicher und wirksamer zu machen. Tiere, deren Haut an den Beinen faltiger ist, können besser segeln, verletzen sich nicht so leicht, fressen mehr Insekten und hinterlassen mehr schlabberhäutige Nachkommen als ihre Konkurrenten. Innerhalb einer Art gibt es immer verschiedene Varianten, von denen einige erfolgreicher sind als andere – so funktioniert die natürliche Auslese.«

»Heute erscheint uns das selbstverständlich«, bemerkte ich. »Aber erst etliche Jahrzehnte, nachdem die Evolution als solche eine anerkannte Tatsache war, ist jemand auf die Idee gekommen, daß neue Arten aus diesem selektiven Überleben hervorgegangen sind. Erst sind die Variationen da, dann folgt die Auslese. Ein Zeitgenosse Darwins soll gesagt haben: ›Schrecklich dumm, daß wir daran nicht früher gedacht haben!‹«

# Meile 8
# Die Badger-Stromschnelle

Eine weite Reise kann nur gelingen, wenn man ständig das Naheliegende im Blick behält. Wir brachen deshalb das Gespräch über die Evolution ab und wandten uns einer Erscheinung stromabwärts zu, die unsere ganze Aufmerksamkeit erforderte.

Sue stellte sich auf ihren Sitz, so locker und geschmeidig wie eine Ballettänzerin, die soeben das Aufwärmen beendet hat. Als Kapitän dieses Gummifloßes hatte sie gerade Anweisung gegeben, wir vier Mitreisende sollten uns jeder in einer Ecke festhalten. (Die formlose Art, in der sie aufstand, ließ mich unwillkürlich an einen Buspassagier denken, der an der nächsten Haltestelle aussteigen will. Dann fiel mir ein, daß sie ja das Boot steuerte.) Sie war wohl nicht aufgestanden, um uns im Stich zu lassen, sondern um eine bessere Sicht auf das kochende Wildwasser der Stromschnelle zu haben, auf die wir mit der Strömung zutrieben. Mit einem gelegentlichen Ruderschlag hielt Sue uns auf Kurs.

Die Ruhe, mit der der Colorado River dahinströmte, war trügerisch – wie oberhalb eines Wasserfalls oder vor dem Damm eines Stausees. Doch die Badger-Stromschnelle, so tröstete ich mich, ist noch kein Wasserfall. Auch bei Wasserfällen gibt es ja Abstufungen, und Badger erreicht gerade mal 7 auf der Skala des Grand Canyon (10 ist eine kaum noch befahrbare Monster-Stromschnelle, woraus ich schließe, daß bei 11 die echten Wasserfälle beginnen). Hinter dem Rand der Stromschnelle, wo das flache Wasser ganz einfach zu enden schien, schossen gewaltige Fontänen in die Luft, so als wolle die Stromschnelle mit ihrer Kraft prahlen, wie ein Gorilla, der sich auf die Brust trommelt. Von den einzelnen Fontänen war merkwürdigerweise nichts zu hören – ihr Geräusch ging vermutlich in dem anhaltenden Getöse der gesamten Stromschnelle unter. Eine weiße Gischt vor dem Hintergrund der rotbraunen Canyonwände, schossen sie bald hier, bald da in die Höhe. Wie Blitze, wenn man zu weit weg ist, um den Donner zu hören. Aber diese Fontänen sind, hm, verdammt nah. Und sie kommen immer näher. Müssen wir da hindurch?

Während wir auf die Stromschnelle zutrieben, gab Sue uns einen kurzen Sicherheitslehrgang. Schwimmwesten sind nicht schlecht, wenn es darauf ankommt, aber eigentlich sollte man versuchen, sich im Boot zu halten. »Hockt euch in die Ecke von eurem Abteil«, sagte sie. »Wenn der Boden des Bootes auf den Wellen auf- und niedergeht, müßt ihr die Bewegungen mit den Beinen ausgleichen, wie beim Skifahren. Klemmt euch in die Ecke und paßt auf, daß ihr auf den Füßen bleibt. Und vergeßt nicht, euch an den beiden Handgriffen festzuhalten. Immer an beiden.«

Nach diesem Kurzlehrgang setzte sie sich ebenso beiläufig, wie sie aufgestanden war, wieder hin. Routinemäßig zog sie sich die Schwimmweste etwas strammer und guckte nach, ob das Messer im Gürtel steckte (»Paßt auf, daß ihr euch nicht in ein Tau verwickelt, wenn wir koppheister gehen«, hatte sie vor ein paar Minuten gesagt). Sie zog an dem einen, dann an dem anderen Riemen und steuerte uns genau auf die Stelle zu, wo sie in die Stromschnelle hineinfahren wollte, wobei sie das Wildwasser vor uns nicht einen Moment aus den Augen ließ. Ich glaube, sie liebt Wildwasserfahrten.

★

Das Wasser war so ruhig, daß wir uns ein bißchen dumm vorkamen, wie wir da mit weißen Knöcheln angeklammert in unserer Ecke hockten. Dann glitten wir über den glatten Rand der Stromschnelle in die erste, sanft rollende Woge der Zunge hinein. Das war harmlos, aber ich ließ mich nicht täuschen. Als wir das Ende der Zunge erreichten, schlug über den rechten Bord eine scheußlich kalte Welle herein und entlockte denen, die sie traf, einen schrillen Schrei. Ein Eimer kaltes Wasser bleibt ein Eimer kaltes Wasser, auch wenn man damit gerechnet hat. Nach diesem kurzen Kennenlernen ging alles so schnell, daß wir gar nicht mehr darüber nachdenken konnten, was wir taten.

Während der Bug des Bootes sich gegen eine Welle aufbäumte, bog es sich in der Mitte durch, weit nachgiebiger, als wir erwartet hatten. Auf dem Kamm der Welle angekommen, gab der hintere Teil genauso stark in der anderen Richtung nach. Ein Achterbahnzug aus Gummi. Mit ein paar schnellen Ruderschlägen führte Sue uns an einer anderen stehenden Welle vorbei, die in einem kochenden weißen »Loch« endete. Dem Loch glücklich entkommen, tauchte aus dem Nichts eine kleinere Welle auf, die einige Eimer voll kalten Flußwassers in das hintere Abteil schleuderte. Es folgten noch zwei größere Wellen. Alles schrie, selbstvergessen oder aus einem widersinnigen Vergnügen.

Der Fluß drehte das Boot um, so daß wir mit dem Heck nach vorn weiterfuhren. Der Boden des Bootes schien ein Eigenleben zu führen – mal hing er schlaff durch, um dann wieder kraftvoll innerhalb des Abteils in die Höhe zu schnellen. Während jeder sich in seiner Ecke festzuhalten versuchte, arbeiteten unsere Beine wie Kolben, so als ginge es auf Skiern über eine endlose Buckelpiste.

Schließlich war das Drehen und Wenden vorbei, das Auf und Ab ließ allmählich nach, und da saßen wir nun mit erstauntem Gesicht, von dem das kalte Wasser herabtropfte. Neben uns entdeckten wir einen Strudel, der die Wassermassen mit einem eleganten Schwung wieder flußauf fließen ließ. Schwer gegen die Strömung ankämpfend, ruderte Sue uns in den Strudel hinein, dann wechselten wir die Richtung und wurden ein Stückweit stromauf getrieben.

Was hat sie nun vor? Will sie die Runde nochmal machen? Zum Staunen blieb uns kaum Gelegenheit. Auf Befehl standen wir alle vornübergebeugt, um das Wasser eimerweise aus dem Boot zu schöpfen. Ein paar Minuten lang sahen wir von der unglaublichen Landschaft des Marble Canyon kaum etwas.

★

Sorge dafür, daß du bekommst, was du magst, sonst wirst du gezwungen werden, zu mögen, was du bekommst. Wo es an der Ventilation fehlt, wird frische Luft zu etwas Ungesundem erklärt.
                          George Bernard Shaw

Sue sagte, sie hielte sich normalerweise aus den Strudeln heraus, aber diesmal müßten wir uns bereithalten, um im Notfall eines der anderen Boote abzuschleppen oder jemanden aus dem Wasser zu ziehen. (Soso, und wer hielt sich für uns bereit?) Deshalb also mußten wir das Boot so schnell wie möglich ausschöpfen, denn ein Boot voller Wasser läßt sich nicht leicht rudern und ist als Rettungsboot auch nicht besonders schnell. Nach diesem unmißverständlichen Hinweis taten wir unser Bestes, um noch den letzten Teelöffel Fluß aus dem Boot zu schöpfen. Sue hat ihr Schiff fest im Griff.

Von unserer neuen Position aus konnten wir beobachten, wie die anderen sechs Boote durch die Stromschnelle kamen. Das Geschrei der Passagiere war bei dem Donnergetöse kaum zu hören. Eines der Boote verschwand in einem Wellental und kam zu unserer Überraschung an einer ganz anderen Stelle heraus, als wir erwartet hatten. Die meisten bekamen sehr viel mehr Wasser ab als wir. Das letzte Boot fuhr verkehrt in eine Welle hinein, war nicht mehr zu lenken und geriet in einen brodelnden Hexenkessel hinein. Als es schließlich, ziemlich tief im Wasser liegend, an uns vorüberschoß, waren alle vier Passagiere wie wahnsinnig am Schöpfen. Mit ein paar kräftigen Ruderschlägen fuhr Sue aus dem Strudel heraus, und in der Hauptströmung angekommen, folgten wir den anderen Booten.

Susan Bassett, unsere Bootsführerin, früher Sekretärin an der Harvard Medical School, wird von den anderen Bootsführern »Subie« gerufen. Sie ist groß und schlank und hat große, ausdrucksvolle Augen, denen nichts entgeht. Als ich sie jetzt wiedertraf, fiel mir die erste Flußfahrt ein, die ich mit ihr gemacht hatte und bei der es den Middle Fork des Salmon River in Idaho hinunterging. Sie trug damals eine Baseballmütze, auf der die Buchstaben SUE B standen (weil es in dem ersten Team, mit dem sie auf Fahrt ging, noch eine Sue gab). Diese Mütze ist wahrscheinlich schon längst hinüber, aber alle nennen sie noch immer Subie. Als ich an der Harvard Med meinen ersten Hauptkurs über Hirnphysiologie hatte, war sie im Büro des Dekans tätig, und ich habe die starke Vermutung, daß sie die hilfreiche Sekretärin war, die für mich noch ein freies Mikroskop aufgetrieben hat. Wir treffen uns immer wieder an den seltsamsten Orten.

★

Ein Aufzug für Vögel? Es sieht ganz danach aus. Über dem linken Ufer kreisen einige Vögel, und mit jeder Runde steigen sie höher hinauf. Dan Richard hat es als erster gesehen; ein Segelflieger kann so herausfinden, wo Aufwind herrscht, er braucht nur nach Vögeln zu schauen, die ihn nutzen.

Als Abby die Vögel aufsteigen sah, erzählte sie uns, was sie gestern bei Betatakin, einer alten Felssiedlung, beobachtet hatte. »Es war wohl gegen neun Uhr morgens, und wir zogen mit dem Parkwächter durch die Schlucht. Gerade erreichte die Sonne die Behausungen, die an der Rückseite einer riesigen Nische in den Felswänden stehen. Doch vor Betatakin kreisten wohl an die drei Dutzend große Vögel in der Luft. Wahrscheinlich waren es Geier.«

»Segelten sie auf einer Thermik, die aus dem Canyon aufstieg?« fragte Dan Richard.

Abby nickte. »So sagte es der Parkwächter. Sie hatten gerade erst begonnen, langsam zu kreisen, als sie schon auf halber Höhe waren. Kurz darauf hatten sie den Canyon unter sich gelassen. Sie begannen, mit ihren weittragenden Flügelschlägen davonzufliegen, und waren in Kürze außer Sicht. Als wir bei den Ruinen ankamen, waren sie alle mit dem Aufzug nach oben gefahren und verschwunden. Auf dem Weg zur Arbeit.« Warme Luft steigt auf. Und Vögel wissen das. Auf jeden Fall sind jene Vögel, die das herausbekommen, sehr viel effizienter, kriegen mehr Junge groß und bevölkern auf diese Weise die Welt mit schlaueren Vögeln.

★

Die Evolution ist eine Tatsache, keine Theorie ... Vögel entwickeln sich aus Nichtvögeln, Menschen aus Nichtmenschen.
Der Genetiker Richard C. Lewontin, 1981

Alles ist, was es ist, weil es so geworden ist.
Der Biologe D'Arcy Thompson, *On Growth and Form*, 1917

Das häufigste Argument für einen umfassenden Schöpfungsplan besagt, die vielfältigen anatomischen Formen seien viel zu kompliziert, als daß sie zufällig entstanden sein könnten, und jede gegenteilige Behauptung verstoße gegen den gesunden Menschenverstand. Architektur setze doch einen Architekten voraus, und so weiter.

Gegen eine Schöpfungsplan wird zumeist Darwins natürliche Auslese ins Feld geführt, der zufolge all unsere Fähigkeiten durch allmähliche Anpassungen entstanden sind, beispielsweise auch die losen Hautfalten der Flughörnchen. Dieser Anpassungsidee zufolge setzen sich Gene, die an einem erfolgreichen Überleben beteiligt sind, in der folgenden Generation stärker durch. Wenn man den Zinseszins über Tausende von Generationen berechnet, zahlen sich auch schon geringe Unterschiede hinsichtlich Überleben und Fortpflanzung aus. Und auf diese Weise entstanden die Darwinfinken, eine ganze Familie von Vogelarten, die sich jeweils auf die eine oder andere Art von Nahrung spezialisiert haben. Was auf einer frisch besiedelten Insel in wenigen Jahrtausenden ablaufen kann, mag auf dem Festland ein bißchen länger dauern, aber der Prozeß ist im wesentlichen derselbe. So sind vermutlich alle Arten entstanden, auch wir.

Abby war von dieser Evolutionsidee nicht überzeugt. »Was mich an dieser gängigen Darstellung der Evolution stört, sind nicht so sehr die Dinge, die man meistens als Gegenbeispiel anführt, etwa das Auge – ein so vollkommenes optisches Instrument kann doch unmöglich durch Zufall entstanden sein, es ist ein sicheres Anzeichen für die lenkende Hand eines Schöpfers –, denn daß nützliche Merkmale durch Anpassung entstehen, ist mir schon klar.« Sie nahm ihren großen Strohhut ab und strich sich das blonde Haar zurück. »Ich finde jedoch, daß unsere Talente in vielerlei Hinsicht weit über die Anforderungen unserer Umwelt hinausschießen.«

Sie beugte sich vor und fuhr dann mit einer weit ausholenden Geste fort. »Denkt doch nur an die Musik. Hat es für das Überleben auch nur den geringsten Vorteil, wenn man Bachs *Goldberg-Variationen* verfolgen kann, gar nicht erst zu reden vom Komponieren? Gewiß, die Freude an der Musik könnte den sozialen Zusammenhalt gestärkt haben, und vielleicht hat das Tanzen zur Musik soziale Spannungen abgebaut. Mir kann aber keiner erzählen, daß die vormenschlichen Primaten Rockkonzerte veranstaltet haben und dadurch zu besseren Kriegern oder zu friedlicheren Bürgern geworden sind. Und selbst wenn es so gewesen sein sollte, muß man sich doch fragen, wie solche hochkomplizierten musikalischen Fähigkeiten wie der Sinn für die Harmonie oder die Erfindung von vierstimmigen Inventionen dadurch selektiert wurden. Zur Erklärung der Musik reichen Anpassungsargumente einfach nicht aus.«

Wir mußten ihr recht geben. So sehr wir uns auch den Kopf zerbrachen, uns fiel nichts ein, was dafür gesprochen hätte, daß unsere beträchtlichen musikalischen Fähigkeiten, die über den ausgelassenen Regentanz der Schimpansen weit hinausgehen, zum Überleben der Vorläufer des Menschen und damit zu ihrer Evolution beigetragen haben.

Es gibt aber, wandten wir ein, in der Evolution manchmal Seitensprünge, durch die ein anatomisches Merkmal eine zusätzliche, unerwartete Nutzung erfährt, abgesehen von derjenigen, für die es durch die natürliche Auslese geformt wurde. Die Musik könnte doch ein solcher Seitensprung sein.

Abby ließ nicht locker und wollte wissen: »Aus welchem ursprünglichen Talent ist denn nun die Musik hervorgegangen?«

Eine gute Frage. »Vielleicht aus der Sprache. Beide sind zeitliche Abfolgen von Klängen«, antwortete jemand, den ich nicht kannte. Diese Antwort gefiel mir.

»Aber«, hakte Abby nach, »bringen solche Fähigkeiten wie die Musik euch nicht auf die Idee, daß es ein höheres Prinzip geben könnte, dem das Leben folgt, so etwas wie ein Ziel der Evolution?«

Nein, erwiderten die Biologen unter uns. Was nicht heißen sollte, daß wir sicher waren, daß es ein solches Prinzip nicht gibt, aber es gehört nun einmal zum Berufsrisiko unseres Faches, Agnostiker zu sein. Ein Leitprinzip dürfen wir deshalb nicht unterstellen, weil es uns davon abhalten würde, nach einfacheren Erklärungen zu suchen. Wir würden in eine Sackgasse geraten. Wir müssen versuchen, ein Szenario zu finden, dem zufolge die Erfindung der Musik als ein Seitensprung aus der adaptiven Verbesserung einer anderen Fertigkeit hervorgegangen ist.

»Und was ist mit dem Lachen? Könnt ihr mir dessen evolutionären Nutzen nennen?« fragte Abby. Auch das noch! »Schimpansen und Menschenaffen balgen und kitzeln sich, aber sie lachen nicht, und Sinn für Humor scheinen sie auch nicht zu haben. Dabei ist das Lachen meistens ein unwillkürlicher Reflex, also nicht gerade das, was ihr als eine höhere Hirnaktivität bezeichnet. Könnt ihr mir sagen, wie es dazu durch natürliche Auslese gekommen sein könnte?«

Tja, also noch ein Punkt in meiner Liste der unerklärten Dinge: Musik, Humor, und nun das Lachen. Wir haben zwei volle Wochen, um uns darüber Gedanken zu machen.

Subie macht uns auf Ten Mile Rock aufmerksam, eine große Felssäule am rechten Ufer, einige Stockwerke hoch. Vor langer Zeit von den Klippen herabgestürzt, ist sie aus irgendeinem Grund nicht umgefallen. Es ist nicht der gewöhnliche balancierende Stein, wie wir auf dem Weg von der Navajo Bridge nach Lee's Ferry einen gesehen haben. Solche Gebilde entstehen durch Erosion, wenn eine weichere Schicht unter einem härteren Material fortgespült wird.

Was einige auf Abbys Bemerkung erwiderten, daß an der Evolution noch »etwas anderes« beteiligt sein könnte, gefiel mir sehr gut. Sie verglichen die Forschung mit dem Zusammenfügen eines Puzzlespiels, mit dem Versuch, aus all den kleinen Bruchstücken das große Bild sichtbar werden zu lassen. Bislang ähnelt es einem Baum. Nicht einer Vielzahl kleiner Bäume, sondern einem einzigen großen Baum.

Erst vor 200 Millionen Jahren sind die Vögel entstanden, und erst seit einigen Millionen Jahren gibt es auch Primaten mit großem Gehirn. Wir wissen nicht, ob die vormenschlichen Fossilien, die wir finden, zu direkten Vorfahren von uns gehören oder ob sie Vettern auf einem etwas anderen Zweig des Baumes sind. Für jeden, der sich mit den Tatsachen befaßt, ist jedoch vollkommen klar, wie sich der Baum nach unten hin *fortsetzt.* Es handelt sich nicht um eine Ansammlung von Geschöpfen, die hier und da unabhängig voneinander entstanden sind.

Wir sind Menschenaffen. Die Menschenaffen gehören zum Zweig der Primaten. Die Primaten haben ihre Wurzeln in den Säugetieren. Die Säugetiere und die Vögel haben sich aus den Reptilien entwickelt. Um die Zeit, in der sich das Material des uns umgebenden Canyons ablagerte, entwickelten sich die Reptilien aus den Amphibien. Noch weiter zurück entwickelten sich die Amphibien aus den Fischen, die sich aus primitiven Chordaten entwickelten, welche sich ihrerseits aus einem wirbellosen Tier entwickelten, das viel mit der Seescheide gemein hatte. Die Wirbellosen und alle übrigen vielzelligen Organismen entwickelten sich aus einem einzigen Zelltypus, dem Eukaryoten oder der, wie ich sie nenne, Superzelle. Superzellen bilden den Stamm des Evolutionsbaumes, aus dem mehrere Dutzend Hauptzweige hervorgegangen sind.

Es hat lange gedauert, bis sich die Superzelle aus der Einfachzelle, dem Bakterium, entwickelte. Während rund 75 Prozent der Zeit, die seit Entstehung der Erde vergangen ist, gibt es Bakterien, dreimal so lange wie die Superzelle. Es sieht sogar so aus, als seien bestimmte Bestandteile der Superzelle – etwa die Mitochondrien – Tramper gewesen, selbständig lebende Organismen, die von der Zelle aufgenommen und für ihre Arbeit eingespannt wurden. Es hat den Anschein, als sei die Superzelle ein Gemeinschaftswerk, das sich aus bakteriellen Komponenten, die eine gemeinsame Entwicklung durchliefen, selbst organisiert hat. Das Bakterium entwickelte sich in seinen vielfältigen Formen aus einem gemeinsamen Vorläufer, der seinerseits vermutlich das Ergebnis eines Konkurrenzkampfes war, der sich in den Urmeeren zwischen verschiedenen Formen sich selbst replizierender chemischer Systeme abspielte, die einen gemeinsamen genetischen Code benutzten. Der Apparat, mit dem das Bakterium Proteine herstellt, kann sogar menschliche Proteine aufbauen – etwa das Wachstumshormon, das den Kleinwüchsigen fehlt –, wenn man die genetischen Anweisungen für die Herstellung dieser Proteine aus der DNA einer menschlichen Zelle herausholt und in das Bakterium einpflanzt; ein klarer Beweis dafür, daß wir immer noch das gleiche System des Proteinaufbaus benutzen, das schon in der Frühzeit der Erde funktionierte.

Wir können uns sogar vorstellen, daß Chemikalien, die in seichten Gewässern umhertrieben, sich während der Kindheit der Erde selbst zu primitiven Bakterienzellen organisierten, die die verblüffende Fähigkeit besaßen, Kopien von sich zu machen. Wir haben eine Vermutung über die Entwicklung der im genetischen Code steckenden Anweisungen, die als kettenartig aufgereihte Blaupausen der Zelle sagen, wie sie eine andere lebende Zelle aufbauen soll. Wir wissen, wie die auf Kohlenstoff basierenden Substanzen, aus denen lebende Organismen bestehen, noch vor dem Leben selbst entstanden sein könnten, denn wir haben ihre Synthese bei vielen unterschiedlichen Laborexperimenten beobachtet, in denen die auf der frühen Erde herrschenden Bedingungen nachgeahmt wurden. Wir wissen außerdem, wie Kohlenstoff und all die anderen Elemente, die schwerer als Wasserstoff und Helium sind, im dichten Zentrum kollabierender Sterne aufgebaut wurden. Und wir haben eine ungefähre Vorstellung davon, wie aus reiner Energie der Urknall hervorging, der zur Bildung von Sternen aus Wasserstoff und Helium führte.

Diese ganze Ereigniskette hat etwa 15 Milliarden Jahre in Anspruch genommen, während unsere eigentümlich großen Gehirne sich erst in den letzten zwei Millionen Jahren entwickelt haben. Das Puzzle wurde überwiegend von den letzten paar Generationen von Menschen mit Hilfe der Naturwissenschaften zusammengefügt; sie bauen auf den kulturellen Grundlagen auf, die Tausende von Generationen geschaffen hatten. In keinem der erwähnten Stadien braucht man ein Wunder zu unterstellen. Es ist wirklich wie bei einem Puzzlespiel: Wenn Sie das richtige Stück, das in eine Lücke hineinpaßt, nicht finden, lassen Sie ja auch nicht die Arme sinken, um die Lösung des Problems nur noch von einem Wunder zu erwarten, sondern Sie suchen weiter, bis Sie schließlich etwas finden, das die Puzzleteile miteinander verbindet.

Diese prächtige wissenschaftliche Fassade ist jedoch kein vollendetes Puzzlespiel, noch nicht. Vielleicht stoßen wir eines Tages auf ein Stück, das nirgends paßt, auf eine Lücke, die sich nicht schließen läßt. Die Kritiker, die hin und wieder »unbewiesen« (statt »unvollendet«) rufen, sind dennoch kurzsichtig, wenn sie nicht erkennen können, daß das Bild, welches das unvollständige Puzzle bietet, einen einzigen riesigen Baum darstellt. Es muß nicht unbedingt jede Generation mit der unmittelbar voraufgegangenen durch Linien verbunden sein, damit man erkennt, daß das Gesamtbild einen einzigen großen Baum darstellt und nicht einen Wald aus kleinen Bäumen, die unabhängig voneinander hier und da aus nichts entstanden sind.

Die Evolutionstheorie ist kein euklidischer geometrischer Satz, der »bewiesen« werden muß, sondern eine historische Synthese, die wichtige Erscheinungen der Vergangenheit auf effiziente Weise erklärt und zutreffende Vorhersagen liefert. Sie ist eine bewährte Theorie, die das ganze Gebäude der Biologie zusammenhält, von den Molekülen bis zu den Menschen. Sie ist jedoch noch nicht vollständig, und es ist nicht immer klar, was aus ihr folgt.

★ ★ ★

[Wunder beruhen einfach darauf,] daß unsere Wahrnehmungen feiner gemacht werden, so daß unsere Augen für einen Augenblick das sehen und unsere Ohren das hören können, was uns immer umgibt.

Willa Cather, *Der Tod holt den Erzbischof*, 1927

Die Soap-Creek-Stromschnelle liegt hinter uns. Wir sind noch durchnäßt, aber die Boote haben wir inzwischen ausgeschöpft. Der Soap Creek hat zwar nur die Schwierigkeitsstufe 5, doch sind hier schon etliche Menschen in große Schwierigkeiten geraten. Subie weist auf eine Inschrift hin, die 1889 in den Fels geritzt wurde und den Tod von F. M. Brown meldet – Peter Hansbrough, der sie einritzte, ertrank fünf Tage später selbst. Es kommt auf dem Colorado zwar immer noch zu tödlichen Unfällen, doch sind sie ziemlich selten geworden, weil die Boote besser geworden sind und die Bootsführer von den Erfahrungen profitieren, die ein Jahrhundert lang von einer Generation von Flußfahrern an die nächste weitergegeben wurden. Heute fährt man zum Beispiel mit dem Gesicht nach vorn in die Stromschnellen hinein, statt ihnen, wie es bei Ruderbooten üblich war, den Rücken zuzukehren. Es macht doch sehr viel aus, wenn man sieht, wohin man fährt. Durch solche Verbesserungen verläuft die kulturelle Evolution sehr viel schneller als die biologische Evolution, die vielleicht noch auf eine Variante warten muß, die alles andersherum macht.

Die Evolution besitzt keinerlei Zukunftkonzept und verfährt daher opportunistisch; durch die Beibehaltung der gerade verfügbaren Eigenschaften entsteht ein Flickenteppich von Provisorien. Auch wir sind unvollkommen, Produkte jener Herausforderungen, vor denen während der Eiszeiten unsere Vorfahren standen, die anfangs kein größeres Gehirn hatten als die Gorillas. Auf irgendeine Weise ließ die Evolution dieses Gehirn aufs Dreifache anwachsen und schuf eine einmalige Kombination angeborener Fähigkeiten zur Anfertigung von Werkzeugen, zum Werfen von Speeren und zum Aussprechen von Sätzen. Sie schuf sogar die Begabung für Musik und Poesie. Und den Humor. Auf irgendeine Weise.

Wir nehmen alle an einem kosmischen Pokerspiel teil, bei dem das Haus über einen unendlichen Vorrat an Chips verfügt. In diesem Spiel können weder wir noch unsere

Gene jemals wirklich gewinnen, denn wir können unsere Chips nicht einlösen und nach Hause gehen... Es gibt nichts außer dem Spiel, und da es schon sehr lange dauert, sind nur die besten Spieler übriggeblieben. Es geht bei diesem Spiel um die Existenz, es ist das einzige Spiel, das gespielt werden kann, und wir können allenfalls versuchen, so lange wie möglich mitzuspielen. Da wir ohnehin alle spielen, dürfen wir vielleicht auch Spaß daran haben. Zumindest sollten wir versuchen, es zu verstehen.

Der Soziobiologe David Barash,
*The Whisperings Within*, 1979

★ ★ ★

Auf dem linken Ufer könnte man fossile Spuren von Reptilien besichtigen, aber dafür fehlt uns die Zeit. Außerdem müssen wir wieder fleißig das Boot leerschöpfen. An der Sheer-Wall-Stromschnelle senkt sich das Flußbett gerade mal um eine knappe Stockwerkshöhe, aber nichtsdestoweniger schwappte uns eine große Welle über das Heck hinein, genau dort, wo ich sitze. Nach einem alten Flußführer wird Sheer Wall mit 7 eingestuft, doch in der blauen Bibel steht, daß moderne Bootsführer die Schwierigkeit nur mit 2 bewerten. *Sic transit gloria.*

Die Reptilienspuren befinden sich im Coconino-Sandstein, jener Saharasand-ähnlichen Schicht, die weiter oben, wo die Brücke sich über den Canyon schwingt, gerade aus dem Wasser herausragt. Hier liegt sie ein ganzes Stück über der Wasserlinie. Diese Schicht enthält merkwürdigerweise keine fossilen Reptilien, sondern nur deren Fußspuren. Ich hätte beinahe gesagt, daß die Tiere möglicherweise von Geiern und Habichten gefressen wurden, doch damals, vor 270 Millionen Jahren schwangen sich nur Insekten in die Lüfte. Der Fluß konfrontiert uns unausweichlich mit der Zeit, mit gewaltigen Zeitspannen.

# Meile 17
# Die House-Rock-Stromschnelle

Der Fluß war langsamer und breiter geworden. Subie mußte sich stärker in die Riemen legen. Und dann kam von irgendwoher das Brummen eines Flugzeugs, nur daß es nicht in der Ferne verklang, wie man es sonst von Flugzeugen kennt. Es wurde vielmehr lauter und lauter. Subie lächelte über unsere Bemühungen, das Flugzeug zu lokalisieren, und sagte, gleich hinter der nächsten Biegung käme die House Rock-Stromschnelle. Mit 8 bewertet, kommt sie einem echten Wasserfall noch näher als die Badger-Stromschnelle.

Wir fingen gerade an, uns Sorgen zu machen, daß unsere Fotoapparate naß werden könnten, als Subie sagte, es sei noch Zeit, sie in den Munitionskisten zu verstauen, denn zunächst würden wir oberhalb der House-Rock-Stromschnelle an Land gehen, um von dort einen Blick auf die Stromschnelle zu werfen. Sie ließ unser Boot auf einen breiten Sandstrand am rechten Ufer laufen, und wir kletterten alle hinaus.

Subie und die anderen Bootsführer begaben sich, von einem Felsblock zum anderen springend, zu ihrem Lieblings-Aussichtsplatz. Wir anderen gingen, noch immer in unseren orangefarbenen Schwimmwesten, den Strand hinunter, um uns die Stromschnelle aus der Nähe anzusehen. Der Fluß bildete über die Länge eines Häuserblocks hinweg eine Reihe von großen Wellen. Sie wogten, von einigen gewaltigen Kämmen abgesehen, gleichmäßig auf und nieder, oft mannshoch. An einigen Stellen stürzte der Fluß wie ein Wasserfall über eine steile Felskante herab und riß dabei große Luftmassen mit, die das Wasser unterhalb in einen brodelnden Kessel verwandelten; die Bootsführer sprechen bei diesen gefährlichen Turbulenzen von einem »Loch«.

Doch die großen Wellen standen still, wie es bei Hügeln und Tälern der Fall ist. Ein verblüffender Anblick selbst für diejenigen unter uns, die den Grund dieser Erscheinung begriffen. Im Meer wandern die Wellen, das Wasser jedoch nicht – es wird lediglich die Energie weitergegeben, wie bei einer Reihe von Billardkugeln, die dicht aneinander liegen und einander klick-klick-klick anstoßen, und nur die letzte Kugel rollt fort. Bei einer Stromschnelle sind die Wellen stationär, aber das Wasser bewegt sich. Es sind buchstäblich stehende Wellen, wie sie Pythagoras vor 2500 Jahren an schwingenden Saiten entdeckte. Da sie nicht vollkommen stationär sind, erzeugen sie ein paar Spritzer, um die Sache für die Bootsfahrer interessanter zu machen. Wo innerhalb der Stromschnelle die Wellen und die Löcher liegen, hängt natürlich auch von der Wassermenge ab, die der Fluß mit sich führt.

Leider, so erklärt uns Dan Richard, bestimmen heute die Techniker des Glen-Canyon-Staudamms den Wasserstand des Colorado. Und das nicht nur in Abhängigkeit von der Jahreszeit. Etwa seit 1980 richtet sich die stündlich freigegebene Wassermenge nach der Anzahl der Klimaanlagen, die in Phoenix eingeschaltet werden, das heißt, sie sorgen für den

Spitzenstrombedarf. Ohne Umweltverträglichkeitsprüfung (welche die Regierung, so erklärt uns unser Jurist, von Rechts wegen hätte vornehmen lassen müssen) wird der Colorado jetzt täglich von hohen künstlichen Gezeiten heimgesucht, die im Rhythmus des Wirtschaftslebens steigen und fallen. Wenn in ein paar Stunden doppelt so viel Wasser abgelassen wird, verschwinden die stehenden Wellen im Hochwasser. Für die Leute, die den Staudamm gebaut haben und betreiben, ist der Canyon bloß ein belangloser Abflußkanal. All die herrlichen Schluchten oberhalb des Glen Canyon-Damms, die einmal Namen wie Music Temple und Tapestry Wall trugen, sind jetzt unter blaßgrünen Wassermassen begraben. In den untergegangenen Schluchten sammelt sich jetzt der rötlichbraune Schlamm, der dem Fluß über Jahrmillionen hinweg seine unvergleichliche Farbe verlieh. Von der sonst so willkommenen Verhütung von Überschwemmungen kann hier keine Rede sein. Hohe Staudämme zur Gewinnung von Wasserkraft verhindern keine Flutwellen, sondern erzeugen sie vielmehr.

★

Die Bootsführer hatten es eilig und beorderten uns umgehend zu den Booten zurück. Sie wollten losfahren, bevor die große Flutwelle kam, verursacht durch die Klimaanlagen, die heute morgen eingeschaltet werden würden.

Subies Boot sollte wieder als erstes die Stromschnelle nehmen, und sie ruderte mit kräftigen Schlägen stromauf, um unser Boot in der Mitte des Flußbetts in Position zu bringen. Nochmals erklärte sie uns eingehend, woran wir uns festhalten durften und woran nicht. »Meidet das blaue Seil an der Außenseite des Bootes, es sei denn, ihr seid über Bord gegangen und müßt euch irgendwo festhalten. Auf keinen Fall dürft ihr euch in ein Tau verwickeln oder mit den Beinen in einen Spalt geraten. Wenn das Boot umkippt, dürft ihr nicht darunter steckenbleiben, sondern müßt euch unbedingt freimachen.« In der Schwimmweste, erklärte Subie, »werdet ihr wie ein orangener Korken den Fluß hinunterhüpfen und dabei die einmalige Gelegenheit haben, eine Wildwasserfahrt aus der Sicht eines Korkens zu erleben. Irgendeiner wird dann schon zu euch herüberrudern und euch herausfischen.« Beruhigt stellten wir uns auf die Stromschnelle ein, die hier nur als eine Menge Spritzwasser jenseits der glatten Oberfläche unseres aufgestauten Sees zu sehen war.

»Ach ja«, fügte Subie an, »wenn ich schreie OBEN, müßt ihr euch mit eurem ganzen Gewicht auf die obere Seite des Bootes werfen. Dies für den Fall, daß eine Seite des Bootes von einer Welle überspült wird.«

Wie beim Segeln, wo man sich hinauslehnt, um ein Gegengewicht zu bilden. Das muß fix gehen.

Als Subie sich vorhin darüber beschwert hatte, daß jemand Sand ins Boot geschleppt habe, hatte sie gesagt: »Na ja, gleich kommt es in die Waschanlage.« Als wir jetzt durch die House Rock-Stromschnelle fuhren, kamen wir uns wirklich wie in einer Waschmaschine vor. Erst kam eine Welle von der einen Seite, dann eine von der anderen, die über der ersten zusammenschlug. Das nahm überhaupt kein Ende, so als würde ein Riese Karten mischen, die aus Wasser bestehen. Als wir das Boot schließlich ausschöpften, war der Sand tatsächlich weg. Schnell hatten wir wieder eine Abkühlung bekommen. Die Wassertemperatur ist niedrig, ungefähr 9° Celsius. Das Flußwasser kommt nicht von der Oberfläche des Lake Powell. Den Abfluß des Dammes hat man weit unter die Oberfläche verlegt, damit er nicht durch den herumtreibenden Abfall der Vergnügungsboote verstopft wird, und in dieser Tiefe kann die Sonneneinstrahlung das Wasser nicht mehr aufheizen.

★

Zurück zu den Vögeln. Wir wissen, daß sie sich aus den Reptilien entwickelten, und kennen ein halbes Dutzend Exemplare eines kleinen Dinosauriers namens *Archaeopteryx*, dessen Vordergliedmaßen Flügel gewesen sein könnten; doch wissen wir nichts über die weiteren Arten, die als Bindeglieder gedient haben müssen. Das entscheidende Problem bei der Evolution der Vögel ist indessen, wie sie zu fliegen begonnen haben. Die gängige Überlegung, die sich auf Darwins natürliche Auslese stützt, läuft auf eine allmähliche »Anpassung« hinaus; danach wird jede kleine anatomische Verbesserung mit einer größeren Zahl Nachkommen in dem unablässigen Kampf um das Überleben der Tauglichsten belohnt. Wenn eine weitere Veränderung sich als noch nützlicher erweist, wird sie wiederum belohnt, und so weiter.

Federn sind keine üble Sache, wenn man fliegen möchte, doch um überhaupt etwas mit ihnen anfangen zu können, braucht man eine ganze Menge davon. Ein paar Federn an den Beinen eines laufenden Dinosauriers dürften, wie Stephen Jay Gould es so schön ausgedrückt hat, kaum ausgereicht haben, um ihn abheben zu lassen. Wie also kam das Reptil zu immer mehr Federn, bis es die zum Fliegen benötigte Menge davon besaß? Die Evolution ist nicht vorausschauend wie das menschliche Bewußtsein, sie kann nichts im Hinblick auf eine künftige Nutzung tun, wie es etwa der Fall war, als vor Jahrzehnten bei Tastentelefonen die unerklärlichen #- und *-Tasten im Hinblick auf künftige Funktionserweiterungen eingefügt wurden (und Millionen von Eltern ratlos machten, wenn die unausweichliche Kinderfrage kam: »Wofür ist das?«).

Selbst wenn wir wüßten, daß wieder eine Eiszeit kommt, könnten wir uns darauf nicht in der Weise vorbereiten, daß wir uns von Generation zu Generation immer mehr Körperhaare wachsen lassen, bis wir wieder ganz behaart sind. Die Evolution selektiert nützliche Eigenschaften, aber nur auf der Grundlage aktueller Bedürfnisse. Besitzt man sie nicht, wenn man sie braucht, hat man eben Pech gehabt.

Was zu der naheliegenden Vermutung führt, daß Federn anfangs zu etwas anderem dienten als zum Fliegen. Tatsächlich dienen Federn demselben Zweck wie die Körperbehaarung: Sie schützen vor der Kälte. Ich bin sicher, daß wir eines Tages einen gefiederten Dinosaurier entdecken werden. Vielleicht stoßen wir bei der Suche nach den Fußabdrücken von laufenden Dinosauriern zufällig auf eine Stelle, wo einer gestolpert und hingefallen ist. Falls er in einem sich anschließend verfestigenden Schlammloch einen klaren Abdruck hinterlassen hat, könnte sich zeigen, daß der ansonsten charakteristische Reptilienkörper ein reiches Gefieder besaß.

Genau diese Hoffnung hegen vermutlich die Archäologen, die bei Laetoli in Tanzania vormenschliche Fußabdrücke untersuchen, welche vor 3,7 Millionen Jahren von aufrecht gehenden Hominiden in sich verfestigender Vulkanasche hinterlassen wurden: daß sie irgendwo eine Stelle finden, wo einer ausgerutscht und hingefallen ist oder wo sich einer zum Ausruhen niedergelassen hat. Dann würden wir wissen, wie stark sie behaart waren, ob sie vielleicht Kleider trugen oder ob sie einen Korb und dergleichen bei sich hatten. Die Zeugnisse der Vergangenheit sind sehr stark von der Tatsache geprägt, daß harte Beweise (buchstäblich hart: Knochen, Steinwerkzeuge, Fragmente von Töpferwaren) sich besser erhalten als hölzerne Speere, Tragkörbe und charakteristische Verhaltensweisen. Dabei würden uns im Falle der Menschen gerade weiche Beweise sehr viel mehr verraten.

★

Boulder Narrows heißt diese Stelle. Der Durchlaß ist so schmal, daß der Fluß sich hier, auf die folgenden 175 Kilometer gesehen, am tiefsten eingefressen hat. Und mitten im Fluß liegt eine dicke Kalksteinplatte, die die Boote zwingt, rechts oder links vorbeizufahren.

Auf dem Felsen liegt noch Treibholz, das von der großen Flutwelle von 1957 zurückgeblieben ist, einem der letzten Frühlingshochwasser vor der Errichtung des Staudamms. Seit die Dammtore 1963 geschlossen

wurden, bleibt das meiste Treibholz im Lake Powell hängen. Das übrig-
gebliebene Treibholz wird von den Flußfahrern nicht mehr für Lagerfeuer gesammelt, weil es Vögeln und Nagetieren als Unterschlupf dient.

★

In gemäßigten Klimazonen könnten Federn das Überleben gefördert
haben, denn in kalten Nächten und noch kälteren Wintern boten sie
einen gewissen Wärmeschutz. Und je mehr Federn, desto besser, vorausgesetzt, die Dinosaurier hatten eine gute Methode, sich bei Bedarf abzu-
kühlen. Um die Bluttemperatur konstant zu halten, brauchten sie natürlich nur, sobald sie sich bewegten, etwas Blut durch die Federn fließen
zu lassen, so wie das Wasser durch den Kühler eines Autos fließt. Ein
feines System, und wir können davon ausgehen, daß die Evolution jene
Gene, die zufällig darauf gekommen sind, angemessen belohnt hat.

Die Natur testet ständig Variationen von Dingen, die sich bewährt
haben. Varianten, die wie die Daunen-Wärmedämmung einen Zweck
erfüllen, haben eine Chance, von der Darwinschen natürlichen Auslese
beibehalten zu werden. Wenn dann genügend Federn auf den Flügeln
zusammengekommen sind, können sie auch einem anderen Zweck dienen, etwa um bei der Verfolgung eines Beutetieres schnell einen Abhang
hinunterzugleiten. Oder um in die Luft zu springen, um ein vorbeiflie-
gendes Insekt zu schnappen. Man kann sich vorstellen, daß der anmutige
Flug der Vögel aus derart profanen Anfängen hervorgegangen ist.

Die Evolution verläuft selten gradlinig von A nach B, wohl weil sie
kein Ziel kennt. Sie findet ständig neue Anwendungen für alte Dinge,
und es beruht vor allem auf dieser innovativen Nutzung, daß die Tiere
immer schlauer und vielseitiger geworden sind. Wenn wir es am wenigsten erwarten, kann sich eine spontane Höherentwicklung einstellen,
können sich durch eine neue Kombination von anatomischen Merkmalen und erworbenen Verhaltensweisen plötzlich unerwartete Eigenschaften ergeben, die im Hinblick auf die Fähigkeiten einen Quantensprung
bedeuten. Kam es so zur Erfindung der Musik? Und zum Lachen? Aber
als Seitensprung von was...?

Der Verlauf der Evolution hat große Ähnlichkeit mit dem Weg des
Flusses durch den Grand Canyon. Über lange Strecken fließt das Wasser
ruhig dahin, und es ändert sich kaum etwas. Dann wieder kommen aufregende Zeiten mit starker Turbulenz, wie etwa die House-Rock-Stromschnelle, gefolgt von einem gemäßigten Abschnitt, wo die Strömungen
durcheinander wirbeln, bis sie ein neues dynamisches Gleichgewicht
gefunden haben und sich wieder beruhigen. Die meisten Tierarten zeigen

über Jahrmillionen hinweg keine größeren Veränderungen. Wenn sie
sich dann doch wandeln, geschieht es während einer dieser turbulenten
Perioden, in denen sie auf die Probe gestellt werden, wo es um Überleben oder Untergang geht. Dann entsteht bisweilen eine neue Art, die
die passenden Merkmale beibehält. Evolutionstheoretiker sprechen in
diesem Zusammenhang von einem unterbrochenen Gleichgewicht. Ich
vergleiche es gern mit meinem Lieblingsfluß, dem Colorado River, der
die Stufen des Grand Canyon hinunterfließt.

★

Diese Boote gehen nicht so leicht unter. Eben sah ich, wie ein Boot, das
zeitweilig von einem kräftigen Mitfahrer gerudert wurde, auf einen Fels
auffuhr, der dicht unter der Wasseroberfläche verborgen war. Eigentlich
kann man solche Felsen leicht umfahren, denn das wirbelnde Wasser in
ihrer Nähe verrät sie, doch der Bootsführer hatte auf diesem scheinbar
ungefährlichen Flußabschnitt nicht richtig aufgepaßt. Abby bemerkte,
daß das Boot auf den verborgenen Fels aufzufahren drohte, und schrie:
»Füße hoch!« Als die beiden Passagiere im Vorderteil sahen, daß der
Gummiboden des Bootes sich hob, zogen sie rasch ihre Beine an, und
das Boot begann, sich langsam um den Punkt, an dem es festhing, zu
drehen, angetrieben von der Strömung des Wassers. Schließlich löste es
sich von dem Hindernis, ohne Schaden genommen zu haben, jedenfalls
schien es so.

Als dann alles Schöpfen nichts mehr half, um das Wasser aus dem
Boot zu kriegen, beugte sich der Bootsführer weit über den Bug und
tastete das Boot von unten ab. Als er sich wieder aufrichtete, brummte
er: »Großer Triangelriß.« Sich auf einem scharfkantigen Felsen zu drehen wirkt wie ein Bohrer. Im Boden entsteht ein Loch. Das Boot geht
deshalb nicht unter, denn im Unterschied zum Ruderboot halten die
luftgefüllten Kammern es über Wasser. Zum Glück waren die vordersten
Schwimmer unbeschädigt geblieben. Um nichts zu riskieren, besteht das
Boot aus einem runden Dutzend getrennter Luftkammern, und es ist
sehr unwahrscheinlich, daß mehr als zwei gleichzeitig leckschlagen.
Nicht schlecht ausgedacht.

Der Bootsführer meinte, die Reparatur könne warten, bis wir das
Lager aufschlagen würden. Allerdings mußte bei diesem Boot sehr viel
mehr gerudert werden als bei den anderen, denn all das eingedrungene
Wasser mußte ja mitgeschleppt werden. Das war die Strafe. Um die Last
zu verringern, stieg einer der Passagiere in unser Boot um. Wir hatten
also Badger und House Rock mit heiler Haut überstanden, und den ein-

zigen Schaden verursachte ein unterschätzter Felsblock in einem ruhigen Flußabschnitt.

★

Emergente Prinzipien lassen sich nicht vorhersagen, indem man die Dinge reduktionistisch auseinandernimmt – das Ganze scheint wirklich etwas anderes zu sein als die Summe seiner Teile. Es ist nicht bloß größer, sondern oft qualitativ verschieden, wie etwa das Fliegenkönnen, das sich unerwartet aus der ausreichend warmen Unterwäsche der Vögel ergibt.

Die meisten Laien kennen, abgesehen von der Kristallform der Schneeflocken, kaum ein Beispiel für Emergenz. Und den meisten Wissenschaftlern sind nur einige Beispiele aus ihrem Fachgebiet bekannt. Wenn man nicht zu Analogien greift, ist es in der Tat kaum vorstellbar, daß wir Menschen ohne einen Schöpfungsplan entstanden sein sollen, und daher liegt es nahe, ein kosmisches Prinzip zu vermuten, wenn nicht gar die lenkende Hand eines Schöpfers, der die Evolution zu immer größerer Komplexität steuert. Und zu uns.

Evolutionstheoretiker kennen dagegen genügend Beispiele für Emergenz, um darauf zu vertrauen, daß – wie im Fall des Auges, das durch die natürliche Auslese geformt wurde – Anpassung und emergente »Seitensprünge« eine hinreichende Erklärung für die Gesamttendenz der Evolution zu intelligenten Tieren, uns eingeschlossen, bieten werden. Allerdings können wir, wie ich schon sagte, auf diese Erwartung nicht in der gleichen Weise bauen wie auf die Tatsache der Evolution selbst; die Emergenz ist für uns eine Arbeitshypothese und mit dem bei Forschern üblichen Berufsrisiko behaftet.

# Meile 21
# North Canyon Camp

## Erstes Lager

Das Flicken des Bootes war einfacher, als ich gedacht hatte. Allerdings hatte ich mir so etwas wie eine chirurgische Naht im Walfischformat vorgestellt. Ich wußte nicht, daß es ein nautisches Gegenstück zu Fahrradflicken gab. Wie die Reparatur vonstatten geht? Erst wird das Boot entladen und der Versteifungsrahmen entfernt. Dann wird das Boot auf die Seite gestellt und mit ein oder zwei Ruderriemen, die man in den Sand steckt, in beinahe senkrechter Stellung abgestützt. Anschließend wird, wie beim Flicken eines Schlauches, die Oberfläche rings um den Riß im Boden aufgerauht. In jedem Boot befindet sich Flickzeug, das vornehmlich aus verschieden großen Stücken Neopren, Schmirgelpapier und einer Tube Kontaktkleber besteht. Ich hielt von innen dagegen, während Alan von außen den Kleber auftrug und einen Flicken anbrachte. Dann tauschten wir die Plätze, und er brachte auch innen einen Flicken an. Und abgesehen vom Einpacken, das Alan auf morgen früh verschoben hat, war es das schon – sehr viel einfacher als ein Reifenwechsel. Ein Boot nach meinem Geschmack.

Während wir uns nach den Mühen eines langen Tages im Lager ausruhten und uns am Inhalt der kleinen Aluminiumdosen, die am Boden des Bootes kühl geblieben waren, gütlich taten, kam ein Wind auf. Der Himmel zog sich zu, und dann begann es richtig zu stürmen. Der feine Sand wirbelte in dichten Wolken über das Lager und über den Fluß. Vor unseren Augen bildeten sich Sanddünen, doch zum Betrachten verspürten wir wenig Neigung, weil die feinen Körnchen uns in die Augen drangen. Halstücher wurden hervorgekramt und zur Abdichtung um die Sonnenbrille geschlungen, Hüte wurden zum Schutz vor dem Wind vor das Gesicht gehalten, und alles stürzte sich in Richtung der Felswand. Da der Ostwind aus dem Seitental kam, liefen wir ein Stück flußauf bis zu der Felskante, wo wir uns auf der Supai-Schicht zusammenhockten, um den Sandböen zu trotzen. Dennoch wurden wir gesandstrahlt. Sandstürme, heißt es, gehen bald vorüber. Mike Marsteller, einer der Bootsführer, sagte, es sei einer der drei schlimmsten Sandstürme gewesen, die er in 500 Tagen Canyonerfahrung erlebt habe.

★

Die Supai-Schichten, in denen wir Zuflucht suchten, sind ungeheuer vielfältig, wahrscheinlich weil sich das Klima in jenen Abschnitten der Erdgeschichte häufiger änderte, so daß die entstandenen Schichten dünner sind als die Ablagerungen aus längeren konstanten Zeitabschnitten. In der Nähe des Lagers fanden wir dünne Schichten von Supai-Sandstein. Zehn Stockwerke darüber beginnt eine wiederum zehn Stockwerke hohe Steilwand mit dickeren Schichten von jüngeren Supai-Ablagerungen. Darüber befindet sich, einen Hang von 45° bildend, der bröckelige Hermit-Schiefer, überlagert von dem klippenförmigen Coconino- und

Toroweap-Sandstein sowie dem Kaibab-Kalkstein. Die Klippenbildung deutet auf hartes Gestein hin.

Innerhalb von nur 33 Flußkilometern sind fünf Schichten zutage getreten, und nicht weit von hier flußabwärts soll der Redwall-Kalkstein auftreten. Wie man uns außerdem sagt, wird der folgende Flußabschnitt die »Roaring Twenties« genannt, und wenn wir uns morgen nicht erkälten wollten, sollten wir Regenbekleidung tragen. In einem Abschnitt von 16 Kilometern liegen neun Stromschnellen.

Sich bei dieser Hitze erkälten? Als ich mir am Fluß den Sand und Schmutz abwasche, wird mir wieder bewußt, daß das Wasser die Temperatur eines gut gekühlten Bieres hat. Ich nehme mir das durchnäßte Stirnband ab, in dem lauter feine Sandkörnchen stecken. Es ist angenehm, den Sand los zu sein. Vor dem Abendessen kann ich sogar noch ein Nickerchen machen.

Als wir nach dem Essen am Ufer saßen – der Sturm hatte sich gelegt –, hörten wir das prasselnde Geräusch von brechenden und herabstürzenden Steinen.

Die Bootsführer sprangen auf und liefen mit wildem Geschrei in die eine oder andere Richtung, um den Steinschlag besser beobachten zu können. Einige hatten während all der Jahre, die sie schon den Canyon befahren, noch nicht erlebt, wie sich die ständige Erosion des Grand Canyon tatsächlich abspielt. Sie jubelten, als sie die Blöcke erblickten, die auf der anderen Flußseite herunterstürzten und mit einem lauten Plumps ins Wasser fielen: »Ka-plumps, ka-plumps.« Als nach den dicken Brocken zum Schluß noch kleinere Steine herunterrieselten, hatten wir das Gefühl, Zeugen eines Geschehens zu sein, das wir so nie wieder beobachten würden. Von den Millionen Besuchern, die alljährlich zum Grand Canyon kommen, erlebt ihn kaum jemand anders denn als einen statischen Koloß, eine erstarrte, fertige Skulptur. Wir zumindest kennen ihn jetzt besser.

Der Grand Canyon ist ein Werk der Erosion. Sie zeigt sich am auffälligsten in herabstürzenden Felsblöcken, die in kleinere Steine zerbrechen. Was einst als ausströmende Lava hochkam und zu Gebirgen aufgefaltet wurde, als die Kontinentalplatten durch die Expansion des Meeresbodens gegeneinanderstießen und ihre Ränder beim Aufprall in die Höhe getrieben wurden – all das muß am Ende wieder herunterkommen. Wasser, Wind und Eis kommen der Schwerkraft dabei zu Hilfe. Wasser zum Beispiel, das in größerer Höhe in Spalten eindringt, wird im Winter gefrieren und die Felsen weiter auseinandertreiben, so wie ein

Keil Brennholz spaltet. Halten Sie also im Frühjahr die Augen offen, wenn Sie einen Steinschlag beobachten wollen.

Dann, eine halbe Stunde nach dem Steinschlag, wurden wir nochmals überrascht: Der Fluß hat seine Farbe gewechselt! Beim Chamäleon ist die Sache klar, aber bei einem Fluß? Von der Mitte des Stromes aus drang eine rotbraune Zunge in das ansonsten minzgrüne Wasser des Colorado vor. Sie verbreiterte sich zusehends und füllte bald den ganzen Fluß aus, mit Ausnahme der seichten Stellen am Ufer. (Warum bildet sich eine Zunge? Das Wasser fließt in Strommitte schneller, weil die Strömung an den Ufern abgebremst wird.)

Offenbar war der Sandsturm eine Begleiterscheinung schwerer Niederschläge weiter oben im Norden. Diese rote Farbe, erklärt uns Subie, hatte der Colorado früher fast immer, bevor durch den Dammbau das große Schlammauffangbecken entstand, das sie Lake Powell nennen. Jetzt wird der Colorado nur noch dann rot, wenn irgendwo im Nationalpark ein Seitencanyon Wasser führt. Aber wo? Der Paria führt laut Subie kein rotes Wasser, also kam es vermutlich aus dem Soap Creek, dem Tanner Wash (der die Sheer-Wall-Stromschnelle entstehen ließ) oder dem Rider Canyon (dem der Fluß die House-Rock-Stromschnelle verdankt), denn nur dort kann so viel roter Schlamm herstammen. Dank dieser kleinen detektivischen Überlegung wissen wir nun, daß wir nur wenige Kilometer stromauf eine Springflut aus einem Seitencanyon hätten beobachten können.

Die ungewöhnlichen Ereignisse scheinen heute kein Ende zu nehmen. Wenn es in diesem Tempo weitergeht, werden wir heute Abend bestimmt noch einen Kometen oder eine Supernova sehen.

★

Die erste Nacht im Freien schlafe ich immer schlecht, und nachdem ich mich eine halbe Stunde lang in meinem Schlafsack hin und her gewälzt hatte, stand ich schließlich auf und ging zum Fluß hinunter, wo noch einige saßen und sich leise unterhielten. Der Himmel hatte aufgeklart, und beim Licht der Sterne und ein wenig Mondlicht, das von der gegenüberliegenden Canyonwand zurückgeworfen wurde, konnte ich tatsächlich sehen, wo ich hintrat.

Wie die meisten von uns war ich skeptisch gewesen, als die Bootsführer uns baten, möglichst keine Taschenlampen zu verwenden, und zwar aus ästhetischen Überlegungen (man kann noch so sehr aufpassen, nur den Weg auszuleuchten, wenn man sich umdreht, wird der Lichtstrahl unweigerlich über die Canyonwände wandern). Wir hatten gedacht, wir

würden im Dunkeln durch das Lager stolpern und gegen Felsen und
Bäume rennen. Aber es geht tatsächlich, ich konnte das ganze Lager
sehen. Mit einer Taschenlampe hätte ich nur den Streifen gesehen, den
der Strahl ausleuchtet. Außerdem hätte ich die Gewöhnung an die Dunkelheit eingebüßt, und dadurch wäre es mir eine halbe Stunde lang
schwer gefallen, die schwächeren Sterne zu erkennen. Bei dem Mondlicht, das über die westliche Canyonwand drang, waren sie wirklich
kaum auszumachen. Aus der Tiefe unserer schmalen Schlucht heraus
sehen wir nur einen schmalen Ausschnitt des Himmels. Doch das schärft
gerade die Aufmerksamkeit.

Als ich den Himmel nach vertrauten Sternbildern absuchte, wurde mir
klar, daß ich ein Amateur war, wenn ich mich mit unseren Vorfahren
verglich, die den Nachthimmel sorgfältig studiert hatten. Die Namen
vieler Sternbilder wie etwas des Großen Bären (latinisiert zu Ursa
Major) stammen aus der Zeit vor der Erfindung der Schrift, die 5 000
Jahre zurückliegt. Unsere Vorfahren hatten eine gute mentale Vorstellung von einem Bären, und in diese fügten sie die sieben Sterne ein.

Ziemlich beschränkt war dagegen ihre Vorstellung von ihrem Stammbaum; sie beschränkte sich auf einige Generationen, überwiegend Menschen, die sie irgendwann in ihrem Leben gesehen hatten. Es ist nicht
leicht, Informationen weiterzugeben, an die nichts in der Umgebung
erinnert, zum Beispiel ein wirklicher Bär (das ist auch der Grund,
warum die meisten von uns nicht die Namen ihrer acht Urgroßeltern
nennen können, und warum die Navajos den Yukon vergaßen). Eine
eingeübte Fertigkeit, ein kulturelles Artefakt oder ein Ritual können
dazu beitragen, Informationen über Generationen hinweg weiterzugeben, die dabei aber unvermeidlich so modifiziert werden, daß nach
einem Dutzend Generationen alles ganz anders ist. Mit dem Wandel der
Kultur erhielt das Sternbild Ursa Major in einigen Weltgegenden den
Namen »Großer Schöpflöffel«, und wer einmal mit einem Löffel gegos-
sen hat, wird darin nur noch mit Mühe einen Bären erkennen. Heute
sehen die meisten von uns leider häufiger einen Bowlelöffel als einen
Bären. Wer in der Stadt lebt, sieht überhaupt nur noch selten die Sterne.
Das führt zu einer Verengung der Perspektive. Im nächtlichen Canyon
wird mir klar, daß ich mich auf einem Planeten befinde, und fast spüre
ich, wie er sich dreht, wenn über der hohen Canyonwand auf der Ostseite des Flusses immer wieder neue Sterne sichtbar werden. Der Dunst
über dem Horizont, der sonst alles verzerrt, macht uns hier nicht zu
schaffen – hier braucht man nur zu den Klippen hinaufzuschauen, und
schon springen einem die Sterne ins Auge. Die Milchstraße erstreckt sich

von der einen Canyonwand zur anderen. Unsere eigene Galaxie, von der Seite gesehen. Ein paar hundert Milliarden Sterne, plus unsere Sonne. Plus die schwarzen Löcher und dunkle Materie von vielerlei Art. Beim Licht der Sterne reichten wir einander die Ferngläser, mit denen wir die Vögel beobachtet hatten.

★

Nicht alle »Sterne« sind scharfe Lichtpunkte, einige sind ziemlich verschwommen. Und das liegt nicht an einer mangelhaften Optik, denn ein benachbarter Stern kann ganz deutlich erscheinen. Der deutsche Philosoph Immanuel Kant deutete die verschwommenen Sterne vor 200 Jahren richtig als »Insel-Universen« aus Millionen Sternen, weit jenseits unserer eigenen Galaxie, der Milchstraße. In unserem heutigen Sprachgebrauch bezeichnet das Wort »Universum« sämtliche Galaxien, und auch das Wort »Galaxie«, das im Griechischen »Milchstraße« bedeutet, hat eine erweiterte Bedeutung angenommen.

Zwei Galaxien umkreisen unsere Milchstraße, ähnlich wie der Mond die Erde umkreist. Sie sind so nahe, daß sie zu groß erscheinen, um als verschwommene Sterne abgetan zu werden. Auf der Südhalbkugel kann man sie mit bloßem Auge als leuchtende Wolken wahrnehmen. Der portugiesische Seefahrer Fernão de Magelhães berichtete den Europäern im 16. Jahrhundert als erster von diesen großen verschwommenen Lichtflecken, und seitdem werden sie als Magellansche Wolken bezeichnet. Unser Teil des Weltalls umfaßt etwa 20 Galaxien, die man als »lokale Gruppe« (mit einem Durchmesser von drei Millionen Lichtjahren) zusammenfaßt. Über die nächsten 50 Millionen Lichtjahre hinweg ist der Raum dann praktisch leer. Danach stoßen wir auf eine besonders reiche Ansammlung von etwa 1 000 Galaxien, die als Virgo-Haufen bekannt ist. Und es gibt viel, viel mehr Galaxien im Universum.

All diese Galaxien befinden sich noch immer auf der Flucht vor dem Urknall, jenem kosmischen Ursprung, mit dem das Universum, so wie wir es kennen, begann. Der Urknall ereignete sich vor 12 bis 17 Milliarden Jahren. Einigen wir uns der Einfachheit halber auf 15 Milliarden Jahre (zumindest bis zu einer Neuberechnung der Hubble-Konstante, des zentralen Faktors der Astrophysik, der zwischen Rotverschiebung und Entfernung einen Zusammenhang herstellt).

★

Am Anfang gab es keine Materie. Alles war Strahlung – so wie Licht- oder Radiowellen. Strahlung besteht aus kleinen Paketen, die man Pho-

tonen nennt: Radiowellen, infrarotes und ultraviolettes Licht, Röntgen- und Gamma-
strahlen, sie alle bestehen genau wie sichtba-
res Licht aus Photonen. Verschieden ist nur
die in dem Paket enthaltene Energiemenge,
die bei Röntgenstrahlen groß, bei infraroten
Photonen dagegen klein ist. Guter Durchschnitt sind – hier bei uns, im Tageslicht –
die roten Photonen.

Aus solchen Strahlungspaketen entstand
die Materie (denken Sie an die Gleichung $E$
= $mc^2$, derzufolge Energie und Masse ineinander umgewandelt werden können). Wenn
in der dichten Zusammenballung des frühen Universums (was nichts
anderes heißt, als daß es sehr heiß war) zwei Lichtphotonen zusammen-
stießen, konnten Protonen und Neutronen entstehen. In der ersten
Mikrosekunde (einem Millionstel einer Sekunde) des Bestehens des Universums war es einfach zu heiß, als daß irgend etwas anderes lange hätte
existieren können. Fast ebenso schnell, wie Photonen in Teilchen umgewandelt wurden, verwandelten Teilchen sich wieder in Photonen
zurück. Doch als eine Millisekunde (ein Tausendstel einer Sekunde) verstrichen war, hatte sich das Universum so weit ausgedehnt und abgekühlt, daß aus Licht leichtere Elementarteilchen wie etwa Elektronen
entstehen und überleben konnten.

Eigentlich müßte man bei dieser ganzen Geschichte von Quarks ausgehen, den Bausteinen von Protonen, Neutronen, Elektronen und praktisch allem, was im Universum existiert. Quarks? Als der Physiker
Murray Gell-Mann diese Bausteine 1960 postulierte, suchte er, um sie
zu benennen, nach einem neutralen Begriff, der keine physikalischen
Nebenbedeutungen enthielt, und so entschied er sich für ein Kunstwort
aus dem Meisterwerk der Phantasie, *Finnegans Wake*. Literaturkundige
Spielverderber haben darauf hingewiesen, daß James Joyce zu der Zeit,
als er von den Quarks schrieb, in Zürich lebte, und im Deutschen
bedeutet »Quark« eben Quark. Die Analogie ist jedoch gar nicht so
übel, denn man kann sich die »Quarksuppe« der ersten Augenblicke des
Universums sehr gut als leicht gekörnt vorstellen. Überwiegend aus
Licht, enthält sie kleine Klümpchen entstehender Materie.

Da die Expansion weiterging und die »Suppe« dünner wurde, kam es
nur noch äußerst selten zu einem Zusammenstoß zwischen Photonen.
Die Teilchen dieses sehr jungen Universums begannen, sich hinreichend

Die Welt begann mit dem – wie
man derzeit zu sagen beliebt –
»Urknall«... es kann natürlich
kein Knall gewesen sein, ohne eine
Atmosphäre, die die Schallwellen
leitet, und ohne Ohren. Es war etwas anderes, das sich in der abso-
lutesten Stille vollzog, die wir uns
vorstellen können. Es war das
Große Licht.

Lewis Thomas, *Late Night
Thoughts on Listening to Mahler's
Ninth Symphony*, 1983

lange aneinander zu heften, um eine neue Identität anzunehmen. In der Zeit zwischen drei Minuten und einer Million Jahre nach dem Urknall gingen die Elementarteilchen, getrieben durch die elektrische Anziehung zwischen positiven Protonen und negativen Elektronen, Verbindungen miteinander ein. Wenn ein Elektron sich sehr eng mit einem Proton verbindet, sprechen wir von einem Neutron. Beginnt ein Elektron, in großem Abstand um ein Proton zu kreisen, so sprechen wir von einem Wasserstoffatom. Die Bildung dieser loseren Verbindung war ein bedeutendes Ereignis, denn das neutrale Wasserstoffatom fängt nicht so leicht vorbeifliegende Photonen ein wie ein einzelnes Elektron und ein einzelnes Proton.

Bei ungefähr 3 000 Kelvin (ungefähr so heiß wie der Glühdraht einer Glühbirne) wird ebenso viel Materie in Photonen umgewandelt, wie Photonen in Materie umgewandelt werden. Da das Universum sich jedoch weiter ausdehnte, kippte dieses Gleichgewicht. Das geschah, als das Universum etwa tausendmal kleiner war als heute. Einige Photonen entwichen damals der Absorption und Streuung durch Elektronen, sie entwichen sogar für immer dem Feuerball. Diese »fossilen« Photonen können wir noch heute sehen. Es sind kosmische Photonen, die uns aus allen Richtungen des Raumes erreichen (abgesehen von jenen, die der Mond abfängt) eine Tatsache, die darauf hindeutet, daß das Universum damals nicht wie bei einer Explosion in Stücke gerissen wurde, sondern sich gleichmäßig »aufblähte«. Die Wellenlänge dieser fossilen Photonen hat sich zwischenzeitlich verändert. Freigesetzt bei einer Temperatur von rund 3 000 Kelvin, haben sie durch die Schwerkraft eine starke Rotverschiebung erfahren, und während ihre Wellenlänge ursprünglich der des sichtbaren Lichts entsprach, liegt sie nun im Bereich der Mikrowellen.

Die Rotverschiebung ist das Urbild der Geldentwertung. Der Energiegehalt des Photons sinkt, und dadurch verschiebt sich seine Farbe. Im Vergleich müßte sich bei sinkender Kaufkraft des Dollars die Farbe der Dollarnote von grün über gelb zu rot verschieben. Diese fossilen Photonen, die an die Kindheit des Universums erinnern, werden ständig energieärmer, während ihre potentielle Energie laufend zunimmt. Falls es irgendwann dazu kommt, daß das Universum wieder in sich zusammenstürzt, erhalten die Photonen ihre potentielle Energie zurück, wodurch sich ihre Wellenlänge zum blauen Ende des Lichtspektrums hin verschiebt. Anzeichen für eine Blauverschiebung sind bislang nicht entdeckt worden.

Es ist schon eine großartige Sache, wenn man eine Fahrt durch eine riesige Kluft in der Erdoberfläche macht und dabei die Überreste früheren Lebens entdeckt, die sich als Fossilien im Gestein erhalten haben. Aber es ist doch nicht damit zu vergleichen, daß man Licht sehen kann, das in Gestalt fossiler Mikrowellen aus der Frühzeit des Universums übriggeblieben ist. Diese entwichene Strahlung, die noch immer durch das Universum geistert, stammt aus der Zeit, als sich die ersten Wasserstoffatome bildeten, als der Feuerball des expandierenden Universums endlich transparent wurde und das Licht nicht länger in ihm gefangen blieb.

Einer der Neurobiologen, der an unserer Fahrt teilnahm, war früher Physiker und erzählte uns die Geschichte der Entdeckung der fossilen Photonen. Die Forscher, die die aus allen Richtungen des Raums kommende 3-K-Mikrowellenstrahlung entdeckten, machten sich natürlich große Sorgen, daß ihre Meßwerte nicht stimmen könnten, zumal sich in ihrer Hornantenne einige Tauben häuslich niedergelassen hatten. Besonders bei Signalen, die in der Nähe des Rauschpegels der Empfänger und Verstärker liegen, muß man mit der Möglichkeit rechnen, daß die vermeintlichen »Signale« nur irgendein Schund sind, der einen zum Narren hält. Wie die Astrophysiker behaupten, soll einer der Forscher angesichts der Meßergebnisse erklärt haben: »Entweder haben wir es mit einem Haufen Taubenscheiße zu tun, oder wir haben die Erschaffung des Universums gesehen.« Die erste Möglichkeit ist inzwischen ausgeschlossen worden: Die Beobachtungen sind an verschiedenen Orten wiederholt worden, mit besseren Geräten und weniger Vögeln. Die Photonen können Sie sogar zu Hause auf Ihrem Fernseher sehen – suchen Sie sich einen Kanal, auf dem nicht gesendet wird, und schauen Sie sich den »Schnee« an. Etwa ein Prozent der kleinen »Schneepartikeln« stammt von kosmischen Photonen, die aus dem gerade transparent werdenden frühen Universum übriggeblieben sind.

Die ursprüngliche Energie des Universums ist heute zum größten Teil in Teilchen gebunden – im Universum dominiert die Materie, die allerdings wieder in Photonen zurückverwandelt werden kann, wenn eine bestimmte Transaktion stattfindet und ein Rest übrig bleibt. Zum überwiegenden Teil besteht die Materie noch immer aus Wasserstoffatomen. Allerdings wäre der Wasserstoff instabil, wenn die Bindungskraft zwischen Protonen und Neutronen nur um einige Prozent stärker wäre. In diesem Fall könnten, wie der Physiker Freeman Dyson erklärt hat, Sterne wie unsere Sonne nicht existieren. Und es gäbe kein Wasser – ein schwerwiegendes Problem für Flußfahrer.

Wasserstoff ist der Grundbaustein des Universums, und zwar aufgrund dessen, was mit Wasserstoffatomen passiert, wenn sie sich in großer Zahl zu einem Stern zusammenschließen. Alle Sterne waren anfangs große, durch die Schwerkraft zusammengehaltene Mengen Wasserstoff. Es gibt vom Wasserstoff zwei »schwere« Isotope, Deuterium und Tritium, deren Kerne zusätzlich zu dem normalen Proton des Wasserstoffatoms ein beziehungsweise zwei Neutronen aufweisen. Diese zusätzlichen Neutronen sind elektrisch neutral und ziehen daher keine weiteren Elektronen an. Stoßen diese schweren Wasserstoffatome im Inneren der Sterne bei Temperaturen von zehn bis zwölf Millionen Grad zusammen, dann können ihre Kerne verschmelzen, und es entsteht ein neuer Kern mit einer 2+2-Konfiguration: zwei neutralen Neutronen und zwei positiven Protonen. Dieser doppelt geladene Kern zieht natürlich zwei negative Elektronen in eine ferne Umlaufbahn. Dieses »verdoppelte Deuterium« ist ein Heliumatom, und den Prozeß seiner Entstehung nennen wir Kernfusion.

Bei diesem Prozeß wird überschüssige Energie freigesetzt – ich nenne sie überzähliges Wechselgeld –, weil zum Zusammenhalten eines Heliumkerns etwas weniger Energie benötigt wird als zur Aufrechterhaltung der beiden schweren Wasserstoffkerne (vor einem ähnlichen Problem steht man, wenn man hundert Dollar in drei gleiche Teile aufteilen will; man braucht außer den Scheinen noch ein paar Münzen, und trotzdem geht es nie ganz auf). Diese überschüssige Bindungsenergie tritt in Form von Lichtphotonen auf. Es waren solche Photonen, die bei uns heute nach einer Reise von 8 Minuten und 20 Sekunden durch den Raum mehr als einen Sonnenbrand hervorgerufen haben. Und dieses überzählige Wechselgeld hat auch die Felsen aufgeheizt, auf denen wir saßen, um die Sterne zu betrachten.

Sternlein, Sternlein wunderbar,
was du bist, ist mir schon klar,
durchs Spektroskop sah ich mit
   List,
daß aus Wasserstoff du bist.
                              Anonym

Wir haben den Fusionsofen der Sterne hier auf der Erde nachgebaut. Wir nennen das dann thermonukleare Reaktion (obwohl von der Energie, die eine Wasserstoffbombe freisetzt, nur ein Bruchteil aus der Fusion stammt: der größere Teil rührt daher, daß von dem Uran oder Plutonium der Atombombe, die als Zünder für den Wasserstoff gedient hat, aufgrund der Fusion mehr gespalten werden kann). Aus der Gleichung $E = mc^2$ folgt, daß man nur ein Gramm Materie braucht (eine kleine Münze wiegt zwei bis drei Gramm), um ebenso viel Energie freizusetzen, wie in einer der Atombomben enthalten war, die im Zweiten Weltkrieg abgeworfen wurden. Eines Tages wird die kontrollierte Fusion (ohne einen »schmutzigen« Zünder) zu einer wirklich billigen und sauberen Energiequelle werden und Kohleöfen sowie Wasserkraft-Staudämme ebenso überflüssig machen wie die heutigen Atomkraftwerke, bei denen wir nicht wissen, wohin mit dem strahlenden Abfall (Probleme werden wir dann allerdings mit der thermischen Umweltverschmutzung bekommen). Wozu Dan Richard bemerkt, daß dann wenigstens keine OPEC mehr über den Brennstoff gebieten kann – es ist Meerwasser.

★

Schwerere Elemente wie Kohlenstoff mit seinen sechs Protonen und (normalerweise) sechs Neutronen entstanden nicht im Urknall. Da Kohlenstoff aber der hauptsächliche Baustein des Lebens ist, muß zwischen dem frühen Universum und der Evolution des Lebens noch etwas anderes passiert sein. Wegen der Schnelligkeit, mit der sich das Universum ausdehnte und dadurch abkühlte, war es zu dem Zeitpunkt, da genügend Protonen und Neutronen vorhanden waren, für den Aufbau von Kernen, die schwerer sind als Helium, schon zu kühl. Andererseits entstehen schwere Elemente aber auch nicht durch Fusion in gewöhnlichen Sternen wie unserer Sonne, die für die Bildung schwerer Elemente nicht dicht genug sind. Damit der Kern eines schweren Elements entstehen kann, müssen die Teilchen wirklich dicht zusammengepackt werden. Die meisten Elemente können nur entstehen, wenn ein Stern stirbt – in einer Supernova.

Eine Supernova ist nicht von langer Dauer, aber ihre Helligkeit kann tage- oder wochenlang die eines gewöhnlichen Sterns so sehr überstrahlen, daß sie am hellichten Tag als ein leuchtender Punkt am blauen Himmel zu sehen ist. Unsere Sonne, meint man zu wissen, kann niemals zu einer Supernova werden. Dafür ist sie nicht groß genug. Die Sterne, die in einer Supernova enden, sind etwas größer als unsere Sonne. Ein solcher Stern wird instabil, wenn etwa 10 Prozent seines Wasserstoffs in Helium umgewandelt sind, und stürzt schließlich zusammen zu einem kleinen, dichten Klumpen Materie. Bei diesem Kollaps werden die Teilchen des Sterns so schnell (anders gesagt, wird die Temperatur so hoch), daß die aufeinander prallenden Heliumkerne zu Kohlenstoff, Sauerstoff und all den übrigen 90 schwereren Elementen verschmelzen können. Diese Fusionen setzen natürlich sehr viel mehr Kernbindungsenergie frei als die Umwandlung von Wasserstoff in Helium, und wiederum zeigt sich der Überschuß in Form von Licht. Deshalb tritt die Supernova als eine strahlende Erscheinung auf, die bei Nacht und bald auch bei Tag den Himmel mit dem überzähligen Wechselgeld erleuchtet, das aus dem Druckkochtopf stammt, der innerhalb des kollabierenden Sterns die schweren Elemente erzeugt.

Nur durch Supernovae kann die Materie sich entwickeln, können einfache Atome zu schwereren Atomen werden, die mit ihren zusätzlichen, sie umkreisenden Elektronen jene komplexeren chemischen Prozesse ermöglichen, auf die das Leben angewiesen ist. Erst nach der Evolution von schwerer Materie kann es zur Evolution des Lebens kommen. Hätte Newtons Gravitationskonstante jedoch einen nur geringfügig anderen Wert gehabt, wären alle Sterne statt dessen zu blauen Riesen oder zu roten Zwergen geworden, zu heiß oder zu kalt für die Evolution des Lebens.

Die Chemie des Lebens ist auf Kohlenstoff und Sauerstoff angewiesen. Abgesehen von einigen wenigen Atomen, die hier auf der Erde bei Atombombentests erzeugt wurden, stammt jedes Kohlenstoffatom in unserem Körper und jedes Sauerstoffatom, das wir einatmen, aus einer Supernova. Durch den explosiven Kollaps des Sterns in den Raum hinausgeschleudert, fügten sie sich später zu einem Planeten zusammen. Und zu uns. Um es dramatisch auszudrücken: Sterne mußten sterben, damit wir leben können.

Vor nicht mehr als sechs bis sieben Milliarden Jahren hat es in unserer Gegend eine Supernova gegeben. Die herausgeschleuderte Materie begann sich unter dem Einfluß der Schwerkraft zusammenzuballen. Ein Teil des Wasserstoffs ballte sich so dicht, daß die Umwandlung von Wasserstoff in Helium in Gang kam, und das war der Anfang unserer Sonne. Das geschah vor etwa fünf Milliarden Jahren. Ungefähr zur gleichen Zeit traten andere kosmische Staubteilchen von »unserer« Supernova und von anderen zu einer riesigen wirbelnden Staubscheibe zusammen, die spiralförmig um die Sonne kreiste. Hier und da bildeten sich Wirbel, genau wie im Fluß, und einer der Wirbel innerhalb der spiralförmigen Scheibe wurde wahrscheinlich zu einem Zentrum der Gravitation, das eine gewisse Menge Staub zu einer kompakten Kugel zusammenstürzen ließ. Zu einem Planeten. Zwar war das Innere einiger Planeten heiß, doch eine Fusion kam nirgendwo in Gang. Einer dieser Planeten, der dritte von der Sonne aus, ist die Erde. Sie entstand vor etwa 4,6 Milliarden Jahren.

Der Stern von Bethlehem war die Supernova, die im Jahre 6 v. Chr. von chinesischen Astronomen beobachtet wurde (bei der Berechnung der Jahre, die seit der Geburt Christi verstrichen waren, hat ein Mönch im Mittelalter einen Fehler gemacht). Wären wir lange genug aufgeblieben, um Orion am östlichen Himmel aufgehen zu sehen, so hätten wir vielleicht in der Nähe den Krebsnebel entdeckt, jene Galaxie, in der sich die große Supernova des Jahres 1054 ereignete. Sie war so hell, daß man den neuen Stern wochenlang bei Tage sehen konnte. Einer meinte jedoch, Orion würde nicht vor vier Uhr morgens aufgehen, und erst bei Sonnenaufgang würde er hoch genug stehen, um über der Ostwand des Canyons sichtbar zu sein. Solange wollten wir nicht warten. Keine Kometen, keine Supernova, aber ein halbes Dutzend Sternschnuppen, Meteore, die über den nächtlichen Himmel zogen. Alles in allem kein übler Tag.

★

Ich beschloß, mich auf einem Felsvorsprung schlafen zu legen, in einer Art Aushöhlung, die den besten Schutz vor dem Sandsturm bot. Auf diese Weise brauchte ich kein Zelt aufzuschlagen. Dan Hartline und ich preßten uns in die Aushöhlung der Canyonwand, die dadurch entstanden war, daß ein größerer Brocken herausgebrochen war. Alles in allem war es eher ein überdachtes Gesims. Sich im Bett aufzusetzen, war nicht möglich.

Lange konnte ich nicht einschlafen. Und dann machte jemand völlig unerwartet das Licht an. So unerwartet, als ginge mitten in der Nacht das Licht im Schlafzimmer an. Der Sonnenaufgang konnte das noch nicht sein.

Es war der *Mond*, der in unsere Höhle hineinschien. Eben noch hatte ich im Schatten gelegen. Erst nach Minuten fiel mir ein, wie ich auf diese neuartige Situation reagieren könnte. Schließlich setzte ich mir die Sonnenbrille auf und versuchte, wieder einzuschlafen. Eine Mondbrille?

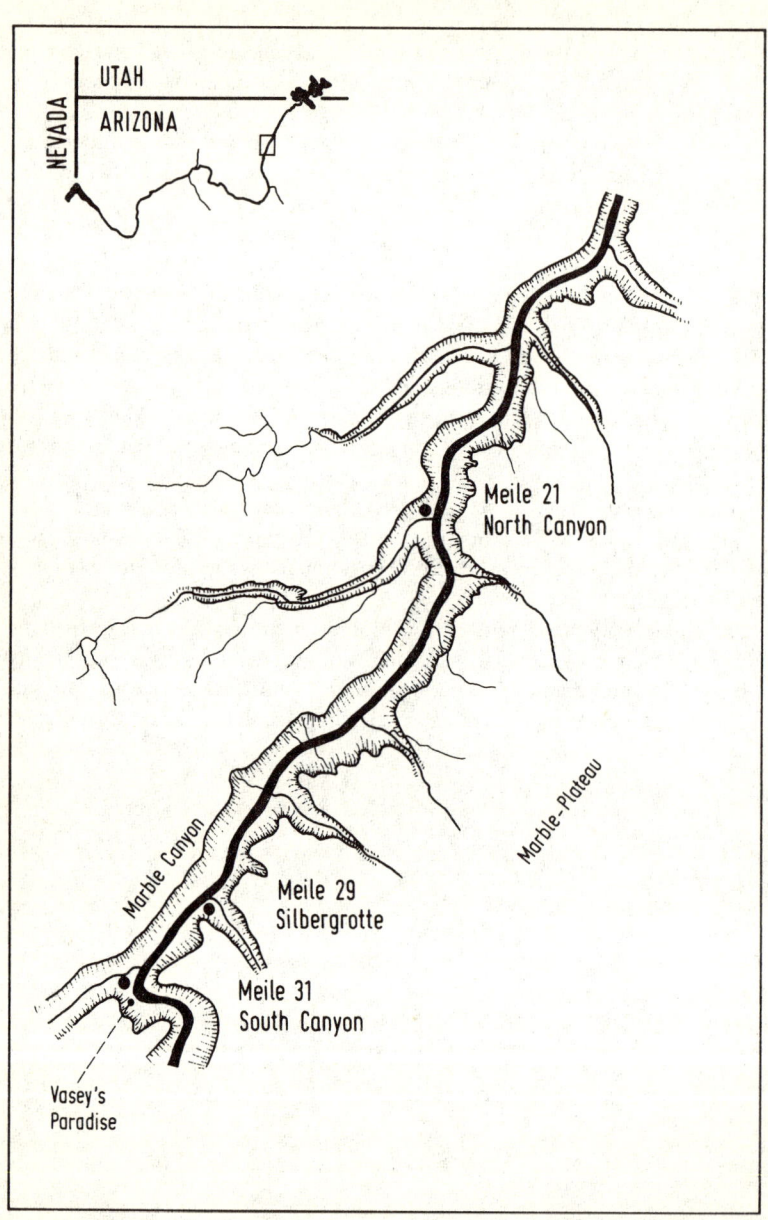

# Zweiter Tag
## Meile 21
## North Canyon Camp

Der Morgen kam mit Kaffee. Sorry, aber um diese Tageszeit klappt das mit den Bildern noch nicht so richtig. »Wenn du mir deinen Becher hinhältst, schenk' ich dir Kaffee ein«, sagte eine Stimme.

Ich zwinkerte gegen das Dämmerlicht und versuchte, ein bärtiges Gesicht, das über den Felsrand schaute, zu erfassen. Konnte nur ein Traum sein.

»He, Bill, willste Kaffee?«, hörte ich die Stimme nach kurzer Pause fragen. Neben dem Bart erschien eine große, rußgeschwärzte Kaffeekanne. Dampfend. Und mit einem vertrauten Duft. Morgen?

Ich stützte mich auf einen Ellenbogen und fand endlich meinen Becher vom Sierra-Club. Ich war noch etwas verschlafen, und das Dämmerlicht verwirrte mich. »Mit Sonnenbrille?«, murmelte ich und setzte sie ab. Dann hielt ich den Becher hin.

»Dahinten stellen sie sich schon zum Frühstück an«, sagte Alan, um zu verhindern, daß ich wieder einschlief.

Dan, der schon aus seinem Schlafsack heraus war und eine Tasse dampfenden Kaffees in den Händen hielt, schien nur wenig wacher zu sein als ich. Alan entfernte sich über die Felsen, die zwischen unserem Gesims und dem Camp lagen, mit jener seltsamen, tänzelnden Gangart, die sich die Bootsführer angewöhnt hatten; die schwere Kaffeekanne trug er wie eine olympische Fackel vor sich her.

Stille. Auf dem Boden unserer Becher zeigte sich Kaffeesatz. Bei Dan lugte ein Stückchen Eierschale heraus. Die Bootsführer tun manchmal ein rohes Ei in den Kaffee, damit der Satz sich schneller absetzt.

Steifbeinig und unbeholfen stiegen wir zum Lager hinunter. Wir wankten über die Felsen, über die Alan soeben hinweggetänzelt war.

Wir kamen ein bißchen spät zum Frühstück. Aber auch einigen der anderen Sternengucker ging es nicht anders. Die übrigen hatten sich schon zum zweitenmal bedient. Es gab Pfannkuchen. Während wir aßen, kamen Dan und ich überein, daß es in unserer Höhle viel wärmer war als hier unten im Lager. Schließlich kamen wir darauf, daß die höher gelegenen Felsen von der Mittagssonne aufgeheizt werden und die

Wärme die ganze Nacht über halten. Beim nächsten Mal sollten wir vielleicht doch am Ufer schlafen. Die alten Kämpen versichern uns, daß am Wasser fast immer ein leichter Wind geht.

★

Der Ausblick, der sich uns bietet, ist unglaublich. Wir wandern heute morgen in den North Canyon hinein, der hinter unserem Lagerplatz in den Supai-Sandstein eingeschnitten ist. Da der Supai-Sandstein aus Tausenden von Schichten besteht, die kaum mehr als einen Fingerbreit dick sind, weist der Pfad, der den Canyon hinaufführt, eine Reihe kleiner Stufen auf, die an den Stellen, wo mehrere Schichten zugleich weggebröckelt sind, größer werden. Vor kurzem hatte der Bach durch diese Schlucht Wasser geführt, von dem noch Tümpel zurückgeblieben sind, die wir umgehen. An anderen Stellen ist der Weg durch aufgetürmte Felsblöcke versperrt, die von den hohen Klippen herabgestürzt sind und nach schweren Regenfällen von der Flut mitgerissen wurden. Wären sie bis in den Fluß gelangt, hätten sie die unterhalb gelegene Stromschnelle vergrößert. Wir klettern auf allen Vieren hinauf; gelegentlich finden wir Halt an einem Baum, der aus einer Spalte herauswächst. Wir stoßen auf ausgetrocknete Wasserfälle; eine härtere Supai-Schicht bildet hier einen Vorsprung, über den der Bach von Zeit zu Zeit herunterstürzt. Man kann nicht hinaufklettern, weil es zu steil ist, aber rechts führt ein Pfad daran vorbei.

Und dann das Grün! Bei Lee's Ferry und an den Ufern des Flusses war es hübsch anzusehen, aber hier in dem schmaler werdenden Seitencanyon ist das Grün völlig umgeben von rotem Gestein und erscheint dadurch noch grüner als grün. Es ist der gute alte Farbkontrast, den sie auch ausnützen, wenn sie blaue Schildchen auf die Bananen kleben, um das Gelb zu verstärken. Hier wirkt das Rot als Verstärkung des Grüns. Der Anblick ist wirklich imposant. Es flattern auch einige fliegende Säugetiere herum, vermutlich braune Fledermäuse, die in der letzten Nacht nicht genug zu fressen bekommen haben. Vielleicht hatte der Sandsturm den Insekten arg zugesetzt.

Je höher wir kommen, desto enger rücken die Canyonwände zusammen. Wir kommen noch an weiteren Tümpeln vorbei, in denen sich unser Spiegelbild vor das der roten Wände hinter uns schiebt. Dann hören wir den Wasserfall. Wir müssen noch einen aus dem Fels herausgewaschenen Tümpel umrunden, dann liegt die Grotte vor uns. Im Augenblick ist der Wasserfall nur ein Rinnsal, doch die anmutige Schönheit dieses Fleckens, den das rauschende Wasser in Jahrtausenden geschaffen hat, ist atemberaubend. Wie eine Blume, fast wie eine Orchidee wirkt der Wasserfall mit seiner Zunge, die bis zu dem Teich herunterreicht, der sich leuchtend zu seinen Füßen ausbreitet. Die Farben – das Rot geht über in Pastelltöne, und näher zum Wasser hin ist alles in silbrige und fein abgestufte graue Töne eingetaucht, zwischen denen das Wasser in Blau und Weiß friedlich dahinströmt. Der ganzen Szene haftet etwas von der Grazie einer fernöstlichen Tuschzeichnung an. Als wollten sie prüfen, ob er real ist, waten einige von uns durch den Teich zu dem sanft herabrieselnden Wasserfall hin.

Bevor wir zurückkehren, möchte ich mir noch von einem erhöhten Punkt aus eine bessere Aussicht verschaffen. Ich beginne also, durch die Supai-Sandsteinschichten eines Steilhangs auf der linken Seite des sattelförmigen Passes, auf dem wir stehen, hinaufzuklettern. Als ich schließlich zu einem Spalt im Supai gelange, wo ich aufrecht stehen kann, bietet sich mir ein hübscher Blick auf die Felsskulpturen und den Canyon hinunter zum Fluß. In dem kleinen Tümpel, den wir umrundet haben, bevor wir zu dem Teich des Wasserfalls kamen, spiegelt sich jetzt die dahinter liegende Canyonwand in tiefen Rot- und Orangetönen. Anmutig neigen sich die Zweige einer Weide zu ihm herab. In der Wand des Seitencanyons, die sich in dem Wasser spiegelt, erkenne ich eine Bruchzone, in der die Schichten des Supai-Sandsteins steil ansteigen. Vermutlich handelt es sich wie bei dem Sattel, der in die Grotte führt, um eine durch starke unterirdische Kräfte verursachte Auffaltung, die im Laufe der Zeit durch Erosion an die Oberfläche trat. Immer wieder wird die wohlgeordnete Schichtung des Supai-Sandsteins von solchen Verwerfungen durchbrochen, um gleich darauf ihren alten Rhythmus wieder aufzunehmen. Die Rot- und Orangetöne spielen ins Pastellfarbene, zumindest hier im Morgenlicht.

Das Problem ist, wie ich jetzt mit dem Fotoapparat in der Hand wieder herunterkomme. Beim Heraufklettern brauchte ich nur dem Einschnitt zu folgen, doch herabzusteigen ist etwas schwieriger. Meine Schuhe sind noch naß und bieten wenig Halt, und daher traue ich mich nicht, mit großen Schritten bergab zu laufen. Ich setze mich also oft hin, und auf diese Weise komme ich endlich unten an. Das einfachste wäre gewesen, den Hang hinunterzurennen und den Gegenhang hinauf, um das Tempo abzubremsen, aber so leichtfüßig bin ich nicht. Als ich wieder bei den anderen bin, erzählt man mir, daß einer der Bootsführer genau das gern als Morgengymnastik macht: Jimmy wird frühmorgens anscheinend von Unruhe gepackt und rennt allein diesen Canyon hinauf, durchquert ein paarmal diesen U-förmigen Sattel (wobei er noch höher kommt, als ich mühsam geklettert bin) und läuft dann wieder über den Pfad zum Fluß zurück. Das alles vor dem Frühstück und sicher in Sandalen. Der Bootsführer, der mir das erzählt, behauptet, Jimmy werde reizbar, wenn er nicht genug Bewegung kriegt. Zum Glück hatte es niemand eilig, diesen Canyon zu verlassen.

## Längsschnitt des Flußkorridors

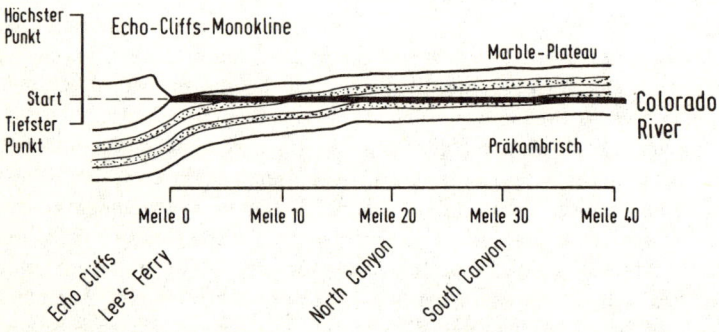

Die verschiedenen Schichten der Erde werden uns hier wie in einem Lehrbuch vorgeführt. Während wir den Fluß hinabfahren, steigen sie eine nach der anderen aus dem Wasser auf. Zunächt ragt eine neue Schicht nur knapp über den Wasserspiegel, doch zehn Minuten später ist sie schon mehr als mannshoch. Es ist, als würde neben uns eine Bergkette emporwachsen. Steht man oben am Rand des Canyons, sieht es natürlich anders aus, mehr wie eine versunkene Bergkette. Die Paiute-Indianer nannten den Grand Canyon »Kaibab« – der »liegende Berg«.

Die Aufwölbung des Colorado-Plateaus könnte durch Lava entstanden sein, die aus der Tiefe der Erde quoll und die Erdoberfläche wie eine Blase nach oben drückte. Durch diese kuppelförmige Schichttorte hat sich der mäandrierende Fluß wie mit einem Messer seinen Weg gebahnt. Stellen Sie sich einen Backofen vor: Über dem Blech ist, etwas neben der Mitte und leicht geneigt, ein wellenförmig gebogenes Sägemesser angebracht. Wenn der warme Teig rings um das Messer aufgeht, bildet sich seitlich der höchsten Erhebung (dem Nordrand) ein Canyon. Im Falle des Colorado-Plateaus war der Kuchen bereits abgekühlt und geschichtet, als Lava und Kontinentalverschiebung ihn hochdrückten. Und er stieg um 1 500 bis 4 000 Meter.

Gegen Ende des Mesozoikums (und der Dinosaurier) begann eine Periode von 20 Millionen Jahren, in der die Erdkruste zerbrach und Gebirge sich auffalteten, die Phase der laramischen Orogenese (Orogenese ist, wie jemand erklärte, das griechische Wort für Gebirgsbildung). Dabei entstanden alle möglichen Knicke und Falten in der Erdoberfläche, darunter auch die Rocky Mountains. Das Colorado-Plateau litt dabei nicht über Gebühr, abgesehen von einigen spektakulären Falten wie dem Waterpocket-Bruch in Utah. Nachdem es eine ganze Zeitlang ruhig gewesen war, begann dann vor 20 Millionen Jahren im Miozän der gesamte Südwesten der USA sich zu strecken, und er wurde auseinandergerissen.

Der Fluß fließt bergab, wie es Flüsse meist tun, und es ist die Aufwölbung des Plateaus, die sein Gefälle noch steiler erscheinen läßt. Bei Lee's Ferry befanden wir uns auf einer Höhe von 940 Metern über dem Meer und standen auf Kaibab-Kalkstein. Nur 115 Kilometer flußabwärts von Lee's Ferry sind die Schichten um mehr als 1 600 Meter in die Höhe gedrückt; der Kaibab bildet auch die oberste Schicht des Nordrandes, auf einer Höhe von 2 640 Metern. Über diese Strecke von 115 Kilometern steigt das Plateau um 1 700 Meter, während der Fluß um etwa 140 Meter sinkt, und so entsteht der Anschein, daß es sehr viel schneller bergab geht als in Wirklichkeit. Es ist anzunehmen, daß die Aufwölbung sich ganz allmählich vollzog, jedenfalls langsamer, als sich der Fluß durch die verschiedenen Schichten fraß, denn meistens fressen Flüsse sich nicht durch Berge hindurch, sondern fließen um sie herum.

Geknickte und gefaltete Gesteinsschichten? So ist es. Bisweilen brechen sie auch, und die entstehenden Risse nennen wir Bruchlinien. Wenn die Schichten an einem solchen Riß sich verschieben, kommt es zu einem Erdbeben. Flußabwärts gibt es mehrere Bruchlinien, und einige wirklich große werden wir im Laufe unserer Fahrt noch zu sehen kriegen.

Doch zurück zum Kaibab-Kalkstein. Kurz unterhalb der Einmündung des Paria konnten wir eine andere, grauere Schicht aus dem Wasser aufsteigen sehen. Auch sie war uns bald über den Kopf gewachsen und liegt jetzt weit über uns in der Wand. Dieser Toroweap-Kalkstein besteht aus dünnen Schichten Kalk mit eingelagerten Schlammschichten.

Weiter flußabwärts trat ein weißer Sandstein zutage, der Coconino. Diese Schicht entstand einst aus Sanddünen. Ursprünglich über dem Meeresspiegel gelegen, sank sie später ab und wurde vor etwa 250 Millionen Jahren vom Toroweap-Kalkstein überlagert, der den Sand zu Sandstein verfestigte. Sandstein bildet sich schneller als Kalkstein. Wäh-

rend der Wind in nur 1700 Jahren das Material für einen Meter Sandstein zusammenträgt, dauert es 8000 Jahre, bis sich auf dem Meeresboden durch das Absterben kleiner Tierchen eine gleich dicke Schicht
Kalkstein gebildet hat.

### Querschnitt bei Meile 28

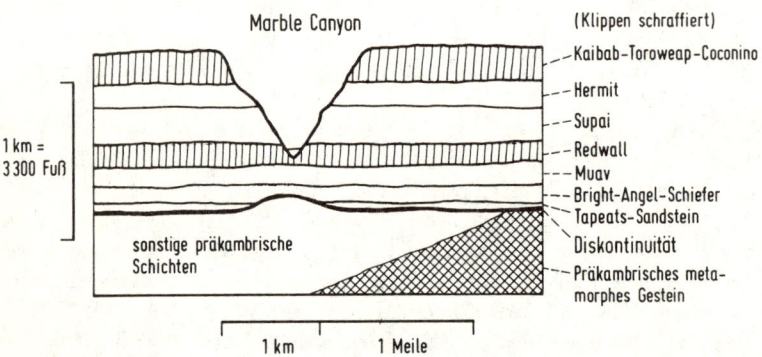

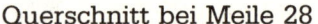

Anschließend kamen wir in die Hermit- und Supai-Schichten. Der Hermit ist ein schillernder, dünnschaliger Schiefer, der sich in einer ehemaligen Gezeitenzone abgelagert hat, während der Supai aus rötlichen, dik-
ken Schichten Sandstein und Schlamm besteht. Versteinerter Schlamm
und Schiefer bilden sich in Flußdeltas. Wenn ein Fluß sich verzweigt,
fließt er langsamer. Wenn er langsamer fließt, sinken die im Wasser
schwebenden Teilchen zu Boden und bilden in 3300 Jahren eine Schicht
von einem Meter. Nach der roten Farbe zu urteilen, führte der ehemalige Fluß viel Eisenoxyd mit sich, besser bekannt als Rost, das vermutlich aus der Verwitterung eines Berges im Binnenland stammte.

Diese Schichten verraten uns also, daß hier einmal das Delta eines
Flusses lag, der Rost enthielt; und als das Klima sich änderte, trocknete
das Gebiet aus und wurde mit Sanddünen zugedeckt. Aus irgendeinem
Grund senkte sich das Gebiet und wurde zum unterseeischen Friedhof
für mikroskopische Organismen. Sehr viel später hob es sich dann und
wurde erneut zu Land, das, wie üblich, der Erosion ausgesetzt war. Von
dem, was einmal den Kaibab hier bedeckte, ist wenig übriggeblieben.
Diese jüngeren Schichten haben wir gestern in dem Hufeisen hinter
Lee's Ferry gesehen. Im Zion-Nationalpark oben in Utah sieht man
noch rund 1000 Meter jüngere Schichten – der Boden des Zion Canyon

besteht aus demselben Kaibab-Kalkstein, der die obersten Schichten des Grand Canyon bildet. Doch hier unten sind diese jüngeren Schichten oberhalb des Kaibab durch Wind und Regen abgetragen worden. Würde sich dieses Land erneut absenken, so würden die neuen Schichten, die sich oberhalb des hier anstehenden Kaibab bildeten, eine Lücke von 250 Millionen Jahren fehlender Schichten bedecken. Auf Fischfossilien würden in der darüberliegenden Schicht moderne Tiere folgen, vielleicht auch der eine oder andere ertrunkene Seemann. Die Geologen sprechen bei einer solchen Diskontinuität der Schichten von einer »Diskordanz«. Der Canyon weist viele davon auf, nur sehen wir sie meistens nicht.

»Versuche einmal auszurechnen, wie tief der Grand Canyon sein müßte, wenn alle 8000 Jahre ein Meter hinzugekommen wäre«, bemerkte Alan. »Du merkst dann, daß eine ganze Menge fehlen muß. Tatsächlich fehlen über 95 Prozent. Was wir hier vor uns haben, sind nur Stichproben der Vergangenheit.«

Das alles bezieht sich nur auf die fünf Gesteinsschichten, die wir in der beschatteten Ostwand des Canyons vor uns sehen. Gestern sind auf einer Strecke von allenfalls 18 Kilometern fünf Schichten sichtbar geworden. Wenn es in diesem Tempo weiter ginge, würden wir in zwei Tagen schon keine Schichten mehr finden und bald auf halbem Wege nach China sein. Ich denke, wir werden wohl nicht mehr im gleichen Maße wie bisher pro Stunde neue Schichten auftauchen sehen.

# Meile 21
# Die Roaring Twenties

Die North-Canyon-Stromschnelle lag unmittelbar unterhalb unseres Lagers. Die meisten Flüsse wären stolz auf eine solche Stromschnelle. Auf der Skala des Grand Canyon ist sie mit 5 bewertet, zumindest solange, bis die nächste Flutwelle jene Felsblöcke von oben in den Fluß spült. Und ein wenig an der Grotte weiterbaut.

Im Hinblick auf die Stromschnellen, die uns auf den nächsten 16 Kilometern erwarten, haben wir alle Regenbekleidung angelegt. Der Marble Canyon liegt noch im Schatten, denn er verläuft in Nord-Süd-Richtung, und die Sonne steht noch im Osten. Obwohl es erst neun

Uhr sein dürfte, haben wir den Eindruck, als hätten wir schon die Abenteuer eines halben Tages hinter uns.

Die Redwall-Schicht steigt rasch aus dem Wasser auf, jedenfalls scheint es so. Tatsächlich muß man gut aufpassen, um das erste kleine Stückchen einige Kilometer unterhalb des North Canyon zu entdecken. Es tritt auf dem linken Ufer mitten in einer Geröllhalde zutage. Eine Zeitlang hinter dem Geröll versteckt, wird die Redwall-Schicht plötzlich mit einer Mächtigkeit von zwei Metern sichtbar, wie ein Stück Bühnenhintergrund. Dann kommen auch schon die Stromschnellen. Nicht umsonst trägt dieser Flußabschnitt den Namen »Roaring Twenties«. Unsere ganze Aufmerksamkeit galt daher den Stromschnellen beziehungsweise, nachdem wir hindurch waren und schöpfen mußten, dem Boden unseres Bootes. Unser Bootsführer ist heute J. B. (auch bekannt als Jim Irving). Er tat sein Bestes, um möglichst viel Wasser ins Boot zu bekommen, und er leerte sogar einen 20-Liter-Eimer über seiner Sitzbank und den Metall-Vorratskisten aus, damit wir den Sandsturm von gestern aus dem Boot schaffen konnten. Ich hüpfte ständig auf und nieder, um den Sand aufzuwirbeln, der sich auf dem Boden abgesetzt hatte, damit er mit dem Schöpfeimer hinausbefördert werden konnte.

Zunächst bemerkten wir nicht, daß die Klippen, die inzwischen auf beiden Ufern haushoch aufragten, nicht mehr aus dem vertrauten Supai-Gestein waren. Das Rot-Orange und die Gleichförmigkeit der Schichten unterscheiden sich stark von dem Schokoladenrot und dem groben Aufbau des Supai. Bis uns auf einmal klar wurde, daß wir immer tiefer in den Redwall hineinfuhren.

Da bemerkten wir denn auch sofort Höhlen auf beiden Ufern. Sie waren nicht vom Fluß ausgewaschen worden, sondern durch das Grundwasser erodiert, das nach der Schneeschmelze vom Nordrand heruntersickert. Der Redwall ist so fest, daß das Grundwasser an ihm vorbeifließt und unterirdische Seen bildet. Die Höhe, auf der es sich sammelt, ist der Grundwasserspiegel. In dem wasserdurchlässigen Kalkstein und an einigen Stellen, wo der Redwall nicht so fest ist, können Höhlen ausgewaschen werden. Die Höhlenöffnungen sind in einigen Fällen rund, zumeist aber länglich und horizontal – kleine überdachte Felsbänke. Von Sickerstellen ist aber kaum etwas zu sehen. Als wir bei Meile 25 durch die Cave-Springs-Stromschnelle donnerten, suchte ich die Canyonwände nach austretendem Wasser ab, doch von Bewuchs, der auf Sickerwasser hindeutet, war wenig zu entdecken, ganz zu schweigen von einer Quelle nahe des Flusses. Dann mußte ich auch schon wieder schöpfen.

»Hält der Flicken?« rief ich zu Alans Boot hinüber.

»Wie sollen wir das wissen?« antwortete Laura Sirota. »Kaum sind wir mit dem Schöpfen fertig, kommt wieder eine Stromschnelle und macht uns das Boot voll.«

★

Flußmeilen oder Flußkilometer? Irgendjemand hat vorgeschlagen, die Flußstrecke statt in Meilen in Kilometern anzugeben, aber das wäre ungefähr so sinnvoll, wie wenn man an einer alten römischen Heerstraße die Meilensteine versetzte, damit sie unseren modernen Entfernungsangaben entsprechen. Zudem sind 10 Flußmeilen in aller Regel 16 Kilometer, und auch die Kartographen machen sich nicht die Mühe, alles neu zu vermessen, wenn der Fluß länger beziehungsweise kürzer wird, weil irgendwo ein neuer Mäander entstanden ist oder eine Sandbank weggespült wurde. Die Angaben sind also ohnehin mit Vorsicht zu genießen. Am Fluß selbst sind die Meilen zwar nicht markiert, aber auf den Karten von Reiseführern und auf Luftaufnahmen sind sie angegeben. Es wäre daher ein Leichtes, hier Kilometer anzugeben, doch dann müßten auch topographische Namen wie 140 Mile Canyon nicht nur längs des Flusses, sondern überall im Grand Canyon geändert werden. Außerdem, sagt jemand, müßten dann all die Flußabschnitte wie Roaring Twenties oder Photogenic Fifties, in deren Bezeichnung die Meilenangabe enthalten ist, umbenannt werden, und im metrischen System käme dann so etwas wie die Euphoric Eighties heraus. Amerika braucht wenigstens ein Überbleibsel des alten englischen Maßsystems, und sei es nur aus historischen Gründen. Von uns aus kann es ruhig bei den Flußmeilen des Grand Canyon bleiben. In dieser Beziehung sind wir nicht kleinlich. Es macht uns hier ja auch mächtig Spaß.

★

Wüstenfirnis heißt die dunkle Färbung, die sich auf den Supai- und Redwall-Schichten zeigt. Sie ist uns beim Vorbeifahren aufgefallen. Es sieht aus, als wäre schwarze Farbe über die Kante des roten Gesteins verschüttet worden, vergleichbar mit dem, was an der Außenseite eines Farbeimers heruntergelaufen ist. Einer meint, es sähe wie ein Gemälde aus, was einen anderen zu der zynischen Bemerkung veranlaßt, der Maler müsse mit dem Anstreicher verwandt sein, der sein Haus renoviert und überall schwarze Nasen zurückgelassen hat.

Die Nasen hier gehen, so heißt es, auf Taubildung und nächtliche Regenfälle zurück. Die Nässe dringt in das poröse Gestein ein und erfaßt auf diese Weise eine riesige Oberfläche. Das Wasser löst Mineralien wie Mangan oder Eisen aus dem Gestein heraus. Wenn dann die Sonne am Tag den Felsen erwärmt, verdampft das Wasser an der Oberfläche, wodurch das Wasser in den Poren nach oben dringt und die gelösten Mineralien an die Oberfläche befördert. Wenn es schließlich verdampft ist, bleiben an der Gesteinsoberfläche die Mineralien zurück. Sie oxydieren, und das Ergebnis nehmen wir als einen schwarzen Firnis wahr. Auch Flechten lieben die Feuchtigkeit und tragen zur Differenzierung der Oberfläche bei.

Dieser Ablauf wiederholt sich nach jeder Taubildung, jedem Regen. Dort, wo Wasser eingedrungen ist und schließlich verdampft, bildet sich nach und nach eine Oxydschicht. Daher die Ähnlichkeit mit den Nasen an einem Farbeimer.

Auf den Kaibab- und Toroweap-Schichten findet sich keine Wüstenfirnis; wahrscheinlich eignet sich das Gestein nicht dafür.

Das Landschaftsbild ist weiterhin spektakulär und sogar noch beeindruckender als gestern, weil der Canyon tiefer wird. Gut, daß ich wasserfeste Notizbücher für Geologen mitgenommen habe, in denen ich diesen Reisebericht festhalte. Sie passen bequem in meinen Hut, der bislang noch einer der trockensten Plätze ist. Wenn ich mich recht erinnere, führte Abraham Lincoln ein ganzes Aktenarchiv in seinem Zylinderhut mit sich.

Wir müssen wieder schöpfen.

# Meile 29
# Die Silbergrotte

Auf den Karten ist dieser Ort zwar als Shinumo Wash verzeichnet, doch bekannter ist er unter dem Namen Silver Grotto, nach der »Silbergrotte«, die ein Stück landeinwärts liegt. Man kann da nicht einfach hinwandern. Der Weg als solcher ist, sagen wir mal, »interessant«. Was uns bevorsteht, ist, wie die Bootsführer erklären, mehr eine Kombination aus klettern, rutschen und schwimmen.

Doch zunächst zu den ernsten Dingen, zum Essen. Einer der Bootsführer füllt Flußwasser (das übrigens wieder klar ist, denn der rote Schlamm ist über Nacht verschwunden) in zwei große Thermoskannen und fügt beiden ein paar Tropfen Chlor hinzu. Eine soll uns mit Trinkwasser versorgen, von dem wir aber erst trinken dürfen, nachdem das Chlor gewirkt hat. In die andere Kanne kommt noch etwas hinein – eine große Dose Limonadenkonzentrat –, und dann wird gerührt. Beide Kannen werden auf umgedrehte Schöpfeimer gestellt. Über die beiden Klapptische, die inzwischen aufgestellt wurden, wird ein Plastiktischtuch gebreitet, und dann kommen Schneidbretter auf den Tisch, die zuvor in einem Eimer mit Seifenwasser abgewaschen wurden (zwei weitere Eimer mit Flußwasser stehen zum Händewaschen und Abspülen bereit). Dann schneiden die Bootsführer Tomaten, Zwiebeln, Salat, Käse und andere Sachen auf. Alle sind gespannt auf die offizielle Eröffnung, und dann muß man wählen: zwischen der langen Reihe, um sich ein Sandwich nach eigener Wahl zu richten, oder der kurzen Reihe für Liebhaber von belegten Broten mit Erdnußbutter und Marmelade (heute sind außerdem noch Pfannkuchen vom Frühstück übrig, die man mit Marmelade bestreichen kann). Man kann sich natürlich auch für beides entscheiden, und so stehe ich, einen Pfannkuchen mampfend, in der lange Reihe an. Etliche nehmen noch eine zweite Portion, und zum Nachtisch gibt es Plätzchen und sogar Äpfel und Apfelsinen.

Für das Mittagessen nehmen wir uns Zeit und beobachten in aller Ruhe die Vögel. Schließlich gehen die meisten hinüber zur Klippe. Nicht alle nehmen an allen Ausflügen teil. Manche ziehen es vor, sich die Zeit am Flußufer zu vertreiben. Speziell bei diesem Ausflug wird gewarnt, daß er sich nicht für jeden eigne, weil man klettern und mehrmals schwimmen muß. Bei den meisten Flußfahrten wird die Silbergrotte denn auch ausgelassen. Wer dennoch mitgeht, läßt wegen der Schwimmpartien meistens die Kamera zurück. Doch wenn ich den Kinnriemen etwas lockere, paßt meine Pocketkamera unter meinen Hut, und ich nehme mir vor, mit dem Kopf über Wasser zu bleiben.

Die Klippe ist noch keine zwei Stockwerke hoch. Bei höherem Wasserstand hätten wir gar nicht erst zu klettern brauchen, sondern direkt aus dem Boot auf den Vorsprung eines ausgetrockneten Wasserfalls steigen können. Bei normalem Wasserstand muß man jedoch an der flußaufwärts gelegenen Seite auf die Klippe klettern, ungefähr so, als würde man durch ein Fenster im ersten Stock ins Haus steigen, nur daß die Natur genügend Gelegenheiten bietet, wo man sich festhalten kann. Es geht zwar langsam voran, ist aber ziemlich ungefährlich. Von unten helfen uns die Zuschauer mit Hinweisen, wo man sich als nächstes festhalten kann, und wenn man fast oben ist, hilft einem der starke Arm eines Bootsführers hinauf. Ich merkte, daß meine Methode, die Kamera zu transportieren, etwas problematisch war: Beim Klettern ist es ziemlich verwirrend, wenn der Kopf mehr wiegt als normal. Sobald ich den Kopf drehte, um nach einer Haltemöglichkeit zu suchen, wurde mir schwindelig. Abraham Lincoln hat es vermutlich nichts ausgemacht, aber ich bin es nicht gewohnt. Schließlich nahm ich mir, auf halber Höhe im Fels hängend, mit der freien Hand den Hut ab und ließ ihn zusammen mit der Kamera zu Dan Hartline hinunterfallen, der unten am Strand wartete.

Oben angekommen, werden die Kletterer von riesigen »Jahrhundert-Agaven« begrüßt, die jeden überragen. Ich schaute hinunter. Dan hatte sich meine Kamera in die Tasche gesteckt, wo sie ja eigentlich hingehört, meinen Hut aufgesetzt, und kletterte mühelos die Klippe hinauf.

Nun gingen wir auf einer schmalen Felsbank in Höhe der Klippe in den Canyon hinein. Die Bank wurde immer schmaler, und am Ende hatten wir einen herrlichen Ausblick auf einen Teich, der ein ganzes Stück tiefer lag. Um dorthin zu gelangen, mußten wir einen steilen Weg über glattes Gestein nehmen. Wir fanden einen Kletterhaken vor, den hier jemand in weiser Voraussicht eingeschlagen hatte, und nachdem das Kletterseil festgemacht war, brauchten wir uns nur noch rückwärts daran herunterzulassen, unterstützt durch Zurufe wie »ein bißchen gerader stehen« oder »du kannst dich ruhig zurücklehnen, das Seil hält«.

Unten angekommen, steckte ich die Kamera wieder in den Hut und zog den Kinnriemen stramm. Dann wateten wir in den Teich hinein. Als es tief wurde, setzten wir unseren Weg schwimmend fort, bis wir am Ende des immer enger werdenden Canyons wieder Boden unter die Füße bekamen. Das nächste Hindernis war ein glatter, annähernd stockwerkshoher V-förmiger Einschnitt. Die Füße gegen die andere Wand gestemmt, schoben wir uns durch Schulterbewegungen langsam hinauf. Oben ging es weiter durch einen langen, tiefen Teich. Pudelnaß stiegen wir anschließend über eine Reihe von Redwall-Felsbänken empor.

Es war Schwerarbeit, aber dafür bietet sich uns ein spektakulärer Ausblick. Vor uns schmiegt sich eine Höhle in den Redwall, geformt wie eine Orchestermuschel. Bis zur Höhe eines Stockwerks über dem flachen Boden ziehen sich waagerecht weiße, graue und schwarze Streifen durch die Wand. Die Muschel darüber ist rot, hier und da überzogen von einigen senkrechten Streifen Wüstenfirnis und besprenkelt mit grünen Tupfern von zähen Wüstenpflanzen, die einen Spalt zum Wurzeln gefunden haben, darunter ein kurz ausfächernder Frauenhaarfarn. Über einem kleinen Teich am Boden befindet sich eine Öffnung in der Wand, durch die sich von Zeit zu Zeit ein Wasserfall ergießt, heute allerdings nicht. Durch die U-förmige Öffnung sehe ich, daß der Canyon nach links abbiegt und weiße Wände in eine große Höhlung münden, in der hier und da dunkles Grünzeug wächst. Unmittelbar hinter der Öffnung ziehen sich blasse rote Streifen durch die weißen Wände. Darüber erhebt sich eine dunkelgraue Wand mit riesigen, senkrecht verlaufenden roten Streifen, die zum Teil offenbar aus Schlammstein bestehen. Den Abschluß der Orchestermuschel bildet Redwall, überzogen mit einem dunkelroten Firnis. Diese oberste rote Schicht ist jedoch – um den Kontrast zu den waagerechten schwarzen, grauen und weißen Streifen im unteren Teil der Orchestermuschel und zu den senkrechten roten Streifen des in der Öffnung sichtbaren weißen und grauen Hintergrunds zu vervollständigen – senkrecht mit Streifen von schwarzem Wüstenfirnis durchzogen. Dieser Anblick entschädigt einen für alles, wenn man, von Wasser und Schweiß triefend, ankommt, möglicherweise mit dem Gefühl: »Hätte ich es doch bloß schon hinter mir«. Dies ist die Silbergrotte.

Die meisten von uns machen es sich auf einem Vorsprung bequem, der sich als schwarze, weiße oder graue Schicht an der Innenseite der Orchestermuschel entlangzieht. Doch einige gelüstet es nach Abenteuern, und so klettern sie auf einem Weg, der auf der linken Seite hier und da den Händen und Füßen Halt bietet, durch die U-förmige Öffnung. Einer verliert das Gleichgewicht, rutscht geradewegs in den tiefen Teich hinein, schwimmt ans Ufer und versucht es noch einmal. Die anderen verschwinden in der Öffnung.

Es ist nicht mehr viel zu sehen, erklären die Kletterer, als sie wieder an der Oberkante des Wasserfalls erscheinen, nur die Höhle und eine steile Auswaschung von einem anderen Wasserfall, die zu ersteigen aussichtslos ist. Das tröstet mich, aber vielleicht sagen sie es nur, um uns nicht neidisch zu machen. Die Kletterer stehen da oben am Rand des alten Wasserfalls wie Dirigenten, die die Zahl der Konzertbesucher abzuschätzen versuchen (womit sie nur überspielen, daß sie in Wirklichkeit überlegen, wie sie wieder herunterkommen, denn das ist immer schwieriger als der Aufstieg). Den Gedanken, wieder herunterzuklettern, geben die meisten auf. Sie setzen sich hin und bereiten sich darauf vor, in den Teich zu springen. Von den Zuschauern kommen Aufforderungen, den Sprung zu wagen.

Wir entdecken einen großen Frosch, der die aus dem Teich aufsteigende Wand hochklettert und sich zwischen seinen Hüpfern auf unglaublich stark geneigten Flächen ausruht. Mit einer Flankenbewegung strebt er der Öffnung der Höhle zu. John DuBois meint, es sei ein

»Angriffsfrosch«, der es auf die Eindringlinge abgesehen hat. Unter dem Jubel der Zuschauer lassen sich die Kletterer in den eiskalten Teich gleiten, schwimmen ans Ufer und steigen schnell wieder heraus, um sich durch einen anschließenden Lauf warmzumachen. Der Frosch nimmt von ihnen keine Notiz.

Wir haben es nicht eilig. Sobald die Bootsführer sich überzeugt haben, daß wir zu müde sind, um es ihnen nachzutun, demonstrieren sie uns, daß man, wenn man schnell genug läuft, in der Wand oberhalb des Teiches eine Runde drehen kann. Sie laufen auf halber Höhe zwischen dem Teich und der Öffnung der Grotte durch die Wand, die einer überhöhten Kurve gleicht, wie bei einer Radrennbahn. In einer Zeitlupenaufnahme würde man den Eindruck gewinnen, die Bootsführer hätten der Schwerkraft getrotzt, weil sie mit einer Neigung von 30° ihre Runde drehen. Einer nach dem anderen flitzen sie durch das Halbrund. Keiner läuft zu langsam, keiner rutscht herunter. Die gute alte Fliehkraft preßt sie gegen die Wand und verleiht ihren schlotterigen Sandalen einen besseren Halt. Das ist gemogelt, rufen wir, probiert es langsamer! Aber sie wissen Bescheid. Dann laufen sie den Pfad auf der linken Seite hinauf und kommen dank ihrer Geschwindigkeit tatsächlich bis zur Öffnung. Wir schlagen ihnen vor, mit fliegendem Start auch wieder herunterzukommen, doch umgekehrt funktioniert das Prinzip nicht.

Der Frosch läßt sich auch jetzt nicht von ihnen stören. Ich denke manchmal, daß Frösche Menschen nicht sehen können, daß wir in ihrer Welt voller Fliegen und anderer Frösche nicht vorkommen.

Was für ein herrlicher Ort für ein Konzert! Wie man uns erzählt, unternimmt ein Streichquartett einmal im Jahr eine Bootsfahrt, bei der die alten Instrumente in wasserdichten Kästen mitgeführt werden (ein großes Problem ist natürlich das Cello, das die Bootsführer heraufschleppen und auf einer Luftmatratze über die Teiche bringen), um an verschiedenen Stellen des Flusses zu konzertieren. Die Grotte am Ende des North Canyon soll auch ein ausgezeichneter Ort sein, doch die Silbergrotte ist fürs Musizieren wie geschaffen. Heute müssen wir uns die Musik dazudenken. In der Wüste gibt es ganz spezielle Orte, großzügig ausgemalt in Rot und Schwarz, verziert mit zartem Grün, mit einer Akustik wie in einer Kathedrale und mit einem unirdischen Licht, und dies ist einer davon.

Auf dem Rückweg haben wir eine umwerfende Aussicht auf den mäandrierenden Weg, den die nach schweren Niederschlägen auftretenden Fluten nehmen, die dieses silbergraue Bett ausgewaschen haben, und dahinter erblicken wir den Colorado, der mit einem unwahrscheinlichen Tempo dahinströmt. Auf der anderen Seite des Flusses ragt 20 Stock-

werke hoch die steile Redwall-Wand auf, ge-
krönt durch schokoladenrote Supai-Brocken.
Das Licht vom Redwall spiegelt sich in den
Teichen, die wir durchschwimmen müssen,
und wenn ein Schwimmer sich hineinbegibt,
durchziehen Kräuselwellen die glatte, oran-
genfarbene Wasseroberfläche. Ein magischer
Ort.

> Der Mann antwortete:
> »Die Dinge, wie sie sind,
> ändern sich – auf der
> blauen Gitarre.«
> Wallace Stevens, *The Man with
> the Blue Guitar*, 1937

★

Die Schwalben, die für ihren Unterhalt offenbar hart arbeiten müssen,
segeln auf der Jagd nach Insekten nur eine Handbreit über dem Wasser
dahin. Ich habe noch kein Insekt gesehen, doch die Vögel scheinen sie
zu finden. Allein für das Geflatter müssen die Schwalben schon eine
ganze Menge verzehren. Tagsüber sind es die Segler und Schwalben,
nachts die Fledermäuse, die uns die Fluginsekten vom Leib halten, so
daß wir kaum belästigt werden. Mücken sind überhaupt nicht da, nicht
eine, doch mit dem Hochwasser könnten welche kommen. Vielleicht
sollten wir ein paar Fledermäuse abrichten und mit uns nach Hause
nehmen.

Ähnlich wie die Fledermäuse haben die violett-grünen Schwalben eine
ganz bestimmte Art, mit ihren Flügeln zu schlagen. Wenn sie sich bei
einer sanften Brise gegen den Wind stellen, scheinen sie stillzustehen
und dabei senkrecht aufzusteigen, so als würden sie eine unsichtbare
Leiter hochsteigen. Sobald sie eine entsprechende Höhe erreicht haben,
falten sie die Flügel zusammen, richten ihren Schnabel nach unten und
gehen zum Sturzflug über, wobei sie in die Richtung drehen, in die sie
fliegen wollen, dann spreizen sie ihre Flügel ein wenig zu einem flachen
V und lassen sich mit voll ausgebreiteten Flügeln absacken, um über
dem Fluß dahinzujagen, bis sie an Geschwindigkeit verlieren und wieder
heftig mit den Flügeln schlagen. Wenn sie auf diese Weise bis zur Höhe
eines Kindes aufgestiegen sind, drehen sie im Sinkflug noch einmal ein
oder zwei Kurven, bevor sie wieder die große Leiter emporklettern.
Wenn ihnen ein Leckerbissen entgangen ist, drehen sie in den Wind,
flattern ein Stück empor, wobei sie sich zurücktreiben lassen, um dann
an derselben Stelle wieder zum Fluß hinabzutauchen. Wenn es stiller
wird, hören wir ihren Gesang: »Twit-twit-twit-twiet-twiet.«

Ich frage mich, ob sie uns vielleicht eher wahrnehmen als der Frosch
oben in der Silbergrotte. Oder gliedert sich die Welt einer Schwalbe in
Vögel, Nahrung, vermutlich Katzen und »alle anderen«?

# Meile 30
# Giottos Turm

Fliegende Katzen? Im Scherz habe ich Dan Richard erzählt, daß sogar Katzen fliegen können. Mit dem Fallschirm. Nicht auf natürliche Weise wie die Spinnen, aber wenigstens im Interesse der Umwelt.

Die Royal Air Force und die Weltgesundheitsorganisation haben einmal Hauskatzen über abgelegenen Dörfern auf Borneo an Fallschirmen abgeworfen. Dort waren alle Katzen gestorben, so daß die Ratten sich explosionsartig vermehrten (und Ratten sind potentielle Überträger von ekelhaften Krankheiten wie Typhus, Lepra und Pest). Und woran waren alle einheimischen Katzen gestorben? Am Insektenbekämpfungsmittel DDT, das man versprüht hatte, um die Mücken auszurotten, die die Malaria übertragen (bis zu 90 Prozent der Bevölkerung litt an Malaria).

Diese ernüchternde Geschichte erzählen wir in unseren Biologiekursen, um die Bedeutung der Nahrungskette und die ökologischen Zusammenhänge deutlich zu machen. Die Mücken in dieser Geschichte wurden dadurch ausgerottet, daß man in den Dorfhütten DDT versprühte. Die Malaria war auf einen Schlag verschwunden. Alles schien in Ordnung zu sein, bis die Strohdächer auf die Bewohner der Hütten herunterzustürzen begannen. Das Stroh war offensichtlich angefressen worden von den Larven eines Nachtfalters, der schon immer in diesen Hütten gelebt hatte, nur nicht in solchen Massen. Die Population hatte sich anscheinend explosionsartig vermehrt. Der natürliche Feind des Falters, eine Schlupfwespe, war ebenfalls durch das DDT getötet worden, doch die Larven des Falters waren so vernünftig, das DDT nicht anzurühren.

Doch was bedeutete schon der Einsturz von ein paar Strohdächern, wenn dafür die Malaria ausgerottet worden war? Die Sache ging jedoch weiter. Das DDT wurde auch von Kakerlaken gefressen, obwohl leider nicht in ausreichender Menge, um sie zu töten. Ein kleiner Hinweis: DDT wird nicht leicht abgebaut und ausgeschieden. Wenn es einmal im Körper ist, geht es nicht mehr weg, sondern reichert sich an. Das reichte jedoch nicht, um besonders viele Kakerlaken zu töten.

Die mit DDT angereicherten Kakerlaken wurden anschließend von den Geckos gefressen, jenen eidechsenartigen Hausgenossen des Menschen, die mit Hilfe von Saugnäpfen an den Füßen an der Decke laufen können. Nun muß ein Gecko, wenn er satt werden will, eine ganze

Menge Kakerlaken fressen, wodurch sich das DDT aus den Kakerlaken im Körper der Geckos anreicherte, bis es schließlich eine Konzentration erreichte, die um eine Größenordnung über der in den Kakerlaken lag. Das reichte aber noch nicht, um die Geckos zu töten. Die Dorfkatzen ernährten sich nun nicht nur von Ratten, sondern fraßen auch Geckos. Damit speicherte sich in Hunderten von Katzen das DDT, das Millionen von Kakerlaken aufgenommen hatten. Bislang war die DDT-Konzentration nicht hoch genug gewesen, um sehr viele Kakerlaken oder Geckos zu töten, doch schließlich wurde sie um eine Größenordnung zu hoch – und tötete die Katzen. Was den Ratten zugute kam. Und dazu beitrug, all die ekelhaften Krankheiten zu verbreiten.

Die »Operation Katzenabwurf« brachte die Katzenpopulation schließlich wieder auf ihre alte Höhe und wendete die drohende Rattenplage ab. Unwissenheit ist kostspielig. Wenn man lediglich weiß, daß Mücken Malaria verbreiten und daß DDT Mücken tötet, so reicht das nicht – man muß außerdem wissen, wer sonst noch DDT frißt, auch in nicht tödlichen Mengen, und was damit innerhalb der Nahrungskette passiert. Man muß das System im ganzen erfassen. Das nennt man Ökologie. Unsere agrarisch-medizinisch-industrielle Gesellschaft läßt alle möglichen neuen Chemikalien auf die Umwelt los, ohne über die Wirkung ausreichend Bescheid zu wissen. Die Behebung der Schäden ist dann, sofern sie überhaupt möglich ist, in der Regel nicht so einfach wie das Abwerfen von Katzen.

★

Der Redwall hat, genau wie die anderen Kalksteine, zum Beispiel die Kaibab-Deckschicht, von Natur aus eine helle, cremig-graue Farbe. Die rote Farbe ist bloß ein Überzug, der von den über dem Redwall liegenden Hermit- und Supai-Schichten stammt, jenen einstigen Flußdeltas, die all den rostigen Schlamm von vormaligen Bergen aufgenommen haben. Das rote Eisenoxid rinnt an dem Redwall-Kalkstein herab und überzieht ihn mit jenem prächtigen Rot, das den Besuchern des Grand Canyon, die sich am liebsten an den höchsten Steilklippen sammeln, so gut bekannt ist. Wir genießen das Vorrecht, an verschiedenen Stellen die ursprüngliche graue Farbe zu sehen, sei es, daß ein einmündender Bach die rote Beschichtung weggespült hat, sei es, daß vor kurzem eine Platte Redwall abgeplatzt ist, so daß die darunterliegende Farbe zutage tritt. Wir brauchen also bloß die roten Wände nach hellen Farbflecken abzusuchen, und schon wissen wir, wo vor kurzem ein Steinschlag niedergegangen ist. Der herabrinnende Rost wird auch diese Flecken mit der Zeit einfärben und so die Wunde heilen.

Dort, wo das Rot von den Frühjahrsüberschwemmungen des ungezähmten Colorado weggespült wurde, wechselt die Grundfarbe in diesem Abschnitt des Canyons zwischen einem hellen und einem dunklen Grau. Neben dem Fluß steht eine heruntergestürzte Platte Redwall-Kalkstein, und sie steht, wie gestern der Ten Mile Rock, senkrecht. Waagerechte Bänder ziehen sich hindurch, abwechselnd dunkelgrau und weiß, aber keine Spur von rot. Sie ist rechtwinklig, so als sei ein Steinmetz am Werk gewesen. Jemand fühlt sich durch den Fels an die gebänderte Architektur von Giottos Turm am Dom von Florenz und an den Dom in Siena erinnert, und ich muß ihm recht geben. Ein Stück Italien des 14. Jahrhunderts, hier auf dem Grund des Grand Canyon. Die Kunst ahmt die Natur nach – aber auch Dinge, die sie nie gesehen hat?

# Meile 31
# South Canyon

### Zweites Lager

Wir fuhren an einem herrlichen Lagerplatz auf dem rechten Ufer vorbei. Ich fand es schade, daß wir dort nicht Halt machen konnten. Am Ende taten wir es aber doch, nur liegt der günstigere Anlegeplatz unterhalb einer Stromschnelle. Daher lenkte J. B. das Boot zunächst durch die Stromschnelle und dann in den rückwärts strömenden Strudel hinein, der uns wieder hinauf zum Lagerplatz trieb. Es verwirrt, daß dieser Fluß gelegentlich bergauf fließt.

Kaum sind die Boote festgemacht, als der Ruf ertönt: »Antreten zum auspacken!« Es bildet sich eine Reihe. Der Bootsführer schnappt sich einen der schwarzen Gummisäcke, in denen unsere Sachen sind, und wirft ihn an Land, wo ihn einer auffängt und an den nächsten weitergibt, so wie man sich früher bei einem Brand die Löscheimer zureichte. Schließlich stapelt sich in der Mitte des Lagerplatzes ein Haufen schwarzer Säcke, und wenn ein Boot ausgeladen ist, rückt die Reihe zum nächsten Boot vor. Anschließend können alle bis zum Essen tun, was sie wollen: baden, ein Nickerchen machen oder auf Erkundung gehen. Wir

erforschen das Lager auf der Suche nach geeigneten Stellen, wo man seinen Schlafsack ausrollen kann. Es gibt sie in Hülle und Fülle.

★

Durch einen Spalt klettere ich auf eine ungefähr acht Meter hohe Red-
wall-Klippe hinauf und stoße auf ein Plateau aus erodierendem Gestein
und Bruchstücken von höher gelegenen Schichten, die es nicht bis hinunter zum Fluß geschafft haben. Auf diesem Plateau, das sich am rechten Ufer über etwa anderthalb Kilometer hinzieht, lebten einst die Anasazi. Vor etwa 1000 Jahren bauten diese Ureinwohner Amerikas in dem
nahegelegenen South Canyon Bohnen, Mais und Kürbis an. Wahrscheinlich auch auf dem sandigen Flußufer, wo gerade unsere Zelte aufgeschlagen werden. Ich äußerte meine Überlegung, wieviele unserer Lagerplätze
früher wohl indianische Niederlassungen gewesen sein mögen. Wahrscheinlich die meisten, meinte Subie.

Die Fundamente und Mauern einiger kleiner Gebäude sind erhalten
geblieben. Am Fluß haben sie vermutlich auch gebaut, doch alle Spuren
wurden durch Überschwemmungen ausgelöscht. Die nördlichste Ruine
zeigt, daß mit Verstand gebaut wurde, denn an der Vordertür befindet
sich ein Vorbau, der den Nordwind im Winter abhält. Die Anasazi müssen klein gewesen sein, denn jemand von meiner Länge würde sich in
dem einzigen Raum nicht ausstrecken können, es sei denn diagonal.
Selbst wenn man unterstellt, daß die Menschen wegen mangelhafter
Ernährung kleinwüchsig waren, können sich allenfalls zwei Personen in
dem Häuschen zum Schlafen ausgestreckt haben. Bei jeder Ruine finden
sich Tonscherben und Steinwerkzeuge; wir heben sie auf und mustern
sie eingehend. Flußfahrer und Wanderer sind, gemessen am Durch-
schnittstouristen, keine Souvenirjäger. Wäre dies hier der Südrand,
wären die Scherben innerhalb eines Tages verschwunden – nicht wegen
der mangelnden Tugend der Besucher, sondern wegen ihrer schieren
Masse. In manchen Jahren besuchen drei Millionen Menschen den
Grand Canyon, und 98 Prozent davon gehen allenfalls ein paar Schritte
am Rand hinunter. Nur ein halbes Prozent befährt den Fluß, überwiegend während der Saison von April bis Oktober.

Am Schnittpunkt zweier Wege lag eine große, mit Wüstenfirnis
bedeckte Felsplatte. Zunächst ging ich achtlos an ihr vorbei. Später ent-
deckte ich, daß sie mit etlichen Petroglyphen verziert war, die gemalten
Piktogrammen ähneln, nur daß sie in den Stein hineingehauen waren.
Unbekannt ist, ob die Anasazi diese Methode benutzten, weil ihnen zum
Malen von Piktogrammen die Farbstoffe fehlten oder weil sie wußten,

daß in den Fels gehauene Muster dem Wüstenfirnis besser widerstehen würden.

Auf der Platte sind viele der traditionellen Anasazi-Formen zu erkennen. Darunter sind auch beinahe exakte Kopien der berühmten Spiralen (einer großen mit sieben Windungen und einer halb so großen mit drei), die man im Chaco Canyon in New Mexico gefunden hat und in denen die Ureinwohner den 18,6 Jahre dauernden Mondzyklus, die Frühjahrs- und Herbst-Tag- und Nachtgleiche und die Sommersonnenwende festgehalten haben. Diese Spiralen hier können nicht dem gleichen Zweck gedient haben, denn es gibt hier nichts, was wie im Chaco einen Schatten würfe, und so vermute ich, daß die Spiralen vielfach kopiert wurden als magische Symbole, die auf dem ganzen Colorado-Plateau so manche Wand und so manchen Felsblock zierten.

16 Meter über dieser Wohnplattform, die sich acht Meter über dem Talgrund erhebt, befinden sich einige Höhlen, die von den jüngeren Fahrtteilnehmern schon untersucht wurden. Der Pfad führt zu einem Durchlaß, der so niedrig ist, daß man kriechen muß. Jeremy DuBois erzählt mir, daß man von dort aus durch ein Loch in einer Steilwand entlang weit hinunter in den South Canyon blicken kann. Von diesem Loch aus ist einmal jemand zu Tode gestürzt, erzählt Alan. Unglücke von Flußreisenden sind (anders als bei schlecht ausgerüsteten Wanderern, die vom Rand heruntersteigen) ziemlich selten, besonders bei den Ruderfahrten, wo auf drei bis vier Passagiere ein erfahrener Bootsführer kommt.

Jetzt sehe ich, woher unser Giotto-Turm stammt: Die ganze Redwall-Wand besteht, vom Flußufer bis zu einer Höhe von etwa hundert Metern, aus hell- und dunkelgrauen Schichten, die im Abstand von Leitersprossen aufeinanderfolgen. Über eine weite Strecke dieser ebenmäßigen Wand wurde der rote Supai-Überzug offenbar abgewaschen, vielleicht durch Grundwasser, das in einer anderen Jahreszeit (gegenwärtig ist es trocken) aus den Wänden sickert. Auch sind senkrechte Spalten zu erkennen, die offenbar durch Sickerwasser entstanden sind, wobei die weißen Schichten sich an vielen Stellen erhalten haben, während die dunkle Schicht darüber und darunter erodiert ist, was darauf hindeutet, daß die weißen Schichten aus härterem Material, aus einem reineren Kalkstein sind. Die Spalten sehen dadurch wie Leitern aus. Aber sie führen nirgendwo hin.

Auf unserer Flußseite herrscht Badebetrieb. Ein tiefer, aber geschützter Kanal, in den das Wasser aus dem South Canyon einströmt, lädt zu einem kurzen Bad ein. Vom Durchschwimmen der Teiche bei der Silbergrotte haften uns noch Algen an, die wir abspülen. Lange hält es jedoch keiner in dem kalten Wasser aus.

★

Vor etwa anderthalb Millionen Jahren wurden die Hominiden von Wanderlust gepackt. Wir kamen auf dieses Thema, als wir nach dem Abendessen über die Anasazi und die übrigen Ureinwohner Amerikas sprachen. Den Anstoß gab einer mit dem Hinweis, daß es in der Beringstraße einmal eine Landverbindung zwischen dem asiatischen und dem amerikanischen Kontinent gegeben hat.

Unter dem Begriff der Hominoiden werden die Menschenaffen und die Hominiden zusammengefaßt. Zu den Hominiden gehören wir, unsere Vorfahren und unsere fernen Verwandten bis zurück zu jener Zeit, als unser Entwicklungsweg sich vor etwa sieben Millionen Jahren von dem der Schimpansen trennte. Bis vor etwa anderthalb Millionen Jahren waren die Hominiden offenbar auf den afrikanischen Kontinent beschränkt. Von dort breitete sich der *Homo erectus* mit seinem etwas vergrößerten Gehirn nach Asien und später nach Europa aus. Vor rund 100 000 Jahren war der *Homo sapiens* da. Australien (das während Eiszeiten wegen des niedrigeren Meeresspiegels mit Neuguinea verbunden war) sowie Nord- und Südamerika scheinen jedoch lange auf menschliche Besiedlung gewartet zu haben. Spuren des *Homo sapiens* gibt es in Australien erst seit ungefähr 50 000 Jahren. Vielleicht hatte man damals schon Boote erfunden, mit denen die Wasserbarrieren zwischen den Landmassen der Erde überwunden werden konnten, obwohl man die Erfindung des Bootes gewöhnlich der Zeit vor etwa 13 000 Jahren zuschreibt, als die Mittelmeerinseln besiedelt wurden.

Anthropologen sind heute der Ansicht, daß das Wasser nicht die Schranke war, für die man es immer gehalten hat. Unter bestimmten Umständen kann man ja schließlich über das Wasser gehen. Die Besiedlung Amerikas wurde gewöhnlich darauf zurückgeführt, daß während der letzten Eiszeit der Meeresspiegel beträchtlich (um etwa 80 Meter) absank, so daß die ersten Pioniere über die Beringstraße von Asien nach Alaska hinüberwandern konnten. Daß die Beringstraße eine Barriere darstellt, kann nur annehmen, wer noch nicht im Winter dort gewesen ist, wie Anthropologen aus Alaska betonen. (Sie deuten indirekt an, daß man den weitverbreiteten Mythos von der Beringstraße erfunden habe, um den Touristen im Sommer etwas erzählen zu können.) Wenn die Ostsee zugefroren ist, ziehen die Lappen ungehindert zwischen Schweden und Finnland hin und her, und genauso kann jeder im Winter die

Beringstraße überquert haben, unabhängig von einer Eiszeit. Die eigentlich Schranke bestand darin, daß es kaum möglich war, von der Küste Alaskas weiter nach Süden in den Kontinent vorzudringen. Das muß während einer Eiszeit ganz schön hart gewesen sein. Der Weg an der Küste entlang wurde durch die rauhe Brandung und durch zerklüftete Landzungen versperrt. Im Binnenland stellten sich Gletscher in den Weg. Als vor 13 000 bis 14 000 Jahren das Eis der jüngsten Kälteperiode zu schmelzen begann, entstand ein offener Korridor, der vom Yukon bis nach Edmonton in Alberta reichte, und daher dürfte das Reisen seit jener Zeit sehr viel einfacher geworden sein. Jedenfalls tauchen von da an verschiedene Säugetierarten Alaskas, zum Beispiel der Graubär, urplötzlich weiter im Süden auf.

Es ist allerdings auch denkbar, daß Menschen schon vor oder während der letzten Eiszeit nach Amerika gekommen sind. Sie müßten dann mit dem Boot aus Afrika, Asien oder Europa gekommen und irgendwo in Nord-, Mittel- oder Südamerika gelandet sein. Sie brauchten dazu nur seetüchtige Boote und tapfere Seeleute. Nach heutigen Erkenntnissen ist das erst in den Zeiten des modernen Typus *Homo sapiens sapiens* geschehen; die Neanderthaler waren vermutlich schon vor der Besiedlung Amerikas ausgestorben. Funde, die bei sorgfältigen archäologischen Ausgrabungen gemacht wurden, werden in Brasilien auf ein Alter von 31 000 Jahren, im Osten der Vereinigten Staaten auf 21 000 Jahre und in Chile auf 14 000 Jahre geschätzt, und vereinzelt werden sogar noch ältere Funde gemeldet.

Einer der Neurobiologen aus Kalifornien erzählte, in Del Mar nördlich von San Diego sei ein großer menschlicher Schädel, den man mit einigem Recht auf die letzte Eiszeit datieren könne, aus den Klippen oberhalb des Surfstrandes herausgespült worden. Einige Anthropologen, so wird dort gewitzelt, suchten noch nach dem Surfbrett dieses Menschen, um es anhand der Jahresringe zu datieren.

Manches spricht dafür, daß Amerika zunächst nur von einigen kleinen Gruppen besiedelt wurde, die sich dann stark vermehrt haben. Es scheint, als müsse man alle Ureinwohner Südamerikas einer einzigen Gruppe zurechnen. Eine zweite Gruppe bilden die Inuit (Eskimos) und die Angehörigen der Athapasca-Sprachgruppe (Navajos, Ute, Apachen und viele der Westküsten-Indianer sowie die Stämme zwischen dem Yukon und dem Athabascasee). Die übrigen Indianer Nordamerikas stellen eine dritte Gruppe dar, die aber in fast jeder Hinsicht mit den Indianern Südamerikas gleichgesetzt werden kann. Grundlage dieser Gruppeneinteilung sind nicht kulturelle Übereinstimmungen, sondern genetische Merkmale wie etwa Blutgruppen, und die Einteilung wird ständig überprüft, sobald neue Gene analysiert worden sind. Klar ist jedoch, daß die Ureinwohner der beiden amerikanischen Halbkontinente keine engere Verwandtschaft mit den Völkern Nordostasiens auf der anderen Seite der »Beringlandbrücke« aufweisen, abgesehen von den Eskimos und den Angehörigen der Athapasca-Gruppe. Die meisten indianischen Schädelformen zeigen große Ähnlichkeit mit den Typen, die in China vorkamen, bevor Angehörige des klassischen mongoloiden Typus vor ungefähr 15 000 Jahren von Norden her nach China eindrangen; die ältesten Eskimo- und Athapasca-Schädel sind eindeutig klassisch mongoloid und jüngeren Datums.

Im Südwesten der Vereinigten Staaten gab es vor 11 000 Jahren Paläo-Indianer, die mit sogenannten Clovis-Pfeilspitzen jagten (diese charakteristischen Pfeilspitzen, die man in ganz Nordamerika findet, verdanken ihren Namen dem Fundort Clovis in New Mexico). Vor etwa 4 000 Jahren wurde der Canyon in regelmäßigen Abständen von den frühen Indianern aufgesucht. In Stanton's Cave, der großen Höhle im Redwall, die wir stromabwärts im schwindenden Tageslicht gerade noch erkennen können, hinterließen sie kleine Figuren aus Weidenzweigen. Doch erst um 900 n. Chr. blieben sie lange genug, um sich Behausungen zu errichten, von denen zumindest einige so stabil waren, daß sie noch 1 000 Jahre später von den Archäologen entdeckt werden konnten.

Lange zuvor schon hatte es im Südwesten Indianer gegeben, die um 600 n. Chr. bei Mesa Verde Bewässerungslandbau betrieben. Vielleicht waren sie entfernt verwandt mit den Indianern Mittelamerikas, die um diese Zeit auf der mexikanischen Halbinsel Yucatan Städte errichteten. Die Anasazi – so bezeichnen wir die Indianer, die hier einst lebten – waren Sammler und Jäger, die irgendwann seßhaft wurden. Erst mußten sie freilich von der Maya-Zivilisation weiter im Süden, wo um das Jahr 600 bereits große Kaiserreiche bestanden, so manches übernehmen, etwa den Dammbau, die Bewässerung, die Sternkunde und den Ackerbau.

Was Nord- und Südamerika für Anthropologen so interessant macht, ist die Vermengung des Alten mit dem Jungen. Hier im South Canyon finden wir 1 000 Jahre alte Überreste, darunter auch »weiche« Artefakte wie Körbe und Sandalen, die von einem Volk hinterlassen wurden, das noch in der Steinzeit lebte – und sie sind nicht überlagert von all den Dingen, die anschließend von den Menschen der Bronze- und der Eisenzeit hinterlassen wurden, und sie sind nicht überbaut von den Tempeln der Griechen und später der Römer. Hier kann man anhand der dickeren und dünneren Jahresringe langlebiger Bäume die Klimaschwankungen

studieren, hier kann man erkennen, wie sich wechselnde Niederschlags-
mengen auf die Bevölkerungszahl der Anasazi auswirkten, hier kann
man sich eine Vorstellung davon machen, was es bedeutet haben muß,
unter marginalen Bedingungen zu leben, fern von den Hauptsiedlungs-
gebieten, in einer Gegend, wo man nur überleben konnte, wenn man das
wirklich schlau anstellte. Die Anasazi des Grand Canyon sind der
Traum eines jeden Anthropologen, denn sie liefern das unverstellte Bild
eines Volkes, das sich nicht allzusehr von jenen Menschen unterscheidet,
die einmal auf der Messerschneide der menschlichen Evolution gelebt
haben.

★ ★ ★

Wir bewohnen dieses Land seit einer Zeit, aus der es keinerlei historische Zeugnisse
gibt, in die keines Menschen Erinnerung zurückreicht, seit einer fernen, legendären
Zeit. Die Geschichte meines Volkes und die Geschichte dieses Landes sind eins.
Niemand kann an uns denken, ohne zugleich an dieses Land zu denken. Wir sind
für immer eins.

Ein Abkömmling der Anasazi,
Angehöriger der Taos Pueblo in New Mexico, 20. Jahrhundert

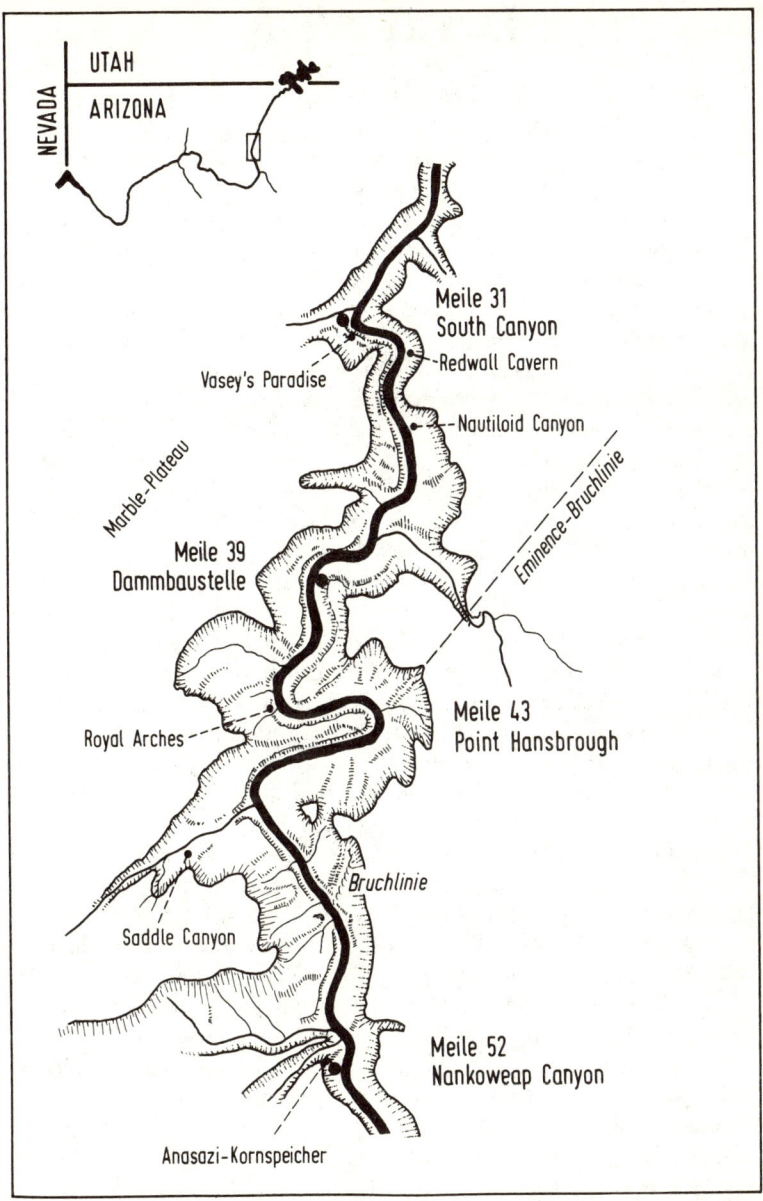

UTAH
ARIZONA
NEVADA

Meile 31
South Canyon

Vasey's Paradise

Redwall Cavern

Nautiloid Canyon

Marble-Plateau

Eminence-Bruchlinie

Meile 39
Dammbaustelle

Meile 43
Point Hansbrough

Royal Arches

Bruchlinie

Saddle Canyon

Meile 52
Nankoweap Canyon

Anasazi-Kornspeicher

# Dritter Tag
## Meile 31
## South Canyon

Das Licht der aufgehenden Sonne fiel zunächst auf die ferne hohe Canyonwand und kroch dann langsam herab, um die tieferen und näher gelegenen Bergrücken zu erfassen. Von meinem Schlafsack aus schien alles in ein wunderschönes rot-orangefarbenes Frühlicht getaucht. Als das Licht die Pflanzen auf der anderen Seite erreichte, begannen sie plötzlich zu funkeln. Das erschien mir rätselhaft, und so stand ich auf, um es mir genauer anzusehen.

Flußabwärts, ungefähr 700 Meter vom Beginn des South Canyon, ist die Canyonwand bis zu einer Höhe von ungefähr 15 Metern in zwei ausgedehnten Flächen mit funkelnden Pflanzen bedeckt. Andere, die ebenfalls von diesem Anblick angelockt worden waren, reichten mir ein Fernglas, mit dem ich schließlich den Wasserfall entdeckte, den das Rankenwerk überwuchert hatte. Zwischen Farnen und Efeu kam von der rechten Canyonseite her ein ziemlich großer Bach herunter. Da der Fluß an dieser Stelle scharf nach links abbiegt, ist der andere grün bewachsene Hang nur teilweise zu sehen. Das ist Vasey's Paradise.

Die Sonne scheint auch in Stanton's Cave hinein, die große Öffnung auf halbem Wege zwischen unserem Lager und Vasey's Paradise. Während wir die Szenerie betrachteten, verwandelte sich der ganze Hang in ein feucht schimmerndes Grün, das durch den Kontrast zum roten Hintergrund noch verstärkt wurde. Das linke Flußufer lag noch im Schatten, und die abwechselnd hell- und dunkelgrau gebänderte Wand, die 100 Meter hoch aufragte, bildete eine Sehenswürdigkeit subtilerer Art.

Es ist still im Lager. Die meisten Bootsführer sitzen allein in ihren Booten, kämmen sich oder putzen sich die Zähne, lesen oder flicken ein Hemd. Diese berufsmäßigen Flußfahrer wissen ihre Zeit gut zu nutzen, denn sechs Monate lang sind die Boote ihr Heim, länger als ihre Häuser in Flag (so sagen sie hier für Flagstaff, das etwa 250 Kilometer nördlich von Phoenix liegt), wo sie sich zwischen zwei Fahrten drei bis vier Tage lang aufhalten.

Auch der Canyon ist still, oder fast. Von den Vögeln ist zu dieser Tageszeit mehr zu sehen als zu hören. Die Schwalben (zwischen die sich gelegentlich ein Mauersegler mischt) folgen ganz bestimmten Mustern. Sie gleiten über die Wellenkämme dahin, steigen dann auf, gewinnen durch den charakteristischen Flügelschlag, den sie mit den Fledermäusen gemein haben, an Fahrt, um dann erneut über den Fluß dahinzujagen. Das Rauschen des Wassers, ein tiefer Orgelton, wo der Fluß über einen in Ufernähe gelegenen Felsblock hinwegströmt, vermengt sich mit dem rhythmischen Klatschen, mit dem die Windwellen gegen die Unterseite der vertäuten Boote schlagen.

Ständig zu hören ist natürlich auch das Brausen der nahen Stromschnelle. Bei einer kleineren Stromschnelle klingt es wie ein anhaltendes helles Rauschen, wie ein Hintergrund von »hie-ie-ie«. Immer wieder sieht man Wellen sich aufbäumen und herunterklatschen, doch das damit verbundene Geräusch ist nicht zu hören, weil es in dem gleichmäßigen Brausen, mit dem der Fluß durch die Stromschnelle schießt, untergeht. Bei einer symmetrischen Stromschnelle wie dem Badger, wo Seitencanyons von beiden Seiten eine V-förmige Kiesbank geschaffen haben, schiebt sich zunächst eine Zunge ruhigen Wassers in die Stromschnelle hinein, flankiert von zwei immer enger zusammenrückenden Streifen Wildwasser. An der Spitze des V geht das ruhige Wasser dann ebenfalls in Wildwasser über. Den Abschluß der Stromschnelle bildet ein wildes Gewoge kurzer Wellen, die sich manchmal zu einer Reihe von stehenden Wellen aufbauen.

Zum Frühstück besuchte uns ein Rabe. Er kam über die Boote hinweg angeflogen und ließ sich dann auf einem Felsblock in der Nähe nieder, um das Geschehen mit schiefgelegtem Kopf zu beäugen. Von Natur aus ist der Rabe kein besonders geduldiger Vogel; er möchte, daß wir uns beeilen und verschwinden. Die Bootsführer tischen Anekdoten über Raben auf, darunter einige nach dem Motto »sie sind schlauer, als ihnen gut tut«. Raben scheinen an Streichen, Possen und kleinen Diebereien Spaß zu finden – so als würden sie sich langweilen, als seien sie zu schlau für ihre Rolle im Leben.

Das glitzernde Grün flußabwärts zieht selbst die erfahrensten Flußfahrer unter uns nach wie vor in seinen Bann. Derweil die Boote beladen werden, stehen die meisten von uns untätig herum und bewundern die Aussicht. Im Lager ist es üblich, im ersten Tageslicht aufzustehen, und obwohl wir nicht geweckt werden, hat sich jeder schnell daran gewöhnt. Die meisten von uns sind um sechs Uhr auf, obwohl fast alle ihre Armbanduhr abgelegt haben. Der Bootsführer, der als erster auf ist, bringt ein paar Kessel Wasser zum Kochen (wir haben einen leisen dreiflammigen Propanherd und zum Backen und Grillen einen Holzkohlengrill dabei). Nach einer halben Stunde gibt es Kaffee oder Tee. Gewöhnlich stehen schon einige da und warten, daß das Kaffeemehl sich endlich absetzt, als Zeichen, daß der Kaffee fertig ist. Das Frühstück folgt dann wieder eine halbe Stunde später. Vorher packen wir noch die Hälfte unserer Sachen ein, den Rest danach. Für jeden gibt es zwei schwarze Gummisäcke, in die alles hinein muß. Etwa von der Größe einer großen Einkaufstüte, werden sie im Bug eines der Boote verstaut, so daß man tagsüber nicht herankommt. Was man während des Tages braucht – Kamera, Bücher, Karten, Sonnenschutzcreme oder was auch immer – kommt in eine mittelgroße Munitionskiste.

Ich bin heute morgen noch einmal bei den Anasazi-Ruinen gewesen, um mir die Petroglyphen anzuschauen. Die Anasazi hatten hier eine phantastische Aussicht, aber man fragt sich doch, ob sie sie so genießen konnten wie wir. Ich meine nicht, daß zwischen ihnen und uns ein biologischer Unterschied besteht; es war für sie jedoch ein alltäglicher Anblick, ein Bestandteil ihres mühsamen Daseinskampfes in dieser Steinwüste. Den Anblick des Marble-Plateaus (das man vom South Canyon aus zu Fuß erreichen kann) haben sie aber wohl doch überwältigend gefunden. Und das ist es ja auch.

Gestern abend wurde nicht nach den Sternen geschaut, ich habe jedenfalls nichts davon gehört. Das Wetter war ideal, der Himmel klar, doch die Flußfahrer brauchten Schlaf. In Flußnähe war es zum Schlafen angenehm kühl. Außerdem werden wir übermorgen lange aufbleiben – es gibt eine Mondfinsternis.

Dieser zweite frühe Morgen im Canyon ist anders als der erste. Der Canyon hat eine hypnotisierende Wirkung. Die Leute sitzen einfach da und hören dem strömenden Wasser zu.

Und es geschah zuweilen, daß beide beim Anhören des Flusses an dieselben Gedanken dachten, an ein Gespräch von vorgestern, an einen ihrer Reisenden, dessen Gesicht und Schicksal sie beschäftigte, an den Tod, an ihre Kindheit, und daß sie beide im selben Augenblick, wenn der Fluß ihnen etwas Gutes gesagt hatte, einander anblickten, beide genau dasselbe denkend, beide beglückt über dieselbe Antwort auf dieselbe Frage.

Hermann Hesse, *Siddharta*, 1922

★ ★ ★

Alan steuert uns mit ein paar Ruderschlägen aus dem Wirbel heraus und in den Unterlauf der Stromschnelle hinein. Wir kommen in die Strömung und gewinnen Fahrt. Auf beiden Seiten erreicht die Redwall-

Wand eine Höhe von ungefähr 100 Metern. Der Grundwasserspiegel scheint im Redwall zu liegen, denn an verschiedenen Stellen sickert Wasser heraus, erkennbar an den Pflanzen, die sich in die steilen Wände eingenistet haben. Weiter oben gibt es einige Grotten, die durch Sickerwasser im Laufe von Jahrtausenden herausgespült wurden, gegenwärtig aber zum größten Teil trocken sind. In der größten dieser Höhlen verbarg der Landvermesser Robert B. Stanton 1889 seine Instrumente, als er beschloß, die Flußfahrt abzubrechen und den Grand Canyon über den South Canyon zu Fuß zu verlassen. Er arbeitete für eine Eisenbahngesellschaft, die vorhatte, eine Bahnlinie auf dem Grund des Grand Canyon zu verlegen; zum Glück gab sie den Plan auf, bevor mit den Bauarbeiten begonnen wurde.

In Stanton's Cave haben Archäologen noch ganz andere Dinge gefunden. Im Pleistozän (den letzten zwei Millionen Jahren, in die alle Eiszeiten mit ihren Klimaschwankungen fallen) wurde diese Höhle offensichtlich von Kondoren geschätzt, denn etliche sind hier gestorben. Bei einem Skelett hatten die Flügel eine Spannweite von vier Metern. Und vor über 3 000 Jahren hinterließen Indianer hier kleine Figuren aus Weidenzweigen, die möglicherweise Opfergaben waren.

Nachdem wir die Flußbiegung genommen haben und es in seiner ganzen Fülle sehen können, wirkt Vasey's Paradise noch beeindruckender als heute früh. Im Tagebuch seiner zweiten Expedition auf dem Colorado hat Major Powell es sehr schön beschrieben:

Der Fluß biegt scharf nach Osten ab und scheint eingeschlossen zu sein von einer Wand, die mit Millionen von Edelsteinen besetzt ist. Beim Näherkommen stellen wir fest, daß aus dem Fels hoch über unseren Köpfen Quellen hervorspringen, und im Sonnenlicht wird aus ihrer Gischt das Edelgestein, das die Wand bedeckt. Die Wände sind mit Moosen und Farnen und vielen herrlich blühenden Pflanzen bewachsen. Wir nennen es Vasey's Paradise, dem Botaniker zu Ehren, der letztes Jahr mit uns gereist ist.

John Wesley Powell, Flußtagebuch 1871

# Meile 33
# Redwall Cavern

Ungefähr anderthalb Kilometer flußabwärts von Vasey's Paradise wird auf dem linken Ufer eine riesige Höhle sichtbar, die unmittelbar über dem Wasserspiegel in der Redwall-Wand liegt. Diese Orchestermuschel, könnte man meinen, vermag ein ganzes Symphonieorchester aufzunehmen; doch als wir näher herankommen, sehen wir, daß sie sogar noch größer ist und auch noch ein zahlreiches Publikum darin Platz fände. Tatsächlich werden hier Konzerte gegeben, im Zuge der schon erwähnten Flußfahrt von Musikern. Ihr Boden besteht aus glattem Sand, und zu dieser Tageszeit liegt sie ganz im Schatten. Die anderen Boote haben alle bei Vasey's Paradise angelegt, doch wir zogen es vor, es vom Fluß aus zu bewundern, während wir langsam daran vorübertrieben, denn Alan mag nicht den giftigen Efeu, der sich zwischen den übrigen Pflanzen verbirgt. Dadurch hat unsere Fünfergruppe die Redwall Cavern einstweilen für sich. Es ist herrlich.

Nachdem er ein Weilchen am Ufer herumgestochert hat, ruft Alan Marsha zu sich und zeigt auf den Sand. Marsha, ein Teenager und Schwester eines der Bootsführer, bückt sich nach einer korbartig geflochtenen Figur eines Rehs, die mit einem hohen Rumpf und kurzen Beinen eigentlich mehr einem Lama ähnelt. Nach all den Geschichten über archäologische Schätze, die in Stanton's Cave gefunden wurden, kommt Marsha zu dem voreiligen Schluß, ein wertvolles altes indianisches Artefakt in Händen zu halten. Nach meinem Eindruck ist es nicht alt, und ich verdächtige Alan, daß er es dort hingelegt hat.

Nach einigen Minuten wird auch Marsha argwöhnisch, und sie zwingt Alan zu einem Geständnis. Alan hat noch ein paar unbearbeitete Weidenzweige an Bord und ist gern bereit, Marsha zu zeigen, wie man nach Art der Anasazi aus gespaltenen Weidenzweigen Figuren macht. Erst wird ein langer Zweig bis auf eines der Enden gespalten. Dieses ungespaltene Ende wird der Kopf. Dann wird einer der Halbzweige geknickt und so durch das Ende des Spalts gesteckt, daß eine Schnauze entsteht. Danach bildet man durch Knicken der beiden Halbzweige den Rumpf und die Beine. Dabei darf der Weidenzweig immer nur geknickt, nicht gebrochen werden. Zum Schluß wird ein Ende des gespaltenen Zweigs so durch die Wicklungen gesteckt, die den Rumpf bilden, daß es wie

ein Speer herausragt. Dienten diese Figuren vielleicht als Jagd-
totem?

Ich frage mich, ob die Anasazi die Heilwirkung von Weidenrinde
gekannt haben. Daher stammt nämlich das Aspirin (Acetylsalicylsäure,
von dem lateinischen Wort für Weide, *salix*).

Die anderen Boote legen an. Alle haben ihre Feldflaschen und die
Thermoskannen mit Limonade bei Vasey's Paradise mit frischem Wasser
aufgefüllt. Die Raben sind ebenfalls mitgekommen. Drei der großen
schwarzen Vögel stolzieren über den Strand und fliegen dann zu niedrig
gelegenen Felsen hinauf. Ungeniert beäugen sie unser Treiben.

Die Raben vom Redwall Cavern sind glatt und schwarz, groß und
wohlgenährt. Meistens halten sie Abstand und warten ungeduldig auf
unsere Abreise, damit sie kommen und sich nach eßbaren Überresten
umschauen können. Ich denke nicht, daß sie nach unserer Abfahrt im
South Canyon etwas gefunden haben, aber sie geben die Hoffnung nicht
auf.

★

Das Marble-Plateau besteht nicht wirklich aus Marmor, sondern aus
Kaibab-Kalkstein. Der Redwall, der uns in der Redwall Cavern umgibt,
ist ebenfalls Kalkstein. Gesteine sind leblos, doch dieses ist aus Lebewesen entstanden. Allmählich.

Die Kalkschalen all der mikroskopisch kleinen Meeresorganismen, die
im Laufe von Jahrtausenden absterben, sinken langsam zu Boden. In
rund 25 000 Jahren bildet sich auf dem Meeresboden eine Kalksteinschicht, die komprimiert etwa vier Meter dick ist.

Kalkstein. Wenn man ihn poliert, wie es der Fluß bisweilen tut,
könnte man denken, es sei Marmor. So kam der Marble Canyon zu seinem Namen, lange bevor die Geologen sich hier umschauten. Echter
Marmor ist Kalkstein, der unter der Erdoberfläche bei extremer Hitze
und extremem Druck plastisch geworden und dann abgekühlt ist, wonach er ungefähr so aussieht wie die Schokoladentafel, die ich neulich
hatte. Erst war sie geschmolzen, und als ich dann in der kühlen Nacht
durch die Wüste fuhr, war sie fest geworden. Sie hatte dabei eine neue
Gestalt angenommen, und die Kerben zwischen den Stückchen hatten
sich etwas verformt, wie bei der Bildung von Marmor.

Der Kalkstein des Marble Canyon ist dem Schmelzen und der Mar-
morbildung bislang entgangen. Doch wie ich höre, kommt auch im
Grand Canyon – weiter flußabwärts, in der Nähe der Vulkane – echter
Marmor vor.

Die hohen Wände, die wir flußaufwärts sehen, waren einmal Meeresboden, Küstenpartien, Sanddünen oder Flußdeltas. Genau genommen waren sie alles das hintereinander. Das Land sank unter den Meeresspiegel, hob sich dann wieder, wurde abgetragen und umgeschichtet und sank dann erneut. Im Laufe der Zeit hat es immer wieder ein Auf und Ab gegeben. Erst in den letzten zwei Jahrhunderten haben wir gelernt, die Geschichte aus den Gesteinsschichten abzulesen. Daher wissen wir, daß der Gipfel des höchsten Berges der Erde einmal zum Boden des Indischen Ozeans gehörte: Auch der Mount Everest besteht aus marinem Kalkstein. Infolge der Kontinentalverschiebung driftete der indische Subkontinent durch den Ozean, prallte gegen die asiatische Landmasse und türmte vor etwa 40 Millionen Jahren den Himalaya auf. Etwas derart Dramatisches ist hier nicht passiert, abgesehen von den Rocky Mountains, die sich vor etwa 60 Millionen Jahren auffalteten, als die Westküste an den nordamerikanischen Urkontinent angeheftet wurde. Der Canyon, in dem wir uns hier befinden, diente vermutlich schon vor 30 Millionen Jahren der Abführung der Niederschläge von den Rockies in die See.

★

Peter Hartline, der Bruder von Dan, ein Neurobiologe, der sich auf ungewöhnliche Sinnesorgane wie die Infrarot-Wärmedetektoren von Schlangen spezialisiert hat, möchte auf die Felsen steigen, die auf der flußabwärts gelegenen Seite der Redwall Cavern in die Canyonwand hineinführen. Dan und einige andere klettern mit, und bald sehen wir, die wir am Ufer zurückgeblieben sind, vier Gestalten, deren Profil sich gegen den Himmel abzeichnet. Bergsteiger lieben diesen harten Kalkstein. Einer der Raben fliegt auf, um sie in Augenschein zu nehmen, und scherzhaft rufen wir unseren Freunden zu, sie sollten sich auf ein Bombardement gefaßt machen. Doch dann scheint der Rabe sich zu langweilen und kommt zurück, um uns zu beobachten.

Die Schatten sind kürzer geworden, und diejenigen, die jetzt in der prallen Sonne stehen, rappeln sich auf und suchen sich ein schattiges Plätzchen am Ufer. Daran merke ich, daß wir schon lange hier sind. Inzwischen ist eine weitere Gruppe von Flußfahrern eingetroffen. Sie fahren, wie man sagt, auf eigene Faust. Die Verwaltung des Nationalparks, die die Zahl der Fahrten auf dem Colorado reglementiert, läßt außer den Gruppenfahrten, von denen täglich mehrere durch Firmen veranstaltet werden, in den Sommermonaten täglich eine private Fahrt von Lee's Ferry aus zu. Die Warteliste ist lang, und es dauert Jahre, bis man an die Reihe kommt. Diese Gruppe besteht aus nur fünf Leuten: zwei Ehepaaren in Kajaks und einem erfahrenen Bootsführer, der mit einem Versorgungsboot folgt. Auf dem Versorgungsboot, einem Gummifloß, wie wir es haben, ist oben ein wasserdichter Gitarrenkasten festgezurrt. Man kommt ins Gespräch, und es dauert nicht lange, da hat einer unserer Bootsführer sich die Gitarre ausgeliehen und beginnt, ein klassisches Stück zu spielen, vermutlich Bach. Das Stück hat jene verwickelte Struktur, die ich von Bach kenne, und während die Melodie steigt und fällt, wird in immer wieder neuen Formen ein bestimmtes Muster abgewandelt. Er spielt noch ein Stück und reicht die Gitarre dann dem Besitzer zurück, der ebenfalls ein klassisches Stück spielt, aber jüngeren Datums, es könnte Granados sein. Hier liegen wir lang ausgestreckt im Sand der Redwall Cavern, teils im Schatten, teils in der Sonne, und lauschen auf wirkliche Musik in dieser unwirklichen Orchestermuschel.

Die Raben schauen den verrückten Menschen zu. Ein Wunschkonzert beginnt, und wir fangen an zu singen – keine Bachchoräle, sondern Lieder von Pete Seeger und dergleichen. Wir gewinnen allmählich den Eindruck, daß das Tagesprogramm außer Kraft gesetzt ist, doch schließlich fragen die Bootsführer:»Wer möchte die Fossilien sehen?«, und daraufhin begeben wir uns dann doch zu den Booten.

# Meile 35
# Nautiloid Canyon

Stellenweise ist am Flußufer die Muav-Schicht sichtbar geworden. Auch sie ist ein Kalkstein, allerdings von etwas grünlicher Farbe und sehr viel älter als der darüberliegende Redwall-Kalkstein. Es fehlen einige Zwischenschichten, zumindest in diesem Abschnitt des Canyons, so daß Sedimentgesteine, deren Entstehung etwa 360 bis ungefähr 535 Millionen Jahre zurückliegt, hier nicht belegt sind. Schon früh wurden durch Erosion jene Devon-Schichten abgetragen, deren Fossilien so wichtige Evolutionsschritte bezeugen wie die Entwicklung der Wirbeltiere aus den Echinodermen (dem Stamm der Stachelhäuter, zu dem beispielsweise der Seeigel und die Seestern gehören), die Anfänge des Zeitalters der Fische, die ersten Landpflanzen und die ersten Amphibien, die an Land krochen. Wenn wir unsere Augen offenhalten, werden wir diese fehlenden Schichten weiter flußabwärts finden, wo die Erosion nicht so stark war. Leider sind in der hier auftretenden Muav-Schicht kaum Fossilien zu finden.

Das linke Flußufer kam näher, und Alan ruderte uns zu der Stelle hinüber, wo bereits mehrere andere Boote vertäut lagen. Ich sprang mit der Leine an Land und fand einen geeigneten Felsblock zum Festmachen. Alan bat Ben, ihm einen großen Schöpfeimer zu reichen. Ben war verdutzt, denn Stromschnellen hatten wir in der letzten Zeit nicht gehabt, und das Boot war trocken.

Alan schöpfte Flußwasser in den Eimer und eilte über die herumliegenden Felsblöcke hinweg auf den schmalen Seitencanyon zu. »Vielleicht leidet er unter der fixen Idee, schwere Behälter mit Flüssigkeit auf dem Kopf tragen zu müssen«, bemerkte ich zu Dan, während wir hinter ihm herliefen. »Kaffee, das verstehe ich noch. Aber Wasser kommt doch gerade aus den Seitencanyons. Dort einen Eimer Wasser hinaufzuschleppen, das ist wie Eulen nach Athen tragen.«

Am Fuße des Redwall endete der Seitencanyon, doch von einem Bach war nichts zu sehen. Was allenfalls an einen Bach erinnerte, waren die Spuren, die das Wasser in dem roten und grauen Gestein hinterlassen hatte. Voller Bewunderung standen etliche Leute darüber gebeugt.

»Schaut! Der hier ist gut«, sagte Subie und deutete auf den verwitterten grauen Fels zu unseren Füßen. Für uns war der Umriß eines wirbellosen Tieres kaum zu erkennen. Es ähnelte eher dem verwitterten Abdruck einer seltsamen Profilsohle. »Ich hole mal eben Alans Eimer.«

Sie kam zurück und schüttete etwas Flußwasser auf den uralten Redwall-Kalkstein. Sowie die Farbe des Steins dunkler wurde und der Staub abgespült war, wurden die Umrisse des Tieres sehr viel deutlicher. Das Bild wurde gewissermaßen mit Flußwasser entwickelt.

»Aber was ist es?« fragte Ben, nachdem er eine Zeitlang herumgerätselt hatte.

»Ach, ihr Molekularbiologen wißt aber auch nichts über fossile Tiere!«, scherzte Subie. »Es ist ein Nautiloide, ein Verwandter des modernen Nautilus. Er gehört zu den Cephalopoden, wie Kalmare und Kraken. Der Unterschied ist nur, daß er Luftkammern ausbildet, die ihm Auftrieb geben.«

»Der Nautilus ist aufgerollt zu einer Spirale, wie eine Schnecke«, merkte J. B. an, der herzugetreten war, um das Fossil zu bewundern. »Dies ist die frühe, nicht aufgerollte Version, ungefähr 350 Millionen Jahre alt.«

»Jemand hat ihm gesagt, er soll sich gerade halten«, warf Marsha ein, und alle stöhnten auf. Die Witzeleien wollen heute einfach kein Ende nehmen.

In den dünnen Gesteinsschichten, die der einstige Bach freigelegt hatte, fand sich eine ganze Reihe von fossilen Nautiloiden. Einer war gut einen Meter lang und sah aus wie der Fußabdruck eines Riesen. Um weitere Fossilien zu entdecken, brauchten wir nur auf die feuchten Stellen zu achten, wo vor kurzem andere Fossiliensucher ihr Wasser ausgekippt hatten.

»Offenbar ein sehr erfolgreiches Tier«, bemerkte einer der Biologen. »Und ihr Verwandter, der moderne Octopus, ist vermutlich das intelligenteste unter den wirbellosen Tieren. Es ist eine Schande, daß sie so gut schmecken. Ein Octopus ist bestimmt genauso schlau wie ein Nagetier.«

»Doch ihr Gehirn ist ganz anders aufgebaut als das der Wirbeltiere«, warf Dan Hartline ein. »Woran man sieht, daß es mehr als eine Möglichkeit gibt, ein schlaues Gehirn zu bauen.«

Ein merkwürdiger, glockenähnlicher Ton erklang. Wieder Musik. Subie führte ihren beliebten singenden Stein vor, einen Felsblock von der Größe einer Wassermelone, der lose auf einem Steinhaufen am Ende des Canyons lag. Wenn man mit einem anderen Stein dagegenschlug, ertönte er einige Sekunden lang. Weitere Steine dieser Art gab es leider nicht. Dabei wäre es so schön gewesen, aus Steinen ein Xylophon zu bauen.

# Meile 39
# Dammbaustelle im Marble Canyon

Die Narben auf beiden Seiten des Flusses hat der Mensch geschlagen. Ein Mißton in dieser Wildnis, die strömendes Wasser formte. Es sind Probebohrungen, die mehrere hundert Meter tief in die Muav- und Redwall-Klippen hineingetrieben wurden.

Wie Graffiti wirken die auffälligen Markierungen, die die Landvermesser auf den Klippen hinterlassen haben. Unter jedem Bohrloch liegt

> Mir scheint, die meisten Menschen machen sich nichts aus der Natur und würden sie in all ihrer Schönheit liebend gern verkaufen...
> Weil einige sich nichts aus ihr machen, müssen wir weiterhin alles vor dem Vandalismus von wenigen schützen.
>
> Henry David Thoreau,
> *The Journals*
>
> Wir fürchten die Kälte und die Dinge, die wir nicht verstehen. Aber am meisten fürchten wir die Taten der Achtlosen unter uns.
>
> Ein Inuit-Schamane, zitiert von einem frühen Polarforscher

ein hoher, unnatürlich steiler Haufen Schutt, der erst vor so kurzer Zeit entstanden ist, daß das Wetter und der Fluß ihn noch nicht ausbreiten konnten. Am Fuß eines der Schutthaufen liegt, halb im Wasser versunken, ein verlassener Lastkahn. Früher gab es hier eine Aussichtsplattform, und von der Klippe führte eine Zahnradbahn herunter, aber das ist alles von der Parkverwaltung abgebaut worden.

Dies ist kein verlassenes Bergwerk. Der Kalkstein, der hier vorkommt, hätte das nicht gerechtfertigt. Die Probebohrungen waren der erste Schritt zum Bau eines großen Staudamms. Ausgerechnet hier. Der Colorado sollte über eine Länge von 86 Kilometern gestaut werden, vorbei an Lee's Ferry bis zum Fuß des Glen Canyon-Damms. Alles, was wir bislang gesehen haben, wäre in einem riesigen Stausee verschwunden. Deshalb haben sie all die neuen Verwaltungsgebäude bei Lee's Ferry so widersinnig hoch über den Fluß gebaut – sie dachten, daß die tieferen Stellen beim Anleger bald überflutet würden. Der Campingplatz liegt deshalb auf einer Höhe, wo der Wind pfeift, so daß man gezwungen war, einen Windschutz aus Blech aufzubauen – eine willkommene Bereicherung des Naturerlebnisses. Nicht nur Lee's Ferry wäre untergegangen, sondern auch die Nautiloiden, die Redwall Cavern, der South Canyon, die Ruinen und Petroglyphen der Anasazi, die Silbergrotte, der North Canyon und alles andere. Als wäre es nicht schon schlimm genug, daß der Glen Canyon in den Wassermassen begraben wurde.

Der Glen-Canyon-Damm unmittelbar oberhalb von Lee's Ferry staut den Colorado über eine Länge von 300 Kilometern, und was dort untergegangen ist, war mindestens ebenso spektakulär wie dieser Teil des Marble Canyon. Gegen die Flutung des Glen Canyon hat es keinen organisierten Widerstand gegeben, vermutlich weil kaum einer wußte, wie schön das Gebiet war. Der Lake Powell, ein ödes Revier für Rennboote, bedeckt jetzt all diese Canyons und füllt sie nach und nach mit rotem Schlamm.

Verhindert wurde der Marble-Canyon-Staudamm in den sechziger Jahren durch die energischen Bemühungen von Martin Litton, dem heute eine der Flußreedereien gehört, und durch den Sierra Club, damals unter der Führung von David Brower. Darüber hinaus haben Tausende mitgeholfen. Die staatlichen Dammbauer versuchten die Vorteile eines weiteren künstlichen Sees mit dem Argument herauszustreichen, daß »es den Menschen Spaß machen wird, vom Schnellboot aus die Landschaft zu betrachten«. Ich erinnere mich noch an die Schlagzeile der ganzseitigen Anzeige, mit der der Sierra Club dagegenhielt: »Sollte man die Sixtinische Kapelle unter Wasser setzen, damit die Touristen näher an die Decke herankommen?« Während dieser Auseinandersetzung wurde dem Sierra Club von der Regierung die Gemeinnützigkeit aberkannt, aber am Ende setzten sich die Naturschützer doch durch.

Die Politiker von Arizona und Utah kennen nichts Schöneres, als mit Bundes-Steuermitteln Staudämme zu bauen. Auf den amtlichen Straßenkarten des Staates Arizona ist bei Meile 238 am Colorado, innerhalb des Grand Canyon-Nationalparks, noch immer ein Staudamm im Bau eingezeichnet, der mal als Bridge-Canyon-Damm, mal als Hualapai-Damm firmiert, woraus zu entnehmen ist, daß der Kampf gegen die Überflutung des Grand Canyon selbst noch nicht gewonnen ist. Der Bridge-Canyon-Damm wurde erst 1984 offiziell von der amerikanischen Bundesregierung gestrichen. Die auf dem Gelände des Nationalparks und des angrenzenden Indianerreservats ruhende »Überflutungs-Dienstbarkeit« ließ man schließlich erlöschen, freilich nicht, ohne daß die Staudammplaner noch einmal einen letzten Anlauf unternahmen, den Grand Canyon im unteren Verlauf zu überfluten, wobei sie ihn mit Zufahrtsstraßen verschandelten und mit Hochspannungsleitungen überzogen. Arizona läßt noch immer für teures Geld Untersuchungen durchführen, in denen der Dammbau befürwortet wird.

Die Pläne für solche Projekte und die Ergebnisse der Probebohrungen werden zu den Akten genommen, doch leider muß man damit rechnen, daß sie irgendwann einmal wieder hervorgekramt werden. Die politischen Vertreter der Region bemühen sich unentwegt, im Kongreß Bundesmittel loszueisen, um doch noch einen Staudamm zu errichten. Es ist in dieser Gegend offenbar Tradition, abzuwarten und auf die große Gelegenheit zu hoffen, um mit der Naturausbeutung zu beginnen, und diese Haltung hat sich immer wieder ausgezahlt. Die Konjunktur braucht bloß ein bißchen zu lahmen, und schon treten langfristige Schutzziele gegenüber kurzfristigen Gewinnen und Arbeitsplätzen zurück. Wer die Natur in ihrer Ursprünglichkeit bewahren möchte, muß sich mit jeder Politikergeneration immer wieder aufs neue anlegen, um die Ausbeuter fernzuhalten. Man wagt sich nicht auszumalen, was passieren würde, ginge dieser Kampf einmal verloren.

Das herausragende Beispiel der Ausbeutung und Plünderung einer schützenswerten Landschaft zugunsten des privaten Profits war die Eindämmung des Hetch-Hetchy-Tals im Yosemite-Nationalpark.

Isabelle Florence Story, in der *Encyclopedia Britannica*, 1953

Selbst der Schutzstatus von Nationalparks scheint für die Staudammplaner und ihre einflußreiche Lobby kein unüberwindliches Hindernis zu sein. Der völlig überlaufene Yosemite-Nationalpark in der kalifornischen Sierra Nevada war einmal doppelt so groß wie heute, und er umfaßte ein zweites, ebenso spektakuläres Tal namens Hetch Hetchy, das unmittelbar im Norden anschließt. Seit 1920 steht es unter Wasser – ein Yosemite, das wir nie wieder zu sehen kriegen. Die Überflutung des Hetch Hetchy-Tals wurde damals vermutlich mit dem Argument gerechtfertigt, daß ja noch ein Tal übrig bleibe, und das müsse genügen. Die Karte, die man den Besuchern des Yosemite-Nationalparks heute aushändigt, sollte doch zumindest einen Hinweis darauf enthalten, warum das Tal so überlaufen ist. Doch davon findet sich kein Wort. Dieser eine Fehler, den man damals begangen hat, müßte den Menschen doch eigentlich eine hinreichende Lehre sein.

★

Es sieht aus, als wäre einer mit einem riesigen Plätzchenausstecher über das Land gegangen. Diesen Eindruck gewann Marsha während ihres Fluges nach Phoenix. Von der braunen Landschaft heben sich große kreisrunde Grünflächen ab.

»Das sind bewässerte Felder«, erläuterte Ben. »Bewässert werden sie von riesigen Rasensprengern, die sich um eine Pumpanlage in der Mitte drehen und über die Felder fahren.«

»Aber diese Plätzchen waren riesig!« rief Marsha aus. »Im Flugzeug sagte einer, vom Mond aus seien sie besser zu sehen als die Chinesische Mauer.«

»Die Rasensprenger sind ebenfalls riesig. Der Wasserstrahl ist so stark wie bei einem Feuerwehrschlauch. Wenn er dich erwischt, haut es dich glatt um«, erklärte Ben. »Diese Beregnungsanlagen sind höher als ein Haus.«

»Hat sich um die Plätzchen schon ein weißer Ring aus Salz gelegt?« fragte einer der Bootsführer, dessen Namen ich noch nicht kannte. »Wenn nicht, dann dauert es jedenfalls nicht mehr lange.«

★

Das Salz der Erde kann das Ende einer Zivilisation bedeuten. Die Bootsführer sind leidenschaftliche Umweltschützer. Sie sprechen nicht nur von der Schönheit der Natur, die bedroht ist, sondern sehen auch, wie kurzsichtig unsere Bewässerungsmethoden sind. Man braucht, wie sie sagen, nur einmal über das größte Bewässerungssystem der Welt hinwegzufliegen, das sich im Industal in Pakistan befindet, und man glaubt, da unten liegt Schnee. Aber es ist Salz, das auf dem Boden eine dicke Kruste bildet, einem ruinierten Boden, in dem keine Nahrungspflanzen mehr wachsen werden. Kurzfristiger Gewinn zeitigte eine langfristige Katastrophe. Diese Versalzung kann man jetzt auch in den Stromtälern der Vereinigten Staaten beobachten, von Colorado bis Kalifornien.

Die Ursache des Problems kennt jeder, der auch nur ein bißchen von der Wasserversorgung versteht. Überall, auch unter der Wüste, gibt es einen Grundwasserspiegel, unter den das Wasser nicht absinkt, weil es von einer wasserundurchlässigen Schicht, zum Beispiel Schiefer, zurückgehalten wird. Über der porösen, wasserführenden Schicht liegt gewöhnlich eine andere Schicht aus ziemlich salzigem Gestein, vielleicht Sandstein oder Schlammstein, der von einem früheren Ozean zusammengedrückt wurde.

Wenn Wasser in den Boden sickert, löst es einen Teil des Salzes auf. Dort, wo es regelmäßig regnet, wurde das Salz im Lauf der Jahrtausende ausgespült und mit dem Grundwasser fortgeschwemmt. Wenn aber in einer Gegend mit geringen Niederschlägen dem Boden unnatürlich viel Wasser künstlich zugeführt wird, ist noch viel Salz zum Mitnehmen da. Durch das ganze Bewässerungssystem beginnt das Brunnenwasser in der Gegend von Phoenix in Arizona bereits salzig zu werden. Wenn der Colorado River die mexikanische Grenze erreicht, ist sein Wasser schon mehrmals durch die Erde gespült und dadurch so salzig geworden, daß die Vereinigten Staaten für den Rest des Colorado (die Mexikaner haben nicht mehr viel davon) eine Entsalzungsanlage bauen mußten, weil sie sich in einem Abkommen mit Mexiko verpflichtet hatten, die Qualität des Wassers, das in das Nachbarland abfließt, zu garantieren.

Technische Notlösungen wie diese lenken uns von der eigentlichen Gefahr ab, daß nämlich durch so ein falsch angelegtes Bewässerungssystem auch Salz an die Oberfläche gebracht wird. Dank der Bewässerung kann in Gebieten mit einer jährlichen Niederschlagsmenge von weniger als 20 Zentimetern Ackerbau getrieben werden. Nicht nur die Felder bekommen Wasser, auch die Boden- und Gesteinsschichten zwischen der Oberfläche und dem Grundwasserspiegel werden naß. Sobald aber die Bewässerung eingestellt wird und die Oberfläche auszutrocknen beginnt, steigt das Wasser mit dem in ihm gelösten Salz wieder nach oben. Langsam, aber unaufhaltsam tritt das Salz zutage, ähnlich wie hier das Mangan aus dem Kalkstein herausgezogen wird und den Wüstenfirnis bildet. Schließlich wird die oberste Bodenschicht salzig und unfruchtbar. Ein weißer »Bewässerungsfirnis«, vergleichbar dem weißen Ring, der sich oben an Blumentöpfen bildet, wird zum Vorboten von Kümmerwachstum und Mißernten.

Das Salz kann aber auch irgendwo ausgewaschen werden und in die Fließgewässer eindringen. Wenn ein Tal ohne natürlichen Abfluß – wie zum Beispiel das Hauptanbaugebiet Kaliforniens, das San Joaquin Valley – bewässert wird, genügt wegen der Wasserverdunstung schon ein ganz geringer Salzgehalt, um im Laufe der Jahre eine Salzschicht entstehen zu lassen. Das aus den Feldern abfließende Wasser ist so salzig, daß die Verdunstungsteiche, in denen es aufgefangen wird, wegen der aus der Erde ausgewaschenen Schwermetalle eine Gesundheitsgefahr darstellen. Im San Joaquin Valley wurde man auf das Problem aufmerksam, weil bei Wasservögeln viele Mißbildungen auftraten und viele Küken schon im Ei starben.

Das alles ist den Politikern und den Farmern hier in Arizona und Utah durchaus bekannt, aber der kurzfristige Gewinn verdrängt alle Bedenken. Wenn die langfristigen Folgen eintreten, werden Wissenschaft und Technik, so hoffen sie, schon etwas gefunden haben, um ihnen aus der Klemme zu helfen. Natürlich wieder auf Kosten der Steuerzahler.

Die Gefahren der Bodenversalzung sind auch geschichtlich bezeugt. Im nahöstlichen Fruchtbaren Halbmond hat man über 6 000 Jahre alte Bewässerungskanäle entdeckt. Die große Zivilisation der Sumerer, die vor 5 000 Jahren für uns die Schrift erfunden haben, verdankt ihren Niedergang teilweise der Bodenversalzung. Mesopotamien, das in den Überschwemmungsgebieten von Euphrat und Tigris liegt, konnte früher einmal 17 bis 25 Millionen Menschen ernähren; dieses einst fruchtbare Flußdelta ist heute eine Wüste. Die meisten Experten sehen im Salz die Hauptursache dieses Desasters. Den Anasazi im Chaco Canyon in New Mexico, wo sich vor 1 000 Jahren mehrere Jahrhunderte lang der Mittelpunkt der Anasazi-Kultur befand, könnte nach Ansicht einiger Archäologen etwas Ähnliches passiert sein.

Die Farmer im Westen der Vereinigten Staaten werden so lange nicht zu moderneren Bewässerungsverfahren übergehen, wie die Steuerzahler bereit sind, immer wieder für neue Staudämme zu zahlen. Zwischen den Bewässerungsverfahren in Amerika und denen in Pakistan besteht im Grunde kein Unterschied. Dabei hat es in der Bewässerung enorme Fortschritte gegeben, vor allem durch das Tröpfelsystem, das hauptsächlich in Israel entwickelt wurde, wo die Fruchtbarmachung der Wüste eine Sache des Nationalstolzes ist. Da die Israelis mit sehr viel weniger Wasser auskommen, frage ich mich, inwieweit die zusätzlichen Forderungen nach Wasser für die Landwirtschaft im Südwesten – bislang haben die amerikanischen Steuerzahler 1,3 Milliarden Dollar für das Central Arizona Project ausgegeben, und es sollen noch einmal 2,3 Milliarden hinzukommen – nicht bloß auf einer verschwenderischen Technologie beruhen.

Man muß sich einmal vor Augen halten, daß ein Großteil des Wassers, das von diesen riesigen Beregnungsanlagen auf den runden Feldern versprüht wird, gar nicht erst den Boden erreicht, sondern vorher verdunstet. Selbst bei der nicht ganz so verschwenderischen Bewässerung durch Kanäle verdunstet ein erheblicher Teil. Um die Verdunstung zu begrenzen, werden in Israel alle Bewässerungskanäle abgedeckt. In jeder Pflanzenreihe liegt ein unterirdisches Rohr, das durch kleine Löcher das Wasser direkt in den Boden abgibt, wo es benötigt wird, so daß der Boden nur bis zu den Wurzeln befeuchtet wird, nicht tiefer. Der tatsächliche Feuchtigkeitsgrad wird durch unterirdische Meßfühler festgestellt und an Mikrocomputer gemeldet, von denen die Ventile so reguliert werden, daß genau die Wassermenge abgegeben wird, die zur Aufrechterhaltung einer angemessenen Bodenfeuchtigkeit erforderlich ist. Auf diese Weise geht nichts mehr durch übermäßige Bewässerung verloren. Außerdem wird zur Verminderung von Verdunstungsverlusten nachts gewässert. Die Verdunstung wird weiter dadurch eingeschränkt, daß die Israelis über einem Teil der Felder durchsichtige Plastikfolien aufspannen, um die feuchte Luft festzuhalten. Wenn man über das nördliche Tal Israels, die Hula, hinwegfliegt, scheint die Landschaft von riesigen Teichen übersät zu sein, doch das sind Felder, die mit gewaltigen Plastikplanen abgedeckt sind.

Da die Israelis die tieferen Bodenschichten nicht mit Wasser durchtränken, ist die Gefahr geringer, daß sie ihren Boden langfristig durch aufsteigendes Salz ruinieren. Es wäre tragisch, wenn die Tröpfelbewässe-

> Salzprobleme sind besonders heimtückisch. Sie kommen nicht mit schallenden Trompeten und fliegenden Fahnen, bei deren Anblick jeder tapfere Kämpfer in Wallung gerät. Nein, sie schleichen sich nahezu unbemerkt an... Sie haben in aller Stille, ohne Wirbel und Tamtam, mehr Zivilisationen zerstört als die mächtigsten Armeen der Welt.
> Warren A. Hall, Wasserwirtschaftsabteilung des US-Innenministeriums, 1973

> Mindestens 50 Prozent, vermutlich eher an die 65 Prozent des gesamten bewässerten Landes werden vor dem Ende des Jahrhunderts zerstört sein.
> Georg Borgstrom, Ernährungsfachmann von der Michigan State University, 1984

rung von anderen Ländern erst übernommen würde, nachdem sie ihre Böden ruiniert haben und die Zivilisation durch hungrige Massen ins Wanken geraten ist. Der Bau weiterer Staudämme im Südwesten ist nur eine andere Form der Subventionierung der Landwirtschaft. Damit die Farmer weitermachen können, ohne eine effektive Bewässerungstechnik einzuführen, heben wir statt der Lebensmittelpreise die Steuern an. Viele Menschen, die sich Gedanken machen, sehen darin eine entsetzliche Verschwendung und außerdem einen Luxus, den wir uns wegen der Folgen für das Land nicht leisten können. Dadurch werden nicht nur herrliche Canyons in neuen Stauseen versinken, sondern wir riskieren auch, daß der Boden, der mit dem Seewasser bewässert wird, vor die Hunde geht, weil das Salz der Erde an die Oberfläche steigt.

★

Unsere Dammbauer sind fleißig wie die Biber. Vor ein paar Jahren fuhr Dave Brower den Fluß hinunter. Hier bei Meile 39 stellte er sich auf den Schutthaufen unterhalb eines Bohrlochs und schilderte, wie die Bootsleute zusammen mit dem Sierra Club gegen diesen Damm gekämpft – und einstweilen gewonnen hatten. Dann erinnerte er daran, daß der Kampf gegen die Dammbauer weitergehen wird, daß wir nicht einmal nachlassen dürfen, wenn wir nicht auf Dauer verlieren wollen.

Gut gelaunt, verglich Brower die Dammbauer mit Bibern: Sie können den Anblick von fließendem Wasser einfach nicht ertragen. Damit ist der Biber schon ganz gut getroffen, nur muß es statt »Anblick« »Geräusch« heißen. Früher hat man die Biber für schrecklich intelligente Agraringenieure gehalten, die nach einem vorgefaßten Plan Tiefland unter Wasser setzen, damit dort mehr Bäume wachsen, an denen sie nagen können. Nun scheint es aber, als hätten Biber nur einen starken Instinkt, Schlamm und Zweige dorthin zu schieben, wo das Geräusch von fließendem Wasser erklingt. Um das herauszufinden, stellte jemand einen Lautsprecher auf einem trockenen Flußufer auf und spielte ein Band mit den Geräuschen eines plätschernden Baches ab. Die Biber begannen, den Lautsprecher – und nicht den Fluß – mit Schlamm und Zweigen zuzupflastern. Als das Band abgestellt wurde, hörten sie auf, vermutlich mit einem Gefühl der Befriedigung.

Folglich werden Biberdämme gebaut (und immer wieder repariert) aufgrund dieses primitiven Instinkts, das Geräusch zum Schweigen zu bringen. Wer hätte je gedacht, daß Dämme und Bewässerungssysteme der Vorliebe eines Tieres für Ruhe und Frieden entspringen? Man fragt sich, ob menschliche Dammbauer nicht ähnlich gedankenlos vorgehen, ob sie nicht einem blinden Eigennutz folgen, den wir uns nicht länger leisten können. Unsere Bewässerungspraktiken machen jedenfalls kaum den Eindruck, als entstammten sie jener umsichtigen, überlegten Intelligenz, auf die wir Menschen uns etwas einbilden. Die Biber könnte man vielleicht bremsen, indem man ihnen Watte in die Ohren stopft, doch so leicht werden sich die Dammbauer nicht aufhalten lassen. Zu dem Preis, den die Erhaltung der Natur uns abverlangt, gehört unaufhörliche Wachsamkeit.

★

Drei Kilometer flußabwärts sehen wir die Royal Arches, große natürliche Höhlen im Redwall-Kalkstein, wo sich feuchtes Gestein aus den Klippen gelöst hat und herabgestürzt ist. Da der Grundwasserspiegel hier im Redwall liegt, tritt an manchen Stellen Wasser aus, wie wir es bei Vasey's Paradise gesehen haben. Das Gestein wird durch dieses Wasser gelockert und fällt schließlich heraus, so daß ein überhängender Bogen zurückbleibt. In den drei großen Höhlen, die ein ganzes Stück über dem Fluß liegen, ist der Redwall an den Stellen, wo das Wasser austritt und zum Fluß herabtröpfelt, bewachsen. Inzwischen ist es ziemlich heiß geworden, und die Höhlen wirken erfrischend kühl.

Wir fahren hinüber zu einem Sandstrand auf dem rechten Ufer. Es ist schattig, und hier werden wir Mittagessen. Aber zuvor müssen wir noch Limonade trinken. Wenn man seine Trinkgewohnheiten nicht ändert, kann man in der Wüste sehr leicht austrocknen. Daß das Wasser hier von der einen Wand bis zur anderen reicht, ist mir schon bewußt, doch an einem Tag wie heute schwitzt man sehr stark. Man merkt es nur nicht, weil der Schweiß bei dieser trockenen Luft sofort verdunstet. Die Faustregel der Bootsführer besagt, daß man nicht genug trinkt, wenn man nicht mehr Urin ausscheidet, als man es normalerweise zu Hause tut. In der Wüste braucht der Körper mehr Wasser, nicht weniger. Also trinkt man vor dem Essen, während des Essens und nach dem Essen, an Bord und auf Wanderungen aus der Feldflasche. Die Bootsführer erinnern mich an die Unteroffiziere der israelischen Armee, die unter anderem darüber zu wachen haben, daß in der Wüste jeder Soldat täglich drei Feldflaschen Wasser trinkt.

Bier zählt dabei nicht. Wegen seiner harntreibenden Wirkung kann man durch Bier mehr Flüssigkeit verlieren, als man aufgenommen hat – einer der Gründe für den lebhaften Besuch der Toilette in Wirtshäusern. Wir machen im Gespräch einen kleinen Abstecher in die medizinische Physiologie: Das Gehirn merkt normalerweise, wie hoch der Salzgehalt

des Blutes ist, und es reguliert ihn, indem es über die Blutbahn »anti-
diuretisches Hormon« (ADH) zu den Nieren schickt und ihnen mitteilt,
wieviel Wasser sie dem Urin, der dort erzeugt wird, entziehen sollen.
Ohne ADH würde der Körper ungeheure Mengen Urin produzieren.
Wenn jedoch zuviel Bier das Gehirn benebelt, hört es auf, ADH zu den
Nieren zu schicken. Deshalb fängt man an, Wasser zu lassen. Die daraus
resultierende Austrocknung ist eine der Ursachen eines Katers. Wenn Sie
in der Wüste merken, daß Sie einen Kater kriegen, dann liegt es wahrscheinlich an der Austrocknung durchs Schwitzen und nicht am überhöhten Alkoholgenuß. Sie haben dann ganz einfach einen Schwitzkater.
Nur haben Sie wegen der trockenen Luft vielleicht nicht gemerkt, daß
Sie geschwitzt haben.

Mit beiden Händen halten wir uns an riesigen belegten Broten fest,
die wir uns aus all den Zutaten, die von den Bootsführern vorbereitet
wurden, zusammengestellt haben. Wie sich herausstellt, brauchen die
Bootsführer ihre Messer vor allem, um damit die Zutaten für das Mittagessen, darunter Tomaten, Avocados, Käse, Wurst und Zwiebeln,
kleinzuschneiden. Es gibt so viele leckere Dinge zu probieren, daß man
sich meistens zu viel auf seine Schnitte lädt. Der Limonadenkühler steht
auf einem umgedrehten Schöpfeimer neben Marsha, und sie füllt bereit-
willig alle Becher, die man ihr reicht.

★

Der Fluß zieht in einer langen Schleife um Point Hansbrough – eine
echte Haarnadelkurve –, und wir werden in der zweiten kleinen Stromschnelle, die wir heute durchfahren, ein bißchen naßgespritzt. Das war
nicht genug, beschweren wir uns, denn es ist heiß. Zurückblickend
sehen wir, daß die Ostwand des Canyons wie zertrümmert erscheint.
Das sieht nicht nach einem Erosionstal aus. Kein Bach ist darüber
geflossen, um auf dem roten Gestein seine verräterischen silbernen Spuren zu hinterlassen. Es sieht eher danach aus, als sei ein riesiges Hack-
beil vom Himmel in die Supai- und Redwall-Schichten gefahren und
habe ein langes Tal aus gebrochenem Gestein geschaffen.

Wir werden alsbald darüber aufgeklärt. Hier zeigt sich eine von Nord
nach Süd verlaufende Bruchlinie, der Eminence Break, und dieses lange,
hohe Tal aus zerbrochenem Gestein ist durch die wiederkehrenden Sen-
kungen und Hebungen an dieser Bruchlinie entstanden. Genau wie die
anderen großen Bruchlinien in der Nähe des Canyons ist auch diese
vom Weltraum aus zu erkennen. Auf Landsat-Aufnahmen aus einer
Höhe von 900 Kilometern erscheint sie als eine lange gerade Linie.

Alan erzählt uns, daß wir in einigen Tagen eine noch eindrucksvollere Bruchlinie sehen werden, den Bright Angel Fault, der in Nord-Süd-Richtung durch Phantom Ranch und dann unter den Hotels hindurch verläuft, die über dem Südrand errichtet wurden. Wenn man vom Nordrand aus mit dem Fernglas hinüberschaut, kann man die Ostwand des Seitencanyons mit der Westwand vergleichen. Die Schichten sind um etwa 40 Meter gegeneinander verschoben, direkt unter den Hotels. Aus dem Canyon führt ein Pfad hinauf, der genau der Bruchlinie folgt, aber zum Glück brauchen wir diese Klettertour von 1 600 Metern nicht zu machen.

# Meile 47
# Saddle Canyon

Das Ganze ist mehr als die Summe seiner Teile. Zusammengenommen können die Dinge Eigenschaften haben, von denen sie, für sich genommen, keine einzige besitzen. Die zusätzlichen Eigenschaften treten gewissermaßen durch den Zusammenschluß der Einzelbestandteile hervor. Man nennt sie emergente Eigenschaften. Wie wir gesehen haben, können Biberdämme und die durch sie hervorgerufene Überschwemmung von flußaufwärts gelegenen Gebieten auf der Neigung des Bibers beruhen, Schlamm und Zweige dorthin zu bringen, wo das Geräusch fließenden Wassers zu hören ist. Aus dieser einfachen Eigenschaft gehen Dämme und Sümpfe hervor. Aus der einfachen Erfindung der Federn als Wärmeschutz ging vermutlich der Vogelflug hervor.

Wir können nicht immer vorhersagen, was geschehen wird. Wahrscheinlich beruhen die meisten evolutionären Neuerungen auf solchen emergenten Eigenschaften. Durch natürliche Auslese können Federn in einer Reihe von logischen Schritten zu einem geeigneten Wärmeschutz geformt werden, doch dann folgt dieser Seitensprung zum Fliegen, der mit dem Erhalt der Wärme nichts zu tun hat. Selbstverständlich setzt die natürliche Auslese danach beim Federkleid ein, um es zu besseren Tragflächen umzugestalten, denn auch das Fliegen unterliegt der natürlichen Auslese. Das überraschende ist jedoch dieser Seitensprung, bei dem die natürliche Auslese den Akzent von der Isolierung auf das Fliegen verlegt. Am Flußufer im Schatten sitzend, beschließen wir, im Laufe unserer Reise weitere Beispiele für emergente Eigenschaften zusammenzutragen.

Ist Schlauheit auch eine dieser emergenten Eigenschaften? Eine der Gemeinsamkeiten vieler schlauer Tiere besteht darin, daß sie Allesfresser sind, Omnivoren. Zumindest sind sie nicht so wählerisch wie ihre weniger schlauen Verwandten. Damit ein Tier so vielseitig sein kann, müssen sich in seinem Körper etliche Veränderungen vollzogen haben. Es muß verschiedene Arten von Nahrung verdauen können, genau die richtigen Verdauungsenzyme besitzen und über eine Abwehr gegen die Toxine verfügen, die von vielen Pflanzen eingesetzt werden, um Tiere davon abzuhalten, sie zu fressen. Das Tier muß außerdem geeignete Verhaltensstrategien besitzen, um die Nahrung zu finden und eventuell sogar zu überwältigen.

Nun besitzt ein Tier, dessen Speiseplan ein Dutzend Wahlmöglichkeiten enthält, zwischen denen es je nach Verfügbarkeit wechseln kann, ein sehr ansehnliches Verhaltensrepertoire. Das ist nicht unbedingt vergleichbar mit dem Dutzend fester Gewohnheiten, die die Suche nach Nektar bei den Bienen bestimmen. Die Strategien können miteinander kombiniert werden, mit manchmal erstaunlichen Resultaten. Das ganze ist mehr als die bloße Summe der Strategien. Fängt damit die Schlauheit an?

Hunde und Katzen sind schlau, und das gilt auch für viele andere Fleischfresser. Sie müssen imstande sein, die Fluchtstrategie ihrer Beutetiere zu durchkreuzen, und da sie gewöhnlich auf mehr als ein Dutzend Tierarten Jagd machen, verfügen sie über ein breites Repertoire, um sich Nahrung zu verschaffen.

Schimpansen sind schlau, und sie sind von allen Menschenaffen im höchsten Maße omnivor, fast so omnivor wie der Mensch, nur daß sie kein totes Fleisch mögen (nur lebend gefangene Tiere betrachten sie als Nahrung; ein wild lebender Schimpanse wird ein leckeres rohes Steak wahrscheinlich nicht anrühren). Der Octopus fängt gern Krabben, anders als sein Verwandter, der Kalmar, der lediglich das Meerwasser nach Plankton durchsiebt. Raben und Krähen sind an abwechslungsreiche Kost angepaßt, und bisweilen müssen sie Werkzeuge zu Hilfe nehmen, um eine Hülle zu öffnen und an die Nahrung heranzukommen. Schweine sind sehr schlau: Ihre Speisekarte ist vielfältig, und sie fressen auch Wurzeln und Knollen, die von den meisten anderen Tieren verschmäht werden.

Um unsere Hypothese zu überprüfen, suchten wir nach Tieren, die zwar intelligent sind, aber nicht omnivor, und stießen auf den Berggorilla, der täglich riesige Mengen Pflanzen vertilgt, auf den Tümmler, der sich ausschließlich von Fisch ernährt, und noch einige andere. Es ist denkbar, daß sie einen Rückzieher gemacht haben, daß ihre Vorfahren durch eine vielseitige Ernährungsweise intelligent geworden sind und sich dann später auf eine einzige Nahrungsart verlegt haben. Denkbar ist auch, daß nicht nur Vielseitigkeit die Schläue befördert. Vielleicht steckt in bestimmten Fertigkeiten ein größeres Potential zur Steigerung der Intelligenz. Vielleicht hat das Gehirn des verspielten Tümmlers von der spezialisierten Echolotung noch in anderer Hinsicht profitiert. Ich denke, daß wir dieses Thema noch nicht ausgeschöpft haben.

Wir, das sind in diesem Fall diejenigen, die keine Lust hatten, zum Saddle Canyon hinaufzuwandern, und lieber im Schatten geblieben sind. Das Flußufer ist dicht von Tamarisken gesäumt. Zum Wandern ist es einfach zu heiß. Von den zurückkehrenden Wanderern, die sich zuvor im Fluß erfrischt haben, kriegen wir allerdings zu hören, daß wir wirklich etwas verpaßt hätten. Schade.

Fern von der umfassenden Natur und in äußerster Künstlichkeit lebend, betrachtet der zivilisierte Mensch die Geschöpfe durch den Spiegel seines Wissens und sieht dadurch eine Feder vergrößert, aber das ganze Bild verzerrt. Wir schauen auf die Tiere herab, weil sie so unvollkommen sind, weil es ihr tragisches Schicksal ist, in ihrer Ausformung so weit unter uns zu stehen. Aber darin irren wir uns, irren wir uns gewaltig. Denn das Tier darf nicht am Menschen gemessen werden. Sie bewegen sich in einer Welt, die älter und vollkommener ist als unsere, vollendet und vollkommen, begabt mit einer Reichweite der Sinne, die wir verloren oder niemals erreicht haben, von Stimmen geleitet, die wir niemals hören werden. Sie sind nicht unsere Brüder, sie stehen nicht unter uns; sie sind andere Völker, mit uns verstrickt in das Netz des Lebens und der Zeit, Mitgefangene des Glanzes und des Elends der Erde.

Henry Beston, *The Outermost House*, 1949

★ ★ ★

Dies ist in meinen Augen der bislang fotogenste Teil des Marble Canyon. Zwischen Saddle Canyon und Nankoweap zeichnet sich nach und nach das klassische Bild des Canyons ab, eine Landschaft, von der man meinen könnte, sie sei nach einem vorbedachten Entwurf gestaltet worden. Die Wolken, die von Klippen umrahmt werden, der blaue Himmel, die Schatten – das alles paßt und stimmt haargenau zusammen.

Der Canyon weitet sich nach rechts, weil hier bei Meile 50 die Eminence-Bruchlinie wieder durchkommt und am Nordrand die Anhebung der East-Kaibab-Monokline auf dem rechten Ufer lange Seitencanyons hat entstehen lassen. In Kürze werden wir Nankoweap und weitere

Anasazi-Ruinen sehen. Den Namen hörte Major Powell 1872 von einem Paiute-Indianer, nach dessen Schilderung der große Canyon in der Überlieferung der Indianer jener Ort (»weap«) war, wo sie eine Schlacht geschlagen hatten (»nun ko«).

Wir sind richtige Redwall-Fans geworden. Die glatte senkrechte Wand bildet eine riesige Fläche, die fast 150 Meter hoch aufragt. Sie hat die Farbe eines Juwels. Das Leben formt harte Gesteine, und die Rostfarbe ist hinreißend.

# Meile 52
# Die Ruinen von Nankoweap

## Drittes Lager

Als wir unser Lager aufschlagen, ist es später Nachmittag geworden, weil wir bei der Redwall Cavern so ausgiebig gesungen haben. Nankoweap ist ein langgestrecktes Tal zur Rechten, in dem die Anasazi Ackerbau betrieben. Jetzt liegen wir ausgestreckt unter den Weiden und Tamarisken am Ufer, nachdem wir wieder einmal den Dosenvorrat geplündert haben, der im Bug aller Boote durch den Fluß schön kühl gehalten wird. Einige haben sich entschlossen, im seichten Wasser ein Bad zu nehmen, was der ganzen Szene eine idyllische Note verleiht. Doch die Farben sind nicht die von Monet oder Turner – solche riesigen Flächen in Rotorange kennt Europa einfach nicht. Die Badenden tragen auch keine viktorianischen Badeanzüge – einige gehen sogar bis zum anderen Extrem und sind nur mit Shampoo bedeckt.

> Dies ist ein Tag, an dem das Leben und die Welt stillzustehen scheinen – nur die Zeit und der Fluß fließen an den Mesas vorbei.
>
> Edith Warner

Denjenigen, die jetzt schockiert sind, möchte ich kurz erläutern, wie zurückhaltend wir uns doch hier in der Wildnis des Colorado verhalten. Die Wüste auf beiden Seiten des Flußtals ist sehr empfindlich, und sie (oder auch die Nebenbäche) darf auf keinen Fall mit Seife oder sonst etwas verschmutzt werden. Das Haupttal kann jedoch wegen der großen Wassermenge, die es schnell durchfließt, ungewöhnlich viel vertragen. Der Verdünnungsfaktor ist sehr groß. Wenn man bedenkt, daß ganze

Städte ihr Trinkwasser aus einem langsam fließenden Fluß beziehen, in den andere Städte flußaufwärts ihre Abfälle gekippt haben, bleibt der Colorado auch dann noch sehr sauber, wenn die Flußfahrer darin baden und urinieren und ihr schmutziges Geschirr darin abwaschen – alles Dinge, die man in einem Bach oder einem langsam fließenden Fluß nicht tun sollte. Verdünnung ist hier die Lösung des Problems der Verschmutzung. Fäkalien werden mit Kalk bestreut, kommen in einen dreiwandigen Sack und werden in großen Munitionskisten auf dem Packboot mitgenommen. Der Fluß bleibt auf diese Weise sehr sauber, verglichen mit Flüssen in dicht bevölkerten Regionen oder auch mit so manchem stark besuchten Naturareal.

Das Flußwasser ist meistens trinkbar, doch kann es nach einer Überschwemmung in einem Seitencanyon wie dem Little Colorado River auch verschmutzt sein. In den siebziger Jahren sind an einem verlängerten Wochenende, das durch den Unabhängigkeitstag zustande kam, etliche Menschen auf dem Fluß krank geworden. Es besteht der Verdacht, daß die Kläranlage oben am Staudamm die Vielzahl der Feiertagsbesucher nicht verkraftet hat und übergelaufen ist. Bei den Gruppenreisen wird ausschließlich chloriertes (ein Tropfen Chlor pro Liter) oder fein gefiltertes Trinkwasser angeboten, und die Passagiere werden von den Bootsführern aufgefordert, nur aus der Feldflasche zu trinken, obwohl sie auf dem Fluß allseitig von kühlem Wasser umgeben sind.

Einige strotzen immer noch vor Energie und haben sich auf eine kleine Wanderung in den Nankoweap Canyon begeben. Ich spare meine Kraft. Bei Meile 52 sahen wir oben im Redwall, gut 150 Meter über dem Fluß, zahlreiche Höhlen. Durch das Fernglas unserer Vogelfreunde war zu erkennen, daß einige der Höhlen unverkennbar durch menschliche Eingriffe verändert worden waren: rechteckige Öffnungen, von Stützpfählen eingerahmt. Sogar mit bloßem Auge sind sie zu sehen, und es wundert mich, daß die Expedition von Major Powell sie 1869 nicht entdeckt hat (sie haben von Lee's Ferry bis Meile 61, über die ganze Länge des Marble Canyon, keine Ruinen gesehen). Durch die rechteckigen Öffnungen, so wird uns erklärt, gelangt man in Räume, in denen die Anasazi ihre Kornvorräte aufbewahrten und in die sie sich vor Plünderern flüchteten. Ich verstehe überhaupt nicht, wie sie dort hinaufgekommen sind, es sei denn, sie hatten Leitern, doch nach Sonnenuntergang ist eine Wanderung im Mondlicht vorgesehen. Der Mond ist heute Nacht beinahe voll und wird unseren Weg hell beleuchten.

Dan und ich haben beschlossen, wieder am Wasser zu campieren. Wir haben ein hübsches Plätzchen unmittelbar über der Hochwasserlinie gefunden. Alan sagte uns, daß der Fluß gegen Mitternacht ansteigen würde. Dann würde das Wasser, das heute morgen – als in Phoenix alle Klimaanlagen eingeschaltet wurden – aus dem Stausee abgelassen wurde, diesen Punkt erreichen. Da das Wasser ungefähr 150 Kilometer pro Tag zurücklegt, sehen wir jetzt Wasser, das heute vor Sonnenaufgang abgelassen wurde.

Gezeiten sind für diejenigen, die öfter am Meeresstrand campieren, nichts Neues. Hier geht es aber um Gezeiten von Süßwasser, nicht von Salzwasser. Zu den Tieren, die man in der Gezeitenzone des Meeres antrifft wie etwa die Seesterne, die bei Ebbe freiliegen, gibt es in der Süßwasserfauna kein Gegenstück. Seen sind selten groß genug, um Gezeiten zu kennen. Selbst das Mittelmeer hat nur einen ganz geringen Tidenhub. Der Glen-Canyon-Staudamm hat diesen Mangel der Natur jedoch behoben, und sollten sich einmal im Süßwasser Spezialisten für die Gezeitenzone entwickeln, dann ist der Grand Canyon dafür der geeignete Ort.

Die Raubtiere warten jedenfalls schon auf sie. Die Rennechsen, die bei ihrer ruckartigen Fortbewegung mit ihrem langen blauen Schwanz schlagen, kommen bereits zur Nahrungssuche an den Fluß herunter. Normalerweise ziehen sie die Wüste vor und meiden die Uferzonen, doch haben sie entdeckt, daß die kleinen Flohkrebse (die 1932 im Colorado ausgesetzt wurden, als Nahrung für die räuberische Forelle, die hier ebenfalls nicht heimisch ist) bei sinkendem Wasserstand an Land zurückbleiben, und dann wagen sich die Rennechsen vor und fressen sie. Eine neue Nische, die künstlich geschaffen und ausgefüllt wurde.

Die Menschen, die hier einst gelebt haben, hätten eine zusätzliche Nahrungsquelle gut brauchen können. Aus dem, was die Bootsleute beim Bier erzählten, haben wir eine Menge über die Anasazi erfahren. Die Ureinwohner, die vor 1000 Jahren in diesem Gebiet lebten, wurden durch eine schwere, von 1215 bis 1300 dauernde Dürreperiode dezimiert und vertrieben. Um 1300 waren die meisten Dörfer verlassen, mit Ausnahme der Pueblos, die heute von den Hopi, den Zuni und der Rio-Grande-Gruppe bewohnt werden. Die Navajos, die zwischen 1300 und 1500 als Sammler und Jäger aus dem Westen Kanadas in dieses Gebiet kamen, bezeichneten die übriggebliebenen Indianer als *Anasazi*, was man mit »alte Feinde« übersetzen kann (die oft erwähnte Übersetzung »die Alten« scheint mir eine höfliche Umschreibung zu sein). An diesen übriggebliebenen Anasazi nahmen sich die Navajos offenbar ein Beispiel, denn sie gaben ihr primitives Wanderleben auf, wurden seßhaft und widmeten sich dem Ackerbau, dessen Erträge sie durch die Jagd (und,

# Anasazi-Territorium um 1150

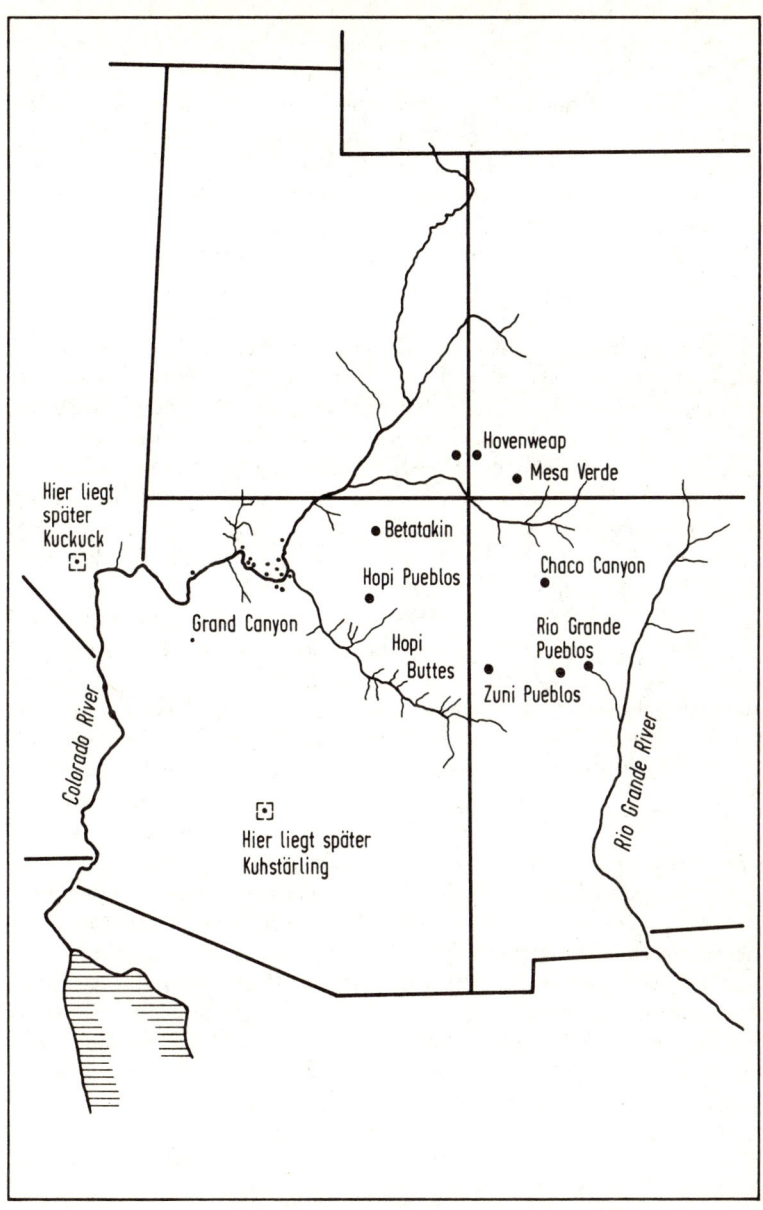

Hovenweap

Mesa Verde

Hier liegt
später
Kuckuck

Betatakin

Chaco Canyon

Hopi Pueblos

Rio Grande
Pueblos

Grand Canyon

Hopi
Buttes

Zuni Pueblos

Colorado River

Rio Grande River

Hier liegt später
Kuhstärling

wie üblich, durch räuberische Überfälle) ergänzten. Die Navajos übernahmen sogar wesentliche Teile der Anasazi-Religion (was nicht erstaunlich ist, denn diese enthielt Anweisungen für den Ackerbau). Auf solche
»Übernahmen« stößt man auch heute noch. Unmittelbar östlich von hier
liegt ein sogenanntes Nationalmonument, das aus zwei riesigen Felswohnungen der Anasazi besteht, Betatakin und Keet Seel. Es wird unverständlicherweise als »Navajo National Monument« bezeichnet, und die
Fremdenführer in Keet Seel sind Navajos. Möglich, daß es mit den griechischen Ruinen in der Römerzeit nicht anders war.

Viele indianische Stämme nennen sich in ihrer eigenen Sprache »das
Volk« (hier nennen sie sich *Dine* und nicht »Navajos«, denn das ist der
Name, den die ersten spanischen Entdeckungsreisenden irrtümlich den
»Apachen mit den bestellten Feldern« gaben). Auf keinen Fall nannten
sie sich »Indianer« – in dieser Bezeichnung lebt einer der größten Irrtümer in der Geschichte der Geographie fort. Die Europäer hatten den
Umfang der Erde (den die alten Griechen lange zuvor ziemlich genau
berechnet hatten) unterschätzt und hielten Amerika für Indien. Hätte
Kolumbus gewußt, wie groß die Erde wirklich ist, hätten seine Seeleute
(und seine Geldgeber) vielleicht nicht den Mut aufgebracht, den westlichen Seeweg nach Indien auszuprobieren.

Auf die Frage eines Anthropologen, wie die Indianer Amerika genannt hätten, bevor der weiße
Mann kam, antwortete ein Indianer
ganz einfach: »Unser Land«.
Vine Deloria, jr.

Aber wie nannten die Anasazi sich selbst?
Da sie keine schriftlichen Zeugnisse hinterlassen haben, können wir nur ihre Verwandten fragen. Die heutigen Nachfahren der
Anasazi sind vermutlich die Hopi, die Zuni
und die Rio-Grande-Pueblo-Indianer. Die
heutigen Hopi, die auf der Mesa südöstlich
von hier leben, bezeichnen die Anasazi als
*Hisatsinom*, das heißt »unsere Vorfahren«, und das kann kaum der
Name sein, den die Anasazi sich selbst gegeben haben. Die Hopi nennen
sich selbst *Hopituh*, was so viel bedeutet wie »die Friedlichen«. Aus
heutiger Sicht könnte man die Ureinwohner vielleicht am passendsten als
»Ur-Hopituh« bezeichnen, doch hat sich das Wort »Anasazi«, das in der
Navajo-Sprache einen abschätzigen Klang hat, als Bezeichnung für all
jene eingebürgert, die zwischen 2300 und 700 Jahren vor der Gegenwart
in dieser Four-Corners-Region lebten, wo die heutigen Staaten Utah,
Arizona, New Mexico und Colorado aneinandergrenzen.

★

Der Mond ist aufgegangen, und er steht schon so hoch, daß sein Licht auf die Canyonwände und die Anasazi-Ruinen fällt, auch wenn es noch nicht ganz bei unserem Lager angekommen ist. Hier am Fluß vertreibt man sich die Zeit nach dem Abendessen gern damit, das Mondlicht zu beobachten. Das bleiche Licht kriecht wie ein niedergehender Vorhang langsam an der Westwand des Marble Canyon herunter, denn der Mond ist im Südosten aufgegangen.

Wir durchqueren zunächst das Gestrüpp nördlich unseres Lagerplatzes und verfluchen die Dunkelheit, wenn uns unerwartet ein Zweig ins Gesicht schlägt. Dann geht es ein Stück bergauf, und bald liegt die Fläche unter uns, auf der die Anasazi ihre Felder bestellten, unmittelbar neben ihren Häusern. Wir eilen weiter hinauf über die Geröllhalden, wo wir endlich ins Mondlicht kommen, und als wir in den Muav-Kalkstein gelangen, geht es wieder mit langsameren Schritten voran. Schon von hier aus bietet sich eine spektakuläre Aussicht auf den Fluß. Flußabwärts stellt sich der Canyon über eine Strecke von sechs Kilometern als ein langgestreckter, kastenförmiger Einschnitt mit steilen roten Wänden dar, obwohl sich der Fluß auch hier wie eine Schlange zwischen Sandbänken und tiefen Strudeln hindurchwindet, deren Ufer mit grünem Bewuchs gesäumt sind. Ein Schulbeispiel für die Mäanderbildung.

Im Mondlicht sind zwar keine Farben zu erkennen, doch kann ich mir diese Szene ohne weiteres bunt vorstellen, denn dies – das wird mir plötzlich klar – ist das berühmte Motiv, das man in praktisch jedem Bildband über den Grand Canyon findet. Diesen steilen Pfad sind schon viele schwere Kameras hinaufgeschleppt worden. Mir fällt es schon schwer genug, mich selbst hinaufzuschleppen.

Als der Pfad den Redwall erreicht, wird es ganz steil. Die durch die Redwall-Schichten gebildeten Vorsprünge sind ziemlich schmal, und man ist froh, daß einem die Schuhe Halt bieten. Alan trägt natürlich Sandalen. Auf dem letzten Vorsprung vor der Ruine angekommen, setzen wir uns hin und schauen uns um. Alan wünscht nicht, daß wir uns direkt vor die Ruine setzen. Nach der Kletterei ist man natürlich müde, und dann lehnt man sich gern zurück, um nicht nach vorn – und nach unten – schauen zu müssen. 1982 hat sich ein Tourist – egal, aus welchem Grund – gegen die Ruine gelehnt, und dabei ist ein Teil der Wand eingestürzt. Die Archäologen des Nationalparks haben ihn inzwischen wieder aufgebaut. Trotz solcher Probleme ist die Parkverwaltung nicht der Versuchung erlegen, überall Schilder anzubringen, die alles und jedes verbieten. Seit Lee's Ferry haben wir noch kein Schild gesehen, abgesehen von den Petroglyphen, und die konnten wir nicht lesen.

Wenn man seine Höhenfurcht überwindet und 150 Meter nach unten schaut, sieht man in dem monochromen Mondlicht das Ackerland der Anasazi; einst wurde dort Mais angebaut, jetzt aber ist es mit Wüstensträuchern übersät. Alan zeigte uns die Stellen, wo man Fundamente von Häusern entdeckt hat und auf viele Tonscherben gestoßen ist. Da an diesen Fundorten kaum etwas zurückgeblieben ist, was sich mit Hilfe der Radiocarbonmethode datieren läßt, sind die Archäologen im Südwesten auf Topfscherben angewiesen, und die lassen sich zum Glück leicht datieren, weil der Stil der Dekoration sich praktisch mit jeder Generation geändert hat. So wie manche einen älteren Modestil aus unserem Jahrhundert genau datieren können, braucht ein Fachmann wie Robert Euler nur einen Blick auf einen Scherbenhaufen zu werfen, um die Jahrhunderthälfte, in der sie vor 1 000 Jahren entstanden sind, genau zu benennen.

Warum haben die Anasazi ihre Getreidevorräte oben in den Klippen aufgewahrt? Als Erklärung wird meistens ein Grund genannt, der auch dafür verantwortlich gewesen sein soll, daß im elften Jahrhundert stadtähnliche Anlagen wie Betatakin und Mesa Verde hoch in den Klippen errichtet wurden: Schutz vor hungrigen Habenichtsen. Um ungebetene Besucher fernzuhalten, brauchte ein Wächter hier bloß Felsbrocken den Berg hinunterrollen zu lassen. So dramatisch muß es aber gar nicht gewesen sein. Vielleicht wollten sie ihre Kornvorräte nur vor den Nagetieren retten, die unten im Delta vorkommen. Vielleicht gefiel ihnen auch die Aussicht.

Da die natürlichen Höhlen im Redwall-Kalkstein schon den Fußboden, die Decke und die Rückwand bereitstellten, brauchten die Anasazi nur noch die Vorderwand und die Trennwände ihrer Kornspeicher aus Mörtel und Stein hochzuziehen, wozu sie allerdings, wie Alan bemerkte, das Wasser zum Anrühren des Mörtels heraufschleppen mußten. Das war gewiß kein Klacks. Die kleinen Räume waren vermutlich nicht in erster Linie als Wohnungen gedacht, sondern als Vorratskammern: Diese umgebaute Höhle war vermutlich ein Kornspeicher, in dem die Anasazi den Mais aufbewahrten, den sie auf den schmalen Feldern unten am rechten Flußufer anbauten. Viel Platz bietet er nicht – mit ein paar hundert Körben ist er voll. Auf einem etwas tiefer gelegenen Felsvorsprung sehen wir eine kleine, nicht überdachte Ummauerung, die vielleicht als Wachhäuschen diente, denn die Mauer ist gerade hoch genug, um den Wächter vorm Absturz zu bewahren, falls er einmal einnickte. Vielleicht ist es auch nur der Überrest eines zusätzlichen Speichers, den man nach einer besonders reichen Ernte errichtete.

Die ganze Szene bekam durch den Mondschein etwas Surreales, etwas Traumhaftes. Ich versuchte mir vorzustellen, wie es wohl gewesen sein mochte, ein Anasazi zu sein, sich mitten in der Wüste mit knapper Not durchzuschlagen und hier oben nächtelang Wache zu schieben, den ganzen Marble Canyon unter sich ausgebreitet, den weiten Himmel über sich am Rande eines Abgrunds – ein Logenplatz mit Blick auf das Universum. Es gab keine Bücher über Landwirtschaft oder Astronomie oder Erste Hilfe. Fast alles, was er wußte, stammte von rund 100 Menschen, den Bewohnern des Nankoweap Canyon und ihren Nachbarn. Über die Außenwelt erfuhr man nur wenig, vom Hörensagen, in Form von Legenden. Hier war bestimmt nicht der Mittelpunkt der Anasazi-Kultur, aber vielleicht hatte er etwas von den sagenhaften Medizinmännern im Chaco Canyon gehört, die die Sonne und den Mond studierten und die vielleicht eine Warnung ausgaben, wenn die Gefahr drohte, daß ein himmlisches Ungeheuer den Mond oder die Sonne verschlingen würde.

So wie die heutigen Hopi beobachteten die Anasazi täglich den Auf- und Untergang der Sonne, und sie merkten sich den Punkt am Horizont, wo die Sonne morgens über dem Canyonrand oder über einer fernen Gebirgskette herauskam. Die heutigen Pueblos sieht man bei Sonnenauf- und -untergang auf ihren Dächern sitzen und meditieren. Die Stammesführer der Pueblos begeben sich oft zu einem speziellen Beobachtungsplatz in den nahegelegenen Hügeln, der ihnen eine bessere Aussicht bietet. Der Ort am Horizont, wo die Sonne auf- und untergeht, ändert sich geringfügig von Tag zu Tag, bis zur Sommer- oder Wintersonnenwende, wenn er sich wieder in die andere Richtung verschiebt. Aus diesen Beobachtungen – und nicht aus einem Tischkalender – entnahmen die Anasazi, wann sie säen und wann sie ihre Feste feiern mußten.

Bei den Hopi werden die Haupthimmelsrichtungen ganz anders bestimmt als in unserem System mit Norden, Osten, Süden und Westen. Maßgebend sind der Punkt im Nordosten, wo die Sonne bei der Sommersonnenwende aufgeht, der Punkt im Südosten, wo die Sonne bei der Wintersonnenwende aufgeht, der Punkt im Südwesten, wo die Sonne bei der Wintersonnenwende untergeht, und der Punkt im Nordwesten, wo die Sonne bei der Sommersonnenwende untergeht. Die Beobachtung der Position der Sonne am Horizont war demnach wesentlich für die Bestimmung der Himmelsrichtungen, für den Kalender und für die Religion.

Es war einfach, mir einen Anasazi vorzustellen, der hier oben saß und beobachtete, wie sich die Stelle, an der die Sonne über dem gezackten östlichen Horizont aufging, im Laufe der Jahreszeiten von Woche zu Woche verschob. Könnten wir doch morgen Nacht hier sein, wenn die Mondfinsternis eintritt! Ich könnte dann versuchen, sie mit seinen Augen zu sehen. Für ein Volk, das Sonne und Mond Tag für Tag so eifrig studierte, muß eine Verfinsterung ein bedeutendes Ereignis gewesen sein. Verschwinden und Erneuerung. Aufgefressen und dann wiedererschaffen? Gab es Ungeheuer am Himmel, die den Mond verschlangen und gelegentlich sogar die Sonne auslöschten? Was taten die Menschen, um die Ungeheuer milde zu stimmen?

Eine Sonnenfinsternis ist, gleichgültig, wo man sich auf der Erde befindet, nur sehr selten zu sehen, und vermutlich hat kaum ein Anasazi jemals eine beobachtet. Wahrscheinlich wußten sie aber aus Legenden, daß so etwas vorkommt. Eine Mondfinsternis, die man von irgendeinem Punkt der Erde aus sehen kann, findet dagegen ungefähr alle 170 Tage statt. Viele Anasazi dürften demnach im Laufe ihres Lebens mehrere Mondfinsternisse beobachtet haben. Ohne die wissenschaftlichen Erklärungen, mit denen wir heute eine Verfinsterung auf die Überschneidung von Umlaufbahnen und auf Schattenkegel zurückführen, muß eine Mondfinsternis sehr beeindruckend gewesen sein.

Was hat sich ein Anasazi wohl beim Anblick eines Kometen gedacht? Oder bei einer Supernova? Als sich im Jahre 1054 die Supernova im Krebsnebel ereignete, lebten Anasazi hier im Canyon. Vielleicht hat mein imaginärer Anasazi sie von hier oben aus gesehen. Wir können herausbekommen, was er gesehen hat: Wir brauchen nur (in einem Computer) die Uhr der Himmelskörper bis zu der Stellung zurückdrehen, in der sie sich am Morgen des fünften Tages des Monats Juli im Jahre 1054 befanden.

In jener Nacht ist der Mond drei Stunden vor Sonnenaufgang im Nordosten über der Canyonwand aufgestiegen, ein Viertelmond vor einem noch immer schwarzen Himmel. Kurz nachdem der Mond den Horizont überstiegen hatte, zeigte sich, mehrere Grad (vier Monddurchmesser) südlich der am Himmel schwebenden Sichel, eine fremdartige, strahlende Erscheinung. Der Fremde blieb nicht, wie etwa ein ferner Waldbrand, am Horizont hängen, sondern stieg in den Himmel auf und folgte der Mondsichel. Der Fremde erschien als ein sehr heller Stern, außerordentlich hell, ein strahlendes Licht, das man nicht übersehen kann. Drei Stunden später ging an ungefähr derselben Stelle am Horizont die Sonne auf. Die Sonne am Horizont, der Fremde und die etwas höher schwebende Mondsichel bildeten am Morgenhimmel ein Dreieck. Der Fremde blieb, in einer gewissen Entfernung zum Mond, den ganzen Tag da.

Ich hoffe, daß mein Anasazi beim Aufgang der Supernova nicht vor Überraschung von seinem hohen Aussichtspunkt heruntergefallen ist oder sich das Bein gebrochen hat, als er den steilen Pfad, auf dem wir heraufgekommen sind, hinunterlief, um die schlafenden Stammesangehörigen zu alarmieren. Aus seiner Sicht war es durchaus keine unsinnige Vermutung, daß der Fremde, der sich da zwischen die verehrte Sonne und den verehrten Mond schob, ein Ungeheuer war, das sich anschickte, einen von beiden oder alle beide zu verschlingen, und daß sich damit das Ende der Welt ankündigte. Unten in der Ansiedlung am Fluß versperrte natürlich noch die hohe Wand des Canyons die Sicht auf den Fremden, und daher mag ihm zunächst niemand geglaubt haben. Doch während die Ungläubigen noch dastanden und schauten, ging der Mond auf, dem, wie er es angekündigt hatte, der spektakuläre Riesenstern folgte.

Auch nach Sonnenaufgang war der Fremde noch sichtbar, und selbst mittags stand er strahlend am blauen Himmel. Vielleicht haben sie 23 Tage später eine gewisse Erleichterung verspürt, als der Fremde tagsüber nicht mehr zu sehen war, doch bei Nacht schien er noch Monate danach sehr hell, bis er sich schließlich den gewöhnlichen Sternen am Himmel anglich. Der Mond entfernte sich natürlich von der Stelle, die der Fremde zwischen den übrigen Sternen einnahm. Viele Himmelsbeobachter auf dem Colorado-Plateau dürfte das sehr erleichtert haben.

Es gibt tatsächliche Anhaltspunkte dafür, daß die Anasazi sowohl in White Mesa 30 Kilometer östlich von hier als auch im Chaco Canyon 300 Kilometer weiter östlich dieses Ereignis des Jahres 1054 in Piktogrammen und Petroglyphen festgehalten haben. Auf kaum einer Felszeichnung in den Vereinigten Staaten kommt die Mondsichel vor. Doch auf einer Reihe von Zeichnungen, die man in Arizona, New Mexico und Kalifornien gefunden hat und die in diese Zeit datiert werden, ist die Mondsichel in Verbindung mit einem »Stern« abgebildet. Das Piktogramm von White Mesa zeigt einen Stern vom halben Durchmesser des Mondes, der von der unteren Spitze der Mondsichel ein Stück abbeißt. Einige Piktogramme zeigen auch eine »Sonne«, die mit den beiden anderen ein Dreieck bildet. Solange man noch nicht zurückgerechnet hatte, wo Sonne und Mond am frühen Morgen des 5. Juli 1054 standen, wußte man mit ihrer Anordnung in den Piktogrammen nichts anzufangen. Jetzt dürfen wir annehmen, daß der große Stern die Supernova im Krebsnebel war, die an diesem Morgen so plötzlich erschien. In unmittelbarer Nähe des Mondes war sie nur an diesem ersten Morgen zu sehen, denn am nächsten Morgen ging der Mond erst eine Stunde später auf als der Fremde. Wenn es sich in den Piktogrammen also wirklich um die Supernova handelt, dann ist dort dieses erste Auftreten, die große Überraschung festgehalten. Zwar hat es im 20. Jahrhundert sechs helle Supernovae gegeben (1901, 1918, 1925, 1934, 1942 und 1975), doch eine länger anhaltende helle Supernova, wie sie Kepler im Jahre 1604 beobachtete, ist seither nicht mehr gesehen worden. Die Astronomen hoffen natürlich, bald eine beobachten zu können, doch waren sie schon froh, daß sie die bescheidenere Supernova, die 1979 im Virgohaufen auftrat, studieren konnten. Supernovae gehören gewiß zu den großartigsten Erscheinungen des Weltalls.

Als wir den Pfad hinunterstiegen, stand der Mond, immer noch nicht sehr hoch am Himmel, direkt über dem Fluß. Alle Mäander glänzten im Mondlicht – eine kilometerlange silberne Schlange.

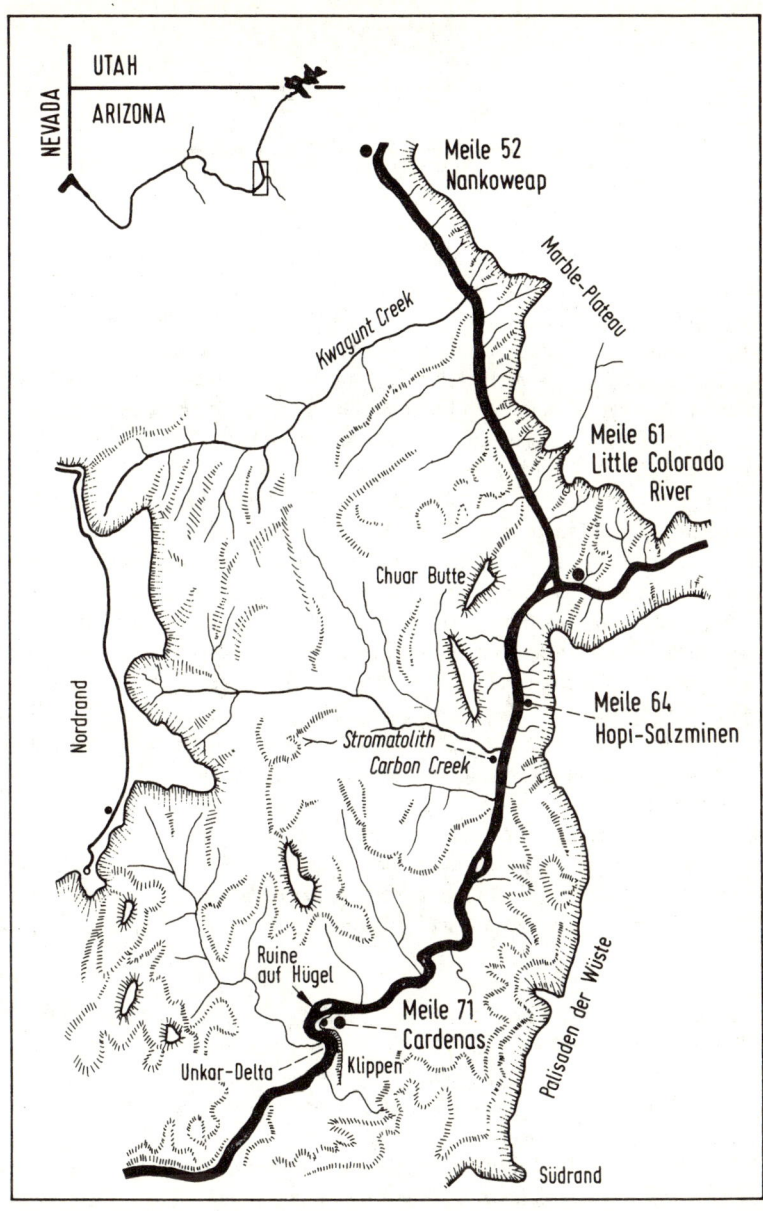

# Vierter Tag
## Meile 52
## Nankoweap Canyon

Nach dem Frühstück kam Marsha von einem Uferspaziergang zurück und berichtete, in einem der Tümpel des Baches, umgeben von Weiden und Tamarisken, gebe es eine Menge Kaulquappen. Sie fand sie niedlich und bot an, jeden, der sich dafür interessierte, hinzuführen.

»Ach richtig«, erwiderte Alan, »gestern abend haben wir ein Päckchen gefriergetrocknete Kaulquappen ausgesetzt, damit sie sich wieder mit Wasser vollsaugen. Schön zu hören, daß es ihnen so gut geht.«

An die sechs Leute runzelten die Stirn, sagten aber nichts (gefriergetrocknete Kaulquappen sind heutzutage nicht völlig ausgeschlossen). Marsha schaute Alan aufmerksam an, ob sein Gesicht nicht vielleicht ein Schmunzeln verriet, denn sie hatte die Weidenfigur, die Alan »gefunden« hatte, noch nicht vergessen. Alan verzog keine Miene und behauptete, in einer der Gefriertruhen hätten die Bootsführer außerdem noch ein paar Päckchen mit gefriergetrockneten Zikaden, für den Fall, daß die Fledermäuse Hunger hätten. Es seien, fuhr er fort, spezielle c-Moll-Zikaden, im Gegensatz zu den gewöhnlichen Zikaden, die nach seiner Behauptung in D-Dur singen – die Fledermäuse seien nämlich in letzter Zeit ziemlich wählerisch geworden.

Marsha drehte sich wortlos um, ging zu den Booten hinunter, packte sich einen Eimer, schöpfte kaltes Wasser aus dem Fluß und jagte damit hinter Alan her, der die Flucht ergriffen hatte. Wir feuerten sie an wie ein Sportlerteam einen Mannschaftskameraden.

★

Auf diesem Flußabschnitt kann man stellenweise den Nordrand sehen, allerdings nur, wenn wir an der Mündung eines Seitencanyons vorbeifahren. Es ist kaum zu glauben, wie hoch er ist. Ständig vom Redwall eingeschlossen, konnten wir nicht sehen, was darüber war, denn es war unseren Blicken entzogen.

Die East-Kaibab-Monokline hat den Nordrand stellenweise bis zu 2 700 Metern hochgedrückt, während der Südrand etwa 2 100 Meter hoch ist. Bei genauem Hinschauen können wir durch den Kwagunt Creek Canyon eine der höchsten Erhebungen des Nordrands in der Ferne aufragen sehen. Von hier aus gerechnet, beträgt die Höhe über 1 600 Meter, was ungefähr einem Wolkenkratzer von fünfhundert Stockwerken entspräche. Dabei hatte ich gemeint, der Canyon sei tief, als ich auf der Navajo Bridge stand, wo gerade ein Gebäude von 30 Stockwerken hineingepaßt hätte. Wir sind also in nur drei Tagen Flußfahrt 500 Stockwerke tief in die Erde eingedrungen. Der Anblick, so kurz er auch währt, bringt einen zur Besinnung.

Wenn man die Flüsse befährt, kommt man durch das Land, nicht bloß über seine Oberfläche. Wenn man in einen Canyon eindringt, ist es, als dringe man in den lebendigen Körper der Erde ein, als würde man von ihrem Lebenssaft durch die Arterien und Venen aus Stein getragen; man beginnt, den langsamen Pulsschlag des Landes wahrzunehmen, und die stetigen rhythmischen Veränderungen im geologischen Maßstab werden durch einzelne Schläge der Flußströmung unterstrichen. Diesen besonders intimen Kontakt... erlebt man nur auf dem Fluß. Er fließt durch deine Seele und erzeugt eine tiefe Regung: Ehrfurcht.

Der Schriftsteller und Fotograf Stephen Trimble, 1979

Die Sixty-Mile-Stromschnelle hatten wir ohne Schwierigkeiten hinter uns gebracht. Kein Bach mündet dort, nur ein trockenes Bett. Sie hat bloß die Schwierigkeitsstufe 4, was bedeutet, daß wir uns festhalten mußten, aber hinterher nicht viel auszuschöpfen brauchten. An der Wasserlinie kommt jetzt stellenweise der Tapeats-Sandstein durch, dessen sandbraune Farbe hier und da helle Flecken aufweist, wo in den letzten Jahren Platten heruntergebrochen sind.

Alan sagt, im Tapeats gebe es verschiedene Fossilien, doch am Fluß habe er noch keine gefunden. Mit den Fossilien wird bald Schluß sein. Wir befinden uns jetzt im Kambrium, dessen Schichten vor etwa 570 Millionen Jahren entstanden. Damals kam es erstmals zu einer explosionsartigen Auffächerung der im Meer lebenden Formen, damals kam die Evolution richtig in Gang. Ältere Gesteine, auf die wir weiter flußabwärts stoßen werden, weisen kaum noch Fossilien auf, da die Lebensformen aus jener Zeit meist nicht genügend feste Skelettbestandteile besaßen, um Fossilien bilden zu können.

Nachdem wir einen Steilhang auf dem linken Ufer hinter uns gelassen haben, erblicken wir eine hellblaue Wassermasse – den Little Colorado River –, die sich auf der linken Seite in den Fluß hineinschiebt, ganz ähnlich wie vor langer Zeit bei Lee's Ferry der Paria in unserem Blickfeld erschien. Wir können jetzt weit in den Canyon des Little Colorado

River hineinsehen. Keine Stromschnellen. Nur zwei friedliche Flüsse, die sich würdevoll vereinigen.

Alan rudert uns hinüber in das blaue Wasser und wendet das Boot, um mit dem Rücken gegen die Strömung in den Little Colorado hineinzufahren. Hinter uns kommt noch ein Boot um die Ecke und folgt uns. Der Seitencanyon ist so breit, daß wir jetzt ein ganzes Stück vom Himmel sehen können. Im Marble Canyon waren die Wände nie weit auseinander. Und das Wasser ist hier, so weit der Blick reicht, von einem unglaublichen Azurblau. Nach dem morgendlich verschatteten Marble Canyon sind wir gewissermaßen in einem sonnigen tropischen Ferienort gelandet.

# Meile 61
# Mündung des Little Colorado

Das azurblaue Wasser ist warm, und man kann darin, ganz anders als in dem kalten Colorado, herrlich schwimmen. Wir sind knapp anderthalb Kilometer den Little Colorado hinaufgefahren, und das Wasser kommt aus der Blue Spring. Als Dan Richard auf der Fahrt nach Lee's Ferry auf der Brücke über den Little Colorado bei Cameron anhielt, sah er unter sich ein trockenes Flußbett. Wenn der Fluß dort Wasser kriegt, färbt es sich hier rot. Ansonsten entspringt das Wasser des Little Colorado aus einigen großen Quellen ein paar Kilometer flußaufwärts von hier. Dieses blaue Quellwasser finden wir herrlich.

Müde vom Schwimmen, saßen wir im seichten Wasser und unterhielten uns. Unter anderem über die Farbe des Wassers. Daß sich der Colorado, der normalerweise minzgrün ist, nach heftigen Niederschlägen irgendwo in weiter Ferne rot verfärbt, wurde uns bereits am ersten Tag kurz vorgeführt. Das Azurblau des Little Colorado, das sich in den eigentlichen Colorado ergießt, vermischt sich rasch und ändert keinen Deut an der Farbe des Wassers aus dem Lake Dominy (wir sind zu dem Schluß gekommen, daß Major Powell den Bau eines Stausees, der den von ihm so bewunderten herrlichen Glen Canyon unter sich begrub, gewiß nicht gebilligt hätte, und deshalb benennen wir – in Anlehnung an Edward Abbey – den Lake Powell von nun an nach Floyd Dominy, dem Chef des Bureau of Reclamation, der für diese Schandtat verantwortlich war).

Da wir gerade über Namen sprachen, suchten wir nach einem passenden Namen für den neuen, verbesserten Colorado River. »Einen Green River gibt es bereits stromaufwärts, und weiter im Süden gibt es einen Rio Verde«, erklärte Dan Richard.

Ich brachte den anderen berühmten Fall zur Sprache, wo die Farbe bei einer falschen Benennung eine Rolle spielt. »Wußtet ihr, daß die grauen Zellen im Gehirn gar nicht grau sind?« fragte ich.

»Die grauen Zellen sind nicht grau?« wiederholte Abby ungläubig.

»Nein, nicht im mindesten.«

»Sind die weißen Zellen dann wenigstens weiß?« fragte sie.

»Die schon. Porzellanweiß. Sie bestehen aus einem Bündel von Kabeln, und das Weiß kommt von dem Fett, mit dem die Drähte isoliert sind. Nur sind die Drähte in Wirklichkeit Axone, lange, fadenartige Fortsätze der Nervenzellen.«

»Aber warum sind die grauen Zellen nicht grau?« wollte Abby wissen.

»Weil sie rot sind. Rötlich-braun. Ungefähr wie der Fluß an dem Abend nach dem Sandsturm«, versuchte ich es zu beschreiben.

»Warum spricht man dann von grauen Zellen?«

»Weil sie manchmal grau sind. Wenn das Gehirn tot ist. In den grauen Zellen spielt sich fast alles ab, und deshalb brauchen sie viel Sauerstoff und Zucker. Und das bedeutet eine starke Durchblutung.« Ich nippte an meiner Limonade. »Im lebenden Zustand sieht es also rötlich-braun aus. Das kriegen natürlich nur Neurochirurgen und Neurophysiologen zu sehen.«

»Vielleicht sollten wir auch die grauen Zellen umbenennen. Rötlich-braune Zellen gefällt mir allerdings nicht«, sagte Ben.

»Wie wäre es mit Colorado-Zellen?« fragte Abby. »Du sagtest, sie hätten die Farbe des alten Colorado River, vor der Verdammung.«

Wir wenden das Wort ein bißchen hin und her, probieren es aus – und es gefällt uns. Von nun an also Colorado-Zellen. Sofern es überhaupt jemanden interessiert, was wir über die grauen Zellen denken.

In unserer Begeisterung nicht mehr zu bremsen, gingen wir dazu über, Städte umzubenennen – nach Vögeln, die andere Vögel täuschen. Eine Nebenbemerkung für diejenigen, die sich nicht mit dem Kuckuck befaßt haben: Der Kuckuck ist ein Brutparasit. Er legt seine Kinder gewissermaßen anderen vor die Tür. Das Weibchen legt seine Eier einer anderen Vogelart ins Nest, zum Beispiel dem Laubwürger (Vireo). Die Eier sind gesprenkelt, genau wie die des Wirtsvogels. Und wenn der Kuckuck ausschlüpft, ist sein Schlund genauso rot wie der eines Laubwürgers. Aber dann geht es los. Das Kuckucksjunge hat einen angeborenen Instinkt, die anderen Eier aus dem Nest zu schieben, um die ganze Babynahrung für sich allein zu haben. Und wie es wächst! Selbst wenn es schon doppelt so groß ist wie seine Pflegeeltern, füttern sie es treuherzig weiter. Sie erkennen ihre Jungen offenbar in erster Linie an dem roten Schlund. So wie die Biber Zweige und Schlamm dorthin bringen, wo das Geräusch von fließendem Wasser ertönt, werden die erwachsenen Vireos von einem mächtigen Instinkt getrieben, einen roten Schlund mit Futter vollzustopfen. Der Kuckuck macht sich dies zunutze und versklavt damit die armen Vireoeltern. Er beutet ihre elterlichen Gefühle aus. (Will noch jemand behaupten, Wissenschaft sei langweilig?)

Nun zu den Städten: Der Phönix war ein mythischer Vogel, der nicht auf die übliche Weise aus dem Ei kroch und aufwuchs, sondern in voller Größe der Asche entstieg. Die Stadt Phoenix ist ebenfalls auf unnatürliche Weise mitten in der Wüste entstanden. Nicht aus der Asche, sondern aus den Ruinen einer indianischen Stadt. Daher der Vergleich, den ein betrunkener Engländer zog, der der Stadt ihren Namen gab. Ich finde jedoch, daß sie mehr einem Kuckuck gleicht, der aus einem Nest aufsteigt, aus dem er die Indianer und die Bauern verstoßen hat. Die Stadt hat ihre Pflegeeltern, die amerikanischen Steuerzahler, durch Täuschung dazu verleitet, sie mit Wasser und Strom für die Klimaanlagen zu füttern, damit sie sich planlos wuchernd über das Land ausbreiten kann – wie ein Krebsgeschwür, das sich entlang der Landstraßen, die es in deprimierende, überfüllte Verkehrswege verwandelt, metastasenartig verbreitet und aus Baumwollfeldern schäbige Vorstadtsiedlungen macht. Bei manchen Neubaugebieten hat man den Eindruck, sie würden in Trümmer zerfallen, bevor die Hypotheken abgezahlt sind.

Gleiches gilt für Las Vegas, dessen protzige Hotels jeweils soviel Strom verbrauchen wie eine Stadt mit 60 000 Einwohnern. Auch das wird subventioniert, Sie wissen schon, von wem. Ich vermute, daß der Name der Stadt auf eine »Vega« zurückgeht – so bezeichnen die Mexikaner eine sumpfige Wiese –, doch man zieht es vor, den Namen auf die Wega zurückzuführen, den hellsten Stern im Sternbild Leier, dessen scheinbare Helligkeit vielleicht darauf beruht, daß er nur 26 Lichtjahre entfernt ist, womit er nach himmlischen Maßstäben ein enger Nachbar von uns ist. Warum zieht man die Stern-Deutung vor? Weil wieder einmal die Dummheit zugeschlagen hat: Wega geht zurück auf das arabische Wort für das Sternbild, in dem die Araber einen herabstürzenden Geier zu erkennen glaubten.

Der hellste Stern unter den gefallenen Geiern... Wenn das nicht auf Las Vegas paßt! Ist in der Thermoskanne wirklich nur Limonade?

Nicht nur der Kuckuck beutet andere Vögel aus, die ihre eigenen Jungen nur unzureichend erkennen – der Kuhstärling macht es hier im Canyon mit dem Vireo genauso.

Was die Umbenennung betrifft, würde Kuhstärling sich anstelle von Phoenix recht gut machen. Der Flughafen von Phoenix würde dann nicht mehr Sky Harbor, sondern »Kuhstärling International« heißen.

Den Kuckuck reservieren wir für Las Vegas.

So albern sind wir in der Regel nicht. Wahrscheinlich macht sich jetzt die beginnende Entspannung bemerkbar.

★

Diese Felsbänke hier sind aus Tapeats-Sandstein. Er entstand im Kambrium, kurz nachdem die Lebensformen sich erstmals massiv aufgefächert hatten. Die gewellten Vorsprünge und Überhänge oberhalb des Ufers bieten einen hervorragenden Schutz vor der Sonne, in den wir uns zum Mittagessen zurückziehen. Mag das Unterwasserleben um die Korallenriffe der azurblauen Karibik auch fehlen, so fühlen wir uns dennoch am Little Colorado bald wie zu Hause. Einige tümmeln sich noch immer in dem durchsichtigen Wasser, und selbst das Essen kann sie nicht herauslocken. Die Limonade schmeckt hervorragend, und der Vorrat ist unerschöpflich.

> Dies unser Leben, vom Getümmel
> frei,
> Gibt Bäumen Zungen, findet
> Schrift im Bach,
> In Steinen Lehre, Gutes überall.
> Ich tauscht' es selbst nicht ein.
> William Shakespeare,
> *Wie es euch gefällt*, 1599

Daran merkt man, wie stark die Flußfahrt unsere Stimmung verändert hat. Ich denke, daß viele der Sorgen, die uns in der zivilisierten Welt umtreiben, von uns abgefallen sind. Das mag angesichts unserer wissenschaftlichen Diskussionen ungereimt klingen, doch für uns sind Wissenschaft und Technik zwei verschiedene Paar Schuhe, genauso wie Landwirtschaft und Biologie. Sieht man einmal von unseren Booten, dem Propangasherd und den Luftmatratzen ab, so erinnert hier kaum noch etwas an die Technik. Seit einem Tag schon hat niemand mehr nach der Uhrzeit gefragt. Inzwischen stört es uns sehr, wenn lärmende Zivilisationsprodukte in die Stille eindringen, zum Beispiel die Flugzeuge, die durch den Canyon fliegen. Oder die Motorboote mit ihrem Geheul und ihrem Ölgestank. Auch die Flugzeuge, die nachts blinkend und dröhnend die Milchstraße durchqueren und in Richtung Los Angeles über den Canyon hinwegziehen, bräuchten von mir aus nicht zu sein. Das

Weiße Haus dürfen Sie nicht überfliegen – dieses Verbot könnte man doch auch auf den Grand Canyon ausdehnen.

Von einer großen Tapeats-Platte überragt, steht auf der anderen Flußseite eine alte Goldsucherhütte aus dem Jahre 1890. Davon sind nur noch drei Mauern geblieben, die sich gegen die Felswand lehnen, gefüllt mit dem üblichen Plunder des 19. Jahrhunderts. Major Powell erwähnt in seinem Tagebuch, er habe 1869 hier in der Gegend indianische Ruinen vorgefunden, doch die Archäologen konnten nichts davon entdekken, bis sie in der Hütte des Goldsuchers zu graben begannen – er hatte sich offenbar eine alte Anasazi-Hütte zunutze gemacht und war eingezogen. Sie fanden Pfeilspitzen, aber auch Figuren aus gespaltenen Weidenzweigen, die darauf hindeuteten, daß die Urindianer schon vor drei- bis viertausend Jahren hier gewesen sind.

Eine der Quellen, die den Little Colorado speisen, ist heute ein Heiligtum der Hopi, ein *sipapu*. Es liegt rund sieben Kilometer stromaufwärts von der Mündung in den Colorado. Es ist eine große Kuppel aus Travertin, entstanden aus den Mineralien, die sich aus dem fließenden Wasser abgeschieden haben. Die Hopi glauben, daß der Mensch durch diese Quelle in die Welt gekommen ist. Es gibt noch weitere Heiligtümer in der Gegend, verbunden durch einen heiligen Pfad, der nicht weit von der Mündung am Colorado River endet. Die Hopi, die ungefähr hundert Kilometer östlich von hier leben, reisen feierlich an den Fluß, um sich von dort Salz zu holen.

★

Wir sind auf den Grund des Tapeats gekommen, zumindest was die Fossilien angeht. Das Gestein ist hier 570 Millionen Jahre alt. Dies ist die älteste kambrische Schicht, alles darunter ist Präkambrium. Cambria ist der keltische Name für Nordwales, das dieser Schicht freundlicherweise seinen Namen verliehen hat. Vom Unterschied zwischen Kambrium und Präkambrium machen die Wissenschaftler deshalb so viel Aufhebens, weil er gleichbedeutend ist mit dem Beginn einer phantastischen Erfolgsgeschichte: Gewisse Arten von Leben hatte es zwar schon seit über drei Milliarden Jahren gegeben, doch gegen Ende des Präkambriums scheint sich dann eine große Vielfalt von Lebensformen ausgebildet zu haben. Und diese Formen hatten Schalen, so daß sie sich als Fossilien erhalten konnten. Mikrofossilien aus dem Präkambrium sind hingegen selten, weil sie schwer auszumachen sind.

Wir teilen das Tierreich in 28 Stämme ein, die in den Grundzügen des Körperbaus stark voneinander abweichen. Als vor 570 Millionen Jahren die Fossilisation in großem Maßstab einsetzte, scheinen die meisten von ihnen schon vorhanden gewesen zu sein. Das läßt darauf schließen, daß sie sich schon vorher diversifiziert hatten, nur waren ihre Strukturen für eine Versteinerung in vielen Fällen nicht hart genug. Einige weitere Stämme scheinen während des Kambriums entstanden zu sein, in jener Periode, die durch die hier anzutreffenden Tapeats- und Muav-Schichten belegt ist. Einer dieser Stämme, die Chordaten, scheint aus den Echinodermen (zu deren bekannteren Vertretern die Seeigel und der Schlangenstern gehören) hervorgegangen zu sein. Die weitere Diversifizierung der Chordaten – und zwar während der Periode, die durch die über uns anstehenden Gesteinsschichten repräsentiert ist – führte zu den Wirbeltieren, den Fischen, den Amphibien und den Reptilien und später dann zu den Säugetieren, den Primaten, den Menschenaffen und zu uns.

Während dieses Prozesses entstanden fortlaufend neue Arten, von denen aber die meisten wieder ausstarben. Ständig spalteten sich spezialisierte Spielarten von älteren Arten ab und bildeten neue Lebensformen. Die wirbellosen, im Meer lebenden Weichtierarten haben eine durchschnittliche »Lebensdauer« von drei bis zehn Millionen Jahren (bei Tiefseearten von Foraminiferen kann sie dreimal so lang sein wie bei den in flacheren Gewässern lebenden Weichtieren). Danach ist – zumeist ziemlich übergangslos – von dieser Art kein fossiles Zeugnis mehr zu finden.

Manchmal überlagert sich diesem Entstehen und Vergehen einzelner Arten das gleichzeitige Aussterben ganzer Tierfamilien. Die Familie ist die dritte Kategorie, in die wir Tiere einteilen. So gehört der *Homo sapiens* zur Familie der Hominiden, zur Gattung *Homo* und zur Art *sapiens*. Aber eine Familie, von der es nur einen lebenden Vertreter gibt, ist kein gutes Beispiel. Nehmen wir doch die Katzen. Das Aussterben einer ganzen Familie würde bedeuten, daß alle siebenunddreißig katzenartigen unter den Karnivoren, vom Löwen bis zur Hauskatze, plötzlich ausgestorben sind. Es ist vorgekommen, daß über 20 Prozent aller Familien von Meerestieren innerhalb von wenigen Millionen Jahren verschwunden sind. Bei einer so gewaltigen Beschneidung des Baumes des Lebens fragt man sich, wie das geschehen konnte.

Wir sprechen in einem solchen Fall von einem massenhaften Aussterben. In den letzten 250 Millionen Jahren ist es neunmal zu einem solchen Aussterben gekommen, und in der Zeit, die durch die Fossilien des Grand Canyon belegt ist, zwischen 248 und 570 Millionen Jahren vor der Gegenwart, hat es sich vermutlich zwölfmal ereignet. Es scheint sich in regelmäßigen Abständen von 26 bis 30 Millionen Jahren zu wiederholen (da der letzte Fall elf Millionen Jahre zurückliegt, brauchen wir uns vorläufig keine Sorgen zu machen).

Zwei Fälle eines massenhaften Aussterbens waren besonders dramatisch. Vor etwa 248 Millionen Jahren, am Ende des Perm, starb innerhalb von wenigen Millionen Jahren die Hälfte aller Familien von meereslebenden Wirbellosen (90 Prozent aller Arten) aus. Am Ende der Kreidezeit, vor etwa 65 Millionen Jahren, starb ein Viertel der Familien aus, darunter auch die Dinosaurier. Noch schlimmer erging es den Tieren, die in der Nahrungskette ganz unten stehen: Vom Zooplankton (den mikroskopisch kleinen Organismen, die unter der Meeresoberfläche schweben) wurden 90 Prozent ausgelöscht. Das legt natürlich die Vermutung nahe, daß es für das Zooplankton nicht genug zu fressen gab, und da sie sich praktisch von Sonnenlicht ernähren – sie verzehren das Phytoplankton, die winzigen Pflanzen, die im Meer die Photosynthese betreiben –, darf man annehmen, daß das Sonnenlicht eine Zeitlang abgeschirmt war. Umspannte vielleicht eine dicke Wolkenschicht die Erde?

Eine derart verheerende Wolkendecke kann auf unterschiedliche Weise entstehen. Der Einschlag eines großen Meteoriten kann eine Menge Staub aufwirbeln. Steigt eine Staubwolke nicht höher auf als bis zu den höchsten Schichten der Regenwolken – ungefähr 10 000 Meter –, so wird sie durch den Regen binnen kurzem aus der Atmosphäre ausgewaschen. Gelangt der Staub (und der Ruß von brennenden Wäldern) aber in die obere Atmosphäre, kann es Monate dauern, bis eine solche Wolke verschwunden ist. In der Regel werden solche Störungen der Atmosphäre durch Vulkanausbrüche verursacht, die eine Unmenge von winzigen Teilchen in die obere Atmosphäre schleudern, was manchmal zur Folge hat, daß ein ganzes Jahr lang die Sonnenuntergänge sehr rot sind. Auf der ganzen Welt gehen dann die Temperaturen zurück, was man an den Jahresringen langlebiger Bäume wie der Grannenkiefer ablesen kann, eines Baumes, der hier oben in den Bergen wächst und selbst weit entfernte Vulkanausbrüche im Mittelmeergebiet und in Südostasien registriert. Schließlich könnte eine massive Wolkendecke auch durch einen sogenannten nuklearen Winter hervorgerufen werden, wenn Städte und Wälder, von ungeheuren Feuerstürmen verschlungen, Massen von Rauchteilchen in die obere Atmosphäre schicken würden.

Zur Erklärung des massenhaften Aussterbens sind irdische Ursachen wie Vulkane oder Seuchen angeführt worden, doch tippt man heute auf Meteoriten, weil in jenen Zeiten, in denen es zu einem solchen Aussterben kam, auffällig viele Meteoritenkrater entstanden sind. Die Krater weisen ebenso wie das Aussterben einen Zyklus von 28 bis 32 Millionen

Jahren auf. Das Alter der nach dem Perm entstandenen Krater fällt so eng mit den Zeiten eines massiven Aussterbens zusammen, daß ein zufälliges Zusammentreffen nur eine Wahrscheinlichkeit von weniger als 0,1 Prozent besitzt. Die Familie DuBois besuchte, bevor sie an dieser Fahrt teilnahm, den großen Meteoritenkrater östlich von Flagstaff. Er hat, wie Jim erzählt, einen Durchmesser von über 1 300 Metern und eine Tiefe von 120 Metern. Er entstand durch den Aufschlag eines Eisen-Asteroiden von 25 Metern Durchmesser, der vor etwa 50 000 Jahren, während der jüngsten Eiszeit, die Erde traf. Er zählt also nicht zu den großen. Dennoch sind die Auswirkungen sehr beeindruckend. Ich kann auf größere gern verzichten.

Manche Meteoriten kommen von außerhalb des Sonnensystems, doch die meisten stammen aus einer Wolke von Eisklumpen, die in großem Abstand die Sonne umkreist, der sogenannten Oortschen Wolke jenseits der Umlaufbahn des Pluto. Die Anziehungskraft eines vorüberziehenden Himmelskörpers wirft sie aus ihrer gewohnten Bahn, und sie fallen auf die Sonne zu. Wenn das Eis im Sonnenlicht schmilzt, werden Gase frei, und Sonnenlicht sowie Sonnenwind bündeln das Gas und den Staub zu einem Schweif, der hinter dem Eisklumpen herzieht – so entsteht ein Komet. Die meisten Kometen kommen nicht bis zu uns, weil Saturn und Jupiter sie durch ihre Schwerkraft ablenken. Doch ein kleiner Teil schafft es bis ins innere Sonnensystem, wo die Erde kreist. Die Frage ist nun, woran es liegen könnte, daß Kometen mit solcher Regelmäßigkeit in den inneren Kreis der Planeten geschickt werden, daß irgendwann ein größerer von ihnen auf der Erde einschlägt und alles durcheinanderbringt.

Eine denkbare Erklärung wäre, daß die Sonne Teil eines Doppelsternsystems ist, mit einem unsichtbaren Begleiter, der die Sonne in großem Abstand auf einer elliptischen Bahn umkreist und alle 28 Millionen Jahre so nahe kommt, daß die Oortsche Wolke gestört wird und Kometen in den inneren Kreis der Planeten schickt. Von allen bisher erfaßten Sternen sind etwa fünfzehn Prozent Doppelsterne, deren Abstände aber in der Regel sehr viel kleiner sind.

Der hypothetische Begleiter der Sonne würde vermutlich bis zu drei Lichtjahren in das Weltall hinauswandern (unser engster bekannter Nachbar, Barnard's Stern, ist vier bis sechs Lichtjahre entfernt) und sich dann der Sonne wieder bis auf ein halbes Lichtjahr nähern. Das könnte die Oortsche Wolke so stark stören, daß sie in den folgenden ein bis zwei Millionen Jahren eine Milliarde Kometen in Richtung des inneren Sonnensystems schickt, von denen einige die Erde treffen. Die lange Dauer des Meteoritenschauers könnte vielleicht erklären, warum sich das

Aussterben der Dinosaurier über mehrere Millionen Jahre hingezogen hat.

Fälle massenhaften Aussterbens scheinen in der Evolution eine große Rolle gespielt zu haben. So erhielten die Säugetiere nach der Kreidezeit ihre große Chance durch die vielen Nischen, die von den Dinosauriern freigemacht worden waren (im Nachbarboot fiel jemandem der Knittelvers ein: »In der Kreidezeit war die Erde 'n Teller, die Blöden fielen runter, und dann wurd' es heller«). Die Vögel und die Dinosaurier entfalteten sich nach dem massenhaften Aussterben im Perm. Die Menschenaffen traten nach dem rätselhaften Ende des Eozäns auf. Aus dem Rhythmus des Aussterbens könnte man schließen, daß ein so drastischer Einschnitt und das anschließende Aufblühen seit langem eine regelmäßige Erscheinung der Evolution ist, die geradezu eine Tendenz in Richtung auf komplexere Lebewesen begründet. Selbst wenn das Leben einmal ein »natürliches Gleichgewicht« erreichen sollte (was wahrscheinlich nie der Fall sein wird), würden die Kometen immer wieder den Topf umrühren und Neulingen eine Chance geben.

Rechnen wir mal nach. Eine Milliarde Kometen in einer Million Jahre. Das würde heißen, daß jedes Jahr tausend neue Kometen aus der Oortschen Wolke herüberkommen, die wie Graffiti über den nächtlichen Himmel flitzen und möglicherweise verhindern würden, daß wir die Annäherung des Begleitstern bemerken, auch wenn er an sich hell genug wäre, um von uns wahrgenommen zu werden. In jeder Nacht wären durchschnittlich drei Erscheinungen zu beobachten (das hat nichts mit Geistern zu tun – die Astronomen bezeichnen das erste Auftreten eines neuen Kometen als Erscheinung), außer natürlich in dem Jahr nach dem Einschlag eines Meteoriten, denn dann würde die Staubwolke nicht nur die Aussicht verderben, sondern auch das Nahrungsangebot drastisch reduzieren. Es wird aufregend werden in 17 Millionen Jahren. Die heutige Version des *Homo sapiens sapiens* wird dann vermutlich nicht mehr existieren, aber hoffen wir, daß dann eine verbesserte Version von uns da sein wird, um das Schauspiel mitzuerleben. Allerdings könnte unser ferner Nachfahre, meint John DuBois, teils aus Homo, teils aus Silizium bestehen.

Sollte der begleitende Stern gefunden werden, schlagen wir vor, ihn Nemesis zu nennen, nach der griechischen Göttin, die unablässig die übermäßig Reichen, Stolzen und Mächtigen verfolgt. Sollte der Begleiter nicht gefunden werden, wird dieser Aufsatz, so fürchten wir, zu unserem Verhängnis werden.
Marc Davis, Piet Hut und Richard A. Muller, 1984, die, ebenso wie Daniel Whitmire und Albert A. Jackson IV unabhängig von ihnen, das massenhafte Aussterben mit der Doppelsterntheorie erklärten

Können wir den potentiellen Begleiter der Sonne nicht nach einer Gestalt benennen, welche als zentrale Merkmale die Kreativität in der Zerstörung und »Neutralität« gegenüber den evolutionären Kämpfen der Geschöpfe in den voraufgegangenen normalen Zeiten verkörpert? Schiwa, die Hindu-Gottheit der Vernichtung, bildet eine unauflösliche Dreieinheit mit Brahma, dem Schöpfer, und Wischnu, dem Bewahrer. Alle drei gehen ineinander über, bilden eine Dreieinheit anderer Ordnung, weil ihre Wechselwirkung sich in jeglicher Aktivität niederschlägt... Schiwa hat es, anders als Nemesis, nicht auf bestimmte Opfer abgesehen, die er zur Rechenschaft ziehen und bestrafen will. Sein friedlicher Gesichtsausdruck zeugt vielmehr von der absoluten Ruhe und Gelassenheit eines neutralen Prozesses, der sich gegen niemanden richtet, sondern verantwortlich ist für die Aufrechterhaltung und Ordnung unserer Welt.

Stephen Jay Gould, 1984

Die Evolution liebt den Tod mehr, als sie Sie oder mich liebt. Das ist leicht hingeschrieben, leicht zu lesen und schwer zu glauben. Die Worte sind einfach, die Idee ist klar – aber glauben Sie daran? Ich auch nicht. Wie könnte ich auch, wo wir doch beide so liebenswert sind? Sind denn meine Werte denen, die von der Natur aufrechterhalten werden, so diametral entgegengesetzt? Wir sind moralische Wesen in einer amoralischen Welt. Das Universum, das uns genährt hat, ist ein Ungeheuer, dem es gleichgültig ist, ob wir leben oder sterben, dem selbst sein eigenes Ende gleichgültig ist. Es ist in seinen Abläufen festgelegt und blind, ein Roboter, zum Töten programmiert. Wir sind frei und sehen; wir können allenfalls versuchen, es bei jeder Gelegenheit zu überlisten, um unsere Haut zu retten.

Annie Dillard, 1974

# Meile 64
# Die Große Diskordanz

Unterhalb des Zusammenflusses der beiden Colorados ziehen unsere Boote plätschernd dahin, als Salzkrusten auf dem Tapeats in Ufernähe unsere Aufmerksamkeit fesseln. Diese Salzablagerungen treten aus dem untersten Tapeats hervor und sickern, auf beiden Seiten des Flusses hier und da den Eindruck eines gemalten Wasserfalles erweckend, an den Wänden entlang etliche Meter in die Tiefe. Ein eindrucksvoller Beweis dafür, daß Salz aus der Erde ausgewaschen wird.

Fritz erklärt ihren Passagieren etwas über die Salzablagerungen am linken Ufer, und Alan rudert uns hinüber, damit wir auch etwas mitbekommen. Den Hopi sind sie heilig, und wahrscheinlich waren sie auch den Anasazi heilig. Ein Forscher hat unserer Tage den alten indianischen

Salzpfad wiederentdeckt, der vom Canyon des Little Colorado hierher führt. Das Salz, das die Hopi *sieunga* nennen, wird sowohl für zeremonielle Zwecke als auch für die Nahrungszubereitung verwendet. Man findet es auch auf den Stalaktiten und Stalagmiten in Höhlen, wo es durch das Grundwasser aus dem Gestein herausgeschwemmt wird. Vielleicht gehörte eine einsame Wanderung zu diesen heiligen Salzminen, bei der vor jedem Heiligtum unterwegs Halt gemacht wurde, zu den »Übergangsriten« der Hopi.

Wer dem Pfad folgt, muß von einem Plateau oberhalb des Tapeats über eine halsbrecherische Strecke zum sandigen Ufer hinuntersteigen. Dann ist es nur noch ein kurzes Stück am Fluß entlang, und man steht vor den Minen, einer Reihe kleiner rechteckiger Löcher in der Felswand, nicht viel größer als ein Picknickkorb, etwa kniehoch über dem Sandstrand. Von den Stalaktiten und Stalagmiten in diesen nicht sehr tiefen Höhlen wurde das Salz, *sieunga*, abgenommen. Offenbar haben die jungen Männer bei jeder Reise das Zeichen ihres Clans in den Fels oberhalb der Mine geritzt; die verwitterten Symbole in Rot und Schwarz sind selbst vom vorbeitreibenden Boot aus zu sehen.

Als wir die Salzminen hinter uns haben, endet der Tapeats, und an den Ufern zeigt sich ein lockeres rotes Gestein, der Anfang der Dox-Formation. An dieser Stelle fehlt etwas, und zwar Gesteine aus mehr als 250 Millionen Jahren! Das ist mehr, als was wir auf unserer bisherigen Reise an Gesteinen beobachtet haben. Unter dem Tapeats, der nur 570 Millionen Jahre alt ist (die Grenze zwischen Kambrium und Präkambrium), liegt eine Gesteinsschicht, deren Bildung vor 820 Millionen Jahren endete. Die Dox-Formation, was immer das sei. Nicht, daß während dieser ganzen Zeit nichts passiert wäre. Das damals entstandene Gestein war aber bereits verwittert, als in der Nähe das Tapeats-Meer entstand und Sanddünen über dieses Gebiet fegte.

Wieder eine Diskordanz. Die letzte große Diskordanz war die Lücke zwischen dem Redwall und dem Muav, die wir gestern sahen. Die Lücke hier von 250 Millionen Jahren wird als die Große Diskordanz bezeichnet, doch gibt es weiter flußabwärts eine noch größere Lücke von 450 Millionen Jahren, die als Frühe Diskordanz bezeichnet wird und die Periode zwischen 1 700 und 1 250 Millionen Jahren vor der Gegenwart umfaßt.

Der Canyon weitet sich hier unvermittelt. Wir sind nicht mehr wie im Marble Canyon zwischen zwei oft symmetrischen Wänden eingeschlossen. Zur Rechten treten die Redwall-Klippen weit vom Ufer zurück, und wenn wir vorausblicken, weichen sie noch stärker zurück.

Der Dox ist ein weiches Gestein, das früher von den Frühjahrsüberschwemmungen leicht fortgespült wurde. Dadurch unterhöhlt, stürzte der härtere Tapeats in den Fluß, und mit ihm der Muav, der Redwall usw. Dadurch wurde der Canyon weiter. Hier beginnt, nach dem Cataract Canyon, dem Glen Canyon und dem Marble Canyon, der eigentlich Grand Canyon des Colorado River. Er verdankt seine Entstehung dem weichen Gestein im Fundament.

Wir können jetzt weite Strecken überblicken. Bei den Salzminen beginnend, erstreckt sich auf der linken Seite eine lange, hohe Wand mit Klippen. Man bezeichnet diese Klippen als Palisaden der Wüste, denn bis weit in die Ferne treten aus der Wand steile Vorsprünge hervor, die ein wenig an die Falten eines Fenstervorhangs erinnern.

## Längsschnitt des Flußkorridors

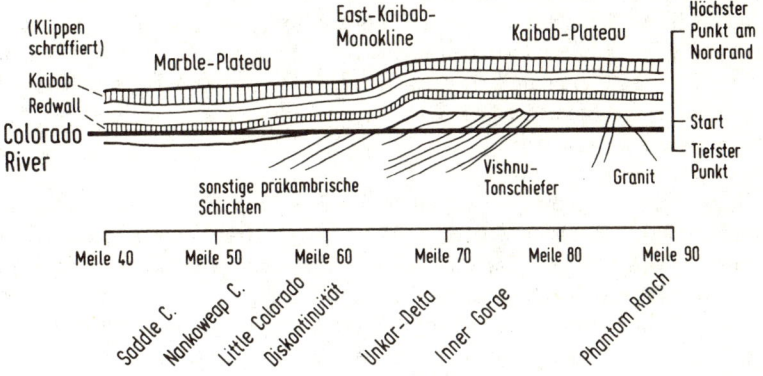

# Meile 65
# Furnace Flats

Beim Carbon Creek gehen wir kurz an Land, um seine Hauptattraktion zu besichtigen, einen riesigen Pilz aus Stein. Die meisten Fossilien aus dem Präkambrium sind mikroskopisch klein, doch dieses hat einen Durchmesser von mehreren Metern. Es ist ein versteinerter Klumpen

Algen, eine sogenannter Stromatolith. In den seichten, sonnenverbrannten Küstengewässern Australiens mit ihrem überhöhten Salzgehalt kann man noch heute die Bildung von Stromatolithen beobachten. Wie alt dieser ist, weiß ich nicht – vermutlich stammt er aus dem Dox und ist etwa 820 Millionen Jahre alt. Stromatolithen gehören zu den ältesten Fossilien, und manche reichen 3,5 Milliarden Jahre zurück. Aus kleinen Einzellern zusammengesetzt, bilden sie große Matten, vergleichbar mit den Korallenriffen, aber ohne die bei den Korallen zu beobachtende Spezialisierung (denn Korallen sind Tiere, nicht Pflanzen oder Einzeller). Manchmal erkennt man Jahresringe, deren winzige Schichten einem einzelnen Tag entsprechen – woraus man schlußfolgern kann, daß vor 820 Millionen Jahren das Jahr 440 Tage umfaßte. Seither hat die Umdrehungsgeschwindigkeit der Erde sich verringert, vermutlich unter dem Einfluß der Gezeitenreibung.

Als wir zum Fluß zurückkehren, ist es ziemlich heiß geworden. Aus irgendeinem Grund – und ich denke, wir finden ihn gerade heraus – heißt dieser Flußabschnitt bei den Bootsführern »Furnace Flats«, »Backofen«. Es weht kein Lüftchen mehr. Die Sonne brennt von oben herab. Der Fluß ist breiter und träger geworden. Die Bootsführer müssen sich tüchtig in die Riemen legen. Dies ist ein völlig anderer Canyon, als wir ihn bislang bereist haben.

Der Marble Canyon ist zwar nicht aus Marmor, aber schmal und zierlich. Dieser Canyon hier ist wirklich groß. Trotz des Hitzeschleiers können wir 30 Kilometer weit sehen, nicht bloß fünf. Soweit wir blicken, erheben sich scheinbar freistehende Tafelberge und Felsspitzen. Sie tragen Namen wie Vishnu Temple und Cheops Pyramid. Sie sind von gewaltigen Ausmaßen, doch alles beherrschend erstreckt sich vor uns die zehn Kilometer lange Wand der Palisaden. Im Marble Canyon schien es, als wüchsen um uns die Berge empor. Jetzt begreifen wir, daß wir uns innerhalb des anderthalb Kilometer tiefen Canyons befinden, in den die Touristen vom Rand aus hinunterblicken. Hier macht sich auch wieder die Zivilisation bemerkbar, in Gestalt eines kleinen Aussichtsturms, der auf der südlichsten Spitze der Palisaden errichtet wurde. Brian sagt, das sei der Desert View Tower, wo man gegen ein Eintrittsgeld noch ein paar Meter höher steigen kann. Die Tiefe des Canyons – anderthalb Kilometer – reicht anscheinend nicht aus, und man muß noch einen Aussichtsturm draufsetzen, wie in den Nationalparks im Osten, wo man die Schlachtfelder des Bürgerkrieges besichtigen kann. Fritz findet den Turm dennoch architektonisch gelungen.

Meine Flußreisegefährten lassen sich einteilen in solche, die braun werden wollen, und solche, die sich vor der Sonne schützen. Mit wachsender Erfahrung nimmt die Zahl derer zu, die sich lieber schützen. Es ist nicht so, daß man in Kleidern mehr schwitzen muß; das beweisen Wüstenbewohner wie die Beduinen aus dem Sinai mit ihren langen Gewändern. Vor Antritt der Reise wurde uns empfohlen, »langärmelige Hemden« und »lange Hosen, zum Beispiel Arbeitshosen für Krankenhauspersonal oder Schlafanzughosen« mitzunehmen. Abgesehen davon, daß es unnötig ist (und der Beweis für die Daheimgebliebenen, daß man wirklich im Urlaub war, nicht ernsthaft als Begründung gelten kann), ist das Bräunen nicht die damit verbundenen Mühen und Risiken (Sonnenbrand, trockene Haut, Hautkrebs) wert. Früher, als die Menschen nur 40 Jahre alt wurden, traten Schäden durch die Sonne nur selten auf. Sonnenöl oder Sonnenschutzcreme nützen hier auf dem Colorado nicht viel, denn in jeder Stromschnelle werden sie abgewaschen und müssen immer wieder aufgetragen werden. Da ist es doch viel einfacher, lockere Baumwollkleidung zu tragen und sich bedeckt zu halten.

Wieder eine Stromschnelle – von rechts mündet der Lava Canyon, von links der Tanner Canyon, der bis zum Desert View hinaufreicht. Wir sehen Wanderer auf einem Pfad, der vom Südrand über 25 Kilometer ohne irgendeine Wasserquelle zum Fluß hinunter führt. Die Tanner-Stromschnelle hat es in sich, wir werden klitschnaß und sind froh über die Abkühlung. Liz, eine Bootsführerin von einer anderen Gruppe, mit der ich am Little Colorado sprach, erzählte mir von einer winterlichen Wanderung auf dem Hopi-Salzpfad. Nach einem Halt bei dem *sipapu* aus Travertin, der ein paar Kilometer stromaufwärts am Little Colorado liegt, ging es hinunter zu den Salzminen, von dort auf dem gleichfalls inoffiziellen Beamer Trail zum Tanner Canyon, durch den der halboffizielle (aber nicht unterhaltene) Tanner Trail hinauf zum Lipan Point führte, der etliche Kilometer westlich vom Desert View auf dem anderen Rand des Canyons liegt. Keine schlechte Idee für den Weihnachtsurlaub. Rudern, rudern, rudern...

Vor uns auf dem linken Ufer erhebt sich ein vielleicht 120 Meter hoher Hügel. An seinem Fuß liegt ein Lagerplatz, der zum Glück nicht besetzt ist. Dort werden wir übernachten. Oben auf dem Hügel ist jetzt eine rechteckige Ruine zu erkennen, direkt daneben die Böschungen der Rinne, die die Niederschläge aufnimmt. Der Hügel, der aus rotem Schlammstein besteht, ist bedeckt von einer Kiesschicht, wie man sie normalerweise in Flußbetten findet. Das sei Elston-Kies, erklärt Fritz. So bezeichnen die Flußfahrer ein geologisches Phänomen, das erstmals

von dem Geologen Don Elston erklärt wurde, der mit seiner Theorie
über die Entstehung des Grand Canyon eine Erklärung dafür liefert, daß
man hundert Meter über dem Fluß rundgeschliffene Kieselsteine antrifft.
Die einfache Erklärung, derzufolge der Colorado River sich den Grand
Canyon geschaffen hat, als das Gebirge sich hob – dies die Theorie, die
Major Powell ursprünglich aufgestellt hatte –, stößt auf die Schwierigkeit, daß sich weiter flußabwärts, hinter Lake Mead, Sedimente finden,
wo der Fluß über Gesteinsformationen hinwegfließt, die nur sechs Millionen Jahre alt sind. Fließt er tatsächlich darüber hinweg, wo doch der
Marble Canyon selbst 30 Millionen Jahre alt ist? Doch, das stimmt. Das
erste Rätsel: Der Fluß frißt sich in ein Gestein hinein, das nur sechs
Millionen Jahre alt ist. Wohin ist er also vorher geflossen? Das ist für
die Geologen eine interessante Frage.

Das zweite Rätsel: Da der Golf von Kalifornien erst vor vier bis fünf
Millionen Jahren eine Verbindung zum Stillen Ozean bekam, fragt man
sich, wo das Flußwasser bis dahin geblieben ist. Gewiß hat der San
Andreas-Bruch dem Colorado River seitdem einen bequemen Ausgang
zum Meer verschafft (indem tektonische Platten Los Angeles nach Norden verschoben, usw.), aber das ist noch gar nicht lange her. Wohin ist
das ganze Wasser vorher geflossen? Daß es in einen Teich floß und dort
verdunstete, ist kaum anzunehmen. Gewiß, der Jordan mündet in das
Tote Meer, wo das Wasser verdunstet, doch verglichen mit dem Colorado ist der Jordan ein Bächlein. Der Fluß, auf dem wir fahren, führt
ungeheure Wassermassen mit sich, die doch irgendwie ins Meer gelangt
sein müssen.

Diese Rätsel haben zu allerlei Vermutungen Anlaß gegeben. Einer
Hypothese zufolge machte der Fluß einst nach dem Austritt aus dem
Marble Canyon eine Biegung nach links in den Canyon des Little Colorado hinein, so wie wir es heute morgen gemacht haben, und mündete
dann weiter östlich in einen See. Was für einen See? Die Geologen
postulierten ganz einfach einen See und nannten ihn »Lake Bidahochi«.
Der soll dann zum Golf von Mexico entwässert haben. Aber nirgendwo
in New Mexico sind Sedimente aus dem Marble Canyon zu entdecken,
wie es der Fall sein müßte, wenn diese Theorie stimmte. Nach einer
anderen Hypothese floß der Colorado beim Austritt aus dem Grand
Canyon nach Norden und entwässerte nach Utah hinein (und dann? Ist
er dann im Großen Salzsee verdunstet?).

Die rätselhafte, sechs Millionen Jahre alte Muddy-Creek-Formation
im Westen erklärt Elston, wie Fritz uns erläutet, damit, daß der Grand
Canyon und der Marble Canyon vor etwa vier Millionen Jahren kein

Wasser führten (im Pliozän herrschte tatsächlich ein ziemlich trockenes Klima), so daß auch keine Sedimente fortgetragen werden konnten. Während das Flußbett also trocken stand, ging die Erosion gleichwohl weiter. Im Sommer sprengte die Sonne das Bindemittel, das die obersten Sandsteinschichten zusammenhielt, wodurch die Verwitterung fortschritt, und im Winter lösten Eis und Wind das Gestein, so daß auch im Frühjahr Steinlawinen niedergingen. All das gelockerte Gestein rutschte bergab und sammelte sich auf dem Grund des trockenen Canyons, das ursprüngliche Flußbett unter sich begrabend. Starke Fluten, die das Gestein hätten forttragen können, gab es kaum.

Dann änderte sich das Klima, und die Rocky Mountains schickten wieder Niederschläge durch den Canyon, zusammen mit einer gehörigen Menge Flußkies. Die Geröllhalden, die sich kreuz und quer im Canyon angehäuft hatten, wurden vom Colorado mit der Zeit fortgespült, und während der Fluß sich ein neues Bett grub, blieb auf den rezenten Geröllhaufen eine Menge von dem frisch herbeigeführten Flußkies liegen. Der Elston-Kies. Der Fluß fraß sich dann immer tiefer ein, bis er schließlich das heutige Niveau erreichte, und trug die Sedimente fort in den neuen Golf von Kalifornien, während der Flußkies aus der Zeit nach der Dürreperiode hoch und trocken auf den Geröllhalden liegenblieb. Dieses Szenario würde die Steilwände am Fuß der Geröllhalden im Marble Canyon bei Nankoweap erklären, und es würde erklären, warum sich auf den Hügeln hier in den Furnace Flats in einer Höhe von über hundert Metern Flußkies befindet. Möglicherweise erklärt es auch, wie die sechs Millionen Jahre alte Muddy-Creek-Formation unter das heutige Flußbett geriet. Ob die Theorie nun stimmt oder nicht, Sie werden jedenfalls begreifen, warum der Flußkies auf dem Hügel hinter unserem Lager so interessant ist und zu welchen Spekulationen er Anlaß gibt.

Geologen wälzen gern solche Probleme, und auch wir finden allmählich Geschmack daran, wie dieses gewaltige vierdimensionale Rätsel (drei plus die Zeit) namens Grand Canyon nach und nach gelöst wird – wobei allerdings, wie Subie aus dem neben uns fahrenden Boot einwirft, jeder Theorie über die Entstehung des Grand Canyon ein entscheidendes Beweisstück zu fehlen scheint. Wohin floß zum Beispiel der Fluß vor 30 Millionen Jahren, als der Marble Canyon mit Sicherheit Wasser führte? Oder wodurch wurde der westliche Teil des Grand Canyon ausgewaschen? Das sind gewiß Detailfragen, aber eine bessere Theorie muß imstande sein, sie zu beantworten.

# Meile 71
# Cardenas Creek

### Viertes Lager

Nachdem die Boote entladen waren und jeder sich zwischen den Büschen, die das sandige linke Ufer säumten, einen Schlafplatz gesucht hatte, fragte Jimmy Hendrick, wer mit ihm zum anderen Ufer übersetzen wolle, um die Ruinen der Anasazi im Unkar-Delta zu besichtigen. Ich vermute, daß Jimmy heute noch nicht genug Bewegung gehabt hat. Trotz der Neigung zur Häuslichkeit, die mit der Errichtung des Lagers entsteht, meldeten sich ein halbes Dutzend Teilnehmer, und er ruderte uns über den Fluß. Dabei wurden wir natürlich ein Stück weit abgetrieben – auf dem Rückweg werden wir gehörig gegen die Strömung ankämpfen müssen. Nachdem Jimmy das Boot an einem Fels vertäut hatte, klemmten wir unsere Schwimmwesten hinter das Spannseil des Bootes und nahmen den Rest des Weges unter unsere Füße.

An diesem etwa 15 Kilometer langen Flußabschnitt mit seinen vielen sandigen Uferstellen und vereinzelten niedrigen Hügeln finden sich mehr Ruinen der Anasazi als anderswo. Vielleicht haben die Anasazi hier gelebt, weil dieser Teil leicht zugänglich ist, obwohl man im gesamten Canyon alte Indianerpfade findet, von denen einige zu Klippen führen, die heute kein Mensch ersteigen kann. Die Menschen waren damals wohl etwas gewandter als wir. Für Furnace Flats sprach vermutlich, daß die Anasazi hier in Flußnähe Mais, Bohnen und Kürbis anbauen konnten. Nur ein paar Kilometer flußabwärts, in der Granite Gorge, rücken die Felswände wieder näher zusammen.

Direkt gegenüber unserem Lager am Cardenas Creek befindet sich eine neue Ausgrabungsstätte, doch die meisten Anasazi-Ruinen liegen drei Kilometer flußabwärts, bei der Unkar-Stromschnelle. An der Einmündung des Unkar Creek breitet sich ein großes »Delta« aus, eine weite Fläche, um die der Fluß in einem großen Bogen herumfließt. Das Delta liegt etliche Meter über dem heutigen Flußverlauf, und der Bach hat sich einen Kanal hindurchgegraben. (Eigentlich handelt es sich nicht um ein richtiges Delta des Baches, sondern um eine Fläche, auf der der Colorado Flußkies und dergleichen abgesetzt hat, vielleicht, weil er früher durch einen Engpaß ein paar Kilometer flußabwärts aufgestaut wurde.) Das Pseudodelta hat den Fluß nach links verschoben, und so hat er sich in den Hügel am Cardenas Creek hineingefressen, an dessen Fuß wir lagern, und hat eine ungefähr 90 Meter hohe Steilwand entstehen lassen. Schon um das Jahr 900 haben hier für kurze Zeit Anasazi gelebt, doch erst um das Jahr 1050 wurde das Unkar-Delta erneut besiedelt. Die Bewohner haben vermutlich die Supernova von 1054 über den Klippen aufgehen gesehen, die sich auf dem anderen Flußufer oberhalb der Stromschnelle erheben. Zwischen 1064 und 1067 haben sie dann die Ausbrüche des Sunset-Crater-Vulkans, etwa 50 Kilometer südlich von hier, beobachtet, die den südlichen Himmel verdüsterten. Und im Jahre 1066 strahlte dann der Halleysche Komet am nächtlichen Himmel, den auch die Normannen bei der Eroberung Englands beobachtet haben. Für die Menschen hier in Unkar war es eine aufregende Zeit.

Die Niederschlagsmenge im Grand Canyon ändert sich von Jahr zu Jahr, und in manchen Jahren fällt zehnmal soviel Regen wie in anderen. Ob das Land die Menschen ernähren konnte, hing wohl entscheidend von der langfristigen Entwicklung der Niederschläge ab. Nach den Jahresringen der Bäume zu urteilen, waren die Jahre zwischen 1050 und 1070 hier ungewöhnlich naß. Bei den Anasazi gab es daraufhin eine Bevölkerungsexplosion, und im südlichen Utah sowie im nördlichen Arizona entstanden in dieser Zeit neue Siedlungen. Einige Familien ließen sich im Unkar-Delta nieder. Zwischen 1070 und 1080 trat dann eine Dürreperiode ein, deren Auswirkungen auf die Bevölkerungszahl der Anasazi wir nicht kennen, doch vermutlich sind viele aus der Generation der Bevölkerungsexplosion und deren Kinder verhungert. Unkar wurde verlassen. Im Jahre 1080 wurde das Unkar-Delta erneut von einer größeren Gruppe besiedelt, vielleicht waren es zehn Familien, denn man hat zehn Feuerstellen gefunden. Zwischen 1090 und 1100 führte eine Dürreperiode erneut zum Verlassen des Deltas. Zum letzten Mal war es zwischen 1100 und etwa 1130 besiedelt, als eine lang anhaltende Trockenzeit begann.

Man könnte daraus den Eindruck gewinnen, daß die durch Niederschläge geschaffenen Möglichkeiten die Anasazi dazu bewogen, das ganze Jahr hindurch im Canyon zu leben. In der Zeit, in der der Mais wächst, brachten Niederschläge aber wahrscheinlich nur die Hälfte der von dieser Frucht benötigten Wassermenge, so daß im Unkar-Delta vermutlich auch Bewässerungsbau betrieben wurde. Daneben haben die Anasazi natürlich auch noch gejagt. Die hier gefundenen Knochen stammen fast zur Hälfte von Kaninchen und Hasen, die übrigen zum größten Teil von Dickhornschafen. Aus der Tatsache, daß kaum Hirschkno-

Das Unkar-Delta ist mit seiner spektakulären Lage in der Tiefe des Grand Canyon von atemberaubender Schönheit. Doch die Schönheit, die der heutige Besucher wahrnimmt, ist von den prähistorischen Bauern, die das Delta bewohnten, vermutlich nicht so gesehen worden, denn für die frühen indianischen Ackerbauern war der Canyon eine Umwelt, die großen Einsatz von ihnen forderte und für ästhetische Betrachtungen wenig Zeit ließ.

Der Archäologe
Douglas W. Schwartz, 1980

chen gefunden wurden, kann man schließen, daß die Bewohner nur selten außerhalb des Canyons gejagt und die Beute heimgeschleppt haben. Die Dickhornschafe leben innerhalb des Canyons und müssen zum Trinken die Seitencanyons herunterkommen. Für die Anasazi-Jäger war es dann einfach, ihnen an den Wasserstellen längs des Unkar Creek aufzulauern. Außerdem haben die Anasazi mit Sicherheit weiterhin innerhalb des Canyons Bohnen, Früchte und Samen gesammelt. Der Feigenkaktus, dessen Früchte eßbar sind, wächst im Unkar-Delta und der umgebenden Wüste zuhauf, und auch der Mesquitbaum mit seinen eßbaren Bohnen ist hier anzutreffen. Doch die Hauptnahrung der Anasazi bildeten Mais, Kürbis und Bohnen, die sie überall anbauten, wo es Wasser gab.

★

Jimmy zeigte uns die puebloähnlichen Wohnbauten, Reihenhäuser mit zwei bis sieben Räumen, denen gegenüber sich ein unterirdischer Zeremonienraum befindet, *kiva* genannt, der vermutlich bei Anlässen wie dem Vollmond genutzt wurde, den wir heute Nacht sehen werden. In der zwischen 1080 und 1090 entstandenen Häusergruppe gibt es zwei *kivas*, von denen einer fast zwei Meter tief in die Erde gegraben ist, während der andere kaum einen Meter tief und von ganz anderer Bauweise ist. Gab es unter den zehn Familien vielleicht unterschiedliche Subkulturen, die für ihre Religionsausübung einen eigenen Raum benötigten? Oder hat es vielleicht doch noch mehr Familien gegeben, die nur an Stellen gebaut haben, wo ihre Spuren durch Überschwemmungen verwischt worden sind?

Die Gruppe, die nach 1100 kam, hielt nicht mehr an der Reihenhausbauweise fest, sondern neigte dazu, Komplexe zu errichten, in denen Wohn- und Speicherplatz zusammengefaßt waren, aber auch dann lebten hier wahrscheinlich nicht mehr als zehn Familien. Sie hatten nur ein *kiva*. Keines der *kivas* war rund, wie wir es aus dem Chaco Canyon kennen, sondern alle waren quadratisch oder rechteckig.

Im Westen ragt der Nordrand 1500 Meter über uns in den Himmel, und am deutlichsten ist Cape Royal auszumachen. Die höchste Klippe weist eine dreieckige Aussparung auf, eine große Öffnung in den Felsen, durch die man den blauen Himmel sieht. Das ist Angel's Window, und wenn wir ein Fernglas mitgenommen hätten, könnten wir dort vermutlich Touristen stehen sehen. Ich stand einmal dort und habe unter mir das Unkar-Delta gesehen. Ich konnte sogar im Seitencanyon den Lauf des Unkar Creek erkennen. An diesem Bach hatten die Anasazi eine ganze Kette von Siedlungen. Einige Kilometer oberhalb des Deltas beginnend, gibt es dort Teiche, an denen Weiden und sogar Pappeln wachsen. Bislang hat man zwölf Kornspeicher und zwanzig Wohnräume gefunden, überwiegend im obersten Bereich des Baches, direkt unter den Redwall-Klippen. Durch Angel's Window konnte ich 900 Meter tief hinunterschauen auf den Pappelhain am oberen Unkar Creek, wo die Anasazi einst Ackerbau betrieben.

Hier im Delta hat man Töpferwaren im Stil der Hopi gefunden, die um 1300 entstanden sind, aber in so kleinen Mengen und an solchen Stellen, daß man annehmen muß, daß die Hopi hier nur auf Handelsreisen durchgezogen sind. Neben dem Schöpfungsmythos der Hopi, demzufolge sie aus dem *sipapu* im Canyon des Little Colorado, wo das azurblaue Wasser entspringt, auf die Erde gekommen sind, ist dies ein weiteres Indiz dafür, daß die Grand-Canyon-Anasazi zu den Vorfahren der Hopi gehören.

★

Nach dem Abendessen schliefen wir ein paar Stunden und standen dann auf, um schnell eine Tasse Kaffee zu trinken. Einige drehten sich um und schliefen weiter. »Wenn man einmal eine Mondfinsternis gesehen hat, kennt man alle«, meinte einer. Nach dem Licht zu urteilen, das auf die Canyonwände im Westen fiel, war der Vollmond aufgegangen, aber von hier aus verdeckte ihn der Hügel, auf dem die Ruine steht. Nach einer weiteren Tasse Kaffee machten wir uns auf und folgten dem Pfad, der hinter unserem Lager begann und um den Hügel herumführte, wie wir vom Fluß aus gesehen hatten.

Auch diesmal sprachen sich die Bootsführer gegen Taschenlampen aus, weil sie meinen, daß die Augen sich dann besser an die Dunkelheit gewöhnen, und so trotteten wir im Gänsemarsch den Pfad hinauf, der in Serpentinen zur Spitze des Hügels führte. Es sah genauso aus wie die Mondlichtszene im *Siebenten Siegel*, dem klassischen, in den fünfziger Jahren gedrehten Film von Ingmar Bergman, wo der Tod, sich gegen den Nachthimmel abhebend, eine lange Prozession seiner Opfer anführt. Nicht lange, und der erste unserer Gruppe, der Bootsführer Howie

Usher, schulterte einen Stock, der einer Sense ähnelte. Aus Gründen, die nur er kennt, hatte er sich bereits ein weißes Bettlaken über den Kopf gezogen, das wie ein Cape hinter ihm herflatterte.

Hinauf ging es, immer um den Hügel herum. Es war sehr hell, obwohl dem Mond an einer Seite schon ein Stückchen fehlte. Nach etwa einer halben Stunde gelangten wir an den Rand eines Steilhangs, der unmittelbar über der Unkar-Stromschnelle bei Meile 72 aufragte. Wir legten uns hin, um über den Rand hinunterzuspähen. Direkt unter uns in 90 Meter Tiefe schoß die Stromschnelle dahin, und wir sahen sie nicht nur, wir hörten sie auch stampfen. Mondlicht. Auf dem Boden des Grand Canyon. Hinunterblicken auf eine große, lange Stromschnelle und ihr Donnern spüren.

Howie machte sich davon. Kurz darauf flog von einem etwas über uns und ein kleines Stück flußabwärts gelegenen Felsvorsprung eine Wunderkerze in hohem, funkelndem Bogen über die Klippe und versank schließlich in der Stromschnelle. Dann kam Howie, eine zweite Wunderkerze in der ausgestreckten Hand haltend, den Hang heruntergerannt. Das weiße Cape flatterte, von der Wunderkerze beschienen, hinter ihm her. Eine merkwürdige Erscheinung, in beiden Bedeutungen des Wortes. Aber auch ohne diese Sonderveranstaltung boten die Unkar-Klippen im Licht des Mondes und beim Gedonner der Stromschnelle einen majestätischen Anblick.

Der obskure Mond bescheint eine obskure Welt
von Dingen, die wohl nie ganz ausgesprochen werden,
wo du nie ganz du selber warst
und nicht sein wolltest oder mußtest...

Wallace Stevens,
*The Motive for Metaphor*, 1943

Für die Anasazi, die das Delta bewohnten, muß es ein imposantes Schauspiel gewesen sein, wenn von diesen Klippen brennende Gegenstände hinausgeschleudert wurden. Von dort aus blickten wir heute Nachmittag zu diesen Klippen herüber, und sie erschienen uns wie Wolkenkratzer, die über einem innerstädtischen Park aufragen. Hier, wo wir jetzt liegen, könnten früher einmal rituelle Feuer entzündet worden sein, bei denen brennende Kohlen über die Klippe geworfen wurden. Dies ist natürlich reine Spekulation, aber für einen Anasazi-Schamanen muß ein solches Schauspiel viel zu verlockend gewesen sein, als daß er nicht davon Gebrauch gemacht hätte. Feuerwerk in alter Zeit. Damals hat man vermutlich ebenso mit »oh« und »ah« reagiert wie wir auf Howies Wunderkerze.

★

Es ist klar, daß der Grand Canyon zahlreiche beeindruckende Stätten bietet, die sich für zeremonielle Zwecke eignen, doch man fragt sich, warum die Anasazi auf dem Boden des Canyons Ackerbau betrieben haben. Was sie herlockte, waren zweifellos die Dickhornschafe und Kaninchen, die Kakteenfrüchte und die Mesquitebohnen. Bestimmt sind die Vorfahren der Anasazi lange vor der Seßhaftwerdung als Sammler und Jäger immer wieder wegen dieser Dinge in den Canyon gekommen. Mit seiner langen, beinahe frostfreien Wachstumsperiode muß der Grund des Canyons eine große Anziehungskraft auf sie ausgeübt haben. Es kommt vor, daß es auf den beiden Rändern schneit, während am Fluß selbst, anderthalb Kilometer tiefer, nicht eine Schneeflocke fällt. An einem Februarmorgen bin ich einmal von Jerusalem nach Jericho hinuntergefahren, und während auf den Hügeln von Judäa noch Schnee lag, standen 30 Minuten später, am Jordan und am Toten Meer, die Orangenbäume in Blüte. Daß es in den Bergen kälter ist, damit rechnen wir, doch wenn es im Tal wärmer ist, sind wir oft überrascht.

Während ich mich von den anderen absetzte, um mich ein wenig umzuschauen, gingen mir verschiedene Gedanken durch den Kopf. In der Zeit vor Einführung des Ackerbaus zogen die Menschen in kleinen Gruppen als Sammler und Jäger auf dem südlichen Colorado-Plateau umher, und wenn der Winter einsetzte, mußten sie wahrscheinlich nach Süden wandern, bis in die Gegend von Phoenix. Oberhalb von zweitausend Metern ist es dann zu kalt. Nachdem man in den Tälern des Südens mit der Landwirtschaft begonnen hatte (sie breitete sich von Mexico aus nach Norden aus), entstand vermutlich ein gewisser Bevölkerungsdruck: In den Tälern lebten das ganze Jahr hindurch viele Menschen, die im Winter ebenfalls auf die Jagd gingen und zu Konkurrenten derjenigen wurden, die vor der Kälte nach Süden ausgewichen waren. Die Folge war vermutlich, daß die Anasazi, bevor sie zu Ackerbauern wurden, sich hier an dieser Stelle zu versammeln begannen: Statt im Winter nach Süden zu ziehen, stiegen sie hinab auf den wärmeren Grund des Grand Canyon. Die Gruppen waren vermutlich klein, nicht mehr als 25 Personen. Einen Ehepartner mußte man sich daher in anderen Gruppen suchen. Geheiratet wurde vermutlich im Winter. Die Landwirtschaft im Unkar-Delta könnte daher der Ausfluß einer alten Tradition gewesen sein, hier im Winter zusammenzukommen.

Von den Cardenas-Klippen aus war besser zu erkennen, welche Flächen im Delta sich für den Ackerbau eignen, und dort oben erzählten wir denjenigen, die am Nachmittag von Jimmys Angebot, mit über den Fluß zu rudern, keinen Gebrauch gemacht hatten, die Geschichte der

Unkar-Anasazi. Wir erwähnten, daß die Anasazi sich längs des Unkar Creek soweit wie möglich ausbreiteten und dabei jede Quelle, jede Wasserstelle nutzten, um Nahrungspflanzen anzubauen. Dazu bemerkte Barbara jedoch, daß im oberen Teil des Tales im Jahresverlauf nicht sehr viel Sonnenlicht hinkommt, denn im Winter sind die Schatten sehr lang. Außerdem wurde es um so kälter, je höher die Anasazi in das Bachtal vordrangen.

Noch schwieriger wird der Ackerbau auf dem Nordrand, der anderthalb Kilometer über dem Unkar-Delta aufragt. Land gibt es da oben auf dem Walhalla-Plateau und in der weiteren Umgebung genug, doch der Schnee dürfte ein begrenzender Faktor gewesen sein. Während es auf dem Boden des Canyon während der Wintermonate warm bleibt, liegt der Nordrand in der Regel von Oktober bis Mai unter einer dicken Schneedecke. Nur 102 Tage im Jahr sind dort oben frostfrei, was die Sache sehr schwierig macht. Die Maissorten, welche die Hopi heute verwenden, brauchen bis zur Ernte 120 bis 130 Tage. Wenn man eine Woche zu spät aussät, ist der erste Herbstfrost schon da, bevor der Mais erntereif ist, und es fehlen ihm dann all die wichtigen Substanzen, die sich erst kurz vor der Ernte bilden.

Da die Winter dort oben ziemlich streng sind, sind die Menschen, die dort lebten, im Winter wahrscheinlich nach Süden gezogen – etwa acht Kilometer nach Süden, hinunter zum Unkar-Delta. Nach der Schneeschmelze sind die Anasazi dann wieder hinaufgezogen, um zu säen und ihre Sommerhäuser zu reparieren. Vielleicht haben sie auch Wälder gerodet, um zusätzliches Ackerland und mehr Licht zu bekommen. Ich äußerte die Vermutung, daß sie vielleicht vorgezogene Pflanzen aus ihrem Freiluftgewächshaus auf dem Grund des Canyons mit nach oben genommen haben. Der Waldboden, den sie da oben fanden, ist gute Erde, viel besser als alles hier unten im Canyon, wo der Boden vielfach zu alkalisch und stickstoffarm ist. Außerdem regnet es dort oben im Sommer regelmäßig, denn die Monsunwolken, die sich in niedriger Höhe bilden, werden auf dem Weg zum Nordrand in die Höhe getrieben, kühlen sich ab und regnen sich über den Wäldern aus.

Es sei aber auch denkbar, warf Dan Hartline ein, daß sie Erde hinuntergetragen haben, um ihre sandigen Äcker am Fluß mit gutem Waldboden vom Nordrand zu verbessern.

Wegen der verkürzten Vegetationsperiode waren die Unkar-Anasazi vermutlich sehr auf einen zuverlässigen Kalender angewiesen. Unten im Canyon konnten sie zeitlich versetzt verschiedene Früchte anbauen, aber wenn sie weiter den Pfad hinauf oder auf den Terrassen am Nordrand Ackerbau trieben, konnten sie sich nicht allein darauf verlassen, daß das Wetter sich besserte, um mit der Aussaat zu beginnen. Der Mondzyklus drängt sich als Grundlage eines Kalenders geradezu auf: »Wir treffen uns wieder, wenn der Mond voll ist« und so weiter. Doch die Fehler häufen sich. Übers Jahr gerechnet, ist das Abzählen der Mondmonate nicht viel mehr wert als das Schnuppern der ersten Frühlingsluft, denn zwölf Mondmonate sind ungefähr elf Tage kürzer als ein Sonnenjahr, so daß der Mondkalender bald mit den Jahreszeiten nicht mehr Takt hält. Das hielt die Ägypter, die Römer und viele andere nicht davon ab, den Mond zur Grundlage des Kalenders zu machen. Das Korrigieren des Kalenders, nachdem er nicht mehr mit den Jahreszeiten übereinstimmte, hat sicher auch zur Entwicklung der Mathematik beigetragen (das sehen wir in Mexico, wo der zeremonielle Kalender der Mayas, der zweihundertsechzig Tage umfaßte, noch weniger mit dem Sonnenjahr von 365,24 Tagen und dem Zyklus der Jahreszeiten übereinstimmte). Und eine Abweichung von elf Tagen wiegt schwer, wenn, wie auf dem Nordrand, die Wachstumsperiode kürzer als 102 Tage ist.

Man fragt sich, wie sie es geschafft haben. Landwirtschaft unter Grenzbedingungen stellt die Menschen vor schwierige Probleme. Da muß man sich mehr Gedanken machen als beim Sammeln und Jagen.

> Es ist ein Zeichen moderner Unwissenheit, zu glauben, wir seien zunehmend schlauer geworden... Könnte die Aufgabe, ein Problem zu lösen, bei dem man nicht auf ausgefeilte Methoden und Informationen zurückgreifen konnte, nicht viel mehr an geistiger Kraft und Einfallsreichtum erfordert haben, als man [heute] benötigt, um innerhalb der etablierten Wissenschaften von Problem zu Problem zu schreiten? Die vorgeschichtliche, die frühgeschichtliche und die mittelalterliche Wissenschaft stand vor dieser Aufgabe.
> Der Historiker Thomas Goldstein, 1980

★

Wir saßen derweil auf der anderen Seite und schauten zu, wie der Mond, begleitet vom Donnern der Stromschnelle, angenagt wurde. Diese Klippe ist einer jener spektakulären Orte in der Natur, die sich für eine Zeremonie geradezu anbieten. Ich mußte daran denken, wie ich auf einer Griechenlandreise zum erstenmal Delphi besuchte. Es liegt am Ende eines steilen Tals, das sich zum Meer hin öffnet. Wenn man dort steht und hinausschaut auf die vom Wasser umspülten Klippen weiter draußen, hat man wirklich das Gefühl, am Rande des Universums zu stehen. Ein idealer Rahmen für ein Orakel. Und für Tempel.

Außer den Ruinen auf dem rechten Ufer, die wir heute Nachmittag sahen, gibt es auch auf dieser Seite des Flusses Ruinen. Eine besonders rätselhafte steht oben auf dem Hügel hinter unserem Lager, das rechteckige Bauwerk, das wir bei unserer Ankunft vom Fluß aus sahen. Als der Mond schon ein gehöriges Stück vom linken unteren Rand verloren hatte, fragte Alan, ob jemand Lust hätte, mit zur Ruine hinaufzugehen und von dort aus die Verfinsterung ein bißchen länger zu beobachten. Sechs Mann entschlossen sich und gingen los. Es war so hell, daß wir quer durchs Gelände den Hügel emporstiegen bis zu einem Felsgrat, der uns zum Gipfel brachte.

Die Mauern der Ruine, die wir im schwächer werden Mondlicht sehen konnten, sind etwas weniger als brusthoch und aus unbehauenen Steinen errichtet. Ohne Mörtel. Keine Spuren eines Daches. Der Bau bestand offenbar aus einem einzigen Raum, ungefähr vier Meter breit und neun Meter lang. Diese Ruine wurde 1872 von der zweiten Powell-Expedition entdeckt. Nach dem Stil der in der Nähe gefundenen Töpferwaren zu urteilen, haben sich hier um das Jahr 1100 Menschen aufgehalten, doch weitere Hinweise auf das Alter der Ruine fehlen. Weit vom Wasser entfernt und den Winden ausgesetzt, eignet sich der Ort nicht zum Wohnen, doch die Aussicht ist phantastisch: Wie in einem Panorama breitet sich der Canyon nach beiden Seiten vor einem aus. War es vielleicht ein Aussichtsposten? Ein Wachtposten? Ein Tempel, vielleicht ein oberirdischer *kiva*?

Wir erkundeten den Gipfel und genossen den weiten Ausblick stromaufwärts bis zu den Salzminen der Hopi. Nach Osten hin konnten wir die Palisaden in ihrer gesamten Länge überblicken, doch die Sicht wurde schlechter, denn vom Mond war jetzt nur noch eine schmale Sichel übrig. Deshalb setzte ich mich, den Blick auf den verschwindenden Mond gerichtet, auf den südlichen Abhang des Hügels, faltete die Hände hinter dem Kopf und schaute hinauf zu den Canyonwänden und zum Himmel. Sie meinen vielleicht, wir wären schläfrig gewesen, aber durchaus nicht – alle waren hellwach an diesem aufregenden Ort. In der dunkler werdenden Nacht strich uns eine sanfte Brise kühlend übers Gesicht.

Während ich die Aussicht auf mich wirken ließ und mich fragte, warum sie hier gebaut hatten, kam mir eine andere denkbare Zweckbestimmung der Ruine in den Sinn. Für die Bewohner des Unkar-Deltas muß dies ein idealer Ort gewesen sein, um einen Kalender für ihre Landwirtschaft zu führen. Die Stellen am Horizont, an denen die Sonne aufgeht, liefern einen einfachen Kalender, der keine höheren astronomi-

schen Kenntnisse erfordert, wie man sie den Erbauern von Stonehenge
zuschreibt (die bestimmt auch mit einem einfachen Observatorium für
den Ablauf der Jahreszeiten begonnen haben). Im Winter und im Frühling geht die Sonne jeden Morgen ein bißchen weiter nördlich auf. Nach
der Sommersonnenwende verschiebt sich der Sonnenaufgang dann wieder in Richtung Süden.

Praktisch überall auf der Erde kann man nach diesem Muster einen
Sonnenkalender führen, sofern der Horizont gegliedert ist (Berggipfel
können gut als Merkzeichen dienen) und die Beobachtung von einem
festen Punkt aus erfolgt, zum Beispiel einer Hügelspitze. Ich prüfte im
Mondschein den östlichen Horizont. Die markanteste Orientierung bieten die Palisaden der Wüste, jener sich von Nordosten nach Osten hin-
ziehende Abschnitt der Canyonwand, in dem die Kaibab-, Toroweap-
und Coconino-Schichten eine senkrecht gewellte Klippe bilden. Sie weist
in regelmäßigen Abständen Vorsprünge auf, die an die Säulen eines griechischen Tempels erinnern. Über diesem Abschnitt geht während des
ganzen Frühlings und des Sommers die Sonne auf. Es ist kein Problem,
den einzelnen Vorsprüngen Namen zu geben, genau wie den Monaten
des Jahres. Ich stellte die Zahl der Einkerbungen am Horizont fest, so
gut es mir bei dem schwachen Licht möglich war, und ich kam zu dem
Schluß, daß die Stelle, an der die Sonne aufgeht – in den drei Monaten
zwischen der Frühlings-Tagundnachtgleiche fast genau im Osten und
der Sommersonnenwende im Nordosten – mindestens ein Dutzend mal
mit leicht identifizierbaren Merkpunkten am Horizont zusammenfällt.
Im Durchschnitt einer pro Woche.

Dann blickte ich nach Südosten. Den Südrand konnte ich nicht sehen,
weil ein hoher Tafelberg innerhalb des Canyons die Aussicht versperrte.
Er schien nur wenige Kilometer entfernt zu sein und ragte ziemlich
hoch auf, so daß der Sonnenaufgang hier im Winter ziemlich spät erfolgen mußte [um 9.14 Uhr, wie ich im folgenden Winter entdeckte, aber
diese kleine Expedition ist eine andere Geschichte]. Am Tag der Wintersonnenwende mußte die Sonne, so überlegte ich, irgendwo über diesem
Tafelberg aufgehen – vielleicht in der V-förmigen Einkerbung? [Nicht
ganz: Wenn man genau an der richtigen Stelle steht, blinzelt die Sonne
zunächst durch ein Loch in der Klippe, was wie das strahlende Auge im
Profil eines Indianerhäuptlings aussieht].

Das ist also die Stelle, wo die Sonne wieder umkehrt – wenn man nur
fleißig genug dafür betet. Die Wintersonnenwende fällt zusammen mit
den hohen religiösen Festen der Hopi, erinnerte ich mich von einem
Besuch im Museum of Northern Arizona unmittelbar außerhalb von

Flagstaff. Etwa eine Woche lang rückt die Stelle, über der die Sonne am Horizont erscheint, so unmerklich vor, daß sie stillzustehen scheint. Dann beginnt sie langsam, jeden Tag ein Stückchen weiter nördlich aufzugehen, kommt zu Frühlingsanfang bei den Palisaden an und geht während des Frühlings nacheinander über den verschiedenen Einkerbungen auf. Jede Kerbe kann ein Zeichen dafür sein, daß nun die Saatzeit gekommen ist, die erste für die tieferen Lagen, die späteren im Mai, zum Beispiel der große Vorsprung, aus dem ein Finger aufzuragen scheint, Comanche Point [Dort geht, wie sich herausstellt, die Sonne am 30. April auf...].

Ich war sehr zufrieden mit mir. Ich hatte ein ausgesprochen gutes Gefühl, so als hätte ich entdeckt, wie die Anasazi vor tausend Jahren gedacht haben. Ich hatte nicht nur das Gefühl, als hätte ich mich in ihre Vorstellungswelt versetzt, sondern als hätte ich erkannt, wie unsere noch ferneren Vorläufer begonnen haben, Wissenschaft zu betreiben.

Am oberen rechten Rand des Mondes verschwand das letzte Scheibchen Weiß, und sogleich wurde es im Canyon viel dunkler. Die Mondscheibe war nicht völlig verdunkelt (von der Erdatmosphäre wird das Sonnenlicht gebeugt und gestreut, wodurch im Schattenkegel ein rötlicher Schimmer entsteht). Die Sterne leuchteten viel heller, einschließlich der ganzen Milchstraße. Doch den Canyonrand, meinen Kalender, konnte ich kaum noch sehen. Ich setzte mich wieder hin, die Hände hinter dem Kopf, und betrachtete den Himmel.

Das Ende der totalen Finsternis erwartend, wurden wir allmählich ungeduldig, und wir versuchten zu erraten, wann sich auf dem beschatteten Mond wohl wieder die ersten Zeichen von Sonnenlicht zeigen würden. Wir rieten jedesmal daneben. Ich mußte daran denken, wie ich als Kind ungeduldig wurde, wenn unser Auto vor einer Ampel stand. Ich konnte es gar nicht erwarten, bis das Licht endlich von Rot auf Grün sprang. Doch mein Vater konnte den Wechsel erzwingen – er brauchte nur mit den Ohren zu wackeln.

Nachdem ich wußte, daß er über magische Kräfte verfügte, verlangte ich immer wieder, daß er die Ampel auf Grün schaltete. Er weigerte sich stets, doch am Ende gab er dann meinen Bitten nach und wackelte mit den Ohren. Und siehe da, prompt sprang das Licht auf Grün. Ich war verblüfft. Da ich nicht mit den Ohren wackeln konnte, war es für mich sehr ärgerlich, daß ich nicht selbst die Ampel zu steuern vermochte. Es dauerte einige Zeit, bis ich ihm auf die Schliche kam: Er paßte auf, wann die Ampel für die Querstraße auf Gelb sprang. Das war mein erster wis-

senschaftlicher Erfolg. Doch wie man es anstellt, mit den Ohren zu
wackeln, habe ich nie gelernt.

In der guten alten vorwissenschaftlichen Zeit waren Verfinsterungen
nicht nur rätselhaft – sie waren magisch. Ein großes Drama. Manche
Völker mögen in einer Verfinsterung einen Vorboten des Weltunter-
gangs gesehen haben. Wer den Verlauf einer Verfinsterung zu beeinflussen vermochte oder zumindest diesen Anschein erweckte, wurde von
seinen Mitmenschen sicherlich mit allen erdenklichen Belohnungen über-
schüttet. Es muß ein beeindruckendes Schauspiel gewesen sein, wenn ein
Anasazi-Schamane das Ende der Verfinsterung herbeiführte, indem er,
noch bevor jemand merkte, daß sie beinahe schon vorüber war, dem
verschwundenen Mond in einer kurzen Zeremonie befahl, wieder zu
erscheinen. Doch so sehr wir uns auch Mühe gaben, das Ende der Verfinsterung zu erraten, wir tippten immer wieder daneben. Der Schamane
wird aber aus der Überlieferung gewußt haben, daß Mondfinsternisse
nicht ewig dauern, sondern allenfalls eine Stunde. Nach einer gewissen
Zeit konnte er dann mit seiner »Ohrenwackelzeremonie« beginnen – ein
Gebet läßt sich immer etwas strecken –, und siehe da, kurz darauf ging
die Finsternis zu Ende. Die meisten seiner naiven Zuhörer, die nicht
über das traditionelle Wissen verfügten, daß jede Verfinsterung nach
einer Weile endet, waren dann vermutlich überzeugt, daß sein Zauber
gewirkt hatte.

Noch immer keine Spur von Sonnenlicht auf dem Mond. Er blieb
nach wie vor eine fahlrote Kugel, eine unnatürliche Scheibe am sternen-
übersäten Himmelsgewölbe.

Noch eindrucksvoller ist es natürlich, wenn man den Beginn einer
Mondfinsternis vorhersagen kann. Dazu muß man entweder über detail-
lierte Aufzeichnungen verfügen, wie sie die Maya-Astronomen in
Mexico besaßen, oder man muß Sonne und Mond aufmerksam studieren
und ein paar einfache Regeln anwenden. Drüben im Chaco Canyon
wußten die Anasazi sicherlich sehr gut über die Zyklen von Sonne und
Mond Bescheid. In zwei spiralförmigen Piktogrammen, ähnlich den
Petroglyphen, die wir im South Canyon in eine Felsplatte geschlagen
sahen, sind der jährliche Sonnenzyklus und der Mondzyklus von 18,6
Jahren festgehalten. Sehr genau ist es nicht – um die Sonnenwende festzustellen, paßt man besser auf, wo die Sonne am Horizont erscheint –,
doch es zeigt, daß die Anasazi die Mondbewegungen am Horizont
kannten. Gar nicht so übel. Wenn die Anasazi zu solchen Höchstlei-
stungen in der Lage waren (vermutlich in den Jahren zwischen 920 und
1130, als in Chaco die großartigsten Bauwerke und Straßen entstanden),

erhebt sich die Frage: Wurden in den ländlichen Randgebieten ihrer Zivilisation, etwa hier in den Furnace Flats, einfacherere Methoden benutzt?

[Zu meiner Überraschung entdeckte ich später, daß sie auch hier in der »Wildnis« in der Vorhersage von Sonnen- wie von Mondfinsternissen eine ziemliche Genauigkeit erreicht hatten, und zwar mit einer Methode, die einfacher ist als die von Stonehenge. Sie brauchten nicht zu zählen und benötigten auch keine Aufzeichnungen – sie stützten sich lediglich auf die Palisaden der Wüste: Sie maßen die Bewegungen des Mondes mit dem gleichen Lineal wie die Bewegungen der Sonne, ließen ihren Kalender aber jedes halbe Jahr neu beginnen (bei den alten Pueblos trugen »Januar« und »Juli« denselben Namen). Man sollte es nicht für möglich halten, daß sich mit diesen beiden Mitteln und ohne Aufzeichnungen Verfinsterungen vorhersagen lassen, aber es ist möglich, und die Anasazi haben es auch getan. Die einfache Regel: Wann immer das Sonnendatum dasselbe ist (oder zumindest denselben mehrdeutigen Namen hat) wie das »Datum« des Mondes (abgelesen am Sägezahnhorizont-Kalender, so als wäre der aufgehende Mond die Sonne), ist eine Verfinsterung zu erwarten! Demnächst mehr über die aufregende Astronomie der Anasazi; dann wird es darum gehen, warum solche oft ungenauen Warnungen vor Mond- oder Sonnenfinsternissen und die häufigen Teilfinsternisse die alten Völker zu der Überzeugung gebracht haben, daß Beten hilft und imstande ist, den Mond von seiner gewohnten Bahn abzubringen, damit er nicht von Himmelsungeheuern verschlungen wird.]

Noch immer deutete nichts auf das Ende der totalen Finsternis hin. Ich habe sechsmal falschen Alarm geschlagen, weil ich meinte, auf der linken Seite ein Quentchen Sonnenlicht entdeckt zu haben. Und ich wurde schläfrig, trotz unserer bewegten Diskussion über die Frage, wie sich aus der ursprünglichen Staubwolke die Erde und der Mond gebildet haben. Alan meinte, wir sollten nun doch wieder absteigen. Also rappelte ich mich auf – meine Beine waren ganz steif geworden. Ob das Sternenlicht ausreichen würde? Ich ging einfach hinter dem Führer her, und meine Füße verrieten mir, wenn ich vom Weg abkam. Lose Steine waren offenbar schon von früheren Wanderern beiseite gestoßen worden, so daß man dort, wo sich der Weg wirklich befand, bequem gehen konnte. Wir hatten gerade die Klippe über dem Unkar erreicht, als sich auf dem Mond der erste Lichtstreifen zeigte und unseren Weg sogleich heller ausleuchtete. Auf der Klippe trafen wir keinen Mondbeobachter mehr an, offenbar waren sie schon vor langer Zeit ins Lager zurückgekehrt. Also zogen wir weiter, und bei immer besser werdender Beleuchtung folgten wir dem gut begehbaren Weg. Irgendwann fiel mein Blick auf die Palisaden, und ich dachte, daß die Unkar-Anasazi dort den Aufgang der Supernova im Krebsnebel beobachtet haben müssen. Ich fragte mich, ob sie die Stelle wohl auf irgendeine Weise markiert haben mochten – worauf ich prompt vom Weg abkam und in einen kleinen stachligen Feigenkaktus fiel. Damit endeten meine Überlegungen.

Als wir im stillen Lager am Flußufer ankamen, hatten wir fast schon Halbmond. Das letzte Stück bergab waren wir praktisch gerannt, so einfach ging es. Ich glaube, daß die Anasazi ganz gut ohne Taschenlampen ausgekommen sind.

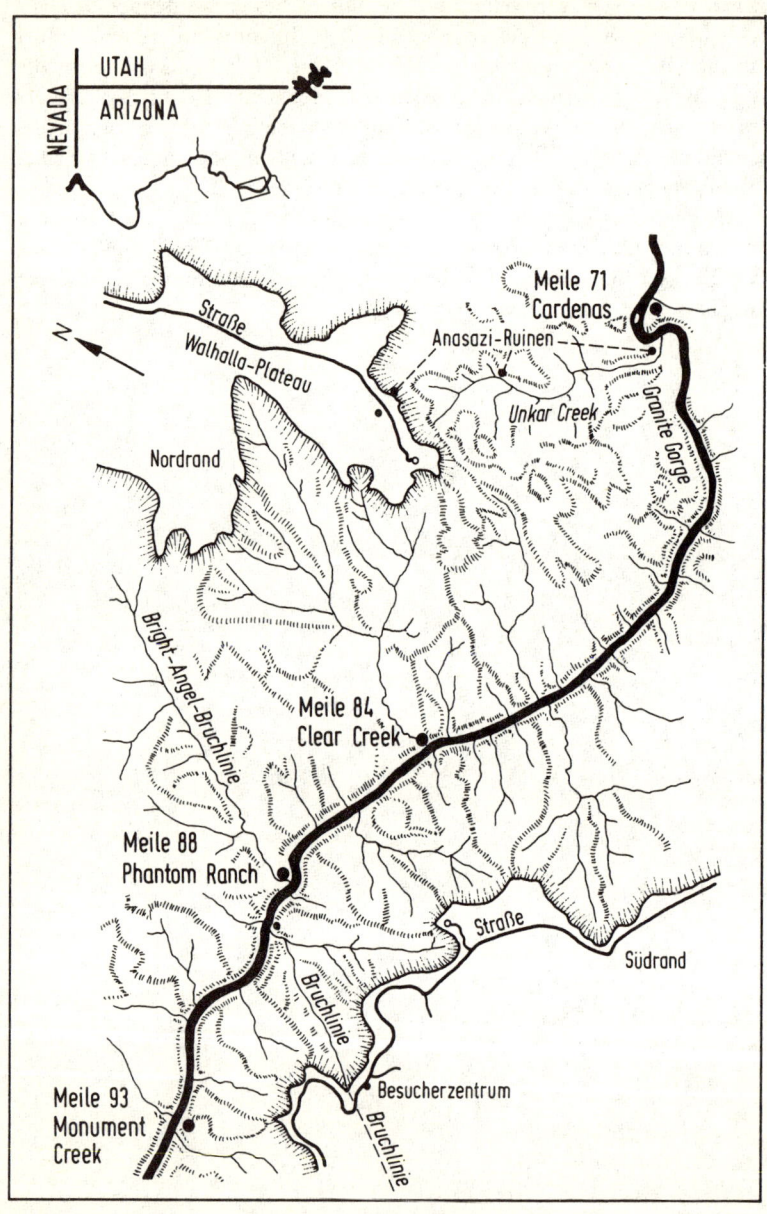

# Fünfter Tag
## Meile 71
## Cardenas Creek

Der rätselhafte Anasazi-Hügel war das einzige Gesprächsthema beim Frühstück. Diejenigen, die den Ausflug überstanden hatten, mußten den anderen, die durchgeschlafen hatten, unbedingt erzählen, was ihnen entgangen war, und dabei schnitt die Aussicht auf das Unkar-Delta und die Stromschnelle offenbar besser ab als der Mond. Die sechs Mann, die oben auf dem Hügel gewesen waren, schwärmten von der unübertrefflichen Aussicht und von der Rätselhaftigkeit der Ruine.

»Wenn ihr euch beeilt, könnt ihr jetzt auf direktem Weg zur Ruine hinauflaufen und wieder rechtzeitig zurück sein«, behauptete Alan, der überhaupt nicht müde wirkte. »Gestern abend haben wir den langen Weg genommen, wegen der Aussicht von den Klippen. Der Hügel ist nur hundertzwanzig Meter hoch, und hinter dem Lager beginnt ein Weg, der direkt hinaufführt«, sagte er und zeigte in Richtung des Weges. Daraufhin packten fünf Leute eilig ihre schwarzen Säcke, brachten sie zu den Booten hinunter und begannen mit dem Aufstieg. Sie versprachen, schnell zurück zu sein. »Ihr könnt immer noch bei neunzig Meter Halt machen, um den Flußkies zu bewundern«, rief Alan ihnen nach.

Unter denen, die im Schatten der Tamarisken das Frühstück fortsetzten, wurde meine Kalenderidee kurz andiskutiert, doch was die Leute wirklich fesselte, war die Geschichte des Unkar-Deltas. Besonders das Auf und Ab der Bevölkerungszahl der Anasazi unter dem Einfluß der immer wieder auftretenden Dürreperioden.

»Das ist ja fast so schlimm wie beim Rotwild«, sagte Ben. »Nach einem guten Sommer geht im nächsten Winter viel durch Futtermangel ein.«

»Ich dachte, in primitiven Stämmen hielten die Menschen ihre Bevölkerungszahl ziemlich konstant«, meinte Abby. »Ich denke zum Beispiel an die San in der Kalahari-Wüste und an die Ureinwohner Australiens. Sie schaffen es auch ohne moderne Verhütungsmittel, einen Abstand von durchschnittlich vier Jahren zwischen zwei Geburten einzuhalten.«

»Wie machen sie das?« fragte jemand.

»Eine verlängerte Stillzeit unterdrückt zum Beispiel die Ovulation«, warf Ben ein.

»Ich habe gehört, daß das bei Menschen, die ausreichend ernährt sind, nicht so gut funktioniert«, sagte Rosalie. »Es könnte an der unzureichenden Ernährung liegen, daß die Bevölkerung konstant bleibt.«

»Und am konstanten Klima«, sagte Ben. »Zu einer starken Bevölkerungszunahme kommt es immer dann, wenn eine neue Nische eröffnet wird, wenn beispielsweise mehr Nahrung verfügbar wird. Die Stabilität der Eingeborenenstämme, die man untersucht hat, könnte einfach darauf beruhen, daß ihre Lebensbedingungen keine größeren Verbesserungen erfahren haben.«

»Das klingt für mich nach Inflation«, sagte Rosalie. »Die Bevölkerungsexplosion als Archetyp der Geldentwertung! Vielleicht beruht beides auf einer raschen Verbesserung der Lebensbedingungen.«

Abby schien Zweifel zu haben. »Willst du damit sagen, daß die Stämme mit einer stabilen Bevölkerung die Welt als unveränderlich wahrnehmen? Und daß Menschen, deren Umwelt sich auffällig verändert, mehr Kinder haben?«

»Da könnte etwas dran sein«, sagte Ben. »Jedenfalls kriegen die Menschen in schlechten Zeiten weniger Kinder.«

»Da spielt auch die erhöhte Säuglingssterblichkeit eine Rolle. Da Säuglinge noch keine volle Immunität gegen Krankheiten aufgebaut haben, stehen sie ständig unter einer starken Belastung. Wenn dann noch Unterernährung hinzukommt, sterben sie wie die Fliegen«, erklärte Rosalie.

»Aber es hat auch etwas mit der Planung zu tun«, betonte Ben. »Menschen planen doch ihre Kinderzahl. Außerdem übt die Gemeinschaft Druck aus. Bei den australischen Ureinwohnern ist es so, daß das Ansehen des Mannes sinkt, wenn das nächste Kind in zu kurzem Abstand geboren wird, denn ihn macht man dafür verantwortlich.«

»Wenn die Menschen wirklich planen, warum haben wir dann so ein großes Bevölkerungsproblem?« fragte Abby.

Rosalie führte aus, daß wir Menschen uns zu stark vermehrt hätten. Wir hätten kaum einen Spielraum gelassen, der uns bei Klimaschwankungen oder Naturkatastrophen eine gewisse Sicherheit gibt. Das sei unmenschlich. In einer humanen Welt dürfe es nicht mehr Menschen geben, als diese in den schlimmsten Jahren ernähren kann. So wie die Dinge heute stünden, seien zehn Jahre mit günstigem Wetter in einem armen Land fast eine Garantie für Hungersnot, denn es sei unmöglich, daß das Wetter in den nächsten zehn Jahren genauso günstig bleibe. Es entwickele sich, wie die Statistiker sagen, zum Mittelwert zurück. Dabei sind wir aber auch nicht viel klüger mit unserer modernen Zivilisation. Menschen mit akademischer Bildung ignorieren auf der Hand liegende Gefahren, wenn sie beispielsweise im Überschwemmungsgebiet eines Flusses ein Haus bauen, obwohl vollkommen klar ist, daß irgendwann im Laufe der nächsten Jahrzehnte eine Überschwemmung das Haus zerstören wird (sie erwarten vermutlich, daß die ebenso einfältigen Steuerzahler dafür aufkommen werden, sie entweder durch Dämme zu schützen oder sie, wenn das Unvermeidliche eingetreten ist, durch Katastrophenhilfe entschädigen werden).

Doch dürften Bevölkerungsschwankungen an den Grenzen, wo die Lebensbedingungen marginal waren und ständig schwankten, das Normale gewesen sein. Die Eiszeiten haben vermutlich immer wieder solche Bedingungen entstehen lassen, so daß in regelmäßigen Abständen die natürliche Auslese zum Tragen kam. Für mich, der ich immer gemeint hatte, solche Belastungen seien alle 100 000 Jahre eingetreten, war die Erfahrung der Anasazi ernüchternd. Sie läßt nämlich den Schluß zu, daß bei Menschen, die unter Randbedingungen leben, eine erhebliche Selektion auch schon alle zehn oder zwanzig Jahre eintreten kann.

★

Was die Bevölkerungsexplosion angeht, wird uns in der Regel vorgegaukelt, man brauche nur den Lebensstandard in den Entwicklungsländern zu erhöhen, dann löse sich das Problem von selbst. Andererseits wird der steigende Lebensstandard gerade für die Bevölkerungszunahme in diesen Ländern verantwortlich gemacht. Steigen Sie da noch durch? Beides kann doch nicht wahr sein. Oder ist man da einem Wunschdenken erlegen? Ich vermute letzteres.

Es heißt, für die Bevölkerungsexplosion seien die Medizin oder zumindest eine verbesserte Hygiene und andere gesundheitspolitische Vorkehrungen verantwortlich. Durch Hygiene und moderne Arzneimittel würden Kinder, die sonst gestorben wären, vor Kinderkrankheiten bewahrt. Demnach müßten Krankheiten das Bevölkerungswachstum jahrtausendelang in Schach gehalten haben. Daß zwischen der verbesserten medizinischen Versorgung während der letzten 30 Jahre und dem Bevölkerungswachstum in den tropischen Gebieten ein Zusammenhang besteht, ist natürlich unbestreitbar, doch ist es kurzsichtig, wenn man nur auf dieses aktuelle Beispiel schaut und nicht weiter in die Geschichte zurückblickt. Die Weltbevölkerung begann lange vor der Entwicklung der modernen Medizin explosiv zuzunehmen, schon zu einer Zeit, als in den Städten die Fäkalien noch die Gosse hinunterliefen. In Europa begann die Bevölkerungsexplosion um 1600, nicht erst 1900. Und im Jahre 1600 konnte weder von moderner Medizin noch von einer verbesserten Hygiene die Rede sein.

Um mit diesen falschen Vorstellungen aufzuräumen, braucht man nur ein wenig in der Geschichte zurückzugehen, doch um zu verstehen, warum die Bevölkerungsexplosion eine schwere, anhaltende Katastrophe ist und bleiben wird, müssen wir uns ein wenig mit der Populationsbiologie befassen. Zurück zu den Vögeln, während wir warten, daß die Boote beladen werden für unsere kleine Fahrt in das, was Major Powell »das große Unbekannte« nannte.

Manche Tiere wie zum Beispiel die Mücken legen eine Unmenge von kleinen Eiern und hoffen dann das beste. Ihre Brut wird zum größten Teil umkommen. Andere Tiere – und dafür sind die Vögel ein treffendes Beispiel – arbeiten in der Fortpflanzung nicht nach dem Prinzip der Schrotflinte, sondern ziehen den gezielten Schuß vor. Die unübersehbare »Investition«, die diese Tiere in ihre Nachkommen hineinstecken, ist die Brutpflege. Um ihre Nachkommen angemessen aufziehen zu können, passen manche Vögel auch die Zahl ihres Geleges an die zu erwartende Futtermenge an. Die Schneeule legt in manchen Jahren nur ein bis zwei Eier, in anderen zehn. Die Zahl der Eier hängt davon ab, wieviel Nahrung für die Jungen vorhanden ist, und das sind in diesem Fall kleine arktische Mäuse, die Lemminge, deren Anzahl in Zyklen von zwei bis sieben Jahren schwankt. Die Schneeule schätzt das Nahrungsangebot genau ab und sorgt dafür, daß nicht zu viele Schnäbel gefüttert werden müssen, denn sonst bestünde die Gefahr, daß alle Küken schwächlich werden. Durch ihr kluges Fortpflanzungsverhalten gelangen die meisten Küken der Schneeule zur Reife.

Es ist ziemlich schlau von den Eulen, daß sie die in der kommenden Saison verfügbaren Ressourcen im voraus abschätzen. Noch schlauer als die Vögel sind die Menschen, wenn es darum geht, die Umwelt zu deuten, die Zukunft vorherzusagen, Pläne zu machen und diese in die Tat umzusetzen. Wir betreiben seit langem Geburtenregelung, mit Hilfe von primitiven Versionen der Empfängnisverhütung und der Abtreibung, mit sozialen Regeln, Sexualtabus und so weiter. Ein Nullwachstum der Bevölkerung ist im Laufe der Menschheitsgeschichte wahrscheinlich sehr oft praktiziert worden. Bei den noch existierenden primitiven Gesellschaften findet man öfter eine stabile Bevölkerung als ein exponentielles Wachstum. Sie wissen, wie viele Münder sie füttern können, und entsprechend verhalten sie sich in der Fortpflanzung. Fortgesetztes Stillen unterdrückt die Ovulation, wie wir inzwischen wissen, aber das ist schon seit Jahrtausenden praktiziert worden – einer der Gründe, warum bei Sammlern und Jägern der durchschnittliche Geburtenabstand vier Jahre beträgt.

Hinzu kommen die sozialen Regelungen, die der Geburtenkontrolle dienen. So tragen praktisch alle Formen von Sexualtabus dazu bei, die Zahl der Babies zu verringern. Soziale Regeln begrenzen auch die Zahl der Kinder pro Mutter, indem sie die Fortpflanzungsspanne zwischen Pubertät und Menopause wirksam verkürzen. Die erste Schwangerschaft wird dadurch verzögert, daß die Eheschließung mit allerlei Mitteln hinausgeschoben wird; dazu zählen Initiationsriten, die Notwendigkeit, den Brautpreis zusammenzusparen, das Ansparen einer Mitgift, der Bau eines Hauses für das junge Paar und so weiter. Soziale Regeln mögen noch andere Funktionen haben, doch eine ihrer Folgen besteht darin, die Fortpflanzung insgesamt zu begrenzen.

Auch die Abtreibung ist von primitiven Völkern nach Kräften praktiziert worden, zumeist in der Form der Kindestötung. In vielen heutigen Gesellschaften (und vermutlich auch in der Mehrzahl der alten) wird sehr genau überlegt, über welche Mittel die Familie verfügt, bevor man zuläßt, daß ein Neugeborenes die Familie vergrößert. Das wird sogar durch bestimmte Aspekte unserer Physiologie erleichtert: Da die Laktation nicht durch die Geburt, sondern durch das Saugen in Gang kommt, kann die Entstehung einer Mutter-Kind-Bindung hinausgezögert werden. Oft ist, wenn zu erwarten war, daß die vorhandene Nahrung nicht für alle ausreichen würde, die Versorgung des Kindes bis zu einer späteren Schwangerschaft hinausgeschoben worden. Wir besitzen heute die Technik, die es uns erlaubt, einen entsprechenden Beschluß sehr viel früher zu fassen, lange bevor das Gehirn spezifisch menschliche Funktionseigenschaften entwickelt (was ein sehr viel besseres Kriterium ist als die schlichte und undefinierbare Parole »sobald das Leben beginnt«). Außerdem können wir in den meisten Fällen verhindern, daß es überhaupt zu einer Befruchtung kommt. Doch ungeachtet dessen, ob unsere Technik nun besser ist oder nicht – auf jeden Fall betreiben sowohl Menschen als auch Vögel seit sehr, sehr langer Zeit Familienplanung.

★

Wenn es also normal ist, daß die Größe der Familie reguliert wird, muß man sich, soweit es um die Bevölkerungsexplosion geht, vernünftigerweise die Frage stellen: Von welchen Faktoren hängt die Größe der Familie ab, die man sich leisten kann? Wenn es sich um einen Regelkreis

Wer annimmt, die junge Erfindung der allgemeinen Gesundheitsfürsorge habe in irgendeiner der heutigen Gesellschaften auf die Anzahl der aufwachsenden Kinder einen wesentlichen Einfluß, unterstellt den Menschen, sie verhielten sich wie Mücken, die möglichst viele kleine Eier legen; er unterstellt, daß Frauen nichts als Babyfabriken sind, deren Ausstoß nur davon abhängt, was die Ärzte am Leben erhalten können. Das ist sowohl unwissenschaftlich als auch durch und durch unmenschlich.

Der Ökologe Paul Colinvaux, 1982

handelt, wie bei einem Backofen mit Thermostaten, wovon ist dann der Stellwert abhängig, jene Familiengröße, um die das System schwankt? Man darf nicht vergessen, daß wir es hier nicht unbedingt mit rationalen Entscheidungen zu tun haben, sondern auch mit intuitiven Anhaltspunkten, die selbst bei Vögeln die angestrebte Familiengröße bestimmen könnten. Nach welchen Zielmarken richtet sich insbesondere die menschliche Spezies?

Es ist kaum anzunehmen, daß vor der Entstehung moderner Gesellschaften wie Indien und China die Familiengröße im Hinblick auf das Wohl der Gesamtgemeinschaft reguliert wurde. Soziale Regeln, die auf den ersten Blick das Ziel zu verfolgen scheinen, das Bevölkerungswachstum im Interesse der Gemeinschaft zu begrenzen, haben möglicherweise nur dem Zweck gedient, die Konkurrenz zu verringern und anderer Leute Familiengröße kleinzuhalten. Vermutlich war jede Familie bestrebt, so viele Kinder wie möglich aufzuziehen. In der ganzen Evolution bis zum Menschen war es ja schließlich so, daß derjenige, der möglichst viele Nachkommen zeugte, in der folgenden Generation mit mehr Genen vertreten war als derjenige, der die Zahl seiner Nachkommen begrenzte.

Dieses Streben, die Nummer Eins zu werden, bringt jedoch, mit menschlichen Maßstäben gemessen, entsetzliches Leid und Vergeudung mit sich. Nach dieser Maximierungsstrategie versuchen die meisten Arten, mehr Nachkommen aufzuziehen, als erwachsene Individuen überleben können. Bären werfen, um einen Omnivoren zu nehmen, der sich nicht allzu sehr vom Menschen unterscheidet, sehr viel mehr Welpen, als je zur Reife gelangen können. Da das Nahrungsangebot für ausgewachsene Bären begrenzt ist, hat nur ein Bruchteil der niedlichen kleinen Welpen die Chance, selbst wieder eine Familie zu gründen. Die meisten Bärenwelpen, wie übrigens auch die meisten Löwenwelpen, verhungern denn auch, sobald die Alten sich nicht mehr um sie kümmern. Dumm? So geht es nun einmal in der Natur zu. Die Arbeit, die es insgesamt kostet, um Bärenwelpen großzuziehen (die »Fortpflanzungsarbeit«), steht in einem absurden Mißverhältnis zu den »Karrierechancen« für ausgewachsene Bären. Es geht hier jedoch um das Problem, sich nicht von den Nachbarn ausstechen zu lassen. Eine individuelle

Bärin, die weniger Welpen wirft, wird weniger Kopien von ihren Genen an folgende Generationen weitergeben als eine andere Bärin, die viele Welpen bis zum Fortpflanzungsalter bringt. Den Umfang des jeweiligen Wurfs (das ist die Anzahl der Jungen, für die jeweils gesorgt wird) zu regulieren ist sinnvoll, weil es der Gesundheit der Jungtiere förderlich ist, während eine Begrenzung der Anzahl der Jungen, die über die gesamte Lebensdauer geworfen werden (Wurfgröße mal Anzahl der Würfe des ausgewachsenen Tieres), nach darwinistischen Maßstäben weniger sinnvoll ist. Der Überschuß bedeutet, daß es von der natürlichen Auslese und vom Zufall abhängt, welche Welpen überleben, um sich ihrerseits fortzupflanzen.

Die Begrenzung der Wurfgröße anhand der künftigen Verfügbarkeit von Babynahrung ist eine Sache, die Begrenzung der gesamten Reproduktion über die Lebenszeit anhand der Verfügbarkeit von Nahrung für ausgewachsene Tiere eine andere. Die Standardregel der Populationsökologie besagt, daß die Ressourcen, die für die Fortpflanzung aufgewendet werden, mit dem Umfang der entstehenden Population keinerlei Zusammenhang aufweisen. Die Zahl der Nachkommen übersteigt oft in absurder Weise die Tragfähigkeit der Umwelt, so daß viele verhungern müssen. Die Größe der Population ist abhängig vom Umfang der Nische, also von der Anzahl der freien Stellen für ausgewachsene Bären.

Unter einer Nische versteht man gemeinhin eine Vertiefung der Zimmerwand, in der Statuen und dergleichen untergebracht werden. Der Ökologe versteht unter diesem Wort jedoch eher so etwas wie eine Erwerbsmöglichkeit. In Flagstaff gibt es zum Beispiel nur eine begrenzte Zahl von Erwerbsmöglichkeiten für Zahnärzte. Zahnarzt kann man nur werden, wenn bestimmte Befähigungen und Chancen zusammenkommen: Um Zahnarzt zu sein, muß man angeborene Fähigkeiten (geschickte Finger) und erworbene Kenntnisse (acht Jahre Universität) besitzen, doch um als Zahnarzt tätig zu werden, muß auch die entsprechende Arbeit da sein. Die Anzahl der Erwerbsmöglichkeiten für Zahnärzte hängt von der Bevölkerungszahl von Flagstaff und der dort anzutreffenden Häufigkeit von Zahnerkrankungen ab (leider enthält all das herrliche Bergwasser manchmal wenig Fluor). Der Begriff der Nische umfaßt also einerseits eine Reihe von Fertigkeiten, die angeboren sind oder kulturell erworben werden, und andererseits eine Reihe von Umweltfaktoren wie Verfügbarkeit von Nahrung, Klima, Raubtiere, Krankheiten und die passende Umgebung für eine erfolgreiche Fortpflanzung. Wenn einer dieser Faktoren fehlt, paßt eine Art nicht in die Nische, kann sie nicht in ihr leben. Kaum einem Tier gelingt es, die

Nische zu wechseln, während überzählige Zahnärzte normalerweise eine andere Arbeit finden können, wodurch sie ihre Nische verändern (ein Zahnarzt, der unbedingt in Flag bleiben will, könnte zum Beispiel Silberschmuck für die Touristen anfertigen). Auch die Nische der Menschen, die als Sammler und Jäger leben, wird von Fähigkeiten und verfügbaren Mitteln bestimmt. Noch schlauer als die Vögel, beschränken auch sie ihre Kinderzahl entsprechend den Mitteln, die der Familie zur Verfügung stehen. Während sich die Zahl der Jungen bei den Vögeln von Jahr zu Jahr ändert, umfaßt der »Wurf« beim Menschen in der Regel eine größere Zahl von Kindern unterschiedlichen Alters, weil die Aufzucht relativ lang dauert und Kinder, die zwischenzeitlich sterben, durch neue ersetzt werden, wobei immer wieder abgeschätzt wird, wieviele zusätzliche Kinder man sich leisten kann. Anders als bei den Vögeln bedeutet das, daß der Umfang des »Wurfs« beim Menschen identisch ist mit der Anzahl der Kinder, die über die gesamte Lebenszeit geboren werden. Dadurch wird es möglich, daß die Anzahl der Heranwachsenden, die später zur Fortpflanzung beitragen werden, annähernd mit der Anzahl der Erwerbsmöglichkeiten übereinstimmt, so daß die meisten Erwachsenen eine Chance erhalten, sich fortzupflanzen. Das stellt eine Verbesserung gegenüber den Vögeln dar, die ebenso wie die Bären in der Regel mehr Nachkommen erzeugen, als überleben und sich fortpflanzen können.

Sobald eine Nische sich erweitert, entsteht Raum für eine größere Population. Als die Bären fischen lernten, wuchs ihre Population, bis die Grenzen dieser neuen Nische erreicht waren. Nicht anders war es bislang bei den Menschen: Sobald ihre Fähigkeiten oder die Umweltbedingungen sich verbesserten, entstand Raum für mehr Menschen. Jedenfalls für eine gewisse Zeit.

Vor Kolumbus, behauptet der Ökologe Paul Colinvaux, waren die Ureinwohner Amerikas wahrscheinlich so dicht über die beiden Halbkontinente verbreitet, wie es ihre Technik zuließ. Die europäischen Siedler verfügten über landwirtschaftliche Techniken, die es erlaubten, mehr Menschen pro Hektar zu ernähren. Sie besaßen außerdem Waffen, mit denen die Ureinwohner erfolgreich bekämpft werden konnten. Daher begann die Bevölkerung in Europa im 17. Jahrhundert explosiv zu wachsen. Bei der Familienplanung auf dem alten Kontinent wurde zweifellos die Möglichkeit der Auswanderung in die Neue Welt in Rechnung gestellt. Die neuen Amerikaner hatten große Familien, weil es stets den Anschein hatte, als seien Ressourcen für noch sehr viel mehr Menschen vorhanden. Die Nische der Europäer hatte sich auf Kosten der

Indianer erweitert. Die Weltbevölkerung verzeichnete einen Nettozuwachs, weil die Europäer pro Person nicht so viel Raum benötigten wie die Indianer. Auch die Nische der Anasazi erweiterte sich um das Jahr 1050, weil durch die zusätzlichen Niederschläge neue Flächen beackert werden konnten. Bei ihnen stieß der Bevölkerungszuwachs aber schon nach einer Generation auf Schwierigkeiten.

★

Die Sorglosigkeit angesichts der Bevölkerungsexplosion wird gern mit dem Argument rationalisiert, daß die Kinderzahl abnimmt, sobald die Menschen den wirtschaftlichen Status der Mittel- und Oberschicht erreichen. Schon im alten Rom war das der Fall (die so argumentieren, vergessen freilich, daß die römische Gesamtbevölkerung weiterhin zunahm). Vermögende Eltern, so heißt es, seien nicht auf eine große Kinderschar angewiesen, um ihre Versorgung im Alter sicherzustellen, und dergleichen mehr.

> Die Evolution kennt kein Erbarmen. Die oberen Klassen sind immer ausgestorben – das ist einer der reizendsten Züge an ihnen.
>
> Germaine Greer

Zu unserer Beschwichtigung wird also behauptet, das Problem werde sich von selbst lösen, wenn es den Entwicklungsländern erst besser gehe. Dies war die vorherrschende Auffassung bis in die fünfziger Jahre (und Präsident Ronald Reagan fand es 1984 angebracht, sie wiederaufleben zu lassen, wie einen alten Film). Der Bevölkerungswissenschaftler Kingsley Davis zog diese Auffassung schon 1944 in Zweifel und wies darauf hin, daß die Bevölkerung Indiens bis zum Jahre 2025 auf 750 Millionen ansteigen werde, falls Indien in seiner demographischen und wirtschaftlichen Entwicklung dem Vorbild des Westens folgen würde. Davis wurde damals als Panikmacher abgetan. Seine Prophezeihung hat sich jedoch schon zur Halbzeit bewahrheitet: Die Bevölkerung Indiens hatte 1985 die 750 Millionen überschritten, trotz jahrzehntelanger Versuche der Geburtenkontrolle.

Paul Colinvaux weist in *The Fates of Nations* darauf hin, das Reiche wie Arme wahrscheinlich so viele Kinder bekommen, wie sie sich leisten können. Daß in reichen Familien nur zwei bis drei Kinder da sind, liegt daran, daß jedes Kind einen hohen Aufwand erfordert. Reiche Eltern erwarten, daß ihre Kinder es mindestens so weit bringen wie sie selbst. Im Vergleich zu einem Arbeiter mag ein Arzt viel verdienen, und doch kann er es sich nicht leisten, mehr als zwei Kinder Medizin oder etwas anderes studieren zu lassen. Der Arbeiter ohne Aufstiegswunsch hegt solche Erwartungen nicht, und so kann er sich sieben oder acht Kinder erlauben, die mit anspruchsloser Kost auskommen und zusammen in einem Zimmer schlafen, statt jedes in einem eigenen. Für die Armen kommen Kinder billig. Sie können sogar schon in jungen Jahren arbeiten gehen und damit zum Familieneinkommen beitragen.

Es mag sein, daß Reiche wie Arme genau wie die Schneeule ihre Kinderzahl regulieren, nur haben sie sehr verschiedene Maßstäbe dafür, was ausreichend ist. Die Höhe des Einkommens ist daher kein Indiz für die Anzahl der Kinder, die aus der jeweiligen sozialen Schicht das Fortpflanzungsalter erreichen. Man könnte vielleicht sagen, daß die Qualität des Produkts verschieden ist, aber das ist aus unserer kulturellen Sicht und nicht von der Warte der Biologie geurteilt: Ob reich oder arm, alle unsere Nachkommen sind, sofern sie nicht stark unterernährt sind, Fortpflanzungskonkurrenten, und in der Evolution kommt es allein darauf an, die eigenen Gene in größerer Anzahl als die Konkurrenz an die folgenden Generationen weiterzugeben. Ich sollte vielleicht anfügen, daß dieser Konkurrenzkampf bei den Menschen keine Rolle mehr spielt, denn beim Menschen hat die biologische Evolution im üblichen Sinne wahrscheinlich aufgehört, da unsere Mobilität dafür sorgt, daß unser sehr großer Genbestand immer wieder umgerührt wird.

Sobald die Unterernährung überwunden ist, wird Armut zu einem relativen Begriff. Und solange die Armen für ihre Kinder keine großen Erwartungen hegen, die von den Eltern zusätzlichen Aufwand erfordern, werden die Armen sich eine große Kinderzahl leisten können. Und sie werden sie auch bekommen. Deshalb wird Colinvaux zufolge die Bevölkerungsexplosion auch weitergehen.

Menschen sind Tiere, die nicht in ihre Nische hineingeboren werden, sondern ihre Nische erlernen: Wir können lernen, in einer Sammler- und-Jäger-Nische oder in einer Zahnarzt-Nische zu leben. Und im Laufe unserer Geschichte haben wir die möglichen Nischen beträchtlich erweitert. Das geschah immer wieder, wenn neue Gebiete besiedelt wurden, zum Beispiel, als *Homo erectus* Feuer und Kleidung zu benutzen lernte, um im Pekinger Klima zu überleben, oder als die Europäer Nord- und Südamerika übernahmen, oder durch die Bewässerung der Negevwüste sowohl durch die alten Nubier wie durch die modernen Israelis. Ein weiteres Beispiel war die Erschließung des Landes hier um die Furnace Flats für die Landwirtschaft, bedingt durch die um das Jahr 1050 vermehrten Niederschläge.

Die Nischenerweiterung ging gewöhnlich einher mit technischen Entwicklungen, die gewissermaßen neue Arbeitsplätze schufen, so daß mehr Menschen ernährt werden konnten. In den entwickelten Ländern haben wir so viele neue Nischen geschaffen, daß 10 Prozent der Menschen sowohl sich selbst als auch die übrigen 90 Prozent ernähren können. Ein Teil der übrigen 90 Prozent muß zwar Nischen besetzen, welche die Bauern mit Kleidung, Wohnung, Kunstdünger und Brennstoff versorgen, doch im übrigen hat die Gesellschaft die freie Wahl unter vielen Möglichkeiten. Sie könnte zum Beispiel ihre ganzen verbleibenden Anstrengungen darauf richten, Buch zu führen, die Buchhalter zu kontrollieren und jede kleinste Transaktion genauestens zu registrieren (in diese Richtung zielen offenbar unsere Steuergesetze). Sollte das nicht geschehen, wäre noch zu entscheiden, wieviele der neuen »unwesentlichen Nischen« für Lippenstifte oder für Bücher, für Erwachsenenbildung oder für Zuschauersport verwendet werden. Sage mir, womit du dich beschäftigst, und ich sage dir, wer du bist.

Zum Teil hängt die Familiengröße natürlich auch davon ab, ob die Menschen eine Chance sehen, ihre Nische zu verändern oder in eine andere Nische zu wechseln. Wenn alles beim alten bleibt, wie bei den traditionellen Sammlern und Jägern, werden sie die Zahl ihrer Kinder anders planen als die armen mexikanischen Bauern, die mit Film und Fernsehen konfrontiert sind und daher hoffen, daß es ihren Kindern einmal gelingen wird, in die Vereinigten Staaten zu kommen. Oder zumindest in die übervölkerten Massenbehausungen von Mexico City. Sie tun genau das, was die Europäer während der letzten paar Jahrhunderte getan haben.

Wir waren in Guayamas in Mexico mit einem Typ aus Chicago unterwegs. Er stänkerte nur über das, was er sah. »Wie kann man hier nur leben, man erfährt nichts darüber, was in der Welt passiert, es ist so dreckig hier« usw. Ich machte fleißig Aufnahmen von Häusern, die vielleicht nicht größer waren als zehn Quadratmeter. Doch vor jedem stand ein Chevy-Lieferwagen Modell 1954, und auf dem Dach hatten sie eine Satellitenschüssel. Hier wohnten vielleicht tausend Menschen, und dann fünfzig Satellitenschüsseln! Er sagte: »Wofür haben sie überhaupt diese Schüsseln?« Ich sagte: »Diese Menschen können hundertdreißig Fernsehsender in fünf Sprachen empfangen, und dazu noch UKW in Stereo. Sie kriegen hier Quebec, Venezuela, Mexico City, alle amerikanischen Sender, BBC, und sie kriegen das Chicago Symphony Orchestra genauso klar wie du.« Er war verblüfft und hielt eine Weile seinen Mund. Dann sagte er: »Was werden sie wohl denken, wenn sie das alles sehen und sich anschließend umschauen, wo sie selber leben?« Ich schwieg, Nan schwieg, und er schwieg auch. Ich werde den Gedanken nicht los, daß Mangel und Überfluß die Probleme sind, mit denen sich die materialistischen Länder auseinandersetzen werden müssen (sie sind das heutige Gegenstück zu den Monarchien, die den demokratischen Kräften unterlagen, als das gedruckte Wort wohlfeil wurde).

Charles House

★ ★ ★

Wir sehen die Unkar-Stromschnelle jetzt unter einem anderen Blickwinkel, und von hier unten aus wirken die Wellen natürlich höher. Unkar ist eine lange Stromschnelle, die durch einen U-förmigen Bogen schießt, mit Klippen auf dem linken und den ehemaligen Maisfeldern der Anasazi auf dem rechten Ufer. Die Felder wurde nicht viel länger als ein Jahrhundert bestellt, hauptsächlich während der Bevölkerungsexplosion der Anasazi.

Unterhalb der Stromschnelle bleiben wir liegen und warten, bis auch die anderen Boote durch sind. Nachdem die Boote ausgeschöpft sind, erzählt Jimmy denjenigen, die gestern Nachmittag nicht mit auf die andere Seite gefahren sind, noch etwas über die Geschichte des Unkar-Deltas.

Auf dem rechten Ufer steht ein alter Kornspeicher der Anasazi, den wir stromabwärts vor uns sehen. Da er nicht so hoch liegt wie die Höhlen von Nankoweap, könnten sich die Nagetiere hier ihren Anteil vom Kornvorrat geholt haben.

Wir räkeln uns genüßlich in der Morgensonne, denn heute steht uns einiges bevor. Dies soll der schwerste Tag auf dem Fluß werden, denn uns erwartet eine ganze Reihe großer Stromschnellen. Außerdem verengt sich der Canyon wieder, und das bedeutet, daß es sehr schattig wird.

★

Die Hybris des Lebensspiels ist die Wachstumsexplosion der menschlichen Bevölkerung ... Der Mensch hat die Möglichkeit, sie [die Verdopplungszeit] durch Geburtenkontrolle zu beeinflussen. Gegenwärtig verkürzt sich diese Verdopplungszeit ständig, so daß die Erdbevölkerung nach einem hyperbolischen Gesetz anschwillt. Eine solche Situation ist katastrophengeladen, da die infolge der Begrenzung unseres Lebensraumes notwendigerweise einsetzende Selbstregulierung inhuman ist und in verheerendem Maße sich vor allem auf die Sterberate auswirken wird.

Manfred Eigen und Ruthild Winkler, *Das Spiel*, 1975

Es ist natürlich möglich, daß die Bevölkerungsentwicklung abflacht. Das könnte dann geschehen, wenn die Menschen die Zukunft als ebenso unveränderlich wahrnehmen, wie es die Sammler und Jäger getan haben. Die Gesellschaft würde erstarren, es gäbe – wie in einem Kastensystem – keine Aufstiegschancen. Eine Auswanderung würde unmöglich, und überall würden Barrieren errichtet von einer Bürokratie, die die angespannten Ressourcen zu rationieren hätte. Es hat solche stagnierenden Gesellschaften gegeben, und es gibt sie noch.

Starrheit unterbindet Wachstum. Starre Gesellschaften sind natürlich Polizeistaaten, und das ist nicht ihr einziger Nachteil. Sie könnten schließlich zur leichten Beute eines aggressiven Nachbarlandes werden. Wenn wir eine freie Gesellschaft wollen, die uns viele Wahlmöglichkeiten und die ständige Chance bietet, uns zu verbessern, wird die natürliche Wachstumstendenz der Bevölkerung anhalten, sofern nicht auf unnatürliche Weise eingegriffen wird. Ehepaare werden, wenn man sie nicht hindert, weiterhin so viele Kinder bekommen, wie sie glauben, sich (ohne Rücksicht auf ihre Nachbarn) leisten zu können. Das heißt, daß es bei den Armen weit mehr Kinder geben wird, als nötig sind, um die Sterbefälle sowohl im reichen wie im armen Segment der Gesellschaft auszugleichen, denn sie lassen sich vermutlich nicht von den Warnungen der Ökologen beeinflussen, die gelegentlich in den Zeitungen der großen Städte zu lesen sind.

Im Unterschied zu tierischen Gemeinschaften haben menschliche Gesellschaften jedoch die Freiheit, ihren künftigen Kurs selbst zu bestimmen. Diese Freiheit beruht darauf, daß wir imstande sind, neue Erkenntnisse zu gewinnen, anhand dieser Erkenntnisse verschiedene Szenarien für die Zukunft zu entwickeln und uns dann für die Alternative zu entscheiden, die uns als die bessere erscheint. Wir können uns zum Beispiel entscheiden, unsere medizinischen Kenntnisse nicht im Sinne einer Steigerung der Fruchtbarkeit einzusetzen (etwa durch Behandlung von Unfruchtbarkeit oder durch Aufrechterhaltung von problematischen Schwangerschaften), sondern im Sinne einer Verminderung der Fruchtbarkeit, etwa dadurch, daß wir die Empfängnisverhütung verbessern, daß wir Fehlgeburten zulassen, statt etwas gegen sie zu unternehmen (Fehlgeburten sind viel häufiger als eingeleitete Schwangerschaftsabbrüche: 48 bis 72 Prozent aller Befruchtungen enden mit einer Fehlgeburt, vorwiegend im ersten Monat, wo sie unbemerkt bleibt, weil die nächste Menstruation pünktlich einsetzt) oder daß wir Hindernisse, die dem Recht der Frau auf einen Abbruch der Schwangerschaft im Wege stehen, ausräumen.

Eine andere wirkungsvolle Maßnahme bestünde darin, jeder Frau eine Ausbildung zu geben, so daß sie selbst entscheiden kann, ob sie sich der Berufsnische oder ausschließlich den Aufgaben der Mutterschaft zuwendet. Das darf jedoch nicht dazu führen, daß die wichtige Nische der sich ausschließlich den Kindern widmenden Mutter herabgesetzt wird. In einer vielfältigen Gesellschaft sollte es möglich sein, daß manche Ehepaare kinderlos bleiben, während andere vier Kinder haben. Wenn es unser Ziel ist, die Gesamtzahl der Bevölkerung zu verringern, nicht aber, allen Familien eine gleichmäßig verringerte Kinderzahl vorzuschreiben, und wenn wir uns in dieser Absicht nicht von eugenischen Überlegungen verleiten lassen (denn einige von uns sind sich ziemlich sicher, daß die Armen sich in ihrem Genbestand kaum von den Reichen unterscheiden), dann lassen sich viele der schwierigsten Probleme vermeiden, vor die sich eine Gesellschaft gestellt sieht, wenn sie eine konstante Bevölkerungszahl erreichen möchte.

Unsere Sucht nach »Wachstum« ist in Wirklichkeit eine Sucht nach Erweiterung unserer Nische. Wir sprechen in diesem Zusammenhang gern von »Freiheit«: Wir wollen frei wählen können, frei sein von den bürokratischen Zwängen, die mit der Rationierung knapper Ressourcen einhergehen, frei sein von der Unterdrückung in stagnierenden Polizeistaaten, in denen diejenigen, die an der Macht sind, ihre eigene Nische verteidigen. Es liegt in der Natur der Dinge, daß Nischenerweiterung zu Bevölkerungswachstum führt, weil die Menschen dann bestrebt sind, ihre Familien zu vergrößern. So haben sich die Europäer, so haben sich auch die Anasazi verhalten, als die Verhältnisse sich besserten.

Umgekehrt meinen manche, mehr Kinder bedeuteten auch mehr Arbeitsplätze. Das ist jedoch ein Irrtum. Es gibt natürlich Berufe, die von einer steigenden Geburtenzahl profitieren. Dennoch dürfen wir uns von der kurzsichtigen Parole »mehr ist besser« nicht irreführen lassen. Der Babyboom nach dem Krieg hat sich auf unsere gesamte Gesellschaft ausgewirkt. Nachdem der Höhepunkt überschritten war, wurden bei den Kinderwagenherstellern, bei der Polizei (weniger vandalistische Teenager) und im Unterrichtsbereich Stellen gestrichen. Nichtsdestoweniger wurden in der gleichen Zeit unsere Nischen insgesamt erweitert, weil die Wirtschaft der Industrieländer zusätzliche Arbeitsplätze in gewaltiger Zahl zu schaffen vermochte (wodurch der Anteil der berufstätigen Frauen in die Höhe schnellte). Wir müssen das Nischenwachstum vom Bevölkerungswachstum abkoppeln, denn sonst wird das Bevölkerungswachstum am Ende das Nischenwachstum und die damit verbundenen Freiheiten zunichte machen. Wie es in übervölkerten Teilen der Welt schon geschehen ist.

Wir müssen etwas unternehmen, alles andere wäre Pflichtversäumnis. Wenn wir nichts tun, wird sich das Nullwachstum der Bevölkerung auf völlig natürliche Weise einstellen, was wir uns aber nicht wünschen können: Die Übervölkerung wird massenhaft Aggressionen, starre Kastensysteme, Stagnation, Polizeistaaten und dergleichen nach sich ziehen. Um die Freiheit in der Welt aufrechtzuerhalten und auszuweiten, werden wir energische Schritte unternehmen müssen, um die durchschnittliche Kinderzahl pro Familie zu verringern. Wenn wir zulassen, daß dieses Problem durch kurzsichtige Politiker und Sonderinteressen unter den Teppich gekehrt wird, schaffen wir selbst unsere Freiheiten ab, verurteilen wir unsere Kinder zu einer Welt, für die sie uns nicht dankbar sein werden.

Man denke nur an die jungen Anasazi aus den Jahren 1070 und 1130, deren Eltern die Bevölkerungszunahme in Gang setzten, bevor die Erträge der Landwirtschaft hinreichend sicher waren, um ihnen selbst, geschweige denn ihren Kindern, Überlebenschancen zu gewähren. In der Vergangenheit mußten solche Wagnisse, bei denen Menschenleben auf dem Spiel standen, sicherlich eingegangen werden. Eine humane Gesellschaft, die über bessere Möglichkeiten verfügt, braucht das jedoch nicht fortzusetzen. Wir sind schließlich kein Wild mehr.

> [Spinozas Wahrheit] daß wir außerhalb der Zivilisation nichts seien als elende Wilde, ohne eine Wahl, während wir in ihr, so ungerecht das auch sein mag, Hoffnung haben, einschließlich der Hoffnung, daß unser Glück auf andere ausstrahlen möge.
>
> Der Schriftsteller John Gardner, 1978

★

Der Canyon, der auf der Höhe der Furnace Flats so breit war, beginnt sich unterhalb des Unkar-Deltas zu verengen. Für uns kam der Übergang plötzlich, denn wir hatten, in unsere Bevölkerungsprobleme vertieft, keine Augen für unsere Umgebung gehabt. Unser Gefühl, daß die Welt für uns enger wird, spiegelte sich in der Tatsache, daß die Wände des Canyons enger an den Fluß heranrückten.

Die schräg verlaufenden präkambrischen Schichten, die den Fluß auf beiden Seiten flankieren, lassen plötzlich den Eindruck entstehen, als führe man bergab. Steil bergab. Der Fluß fließt in der Tat bergab – mit einem durchschnittlichen Gefälle von drei Metern auf anderthalb Flußmeilen –, doch wenn man auf einige hundert Meter flußabwärts die Gesteinsschichten haushoch aufragen sieht, bekommt man wirklich das Gefühl, in einen Abgrund hineinzutrudeln.

Der erste Eindruck einer solchen V-förmigen Verengung verstärkt sich noch, als die Wände nach ein paar Biegungen des Flusses kurz unterhalb von Unkar wirklich nah zusammenrücken. Wo sind wir? Von den Palisaden ist nichts mehr zu sehen, vom Südrand erhaschen wir dann und wann einen Blick, und der Nordrand ist völlig unseren Blicken entzogen. Dies ist die Shinumo Gorge, und die auffälligen weißen Bänder auf den Wänden bestehen aus Quarzit, der sehr viel verwitterungsbeständiger ist als das übrige Dox-Material – deshalb verengt sich der Canyon.

Doch wir haben andere Sorgen: Vor uns liegt die Hance-Stromschnelle, heute die zweite der mächtigen, mit 9 eingestuften Stromschnellen. Fast zehn Meter geht es hinunter, und sie sieht wirklich MÄCHTIG aus. Am Ufer campieren Wanderer. Vom Südrand führt ein

steiler Pfad herab. Die Unkar-Stromschnelle, die in einer weiten Rechts-
kurve um den Fuß des Unkar-Deltas herumführt, bescherte uns eine
lange Fahrt, bei der wir tüchtig naß wurden. Die Hance-Stromschnelle
ist kurz und gerade, aber wir bekamen wieder einiges ab.

Jetzt sind wir bereit, unseren Weg ins große Unbekannte anzutreten. Unsere Boote,
an einem gemeinsamen Pfahl vertäut, scheuern aneinander, denn der wütende Fluß
wirft sie hin und her... Vor uns liegt eine unbekannte Strecke, die wir abfahren, ein
unbekannter Fluß, den wir erkunden müssen. Wir wissen nicht, was für Wasserfälle
es gibt; wir wissen nicht, wo Felsen das Flußbett blockieren; wir wissen nicht, was
für Wände über dem Fluß aufragen. Wir können uns freilich allerlei vorstellen...
Harte Gesteine haben uns bislang einen schweren Fluß beschert, weiche Gesteine
ruhiges Wasser. Und hier beginnt eine Strecke mit hartem Gestein, wie wir es bislang noch nicht angetroffen haben. Der Fluß tritt in den Gneis ein! Von der Granitschlucht ist nur ein kurzes Stück zu überblicken, aber es sieht bedrohlich aus.
                        Tagebuch der Powell-Expedition, 13.–14. August 1869

Kurz unterhalb von Hance, bei Meile 77, tritt wieder der Eindruck einer
V-förmigen Verengung auf; dort ragt steil eine Schicht Bass-Kalkstein
aus dem Fluß empor. Das Profil des Canyons verengt sich noch mehr,
und plötzlich befinden wir uns im Vishnu-Tonschiefer. Er kommt nicht
nach und nach in Sicht, sondern ist plötzlich da, »zack«, als führe man
in einen schwarzen Tunnel hinein, dessen Dach fortgelassen wurde.

# Meile 77
# Inner Gorge

So etwas wie die Inner Gorge haben wir noch nicht erlebt. Der Vishnu-
Tonschiefer besteht aus feinen Schichten, fast wie Blätterteig, ähnlich
dem Tapeats-Sandstein, auf dem wir am Little Colorado eine Ruhepause
gemacht haben. Auf der Höhe des Wasserspiegels ist er jedoch poliert
wie Marmor, in den Farben changierend zwischen einem starken Rot
(wo Granit durchgedrungen ist) und Ebenholzschwarz. Die senkrechten
Platten erreichen nur eine gewisse Höhe, wo sie abknicken und von
anderem Gestein überlagert und durchdrungen werden. Das Ganze
wirkt wie ein Marmorkuchen, schokoladebraun mit erdbeerroten Schlie-
ren. Die Wände reichen ein paar Häuser hoch und enden abrupt. Oft ist

über diesem schmalen Einschnitt ein Stück Himmel zu sehen, doch dann überlagern sich den marmornen Wänden wieder ein paar gewellte Schichten Tapeats-Sandstein. Das trägt noch dazu bei, den Eindruck eines Kuchens zu verstärken: waagerechte Schichten Tapeats-Glasur auf einer senkrecht marmorierten Kuchenmasse. Der Fluß hat den Tonschiefer bis zu einer Höhe von vier Metern über dem gegenwärtigen Wasserspiegel poliert.

Bei Meile 79 erreichen wir die erste Stromschnelle des inneren Canyon. Ihr Name, Sockdolager, ist nicht sehr vertrauenerweckend, wenn man erfährt, daß er auf schwedisch »K.-o.-Schlag« bedeuten soll. Der Canyon ist so schmal, daß kaum sandige Uferstellen vorhanden sind. Würden wir Halt machen und uns die Stromschnelle ansehen wollen, wüßten wir nicht, wo wir anlegen sollten. Auch wird unsere Fahrt immer schneller, je mehr sich der Kanal verengt, in den der Canyon den Fluß zwingt. Wir werden hineingerissen. Es geht auf und ab, mal schlagen die Wellen von links, mal von rechts und sogar von hinten, wo wir es gar nicht erwarten, ins Boot.

Wir fahren an dem letzten geeigneten Lagerplatz vorüber, auf den folgenden achtzehn Kilometern gibt es dann keinen mehr, und was für ein Unterschied zu unserem letzten! Vishnu Camp bei Meile 81 ist ein kleiner sandiger Strand auf dem linken Ufer, kaum groß genug, uns alle aufzunehmen. Und schon kommt – zack! – die Grapevine-Stromschnelle, wieder eine mächtige.

Wieder schöpfen wir das Boot aus, dann schauen wir uns um, inzwischen ein bißchen außer Atem. Auch hier sind die Canyonwände aufs mannigfaltigste schillernd marmoriert, genau wie der Fluß von den tosenden Wassermassen, die durcheinander und übereinander hin stürzen. Manchmal wird dadurch eine Seite des Bootes herabgezogen.

Dann schreit der Bootsmann: »Nach oben!« Schnell klettern wir auf die hochragende Seite des Bootes, um durch unser Gewicht zu verhindert, daß die andere in den brodelnden Wassermassen untergeht. Dabei dachte ich, daß man nur in Stromschnellen kentern kann, aber hier ist weit und breit keine Stromschnelle zu sehen. Dieser Fluß steckt voller Überraschungen.

Der Tonschiefer bildet hier einen mittelgrauen Hintergrund für eine Reihe von roten, schwarzen und weißen Bändern. Früher haben die Geologen jede einzelne Variation von Granit und Tonschiefer gesondert benannt: Brahma-Tonschiefer, Vishnu-Tonschiefer usw. Nach der aktuellen Mode spricht man nur noch von Tonschiefer, Granit und Gneis, ohne sie weiter zu unterteilen. Wir Neurobiologen wissen sofort

Bescheid: In dem endlosen Krieg, der in der Wissenschaft zwischen den Kleinigkeitskrämern und den Ganzheitlern tobt, haben in der beschreibenden Geologie derzeit die Ganzheitler die Oberhand. Das passiert in jedem Wissenschaftszweig, wo man ursprünglich jede Variante gesondert benannt hat, in der Hoffnung, daß es sich als hilfreich erweisen wird (was auch nicht selten der Fall ist). Doch später kommt man dann gelegentlich zu der Einschätzung, daß die Zusammenfassung unter einer Bezeichnung praktischer und übersichtlicher ist.

Der Tonschiefer weist viele Granitintrusionen auf, die wie eine Borte kreuz und quer über die Canyonwand laufen. Der Tonschiefer ist ein metamorphes Gestein und besteht aus alten Sedimentschichten der gleichen Art, wie wir sie während unserer Fahrt durch die Marble Gorge und die Furnace Flats gesehen haben. Diese Sandstein- und Schiefersedimente wurden irgendwann in der Erde zusammengepreßt und erhitzt, was zu der Metamorphose führte, einer Verwandlung von Sandstein und Schiefer und Kalkstein in den härteren Tonschiefer, der sich polieren läßt. Heißeres, flüssigeres Gestein aus dem Erdmantel – Granit – konnte durch kleine Risse in dem Tonschiefer nach oben dringen, als dieser noch tief unter der Oberfläche lag, und das Ergebnis sind die verrückten Borten, die ihn in allen Richtungen durchziehen. Sie nehmen stellenweise so überhand, daß von dem ursprünglichen Tonschiefer kaum etwas zu sehen ist; die Wand sieht dann so aus, als hätte der rot-weiße Granit hier und da schwarzen Tonschiefer in sich aufgenommen.

Es liegt an dem härteren Gestein, daß der Flußkanal sich verengt. Trotzdem muß in jeder Sekunde die gleiche Wassermenge hindurch, wenn der Fluß sich nicht stauen soll. Deshalb ist der Fluß hier tiefer und schneller, und es wimmelt in diesem reißenden Strom von Wirbeln. Oft müssen wir uns zwischen zwei Wirbeln, die uns wieder stromauf tragen würden, hindurchlavieren. Der Bootsmann muß scharf aufpassen, um einen Kurs zu finden, der uns weiterbringt.

Theoretisch ist es sogar möglich, daß es überhaupt keinen Kurs gibt, der uns flußabwärts bringt, obwohl der Strom insgesamt in diese Richtung fließt. Wenn das tiefe Wasser schneller fließt als das Oberflächenwasser, können Wirbel entstehen, die das gesamte Oberflächenwasser stromauf fließen lassen. Nach der Oberfläche zu urteilen, fließt der Strom dann tatsächlich bergauf! Und auf dieser Oberfläche müssen wir fahren, denn an die »Gesamtströmung« kommen wir mit unseren Booten ja nicht heran. Zum Glück finden wir immer wieder ein kleines Stück, wo uns das Oberflächenwasser flußabwärts trägt.

Der Strom, der bergauf fließt, das ist hier wörtlich zu nehmen und nicht bloß eine Metapher, die ich mir für die Evolution ausgedacht habe. Die Metapher erinnert uns daran, daß der abwärts gerichtete Energiestrom auch zur Folge hat, daß ganze Systeme auf neue Höhen der Komplexität gehoben werden können. Eine dieser Konsequenzen sind wir.

★

Wir leben gleichfalls in einem Teil des Universums, der nicht einer Gesamtrichtung folgt, sondern sich in zwei Richtungen zugleich bewegt. Was für das gesamte, »durchschnittliche« Universum gilt, muß nicht unbedingt für lokale Bereiche wie etwa das Sonnensystem gelten. Statt daß alles mit der Zeit immer chaotischer wird – dies die übliche Schlußfolgerung aus dem Zweiten Hauptsatz der Thermodynamik (Entropie und so weiter) –, wird es lokal an vielen Stellen immer ordentlicher, einfach infolge eines Energieflusses.

> Die klassischen Hauptsätze der Thermodynamik, vereinfacht:
> 1. Du kannst nicht gewinnen.
> 2. Du kannst nicht unentschieden spielen.
> 3. Du kannst das Spiel nicht verlassen.
>
> Anonym
>
> Darum: Wer Recht haben will ohne Unrecht, Ordnung ohne Unordnung, der begreift die Prinzipien von Himmel und Erde nicht. Er weiß nicht, wie die Dinge zusammenhängen.
> Dschuang Dsi, um 300 v. Chr.

Dadurch, daß er bergab fließt, erzeugt dieser Fluß unterhalb der Stromschnellen Strudel, schöne ordentliche Spiralen. Außerdem sortiert der Strom die Steine nach ihrer Größe. Die kleinen Steine werden weiter mitgeführt als die großen Brocken, und der Sand setzt sich früher ab als die Schlammteilchen. Durch die Dissipation von Wärme bilden sich mannigfaltige Kristalle, zum Beispiel Schneeflocken oder die Quarzkristalle, die wir hier ab und zu am Flußufer entdecken. Oder nehmen wir die Abkühlung der Lava (Gary kündigt an, wir würden in einer Woche bei Lava Falls sechseckige Lavasäulen sehen). So entsteht lokal Ordnung, während es mit dem Universum insgesamt bergab geht, Richtung Chaos.

Schlußfolgerungen aus dem langfristigen Geschehen ergeben oft ein ganz falsches Bild vom kurzfristigen Geschehen, und Schlußfolgerungen, die vom Universum insgesamt ausgehen, ergeben oft ein falsches Bild, was lokale Gegebenheiten angeht. Der abwärts gerichtete Energiefluß kann Ordnung schaffen, ganz ohne Zutun intelligenter Wesen. Es ist sogar gut möglich, daß diese Tendenz zur Ordnung das Leben und später intelligentes Leben hat entstehen lassen. »Ordnung durch Fluktuation« – diese Formel kennzeichnet eine neue Denkrichtung in der Thermodynamik. Dieses ordnende Prinzip wurde erst 1967, ein Jahrhundert nach der Entstehung der klassischen Thermodynamik, eindeutig anerkannt.

Es gibt noch andere ordnende Prinzipien. Der Physiker Erwin Schrödinger nahm 1944 für das Gesetz der großen Zahlen die Ehre in Anspruch, das »Prinzip der Ordnung aus der Unordnung« zu sein, und wir entdecken immer weitere Implikationen, die sich aus diesem »Gesetz« für den Umfang des Gehirns ergeben. Es gibt Dinge, bei denen größer wirklich besser bedeutet. Aber bei welchen Dingen?

# Meile 84
# Clear Creek

Ich sitze oben in den Wänden des inneren Canyons und blicke auf den Fluß hinunter. Der kärgliche Schmuck meines Aussichtspunktes besteht aus ein paar robusten Pflanzen, die sich mit ihren Wurzeln in Gesteinsspalten festgekrallt haben. Das ganze Gestein hier besteht aus dünnsten Schichten von scharfem, spitzem Tonschiefer und Zoroaster-Granit, die fast senkrecht verlaufen und so hart sind, daß sie kaum Verwitterungsspuren aufweisen. Nichts hat die scharfen Kanten abstumpfen können. Endlich habe ich ein kleines Fleckchen gefunden, wo ich mich niederlassen kann, ohne mich auf eine Messerschneide zu setzen. Von mir aus können die anderen ruhig weiterziehen in diesen ungewöhnlichen Seitencanyon. Die Regenwolken haben sich verzogen, und meine Kleider sind von der Sonne schon wieder trocken. Ich gähne und reibe mir die Augen. Jetzt könnte ich gut einen Kaffee gebrauchen.

> Der Canyon ist schmaler, als wir es je gesehen haben; das Wasser ist schneller; es liegen nur einige Felsblöcke in der Fahrrinne; aber die Wände sind an beiden Seiten mit Zinnen und Vorsprüngen versehen; und scharfe, kantige Strebepfeiler, strotzend vor Spitzen, die von Wind und Wasser poliert sind, ragen weit in den Fluß vor.
>
> Powells Expeditionsbericht, 1869

Ich muß mir noch ein paar Notizen machen von der Marathondiskussion letzte Nacht auf dem Hügel bei der Ruine, als alle Lichter aus waren. Das große Thema während der totalen Verfinsterung: Wie hat das Leben angefangen? Bloß mit einer Staubwolke? Das ist, wie Abby schon bemerkte, äußerst unwahrscheinlich.

Es stimmt schon, daß jedes Ergebnis im Nachhinein äußerst unwahrscheinlich ist. Trotzdem ist es erhellend, sich einmal ein paar Prozentzahlen vor Augen zu halten. Die Erde scheint zum Beispiel genau die richtige Umlaufbahn um die Sonne zu haben. Wäre der Abstand von der Sonne auf Dauer um sechs Prozent geringer, bestünde unsere Atmosphäre jetzt aus dichten Wolken von Kohlendioxid. Wir hätten dann, wie auf der Venus, einen Treibhauseffekt, der sich selbständig gemacht hat: Die Wärme bleibt eingeschlossen, so daß die Temperatur auf der Oberfläche auf 900° C steigt. Dieser Effekt macht uns hier im Südwesten auch zu schaffen: Das sichtbare Licht dringt in die Autos ein, das Innere heizt sich auf, und es entsteht Infrarotstrahlung. Die infraroten Photonen, die eine längere Wellenlänge haben als das Licht, können nicht so gut durch das Glas nach außen dringen, wie die kürzeren Wellenlängen eingedrungen sind. Deshalb wird es, wenn kein Luftaustausch stattfindet, drinnen immer heißer.

Wäre der Abstand zur Sonne ständig ein Prozent größer, so wären schon die Ozeane bis auf den Boden zugefroren, als dieser scharfe Schiefer sich bildete, vor fast 1,7 Milliarden Jahren – das sind zwei Drittel der Zeit von der Staubwolke, aus der die Erde hervorgegangen ist, bis zur Gegenwart. Man muß sich einmal klar machen, was nur ein Prozent ausmacht! Zumal unsere Entfernung von der Sonne im Laufe des Jahres ohnehin schon um drei Prozent schwankt, weil wir sie auf einer elliptischen Bahn umkreisen.

Und noch ein glücklicher Zufall: Die Erde hat genau die richtige Größe. Wodurch wurde sie bestimmt? Ein Teil der Staubwolke bildete einen Wirbel, aus dem in genau dem richtigen Abstand zur Sonne eine Zusammenballung entstand, die zu einem »Planeten« wurde, dessen leichte Kruste auf einem dichten Kern schwimmt. Wäre die Erde kleiner gewesen, zum Beispiel so groß wie der Mond, dann wäre ihre Schwerkraft ebenfalls kleiner gewesen, und jede Form von Atmosphäre wäre entwichen. Die im Kern gespeicherte Wärme hätte sich ebenfalls ins All verströmt, statt Vulkane zu erzeugen. Ferner wären die im Erdinneren gefangenen Gase nicht ausgetreten, wie sie es zum Glück getan haben, und zwar gerade weit genug, um zum Aufbau einer an die Erde gebundenen Atmosphäre beizutragen, in der der ausgetretene Wasserdampf gezwungen war, zu Regen zu kondensieren. Es hätte auch keine Ozeane gegeben. Ohne Wasser und Methan hätte das Leben es wahrlich schwer gehabt.

Über Hunderte von Jahrmillionen hinweg war die Erde ein heißer, unwirtlicher Ort. Vulkane stießen giftige Dämpfe und Gase in ungeheuren Mengen aus. Es gab keine

Ozeane, kaum eine Atmosphäre, und die Oberfläche war kahl, durchzogen von Löchern und Spalten, durch die feurige Eruptionen aus dem Inneren drangen... Doch das in den Gesteinen in Form von Hydraten gebundene Wasser gelangte in ungeheuren Mengen in die Atmosphäre und blieb dort, da die Oberfläche heiß war. Als nach einer sehr langen Zeit die Luft mit Wasserdampf gesättigt war und die Oberfläche der Erde sich abgekühlt hatte, trat eine neue Erscheinung auf.

Es regnete.

Es regnete, und der Regen verdunstete, und es regnete wieder. Der Regen ergoß sich auf die kahle, steinige Oberfläche und fraß das Gestein an und sammelte sich in großen flachen Becken... Der saure Regen löste das Gestein auf... Und wo das Wasser verdunstete, bildeten die Salze weite, flache Salzebenen.

William Day, *Genesis on Planet Earth*, 1984

Methan? Sollte da nicht Sauerstoff stehen? Nein, Methan. Dieses einfache, stinkende Molekül – ein Kohlenstoffatom, das von vier Wasserstoffatomen umgeben ist –, war wesentlich für die Bildung der Kohlenstoffverbindungen, die von allen Lebenwesen genutzt werden, um Strukturen aufzubauen und die dem Sonnenlicht entzogene Energie zu speichern. Methan, Ammoniak und andere einfache Moleküle trifft man sogar im interstellaren Raum an. Sauerstoffmoleküle traten erst sehr viel später auf, überwiegend als Nebenprodukt der durch das Licht angestoßenen Photosynthese – aber damit eilen wir unserer Geschichte voraus.

Außer den vielen Vulkanen gab es auf der frühen Erde auch viele Gewitter. Das Wetter war rauh. Die Ozeane wurden von Stürmen aufgewühlt, von Blitzen aufgestachelt, und heiße Lava ergoß sich in sie. Etwas Ähnliches kann man heute noch regelmäßig an der Südküste von Hawaii beobachten, wo der Kilauea eine 500 Meter hohe Fontäne orangerot glühender Lava ausspeit. Die Lava verbreitet sich in unterirdischen Kanälen und tritt an der Küste wieder zutage, wo sie hellrot glühend in die Meereswellen strömt, die gegen die Lavaklippen schlagen. So könnte es, wenn man sich die heutige, sauerstoffhaltige Atmosphäre und die Touristen wegdenkt, vor 3,7 Milliarden Jahren gewesen sein.

Es war eine kahle, unwirtliche Erde, über der die Sonne allmorgendlich unvermittelt aufging, sengend an einem schwarzen Himmel stand und eine verheerende ultraviolette Strahlung niederschickte. Die Anhäufungen von ungeschmolzenen Staubmassen, Aggregaten und Gesteinen, aus denen der Planet bestand, hinterließen einen ähnlichen Eindruck wie die dürre, kahle Oberfläche des Mondes. Die Sonne durcheilte auf ihrer täglichen Bahn den Himmel in wenigen Stunden, um ebenso unvermittelt wieder am Horizont zu versinken. Denn auf dieser luftlosen, wasserlosen, dem Hades gleichenden Welt war der Tag nur fünf Stunden lang. Bei Anbruch der Nacht ging der Mond auf. Wenn er als eine furchterregende Kugel über dem Horizont aufragte,

schien er so nah zu sein, als berühre er die Oberfläche der Erde, und das Licht seiner riesigen, schimmernden Scheibe ergoß sich über die karge Landschaft.
*William Day, Genesis on Planet Earth*, 1984

Angeregt durch Ideen, die der russische Biochemiker A. I. Oparin 1936
entwickelt hatte, machte der kalifornische Student Stanley L. Miller in
den fünfziger Jahren ein einfaches chemisches Laborexperiment. Er
nahm Methan, Ammoniak, Wasserstoff und Wasser und kochte dieses
Gemisch auf, in der Hoffnung, so die Bedingungen auf der frühen Erde
zu simulieren. Es passierte nicht viel. Daraufhin fügte Miller den Blitzschlag hinzu, in Gestalt eines Funkens von 60 000 Volt, der zwischen
zwei Drähten übersprang. In dem Rückstand, der sich nach einigen
Tagen auf dem Boden des Gefäßes angesammelt hatte, entdeckte er eine
erstaunliche Vielfalt komplexerer Moleküle, die sich gebildet hatten
oder, wie die Biochemiker sagen, synthetisiert worden waren. Wie man
bei späteren Untersuchungen herausfand, bewirkt ultraviolettes Licht
dasselbe wie Blitze – und davon gab es auf der frühen Erde sogar noch
mehr, denn es gab kaum eine Atmosphäre, die den ultravioletten Anteil
des Sonnenlichts herausgefiltert hätte. Die Synthese kann auch durch viel
Wärme bewirkt werden, und die wurde von vulkanischer Lava bereitgestellt.

Zu den wichtigsten Bausteinen des Lebens gehören die Aminosäuren,
zwanzig einfache organische Moleküle, die für alle heute vorkommenden
Lebensformen wesentlich sind. Jene Aminosäuren, die sich bei diesen
Experimenten, in denen die Bedingungen der frühen Erde nachgeahmt
wurden, am einfachsten erzeugen ließen, sind genau diejenigen, die in
den heute existierenden Lebewesen am häufigsten vorkommen.

Wenn man ein Gemisch aus diesen Aminosäuren leicht erhitzt, bilden
sich Proteine, lange Ketten, deren Glieder die kleinen Aminosäurebau-
steine sind. In diesen Ketten bilden sich hier und da Knicke, ähnlich wie
bei den Schneeketten, die in meinem Kofferraum liegen. Hier und da
entstehen auch Querverbindungen, die nebeneinander liegende Schleifen
der Aminosäurekette miteinander verkoppeln und aus ihr eine Art Brezel machen (wenn ich mit steifen Fingern meine Schneeketten zu entwirren versuchte, kam mir oft der Verdacht, daß auch bei ihnen Querverbindungen entstanden sind). Proteine, die nach Brezelart gefaltet sind,
haben die verblüffende Neigung, chemische Abläufe zu beschleunigen.
Sie wirken als Katalysatoren, in deren zahlreichen Ecken und Winkeln
einfache Moleküle zeitweilig festgehalten werden können. Wenn es
benachbarten »Gefangenen« gelingt, eine chemische Bindung mitein-

ander einzugehen, bleiben sie auch dann zusammen, wenn sie dem Gefängnis des Proteins wieder entronnen sind. Stellen Sie sich vor, auf Ihrem Tisch liege eine kleine Brezel in Form einer Acht. In die Brezel können Sie zwei Gummibärchen einsetzen. Wenn Sie die miteinander verkleben wollen, brauchen Sie eine Form, in der die Bärchen so lange still liegen, bis der Klebstoff trocken ist. Wenn Sie die miteinander verbundenen Gummibärchen herausgedrückt haben, kann die Bretzel erneut als Form verwendet werden (Katalysatoren werden nicht aufgebraucht). Katalysatoren wie die Proteine sorgen dafür, daß die Moleküle, die eine Verbindung eingehen wollen, leichter zusammenkommen als in einer Lösung, in der sie umherschwirren und nur zufällig aufeinanderprallen, und obendrein halten sie diese Moleküle so lange fest, daß zwischen ihnen eine chemische Bindung entstehen kann.

Während zufällige Begegnungen selten sind, kann ein Protein also als Heiratsvermittler dienen, der dem »Liebespaar« die Möglichkeit verschafft, in einem »Liebesnest« zusammenzukommen. Auf diese Weise werden unwahrscheinliche Koppelungen zur Norm, und Verbindungen, die früher selten waren, treten häufig auf. Die Proteine weisen unterschiedliche Formen auf, die jeweils eine andere chemische Reaktion katalysieren (aufgrund ihrer Oberflächenstruktur eignen sich auch einige Metalle wie Platin als Katalysatoren).

Auch die Reaktionsgeschwindigkeit, das Tempo, mit dem Moleküle zusammengebaut werden, wird von den Proteinkatalysatoren gesteuert (man bezeichnet sie gewöhnlich als Enzyme; Substanzen, deren Bezeichnung auf »-ase« endet, sind meistens Enzyme). Wenn an zwei Produktionsstätten wegen unterschiedlicher Mengen Enzym nicht in gleichem Tempo produziert wird, können überraschende Dinge passieren. Das Ergebnis hängt ganz von der zeitlichen Abstimmung ab. Eine Pflanze neigt sich zur Sonne, weil die Zellen auf einer Seite des Stengels schneller wachsen als auf der anderen. Auf die gleiche Weise bilden Embryos Arme und Beine aus – zwei miteinander verbundene Zellgruppen brauchen nur in unterschiedlichem Tempo zu wachsen, und es entsteht eine gekrümmte Oberfläche. Auf die gleiche Weise vollzieht sich die Gastrulation: Weil benachbarte Zellen unterschiedlich schnell wachsen, stülpt eine kugelförmige Zellschicht sich ein und bildet einen Sack, den späteren Magen. Dies ist ein wesentlicher Schritt in der Evolution des Tierstammes, dem wir angehören. Auch die Windungen des menschlichen Gehirns entstehen durch ein unterschiedliches Wachstumstempo.

Proteinartige Enzyme bestimmen das Wachstumstempo, das relative Wachstumstempo bestimmt die Form, und die Form bestimmt die

Funktion (es gibt allerdings auch wichtige Fälle, in denen die Funktion die Form bestimmt). Die Bedeutung unterschiedlicher Wachstumsgeschwindigkeiten für die Entwicklung lebender Organismen kann gar nicht genug betont werden. Aber damit greife ich wieder der Geschichte vor. In dieser Geschichte der verwinkelten Proteine kommt es nicht minder entscheidend auf Stabilität an. Das Stabile übersteht Schwankungen. Die stabilen Konfigurationen am richtigen Platz führen dann die Dinge aus, die wirklich interessant sind. Aus zufällig entstandenen Proteinen werden solche, die getreue Kopien von sich selbst herstellen, und von diesen führt die Entwicklung weiter zum Leben selbst.

Zur Zeit, als Gott der HErr Erde und Himmel schuf, als es auf der Erde noch keine Sträucher auf dem Felde gab und noch keine Pflanzen auf den Fluren gewachsen waren, weil Gott der HErr noch keinen Regen auf die Erde hatte fallen lassen und auch noch keine Menschen da waren, um den Ackerboden zu bestellen – es stieg aber ein Wasserdunst von der Erde auf und tränkte die ganze Oberfläche des Erdbodens –: da bildete Gott der HErr den Menschen aus Erde vom Ackerboden.

Genesis 2.5–7

Sehr alt sind die Steine.
Das Muster des Lebens liegt nicht in ihren Adern.
Als die Erde sich abkühlte, kamen die großen Regenfälle,
und die Meere füllten sich.
Nach und nach verbanden sich die Moleküle
in geordneter Asymmetrie.
Eine Milliarde Jahre verstrich,
Aeonen von Versuch und Irrtum.
Die Botschaft des Lebens nahm Form an, eine Spirale,
eine Helix, die sich endlos wiederholt,
gehüllt in Protein, ernährt von
Enzymen, geschützt durch Membranen,
umspült von Salzwasser, gewappnet mit
Kalk.
Muscheln glitzern am Meeresstrand,
die Brandung brodelt, Seemöwen schreien, und der mächtige Wind
rauscht in der Zypresse.

Thomas H. Jukes, *Molecules and Evolution*, 1966

★ ★ ★

Wir nehmen unser Lunch am Flußufer ein, und es ist so eng, daß einige mit ihren belegten Broten auf die Felsen gestiegen sind und fast über denjenigen hängen, die noch ein Plätzchen auf dem Strand gefunden haben. Wasserspeier mit Stullen. Die zurückkehrenden Wanderer sind begeistert. Sie haben einen Wasserfall entdeckt, der in großem Bogen waagerecht aus den Felsen hervorschießt, über die Badenden hinweg, die sich in dem Becken darunter vergnügen. Ein ganzes Stück weiter den Canyon hinauf soll der Cheyava-(»zeitweilig aussetzende«) Wasserfall sein, der aus einer Höhle oben im Redwall austritt und in Kaskaden hinunterstürzt in den Clear Creek Canyon. Es ist der größte Wasserfall im Gebiet des Grand Canyon. Man sollte kaum glauben, daß ein kleines Stückchen flußabwärts ein Seitencanyon beginnt, denn dieser Uferstreifen ist so schmal, daß man gerade ein paar Schlafsäcke darauf ausbreiten kann – bei »Ebbe«. Es liegt an dem harten Gestein. Beim Frühstück waren wir noch von dem weichsten Gestein umgeben, das man im Canyon antrifft, und jetzt sitzen wir inmitten des härtesten.

In diesem Abschnitt des Canyons, wo wir uns augenblicklich befinden, treten die ältesten Gesteinsschichten zutage. Einige sind gut zwei Milliarden Jahre alt, während die Erde selbst 4,6 Milliarden Jahre alt ist. Vor zwei Milliarden Jahren gab es Bakterien, aber sonst gab es nicht viel (richtig, die blaugrünen »Algen« gab es schon, aber die werden jetzt zu den Bakterien gezählt – ein Sieg der Ganzheitler).

Die steilen Platten aus Schiefer und Zoroaster-Granit, die unseren kleinen Strand flankieren, weisen ohnehin keine Fossilien auf, denn sie sind eine Milliarde Jahre älter als die ersten Organismen, von denen Fossilien erhalten sind. Außerdem ist der Schiefer zu oft in den Tiefen der Erde geschmolzen und umgeformt worden, weshalb man ihn als metamorphes Gestein bezeichnet. In Australien hat sich jedoch dreieinhalb Milliarden Jahre altes Gestein im ursprünglichen Zustand erhalten, und es weist winzige Fossilien auf, ganz ähnlich den fossilen Stromatolithen, die wir gestern am Carbon Creek sahen. Deshalb vermutet man, daß das Leben irgendwann während der ersten Milliarde Jahre der Erdgeschichte begonnen hat.

Schon einfache Zellen wie die blaugrünen »Algen« haben weit komplexere Eigenschaften als die erwähnten Proteine. Sie können Sonnenlicht einfangen und mit dessen Energie immer komplexere chemische Verbindungen aufbauen, in denen die Energie gespeichert wird. Aus dieser Energie bauen sie eine andere Alge auf, um ihre Art fortzupflanzen.

Aber wie fängt man Sonnenlicht ein, wie kann man es nutzen? Albert Einstein veröffentlichte 1905 neben der speziellen Relativitätstheorie mit der berühmten Formel $E = mc^2$ und seiner statistischen Erklärung der Brownschen Bewegung eine weitere Theorie, in der er den photoelektri-

schen Effekt erklärte. Wenn Licht auf Me-
talloberflächen trifft, werden Elektronen
herausgeschlagen, die davonrasen und einen
elektrischen Strom erzeugen (heute nutzt
man das in Solarzellen zur Stromerzeugung).
Bei blauem Licht ist dieser Effekt stärker als
bei rotem Licht. Während rotes Licht,
gleichgültig wie stark es auch sein mag, oft
überhaupt nichts bewirkt, genügt schon
schwaches blaues Licht, um einen elektrischen Strom zu erzeugen.

> In beiden Artikeln des Jahres 1905
> war Einstein weit über die Auffas-
> sung Machs hinausgegangen, eine
> wissenschaftliche Theorie sei nichts
> als die »sparsame Beschreibung der
> beobachteten Tatsachen«. Die
> Theorie sagt uns gerade, was zu
> beobachten wir erwarten können.
> Jeremy Bernstein, 1982

Einstein konnte all die rätselhaften Aspekte dieses photoelektrischen
Effekts mit der Annahme erklären, daß das Licht zu Photonen gebündelt ist, kleinen Päckchen Energie, deren Energiegehalt der Wellenlänge
des Lichts umgekehrt proportional ist. Dies war – zusammen mit der
fünf Jahre zuvor geäußerten Idee Plancks von den Energiequanten, mit
der er die Wärmestrahlung eines »schwarzen Körpers« erklärte – die
Grundlage der Quantenmechanik, wie man sie schließlich nannte. Einstein erhielt den Nobelpreis für die Erklärung des photoelektrischen
Effekts, da seine Relativitätstheorie 1922 noch umstritten war. Bei dem
Effekt handelt es sich praktisch darum, daß das Lichtphoton mit einem
Elektron im Metall zusammenstößt und diesem einen gehörigen Stoß
gibt. Durch diesen Stoß verschwindet das Photon, und seine Energie
tritt zur kinetischen Energie des Elektrons hinzu.

Fußballer können von Glück sagen, daß es ihnen nicht so geht, aber
dasselbe passiert bei Molekülen, speziell bei den sogenannten Pigmenten
(das bekannteste Pigment ist Chlorophyll). Das von dem Photon ange-
stoßene Elektron saust eine Weile herum und macht dadurch andere
chemische Reaktionen möglich. Die Energie, die 8,5 Minuten vorher auf
der Sonne dadurch frei wurde, daß zwei schwere Wasserstoffatome zu
einem Heliumkern verschmolzen und ihre überschüssige Bindungsenergie in ein Photon steckten, wird innerhalb der Zelle dazu genutzt, einen
Energiespeicher aufzubauen. Diese gespeicherte biologische Energie steht
dann für verschiedene Aufgaben zur Verfügung. Ähnlich ist es bei unseren Staudämmen, die Regenwasser speichern, das man später auf Gene-
ratorturbinen herabstürzen läßt, die dadurch in Bewegung gesetzt werden und Elektrizität erzeugen (auch Zellen erzeugen Elektrizität, aber
auf etwas sanftere Art).

So einfache Zellen wie Bakterien nehmen Sonnenlicht auf und benutzen es, um die Atome in sechs Molekülen Kohlendioxid ($CO_2$) und

zwölf Molekülen Wasser ($H_2O$) neu anzuordnen. Sie spalten den Sauerstoff von den Wassermolekülen ab, der dadurch zu sechs Molekülen $O_2$ wird, besser bekannt als molekularer Sauerstoff. Sauerstoff ist für die Zelle jedoch nur ein Abfallprodukt der Photosynthese. Worauf sie eigentlich hinaus will, ist das andere Reaktionsprodukt, ein einfacher Zucker, gespeicherte Energie, die später gebraucht wird, um etwas aufzubauen. Was ich letztendlich aus den vielen Bechern Limonade, die ich getrunken habe, entnehme, ist Glukose, $C_6H_{12}O_6$. Es ist »schnelle« Energie und praktisch der einzige Brennstoff, mit dem das Gehirn arbeitet (Glukose, nicht Limonade!). Ich nehme noch zwei Becher mehr.

Aber mit dem Gehirn sind wir dem Gang unserer Geschichte weit vorausgeeilt. Für uns ist das wichtigste an dieser einfachen Reaktion zunächst der anfallende Sauerstoff. Er gelangt schließlich in die Atmosphäre und wird dort als Gas festgehalten. Anfangs konnte man kaum von einer Atmosphäre sprechen – das Leben mußte sie erst aufbauen. Dieser einfache Vorgang der Photosynthese in den mikroskopischen Pflanzen, die in den Weltmeeren treiben (und unter dem Begriff Phytoplankton zusammengefaßt werden), liefert auch heute noch 90 Prozent des Sauerstoffs, den wir einatmen. Das ist einer der Gründe, warum wir uns um den Zustand der Weltmeere Sorgen machen.

Es gibt jedoch andere chemische Reaktionen, die Sauerstoff schlucken. Eisen rostet und wird zu Redwall-farbigem Eisenoxid. Auch Silizium verbindet sich gern mit Sauerstoff – so entstand unser Sandstrand. Und in der Urzeit gab es viel Eisen, das offen an der Oberfläche der Erde lag oder in den Ozeanen gelöst war. Etwa zwei Milliarden Jahre lang blieb nicht viel Sauerstoff in der Luft übrig, weil Eisen und Silizium so großen Appetit darauf hatten. Schließlich war der Verrostungsvorgang jedoch abgeschlossen, und Sauerstoff begann sich in der Atmosphäre anzureichern, bis der heutige Anteil von 20 Prozent erreicht war. Das trug dazu bei, die Erdoberfläche gegen die ultraviolette Strahlung im Sonnenlicht abzuschirmen (ein Molekül aus drei Atomen Sauerstoff, Ozon, $O_3$, absorbiert die UV-Strahlung besonders wirksam). Dank dieser Abschirmung konnte das Leben schließlich das Meer verlassen und sich auf dem Land niederlassen. Weil aber immer noch ein bißchen UV-Strahlung durchkommt, haben sich auch heute wieder alle eifrig mit Sonnenschutzmitteln eingerieben.

Der Sauerstoffanteil pendelte sich bei 20 Prozent ein, weil die photosynthetische Erzeugung sich bei diesem Wert die Waage hielt mit der fortdauernden Verrostung und dem Sauerstoffverbrauch der Tiere. Würde die Photosynthese aufhören, Sauerstoff zu erzeugen, dann würde, so hat man geschätzt, der zwanzigprozentige Vorrat in der Erdatmosphäre in nur 2 000 Jahren verbraucht sein. Nicht gerade die beste Sicherheitsmarge. Da fällt mir einer dieser Autoaufkleber ein, auf dem zu lesen war: »Haben Sie heute schon einer Grünpflanze gedankt?« Besonders wäre dem Phytoplankton in den Ozeanen zu danken, das den größten Teil dessen, was wir einatmen, produziert.

Marsha, unser blühender Teenager, die gestern Nacht mit zur Mondbeobachtung war, fragte einen der Bootsführer im Scherz, wann endlich die Ursuppe auf den Tisch käme. Das wäre eine wahrhaft organische Suppe – hoffentlich nicht vom Blitz gerührt, solange ich dabei bin. Mit unbewegtem Gesicht antwortete er: »Heute abend, zu den Linguini mit Muscheln.«

Das ist jedoch die Antwort, die jeder kriegt, der die Bootsführer nach dem Essen fragt: »Linguini mit Muscheln«, wobei sie ein bißchen zwinkern. Am ersten Tag glaubten alle, das sei ernst gemeint, bis die Steaks auf den Tisch kamen. Am zweiten Tag bekam man wieder zu hören: »Linguini mit Muscheln«, doch es gab weder Muscheln noch Linguini. Alle haben sich das Schlagwort zu eigen gemacht. Fragt man einen Mitreisenden, der es auch nicht weiß, nach dem Namen eines unbekannten Vogels, so wird er vermutlich kennerhaft antworten: »Das muß ein Muschel-Linguini sein.«

»Die Ursuppe ist doch sicher ein Sammelbegriff für alles mögliche, nicht wahr?« bemerkte Rosalie. »Unser genetischer Code – und diese phantastische Reihe von Umformungsprozessen, die von der DNA über die RNA zu den Proteinketten verläuft – kann doch bestimmt nicht der Anfang des Lebens gewesen sein.«

»Unsere Linguini mit Muscheln sind auch ein Sammelbegriff«, warf Alan ein. »Wartet doch ab, ihr werdet dann schon sehen, was wir in den Topf werfen.«

»Ja, aber in unserem Fall ist die Ursuppe ein Sammelbegriff für unsere Unwissenheit«, sagte ich. »Sie umfaßt alles, was passierte, bevor sich unser heutiger genetischer Code entwickelte. Vor mehr als dreieinhalb Milliarden Jahren gab es bestimmt auch schon einfachere Versionen der Replikation, die miteinander konkurrierten, und eine gewisse Steigerung der Komplexität.«

»Letzten Endes«, sagte Dan Hartline, »ist die Frage doch, wie die Selbstreplikation überhaupt in Gang gekommen ist. Waren es Moleküle, die anfingen, mehr von ihrer eigenen Sorte zu machen?«

»Denkt doch mal daran, was am ersten Morgen am Fluß mit Bens Frühstücksteller passiert ist«, sagte Rosalie lachend. »Er hatte vergessen, ihn abzuwaschen, ließ ihn in der Sonne liegen, und der Sirup von den Pfannkuchen trocknete fest. Als er den Teller abwusch, ging der harte Sirup in einem Stück ab. Eine vollkommene Kopie von der Innenseite des Plastiktellers!«

»Ich halte es für möglich, daß Proteine als ihre eigenen Schablonen dienen«, antwortete ich, »aber vermutlich liegt der Schlüssel zu ihrer Evolution in der parallelen Entstehung von RNA- oder DNA-Ketten, die eine Reihe von Schablonen für Aminosäureketten bildeten.«

»Ist ein Protein nichts anderes als eine Kette von Aminosäuremolekülen?« wollte Abby wissen.

»Genau. Und Gene sind nichts anderes als Ketten von DNA-Basenmolekülen. Nur daß die DNA-Ketten sich nicht falten und nicht solche verwickelten Querverbindungen ausbilden wie die Aminosäureketten«, antwortete ich. »Sie bilden lieber eine Spirale, wie ein Korkenzieher. Die DNA-Ketten sind das Basisgedächtnis für die Zelle – sie selbst tun nichts, sie lassen sich lediglich kopieren, wobei eine komplementäre RNA-Kette gebildet wird. Die verläßt dann den Zellkern und dient als Anweisung für den Aufbau von Aminosäureketten.«

»Es gibt ein Übersetzungsschema, man nennt es den genetischen Code«, erklärte Rosalie. »Die ersten drei Moleküle auf der RNA-Kette bestimmen, welche von den 20 Aminosäuren das erste Glied der Proteinkette bilden wird. Die nächsten drei RNA-Moleküle bestimmen die zweite Aminosäure, die an die erste angehängt wird. Auf diese Weise wächst die Proteinkette. Das ist so phantastisch, daß ich nicht glauben kann, daß es das erste Schema war, das ausprobiert worden ist.«

»Zuerst gab es wahrscheinlich ein einfacheres Schema der Selbstreplikation, bei dem Ton als Katalysator diente«, sagte ich. »Wenn erst einmal durch Niederschläge Flüsse entstanden sind, werden die Teilchen nach Größe sortiert. So entsteht Ton. Ton eignet sich sehr gut als Heiratsvermittler, weil er zahlreiche Winkel und Ecken enthält, die verschiedene einfache Kohlenstoffreaktionen katalysieren.«

»Mir hat jemand erzählt, jede Zelle meiner Haut enthalte die gesamte Information, die nötig ist, um mein Gehirn auszubilden«, sagte Abby. »Stimmt das wirklich?«

»Wahrscheinlich«, antwortete ich. »Die Hautzellen, die ich mir heute an den scharfen Felsen abgeschürft habe, enthielten die vollständige Instruktion, um eine Kopie von mir herzustellen. Oder zumindest: von mir, wie ich bei der Befruchtung war. Wahrscheinlich haben die Amei-

sen die von mir hinterlassenen Zellen schon in ihr Nest geschleppt. Ich kann nur hoffen, daß sie nicht über die entsprechende Technik verfügen, um den Code zu übersetzen und einen Klon von mir zu machen.«
»Wenn sie das könnten, müßten wir ihnen den nächsten Nobelpreis zuerkennen«, sagte Rosalie lachend.

# Meile 87

Wir hören das Wummern eines Hubschraubers, eine unliebsame Erinnerung daran, wie sorglos die Zivilisation die Umwelt verschmutzt. Als er auftaucht, ist es nicht der übliche Hubschrauber einer jener Firmen, die unmittelbar vor dem Parkeingang auf dem Südrand Touristen zu Rundflügen animieren, sondern ein Lastesel einer Baufirma: An einem Seil baumelt eine Lastwagenladung Baumaterial. Wie J. B. erzählt, wurde Phantom Ranch bei Meile 88 – hier buchstäblich um die Ecke – von der Parkverwaltung »verbessert«; es gibt dort jetzt Spülklos, fließend warmes und kaltes Wasser und Heißlufthandtrockner, als Service für die Wanderer, die durch die Wildnis ziehen. Und einen Hubschrauberlandeplatz als Service für die Piloten. Wenigstens ist der Bulldozer verschwunden, der hier am Ufer stand. Vielleicht haben sie ihn mit dem Hubschrauber ausgeflogen, vielleicht haben sie ihn auch in der Nähe versteckt, falls weitere Verbesserungen gewünscht werden. Früher haben für den Brückenbau Maultiere ausgereicht, grummele ich.

Wir sind gespannt auf die Verbesserungen der Wildnis, die Millionen Dollars verschlungen haben. Wir müssen dort anlegen – früher fuhr man hier so schnell wie möglich vorbei, und manche Reisende kniffen sich sogar die Augen zu, um sich nicht durch einen solchen Anblick in ihrem Naturerlebnis stören zu lassen –, weil die Parkverwaltung neuerdings verlangt, daß alle Bootsfahrer sich bei dem Büro der Phantom Ranch melden.

Seit 1983, als der Lake Powell überlief und bei der Parkverwaltung Hunderte von

Ich möchte, daß Sie im Zusammenhang mit dem Grand Canyon nur eines tun, in Ihrem eigenen Interessse und im Interesse des Landes... Lassen Sie alles, wie es ist. Der Canyon läßt sich nicht verbessern. Er ist das Werk von Äonen, und der Mensch kann ihn nur verschandeln.
Theodore Roosevelt, 1903

Der Reichtum eines Menschen bemißt sich an der Zahl der Dinge, auf die er verzichten kann.
Henry David Thoreau

Anrufen aus dem ganzen Land eingingen, weil besorgte Angehörige wissen wollten, ob ihren Lieben, die auf dem Fluß unterwegs waren, auch nichts passiert sei, ist die Bürokratie nochmal ein Stück gewachsen. Jetzt muß man hier anlegen und ihnen eine Liste der Reiseteilnehmer vorlegen, und erst nach der Freigabe darf man weiterfahren. Man kann doch schließlich nicht verlangen, daß sich ein Parkwächter auf die Brücke stellt und alle vorbeifahrenden Boote abwinkt, oder? Demnächst wird man wohl noch verlangen, daß Wanderer einen Cityrufpiepser mitnehmen, damit man auch sie zu sich bestellen kann.

# Meile 88
# Phantom Ranch

Wir fühlen uns ein bißchen mulmig, nachdem wir hier auf dem sandigen Ufer gelandet sind, wo die Bright-Angel-Bruchlinie quer durch den Colorado River verläuft. Die Zivilisation wird uns an keinem Punkt unserer Reise so nah auf den Pelz rücken wie hier, mit all den aufdringlichen Bauten und den beiden ausgefallenen Fußgängerbrücken, die den Fluß überspannen. Sie verbinden den Wanderweg, der vom Nordrand herunterkommt, mit den beiden Wegen, die zum Südrand hinaufführen. Die Außenwelt ist hier aber noch auf sehr viel massivere Weise in den Canyon eingedrungen.

Das erste Zeichen der Zivilisation erschien auf dem rechten Ufer in Gestalt eines alten Backsteinturms, dessen Öffnungen mit Brettern vernagelt waren – das war früher die Pegelstation, wo die Wassermenge im Colorado abgeschätzt wurde. Dann kam nach einer Linksbiegung des Flusses die erste Fußgängerbrücke. Und, ohne irgendeinen Sichtschutz, der strahlend neue Gebäudekomplex. Früher standen die Gebäude versteckt, fünf Minuten zu Fuß den Wanderweg hinauf, in der Nähe der Gästeunterkunft, die es schon vor der Gründung des Grand-Canyon-Nationalparks gab.

Als wir uns dem Ufer näherten, waren wir auf eine Sandbank gestoßen, die uns zwang, auszusteigen und das Boot ans Ufer zu ziehen. Die anderen Boote folgten unserem Beispiel. Einer der Bootsführer verschwand, um uns anzumelden. Als er wiederkam, rief er Howard zu, er solle bei der Notrufzentrale der Parkverwaltung anrufen.

Einer meinte neckend zu Howard, seine Patienten wüßten ihn selbst hier aufzuspüren. Worauf der ruhig entgegnete, er sei nicht praktizierender Arzt, sondern Forscher. Da war allen klar, daß es sich nur um schlimme Nachrichten handeln konnte, um Familienangelegenheiten. Einer der Bootsführer ist mit Howard den Pfad hinaufgegangen, um ihm zu zeigen, wo das Notruftelefon steht. Die meisten stehen, die Schwimmweste noch angelegt, wartend am Ufer. Den Zeichen der Außenwelt, zum Beispiel der Fußgängerbrücke, haben wir den Rücken zugekehrt. Wir sind, glaube ich, in einem Schockzustand, nachdem wir nach und nach die Alltagsmaske, die wir alle tragen, abgelegt und allmählich begonnen hatten, uns zu entspannen, um dieses unvergleichliche Erlebnis fern der Zivilisation zu genießen, mit der Welt unserer Vorfahren immer enger in Kontakt zu treten und uns zunehmend bewußt zu machen, wie alt die Erde doch ist und wie spät erst der Mensch aufgetreten ist.

Der Bootsführer kommt allein zurück und bespricht sich kurz mit den anderen Bootsführern. Dann geht er wieder. Allmählich sickert unter uns durch, daß Howards Vater einen Schlaganfall erlitten hat. Und daß Howard vorhat, noch heute nachmittag den Canyon zu verlassen, über den Wanderweg, der zum Südrand hinaufführt. Einige Bootsführer haben sich auf die Suche nach dem Maultiertreiber begeben. Der Transport wird hier von Maultierkarawanen besorgt, und sie meinen, daß ein Maultier die schwarzen Gummisäcke mit Howards Gepäck mitnehmen könnte. Jemand anders stellt eine Wegzehrung für Howard zusammen. Dan angelt aus einem seiner schwarzen Säcke seine Autoschlüssel hervor, damit Howard nach Phoenix fahren kann, sobald er in Flag angekommen ist, wo Dan sein Auto abgestellt hat.

Howard kommt zurück. Er sieht ziemlich mitgenommen aus. Er geht mit den Bootsführern, um ihnen zu zeigen, welche der schwarzen Säcke ihm gehören; sie heben sie vom Boot und unterrichten ihn von den Vorkehrungen, die sie inzwischen getroffen haben. Er setzt sich also hin und sucht in seinem Gepäck nach festem Schuhwerk, das sich besser zum Wandern eignet als die Tennisschuhe, die er anhat. Nachdem er die Sachen, die er auf dem Fluß trug, gegen Wanderkleidung ausgetauscht hat, tragen die Bootsführer sein Gepäck zu der Stelle, wo die Maultierkarawane schon ungeduldig wartet.

Howard erzählte uns, daß die Notrufzentrale ihm nichts Genaues ausrichten konnte. Es sei ihm aber geglückt, seine Mutter telefonisch zu erreichen, und sie habe ihm berichtet, daß sein Vater vor vier Tagen, gerade als wir unsere Reise begonnen hatten, einen Schlaganfall erlitten habe. Inzwischen habe sich der Zustand etwas stabilisiert, sein Vater sei im Krankenhaus und werde wegen der Schmerzen behandelt, und sobald es ihm besser ginge, würden die diagnostischen Untersuchungen beginnen. Howard war auch über den Ablauf der Ereignisse einigermaßen im Bilde. Am Vorabend war sein Vater mit starken Kopfschmerzen zu Bett gegangen. Am Morgen war er aufgestanden und hinuntergegangen, um das Frühstück vorzubereiten. Er hatte die Zeitung von draußen hereingeholt und auf dem Tisch ausgebreitet. Da merkte er, daß er sie nicht lesen konnte.

Blind war er offensichtlich nicht, denn er konnte einzelne Buchstaben erkennen und benennen, auch Wörter aus zwei Buchstaben wie »is« und »do«, aber längere Wörter konnte er nicht erfassen. Einen ganzen Satz konnte er nur mit sehr, sehr vielen Fehlern entziffern. Dabei war sein Sprechvermögen ungestört, und die Ärzte konnte er ohne Schwierigkeiten verstehen. Der Schlag war also nicht mit einer Lähmung oder mit allgemeinen Sprachschwierigkeiten (einer sogenannten »Aphasie«) verbunden, sondern schien lediglich sein Lesevermögen beeinträchtigt zu haben. Selbst das Schreiben war nicht beeinträchtigt; einen Probetext, den ihm die Ärzte diktierten, schrieb er auf. Aber als er vorlesen sollte, was er soeben korrekt aufgeschrieben hatte, ging es nicht. Nur Buchstabe für Buchstabe.

Howard war über diese Mitteilung sichtlich erleichtert, denn er wußte, daß sein Vater nur einen leichten Schlaganfall erlitten haben konnte. Und nach einem leichten Schlaganfall hat man gute Genesungsaussichten. Rosalie, die Neurologin ist, bestätigte ihn in dieser Ansicht und erklärte, daß eine Alexie (Lesestörung) allein ziemlich selten sei; meistens sei auch die Schreibfähigkeit beeinträchtigt, verbunden mit einer gewissen Aphasie. Nach den Schmerzen zu urteilen, müsse sein Vater eine Hirnblutung erlitten haben – aus einem geplatzten Blutgefäß seien Blutzellen in das Gehirn eingedrungen und hätten die Hirnhaut gereizt, die Schmerzen wahrnehmen kann (das Hirngewebe selbst ist schmerzunempfindlich). Man könne jedoch nicht genau eingrenzen, wo das Lesevermögen im Gehirn angesiedelt ist. Eine Lesestörung könne eintreten, wenn gewisse Stellen am Rande der Sehrinde beschädigt seien.

Howard fügte noch hinzu, daß sein Vater Objekte in der rechten Hälfte seines Gesichtsfeldes zu ignorieren schien. Das war merkwürdig, denn sehen konnte er die Objekte, vorausgesetzt, daß sonst nichts anderes zu sehen war. Sobald aber ein Objekt in der linken Hälfte um seine Aufmerksamkeit warb, beachtete er dieses und ignorierte beispielsweise eine winkende Hand in der rechten Hälfte. Aha, ein Gehirnschlag in der linken Hemisphäre, sagten Rosalie und einige andere gleichzeitig. Das paßt mit dem übrigen zusammen, denn Alexie tritt gewöhnlich bei einem Gehirnschlag in der linken Hälfte auf. Die Nichtwahrnehmung von Objekten in der rechten Hälfte des Gesichtsfeldes werde verschwinden, sagte Rosalie voraus; sie sei vermutlich auf eine Gehirnschwellung in der Umgebung des beschädigten Gebietes zurückzuführen. Diese werde sich in etwa einer Woche zurückbilden, und damit werde auch das Problem der selektiven Aufmerksamkeit verschwinden. Was die Lesestörung betraf, war sie aber nicht so zuversichtlich.

Ich nehme an, daß Howard nach dieser sachkundigen Beratung auf dem Grund des Grand Canyon ein wenig erleichtert war. Es ist doch erstaunlich, was man alles aus den Symptomen eines Gehirnschlags entnehmen kann. Die einzelnen Symptome bieten hervorragende Anhaltspunkte, denn sie sind ganz verschieden, je nachdem, welcher Teil des Gehirns betroffen ist. Nur bei einer Schädigung des Stirnlappens sind Funktionsstörungen kaum feststellbar, außer es handelt sich um eine größere Schädigung.

★

Die Hitze ist drückend geworden. Nur tollwütige Hunde, Maultiere und Engländer wagen sich in der Mittagssonne nach draußen (um an Noel Coward anzuknüpfen). Sobald wir wieder auf dem Fluß unterwegs sind, werden wir uns schnell abkühlen. Alle scheinen ratlos zu sein, ob sie Howard wegen des langen Aufstiegs in der Hitze bedauern oder lieber schweigen sollen. Drei Wegkilometer innerhalb des Canyons bleiben Howard allerdings schon erspart, weil die Bootsführer ihn bis zu der Stelle mitnehmen wollen, wo der Weg entlang der Bright-Angel-Bruchlinie zum Südrand aufzusteigen beginnt. Wir steigen also alle wieder in die Boote und setzen unsere Coloradofahrt fort. Allerdings müssen wir die Boote erst wieder über die Sandbank schleppen.

Im Hauptstrom angekommen, bemerken wir, daß das Wasser hier ganz unberechenbar ist. Nördlich der Bright-Angel-Bruchlinie sind in den letzten Jahren nach schweren Niederschlägen viele große Felsblöcke in den Fluß gespült worden. Dadurch wurden wir, obwohl von einer echten Stromschnelle keine Rede sein konnte, mehrmals naß bis auf die Haut, bevor die Boote nach einem guten Kilometer zum linken Ufer hinübersteuerten. Oberhalb einer Geröllhalde sahen wir den Weg aus dem Schiefer hervortreten. Das Geröll ist dadurch entstanden, daß der Bright-Angel-Bruch hier den Fluß verläßt und den Garden Creek bildet, durch den der Weg zum Südrand hinaufführte.

Howard kletterte aus dem Boot, überreichte Subie seine Schwimm-weste, band sich die Kletterschuhe zu und dankte den Bootsführern, die alles so hervorragend geregelt hatten. Auf Anraten von Subie begoß er sich mit kaltem Flußwasser, dessen Verdunstung ihm eine gewisse Küh-lung versprach. Auch seinen breitrandigen Leinwandhut ließ er mit Flußwasser vollaufen und steckte seinen Kopf hinein. Als er sich wieder aufrichtete, lief das Wasser unter dem Hutrand hervor über sein Gesicht. Subie war von dem Einfall ganz entzückt und sagte, daß er unterwegs Wasser finden würde, um den Hut erneut zu füllen. Nur dürfe er nicht aus dem Bach trinken, da das Wasser verschmutzt sei durch all die Men-schen oben auf dem Rand (die Parkverwaltung hat es zugelassen, daß auf dem Südrand eine kleine Stadt entstanden ist). Howard schulterte seinen mit Wasser und Proviant gefüllten Rucksack, winkte uns noch einmal zu und machte sich auf den Weg.

Nachdem wir abgelegt hatten, meinte Subie, er habe eine wirklich heiße Wanderung vor sich. Bei der Phantom Ranch betrug die Tempera-tur fast 47° im Schatten. Für uns ist es einigermaßen erträglich, weil wir im Lauftempo über den Fluß dahingleiten. Der Wanderweg, fast 15 Kilometer lang, liegt in der prallen Sonne, und es regt sich kein Lüft-chen. Außerdem führt der Weg gut 1 500 Meter bergauf, von einer Höhe von rund 600 bis auf 2 100 Meter. Das ist so, als würde man ein Gebäude von 425 Stockwerken ersteigen. Immerhin wird die Luft sich auf Zimmertemperatur abgekühlt haben, wenn Howard heute Abend den Südrand erreicht.

# Meile 93
# Monument Creek

## Fünftes Lager

Wir waren, glaube ich, noch immer bestürzt darüber, daß unsere wun-dervolle Einsamkeit so plötzlich durchbrochen worden war, daß die Realität von außen eindringen und einen aus unserer Mitte herausreißen konnte. Allerdings bekamen wir kaum Gelegenheit, länger darüber nach-zudenken. Schon vor dem Mittagessen laufend mit großen Stromschnel-len versorgt und anschließend auf der Bright-Angel-Bruchlinie über mehrere Kilometer hinweg ständig durchgerüttelt, mußten wir bei Meile 90 auch noch die (mit 9 eingestufte) Horn-Creek-Stromschnelle durchstehen.

Nachdem wir heute sieben Stromschnellen mit einer höheren Bewertung als 5 bewältigt haben, gehen wir jetzt unmittelbar oberhalb der Granite-Stromschnelle an Land. Zum Glück war es heute nicht kalt, und der Zustand des Flusses war erträglich. Dennoch bin ich so geschlaucht, daß ich meine, für heute reicht's. Wenn ich nach dem Getöse gehe, das zu uns herdringt, dürfte die Granite-Stromschnelle morgen ihrer Einstufung, einer 9, durchaus gerecht werden.

Statt uns häuslich einzurichten, wie wir es sonst nach dem Aufschlagen des Lagers zu tun pflegen, sitzen die meisten noch in der Schwimmweste herum und wärmen sich in der Sonne. Man muß erst einmal den Fluß von sich abschütteln. Menschen, die normalerweise nur ein Bier trinken, lassen schweigend zwei oder drei in sich hineinlaufen. Schließlich stehen sie auf und schauen sich nach einem Schlafplatz um. Sonst geschieht das immer zuerst: Jeder möchte den besten Schlafplatz ergattern. Heute ist es anders. Die Stille ist lastend, nur hin und wieder unterbrochen durch ein paar schnelle hingeworfene Worte. Einige sind nach den Aufregungen, die der heutige Tag mit sich brachte, ziemlich erschöpft.

★

Barbara breitete die Zeltbahn auf dem sandigen Uferstreifen aus. Dann nahm sie von dem Haufen, den die letzte Flut zurückgelassen hatte, zwei kartoffelgroße Steine. »Wollt ihr sehen, wie einfach es ist, Steinwerkzeuge herzustellen?« fragte sie. Ihre Zuschauer hockten unter den Weiden, die Schutz vor der Nachmittagssonne boten. »Natürlich«, sagten wir und erwarteten, daß die Anthropologin sich auf die Zeltbahn setzen und beginnen würde, behutsam die Steine zu behauen. Statt dessen setzte sie sich die Sonnenbrille auf – im Schatten. Was sollte das?

Die beiden Steine hatten den Umfang einer großen, länglichen Kartoffel. Sie umfaßte mit jeder Hand einen Stein, und zwar so, daß die Hälfte aus der Faust hervorschaute. Aber sie setzte sich nicht hin. Sie stand mit dem Gesicht zur Zeltbahn, den Zuschauern den Rücken zukehrend. Dann begann sie, die Steine heftig gegeneinander zu schlagen, auf Hüfthöhe und mit großer Kraft. Splitter begannen abzuspringen, von denen einige vor ihr zu Boden fielen. Nachdem sie eine Minute lang heftig gehämmert und einen Splitterhagel erzeugt hatte, fiel ein größeres Bruchstück herunter, und da nicht mehr genügend Stein aus ihren Fäusten hervorragte, stellte sie das Hämmern ein.

Die Zuschauerzahl hatte sich auf rätselhafte Weise verdreifacht. Man braucht nur etwas zu tun, um die Aufmerksamkeit auf sich zu ziehen. Den Frauen fällt immer etwas ein, um die trübe Stimmung zu vertreiben. Barbara nahm die Sonnenbrille ab, die offenbar als Augenschutz gedient hatte, las ein paar Steinsplitter auf und reichte sie herum. »Schaut mal, wie scharf sie sind. Ihr müßt sie wie eine Rasierklinge anfassen. Damit kann man nicht bloß ein Kaninchen schlachten, das dringt auch durch die zähe Haut eines Elefanten oder eines Nashorns. Das schaffen selbst Hyänen und Geier nicht, oder höchstens, wenn die Haut des Tieres zu verwesen beginnt. Mit diesen kleinen Splittern kann man Kniegelenke durchtrennen – das macht es einfacher, das Fleisch portionsweise wegzuschaffen an einen sicheren Ort, wo man es in Ruhe verzehren kann. Dadurch hält man sich die anderen Aasfresser vom Leib. Außerdem kann man damit die Muskeln von Knochen lösen.« Sie schwieg einen Augenblick. »Hat jemand sein Messer verloren? Steakmesser gefällig?« fragte sie einige Nachzügler.

Barbara nahm die beiden ursprünglichen Steine auf, beziehungsweise das, was davon übrig war. »Und diese großen Brocken, die immer noch groß genug sind, um bequem in die Hand zu passen, sind auch scharf. Man kann sie für die gleichen Zwecke benutzen, aber sie sind sicherer. Mit diesen kleinen Splittern kann man sich selbst in den Finger schneiden. Und Pflaster hat es früher nicht gegeben. Die ursprünglichen Steine, von denen die Splitter abgeflogen sind, haben hinten aber noch eine glatte Oberfläche. Leicht zu handhaben.« Sie führte vor, wie gut der Stein in der Hand lag.

»Außerdem kann man damit mehr Druck ausüben, ohne sich zu schneiden, wie bei den Splittern. Wenn man zehn Minuten lang Steine gegeneinander schlägt, bekommt man Dutzende von großen Bruchstücken zur Auswahl. Darunter wird eins sein, das gut in der Hand liegt. Vielleicht sogar mit einer Einbuchtung an der richtigen Stelle, wo der Daumen hineinpaßt, so daß man richtig zulangen kann. Damit konnte man beim Nahrungsammeln zum Beispiel Wurzeln durchschneiden. Ich vermute aber, daß sie zum Ausgraben der leckeren Sachen Stöcke benutzt haben – und daß sie einen scharfen Steinsplitter dabei hatten, um den Stock wieder anzuspitzen. Die Frauen primitiver Stämme machen es heute noch so, wenn sie auf Nahrungsuche sind.«

Wir wollten wissen, wann die Vorläufer des Menschen damit begonnen haben, auf diese Weise Werkzeuge herzustellen.

»Schon vor über vier Millionen Jahren gingen die Hominiden aufrecht, und sie sahen auch schon ziemlich menschlich aus. Würde Lucy mit ihrer Familie auf dem anderen Flußufer stehen und uns zuwinken, so würde man sie ohne zu zögern als Menschen einstufen, auch wenn sie schon vor etwa drei Millionen Jahren aus der Mode gekommen sind. Es gibt schließlich kein anderes Wesen, das aufrecht steht und winkt. Erst bei genauem Hinsehen, besonders wenn man von hinten den kleinen Schädel sieht, würden einem Zweifel kommen.« Nach einer kurzen Pause fuhr Barbara fort: »Bei dem frühen Australopithecus hat man solche einfachen Steinwerkzeuge allerdings nicht gefunden. Abgesplitterte Steine wie diese findet man erst ab einer Zeit, die etwa 2,4 Millionen Jahre zurückliegt.«

Wissenschaftler neigen dazu, die Schwachpunkte einer Erklärung auszuloten, selbst an einem heißen Nachmittag. Dan Hartline machte den Anfang: »Wetten, daß ich genau solche abgesplitterten Steine finde, wenn ich mich bei einem der Wasserfälle hier genau umschaue? Damit scharfe Bruchstücke und Splitter entstehen, braucht ein Stein doch nur aus großer Höhe herunterzufallen. Wenn du die Steine gegeneinander schlägst, platzen sie durch ihre kinetische Energie an den Bruchflächen auseinander.« Dan hat, wie so viele Neurobiologen, als Physiker begonnen (das heißt, um genau zu sein, haben er und seine Brüder damit begonnen, in der Chesapeake Bay Königskrabben für das biologische Forschungslabor ihres Vaters zu sammeln).

»Du hast recht«, sagte Barbara lächelnd. »In Utah hat ein Geologe sogar einen ganzen Haufen Steine gefunden, die wie Steinwerkzeuge aussahen. Nur stammen die Sedimente, in denen sie lagen, aus einer Zeit, als der größte Primat eine Baumspitzmaus war. Offenbar waren hochgelegene Nester von Kieselsäuregestein herausgewittert, heruntergestürzt und zerbrochen. Außerdem hast du recht, wenn du sagst, daß man nicht viel mehr braucht als rohe Kraft, um solche Splitter zu bekommen. Besondere Fähigkeiten braucht man dazu auch nicht, man muß höchstens aufpassen, sich nicht die Finger zu quetschen.« Prüfend betrachtete sie die Seite ihres Daumens. »Das Hauptproblem bei der Methode sind die Blasen, wenn man nicht geübt ist.«

»Woher weißt du dann, daß Steinsplitter von Hominiden erzeugt wurden?«

Barbara nickte, drehte sich um und zeigte auf die mit Steinsplittern übersäte Zeltbahn. »Siehst du die Verteilung? Die Splitter sind fächerförmig verteilt, und dort, wo ich gestanden habe, ist ein kleines Häufchen. Sieht aus wie ein dickes Ausrufezeichen. Bei Ausgrabungen, die Glynn Isaac mit seiner Gruppe in einem weiten Gebiet Kenias gemacht hat, stieß er immer wieder auf diese Verteilung. Und von Felswänden war ringsherum nichts zu sehen. Es ist sogar gelungen, die ursprünglichen Steine aus den Bruchstücken wieder zusammenzusetzen. Stell dir mal vor, du brauchst nur ein paar Steine aneinanderzuschlagen, und in einer Minute kannst auch du einen archäologischen Fundort schaffen!«

»Aber wie oft hat man solche Splitter gefunden?« warf Ben ein.

»An manchen Orten, zum Beispiel in der Olduvai-Schlucht in Tanzania«, erklärte Barbara, »ist der Boden mit Steinsplittern nur so übersät. Man kann buchstäblich keinen Schritt tun, ohne auf ein Steinwerkzeug der Hominiden zu treten. Darum hat Louis Leakey dort auch zu graben begonnen. Er war überzeugt: Wo so viele Steinwerkzeuge lagen, mußte er irgendwann auch auf Knochen von Hominiden stoßen. Das war 1935, und es hat dann doch noch eine Zeitlang gedauert, denn erst 1959 fand Mary Leakey den Schädel und die Zähne des Zinjanthropus. Die ältesten Sedimentschichten in Olduvai sind zwei Millionen Jahre alt, dann beginnt das Urgestein, doch Koobi Fora und Laetoli reichen weiter zurück, dort sind die Steinwerkzeuge 2,4 Millionen Jahre alt.«

Ich lächelte, denn ich erinnerte mich, wie ich Louis Leakey kurz nach seinem ersten Fund von Hominidenspuren in Ostafrika begegnet war. Er war noch nicht berühmt, und er war zu einer Reihe von Vorträgen an anthropologischen Instituten nach Nordamerika gekommen. Ich war damals Physikstudent und hatte noch nie eine Einführung in die Anthropologie gehört, hatte es aber trotzdem geschafft, an einem Anthropologiekurs für Fortgeschrittene teilnehmen zu dürfen. Gegen Ende des Semesters kündigte mein Professor, Melville Herskovits, mit strahlendem Gesicht und seinem typischen Augenzwinkern an, er habe etwas Besonderes für uns: Louis Leakey und die Abgüsse des Zinj-Schädels und der Zähne.

Louis Leakey war eine beeindruckende Persönlichkeit, nach meinen damaligen Maßstäben nur vergleichbar mit Harry Truman (in dessen Umgebung ich einige Jahre zuvor eine Woche lang hatte arbeiten dürfen, als er gerade seine Memoiren aus der Zeit seiner Präsidentschaft beendet hatte und ich einem Fotografen von *Life* als Helfer diente). Ich weiß nicht, was mir mehr Eindruck machte, der große, muskulöse Louis Leakey oder der massive Zinj-Schädel mit dem Scheitelkamm wie bei einem Gorilla. Den Schädel in seinen großen Händen haltend, war Louis ganz in seinem Element, während er die aufgeregten Fragen beantwortete, aus denen hervorging, daß alle Anwesenden begriffen hatten, daß in der Paläoanthropologie eine neue Epoche angebrochen war. Was ich damals nicht begriff, war, daß er in der Olduvai-Schlucht mit Unterbrechungen ganze 24 Jahre lang gearbeitet hatte. 1959 war auch das Jahr, in dem er

Jane Goodall überredet hatte, das Verhalten der Schimpansen im Gombe-Nationalpark zu untersuchen. Ein gutes Jahr.

»Könnte das Aneinanderschlagen von Steinen nicht daher gekommen sein, daß zuerst Steine benutzt wurden, um harte Nüsse zu knacken?« fragte Jackie. »So machen es die Schimpansen. Sie nehmen einen Stein, legen die Nuß auf eine harte Unterlage und hämmern gekonnt darauf ein. Vor allem die Schimpansenweibchen verstehen sich darauf – bisweilen setzen sie den Nüssen so schwer zu, daß dabei die Steine zerplatzen. Das ist doch die ideale Voraussetzung dafür, zufällig Steinsplitter zu erzeugen und anschließend zu entdecken, was man mit ihnen anfangen kann. Allerdings wird dabei nicht mit roher Gewalt gehämmert, wie du es gemacht hast, sondern mit Präzision.«

»Heißt das, daß der Werkzeuggebrauch nicht von Männern, sondern von Frauen erfunden wurde?« warf Marsha ein.

»Jedenfalls von den Schimpansenweibchen«, erwiderte Barbara. »Fest steht, daß sie häufiger und mit größerem Geschick Werkzeuge benutzen. Alle Schimpansen, Männchen wie Weibchen, benutzen Stöcke zum Termitenangeln. Sie streifen die Blätter von den Zweigen ab und widerlegen damit die Definition von Benjamin Franklin, derzufolge der Mensch das werkzeugmachende Tier ist. Dann stecken die Schimpansen den so bearbeiteten Stock in einen Termitenhügel. Die Termiten-Soldaten greifen den Stock an und kriechen darauf. Der Schimpanse zieht daraufhin den Stock vorsichtig heraus und leckt die Termiten ab, ähnlich wie der Darwinfink. Weibchen widmen sich dieser Aufgabe sehr viel ausgiebiger als Männchen. Der große Unterschied zwischen Weibchen und Männchen wird jedoch beim Hämmern deutlich: Das schwierige Nüsseknakken wird zu über 92 Prozent von Weibchen erledigt, doch an einfacheren Aufgaben beteiligen sich auch Männchen. Und die Weibchen hauen sich dabei nicht auf die Finger.«

»Es könnte also so gewesen sein, daß man zuerst Nüsse gegessen hat und dann die Fähigkeiten entwickelte, eine Vielzahl von Werkzeugen anzufertigen«, vermutete Ben. »So könnte die ganze technische Entwicklung in Gang gekommen sein.«

Barbara begann, die Splitter von der Zeltbahn aufzulesen, und warf sie weit in den Fluß hinaus, damit niemand hineintrat. »Nachdem dieses grobe Aneinanderschlagen von Steinen einmal erfunden war, wurde vor etwa anderthalb Millionen Jahren ein Grundbestand an einfachen Werkzeugen entwickelt. In der folgenden Million Jahre gab es dann allerdings kaum Verbesserungen. Vielleicht hat sich das Verhalten der Werkzeugbenutzer geändert, doch an den Werkzeugen selbst, die wir gefunden

> Was die Weiterentwicklung des Menschen am stärksten antreibt, ist die Freude am Können. Es bereitet ihm Spaß, das, was er macht, gut zu machen, und wenn er es gut gemacht hat, bereitet es ihm Vergnügen, es noch besser zu machen.
>
> Der Universalgelehrte Jacob Bronowski, 1973

haben, sind bis vor etwa 300 000 Jahren keine grundlegenden Veränderungen festzustellen. Kaum Veränderungen über mehr als eine Million Jahre – also kaum ein Fortschritt. Wie kann man sich das erklären?« Sie schüttelte den Sand von der Zeltbahn. Schweigen. »Nun, woran lag es also?« »Gab es denn überhaupt einen Grund, die Werkzeuge zu verbessern? Die Frage ist, wie Glynn Isaac zu sagen pflegte, nicht, warum sich so lange nichts verändert hat, sondern warum es überhaupt zu einer Veränderung gekommen ist. Möglicherweise haben sie versucht, in einem kälteren Klima zu leben, und daher brauchten sie Nadeln, um Tierhäute zusammenzunähen. Aber darüber weiß man noch nichts.«

★

Nach dem Essen setzte Rosalie sich auf einen Felsvorsprung neben Marsha, die damit beschäftigt war, etwas an einem platten Stein zu reiben. Ich saß in der Nähe und wurde Zeuge ihres Gesprächs. »Indianisches Kunsthandwerk?« fragte Rosalie.

Marsha blickte sie mit einem gewinnenden Lächeln an. »So haben die Anasazi-Frauen sich Halsketten gemacht.« Sie strich sich die blonden Locken aus dem Gesicht und hielt Rosalie ein kleines Kügelchen hin. »Das sind Wacholderbeeren.«

»Wie kriegst du denn ein Loch hinein, um sie aufzureihen?«

»Das ist bei diesen Beeren ganz einfach. Man braucht nur die beiden Enden abzuschleifen, dann fällt der Kern heraus. Man braucht nur den Staub herauszublasen. Siehst du? Das Loch ist fertig.« Marsha holte eine Handvoll schon gelochter Beeren aus der Jackentasche und legte sie auf die glatte Felsplatte. »Dann rollt man sie ein bißchen, damit sie schön rund werden.«

Rosalie bewunderte die Perlen. »Wo hast du hier Wacholderbeeren gefunden?«

»Die habe ich mitgebracht«, sagte Marsha lachend. »Das heißt, ich wußte nicht mehr, daß ich sie in der Jackentasche hatte. Ich habe sie letzte Woche vor dem archäologischen Museum in Mesa Verde gepflückt, wo ich mir die Ausstellung über die Anasazi und ihre Lebensweise angesehen hatte. Dort wurden echte Halsketten gezeigt, sehr schöne Sachen.«

»Haben die Anasazi-Frauen die Perlen gefärbt?« fragte Rosalie.

»Soweit ich weiß, haben sie einige Perlen schwarz werden lassen. Sie brauchten sie nur eine Zeitlang zu tragen, und durch ihren Schweiß wurden die Beeren dann schwarz. Ich habe mir vorgenommen, es auszuprobieren und ein paar Tage lang eine Kette zu tragen.«

»Gab es bei den Anasazi-Ketten noch andere Farben?«

»Ich weiß es nicht. Bei Ketten, die jeden Tag getragen wurden, glaube ich es nicht, weil sie durch den Schweiß früher oder später doch schwarz wurden. Vielleicht besorge ich mir aber etwas von der Redwall-Farbe, von dem Zeug, das aus der Supai-Schicht ausgewaschen wird. Vielleicht probiere ich mal, wie lange das hält.«

»Wurde in der Ausstellung etwas darüber gesagt, ob die Anasazi die aufgereihten Perlen zum Zählen benutzt haben?« fragte Rosalie.

»Meinst du, wie ein Rechengestell? Wo man zum Rechnen die Perlen hin und herschiebt? Daran kann ich mich nicht erinnern«, antwortete Marsha.

»Nein, das nicht. Ich meine, wie die Azteken Steuern und dergleichen durch Knoten in Fäden festgehalten haben. Durch die Anzahl der Knoten und ihre Abstände untereinander wurde festgehalten, wieviel Scheffel einer abgeliefert hatte. Das hätte man auch mit Perlen an einer Halskette machen können. Ich wollte bloß wissen, ob auch die Anasazi solche Methoden kannten.« Rosalie warf einen Stein in den Fluß.

»Ich glaub' nicht, daß es darüber im Museum etwas gab«, sagte Marsha. »Aber die Idee ist toll. Man konnte sich dann eine Halskette anlegen, deren Perlen bedeuteten: ›Diese Kette hat tausend Dollar gekostet‹, und brauchte keine Diamanten zu tragen!«

Rosalie lachte. »Für eine so langen Satz braucht man aber eine Menge Perlen.«

»Sind doch bloß ein paar Dutzend Buchstaben.«

»Aber überleg' mal, wieviele verschiedene Farben man dafür braucht«, meinte Rosalie.

Marsha überlegte kurz. »Perlen in sechsundzwanzig verschiedenen Farben, eine für jeden Buchstaben des Alphabets, das ist, glaube ich, ein bißchen viel. Aber was hältst du vom Morsealphabet? Dann bräuchte ich nur lange und kurze Perlen.«

»Ich schätze, die Halskette würde dir dann bis zur Hüfte hängen«, meinte Rosalie. »Was hältst du von einem Code, dessen Alphabet nur vier Buchstaben enthält? Das wären vier verschiedene Farben.«

»Du meinst, wie bei der DNA, beim genetischen Code? Der kann alles mit nur vier verschiedenen Buchstaben ausdrücken, den RNA-

Basen G, C, A und U.« Marsha hielt die Beere, die sie gerade rieb, gegen das Licht, blies dann den Staub aus dem Loch in der Mitte und sah noch einmal nach. »Aber mit diesen Buchstaben kann ich nicht viele Wörter bilden.«

»Du brauchst bloß eine Folge von zwei oder drei Buchstaben aus diesem Alphabet, um alle Buchstaben unseres Alphabets zu bilden«, erwiderte Rosalie. »GCA könnte zum Beispiel B, GCG könnte E bedeuten, und so weiter. Weißt du noch, wie der genetische Code funktioniert?«

»Ja, das weiß ich noch. Er benutzt auch Buchstabenkombinationen.«

»Wieviele Buchstaben hat das Alphabet der Aminosäuren?«

»Ach, meinst du, so wie die sechsundzwanzig Buchstaben des ABC?« Marsha schaute den Fluß hinunter, wo der Sonnenuntergang gerade einsetzte. »Waren es nicht zwanzig? Die DNA sagt der Zelle, welches Protein sie herstellen soll, und als Bausteine stehen zwanzig verschiedene Aminosäuren zur Verfügung, die aneinandergekettet werden. War es nicht so?«

»Du hast ein gutes Gedächtnis. Wieviele DNA-Buchstaben sind also nötig, um der Zelle zu sagen, welche der zwanzig Aminosäuren an das Ende der entstehenden Proteinkette geheftet werden soll?« fragte Rosalie lächelnd und zugleich die Stirn runzelnd.

»Ich glaube, drei«, sagte Marsha. »Drei aufeinanderfolgende Basen sagen dem Protein-Montageband, welche der zwanzig möglichen Aminosäuren als nächste kommt.«

»Würden nicht schon zwei DNA-Basen genügen?«

Marsha blickte sie fragend an.

»Überleg' mal«, fuhr Rosalie fort, »wieviele Möglichkeiten es gibt, zwei Perlen auf einer Kette anzuordnen, wenn jede eine von vier Farben haben kann?«

»Ich verstehe. Also, die erste Perle kann eine von vier Farben haben. Wenn die erste schwarz ist, kann die zweite wiederum jede der vier Farben haben. Das gibt also vier mögliche Paare. Wenn die erste weiß ist, kann die zweite... Ich glaube, es ist vier plus vier plus vier plus vier. Sechzehn. Sechzehn verschiedene Paare.«

»Stimmt«, sagte Rosalie. »Mit einem Paar DNA-Basen kannst du also nur sechzehn verschiedenartige Aminosäuren spezifizieren.«

»Das reicht aber nicht. Um wenigstens bis zwanzig zu zählen, braucht man also auch Dreiergruppen! Hoppla!« rief Marsha aus, denn die Perlen waren ihr vom Schoß in den Sand gerollt. Beide bückten sich, um sie aufzusammeln. Einige, die auf meinem Fuß gelandet waren, schob ich ihnen hin.

»Wenn es diese Beeren doch nur in vier verschiedenen Farben gäbe, statt bloß in staubig und sauber«, meinte Marsha versonnen. »Dann könnte ich eine Halskette machen, die die Bauanleitung für ein echtes Protein enthält.«

»Oh, diese hier könnte ein U sein, für unfertig«, sagte Rosalie lachend und hielt eine Beere hoch, deren Ende zwar abgeschliffen waren, die aber noch nicht zu einer runden Perle gerollt war. Den meisten anderen hatte Marsha schon durch Rollen zwischen zwei flachen Steinen die runde Form gegeben.

»Und diese polierte Perle hier ist ein bißchen aubergine«, bemerkte Marsha. »Damit haben wir ein A!«

»G für grün? Ach, grüne Beeren sind nicht dabei. Was gibt es noch?«

»Wenn erst der Schweiß zu wirken beginnt, müßten diese hier ziemlich dunkel werden«, meinte Marsha und angelte nochmal in ihrer Jackentasche. »Die Farbe haben sie gekriegt, als ich sie im Bus aus Flag in der warmen, verschwitzten Hand rollte.«

Rosalie betrachtete die Perle im milden Abendlicht. »Richtig schwarz ist sie nicht. Macht aber nichts. Wir brauchen kein S. Welche Farben fangen mit G oder mit C an?«

»Cacao«, rief Marsha aus.

»Gut. Die verschwitzten nennen wir C, und Cacao steht für Cytosin.«

Marsha zählte. »Wir haben jetzt U für unfertig, A für auberginefarben, C für Cacao. Bleibt noch das G. Und dann ist da noch das Problem, daß ich hier nur drei verschiedenen Sorten Perlen entdecken kann.« Ihr Gesicht hellte sich auf. »Wir können natürlich auch welche färben. Hast du grünen Nagellack?«

»Wie entsetzlich!«

»Vermutlich hat keiner welchen. Aber wie wäre es mit Grau. Ich kann sie an den grauen Steinen reiben. Jetzt fällt es mir wieder ein: Als ich die Beeren in Mesa Verde an den Steinen rieb, wurden sie grau.«

Rosalie klatschte vergnügt in die Hände. »G steht für grau. Das gute alte Guanin.« Sie schauten sich um nach einem grauen Stein. »Du, ich glaube, es ist schon ziemlich dunkel geworden. Wie es scheint, haben sich alle schon die Zähne am Fluß geputzt.«

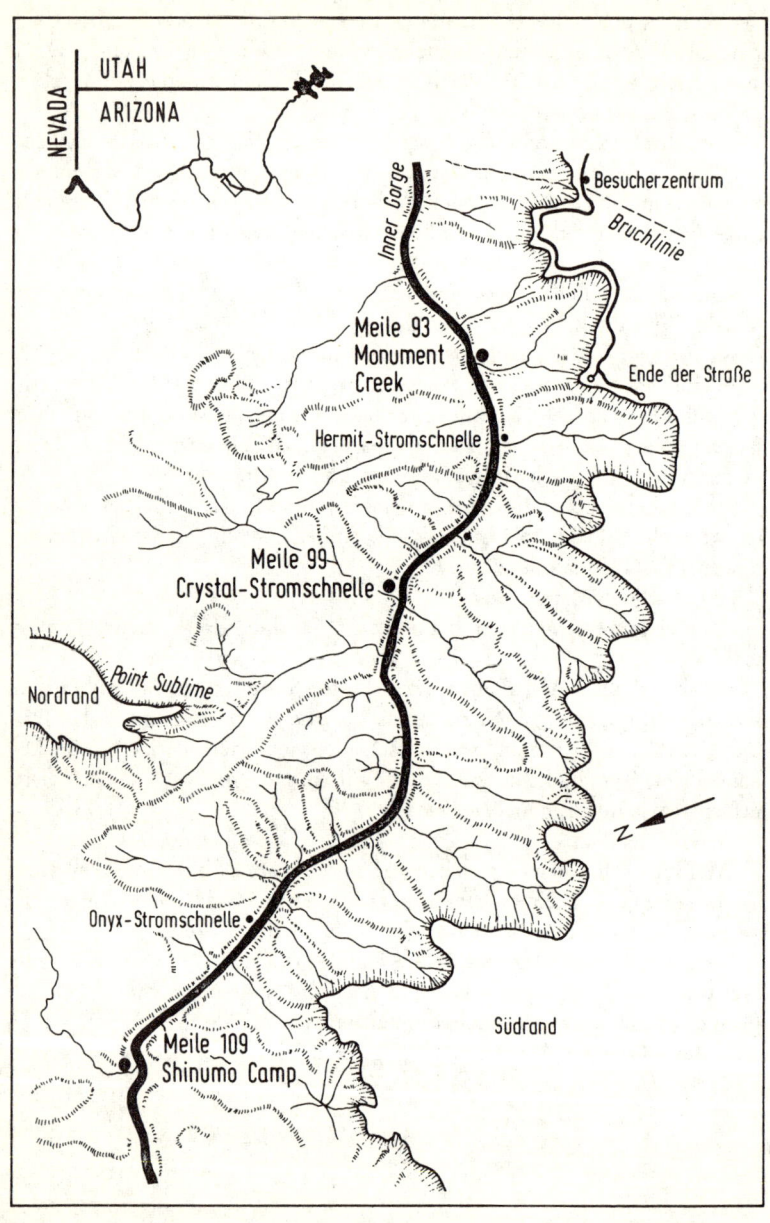

# Sechster Tag
## Meile 93
## Monument Creek

Das Camp am Monument Creek sieht im Morgenlicht anders aus. Wir befinden uns noch immer tief im inneren Canyon, umgeben von Schiefer, der mit Granitadern durchzogen ist. Während Rosalie und ich am Ufer standen und unseren Kaffee tranken, kam Marsha auf uns zu und streckte Rosalie ihre geöffnete Hand entgegen.

»Schau mal, alle vier Farben. Ich habe das Grau hingekriegt, mit nassen Steinen, die ich heute morgen am Fluß gefunden habe. Und die cacaofarbenen werden dunkler und dunkler.«

»Hast du die ganze Nacht drauf geschlafen?« fragte Rosalie lächelnd und trank anschließend ihren Kaffee aus. Sie machte den Becher wieder an der Gürtelschlaufe fest und nahm die Perlen in die Hand, um sie sich anzuschauen.

»Hast du Nähzeug dabei?«, fragte Marsha. »Ich brauche festen Zwirn, um sie aufzureihen.«

»Nähzeug nicht, aber in meinem Medizinkoffer wird sich wohl ein Stück festes Nahtmaterial finden«, sagte Rosalie. »Wir schau'n mal nach.«

»Bist du eine richtige Ärztin?«, fragte Marsha, während Rosalie in einem kleinen Metallköfferchen mit verschiedenen medizinischen Hilfsmitteln stöberte. »Ich meine, kein Professor, wie die andern?«

»Ich bin beides, ich lehre Neurologie. Aber ich habe auch schon Wunden zugenäht. Ach, da ist der feste Faden.«

»Mensch, ist das dick«, rief Marsha aus. »Genau richtig für eine Kette. Nimmt man wirklich einen so dicken Faden, um Wunden zu vernähen?«

»Meistens nicht. Dieses Material habe ich zum letztenmal benutzt, als mein Koffer auf dem Flughafen durch die Gepäckbeförderung aufgerissen war. Ich habe dann das Loch, wie es sich gehört, mit Heftstich zugenäht, wie ich es während der Ausbildung in der Ambulanz gelernt habe. Eine Zeitlang habe ich gehofft, daß das Leder zuheilen würde, damit ich die Fäden ziehen könnte.« Rosalie legte Marsha den Faden um den Hals. »Ist es so lang genug?« Marsha meinte, es solle länger sein, und dann setzten sie sich hin und begannen, die Perlen aufzureihen.

»Was meinst du, welches Protein kann ich aus diesen Perlen machen?«, fragte Marsha und breitete die Perlen auf einem flachen Stein aus.

»Was hieltest du von einer hübschen kurzen Kette, zum Beispiel fünf Aminosäuren, die zusammen ein kleines Peptidhormon bilden?«, fragte Rosalie zurück. »Hast du schon mal etwas von Enkephalin gehört?«

»Nein. Wie wirkt es?«

»Es lindert Schmerzen. Es gehört zu den Mitteln, die das Gehirn für sich erzeugt. Wirkt ungefähr so wie Morphium.«

Rosalie dachte einen Augenblick nach, während ihr Blick auf der sonnenbeschienenen Wand des Canyons am gegenüberliegenden Flußufer ruhte. Dann drehte sie sich um und fragte mich: »Wie geht nochmal die Reihenfolge der Aminosäuren? Wenn ich mich recht erinnere, war es Tyrosin, Glycin, nochmal Glycin, Phenylalanin und schließlich Leucin.« Ich nickte und sagte, das käme mir bekannt vor.

»Ist das die Zusammensetzung von Morphium?« fragte Marsha mich.

»Nein, aber vom Enkephalin sagt man manchmal, es sei das hirneigene Morphium«, erwiderte ich. »Morphium ist dem Enkephalin so ähnlich, daß es unter bestimmten Umständen damit verwechselt werden kann.«

»Prima! Eine echte schmerzstillende Halskette. Welche Perlen brauchen wir also?«

»Als erstes müssen wir Tyrosin spezifizieren«, sagte Rosalie. »Der genetische Code dafür ist... eigentlich gibt es zwei, die Tyrosin bedeuten. Nehmen wir UAU. Wir brauchen also eine unfertige, eine auberginefarbene und noch eine unfertige.«

Marsha machte einen Knoten in ein Ende des Fadens und begann, Perlen in der entsprechenden Reihenfolge aufzureihen. »Das ist die Instruktion für Tyrosin.«

»Dann kommt Glycin. Das kannst du mit GGG spezifizieren, du brauchst also drei graue Perlen auf dem RNA-Strang, um ein Glycinmolekül an die Kette anzuheften.« Rosalie durchmusterte die Wacholderbeeren.

»Da kommen drei graue Perlen«, sagte Rosalie und reichte sie Marsha.

»Phantastisch«, sagte Marsha, »genau was sich im Zellkern abspielt.«

»Nicht ganz«, korrigierte Rosalie. »Die Aminosäurekette, die zu dem Protein werden soll, wird außerhalb des Kerns zusammengebaut. Die Boten-RNA ist eine Kopie der ursprünglichen Instruktionen, die innerhalb des Kerns in der DNA gespeichert sind. Diese RNA-Kopie wandert hinaus ins Zytoplasma. Dort steuert sie, ähnlich wie der Lochstreifen in einem automatischen Webstuhl, den Zusammenbau der Aminosäurekette.«

»Ja, jetzt fällt es mir ein!«, rief Marsha aus. »In der Schule haben wir so einen komischen Film gesehen, in dem Tänzer die Proteinsynthese darstellten. Die RNA-Tripletts, die Ballons trugen, wählten die richtige Aminosäure aus und fügten sie dann an die wachsende Proteinkette an. Schlangentänzer!«

»Den Film kenne ich auch«, sagte Rosalie lachend. »Mit all den Kommentaren in der Art von Lewis Carroll's ›Zipferlake‹. Was war es noch, was der Pluckerwank in dem Ballett gemacht hat?«

Ich sagte, daß der Pluckerwank meines Wissens die Rolle des Enzyms tanzte, das beim Auftauchen des Stopcodes das neue Protein vom Ribosom trennt. Ungefähr so wie der Arbeiter in der Autofabrik, der das Auto vom Band fährt, wenn es fertig ist.

»Stimmt! Ich erinnere mich.« Marsha stand auf und begann, den Tanz des Pluckerwank zu imitieren, und am Ende versuchte sie, Rosalie die Kette zu entreißen, wobei sie »Snicker-snack, snicker-snack« rief. Alle drei bogen wir uns vor Lachen in Erinnerung an die gräßlich kostümierten Tänzer, die auf Befehl der RNA herumwirbelten und kreisten.

»Was kommt jetzt?« fragte Rosalie und wischte sich die Tränen aus den Augen. »Jetzt kommt noch ein Glycin. Nochmal drei G's, also wieder drei graue Perlen.«

Marsha reihte nochmals drei graue Perlen auf den Faden, der langsam Ähnlichkeit mit einer echten Halskette bekam. »Dann Phenylalanin, das ist UUU. Hier hast du drei unfertige Perlen. Und die letzte Aminosäure ist Leucin. Ich muß mal überlegen, Leucin wird von mehreren Tripletts spezifiziert. Nehmen wir CUU. Eine cacaofarbene, eine unfertige und noch eine unfertige. Bitte sehr, das ist die Anleitung zur Herstellung des hirneigenen Morphiums!«

Marsha hielt sich die Kette um den Hals. »Meinst du, daß irgendjemand herauskriegt, was es bedeutet? Es weiß doch keiner, daß die unfertigen U, die auberginefarbenen A bedeuten und so weiter.«

Rosalie überlegte, wobei sie die Halskette mit gerunzelter Stirn betrachtete. »Wir könnten natürlich ein paar Andeutungen machen, aber das wäre gemogelt.« Sie trat gegen einen Stein, um den Sand von ihren Schuhen abzuschütteln. »Ich hab's! Wir können die Start- und Stopcodons hinzufügen.«

»Du meinst diese speziellen Kombinationen aus drei Buchstaben, die den Anfang und das Ende der Codes für ein Protein markieren?«

»Genau«, sagte Rosalie. »Aber hüte dich vor dem schrecklichen Plukkerwank, mein Kind! Wir lassen die Kette also mit AUG, dem Startcodon, beginnen. Dann kommen die fünfzehn Perlen, die die fünf Aminosäuren codieren, und dann nochmals drei Perlen für das Stopcodon. UAA ist ein Stoptriplett, an das ich mich erinnere. Das ist ein deutlicher Hinweis. Man sieht dann zwei auberginefarbene Perlen an der rechten Seite und noch eine auberginefarbene Perle, mit der die Kette auf der linken Seite beginnt. Dann kann man vielleicht darauf kommen, daß die unfertigen Perlen U bedeuten.« Rosalie schien mit sich zufrieden zu sein. Für Marsha bekam das Ganze etwas von einem Abenteuer, einem großen Geheimnis, in das sie eingeweiht war.

Vergnügt reihte Marsha noch eine unfertige und zwei auberginefarbene Perlen auf das Ende der Kette. Dann machte sie den Knoten am anderen Ende auf und streifte nacheinander eine auberginefarbene, eine unfertige und eine graue Perle auf den Faden. »Das sind insgesamt nur einundzwanzig Perlen. Reicht das wirklich, um dem Gehirn mitzuteilen, wie es Morphium herstellen soll?«

»Wenn es wirklich RNA-Basen wären, müßte das genügen, um einer Hirnzelle zu sagen, wie sie Leucin-Enkephalin aufbauen soll«, antwortete Rosalie. »Einfach, nicht wahr? Es gibt schon Laborgeräte, die die Zelle beim Aufbau der Kette nachahmen können. Wenn du diese Kette den Leuten zeigen würdest, die an meinem Institut im Labor arbeiten, müßten sie imstande sein, anhand deiner Kette synthetisches Enkephalin herzustellen. Denn das ist der Code dafür. Und er ist im Laufe der Evolution wahrscheinlich früher erfunden worden, als diese Felsen hier entstanden sind«, sagte Rosalie und deutete auf den Redwall.

Ich mußte schwören, nichts zu verraten. Eine Wiederholung von Piltdown? Man staunt immer wieder über den großen Schwindel von Piltdown, der eine ganze Generation von Anthropologen narrte. 1915 hatte jemand einen künstlich gealterten menschlichen Schädel und ein Bruchstück eines Affenkiefers so in einer englischen Kiesgrube versteckt, daß er gefunden werden mußte. War das nun ein mühsam ausgeknobelter Streich, der außer Kontrolle geriet, oder war es ein mit böswilligem

Vorsatz betriebener Wissenschaftsbetrug? Aber dies ist ja eine Flußfahrt, erinnerte ich mich, und da wird jeder sicherlich zuerst an einen Streich denken.

★

Während wir herumstanden und darauf warteten, daß die Boote fertig beladen würden, bemerkten einige Marshas Halskette und gaben ihr sogleich den Spitznamen »Indianerprinzessin«. Ob die Beeren als Perlenersatz zu verstehen seien, wurde sie gefragt. Wieso denn, antwortete sie, wer würde sich denn schon gerne die Nierensteine von Austern um den Hals hängen? Bei einigen klang das Lachen nach meinem Eindruck etwas gezwungen. Auf die Frage hin, wie sie die Löcher hineingebohrt habe, verbreitete sie sich über die angeblich »heiligen« Eigenschaften von Wacholderbeeren.

Und da ihr schon alle zuhörten, erklärte sie auch gleich, sie habe mit der Kette genau eine Anasazi-Kette im Museum von Mesa Verde nachgeahmt. Außerdem erwähnte sie noch dies und das über die Knotenschrift der Azteken. Und dann fragte sie, ob vielleicht jemand wisse, was dieses Muster zu bedeuten habe.

★

Die Granite-Stromschnelle entpuppte sich als eine richtige Waschmaschine. Wenn eine Stromschnelle den Namen »Bootswaschanlage« verdiente, dann diese. Erst kriegten wir eine große Welle von links, dann folgte eine von rechts, und nach dieser schlug nochmal eine von links über uns zusammen. Als würde jemand Karten mischen. Als wir mit heiler Haut aus Granite auftauchten, hatten wir das Gefühl, in einer Wäscherei gewesen zu sein. J. B., der wie immer nach einer Stromschnelle durstig war, entdeckte, daß sein großer Kaffeebecher noch voller Wasser war. Er trank es genußvoll und sagte: »Danke, Granite.«

# Meile 95
# Die Hermit-Stromschnelle

Hermit ist bestimmt eine der längsten Stromschnellen, die uns je begegnet sind, denn sie erstreckt sich über mehrere hundert Meter. Wir betrachten sie von oberhalb, von unserem Spähposten am linken Ufer aus.

Wenn der Fluß seine normale Wassermenge führt, ist Hermit eine lange Achterbahn, eine Serie riesiger stehender Wellen, die vom Kamm bis zum Tal eine Höhe von fünf Metern erreichen können. Für eine Stromschnelle ist diese einigermaßen berechenbar. Es führt sogar eine ruhige Route hindurch – wenn man sich nur immer schön links hält. Aber die Achterbahnfahrt auf der rechten Seite will sich keiner entgehen lassen. Die Boote sollen in zwei Gruppen fahren, damit die erste Gruppe Fotos von der Durchfahrt der zweiten machen kann und umgekehrt. Die meisten Stromschnellen eignen sich nicht für solche Fotoläufe. Die einzige Stromschnelle, wo das noch möglich ist, soll Lava Falls sein, wo wir in einer Woche hinkommen werden. Lava Falls ist eine 10; nachdem wir gestern eine schwere Stromschnelle nach der anderen hatten, mag ich gar nicht daran denken. Hermit erscheint dagegen als das reine Vergnügen, trotz der Bewertung mit 9.

Heute fahre ich mit dem Boot, das Jimmy Hendrick führt. Wir erzählen uns gegenseitig Geschichten über andere Länder. Auch er ist eine Zeitlang in Jerusalem gewesen, als Wachtposten beim Hauptquartier der Vereinten Nationen, nachdem er bei den Marines gedient hatte – dann hatte er sich in Afrika herumgetrieben, sich zum Sanitäter ausbilden lassen und war schließlich Bootsführer geworden. Jimmy ist ein Prachtkerl, einer der besten geborenen Athleten, die mir je begegnet sind, obwohl ich keine Ahnung habe, was sein Lieblingssport ist. Sport ist sowieso nur ein künstliches Ventil für kinästhetische Fertigkeiten. Ein Boot durch den Grand Canyon zu fahren, ist ein natürlicheres Ventil, hat mehr mit den Aktivitäten unserer Vorfahren zu tun, die mit ihren Erfolgen unsere Fähigkeiten geprägt haben.

Die Bootsführer sind allesamt vollkommen mit der Natur vertraut, alle sind sie geborene Reisebegleiter, denen das Rudern und Wandern im Blut steckt. Viele waren vorher Lehrer oder haben studiert, und sie alle sind ebenso sachkundige wie leidenschaftliche Ökologen. Jimmy, ein Rotschopf und im Vergleich zu solchen Riesen wie Alan und Sandy von bescheidener Statur, wirkt in allem, was er tut, nicht nur kraftvoll und selbstsicher, sondern dazu noch graziös. Er erinnert mich an einen Ballettänzer, der mühelos Sprünge macht und Pirouetten dreht, so daß man denken muß, die Schwerkraft gelte nur für gewöhnliche Sterbliche. Wenn er sich so graziös bewegt, kann ich mir Jimmy kaum als Büroangestellten oder eingesperrt in eine Bibliothek oder ein Laboratorium vorstellen. Er kennt sich nicht nur in der Welt aus, er liebt den Grand Canyon leidenschaftlich, weiß auch alles über die alten Anasazi und hat ein ausgeprägtes Urteil über die Politiker hier im Westen und ihre

Wasserpolitik. Eine Welt, die für Menschen wie Jimmy nicht vielfältige Betätigungsmöglichkeiten böte, möchte ich mir nicht vorstellen. Er ist für uns der lebende Beweis, daß man überall ungewöhnlich talentierte Menschen findet, nicht nur unter denen, die lieber in den Canyons der Städte oder in den Vorstadtsiedlungen nach akademischen Titeln oder hohen Gehältern streben.

Wir rudern ein kleines Stück flußaufwärts, um auf der anderen Seite der Fahrrinne in die richtige Ausgangsposition zu kommen. Während das Boot auf das Ende des ruhigen Wassers zufährt, unmittelbar bevor es in die Wellen eintaucht, stellt sich Jimmy gern auf seinen Sitz. Er legt sich seinen Plan zurecht, und nach einer letzten Positionsbestimmung setzt er sich hin und rudert uns in die schnellste Strömung hinein. Und dann trägt uns der erste Schwall nach oben.

In einer Achterbahn reißt es die Fahrgäste oft von den Sitzen, wenn der Wagen den Scheitelpunkt erreicht. Dafür fahren wir nicht schnell genug. Doch unmittelbar bevor wir den Kamm erreichen, während das Boot noch um dreißig Grad nach achtern geneigt ist, steht Jimmy auf, springt auf seinen Sitz und wirft einen schnellen Blick über den Bug auf das bis dahin verborgene Wellental. Dann sitzt er schon wieder und schafft es, noch kurz am linken Riemen zu ziehen. Wieder gleiten wir auf der schnellsten Strömung dahin, steil bergab. Es scheint, als würden wir um ein Haar den richtigen Kurs verpassen und am nächsten Schwall vorbeitreiben. Doch wir fahren ihn hinauf, genau in der Mitte der Strömung, und als wir fast den Kamm erreicht haben, steht Jimmy wieder auf, richtet sich, auf dem Sitz stehend, in voller Länge auf, um uns dann mit ein paar Schlägen in das Wellental hineinzurudern. Immer wieder geht es hinauf und hinunter. Und es sind wirklich steile Berge. Aus dem Augenwinkel sehe ich, wie die Fotografen auf dem linken Ufer uns in dramatischen Augenblicken zu verewigen versuchen. Bei jedem Schwall bringt Jimmy, vollkommen koordiniert und graziös, das Boot bis auf den höchsten Punkt der Welle. Es ist, als würde er die Stromschnelle körperlich lieben.

Schließlich fahren wir in einem großen Bogen zum rechten Ufer. Wie ich es mittlerweile gelernt habe, greife ich automatisch nach dem Schöpfeimer. Da merke ich, daß kein Wasser im Boot steht. Wir haben tatsächlich kaum einen Spritzer abbekommen. Das ganze Wasser befindet sich ja unter dem höchsten Punkt der Welle, und wir waren immer obenauf.

★

Das rechte Ufer liegt in der Morgensonne, und während wir auf den Auftritt der zweiten Gruppe von Booten warten, wird uns schnell wärmer. Diejenigen, die in den beiden ersten Booten mitgefahren sind, haben sich über das felsige Ufer verteilt. Einige sind von der Stelle, wo wir unterhalb der Stromschnelle an Land gegangen sind, ein Stück stromauf gelaufen, auf der Suche nach einem Punkt, von dem aus sich die stehenden Wellen am besten fotografieren lassen. Ich schließe mich den Faulen an, die der Meinung sind, eine nicht ganz so hohe stehende Welle eigne sich für eindrucksvolle Aufnahmen genauso gut wie die höchste.

Ich sehe, daß auf meinem Film nur noch ein paar Aufnahmen übrig sind, und da ich nicht in die Verlegenheit kommen möchte, mitten während der Durchfahrt der Boote einen neuen Film einlegen zu müssen, schieße ich ein paar Porträts von meinen geschätzten Reisegefährten. Von den anfänglichen Bemühungen, auch auf dem Fluß eine gewisse Eleganz in der Kleidung zu zeigen, ist nichts mehr übrig geblieben. Wind und Wetter haben bei allen ihre Spuren hinterlassen. So wie Jeans, die vielfach gewaschen wurden, haben auch wir an Charakter gewonnen. Wir passen besser.

Während ich den Film wechsele, höre ich zum erstenmal seit gestern von Howards Vater sprechen. »Wenn das Lesen im Gehirn an einem bestimmten Ort angesiedelt ist, gilt das dann auch für's Schreiben?« fragt Barbara. Und, fügt Ben scherzhaft hinzu, für die Orthographie? Mehrere sind sich darin einig, daß dieser Teil ihnen irgendwann abhanden gekommen sein muß.

Das Lesen ist rings um den visuellen Bereich im hinteren Teil des Gehirns an mehreren Stellen lokalisiert, doch gibt es seltsamerweise keinen spezifischen Ort für das Schreiben. Natürlich kann das Schreibvermögen gestört sein, aber dann nur als Bestandteil zahlreicher anderer Symptome. Wenn bei einem Patienten das Schreiben, aber nicht das Lesen gestört ist, liegt zumeist eine Vergiftung vor, zum Beispiel durch Kohlenmonoxid, die in der linken Hirnhälfte, im Randbereich (der »Wasserscheide«) der verzweigten mittleren Hirnschlagader, weitreichende Schäden hervorruft.

Für die Rechtschreibung hat man bislang noch kein spezifisches Gebiet gefunden – sie gehört wahrscheinlich zu jenen Fähigkeiten, die nicht nur auf einer Gruppe benachbarter Nervenzellen beruhen, sondern das Zusammenwirken zahlreicher Hirnbereiche erfordern. Auch dann, wenn einige seiner Mitglieder ausfallen, kann sich das Komitee dieser zusammenarbeitenden Bereiche weiterhelfen, so daß diese Funktion bei weniger schweren Schlaganfällen nur selten ausfällt.

Warum, fragte ich, sollte es im Gehirn überhaupt einen speziellen Bereich für das Lesen geben? Schrift gibt es erst seit 5000 Jahren, seit sie von den Sumerern erfunden wurde, und in so kurzer Zeit kann sich ein spezieller Lesebereich nicht entwickelt haben. Ein spezieller Bereich für das Erkennen von Gesichtern ist dagegen in evolutionärer Hinsicht durchaus sinnvoll. Lesen brauchten unsere vormenschlichen Vorfahren wahrscheinlich nicht zu können, was sie aber mit Sicherheit brauchten, war die Fähigkeit, auf Steinwurfsweite zwischen Freund und Feind zu unterscheiden.

Daraufhin erzählte Rosalie von einem Patienten, der nach einem Schlaganfall seine eigene Frau nicht mehr erkannte, jedenfalls nicht vom Sehen. Als sie jedoch etwas sagte, wußte er, wer das Zimmer betreten hatte. Er konnte sie sogar am Schritt erkennen. Er war nicht blind. Auf Fotos erkannte er, welche der abgebildeten Personen Zwillinge waren. Es fiel ihm nur schwer, sich an bestimmte Gesichter zu erinnern. Gibt es im Gehirn also einen speziellen Bereich für das Erkennen und Erinnern von Gesichtern? Schlaganfälle, durch die diese Fähigkeit beeinträchtigt wird, betreffen überwiegend den hinteren Teil des Gehirns, die untere Oberfläche, doch sind sie in der Regel nicht genau umschrieben, sondern gehen einher mit weitreichenden Schädigungen der visuellen Assoziationsbereiche und der darunterliegenden weißen Substanz. Bei einer so ausgedehnten Schädigung ist mit vielen weiteren Problemen zu rechnen, und tatsächlich haben viele dieser Patienten blinde Flecken und Probleme mit dem Farbensehen.

Das Erkennen von Gesichtern ist möglicherweise nur ein Sonderfall eines sehr viel umfassenderen speziellen Erkennungsvermögens. Dies schien sich bei dem Patienten, der seine Frau nicht erkannte, zu bestätigen. Um das zu testen, wurden ihm Bilder von Autos vorgelegt. Während er imstande war, verschiedene Marken und Modelle zu benennen, machte es ihm Mühe, aus einer Reihe von Abbildungen sehr ähnlicher Autos das Foto seines eigenen auszuwählen. Die Schwierigkeit, unter den Erinnerungen an zahlreiche Gesichter ein ganz bestimmtes Gesicht zu erkennen, beziehungsweise, anhand seiner charakteristischen Beulen oder Verzierungen ein ganz bestimmtes Auto zu erkennen, läßt darauf schließen, daß der durch den Schlaganfall zerstörte visuelle Bereich etwas mit der Aufgabe zu tun hat, unter einer ganzen Reihe von ähnlichen Objekten ein ganz bestimmtes Individuum zu erkennen. Es fällt solchen Patienten schwer, beinahe identische Objekte in ihrem Gedächtnis zu identifizieren und auseinanderzuhalten. Einige meinen, daß bei diesen Patienten jenes Gebiet zerstört ist, in

218    Die Hermit-Stromschnelle

dem die Langzeiterinnerung an bestimmte Gesichter (oder Autos) gespeichert ist.

★

> Metaphysik in der Weise zu studieren, wie man sie seit jeher studiert hat, das erscheint mir so, als wolle man etwas über die Astronomie herausbekommen, ohne die Mechanik [Physik] zu berücksichtigen – die Erfahrung lehrt, daß das Problem des Geistes nicht gelöst werden kann, indem man die Zitadelle selbst angreift.
>
> Charles Darwin, Notizbuch N, 1838

Manche Patienten, bei denen das Lesevermögen gestört ist, können noch nicht einmal die Buchstaben voneinander unterscheiden, auch nicht ein »T« von einem »I«. Wie das bei gesunden Menschen vermutlich abläuft, weiß man inzwischen. Im hinteren Teil des menschlichen Gehirns sind bestimmte Nervenzellen dafür da, senkrechte Linien zu erkennen, während andere auf waagerechte Linien spezialisiert sind. Bei der Erkennung eines »T« arbeitet vermutlich ein Komitee von Nervenzellen zusammen, dem sowohl Spezialisten für senkrechte als auch solche für waagerechte Linien angehören. Auf die Erkennung eines »L« ist vermutlich ein anderes Komitee spezialisiert, dessen Mitglieder teilweise auch dem »T«-Komitee angehören. Wir wissen zwar noch nicht, wie das Gehirn zwischen Wörtern wie »sie« und »wie« unterscheidet, doch bei den Buchstaben kommen wir allmählich dahinter.

Dieser Erkenntnisfortschritt ist, gemessen an der Wissenschaftsgeschichte, noch sehr jung, denn erst seit einer Generation von Neurophysiologen sind diese Dinge bekannt. Keffer Hartline, der Vater von Dan und Peter (und von Fred, einem Biophysiker, der nicht an unserer Reise teilnimmt), erkannte 1938 als erster, daß einzelne Nervenzellen in der Sehbahn auf den Hell-Dunkel-Kontrast spezialisiert sind. Sie werden meistens tätig, wenn sich etwas verändert, wenn etwa ein Lichtfleck dunkel wird oder umgekehrt. Damit eine Zelle anhaltendes Interesse am Geschehen zeigt, muß ein dunkles Gebiet an ein helles angrenzen (dieser Aspekt des räumlichen Kontrasts wurde später von Stephen Kuffler entdeckt). Wenn weder ein zeitlicher noch ein räumlicher Kontrast vorliegt, wird die Zelle der sichtbaren Welt kaum Beachtung schenken.

Das Auge, dessen Netzhaut sich aus einem Mosaik von Zapfen und Stäbchen (jenen Nervenzellen, die als »Fotozellen« fungieren) zusammensetzt, arbeitet nicht wie eine Fernsehkamera, das heißt, es registriert nicht getreulich in jeder Zelle die entsprechende Lichtintensität. Die lichtempfindlichen Zellen in jedem Auge sind hundertmal zahlreicher als die Verbindungen, die über den Sehnerv zum Gehirn führen, und das heißt: Die Information muß gebündelt werden. Das geschieht, wie Keffer Hartline und seine Nachfolger zeigten, in der Weise, daß bestimmte Zellen die Meldungen von benachbarten Gruppen miteinander vergleichen und nur dann eine Nachricht weiterschicken, wenn die Nachrichten voneinander abweichen. Bei einem kleinen weißen Fleck wird eine bestimmte Meldung an das Gehirn weitergegeben, ist der Fleck größer und berührt er auch die Nachbarzellen, wird eine andere Meldung abgeschickt. Und in manchen Fällen erfolgt überhaupt keine Meldung. Durch diese Untersuchungen erkannte man, daß eine Zelle auf eine bestimmte Lichtkonfiguration abgestimmt sein kann. An dem Unterschied zwischen »T« und »I« sind Frösche beispielsweise überhaupt nicht interessiert, wohl aber an einem schwarzen Fleck, der sich auf einem hellen Hintergrund bewegt – es könnte ein eßbares Insekt sein. Was die Bahnen zum Gehirn befördern, ist kein Fernsehbericht, den ein Zuschauer hinten im Gehirn zu sehen bekommt, sondern was sie melden, bedeutet praktisch: »Leckere Fliege in Drei-Uhr-Position«.

»Willst du damit sagen, daß meine Augen dem Gehirn nicht alles mitteilen, was sie sehen?« fragte Abby.

»Genau«, antwortete ich. »Sie zensieren, was sie sehen. Und sie arrangieren es um.«

»Aber wie kann ich dann wissen, was in der Außenwelt wirklich passiert?«

»Ist dein Auge nicht ein Teil von dir?«

Abby wurde ungeduldig. »Ach, du weißt doch, was ich meine. Das Auge ist nur ein Apparat, wie eine Kamera. Wie kann es dann zensieren? Warum erfahre ich nicht alles, was auf der Netzhaut landet?«

Auch Brian wunderte sich. »Und wie stellt man es an, daß man nicht alles auf dem Kopf sieht? Die Linse projiziert doch den Himmel auf den unteren Teil des Auges und den Boden nach oben. Wo wird das Bild wieder umgedreht?«

Das kleine Männchen im Kopf. Ein philosophisches Problem, das für Verwirrung sorgt, wenn wir über unser Gehirn und über uns selbst nachdenken. Es ist eine Frage der Betrachtungsweise. Buchstäblich. Gleichgültig, wie weit die optischen und neuralen Mechanismen des Sehens aufgeklärt werden, halten wir an der Vorstellung fest, daß irgendwo tief drinnen das »wahre Ich« sitzt und die Meldungen der Sinnesorgane entgegennimmt wie ein Fernsehzuschauer das Bild auf dem Schirm.

»Es gibt aber im Gehirn keine Stelle, wo ein Chef sitzt, der Berichte entgegennimmt und Befehle erteilt«, versuchte ich dem entgegenzuhalten. »Das wahre Ich ist ein bißchen von allem. Es ist ein Komitee von Nervenzellen.«

Rosalie kam mir zu Hilfe. »Man könnte ja auch fragen, wo genau diese Stromschnelle liegt. Es gibt natürlich den Punkt, wo man das stille Wasser stromaufwärts verläßt und hineinfährt, so wie es auch zwischen der Außenwelt und der Oberfläche des Auges eine Grenze gibt. Aber die Stromschnelle geht noch ein ganzes Stück weiter, obwohl ich dir, wenn ich so diesen Fluß hinunterschaue, nicht sagen kann, wo sie aufhört. Sie verteilt sich über den Fluß. Auch das kleine Männchen im Kopf verteilt sich über das ganze Gehirn. Von den Sinnesorganen, die zum Gehirn hinführen, bis zu den Muskeln am Ende der Bahnen, die aus dem Gehirn herausführen.«

Abby war nicht überzeugt. »Aber ich habe doch das Gefühl, eine Einheit zu sein – eine Bewußtseinseinheit, wenn man so will. Ich kann meine Aufmerksamkeit beliebig auf etwas richten, ich kann dir zuhören, ich kann aber auch die Stromschnelle betrachten, ich kann mir Lava Falls vorstellen oder mich an die Mondfinsternis erinnern. Und zwar nacheinander, indem ich es steuere. So wie du das Gehirn als ein Komitee darstellst, fühle ich mich an den Turm von Babel erinnert.«

Ich mußte zugeben, daß meine Metapher die Sache nicht genau traf. »In der Hirnforschung versuchen wir erst einmal zu stehen, bevor wir gehen, und wir versuchen zu gehen, bevor wir laufen. Oder tanzen. Wenn wir den neuralen Mechanismus, der die Beine steuert, verstehen wollen, beginnen wir nicht damit, daß wir die Bewegungen von Balletttänzern oder Athleten wie Jimmy zu erklären versuchen, sondern wir versuchen zunächst zu klären, wie man überhaupt aufrecht stehen kann, ohne daß die Knie durchknicken. Beim Lesen beginnen wir nicht mit ganzen Sätzen und auch nicht mit Wörtern oder Buchstaben. Wir beginnen mit einfachen Hell-Dunkel-Mustern, zum Beispiel den kleinen Pünktchen, aus denen sich ein impressionistisches Gemälde oder ein Foto in einer Zeitung zusammensetzt. Von da aus versuchen wir weiterzukommen. Inzwischen sind wir auf dem Stand, daß wir begründete Vermutungen darüber äußern können, wie das Gehirn einzelne Buchstaben verarbeitet.«

Gerade erscheint das erste Boot der zweiten Gruppe am oberen Ende von Hermit und verlangt unsere Aufmerksamkeit. Es gleitet über den Rand des stillen Wassers in das Gewühl hinein, aus dem die erste stehende Welle aufsteigt. Der Bootsführer hat es genau in die Mitte der Welle gesteuert, und sie durchfahren die Welle ganz oben auf dem Kamm. Jetzt rasen sie in steiler Fahrt ins Wellental hinunter. Wieder geht es hinauf, wobei der Bootsführer versucht, über den Kamm der Welle zu blicken, um das Boot genau in der Mitte der Strömung zu halten, damit sie immer wieder auf die Wellenkämme kommen. Wieder geht es hinunter, und wieder hinauf. Es ist wie Musik.

★

Während wir warteten, daß alle Boote sich wieder gemeinsam auf Fahrt begeben konnten, äußerte Abby sich bewundernd über Marshas Halskette und fragte sie, ob sie sich nicht selbst auch eine machen könne. Marsha gab ihr einundzwanzig Wacholderbeeren, darunter einige, die von der ersten Kette übrig geblieben waren. Das Perlenmuster begann sich selbst zu kopieren.

Kurz darauf hatten wir auch die Boucher-Stromschnelle hinter uns, eine 6. Sie ist benannt nach Louis Boucher, einem Goldsucher der Jahrhundertwende, der hier in der Gegend gegraben hat. Ein Stück weit den Seitencanyon hinauf hatte er auch einen Obstgarten mit 75 Bäumen. Und einen Gemüsegarten, in dem er das ganze Jahr über Tomaten zog. Außerdem baute er ein paar kleine Hütten für Touristen, die den Schneid hatten, herunter- und wieder zurückzuwandern. Es wäre nicht erstaunlich, wenn auch die Anasazi diesen Seitencanyon beackert hätten, wenngleich sie sich vermutlich an Bohnen, Mais und Kürbis gehalten haben. Wir legten kurz an, um Vorräte für eine Gruppe von Forschern abzuliefern, die hier das Verhalten des Dickhornschafs studierten.

★

»Wurstboote« nennt man die riesigen Flöße von der Länge eines Lastwagens. Die beiden aufblasbaren Ausleger sehen tatsächlich wie große Würste aus. Zwischen den miteinander verbundenen Auslegern befindet sich eine Plattform, auf der zwischen Kühltruhen bis zu 20 Passagieren Platz finden. Angetrieben werden sie von einem heulenden Außenbordmotor, und meistens sind sie schon lange zu hören, bevor sie auftauchen. Aus dem Canyon hinter uns ist jetzt die unmißverständliche Ankündigung zu hören. Als Puristen haben wir eine Abneigung gegen Motoren entwickelt. In meinem Groll setze ich die Wurstboote mit dem F-15-Düsenjäger gleich, der gestern illegal in der Inner Gorge über uns hinwegraste. Die Bootsführer vermuteten, es sei einer der Jetflieger von der Luftwaffenbasis bei Phoenix gewesen, die im Rahmen unserer massiven Rüstungsexporte ausländische Piloten ausbildet.

Es ist schon ärgerlich genug, wenn plötzlich ein Hochleistungsjet über einen hinwegdonnert, während man friedlich den Fluß hinuntertreibt.

Doppelt ärgerlich ist es, wenn man weiß, daß ein Jagdflieger aus dem Nahen Osten zu seinem bloßen Vergnügen durch den tiefsten Canyon von Arizona jagt. Und jetzt kommt das Gedröhne eines Floßes auf uns zu, das mit typisch amerikanischen, biertrinkenden Ausflüglern besetzt ist. Grrr. Ich glaube, ich bin heute ein bißchen gereizt. Vielleicht mache ich mir schon Sorgen wegen der Crystal-Stromschnelle, die uns bevorsteht (und nach Auskunft einiger Bootsführer noch schlimmer ist als die Lava Falls).

Es dauert nicht lang, und schon kommen zwei Wurstboote in Sicht. Obwohl es erst später Vormittag ist, haben fast alle Fahrgäste ein Bier in der Hand. Sie heben die Dosen, um uns zu grüßen. Wir winken artig, mit leeren Händen. Es fällt kaum ein Wort. Sie scheinen schon seit Tagen gefeiert zu haben. Ich kann mir nicht vorstellen, daß sie in die Seitencanyons hinaufwandern. Die Boote ziehen an uns vorüber, und während sie sich entfernen, klingt das Geheul der Motoren durch den Dopplereffekt tiefer. Die Auspuffgase stehen als eine bleierne Wolke über ihrem Kielwasser, und der Wind treibt sie auf uns zu. Es ist, als wollten sie uns mit dem Qualm ein letztes Mal beleidigen.

Natürlich fühlen wir uns ihnen überlegen. Wegen der in Gruppen üblichen Wir-und-sie-Psychologie fühlen wahrscheinlich auch sie sich uns überlegen. Es scheint, als sei die Entwicklung eines gewissen »Ruderer-Chauvinismus« unseren Bootsführern nichts Neues, denn sie beteuern uns, daß die Führer der Motorboote wirklich nette Kerle seien und gute Fahrten organisierten, auch wenn sie nicht das Vorrecht hätten, so schmucke kleine Boote zu rudern. Bei diesem Gegenwind.

Sie können uns nicht überzeugen, so sehr sind wir schon, obwohl gar keine Nation, bis ins Innerste von nationalistischen Gefühlen durchdrungen. Wenn schon sechs Tage genügen, um in uns ein so starkes Wir-und-sie-Gefühl zu erzeugen, kann man sich vorstellen, wie schwer es sein muß, echte Stammesgefühle und Nationalismus auszurotten. Es mag 15 Minuten her sein, daß die Wurstboote heulend in Sicht kamen, als sie endlich hinter der nächsten Flußbiegung verschwinden. Dank der Mäander, die der Fluß sich gegraben hat, ist es wieder still. Wir bemerken wieder, daß die Vögel singen. Doch die Stimmung von der Hermit-Stromschnelle ist verflogen.

Die Wurstboote machen selten Halt, um die Stromschnelle zu erkunden. Sie pflügen einfach hindurch. Dank ihrer Länge und ihres Gewichts können sie die Wellentäler überbrücken und die Kämme niederdrücken. Während wir für eine Strecke von 225 Meilen zwei Wochen benötigen, sind sie nur drei bis sechs Tage unterwegs. Gegen Ende der siebziger

Jahre schlug die Parkverwaltung vor, sie zu verbieten und nur noch Ruderboote auf dem Colorado zuzulassen. Dieser Plan wurde jedoch infolge eines Regierungswechsels zu den Akten gelegt. Der neue Innenminister nahm einige Tage lang an einer Flußfahrt teil und ließ sich am Ende mit dem Hubschrauber ausfliegen. Die Fahrt war, wie James Watt erklärte, »langweilig«. Die Naturschützer, pausenlos damit beschäftigt, Reagan und Watt davon abzuhalten, auch noch die letzten Reste von Wildnis zu verkaufen, hatten gar keine Zeit, sich Gedanken darüber zu machen, was hätte geschehen können, wenn Watt sich angeschickt hätte, die Flußfahrt auf seine Art zu verbessern, sie ein bißchen zu beschleunigen und zu begradigen. Unter den Wasserfahrzeugen galt seine Vorliebe vermutlich dem Hovercraft, doch zum Glück hat er nicht mehr zuwege gebracht, als die Erlaubnis für die Wurstboote zu verlängern. Und die Zahl der Boote, die die Flußfahrtunternehmen gleichzeitig durch den Canyon schicken dürfen, deutlich zu erhöhen (was natürlich »gut für die Wirtschaft« ist).

Wir beschließen, das Thema zu wechseln. Zurück zum Gehirn.

★

Auch unter den Hirnforschern gibt es zwei Lager. Allerdings ist der Unterschied nicht ganz so groß wie der zwischen unserer Gruppe und den motorisierten Ausflüglern von eben. Auf der einen Seite stehen diejenigen, die von oben nach unten arbeiten, auf der anderen diejenigen, die von unten nach oben arbeiten, aber wir kommen ganz gut miteinander aus.

Diejenigen, die den Ansatz von oben nach unten verfolgen, gehen von etwas Allgemeinem aus, zum Beispiel Lesen. Oder Gesichter erkennen. Ein Neurologe stellt bei einem Patienten, der einen Schlaganfall hatte, fest, daß dieser nicht in der Lage ist, ein Gesicht, das er vor sich sieht, mit einem Gesicht, das in seinem Langzeitgedächtnis gespeichert ist, in Verbindung zu bringen, während er Fotos von Zwillingen, die man ihm vorlegt, durchaus zusammenbringt – eine Leistung, an der nur das Kurzzeitgedächtnis beteiligt ist. Diesem Phänomen geht der Neurologe nun durch weitere raffinierte Testverfahren auf den Grund und entdeckt, daß es dem Patienten schwerfällt, innerhalb ein und derselben breiten Klassifikation zwischen verschiedenen Langzeiterinnerungen zu unterscheiden, nicht nur bei bekannten Gesichtern, sondern auch bei bekannten Autos oder anderen Formen einer ausgeprägten Mehrdeutigkeit. Dies ist ein Beispiel dafür, wie man in der Wissenschaft von oben nach unten, vom Allgemeinen zum Besonderen vorangeht.

Andererseits kann man den visuellen Bereich des Gehirns auch von unten nach oben erforschen. Bei diesem Ansatz versucht man zunächst, die Bausteine zu begreifen und dann die Architektur, die aus ihnen entsteht. Erst einzelne Zellen, dann Schaltungen aus mehreren Zellen wie etwa Reflexe und schließlich das Gehirn. Die Nachfolger von Keffer Hartline (der 1967 für seine Entdeckungen den Nobelpreis für Physiologie erhielt) haben im letzten Vierteljahrhundert eine Vielzahl von Bausteinen entdeckt. Und sie haben mehr als ein halbes Dutzend Stufen der darauf aufbauenden Architektur verfolgen können – die Phasen, in denen das Gehirn die Bilder, die auf den Hintergrund der Augäpfel projiziert werden, analysiert.

Wenn einmal hinreichend viele Phasen von beiden Enden her aufgeklärt sein werden, werden sich die beiden Ansätze auf halbem Wege entgegenkommen. Dann werden wir ein vollständiges Bild des Prozesses erhalten, durch den das Gehirn das Gesicht eines alten Freundes erkennt, und wir werden von Anfang bis Ende die zahlreichen Phasen erfaßt haben, die das auf dem Kopf stehende Bild des Auges durchlaufen muß, bevor die Meldung »Heureka!« oder »das ist ein alter Freund« ausgelöst wird. Wir werden dann besser beschreiben können, wie die »Komitees« von Nervenzellen, die in diesen Vorgang eingespannt sind, ihre jeweilige Aufgabe erfüllen, wie die Form des Gesichts eines Freundes im Gedächtnis gespeichert ist und welche neuralen Vorgänge dem »Heureka!« zugrunde liegen.

Was das Sehen angeht, kommt es bei dem Ansatz, der von unten nach oben arbeitet, darauf an, die Welt aus der Sicht einer einzelnen Nervenzelle zu beschreiben, so als befände man sich innerhalb der Nervenzelle und sähe nur, womit die sensorischen Bahnen diese versorgen. Eigentlich würde man noch nicht einmal die einzelnen Meldungen sehen, sondern nur das, was unter dem Strich als Summe aus ihnen hereinkommt. Sollten Sie einmal den Faden verlieren, erinnern Sie sich bitte an diesen wichtigen Gesichtspunkt.

Bei den lichtempfindlichen Zellen, den Stäbchen und Zapfen der Netzhaut, kommt es darauf an, daß über den optischen Apparat des Auges Licht auf sie fällt. Licht, das auf andere lichtempfindliche Zellen fällt, spielt (in der Regel) keine Rolle. Für die übrigen Nervenzellen auf der langen Bahn vom Auge zum Gehirn gilt jedoch, daß das Sehen durch andere Nervenzellen vermittelt wird: Ein Neuron im Gehirn »sieht« nur, was andere Neuronen ihm melden. Dan Hartline vergleicht die Hirnzelle mit einem General, der telefonisch Berichte über eine Schlacht erhält, die er selbst nicht beobachten kann.

Die Meldungen, die bei der Zelle einlaufen, wirken sich unterschiedlich aus, genauso wie Abhebungen und Einzahlungen sich unterschiedlich auf das Bankkonto auswirken. Es kommt ganz auf das Verhältnis der unterschiedlichen Impulse an. Beim Betrachten eines Rasterfotos in der Zeitung (das, wie ein pointillistisches Gemälde, aus einer Vielzahl kleiner Pünktchen besteht) gehen von einem Teil der Pünktchen positive Meldungen an die Zelle, während andere Pünktchen über hemmende Synapsen negative Meldungen erzeugen. Die Bilanz, die in der Zelle gezogen wird, drückt sich nicht in Mark und Pfennig aus, sondern in Volt: Die Nervenzelle ist ein kleiner Computer, der über das, was Hunderte (und bisweilen Tausende) von Meldungen ihm mitteilen, Buch führt, und die Spannung, mit der er arbeitet, ist etwa hundertmal kleiner als die unserer Taschenlampen.

Nun kann man für jede einzelne Nervenzelle eine Karte der Rasterpunkte zeichnen, die an diese Zelle positive Meldungen geben, indem man all diese Punkte mit einem kleinen »+« versieht, während ein »−« all jene Punkte kennzeichnet, von denen die Zelle offenbar eine negative Meldung erhält. Die Mehrzahl der Bildpunkte beeinflußt die Zelle überhaupt nicht. Oft wird sich aber eine kleine Anhäufung von »+« oder »−« Zeichen ergeben. In gewissen Fällen entsteht eine kreisförmige Anhäufung von »+« Zeichen, in deren Mitte sich lauter »−« Zeichen befinden, etwa in Form eines Hefekringels.

Wenn nun die Zeitung mit dem Rasterfoto fortgenommen wird und das Auge in den wolkenlosen Himmel starrt, fällt das Licht gleichmäßig auf die Ansammlung von Lichtrezeptoren, von denen einige mit dieser Zelle verbunden waren und teils ein Plus, teils ein Minus geliefert haben. Es kann geschehen, daß diese Zelle auf die gleichmäßige Beleuchtung dieses Haufens überhaupt nicht reagiert: Das »−« Gebiet in der Mitte kann eine negative Meldung liefern, welche die positive Meldung vom Rand der Anhäufung übertrifft. Trotz der vielen Meldungen bleibt die Zelle untätig, schickt sie keine Botschaft an andere, weiter oben im Gehirn gelegene Zellen. Nun kommt eine Fliege daher, ein schwarzer Punkt auf hellem Hintergrund. Das Mosaik der Lichtrezeptoren ist nun nicht länger gleichförmig beleuchtet. Wenn die Fliege auf den Mittelpunkt des Rezeptorhaufens, der mit dieser Zelle verbunden ist, abgebildet wird, verschwinden alle negative Meldungen an die Zelle. Nur die positiven Signale bleiben übrig, und die Zelle wird aktiv und schreit – in der Sprache der Neuronen natürlich –: »Fliege! FLIEGE!«

Aus der Verteilung der Plus- und Minus-Meldungen ließe sich entnehmen, wie diese eine Zelle auf ein natürliches Signal reagieren würde.

Danach sollte diese Zelle ziemlich gut eine Fliege entdecken können, sofern deren Bild auf die Mitte dieser Anhäufung von Lichtrezeptoren fällt. Es ist, als stellte diese Zelle die neurale Schablone einer Fliege dar, die stumm die Welt beobachtet und nur erregt wird, wenn zufällig eine Fliege vorbeikommt. Neurophysiologen sprechen in diesem Zusammenhang von »rezeptiven Feldern«, die eigentlich nur umschreiben, was eine Zelle besonders mag, was sie in Erregung versetzt. Da andere Zellen auf andere Weise mit den Stäbchen und Zapfen im Mosaik der Netzhaut verbunden sind, mögen sie andere Dinge. Es könnte allerdings zu Mißverständnissen führen, würde man eine Zelle, die besonders gut auf Fliegen reagiert, als »Fliegendetektor« bezeichnen, denn die Zelle entspricht nicht einer aristotelischen Kategorie. Was sich hier abspielt, hat eher mit dem zu tun, was die Mathematiker eine »unscharfe Menge« nennen. Eine solche Zelle reagiert auch auf andere Objekte, die ungefähr wie eine Fliege aussehen, ja sogar auf einen Teil des Buchstaben T, falls dieser so abgebildet wird, daß der Rezeptorenhaufen der Zelle bedeckt ist.

Die besondere Vorliebe der Zelle wird durch eine Karte nicht vollständig beschrieben, denn die Zelle ist nicht nur empfindlich für den räumlichen Kontrast, sondern auch für zeitliche Sequenzen. So besteht der wirksamste Reiz für eine Zelle in der Regel darin, einen Lichtfleck aus dem Minusgebiet in das Plusgebiet zu bewegen. Die erzeugte Reaktion ist weit stärker, als wenn die Reizung des Plusgebietes lediglich wiederholt würde. Bewegte Reize wie etwa eine vorbeifliegende Fliege werden also gegenüber stillstehenden Reizen bevorzugt – sie werden buchstäblich intensiver »gesehen«. Diese Bewegungspräferenz ist bei den meisten Zellen in der einen oder anderen Spielart vorhanden, und entsprechende Phänome findet man auf vielen Ebenen des Nervensystems. Das Funktionieren der Zelle hängt also sowohl von einer Karte als auch von einer Bewegung ab – sie fungiert gewissermaßen als eine Schablone, um beide zu entdecken. Es widerstrebt mir, mich mit so unscharfen Elementen der aristotelischen Logik zu bedienen, aber so arbeiten Gehirne nun einmal.

Bei der Analyse von Formen, die komplexer sind als eine Fliege, bedient sich das Gehirn mehrerer Kombinationen von Plus-minus-Kringeln. Wenn die Großhirnrinde beginnt, das Bild zu analysieren, weicht die Ringform der Suchschablonen, die von den Netzhautzellen bevorzugt wird, einer anderen Form. Eine Rindenzelle richtet sich nach dem, was eine Reihe von Zellen »stromaufwärts« im Gehirn macht. Und diejenigen, die sie sich für eine eingehendere Untersuchung aussucht, liefern eine andere Art von bevorzugter Information. Statt kleiner Punkte mit abweichenden Nachbarn bevorzugt die Rindenzelle Linien und Kanten. So wie man aus einer Reihe von schwarzen Punkten eine schwarze Linie zeichnen kann, so scheint auch die Rindenzelle Meldungen zu erhalten, bei denen die Mittelpunkte der Schablonen genau auf einer imaginären Linie im Raum liegen. So wird die Rindenzelle statt zu einem »Detektor für schwarze Fliegen« zu einem »Detektor für schwarze Linien«. Linien weisen im Unterschied zu Punkten eine Orientierung auf. Manche Rindenzellen sind auf senkrechte, andere auf waagerechte Linien spezialisiert. Und für jeden dazwischenliegenden Neigungswinkel gibt es irgendeine Rindenzelle, die diesem gegenüber anderen Winkeln den Vorzug gibt.

Sicherlich ist es so, daß die schwarze Linie sich genau an der richtigen Stelle befinden muß – ein wenig seitwärts verschoben, verliert die Zelle das Interesse an ihr. Aber dann gibt es eine andere Zelle, die sich wieder dafür interessiert. In diesem Sinne gibt es unter den Millionen von Zellen in der Sehrinde Spezialisten für alle möglichen Linien an allen möglichen Stellen. Das Bild der Welt, das kameraartig auf die Rückseite des Auges projiziert wurde, ist im Zuge seiner Weiterleitung durch etwa sechs Zellen in der Kette, die vom Lichtrezeptormosaik des Auges zur Sehrinde führt, zerlegt worden. Zerlegt in Linien und Kanten zwischen Gebieten unterschiedlicher Helligkeit oder Farbe.

Und was geschieht dann? Achtet die nächste Zelle in der Kette etwa auf mehrere solcher Linien-liebenden Schablonen und spezialisiert sich auf den Buchstaben X oder T? Das kann irgendwo im weiteren Verlauf passieren, doch die nächste Phase ist noch nicht so spezialisiert. In der nächsten Phase wird eine sogenannte »komplexe Zelle« bevorzugt auf Linien oder Kanten mit einer bestimmten Neigung reagieren, die sich aber überall in einem größeren Gebiet befinden können. Auch wenn die Linie ein wenig seitwärts verschoben wird, reagiert die komplexe Zelle dennoch darauf (während die soeben beschriebenen »einfachen Zellen« in diesem Fall nicht mehr reagieren). Die Beschränkung auf eine ganz bestimmte Lage ist somit ein wenig gelockert. Ändert sich aber die Neigung der Linie auch nur ein wenig, verliert die Zelle das Interesse an ihr. Das Prinzip dieser Phase der Bildanalyse scheint demnach das Generalisieren der Position zu sein.

Als nächstes geht es vermutlich um die Länge der Linie. Es gibt »hyperkomplexe« Zellen, die ausschließlich an Linien einer bestimmten Länge und einer bestimmten Neigung interessiert sind, während sie nicht besonders wählerisch sind, was die exakte Lage der Linie betrifft. Hier kann von aufeinanderfolgenden Phasen eigentlich nicht mehr gesprochen werden, denn dieses Netzwerk von Nervenzellen ist keine Kette. Es handelt sich wirklich um ein Netz, in dem eine Zelle sich nach zahlreichen eingehenden Informationen richtet, die aber nicht alle derselben vorangegangenen »Phase« der Analyse zu entstammen brauchen. Dennoch ist erkennbar, wie eine Nervenzelle dazu kommen kann, sich auf ein T, nicht aber auf ein I zu spezialisieren. Ob es aber tatsächlich eine T-Detektorzelle gibt, wissen wir noch nicht. Ich persönlich vermute, daß die T's von einem Komitee von Zellen detektiert werden und daß das Komitee Fähigkeiten besitzt, über die keines seiner Mitglieder für sich allein verfügt. Die Farbwahrnehmung zum Beispiel ist wahrscheinlich nicht in einer Zelle kodiert, sondern in einem Komitee von Zellen, das die Signale, die von drei unterschiedlichen Rezeptortypen in der Netzhaut kommen, miteinander vergleicht. Welcher Farbton vorliegt, erfahren wir aus der relativen Stärke dieser drei Signale. Es ist durchaus denkbar, daß die Farbwahrnehmung nicht auf der Tätigkeit einer spezialisierten Zelle oder Zellgruppe beruht. (Aller Wahrscheinlichkeit nach funktioniert der Geschmack genauso, abgesehen von den elementarsten Geschmackswahrnehmungen wie salzig und süß). Auch hier wieder emergente Eigenschaften: Der Farbton ergibt sich aus der Zusammenarbeit und hat keine eigene Existenz.

Drei »Phasen« der Analyse laufen möglicherweise innerhalb der sogenannten primären Sehrinde ab, einer Region im hinteren Teil des Gehirns, die leicht daran zu erkennen ist, daß die Zellen hier doppelt so dicht liegen wie normal (eine besonders zelldichte Schicht bildet einen Streifen, der auch ohne Mikroskop gut zu sehen ist, die »Area striata«). Falls es einen Zelltyp gibt, der auf das T oder auf das Bild von Großmutters Gesicht spezialisiert ist, dann befindet er sich bestimmt nicht in dieser primären Sehrinde.

Es gibt aber eine Reihe von sekundären visuellen Zentren, die teils an dieses primäre angrenzen, während andere weiter vorn im Gehirn liegen, in der Nähe der Hör- und Sprachzentren. Letzthin hat man über ein Dutzend solcher sekundären Zentren gezählt. Einige sind auf die Tiefenwahrnehmung spezialisiert, durch die wir erfahren, wie weit etwas von uns weg ist. Andere haben ziemlich ausgefallene Aufgaben. Eines dieser sekundären Zentren, das bei den meisten Menschen direkt über dem rechten Ohr sitzt, ist darauf spezialisiert, den Menschen vom Gesicht abzulesen, ob sie glücklich, traurig, wütend, überrascht, angeekelt und so weiter sind.

Das eigentliche Wunder ist, daß wir so viele Dinge zu erkennen vermögen, auf die uns die Evolution nicht vorbereitet hat. Zum Beispiel die

Wörter in einem Buch. Das ist den Neurobiologen erst 1959 richtig klar geworden, durch einen Artikel von vier MIT-Neurophysiologen mit dem Titel »Was das Froschauge dem Froschgehirn erzählt«. Daraus ging hervor, daß die zum Gehirn führenden Nervenzellen kaum Signale vermittelten, wenn der Frosch lediglich eine stationäre Szene betrachtete. Dem Gehirn wurde kein fernsehartiges Bild übermittelt, aus dem das Tier eine Szene, wie wir sie sehen, hätte rekonstruieren können. Selbst das Lieblingsfutter des Frosches, eine Fliege, bewirkte kein Signal, solange sie sich nicht bewegte. Sobald aber eine Fliege vorbeiflog, zeigten die verschiedensten Nervenzellen Interesse. Offenbar konnte der Frosch die stillsitzende Fliege überhaupt nicht wahrnehmen. Eine Lehrerin behauptete später, das habe sie längst gewußt, da Frösche in Gefangenschaft tote Fliegen, die auf dem Boden ihres Terrariums liegen, verschmähen. Sie baute daher eine Art Karussel und machte an lose herabhängenden Fäden tote Fliegen (oder kleine Stückchen Fleisch) fest, und wenn sie dann das Karussel kreisen ließ, schnappten die Frösche zu.

Neugierig nahm ich einen Stift aus meiner Tasche und berührte damit einen Faden des Spinnennetzes. Sofort gab es eine Reaktion. Das Netz, von seinem gefährlichen Bewohner angezupft, begann zu schwingen, bis es nicht mehr zu erkennen war. Jedes Wesen, das mit Pfote oder Flügel diese erstaunliche Falle gestreift hätte, wäre unwiderruflich verstrickt worden. Als die Schwingungen nachließen, sah ich die Besitzerin die Fäden nach Anzeichen eines Kampfes abtasten. Eine Bleistiftspitze war ein Eindringling, der sich in dieser Welt noch nie gezeigt hatte. Die Spinne war beschränkt auf Spinnenideen; ihre Welt war eine Spinnenwelt. Alles außerhalb dieser Welt war irrational, fremd, allenfalls Rohmaterial für die Spinne. Während ich meinen Weg durch das Tal fortsetzte, wie ein riesiger unmöglicher Schatten, wurde mir klar, daß ich in der Welt der Spinne nicht existierte.

Loren Eiseley

★ ★ ★

Es ist nicht nur so, daß einzelne Gehirnzellen landkartenartige sensorische Schablonen der Außenwelt besitzen, sondern es gibt auch eine Karte, die auf der Anordnung der Zellen im Gehirn beruht. Zellen, die individuell auf denselben Fleck der visuellen Welt spezialisiert zu sein scheinen, bilden in der Regel auch geschlossene Komplexe innerhalb der Großhirnrinde. Dieses Landkartenprinzip gilt auch für andere sensorische Oberflächen, zum Beispiel die Oberfläche der Haut.

»Handelt es sich um die Karte, die im Gehirn so etwas wie eine verkleinerte Abbildung des Menschen darstellt?« fragte Barbara. »Jene

Karte, auf der der Arm neben der Hand und diese neben dem Gesicht repräsentiert ist und so weiter?«

»Genau die meine ich. Dabei ist jeder Körperteil in dem Maße im Gehirn repräsentiert, wie es der Anzahl der Nervenzellen entspricht, die aus dem entsprechenden Gebiet kommen – dein Daumen nimmt genauso viel Platz ein wie dein ganzer Arm«, erwiderte ich, »was daran liegt, daß der Daumen so reich mit sensorischen Nervenzellen ausgestattet ist.«

»Und das Gesicht liegt neben dem Daumen?« wollte Ben wissen. »Ist es richtig, was Barbara sagt?«

»Ja, das stimmt. Bei der Messung der elektrischen Aktivität einer Nervenzelle in jener Hirnregion, die den Daumen repräsentiert, stellt man fest, daß sie reagiert, wenn der Daumen irgendwo berührt wird. Und diese Nervenzelle wird von keiner anderen Körperregion erregt. Wenn man nun die Meßelektrode um den Bruchteil eines Millimeters in Richtung Ohr verlegt, stellt man fest, daß die betreffende Zelle ausschließlich auf die Reizung eines Gesichtsteils reagiert«, fügte ich hinzu. »Wenn man mit der Messung dann auf der Seite noch ein bißchen weiter geht, kommt man zu Zellen, die nur auf die Zunge oder auf den Schlund reagieren. Wir sprechen hier vom sensorischen Cortex.«

»Ist diese Anordnung schon bei der Geburt vorhanden, oder entsteht sie durch die Erfahrung des Kindes?«, wollte Barbara wissen. »Ist sie angeboren, oder wird sie erworben?«

»Beides. Bei Affen liegt die Karte schon bei der Geburt fest, doch kann die übliche Anordnung später auch durch die Erfahrung neu geordnet werden. Angenommen, ein ausgewachsener Affe verliert einen Finger. In diesem Fall bleibt der Teil des Gehirns, der den Finger repräsentierte, nicht für den Rest des Lebens untätig, sondern schon einen Tag später beginnt dieser Bereich, sich auf die benachbarten Finger zu spezialisieren.«

Rosalie bemerkte dazu: »Nach einem Schlaganfall sagen wir den Patienten immer, daß das Gehirn sich von der Schädigung erholt, daß sie wieder gesunden werden, daß einige Funktionen, die sie anfangs vermissen, wiederhergestellt werden. Doch was geschieht, wenn diese große Karte der Körperoberfläche beschädigt ist?«

»Zumindest von den Affen weiß man, daß sie sich innerhalb von wenigen Tagen neu ordnen. Wenn man die Nervenzellen, die den Daumen repräsentieren, abtötet, wird die Karte der Finger innerhalb kürzester Zeit so umgebaut, daß wieder alle fünf Finger repräsentiert sind, wobei aber dem einzelnen Finger weniger Raum zur Verfügung steht.

Die Karte im Gehirn scheint sich übrigens ständig zu ändern, wenn auch immer nur in kleinen Schritten. In manchen Gebieten des Gehirns liegt sie nach der Kindheit praktisch fest, während sie sich in anderen ständig umorganisiert. Die Repräsentation einzelner Körperteile ist dynamisch, auch noch bei Erwachsenen. Vielleicht liegt es daran, daß bestimmte Gebiete nach einem Schlaganfall leichter genesen.«

»Was heißt das, daß die Karte sich ständig ändert?« wollte Ben wissen.

»Nun, die Neurophysiologen haben in einem Fall Hunderte von Nervenzellen getestet, und dadurch fanden sie heraus, wo die Grenze zwischen dem Daumen und dem Gesicht verläuft. Die ›Daumen‹-Zellen dieser Hirnregion hatten Nachbarzellen, die überhaupt nicht an der Hand interessiert waren. Diese Nachbarzellen interessierten sich mehr für bestimmte Teile des Gesichts. Die Forscher fotografierten die kleinen Blutgefäße an der Oberfläche dieses Gebiets, um die Stelle genau wiederfinden zu können. Vierzehn Tage später machten sie Messungen an ein paar hundert anderen Zellen, und als sie nochmals die Grenze zwischen Daumen und Gesicht lokalisierten, hatte diese sich verschoben. Nicht viel, weniger als einen Millimeter, aber dennoch hatte es ganz den Anschein, als seien aus Zellen, die Wochen zuvor noch Daumenzellen gewesen waren, inzwischen Gesichtszellen geworden.«

»Wie war denn das zustande gekommen?« fragte Barbara.

»Die Ursache war nicht festzustellen. Das Tier hatte wie immer in seinem Käfig gespielt. Ich vermute, daß Gesicht und Hand ständig um Platz im Gehirn konkurrieren und daß die Waffenstillstandslinie sich von Woche zu Woche verschiebt.«

»Und wenn nun die ganze Handregion durch einen Schlaganfall lahmgelegt wird?«

»Dann gibt es immer noch eine der sekundären Karten. Bei meiner letzten Zählung fand ich sechs vollständige Karten der Hautoberfläche in der Großhirnrinde des Affen.«

»Sind das Reservesysteme, wie sie ein Flugzeug für den Fall besitzt, daß die normale Hydraulik versagt, um das Fahrwerk ausfahren zu können?« fragte Ben.

»Das glaube ich nicht. Ich vermute, daß sie alle ständig aktiv und miteinander gekoppelt sind.«

»Gibt es auch zusätzliche visuelle Karten?« fragte Barbara.

»Ja, und das waren die ersten mehrfach vorliegenden Karten, die man entdeckt hat, um 1942. Inzwischen kennen wir über ein Dutzend vollständige Karten der visuellen Welt, und zwar wiederum bei den Affen. Wer weiß, wie viele wir haben?«

Man weiß seit langem, daß eine zweite Karte von der gesamten Körpermuskulatur existiert. Sie liegt vor der motorischen Rinde, und da sie kleiner ist, hat man sie als »supplementäres motorisches Feld« bezeichnet. Inzwischen hat man weitere motorische Karten entdeckt. Was das Hören betrifft, so gibt es im Gehirn eine Karte der Tonleiter, genauer gesagt, vier solcher Karten. Von geordneten Karten für den Geruchs- und Geschmackssinn ist mir nichts bekannt, aber falls eine gefunden wird, bin ich sicher, daß es davon auch Duplikate gibt.

Das Anfertigen eines Duplikats von einer sensorischen Karte gehört sicherlich zu den einfacheren Aufgaben beim Aufbau des Gehirns. Es ist, als würde man von einer Bronzestatue einen zweiten Abguß machen. Das Original herzustellen ist sehr viel schwieriger: Es bedarf einer hochgradigen Selbstorganisation, um die Rinde so zu verschalten, daß benachbarte Netzhautbereiche auch in der Rinde benachbart bleiben. Stellen Sie sich vor, Sie müßten die Stammplätze im Fußballstadion von einer Seite auf die andere verlegen, und zwar so, daß jeder Stammplatzinhaber im Gänsemarsch durch einen schmalen Korridor hindurch muß. Es dürfte ziemlich schwierig zu erreichen sein, daß anschließend alle wieder so nebeneinander sitzen, wie sie vorher gesessen haben. Der »Entwicklungschef« des Gehirns hat dieses Problem gelöst, und zwar nicht dadurch, daß er einen eifrigen Verkehrspolizisten hinstellte, der säuberlich notiert, wo einer herkam und wo einer hin muß, sondern unter Ausnutzung von Prinzipien der Selbstorganisation, die dafür sorgen, daß die naturgegebenen Nachbarn zueinander finden.

Durch das Verschaltungsmuster in der Großhirnrinde entsteht außerdem die Fähigkeit, die Orientierung einer Linie zu entdecken und die Bilder des linken mit denen des rechten Auges zu vergleichen. Diese Verschaltung hat üblicherweise die Form einer sogenannten Hypersäule, die man mit einem Flicken in einem Flickenteppich vergleichen kann. In diesem kleinen »Flicken« der visuellen Welt sind beide Augen und alle möglichen Orientierungswinkel repräsentiert. Der von einer Hypersäule in Anspruch genommene Raum liegt unter einem Stück Hirnoberfläche von 1x2 mm. Beim Affen entsteht die gesamte primäre Karte (der »Flickenteppich«) dadurch, daß die genetischen Instruktionen für die Verschaltung einer Hypersäule bis zu vierhundertmal wiederholt werden, bis die ganze visuelle Karte fertig ist.

Die Anfertigung einer zusätzlichen vollständigen Karte erfordert dann nur noch wenig Extraarbeit. Die Verzweigungen der Nervenzellen brauchen sich dazu nur in ein anderes Gebiet auszubreiten und sich dort nach den gleichen genetischen Instruktionen zu organisieren. Die zweite

Karte ist daher bloß eine Wiederholung, wie ein zweiter Abguß von einem Kunstwerk. Doch welchen Vorteil bietet eine zusätzliche vollständige Karte? Oder gar ein Dutzend? Es ist denkbar, daß allein die große Zahl schon von Vorteil ist, besonders bei der primären Sehrinde, wo die Zellen bereits doppelt so dicht gepackt sind wie in der übrigen Rinde. Um zu erreichen, daß mehr Zellen ein und denselben Bereich des Gesichtsfeldes bearbeiten, war es vielleicht einfacher, die Karte an anderer Stelle zu duplizieren und dann die Dinge miteinander zu kombinieren. Wenn zwei Zellen ein und dieselbe Aufgabe verrichten und ihre Ergebnisse kombinieren, kann das unter bestimmten Umständen die Präzision verbessern und Ungenauigkeit vermindern.

Der große Vorteil mehrfacher Karten liegt aber meines Erachtens in der Möglichkeit, daß die neue Karte sich ein wenig anders spezialisiert als die ursprüngliche Karte. Der bei Affen entdeckte visuelle Abschnitt V4, die vierte Karte der visuellen Welt, enthält Zellen, die in den meisten Eigenschaften mit denen in V1, der primären Karte, übereinstimmen. Etliche der Zellen in V4 weisen jedoch geringfügige Veränderungen auf, die es leichter machen, die Entfernung eines Objekts abzuschätzen. V4 ist außerdem auf die Tiefenwahrnehmung und die Farberkennung spezialisiert. Allem Anschein nach entstand V4 als ein Duplikat von V1, hat sich dann aber ein wenig diversifiziert.

Gilt hier das Prinzip, daß erst Duplikation und dann Diversifikation erfolgt? Und zwar zwölf- bis zwanzigmal? Dies haben wir bislang nur bei Affen ermittelt – wieviele Karten der Mensch besitzt, weiß niemand.

★

Duplikation, dann Diversifikation – das könnte auch ein Prinzip auf der Ebene der Gene sein. Die Duplikation der DNA selbst ist natürlich eine Sache, welche die DNA sehr gut und zuverlässig erledigt. Darauf beruht schließlich die Zellteilung: Zuerst verdoppeln sich die Chromosomen, welche die gespeicherten DNA-Stränge enthalten, dann schnürt sich die Zellmembran zwischen den beiden Chromosomensätzen ein, und schließlich trennen sie sich auf in zwei Zellen – das erste Fotokopiergerät. Beide Hälften des Chromosomenpaars werden dupliziert. Durch diesen Prozeß, die Mitose, werden in fast jedem Körperorgan neue Zellen gebildet.

In den Geschlechtszellen von Hoden und Eierstock verläuft der Vorgang anders. Hier wird der Chromosomensatz einer Zelle halbiert, beim Menschen von sechsundvierzig auf dreiundzwanzig Chromosomen. Durch die Vereinigung von Samenzelle und Eizelle entsteht wieder der normale

Chromosomensatz, der aber ungefähr je zur Hälfte von beiden Elternteilen stammt. Die Halbierung des normalen Chromosomensatzes nennt man Meiose. Das Interessante daran ist, daß zwei zueinander gehörende Chromosomen (eines von jedem Elternteil) vor der Trennung zunächst durchmischt werden – ein Prozeß, den wir *Crossing over* nennen. Er sorgt dafür, daß das Endprodukt eine Kombination der Gene seiner Großeltern enthält, nicht nur die des Großvaters oder der Großmutter. Beim Crossing over können seltsame Dinge geschehen. So kommt es vor, daß DNA-Stränge an einer ungelegenen Stelle brechen. Oder ein Strang wird umgekehrt wieder eingesetzt, so daß er Unsinn ergibt, wenn die Zelle ihn als Anweisung für den Aufbau eines Proteins benutzt. Es kommt auch vor, daß die DNA nicht gleichmäßig auf die beiden Geschlechtszellen verteilt ist, die in der Meiose den halben Chromosomensatz erhielten (vergleichbar damit, daß ein Kartenspiel nicht in zwei gleiche Stapel aufgeteilt wird), so daß eine mehr erhält als die andere. Es kommt sogar vor, daß bestimmte DNA-Abschnitte doppelt vorliegen, so daß das paarige Chromosom nach der Befruchtung statt zwei dann drei Kopien eines bestimmten Gens aufweist.

Fehlende Information kann für die Zygote tödlich sein, und wahrscheinlich werden viele Zygoten in einem frühen Entwicklungsstadium spontan abgestoßen, und wir bekommen sie nie zu sehen. Ein zusätzlicher Satz von Genen kann sich aber als nützlich erweisen (ein ganzes zusätzliches Chromosom ist allerdings in vielen Fällen mißlich; beim Down-Syndrom liegt zum Beispiel das Chromosom 21 statt in zwei in drei Kopien vor). Offenbar weisen die Chromosomen, unabhängig vom Duplikationsprozeß, etliche DNA-Abschnitte auf, die praktisch Duplikate von anderen sind.

»Wozu dienen denn die Duplikat-Gene?«, fragte Abby. »Sind es Sicherungskopien für den Fall, daß das Originalgen mutiert?«

»Das ist möglich, doch verfügen die Gene über Korrekturmechanismen, die kleinere Fehler ausbessern. Auch in dieser Hinsicht war die Natur den Computerprogrammierern voraus«, sagte ich.

Ben strahlte. »Könnte es nicht sein, daß sie einfach zum Spielen da sind? Wenn ein Programmierer ein bereits funktionierendes Programm verbessern möchte, legt er zuerst eine Kopie an. Die Veränderungen werden dann an der Kopie vorgenommen, und das Original bleibt bewahrt.«

»Und meistens ist es so, daß das veränderte Programm zunächst nicht funktioniert. Deshalb ist es gut, wenn man sich eine unveränderte Kopie aufbewahrt hat«, sagte Cam lachend. »Meistens funktionieren die neuen Versionen überhaupt nur, nachdem man eine Zeitlang daran herumgeba-

stelt hat. Davon, daß sie besser funktionieren als das Original, kann
meist keine Rede sein.«

»Duplizierte Gene könnten demnach, unabhängig davon, wie sie zustande gekommen sind, dazu dienen, eine neue, verbesserte Version
eines Lebewesens zu entwickeln«, sagte Rosalie.»Fest steht, daß der
Zellkern viele Beinahe-Duplikate von Genen enthält, DNA-Stränge, die
denen, die die Proteine herstellen, fast, aber nicht genau gleichen.«

»Wenn die Veränderungen rein zufällig entstehen und nicht von einem
intelligenten Programmierer nach einem bestimmten Plan vorgenommen
werden, muß man natürlich damit rechnen, daß viele DNA-Stränge entstehen, die Unsinn enthalten und einfach nicht funktionieren«, fügte ich
hinzu. »Nichts als Plunder.«

»Das ist es also, was sie Plunder-DNA nennen?«, fragte Abby.»Oder
hieß es Abfall-DNA – das weiß ich nicht mehr genau.«

»Irgendjemand hat es einmal Abfall-DNA genannt, aber Plunder paßt
besser. Abfall kann man schließlich wegwerfen. Aber Plunder, den wirst
du nie los«, sagte Rosalie lachend.

»Wieso kann die Zelle die unbrauchbare DNA denn nicht loswerden?
Wird sie nicht durch die natürliche Auslese beseitigt?« fragte Abby.

»Nein, es sei denn, sie würde sich schädlich auswirken«, sagte ich.»Es
ist doch viel einfacher, ein ganzes Notizbuch zu fotokopieren, als es
Seite für Seite durchzusehen und jedesmal zu entscheiden, was erhaltens-
wert ist. Für solche Entscheidungen ist die Zelle wahrscheinlich ohnehin
nicht intelligent genug. Einfach alles kopieren, das ist so einfach – jedenfalls für eine Zelle.«

Es ist also durchaus denkbar, daß die Evolution auf der Ebene der
Gene mit zusätzlichen Kopien von Genen arbeitet, die abgeschaltet im
Genom aufbewahrt werden, wo es nichts schadet, wenn sie ein bißchen
aus der Reihe tanzen, und daß Diversifikation dann eintritt, wenn sich
aus den Veränderungen, die im Laufe der Zeit zusammenkommen, zufällig eine Version ergibt, die besser ist als das Original. Erst Duplikation, dann Diversifikation. Möglicherweise ist sogar die Expression eines
solchen modifizierten Duplikat-Gens (beispielsweise in dem Fall, daß
das reguläre Gen unrettbar beschädigt ist) dafür verantwortlich, daß von
einer Karte in der Hirnrinde ein Duplikat gemacht wird.

Es ist jetzt verdächtig still auf dem Fluß. Seit der Boucher-Stromschnelle befinden wir uns im »Crystal Reservoir«. Wir nähern uns der
Crystal-Stromschnelle, die nach Ansicht vieler Bootsführer von allen
Stromschnellen am Fluß die unberechenbarste und gefährlichste ist. Eine
bösartige junge Stromschnelle, die gewaltig um sich schlägt.

# Meile 99
# Die Crystal-Stromschnelle

Vor 1966 war Crystal eine kleine Stromschnelle. Dann kam ein Gewitter auf, bei dem innerhalb von 36 Stunden 350 Millimeter Regen auf den Nordrand fielen. Den Crystal und den Bright Angel Creek kamen meterhohe Wassermassen heruntergedonnert. Wahrscheinlich hat schon der Krach gereicht, um lockere Steine von den Klippen abzusprengen. Derart massive Flutwellen können Felsblöcke von der Größe eines Hauses mit sich reißen. Damals schwemmten viele kleine Felsblöcke bis ins Flußbett und ließen über Nacht eine neue Crystal-Stromschnelle entstehen. Große Ponderosa-Pinien, die nur auf dem Nordrand wachsen, liegen zwischen dem Geröll, ein Beweis für den Ursprung der Flut und ihre gewaltige Kraft.

Ich muß an den anderthalb Kilometer langen Flußabschnitt unterhalb der Phantom Ranch denken, vom Bright Angel Creek bis zu der Geröllhalde, an deren Fuß wir Howard an Land setzten. Der Fluß ist dort unberechenbar, und die Fahrt war sehr rauh. Auch das geht auf die Flut von 1966 zurück. Ähnlich unberechenbar ist die Crystal-Stromschnelle, aber in einem sehr viel größeren, bedrohlicheren Maßstab. Auf wenigen hundert Metern fällt der Fluß dort um annähernd sieben Meter ab – soviel Wasser wird von den neuen Felsblöcken aufgestaut. Ob sie mit 9 oder 10 einzustufen ist, hängt davon ab, wie »groß« das Wasser ist, was in der Sprache der Bootsführer bedeutet, wieviel Wasser pro Sekunde aus dem Lake Powell abgelassen wird. Dort, wo der Fluß über große Felsblöcke hinwegrauscht, entstehen Löcher mit schäumendem Wasser, in denen ein Boot sich verfangen und umschlagen kann. Während ich sie beobachte, verlagern sie sich ständig, Wellen bäumen sich auf, brechen zusammen und schwellen erneut an. Hin und wieder, wenn die Strömung des Flusses sich ein wenig verlagert, entstehen ungewöhnlich große Wellen. Eine, die sich aufbaute und dann niederkrachte, ließ in der Mitte des Flußbettes ein Loch entstehen, das sich für kurze Zeit bis auf die rechte Flußhälfte ausdehnte.

Die Bootsführer berieten sich und versuchten, von unserem stromaufwärts gelegenen Aussichtspunkt aus die Crystal-Stromschnelle einzuschätzen. Man muß die Stimmung einer Stromschnelle erfassen, und diese hier ist nicht zu vergleichen mit Hermit.

Solche spektakulären Veränderungen durch plötzlich auftretende Regenfluten kommen am Colorado alle paar Jahrhunderte vor, weil viele Seitencanyons sehr steil sind. Durch die Flut von 1966 wurden einige Anasazi-Ruinen aus dem 12. Jahrhundert zerstört – daran sieht man, wie lange dieses Gebiet von einer derart starken Flutwelle verschont geblieben ist. So schlimm wie die Crystal-Stromschnelle führen sich die meisten anderen jedoch nicht auf – sie hatten Zeit, sich ein bißchen zu besänftigen. In der Zeit vor dem Dammbau wurden die frisch abgeladenen Felsblöcke jahrhundertelang immer wieder von den Frühjahrsüberschwemmungen herumgeschubst, bis sie schließlich eine stabile Lage im Fluß fanden. Die Blöcke wurden gewissermaßen nach Größe sortiert, denn die Strömung riß die kleineren weiter mit als die großen. Jetzt, da die Spülwirkung der natürlichen Überschwemmungen fehlt, wird sich der gezähmte Fluß schließlich in eine Reihe von Wasserfällen verwandeln, da die Stromschnellen sich mit Geröll auffüllen werden – vorausgesetzt natürlich, daß der Lake Powell nicht vorher verschlammt, was nach Meinung der Staudammkritiker in wenigen Jahrhunderten eintreten wird.

Frühjahrsüberschwemmungen gehören also der Vergangenheit an, was viele vor 1983 vorausgesagt hatten. Sie gingen davon aus, daß die Verwalter der Colorado-Staudämme wußten, was sie taten, daß sie in der Lage waren, während der Frühjahrsschneeschmelze die Füllmenge der Stauseen und die Menge des abgelassenen Wassers zu beherrschen. Doch die Versprechungen der Staudammverwalter deckten sich nicht mit ihren Taten. Anfang 1983 versprachen sie, die Abflußmenge auf maximal 900 Kubikmeter pro Sekunde zu beschränken – das ist das Doppelte der durchschnittlichen Abflußmenge. Im Juni 1983 gaben sie zu, 2600 Kubikmeter pro Sekunde abgelassen zu haben. Einmal meldete das Bureau of Reclamation (die für die Staudämme zuständige Behörde, die hierzulande »BuRec« genannt wird) der Nationalparkverwaltung sogar 3000 Kubikmeter. Die Bootsführer argwöhnen, daß dahinter die Strategie steckt, die zulässigen Abflußmengen zu verändern.

Dieses Überfluten entsprang nicht der nostalgischen Absicht, die Frühjahrsüberschwemmungen aus der Zeit vor dem Dammbau nachzuahmen. Sie war eine Folge von verheerenden Fehlern der Staudammverwaltung, durch die der Lake Powell in großem Maßstab überzulaufen drohte. Fast hätten die Staudammverwalter es sogar geschafft, den Glen-Canyon-Staudamm zu zerstören, ganz ohne die Hilfe der Monkey-Wrench-Bande, einer Gruppe von militanten Umweltschützern, die Edward Abbey 1976 in seinem Roman beschrieben hat.

Gewiß war im Winter zuvor in den Rockies viel Schnee gefallen. Die Meteorologen sagten voraus, daß im Frühjahr doppelt so viel Wasser wie normal herunterkommen würde, und sie trafen es ziemlich genau. Die Staudammverwaltung verhielt sich jedoch, als wäre es ein ganz normales Jahr. Anfang Mai begannen die Flußfahrer sich Sorgen zu machen, weil der Lake Powell randvoll war. Die Staudammverwalter horteten jedoch weiterhin jeden Tropfen Wasser, und drosselten nachts, wenn sie den Strom nicht verkaufen konnten, den Abfluß noch. Falls sie die Absicht gehabt hätten, die riesigen Schleusen zu öffnen und das Flußtal unter Wasser zu setzen, hätten sie nicht, so die Überlegung der Bootsführer, nachts das Wasser gehortet, was die Lage nur verschlimmerte.

Doch die Staudammverwalter bedienen sich einer Logik, die kaum einer nachvollziehen kann. Deshalb waren alle überrascht, als sie schließlich eine Kehrtwendung um 180 Grad machten und die Flutwelle den Fluß hinunterraste. Alles Wasser, das man im Laufe der vorangegangenen Monate nachts und tagsüber nach und nach hätte ablassen müssen, kam nun auf einmal. Hier an der Crystal-Stromschnelle schlugen drei riesige Wurstboote um (diese aufblasbaren Reisebusse, die vier Tonnen wiegen, gelten normalerweise als kentersicher). Ein Mensch kam um, Dutzende wurden verletzt. Einige Passagiere wurde in ihren Schwimmwesten 14 Kilometer weit mitgerissen, durch sieben große Stromschnellen hindurch, bevor sie sich ans Ufer retten konnten. Anschließend mußten 140 Personen mit dem Hubschrauber ausgeflogen werden.

Natürlich war es schon ein Problem, daß das rasche Abschmelzen einer außergewöhnlich dicken Schneeschicht den Lake Powell hinter dem Glen-Canyon-Staudamm in kurzer Zeit vollaufen ließ. Normalerweise hätten daraus jedoch keine Schwierigkeiten entstehen müssen. Von den Staudammverwaltern erwartet man, daß sie im Winter viel Wasser ablassen, um für etwaige Schmelzwasserfluten im Frühjahr gerüstet zu sein. Schon als Kind lernt man, erst einmal Wasser aus der Badewanne abzulassen, bevor man sich unter der Dusche abspült.

Nun hatte es aber 17 Jahre gedauert, bis der Lake Powell endlich die gewünschte Füllhöhe erreichte (eine für die Dammbauer, die eine sehr viel schnellere Auffüllung vorhergesagt hatten, peinliche Tatsache), und so zögerten die Wasserverwalter auch dann noch, die Stauhöhe zu Beginn des Frühjahrs vorsichtshalber abzusenken, als man ihnen die Zahlen vorlegte, aus denen hervorging, daß in den Rockies gewaltige Schneemassen auf den Beginn des Tauwetters warteten. Als dann das Wasser kam, hatten sie nur ein Viertel des benötigten Stauraums frei – und das ist keine geringfügige Fehleinschätzung, sondern regelrechter

Pfusch. Ich weiß noch, daß Subie 1980 zu mir sagte, mit so etwas sei zu rechnen, da das BuRec darauf bestehe, den Lake Powell bis an den Rand zu füllen. Viele der professionellen Bootsführer teilten diese Befürchtung. Und sie hatten recht.

Und so verursachten die Dammverwalter eine Katastrophe – zunächst für die Bootsführer, die unterwegs überrascht wurden durch einen Wasserstand, der sehr viel höher war als »zulässig«, und durch Hubschrauber, die ihnen noch Schlimmeres ankündigten. Eine Katastrophe war es auch für die Ökologie des Flusses, denn Sandstrände, die vielen Tieren einen Lebensraum boten, wurden für immer weggespült. (Vor dem Dammbau wurde durch die Frühjahrsüberschwemmung zwar auch Sand weggespült, der aber im Laufe des Jahres wieder aufgefüllt wurde. Was der Fluß jetzt noch an Sand mitführt, bleibt jedoch hinter dem Staudamm liegen.) Eine große Katastrophe war es auch für die flußabwärts in Arizona, Kalifornien und Mexico lebenden Menschen, deren angeblich sichere Farmen und Städte unter Wasser gesetzt wurden.

Die Dammverwalter verursachten sogar einen Schaden von 50 Millionen Dollar an den ihnen anvertrauten Dämmen. Es hätte nicht viel gefehlt, und der ganze Glen-Canyon-Damm wäre dahin gewesen. Als sie endlich die beiden Überlaufschleusen öffneten und damit die »Idiotenflut von 1983« auslösten, wurden die 15 Meter hohen Tunnel, die von vornherein Baumängel aufwiesen, durch die hindurchschießenden Wassermassen beschädigt. An einigen Stellen brachen die dicken Betonwände, und der rasende Strom riß einen Teil des Sandsteinfelsens zwischen dem Auslaß und dem Damm fort. Unter einem Abschnitt des westlichen Abflußtunnels wurde ein zehn Meter tiefes Loch in den Felsen gespült. Der gewaltige Strahl, der in einem großen Bogen in den Fluß hinunterschoß, färbte sich rot von dem Navajo-Sandstein, aus dem die Canyonwand besteht. Einige Zuschauer hatten den Eindruck, als würde der Damm verbluten.

Die Felsen bluteten. Noch unheimlicher wurde den Dammverwaltern, als Sandsteinblöcke von der Größe eines Hauses in den Fluß gerissen wurden. Ich vermute, daß sie bei diesem Anblick selber Blut geschwitzt haben. Muß der Staat einen Bürokraten, der beinahe einen Staudamm zerstört, wirklich weiterbeschäftigen?

Eine Zeitlang schien es, als müßten sie die Schleusen wieder schließen, um zu verhindern, daß die Felsen weggerissen wurden. Die Felswand bildet ja die Einfassung des Dammes, dieses Pfropfens aus Beton, der den Lake Powell davon abhält, in den Fluß hinunterzustürzen. Es bestand außerdem die Möglichkeit, daß durch die sich aufschaukelnden

Schwingungen Felsen von der Wand abbrachen, in den Auslaß gerieten und so den neuen Weg des Flusses verstopften.

Über diese Aussicht waren die Verwalter nicht sonderlich glücklich. Jetzt hatten sie ein neues, dringliches Argument, die Abflußmenge zu reduzieren. Doch im Stausee war kein Platz mehr, weil sie sich töricherweise keinen Sicherheitsspielraum gelassen hatten: Die Öffnungen der Überläufe waren so hoch wie nur möglich angebracht. Deshalb versperrten sie den Auslaß mit 2,4-Meter-Sperrholzplatten, was den See auf eine neue Rekordhöhe steigen ließ, bis einen Meter unterhalb der Dammkrone. Womit sie einen herrlichen, 150 Meter hohen Wasserfall schufen.

Etwas mehr Sonnenschein in den Rockies, und sie hätten das zweite Katastrophenszenario gehabt: Der Wasserfall hätte das Kraftwerk am Fuße des Staudamms weggespült. Es war nicht darauf ausgelegt, der Kraft eines aus 150 Meter Höhe herabstürzenden Colorado River zu widerstehen. Fast hätten sie also auf zweierlei Weise einen Staudamm zerstört – es wäre der größte und wohl auch spektakulärste Dammbruch aller Zeiten gewesen.

★

Was bringt die Verwalter eines Staudamms dazu, elementare Vorsichtsmaßregeln wie etwa eine Sicherheitsmarge zu mißachten? Da ist zunächst die in den Staaten des Westens herrschende Furcht vor der Dürre. Es ist einfacher, Wasser hinter einem Damm zu speichern (wo ein ansehnlicher Prozentsatz verdunstet), als durch moderne Bewässerungsmethoden Wasser zu sparen. Dann ist da das kleinliche Gezänk zwischen den Staaten, die sich über die Verteilung des Wassers nicht einigen können. Das ist der eigentliche Grund, warum der Glen-Canyon-Staudamm überflüssigerweise errichtet wurde. Die traurige Geschichte schildert Phillip Fradkin in seinem Buch *A River No More*.

Druck geht auch von der Freizeitnutzung des Lake Powell aus. Firmen wie die Del Webb Corporation (der größte Konzessionsinhaber am Lake Powell, der die Hotels und Bootshäfen betreibt) stellen es nämlich in ihrer Werbung so dar, als diene der See nicht der Wasserrückhaltung, sondern der Erholung. Die Tourismusunternehmer zucken zusammen, wenn zahlende Gäste gezwungen sind, durch einen Schlammstreifen zu latschen, der mit zerfetzten Styroporpackungen und zerrissenen Plastiktüten (von ihren vorigen zahlenden Gästen) übersät ist, um zum Bootsanleger oder zum »Strand« zu kommen. Del Webb und Konsorten verlangen daher, daß die Staudammverwaltung immer für einen vollen See sorgt, damit ein unansehnlicher Badewannenrand verhindert wird. Die

Betreiber der Tourismusunternehmen stammen nicht von hier und wissen nicht, wie der Glen Canyon vor der Errichtung des Staudamms ausgesehen hat. Die Konzessionen, die die Nationalparkverwaltung in diesem Gebiet vergibt, sind in der Hand von Hotel- und Reisekonzernen (Kleinbetriebe sind heutzutage nicht »in«). Der Geschäftsführer des Hotels ist wahrscheinlich ein von außen geholter Jungmanager, der nur seine Karriere im Sinn hat. Del Webb macht beim Lake Powell eine Ausnahme von der Regel, aber freuen wir uns nicht zu früh: Abgesehen davon, daß die Firma sich als Betreiber von Spielkasinos ausgewiesen hat, ist Del Webb in allen Staaten des Südwestens als Bauträger aktiv. Einem Bauträger den Lake Powell zu überlassen, das erinnert mich an den alten Brauch, die Leitung des Hühnerstalls einem Fuchs zu übertragen.

Schließlich ist da die in der Stromversorgung auftretende Spitzenlast, die dem Fluß unterhalb des Staudamms Tag für Tag Gezeiten beschert. Mit Staudämmen ist der täglich auftretende Spitzenverbrauch leichter zu bewältigen als mit Kohlekraftwerken wie dem nahegelegenen Navajo-Werk, das die saubere Luft des Grand Canyon verpestet. Für Strom, der in der Spitzenlastzeit abgegeben wird, kann der Staat übrigens viermal so viel kassieren wie für den, der mitten in der Nacht erzeugt wird. Deshalb betreibt die Staudammverwaltung, ohne die gesetzlich vorgeschriebene Umweltverträglichkeitsprüfung (UVP) abzuwarten, den Damm in einer Weise, daß tagsüber Flutwellen den Fluß heimsuchen, während der Betrieb nachts stillsteht (ganz können sie den Fluß nicht trockenlegen, da der Damm zu viele Lecks aufweist; dort, wo der Damm im Westen an die Canyonwand stößt, treten sogar kleine Wasserfälle aus). Zu Lasten des Steuerzahlers rüsten sie die acht Generatoren des Grand-Canyon-Kraftwerks mit Millionenaufwand nach, damit diese unter Spitzenlastbedingungen besser arbeiten. Auf der gleichen Linie liegt der Ausspruch eines Bauträgers: »Eine UVP legen wir selbstverständlich vor – nachdem wir gebaut haben.«

Im Besucherzentrum des Staudamms findet sich keinerlei Hinweis auf die versunkene Schönheit des vormaligen Glen Canyon (siehe Eliot Porters Buch *The Place No One Knew*). Ein wenig selektiv ist das BuRec auch, was die jüngste Geschichte betrifft. Nichts erfährt man über die Stümperei und die mit knapper Not abgewendete Katastrophe von 1983, die durch ein paar Zeitungsausschnitte aus der damaligen Zeit leicht hätte illustriert werden können. Es gibt technische Fotos von den Schäden am Überlauf und von den Bemühungen der Baufirma, sie zu beheben, doch wenn man von den beigefügten Erläuterungen ausgeht, könnte man meinen, die einzige Ursache des Problems seien die schweren Schneefälle des vorhergegangenen Winters gewesen. Der Verwaltungsratsvorsitzende des BuRec, ein Politiker aus Las Vegas, versuchte außerdem, die Computer dafür verantwortlich zu machen. Über unzureichende Sicherheitsmargen, auf die das BuRec sehr wohl Einfluß gehabt hätte, findet sich kein Wort.

Was würden Sie tun, wenn ein Kind sich in der Badewanne völlig bedenkenlos verhält, wenn es Ihnen ins Gesicht sagt, die Badewanne sei übergelaufen, weil jemand anders die Dusche zu weit aufgedreht habe? Stöpsel? Was für ein Stöpsel? Wer, ich? Leute mit dieser Mentalität betreiben die Staudämme an diesem Fluß, haben die Verfügung über den Stöpsel im Abfluß. Nicht gerade beruhigend für uns Flußfahrer – und auch nicht für die flußabwärts lebenden Menschen. Soviel über die Weisheit des Bureau of Reclamation.

Einige Monate nach der Katastrophe versuchte ein Unterausschuß des Kongresses den Sachverhalt aufzuklären, doch da die Wasserpolitiker aus den westlichen Staaten dafür ebenso verantwortlich waren wie die Dammverwalter, hielten sie sich sehr zurück und wußten nur Gutes über das BuRec zu sagen, das eine schlimmere Katastrophe verhindert habe. Dafür, daß sie für die Wasserkraftbetreiber etwas Ähnliches war wie Three Mile Island, ist die Idiotenflut von 1983 merkwürdig schnell vertuscht worden.

Wenn Sie meinen, das BuRec habe aus den Ereignissen von 1983 irgendetwas gelernt, wird es Sie sicher interessieren, daß man den See 1984 nochmals über die Höchstmarke steigen ließ, während beide Überläufe nicht zu benutzen waren, weil sich darin Arbeiter aufhielten, die den Schaden vom Vorjahr behoben. Um ein Absinken des übervollen Sees zu verhindern, wurde dann auch noch die Hälfte der »Fluß-Auslässe« (verkleinerte Ausgaben der Überläufe) zugemacht. Da sie das Wort Sicherheitsmarge offenbar nicht kennen, muß der Gesetzgeber diesen Glücksspielern offenbar ein paar einfache Regeln vorschreiben, damit sie nicht wie gebannt nur auf das Geld starren, das die Stromerzeugung abwirft.

Hat diese stümperhafte Nachahmung einer Frühjahrsüberschwemmung aus der Zeit vor dem Dammbau die Crystal-Stromschnelle durch eine Verlagerung der Felsblöcke ein wenig gezähmt? Manche der Blöcke wurden verschoben, doch die tückische Felsbarriere oben rechts, die einen nach links abdrängt, steht noch immer; und auch die sich ständig verlagernden Löcher auf der linken Seite, in die man hineingeraten kann, sind noch immer da. Für die Bootsführer hat Crystal nichts von ihrer

Gefährlichkeit verloren. Die Idiotenflut von 1983 hatte leider keine gute Kehrseite.

Wir haben die Crystal-Stromschnelle geschafft. Jimmy bestand darauf, daß ich mich tiefer als sonst in meine Ecke hockte, und das war auch gut so, denn diese Stromschnelle kann einem furchtbare Peitschenhiebe versetzen. Wir hatten kaum das Boot ausgeschöpft, als wir 800 Meter tiefer in die Tuna-Creek-Stromschnelle (eine 6) gerieten, und wir fühlten uns ziemlich ausgelaugt, als wir zum Mittagessen bei Meile 104 an Land wankten. Zum Glück wurden wir von der Sonne schnell aufgewärmt.

Während wir an Land unsere Erlebnisse austauschten, wurde deutlich, daß die Fahrt durch die Crystal-Stromschnelle für Howie und sein Boot aufregender war als für uns. Dan Richard erzählte, sie seien nur knapp an einem gähnenden Loch, das sich im Fluß auftat, vorbeigekommen, und das werde er nie vergessen. Vier Meter unter sich habe er das brodelnde Wasser gesehen. Mich schauderte. Jetzt begreife ich besser, warum man sie »Löcher« nennt.

Wenn man über den Colorado blickt, erscheint die Zunge der Crystal-Stromschnelle breit und seidig, doch die Glätte täuscht. Tatsächlich hat das herabstürzende Wasser am Beginn der Stromschnelle eine Geschwindigkeit von gut 30 Stundenkilometern... Unterhalb der Zunge ist die rechte Flußseite mit vielen kleinen Felsen und den darauffolgenden Löchern übersät. Während sie immer zahlreicher und tiefer werden, treiben sie den Colorado auf ein unglaubliches tiefes Loch zu... Seine Ursache sind mehrere riesige Felsblöcke direkt am Rand der langen, dahinschießenden Zunge der Crystal-Stromschnelle. Der größte Teil des Wassers stürzt über diese Blöcke vier Meter tief in das Loch hinein. Zurückprallend schießt das Wasser sechs Meter hoch in die Luft. Dieser Berg von Wasser bereitet den Bootsführern Alpträume... Bei diesem Loch hat man erst ein Viertel der Stromschnelle hinter sich. Unterhalb des Lochs und etwas rechts davon liegt ein Felsblock, den viele Grand-Canyon-Veteranen für den schlimmsten im ganzen Fluß halten. Dabei ist er hübsch anzusehen: orangefarben und glattpoliert, ein Brocken aus Supai-Sandstein. Er liegt nur an der falschen Stelle. Boote, die es gerade noch geschafft haben, auf der rechten Seite an dem großen Loch vorbeizukommen, können, wenn der Bootsführer sein Fahrzeug nicht mehr in der Hand hat, direkt auf den orangefarbenen Felsblock prallen und anschließend auf eine nur mit wenig Wasser bedeckte Bank aus großen Felsblöcken geschleudert werden.

Robert O. Collins und Roderick Nash, *The Big Drops*, 1978

# Meile 104
# Die Onyx-Stromschnelle

Im Canyon sieht man oft Habichte, Bussarde und Falken, die sich in den Aufwinden in der Nähe der Felswände treiben lassen, und wenn wir nach dem Essen auf dem Sandstrand liegen, pflegen wir sie zu beobachten. Vor einigen Tagen sahen wir einen Rotschwanzbussard hoch über einem Seitencanyon kreisen. Die hier vorkommenden Falken sind Turmfalken. Bislang haben wir noch nicht beobachtet, daß ein Falke etwas fing. Außer auf Zikaden machen sie Jagd auf Singvögel. Von denen gibt es zwar eine ganze Menge, aber sie nehmen sich vor den Raubvögeln in acht. Sie erkennen den Räuber von unten am Profil und suchen sogleich Deckung. Kann man daraus folgern, daß im Gehirn der Vögel bestimmte »Raubvogelschablonen« gespeichert sind? Ist das angeboren, oder müssen sie es lernen?

> [Wenn ein Rotschwanzbussard] etwas Lebendes und Eßbares entdeckt, stößt er in einem Winkel von 45 Grad nieder, die Füße voran, die Krallen gespreizt, alle Federn gesträubt, wie eine viktorianische Dame, die mit Unterrock und sich bauschender langer Unterhose von einer Brücke springt.
>
> Edward Abbey, *Down the River*, 1982

Sobald ein junger Vogel einen Raubvogel erspäht, duckt er sich und bleibt reglos am Boden sitzen. Da der in großer Höhe segelnde Raubvogel seine Beute vor einem tarnenden Hintergrund an Schatten und Bewegungen erkennt, kann der Nestling durch Stillhalten die Wahrscheinlichkeit verringern, entdeckt und gefressen zu werden. Woher wissen sie aber, daß sie sich verstecken müssen, wenn über ihnen ein Raubvogel segelt? Es ist nicht anzunehmen, daß sie es dadurch gelernt haben, daß sie schon einmal angefressen wurden – die Erfahrung bietet Jungvögeln keinen Schutz. Wir dürfen daher annehmen, daß der Jungvogel ein angeborenes Schema für die Umrisse eines Raubvogels besitzt (kurzer Hals, Schwingen vorn am Rumpf, anders als bei Gänsen, und der charakteristische Fächerschwanz – das sind die »auslösenden Merkmale« für den Schutzreflex). Ein wenig mehr Tierbeobachtung hätte die Philosophen vor dem Irrtum bewahrt, das junge Gehirn sei eine *tabula rasa*, eine leere Tafel, die erst durch die Erfahrung beschrieben werden muß.

Bei genauerem Hinsehen kann der Verhaltensforscher jedoch feststellen, daß Jungvögel auf den Vorbeiflug aller Vögel defensiv reagieren.

Das hört aber auf, sobald sie die Vögel kennen. Anfangs reagieren sie noch auf Wanderdrosseln, doch schließlich lassen sie es sein. Der Umriß einer Wanderdrossel löst nicht länger den Reflex aus. Wohl aber der Umriß einer Krähe, bis der Jungvogel auch mit Krähen hinreichend Erfahrung gemacht hat. So wie wir uns an seltsame Geräusche in der Nacht gewöhnen, gewöhnen sich auch die Vögel an wiederholt auftretende Umrisse ungefährlicher Vögel. Nachdem sie sich an die Umrisse der in der Gegend häufig vorkommenden Vögel gewöhnt haben, lösen nur noch seltene Vögel den Reflex aus.

Sind es also nur fremde, exotische Vögel, die den Reflex auslösen? Nicht ausschließlich. Es kann zwei Gründe haben, wenn Vögel an einem bestimmten Ort selten zu sehen sind. Sie können exotisch sein (wörtlich von außerhalb), nur ein paar Zugvögel auf der Durchreise. Oder sie können zu einer einheimischen Art gehören, die von Natur aus nur in geringer Zahl vorkommt, einer Art, deren schmales Nahrungsangebot größere Zahlen verhindert. Und verglichen mit anderen Vogelarten sind die Raubvögel nicht sehr zahlreich, da sie sich statt von den reichlicher vorhandenen Insekten und Samen von kleinen Tieren ernähren.

Es ist eine schlichte und allgemein bekannte Folge der Nahrungskette, daß oben wenig Platz ist. Ein Raubtier muß, um ein Gramm Körpergewicht zuzulegen, zehnmal so viel fressen. Das liegt nicht nur an der ineffizienten Verwertung der Nahrung. Schon die Aufrechterhaltung der Körpertemperatur verschlingt bei Warmblütern einen Großteil dessen, was sie verzehren. Außerdem sind Raubtiere gewöhnlich größer als ihre Beute (so muß ein großer Fisch viele kleine Fische fressen, um zu überleben). Es kann folglich nicht so viele Raubtiere geben wie Beutetiere – tatsächlich sind es sehr viel weniger. Folglich muß ein Vogel, der sich von anderen Vögeln ernährt, im Vergleich zu Wanderdrosseln und Raben ziemlich selten sein. Das mag der Grund sein, warum Nestlinge erstarren, wenn ein Raubvogel über sie hinwegfliegt. Weil Raubvögel

Wahrnehmung wird nicht allein durch die Reizmuster determiniert; sie ist vielmehr eine dynamische Suche nach der besten Interpretation der vorliegenden Daten.
Richard Gregory, *Eye and Brain*, 1966

…die Wissensbasis eines Menschen besteht nicht aus isolierten Fakten, sondern feststehenden mentalen Kodifizierungen von Verhaltensmustern und generalisierten Theorien über die Welt. Eine rasche Informationsverarbeitung ist uns nur möglich, weil die Regelhaftigkeit der Welt ebenso wie unsere eingeschliffene Methode, mit ihr umzugehen, in uns als Schema repräsentiert ist. Wenn die (aus der sinnlichen Wahrnehmung oder dem Gedächtnis stammende) vorliegende Information unvollständig ist, greifen wir auf Schemata – alte Ideen und Generalisierungen – zurück, um die Lücken zu schließen.
James Reason, 1984

ziemlich selten sind, haben Nestlinge einfach keine Möglichkeit, sich an sie zu gewöhnen.

Daß junge Vögel sich vor Raubvögeln in Sicherheit bringen, wird von der Natur also auf eine sehr allgemeine Weise erreicht. Sie stützt sich auf die zwischen vogelfressenden und anderen Vögeln um eine Größenordnung abweichende Populationsdichte. Der junge Vogel wird nicht mit einer angeborenen Schablone für die Umrisse eines Raubvogels ausgestattet, sondern eine grobe Schablone, in die viele verschiedene Vogelumrisse hineinpassen, löst den Reflex aus. Mit der Erfahrung entsteht dann eine Reihe von spezifischeren Schablonen für die häufig vorkommenden Vogelarten. Wenn der vorüberfliegende Vogel in keine dieser Schablonen paßt, wird Alarm geschlagen.

Würde der Jungvogel in einem anderen Habitat mit anderen Raubvögeln, zum Beispiel Falken, aufwachsen, käme am Ende das gleiche heraus: Der seltene Raubvogel würde auch hier den Reflex auslösen. Das Prinzip besteht also nicht darin, den Jungvogel mit einer angeborenen Schablone für bestimmte Raubvogelarten auszustatten. Es ist allgemeiner und kann an unterschiedliche zeitliche und örtliche Gegebenheiten angepaßt werden. Falls der Jungvogel die anfangs häufigen Fehlalarme übersteht, werden die Auslöser für den Schutzreflex gegen die wahren Feinde nach und nach durch die Populationsstatistik der Nahrungskette geprägt. Bei dieser Prägung können natürlich auch Nebenwirkungen auftreten, zum Beispiel ein allgemeiner Argwohn gegenüber Fremden, der vermeidbar wäre, wenn das Tier von Natur aus ein exaktes Feindschema besäße. Der durch ein grobes Schema ausgelöste Schutzmechanismus ist ein weiteres Beispiel dafür, daß das Jungtier durch frühe Erfahrungen »geprägt« wird, wobei in seinem Gehirn Schaltungen entstehen, die an die besonderen Bedingungen seiner Umwelt besser angepaßt sind.

★

Die Schwierigkeiten der Serpentine-Canyon-Stromschnelle werden nur mit 7 bewertet, doch weist sie von allen Stromschnellen am Colorado River eines der größten »Löcher« auf. Allerdings kommt man an dem Loch leicht vorbei. Wir sind, lange bevor wir es erreicht haben, an den äußersten Rand des Flußbettes gefahren, und so konnten wir es im Vorbeifahren aus sicherem Abstand gut betrachten. Es war wirklich ein riesiges schäumendes Loch, das durchaus ein großes Boot zu verschlingen vermochte. Da das schäumende Wasser so viel Luft enthält, ist der Auftrieb dort geringer (der Auftrieb, sprach Archimedes, nachdem er sein berühmtes »Heureka!« ausgestoßen hatte, entspricht dem Gewicht des verdrängten Wassers). Ein Boot kann also wirklich untergehen, wenn das Wasser, das es verdrängt, nur halb so viel wiegt wie normal. Wie bei den Schwarzen Löchern im Weltall kann es bei diesen »weißen Löchern« passieren, daß sie nicht wieder herausgeben, was einmal in sie hineingerät.

★

Lernen kann natürlich viel verwickelter sein als bloße Gewöhnung. Wir lernen Assoziationen wie die Pawlowschen Hunde, die zu speicheln begannen, wenn die Glocke ertönte. Manche Lernprozesse verlaufen allmählich, etwa wenn wir eine neue Fertigkeit einüben. Dann wieder genügt eine einmalige Erfahrung, um eine starke Erinnerung zu hinterlassen.

Verglichen mit anderen Primaten sind Menschen im Hinblick auf ihre Nahrung nicht besonders wählerisch. Es scheint, daß wir tatsächlich alles – wenigstens einmal – probieren. Ständig stecken wir uns etwas Neues in den Mund, um daran zu kosten oder ein wenig darauf herumzukauen. Gegenüber dem Gorilla, der nur Salate und Bambus frißt, genießen wir als Omnivoren viele Vorteile. Vor allem haben wir mehr Auswahl, und dadurch können wir uns auch aussuchen, wo wir leben wollen. Der Gorilla sitzt fest, denn da er nur seine Lieblingspflanzen frißt, muß er dort bleiben, wo diese in ausreichender Menge wachsen.

Freilich ist das Verzehren von unbekannter Nahrung auch mit einem Risiko verbunden: Sie könnte ungenießbar sein. Während Stinktiere sich durch einen unangenehmen Geruch verteidigen, schützen sich viele Pflanzen durch Giftstoffe vor Tieren, die sie abweiden wollen. Deshalb haben wir überhaupt den Geschmackssinn. Erst wird eine kleine Kostprobe geprüft, bevor wir den Verdauungskanal mit größeren Mengen der potentiellen Nahrung belasten. Wenn man etwas Unbekanntes ißt, muß man sich einprägen, wie es schmeckt (es ist natürlich nicht verkehrt, wenn man sich auch einprägt, wie es aussieht, aber empfindlicher und ausschlaggebend ist die Geschmacksprüfung). An den Geschmack muß man sich so lange erinnern, wie man von der unbekannten Nahrung krank werden kann, damit man sie beim nächsten Mal allein anhand des Geschmacks meiden kann.

Diese Strategie, um Giftstoffe zu meiden, wurde nicht erst von den Vorläufern des Menschen erfunden. Schon niedere Tiere wie Schnecken und Nacktschnecken können durch einmaligen Versuch lernen. Füttern Sie eine Nackschnecke mit einem exotischen, unbekannten Salat. Geben Sie ihr eine Stunde später eine Spritze, von der sie erbrechen muß. Wenn die Schnecke wieder auf diesen Salat trifft, wird sie davon kosten, aber nichts herunterschlucken. Sie vermutet wahrscheinlich, daß es der exotische Salat war, von dem ihr übel wurde. Die einmalige Geschmacksprobe kann allerdings täuschen. Auch wir meiden kritiklos bestimmte Nahrungsmittel, die wir fälschlich mit Übelkeit in Verbindung bringen. Auf keinen Fall sollte man von seiner Lieblingsspeise essen, wenn man Grippe hat, denn das könnte die Vorliebe für immer verderben (vielleicht liegt es daran, wenn manche den Geschmack von Hühnersuppe nicht mehr ertragen können). Daß die Schnecke den logischen Fehler *post hoc, ergo propter hoc* (danach, also deshalb) begeht, ist nicht sonderlich überraschend. Sehr viel logischer denken wir, wie es scheint, in der Regel auch nicht.

Man kann also annehmen, daß eine Erinnerung an den Geschmack des Salats so lange erhalten bleibt, bis der Verdauungskanal etwa vorhandene Gifte darin entdeckt. Die vorläufige Geschmackserinnerung wird dann durch die Reaktion auf das Gift gewissermaßen »entwickelt«, vergleichbar mit der Entwicklung des latent auf einem Film vorhandenen Bildes durch die Entwicklerflüssigkeit. Aus der entwickelten Erinnerung wird dann ein bleibendes Wahrnehmungsschema für die Erkennung des Geschmacks der giftigen Nahrung, und offenbar wird auch eine starke Verbindung zu den »Ekel«-Schaltungen im Gehirn hergestellt. Wildökologen haben dies den Bauern darzulegen versucht, damit sie nicht mehr die Kojoten und Adler vergiften. Es sollte ausreichen, Köder auszulegen, die ein Mittel enthalten, von dem dem Raubtier für kurze Zeit übel wird, damit es glaubt, Hühner schmeckten ekelhaft. So wie sie jedes Jahr ihre Felder gegen Pflanzenkrankheiten und Unkraut besprühen, können die Bauern auch jedes Jahr wieder eine neue Generation von Raubtieren auf diese Weise erziehen.

> Eine kohärente Naturphilosophie wird erst möglich sein, wenn wir begriffen haben, wie das Gehirn, selbst ein Objekt der Physik, die Beschreibung der physikalischen Welt generiert.
> Valentin Braitenberg, *Gehirngespinste*, 1977

Genug vom üblen Geschmack. Woran liegt es aber, möchte Abby wissen, daß uns wohlschmeckende Dinge so viel Vergnügen machen? Woher kommt das? Warum wird uns das Abendessen vermutlich wieder so gut schmecken? Wir schweigen ratlos.

★

Das Geschmacksmeidungssystem der Schnecke lernt nur, nachdem der Schnecke übel geworden ist. Ähnlich ist das Lernen auch bei anderen Tierarten programmiert.

Als wir wieder auf dem Fluß waren, kam Alan auf die Regel zu sprechen, nach der die Imker sich beim Versetzen von Bienenstöcken richten. Wird der Stock tagsüber versetzt, so werden die Bienen desorien-
tiert und verwirrt. Deshalb muß man nachts aufstehen und den Stock
vor dem ersten Ausflug versetzen. Die Bienen finden sich dann an ihrem
neuen Standort ohne Mühe zurecht. Bei ihrem ersten Ausflug am Morgen prägt sich die Biene die Orientierungspunkte ein, die sie für den
Rest des Tages für den Rückflug benötigt.

Und die Biene lernt den Duft einer Blume nicht dadurch kennen, daß
sie darum herumfliegt. Dazu muß sie sich auf die Blüte setzen. Wenn
sich an ihrer Futterquelle irgendetwas ändert, zum Beispiel der Standort
oder die Farbe, muß die Biene alles nochmals lernen, denn es werden
nicht einzelne Fragmente gespeichert, sondern alles zusammen. Bienen
sind also fein abgestimmte Lernmaschinen: So wie ihre Augen nur
bestimmte Aspekte ihrer Umgebung wahrnehmen, wird eine neue Erinnerung nur gespeichert, wenn alle Bedingungen stimmen.

Diese Art von Gedächtnis funktioniert nicht nach dem Prinzip der allmählichen Prägung wie beim Raubvogelschema. Die Biene scheint vielmehr, sobald die passenden Bedingungen den Verschluß auslösen, so
etwas wie einen »Schnappschuß« von ihren Sinneswahrnehmungen zu
machen. Wir Menschen scheinen dagegen ständig lernbereit zu sein.
Dabei werden die Lerninhalte offenbar auf zweierlei Weise gespeichert.
Das episodische Gedächtnis scheint Ereignisse in der Art einer Film-
kamera zu registrieren, wobei eine ganze Reihe von Erinnerungen, aus
denen eine Episode sich zusammensetzt, gespeichert wird: beispielsweise, wie wir ins Auto steigen und zum Lebensmittelhändler fahren.
Und wenn wir wollen, können wir zwischen dieser und einer anderen
Episode unterscheiden, beispielsweise der, wie wir am Vortag zum
Händler gefahren sind.

Bei den Tieren werden Erinnerungen jedoch überwiegend als Schema
gespeichert. Das Schema besteht in einem verallgemeinerten Konzept,
das nicht ein bestimmtes Auto, sondern die ganze Klasse der Autos
umfaßt, in dem Sinne, in dem wir Personenwagen von Lastwagen unterscheiden. Ein bestimmtes Auto bildet dann ein Subschema, anhand dessen wir unser eigenes Auto von anderen, ähnlich aussehenden unterscheiden. Unser Wortschatz setzt sich aus Schemata zusammen, und
Schallsequenzen werden daraufhin geprüft, ob sie mit einem bereits in
unserem Gedächtnis gespeicherten Wortschema ungefähr übereinstimmen.

★

Symmetrie, wie weit oder eng man sie definieren mag, ist eine der Ideen, mit deren Hilfe der Mensch seit jeher versucht hat, Ordnung, Schönheit und Vollkommenheit zu begreifen und zu schaffen.

Der Physiker Hermann Weyl, 1952

Eine naheliegende Möglichkeit, ein Schema zu erweitern, eine Beobachtung zu verallgemeinern, bietet die Symmetrie. Der menschliche Körper scheint aus zwei spiegelbildlichen Hälften zu bestehen. Der äußere Anschein täuscht jedoch. Bei allen Säugetieren liegt rechts die große Leber, zu der es auf der linken Seite kein Pendant gibt. Sie ist so groß, daß der rechte Lungenflügel dadurch verkleinert und das Herz nach links von der Mitte gedrückt wurde.

Von den paarigen Organen wie etwa den Nieren nehmen wir dennoch an, sie seien identische Zwillinge, Spiegelbilder voneinander (Chirurgen wissen es besser). Aber sind nicht die beiden Hälfte des Gehirns Spiegelbilder voneinander? Durchaus nicht. Sie haben unterschiedliche Funktionen, und sie sind auch anatomisch nicht symmetrisch. Auch nicht bei Ratten.

Die Symmetrievermutung, die sich in unsere Lehre eingeschlichen hat – damals an der Harvard Med, wo ich Subie zum erstenmal begegnet bin, habe ich es in der Neuroanatomie selber noch so gelernt –, hängt wahrscheinlich mit den Vorstellungen zusammen, die wir uns über die Symmetrie im Kosmos machen. Oder auch mit ästhetischen Überlegungen, die bei der Formulierung der Naturgesetze eine viel größere Rolle spielen, als der Laie vermuten würde.

Hier geht es jedoch nicht darum, wie diese Symmetrievermutung entstanden ist, viel interessanter ist, warum sie sich so lange behauptet hat. In meinem Labor erkennen schon Biologiestudenten im ersten Jahr die Unterschiede zwischen den beiden Gehirnhälften, wenn man sie bittet, auf die Unterschiede zu achten, und nicht die Frage von vornherein abschneidet, indem man sagt: »Die beiden Hälften sind natürlich Spiegelbilder.« Man braucht nur in einen normalen Schädel (einen echten, nicht eine künstliche Nachbildung aus Plastik) hineinzuschauen, und man sieht, daß die beiden Hirnhälften unterschiedlich weit auskragen: Während vorn die rechte Hälfte stärker ausgebildet ist als die linke, ragt auf der Rückseite die linke Hälfte stärker hervor als die rechte.

Daß die Vorstellung von einer anatomischen Symmetrie sich in den Lehrbüchern so lange behauptet hat, könnte auch daran liegen, daß die Illustrationen von einem medizinischen Zeichner angefertigt werden, der vom Autor dazu nur grobe Skizzen erhält. Die Zeichnungen sind viel übersichtlicher, als man es selbst hätte machen können. Manchmal sind sie sogar richtig schön. Und hier kommt wieder die Ästhetik ins Spiel,

### Das typische asymmetrische Gehirn

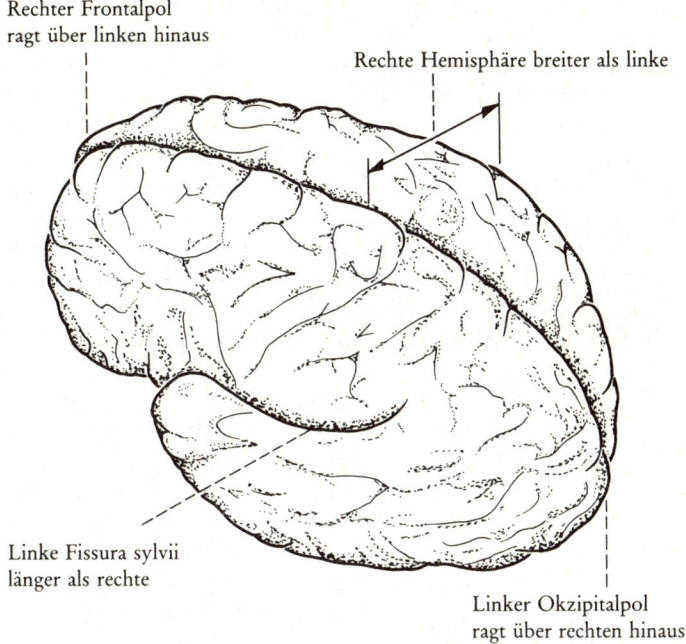

Rechter Frontalpol
ragt über linken hinaus

Rechte Hemisphäre breiter als linke

Linke Fissura sylvii
länger als rechte

Linker Okzipitalpol
ragt über rechten hinaus

denn auch der Zeichner denkt, daß das Gehirn symmetrisch sei. Als George Ojemann und ich vor einigen Jahren die 88 Abbildungen für unser Taschenbuch *Inside the Brain* vorbereiteten, machten wir genaue Skizzen, in denen die rechte Vorderseite und die linke Rückseite des Gehirns gegenüber ihren Nachbarn hervorragten. Auf den fertigen Illustrationen sahen beide Hälften jedoch spiegelbildlich aus. Der Zeichner hatte offenbar angenommen, wir hätten in unseren Skizzen geschludert (eine Annahme, die, wie ich zugeben muß, in den meisten Fällen nicht unbegründet ist). Ich glaube, ich habe bei dem Zeichner eine langgehegte Vorstellung über das Universum zerstört, als ich ihm erklärte, daß das Gehirn wirklich asymmetrisch ist.

Die Hauptschuld liegt natürlich bei Menschen wie mir, die dieses Fach unterrichten. Wir hätten, bevor wir den Irrtum an andere weitergaben, die gegebene Asymmetrie selber bemerken müssen. Als ich noch zur Schule ging, stand in allen Biologielehrbüchern und Handbüchern, daß die Gene in der menschlichen Zelle auf 24 Chromosomenpaaren angeordnet seien. Tatsächlich sind es 23 Paare. Die Karyotypen in den Lehrbüchern wiesen denn auch 23 Paare auf. Irgendjemand hat falsch gezählt, und dann hat lange niemand Alarm geschlagen.

Wie ist es möglich, daß sorgfältige Wissenschaftler solche groben Fehler begehen? Und warum dauert es so lange, bis andere Wissenschaftler sie korrigieren? Ich denke, daß das, was in unserer Kultur allgemein gilt, auch auf Wissenschaftler zutrifft. Dinge, die nicht aus irgendeinem Grund wichtig sind (und die Asymmetrie des Gehirns oder die Zahl der Chromosomen war bis vor kurzem für niemanden wirklich wichtig), werden nicht sorgfältig zur Kenntnis genommen. Und wenn man sie zur Kenntnis nimmt, hält man den Hinweis, daß der Kaiser nackt ist, für entbehrlich, solange man nicht überzeugt ist, daß der Unterschied wirklich eine Rolle spielt.

Der sorgfältig ausgeführte Zeichentrickfilm über die Plattentektonik war endlich fertig, und er war schön, bis auf ein Detail: Die Erde drehte sich verkehrt herum. Als ich darauf hinwies, wollte niemand einsehen, daß das wichtig war. Was spielte das schon für eine Rolle? Mir wurde klar, daß »falsch« für einen Zeichner etwas anderes bedeutet als für einen Physiker. Als wir sagten, da sei etwas verkehrt, fanden die Zeichner uns mäkelig und zänkisch. Für uns ist eine Tatsache richtig oder falsch. Für sie ist »falsch« eher eine ästhetische Frage.

Ein wissenschaftlicher Berater eines Fernsehsenders, 1980

Wenn einmal auf einen solchen Fehler hingewiesen wird, äußern sich die Leute vom Fach meistens ungehalten: »Ja, natürlich. Das ist allen Fachleuten längst bekannt.« Das kann eine Ausrede sein, aber es steckt auch eine Wahrheit darin. Viele fachliche Erkenntnisse werden nicht publiziert, sei es, daß sie noch nicht feststehen, sei es, daß sie aus der Mode gekommen sind, sei es, daß sie »allgemein bekannt« sind. Man empfindet es als anmaßend, wenn jemand solche Dinge als eigene Entdeckung ausgibt und veröffentlicht. Auf solche unveröffentlichten Erkenntnisse stößt man nur, wenn man auf die Fragen achtet, die nach dem Ende eines Seminars aufgeworfen werden, oder wenn man aufpaßt, was in der Teepause zwischen Professoren und Studenten höherer Semester geschwätzt wird.

Was die Wissenschaft von anderen Unternehmungen unterscheidet, ist die Tatsache, daß es keine heiligen Kühe gibt, daß alles jederzeit revidiert werden kann (sofern man die Zeit und das Geld dafür aufbringt). Man ist wirklich bestrebt, die Tatsachen richtig darzustellen, und es dürfen auch Erklärungsversuche geäußert werden, die nicht hundertprozentig ins Schwarze treffen. Wenn es nicht um so schlichte Tatsachen wie die Chromosomenzahl und die Symmetrie des Gehirns geht, wird eine Pluralität von konkurrierenden Standpunkten als normal und wünschenswert betrachtet. Man achtet – auch wenn man ihn nicht immer unmittelbar anwendet – den Grundsatz, daß Lernende ihre Lehrmeister und die Lehrbücher korrigieren dürfen.

★

Die Frage nach der Symmetrie stellt sich auch bei den Funktionen des Gehirns. Die beim Menschen sehr stark entwickelte Rechtshändigkeit und die Sprache zeigen deutlich, daß das Gehirn nicht symmetrisch funktioniert. Gleichwohl neigen wir zu der Annahme, das Gehirn anderer Tiere sei weitgehend symmetrisch organisiert und der Mensch sei die Ausnahme von der Regel. Das trifft nicht zu, und bei genauerem Hinsehen zeigen Tiere eine erhebliche Asymmetrie. Wenn Ratten eine Kehrtwendung machen, wenden sie sich meistens nach links, und auch ihr Schwanz ist nach links gekrümmt. Wenn sie einen Hebel betätigen müssen, um einen Schock zu vermeiden, benutzen die meisten Ratten bevorzugt die linke Vorderpfote. Auch ihr Gehirn weist in chemischer und anatomischer Hinsicht diverse Asymmetrien auf, von denen einige bei männlichen Ratten ausgeprägter sind als bei weiblichen.

Was das »emotionale« Verhalten betrifft, besteht eine Abhängigkeit von der Anatomie des Gehirns. Dabei gibt es innerhalb einer Population, selbst bei einem Inzuchtstamm von Laborratten, natürlich erhebliche Variationen. Dennoch kann man mit einer gewissen Wahrscheinlichkeit vorhersagen, daß eine Ratte, bei der die rechte Gehirnhälfte sehr viel größer ist als die linke, beim Erkunden einer neuen Umgebung vorsichtig sein wird, daß sie sich viel Zeit nehmen wird, um alle Winkel zu beschnüffeln. Und sie wird eine Maus, die man in ihren Käfig tut, auf der Stelle töten, und nicht nach der Maxime »leben und leben lassen« verfahren. Ratten, bei denen der Größenunterschied zwischen den beiden Gehirnhälften nicht so ausgeprägt ist, sind erkundungsfreudiger und neigen eher dazu, eine zufällig auftauchende Maus am Leben zu lassen. Ratten, die am eifrigsten auf Erkundung gehen und kaum eine Maus töten, gehören zu dem seltenen Typ, bei dem die linke Gehirnhälfte größer ist als die rechte.

Man vermutet, daß die Emotionalität in der rechten Hälfte sitzt und von der linken Hälfte in Schach gehalten wird, denn wenn beide Hälften getrennt werden oder die linke Hälfte entfernt wird, ist verstärktes Töten von Mäusen und größere Vorsicht beim Erkunden die Folge. Einiges deutet darauf hin, daß es sich beim Menschen genauso verhält.

Symbolischen Ausdruck fand das in einer Zeichnung in der *New York Times*, auf der ein Mensch, bei dem die Verbindung zwischen beiden Gehirnhälfte durchtrennt ist, in der linken, von der rechten Hirnhälfte kontrollierten Hand eine Axt schwingt, die im Niederfahren von der rechten Hand abgefangen wird.

Die auffälligsten Dinge – die Rechtshändigkeit der meisten Menschen und die in der linken Hemisphäre angesiedelte Sprache – könnten sich demnach auf einer Grundlage entwickelt haben, die aufgrund dieser »emotionalen« Spezialisierung schon bei den frühen Säugetieren asymmetrisch war. Man könnte sich fragen, ob Menschen, bei denen die rechte Hirnhälfte größer ist, den Ratten insofern gleichen, als sie weniger erkundungsfreudig und weniger bereit sind, eine auftauchende Maus am Leben zu lassen. Das hat, glaube ich, noch niemand untersucht.

★ ★ ★

Das Licht der Erkenntnis leuchtet auf und erlischt, und es hinterläßt den Menschen erschüttert, glücklich und bang zugleich. Dafür gibt es viele Beispiele. Jeder kennt Newtons Apfel. Charles Darwin hat gesagt, die Idee zu seiner *Entstehung der Arten* sei ihm in einer Sekunde gekommen, und den Rest seines Lebens habe er gebraucht, um sie auszuarbeiten. Die Relativitätstheorie ist Einstein im Handumdrehen klar geworden. Das ist das größte Rätsel des menschlichen Geistes: der induktive Sprung. Alles fügt sich ineinander, Belanglosigkeiten rücken in einen Zusammenhang, aus Dissonanz wird Harmonie, und was vorher Unsinn schien, wird von Sinn überwölbt.

Der Romancier John Steinbeck, 1954

Es ist ein wunderbares Erlebnis, wenn die wirren Fakten, die man im Kopf hat, sich plötzlich zu einem geordneten System fügen. Es ist, als ob drinnen etwas explodierte... Ich glaube, ich habe die halbe Zeit nur damit verbracht, mit Menschen aus den verschiedensten Fachgebieten zu sprechen und ihnen zuzuhören, während wir gemeinsam herauszufinden versuchten, wie die einzelnen Teile der Plattentektonik zueinander passen. Wenn dann tatsächlich etwas zu passen scheint, ist es wie eine geistige Explosion, die mit dem erwähnten herrlichen Gefühl einhergeht. Ich denke, daß Ordnung für das menschliche Gehirn etwas sehr Anziehendes hat.

Die Meeresgeologin Tanya Atwater, 1981

Das Schöne in der Wissenschaft und das Schöne bei Beethoven sind ein und dasselbe. Erst ist alles verschwommen, und plötzlich erkennt man den Zusammenhang. Dinge, die man schon immer gewußt, aber nie zueinander in Beziehung gesetzt hat, sind dann miteinander verbunden.

Der Physiker Victor Weisskopf

Es gibt im menschlichen Leben nicht viele Freuden, die der Freude über eine plötz-lich sichtbar werdende Verallgemeinerung gleichkämen ... Wer einmal in seinem Leben diese Freude über einen wissenschaftlichen Einfall erlebt hat, wird es nie ver-gessen.

Der Geograph Peter Alexejewitsch Kropotkin, 1842–1921

Intelligenz ... ist die Fähigkeit, durch richtiges Raten eine neue Ordnung zu ent-decken.

Der Neurobiologe Horace B. Barlow, 1983

# Meile 109
# Bass Camp

## Sechstes Lager

Wenn man in der Tiefe des Grand Canyon naß wird, geschieht das mei-stens tagsüber, während man eine Stromschnelle durchfährt, ein Bad im Fluß nimmt oder in ein Wassergefecht mit einem benachbarten Boot verwickelt wird (was an heißen Nachmittagen dann und wann vorsätz-lich geschieht). Die Nächte sind zumeist angenehm trocken. Die Fluß-fahrer haben zwar immer Zelte dabei, rechnen aber nicht damit, daß sie sie im Juni oder Anfang Juli im Canyon brauchen. Und das ist auch gut so, denn nachts bleibt es oft so heiß, daß man kein Zelt zwischen sich und dem kühlen Wind haben möchte.

Die Monsunperiode hat in diesem Jahr früh eingesetzt, und am Spät-nachmittag bildeten sich Kumulonimbuswolken, da die aus dem Canyon aufsteigende Heißluft die vom Ozean kommenden feuchten Luftmassen noch höher hinauftrieb, so daß uns zum Dessert ein prächtiges Gewitter beschert wurde. Es gab flambierte Pfirsiche – aus der Dose, wozu die Spiegelungen der Blitze im Saft das Feuer lieferten. Zelte, die jahrelang mitgeschleppt, aber nie ausgepackt worden waren, wurden nun zögernd aufgestellt, denn das ist bekanntlich die sicherste Methode, um zu errei-chen, daß der Regen anderswo niedergeht.

Mein eigenes Zelt hatte ich zu Hause gelassen. Statt dessen hatte ich ein Tunnelzelt mit, das von allen Dingen auf meiner Packliste einem Wegwerfartikel für einmaligen Gebrauch am nächsten kam und in über zehn Jahren nie ausgerollt worden war (und mit Recht, denn diesen Zelten wird nachgesagt, daß es wegen der Kondensation drinnen genauso regnet). Auf eine zweite Portion Pfirsiche verzichtend, schloß ich mich in der aufsteigenden Dämmerung der Brigade der Stangen-und-Seil-Architekten an. Zu meiner Überraschung war das »Instant«-Zelt unbeschädigt und zerfiel nicht aus Altersgründen in tausend Fetzen.

Da wir uns noch immer im tiefsten Teil des Canyons befinden, ragt hier und da metamorphes Gestein aus dem Sand unseres Lagerplatzes, so daß ich zwei Stellen fand, wo ich das Zelt verankern konnte.

Während es weiterhin blitzte, frischte der Wind auf, und da wurde uns klar, daß der abergläubische Trick, mit dem wir den Regen abwenden wollten, nichts nützen würde. Dann konnte ich auch genauso gut aufbleiben und mir das Unwetter ansehen. Dafür gab es aber sicher einen geeigneteren Platz als das Tunnelzelt. Nie wieder, schwor ich mir. Nächstes Mal nehme ich mir ein richtiges Zelt mit.

Zum Glück fand ich in der Nähe eine Höhle. Nicht im Redwall, wo wir flußaufwärts Höhlen gefunden hatten, sondern in einem ungewöhnlich großen Felsblock, der die Ausmaße eines Zimmers hatte. Eigentlich bestand der Block aus Trümmergestein, das früher im Fluß gelegen hatte, aus zahlreichen, nicht allzu großen Steinen, die zusammengebacken und in der Nähe unseres Lagerplatzes liegengeblieben waren. Irgendwann waren einige Steine herausgebrochen, so daß an einer Seite ein ansehnlicher Hohlraum entstanden war. Die zahlreichen Winkel dieser »Höhle« waren genau das richtige für einen Skorpion oder eine Klapperschlange. Zum Glück war der Sand vor der Höhle glatt, so daß sich dort eventuelle Fußabdrücke oder Schlangenspuren abgezeichnet hätten. Die Höhle schien unbewohnt zu sein – allenfalls konnten dort Fledermäuse hausen. Falls sie sich tagsüber dort aufhielten, waren sie jetzt sicher unterwegs auf Insektenfang. Ich kroch also hinein und hoffte, sie würden nicht wegen des Gewitters zurückkommen.

Kurz darauf brach, angekündigt durch Böen und Donnerschläge, ein phantastisches Wüstenunwetter los. Blitz, Donner, Wolkenbruch, windzerzaustes Strauchwerk, Schaumkronen auf dem Fluß. Wenn man das farbenprächtige Spiel der untergehenden Sonne auf den hohen Wänden des Grand Canyon hinzunahm, war es schon beeindruckend. Bei einem solchen Schauspiel kann man sich völlig vergessen. Von den überwältigenden Eindrücken ging eine hypnotisierende Wirkung aus. Rollende Baßtöne, krachende Donnerschläge. Flächenhafte Blitze, gefolgt von den ausgefallensten Zickzacklinien. Thor übertraf sich selbst. Ein steifer, kühlender Wind im Gesicht, unbekannte Gerüche, die der Sturm herbeiwehte. Und ein paar Regentropfen auf einem Fuß und einem Teil des Beins, das nicht mehr ganz in die Einmannhöhle hineinpaßte.

★

Als es während einer kurzen Windstille zu regnen aufhörte und der hypnotische Zauber nachließ, trat ich heraus, um mich zu recken und das trocken gebliebene Bein, das eingeschlafen war, zu schütteln. Die Fledermäuse waren immer noch fleißig auf Nahrungsuche. Zum Schlafen war die Höhle kaum geeignet, selbst nicht für einen Menschen von bescheidenem Wuchs – allenfalls eignete sie sich dazu, in einer schlaflosen Nacht das Schauspiel der Elemente zu betrachten.

Während ich auf den Beginn des zweiten Akts wartete, kam mir der Gedanke, daß ich bestimmt nicht der erste war, der sich vor einem Unwetter in diese kleine Höhle geflüchtet hatte. Dieser Block liegt hier seit Jahrtausenden, und in dieser Zeit sind immer wieder Indianer zur Jagd in den Canyon gekommen. Nicht weit von hier, auf dem Hügel hinter unserem Lager, stehen zahlreiche Ruinen der Anasazi. An der Stelle, wo ich mich, zum größten Teil geschützt, angelehnt hatte, mag vor Jahrhunderten ein einsamer Jäger vor einem ähnlichen Unwetter Zuflucht gesucht haben. Von hier aus hat er hinausgeblickt und die gleichen Dinge gesehen, hat er die gleiche feuchte Brise gespürt und war bei den gleichen Donnerschlägen zusammengezuckt. Auch er hat sich wegen Klapperschlangen gesorgt. Und auch er hat vermutlich einen nassen Fuß bekommen, wenn er nicht sehr viel kleiner war als ich.

Körperlich war er zweifellos besser in Form – seine Füße waren bestimmt nicht so empfindlich, und er konnte weiter laufen. Vermutlich war er aber hungrig, und seine Zähne waren sicher verschlissen, weil er zu oft sandige Wurzeln und Mais gegessen hatte (beim Mahlen mit dem aus Sandstein bestehenden *mano* der Anasazi gerät Sand ins Mehl). Vermutlich war er halb so alt wie ich, denn ein Mann über vierzig war damals alt und zahnlos, wenn er nicht großes Glück gehabt hatte. Unter solchen Bedingungen war es schwer, Wissen anzuhäufen, besonders wenn man ständig unterwegs war und mit großer Mühe die Kinder soweit brachte, daß sie sich selbst versorgen konnten, bevor man selber abtrat.

Was ihn von mir unterschied, war nicht bloß das Fehlen von Ackerbau und Technik, sondern das Kulturniveau. Eine anständig organisierte Kultur macht es möglich, daß die Toten zu einem sprechen.

Archimedes spricht zu mir aus einer Jahrtausende zurückliegenden Zeit, und sein »Heureka!« erklingt, wann immer ich erstaunt feststelle,

daß ich mich in der Schwimmweste besser über Wasser halte. Aber nicht
so gut im Wildwasser.

Auch Ptolemäus spricht zu mir über die damalige Sternenwelt, ebenso
wie Galilei aus einem Abstand von vier Jahrhunderten über die Planeten
zu mir spricht.

Isaac Newton spricht zu mir aus einem Abstand von drei Jahrhunderten und erklärt mir die Gesetze, denen Äpfel und Planeten gehorchen.

James Hutton spricht zu mir aus einer 200 Jahre zurückliegenden
Zeit, wann immer ich die Schichttorten-Geologie des Grand Canyon
betrachte, obwohl er dieses großartigste geologische Spektakel auf Erden
niemals mit eigenen Augen gesehen hat.

Aus derselben Zeit spricht Ben Franklin zu mir, wenn ich zu den Blitzen hinaufschaue, und erklärt mir die natürliche Elektrizität. Und noch
immer benutze ich Clerk Maxwells Gleichungen, die den Magnetismus
mit der Elektrizität verknüpfen, die erste »Feld«-Theorie in der Physik,
eine der größten intellektuellen Leistungen des 19. Jahrhunderts.

Nicht minder groß war die Leistung von Charles Darwin. Seine
Worte erreichen mich weiterhin, wann immer ich über das einfachste
Evolutionsproblem nachdenke, und aus dem 19. Jahrhundert erreichen
mich auch die Aussagen von Paul Broca und Hughlings Jackson über
den Aufbau des Gehirns, wenn ich mich bemühe, die Topographie des
Gehirns zu verstehen.

Noch immer erreichen mich die Worte, die Albert Einstein 1905 über
Raum, Zeit und die Bündelung der Energie geäußert hat.

Aus einem Abstand von nur wenigen Jahrzehnten spricht zu mir der
verehrungswürdige Hans Bethe, der mir erklärt, wie durch ferne Supernovae jene Kohlenstoffatome geschaffen wurden, die jetzt in jeder Zelle
meines Körpers stecken und für die einfachste Bewegung ebenso unentbehrlich sind wie für den Stoffwechsel. Er spricht weiterhin zu mir und
macht mir klar, daß die Kontrolle der Kernwaffen in dieser Zeit eine
absolute Notwendigkeit ist.

Auch meine wissenschaftlichen Zeitgenossen sprechen mich ständig an
– sei es beim Essen, bei einem Besuch ihrer Labors, in den Gängen und
Konferenzräumen, durch das gedruckte Wort oder im Fernsehen. Wir
leben in einer aufregenden Zeit, denn die Mehrheit aller Wissenschaftler,
die je existiert haben, lebt heute. Unsere Gruppe von Flußfahrern ist nur
ein Mikrokosmos, der vorwiegend aus solchen besteht, die sich mit dem
Funktionieren des Gehirns befassen. Die Neurobiologie ist noch so
jung, daß auch Anfänger eine Chance haben, den Pionieren zu begegnen
und mit ihnen zu sprechen, in einem echten Austausch, bei dem man

den Pionieren noch Fragen stellen kann, auf die man auch eine Antwort erhält.

★

Der zweite Akt hat begonnen, und ich sitze wieder in der Minihöhle des Anasazi. Bei jedem Blitzschlag sehe ich kurze Schnappschüsse vom Canyon. Ein biologischer Unterschied besteht zwischen dem Anasazi und mir auf keinen Fall. Im Laufe von über 100 000 Generationen hat sich der menschliche Genbestand erheblich verändert (so hat sich der Umfang des Gehirns verdreifacht), doch während der letzten 40 Generationen, der letzten 0,04 Prozent der Hominidenevolution, hat sich nicht mehr viel getan. Bei der Geburt waren wir, der Anasazi und ich, einander vermutlich sehr ähnlich, genauso ähnlich wie zwei beliebige Babies, die gestern in derselben Klinik in Los Angeles geboren wurden. Die neurale Hardware, die wir, der Anasazi und ich, miteinander teilen, ist jedoch sehr vielseitig. Sie kann sich darauf einstellen, in einem Mesquitehain an einem mit Felsen übersäten Hang ein Dickhornschaf zu entdecken. Oder auch darauf, ein beliebiges Symbol wie den Buchstaben T zu erkennen. Oder darauf, während man einen heißen, staubigen Weg entlang geht, ein schwaches rasselndes Geräusch mit einer mentalen Repräsentation in Verbindung zu bringen, die auf den Befehl hinausläuft: »Halt! Klapperschlange! Erst schauen, bevor du eine Bewegung machst.«

Der Anasazi hat vermutlich sehr viel mehr Dickhornschafe gesehen, als mir während dieser Fahrt bislang begegnet sind. Vermutlich hatte er ein Dutzend Namen für jenes Spektrum von Canyonfarben, für die mir nur die Bezeichnungen Rot, Rot-orange und Orange zur Verfügung stehen. Bestimmt kannte er die Sterne besser als ich, denn er konnte sie in langen, klaren Winternächten beobachten, ohne durch Bücher oder Fernsehen abgelenkt zu sein. Die Namen vieler Sternbilder sind uns überliefert aus einer Zeit, die weit länger zurückliegt als die Erfindung der Schrift vor 5000 Jahren. Und wenn das Erkennen eines Sternbildes dadurch geschieht, daß man sieben Sterne mit der mentalen Vorstellung von einem Schöpflöffel verknüpft, dann ist das ein unübertreffliches Beispiel für ein Schema.

Wir sind ständig darauf aus, eine Übereinstimmung zwischen den Dingen und einem inneren Modell zu entdecken. Es geht immer um Schemata, um mentale Schablonen für Sachverhalte, die dadurch eine Bedeutung bekommen. Ein Schema entsteht aus jenen einfacheren neuralen Schablonen, mit deren Erforschung Keffer Hartline begonnen hat.

Sie beruhen auf Zellen höherer Ordnung in der Sehrinde, die auf Linien und Kanten spezialisiert sind, auf Zellen innerhalb jenes Dutzends noch höher geordneter Rindenbereiche, die die visuellen Bilder, die wir sehen, in noch komplexerer Weise analysieren, auf den erwähnten Komitees von Nervenzellen, die emergente Eigenschaften besitzen.

Einige Schemata sind vermutlich angeboren, zum Beispiel die allen Primaten gemeinsame Furcht vor Schlangen und tiefem Wasser. Menschenkinder haben bestimmt von Geburt an eine feste Vorstellung davon, wie ein menschliches Gesicht aussehen muß, denn wenn man ihnen eine Zeichnung eines Gesichts darbietet, auf der ein Auge fehlt oder die Nase an der falschen Stelle sitzt, fangen sie an zu weinen. Die meisten Schemata erwerben wir aber im Laufe unseres Lebens. Manche erwerben wir vielleicht ähnlich wie der Jungvogel, der auf die Umrisse eines über ihm fliegenden Raubvogels geprägt wird, indem Verbindungen zwischen verschiedenen Schemata verändert werden. Ein Teil der erworbenen Schemata entsteht aber sicher in der Weise, daß Stein auf Stein gesetzt wird, wie bei einem Maurer, und nicht durch selektives Entfernen von Material wie bei einem Bildhauer.

Ständig vergleichen wir neue Sinneswahrnehmungen mit unseren vorhandenen Schemata, um zu sehen, in welche der unzähligen Formen unserer zerebralen Bibliothek sie passen. Dabei scheint die Fähigkeit des menschlichen Gehirns, neue Schemata zu erzeugen, beinahe unbegrenzt zu sein. Angesichts unseres zwanghaften Dranges, dies von jenem zu unterscheiden und dadurch neue Dichotomien zu erzeugen, könnte man sogar sagen, daß wir geradezu leidenschaftlich auf neue Schemata aus sind und eine neue Form erfinden, sobald die bestehenden Formen nicht ganz passen.

Unser leidenschaftlicher Hang zur Bildung neuer Formen bezieht sich ebenso auf Tatsachen wie auf Ideen, und wir trachten danach, unterschiedliche Elemente unter einem neuen Oberbegriff zusammenzufassen. Wir trachten danach, eine neue Ordnung zu entdecken. Wir lieben es, Unterschiede zwischen den Dingen zu machen. Daraus lassen sich Schlüsse im Hinblick auf unsere Evolution ziehen. Man kann annehmen, daß Dinge, die uns eine besondere Freude machen, im Laufe der Evolution einmal wichtig gewesen sind – und die besondere Freude, die wir empfinden, wenn die Dinge sich zu einem Ganzen fügen, deutet darauf hin, daß die Bildung neuer Schemata wichtig war.

In der ersten Nacht am Fluß sprachen wir beim Anblick der Sterne und Galaxien über die Entwicklung der Materie, besonders der Elementarteilchen. In der Nacht, in der wir auf die Mondfinsternis warteten, sprachen wir darüber, wie die Organisation der Materie sich entwickelt hat, nicht nur zu Sternen und Planeten, sondern zum Leben selbst. Jetzt haben wir es aber mit einer neuartigen Entwicklung zu tun, bei der es um mentale Strukturen, um Systeme von Zusammenhängen geht. Sie haben sich in einem gewissen Sinne von der materiellen Welt emanzipiert und führen auf einer neuen Existenzebene ein Eigenleben. Nachdem diese Systeme, diese Schemata sich verfestigt und stabilisiert haben, werden sie ihrerseits zu Bausteinen – so dient das »Reise«-Schema der Ausbildung neuer Schemata wie »frei umherschweifen« oder »eine festgelegte Tour abfahren«. Die Schemata werden zum Ausgangspunkt einer weiteren Entwicklung zu komplexeren, höheren Formen.

Da sich das Verhalten meistens zuerst ändert und die anatomischen Varianten erst danach in dem Sinne verändert werden, daß die Körpergestalt sich dem neuen Verhalten optimal anpaßt, ist ein neues Schema oft der erste Schritt zur Entwicklung eines Flughörnchens – oder einer Schlange!

Die Evolution von Schemata – und der kulturelle Wandel, der ihr im Bereich des Verhaltens entspricht – verläuft sehr viel schneller als die biologische Evolution. Sie ist nicht auf die biologische Fortpflanzung angewiesen, sondern wird durch Gesten, Zeichnungen, Worte, Bilder, Bücher und Erfindungen weitergegeben. Der Soziobiologe Richard Dawkins hat vorgeschlagen, diese kulturelle Einheit als »Mem« zu bezeichnen: Es handelt sich um Beiträge nicht zum Genpool, sondern zum kulturellen Mempool, die nachgeahmt werden sollen. Meme pflanzen sich dadurch fort, daß sie sich in den Köpfen ausbreiten. Das kann sogar gegen den eigenen Willen geschehen: Manche Werbesprüche gehen einem einfach nicht aus dem Sinn, so sehr man auch versucht, sie loszuwerden.

Dieser neuen Evolution können wir menschliche Werte vorzugeben versuchen, die in der bisherigen Evolution viel zu kurz gekommen sind. Würden diese Werte allein darauf gegründet, daß man sich auf eine höhere Autorität beruft (so wie wenn Eltern zu ihrem Kind sagen: »Das machst du jetzt, weil ich es dir sage«), so läge die Verantwortung nicht eindeutig bei uns selbst. Wenn ich das, was inzwischen über Primatengesellschaften bekannt geworden ist, richtig deute, dann haben wir Menschen im Laufe der Entwicklung unserer Gesellschaften einige wichtige Entscheidungen getroffen – wir sprechen von Ethik, von Werten, manchmal von Moral –, die dazu beigetragen haben, daß das Leben in unserer Hochzivilisation weit lebenswerter ist als in anderen menschlichen und Primatengesellschaften. Diese Entscheidungen entsprangen nicht einer Naturnotwendigkeit, und wenn wir sie gegen die beständige Tendenz zum Zerfall aufrechterhalten wollen, wird uns das einiges abverlangen. Das Natürliche ist nicht immer das Gute.

★

Die Stufenleiter des Lebens ist eine alte Metapher für das allmähliche Fortschreiten zu entwickelteren Lebensformen. Da aber ein Baum mit seinen Verzweigungen die Welt unserer Vorfahren besser beschreibt, sind Leitern ein wenig aus der Mode gekommen. Dabei scheinen sie auf die Hierarchie der Schemata im Gehirn, auf komplexere Formen der Repräsentation von Informationen, durchaus anwendbar zu sein. Dennoch ist die Leiter nicht ganz die richtige Metapher. Besser ist die Treppe, und sei es nur, weil man sich vorstellen kann, auf jeder Stufe ein wenig zu verweilen, ohne wieder zurückzurutschen. Aus ästhetischen Gründen stelle ich mir gern eine Wendeltreppe vor. Die DNA bildet eine schöne Wendeltreppe, deren Stufen aus den Basen C, G, A und T besteht.

Darwin trug ein gewaltiges Faktenmaterial zusammen, um zu beweisen, daß die Evolution eine Tatsache ist – eine Idee, die seit Jahrzehnten in der Luft lag. Allerdings wies Darwin auch auf einen entscheidenden Evolutionsmechanismus hin, die natürliche Auslese. Das Überleben der Tauglichsten, wie sein Zeitgenosse Herbert Spencer es später ausdrückte, führt zu Pflanzen und Tieren, die noch raffinierter als ihre Vorfahren an ihre jeweilige Umgebung angepaßt sind. Da das Klima sich ständig ändert, ändern sich langsam auch die Lebensformen, und sie werden noch komplexer, um ihre nicht so wandlungsfähigen Konkurrenten auszustechen.

Dieser Prozeß verläuft nach Darwins Darstellung allmählich. Statt an eine Wendeltreppe kann man an eine spiralförmige Rampe denken, wie sie in den großen Parkhäusern die einzelnen Ebenen miteinander verbindet. Angetrieben von der natürlichen Auslese, kriecht das Leben allmählich die Rampe hinauf, zu immer höheren Ebenen.

★

Je länger ich darüber nachdenke, desto besser gefällt mir die Metapher des Parkhauses. Die Ebenen, die sich an die spiralförmige Rampe anschließen, können als stabile Niveaus verstanden werden, auf denen Lebensformen sich ausbreiten. Während eine Minderheit weiter die spiralförmige Rampe emporkriecht und sich verändert, kann man sich vorstellen, daß andere eine Bevölkerungsexplosion erleben und eine neue, leere Ebene besetzen – eine leere Nische, wie die Ökologen sagen. In

diesem Parkhaus stehen unten die T-Modelle von Ford, die Heckflos-
senautos aus den fünfziger Jahren nehmen mehrere mittlere Ebenen ein,
und oben parken unsere jüngsten Kreationen.

Würde ein Archäologe ein Parkhaus ausgraben, so fände er fast alle
Autos auf der einen oder anderen Ebene geparkt, während sich auf der
Rampe zwischen den Ebenen kaum eines finden würde. Nicht anders
verhält es sich mit den Entdeckungen der Paläontologen, was die Evolutionsgeschichte betrifft. Sie stoßen bei ihren Ausgrabungen auf relativ
plötzliche Veränderungen bei den Tierarten, nicht aber auf die allmählichen Übergänge, die sie hätten beobachten können, wenn sie das Glück
gehabt hätten, die spiralförmige Rampe am Rand des Parkhauses zu treffen. Zu den Erkenntnissen, die man in den hundert Jahren seit Darwin
gewonnen hat, gehört die, daß neue Arten sich nicht mitten auf einer
Ebene des Parkhauses bilden, sondern in entlegenen Winkeln. Diese
»allopatrische Artenbildung« hat der Evolutionstheoretiker Ernst Mayr
vor Jahrzehnten überzeugend dargelegt.

Diese Auffassung ist inzwischen durch Forscher wie Niles Eldredge,
Stephen Jay Gould und Steven Stanley bekräftigt worden. Die Ebenen
des Parkhauses sind eine Realität, und Arten als Ganzes ändern sich
nicht allmählich. Große Populationen sind sogar erstaunlich resistent
gegen Veränderungen, anders als man es aufgrund der Darwinschen
Vorstellung von einer allmählichen natürlichen Auslese erwarten würde.
Eine Parkhausebene entspricht einem punktuellen Gleichgewicht. Diejenigen, die auf der spiralförmigen Rampe weiterkriechen und als eine
isolierte Population dem Darwinschen Gradualismus unterliegen, erreichen schließlich eine neue, stabile Ebene (eine neue Nische, wie die
Ökologen sagen), die sie durch eine Bevölkerungsexplosion ausfüllen.
Der Historiker, der sich später durch die Schichten gräbt, findet dann
Fossilien, die auf punktuelle Stabilitäten schließen lassen.

Ein ganz ähnliches Bild bietet unsere kulturelle Evolution. Die Erfindung der Schrift erfolgte nicht allmählich und überall, sondern die Idee
geht vermutlich auf eine kleine Gruppe von Finanzbeamten in Sumer zurück; von dort breitete sie sich aus. Mathematik und Geometrie verdanken
sich weitgehend den Überlegungen, die im sechsten vorchristlichen Jahrhundert auf der griechischen Insel Samos unter den Anhängern des Pythagoras angestellt wurden. Weil Ideen sich dank unserer Leidenschaft für
neue Schemata in immer neuen Köpfen fortpflanzen, haben unsere Gedanken ein Eigenleben und damit eine eigene Evolutionsgeschichte entwickelt.

★

Die spiralförmige Rampe eignet sich nicht nur als Metapher für Lebensformen und Ideen, für Gene und Meme, sondern vielleicht auch für die
ganze physikalische und präbiologische Geschichte des Universums.
Wenn man in den Lücken zwischen den vorüberziehenden Gewitterwolken die fernen Sterne erblickt, erliegt man natürlich leicht der romanti-
schen Neigung, in großen Zusammenhängen zu denken. Dennoch finde
ich die Idee aufregend, und ich werde sie unbedingt weiterverfolgen.
Falls wir einmal dazu kommen sollten, die Evolution in ihrer ganzen
Spannweite – vom Urknall über alle Zwischenstadien bis zur Entwicklung unseres Großhirns – zusammenzufassen, werden wir uns einer ähnlichen Metapher bedienen müssen. Könnte dies der Wald sein, den wir
vor lauter Bäumen nicht gesehen haben?

Unser Wissen ist natürlich noch sehr lückenhaft – wir sehen die spiralförmige Rampe wie durch Wolken, an manchen Stellen noch bedeckt,
an anderen verschwommen. So manche Ebene fehlt, weil sie längst verschwunden ist und lediglich als Gerüstmaterial für eine andere Ebene
gedient hat. Die Metapher der spiralförmigen Rampe, an die sich Ebenen
anschließen, stützt sich jedoch auf Jacob Bronowskis Vorstellung von
einer geschichteten Stabilität, sie umfaßt sich entwickelnde Arten und
ökologische Nischen, und schließlich enthält sie auch die Hierarchievor-
stellung, die man sich früher unter dem eindimensionalen Bild der Leiter
des Lebens vergegenwärtigt hat. Sie bietet eine Möglichkeit, sich über
die Details zu erheben und die gesamte Evolution in ihrem großen
Zusammenhang zu betrachten.

Ich hätte Lust, mit einem lauten »Heureka!« das ganze Lager zu wekken. Doch dann siegt die Rücksichtnahme, und ich begnüge mich damit,
zufrieden lächelnd den treibenden Wolken nachzuschauen. Ich muß diesen Gedanken weiter verfolgen und prüfen, welche der bekannten
Mechanismen des Universums unter diesem neuen Gesichtspunkt einen
Sinn ergeben.

Ich stelle mir vor, wie es wohl wäre, wenn ich einen meiner Reisegefährten aufwecken und ihm erklären würde, daß das Parkhaus mit der
spiralförmigen Rampe die umfassende Metapher für alle Mechanismen
des Universums sei. Mir scheint, daß ich an diesem Bild doch noch einiges verbessern muß. Es hat einfach nicht die Eleganz von Michelangelos
Gott, der von der Decke der Sixtinischen Kapelle herab seine Hand aus-
streckt, um das Leben auf Erden zu erschaffen. Es ist auch nicht so ele-
gant wie Einsteins Idee, nach der Gott ein Uhrmacher ist, der die Welt
schuf und in Gang setzte, um sie anschließend sich selbst zu überlassen
(weil er vermutlich etwas Besseres zu tun hatte, als die Menschen vor

den Folgen ihrer eigenen Torheit zu bewahren) und zuzuschauen, wie sie schließlich ihre eigenen Reklamationsabteilungen schafft und selbst für Haftungsbeschränkungen sorgt.

★

Das Spektakel dürfte jetzt wohl vorbei sein. Die leuchtenden Wolken sind nach Westen gezogen und dunkler geworden, die Luft scheint wieder wärmer zu sein, und es hat eine ganze Weile schon nicht mehr geblitzt. Ich denke daran, meinen Felsblock zu verlassen und mich in der stillen Dunkelheit zwischen den Bäumen und Zelten hindurch zu meiner kläglichen Nachahmung eines Zeltes zu begeben.

Da taucht ein mächtiger Blitzschlag das Lager in helles Licht. Undeutlich sehe ich in der Ferne eine nackte Frauengestalt den Weg vom Fluß heraufkommen. Mit der rechten Hand hält sie ein Handtuch fest, das sie sich um den Kopf gewickelt hat und das ihr Gesicht verdeckt, in der linken hält sie eine Tube Shampoo. Das Licht flackert noch einmal auf und erlischt, und die Erscheinung verschwindet geräuschlos im dunklen Lager. Ich warte, daß es noch einmal blitzt, sehe aber bloß ein schwaches Wetterleuchten hinter den abziehenden Wolken.

Was zählt im Leben außer den eigenen Ideen,
guter Luft, einem guten Freund, was zählt im Leben?
Wallace Stevens, *The Man with the Blue Guitar*

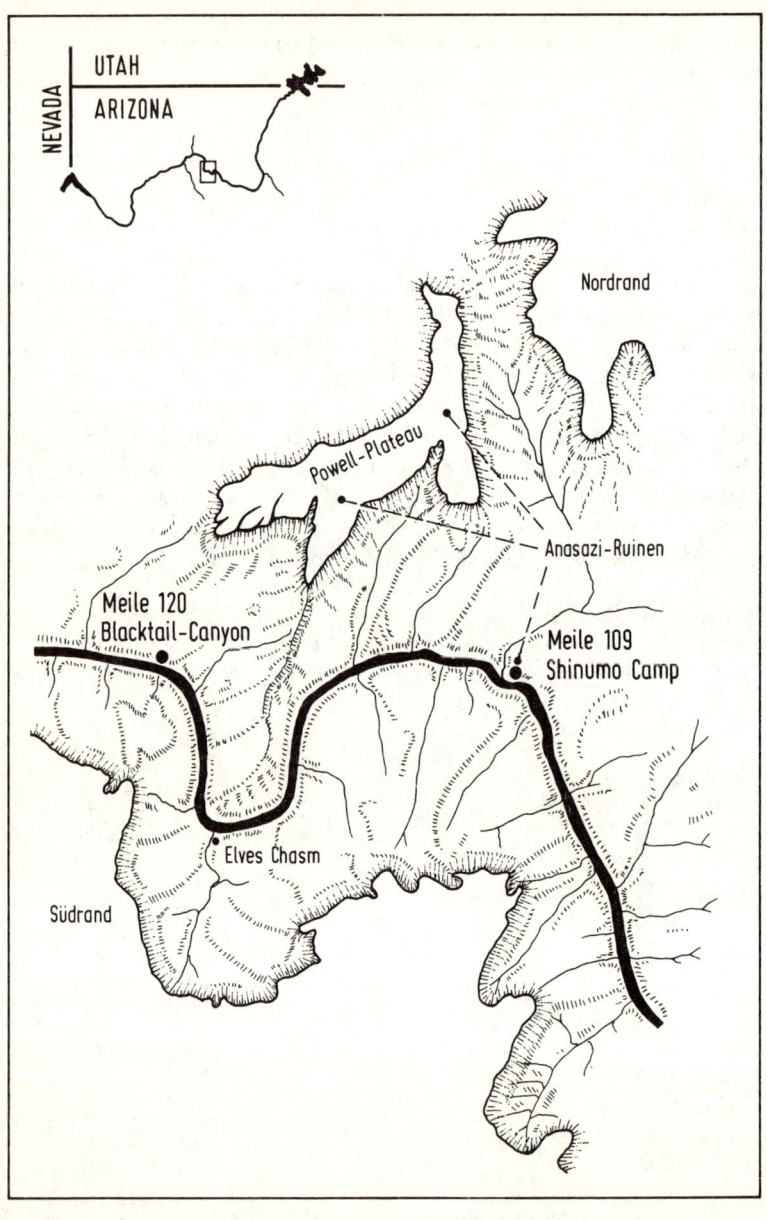

# Siebter Tag
## Meile 109
## Shinumo Creek

Die große Sandalen-Regatta wird auf dem Shinumo Creek abgehalten, ein Stückchen flußabwärts von unserem Lager. Bei diesem Wettkampf der Bootsführer geht es darum, wessen Sandalen am schnellsten durch die Stromschnellen kommen. Das Wettrennen findet an einer Stelle statt, wo der Bach in einer Kaskade durch den Seitencanyon strömt. Genau wie im Colorado River gibt es, wo das Wasser zu steil hinabfließt und einen Wasserfall bildet, auch im Bach weiße Löcher. Wer weiße Löcher schlimm finde, scherzen die Bootsführer, der solle erst einmal das schwarze Loch in der Lava-Falls-Stromschnelle erleben.

Bei der Regatta muß man die Sandale oberhalb der kleinen Stromschnelle so ins Bachbett setzen, daß die Strömung sie an dem Mini-Loch unterhalb des kleinen Wasserfalls vorbeilenkt. Doch unter dem Jubel der Zuschauer fällt eine Sandale nach der anderen dem Loch zum Opfer. Sie kreisen in dem Strudel und werden immer wieder unter Wasser gedrückt, wenn sie unter den kleinen Wasserfall geraten. Diese Sandalen bräuchten kleine Bootsführer, die sie steuern. Elves Chasm, die Elfenklamm, ist nicht weit von hier...

Unermüdlich tragen die Bootsführer ihre Sandalen vom Fuß der Kaskade wieder zum Start zurück. Es werden Wetten abgeschlossen, und die Sandalen werden angefeuert. Der Bootsführer mit den größten Füßen gewinnt schließlich. Seine Sandalen sind so lang, daß sie, ähnlich wie die Wurstboote, das Loch überbrücken und einfach darüber hinwegfahren.

★

Das Powell-Plateau ist uns im Weg, und so knickt der Fluß nach Süden ab, um es in einem 15 Kilometer langen Bogen zu umrunden. Im Unterschied zu anderen Tafelbergen im Canyon ist dieser überreichlich mit Bäumen bewachsen, die wir aber vom Fluß aus nicht sehen können. Das Powell-Plateau ist vom Nordrand durch ein tiefes Tal getrennt, und so steht es da, eine kleine Insel, die in den Himmel ragt.

Die Anasazi hatten das Powell-Plateau besiedelt. Die Chance, dort auf eine Ruine zu stoßen, ist erheblich höher als irgendwo sonst im Norden

Arizonas. Es müssen Hunderte von Menschen gleichzeitig da gelebt haben. Angesichts der Ressourcen (Wasser war zum Beispiel knapp, sobald die Schneewehen weggeschmolzen waren) und der Erkenntnisse der Archäologen hinsichtlich der Hinterlassenschaften der Anasazi haben diese sich dort wahrscheinlich nur in einer bestimmten Jahreszeit aufgehalten. Möglicherweise sind sie im Winter an den Fluß hinuntergezogen, denn hinter dem Bass Camp, wo wir die letzte Nacht verbrachten, fand sich eine ganze Ansammlung von nach Süden ausgerichteten Ruinen der Anasazi. Die Situation erinnert mich stark an das Unkar-Delta, direkt unter den Anasazi-Ruinen an der Ostseite des Nordrands. Den Winter im sonnigen Süden zu verbringen, könnte auch schon vor tausend Jahren beliebt gewesen sein.

In dem Wald auf dem Powell-Plateau leben heute etliche Tierarten – Rehe, Eichhörnchen, Erdhörnchen, Ratten, Mäuse. Um mit Artgenossen zusammenzutreffen, müßten die Tiere den Wald verlassen und in das unbegrünte Tal hinuntersteigen, um dann auf der anderen Seite wieder gut 270 Meter hinaufzuklettern. Durch dieses Hindernis sind die Tiere des Powell-Plateaus weitgehend isoliert, und statt ihre Gene mit denen der Nachbarn vom Nordrand auszutauschen, findet viel Inzucht statt. Für Biologen ist so etwas ein gefundenes Fressen. Die langsame Mühle der Evolution läuft dadurch schneller, und aus den bestehenden Arten bilden sich schneller neue heraus.

Auf Inselketten ist eine solche Beinahe-Isolation das Normale. Stellen wir uns eine Insel vor, auf der ein Exemplar einer dort bislang nicht vertretenen Tierart landet. Es braucht nur ein einziges trächtiges Weibchen zu sein, das durch den Wind oder die Strömung hergetrieben wurde. Die Nachkommen bevölkern dann die Insel und breiten sich allmählich über die anderen Inseln der Kette aus. Anfangs können die auf verschiedenen Inseln lebenden Tiere sich noch miteinander paaren, doch in der Regel werden sie sich untereinander paaren. Dadurch wird der Genbestand bei den auf einer Insel lebenden Tieren recht bald so viel Besonderheiten entwickeln, daß eine erfolgreiche Paarung mit einem Individuum von einer anderen Insel, selbst wenn sich die Gelegenheit dazu ergibt, nicht mehr möglich ist. Wenn eine erfolgreiche Paarung kaum noch wahrscheinlich ist, hat sich effektiv eine neue Art herausgebildet.

Fruchtfliegen (die nämliche *Drosophila*, die von Genetikern in Milchflaschen gezüchtet wird) kamen vor langer Zeit auf die Hawaii-Inseln. Die Insel, auf der sie zuerst landeten, ist inzwischen unter dem Meeresspiegel verschwunden. Jede der übrigen Inseln hat nicht nur ihre eigene Fruchtfliegenart – wegen der Lavaberge, die alle größeren Wasserläufe voneinander trennen, haben wahrscheinlich sogar alle größeren Täler auf den Inseln ihre eigene endemische Art. Allerdings wächst in jedem Tal eine etwas andere Vegetation, und die verschiedenen Arten sind bis zu einem gewissen Grad darauf spezialisiert. Dies paßt zu der traditionellen darwinistischen Auffassung von der Entstehung neuer Arten: daß nämlich durch natürliche Auslese nur jene Varianten überleben werden, die am besten an die besonderen Bedingungen des Tals angepaßt sind, so daß am Ende in jedem Tal etwas anders aussehende Fruchtfliegen leben werden. Das ist aber nicht entscheidend, es könnte sogar, auch wenn es wie Ketzerei klingt, der unwichtigste Aspekt sein.

★

Das Äußere hat seit jeher den Ausschlag gegeben. Bei Muschelschalen oder Knochen kann der Paläontologe nur nach dem Äußerlichen gehen. Es hängt dann ganz vom Betrachter ab, wo er die Scheidelinie zwischen zwei Arten zieht, wenngleich es dafür gewisse Normen gibt. Die Artdefinition der Biologen ist funktionaler: Eine Art ist eine Population von Individuen, die sich potentiell untereinander paaren können.

»Kennt ihr die Geschichte der Hörnchen auf dem Nordrand?«, fragte Alan, während er uns flußabwärts ruderte. Wir befanden uns in einem Abschnitt, wo der Fluß träge dahinfließt. »Die Kaibab-Hörnchen sehen fast genauso aus wie die Abert-Hörnchen auf dem Südrand. Sie haben spitze Ohren, genau wie im Comic. Beide Arten bauen ihre Nester ungefähr in der gleichen Weise. Wahrscheinlich haben sie alle einmal zu einer Art gehört. Aber dann kam der Fluß dazwischen und isolierte sie.«

Ben wollte wissen, ob der Fluß sich seinen Weg mitten durch die Hörnchenpopulation gegraben habe. »Kann sein«, sagte Alan. »Die Hörnchen könnten sich aber auch nach dem Südrand verzogen haben, nachdem der Canyon entstanden war. Und einige haben dann den Fluß überquert. Da es keinen Konkurrenzkampf um all die Hörnchennahrung auf dem rechten Ufer gab, erlebten sie eine kleine Bevölkerungsexplosion. Wahrscheinlich hat sich das vor langer Zeit abgespielt, vielleicht als der Fluß trocken war, vor vier Millionen Jahren. Jetzt ist es wahrscheinlich so, daß sie nach all der Zeit, in der sie ihre Gene nicht mit denen von der anderen Flußseite vermischen konnten, nicht mehr in der Lage sind, sich untereinander zu paaren.«

»Das könnten wir doch herauskriegen«, schlug Marsha vor. »Ich wette, daß Alan ein Hörnchen fangen und über den Fluß bringen kann.« Der Angesprochene gab durch ein Stirnrunzeln zu verstehen, daß

Marsha sich ihre Hörnchen selbst fangen könnte. Marsha läßt sich jedoch nicht mehr so leicht entmutigen. Seit sie ihre Halskette hat, ist sie unbezähmbar.

Kaibab-Hörnchen (Nordrand)
*Sciurus kaibabensis*

Abert-Hörnchen (Südrand)
*Sciurus aberti*

Zwei Populationen können identisch aussehen und dennoch zur Paarung untereinander unfähig sein, weil ihr Genbestand sich auseinanderentwickelt hat. Man spricht in diesem Fall von verwandten Arten. In anderen Fällen können die Populationen ganz verschieden aussehen und dennoch paarungsfähig sein. Zum Beispiel ein deutscher Schäferhund und ein Zwergpudel – beide gehören zu einer einzigen Art, *Canis familiaris*. So kann der äußere Schein täuschen.

Experimentalgenetiker können im Labor neue Fruchtfliegenarten erzeugen, ohne jegliche Auslese. Sie ahmen einfach nach, was geschehen würde, wenn die Fliegen von einer Insel auf die andere verschlagen würden. Sie nehmen acht Individuen aus einem Käfig (der in diesem Fall eine Milchflasche ist) und stecken sie in eine leere Flasche mit ausreichend Nahrung. Im Grunde passiert nichts anderes, wenn ein paar Individuen von einer Insel auf die Nachbarinsel vordringen – eine Gründerpopulation. Sie werden sich, wie man so sagt, wie die Fliegen vermehren. Bald ist die leere Flasche voll mit Fliegen, die alle eine Kombination der bei den acht Gründern vorhandenen Gene in sich tragen. Jetzt werden acht der Nachkommen aus dieser Flasche genommen und in eine andere Flasche getan, gewissermaßen auf eine andere Insel des Archipels gebracht. Wieder kommt es zu einer Bevölkerungsexplosion, und alle stammen ab von der zweiten Gruppe von Pionieren, die ihrerseits von den ursprünglichen acht Pionieren abstammten.

Diesen Vorgang, einige wenige herauszunehmen und sich explosionsartig vermehren zu lassen, kann man fortsetzen; auf ähnliche Weise, von Insel zu Insel überspringend, sind die Hawaii-Inseln vermutlich von Fruchtfliegen besiedelt worden. Um zu prüfen, wie weit sie sich noch untereinander paaren können, nehmen wir jetzt einige Individuen aus der vierten »Insel«-Flasche und bringen sie zusammen mit solchen aus der ersten Flasche. Dabei stellt sich heraus, daß Paarungen »zwischen Inseln« längst nicht so erfolgreich sind wie Paarungen »innerhalb der Insel«. Es sind Fortpflanzungsschranken entstanden, nicht durch natürliche Auslese und Anpassungen (die Flaschen geben eine so perfekte Umwelt ab, daß alle Individuen am Leben bleiben), sondern durch wiederholte Inzucht, gefolgt von einer Bevölkerungsexplosion. Wenn genügend Inseln vorhanden sind, entsteht nahezu mit Sicherheit eine neue Fruchtfliegenart, auch ohne natürliche Auslese.

Aber warum kommt es auf der ersten Insel nicht zu dieser Artbildung, warum splittert sich die ursprüngliche Population nicht auf? Weil dort der Genpool durch eine sehr viel größere Partnerauswahl in Bewegung bleibt. Auf der zweiten oder dritten Insel kann man sich nur mit

einem engen Verwandten paaren, denn alle haben die gleichen Großeltern. Nach entsprechender Inzucht scheint eine Population sich nicht
mehr mit der Population ihrer Vorfahren paaren zu können, und auf
dieser Absonderung beruht die Artbildung, auf der Fortpflanzungsisolation.

Selbstverständlich spezialisieren sich in freier Wildbahn getrennte
Populationen auch, weil die natürliche Auslese dabei eine Rolle spielt.
Die natürliche Variabilität unter den Nachkommen, die darauf beruht,
daß durch die sexuelle Fortpflanzung die Chromosomen ständig durchmischt werden, hat zur Folge, daß unter nicht ganz optimalen Bedingungen einige besser überleben als andere. Die Inseln, auf denen Bananen wachsen, bekommen Fliegenpopulationen, die besser auf Bananen
gedeihen, nicht dagegen die Inseln, auf denen keine Bananen wachsen.
Bei der Besiedelung der Inselkette durch eine eingewanderte Art entsteht
somit eine Vielfalt neuer Arten. Dabei muß die Fortpflanzungsisolation
nicht auf Unterschieden im Aussehen oder im Verhalten beruhen, tatsächlich aber werden die nicht ganz optimalen Lebensbedingungen für
eine Selektion nach physischen Merkmalen wie der Flügelspannweite
und nach Verhaltensmerkmalen wie der Furcht vor Freßfeinden sorgen.

»Auf jeder Insel kommt also nur eine Fliegenart vor?« fragte Marsha.

»So war es einmal. Inzwischen sind aber einige Individuen der neuen
Arten auf die erste Insel zurückgeweht worden. Wenn dort genügend
von ihnen zusammenkommen, werden sie sich miteinander paaren. Mit
der ursprünglichen Gründerpopulation ist eine Paarung aber nicht mehr
möglich. Am Ende werden also auf jeder Insel mehrere Arten leben.«
Alan schwieg und begann wieder zu rudern. »Wenn sich die Fortpflanzungsisolation eingestellt hat, bedarf es keiner geographischen Isolierung
mehr, um zwei verschiedene Populationen aufrechtzuerhalten. Wenn
man beobachtet, daß zwei ähnliche Arten nebeneinander leben, kann
man davon ausgehen, daß sie einmal getrennt gewesen sind.«

Daß dauerhafte Barrieren zwischen zwei Populationen auch auf
andere Weise entstehen können, dafür liefern die Hörnchen auf beiden
Seiten unseres Flusses ein einfaches Beispiel. Eine der erblichen Variationen betrifft die Paarungszeit. Es gibt Hörnchen, die sich nur an einem
Tag des Jahres paaren. Alan hat beobachtet, daß die Kaibab-Hörnchen sich erst drei Monate nach der Paarungszeit der Abert-Hörnchen,
die Anfang März liegt, paaren. Jene Hörnchenvariante, deren Paarungszeit den Verhältnissen auf dem Südrand angemessen war, konnte auf
dem Nordrand nicht überleben, denn wenn sie Junge warf, herrschte
dort noch kein Tauwetter, sondern strenger Winter. Auf dem Nordrand

überlebten jene, aus deren Genkombination sich eine äußerst späte Paarungszeit ergab, meistens einer der ersten Tage des Juni.

Auslese und Artbildung brauchen nichts miteinander zu tun zu haben. Ein gutes Beispiel dafür sind die Haushunde (wobei die Auslese allerdings nicht natürlich, sondern künstlich ist). Der Vorfahr aller Hunde war ein Verwandter des Schakals. Dadurch, daß man kleinere Exemplare miteinander kreuzte, erhielt man Teilpopulationen. Deutsche Schäferhunde und Zwergpudel sind das Ergebnis einer Aufspaltung der Gene, welche die Körpergröße bestimmen, auf verschiedene Teilgruppen. Eine Paarung zwischen ihnen ist aber weiterhin möglich, weil die Bildung einer neuen Art bei Hunden nicht so einfach ist wie bei anderen Tieren (Käfer braucht man nur anzuschauen, und schon ist eine neue Art entstanden). Würden die Menschen nicht länger in die Fortpflanzung der Hunde eingreifen, so würden sich diese Gene wieder unter den Hunden verteilen. Die meisten Hunde würden dann zu Bastarden, nicht unähnlich dem ursprünglichen, schakalähnlichen Hund.

Eine Auslese durch die natürliche oder künstliche Umwelt muß also keine bleibenden Wirkungen hinterlassen. Gewiß konnten Eichhörnchen mit einem dichteren Pelz auf dem Nordrand besser überleben, doch können die dafür verantwortlichen Gene leicht durch eine anschließende Durchmischung des Genpools wieder verlorengehen. Die natürliche Auslese ist in den meisten Fällen etwas Fließendes, das auf Dauer ohne Bedeutung bleibt. Wie können dann aber die Ergebnisse der natürlichen Auslese dauerhaft fixiert werden?

Nun, dazu muß eine erneute Vermengung der Gene verhindert werden. Die Artbildung ist eine Sperre, die das Zahnrad der Evolution anhält. Es kann sich nicht mehr zurückdrehen. Eine kleine Verschiebung der Paarungszeit, bedingt durch den unterschiedlichen Zeitpunkt des Tauwetters, und schon hat man eine neue Art, weil die Männchen und Weibchen der verschiedenen Populationen sich nicht mehr zur gleichen Zeit füreinander interessieren. Dadurch wird verhindert, daß eine Anpassung wie ein dichterer Pelz in einer Vermischung der Gene verlorengeht. Wenn der dichtere Pelz das Zahnrad ist, dann ist die verzögerte Paarungszeit die Sperrklinke, die einen Rückfall in geringere Beharrung verhindert.

»Und dabei wollte Marsha unbedingt, daß ich ein armes Kaibab-Hörnchen über den Fluß bringe«, scherzte Alan. »Stellt euch vor, es wär' Paarungszeit, und keiner interessiert sich für es. Was für ein Jammer!«

Es hat den Anschein, als sinne Marsha darauf, sich an Alan zu rächen. Und der hat noch keine Ahnung von dem Scherz mit der Halskette.

Die Finken entwickelten sich in Isolation. Wie alle anderen Arten auf der Erde. Nur kann man bei den Finken verfolgen, wie es geschah. Die Galapagos-Inseln liegen nah genug beim Festland, daß sich hin und wieder ein paar Tiere dorthin verirren konnten. Andererseits sind sie weit genug weg, so daß die verirrten Tiere abgesondert von der ursprünglichen Art evolvieren konnten. Die Entfernung zwischen den einzelnen Inseln ist wiederum so gering, daß die Tiere sich weiter ausbreiten konnten, daß sie sich, wiederum voneinander isoliert, weiterentwickeln konnten und schließlich als verschiedene Arten auf allen Inseln wieder zusammentrafen. (Mit anderen Worten: Mit dem Wind gerieten Finken auf die Galapagos, der Wind trieb sie auf die einzelnen Inseln, wo sie sich zu unterschiedlichen Arten entwickelten, und der Wind trieb sie wieder zusammen.) Man könnte den Archipel mit einem Arpeggio vergleichen, einer raschen Folge verschiedener, aber miteinander verbundener Töne. Hätte der Galapagos-Archipel aus einer einzigen Insel bestanden, wäre nur ein einziger langweiliger Ton herausgekommen, ein superlangweiliger Fink.

Annie Dillard, *Teaching a Stone to Talk*, 1982

★ ★ ★

Für die Evolution gibt es viele Ursachen. Als erstes sind Variationen über ein Thema erforderlich. An zahlreichen Variationen über einen grundlegenden Entwurf ist die Natur so sehr interessiert, daß sie diese Frage nicht allein den Mutationen überläßt. Kosmische Strahlen verwandeln hin und wieder eine DNA-Base in eine andere, wodurch der Code für ein etwas verändertes Protein entsteht, und die Instruktionen werden gelegentlich auch durch mutagene Chemikalien verändert, doch läßt sich die Zahl der Varianten durch ein Mischen der Karten beträchtlich erhöhen; dabei werden die langen DNA-Ketten auf einem Chromosom in kürzere Segmente zerschnitten und anschließend wieder auf andere Weise zusammengesetzt. Diese Durchmischung ist der ganze Zweck der Sexualität.

Sie haben bestimmt nicht gedacht, daß es beim Sex darum geht. Sexualität dient aber nicht nur der Fortpflanzung – die könnte auch durch Knospung, durch Klonen und dergleichen erledigt werden. (Sogar bei gewissen Arten, die sich in der Regel sexuell vermehren, kommt es bisweilen zur Jungfernzeugung; die Weibchen erledigen die Sache dann allein.) Bei der Sexualität geht es um die Erzeugung eines neuen Individuums, das keinem der Eltern genau gleicht.

Ist das wirklich der ganze Zweck der Sexualität? Dient sie nur der Erhöhung der Zufallsquote, um mehr Mahlgut für die Mühlen der natürlichen Auslese und der Artbildung zu erzeugen? Ziemlich enttäuschend!

# Meile 116
# Elves Chasm

Wieder stoßen wir auf die Große Diskordanz, diesmal beim Tapeats-Sandstein, der direkt auf sehr viel älteren präkambrischen Schieferschichten liegt. Der Schiefer ist durchzogen von Gängen aus rosa Granit, die dadurch entstanden, daß flüssiger Granit in Risse im Schiefer eindrang und erstarrte. Dort, wo die Diskordanz durch eine frühere Gebirgsauffaltung um ein paar Stockwerke nach oben gedrückt wurde, sehen wir Biegungen und einen Bruch. Am Ufer entlang wandernd, stoßen wir auf Travertin, Ablagerungen von Kalziumkarbonat aus dem mineralhaltigen Wasser, das an den Felsen entlangströmte. Der Travertin ist scharfkantig, und man bekommt schnell heraus, daß man so vorsichtig gehen muß, daß man sich nirgendwo festzuhalten braucht, um im Gleichgewicht zu bleiben. Schließlich führt der Pfad aber in den Seitencanyon hinauf, wo man gefahrlos die Felsen anfassen kann, weil sie sich durch den häufigen Zugriff von unerschrockenen Vorgängern abgeschliffen haben.

Der Pfad führt zu einem idyllischen Wasserfall, der versteckt in einem schmalen Spalt liegt, in dem sich große Felsblöcke verkeilt haben. Der ganze Wasserfall ist mit Grün durchwachsen, und dank des Sprühwassers können sich auch an den Seitenwänden kleinere Pflanzen halten. Irgendjemand hat sich nicht an die hier herrschende Vorliebe für spanische und orientalische Namen gehalten und diesem Ort den Namen Elves Chasm, Elfenklamm, gegeben. Man kann zu der Grotte schwimmen und dann hinter den Wasserfall hinaufklettern. Während man durch die Felsen steigt, bekommt man eine kalte Dusche, und von oben kann man dann in das Becken am Fuß des Wasserfalls hinunterspringen.

Auf der rechten Seite führt ein schmaler Pfad zu zahlreichen Felsvorsprüngen im Tapeats-Gestein, auf denen man sich sonnen und in das Tal hinunterblicken kann. Wenn man dem Pfad folgt, gelangt man zu drei weiteren Wasserfällen. Bevor er jedoch die schmale Kluft der tiefergelegenen Wasserfälle verläßt, stößt man auf einen großen überhängenden Felsvorsprung, der wie ein riesiges Bügeleisen den Weg versperrt. Wenn man elfenwüchsig ist (und nur so kann ich mir den Namen erklären), kann man unter dem Vorsprung hindurchgehen (gewöhnliche Sterbliche müssen kriechen). Wenn man die Saugnäpfe eines Geckos hätte, könnte man sich an dem Fels festklammern und mit gespreizten Beinen außen herumkriechen, unter sich die Kluft. Aber Gecko-Klamm klingt nicht so gut.

Unten am Rand des Beckens hält Marsha hof. Noch von hier oben kann ich das Gespräch ausgezeichnet verfolgen. Die Fische haben angebissen. Es genügte die Andeutung eines Codes, die gestern in ihrer Frage nach der Buchführung der Azteken enthalten war, und schon unterhalten sich drei Wissenschaftler ernsthaft darüber, welche verborgene Botschaft in der Halskette stecken könnte. Und da sie sich mit dem genetischen Code am besten auskennen, läßt die naheliegende Frage, wieviele Buchstaben das Alphabet umfaßt, nicht lange auf sich warten. Von den Perlen gibt es offenbar vier verschiedene Arten. Und wieviele Buchstaben enthält die Botschaft? Insgesamt einundzwanzig Perlen.

»Gab es noch mehr Perlen – ist dies ein Teil einer längeren Halskette?« möchte Ben wissen. Marsha versichert ihnen, daß dies, nach dem Schild im Museum zu urteilen, die vollständige Kette sei.

»Es könnte demnach eine Botschaft aus einundzwanzig Einheiten sein. Vielleicht könnten die Perlen auch paarweise etwas zu bedeuten haben.«

»Nein, das kann nicht stimmen, dann wären die Perlen geradzahlig. Aber Tripletts würden hinkommen, sieben davon ergeben einundzwanzig. Tripletts, genau wie beim genetischen Code für die Proteine«, erklärt Brian.

»Sieh mal an«, meint Alan scherzhaft zu Marsha, »vielleicht trägst du die chemische Formel für ein tödliches indianisches Pfeilgift mit dir herum!«

Alle lachten, woraufhin die kleine Gruppe sich auflöste. Einige schwammen zum Fuß des Wasserfalls und kletterten dahinter empor. Mit verstohlenem Triumph winkte Marsha mir zu. Sie hat sich in den letzten Tagen wirklich verändert. Nicht nur, daß sie sich jetzt traut, mit den Bootsführern zu flirten – mit ihrem neugewonnenen Selbstvertrauen kann sie auch andere richtig einschätzen und ihnen eine schlagfertige Antwort geben.

★

Brian und Ben sind wieder zurück und beugen sich über Marshas Halskette. Vielleicht ist das Rätsel auch nur eine gute Ausrede, um den anatomischen Bereich, den die Kette ziert, eingehend zu betrachten. Auf jeden Fall tun sie so, als ginge es um eine ernsthafte wissenschaftliche Frage. Sie erörtern, welches indianische Gift wohl ein Peptid aus sieben Aminosäuren sein könnte. Curare kann es nicht sein, aber...

Da fallen Ben die Start- und Stopcodes ein, und er meint, es könnte auch ein Peptid aus fünf Aminosäuren sein.

Cam ist dazugestoßen und hat das Gespräch skeptisch verfolgt. Er meint, daß man diese Möglichkeit leicht ausschließen könne. Wenn die ersten drei Perlen das übliche Startcodon AUG sind, dann müßten die letzten drei ein Stopcodon sein. Da alle Stopcodons mit U beginnen, müßte die dritte Perle von hinten dieselbe Farbe haben wie die zweite von vorn.

Und tatsächlich, so ist es! Außerdem haben die beiden letzten Perlen dieselbe Farbe wie die erste – das heißt doch, daß die letzten drei Perlen das Stopcodon UAA sein könnten. Die vier Arten von Perlen an den Enden der Kette stehen tatsächlich in der richtigen Reihenfolge. Es ist nicht zu glauben.

Dann muß aber, erklärt Brian, der sich durch nichts erschüttern läßt, die noch übrig gebliebene Perlenart ein C sein. Unsere Namen für die Perlen kennen sie nicht – aubergine, unfertig, grau und cacaofarben –, aber sie haben sie mit den Buchstaben bezeichnet, davon ausgehend, daß die ersten drei Perlen, aubergine-unfertig-grau, AUG sein müssen, wenn sie ein Startcodon darstellen. Und dann bleibt die vierte Art übrig, die wir Cacao nannten.

Die Entsprechung zwischen den letzten drei Perlen und den Perlen am Anfang könnte natürlich reiner Zufall sein. Diese Übereinstimmung ist doch ziemlich unwahrscheinlich. Na und?

Wieder lachen alle. Was für ein komischer Zufall! Doch nun melden sich die Bootsführer und fordern uns auf, wieder zu den Booten zurückzugehen.

Wir sind ein kurzes Stück gefahren, als der Fluß eine scharfe Biegung nach rechts macht und nun genau nach Norden fließt – der dritte Schenkel unseres Umwegs um das Powell-Plateau. Dieser herrliche lange Flußabschnitt heißt Stephen Aisle. Auf der Höhe des Flusses steht an etlichen Stellen der Tapeats-Sandstein an, und gelegentlich ragt präkambrisches Gestein hervor. Es handelt sich um Brüche, die durch Schübe entstanden sind, bei denen das Gestein um 14 Meter nach oben gedrückt wurde. An einer Stelle sind die in Uferhöhe liegenden Tapeats-Schichten etliche Meter nach oben gedrückt, dann knicken sie ab und fallen senkrecht zum Fluß ab. Es sieht aus wie ein riesiges liegendes Fragezeichen.

★

Mitten im Fluß liegt eine Insel aus präkambrischem metamorphem Gestein. Hier handelt es sich aber nicht um eine Schubfalte. Wir haben die

Große Diskordanz vor uns, die hier in Form eines riesigen Daumens emporragt. Diese Insel war einmal, genau wie andere Aufwölbungen von metamorphem Gestein, die in den Canyonwänden ringsherum in den Tapeats-Sandstein hineinragen, eine Insel im Tapeats-Meer. Das Gestein war hart genug, um der Erosion zu widerstehen, die das umgebende präkambrische Gestein abgetragen hat. Danach wurde alles vom Sandstein zugedeckt. Dieser Sandstein wurde nach und nach vom Colorado abgetragen, und das harte präkambrische Gestein ragt nun wieder als eine Insel hervor. Es wird sogar wieder von Wasser umspült.

## Längsschnitt des Flußkorridors

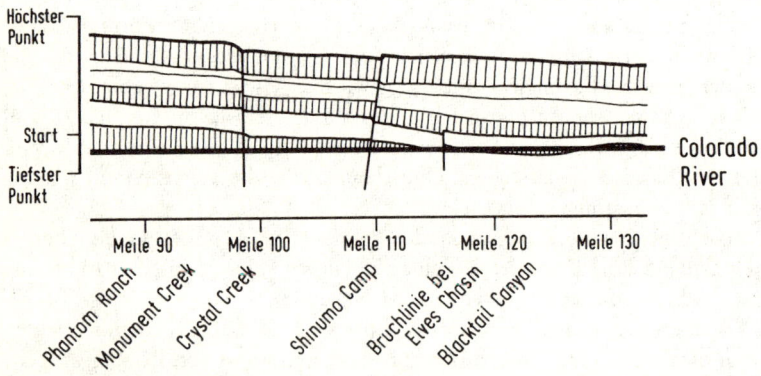

Weiß der Himmel, an welchem Punkt der Erde sich dieses steinerne Denkmal einst befunden haben mag – während des Präkambriums, als die Erosion an ihm nagte, oder während des Kambriums, als es von Sandstein überlagert wurde. Seitdem haben die Kontinente sich beträchtlich verschoben. Die Entdeckung der Kontinentalverschiebung und der Ausbreitung des Meeresbodens ist eine wissenschaftliche Glanzleistung höchsten Ranges, die wegen des überragenden Einflusses, den diese Prozesse auf die Entwicklung des Lebens hatten, mit Darwins Entdeckung der natürlichen Auslese auf eine Stufe gestellt werden kann.

Zurück nach Hawaii. Es steht fest, daß Inseln gute Voraussetzungen für die Diversifikation einer wandernden Tierart bieten, daß die Isolation eine gute Voraussetzung für die Artbildung darstellt, wodurch die

Folgen der natürlichen Auslese auch dann bewahrt bleiben, wenn die Tiere wieder zusammenkommen. Die Hawaii-Inseln wären aber nicht als eine lange Kette von vulkanischen Inseln entstanden, wenn sich der Meeresboden nicht ausbreiten würde. Die heute aktiven Vulkane liegen alle am südöstlichen Ende der sich von Südosten nach Nordwesten hinziehenden Kette. Wir wissen heute, daß die anderen Inseln sich einmal dort befunden haben, wo jetzt die aktiven Vulkane sind, daß sie sich also nach Nordwesten verschoben haben. Am ältesten sind die Inseln am Nordwestende der Kette, die Midway-Inseln mit 17,9 Millionen Jahren. Am jüngsten ist, noch nicht einmal eine halbe Million Jahre alt, die Hauptinsel Hawaii, wo die Vulkane Kilauea und Mauna Loa noch immer genügend Lava ausspucken, um die Küstenlinie innerhalb eines Jahrhunderts um etliche Kilometer zu verlängern.

Offenbar weist die Erdkruste unter der sich verschiebenden Platte einen schwachen Punkt auf, so daß Magma an die Oberfläche dringen kann. Die aktiven Vulkane befinden sich derzeit über diesem schwachen Punkt. Dadurch, daß der Meeresboden sich nach Südosten ausbreitet, verschiebt sich die pazifische Platte langsam nach Nordwesten, nicht mehr als eine Handbreit pro Jahr. In Perioden vulkanischer Aktivität wird die über den schwachen Punkt hinwegdriftende Platte durchlöchert, und Lava wird an die Oberfläche gedrückt – ein Vulkanausbruch. Anfangs ist es noch ein unterseeischer Vulkan, der einen unterseeischen Berg bildet. Schließlich bricht er an die Oberfläche durch und bildet eine Insel, auf der sich durch Wind und Meeresströmungen sehr bald Landpflanzen, Vögel und Insekten einstellen. An der Inselkette läßt sich wie an einem riesigen Meßstreifen die vulkanische Aktivität der letzten 18 Millionen Jahre ablesen.

Nochmals Millionen Jahre weiter wird über dem heißen Fleck eine neue Hawaii-Insel aus dem Meer wachsen. Südöstlich der Hauptinsel bilden sich unter dem Pazifik bereits Berge, unterseeische Vulkane, Inseln im Werden. Einem auf Hawaii umlaufenden Scherz zufolge werden von Maklern bereits Grundstücke für Altersruhesitze auf diesen entstehenden Inseln verkauft. Die Inseln senken sich natürlich auch, da die Platte offenbar das ganze Gewicht der Lava nicht tragen kann. Durch dieses Absinken der Platte ist, einem Burggraben vergleichbar, ein tiefer Graben rings um die Inseln entstanden.

Die Hawaii-Inseln stellen somit einen Mikrokosmos dar, in dem man die überall ablaufenden Evolutionsprozesse beobachten kann. Auch in den Tropen, wo das Leben relativ einfach ist, befindet sich die physische Umwelt in einem ständigen Wandel. Tiere und Pflanzen müssen sich daran anpassen, daß die Inseln sich senken, wodurch die Berge auf diesen Inseln von den vorüberziehenden Wolken weniger Niederschläge einfangen. Immer wieder überfluten Vulkane das Land mit neuer Lava, was in den folgenden Jahrhunderten eine neue Runde der natürlichen Auslese nach sich zieht. Am Fuß der Vulkane bildet sich neues Land, das neue Möglichkeiten der Besiedlung eröffnet. Und dank der Tatsache, daß das Land nicht einen geschlossenen Streifen bildet, sondern sich auf viele kleine Inseln verteilt, kann die geographische Isolation als Sperrklinke in das Zahnrad der Evolution eingreifen, so daß die durch Variation und Auslese entstandenen Geschöpfe erhalten bleiben.

Die erwähnten Kräfte sind überall auf der Welt seit langem wirksam gewesen, auf jeden Fall seit vor annähernd 400 Millionen Jahren das Land besiedelt wurde, wahrscheinlich aber schon früher, denn für eine Isolation, wie sie über Wasser auf Inseln gegeben ist, sorgen unter Wasser Buchten und Tiefseegräben, die ebenfalls durch die Ausbreitung des Meeresbodens entstehen. Die existierenden Lebensformen konnten sich, auch wenn sie noch so vollkommen an ihre Umwelt angepaßt waren, niemals ausruhen, weil sich die Umwelt ständig veränderte. Die Meeresströmungen haben sich seit jeher langsam verlagert, und damit hat sich auch das Wettergeschehen auf den Kontinenten geändert. Die Tatsache, daß die tektonischen Platten nicht fest verankert sind, hat weitreichende Folgen für die Evolution: Die Evolutionsmaschine bleibt ständig in Bewegung, und es kann sich nie ein statischer Zustand herausbilden. Es hätte auch ganz anders kommen können – man denke nur an den unwandelbaren Mond. Für die Evolution kommt es nicht nur auf die physische Umgebung als solche an, sondern darauf, daß diese *sich ständig ändert*, aber nicht auf chaotische Weise. So gesehen, bietet der überwiegende Teil des Universums keine Evolutionsmöglichkeiten.

★

Die Kehrseite der Zufallsmedaille ist die Auslese. Die eine würde ohne die andere nicht viel erreichen. Da die zufällige Variation weitervererbt wird, erkennt man nicht so leicht, was die Verbindung von Variation und Selektion zu leisten vermag. Man sagt, unser wunderbares Gehirn und unsere Präzisions-Augen seien viel zu kompliziert, als daß sie durch bloßen Zufall entstanden sein könnten, daß ihr komplizierter Aufbau nur mit dem lenkenden Eingriff einer höheren Macht erklärt werden könne. Auf den ersten Blick erscheint das einleuchtend. Was wir aber nicht sehen, sind all die Fehlschläge, die der Zufall ebenfalls hervorgebracht hat. Sie sind untergegangen, ohne Spuren zu hinterlassen: Die

Gehirne, die ihre Besitzer vor Erreichen des Fortpflanzungsalters in Schwierigkeiten gebracht haben, die Augen, die nicht gesehen haben, wie sich das Raubtier anschleicht. Die Selektion bringt es mit sich, daß man die Geschichte unter einem verengten, selektiven Blickwinkel wahrnimmt.

Das läßt sich an einer einfachen und wahrscheinlich legalen Methode, um schnell reich zu werden, verdeutlichen (die ich nicht selbst erfunden habe – wenn ich mich recht erinnere, hat B. F. Skinner die Geschichte erzählt). Die Methode funktioniert, weil alle die Realität unter einem partiellen, von den Umständen abhängigen Blickwinkel sehen. Angenommen, Sie verschicken 1000 Postkarten an Menschen, die sich an Pferdewetten beteiligen, und sagen voraus, daß Pretty Boy das Aprilrennen gewinnen wird. Genauso verfahren Sie natürlich mit Sunny Girl und den übrigen acht Pferden, die am Rennen teilnehmen, nur sind es jeweils andere 1000 Wetter, die die entsprechende Vorhersage erhalten. Gleichgültig, welches Pferd gewinnt, sind nach dem Rennen von den insgesamt 10 000 Wettern 1000 überzeugt – denn sie wissen es ja –, daß Sie den Ausgang des Rennens richtig vorhergesagt haben. Die 9000 Wetter, die der Meinung sind, Sie hätten daneben getippt, werden im weiteren Verlauf nicht mehr berücksichtigt. Nun bekommen die 1000, die eine Postkarte mit der eingetroffenen Vorhersage – Sunny Girl werde im April gewinnen – erhalten haben, eine weitere Vorhersage über den Ausgang des Mairennens. 100 Wetter bekommen von Ihnen eine Postkarte, auf der Sie zunächst an den Erfolg beim letztenmal erinnern, um dann vorauszusagen, daß Naughty Nag im Mai gewinnen wird. So verfahren Sie auch mit den übrigen neun Pferden, die im Mai an den Start gehen. Nach dem Mairennen gibt es hundert Menschen, die wissen, daß Sie den Ausgang von zwei Rennen nacheinander richtig vorhergesagt haben.

Diesen 100 schicken Sie nun ein Telegramm, in dem Sie ihnen die einmalige Chance offerieren, für nur 100 Dollar im Monat Ihre Rennmitteilungen zu abonnieren. Schreiben Sie nichts über Ihre Methoden oder Erfolge, sondern lassen Sie die Empfänger ihre eigenen Schlüsse ziehen. Man wird glauben, Sie besäßen Insiderinformationen, weil Ihre bisheri-

Es gibt verschiedene Formen der Arroganz. Die Arroganz des großen Reichtums, die Arroganz der großen Macht, die Arroganz der großen Schönheit und die Arroganz eines großen Meisters können wir ertragen, weil sie auf einer anerkannten und meßbaren Grundlage beruhen. Unerträglich ist dagegen die Arroganz der Dummheit, denn sie wurzelt in der selbstgefälligen Zufriedenheit, die sich einstellt, wenn man sich gegenüber den vorliegenden Tatsachen verschließt. Ein klassisches Beispiel für die Arroganz von Ignoranten ist der Kampf der christlichen Fundamentalisten gegen die Evolutionslehre.
Der Biologe William V. Mayer, 1984

gen Erfolge keine Zufallstreffer sein können (da keiner von den übrigen 9900 Postkarten weiß, kann auch niemand nachrechnen, daß Ihre Chance, zufällig richtig vorherzusagen, 1 zu 100 betrug). Auf diese Weise machen Sie (selbst nach Abzug aller Auslagen für Postkarten und Telegramme) einen Reingewinn von Tausenden von Dollars.

Nicht anders ist es, wenn wir rückblickend die Evolution beurteilen – wir sehen die Tiere, die überlebt haben, die Organe, die funktionieren. Wir sehen die gesunden Babies, die geboren werden, aber wir sehen nicht, daß sie vom Zeitpunkt der Befruchtung an neun Monate lang Tag für Tag der starken Tendenz zu einer Fehlgeburt widerstanden haben. Wir machen uns kaum klar, was im Verlauf von Tausenden von Generationen alles »unter den Tisch gefallen« ist. Wenn man das obige Vorhersagesystem auf nur zehn Pferderennen (Generationen) anwendet, beträgt die Wahrscheinlichkeit eines bestimmten Ergebnisses eins zu einer Milliarde; für 101 Generationen beträgt sie eins zu *googol*. Als *googol* bezeichnen die Mathematiker die absurd große Zahl $10^{100}$. Wie absurd diese Zahl ist, zeigt sich daran, daß es nur etwa $10^{81}$ Elementarteilchen im gesamten Universum gibt. Wir haben nun aber nicht nur 101, sondern 100 000 Generationen hinter uns, und das waren 100 000 Gelegenheiten, bei denen unsere selektive Sichtweise sich verfestigen und steigern konnte.

Dies zeigt, wie unsinnig es ist, bei einem vielfachen Durchlaufen von natürlichen Ausleseprozessen nachträglich von Wahrscheinlichkeiten zu sprechen. Die Ergebnisse der Evolution werden Generation für Generation der Auslese unterworfen, wobei die Fehlschläge als Nahrung für einen anderen Organismus weiter unten in der Nahrungskette recycelt werden, während die Erfolge von einem stabilen Zustand zum nächsten emporgehoben werden. Die einzige Voraussetzung ist Sonnenlicht, um diese Wahrscheinlichkeiten anzutreiben – und dazu genügend Generationen, um die durch unsere Umwelt geschaffenen emergenten stabilen Zustände zu entdecken. R. A. Fisher pflegte zu sagen, die natürliche Auslese sei ein Mechanismus, um das höchst Unwahrscheinliche zu etwas Gewöhnlichem zu machen. Auch die Evolution zieht einen Schlußstrich unter ihre Fehler. Wir sind, so unwahrscheinlich es auch ist, die Überlebenden.

Wenn wieder einmal jemand über die Vorstellung lacht, daß eine Horde Affen auf Schreibmaschinen herumhackt und dabei zufällig ein Sonett von Shakespeare herauskommt, sollten Sie die Geschichte vom Pferderennen erzählen – und daß man leicht in Schwierigkeiten gerät, wenn man sich in die Vergangenheit zurückdenkt.

Die *a priori*-Wahrscheinlichkeit dafür, daß unter allen im Universum möglichen Ereignissen ein besonderes Einzelereignis sich vollzieht, liegt nahe bei Null. Indessen existiert das Universum, und es müssen also wohl Einzelereignisse vorfallen, deren Wahrscheinlichkeit (Erwartungswahrscheinlichkeit vor dem Ereignis) verschwindend gering ist... Das Schicksal zeigt sich in dem Maße, wie es sich vollendet – nicht im voraus.

Jacques Monod, *Zufall und Notwendigkeit*, 1970

Eine bedrückend große Zahl von Wissenschaftlern mit metaphysischen Neigungen [John Eccles, Karl Popper, Fred Hoyle, Francis Crick] hat sich mit diesem Problem befaßt [dem Erstaunen über die Tausende von Zufällen, die die Vorbedingung für die Existenz von Leben waren]. Die Schlußfolgerung, daß superintelligente Wesen dies zielgerichtet herbeigeführt haben [das sogenannte anthropische Prinzip], stellt eine merkwürdige Rückwendung zum Übernatürlichen dar und beweist nicht so sehr Vorstellungsvermögen als vielmehr den Bankrott des Vorstellungsvermögens. Die Vorstellung, daß das Leben als eine natürliche, vielleicht unvermeidliche Funktion der Existenz hervortritt, ist zu unglaublich. Wir brauchen Götter. Unser Mangel an Vorstellungsvermögen ist beschämend.

Der Wissenschaftshistoriker Ralph Estling, 1983

Was den Zufall so erfolgreich macht, ist die Auslese. Sowohl Charles Darwin als auch Alfred Russell Wallace hatte gelesen, was der Ökonom Thomas Malthus ein halbes Jahrhundert zuvor über das Bevölkerungswachstum geschrieben hatte; danach sollten sehr rasch nur noch Stehplätze auf der Erde übrig bleiben, falls alle Kinder überlebten und sich fortpflanzten. Doch so schnell wachsen Tierpopulationen nicht – weil nicht alle Nachkommen überleben und weil nicht alle sich fortpflanzen, auch wenn sie eine normale Lebensdauer erreichen. Ihre Zahl wird durch verschiedene, mehr oder weniger wichtige Faktoren begrenzt. Bei einigen Tieren, die kaum Feinde haben, zum Beispiel Eisbären, wird die Verfügbarkeit der Nahrung zum begrenzenden Faktor. Bei anderen, beispielsweise tropischen Arten, denen ein beinahe unbegrenztes Nahrungsangebot zur Verfügung steht, wird die Zahl durch Freßfeinde reguliert. Und alle leiden an Krankheiten, die verursacht werden durch Krankheitserreger, die ihrerseits ständig mutieren, um die vom Wirtsorganismus zu seinem eigenen Schutz errichtete Immunabwehr zu überwinden.

Aus all den Mutationen und dem Durchmischen der Gene gehen Variationen hervor, die besser gerüstet sind, mit der Kombination all dieser Faktoren, die wir als Umwelt bezeichnen, fertigzuwerden. Die Wahrscheinlichkeit, durch Krankheitserreger geschwächt oder von Freßfeinden getötet zu werden, ist bei diesen Varianten geringer, während ihre Erfolgsaussichten im Aufspüren von Nahrung größer sind. Sie werden daher mehr Nachkommen hervorbringen. Die Gene, die für die bei ihnen realisierte Version von Körper und Gehirn verantwortlich sind, werden weiterleben. Praktisch hat die natürliche Umwelt die überlebenden Gene ausgelesen, daher der Begriff »natürliche Auslese«. Das war die entscheidende Entdeckung. Natürliche Auslese.

> Der anfängliche Überlebenswert einer vorteilhaften Innovation ist insofern konservativ, als er es möglich macht, angesichts veränderter Umstände eine traditionelle Lebensweise beizubehalten.
> Die Romersche Regel in der Formulierung von C. F. Hockett und R. Ascher, 1964

> Ein allgemeiner Fortschritt liegt dann vor, wenn eine Veränderung nicht nur im Hinblick auf eine bestimmte Umwelt adaptiv ist, sondern voraussichtlich auch in anderen Umwelten umfänglich genutzt werden kann.
> Der Evolutionstheoretiker George Gaylord Simpson, 1974

An sich braucht dies nicht zu komplexeren Körpern und Gehirnen zu führen – vorteilhaft könnte auch eine neue Anordnung der Gene sein, die etwas vereinfachen würde (ein mögliches Resultat wäre beispielsweise eine größere Energieeffizienz). Aber die Auslese hört nie auf. Wenn sich das Klima wieder ändert – es könnte zum Beispiel zu einem Wettergeschehen zurückführen, das früher einmal herrschte –, wird die veränderte Umwelt jeden Organismus erneut auf die Probe stellen. Ein komplexerer Organismus wird wahrscheinlich eher mit unterschiedlichen Umweltbedingungen fertig. Variation und erste Auslese sorgen wahrscheinlich nicht für eine Tendenz zu höherer Komplexität, doch werden komplexere Organismen, die sich auf unterschiedliche Umwelten einstellen können, mehrere aufeinander folgende Wellen der Auslese eher überstehen als solche Varianten, die sich lediglich an die erste Umweltveränderung besser angepaßt haben. Auf die Dauer behauptet sich das Komplexere, denn Vielseitigkeit ist ein Vorzug. Was sich länger behauptet, hat größere Chancen, zu einer neuen Art zu mutieren, mehrere Varianten in den Wettbewerb der Arten zu schicken. Letzten Endes sind es die komplexeren Organismen, die sich weiterentwickeln – eine schlichte Konsequenz der Wechselwirkung zwischen Variation, Auslese und der sich ständig ändernden Umwelt.

★

Die einzelnen Arten sind also ziemlich variabel, was an der Körperform – vermutlich ein Ergebnis von Variationen der relativen Wachstumsraten – offensichtlich wird, was aber wohl auch die angeborenen

Verhaltensmerkmale betrifft. Wenn der irische Elch sich auf der Flucht vor einem Wolf mit seinem riesigen Geweih immer wieder zwischen den Bäumen verfing, würde man wohl von einer direkten negativen Auslese einer bestimmten Körperform sprechen können. Ein Fötus mit zu großem Kopf würde (in der Zeit vor dem Kaiserschnitt) nicht nur sich selbst, sondern auch seine Mutter getötet haben, so daß übergroße Köpfe sehr rasch ausgelesen worden wären (darum muß es einen sehr starken Gegeneinfluß gegeben haben, müssen größere Gehirne sehr viel besser gewesen sein).

In der Regel setzt die Auslese jedoch daran an, wie gut etwas klappt (Funktion), und nicht daran, wie es aussieht (Morphologie). Die Auslese nach der Funktion begünstigt einen bestimmten Aspekt mit einer morphologischen Variante, wobei die damit zusammenhängenden anatomischen Merkmale »gratis« mitgenommen werden. Ein Beispiel: Variationen bezüglich des Eintritts der Geschlechtsreife führen dazu, daß einige Erwachsene kindlicher sind als andere, weil ihre Entwicklung langsamer verlief. Würde jugendliche Verspieltheit von der Auslese belohnt (etwa weil Jugendliche eher dazu neigen, unbekannte Früchte zu probieren, als Erwachsene, die ihrem alten Trott folgen), und würden jene Erwachsenen, die jugendlicher geblieben sind, erfolgreich sein, so würde das in Teilen der Anatomie, die ihrerseits nicht der Auslese unterliegen, Veränderungen nach sich ziehen (so haben juvenile Primaten ein flacheres Gesicht, kleinere Zähne und ein größeres Gehirn, bezogen auf die Körpergröße). Ursache und Wirkung sind in der Evolution oft so verwickelt, daß der eigentliche Grund der Entstehung einer nützlichen Variante oft unklar bleibt.

Während die natürliche Auslese also dafür sorgt, daß eine bestimmte Funktion an die Umwelt angepaßt wird, verändert sie nebenbei ein unauffälliges, mit dieser Funktion verbundenes anatomisches Merkmal. Der Weg der Evolution gleicht den Mäandern dieses Flusses (wobei mir auffällt, daß wir uns jetzt auf einem der geradesten Flußabschnitte befinden, die ich bisher gesehen habe – vermutlich folgen wir einer alten Bruchlinie).

Gelegentlich beobachten wir einen Seitensprung der Evolution. Eine Struktur, die im Hinblick auf eine bestimmte Funktion selektiert wurde, wird sekundär für eine neue Funktion brauchbar, so beispielsweise die Federn, die zunächst der Wärmeregulierung und dann dem Fliegen dienten. Schon Darwin betonte: »Was die Übergänge von Organen betrifft, so muß man sich vor Augen halten, daß eine bestimmte Funktion in eine andere umgewandelt werden kann.«

Weist die Evolution Tendenzen auf, gibt es Prinzipien, nach denen wir aus dem Spiel der Evolution zwangsläufig hervorgehen mußten? Naturforscher des 19. Jahrhunderts glaubten an die Orthogenese, eine geradlinige, von der natürlichen Auslese unabhängige Evolution (die eine Aufwärtstendenz zur »Vollkommenheit« besitzen sollte). Daran glaubt man heute nicht mehr, man nimmt aber dennoch an, daß bestimmte Tendenzen wirksam sind. Dazu gehört die schon erwähnte Tendenz zu Organismen, die sich an unterschiedliche Umwelten anpassen können (Komplexität). Da ist des weiteren die Tendenz zur Artbildung, die das, was durch natürliche Auslese entstanden ist, durch Fortpflanzungsisolation davor bewahrt, wieder aufgelöst zu werden. Drittens gibt es eine gewisse Tendenz zur Größenzunahme. Verfechter der Theorie des unterbrochenen Gleichgewichts verweisen darauf, daß bei einer marinen Weichtierart innerhalb ihrer Existenzdauer von drei bis zehn Millionen Jahren ansonsten kaum Veränderungen eingetreten sind, aber die Schale sich während dieser Zeit immer mehr vergrößert hat (je größer du bist, desto größer ist deine Speisenauswahl und desto weniger können andere dich fressen). Diese drei Tendenzen können zwar nicht mit dem reizvollen Prinzip der »Vollkommenheit« aufwarten, doch trotz ihrer Schlichtheit vermögen sie vieles zu erklären. Ich wäre nicht erstaunt, wenn es noch weitere, unentdeckte Prinzipien gäbe. Wer der Evolution jedoch kosmische Ziele unterstellt, macht jede weitere Diskussion unmöglich.

Abgesehen von diesen Tendenzen folgt die Evolution einem gewundenen und opportunistischen Weg, auf dem sie die unmöglichsten Geschöpfe entstehen ließ, ungeschlachte Apparate, auf die vielleicht ein Bastler stolz wäre, die aber ein vernünftiger Schöpfer sofort in den Papierkorb befördert hätte. Nehmen wir etwa das Durcheinander der Leitungsbahnen im Gehirn. Irgendwo im Rückenmark oder im Hirnstamm kreuzen die Nerven von der rechten Körperseite auf die linke und verlaufen zur linken Großhirnrinde. Befehle für Bewegungen unserer rechten Körperhälfte beginnen in der linken Rinde, wechseln dann im Hirnstamm zur rechten Seite hinüber und endigen schließlich bei Muskeln in der rechten Körperhälfte. Wie kam es zu diesem Durcheinander?

Dan Hartline weist darauf hin, daß ein Fisch, der auf einer Körperseite eine drohende Gefahr wahrnimmt, die Muskeln auf der entgegengesetzten Körperseite kontrahieren muß, um sich der Bedrohung zu entziehen. Die sensorischen Nerven, die ihm melden: »Achtung, da will dich einer fressen«, müssen also mit den Muskeln auf der anderen Körperseite verbunden sein. Wir sind sozusagen eine verspätete Ausgabe eines Fisches – unsere komplizierteren Leitungsbahnen sind später hinzugekommen, und die elementareren Bahnen, die sich kreuzen, damit wir vor Freßfeinden Reißaus nehmen können, wurden beibehalten.

Wenn es darum geht, den mäandrierenden Verlauf der Evolution zu belegen, verweise ich am liebsten auf die vorläufigen Formen, die ein Säugetier durchläuft, bevor es die bekannte ausgewachsene Form erreicht. Ich spreche von der prä- und postnatalen Entwicklung, der Ontogenese. Stellen Sie sich jemanden vor, der einen Digitalcomputer bauen möchte. Erst baut er Finger, an denen abgezählt wird, dann geht er über zu einem Rechenbrett, woraufhin er nochmals seine Meinung ändert und, einige Schritte zurücktretend, die Perlen des Rechenbretts über Bord wirft. Er schlägt eine neue Richtung ein und baut eine mechanische Rechenmaschine, mit kleinen Zahnrädern und einem rasselnden Wagen. Auch diese Maschine verwirft er und wechselt über zu einem programmierbaren mechanischen Klavier. Dieses wird ersetzt durch einen elektrischen Apparat, der mit Röhren arbeitet. Die Röhren werden anschließend herausgeworfen und durch Transistoren ersetzt, die wiederum, noch bevor alle Röhren ersetzt worden sind, herausfliegen und durch Chips mit integrierten Schaltungen ersetzt werden. Bei jedem neuen Computer, den er baut, läuft dieser ganze Unsinn von Anfang bis Ende ab.

So ähnlich geht es zu, wenn ein menschliches Gehirn mit dem daran befestigten Körper aufgebaut wird (das sei, warf jemand spöttelnd ein, noch immer der einzige Universalcomputer, der von zwei ungeschulten Kräften gebaut werden kann). Dazu teilt sich eine Zelle und entwickelt sich zu einem Zellhaufen, der eine gewisse Ähnlichkeit mit einer Seescheide hat, einem wirbellosen Tier. Daraufhin wird der Kurs gewechselt in Richtung der länglichen Körperform eines Hais, wobei aber Spezialisierungen wie die Kiemen, die wir bei den eigentlichen Fischen finden, übernommen werden. Die Kiemen werden nach wenigen Wochen ausrangiert, und der Körper wird umgemodelt, um zunächst einem Reptil und anschließend einem primitiven Säugetier zu ähneln. Nach gewissen Umstellungen entsteht die Primatenform eines Menschenaffen, und schließlich entsteht durch eine Feinabstimmung der relativen Wachstumsraten das große Gehirn des Menschen.

Bestimmt haben Sie sich gedacht, daß die DNA der Zelle möglicherweise gar keinen anderen Weg kennt, um ein Gehirn aufzubauen. Es ist wie bei einer Schatzsuche, wo immer wieder neue Hinweise gegeben werden, die dem sich entwickelnden Organismus sagen, wohin er als nächstes zu gehen hat, die aber so verfaßt sind, daß sie nur von seiner

> Es könnte sein, daß das große Gehirn, genau wie ein großer Behördenapparat, nicht fähig ist, einfache Dinge einfach zu erledigen.
>
> Donald O. Hebb, 1958

gegenwärtigen Position aus verstanden werden können. Die Instruktionen werden ständig abgewandelt. Ein Architekt würde eine solche Vorgehensweise als »zusammengestückelt« von sich weisen. Ich finde es dagegen eine ganz nette Idee, daß jedesmal, wenn ein Kind gemacht wird, an alle Vorfahren erinnert wird und diese, wenn auch nur für ganz kurze Zeit, wieder ins Leben gerufen werden.

★

Die Natur ist nicht effizient. Selbst bei den einfachsten, wichtigsten Dingen verfährt sie oft sehr umständlich. Da Abby meinem Vergleich mit den Bastler-Apparaten nicht ganz folgen mochte, erklärte ich ihr, wie ihre Atemfrequenz von ihrem Gehirn reguliert wird.

Es geht darum, den Blutkreislauf mit so viel Sauerstoff zu versorgen, daß alle Zellen zufrieden sind. Sinkt der Sauerstoffgehalt auf die Hälfte, arbeiten vor allem die Gehirnzellen nicht mehr besonders gut. Bei einem Läufer verbrauchen die Muskeln viel Sauerstoff, und deshalb muß ihm irgendwie mitgeteilt werden, daß er schneller zu atmen hat. Auch in einem geschlossenen Raum, etwa einer Höhle, wo die Luft weniger als den üblichen Zwanzig-Prozent-Anteil Sauerstoff enthält, muß man schneller atmen, damit das durch die Lungen zirkulierende Blut mit der normalen Sauerstoffmenge versorgt wird. Wie wird nun die Atemfrequenz gesteuert? Ein Ingenieur würde auf Anhieb sagen: durch den Sauerstoffgehalt des Blutes. Wenn man die Temperatur im Haus regeln will, nimmt man einen Thermostaten, der die Zimmertemperatur mißt und bei niedrigen Werten die Heizung anspringen läßt. Vernünftigerweise sollte also die Atemfrequenz vom Sauerstoffgehalt des Blutes bestimmt werden, nicht wahr?

Wieder falsch geraten. Tatsächlich mißt der Körper den Kohlendioxidgehalt des Blutes, um die Atemfrequenz und damit die Sauerstoffversorgung zu regulieren. Zwischen dem Gehalt an $O_2$ und $CO_2$ besteht in der Regel ein Zusammenhang. Wenn die Muskeln mehr $CO_2$ ans Blut abgeben, benötigt man mehr Sauerstoff. Und wenn man den Sauerstoff in einer Höhle aufbraucht, steigt zugleich auch der $CO_2$-Gehalt der Luft. Es ist also nicht ganz abwegig, statt des abnehmenden $O_2$ das steigende $CO_2$ zu messen, wenngleich es ein bißchen umständlich ist (so als würde man zur Regulierung der Heizung statt der Zimmertemperatur die relative Luftfeuchtigkeit messen). Aber vielleicht war es damals, als die Evolution dieses Schema erfand, einfacher, statt des $O_2$-Anteils den $CO_2$-Gehalt des Blutes zu messen. Man kann damit allerdings Probleme kriegen, wenn man in Situationen gerät, die von der Evolution nicht vorgesehen wurden. Zum Beispiel beim Fliegen in großer Höhe, wo man mit der normalen Atemfrequenz nur halb so viel Sauerstoff bekommt wie am Boden. Piloten werden benommen und begehen Dummheiten, wenn sie nicht daran denken, zusätzlichen Sauerstoff einzuatmen, und das alles nur, weil ihr Körper versäumt, den gesunkenen Sauerstoffgehalt zu messen und entsprechend schneller zu atmen. Während das $O_2$ mit zunehmender Höhe dünner wird, steigt leider nicht in gleichem Maße das $CO_2$ an, und damit fehlt der übliche Reiz zu vermehrter Atmung. (Tatsächlich gibt es $O_2$-Sensoren, und sie haben auch Einfluß auf die Atmung, aber sehr oft versagt das System, wenn nicht bei sinkendem $O_2$-Anteil zugleich der $CO_2$-Anteil steigt.)

Selbst etwas so Wichtiges wie die Atemregulation war also ein umständliches System, das nie verbessert wurde, weil es in den meisten Fällen funktionierte. Als ich das entdeckte, war es um meinen Glauben an die Zweckmäßigkeit der natürlichen Auslese geschehen.

# Meile 118
# Stephen Aisle

Wir haben auf einem breiten Sandstrand am linken Ufer des Stephen Aisle Halt gemacht. Wir hofften, von hier aus das Powell-Plateau zu sehen, aber wir stecken tief in der inneren Schlucht, was uns die Aussicht auf den Nordrand verwehrt. Einige Unentwegte suchen nach einer Möglichkeit, auf die Tapeats-Schicht zu klettern. Sollten sie es schaffen, werden sie hoffentlich ein paar zusätzliche Fotos vom berühmten Powell-Plateau für mich machen, doch ich ziehe es derweil vor, hier im Schatten am Flußufer zu bleiben.

Dies würde einen hervorragenden Lagerplatz für die Nacht abgeben, aber wir fahren weiter zu einem noch besseren, Blacktail Canyon, nur drei Kilometer von hier. Der Canyon ist eine Sehenswürdigkeit wegen seiner wellenförmigen Tapeats-Sandsteinschichten, und durch ihn führt ein Weg hinauf zum Powell-Plateau.

Unser Gespräch über die Bastler-Apparate ist auch Mitfahrern in anderen Booten zu Ohren gekommen, und so entspinnt sich unter denen, die lieber im Schatten bleiben, eine Unterhaltung über die fötale Entwicklung.

»Soll das heißen, daß das Baby in einem bestimmten Stadium wie ein Hai und dann wie ein Affe aussieht?« rief Abby aus.

»Nun, es hat einige Wochen nach Beginn der Schwangerschaft Kiemenspalten. Noch ein paar Wochen später verschwinden sie wieder«, erklärte Rosalie. »Die gewohnte Form der erwachsenen Tiere ist allerdings nicht zu erkennen. Was man sieht, sind eher die fötalen Formen dieser Tiere. Und auch das stimmt nicht ganz, denn die evolutionären Veränderungen erfolgen hauptsächlich in der Weise, daß das Wachstumstempo verschiedener Körperteile variiert.«

»Vielleicht wächst der Kopf ein bißchen schneller als der Rumpf«, warf ich ein, »und darum ist er am Ende größer. Unterschiedliches Wachstumstempo, wie bei einem Thermostaten.«

»Einem Thermostaten?«

»Na klar, guck doch mal in einen Thermostaten hinein. Er enthält zwei miteinander verbundene Metallstreifen, aber aus unterschiedlichen Metallen, die sich bei Erwärmung unterschiedlich schnell ausdehnen. Da sie fest miteinander verklebt sind, beginnt sich der gerade Streifen irgendwann zu krümmen, und bei einer bestimmten Temperatur berührt er den Heizungsschalter.«

»Aber Babies sind doch nicht aus Metall.«

»Richtig, aber sie haben viele gekrümmte Oberflächen, die sich auf genau die gleiche Weise bilden«, erklärte Rosalie. »Wenn von zwei Zellschichten eine schneller wächst als die andere, krümmt sich die Oberfläche zu allen möglichen Formen. Ferner gibt es zentrale Zeitgeber, die den gesamten Entwicklungsablauf bestimmen. Sie bewirken, daß Affen in drei bis vier Jahren erwachsen werden. Bei Menschenaffen gehen sie langsamer, dort dauert es acht Jahre. Bei uns gehen sie noch langsamer.«

»Dauert es bei uns länger, weil wir komplizierter sind?« fragte Ben.

»Nein, eigentlich gibt es keinen Grund, warum eine Schwangerschaft bei uns neun und bei den Tieraffen vier Monate dauert, abgesehen von der Evolutionsgeschichte, die das ganze bei jedem Übergang auf die Hälfte verlangsamt. Die hier lebenden Eichhörnchen brauchen von der Paarung bis zur Geburt nur einen Monat«, fügte Rosalie hinzu.

»Die ganze Zeit wird auch nicht nur fürs Wachstum benötigt«, sagte ich. »Einige Zellen sterben währenddessen auch ab und werden beseitigt. Entwicklung bedeutet nicht nur Wachstum, so daß Zellen hinzukommen und der Fötus größer wird. Während der Entwicklung wird vieles weggeschnitten, werden bestimmte Teile durch das Absterben von Zellen beseitigt. Es ist wie in der Geschichte von dem Computer, in der das Rechenbrett ausrangiert wird. Der Körper wird durch die Entwicklung zurechtgemeißelt.«

»Irgendwo habe ich gelesen, daß Erwachsene täglich 10 000 Hirnzellen verlieren«, sagte Abby. »Stimmt das? Degeneriere ich?«

»Bislang haben wir davon nichts gemerkt«, sagte Rosalie schmunzelnd. »Früher, als man noch nicht begriffen hatte, daß die Entwicklung sowohl durch Wachstum als auch durch Wegschnitzen zustande kommt, erschien der Zelltod uns bedrohlich. Der tägliche Verlust von Hirnzellen hat lange vor der Geburt eingesetzt. Und die Entwicklung ist nie zu Ende, sie hört nicht auf, wenn man erwachsen wird. Deshalb verlierst du auch jetzt noch Zellen.«

»Tatsächlich haben wir noch nicht verstanden, welchem Zweck der Zelltod bei Erwachsenen dient«, sagte ich. »Ich vermute aber, daß dadurch bestimmte Strukturen verfeinert werden. Anfangs stellen die Gehirnzellen eine Unmenge von Verbindungen zu anderen Zellen her, die aber zum Teil später unterbrochen werden. Bei einer neugeborenen Ratte stellen zahlreiche Hirnregionen Verbindungen zum Rückenmark her. Einige Monate später haben aber nur noch wenige Regionen Verbindungen zum Rückenmark. Erst mit der Zeit bilden sich die verschiedenen Teile des Gehirns klar heraus, und das beruht zu einem Großteil darauf, daß Verbindungen sich zurückbilden, daß Zellen absterben.«

»Wovon hängt es denn ab, ob eine Zelle abstirbt?« fragte Ben.

»Zum Teil von der Darwinschen Auslese«, antwortete Rosalie, »im kleinen Maßstab. Erst wird zuviel produziert, dann wird ausgelesen. Nimm beispielsweise die Zellen im Rückenmark, von denen die Befehle an die Muskeln ausgehen. Anfangs sind sie gegenüber den Muskelfasern, die sie steuern sollen, in der Überzahl. Sie schicken feine fadenähnliche Axone aus, die mit den Muskelfasern Kontakt aufnehmen. Sobald eine Muskelfaser verbunden ist, weist sie andere Axone, die sich ihr nähern, zurück. Am Ende bleiben Rückenmarkszellen übrig, die mit keiner Muskelfaser verbunden sind. Sie werden wahrscheinlich absterben. Darwinismus im Kleinen?«

»Zum Bastler-Vorgehen kommt noch hinzu«, fügte ich ein, »daß ganze Muskeln entstehen und wieder absterben. Und viele der mit diesen temporären Muskeln verbundenen Rückenmarkszellen sterben ebenfalls ab.«

»Es will mir einfach nicht in den Kopf, daß die Zellen so massenhaft absterben«, sagte Abby kopfschüttelnd. »Außerdem kann ich mich nicht an die Vorstellung gewöhnen, daß die Hälfte – oder waren es drei Viertel? – aller Föten spontan abgestoßen werden.«

»Da bist du nicht die einzige«, sagte Rosalie, »auch für mich war es zunächst ein Schock. Das Problem ist, glaube ich, daß wir uns vorstellen, daß wir selber einmal so begonnen haben. So als sei es eine schon vollständig determinierte Miniaturausgabe von uns selbst, mit einer richtigen Identität.«

»Erinnert ihr euch noch«, warf Ben ein, »an den Doonesbury-Comic von Trudeau, der in vielen Zeitungen scharf kritisiert wurde? Trudeau nahm die Abtreibungsgegner mit ihren emotionalen Appellen dadurch auf die Schippe, daß er eine zwölf Minuten alte Zygote mit dem Namen Timmy auftreten ließ!«

»Das Problem ist, daß wir unsere eigene Existenz in die Vergangenheit zurückverlängern«, erklärte Rosalie. »Diese Zygote von zwölf Minuten war ebensowenig ich wie die Hautzelle, die ich mir heute mittag am Boot abgeschürft habe. Im Kern dieser Zelle war genau die gleiche genetische Information enthalten. Durch Klonen ließe sich aus dieser Hautzelle theoretisch ein Duplikat von mir herstellen, so wie ich bei der Empfängnis war. Dieser Klon würde aber zwangsläufig unter ganz anderen Bedingungen aufwachsen als ich, andere Entscheidungen treffen als ich, und selbst wenn er rothaarig wäre und wie meine Zwillingsschwester aussähe, würde er doch eine ganz andere Persönlichkeit entwickeln. Wenn man sich über Föten aufregt, die möglicherweise hätten heranwachsen können, dann müßte man sich eigentlich auch darüber aufregen, daß mit jeder Menstruation die Chance für ein Baby verloren geht, denn jedesmal wird wieder eines dieser einmaligen, unwiederholbaren Eier aus dem Eileiter weggespült. In einen Fötus, der zum Baby heranwächst und aus einem Baby zu einer richtigen Persönlichkeit wird, haben doch die Eltern und die Gesellschaft sehr viel mehr investiert – das ist doch viel mehr als die paar Gene, mit denen er begonnen hat.«

»Dieser beginnende Fötus ist nur das Fundament, zu dem alles andere hinzukommt«, sagte ich. »Die Natur legt mehr Fundamente, als der ökologische Markt je aufnehmen kann, weil sie nach anderen Methoden verfährt als wir beim Hausbau. Wir beginnen nicht mit drei Fundamenten, um dann nur eins fertigzumachen. Die Natur macht das.«

Rosalie wandte sich an Abby: »Stell dir vor, jeden Monat wird ein Grundstück für einen Hausbau gerodet. Meistens passiert aber nichts, und das Grundstück wächst wieder zu. Dann gibt es aber Monate, in denen gleich nach dem Freimachen des Grundstücks das Bauholz und die Baupläne abgeliefert werden, und es wird mit dem Bau begonnen. In den meisten Fällen wird jedoch nichts daraus, vielleicht weil die Zimmerleute und die Klempner sich nicht über den Arbeitsablauf einigen können. Dann wird alles wieder abgeräumt, und das Grundstück wächst wieder zu. Statt das Chaos zu entwirren, macht man es sich einfach. Von den begonnenen Bauten werden nur wenige fertiggestellt und vollständig eingerichtet. Von wann an würde man das entstehende Bauwerk ein »Haus« nennen? Natürlich hat jedes gemütliche Heim irgendwann mit einem Fundament begonnen, aber einen Haufen Bauholz und Nägel würde man doch wohl nicht als ein Heim bezeichnen, oder? Selbst bei der Übergabe des fertigen Bauwerks an die neuen Besitzer würde ich noch nicht von einem Heim sprechen. Zu einem Heim wird es erst, wenn es eingerichtet ist und Menschen darin leben.«

»Und letztlich«, fügte ich hinzu, »bewirken die freiwilligen Abtreibungen, von denen so viel Aufhebens gemacht wird, nicht mehr, als daß aus 100 begonnenen Fundamenten 25 fertige Häuser werden, statt vielleicht 33. In der guten alten Zeit war es vermutlich die Unterernährung, die für ein noch ungünstigeres Verhältnis sorgte, so daß von 100 begonnenen Bauwerken vielleicht nur 15 fertig wurden. Wir sehen nur die fertigen, bewohnten Häuser, und das ist ein sehr selektiver Blick auf die Wirklichkeit. Man sollte sich hüten, in die Vergangenheit zurückzudenken.«

★

Sehr viele Föten erblicken nie das Licht der Welt. Bei vielen Gen-Kombinationen der Eltern entstehen wahrscheinlich mißgebildete Embryos, bedingt durch das Wechseln der Gene von einem Chromosom auf das andere. In der fötalen Entwicklung müssen schließlich zahlreiche Wachstumsprozesse, die alle gleichzeitig nach unterschiedlichen Plänen ablaufen, aufeinander abgestimmt werden, und dabei kann es leicht zu einer Verzögerung kommen, so daß eine benötigte Verbindung nicht mehr hergestellt wird und das Ganze aus den Fugen gerät.

Wahrscheinlich gibt es einen ständigen Drang zur spontanen Fehlgeburt, der nur von einem besonders erfolgreichen Fötus dadurch überwunden werden kann, daß er genügend Signale ausschickt, die in etwa besagen: »Mit mir ist alles in Ordnung, Mama«. Besäßen die Frauen nicht einen solchen Abtreibungsmechanismus, würden sie immer wieder neun Monate mit nicht lebensfähigen Föten verschwenden, während sie dank dieses Mechanismus nach einigen Monaten einen neuen Versuch

machen und dadurch während ihrer fruchtbaren Jahre häufiger gebären
können. Wie bei der Vorhersage des Pferderennens, sehen wir auch hier
nur die Gewinner. Die Verlierer, die nur kurze Zeit leben, nehmen wir
einfach nicht zur Kenntnis.

Abtreibung scheint demnach etwas ganz Natürliches zu sein, um die
schädlichen Genkombinationen zu beseitigen. Wahrscheinlich findet in
der Gebärmutter unbeobachtet eine starke natürliche Auslese statt. Die
Auslese setzt jedoch nicht erst mit diesen spontanen Fehlgeburten ein.
Zuvor findet das große Spermarennen statt, ein gewaltiger Hindernislauf.
Am Ziel können wir uns eine Eizelle vorstellen, manchmal von Hunderten von Samenzellen umringt, die durch die äußere Membran einzudrin-
gen versuchen, während die Eizelle sich überlegt, welche sie hereinlassen
soll.

★

Beim Menschen besteht, was die Zahl der potentiellen Nachkommen
betrifft, ein großes Mißverhältnis zwischen den 40 Millionen Samenzellen täglich beim Mann und den potentiellen ein bis zwei Dutzend
Schwangerschaften während des ganzen Lebens einer Frau. Daraus folgt,
daß die Frau sich auf einem Käufermarkt befindet. Bei der Wahl eines
Partners für gemeinsame Unternehmen ist sie wählerischer als die Männer. Aus diesem Mißverhältnis ergibt sich eine erkleckliche Zahl interessanter Phänomene, darunter viele der Erscheinungen, die der Mensch
gewöhnlich mit Sex in Verbindung bringt.

Zu diesen Erscheinungen gehört eine von der gewöhnlichen Selektion
völlig abweichende Art der Auslese. Darwin sprach von der »geschlechtlichen Zuchtwahl«, um einen Effekt zu bezeichnen, der sich offenbar
von der »natürlichen Auslese« unterschied, wie sie von solchen Umweltfaktoren wie Nahrungsangebot, Freßfeinde, Krankheiten usw. ausgeübt
wurde. Gewöhnlich evoziert die geschlechtliche Zuchtwahl die Vorstellung von Männchen, die um den Zugang zu Weibchen konkurrieren,
doch gibt es auch Beispiele von Weibchen, die aktiv Männchen auswählen, und zwar bei solchen Arten, bei denen die Männchen weitgehend
die Brutfürsorge übernehmen, was sehr zu den Überlebenschancen der
Nachkommen beiträgt. Bei der Auswahl ziehen die Weibchen in der
Regel solche Männchen vor, die gesünder aussehen, ein Zeichen dafür,
daß zwei scheinbar getrennte Dinge, die geschlechtliche Zuchtwahl und
die natürliche Auslese, sich vermengen können (bei der geschlechtlichen
Zuchtwahl kommt es nicht auf die wirklich vorhandene, sondern auf die
scheinbare Tauglichkeit an – nicht Taten sind entscheidend, sondern

große Worte). Zu den Beispielen, die gewöhnlich für die geschlechtliche Zuchtwahl angeführt werden, gehören die Entwicklung eines auffälligen Federkleides und die Darbietung eines merkwürdigen Werbeverhaltens bei den Vögeln, doch eine entsprechende Erscheinung ist schon auf der Ebene der Samenzellen zu beobachten, die das unbefruchtete Ei belagern und heftig an die Tore pochen.

Doch bevor es soweit ist, muß die Samenzelle einen langen Weg zurücklegen, der zunächst mit dem Hindernislauf der Werbung beginnt und dann ein weites Stück durch eine abweisende chemische Umgebung führt, von der Scheide über die Gebärmutter bis zu den Eileitern, wo die Befruchtung sich vollzieht. Aber viele schaffen es. Dadurch entsteht die Frage, welche Samenzelle hineingelassen werden soll. Manchmal entscheiden allein die Zahlen – das heißt, die relativen Zahlen (in absoluten Zahlen ist die Samenproduktion absolut verschwenderisch; ein Mann produziert innerhalb von drei Wochen so viele Samenzellen, daß damit, ein perfektes Verteilungssystem und wenig wählerische Eizellen vorausgesetzt, jede Frau der Erde geschwängert werden könnte).

Bei vielen Tierarten, die keine Paarungskonkurrenz kennen und wo jedes Männchen eine Chance hat, sich mit einem brünstigen Weibchen zu paaren (bei den Schimpansen stehen die Männchen tatsächlich hinter einem empfangsbereiten Weibchen Schlange und warten darauf, an die Reihe zu kommen – wobei diese Schlange wiederum ein Produkt der geschlechtlichen Zuchtwahl sein könnte!), kann es auf relative Zahlen ankommen. Wenn ein Männchen nur vier Millionen Samenzellen am Tag produziert, sein Nachbar dagegen 40, dann beträgt unter sonst gleichen Bedingungen die Wahrscheinlichkeit, daß eine seiner Samenzellen ans Ziel kommt, nur ein Zehntel. Dieses Paarungssystem ist eine richtige Lotterie, bei der die Gewinnchancen davon abhängen, wieviele Lose man sich kaufen kann. Bei Affen und Menschenaffen mit diesem Paarungsverhalten, das mehr als ein Männchen zur Begattung zuläßt, dürfte sich nach und nach ein Rüstungswettlauf in bezug auf die Hodengröße entwickeln, denn Varianten mit einer starken Samenproduktion kommen tendenziell eher zum Zug. Die wollhaarigen Klammeraffen Brasiliens haben dementsprechend Hoden von der Größe eines Baseballs, und die Schimpansen stehen ihnen nicht sehr viel nach, denn ihre Hoden sind dreimal so groß wie die des Gorillas, obwohl sie nur ein Viertel des Körpergewichts des Gorillas haben. So wirkt sich die geschlechtliche Zuchtwahl aus.

Eine andere häufig zu beobachtende Auswirkung der geschlechtlichen Zuchtwahl besteht darin, daß die Männchen größer sind als die Weibchen. Das könnte darauf zurückzuführen sein, daß irgendwann in der Geschichte der Art oder ihrer Vorläufer die Paarung davon abhing, daß die Männchen den Zugang zum Weibchen unter sich ausfochten. Dabei haben sich im Durchschnitt vermutlich die größeren Männchen durchgesetzt und auf diese Weise für die Ausbreitung jener Gene auf dem Y-Chromosom gesorgt, die eine verstärkte Produktion von Testosteron mit sich bringen, jenes männlichen Hormons, das das Muskelwachstum erheblich beeinflußt. Gorillas haben ein haremähnliches Paarungssystem, und in der Tatsache, daß die Männchen doppelt so groß sein können wie die Weibchen, drückt sich in jeder Generation immer wieder der Umstand aus, daß die Männchen um den Besitz eines Harems konkurrieren müssen.

Neben diesem ganzen Gerangel mit dem Ziel, die Samenzelle dorthin zu bringen, wo die Eizelle Hof hält, kann es auch beim Schlußakt der Befruchtung zu einer Auslese kommen. Betrachtet man unter dem Mikroskop eine bedächtige Eizelle, die von Hunderten aufgeregter Samenzellen umschwärmt wird, so wird deutlich, daß die Befruchtung nicht im entferntesten mit dem Abschießen eines Pfeils auf eine reife Melone zu vergleichen ist. Nachdem die Oberfläche auf Erkennungsmerkmale abgetastet worden ist, können einige Samenzellen für die Eizelle »akzeptabler« sein als andere. Sollten Ei- und Samenzelle zufällig die gleichen Gene für die Kontrolle des Immunsystems (man spricht vom großen Histokompatibilitätskomplex, englisch abgekürzt MHC, des Genoms) haben, so wird die Samenzelle in der Regel zurückgewiesen. Dies steigert die Vielfalt, denn aus einer erfolgreichen Befruchtung geht ein Individuum hervor, das das MHC in zwei verschiedenen Versionen besitzt und damit über mehr Strategien verfügt, um sich später gegen eindringende Fremdorganismen zu wehren (es ist, wie die Biologen sagen, »heterozygot bezüglich des MHC«; »homozygot« bedeutet, daß die Gene auf beiden Teilen des Chromosomenpaares identisch sind).

Die Eizelle kann somit verglichen werden mit einer Kundin, die an den Waren, welche ihr von eifrigen Händlern, die soeben einen Marathonlauf beendet haben, angepriesen werden, argwöhnisch herumschnuppert, um dann ihre Entscheidung zu treffen – woraufhin der Handel mit einem lauten Donnerschlag besiegelt wird. So klingt es jedenfalls, wenn man eine an die Eizelle angelegte Sonde mit einer Verstärkeranlage verbindet – das elektrische Signal verkündet die Aufnahme einer Samenzelle und versiegelt die Membran der Eizelle gegen jede weitere Penetration durch andere Samenzellen. Es ist das erste Mal, daß das neue Individuum sich elektrischer Signale bedient – später werden sie benutzt, um Muskeln zusammenzuziehen, vor Raubtieren zu warnen, Speichel abzusondern und sogar um große Gedanken zu denken.

Sowohl die Hodengröße als auch der Sexualdimorphismus sind in diesen Beispielen bloße Nebenwirkungen der Unverhältnismäßigkeit zwischen der Zahl der männlichen Samenzellen und der Häufigkeit der Schwangerschaften, und beide Merkmale werden ihrerseits von dem bei der jeweiligen Art gebräuchlichen Paarungssytem geprägt. Die Übergröße wird in beiden Fällen nicht durch natürliche Auslese von der Umwelt hervorgerufen. Es kommt vor, daß die geschlechtliche Zuchtwahl zu einer Fehlanpassung an die Umwelt führt. Ausgewachsene Berggorilla-Männchen können nicht mehr auf die Bäume klettern, weil sie einfach zu schwer sind, während Weibchen und Junge sich weiterhin auf die Bäume flüchten können. Auch hier wieder verwischen sich die Grenzen durch eine Wechselwirkung zwischen geschlechtlicher Zuchtwahl und natürlicher Auslese.

Auch dieses Beispiel belegt wieder den Mangel an Planung. Viele unterschiedliche Entwürfe werden ausprobiert und solange beibehalten, wie es geht. Eine Eisenbahn könnte man nach dieser Methode, der jeglicher Weitblick, jegliche Vorausplanung fehlt, nicht betreiben. Doch es klappt, wenn nur genügend Zeit vorhanden ist und die Bedingungen stimmen. Und vielleicht kann das Universum nur auf diese Weise funktionieren, bis heute.

★

Zusätzlich zur natürlichen und zur sexuellen gibt es jetzt auch noch eine künstliche Selektion. Der Mensch hat sich ihrer bedient, um bei Haustieren wie Hunden und Kühen Varietäten zu erzeugen, die in der Natur nicht vorkommen. Dazu braucht man nur die Fortpflanzung des Tieres zu kontrollieren, was in der Regel durch Zäune geschieht, und anstelle des Tieres die Wahl des Sexualpartners zu treffen. Seit Jahrzehnten schon greifen wir ein und legen das Geschlecht des Nachwuchses fest: Sperma wird zentrifugiert, wobei die etwas schwereren Samenzellen, die statt eines kleinen Y-Chromosoms ein X-Chromosom enthalten, auf den Boden sinken. Durch künstliche Besamung mit diesem vorsortierten Sperma kann das Geschlechterverhältnis des Nachwuchses von den üblichen 50:50 auf über 70:30 verschoben werden, was die Bauern glücklich macht (Milchviehhalter haben schon immer gewußt, daß Frauen wertvoller sind als Männer; bei den Schlachtviehzüchtern werden die schwereren männlichen Tiere bevorzugt).

In den letzten Jahren ist es sogar gelungen, mit trennenden Enzymen Gene aus einem Chromosom herauszuschneiden und in die DNA eines Bakteriums einzuschleusen. Der Zellapparat des Bakteriums kann auf diese Weise dazu gebracht werden, ein neues Produkt zu erzeugen, dessen Code im ausgeschnittenen DNA-Strang enthalten ist. Dank der Tatsache, daß wir vor Jahrmilliarden mit den Bakterien einen gemeinsamen Vorfahren hatten, sprechen beide noch immer die gleiche interne Sprache bei der Proteinherstellung, den gleichen genetischen Code. Humaninsulin und menschliches Wachstumshormon sind zwei Dinge, die auf diese Weise von Bakterien produziert wurden, zur großen Erleichterung derer, die selbst nicht genug davon produzieren.

Manche meinen, Gentechnik sei »nicht natürlich«, sei ein Herumpfuschen an der Natur. Dabei könnte man sagen, daß die Gentechnik nichts anderes macht, als was die Natur selbst ständig tut, sobald ein Crossing over stattfindet, sobald eine neue Population durch Auslese geformt wird, sobald geographische Isolation die Artbildung in Gang setzt, durch die neue Merkmale bewahrt werden. Mit jeder Fliege, die wir erschlagen, pfuschen wir ein wenig an der Natur herum, denn auf diese Weise tragen wir dazu bei, daß künftige Fliegen schlauer und geschwinder werden. Die Gentechnik ist nur schneller, viel schneller.

Natürlich befördert die Evolution eine zunehmende Kompliziertheit. Die Stabilität der einfachen Formen ist die feste Grundlage, auf der komplexere stabile Formen entstehen können, die ihrerseits noch komplexere Formen hervorbringen und so weiter. Die stratifizierte Stabilität fungiert, wie bei einem Haus, das auf Fels auf Fels auf Fels gebaut ist, mit den Worten Jacob Bronowskis als die »Sperre«, die verhindert, daß der ganze Plunder »zurückrutscht«.
Annie Dillard,
*Pilgrim at Tinker Creek*, 1974

Gewiß kann eine Veränderung der Geschwindigkeit gelegentlich zu einer wesentlichen qualitativen Veränderung werden. Raketen waren ein großer Fortschritt gegenüber Schleudern, besonders als es uns gelang, ein Raumfahrzeug namens *Pioneer* ganz und gar auf Nimmerwiedersehen aus dem Sonnensystem herauszuschleudern. Daß wir etwas geschaffen haben, das den Tod unserer Sonne wahrscheinlich um einige Milliarden Jahre überleben wird, ist nicht bloß eine kleine Geschwindigkeitssteigerung, sondern eine menschliche Errungenschaft von unvergleichlichem Ausmaß.

Unsere ganze Zivilisation – und nicht nur ihr gentechnischer Aspekt – stellt eine qualitative Veränderung dar. Die Gefahren der Gentechnik sind weitgehend identisch mit den Gefahren unserer Agrar- und Pharmaindustrie: daß wir nämlich nicht wissen, was künftig geschehen wird, wenn die neuen Pestizide und Heilmittel das System aus dem

Gleichgewicht bringen, weil unsere Kultur immer noch so wenig von der Ökologie versteht, weil sie nicht weiß, wie die Umweltfaktoren miteinander zusammenhängen und sich gegenseitig abpuffern. Wir wissen freilich, daß die natürlichen Ökosysteme bestimmte Beeinträchtigungen nicht unbegrenzt auffangen können. Wenn es uns nicht gelingt, unsere Umweltverschmutzung und unser Bevölkerungswachstum auf irgendeine Weise zu begrenzen, werden wir ein empfindliches Ökosystem nach dem anderen kaputtmachen und damit die ganze Erde zugrunde richten.

# Meile 120
# Blacktail Canyon

## Siebtes Lager

Der Tapeats-Sandstein erhebt sich hinter unserem Lager wie eine Klippe aus Wellpappe, er bildet eine weite Fläche aus kleinen abgerundeten Felsvorsprüngen. Wir sind jetzt aus dem Schiefer und den anderen präkambrischen Gesteinen heraus. Wir haben sozusagen unsere Richtung in der Zeit wieder gewechselt und müßten irgendwann an der anderen Seite der Kuppel herauskommen. Der Blacktail Canyon ist ein tiefer, schmaler Schnitt durch die dünnen Schichten des Tapeats. Gewellt stapeln sich die Schichten übereinander, und in einem gewundenen Verlauf zieht sich der Canyon bis hinauf zum Powell-Plateau.

Der Canyonboden steigt treppenförmig an und bildet, man kann es nicht anders sagen, Badewannen, mäßige Vertiefungen, gefüllt mit Wasser aus dem träge fließenden Bach. Geformt wurden sie jedoch, als das Wasser herabdonnerte: Stehende Wellen haben diese kleinen Badewannen für uns ausgewaschen.

Badewannen zum Einweichen! Seife darf in den Nebenbächen jedoch nicht benutzt werden, denn sie stellen empfindliche Ökosysteme dar. Und das Wasser ist zwar nicht so kalt wie der Fluß, aber auch nicht richtig warm. Die Sonne dringt nur mittags in diesen schmalen Canyon. Doch am Fluß herrscht reger Badebetrieb, als wir zum Lager zurückkehren. Es ist schon zu einer festen Gewohnheit am Spätnachmittag geworden.

★

Ben war nicht zu bremsen. Nachdem wir im Lager angekommen waren, stöberte er Papier und Bleistift auf und bewog Marsha, für eine Zeichnung zu posieren. Dann stellte er eine Liste der Perlen an ihrer Halskette auf, wobei er die Farbe der einzelnen Perlen mit den Buchstaben A, U, C und G wiedergab. Anschließend teilte er sie in Dreiergruppen ein: AUG-UAU-GGG-GGG-UUU-CUU-UAA. Dann begab er sich auf die Suche nach Informationen.

Zuerst fragte er Cam, ob er noch wisse, welche Aminosäure durch das Nukleotidtriplett GGG kodiert würde. »Oh, das muß Glycin sein«, sagte Cam.

Und UUU? Cam war sich nicht sicher, und er rief Brian herbei. Der erinnerte sich, daß UUU Phenylalanin ist. Und was ist mit CUU? So gut kannte sich weder Cam noch Brian mit der Tabelle des genetischen Codes aus, und folglich machten sich alle drei auf die Suche nach einem Experten.

Nachdem sie zweimal hintereinander Nieten gezogen hatten, fragten sie Jackie nach CUU. »Leucin«, sagte sie, »bestimmt Leucin. Wozu wollt ihr das wissen?«

»Nur ein kleiner Test«, sagt Cam schnell, bevor die anderen noch ihren Mund aufmachen konnten. »Wir spielen nur ein kleines Spiel. Weißt du auch noch, was UAU ist?«

»Na klar«, sagte Jackie, »das ist Tyrosin. Was habe ich gewonnen?«

Ben schrieb alles auf, und die anderen schauten ihm über die Schulter. Ausgehend von der Sequenz AUG-UAU-GGG-GGG-UUU-CUU-UAA, hatte er soeben geschrieben: »(Start)-Tyrosin-Glycin-Glycin-Phenylalanin-Leucin-(Stop)«.

Er schüttelte den Kopf, dann zeigte er Jackie die Liste. »Kannst du mit dieser Aminosäuresequenz etwas anfangen? Ich meine, ist sie Unsinn oder ein echtes Peptid?«

### Die genetische Halskette

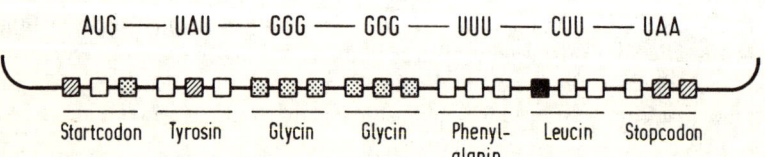

AUG —— UAU —— GGG —— GGG —— UUU —— CUU —— UAA

Startcodon   Tyrosin   Glycin   Glycin   Phenyl-   Leucin   Stopcodon
                                          alanin

»Ich überlege. – Natürlich, das ist Enkephalin«, erwiderte Jackie erfreut, »das ist Leucin-Enkephalin. Was ist das überhaupt für ein Spiel, das ihr da spielt?«

»Es ist also ein richtiges Hormon?«, rief Ben aus, und in der Frage schwang ein gewisser Zweifel mit.

»Selbstverständlich, das ist ein richtiges Peptidhormon, du Blödmann. Außerdem ist es ein Teil der längeren Kette Beta-Endorphin. Eine tolle Aminosäuresequenz hast du da«, erklärte Jackie mit wachsender Begeisterung. »Stillt Schmerzen, bewirkt angeblich, daß man sich gut fühlt. Du hast jetzt vermutlich eine ganze Menge davon in deinem Gehirn, nachdem du in dem kalten Wasser am Strand herumgetobt hast. Wenn dir was fehlt, ist Enkephalin gut. Was fehlt dir übrigens? Du wirkst ein bißchen bleich um die Nase. Was ist denn überhaupt los?«

Ben setzte sich. »Ich bin wohl zu lange in der Sonne gewesen.«

Cam und Brian wirkten betreten, als Jackie sie stirnrunzelnd anblickte und eine Erklärung erwartete.

»Woher habt ihr überhaupt das Papier mit der Buchstabenkombination?« verlangte sie von dem stummen Trio zu wissen. »Ist es wie Manna vom Himmel gefallen? Ist es eine alte Hausaufgabe, die ihr in der Jackentasche gefunden habt? Oder war es in ein chinesisches Glücksplätzchen eingebacken?«

»Na, Cam«, sagte Ben, ohne auf die Frage einzugehen, »rechne mal aus, wie groß die Wahrscheinlichkeit ist, daß dies Zufall ist. Es geht nicht nur darum, daß die drei Perlen an den beiden Enden mit den Start- und Stopcodons übereinstimmen. Es geht um 21 Perlen von viererlei Art, die genau die richtige Reihenfolge aufweisen, um eine wichtige natürliche Substanz zu codieren. Wie groß ist die Wahrscheinlichkeit, daß das Zufall ist?«

Cam blickte zum Himmel hinauf. »Soweit kann ich nicht rechnen.«

»Perlen?« rief Jackie aus. »Wovon redet ihr überhaupt?«

»Von Marshas Halskette«, gab Brian schließlich zurück.

»Und was ist damit?«

»Marshas Halskette enthält den Code für Leucin-Enkephalin. Nicht mehr und nicht weniger.« Brian blickte zu Boden, während er das sagte.

»Eine Alphabet-Halskette? Wie schlau. Genau wie ein Anatomie-T-Shirt.«

»Du kapierst es nicht«, sagte Cam verdrossen, »es geht um Marshas indianische Halskette.«

»So so, in den Reservaten machen sie also auch Anatomie-T-Shirts. Nicht mehr bloß Töpferwaren und Silberschmuck. Jetzt also auch molekularbiologische Halsketten, die sie über die Universitätsbuchhandlungen vertreiben. Was ist daran Besonderes?«

Cam stand auf und blickte sich suchend nach Marsha um.

Die drei nahmen Jackie ins Schlepptau und begaben sich gemeinsam auf die Suche nach Marsha. Sie war unten am Fluß, flirtete mit den Bootsführern und machte Alan das Leben sauer, während er Getränkedosen aus dem Boot angelte.

»Marsha«, begann Ben, »könntest du Jackie deine Halskette zeigen?«

»Natürlich. Hast du herausgekriegt, wieviel Scheffel Mais die armen Leute an Steuern abführen mußten?«

Ben forderte sie mit erhobenem Zeigefinger auf, einen Moment still zu sein, und wandte sich an Jackie. »Marsha hat diese Halskette nach einem Vorbild im Museum von Mesa Verde angefertigt. Sie meinte, es könnte sowas Ähnliches sein wie die Knotenschrift, in der die Azteken ihre Steuereinnahmen festhielten.«

Jackie nahm die Sonnenbrille ab und betrachtete sich die Halskette genau. »Ich verstehe. Tatsächlich sind es vier verschiedene Arten von Perlen.«

»Nun schau dir mal den Anfang an«, sagte Cam. »Angenommen, die ersten drei Perlen sind das Startcodon AUG, dann muß diese andere, dunkle Perlenart C sein. Was uns neugierig gemacht hat, ist folgendes: Wenn man den ersten drei Perlenarten AUG zuordnet, dann müssen diese letzten drei Perlen UAA sein, und das ist ein Stopcodon. Außerdem sind es genau 21 Perlen, was sieben Tripletts entspräche. So als wäre dies ein Stück Boten-RNA, exakt die Information, die die Ribosomen brauchen, um ein fünfteiliges Peptid herzustellen.«

»Und wenn man die übrigen Perlen durchgeht, bekommt man diese Liste, die ich aufgeschrieben habe«, sagte Ben. »Schau selbst nach, ob ich sie richtig abgeschrieben habe.«

Jackie nahm das Papier und ging die Halskette durch. »Hm, diese Perle hier könnte entweder ein C oder ein A sein, sie ist ein bißchen schmutzig und uneindeutig. Aber ansonsten stimmt es. Dann sind diese drei hier das Startcodon, dann kommt Tyrosin, Glycin, nochmal Glycin, Phenylalanin, Leucin und ein Stopcodon.« Jetzt kamen ihr doch Zweifel, und sie schüttelte den Kopf. »Das kann doch nicht wahr sein.«

Die Bootsführer kamen herüber, um sich die Halskette anzusehen, und wollten wissen, warum alle so aufgeregt waren. Ben erklärte ihnen den genetischen Code. Und daß die Halskette offenbar den genetischen Code für Enkephalin enthielt, das starke schmerzstillende Hormon, das

das Gehirn selbst herstellt. Ein Hormon, das bei manchen Menschen angeblich eine Euphorie auslöst, genau wie Morphium.

Jackie und das Trio waren sehr mit sich zufrieden, daß sie das Rätsel gelöst hatten, auch wenn sie noch nicht wußten, was sie davon halten sollten.

»Man braucht also nur die Pfeilspitze in das Zeug zu tauchen, und das Wild stirbt einen glücklichen Tod«, warf Alan ein. »Glaubt ihr wirklich, daß sie das gemacht haben?«

»Das ist doch aberwitzig!« rief Cam aus. »Wie alt war nochmal die Kette, von der du das Muster abgenommen hast?«

Marsha machte ein ebenso verwundertes Gesicht wie die anderen und erklärte, nach der Angabe im Museum sei sie mindestens tausend Jahre alt. Sie hob die Kette an und betrachtete sie mit unschuldigen Augen. Dieses Mädchen hat nicht nur ein bühnenreifes Auftreten, sie kann auch improvisieren. Um jeden Verdacht von sich abzulenken, tat sie so, als wisse sie nichts vom genetischen Code. Dabei heizte sie die Diskussion noch zusätzlich mit der Vermutung an, ein Anasazi-Medizinmann könnte die Kette als symbolischen Schmerzstiller über seinem Patienten geschwenkt haben.

Das aufgeregte Geschrei hatte andere herbeigelockt, die sich um Marsha und ihre Halskette scharten, darunter auch Rosalie. Auch die Hinzugekommenen wollten die Erklärung des Rätsels hören. Die einen fanden es verblüffend, die anderen meinte, es sei absurd, daß eine so junge wissenschaftliche Entdeckung in einem so alten Objekt enthalten sein könne. Die Enkephalin-Sequenz sei doch erst in den siebziger Jahren aufgedeckt worden. Davon könnten die Anasazi doch unmöglich etwas gewußt haben.

Die Reaktionen kamen in Wellen. Zuerst war man erstaunt, daß die drei mit Jackies Hilfe herausgefunden hatten, daß die Halskette einen Code enthielt. Und daß sie auch noch den Code geknackt hatten. Wobei die geheime Botschaft nichts Geringeres enthielt als den Code für Enkephalin. Dann weigerte man sich, die Vorstellung gelten zu lassen, daß die Anasazi davon vor tausend Jahren etwas gewußt haben könnten. Unmöglich!

»Genau das hat bestimmt auch ein Astronom gesagt«, stichelte Rosalie, »als nachgewiesen wurde, daß die Anasazi mit Hilfe des Fajada Butte im Chaco Canyon die neunzehnjährigen Mondzyklen aufgezeichnet haben. Wenn die Anasazi in der Astronomie schon so weit waren, lange bevor wir diese Zyklen entdeckten, dann waren sie vielleicht auch auf anderen Gebieten weit voraus. Immerhin haben die Indianer den Mais zu einer Kulturpflanze gemacht. Vielleicht haben sie sich nicht nur in der praktischen Genetik ausgekannt, sondern mehr gewußt.« Dieser Köder löste wieder heftige Diskussionen und viel Kopfschütteln aus. Jemand begann zu erklären, wie groß die zwanzig Mais-Chromosomen sind und wie man verschiedene Sorten miteinander kreuzt. Bierdosen wurden aufgerissen. Das Enkephalin-Molekül, wurde zu bedenken gegeben, sei beim Octopus praktisch dasselbe wie bei uns. Enkephalin habe es also schon seit dem Kambrium gegeben, seit einer halben Milliarde Jahre. Und nicht erst seit den siebziger Jahren, als die Sequenz bestimmt und einige seiner Funktionen entdeckt wurden. Dennoch... unmöglich.

Um die Dinge auf den Punkt zu bringen, erinnerte ich an den Ausspruch von Peter Medawar, demzufolge Wissenschaftler sich gegenüber einer neuen Idee genauso verhalten wie der Körper gegenüber einer fremden Substanz: Sie wird abgestoßen.

Nun versuchten alle, sich gegenüber der neuen Idee aufgeschlossen und interessiert zu zeigen. Ein aufgeregt hingeworfenes »unmöglich!« sei doch in der Regel ein Zeichen dafür, daß ein wissenschaftliches Problem kritisch erörtert wird und daß seine Auflösung möglicherweise nicht mehr lange auf sich warten lasse. Wissenschaftler würden davon angezogen wie die Fliegen. Dennoch reichte auch dieser Köder nicht aus, um jemanden dazu zu bewegen, sich zum Fürsprecher der Theorie von den frühen molekularbiologischen Erkenntnissen der Anasazi zu machen. Immerhin verkündeten einige ihren Entschluß, auf dem Heimweg in Mesa Verde Halt zu machen und sich diese Halskette ganz genau anzusehen.

»Tatsache ist doch«, gab Jackie schließlich zu bedenken, indem sie sich an Rosalie wandte, »daß das Observatorium im Chaco Canyon auf astronomischen Beobachtungen mit dem bloßen Auge beruht. Was wir hier vor uns haben, würde doch gewissermaßen bedeuten, daß die Fajada-Steine nicht auf Sonne und Mond hinweisen, sondern auf die Schwarzen Löcher, von denen wir erst durch die Radioastronomie erfahren haben.« Jackie spricht um so schneller, je mehr sie sich erregt. »Haben die Archäologen neuerdings Mikroskope der Anasazi ausgegraben? Oder Chromatographen? Oder schriftliche Aufzeichnungen von chemischen Formeln? Hier geht es ja nicht bloß um Küchenchemie. Es muß für diese Halskette eine andere Erklärung geben.«

Schweigen. Kopfschütteln. Schließlich stand Ben auf und sprang in einer perfekten Nachahmung des lockeren Stils der Bootsführer auf den Bug des Bootes, was einen tiefen, dröhnenden Nachhall erzeugte, während er sich mit ausgestreckten Armen in der Balance hielt. Aller Blicke auf sich gerichtet, hob er feierlich seine Bierdose auf Marsha und sprach mit einem forschenden Seitenblick zu Rosalie:»Piltdown, Piltdown, wozu hat es dich gegeben, Piltdown?« Marsha und Rosalie konnten nicht länger an sich halten und sanken sich lachend in die Arme. Da ging auch den anderen die Wahrheit auf, und alle lachten.

★

Das Abendessen gab es etwas später. Die Linguini mit Muscheln bestanden diesmal aus verschiedenen mexikanischen Gerichten. Anscheinend wußte jeder von einem Schwindel zu berichten, der in einigen Fällen allerdings den Laien umständlich erklärt werden mußte. Die Witze, die sich Wissenschaftler untereinander erzählen, sind nicht so einfach zu verstehen, und daran liegt es wahrscheinlich, daß Wissenschaftler in der Öffentlichkeit als seriöse Weißkittel angesehen werden. Damit ein Witz verstanden wird, muß der Vorspann beim Zuhörer Erwartungen wekken, denen durch die Pointe, oft noch mit einer raffinierten Wendung, der Boden entzogen wird. Meistens steht die Pointe in einem krassen Mißverhältnis zu den Erwartungen. Man muß schon ahnen, was als nächstes kommen wird, sonst kommt der Witz nicht an. Man muß hinreichend Bescheid wissen, um eine Vorahnung zu haben (und genügend Zeit haben, um darüber nachzudenken – deshalb kommt es beim Witzeerzählen so sehr auf das richtige Timing an). Wieder stoßen wir auf Schemata. Sie sind nicht bloß Schablonen für spezielle Konfigurationen von sensorischen Meldungen, sondern es gibt auch solche, die als mentale Vorstellungen von der Zukunft darauf warten, daß etwas eintritt und sie aufweckt. Humor ist vielleicht nur in Verbindung mit unserem spezifisch menschlichen Bewußtsein möglich, das Sequenzen in die Zukunft zu projizieren vermag.

Ein Stück flußabwärts vom Lager gibt es Nautiloiden, und wir sind in der Dämmerung hinübergelaufen, um uns die Fossilien anzusehen. Ich nahm eine Feldflasche Wasser mit, und im schräg auffallenden Licht einer Taschenlampe konnten wir die gekammerten Formen erkennen. Über ihre Intelligenz läßt sich nichts sagen, da sie, anders als die Hominiden, keine knöcherne Hirnschale besaßen. Wenn sie ausgesprochen omnivor waren, könnten sie so schlau gewesen sein wie ihr noch lebender Vetter, der Octopus. So schlau wie Hunde und Raben. Der letzte gemeinsame Vorfahre, den wir mit dem Hund teilen, lebte im Mesozoikum, der letzte Vorfahre, den wir mit dem Raben gemeinsam haben, im

Paläozoikum, und der letzte gemeinsame Vorfahre mit dem Octopus lebte in einer Zeit, bevor dieser Tapeats-Sandstein sich über der verwitterten präkambrischen Diskordanz ablagerte. Intelligentes Leben konnte sich also auf mancherlei Wegen entwickeln, sofern man Intelligenz nicht so eng definiert, daß man eine elaborierte Sprache zur Bedingung macht.

Für bautechnische Glanzleistungen ist nicht einmal ein großes Gehirn erforderlich – die Ameisen kommen als ein kollektives Heer mit vielen spezialisierten Rollen sehr gut zurecht; sie können durchaus komplizierte Städte errichten und sie sogar mit einer Klimaanlage versehen. Sie können Pilze züchten oder sich andere Ameisenarten als Sklaven halten. Noch haben die Ameisen hier unser Lager nicht fortgetragen, aber ich kann mir ohne weiteres vorstellen, wie sie als eine gut organisierte Horde von Spezialisten zu Werke gehen, einschließlich Militärpolizei, die den Verkehr regelt.

Es ist dunkel geworden, als wir durch die Felsen wieder zum Lager zurückkehren. Unten bei den Booten sitzen noch einige zusammen, die in ein paar Stunden den Mondaufgang beobachten wollen. Auch das ist inzwischen zur Tradition geworden.

★

Nach dem milchigen Himmel zu urteilen, ist der Mond aufgegangen, auch wenn er sich noch nicht über der Canyonwand zeigt. Wir haben wieder über Ameisen gesprochen, darüber, daß sie Darwins Idee, die Entstehung der Arten mit der Auslese zu erklären, beinahe über den Haufen geworfen hätten. Bei den höheren Insekten wie Bienen, Ameisen und Wespen gibt es sterile Kasten, Tiere, die selbst keine Nachkommen hinterlassen. Wie kann die Evolution eine solche Sackgasse erklären, bei der die Vererbung und die Auslese, die sich auf den Erfolg des Individuums stützt, keine Rolle spielen? Man würde doch annehmen, daß eine etwa auftretende Tendenz zu verringerter Fruchtbarkeit alsbald zum Erlöschen der entsprechenden Linie führen würde. Hat vielleicht ein gütiger Schöpfer die sterilen Sklaven für die übrigen Ameisen geschaffen?

Darwin, der selbst sein strengster Kritiker war, stellte sich diese Frage auch, da er sterile Kasten kannte, seit er in seiner Jugend Insekten gesammelt hatte. Für ihn war es »das einzige Sonderproblem, das zunächst unüberwindlich erschien und im Grunde meine ganze Theorie über den Haufen zu werfen drohte«. Die Antwort, die Darwin fand, rettete nicht nur seine Theorie, sondern bildete die Grundlage für einen ganzen neuen Zweig der Evolutionstheorie, der sich allerdings erst ein

Jahrhundert später entfalten sollte: Manchmal beruht die Auslese offenbar nicht auf dem individuellen Erfolg, sondern auf dem gemeinsamen
Erfolg von Verwandten und anderen Gruppenmitgliedern.
Aus der Sicht der Kultur ist diese Theorie ohne weiteres verständlich.
Um in einem kühler werdenden Klima besser zu überleben, hat die
Frau, die irgendwann das Nähen erfand, ihren Nachbarinnen, die es ihr
nachmachten, geholfen, und diese Nachbarinnen waren wahrscheinlich
mit ihr verwandt und hatten viele Gene mit ihr gemeinsam. Auch wenn
sie selbst keine Nachkommen hinterließ, steigerte sie durch den Erfolg
ihrer Verwandten die Zahl der Kopien ihrer eigenen Gene. Was geschieht jedoch, wenn die Information nur durch Gene weitergegeben
werden und der Erfolg sich nur in der hinterlassenen Nachkommen-
schaft ausdrücken kann? Wie kommt so etwas bei einfacheren Tieren
ohne Kultur zustande?
Es ist einfach. Die sterilen Individuen verrichten für ihre Verwandten,
die sich fortpflanzen, eine ähnlich nützliche Arbeit, die den Fortpflanzungserfolg der Verwandten deutlich über den Durchschnitt hebt. Die
sterile Arbeiterin fördert somit Kopien ihrer eigenen Gene durch den
Fortpflanzungserfolg anderer. Dieser Altruismus würde natürlich besser
funktionieren, wenn statt einer Nichte einer Zwillingsschwester geholfen
würde.
Manchmal spiele ich mit dem Gedanken, einen Klon von mir in die
Welt zu setzen, der mir als alter ago, persönlicher Assistent, Laufbur-
sche, Computerprogrammierer und Literaturrechercheur dient, jemand,
der wegen der identischen Gene genauso denkt wie ich. Ich könnte ihn
sogar an meiner Stelle durch die Lava Falls schicken und ihn hinterher
berichten lassen. Gewisse Insekten haben es auf ihre Weise geschafft,
andere für sich leben zu lassen, zum Beispiel die Bienenkönigin, die alle
Eier legt und die Arbeit den übrigen überläßt. Dies riecht jedoch nach
Sklaverei – die von einigen Ameisen tatsächlich betrieben wird, nachdem
sie schon sterile Verwandte für sich arbeiten lassen. Darwin bezweifelte,
daß es »einen so außergewöhnlichen und verwerflichen Instinkt wie den,
Sklaven zu machen«, gibt, bis er selbst bei einem Ameisennest in der
Nähe seines Landhauses in Down Zeuge einer Sklavenjagd wurde.

★

Dieses Handeln für ein gemeinsames Ziel ist nicht so ungewöhnlich,
wenn man sich den Bienenstock oder das Ameisennest als ein einziges
Individuum vorstellt, das spezialisierte Zellen für Verdauung, Abfall-
beseitigung, Kommunikation und Fortpflanzung besitzt. Wenn man so

will, dienen die meisten Zellen des menschlichen Körpers lediglich den Keimzellen, die Sperma und Eier hervorbringen – sie sind schließlich die einzigen, die Zellen hervorbringen, die nach dem Tod des Individuums weiterleben. Eine Zelle meines Gehirns pflanzt sich ebensowenig fort wie eine Ameisenarbeiterin. So gesehen, zeichnen sich die »Zellen« des Ameisenhügels nur dadurch aus, daß sie Beine haben, wobei der Ameisenhügel das Individuum ist und die Ameisen seine Zellen sind.

Sind also die meisten meiner Zellen Sklaven, die befreit werden müssen? Ist Sklaverei etwas »Natürliches«, etwas, das die Versklavung von Menschen, die es noch bis in unser Jahrhundert gegeben hat, irgendwie entschuldigt? Sobald wir zurückblicken und herauszufinden versuchen, woher wir gekommen sind, sobald wir versuchen, unsere Handlungsweise vernünftig zu begründen, stoßen wir auf Fragen, die den Zusammenhang zwischen biologischen Prinzipien und gesellschaftlichen Erscheinungen betreffen. Es sind Fragen, die auch bei großer Umsicht und Sorgfalt nicht leicht zu beantworten sind.

Als dieses Thema angeschnitten wurde, landeten wir schließlich beim Sozialdarwinismus, der natürlich mit Charles Darwin selbst kaum etwas oder gar nichts zu tun hat. Er war eine Lieblingsidee von Herbert Spencer, und Darwin zeigte sich darüber wenig begeistert. Die Wissenschaft hat, auch dank ihrer außergewöhnlichen Nützlichkeit und der Fähigkeit, hin und wieder die Zukunft vorherzusagen, lange ein Ansehen genossen, das der Politik abgeht. In parteipolitischen Auseinandersetzungen wird immer wieder versucht, das eigene Anliegen dadurch zu stärken, daß man sich auf die Autorität der Wissenschaft stützt. Meistens wird dabei eine Tatsache oder ein Prinzip aus dem Zusammenhang gerissen.

So war es auch zu Beginn des Jahrhunderts, als man den Laissez-faire-Kapitalismus als »natürlich« und »wissenschaftlich« hinstellte und aus dem natürlichen Prinzip des »Überlebens des Stärksten« ableitete, daß alle Bemühungen, die Monopole aufzuknacken, unnatürlich und unwissenschaftlich seien (gegen den Willen Gottes verstießen sie sowieso – das hatte man schon immer gesagt, wenn es darum ging, alles beim alten zu lassen). Eisenbahnbarone, Holzmagnaten und Industriekapitäne – sie alle wollten den Eindruck erwecken, als seien sie nur das leuchtende Beispiel dafür, wie weit man es aus eigener Kraft bringen kann, so als würden die Tüchtigsten von selbst nach oben kommen, so als könne jeder, der das Zeug dazu hat, es ihnen nachmachen und als würde die Gesellschaft geschwächt, wenn man diese »natürliche Ordnung« antastet.

Es war nichts als Prahlerei, um die Tatsache zu verschleiern, daß die Monopole praktisch eine Sperre errichtet hatten, die alle anderen am

Aufstieg hinderte – es sei denn, daß ein Herkules aufgetreten wäre. (Jemand wies darauf hin, daß dies alles in einer Zeit geschah, bevor Werbeagenturen für solche Kampagnen angeheuert wurden – heute würde man dafür ein einprägsames Werbeliedchen erfinden:»Das Recht des Stärkeren ist gut, Gut, GUT für Sie!«)

Noch heute bekommt man dieses Argument zu hören, meistens von reaktionären Politikern, aber auch von Männern und Frauen, die es aus eigener Kraft weit gebracht haben, die sich trotz ungünstiger Ausgangsbedingungen gewissermaßen an den eigenen Haaren emporgezogen haben, und von den vielen, die es ihnen gleichtun möchten (darunter leider oft Freiberufler, die hart arbeiten), von Menschen, denen einfach die Vorstellungskraft abgeht, um zu erkennen, wie stark es von Herkunft und Chancen abhing, daß sie auf das richtige Gleis gesetzt wurden. Oft dient dieses Argument der Bemäntelung des Egoismus, auch wenn man es gelegentlich aus dem Mund armer Menschen hört.

Eine andere Form, in der die frühen, auf die Evolutionstheorie zurückgehenden sozialen Ideen weiterleben, ist die Eugenik-Bewegung, die Tierzuchtmethoden auf Menschen übertragen und erreichen möchte, daß »Schwachsinnige«, Abweichler und Geisteskranke sterilisiert werden. Zwar spricht einiges dafür, daß Begabung und Dummheit erblich sind, doch die Extreme – die Genies und die Idioten – scheinen sich unabhängig von der Vererbung über die ganze Bevölkerung zu verteilen. Manche Eltern mit einem durchschnittlichen IQ stellen überrascht fest, daß ihnen ein Genie geboren wurde, und manche Eltern mit außerordentlichen Gaben müssen einem dummen Kind helfen, im Leben zurechtzukommen. Eine historische Parallele zur Eugenik ist darin zu sehen, daß der »IQ« zu einem in einer einzigen Zahl zusammengefaßten quantitativen Maß der menschlichen Fähigkeiten erhoben wurde (Zahlen gelten natürlich als *sehr* wissenschaftlich). Früher hat man sich in politischen Dingen darauf berufen: Auf Ellis Island wurden Einwanderer massenhaft getestet, und es gab Bestrebungen, die Einwanderung von Italienern und Juden zu begrenzen, weil diese bei den Tests schlecht abschnitten (ein frühes Beispiel dafür, daß solche Tests eine kulturelle Komponente enthalten). Inzwischen ist klar, daß die Eugenik-Bewegung sich nur begrenzt auf wissenschaftliche Argumente berufen konnte, und klar sind auch die Motive, warum man aus der Wissenschaft bestimmte Punkte aufgriff, um mit ihnen in der Diskussion aufzutrumpfen. Da die Gene immer wieder durchmischt werden, hätten die Pläne der Eugeniker kaum etwas bewirkt. Größere Effekte sind wahrscheinlich unbeabsichtigt allein dadurch erzielt worden, daß man die Kinder in einem Alter auf die Universität schickte, in dem die Partnersuche am intensivsten ist (womit die Paarung zwischen solchen, welche die Aufnahmebedingungen der Universität erfüllen, gefördert wurde!).

Bei der heutigen Menschheit würde sich wahrscheinlich jede Form der Auslese nur sehr gering auswirken. Anders als man früher glaubte, scheint die Evolution großer Populationen sehr begrenzt zu sein, sofern man nicht zur künstlichen Auslese greift, die gleichbedeutend ist mit der vollständigen Kontrolle über die Fortpflanzung der Haustiere. Die natürliche Auslese ist am wirksamsten bei kleinen Populationen, und die dadurch bewirkte Sortierung des Genpools geht praktisch wieder verloren, wenn diese sich erneut mit einer größeren Population vermischt, deren Genpool ständig umgerührt wird. Bleibende »Verbesserungen« kommen wahrscheinlich nur zustande, wenn in einer kleinen, geographisch isolierten Tierpopulation eine vollkommene Fortpflanzungsisolation erreicht wird.

Die natürliche Auslese aus diesem Zusammenhang zu reißen, sie zu einer abstrakten Parole wie dem »Überleben des Tüchtigsten« zu vergröbern und isoliert zum Leitprinzip des Erfolges zu erheben, ist auf jeden Fall nicht wissenschaftlich und ist es nie gewesen.

★

An diesen Anleihen aus der frühen Evolutionstheorie erkennt man, daß Einzelerkenntnisse, mögen sie auch etwas so Wichtiges wie die natürliche Auslese betreffen, oft nicht ohne weiteres in sozialpolitische Entscheidungen umgesetzt werden können. Aus dem Zusammenhang gerissen, müssen sie die Aura der Wissenschaftlichkeit, die ihnen ansonsten zukommen mag, in den meisten Fällen ablegen. Dennoch können sie sich, weil sie »härter« erscheinen als viele der konkurrierenden »weicheren« Argumente, gegenüber den zahlreichen anderen Aspekten eines Problems durchsetzen. Bisweilen sind daran die Wissenschaftler selber schuld, indem sie den Nutzen ihres Faches übertrieben herausstellen, weil sie hoffen, so einen größeren Happen von den insgesamt unzureichenden Forschungsmitteln zu ergattern. In der Regel sind es jedoch die Politiker, die eine allzu stark vereinfachende Lösung, die ihnen von Wissenschaftlern angeboten wird, begierig aufgreifen und damit Wählerstimmen zu gewinnen hoffen. Darunter leidet das Ansehen der Wissenschaft. Verunglimpft man aber die Wissenschaft als solche – verstanden als das Bemühen, Zusammenhänge zu erkennen, im Gegensatz zu den oft rücksichtslosen technischen Anwendungen im Gefolge grundlegender Entdeckungen –, ändert das an dieser mißlichen Lage nichts, oder allenfalls um den Preis, daß wir unsere Fähigkeit schwächen, mit den Problemen fertigzuwerden, die wir durch Umweltverschmutzung und Überbevölkerung bereits geschaffen haben. Dennoch müssen wir uns bemühen, uns durch sozialpolitische Maßnahmen eine bessere Zukunft zu schaffen, doch sollten wir uns hüten, dabei im Tierreich nach Orientierungen zu suchen. Wir sollten uns lieber unserer beträchtlichen Fähigkeiten bedienen, in die Zukunft zu schauen, alternative Szenarien zu entwickeln und diese zu bewerten, um so zu neuen Prinzipien zu gelangen, an denen die menschliche Gesellschaft sich orientieren kann. Mag das Tierreich auch planlos entstanden sein und zufällig Wege gefunden haben, die sich als gangbar erwiesen und die es nutzte, so sollten wir auf lange Sicht doch besser damit fahren, daß wir unsere großen Fähigkeiten nutzen, nachzudenken und vorauszuplanen, die Zukunft in unseren Köpfen (und Computern) zu simulieren, bevor wir handeln, um die Folgen einer Handlungsweise abzuschätzen und durch die Wahl der anscheinend besseren Alternative unsere Erfolgschancen zu erhöhen. Auf manchen Gebieten können wir neue Prinzipien entwickeln, die den angestaubten Prinzipien, die wir in der Natur beobachten, überlegen sein dürften. Auf jeden Fall müssen wir aber, wenn wir intelligent planen und entscheiden wollen, uns selbst als biologische Wesen kennen – und dazu müssen wir auch das tierische Verhalten studieren.

★

Die Erfahrungen mit dem politischen Mißbrauch biologischer Erkenntnisse sind natürlich einer der Gründe, warum die Soziobiologie in ihrer Anwendung auf die menschliche Gesellschaft nicht überall mit offenen Armen aufgenommen wird: Viele Menschen können sich nur allzu gut vorstellen, daß Theorien über die evolutionäre Grundlage der »menschlichen Natur« mißbraucht werden könnten. Man darf jedoch eine wissenschaftliche Erkenntnis nicht mit ihren vorstellbaren technischen Anwendungen verwechseln (auch wenn in den Zeitungen beide immer wieder in einen Topf geworfen werden, vielleicht weil Verkürzungen sich besser für Schlagzeilen eignen). Da wir, was unseren Ursprung betrifft, von einer unstillbaren Wißbegierde sind, wird die Forschung weitergehen. Sie wird wahrscheinlich manches zutage fördern über unsere sonderbaren Eigenarten, über unser hasardeurhaftes Verhalten bei Entscheidungen, über unsere manchmal nicht einfachen Beziehungen und über die geistige Verwirrung, für die so viele von uns anfällig sind. In einer Welt, in der das Handeln der Staatsmänner noch immer von

Stammesdenken und Spielerinstinkten geprägt ist, müssen wir so viel wie möglich zu verstehen versuchen, auch wenn die Anwendung der neuen Erkenntnisse mit Schwierigkeiten verbunden ist.

Was die Menschen aber an der Soziobiologie vor allem empört – und das kann man in allen Leserbriefspalten nachlesen –, ist die Unterstellung, »erklären sei gleichbedeutend mit entschuldigen«. Sich derart über Entschuldigungen zu entrüsten ist jedoch nicht nur unkritisch, sondern beweist auch mangelndes Verständnis für die Motive der betroffenen Wissenschaftler.

Nehmen wir zum Beispiel den Infantizid, die Kindestötung. Verhaltensforscher haben herausgefunden, daß Affenmännchen Junge töten, die von einem anderen Männchen gezeugt wurden. In Leserbriefen wurde daraufhin unterstellt, diese Untersuchung sei durchgeführt worden, um Entschuldigungen für Stiefväter zu liefern, die Kinder mißhandeln.

In Gesellschaften, in denen die Jungen verhätschelt werden (und dazu zählen viele Primatengesellschaften), ist der Infantizid ebenso rätselhaft wie abstoßend. Im Tierreich kann es aber unter bestimmten Bedingungen eine vertrackte Belohnung für den Infantizid geben. In Haremssystemen, in denen das führende Männchen alle paar Jahre abgelöst wird, geht der Nachfolger dazu über, die Jungtiere zu töten. Die Muttertiere, ihrer Jungen beraubt, stillen nicht mehr, erzeugen dadurch auch nicht mehr die Hormone, welche die Ovulation unterdrücken, und werden brünstig – auf diese Weise kann das Männchen, das die Führung übernommen hat, sie ein Jahr früher befruchten als sonst. Da die Fortpflanzungsmöglichkeiten des Männchens durch das Paarungssystem auf die wenigen Jahre begrenzt sind, in denen es sich an der Spitze zu behaupten vermag, bedeutet diese Praxis unter Umständen, daß es die Zahl seiner Nachkommen verdoppelt. Falls die Tendenz, nach der Machtübernahme Jungtiere zu töten, erblich ist, wird dieses Merkmal auch auf eine neue Generation von Männchen übertragen. Unsere nahen Verwandten, die Gorillas, werden immer wieder von einer Woge des Infantizids heimgesucht, sobald ein neues Silberrücken-Männchen den Harem übernimmt. Man muß die Zusammenhänge aufdecken, um die es beim Infantizid geht, um zu verstehen, daß zufällig entstandene Gene für ein solches mörderisches Verhalten sich in der Evolution haben behaupten können.

In diesen haremslosen Zeiten der Flaschenkinder und der Geburtenregelung würde dieser merkwürdige Mechanismus der sexuellen Selektion in unserer Gesellschaft wohl auch dann nicht funktionieren, wenn das Erschlagen von Säuglingen gesellschaftlich akzeptabel wäre. Sollten aber von irgendwelchen Vorfahren, die über einen Harem herrschten, derartige Gene zurückgeblieben sein, so könnte uns das doch eine gewisse Einsicht in potentielle unbewußte Motive mißhandelnder Stiefväter vermitteln – was nicht im geringsten heißt, ihr Verhalten zu verzeihen oder zu entschuldigen.

Eine angemessene Darstellung dieses Themas würde ein ganzes Buch erfordern, doch zeigt schon dieses denkbare evolutionäre Szenario, über welche physiologischen und evolutionären Mechanismen ein Paarungssystem vom Typ des Harems die Gene für Mord befördern kann. Als denkende Gesellschaft können wir uns entscheiden, das Gegenteil zu fördern und Harems zu verbieten. Daß die Gesellschaft Mord und Kindesmißhandlung bekämpfen muß, wissen wir längst. Die Erkenntnis, daß es eine genetische Grundlage für die Kindestötung geben könnte, entschuldigt diese nicht, kann uns aber helfen, bessere Methoden zu entwickeln, um mißhandelnde Stiefväter zu erziehen. Wir sollten der Verhaltensforschung nicht unterstellen, daß sie auf Entschuldigungen aus ist, sondern sie vielmehr dafür schätzen, daß sie uns neue Richtungen für die Lösung unserer gesellschaftlichen Probleme aufzeigt. Das Natürliche ist nicht mehr in jedem Fall eine gute Politik – und ebensowenig eine gute Entschuldigung.

Wenn wir einmal sterben, so können wir zwei Dinge zurücklassen: Gene und Meme. Wir sind als Genmaschinen gebaut worden, dazu geschaffen, unsere Gene zu vererben. Aber dieser Aspekt von uns wird in drei Generationen vergessen sein. Mein Kind, sogar mein Enkel noch mag mir ähnlich sein, vielleicht in den Gesichtszügen, in einer musikalischen Begabung, in der Haarfarbe. Aber mit jeder Generation, die vorbeigeht, wird der Beitrag meiner Gene halbiert. Es dauert nicht lange, und er ist so klein geworden, daß man ihn vernachlässigen kann. Unsere Gene mögen unsterblich sein, aber die *Sammlung* von Genen, die jeder einzelne von uns darstellt, muß zwangsläufig auseinanderbröckeln. Königin Elisabeth II. von England ist ein direkter Nachfahre von Wilhelm dem Eroberer. Doch es ist ziemlich wahrscheinlich, daß sie nicht ein einziges der Gene des alten Königs in sich trägt. Wir sollten Unsterblichkeit nicht in der Fortpflanzung suchen.

Doch wenn ich einen Beitrag zur Kultur der Welt leiste, wenn ich einen guten Gedanken habe, eine Melodie komponiere, eine Zündkerze erfinde, ein Gedicht schreibe, so kann dieser Beitrag noch lange, nachdem meine Gene sich im gemeinsamen Genpool aufgelöst haben, unversehrt weiterleben. Von Sokrates mögen, wie G. C. Williams bemerkt hat, vielleicht noch ein oder zwei Gene auf der Welt leben oder auch nicht, aber wen interessiert das schon? Die Memkomplexe von Sokrates, Leonardo, Kopernikus und Marconi sind immer noch ungeschwächt.

Der Soziobiologe Richard Dawkins, *Das egoistische Gen*, 1976

Schriftsteller sind für mich nichts Heiliges, wohl aber Worte. Sie verdienen Respekt. Wenn man es schafft, die richtigen Worte in die richtige Reihenfolge zu bringen, kann man der Welt einen kleinen Schubs geben oder ein Gedicht machen, das Kinder für einen aufsagen werden, wenn man tot ist.

Der Dramatiker Tom Stoppard, *The Real Thing*, 1984

Jede Andeutung, daß die mangelnde mathematische Begabung des Kindes genetischen Ursprungs sein könnte, stößt auf eine an Verzweiflung grenzende Reaktion: Wenn es an den Genen liegt, dann »ist es festgeschrieben«, dann ist es »determiniert«, und man kann nichts daran ändern. Man kann in diesem Fall gleich ganz darauf verzichten, dem Kind Mathematik beibringen zu wollen. Diese Einstellung ist ein schädlicher Unsinn von beinahe astronomischen Ausmaßen. Zwischen genetischen Ursachen und Umweltursachen besteht im Prinzip kein Unterschied. In beiden Fällen gibt es gewisse Einflüsse, die nur schwer, und andere, die leicht rückgängig zu machen sind.

Der Soziobiologe Richard Dawkins, *The Extended Phenotype*, 1982

Während das Verhalten der Tiere hauptsächlich von der Evolution bestimmt ist, haben Menschen die Möglichkeit, sich entsprechend ihren zivilisierten Idealen zu verbessern.

Die Primaten-Ethologin Sarah Blaffer Hrdy, 1983

Sokrates wurde im Jahre 399 v. Chr. hingerichtet, weil man ihn beschuldigte, die Jugend von Athen verdorben zu haben. Er setzte Traditionen und Gebräuche der Feuerprobe der reinen Vernunft aus und gefährdete dadurch die Traditionen der Gesellschaft. Als einer der ersten und größten Philosophen und als einer, der ohne Zaudern für die Vernunft Partei ergriff, hat er uns ein für allemal gezeigt, daß es möglich ist, mit dem Stammeswesen, mit seinen Traditionen und mit dem kulturellen Gepäck, das wir mit uns geschleppt haben, zu brechen und uns selbst im Lichte der Vernunft auf neue Weise zu sehen. Mehr als irgendein anderer Lehrer hat Sokrates uns gezeigt, daß wir nicht Sklaven unserer inneren Eingebungen, der Einflüsterungen des limbischen Systems zu sein brauchen. Dort sprechen unsere Gene, dort halten sie unser Herz gefangen: Von ihrer uralten Fessel kann uns allein die Vernunft befreien.

Der Anthropologe Bernard Campbell, *Human Evolution*, 1985

In der schlechten alten Zeit des Sozialdarwinismus, als man die Evolution noch kaum verstanden hatte, glaubte man, das Leben sei ein ununterbrochener Kampf – »Natur, rot an Zähnen und Klauen«. Dies ist jedoch nur die eine Seite der natürlichen Auslese... In hochentwickelten sozialen Gruppen führt derselbe Prozeß auch zu Altruismus und gegenseitiger Hilfe. Die menschliche Spezies hat in diesem Sinne echte Empfindungen der Verbindlichkeit entwickelt, der Pflicht, liebevoll und freundlich zu sein... Insofern steht die Evolution nicht im Widerspruch zu den konventionellen Moralauffassungen.

Der Philosoph Michael Ruse
und der Soziobiologe Edward O. Wilson, 1985

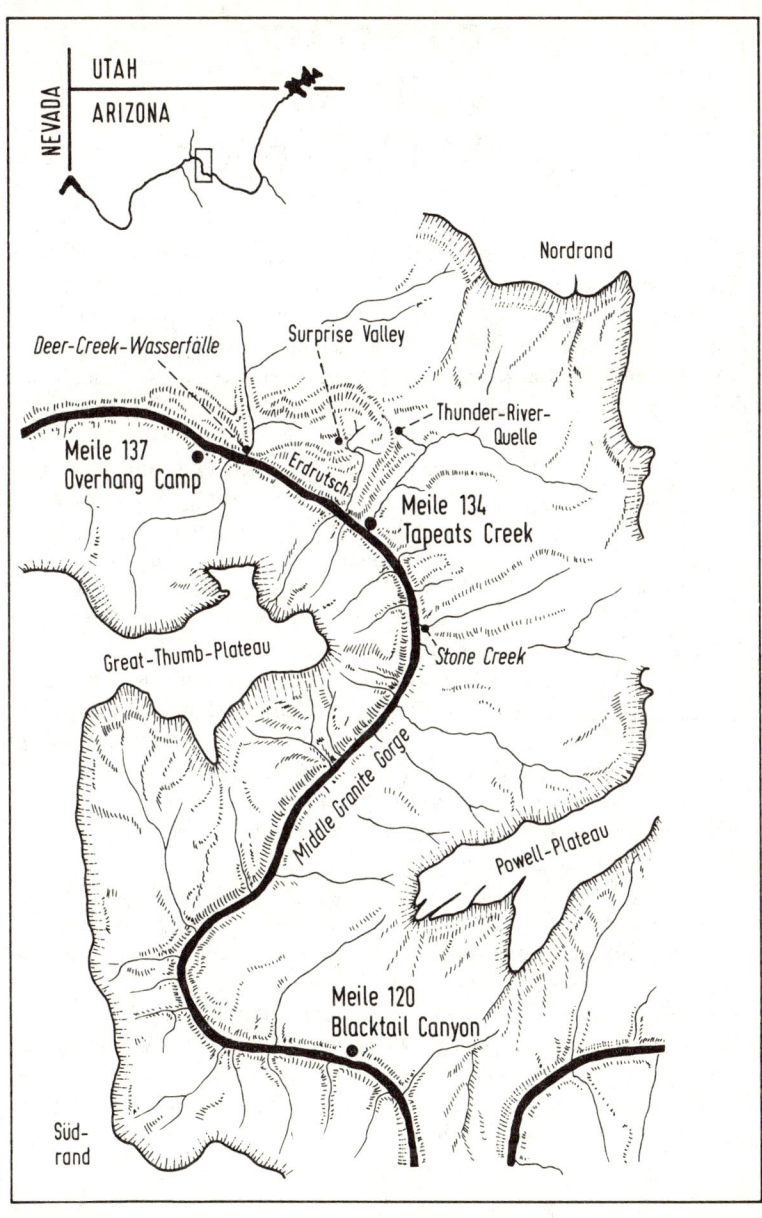

# Achter Tag
## Meile 120
## Blacktail Canyon

Durch Klonen werden jungfräuliche Geburten möglich, und darüber sollten gewisse Leute sehr froh sein, meinte Cam beim Frühstück.

»Wißt ihr eigentlich, wie es zu der Geschichte von der jungfräulichen Geburt gekommen ist?«, fragte Ben. »Ich meine, in der Theologie?«

»Es ist eine Prophezeihung des Alten Testaments, die lange, viele Jahrhunderte vor Christus gemacht wurde«, antwortete Rosalie.

»Also, im hebräischen Originaltext steht etwas von einer jungen Frau, die einen Propheten gebären werde«, sagte Ben und nahm einen Schluck Tee. »Doch bis zum zweiten vorchristlichen Jahrhundert hatte sich das Hebräische in Alexandrien zu einer Art Kirchenlatein entwickelt, und es gab kaum noch Leute, die es lesen konnten. Da die Gebildeten alle griechisch sprachen, übersetzten die Theologen, um ihre Religion zu verbreiten, das Alte Testament aus dem Hebräischen ins Griechische. Nur ersetzten sie dabei den hebräischen Ausdruck für ›junge Frau‹ durch das griechische Wort für ›Jungfrau‹.«

> Es ist unklug zu behaupten, die Evolution habe dies nicht tun können oder jenes tun müssen, außer im allgemeinsten Sinne. Der Biologe sollte grundsätzlich von der Regel ausgehen, daß die Evolution sehr viel klüger ist als er.
> Der Molekularbiologe F. H. Crick, 1979

Wir lachten. »Das war ein kleiner Übersetzungsfehler mit gewaltigen Folgen«, sagte Cam glucksend.

»Ich weiß von einem anderen Übersetzungsfehler aus dem Hebräischen«, begann Jackie. »Das heißt, eigentlich ist es kein Fehler, sondern ein kleines Problem, das durch eine doppelte Bedeutung entsteht. Ihr wißt ja, daß es heißt, Frauen sollten ›mit Schmerzen‹ gebären. In dieser Bibelpassage heißt es im Hebräischen ursprünglich *b'etzev*. Das kann Schmerz bedeuten. Die andere geläufige Bedeutung ist ›Betrübnis‹. Es könnte also durchaus sein, daß die Bibel hier nicht vom Schmerz der Geburt spricht, sondern daß es sich um eine frühe Beschreibung der postnatalen Depression handelt.«

★

Conquistador Aisle ist ein langer gerader Flußabschnitt unterhalb des Blacktail Canyon, wo der Muav auf dem rechten Ufer Skulpturen bildet, wie wir sie beim Gray Castle in den Photogenic Fifties gesehen haben. Man könnte meinen, eine lange, bis in die Ferne reichende Reihe von Schachfiguren vor sich zu sehen.

Eine der ersten Stromschnellen, auf die wir hier stoßen, ist wieder eine der »namenlosen«, zumindest für die Bootsführer und die Verfasser von Flußreiseführern. Unsere Bootsführer waren ziemlich überrascht, als sie in die ansonsten hervorragende Straßenkarte »Indian Country« der American Automobile Association schauten und entdeckten, daß diese Stromschnelle einen Namen erhalten hatte, den am Fluß noch nie jemand gehört hatte: Enyeart Rapid. Ich vermute, daß die AAA hier einen Phantasienamen eingefügt hat, eine abscheuliche Gewohnheit, die man bei den Kartographen öfter antrifft, weil sie so gegebenenfalls feststellen können, ob jemand ihre urheberrechtlich geschützte Karte kopiert hat. Dadurch stiften sie natürlich Verwirrung bei den Benutzern. Vorsätzliche Lügen gehören einfach nicht in ein Nachschlagewerk. Man weiß nie, was sie für Folgen haben.

Eine namenlose Stromschnelle zu benennen, ist allerdings nicht so gefährlich wie das Eintragen einer nicht existierenden Straße oder Brücke, was paranoide Kartographen immer wieder machen. Darauf bin ich gestoßen, als ich in einer offiziellen Karte für Sportflieger eine nicht existierende Straße entdeckte. Sie führte um die Nordwestflanke des Mount Rainier im Staat Washington herum und verband die West Side Road, die in einer Sackgasse endet, mit der Mowich Road, die ebenfalls eine Sackgasse ist. Eine solche Straße, die einen großen Bogen beschreibt, gibt es nicht und hat es nie gegeben, das kann ich versichern. Ich schrieb an die Bundesluftfahrtbehörde und forderte sie auf, die Straße aus der Karte zu entfernen, denn sie sei eine Gefahr für verirrte Piloten, die sich an einer Straße orientieren, um wieder in bewohnte Gegenden zu kommen. Dann überlegte ich, daß es vielleicht auch wieder so ein Merkzeichen sein könnte, um das Urheberrecht zu wahren. Aber das war doch eigentlich überflüssig, denn die amtliche Karte darf jeder kopieren. Oder hatten die staatlichen Kartographen, als sie die Pilotenkarte zeichneten, vielleicht aus Faulheit die absichtlich verfälschte Karte einer Erdölgesellschaft kopiert und dabei die nicht existierende Straße übernommen? Es kann natürlich auch sein (und das ist die ständige Furcht der Naturliebhaber), daß sie wieder einmal vorhaben, durch den letzten Rest ungestörter Natur eine Straße zu bauen.

Nach etwa zwei Dritteln der Strecke des Conquistador Aisle findet sich auf der rechten Seite ein Seitencanyon mit einem hervorragenden natürlichen Amphitheater. Wenn die Musiker auf Flußfahrt sind, machen sie dort manchmal Halt, und die Bootsführer schleppen dann das Cello über einige Meilen zu einem zauberhaften Fleckchen, Delphic Amphitheater genannt.

★

Feiglinge hätte die Grundlagen der Zivilisation geschaffen, habe ich irgendwo gelesen. Einer mußte als erster sagen: »Ich lasse Ihnen gern den Vortritt, aber beim nächstenmal dann bitte umgekehrt«, damit die Kooperation in Gang kam und ein Tier um langfristiger Vorteile willen kurzfristige Nachteile in Kauf nahm.

Viele Arten kennen Regeln, die zur Konfliktbegrenzung beitragen. So läßt man etwa einen Dritten entscheiden, wer eine umstrittene Belohnung erhalten soll. Einfache Regeln der Konfliktvermeidung wie etwa die, daß derjenige, der zuerst da ist, den Vortritt hat, findet man schon bei Schmetterlingen. Auch gibt es Individuen – man kann sie, wenn man will, »Tauben« nennen –, die Konflikten mit Artgenossen aus dem Wege gehen. Wenn ihnen der Besitz einer begehrten Ressource streitig gemacht wird, neigen Tauben dazu, die Kosten eines verlorenen Kampfes zu meiden und abzuwarten, ob sich eine andere Gelegenheit ergibt, an die Belohnung heranzukommen. Der entgegengesetzte Typ läßt sich durch niemand von einer unmittelbar winkenden Belohnung abhalten. Ein solcher »Falke« verwendet natürlich eine Menge Zeit und Energie auf den Kampf mit anderen Individuen, womit er nicht nur eine Verletzung riskiert, sondern auch Zeit vergeudet, die er für die Suche nach einer anderen Nahrung hätte verwenden können.

Wären alle Individuen Falken und die Nahrung an einem Punkt konzentriert, würden wahrscheinlich die meisten beim Kampf um die Nahrung verletzt. Wahrscheinlich gibt es für jede Art ein optimales Verhältnis zwischen Falken und Tauben: Gerade genug Falken, so daß sie häufiger auf Tauben stoßen als auf andere Falken, und genug Tauben, so daß sie meistens zu fressen bekommen, bevor ein Falke kommt und ihnen die Mahlzeit streitig macht. Würde man die relativen Kosten beider Alternativen kennen, ließe sich sogar das Verhältnis zwischen Falken und Tauben vorhersagen. Die Kosten ließen sich in diesem Fall in Kalorien ausdrücken: Soundsoviel Kalorien sind in der Nahrung enthalten, soundsoviel Kalorien werden für die Nahrungssuche aufgewendet, soundsoviel Kalorien werden für den Kampf vergeudet, soundsoviel

Kalorien werden während des Wartens auf die nächste Chance verbrannt, und soundsoviel kostet eine Verletzung oder die Invalidität. Setzt man hierfür vertretbare Werte an, gelangt man vielleicht zu einem Verhältnis von 30:70 zwischen Falken und Tauben. Es kann durchaus vorteilhaft sein, innerhalb einer nur aus Falken bestehenden Gemeinschaft die einzige Taube zu sein. Zwar zieht die Taube bei jedem Konflikt den kürzeren, und sie bekommt nur zu fressen, wenn ihr niemand die Nahrung streitig macht, aber sie braucht die Kosten des Kampfes nicht zu tragen, und es geht ihr möglicherweise besser als allen anderen.

Aus dieser Falken/Tauben-Strategie kann sich ein stabiles Verhältnis ergeben: Beträgt das Verhältnis anfangs 50:50, so werden so viele Falken umkommen, daß das Verhältnis am Ende 30:70 beträgt, und sind anfangs zu viele Tauben da, werden sich die Falken auf ihre Kosten so vermehren, bis wieder ein Verhältnis von 30:70 erreicht ist. Diese Situation ist ein Element der evolutionär stabilen Strategie oder ESS, wie die Evolutionsbiologen sagen. Am Verhältnis von 30:70 läßt sich nur etwas ändern, indem man den relativen Gewinn modifiziert, und selbst dann kann sich eine Stabilität einstellen, die permanenten Veränderungen widersteht. Wie sieht es aber aus, wenn ein Individuum meistens Taube und gelegentlich Falke spielt? Was passiert, wenn ein Individuum gegenüber einem anderen, das ihm beim letztenmal die zustehende Portion weggenommen hat, Falke spielt, ansonsten aber »nach Ihnen« sagt und wartet, bis es an der Reihe ist? Wird sich eine solche eingeschränkte Kooperation besser auszahlen als die Falke/Taube-Strategie?

Ja, es gibt aber zahlreiche Varianten der Kooperation, von denen einige besser sind als andere. Einige Strategien sind nicht evolutionär stabil – sollten von außen Falken eindringen, können sie die kooperationsbereiten Individuen ausrotten. Wieder andere Strategien sind nicht stabil, weil sie ein ständiges Schwanken der Population zwischen Massenvermehrung und Massensterben zur Folge haben.

Nehmen wir das einfach Problem der Bestrafung von Betrügern, die sich, wenn es an ihnen wäre, zugunsten anderer Verzicht zu üben, nicht zurückhalten, und denen gegenüber man sich als Falke verhält. Wenn man gegenüber einem solchen Sünder ständig den Falken spielt, wird die Population bald nur noch aus einem einzigen Haufen von Falken bestehen. Die Strategie des ständigen Argwohns ist also instabil und degeneriert zu den stabilen Falke/Taube-Extremen mit ihren geringeren Gewinnen, so daß die Nische weniger Individuen ernährt. Versöhnlichkeit, die Bereitschaft, nach der Bestrafung des Betrügers wieder mit diesem zu kooperieren, ist von Vorteil.

Das ist eine der Schlußfolgerungen aus einem großen Wettbewerb zwischen verschiedenen Kooperationsstrategien, die in der Computersimulation getestet wurden. Gewinner war die einfache Strategie »Wie du mir, so ich dir«: Bei der Begegnung mit einem neuen Individuum wird zunächst kooperiert, und von ihm wird erwartet, daß es sich genauso verhält (bzw. das tut, was die entsprechende Kooperationsstrategie verlangt). Betrügt es, spielt man den Falken und zahlt es ihm bei nächster Gelegenheit heim. Danach wird alles vergeben und vergessen, und man kehrt zur Kooperation zurück. Die Strategie »Wie du mir, so ich dir« setzt voraus, daß die Tiere imstande sind, einander als Individuen zu erkennen, daß ihr Gedächtnis bis zur nächsten möglichen Konfrontation reicht und daß sie hinreichend falkenhaft sind, um im gegebenen Fall diese Rolle spielen zu können. Mehr ist nicht erforderlich – weder altruistische Gefühle noch erhabene Gedanken darüber, wieviel günstiger es doch für jeden wäre, wenn alle sich moralisch bessern würden. »Wie du mir, so ich dir« ist eine der lebensfähigen Varianten des Falke/Taube-Themas. Es ist eine evolutionär stabile Strategie, die unter der Voraussetzung, daß die erwähnten Kalorienverhältnisse nicht bestimmte kritische Werte unterschreiten, auch dann überleben wird, wenn sich reine Falken zwischen die Kooperatoren drängen. Es ist auch insofern eine stabile, unverwüstliche Strategie, als sich ganz verschiedene Alternativen der Kalorienausbeute mit ihr vertragen.

Was sehr wichtig ist: Diese Strategie wird sich, wenn sie erst einmal Fuß gefaßt hat, behaupten. Der Ökonom Robert Axelrod und der theoretische Biologe William D. Hamilton haben es so ausgedrückt: »Die Zahnräder der sozialen Evolution verfügen über eine Sperrklinke.« Es ist vorstellbar, daß sich die »Kooperationsgene« am einfachsten in kleinen Gruppen entwickeln, zum Beispiel auf einer Tropeninsel, wo ohnehin alle eng miteinander verwandt sind und wo genügend Nahrung vorhanden ist, so daß man nicht Hungers stirbt, wenn man jemand anderem den Vortritt läßt. Wenn dann ein Individuum, das die »Kooperationsgene« in sich trägt, fortzieht (ich persönlich mag das Bild von dem Bauernsohn, der in die Großstadt geht), wird es vielen Betrügern begegnen. Es wird sich nur einmal betrügen lassen, denn diejenigen, die das Prinzip der Gegenseitigkeit in sich haben, besitzen ein gutes Gedächtnis. Trifft dieses Individuum auf ein anderes, das ebenfalls die Kooperationsgene besitzt und wirklich mit ihm teilt, so werden die Vorteile der Kooperation sich in einem erhöhten Ertrag für beide niederschlagen. Auch wenn der Ertrag in der neuen Umgebung geringer ist, muß das nicht heißen, daß die Kooperationsgene ausgelöscht werden. Ihre Population wird im Verhältnis zu den reinen Falken und den reinen Tauben wachsen, weil sie für eine effizientere Nahrungsbeschaffung und Konfliktvermeidung sorgen.

Eine Kooperation im größeren Maßstab könnte nach dem hier beschriebenen Szenario aus dem Prinzip der Gegenseitigkeit (oder etwas ähnlichem) hervorgegangen sein: Kooperation war dann eine Variante, die eine Nische gefunden hat und durch die evolutionären Prozesse der Auslese und der Artbildung erhalten blieb. Sie war ein weiteres emergentes Prinzip, eine überraschende Konsequenz aus einigen einfachen Eigenschaften des Gedächtnisses und des Verhaltens, die aber weitreichende Implikationen für die Evolution von sozial lebenden Arten besaß, wie wir es sind (und die Insekten, die Hunde usw.). Wir mögen inzwischen Strategien verwenden, die weit komplizierter sind als das kindliche »Wie du mir, so ich dir«, doch zuvor muß erst einmal das Prinzip der Kooperation auf diese oder jene Weise entwickelt worden sein.

Einer der Wege, auf dem sich die Kooperation entwickelt haben könnte, wurde den Evolutionsbiologen von der Spieltheorie aufgezeigt, jenem Zweig der Mathematik, der sowohl auf das Schachspiel als auch auf Kriegsspiele anwendbar ist. Aus dieser Theorie ergibt sich das Minimum an Regeln, das erforderlich ist, um über die Falken-und-Tauben-Situation hinauszukommen. Was steckt wirklich hinter den »Kooperationsgenen«? Im Grunde nichts anderes als Gene für ein Gehirn, das eine große Zahl verschiedener Individuen zu erkennen vermag, des weiteren Gene, die hinreichend verschiedene Körperformen und Farben mit sich bringen, so daß unterscheidbare Individuen entstehen, ferner Gene, die für ein Gedächtnis sorgen, das hinreichend gut ist, um es einem Betrüger heimzahlen zu können (es darf aber auch nicht zu gut sein, weil man sonst von der Rolle des Falken überhaupt nicht mehr los kommt!), und schließlich etwas, das die bedingungslose Falkenhaftigkeit abmildert (und damit in der Tat etwas von einem Feigling hat).

Wenn Kooperation eine Variante in einem Kontinuum ist, das sich von den Falken zu den Tauben erstreckt, ist bei einer kooperierenden Spezies mit einer gewissen Anzahl von Individuen zu rechnen, die unter die Extreme des Falken oder der Taube fallen. Falls das beschriebene

> Unrecht zu erleiden ist nichts, es sei denn, daß man ständig daran denkt.
>
> Konfuzius

> Ohne Versöhnlichkeit wird das Leben von ... einem endlosen Kreislauf von Groll und Vergeltung beherrscht.
>
> Roberto Assagioli

Szenario der Entwicklung der Kooperation auch nur halbwegs stimmt, sind ungewöhnlich schüchterne Menschen auf der einen und Soziopathen auf der anderen Seite lebende Erinnerungen an unsere evolutionäre Vergangenheit. Beide Typen erinnern uns daran, daß noch immer die Variation das Bild bestimmt, daß sie noch immer fleißig erzeugt wird in den zahllosen Permutationen, die beim Crossing over stattfinden.

Es mag sein, daß wir mit so einfachen Regeln begonnen haben und glücklich bei einer evolutionär stabilen Strategie gelandet sind, die in unseren Genen verankert ist. Um aber am Leben zu bleiben, werden wir wahrscheinlich eine sehr viel kompliziertere Strategie entwickeln müssen. Im Zeitalter der Kernwaffen »Wie du mir, so ich dir« zu spielen, ist nicht nur kindisch, sondern weit schlimmer – doch die Plattheiten, welche unsere politischen Führer in den Mund nehmen, lassen auf eine derart schlichte Denkungsweise schließen.

# Meile 127
# Middle Granite Gorge

Vor einer Weile war uns aufgefallen, daß die Tapeats-Vorsprünge nach unten verliefen, so als wollten sie im Fluß verschwinden, in Umkehrung ihres plötzlichen Auftauchens zwischen Meile 50 und Meile 60. Sie sind dann aber doch nicht verschwunden, und inzwischen strömt der Fluß zwischen immer höher sich auftürmenden Sandsteinvorsprüngen dahin.

Bald taucht auch wieder der Schiefer auf, und ein weiteres Mal durchqueren wir die Große Diskordanz, diesmal allerdings ohne die Salzminen. Waren wir bei Meile 77 abrupt wie in einen Tunnel in die Schieferschichten hineingefahren, so tauchen sie hier genau wie die anderen Schichten allmählich auf. Hier beginnt die Middle Gorge. Major Powell war nicht sonderlich erfreut, als er mit seiner Expedition wieder auf den Schiefer stieß, erinnerte er sich doch nur allzu gut, daß auf das erste Kennenlernen dieses Gesteins große Stromschnellen gefolgt waren. Hier gibt es zumindest keine großen Stromschnellen, keine V-förmigen Einschnitte, die den Eindruck hervorrufen, als führe man in einen Abgrund hinein.

Viel stärker ist hier dagegen das Gefühl, schwarzen Marmor vor sich zu haben: tiefschwarz und glänzend poliert. Und wir stoßen auf eine

Anomalie, denn eine polierte schwarze Schicht liegt über einer Schicht matten Schiefers. Dabei sollte die untere Schicht doch stärker vom Fluß poliert worden sein als die obere. Wie ist das möglich? Nach einigem Hin und Her einigten wir uns darauf, daß die obere Schicht aus einem anderen Schiefer sein mußte, der sich leichter polieren läßt. Im Reiseführer fanden wir dann, daß die obere Schicht aus Hakatit besteht, einem metamorphen Basalt vulkanischen Ursprungs, während die untere Schicht aus Sandstein und einem metamorphen Schlammstein besteht.

Am rechten Ufer finden wir eine richtige Baumreihe, ein Stockwerk über dem Fluß, fast wie ein grüner Saum am Fuß der Geröllhänge. Wieder ein kleines Beispiel für die Wirkung der Evolution: Bäume, die unterhalb der Hochwasserlinie wachsen, werden bei Überschwemmungen hinweggespült. Varianten mit langen Wurzeln, die sich ein Stück vom Fluß entfernt angesiedelt haben, sind nach der natürlichen Auslese übrig geblieben. Wenn Sie einen uferbegleitenden Baum mit extra langen Wurzeln brauchen, holen Sie sich ein paar Samen von diesen Bäumen: Sie sind von der Evolution bearbeitet worden.

Seltsam, der Fluß fließt hier nach Nordosten, zurück in die Richtung, aus der wir vor einer Woche gekommen sind. Dies ist kein bloßer Mäander. Wir können nicht weiter nach Westen, weil im Norden und Westen das Great-Thumb-Plateau vor uns aufragt. Es ist ein Bestandteil des Südrandes – nördlich von uns! Und der Nordrand liegt – in Gestalt des Powell-Plateaus – südlich von uns. In früheren Ausgaben der »blauen Bibel« war der Pfeil, der normalerweise die Nordrichtung angibt, auf der Karte von diesem Canyonabschnitt verkehrt herum eingezeichnet – der Zeichner hat wohl gemeint, daß der Südrand auch im Süden liegen müsse. Das ist auch so, aber nur im großen und ganzen, so wie der Fluß im großen und ganzen bergab fließt, stellenweise aber bergauf, wenn man einen großen Rückstrom betrachtet. Es sind gerade diese Abweichungen vom allgemeinen Durchschnitt, die das Leben interessant machen.

★

Das Leben ist gewiß reich an Zufällen und von ihnen abhängig, und dennoch ist man immer wieder überrascht, wenn man merkt, daß die Natur sich alle Mühe gegeben hat, die Karten neu zu mischen. Nicht auf das Durchschnittliche scheint die Natur Wert zu legen, auch nicht auf die normalen Variationen. Selbst wenn es nicht zu Punktmutationen kommt, bringt das Crossing over in jeder Generation zusätzliches Rauschen ins Spiel.

Diese ganze Zufälligkeit erscheint, wenn man sie für sich betrachtet, wie ein Rauschen, das absichtlich in ein ansonsten genau eingestelltes Radio eingespielt wird, wie atmosphärische Störungen, ein Knistern und Knacken, das sich der Musik überlagert, wie versehentlich angeschlagene Töne beim Abspielen der harmonischen Inventionen Bachs. Die Goldberg-Variationen würden durch so etwas verdorben. Wir schrecken vor der Vorstellung zurück, genau wie die Kritiker Darwins – und dabei kannten sie, was die massive Rolle des Zufalls angeht, noch nicht einmal die Spitze des Eisbergs. Wir tun schließlich alles, um rauschfreie Verstärker, zuverlässige Autos und Ersatzteile mit einer berechenbaren Lebensdauer herzustellen. Welche Schöpferin würde ihre Schöpfung absichtlich zum Knarren und Quietschen bringen?

Jetzt stellt sich auch noch heraus, daß es bei der Sexualität vor allem darum geht, das Rauschen dadurch zu verstärken, daß die sorgfältig aufbewahrten genetischen Instruktionen für den Aufbau eines neuen Körpers und eines neuen Gehirns absichtlich durcheinandergemischt werden. So als würden Mutationen noch nicht ausreichen und als ob noch mehr Zufälligkeit erforderlich sei. Darum werden die Blaupausen ein bißchen durcheinandergeworfen. Mutationen wurden fortentwickelt zu einem System von Permutationen, und das war ein gewaltiger Schritt nach vorn. Dadurch wurde der Zufall zu einem festen Bestandteil der Evolution.

»Jeder ist seines Zufalls Schmied!« wäre wohl ein passender Spruch, den sich der Evolutionsbiologe über seinem Schreibtisch aufhängen könnte, doch ich schätze, daß diese Parole kaum Anhänger finden wird, denn der Zufall hat seit jeher eine schlechte Presse. Es würde wahrscheinlich als eine Aufforderung zu verschwommenem Denken verstanden, als eine Befürwortung von Unordnung, Unverständlichkeit, Chaos.

Vor dem Problem der passenden Bezeichnung standen schon die theoretischen Mathematiker. Für sie ist es nichts Neues, daß in der Superstruktur eines chaotischen Prozesses Regelmäßigkeiten auftreten können. Die Bewegung eines einzelnen Sauerstoffmoleküls durch die Luft mag vollkommen ziellos erscheinen, und dennoch gibt es so etwas wie den Wind. Es gibt sogar einen ganzen Zweig der Mathematik, der als Theorie der Zufallsvariablen bezeichnet wird. Daneben hat man aber ein Quasi-Synonym für »Zufall« entwickelt, das nicht die negativen Assoziationen weckt, die man mit dem Zufall verbindet, und außerdem schön griechisch klingt. Also vertieft man sich nun in die Theorie der stochastischen Prozesse und stellt verwundert fest, daß man es wieder mit den guten alten Zufallsvariablen zu tun hat. Sollte jemals ein T-Shirt herauskommen, dessen Aufforderung sich an die Evolutionstheoretiker richtet, dann wird darauf vermutlich stehen: »Jeder ist seiner Stochastik Schmied!«

Man kann die rätselhafte Zufälligkeit nicht verstehen, wenn man sie nur für sich betrachtet, losgelöst von den übrigen Mechanismen, die in der Evolution eine Rolle spielen: dem Selektionsdruck, der von Krankheiten und verspäteten Schneefällen im Frühjahr ausgeht, den zeitweiligen Barrieren in Gestalt von Flüssen und den permanenten Barrieren in Gestalt einer verschobenen Paarungszeit, die zur Bildung einer neuen Art führt. Einen Sinn bekommt der Zufall erst, wenn man ihn im Zusammenhang betrachtet, und zwar hinreichend lange und genau.

Die Aufgabe der darwinistischen Forschung besteht darin, die Absichten und Ziele der Gene aufzudecken und diese Erkenntnis allgemein verfügbar zu machen, damit wir uns zu ihr verhalten können wie zu einem Bestandteil der Umwelt, in der wir uns entwickeln und leben, um selber vollkommen frei entscheiden zu können, wie weit wir damit übereinstimmen.

Richard D. Alexander, 1979

Je mehr wir über die Mechanismen der genetischen Steuerung herausfinden, desto besser werden wir gerüstet sein, uns dieser Steuerung durch ein erweitertes Bewußtsein zu entziehen, über sie hinauszugehen, was uns zum erstenmal in unserer Geschichte in die Lage versetzen wird, statt für unsere Gene für uns selbst zu arbeiten, wirkliche Willensfreiheit und Wahlfreiheit auszuüben, unserem Verstand und unserem Geist die freie Entscheidung zu verschaffen und ein Stadium zu erreichen, das der vollen Entfaltung unseres Menschseins nahekommt.

A. Rosenfeld, 1977

★

Wenn ich eben von der Schöpferin sprach, dann nicht, um der Gleichstellung der Frau Rechnung zu tragen, sondern aus triftigen biologischen Gründen. Mehr als die Hälfte Ihrer Gene stammen nämlich von Ihrer Mutter. Mag auch die Hälfte der DNA in Ihren Zellkernen von Ihrem Vater stammen, so stammen doch sämtliche Mitochondrien (das sind die Kraftwerke der Zelle, mit einer eigenen DNA und einem eigenen genetischen Code) von Ihrer Mutter. Bei der Befruchtung kommt es nämlich nur selten vor, daß die Mitochondrien der Samenzellen bis in die Eizelle vordringen.

Die Männchen sind, da sie sich nicht direkt fortzupflanzen vermögen, eine Restkategorie – bei manchen Arten können die Weibchen sich selbst klonen, wenn die Männchen knapp oder ungeeignet sind. Außerdem sind wir Säugetiere *in utero* zunächst alle weiblich; erst im weiteren

Verlauf der pränatalen Entwicklung, wenn durch das Y-Chromosom eine verstärkte Erzeugung von Testosteron veranlaßt wird, werden die weiblichen Genitalien in männliche umgewandelt.

Einiges spricht dafür, daß dieser nachträgliche Einfall, nämlich das männliche Geschlecht, nicht so sorgfältig konstruiert wurde wie das weibliche Original. Bei männlichen Neugeborenen ist die Wahrscheinlichkeit größer, daß sie schon mit angeborenen Gebrechen zur Welt kommen. In der Kindheit sterben mehr Jungen als Mädchen. Männer beginnen früher zu altern als Frauen. Wenn man schon bei der Metapher bleiben will, derzufolge Eva aus einer Rippe Adams erschaffen wurde, dann müßte man sie, der Biologie folgend, genau umgekehrt formulieren.

★

Auch die Sexualität mußte sich erst entwickeln. Am Beginn der Schöpfung gab es diese Institutionalisierung des Zufalls noch nicht. Auf irgendeine Weise überlagerte sich das Durchmischen des Genoms beim Crossing over der gewöhnlichen Zellteilung, jedoch nur bei einigen spezialisierten Zellen, den sogenannten Keimzellen, die das Sperma und die Eier produzieren. Welchen unmittelbaren Vorteil könnte eine solche zusätzliche Komplikation für den Organismus gehabt haben? Auf lange Sicht war es für die Evolution komplizierterer Organismen (wie wir es sind) natürlich besser, aber was in aller Welt mochte der unmittelbare Vorteil sein? Wie hat sich durch das Räderwerk von Auslese und Artbildung überhaupt erst ein Organismus entwickeln können, der sich geschlechtlich fortpflanzt?

Die sexuelle Fortpflanzung ist nämlich mit einem schweren Nachteil behaftet, der kurzfristig überwunden werden muß, und zwar in Gestalt der Männchen. Durch die sexuelle Fortpflanzung entstehen zahlreiche Individuen (oft die Hälfte von allen) die nicht selber gebären können. Es ist wie bei den Insekten, die Darwin fast an seiner eigenen Theorie hätten zweifeln lassen. Die sterilen Kasten sozial lebender Insekten (Ameisen, Wespen, Bienen) haben sich offenbar nur entwickeln können, weil die Auslese bisweilen an Gruppen von Individuen und nicht an isolierten Individuen ansetzt und weil die sterilen Exemplare den Erfolg ihrer sich fortpflanzenden Schwestern mehren. Überträgt man diesen Gedanken auf die Männchen, dann ist deren Existenz dadurch begründet, daß durch ihren Beitrag die eigentlichen Reproduzenten, die Weibchen, beim Aufziehen des Nachwuchses bis zur Geschlechtsreife weit mehr als doppelt so erfolgreich sind, als wenn sie allein wären. Sicherlich trägt bei höheren Organismen wie Fröschen und Vögeln die Beteiligung der Männchen an der Brutfürsorge zur Erhöhung der Überlebenschancen bei. Ich vermute jedoch, daß wir nach etwas Elementarerem suchen müssen, das auch bei einfachen Organismen wirkt, etwas, das direkt mit der durch die Sexualität gesteigerten Zufälligkeit zusammenhängt. STOCHASTISCHER SEX – ich sehe diese Parole schon auf den T-Shirts der Studenten prangen. Und die meisten, die das lesen, werden es vermutlich falsch deuten.

Während die Sexualität bei eukaryotischen Zellen vor etwa einer Milliarde Jahre begann, gibt es eine noch ältere Form der Sexualität bei Bakterien, wobei auch ohne Verschmelzung der Zellen ein gewisser Austausch von genetischem Material stattfindet. Ein anderes ursprüngliches Verfahren, um die Gene ein bißchen durchzumischen, verkörpert wahrscheinlich das Virus, ein kleines Paket DNA ohne die übliche Zellmaschinerie für die Proteinsynthese. Das Virus, das oft wie ein Mondlandefahrzeug aussieht, aus dem eine Injektionsnadel hervorragt, stürzt sich wie ein Kamikazeflieger auf eine richtige Zelle und spritzt seine RNA oder DNA in sie hinein, wobei es, um noch mehr Viren zu erzeugen, auch vor dem Selbstmord nicht zurückscheut. Das bei uns praktizierte Crossing over ist also nur eine jüngere Version eines Variabilitätsschemas, das über zwei Milliarden Jahre alt sein könnte. Um eine Erklärung für die Sexualität zu finden, sollten wir uns daher nicht nur bei den mehrzelligen Produkten der Evolution umschauen, sondern elementareren Fällen nachgehen, in denen eine Vermischung stattfindet.

Man hat verschiedene Schemata für die Evolution der sexuellen Fortpflanzung vorgeschlagen und ihnen so klingende Namen gegeben wie »Hypothese von der Roten Königin« und »Rettung vor Krankheitserregern«. Der Name des ersten Schemas geht zurück auf *Alice im Wunderland*, wo die Rote Königin Alice rät, so schnell zu laufen, wie sie nur kann, um an derselben Stelle zu bleiben. Der Rüstungswettlauf in unserem Jahrhundert hat den witzigen Einfall der Roten Königin zur ernüchternden Realität werden lassen. Der Rüstungswettlauf ist allerdings auch ein schlüssiges Bild für die Neigung von Ökosystemen, sich ständig etwas Neues einfallen zu lassen, statt ein wirklich statisches »natürliches Gleichgewicht« zu erreichen. Eine Pflanzenart, die von einem Insekt gefressen wird, entwickelt bessere Abwehrmethoden, zum Beispiel indem sie giftig wird, woraufhin das Insekt bessere Methoden entwickelt, um die Toxine auszuschalten, weshalb die Pflanze den Einsatz erhöht, und so geht der Rüstungswettlauf weiter. Um mit der Fähigkeit der Pflanze, ihre Abwehrmethoden zu variieren, Schritt zu halten, muß das Insekt seine Nachkommen variieren, von denen einige dann in der Lage sein werden, auch unter den veränderten Bedingungen zu überleben. Nach der Hypothese von der Roten Königin bot die durch geschlechtliche Fortpflanzung erreichte höhere Variabilität der Nachkommen einen unmittelbaren Vorteil, weil ein Teil der Nachkommen viel erfolgreicher sein konnte als die nach ein und demselben Leisten geschusterten Nachkommen, die bei ungeschlechtlicher Fortpflanzung entstanden wären und deren einzige Hoffnung in einer günstigen Mutation bestanden hätte.

Während es bei der Hypothese von der Roten Königin ausschließlich um eine bessere Nutzung der Nahrungsquellen geht, konzentriert sich die Hypothese von der Rettung vor Krankheitserregern auf eine der Hauptursachen von Krankheiten und Sterblichkeit (beides schränkt in der Tat die Fortpflanzungsmöglichkeiten ein): auf Parasiten, die in den Organismus eindringen, auf Viren, die sich seine genetische Maschinerie zunutze machen, und auf Bakterien, die die interne Umwelt, die der Organismus bietet, in zu großer Zahl für ihre eigenen Zwecke nutzen.

Zellen können sich gegen die Ausbeutung durch Krankheitserreger wehren, und mehrzellige Organismen wie wir verfügen über spezialisierte Zellen mit der Aufgabe, Eindringlinge auszuschalten, die nicht das richtige Paßwort kennen – das »Paßwort« ist hier ein Erkennungssignal in Gestalt eines Proteins, das in die Zelloberfläche des Eindringlings eingelagert ist. Diese Abwehrzellen sind darauf spezialisiert, verschiedene fremde Proteine zu erkennen; stoßen sie auf ein Protein-»Schloß«, das zu ihrem »Schlüssel« paßt, so töten sie die angreifende Zelle. Die Abwehrzelle vernichtet nicht nur den Eindringling, sondern kann sich dabei auch noch vermehren, so daß mehr Abwehrzellen dieses Typs zur Verfügung stehen. Auf diese Weise bekämpft der Körper eine Infektion. Ist die Infektion überwunden, so besitzt er eine Menge von Abwehrzellen gegen diesen speziellen Eindringling, was die Erfolgschancen einer weiteren Infektion dieser Art erheblich herabsetzt. So erwerben wir Immunität beispielsweise gegen das Virus der asiatischen Grippe. Bei der Immunisierung wird in der Regel der Mechanismus der Antikörperproduktion angeregt, ohne daß es gleich zu einer größeren Infektion kommt. Kleinere Infektionen sind manchmal von Nutzen.

Die Abwehrzellen in der Blutbahn eines Individuums sind somit ein Protokoll der Infektionen, denen es ausgesetzt war, man muß es nur zu lesen verstehen. Den Virustyp A der asiatischen Grippe gibt es in sechs Hauptvarianten. Im Blut vieler älterer Leute kommen Abwehrzellen gegen alle sechs Typen vor, Überbleibsel der Begegnung mit einem der

Untertypen des Grippevirus (die nicht immer eine manifeste Krankheit ausgelöst haben müssen, sondern nur eine »stumme« Infektion, die das Immunsystem zur Erzeugung von mehr Abwehrzellen anregte). Im Blut von Kindern findet man nur Abwehrzellen gegen den zuletzt aufgetretenen Typ des Grippevirus.

Vergleicht man die Typen von Abwehrzellen, die sich im Blut von Menschen unterschiedlichen Alters befinden, so erkennt man, daß der Untertyp A5 für die Grippeepidemie von 1918 verantwortlich war, daß Untertyp A0 in 1933 und Untertyp A1 in 1946 auftrat. Die Epidemie von 1957 wurde durch Untertyp A2 verursacht, der zuletzt 1889 aufgetreten war. Der Verursacher der Hongkonggrippe von 1968 war der Untertyp A3, genau wie im Jahre 1900, und Verursacher der Epidemie von 1978 war der Untertyp A4, genau wie im Jahre 1910. Dieser Hyperzyklus, wie man ihn nennt, dauert 68 Jahre, in etwa die mittlere Lebensdauer von Menschen, die die Kindheitsjahre überleben. Da die meisten Menschen, die um 1990 leben, 1918 keine Grippe gehabt haben und somit auch nicht die Zellen zur Bekämpfung von A5 erworben haben, dürfte Untertyp A5 um 1990 mehr Erfolg gehabt haben, als er ihn in 1970 gehabt hätte. Genau wie die »Siebzehnjahr-Zikaden«, deren Fortpflanzungszyklus eine Primzahl an Jahren zählt, damit sie Freßfeinden mit einer kürzeren Lebensspanne entgehen können (ja, ich fürchte, daß die Evolution auch die Primzahlen erfunden hat), überlistet das asiatische Grippevirus das menschliche Immunsystem durch einen längeren Zyklus. Man darf gespannt sein, ob unsere in den letzten Jahrzehnten gestiegene durchschnittliche Lebensdauer der asiatischen Grippe den Garaus machen wird.

Bei der »Rettung vor Krankheitserregern« geht es um die Entwicklung von Abwehrzellen beispielsweise gegen den Untertyp A4, nachdem man infiziert worden ist. Die Gene können auf keinen Fall den Code für jedes erdenkliche fremde Protein, das sich Zugang zum Körper verschaffen könnte, enthalten und dementsprechend Abwehrzellen für jeden Typ produzieren – für so viel Information ist im Zellkern einfach kein Platz. Ob sich das Folgende als zutreffend herausstellen wird oder nicht, sei dahingestellt – jedenfalls läßt sich an diesem Modell zeigen, wie das Immunsystem lediglich auf der Grundlage einfacher Regeln funktionieren könnte.

Nehmen wir an, daß eine Abwehrzelle (in einem bestimmten Entwicklungsstadium, nicht unbedingt ständig) auf ihrer Oberfläche dasselbe Protein aufweist, das von dieser Zelle angegriffen wird, so daß gewissermaßen an entgegengesetzten Seiten der Zelloberfläche Schloß und Schlüssel vorhanden sind. In diesem Fall würden identische Zellen sich gegenseitig angreifen. Bald würde eine Population aus lauter verschiedenen Abwehrzellen entstehen – ein sehr einfaches selbstorganisierendes System, das vor allem Mannigfaltigkeit erzeugt. Nehmen wir ferner an, daß die Abwehrzellen sich nach einem erfolgreichen Angriff teilen (genau wie beim Aufbau der Immunität), daß dabei aber gelegentlich Mutationen auftreten, wodurch ein leicht verändertes Paßwort-Protein entsteht. Könnte es nicht sein, daß bei ihnen wie beim Crossing over die Gene durchmischt werden? Sollte bei der Mutation zufällig ein Zelloberflächen-Protein entstehen, das mit demjenigen identisch ist, auf das eine andere Abwehrzelle sich eingestellt hat – tja, dann wär's schade drum. Sollte die Mutation jedoch zu einem bislang nicht vorhandenen Paßwort-Protein führen, würde einer solchen neuen Abwehrzelle ein langes Leben beschert sein. Schließlich entstünde eine ungeheuer vielfältige Population von Abwehrzellen, die auf weit mehr unterschiedliche Eindringlinge eingestellt wären, als mit den ursprünglichen Genen jemals hätte erreicht werden können.

Dieses Beispiel muß, wie gesagt, nicht den Tatsachen entsprechen, aber es zeigt doch, daß ein sehr leistungsfähiges System aus zwei einfachen Regeln hervorgehen kann: Konkurrenz zwischen identischen Zellen und gelegentlich eine Zufallsmutation. Ich ließ mir, während wir den Fluß hinuntertrieben, dieses Modell weiter durch den Kopf gehen, und dabei wurde mir klar, daß die Prozesse der Durchmischung und Elimination sich auf eine begrenzte Aufbauphase während der pränatalen Entwicklung beschränken könnten. Nach der Entstehung einer vielfältigen Paßwort-Population könnte das Immunsystem sich ohne weitere Mutationen oder Permutationen auf einen dauerhaften postnatalen Modus umstellen.

Dies wäre sogar vorteilhaft, wenn man sich überlegt, wie verhindert werden könnte, daß mein Immunsystem meine eigenen Proteine angreift – es geht um das Problem der Selbsterkennung. In der Aufbauphase, in der von meinen eigenen Proteinen so viele erzeugt werden, daß es auf den Verlust einiger Abwehrzellen nicht ankommt, wären solche Angriffe leicht zu verschmerzen. Gewiß würde ich einige Strukturproteine verlieren, doch die Abwehrzelle würde sich nicht so leicht vermehren können, ohne daß zwei Abwehrzellen davon betroffen wären (dies hat eine gewisse Ähnlichkeit mit dem Aussetzen von sterilen Männchen bei der Bekämpfung von Insektenplagen). Ich würde dadurch, wenn später im Laufe der Entwicklung der Mutationsmechanismus abgeschaltet wird, kaum Abwehrzellen haben, die sich gegen meine eigenen Proteine richten. Am Ende hätte ich ein breites Spektrum von Abwehrzellen, sehr viel breiter, als meine Gene es codieren könnten, doch diejenigen, die den spezifischen Proteinen meines Körpers entsprächen, wären während der Aufbauphase eliminiert worden. Sollte in diesem Ablauf allerdings etwas schiefgehen, könnte mein Immunsystem sich in einer späteren Lebensphase, wenn ich nicht mehr so viele Strukturproteine erübrigen kann (die Produktion zahlreicher Proteinarten geht zwischen dem zwanzigsten und dem siebzigsten Lebensjahr drastisch zurück), erfolgreich über mich herfallen. Dies bietet ein Modell für »Autoimmunkrankheiten« wie Lupus, Myasthenia gravis, rheumatische Arthritis und jugendlichen Diabetes, bei denen der Selbsterkennungsmechanismus des Körpers zu versagen scheint.

Ein Mechanismus der Gendurchmischung könnte demnach für das Immunsystem günstig gewesen sein und den Organismus befähigt haben, durch Erzeugung eines breiten Spektrums von Abwehrzellen Infektionen besser zu überleben. Die Abwehr von Krankheitserregern könnte der Auslesefaktor gewesen sein, der zur Entwicklung der Gendurchmischung führte, die dann ihrerseits auch auf jene Zellteilungen übergegriffen haben mag, bei denen Samen- und Eizellen entstehen, und auf diese Weise könnten Rekombination und Crossing over zustande gekommen sein. Wenn dies stimmt, dann handelte es sich um einen Seitensprung der Evolution: Die Sexualität setzte sich durch, weil ihr der Mischungsmechanismus als Geschenk vom Immunsystem zur Verfügung gestellt wurde.

Der Zufall, der für den einzelnen Organismus oft zum Nachteil ausschlägt, wurde von den Evolutionsprozessen zu einer Tugend erhoben – weil er sich kurzfristig als so geeignet erwies, um im Wettkampf um die Ausbreitung der eigenen Gene einen temporären Vorteil zu erlangen. Der langfristige Vorteil, daß immer verwickeltere Organismen entstanden, darunter wir selbst, könnte wieder eines der emergenten Prinzipien sein, eine Gratisprämie für das, was er, der Zufall, auf einer elementareren Ebene geleistet hatte.

Die Wirkung einer Ursache ist unausweichlich, unveränderlich und vorhersagbar. Die Initiative, die eine der an einer Auseinandersetzung beteiligten Parteien ergreift, ist jedoch nicht eine Ursache, sondern eine Herausforderung. Die Konsequenz daraus ist nicht eine Wirkung, sondern eine Antwort. Herausforderung und Antwort hat mit Ursache und Wirkung nur insofern etwas gemein, als es in beiden Fällen um eine Abfolge von Ereignissen geht. Der Charakter der Abfolge ist nicht der gleiche. Anders als die Wirkung einer Ursache ist die Antwort auf eine Herausforderung nicht vorherbestimmt, nicht notwendigerweise in allen Fällen gleichförmig und daher ihrem Wesen nach unvorhersagbar.

Arnold J. Toynbee, *A Study of History*

Wären wir mit unsere Denkungsart vor die Aufgabe gestellt worden, ohne irgendeine Vorgabe ein sich selbst reproduzierendes Molekül [vom Typ der DNA] zu entwerfen, dann hätten wir es nie geschafft. Wir hätten einen verhängnisvollen Fehler gemacht: Unser Molekül wäre vollkommen gewesen... Das eigentliche Wunder der DNA besteht in ihrer Fähigkeit, kleine Schnitzer zu machen. Ohne diese spezielle Eigenschaft wären wir noch immer anaerobe Bakterien, und es gäbe keine Musik.

Lewis Thomas, *The Medusa and the Snail*, 1979

# Meile 132
# Am Strand des Stone Creek

Ein ausgefranster harter Fels? Es gibt hier ein faszinierendes Gestein, das einen durch Kontaktmetamorphose entstandenen Asbest aufweist. Wenn bestimmte kristalline Basaltgesteine durch den Kontakt mit einer sehr heißen Substanz überhitzt werden, können bei der Abkühlung zwischen der heißeren und der kühleren Region feine kristalline Fasern entstehen. Wenn man einen Stein aufhebt, sieht man ein weißes Band, das sich von allem übrigen stark unterscheidet. Mit dem Fingernagel lassen sich kleine weiße Fasern ablösen. Asbest eignet sich gut zur Wärmeisolation (man darf nur nichts davon einatmen oder trinken), etwas Besseres gibt es nicht. Einige Meilen flußabwärts von der Stelle, wo heute morgen das Sandalenrennen stattfand, liegt eine ehemalige Asbestmine, die Anfang des Jahrhunderts die langen Asbestfasern für feuersichere Vorhänge in europäischen Theatern lieferte.

Der lange Sandstrand hier an der Mündung des Stone Creek wird alle 24 Stunden durch die künstliche Flut saubergespült. Wir legen hier an, weil Alan mit uns einen Strandspaziergang machen möchte. Muschelschalen? Hier? Nein, Alan präpariert den Strand, indem er Stöcke einsteckt, deren Abstände er mit seinen Schritten ausmißt, und Linien zieht.

Ehrlich gesagt, haben wir hier auch angelegt, um unser Mittagessen einzunehmen, nachdem wir soeben in der Deubendorff-Stromschnelle, einer 8, klatschnaß geworden sind. Alan mampft an einem Riesensandwich, während er am Strand entlangstapft und seine Schritte zählt. Hin und wieder bleibt er stehen und zeichnet eine Linie in den Sand. Oder er steckt einen Stock ein. Er baut sogar eine kleine Sandburg. Marsha folgt ihm und stellt Fragen. Alan schafft es jedoch, seinen Mund so vollzustopfen, daß er nicht reden kann, und so brennt sie vor Neugierde, während er nur immer wieder murmelt:»Einen Augenblick, nur einen Augenblick, ich muß zählen.« Dabei schreitet er weiter die Distanz ab. Welche Distanz? Das fragen wir uns, während wir uns eine zweite Stulle holen. Durch Stromschnellen zu fahren ist Schwerarbeit.

Schließlich – als Nachtisch, wie er sagt – lädt Alan uns zu einem kleinen »Gang durch die Zeit« ein. Zunächst laufen wir an das andere Ende des Strandes, über 100 Meter weit, wo Alan seine erste Sandburg gebaut hat. Während wir zum Ausgangspunkt schlendern, kommt mir eine andere berühmte Wanderung Alans in den Sinn. Einmal zog er zusammen mit zwei Freunden 60 Kilometer nördlich des Nordrandes los, und auf Langlaufskiern durchquerten sie die Wälder bis zum eingeschneiten Besucherzentrum, das direkt auf dem Rand liegt. Mit geschulterten Skiern stiegen sie dann in den Canyon hinunter (es war bestimmt das erste Mal, daß jemand mit Skiern bei der Phantom Ranch auftauchte) und auf der anderen Seite zum Südrand hinauf. Eine andere Wanderung ging von der Phantom Ranch aus und führte 50 Kilometer nach Süden, wo sie den Mount Humphreys, die höchste vulkanische Erhebung hinter Flagstaff, erstiegen. Von einer Höhe von 2700 Metern hinunter auf 600 Meter und dann wieder hinauf auf 3800 Meter. Wenn Alan loszieht, nimmt er sich schon einiges vor.

»Hier an diesem Punkt«, begann Alan, »kam vor etwa fünf Milliarden Jahren das Sonnensystem in Gang, als die in sich zusammenstürzende Staubwolke schließlich heiß genug wurde, um eine thermonukleare Reaktion zu zünden, und siehe da, die Sonne begann zu scheinen. Dort hinten, wo der Eßtisch steht, ist die Gegenwart, genauer gesagt, der heutige Tag. Wir werden jetzt die Geschichte der Erde durchwandern. Man könnte natürlich auch bis zum Urknall zurückgehen und dann die anschließenden Phasen durchwandern, über die Bildung der Elemente und die lokale Supernova, welche die Staubwolke erzeugte, aus der diese Sonne hier entstanden ist«, sagte er und zeigte auf die runde Sandburg zu seinen Füßen. »Aber um bis zum Urknall zu kommen, müßte man weitere zehn Milliarden Jahre stromauf schwimmen.«

»Aber wie könnten wir denn auf dem Flußgrund die Entfernung abschreiten?« fragte Marsha.

»Kleinkram«, sagte Alan. »Hier auf der von mir gewählten Skala entspricht ein Schritt – genauer gesagt, ein Schritt von mir – 50 Millionen Jahren. Bis zum Eßtisch sind es 100 Schritte. Fünf Milliarden Jahre – oder sagen wir der Einfachheit halber lieber 5000 Millionen, denn wir rechnen mit Einheiten von Millionen Jahren, so wie die Anasazi wahrscheinlich mit Einheiten von Mondmonaten rechneten. Um euch eine Vorstellung von dem Tempo zu geben: Für die Ablagerung der 50 Stockwerke hohen Redwall-Wand brauchen wir nur einen Schritt.« Er deutete auf den Redwall auf der anderen Flußseite. Das hat ein Prozent der gesamten Zeit in Anspruch genommen?

»Gut, jetzt machen wir acht Schritte. Dann haben wir 4600 Millionen Jahre vor der Gegenwart. Aus dem ganzen Staub, der um die Sonne herumwirbelte, hatte sich gerade die Erde verdichtet, wahrscheinlich um einen Wirbel herum, der sich in der Staubscheibe gebildet hatte.«

»Das muß man sich merken«, warf J. B. ein. »Wirbel sind doch manchmal nützlich.«

»Nochmal 22 Schritte«, fuhr Alan fort, »und wir kommen zu 3500 Millionen Jahren vor der Gegenwart. Aus dieser Zeit stammen die ältesten Spuren von Leben, die man bislang gefunden hat.« Er deutete zurück. »Ihr habt soeben den Übergang von der Physik zur Biologie durchwandert. Diese 22 Schritte umfassen eine sehr wichtige Periode, in

ALANS GANG DURCH DIE ZEIT (ERSTES FÜNFTEL)
*20 Meter*

| Millionen Jahre v.d.Ggw.: | 5000 | 4600 | | | | 4000 |
|---|---|---|---|---|---|---|
| | Die SONNE beginnt zu leuchten | Die ERDE bildet sich, 5-Stunden-Tag, Mond erscheint 20mal größer (Fläche 400fach) | VERFLÜSSIGUNG durch die Wärme radioaktiven Zerfalls; schwere Elemente sinken, leichte bilden eine Kruste | FLÜCHTIGE STOFFE entweichen aus Vulkanen | ATMOSPHÄRE bildet sich | Oberflächentemperatur über 70° C |

der durch vulkanische Tätigkeit, Blitze und ultraviolettes Licht Kohlenstoffverbindungen entstanden. Die Luft enthielt Methan. Wahrscheinlich stank es auch, aber es war niemand da, um es zu riechen. So sollte man übrigens, nach meiner bescheidenen Meinung, organische Chemie betreiben. Es regnete, Ströme entstanden, und die Steine wurden in Haufen von großen und kleinen Steinen sortiert, und es gab sogar Ton, als Katalysator für organische Reaktionen. An diesem Punkt haben wir fast ein Drittel des Weges zurückgelegt, und endlich ist die organische Chemie zu einem richtigen selbstorganisierenden System geworden, das sich vermutlich selbst replizieren konnte. Das heißt«, sagte Alan und schrieb neben der Sandburg, in die er ein Blatt als Fahne gesteckt hatte, die Worte in den Sand, »hier ist der Beginn des Lebens.«

»Die DNA und der genetische Code waren also schon erfunden?« fragte Cam.

»Bis zum Beweis des Gegenteils gehen wir davon aus«, erwiderte Alan. »Die Meere waren voll von Zellen, die keine Freßfeinde hatten

### ALANS GANG DURCH DIE ZEIT (ZWEITES FÜNFTEL)
*20 Meter*

| Millionen Jahre v.d.Ggw.: | Ereignis |
|---|---|
| 4000 | URSUPPE aus organischen Molekülen; OBERFLÄCHE kühlt sich ab |
| 3760 | Älteste Gesteine aus der ursprünglichen Kruste |
| | REGEN fällt, OZEANE entstehen, EROSION tritt auf, FLÜSSE bilden sich, SORTIERUNG nach Größe |
| | TON KATALYSIERT an seiner Oberfläche organische Verbindungen |
| | SELBSTORGANISIERENDE komplexe SYSTEME konkurrieren miteinander |
| | ZELLEN entstehen, geschlossene organische Systeme |
| | Beginn der REPLIKATION, Typen konkurrieren miteinander |
| 3500 | Fadenförmige Mikrofossilien und Stromatolithe |
| | BEGINN DES LEBENS mit dem heutigen genetischen Code, Umwandlung von DNA in RNA in Protein |
| 3000 | Angehäufte Lava sinkt, bildet nach und nach das Sockelgestein der Kontinente |

und sich hauptsächlich von Sonnenlicht ernährten. Praktisch war es nicht viel anders als das, was heute das Phytoplankton in den Ozeanen macht, das den größten Teil des Sauerstoffs, den wir einatmen, produziert – nur wird es heute natürlich von allen möglichen Tieren gefressen, vom Zooplankton bis hin zu den Walen.«

Alan ging ein Stück weiter. »Jetzt passiert etwas Wichtiges, zumindest rückblickend aus unserer begrenzten Perspektive. Die Photosynthese lief auf vollen Touren und erzeugte Sauerstoff, als Abfallprodukt, so wie wir Kohlendioxid erzeugen. Wenn wir jetzt einen Schritt weitergehen, das sind 50 Millionen Jahre, können die Ozeane den ganzen nutzlosen Sauerstoff nicht mehr fassen, und er gelangt in die Atmosphäre, den großen Müllablageplatz. 29, 30. Ungefähr hier, vor zwei Milliarden Jahren«, Alan blieb bei seinem zweiten Stock stehen, »erreichte der Sauerstoffanteil der Atmosphäre die heutigen 20 Prozent. Das hat 1500 Millionen Jahre in Anspruch genommen, und es hat deshalb so lange gedauert, weil das ganze an der Oberfläche liegende Eisen, Silizium und andere

ALANS GANG DURCH DIE ZEIT (DRITTES FÜNFTEL)
*20 Meter*

| Millionen Jahre v.d.Ggw.: | 3000 | | | 2500 | | 2200 | 2000 |
|---|---|---|---|---|---|---|---|
| | Kruste nun fest genug, um schwere Elemente und Lava zu tragen, ohne abzusinken | Die kontinentalen Landflächen wachsen | Bergbildung beginnt | Photosynthese der BAKTERIEN, Sauerstoff wird freigesetzt | Metalle ROSTEN | Beginn der ersten Eiszeit | Ende der ersten Eiszeit |

Stoffe jedes Sauerstoffmolekül, das sie der Luft entreißen konnten, begierig schluckten. Deshalb ist der Redwall rot – guter alter Rost. Der Sauerstoffanteil blieb also ziemlich niedrig, bis alles verrostet war. Dort seht ihr«, sagte Alan und zeigte nochmals zum Redwall, »was den Sauerstoff verbraucht hat, bevor wir es taten.«

Er stampfte in den Sand. »So, hier sind wir jetzt, schon mehr als die Hälfte des Weges vom Anfang der Erde bis zur Gegenwart, und jetzt erst bekommen wir die Sauerstoffatmosphäre, die unsere Art von Leben benötigt. Und nun beginnt ein ganz neues Spiel. Was glaubt ihr, meine lieben Sportsfreunde, kommt jetzt?«

»Vielleicht haben die Bakterien endlich einen Zellkern entwickelt«, vermutete Ben. »Dann wäre der genetische Code, statt wie bei den schlichten Bakterien über die ganze Zelle verteilt zu sein, richtig hübsch verpackt gewesen. Kam jetzt die Superzelle?«

»Reinfall«, sagte Alan und ging 14 Schritte weiter, um bei 1300 Millionen Jahren vor der Gegenwart stehenzubleiben. »Das kommt jetzt erst.

## ALANS GANG DURCH DIE ZEIT (VIERTES FÜNFTEL)
### 20 Meter

| Millionen Jahre v.d.Ggw.: | Ereignis |
| --- | --- |
| 2000 | Erfindung der SYMBIOSE, Pilze treten auf |
| | Oberflächentemperatur rund 70° C, dabei werden komplexe Proteine gekocht |
| 1800 | SAUERSTOFFANREICHERUNG der Atmosphäre beendet |
| | EINFACHE ZELLEN breiten sich aus |
| | Erdoberfläche kühlt ab auf 52° C; komplexe Proteine bleiben stabil |
| 1300 | Die SUPERZELLE (Eukaryote) entwickelt sich zwischen 2000 und 1300 Millionen Jahre vor der Gegenwart |
| | Sedimentschichten werden hochgedrückt, sie bilden das Apalachen- sowie das Kaledonische Gebirge |
| 1000 | Beginn der GESCHLECHTLICHEN FORTPFLANZUNG |

Endlich haben wir die Zeit erreicht, in der der Vishnu-Tonschiefer entstanden ist, den ihr heute morgen wieder am Fluß gesehen habt. Nun treten hochentwickelte Zellen auf, die alle möglichen spezialisierten kleinen Fabriken enthalten, zum Beispiel Mitochondrien und Chloroplasten zur Energieerzeugung, richtige kleine Kraftwerke. Mit allem, was dazugehört. Jetzt ist die Superzelle da«, sagte er und pflanzte einen dritten Stock in den Sand. »Und fast drei Viertel der Zeit sind schon verstrichen.«

»Du mußt dich beeilen, wenn du in sieben Tagen fertig sein willst«, stichelte Cam.

»Geht schon in Ordnung – die Evolution legt jetzt einen Zahn zu.« Alan blickte auf sein bisheriges Werk zurück. »Macht euch das nochmal klar. Ganze 1100 Millionen Jahre – 22 Schritte – hat es gedauert, bis Zellen entstanden. Danach dauerte es nochmal doppelt so lange, bis endlich die Superzelle da war.« Er drehte sich um und blickte nach vorn. »Jetzt dauert es nur noch ein paar hundert Millionen Jahre, bis Kolonien

### ALANS GANG DURCH DIE ZEIT (LETZTES FÜNFTEL)
*20 Meter*

| Millionen Jahre v.d.Ggw.: | Ereignis |
| --- | --- |
| 1000 | Geschlechtliche Fortpflanzung der Superzelle; Beginn von Zellkolonien; 20-Stunden-Tag, Mond erscheint doppelt so groß wie heute |
| 750 | Chitinozoa im Grand Canyon |
| 680 | Quallen; Die Mehrzahl der modernen Tierstämme existiert |
| 570 | Kambrische Explosion |
| 500 | Wirbeltiere entstehen aus Echinodermen; Kieferlose Fische |
| 400 | Landpflanzen, gefolgt von Spinnen; Amphibien kommen in Grönland an Land |
| 340 | Reptilien |
| 225 | Massenaussterben im Perm |
| 200 | Vögel; Glanzzeit der Dinosaurier |
| 65 | Massenaussterben in der Kreidezeit; Säugetiere gehen in Führung |

Vergrösserter Masstab

aus zusammenlebenden Zellen entstehen, mehrzellige Organismen. Die Sexualität entstand vermutlich hier, vor 1000 Millionen Jahren. Und diese Zellen begannen sich zu spezialisieren. Einige kümmerten sich nur um die Verdauung, andere um die Sinneswahrnehmung, wurden aber von spezialisierten Transportzellen gefüttert, die die leckeren Sachen von einer Darmzelle zu einer Sinneszelle beförderten. Das nenne ich einen echten Fortschritt.« Alan ging weiter und blieb bei 600 Millionen Jahren vor der Gegenwart stehen, womit er sieben Achtel der gesamten Zeit seit der Entstehung der Erde zurückgelegt hatte.

»Hier kommt es schließlich zu einer explosionsartigen Vermehrung der Lebensformen, besonders solcher mit spezialisierten Zellen, die durch das Ausschwitzen von Kalziumverbindungen starke Schalen bilden. Sie hinterlassen hübsche Fossilien, die wir dann finden können. Damit endet das Präkambrium.«

»Eben haben wir auch die Große Diskordanz durchschritten«, bemerkte Marsha.

## ALANS LETZTER SCHRITT
### 1 Meter

| Millionen Jahre v.d.Ggw.: | 50 | 34 | 22 | 17 | 10 | 7 | | 4 | 2 | |
|---|---|---|---|---|---|---|---|---|---|---|
| | AFFEN | MENSCHENAFFEN entwickeln sich aus Altwelt-Affen | Abspaltung der Gibbons | Abspaltung der Orang-Utans | Abspaltung der Gorillas | Abspaltung der Schimpansen | AUFRECHTER GANG, kleines Gehirn | A. afarensis in Ostafrika | Homo habilis, EISZEITKLIMA | Werkzeugherstellung, Gehirnvolumen wächst |

VERGRÖSSERTER MASSTAB

»Dieses Mädchen kriegt einen Orden«, verkündete Alan. »Tatsächlich fehlt eine Menge Gestein aus dieser Zeit, zumindest hier. Der Tapeats-Sandstein dort drüben stammt aus dem Kambrium, das vor etwa 570 Millionen Jahren begann und eine Fülle von Fossilien hinterlassen hat. Und zwar nicht nur von einem Organismus, sondern von allen möglichen Pflanzen und Tieren, so als wäre sehr viel passiert während jenes letzten Zeitabschnitts, von dem wir keine Spuren haben – nicht, weil überall eine Große Diskordanz wäre, sondern weil die Organismen aus jener Zeit kaum Fossilien hinterlassen haben. Einige Mikrofossilien gibt es schon, und von ihnen finden die Paläontologen immer mehr. Aber hier, im Kambrium, als diese Gegend hier vom Tapeats-Meer bedeckt war und dieser Sandstein sich bildete, begann wirklich eine unglaubliche Mannigfaltigkeit.«

»Kann mir jemand sagen, wie viele Zweige des Stammbaums der Evolution damals aus diesen Superzellen hervorgegangen sind?« fragte Alan und steckte sich ein Plätzchen in den Mund, das Marsha ihm anbot.

ALANS LETZTE ZWEI FINGERBREIT
*40 Millimeter*

| Jahre v.d.Ggw.: | Ereignisse |
|---|---|
| 2 Millionen | EISZEITLICHE KLIMASCHWANKUNGEN beginnen |
| | Homo habilis / Gehirnvolumen wächst |
| 1 750 000 | Werkzeugherstellung breitet sich aus |
| 1 700 000 | Evolution des HOMO ERECTUS |
| | Ende des Homo habilis |
| 1 500 000 | Gerätschaften aus nachgearbeiteten Steinsplittern |
| | Homo erectus verbreitet sich von Afrika aus |
| 1 400 000 | Australopithecinen sterben aus |
| | Homo erectus in Südostasien |
| 1 000 000 | Homo erectus in Europa |
| 800 000 | Beginn einer großen Eiszeit |
| 460 000 | Beginn einer großen Eiszeit |
| ? | Archaischer HOMO SAPIENS |
| | Anfertigung von Werkzeugen mit vorgebohrtem Kern |
| 230 000 | Der Pekingmensch, der letzte Homo erectus |
| | Beginn der letzten Eiszeit |
| 100 000 | Der Neanderthaler und der moderne HOMO SAPIENS erscheinen |
| VERGRÖSSERTER MASSTAB | |

»Zählt das Tierreich nicht 28 Stämme? Hunderte von Ordnungen und Millionen von Arten? Abgesehen von den Protozoen und den Pflanzen?« meinte Jackie.

»Die Wirbellosen, von denen wir abstammen, sind die Manteltiere. Dazu gehören die Seescheiden und dergleichen. Im Larvenstadium haben sie einen länglichen Körper mit einem primitiven Rückgrat. Wenn sie sich nicht über das Larvenstadium hinaus entwickeln, behalten sie die längliche Form. Aus solchen Manteltieren, die nicht über die Jugendphase hinauskamen, entwickelten sich Tiere wie der Necturus-Salamander und der Hai.«

Wir alle blickten voraus auf die zehn Schritte, die noch von den 100 geblieben waren. »Nun«, sagte Alan und machte einen Schritt vorwärts, »hier sind wir an der Stelle, wo die Gezeiten uns auf eine neue Höhe befördert haben. In Ufernähe wurden Wasserpflanzen bei Ebbe bloßgelegt, und zwar nicht nur einmal in 100 Jahren, sondern täglich. So etwas gibt der Evolution einen mächtigen Stoß. Dieses tägliche Austrocknen

### IN DER DICKE DES LETZTEN ZWEIGLEINS
### 2 Millimeter

| Jahre v.d.Ggw.: | Der Neanderthaler und der moderne *Homo sapiens* erscheinen | Eiszeitliche Klimaschwankungen | Neanderthaler sterben aus | Höhlenmalerei in Europa | Urchinesen (?) wandern nach Nord- und Südamerika | Urmongolen wandern nach Alaska | Ende der LETZTEN EISZEIT, Beginn des ACKERBAUS | Klimatisches Maximum | STÄDTE, soziale Großorganisationen |
|---|---|---|---|---|---|---|---|---|---|
| | 100 000 | 50 000 | 33 000 | 27 000 | ? | ? | 10 000 | 6000 | VERGRÖSSERTER MASSTAB |

konnten nur die höherentwickelten Pflanzen überleben. Vor etwa 450 Millionen Jahren gab es dann Landpflanzen, die ganz ohne Meerwasser auskamen. Wenn die Gezeiten nicht für ein bißchen Tempo gesorgt hätten, hätte es eine Ewigkeit dauern können. Denkt heute abend daran und bedankt euch beim Mond.«

»Und als es erst Landpflanzen zu fressen gab, folgten auch die Tiere aus der Gezeitenzone.« Alan machte einen weiteren Schritt. »Vor ungefähr 400 Millionen Jahren haben wir die ersten Landtiere, Verwandte der Spinnen. Die Fische in Ufernähe wurden ebenfalls tagtäglich von den Gezeiten überrascht, und damit kam etwas Gewaltiges in Gang: Bei einigen Fischen entwickelten sich nämlich knöcherne Flossen, und es zeigte sich, daß man damit gut über den Strand laufen kann, um nach Nahrung zu suchen. Die höheren Wirbeltiere hatten begonnen zu laufen. Jetzt schaltet die Evolution in einen hohen Gang.«

»Und dann kommen die Reptilien«, sagte er und tat ein paar Schritte,

## IN EINER HAARESBREITE
### 0,1 Millimeter

| Jahre v.d.Ggw.: | 5 000 | | 2 500 | | 1000 | | 500 | | HEUTE |
|---|---|---|---|---|---|---|---|---|---|
| Erfindung der SCHRIFT in Sumer | ● | | | | | | | | |
| Archäoastronomie von Stonehenge | | ● | | | | | | | |
| Anfang der klassischen WISSENSCHAFT bei den griechischen Philosophen | | | ● | | | | | | |
| Islamische und chinesische Wissenschaft | | | | | ● | | | | |
| Anasazi leben im Grand Canyon | | | | | ● | | | | |
| Wiederentdeckung der griechischen und islamischen Wissenschaft in Europa | | | | | | | ● | | |
| Die Navajos ziehen nach Arizona | | | | | | | ● | | |
| Europäer wandern nach Nord- und Südamerika aus | | | | | | | | ● | |
| Bevölkerung seit dem Beginn des Ackerbaus auf das Tausendfache gestiegen | | | | | | | | | ● |

»und hier stehen wir am Ende des Perm, vor 248 Millionen Jahren. Was passierte dann?«

»Das Massenaussterben im Perm«, sagte Jackie, »wobei 90 Prozent der im Meer lebenden Wirbellosen ausgelöscht wurden. Das war außerdem nicht lange, bevor der Urkontinent Pangäa auseinander brach. Vielleicht hat aber auch ein Meteorit ein bißchen mitgeholfen.«

»Die arme Pangäa in Stücken«, sagte Alan, wobei er seine Baseballmütze abnahm und vor die Brust hielt. »Aber«, fuhr er fort und setzte sich dabei wieder die Mütze auf, »ihr wißt ja alle, daß zehn Kontinente besser sind als einer, denn dann kann die Evolution auf allen getrennte Wege gehen. Das Auseinanderbrechen war also nicht schlecht. Nur schade um die 90 Prozent der marinen Wirbellosen, die dabei ausstarben. Es gab hübsche Tiere, die damals vor die Hunde gingen, zum Beispiel die Trilobiten, die ihr so mögt. Aber dafür kamen die Dinosaurier. Und noch einen Schritt weiter, hier bei 200 Millionen Jahren, spalteten sich die Vögel von den Dinosauriern ab. Jemand hat das einmal eine Gratisprämie für hervorragende Wärmeisolation genannt.«

Vier Schritte blieben noch. »Ihr wißt natürlich, daß der obere Rand des Grand Canyon nur bis etwa 245 Millionen Jahre vor der Gegenwart zurückreicht. Die teuflische Erosion hat das ganze Beweismaterial zerstört. Um jene Zeit herum lösten sich die Säugetiere und die Plazentatiere als eine Verbesserung von den Reptilien ab. Während der noch verbleibenden Schritte spalteten sich die Säugetiere in die verschiedenen Ordnungen auf, darunter Nagetiere, Fleischfresser und Primaten. Aber halten wir uns damit nicht auf und gehen wir gleich zu diesem Punkt hier, der 65 Millionen Jahre zurückliegt.« Alan steckte einen Stock in den Sand und ließ die Spitze herumkreisen. »Hier kommt die große Katastrophe.«

»Das massenhafte Aussterben in der Kreidezeit«, warf Brian ein. »Damals verschwanden die Dinosaurier ebenso wie 50 Prozent aller im Meer lebenden Wirbellosen.«

»Und dazu fast das gesamte Zooplankton«, bemerkte Jackie. »Vermutlich wurde die Photosynthese durch eine schwarze Wolke, die die ganze Erde umhüllte, so weit zum Erliegen gebracht, daß fast alle kleinen Meerestiere verhungerten. Wenn man bedenkt, daß das Phytoplankton 90 Prozent des Sauerstoffs erzeugt, den wir Tiere verbrauchen, sind wir nur sehr knapp der Katastrophe entgangen.«

»Viele Pflanzen- und Tierarten haben diese schreckliche Zeit nicht überstanden«, fügte Barbara ein. »Dadurch entstanden jedoch leere

Nischen, die anschließend von den sich ausbreitenden Primaten gefüllt wurden. Aus Tieren, die den Spitzhörnchen glichen und manche Gemeinsamkeiten mit den Nagetieren haben, entwickelten sich auf einmal die Affen. Die spalteten sich dann irgendwann um diesen vorletzten Schritt in die Neuwelt- und Altwelt-Affen auf, die auf getrennten Kontinenten ihre eigenen Wege gingen. In Südamerika und in Afrika.«

»Danke. Und nun kommt mein letzter Schritt«, kündigte Alan mit einer Stimme an, die an einen Trommelwirbel erinnerte. »Mit einem großen Schritt kommen wir von den Affen über die Menschenaffen zum Menschen!«

»Da bin ich aber gespannt«, sagte Rosalie. »99 Schritte hast du vertrödelt, und endlich kommst du jetzt mit dem letzten Schritt zur Sache.«

»Haben dir denn die Nautiloiden gar nichts bedeutet?« meinte Alan beleidigt, »oder meine Vögel? Ich finde, die Vögel sind eine großartige, wenn auch gewissermaßen zufällige Erfindung.«

»Du mußt das Ganze im Auge behalten, Rosalie«, sprang Cam ihm bei. »Haldane hat einmal geschrieben, der Herr müsse an den Käfern ein maßloses Gefallen gefunden haben, denn von ihnen hat Er so viele verschiedene Arten gemacht. Ich meine, rund 90 Prozent aller Tierarten sind Käfer.«

»Das ist mir egal«, sagte Marsha. »Ich möchte jetzt endlich den fliegenden Sprung über die Affenkluft sehen.«

Alan machte sich fertig zum Sprung, ließ sich dann aber plötzlich auf Hände und Knie nieder und begann unter allgemeinem Gelächter, die Finger durch den Sand kriechen zu lassen. »Ich glaube, wir müssen die Schrittweite etwas verringern. Wir machen jetzt Schrittchen von nur noch einer Million Jahre und nicht 50.« Alan ließ seine Finger bis zur gedachten Marke von 34 Millionen Jahren vorkrabbeln. »Hier, nach einem Drittel des Weges, haben sich die Menschenaffen von den Altwelt-Affen abgespalten. Das ist wohl ein kleines Stöckchen wert.« Alan steckte den Zweig, den er sich hinter das Ohr gesteckt hatte, in den Sand. »Die Entwicklung der Menschenaffen hat also die Hälfte der Zeit seit dem Massenaussterben in der Kreidezeit in Anspruch genommen. Vielleicht sollten wir von jetzt ab das jeweils verbleibende Stück halbieren, wie in Zenos Paradox.«

»Im Unterschied zu den Affen lebten die Menschenaffen in den Bäumen und entwickelten anatomische Spezialisierungen für die schwingend-kletternde Fortbewegung, die sogenannte Brachiation. Wir haben genau wie sie die Schultergelenke von Brachiatoren, die anderen Affen

nicht. – Marsha«, sagte Alan, »faß dir doch einmal hinter dem Kopf
herum mit der rechten Hand an das linke Ohr.«
Sie tat es mit einer schwungvollen Gebärde. »Es gibt Frauen, die sich
auf diese Weise die Ohrringe anmachen.«
»Wußtet ihr, daß Affen das nicht können? Ihre Schultergelenke sind
nicht so beweglich. Es wird immer gesagt, die Menschenaffen seien
schlauer, aber das muß nicht die Hauptursache gewesen sein, als sie sich
abspalteten. Wahrscheinlich hat die Tatsache, daß sie im Kirschenpflük-
ken besser sind, eine größere Rolle gespielt. Ähnlich wie diese fahrbaren
Arbeitsplattformen, die man hydraulisch verstellen kann. Die meisten
Affen müssen wie ein Eichhörnchen auf einem Ast entlanglaufen. Ein
Menschenaffe kann sich dagegen an dem Ast entlanghangeln und mit
einer Hand Früchte abpflücken, während er sich mit der anderen festhält. Sie können sich auch von einem Baum zum anderen schwingen,
aber das ist nichts Besonderes. Denkt nur an die Flughörnchen, die mit
größter Leichtigkeit von einem Baum zum anderen gleiten.«
Alan ging mit seinen Fingern nochmals 17 Schritte und machte bei der
Periode Halt, die 17 Millionen Jahre zurückliegt. »In der Hälfte der
noch verbleibenden Zeit entwickeln sich die Menschenaffen zu einer
mittlerweile ausgestorbenen Art namens Ramapithecus oder Sivapithecus. Das Aussehen könnt ihr euch leicht vorstellen, wenn ihr an den
Orang-Utan im Zoo denkt. Nun ist der Orang-Utan ein ziemlich
gewitztes Tier. Ein Mensch hat einmal einem Orang-Utan vorgemacht,
wie man von einem Stein einen Splitter abschlägt und wie man dann mit
dem scharfen Splitter einen Bindfaden, mit dem eine Kiste mit schmack-
haftem Inhalt verschnürt ist, durchschneidet; anschließend ging er weg,
um zu beobachten, was der Orang-Utan mit neuem Material und einer
neuen verschnürten Bananenkiste anfangen würde. Tatsächlich schlug
der Orang-Utan einen Splitter von dem Stein ab und öffnete damit die
verschnürte Bananenkiste.«
»Es ist schade, daß sie nicht geselliger sind«, bemerkte Barbara. »Die
ausgewachsenen Tiere sind Einzelgänger und kommen nur gelegentlich
zur Paarung zusammen, weil das Nahrungsangebot sehr schmal ist, so
daß jedes Tier ein großes Territorium braucht. Bestimmt wären sie
schlau genug, um, angeregt durch das Gemeinschaftsleben und die Beobachtung der Erfindungen anderer, eher den Schimpansen zu gleichen.
Zumindest in der Jugend sind sie dafür hinreichend schlau und gesellig.
Ihre Lebensweise als ausgewachsene Tiere verhindert eine Höherentwicklung. Die Evolution steckt voller Sackgassen. So hätte es uns auch
ergehen können.«

Alan ließ sich nicht von seinem Zeitplan abbringen. »Nehmen wir wieder die Hälfte, und wir kommen doch – nur noch die Finger rücken vor – tatsächlich zu den Schimpansen und Gorillas. Das bedeutet, daß unser letzter Vorfahr, den wir mit den Gorillas teilen, vor zehn oder elf Millionen Jahren lebte, der mit den Schimpansen vielleicht vor sieben oder acht Millionen Jahren. Da sich diese Zahlen jedes Jahr ändern, bin ich vielleicht nicht mehr ganz auf dem neuesten Stand. Schimpansen und Gorillas könnten sich seitdem aber auch geändert haben, und deshalb muß man einen gewissen Spielraum lassen. Aber hier, bei vielleicht sieben Millionen Jahren, kam es zur letzten Aufspaltung in der Abstammungslinie der Hominiden, und es gibt noch immer Abkömmlinge der damals entstandenen Arten. Mit den Menschenaffen dürfte es aber bald vorbei sein, wenn die Menschheit sich weiter vermehrt und ihre Wälder rodet. Hier, in dieser Hominidenlinie, hat es seitdem einige Aufspaltungen gegeben, aber alle Seitenzweige sind ausgestorben, wir natürlich ausgenommen. Aber wir tun ja alles, um möglichst schnell auch zu den ausgestorbenen Arten zu gehören.«

»Jetzt«, sagte Alan, »bleiben nur noch acht kleine Fingerschritte übrig. Und vor acht Millionen Jahren wurde Ostafrika durch aufsteigende Lava, die unter Kenia und Äthiopien eine riesige Blase bildete, immer weiter in die Höhe gedrückt, genau wie das Colorado-Plateau, das sich etwa zur gleichen Zeit hob, wobei dieser Canyon hier entstand. Nun änderte sich durch die Anhebung nicht nur das örtliche Klima. Am Ende des Miozäns wurde die ganze Welt trockener – aus Urwäldern wurden Savannen, und so weiter. Die Menschenaffen mußten sich also entweder mit den Wäldern in Restgebiete zurückziehen, wie sie heute von den Gorillas bewohnt werden, oder sie mußten sich daran gewöhnen, ihre Nahrung in der offenen Landschaft zu suchen. Aber dort war die Konkurrenz groß. Außerdem gab es dort Raubtiere, die den saftigen Schenkel eines Menschenaffen nicht verschmähten. Die offene Savanne war ziemlich gefährlich.

Auf die eine oder andere Weise haben sie sich durchgeschlagen. Allerdings gibt es aus dieser Zeit nicht viele Fossilien, an denen man die allmählichen Veränderungen ablesen könnte. Wir wissen nur, daß vor etwa vier Millionen Jahren – wieder die Hälfte der verbleibenden Zeit – der *Australopithecus afarensis* auftauchte. Er ging aufrecht, fast so gut wie Jimmy. Sein Hirnvolumen war natürlich noch das eines Menschenaffen, ungefähr ein halber Liter.«

Jimmy hob einen faustgroßen Stein auf und wartete gespannt, was Alan als nächstes sagen würde.

»Ich habe doch nichts gesagt, ehrlich«, meinte Alan mit Unschuldsmine. »Einige, die ich kenne, haben vielleicht ein Gehirn von einem halben Liter, aber doch nicht Jimmy, nein, mein Lieber! Ihr kennt doch
alle die texanischen Zehn-Gallonen-Hüte. Die sind genau das richtige
für unseren Jimmy.«

Bevor Jimmy noch etwas erwidern konnte, setzte Alan seinen Gang
durch die Zeit fort. »So, nochmals die Hälfte, und wir sind bei zwei
Millionen Jahren. In der Mitte dieses letzten kleinen Schrittes ist mit
dem Erdklima etwas Merkwürdiges gelaufen. Innerhalb von einer Million Jahre wechselte das Klima zehnmal von heiß zu kalt. Damit begann
überraschend das Hirnvolumen zuzunehmen. Außerdem findet man von
diesem Zeitpunkt an überall Steinwerkzeuge, wie Barbara sie uns vorgeführt hat. Und bald gab es in Ostafrika nebeneinander drei verschiedene
Hominidenlinien. Eine davon war ein Typ mit wuchtigem Körperbau,
der ausgestorben ist. Das war der Zinjanthropus, bei dem statt des
Gehirns die Zähne größer wurden.

Einen Schritt weiter, vor etwa einer Million Jahre, war nur noch eine
Art übrig, unser Vorfahr *Homo erectus*, mit einem Hirnvolumen von
einem Liter. Erectus wurde von der Wanderlust gepackt, und um diese
Zeit herum hatte er sich von Afrika aus nach Südostasien ausgebreitet,
vielleicht sogar nach Europa hinein. Aber nur ein winziges Stückchen weiter – es ist nur noch ein Fingerschritt bis zur Gegenwart,
sofern nicht Zenos Paradox uns noch einen Strich durch die Rechnung
macht –, und die Eiszeiten setzen massiv ein. Auch jetzt nimmt das
Gehirn ständig zu, bis auf anderthalb Liter beim Neanderthaler. Das
ganze vollzieht sich in einer Zeit, die durch den kleinen Zweig hier
verkörpert wird, der für das Heute steht. Doch auch der Neanderthaler
starb aus.

Innerhalb der Dicke der Rinde dieses Zweigleins – genau genommen
ist es nur eine Haaresbreite – kommen wir zu den Zivilisationen der
letzten 5000 Jahre und damit zur Wissenschaft. In den letzten Jahren,
die nach unserem Maßstab weniger zählen als der Staub auf meinem
Fingernagel, hat nun die Wissenschaft vieles von dem entdeckt, was in
der ganzen Zeit passiert ist« – hier deutete Alan mit einer schwungvollen
Armbewegung die ganze Länge des Strandes an – »und außerdem kann
sie abschätzen, wann es passiert ist. Man weiß sogar, wie es passiert ist,
wie die Evolution sich selbst immer weiter in die Höhe getrieben hat.«

Stille. »Und wie ist es mit dem Warum?« fragte jemand. »Du hast von
dem Was und dem Wann und ein bißchen auch von dem Wie gesprochen. Aber warum ist das alles passiert?«

Darauf versuchte ich zu antworten. »Die Wissenschaftler gehen davon aus, daß sich das Warum schon von selbst ergeben wird, wenn man erst einmal das Wie kennt. Es gehört aber auch zur Wissenschaft, sich darüber Gedanken zu machen, wie alles zusammenpaßt, womit wir vielleicht einer Antwort auf das Warum am nächsten kommen. Allerdings gelangen wir immer nur zu einem vorläufigen Ergebnis, das schnell veraltet. Dennoch machen wir immer wieder neue Modelle, wie und warum alles zueinander paßt, auch wenn sie kurz darauf überholt sind.«

»Und was glaubst *du*, warum es passiert ist?« Ich sollte nicht so leicht davonkommen.

»Eine Möglichkeit, sich der Sache zu nähern, geht auf die neue Thermodynamik zurück. Ihr zufolge besteht, wann immer in einem System Energie bergab fließt, eine Tendenz zur Selbstorganisation, und ein Beispiel dafür sind die spiralförmigen Wirbel, die sich unterhalb einer Stromschnelle bilden. Offenbar gibt es viele Ebenen der Selbstorganisation, und wir stoßen ständig auf neue emergente Prinzipien. Plötzlich entsteht, als ein Ableger der Wärmeisolation durch Federn, der Vogelflug, plötzlich ist das Bewußtsein da, als eine unentgeltliche Zugabe eines hinreichend komplexen Gehirns, das auf die Verarbeitung von Symbolen und Sequenzen spezialisiert ist. Die Evolution ist fast wie ein Strom, der bergauf fließt, wobei die gesteigerte Komplexität angetrieben wird durch den normalen, bergab gerichteten Energiefluß.«

Ob es noch etwas anderes gibt, werden wir nur erfahren, indem wir uns dem langwierigen und mühsamen Prozeß unterziehen, die trivialen Erklärungen auszuschalten. Ich weiß allerdings nicht, ob das Wort »trivial« bei einer so wunderbaren Schöpfung angebracht ist. Nur die einzelnen Teile sind alltägliche Maschinen und Prozesse. Das Ganze ist jedoch weit mehr als die Summe seiner Teile, und dieses Ganze hat sich bislang dem Zugriff unseres begrenzten Verstandes entzogen. Unser Gehirn ist sehr viel besser, wenn es darum geht, die Teile zu verstehen, und deshalb sind wir sehr viel besser darin, die Dinge zu zerlegen, als uns ein Bild vom Ganzen zu machen – auch wenn wir die einzelnen Teile kennen. Allein durch klug gewählte Veranschaulichungen wie zum Beispiel Alans Gang durch die Zeit können wir versuchen, das Ganze zu verstehen.

★

Hinterher gingen Dan Hartline und ich noch einmal den Strand entlang und setzten dabei das Gespräch über das Gehirn fort. Bei etwa 700 Millionen Jahren, kurz hinter Alans Stock für das Kambrium, blieben wir stehen.

So wie ich mir die Dinge vorstelle, müssen Nervenzellen schon vorher entstanden sein. Vor dieser Zeit haben einzelne Zellen alles erledigt: Sie nahmen die Umgebung wahr, sie zogen sich zusammen, um einer Gefahr zu entgehen oder sich der Nahrung zu nähern, und sie verdauten die Nahrung. Ein passender, heute lebender Vertreter dieser präkambrischen Zellen ist vielleicht das Pantoffeltierchen. Seine Membranen weisen spezielle Kanäle auf, kleine Durchlässe, durch die Kalziumionen, bei anderen Gelegenheiten vielleicht auch Kalium- oder Natriumionen eindringen können. Das Eindringen von Kalzium bringt sie zum Schwimmen, dann schlagen sie mit ihren Härchen wie die Wolgaschiffer und rauschen in eine neue Richtung ab.

Dan vermutete, daß Natriumkanäle für das Aussenden elektrischer Signale über lange Distanzen schon vor dem Kambrium bekannt gewesen sein müßten, denn schon ein so primitives Nervensystem wie das der Qualle benutzt Natrium, um den Nervenimpuls zu erzeugen, wodurch eine längere Nervenzelle (einige können über zwei Meter lang sein, wobei sie natürlich sehr dünn sind) ihrem Endpunkt mitteilt, was anderwärts passiert. Die Signalcodes sind einander sehr ähnlich. Bei Versuchen an Hummern haben Dan und ich herausgefunden, daß ihr System, gleichzeitig mehrere Signale auszusenden (ähnlich wie beim Telefon, wo gleichzeitig mehrere Gespräche über eine Leitung gehen können), sich von dem, was ich vorher bei Katzen, Affen und Menschen gefunden hatte, nicht unterscheidet. Um einen gemeinsamen Vorfahren zu finden, muß man weiter zurückgehen als 600 Millionen Jahre.

Wir blieben an dem Punkt stehen, der 500 Millionen Jahre zurückliegt – zu dieser Zeit war die Entwicklung der Hauptstämme des Tierreichs bereits in Gang gekommen. Unser Gedankenaustausch mündete in die Feststellung, daß alle wesentlichen Typen von Nervenschaltungen damals wohl schon erfunden waren. Es ist doch erstaunlich, daß die Mechanismen zum Empfindlichkeitsabgleich, mit dem die Muskellänge errechnet wird, in Neuronen des Hummers genau dieselben sind wie in menschlichen. Diese Mechanismen stützen sich auf zwei verschiedene

> Bei langen Zeiträumen scheinen Zahlen zu versagen. Alles, was über einige tausend Jahre hinausgeht, zum Beispiel 50 000 oder 50 Millionen, wirkt auf die Vorstellungskraft so erdrückend, daß es sie lähmt.
>
> John McPhee, 1981

> Der Widerstand gegen Darwin und Wallace geht zum Teil auf unser Unvermögen zurück, uns das Verstreichen von Jahrtausenden vorzustellen, ganz zu schweigen von Äonen. Was bedeuten 70 Millionen Jahre für Wesen, deren Lebenszeit höchstens ein Millionstel davon beträgt? Wir sind wie Schmetterlinge, die einen Tag lang umherflattern und denken, es sei die Ewigkeit.
>
> Carl Sagan, 1980

Nervenbahnen, die so ineinander greifen, daß die Endigung des sensorischen Nervs genau die richtige Spannung behält, um etwaige Veränderungen der Muskellänge wahrzunehmen. Möglicherweise haben Hummer und Menschen sie daher von einem gemeinsamen Vorfahren geerbt.

Es könnte aber auch sein, daß dieser Mechanismus später von verschiedenen Gruppen von Organismen nochmals erfunden wurde. Hin und wieder kommt so etwas durchaus vor: Das kameraähnliche Linsenauge, wie es zum Beispiel der Octopus besitzt, wurde frühzeitig im Stamm der Weichtiere erfunden, unabhängig davon aber noch einmal im Stamm der Chordaten für den Nectarus-Salamander und die Fische. Und natürlich auch für uns. Daß es sich um eine jeweils unabhängige Erfindung handelt, geht aus Abweichungen in der embryonalen Entwicklung der Augen von Chordaten und Weichtieren hervor. Beim Octopus sind die Photorezeptoren vernünftigerweise auf das einfallende Licht ausgerichtet, in unseren Augen sind sie von ihm fortgerichtet. In unserer Netzhaut muß das Licht sogar drei bis vier Schichten von Nervenzellen durchdringen, bevor es auf die Photorezeptoren fällt. Das ist furchtbar ineffizient, da diese Nervenzellen nicht vollkommen lichtdurchlässig sind – insbesondere ihre DNA streut die Photonen nach allen Richtungen, so daß ein leicht verschwommenes Bild entsteht.

Hätte die Schöpferin richtig vorausgeplant, dann hätte sie uns in der gleichen Weise ausgestattet wie den Octopus. Die in die verkehrte Richtung weisende Anordnung der Photorezeptoren läßt jedoch darauf schließen, daß es sich hier um ein Flickwerk der Evolution handelt, das für die primitiven Chordaten wie etwa die Nectarus-Salamander ausreichte, die auf ein hochentwickeltes Sehvermögen nicht angewiesen sind, da sie auf dem modrigen Grund von Flüssen leben. Aufgrund ihrer Abstammung haben die Primaten aber genau diese Ausstattung geerbt. Als die Affen ein besseres Auflösungsvermögen benötigten, um Früchte in den Bäumen entdecken zu können, begnügte sich die Evolution damit, andere Teile des visuellen Apparats zu verbessern, statt einen von Grund auf neuen Apparat zu entwerfen. Wie auch in anderen Bürokratien muß man mit den kurzfristigen Behelfsmaßnahmen leben, die von Vorgängern ergriffen wurden, mit Verfahrensweisen, die sich so in dem System festgesetzt haben, daß eine grundlegende Neugestaltung nicht mehr in Frage kommt. Die Entwicklung der Chordaten, die nach dem Muster der Schatzsuche immer nur punktuell vorankam, kennt einfach kein anderes Verfahren, um ein Auge zu bauen.

Was evolutionäre Erfindungen betrifft, die jünger als 500 Millionen Jahre sind, so fällt uns eine Datierung schwer. Über die Superschaltungen im Gehirn (wie sie zum Beispiel der Erkennung von Raubvögeln dienen) wissen wir einfach noch nicht genug, um sagen zu können, ob sie von den Vögeln oder von den frühen Wirbeltieren oder vielleicht sogar noch früher erfunden wurden, bevor sich das Tierreich in zahlreiche Stämme aufspaltete.

Die wesentlichen Schaltungen für repetitive Bewegungen – zum Beispiel das Gehen, das Kauen, das Schwimmen und das rhythmische Klopfen – stimmen indessen bei allen Tierstämmen weitgehend überein. Zwischen Hummern und Menschen gibt es in dieser Hinsicht kaum einen Unterschied. Auch hier kann es sich um eine mehrmalige Erfindung handeln; vielleicht gibt es, genau wie bei der Optik des Auges, nur eine begrenzte Zahl wirklich guter Lösungen für die Aufgabe, eine oszillatorische Erregung zu erzeugen. Dennoch muß man sich fragen, ob nicht auch die Evolution von Nervenschaltungen schon Hunderte von Jahrmillionen vor dem Kambrium begonnen hat, also vor der Zeit, aus der uns eine Fülle von Fossilien überliefert ist. In dem Zeitraum zwischen 1300 und 600 Millionen Jahren vor der Gegenwart könnte sehr viel mehr passiert sein als nur die Bildung mehrzelliger Organismen. Die Anfänge unseres Gehirns könnten bis in den präkambrischen Ozean zurückreichen.

Zurück zu den Booten.


# Meile 134
# Tapeats Creek

### Achtes Lager

Die Expeditionen Powells im Grand Canyon zeigten, daß schon Jahrhunderte zuvor der Mensch dieses scheinbar unwirtliche Gebiet bewohnt hatte. Den ausgemergelten und erschöpften Forschungsreisenden hätte klar sein müssen, daß die prähistorischen Ureinwohner in vieler Hinsicht weit besser an die Umwelt angepaßt waren als die modernen Reisenden mit ihrem ranzigen Speck, ihrem durchweichten Kaffee und ihrem schimmeligen Mehl. Intensivere archäologische Untersuchungen des Grand Canyon haben denn auch ergeben, daß ein technologisch an seine Umwelt angepaßtes Volk in der Tiefe des Canyons nicht nur sein Auskommen finden konnte, sondern daß es auch durchaus möglich war, diese weiten Gebiete zu Fuß zu durchwandern.
Der Anthropologe Robert C. Euler, 1969

Heute nachmittag schlagen wir früh unser Lager auf, weil wir zum Thunder River hinaufwandern möchten. Er ist sicherlich einer der wenigen Flüsse, die in einen Bach münden, der dann wiederum in einen Fluß mündet. Doch die Stimmigkeit geographischer Bezeichnungen soll uns hier nicht interessieren. Wir sind neugierig auf die Quelle, aus der dieser kurze »Fluß« entspringt. Sie gehört zu den größten im ganzen Grand-Canyon-Gebiet. Auf jeden Fall ist Tapeats Creek bei der Einmündung in den Colorado das größte Fließgewässer, das wir seit dem Little Colorado gesehen haben, obwohl er nur von zwölf Quellen in seinem Einzugsgebiet gespeist wird.

Der weiträumige Lagerplatz erstreckt sich über das rechte Flußufer und reicht sogar, schmäler werdend, bis in das Tal des Tapeats Creek hinein. Das ganze Bachufer ist mit Tamarisken bestanden, die Schutz vor der glühenden Mittagssonne bieten. Der zunächst leicht zugängliche Tapeats Canyon wird rasch schmaler und bildet dann einen kastenförmigen Einschnitt voll von riesigen Felsblöcken, über die das Wasser herunterstürzt. Gelegentlich füllt der Bach den ganzen Canyon von einer Wand bis zur anderen aus, und dort müssen wir dann ins Wasser und uns von einer seichten Stelle zur anderen vortasten. Zu Beginn des Sommers kann das Wasser so hoch (und so kalt) sein, daß der Canyon unpassierbar ist. Die Wände bestehen aus Tapeats-Sandstein. Diesem Wellpappe ähnlichen khakifarbenen Sandstein sind wir zwar schon am Little Colorado begegnet, und wir haben ihn nochmals in Elves Chasm und im Blacktail Canyon erkundet, doch ist dieser Canyon der klassische Ort, von dem der Tapeats-Sandstein seinen Namen hat. Und er ist wirklich schön.

Man muß schon ein behender Kletterer sein, um eine steile Geröllhalde zu erklimmen. Von oben wirkt die Halde dann ganz harmlos, und vor einem erstrecken sich kilometerweit die Felsvorsprünge und Terrassen. Statt des Tapeats in der steilwandigen Kluft findet man hier den darüber liegenden Bright-Angel-Schiefer, der leicht verwittert und dadurch einen sanften Abhang bildet (aus demselben Material besteht das Tonto-Plateau, das beinahe ebene Gebiet, das man von den Rändern des Grand Canyon aus sieht, in das sich V-förmig die Granitschlucht eingegraben hat, auf deren Grund der Fluß fließt – solchen bröckeligen Gesteinsschichten verdankt der Canyon seine Breite).

Auf einigen dieser Terrassen befinden sich Ruinen der Anasazi, die erstmals von der zweiten Powell-Expedition im Jahre 1872 entdeckt wurden. Wir erkunden eine auf der rechten Bachseite gelegene Ruine im Pueblo-Stil, die neben einigen Vorratskammern vier Räume aufweist.

Leider sind die Töpferwaren aus diesen Ruinen geplündert worden. Dennoch hat man Scherben gefunden, die, wie Subie erzählt, von Bob Euler auf eine Entstehungszeit zwischen 1100 und 1150 datiert wurden, also aus der gleichen Zeit stammen, in der das Unkar-Delta letztmals bewohnt war. Von Fundstellen wie dieser hat man im Grand Canyon über 2000 entdeckt, und die meisten gehen auf die 100 Jahre zwischen 1050 und 1150 zurück.

Auf der anderen Bachseite, gut 15 Stockwerke oberhalb des Bachbettes, finden wir eine weitere Pueblo-Ruine, die aus einem einzigen Raum besteht, dessen eine Wand von einem riesigen Felsblock gebildet wird. Einer äußert die Vermutung, daß die Familie, die hier wohnte, wohl großen Wert auf ihr Privatleben gelegt habe. Es kann aber natürlich auch so gewesen sein, daß das tiefer gelegene Pueblo von einer Katastrophe heimgesucht wurde und die Überlebenden hier Zuflucht gefunden haben. Der Tapeats Canyon ist vom Nordrand aus zugänglich (heutzutage sogar mit Pferden), und es ist denkbar, daß auf diesem Wege hungrige Besucher eingefallen sind, nachdem um das Jahr 1130 die große Dürre eingesetzt hatte. Dank des Thunder River gab es hier vermutlich noch Wasser, nachdem andere Quellen längst versiegt waren.

Ein Stück bachaufwärts mündet von links der Thunder River in unser Tal. Er steuert offensichtlich den größten Teil des Wassers bei, das sich bei unserem Lager in den Colorado ergießt. Das kurze, V-förmige Tal des Thunder River in Serpentinen hinaufwandernd, sehen wir bald, woher das ganze Wasser kommt: Es strömt aus zwei Öffnungen in der Felswand hervor, stürzt etwa 30 Meter tief hinunter und tanzt über eine Strecke von 800 Metern in schäumenden Kaskaden hinunter, um sich dann in den Tapeats Creek zu ergießen. Dies ist mit Sicherheit der kürzeste Fluß der Welt. Oben rechts neben dem Wasserfall befindet sich eine Höhle, durch die man zum unterirdischen Teil des Flusses gelangt.

Links vom Wasserfall weitergehend, gelangen wir auf einen Kamm, auf dessen anderer Seite sich unter uns ein Tal auftut: Surprise Valley. Ein paar Schritte hinunter, und schon ist vom Thunder River nichts mehr zu hören. Einige klettern verwundert zu der Stelle zurück, wo das Rauschen wieder zu hören und der Wasserfall zu sehen ist. Für den, der aus dem Surprise Valley heraufwandert und plötzlich das Donnern des Thunder River vernimmt, muß es ein dramatischer Eindruck sein.

Das Surprise Valley hat eine sehr ungewöhnliche Form, wie eine große Schüssel. Zwar hat sich ein Bach seinen Weg in das Redwall-Gestein gegraben, doch ist kaum zu erkennen, wo das Wasser die Schüssel verläßt. Ein Blick auf die topographische Karte gibt Aufschluß: Der

Bonita Creek verläßt das Tal in ein paar scharfen Kehren, wiederum höchst ungewöhnlich für die Täler hier.

Subie erklärt uns, daß das Surprise Valley durch einen großen Erdrutsch entstanden ist. Die ganze linke Wand der Schüssel ist in den Colorado River gestürzt. Rund sechs Quadratkilometer Gestein rutschten seitwärts weg und verstopften zeitweilig den Fluß. Das passierte, nach geologischen Maßstäben, vor gar nicht langer Zeit.

»Wodurch wurde dieser große prähistorische Erdrutsch verursacht?« wollte Rosalie wissen.

»Wahrscheinlich«, antwortete Subie, »hat Wasser den glatten Schiefer der Bright-Angel-Formation ins Rutschen gebracht. Unterhalb des hohen Kaibab-Plateaus des Nordrandes sammelt sich, wie man am Thunder River sieht, viel Wasser an. Es könnte einmal so viel gewesen sein, daß die unteren Gesteinsschichten dadurch zu einer richtigen Rutschbahn wurden.«

»Es ist aber auch denkbar«, fuhr sie fort, »daß der Colorado River aufgestaut wurde, als bei Meile 179, wo heute die Lava Falls sind, ein Lavastrom den Fluß blockierte. Durch den Stau könnte sich das ganze Gebiet hier mit Wasser vollgesogen haben, und als dann der Damm brach und der See leer lief, kam das durch die Feuchtigkeit gelockerte Gestein ins Rutschen – und so entstand das Surprise Valley.«

Einer der großen prähistorischen Erdrutsche. Er veranlaßt mich, meinen Wandergefährten etwas vom größten Erdrutsch aus historischer Zeit zu erzählen. Er ereignete sich 1980, als der Gipfel des Mount St. Helens abrutschte und damit den Deckel vom Vulkan nahm. Der Vulkan hatte sich schon vorher zu rühren begonnen, und als es passierte, war zufällig ein Beobachtungsflugzeug in der Luft. Direkt unter dem Berg kam es zu einer Reihe von Erdstößen, und der scheinbar unerschütterliche Berg begann nach Angaben der Beobachter wie ein Wackelpudding zu zittern. Dann glitt der Gipfel des Berges herab, und so kam es zu dem großen Erdrutsch. Die Gesteinsmassen donnerten anderthalb Kilometer steil bergab und stürzten in den Spirit Lake. Sie erzeugten eine große Flutwelle, die auf der anderen Seite des Sees herausschwappte und den angrenzenden Hügelrücken kahl fegte.

Man sieht immer noch, wo die Welle den Boden fortspülte, denn dort ist jahrelang nichts gewachsen. Nicht nur, daß die Bäume fehlen – die wurden umgeknickt und gänzlich ihrer Äste und der Rinde beraubt, als der Vulkan ausbrach, nachdem der Deckel einmal vom Schnellkochtopf herunter war. Es fehlt auch der Boden selbst, so daß weder Büsche noch Bäume nachwachsen können. Eine einzige riesige Flutwelle, die aus dem

Spirit Lake herausschwappte, hat den gesamten Boden fortgespült und einen ganzen Berghang bis aufs Grundgestein bloßgelegt. Die Ökologen haben untersucht, wie sich auf diesen entblößten Flächen, ebenso wie auf den leblosen Lavafeldern rings um den Vulkan, wieder Boden bildet.

★

Boden ist etwas Besonders. Ich bin im ländlichen Mittleren Westen der Vereinigten Staaten aufgewachsen und dachte immer, Boden sei dasselbe wie die Erdoberfläche. Das stimmt nicht. Die Felsen, auf denen wir uns hier in dieser Wüste vorwiegend bewegen, sind kein Boden. Boden ist ein lebendes Ökosystem. Er kann sterben, zum Beispiel durch die Hitze der Lavaströme. Boden besteht teilweise aus Dingen, die leben oder einmal gelebt haben und jetzt zerfallen. Dieses organische (Kohlenstoff-) Material ist durchmischt mit anorganischen Mineralien wie Kalium und Nitraten. Die organischen und anorganischen Moleküle, die von lebenden Zellen genutzt werden können, nennen wir Nährstoffe. Boden enthält außerdem Wasser und luftgefüllte Zwischenräume. Sehr wichtig ist das Mischungsverhältnis von Teilchen unterschiedlicher Größe, denn Sand allein kann kein Wasser halten, und Ton allein ist wasserundurchlässig. Im Boden lebende Bakterien verrichten allerlei nützliche Aufgaben, sie binden zum Beispiel Stickstoff dort, so daß die Pflanzenwurzeln mit Nitrat versorgt werden. Der aus dem Boden ragende Stengel einer Pflanze ist nur die Spitze eines Berges unterirdischer Vorgänge.

Auf dem Rückweg durch den Tapeats Canyon deutet Alan auf eine beginnende Bodenbildung. Im Sand und zwischen den Felsen finden sich hier und da dunkle Flecken, die aus einem krustigen Material bestehen; daneben wachsen gelegentlich einige Pflanzen. Das dunkle Material, das den Grund bedeckt, wirkt wie eine massige schwarze Kruste, fast wie ein Hautausschlag. Das schmutziggraue Zeug ist kryptogamer Boden, die einfachste Form eines Boden-Ökosystems. Kryptogam bedeutet »heimliche Ehe«, und darin steckt etwas von dem Kooperationsverhältnis zwischen Bakterien und einfachsten Pflanzen. Der Boden beginnt auf einer ganz einfachen Stufe und entwickelt sich weiter zusammen mit den Pflanzen, die auf ihm gedeihen. Wer das weiß, achtet bei einer Wanderung durch die Wüste darauf, nicht auf kryptogamen Boden zu treten. Diese primitiven Lebensgemeinschaften haben es auch ohne Störungen schon schwer genug, und ein achtloser Fußtritt kann sie in ihrer Entwicklung um Jahrzehnte zurückwerfen.

Die Bodenbildung kann durch Material, das von irgendwoher angeweht wird, beschleunigt werden. Auf den frischen Lavafeldern rings um den Mount St. Helens beginnt sich neuer Boden zu bilden, und zwar in den Lücken und Spalten, denn dort setzt sich angewehtes Material fest. Tote Insekten, die aus tiefer gelegenen Gebieten heraufgeweht werden, können dort zum Beispiel liegen bleiben und durch ihre sich zersetzenden organischen Bestandteile zum neuen Boden beitragen. An den kryptogamen Böden läßt sich jedoch beobachten, wie die Bodenbildung in Gang kommt, ohne daß zerfallende höhere Organismen von außen dazu beitragen. Ihre blaugrünen Algen (die heute zu den Bakterien und nicht zu den übrigen Algen gerechnet werden) nutzen das Sonnenlicht, um den Luftstickstoff in ein Abfallprodukt umzuwandeln, das Nitrate enthält, die von Pilzen, welche ihrerseits nicht zur Photosynthese fähig sind, als Nahrung aufgenommen werden. Diese symbiotische Verbindung zwischen Algen und Pilzen bezeichnen wir als eine Flechte. Die Flechte hält Wasser fest, so daß sich auf ihr Moose ansiedeln können, eine weitere Komponente kryptogamer Böden.

Das pflanzliche Leben entwickelt sich in einer allmählichen Sukzession immer komplexerer Arten. Alle zehn oder hundert Jahre wechselt die vorherrschende Art von Büschen oder Bäumen. Wie schnell die Sukzession verläuft, hängt vom Wetter und vom Boden ab. Der Mais, den die Anasazi anbauten, ist auf einen entsprechenden Kalium- und Stickstoffgehalt des Bodens angewiesen. Die Bohnen, die sie ebenfalls anbauten, kommen mit einem stickstoffarmen Boden aus, solange sie nur genug Wasser haben. Wenn auf einem Boden erst einmal eine Zeitlang Bohnen (oder andere Hülsenfrüchte wie Klee oder Luzerne) angebaut wurden, hat er sich so weit mit Stickstoff angereichert, daß auch Mais darauf wächst, dank der Bakterien in den Wurzeln der Hülsenfrüchte, die Stickstoff binden. Während Pflanzen den größten Teil des von ihnen aufgenommenen Luftstickstoffs in Ammoniumverbindungen umwandeln, setzen die Bakterien so viel Stickstoff um, daß ein Überschuß entsteht, der in Form von Nitraten in den Boden abgegeben wird. Ein natürlicher Dünger.

Ich weiß nicht, ob den Anasazi dieses Prinzip der Fruchtfolge bekannt war. Vielleicht haben sie durch Versuch und Irrtum herausgefunden, welche Böden für den Maisanbau geeignet sind. Um aber den Mais zu domestizieren, mußten die Indianer über viele Generationen hinweg die richtigen Pflanzen und Böden auswählen (und der Mais ist einer ihrer wichtigsten Beiträge zu unserer Zivilisation). Ich wäre daher nicht überrascht, wenn sie auch über den Fruchtwechsel Bescheid gewußt haben.

★

All das rote Gestein und der rote Sand hier erinnern mich an die roten Böden der Tropen, die jedoch aus einem anderen Grund arme Böden sind. In den gemäßigten Zonen hat gutes Land einen ganz anderen Boden als in den Tropen. Bei entsprechendem Fruchtwechsel (indem man zum Beispiel alle paar Jahre Hülsenfrüchte anbaut, um den Stickstoff im Boden wieder anzureichern) kann man auf guten Böden, sofern diese nicht infolge von Bewässerung durch Salz ruiniert sind, über längere Zeit veschiedene Pflanzen anbauen. Doch in den Tropen wird der Boden durch die heftigen Niederschläge so regelmäßig ausgewaschen, daß viele der Bodenmineralien herausgelöst und ins Meer geschwemmt wurden. Die Nährstoffe, die in den Boden des Regenwaldes gelangen, würden ebenfalls ins Meer geschwemmt werden, wenn nicht das feinverzweigte Netzwerk der Pflanzenwurzeln sie festhielte. Die toten Tiere, die Ausscheidungen von Insekten, das verrottende Pflanzenmaterial – das alles wird durch das supereffiziente Netzwerk lebender Baumwurzeln mit Hilfe spezieller Pilze, die auf den Wurzeln leben, säuberlich zurückgehalten. Wenn die Bäume gefällt werden, sterben die Wurzeln. Was nicht verbrannt wird, wird ins Meer geschwemmt. Der zurückbleibende Boden hat neuen Pflanzen wenig zu bieten.

Man kann daher einen tropischen Regenwald, selbst wenn man die richtigen Samen dafür hat, nicht einfach anpflanzen. Selbst wenn dort ein paar Jahre zuvor noch ein Regenwald gestanden hat, können sich Pionierpflanzen nicht halten, weil es an den richtigen Bedingungen fehlt (zum Beispiel Schatten!). Es kann Jahrtausende dauern, bis sich allmählich wieder ein Boden gebildet hat und über eine lange Sukzession verschiedener Pflanzen wieder ein Regenwald entsteht. Wenn ein Regenwald abgeholzt ist, fehlt nicht nur das Baumaterial, sondern auch der nötige Schatten ist fort. Es ist anders als in Europa oder Nordamerika, wo der Wald in wenigen Jahrhunderten wieder da ist.

Das Wurzelwerk des Regenwaldes erinnert mich an die Säugetierniere, jenes Superorgan, das den flüssigen Teil des Blutkreislaufs in das Rohrnetz lenkt, das in die Blase mündet, das aber, bevor die Flüssigkeit den

Viele europäische Farmer haben schmerzhaft lernen müssen, daß die Methoden ihrer Vorfahren in Teilen der feuchten Tropen nicht taugen. Wenn man ein durchschnittliches Stück roter tropischer Erde rodet, pflügt und einsät, wird einem die Mühe schlecht gelohnt. Einige Jahre lang mag man sich mit sinkenden Erträgen herumschlagen, doch dann kommt der bittere Moment der Niederlage, und ein Stück schlammigen roten Landes wird dem Unkraut überlassen... Wie haben es die Waldbäume [der großen tropischen Regenwälder] geschafft, auf einem Boden zu gedeihen, aus dem alle Nährstoffe ausgewaschen sind?

Paul Colinvaux, *Why Big Fierce Animals Are Rare*, 1978

Harnleiter erreicht und zu Abfall erklärt wird, säuberlich alle Moleküle herausfischt, die es erhalten möchte, und auf diese Weise die richtigen Salzkonzentrationen im Körper aufrechterhält.

Der üppige Tropenwald ist also das großartige Ergebnis einer langwierigen Entwicklung, die sich aber nicht auf Kommando wiederholen läßt, indem man einen Kahlschlag eben wieder neu einsät. Wenn die Regenwälder erst einmal verschwunden sind – und sie werden wegen der Bevölkerungsexplosion in der Dritten Welt in einem ungeheuren Tempo gerodet –, wird es sehr lange dauern, bis sie wieder nachgewachsen sind. Und die Tiere, die jetzt noch dort leben, werden alle tot sein. Die ausschließlich in den Regenwäldern lebenden Arten werden nie mehr zurückkehren: Was ausgestorben ist, bleibt ausgestorben. Wenn die Rodung der Tropenwälder im bisherigen Tempo weitergeht, wird ein Großteil – mehr als die Hälfte – aller Tier- und Pflanzenarten der Welt *innerhalb von Jahrzehnten* ausgestorben sein.

Abgesehen von Fällen wie dem Brasiliens, wo das Amazonasgebiet vielfach nur abgeholzt wird, um Weideland für Viehherden zu schaffen, die dann als billiges Fleisch für die Schnellfraß-Industrie in die übrige Welt exportiert werden, kann man den Menschen, die den Wald abholzen, kaum einen Vorwurf machen – sie sind wie wir, nur ein bißchen weniger gebildet und ein bißchen hungriger. Das Problem sind die inflationären Verhältnisse, unter denen wir leben, seit wir vor etwa 10 000 Jahren mit dem Ackerbau begonnen haben: So wie in Zeiten des Wohlstands die Preise klettern, steigen auch die Bevölkerungszahlen, wenn Eltern so viele Kinder großziehen, wie es die lokalen Ressourcen kurzfristig zulassen. Langfristig werden viele Menschen und Tiere verhungern müssen, wenn nicht die Bevölkerungszahl den erneuerbaren Ressourcen (zu denen der Tropenwald nicht gehört, es sei denn bei einer niedrigen Bevölkerungsdichte) angepaßt wird.

Wissenschaftler machen sich nicht sehr beliebt, wenn sie solche Hiobsbotschaften verkünden, und den Bewohnern der Dritten Welt wird auch nicht in Balkenschlagzeilen mitgeteilt, was ihnen bevorsteht, wenn sie sich weiterhin so vermehren und die Wälder abholzen. Es ist nicht ganz so, als würden sie das Saatkorn aufzehren, aber es kommt dem nahe.

Die Tropenwälder werden belagert von Scharen von Subsistenzbauern, die in den Städten nicht überleben können... Jahr für Jahr zerstört der Mensch Tropenwald auf einer Fläche, die ganz England entspricht. Eine der schrecklichen Folgen dieser Verwüstung besteht darin, daß ein massenhaftes Aussterben tropischer Tier- und

Pflanzenarten bevorsteht. Da von den fünf bis zehn Millionen Arten, die es auf der Erde gibt, zwei bis vier Millionen in den Tropenwäldern zu Hause sind, kann man dies durchaus unter die großen Katastrophen eines massenhaften Aussterbens einreihen, die wir aus der Erdgeschichte kennen.

Der Biologe Daniel Simberloff, 1985

Sofern nicht irgendein Land den Atomkrieg auslöst, ist das schlimmste, was *wahrscheinlich* passieren wird – und tatsächlich schon im Gange ist –, nicht die Erschöpfung der Energievorräte, nicht der wirtschaftliche Zusammenbruch, nicht ein konventioneller Krieg, ja nicht einmal die Ausbreitung des Totalitarismus. So tragisch diese Katastrophen auch für uns wären, ließen sie sich doch innerhalb weniger Generationen reparieren. Der Prozeß, der gegenwärtig abläuft und dessen Korrektur Millionen von Jahren erfordern wird, ist der Verlust an genetischer Vielfalt und Artenvielfalt durch die Zerstörung natürlicher Lebensräume. Dies ist die Torheit, die unsere Nachkommen uns am wenigsten verzeihen werden.

Der Biologe E. O. Wilson, 1984

★

Der Sonnenuntergang war heute ungewöhnlich rot, und zwar schon lange bevor wir mit dem Abendessen fertig waren. Fast alle fanden ihn schön, doch bei einigen unter uns, die in waldreichen Gegenden leben, weckte er gemischte Gefühle. Es war jenes Rot, das man sieht, wenn durch einen Waldbrand ein Rauchschleier am westlichen Himmel hängt. Schön, aber zugleich beunruhigend.

Rauch kann sich über große Entfernungen ausbreiten. 1950 bewirkten Waldbrände in Kanada solche roten Sonnenuntergänge in Europa. Sie erzeugten einen Dunstschleier, der in Washington, D. C., nur die Hälfte des Sonnenlichtes durchließ. Bei dichter Bewölkung erreichen nur etwa zehn Prozent der normalen Sonnenlichtmenge die Erdoberfläche. Vulkanausbrüche können sie noch weiter verringern: In den Städten, die 1980 beim Ausbruch des Mount St. Helens in Windrichtung lagen, ging am hellichten Tag die automatische Straßenbeleuchtung an.

»Etwas Ähnliches muß bei Moses passiert sein«, bemerkte Jackie. »Die Menschen in Ägypten konnten drei Tage lang nicht die Hand vor Augen sehen und nichts tun.«

»Das war wohl wieder einer dieser verdammten Vulkane im Mittelmeer«, vermutete Ben. »Es könnte der Ausbruch des Santorin gewesen sein.«

So wie ein bedeckter Himmel kühlere Tagestemperaturen nach sich zieht, sorgen auch Rauch- oder Aschewolken dafür, daß die Erdoberfläche kühler bleibt. Benjamin Franklin hatte auch zu diesem Thema etwas zu sagen: Das kühle Wetter und die schlechten Ernten, die

Europa 1783 erlebte, führte er auf den Ausbruch des Laki auf Island zurück. Anhand der Jahresringe sehr alter Bäume, zum Beispiel der Grannenkiefern in den Bergen der westlichen Vereinigten Staaten, hat man inzwischen festgestellt, daß in Jahren mit starker vulkanischer Aktivität in anderen Teilen der Welt frühe Fröste auftraten. Durch genaue Auszählung der Jahresringe glaubt man jetzt, daß im Jahre 1626 v. Chr. der größte Vulkanausbruch in historischer Zeit stattfand. Damals brach der Vulkan von Santorin (Thera) in der Ägäis aus. Die Auswirkungen auf das Klima können erheblich gewesen sein: Nach dem Ausbruch des Tambora in Indonesien wurde das Jahr 1815 im fernen Europa als das »Jahr ohne Sommer« bezeichnet.

Wissenschaftler untersuchen seit längerem, welche Auswirkungen es hat, wenn Vulkane Staub in die Atmosphäre schleudern (»ein stratosphärischer Schleier feiner Silikatasche und Schwefelaerosole, der zur Abkühlung der Erdoberfläche führt«). Den Anstoß dazu gaben nicht nur die auffälligen Klimaänderungen im Gefolge von Vulkanausbrüchen, sondern auch die Meßergebnisse eines unbemannten Raumfahrzeugs, das 1971 am Mars vorbeiflog. Dort wurde ein gewaltiger Staubsturm beobachtet, der einen Großteil des Planeten einhüllte und sich erst nach zehn Monaten verzog. Könnte das auch auf der Erde passieren? Warum dauert es so lange, bis die Staubteilchen aus der Atmosphäre verschwunden sind? Einer der Gründe ist, daß die Staubteilchen, wenn sie erst einmal hoch genug gekommen sind, nicht mehr durch den Regen herausgewaschen werden.

Und wie gelangt der Staub in eine solche Höhe? Als man ungewöhnlich hohe Konzentrationen des seltenen Elements Iridium in 65 Millionen Jahre alten Gesteinsschichten in Italien und Dänemark fand, hat der Geologe Walter Alvarez einen Meteoriteneinschlag als Ursache in Erwägung gezogen. Zusammen mit seinem Vater, dem Physiker Luis Alvarez, und anderen stellte er 1980 die Hypothese auf, daß ein Meteorit so viel Staub aufgewirbelt haben könnte, um das massenhafte Aussterben in der Kreidezeit zu verursachen, durch das die Dinosaurier und viele andere Arten ausgelöscht wurden. Die Hypothese von der riesigen Staubwolke löste ein allgemeines Nachdenken über massenhaftes Aussterben und atmosphärische Störungen aus.

Aber was war mit dem Rauch? Für viele Wissenschaftler war das ein neuer Gesichtspunkt, trotz der 1950 und in anderen Jahren beobachteten roten Sonnenuntergänge, die durch Rauch verursacht worden waren. George Woodwell vom Woods Hole Research Center stellte 1977 die Vermutung auf, daß die Brandrodung tropischer Wälder mehr Kohlenstoffverbindungen in die Atmosphäre schleudern könnte, als sie auf der gesamten Nordhalbkugel durch die Verbrennung von Kohle und Erdöl freigesetzt werden. Rauch kann außerdem so hoch in die Troposphäre gelangen, daß er nicht sogleich ausgewaschen wird, und wenn er dann ausgewaschen wird, verursacht er sauren Regen, den die Menschen und Tiere im Umkreis von Industriegebieten inzwischen sehr gut kennen. Rauch ist auf jeder Höhe sehr viel gefährlicher als Staub. Der wesentliche Unterschied besteht darin, daß Staubteilchen das Licht, das normalerweise zur Erdoberfläche gelangt, in den Weltraum zurückstrahlen, während die schwarzen Kohlenstoffteilchen es absorbieren und sich aufheizen, wodurch auch die Luftmoleküle sich sehr viel stärker aufheizen als in Anwesenheit von Staubteilchen. Eine Aufheizung der mittleren Atmosphäre, bei der sich gleichzeitig die Erwärmung der unteren Luftschichten in der Nähe der Erdoberfläche verringert, ist genau das, was den Erforschern der Atmosphäre Alpträume bereitet: Die Luftströmungen, die das Wetter bestimmen, sind sehr stark von dem Temperaturgradienten zwischen der oberen und der unteren Atmosphäre abhängig.

Im Pazifik tritt etwa alle sechs Jahre eine Klimaveränderung auf, El Niño genannt, durch die viele Fischerfamilien in Not geraten. (Die Lufttemperatur beeinflußt die Oberflächentemperatur des Meeres und damit auch die Meeresströmungen, darunter auch die Strömung, die vor der Küste von Ecuador und Peru die Nährstoffe aus der Tiefe des Meeres an die Oberfläche trägt und große Fischschwärme ernährt.) Der rätselhafte Einfluß von El Niño auf das Wettergeschehen im Pazifik scheint mit einer Veränderung des Temperaturgradienten zwischen der unteren und der oberen Atmosphäre zusammenzuhängen. Offenbar können Vulkane den Fahrplan von El Niño beschleunigen und bewirken, daß er viel früher auftritt als normal, wahrscheinlich dadurch, daß sie den atmosphärischen Temperaturgradienten verändern, indem sie Asche in die mittlere und obere Atmosphäre schleudern.

Wenn viel Rauch in die Atmosphäre gelangt, könnten die Folgen sogar noch schwerwiegender sein, denn die im Rauch enthaltenen schwarzen Rußpartikel stören den normalerweise vertikalen Temperaturgradienten noch stärker als die hellen Staubteilchen. Wenn die knappen Nahrungsressourcen der Menschen schon durch Vulkane und andere Naturkatastrophen beeinträchtigt werden, muß die großflächige Verbrennung tropischer Vegetation wegen ihrer globalen Auswirkungen auf das Wetter größte Bedenken wecken. Aber das ist vielleicht noch nicht das Schlimmste.

Auf das Problem des nuklearen Winters wurde man im Grunde aufmerksam, als man den Einfluß von Überschallflugzeugen auf das Ozon untersuchte, das dreiatomige Sauerstoffmolekül, das sich in der Stratosphäre anhäuft und einen Großteil des ultravioletten Sonnenlichts ausfiltert, das sonst die Pflanzen schwer schädigen würde, von den Haut- und Augenschäden bei Menschen ganz zu schweigen. 1971 veröffentlichte der Deutsche Paul Crutzen Untersuchungen über die Ozonschicht, die den Bau von Überschall-Passagierflugzeugen bedenklich erscheinen ließen. Crutzen befaßte sich anschließend mit der möglichen Zerstörung der Ozonschicht durch Fluorchlorkohlenwasserstoffe (FCKW), die als Kühlmittel in Kühlschränken und als Treibgase in Sprühdosen verwendet werden. 1975 kam ein Report der amerikanischen National Academy of Science zu dem Schluß, daß ein totaler Atomkrieg die Ozonschicht so weit zerstören könnte, daß die Erdoberfläche tödlichen Dosen ultravioletten Lichts ausgesetzt würde – tödlich für Pflanzen wie für Menschen. Bei der Vorstellung des Berichts trug der Präsident der Akademie seine persönliche Meinung vor. Aus seiner Sicht war der Bericht angeblich »ermutigend«, weil man daraus entnehmen könne, daß ein Großteil des Planeten sich von einem Atomkrieg erholen könnte. Das löste einen gewaltigen Aufruhr aus, und in diesem Zusammenhang fochten die Ökologen Paul Ehrlich, Anne Ehrlich und John Holdren den Bericht an mit dem Argument, er unterschlage praktisch die »riesigen Feuerstürme«, die ein Atomschlag auslösen würde. Woodwell veröffentlichte seine Berechnungen bezüglich der Folgen der Brandrodung im Amazonasgebiet. Crutzen untersuchte Ende der siebziger Jahre die möglichen Auswirkungen der Brandrodung in Brasilien und äußerte die Befürchtung, daß auch die Rauchpartikel und gasförmigen Bestandteile, die dadurch in die Atmosphäre gelangen, die Ozonschicht der Erde beeinträchtigen könnten.

Das alles bildete den Hintergrund für eine der verblüffenden Zufallserkenntnisse, zu denen es gelegentlich in der Forschung kommt, wenn ein Problem unerwartet Licht auf ein anderes Problem wirft. Rauch hatte gewisse Auswirkungen auf das Ozon, aber wie würde sich das auf die Temperatur auswirken? Mit dem Rauch hatte man sich bis dahin nicht ernsthaft befaßt, doch nun begannen die Atmosphärenforscher, die vorliegenden Untersuchungen über die Folgen eines Atomkriegs durchzurechnen. Wenn man einmal von den vielen Menschen absah, die durch die Explosionen, die Feuerstürme und den radioaktiven Niederschlag getötet würden – mit was für einer Welt würden es die Überlebenden zu tun haben? Wenn schon Vulkane so große Störungen verursachen, wie würde sich es dann auswirken, wenn all die Bomben so viel Staub aufwirbelten? Und was war mit den Feuerstürmen, wenn in den Städten mit ihren Treibstofflagern, ihren asphaltierten Straßen und ihren brennbaren Gebäuden alles in Flammen aufging und riesige Rauchwolken in den Himmel stiegen?

Über brennende Städte hatte Crutzen keine Daten, aber er hatte Zahlen über Waldbrände, und er nahm an, daß die Feuerstürme von den Städten auf die Wälder übergreifen würden. Crutzen und John Birks, ein amerikanischer Kollege, schrieben 1982 einen Artikel für die schwedische Umweltzeitschrift *Ambio*, in dem sie die Rauchentwicklung von Waldbränden untersuchten, die ein Krieg verursachen könnte. Nach ihren Berechnungen würde ein mittlerer Atomkrieg allein durch Waldbrände die Atmosphäre so stark stören, daß 99 Prozent des Sonnenlichts nicht mehr bis zur Erdoberfläche gelangen würden, und zwar über mehrere Wochen.

Aus der Tatsache, daß die Temperatur nachts überall zwischen 5 und 20° C sinkt, ergibt sich, daß die Temperatur der Erdoberfläche in kürzester Zeit unter Null sinkt, wenn die Erwärmung durch das Sonnenlicht über mehrere Tage ausbleibt. Über die Auswirkungen befragt, sagte Paul Crutzen:»Ich glaube nicht, daß sie in Indien wissen, was Winter ist.« Tropische Pflanzen haben keinen Schutz gegen Fröste entwickelt, und selbst Bäume in hohen Breiten, die einen langen Winter überstehen, können durch plötzlich im Sommer auftretende Fröste absterben. Schon ein paar Tage mit dichter Bewölkung können sich auf Wälder und Landwirtschaft verheerend auswirken.

Kann man einer so einfachen Berechnung trauen? Eine experimentelle Überprüfung, indem wir einfach ein paar Städte niederbrennen, ist nicht möglich, aber wir haben ja die Daten über den Rauchschleier, der durch Waldbrände verursacht wird. Mit den vielen Daten, die wir über Vulkanausbrüche und ihre Folgen für das Wetter besitzen, können wir im Computer die Auswirkungen von Staub in der Atmosphäre simulieren. Die Geschichte bekam indessen eine ganz neue Wendung, als Forscher, die sich mit ganz anderen Problem befassen, das Szenario von Crutzen und Birks aus ihrem fachlichen Blickwinkel untersuchten. Carl Sagan und zwei seiner ehemaligen Studenten, Owen Toon und James Pollack, hatten Computermodelle entwickelt, mit denen sie die Auswirkungen des riesigen Staubsturms auf dem Mars untersuchten. Richard Turco und James Ackerman hatten dieses Modell noch verfeinert, um zu überprüfen, ob Staubwolken, die ein Meteoriteneinschlag auf der Erde aufgewirbelt haben könnte, möglicherweise die Ursache des massenhaften Aussterbens in der Kreidezeit gewesen sein könnten, wie es Alvarez und Kollegen postuliert hatten. Turco, dem die Untersuchung von Crutzen und Birk noch vor ihrer Veröffentlichung zur Kenntnis gelangte, kam zu dem Schluß, daß Rauch eine viel größere Rolle spielen würde als Staub, wegen seiner Auswirkungen auf die Temperatur der Atmosphäre.

Die fünf hatten sich zusammengetan, um das Problem des massenhaften Aussterbens zu untersuchen, das die Biologen beschäftigte, doch nun veränderten sie die Fragestellung und bezogen die Berechnungen von Crutzen und Birks in ihr ausgefeiltes Computermodell der Atmosphäre ein, wobei sie nicht nur brennende Wälder, sondern auch Schätzwerte für brennende Städte berücksichtigten. Turco, Toon, Ackerman, Pollack und Sagan schrieben einen Artikel (der bald unter der Abkürzung TTAPS bekannt werden sollte), in dem sie die Folgen nuklearer Schlagabtäusche unterschiedlichen Umfangs und unterschiedlicher Art untersuchten. Die Veröffentlichung des TTAPS-Reports, der Ende 1983 in *Science* erschien, wurde Sagan zufolge um ein Jahr hinausgezögert, weil die Geldgeber in der US-Regierung sich wegen der politischen Reaktionen Sorgen machten und weitere Untersuchungen verlangten, bevor davon etwas an die Öffentlichkeit drang. In der wissenschaftlichen Welt war man jedoch sehr bald über den Inhalt unterrichtet.

Turco faßte die Folgen der Kälte und der Dunkelheit, welche die Rauchwolken eines nuklearen Krieges hervorrufen würden, unter dem Begriff »nuklearer Winter« zusammen. Es würde sehr kalt werden – arktische Wintertemperaturen –, und es würde monatelang so bleiben, viel länger, als Crutzen und Birks zunächst angenommen hatten. Je nach Umfang und Zeitpunkt des Krieges würden die Temperaturen vier bis neun Monate lang unter Null sinken. Während des Jahres, das bis zur Veröffentlichung des TTAPS-Berichts verstrich, wurden die Resultate unter der Hand weitergegeben, und eine Gruppe von Naturwissenschaftlern ging daran, die Berechnungen von Crutzen/Birks und TTAPS einer kritischen Bewertung zu unterziehen. Sie entdeckten, daß der eine oder andere Faktor, der die Auswirkungen möglicherweise abschwächen würde, nicht berücksichtigt worden war, doch zugleich fanden sie eine ganze Reihe weiterer Umstände, die das Ganze noch schlimmer machen würden. Zur Abschätzung der langfristigen Folgen für die Biologie der Welt tat sich eine Gruppe von Biologen zusammen. Sagan, die Ehrlichs, Woodwell und 15 weitere prominente Wissenschaftler verfaßten einen Bericht, der zusammen mit dem TTAPS-Papier veröffentlicht wurde. Darin bewerteten sie die Strahlungsdosen, die Auswirkungen des ultravioletten Lichts, den ungemein sauren Regen und die Auswirkungen der heftigen und häufigen Stürme, die eine Abkühlung der Landmassen nach sich ziehen würde, sowie die verheerenden Auswirkungen der Kälte und der Dunkelheit auf die Ökosysteme. Wegen der großen Schäden, die schon wenige Tage mit geringen Frosttemperaturen in den Tropen anrichten könnten, kamen die Biologen schon bei der Annahme eines kleinen Atomkriegs zu erschreckenden Aussichten. Ihr Report war zurückhaltend und von den Kompromissen geprägt, die nicht zu vermeiden sind, wenn 19 Autoren sich einigen müssen, doch der Tenor war katastrophal: »Die Möglichkeit, daß *Homo sapiens* ausstirbt, kann nicht ausgeschlossen werden.« Ein nuklearer Angriff von nennenswertem Umfang ist praktisch eine Weltuntergangsmaschine, die binnen eines Monats den Angreifer selbst – und leider auch den größten Teil der übrigen Welt – zerstören würde.

Er würde das Landwirtschafts- und Industriesystem, das eine Weltbevölkerung ernährt, die weit größer ist als in voragrarischer und vorindustrieller Zeit, zunichte machen. Die Getreideernte, die 70 Prozent der Nahrungskalorien der Weltbevölkerung liefert, ist erstaunlich fragil – schon ein mittlerer Temperaturrückgang um 2 bis 5° C kann sie gefährden. Ein richtiger nuklearer Winter würde uns nicht nur auf 0,1 Prozent der gegenwärtigen Weltbevölkerung reduzieren, also auf den Bestand, der sich vor dem Aufkommen der Landwirtschaft durch Jagen und Sammeln ernähren konnte, sondern außerdem würde es für jeden Tausendsten, der überleben würde, wohl kaum noch etwas zu jagen oder zu sammeln geben. Der Krieg würde möglicherweise nicht die gesamte Menschheit ausrotten, aber doch die Bevölkerung auf einen winzigen Bruchteil ihres gegenwärtigen Umfangs reduzieren und die Zivilisation, wie wir sie kennen, durch das Auftreten hungriger Massen zugrunde richten.

Er wäre auch das Ende der Welt, die so mühsam aufgebaut wurde von unseren Vorfahren, durch deren Leiden und Mißgeschicke die Überlebenden geformt wurden zu der Art, die wir heute sind. Die Menschenaffen, deren Lebensbedingungen schon heute so prekär sind, daß sie selbst das Abholzen der Tropenwälder kaum überleben werden, würden sicherlich vernichtet. Auf der Südhalbkugel könnten vielleicht einige Affen überleben, aber das kann kein Wissenschaftler mit Sicherheit behaupten. Bis das Räderwerk der Evolution wieder etwas so Phantastisches wie unsere Zivilisation hervorgebracht haben würde, könnten 50 bis mehr als 100 Millionen Jahre vergehen, vielleicht auch 500 Millionen, es könnte aber auch sein, daß es nie wieder dazu kommt.

Dabei sind die möglichen Auswirkungen der Strahlung noch gar nicht berücksichtigt. Jemand hat einmal gesagt, der Atomkrieg könne das

Leben auf der Erde reduzieren auf eine strahlungsresistente Heu-
schrecke, die sich von einem strahlungsresistenten Gras ernährt.

Der Mechanismus, der nach einem Atomkrieg höchstwahrscheinlich die größten Folgen für die Menschen hat, ist nicht die Druckwelle der Explosion, nicht der Hitze-
stoß, nicht die direkte Strahlung, nicht einmal der Fallout, sondern die massenhafte
Hungersnot.

Mark Harwell und Thomas Hutchinson,
Scientific Committee on Problems of the Environment, Report von 1985

John Holdren hat bemerkt, ihn habe am meisten verblüfft, daß man [einen beliebigen Regierungschef], der die Verluste durch direkte Explosions- und Strahlungs-
folgen (die sich auf eine Milliarde Menschen belaufen könnten), ernsthaft als hin-
nehmbar in Erwägung zieht, als einen rationalen Menschen betrachten kann, auf den
die weitere Erkenntnis, daß durch die langfristigen klimatischen Auswirkungen möglicherweise vier Milliarden Menschen gefährdet werden könnten, vermutlich keinen
Eindruck macht... Wir wären entsetzt, würden wir erfahren, daß ein Regierungsver-
treter, der noch immer an die Gewinnbarkeit eines großen Atomkrieges glaubt, in
irgendeinem geistig normalen Land der Erde weiterhin einen verantwortlichen
Posten bekleiden kann. Am beunruhigendsten ist vielleicht die Tatsache, daß Menschen mit solchen perversen Wertvorstellungen für die strategische Planung verantwortlich und zugleich durch den gesetzlichen Deckmantel der Geheimhaltung der
öffentlichen Kritik entzogen sind.

Stephen H. Schneider und Randi Londer,
*The Coevolution of Climate and Life*, 1984

★ ★ ★

Ein Atomkrieg mit seinen schlimmen Folgen für die Menschen fast
überall auf der Erde könnte zugleich ganze Pflanzen- und Tierstämme
ausrotten und damit den früheren Fällen eines massenhaften Aussterbens
in nichts nachstehen.

Der nukleare Winter darf ungeachtet seines »winterlichen« Aspekts
nicht mit einer neuen Eiszeit gleichgesetzt werden. Wenn es in der Erdgeschichte überhaupt etwas Vergleichbares gibt, wäre er eher mit jenem
Massenaussterben zu vergleichen, das auf Meteoriteneinschläge zurückgeführt wurde. Wenn sich im Laufe von Jahrtausenden langsam das
Klima verändert, haben Menschen und andere Tiere genügend Zeit, weg-
zuziehen und sich auf andere Ernährungsweisen umzustellen, und auch
die Ökosysteme können sich umstellen, und die meisten Arten werden
die Klimaveränderung überleben. Ganz anders, wenn die Veränderung
sich innerhalb weniger Tage vollzieht. Es ist ein Unterschied, ob die
Polkappen über Jahrtausende hinweg abschmelzen, so daß der Meeres-

spiegel allmählich ansteigt, oder ob ein Erdbeben eine riesige Gezeiten-
welle auslöst, die innerhalb von Minuten eine ganze Küstenlinie ver-
heert. Nur wird ein nuklearer Winter nicht allein die Küsten betreffen.
Die Versicherung des Alten Testaments, daß das Leben auf der Erde
unvergänglich sei, ist durch uns zweifelhaft geworden:

Ein Geschlecht geht, und ein Geschlecht kommt; aber die Erde besteht ewiglich.

Prediger 1.4

Weit mehr Arten, als gegenwärtig leben, sind ausgestorben... Wir sind unbedeutend
in der Geschichte unseres Planeten, der einige Milliarden Jahre lang sehr gut ohne
uns ausgekommen ist. Wenn wir die Flexibilität verlieren und uns nicht mehr anzupassen vermögen, werden auch wir aussterben. Andere Arten werden unseren Platz
einnehmen, unsere Nische ausfüllen und den Evolutionsprozeß fortsetzen – es sei
denn, wir würden dabei die Lebensbedingungen so sehr verändern, daß keiner der
bestehenden Organismen überleben kann.

Betty Meggers

Sie müssen wissen, daß es keinen Grund für die Annahme gibt, der Fortschritt sei
unvermeidlich. Ich bin Mediävist, und Sie können mir glauben, die Menschen sind
durchaus imstande, alles zu vermasseln.

Charles E. Odegaard

Die Erde ist ein zu kleiner und zerbrechlicher Korb für die Menschheit, als daß sie
all deren Eier aufnehmen könnte.

Robert A. Heinlein

Der systematische Massenmord am europäischen Judentum hat gezeigt, daß ganze Zivilisationen mit den höchsten kulturellen und wissenschaftlichen Errungenschaften innerhalb weniger Jahre einer tollwütigen Raserei verfallen können, und die Erfindung der Atomwaffen garantiert, daß wahnsinnige Nationen in naher Zukunft über das Mittel verfügen werden, das Leben auf der Erde zu vernichten.

MATT CARTMILL, 1983

Kraft eines gloriosen Zufalls der Evolution, unserer Intelligenz, sind wir zu Hütern des Fortbestehens des Lebens auf der Erde geworden. Wir haben uns nicht nach dieser Rolle gedrängt, aber wir können sie nicht ablehnen. Es mag sein, daß wir ihr nicht gewachsen sind, aber wir müssen uns ihr stellen.

STEPHEN JAY GOULD, 1984

Die Wahlmöglichkeiten und Optionen, über die wir vor einigen Monaten noch streiten konnten, stehen uns nicht mehr offen. Wir müssen schnell handeln, und zwar bald, um die Erde ein für allemal von den Waffen zu befreien, die eigentlich überhaupt keine Waffen sind, sondern Instrumente der schieren Böswilligkeit.

LEWIS THOMAS, 1984

Sollte sich zeigen, daß wir unser Leben verpatzt haben, wie es mehrere Zivilisationen vor uns getan haben, wäre es nur schade um das Veilchen und den Baumfrosch, die wir in unseren Untergang hineinziehen würden. Dieser letzte Akt der Bosheit erscheint maßlos und unerträglich. Wir würden uns am geheimen Sinn des Universums selbst vergreifen und nicht nur den Menschen, sondern das Leben insgesamt in den endgültigen Holocaust hineinziehen – es wäre ein Akt verstockter, mutwilliger Gotteslästerung.

LOREN EISELEY, 1963

Geh nicht gelassen in die gute Nacht,
Brenn, Alter, rase, wenn die Dämmerung lauert;
Im Sterbelicht sei doppelt zornentfacht.

DYLAN THOMAS

# Neunter Tag

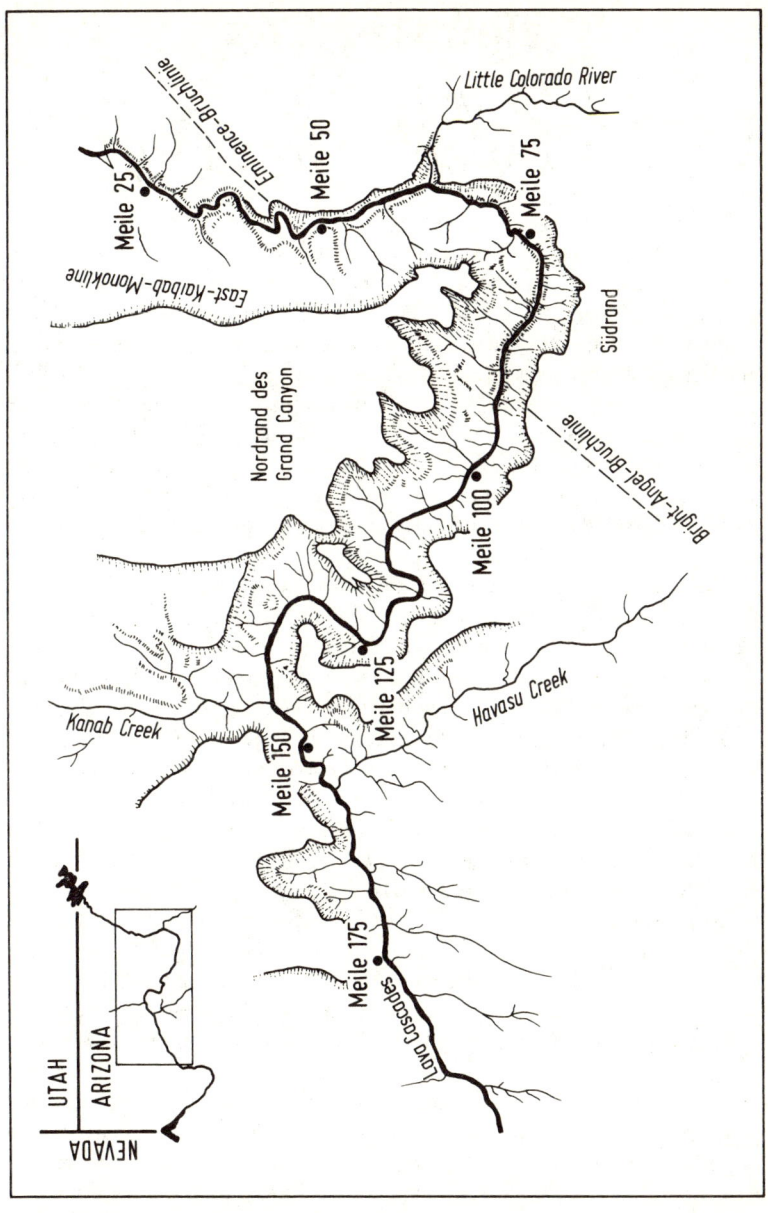

# Neunter Tag
## Meile 134
## Tapeats Creek

Der Tag fängt gut an – mit Dickhornschafen. Jeremy DuBois wachte heute morgen auf und blickte verschlafen aus seinem Zelt. Sein Blick wanderte hinüber zu dem mit Felsblöcken übersäten Abhang auf der anderen Flußseite, dem er in etwa die gleiche Aufmerksamkeit schenkte, mit der man die Rückseite einer Packung Cornflakes studiert. Plötzlich glaubte er, gesehen zu haben, wie ein Stein sich bewegte. Schnell war das Fernglas ausgepackt, und bald standen alle am Flußufer und versuchten, Dickhornschafe zu zählen. Ich kam nur auf drei. Fritz sagte jedoch, sie habe einmal erfahrene Jäger an Bord gehabt, die an einem Abhang zehn Dickhornschafe ausmachen konnten, während alle anderen nur drei sahen. Die Anasazi hatten vermutlich gut entwickelte Schemata für Dickhornschafe. Es kommt natürlich darauf an, auf jede kleinste Bewegung zu achten. Doch wenn sie stillhalten, sind die Dickhornschafe kaum von den Felsblöcken zu unterscheiden.

Als Fritz heute morgen das Frühstück vorbereiten wollte, entdeckte sie rings um die Küche Fußspuren eines Katzenfretts, doch das Tier selbst hatte niemand gesehen. Es ist keine richtige Katze, sondern gehört zur Familie der Kleinbären, mit einem katzenartigen Körper und einer Fuchsschnauze. Die Bootsführer sagen, bisweilen fänden sie während einer ganzen Fahrt jeden Morgen Katzenfrett-Spuren rings um die Küche, was darauf schließen lasse, daß die Tiere im gesamten Canyongebiet sehr zahlreich sind (oder daß sie einen blinden Passagier dabei hatten!). Man sieht sie selten, weil es echte Nachttiere sind, die tagsüber auf einem Felsvorsprung oder in einem Steinhaufen liegen. Es sind sehr behende und auch mutige Tiere. Als Wissenschaftler einmal im Grand Canyon eine Untersuchung über Nagetiere durchführten, drangen Katzenfretts nachts in ihre Zelte ein und machten sich mit ihren Sammelobjekten davon. Fritz erzählt, eines Nachts hätten sie ein Katzenfrett erwischt, das sich aus der Vorratskiste, die nicht richtig verschlossen war, einen Honigbehälter geholt hatte und sich an dem Inhalt gütlich tat. Es ließ sich von den Menschen, die es mit Taschenlampen umstanden, nicht im Genuß stören. Es blieb so lange, daß sie die Ringe an seinem langen buschigen Schwanz zählen konnten: Es gibt Katzenfretts, die bis zu sechzehn dunkle Ringe haben. Die hier lebenden Katzenfretts ernähren sich vermutlich überwiegend von Nagetieren und Echsen, mögen aber auch Kaninchen, Insekten, Schlangen und Früchte. Und Honig. Heute werden wir nicht mehr als etwa fünf Kilometer zurücklegen, zumindest auf dem Fluß – zu Fuß werden wir wohl etwas weiter laufen. Wir werden bis Meile 136 fahren und von dort aus den ganzen Tag über den Deer Creek erkunden, um anschließend zum Overhang Camp bei Meile 137 zu fahren. Beim Frühstück stellte sich heraus, daß einige gestern nachmittag nicht mit zum Thunder River gegangen waren; sie wollen heute eine Rundwanderung durch das Surprise Valley machen und nachmittags am Deer Creek zu den übrigen stoßen. Sie werden allerdings ohne jemanden von den Bootsleuten als Führer auskommen müssen. Einige Fahrgäste haben sich zwar bereit erklärt, das kurze Stück zu rudern, doch es gibt auf der Stecke drei Stromschnellen, davon eine mit einem großen Strudel, bekannt als »Hubschrauber-Strudel«. Der Fluß ist hier am schmalsten und am tiefsten, und deshalb ist es kompliziert, durch die Strömungen zu kommen.

Alan rät den Wanderern, nur aus der eigenen Feldflasche zu trinken, denn das Oberflächenwasser könne von den Lagerplätzen oben am Nordrand stammen. Uns allen gibt er den Rat, auf dem Wanderweg, der um die unteren Wasserfälle des Deer Creek herum in die Höhe führt, auf den Giftsumach zu achten. Ein Problem ist der Giftsumach nur an zwei Stellen im Canyon, nämlich in Vasey's Paradise und auf dem kleinen Fleckchen in der Nähe der Deer-Creek-Wasserfälle. Der Canyon ist fast überall und fast das ganze Jahr über erstaunlich frei von stechenden und juckenden Gefahrenquellen, solange man tagsüber den roten Ameisen aus dem Wege geht und morgens seine Schuhe ausschüttelt, für den Fall, daß ein Skorpion sich darin über Nacht eingerichtet haben sollte. Selbst die Canyon-Klapperschlange ist ein schlapper Feigling.

★

Eine neue Tierart wie das Katzenfrett kann durch allmähliche Darwinsche Evolution entstehen. Als Darwin sich überlegte, wie die natürliche Auslese sich auf die Variationen innerhalb einer Art auswirken würden, wurde ihm klar, daß es eine Tendenz zu jenen Varianten geben müsse, die in der Auseinandersetzung mit der Umwelt erfolgreicher waren. Daher müsse es bei den Merkmalen einer Art zu einer allmählichen Verschiebung kommen. Das war eine sehr vernünftige Überlegung, ausgehend von den Erkenntnissen, die man 1858 besaß, als der Genbegriff

Dickhornschaf
*Ovis canadensis*

Katzenfrett
*Bassariscus astutus*

noch unbekannt war und die Ergebnisse von populationsbiologischen Untersuchungen noch nicht vorlagen. Nach Darwins Ansicht war die Natur ziemlich ausgefüllt mit bestehenden Arten, so daß eine sich neu entwickelnde Art einen Keil zwischen die bestehenden Arten treiben und (wie wir heute sagen würden) einen Teil ihrer Nische übernehmen mußte. Darwins Keilmetapher hat unsere Vorstellungen über die Evolution der Arten lange bestimmt.

Inzwischen hat es jedoch den Anschein, als könne von einer so bequemen allmählichen Merkmalsverschiebung bei ganzen Populationen keine Rede sein. Nach den Fossilien von marinen Wirbellosen zu urteilen, ändert sich eine Art (vielleicht von einer geringen Größenzunahme abgesehen) über eine sehr lange Zeit gar nicht. Dann verschwindet sie unvermittelt und wird durch eine andere, ähnliche Art ersetzt, die dann ihrerseits lange unverändert bestehen bleibt. Man kann es mit dem »Modelljahrgang« der amerikanischen Autoindustrie vergleichen, die nur einmal im Jahr Veränderungen vornimmt (wobei das Modelljahr der Schnecken allerdings zehn Millionen Jahre dauert). Gleichwohl können innerhalb eines Modelljahrgangs Variationen vorkommen (besonders, wie man sagt, bei den Autos, die montags vom Fließband laufen!), die sich aber kaum im Sinne einer stetigen Merkmalsveränderung der ganzen Art auswirken.

Natürlich kann man einen graduellen Wandel beobachten – die Ergebnisse der Viehzüchter waren Darwin durchaus bekannt. Es kommt offenbar auf die Größe der Population an: Während bei kleinen Teilpopulationen eine graduelle Evolution in kurzer Zeit möglich ist, wird bei großen Populationen mit ihrem gut durchgerührten Genpool ein Großteil der Veränderungen abgepuffert und das Tempo der graduellen Veränderung so sehr verlangsamt, daß es unbedeutend wird.

Es könnte daher sein, daß sich das, was wir an den Fossilien beobachten, lediglich auf die große Zentralpopulation bezieht. Währenddessen könnten sich kleine Teilpopulationen in einem vom Rest isolierten Winkel innerhalb kurzer Zeit graduell entwickeln, oder um es mit der Metapher auszudrücken, die mir während des Gewitters eingefallen war: irgendwo in einer Ecke der spiralförmigen Rampe eines Parkhauses. Ihre Anpassungen sorgen dann dafür, daß sie eine neue Nische besetzen und sich beispielsweise von einer Nahrung, die bislang von keinem Tier genutzt wurde, ernähren können. Vielleicht bleiben die Teilpopulationen auch bei der Ernährungsweise der Art, von der sie abstammen, nur nutzen sie diese effizienter.

Ist einmal Fortpflanzungsisolation eingetreten und kehrt eine Teilpopulation dann in das Gebiet zurück, in dem die Art lebt, von der sie abstammt, so wird es, wenn sich die Bedingungen nicht ändern, sehr lange dauern, bis sie die ursprüngliche Art durch Konkurrenz verdrängt hat. Wenn sich jedoch die Bedingungen verschlechtern und ein massenhaftes Aussterben nach sich ziehen, kommt es auf jedes bißchen Effizienzsteigerung an, und dann bietet sich einer Art, die gewisse Verbesserungen erreicht hat, eine besondere Chance. Wie es scheint, tritt eine solche Verschlechterung der Lebensbedingungen etwa alle 28 Millionen Jahre auf. Es könnte sein, daß mehrere Abspaltungen von der Abstammungslinie, die zum Menschen führte, einem massenhaften Aussterben erlegen sind. Vor etwa 34 Millionen Jahren spalteten sich die Menschenaffen von den Altwelt-Affen ab, und kurz davor endete das Eozän mit einem ungewöhnlichen Klimawandel, der in den Wäldern der gemäßigten Zone die Wintertemperaturen, nicht jedoch die Sommertemperaturen beeinflußte. Nach der Pflanzenwelt zu urteilen, waren die Winter etwa 20 Grad kälter als normal. In den Meeren wurden die Radiolarien, eine Ordnung der tierischen Einzeller, praktisch auf ein Zehntel vermindert. Interessant ist nun, daß die Geologen in Bohrproben vom Meeresboden in denselben Schichten, in denen die Zahl der Radiolarien drastisch zurückgeht, Tektite finden. Das sind kleine runde Glaskörper, meistens kleiner als eine Fingerspitze. Das Glas ist besonders homogen, nicht porös und frei von Wasser – ganz anders als vulkanische Glase, weshalb man vermutet, daß die Tektite aus dem Weltraum stammen. Die Art, wie sie verteilt sind, spricht dafür, daß ein Meteorit vor dem Aufprall auf die Erde zerbrochen ist: Das Gebiet, in dem man sie antrifft, erstreckt sich, auch wenn es als »nordamerikanisches« Streufeld bezeichnet wird, von der Karibik nach Westen über den mittleren Pazifik bis zum Indischen Ozean.

Wie könnte nun ein solcher Meteoriteneinschlag eine Klimaänderung bewirkt haben? Wenn Mikrotektite beziehungsweise der Staub, den der Aufschlag aufwirbelt, in die untere Atmosphäre gelangen, werden sie durch Regen innerhalb von Wochen ausgewaschen. Gelangen sie in die Stratosphäre, könnte es einige Jahre dauern. Die Klimaänderung hat sich aber über ein bis zwei Millionen Jahre erstreckt. Wenn also etwas zurückgeblieben ist, das die Erde dauerhaft verschattete, dann hat es hoch im Weltraum die Erde umkreist, wo es nicht von der Atmosphäre erreicht wurde. Wie ist dann aber die Merkwürdigkeit zu erklären, daß die Sommer normal blieben, während die Winter in den gemäßigten Zonen außergewöhnlich kalt waren? John O'Keefe hat 1980 ein ausgeklügeltes Modell vorgeschlagen, dem zufolge ein saturnartiger Ring sich um die Erde zog, zusammengesetzt aus den Tektiten und Mikrotektiten, die durch die Schwerkraft der Erde in eine Umlaufbahn gezwungen wurden.

Wenn sich ein Ring bildet, dann wird er am ehesten über dem Äquator stehen, weil die Nord-Süd-Komponente der Geschwindigkeit durch

Kollision der Partikel gedämpft wird. Die Anziehungskraft, der ein die Erde umkreisendes Teilchen ausgesetzt ist, ist nicht überall gleich groß, weil die Erde an den Polen abgeplattet ist und einen Äquatorwulst aufweist, wie er bei einem Körper, der nicht allzu starr ist, durch die Rotation entsteht. Was anfangs eine weit verstreute, die Erde umkreisende Wolke war, konzentrierte sich im Laufe von ein bis zwei Jahren in einem schmalen Ring um den Äquator. Am 21. März und am 23. September, wenn die Sonne direkt über dem Äquator steht, wird der Schatten, den ein solcher Ring wirft, nur ein schmales Band um den Äquator sein. Wenn jedoch zur Wintersonnenwende die Nordhalbkugel um 23 Grad gegen die Bahnebene der Erde geneigt ist, wird der Ring einen breiten Schatten auf die gemäßigten und arktischen Zonen werfen. Zur Zeit der Tag- und Nachgleichen kommt es nicht darauf an, wie hoch der Ring in den Weltraum hinausreicht, da das Sonnenlicht dann auf die Schmalseite fällt, doch zu den übrigen Jahreszeiten wird die Größe des Schattens von der Stärke des Rings abhängen. O'Keefe nahm an, daß der Ring innen in einer Höhe von 3200 Kilometern über der Erdoberfläche begann und sich mit einer Stärke von 6400 Kilometern (einem Erdradius) in den Weltraum erstreckte. Ein solcher Ring würde zur Zeit der Sonnenwende etwa 75 Prozent des Sonnenlichts abhalten, genug, um einen Temperaturrückgang um 20 Grad zu verursachen. Im Sommer würde die Sonne nördlich des Rings stehen und somit würde er keinen Schatten auf die Nordhalbkugel werfen (dann würde allerdings die Südhalbkugel im Schatten liegen). Dieses Modell erklärt also, warum die Winter kalt waren, während die Sommer normal blieben.

Das Aussterben, das mit diesem Ereignis einherging, könnte Nischen freigemacht und dadurch den Menschenaffen ihre große Chance gegeben haben. Ihre Abspaltung von den Altwelt-Affen ist anhand von Differenzen in der DNA unter Annahme einer konstanten Mutationsrate auf eine Zeit vor etwa 34 Millionen Jahren datiert worden. Ein früher fossiler Menschenaffe, *Aegyptopithecus*, ist mindestens 30 Millionen Jahre alt. Der Gibbon hat sich aufgrund der DNA-Analyse vor etwa 22 Millionen Jahren abgespalten. Anschließend hat es eine Reihe weiterer Abspaltungen gegeben, denn wir kennen fossile Menschenaffen wie *Proconsul* aus dem frühen Miozän, zwischen 22 und 16 Millionen Jahren alt, *Sivapithecus*, 17 Millionen Jahre alt, und den verwandten *Ramapithecus* aus verschiedenen jüngeren Epochen. Der Vorfahr des modernen Orang-Utan, *Pongo*, scheint sich, wenn man von den akkumulierten DNA-Differenzen ausgeht, vor etwa 16 Millionen Jahren abgespalten zu haben, und tatsächlich zeigt der Schädel eines *Sivapithecus* eine überraschende

Ähnlichkeit mit dem eines ausgewachsenen Orang-Utan, der ebenfalls große runde Augenhöhlen und eine weit vorspringende Schnauze aufweist. Unter den Hominoiden gab es dann aber vor etwa zehn bis elf Millionen Jahren zwei Abspaltungen: Von der Linie, die zum Siamang führen sollte, spaltete sich der gemeine Gibbon ab, und der Gorilla spaltete sich von der Linie ab, die später zu den Schimpansen und den Menschen führen sollte. In diese Zeit fällt das Aussterben im mittleren Miozän, der jüngste Fall des alle 28 Millionen Jahre auftretenden Zusammentreffens von Aussterben und Meteoritenkratern. Vielleicht hat uns also, bemerkte jemand im Scherz, die letzte Heimsuchung von Kometen davor bewahrt, für immer Gorillas zu bleiben.

★

# Meile 136
# Die Deer-Creek-Wasserfälle

Während wir uns vom Fluß aus den unteren Deer-Creek-Wasserfällen nähern, wird das Donnern immer lauter. Eine ungeheure Wassermenge stürzt etwa 35 Meter tief herab und bildet eine schmale, durchgehende Säule. Daß auch hinter dem Sprühwasser, das aus dem Teich aufsteigt, Kraft steckt, entdecken einige von uns, als sie auf den Wasserfall zuzuwaten versuchen: Das Sprühwasser treibt sie zurück, und Jackie landet mit dem Hintern im Teich, buchstäblich von den Füßen gerissen. Sich unter das machtvoll herabstürzende Wasser stellen zu wollen, das wäre, wie wenn man gegen den Strahl eines Wasserwerfers anrennen wollte. Doch der Anblick dieses Wasserfalls und des Teiches, eingefaßt in eine Grotte aus Gestein und Pflanzenbewuchs, ist herrlich.

Wir halten uns indes nicht lange auf, denn unser Ziel ist das Tal oberhalb des Wasserfalls. Über dieses Tal und die Fossilien, die man am Eingang des Labyrinths, das zum unteren Wasserfall führt, entdecken kann, haben wir viel gehört. Der Pfad beginnt unterhalb des Wasserfalls, und wir müssen ein gehöriges Stück hinaufklettern, denn wir haben die Höhe nicht nur des unteren, sondern auch die des oberen Wasserfalls und die der Stromschnellen zu überwinden.

Sobald wir auf dem steilen Pfad eine gewisse Höhe erreicht haben, tut sich vor uns ein weiter Ausblick auf den Canyon auf. Wir erkennen die Verengung, die der Erdrutsch des Surprise Valley hervorgerufen hat, und sind erstaunt über seinen Umfang. Dies ist kein gewöhnlicher Erdrutsch mehr, denn die ganze Felswand ist in einem Stück weggebrochen. Nach einer weiteren Wegbiegung verengt sich unser Blickfeld, denn wir sind nun im eigentlichen Deer Creek Canyon. Der Tapeats bildet – vom Fluß aus über mehrere hundert Meter taleinwärts – senkrechte Vorsprünge, die auf beiden Seiten der Klamm wie Zähne ineinandergreifen. Auf dem Grunde dieses schmalen Einschnitts, zehn Meter unter unserem Pfad, donnern die Wasser des Deer Creek der Mündung in den Fluß entgegen. Unser Pfad ist nicht sehr breit, jedenfalls nicht für Menschen, die unter Höhenangst leiden. Wer jedoch hinunterschaut, wird belohnt durch den Anblick eines Judasbaums, der seine eigene kleine Nische hat. Der Bach bildete hier einst ein Strudelloch, in dem Steine, die zu schwer waren, um von dem rauschenden Wasser mitgerissen zu werden, umhergetrieben und dabei nach und nach zerkleinert wurden. Daraus ergab sich eine weitere emergente Eigenschaft, und das Strudelloch wurde immer tiefer. Schließlich sammelte sich in diesem Loch so viel sandiger Boden an, daß ein Baum davon leben konnte. Er ist winzig geblieben, weil seine Wurzeln sich nur in dem begrenzten Loch ausbreiten konnten, und erinnert an einen Bonsaibaum, der allwöchentlich von fernöstlichen Gärtnern gepflegt wird.

Jetzt weitet sich die schmale Schlucht, und wir sehen Pflanzen vor uns – und dann auch den Sprühregen des Wasserfalls, der sie befeuchtet. Schließlich erreichen wir die Höhe des zungenförmigen Felsvorsprungs, über dessen eine Seite das Wasser sieben Meter tief hinabstürzt, um anschließend in mehreren Kaskaden auf die schmale Stromschnelle zuzueilen – ein herrlicher Anblick.

Der Canyon wird hier breiter, weil wir die oberste Schicht des Tapeats-Sandsteins erreicht haben. Der Bright-Angel-Schiefer, der hier über dem Tapeats liegt, erodiert schneller, und so weitet sich dieser Canyon genau wie der Grand Canyon bei Furnace Flats nach dem Marble Canyon. Der Wasserfall hat etwas Unwirkliches, ein Eindruck, der sich dadurch verstärkt, daß es uns nicht gelingen will, durch Hin- und Herlaufen eine bessere Aussicht auf ihn zu gewinnen – es ist wie im Traum, wo man nicht machen kann, was man will. Man entdeckt schließlich, daß es nur einen Punkt gibt, von dem aus man den Wasserfall fotografieren kann, weil der gewundene Verlauf der Schlucht nicht überall einen Blick auf den hufeisenförmigen Felsvorsprung erlaubt.

Geht man von diesem einen Punkt nur einen Schritt weg, verschwindet das ganze Bild.

Wenn man die glitschige Oberkante dieses Wasserfalls erreicht, tut sich ein ganz neues Tal vor einem auf, so als schreite man durch einen Tunnel in ein geheimes, von Felswänden umschlossenes Tal. Hier treffen wir auf andere, die nach Fossilien suchen. Jedenfalls behaupten sie das. Ich halte sorgfältig Ausschau nach kleinen Details. Da sagt mir jemand, ich solle doch einen Schritt zurücktreten – und da sehe ich es. Die ganze Steinplatte ist von oben bis unten mit einem verwickelten Muster aus fingerdicken Strängen bedeckt, das sich gut auf einer Tapete ausnehmen würde. Nur handelt es sich hier um die versteinerten Gänge großer Würmer, die sich durch den Schlamm gegraben haben. Gewissermaßen das kambrische Gegenstück zum Fußabdruck eines Dinosauriers. Man stolpert förmlich darüber. Jetzt erinnere ich mich, daß ich in einem Museum auf dem Südrand kleine Steinbrocken mit solchen Wurmgängen gesehen habe. Doch diese Steinplatte ist unglaublich groß. Sie liegt direkt neben dem Deer Creek, nicht unter Glas oder durch ein Warnschild der Parkverwaltung geschützt. Wahrscheinlich wird sie jedesmal überspült, wenn der Deer Creek über die Ufer tritt. Dennoch scheint sie unbeschädigt zu sein, und keiner der Touristen, die seit hundert Jahren den Canyon besuchen, hat sich hier verewigt.

Der Bach fließt knietief durch ein breiter werdendes Tal, und während wir durch das Wasser waten, halten wir Ausschau nach Steinen mit Fossilien. Ich hebe Hunderte von Steinen auf und finde darunter etliche, die Fossilien enthalten könnten, nur kann ich nicht sagen wovon. Der Bach führt zu einer kleinen Stromschnelle, wo man herrlich baden und herumtollen kann.

Als ich mich später auf der Suche nach einem schattigen Plätzchen beim Eingang zum oberen Teil des Canyons unter einen überhängenden Felsvorsprung aus Bright-Angel-Schiefer lege, stelle ich auf der Unterseite erstaunt fossile Spuren fest – die Gänge von kambrischen Würmern und, wie man mir sagt, Spuren von Trilobiten. Größer als mancher Eßtisch, ist diese phantastische Unterseite eine hervorragende Sammlung fossiler Wurmspuren.

Alan sagt, wenn wir dem Pfad weiter folgen würden, bekämen wir noch mehr zu sehen: Einige Kilometer das Tal hinauf tritt der Deer Creek in einem Wasserfall aus der Felswand hervor. Wir hätten noch reichlich Zeit, um uns das anzusehen. Dort oben würden wir wahrscheinlich die Gruppe treffen, die den Weg über das Surprise Valley genommen hat. Alan, sein Bruder Ken und sein Vater Gordon gehen auf jeden Fall. Die Versuchung ist groß. Doch ich beschließe zu bleiben und den unteren Teil des Canyons zu erkunden. Auf steilen Pfaden gelangt man in den hinter der Stromschnelle gelegenen Teil, und auf dem Weg gibt es ein paar hübsche kühle Plätze, wo man sich hinsetzen und die schöne Aussicht genießen kann. Als ich, unterstützt von jemandem, der mir von oben her die Hand reicht, aus der Stromschnelle herauskrieche, stoße ich auf eine Gruppe, die sich unter einem der Tapeats-Vorsprünge eingefunden hat und sich, während sie den Ausblick auf den schmalen Canyon genießt, über eine andere Art von Aufstieg unterhält.

★

Vom Menschenaffen zu Lucy, das war das Thema. Es ging um die Frage: Wie wird aus einem typischen Menschenaffen des mittleren Miozäns, der vielleicht dem Schimpansen ähnelt, ein früher Hominide wie Lucy, die vor drei bis vier Millionen Jahren im Afar-Dreieck Äthiopiens aufrecht ging? Lucy hatte bereits das hübsche gerundete Becken und die Kniekehlen, die mit dem aufrechten Gang verbunden sind. Doch die Veränderungen, die vom Schimpansen zum Menschen führen, waren erst halbwegs abgeschlossen. Ihr Schädel erinnert in Größe und Gestalt noch auffällig an den Schimpansen – das war vor drei Millionen Jahren, kurz bevor das Modell des *Australopithecus afarensis* auslief. Anschließend kam *A. africanus* in Mode. Auf Zeichnungen wird er stets mit einer bescheidenen Behaarung abgebildet, nicht nackt, wie es der moderne Mensch war, bevor der Kleiderfimmel einsetzte. Die große Verhüllung. Ob Lucy noch eine menschenaffenartige Behaarung hatte, weiß niemand, fest steht aber, daß jene irgendwann verloren ging – und wahrscheinlich nicht im gleichen Augenblick, als die Kleidung in Mode kam. Was in aller Welt mag zur Auslese der Unbehaartheit geführt haben?

Nach der herkömmlichen Erklärung ist Unbehaartheit eine Anpassung an das Laufen in der Ebene. Danach hätten unsere Vorfahren sich bei der Verfolgung von Tieren oder bei der Flucht vor ihnen überhitzt, wenn sie nicht die spezifisch menschlichen Schweißdrüsen besessen hätten, die unser Blut kühlen. Und das Schwitzen funktioniert besser, wenn keine Haare dazwischenkommen. Wenn dem so wäre, müßten eigentlich auch andere Tiere dieses vermeintliche physiologische Prinzip entdeckt haben, doch die Zoobesucher sind wohl die einzigen Tiere, die schwitzen. Tatsächlich gibt es keinen anderen Primaten, der die physiologische Dummheit begangen hat, übermäßig zu schwitzen. Mit traditionelleren Mechanismen der Temperaturregelung sind Paviane durchaus an das Leben in der Savanne angepaßt, und sie laufen schneller als der Mensch,

Manche Teile [der Welt] sind weder Land noch See, und so bewegt sich alles aus dem einen Element ins andere und trägt mit Unbehagen die seltsamen Übergangsformen, die das Leben an solchen Orten annimmt. Einige Fische kommen aus dem Wasser und atmen Luft und sitzen da und schauen dich an. Pflanzen gehen dazu über, Insekten zu fressen, Säugetiere gehen ins Wasser zurück und entwickeln einen länglichen Fischkörper, Krebse klettern auf Bäume. Nichts bleibt dort, wo es begonnen hat, weil in der instabilen Umwelt alles ständig zwischen den Elementen hin- und herkriecht.

Loren Eiseley,
*The Night Country*, 1971

der allerdings an eine wirklich ausdauernde Verfolgungsjagd besser angepaßt ist.

Schwitzen bedeutet im übrigen, daß Körpersalze und Wasser verschwendet werden. Menschenaffen gehen mit dem Wasser so sparsam um, daß sie nur selten an Wasserlöcher kommen müssen, wo Raubtiere im Hinterhalt lauern, und nur selten müssen sie auf die Suche nach Salzvorräten gehen. In einem heißen Klima muß der Mensch den ganzen Tag über immer wieder trinken (woran uns die Bootsführer wiederholt erinnern). Vor der Erfindung des Wasserbeutels waren die Hominiden in der heißen Savanne daher gezwungen, sich in der Nähe von Bächen und Seen aufzuhalten, ein Verhalten, das für andere Savannentiere untypisch ist.

Die Unbehaartheit ist außerdem mit einem schwerwiegenden Nachteil verbunden, denn Primatenbabies klammern sich ans Fell der Mutter, um von ihr mitgenommen zu werden. Als die Behaarung spärlicher wurde, muß die Zahl der Babies, die sich beim Fallen verletzten, erheblich zugenommen haben (selbst bei den behaarten Schimpansen ist das Herunterfallen die Haupttodesursache von Säuglingen). Das nährt die Vermutung, daß die Unbehaartheit aus einem anderen, bedeutenderen Grund vorteilhaft gewesen ist, und zwar vorzugsweise in einer Situation, in der es relativ unproblematisch war, wenn ein Säugling herunterfiel. Aber wo könnte das gewesen sein?

Es gibt eine solche Situation: wenn nämlich das Muttertier auf der Suche nach Krebsen in ufernahen Gewässern herumwatet.

★

Haben unsere Menschenaffen-Vorfahren sich auf Schalentiere spezialisiert? Alister Hardy hat sich in den vierziger und fünfziger Jahren mit marinen Säugetieren befaßt. Sie stammen natürlich von Landtieren ab, die irgendwann gezwungen waren, sich auf das Leben im Meer zu verlegen, und die entsprechende Anpassungen an die aquatischen Bedingungen entwickelten. Hardy gelangte zu der Erkenntnis, daß der Mensch eigenartige Merkmale aufweist, die einen bei jeder anderen Art sofort zu der Vermutung veranlassen würden, sie habe einst an Land gelebt, sei dann gezwungen worden, ins Wasser auszuweichen, um schließlich wieder in die Savanne zurückzukehren, wobei sie ihre Schwimmfähigkeit und andere Anpassungen an das Leben im Wasser beibehielt. Praktisch alle unbehaarten Säugetiere von heute sind entweder Wassertiere, oder sie sind, wie etwa die Schweine, auf eine Suhle angewiesen, oder sie stammen von solchen Tieren ab (mit Ausnahme des Nacktmulls und eines künstlich gezüchteten haarlosen mexikanischen Hundes). Je länger das Tier im Wasser gelebt hat, desto vollständiger ist der Haarverlust (Seehunde und Biber wurden erst vor relativ kurzer Zeit zum Wasserleben bekehrt). Wer einmal versucht hat, in Kleidern zu schwimmen, kann bestätigen, wie lästig sie sind. Es ist bekannt, daß Sportschwimmer sich vor einem Wettkampf alle Körperhaare abrasieren.

Unbehaartheit ist nur eine der Besonderheiten vieler mariner Säugetiere wie Delphine und Wale. Eine andere besteht darin, daß sie unter der Haut eine dicke Fettschicht ausbilden, die die isolierende Wirkung des verlorenen Haarkleides übernimmt (das nur an Land funktioniert, weil sich zwischen den Haaren Luft festsetzt). Wir haben, genau wie die nackten Meeressäugetiere, aber im Unterschied zu den Menschenaffen, am ganzen Körper eine subkutane Fettschicht. Sie trägt gleichzeitig dazu bei, uns eine für das Schwimmen nützliche Stromlinienform zu geben, nach der man bei dem knochigen Menschenaffen vergeblich suchen wird.

Menschenbabies sind bei der Geburt sehr mollig, ein Zuwachs, der auf die letzten Schwangerschaftsmonate zurückgeht (in denen sie auch ihre ursprüngliche Körperbehaarung, die sogenannte Lanugo, verlieren). Sie sehen ganz anders aus als die ausgezehrten Schimpansenjungen, deren äußere Erscheinung nur mit der von sehr alten oder stark unterernährten Menschen vergleichbar ist. Ist das Fett der Babies vielleicht eine Anpassung an das Leben im Wasser, gibt es ihnen (in Salzwasser) genügend Auftrieb, schützt es sie hinreichend vor Wärmeverlust, so daß sie auf dem Wasser treiben können, während sie sich an dem einzigen Haar, das der Mutter noch geblieben ist, dem Haupthaar, festhalten? In den Küsten-

Meistens verlieren Säugetiere, die ins Wasser zurückkehren und lange genug dort bleiben – besonders in warmen Klimata –, ihr Haar als völlig natürliche Folge. Nasses Fell an Land nützt keinem etwas, und Fell im Wasser behindert beim Schwimmen. So verwandelte sich unsere Äffin allmählich in eine nackte Äffin, aus demselben Grund, aus dem sich der Delphin in einen nackten Cetaceen, das Flußpferd in ein nacktes Huftier, das Walroß in einen nackten Flossenfüßer und die Rundschwanzseekuh Manati in eine nackte Sirene verwandelte. Als ihr Pelz zu verschwinden begann, fühlte sie sich immer behaglicher im Wasser, und dort verbrachte sie das Pliozän.

Elaine Morgan,
*Der Mythos vom schwachen Geschlecht*, 1972

382 Die Deer-Creek-Wasserfälle

gewässern Feuerlands kann man solche Szenen noch beobachten: An der Oberfläche treibende Indianerbabies, die an den langen Haaren der Mutter hängen, während diese nach Schalentieren taucht.

Es gibt dann noch das kleine Problem mit dem aufrechten Gang: Was ging dem Becken von Lucy voraus? Die Fortbewegung auf zwei Beinen ist sehr viel langsamer als die auf allen Vieren, die ihr vorangegangen sein muß – Paviane können eine bemerkenswerte Geschwindigkeit entwickeln. Im Wasser nehmen Säugetiere jedoch oft eine vertikale Haltung ein, während sie umherspähen und beobachten, sich mit Artgenossen austauschen oder das, was sie gerade aus der Tiefe hervorgeholt haben, verzehren. Das alles geschieht vorzugsweise in der Senkrechten. Beim Wassertreten, beim Tauchen und beim horizontalen Schwimmen halten sie ihre Beine parallel zum Rückgrat, nicht senkrecht dazu wie die vierbeinigen Landtiere. Auf diese Weise verlieren die Meeressäuger die längliche Beckenform, die für die vierbeinigen Landtiere, etwa die Schimpansen und Gorillas, charakteristisch ist. Ein Landtier, das auf allen Vieren, also in horizontaler Stellung, in seichtes Wasser hineinwatet, gelangt mit der Nase sehr viel schneller ins Wasser als ein anderes, das sich auf die Hinterbeine stellt. Von der Fläche, die der Zweibeiner im seichten Gewässer nach Nahrung absuchen kann, steht dem Vierbeiner nur etwa ein Drittel zur Verfügung. Der Übergang vom vierbeinigen Laufen zum vollentwickelten Schwimmen und Tauchen hat sich vermutlich bei der Nahrungssuche in Ufernähe in einem trockener werdenden Klima vollzogen.

Eine andere Besonderheit, die die Menschen unter den Primaten auszeichnet, ist das Kopulieren mit einander zugewandtem Gesicht: Was auch immer der Grund für diese Umkehrung der bei anderen Tieren gebräuchlichen Kopulationsstellung sein mag, die meisten anderen Wassersäugetiere praktizieren sie auch, wahrscheinlich eine Folge davon, daß die Neigung des Beckens sich infolge der aufrechten Haltung geändert hat. Dann ist da auch noch die kleine Frage der Tränen: Primaten weinen nicht, einige Wassersäugetiere aber wohl. Tränen und das Schwitzen lassen einen an Salzdrüsen denken, jene Anpassungen, durch die sich im Meer lebende Tiere des überschüssigen Salzes, das sie mit ihrer Fischnahrung aufnehmen, entledigen.

Es ist natürlich ketzerisch zu behaupten, die Menschen seien einmal alle professionelle Schwimmer und Taucher gewesen. 1960 ließ Professor Hardy sich dazu bewegen, vor der britischen Tauchervereinigung in Brighton, gewiß ein Publikum, das seinen Thesen gegenüber aufgeschlossen war, einen Vortrag zu halten. Er trug seine Hypothese vom aquatischen Menschenaffen, die 30 Jahre lang in ihm gereift war, außerhalb der konservativen akademischen Welt vor, die damals mit ihrer Savannentheorie des Übergangs vom Menschenaffen zum Vormenschen sehr zufrieden war (und noch heute ist). Damit hätte es sein Bewenden haben können, wenn an jenem Freitagabend nicht ein Reporter zugegen gewesen wäre. Alle Sonntagszeitungen berichteten von Hardys Vortrag, darunter einige mit der abenteuerlichen Entstellung: »Professor Hardys verblüffende neue Theorie zeigt, daß der Mensch vom Delphin abstammt.« Ein kleiner Irrtum um 100 Millionen Jahre, denn ungefähr so lange liegt die Abspaltung der Cetaceen vom Stammbaum der Säugetiere zurück.

Sir Alister sagte später: »Ich wagte mich am Montag kaum nach Oxford zurück.« Darum rief er bei der Zeitschrift *New Scientist* an und fragte, ob man eine korrekte Fassung seines Vortrags abdrucken würde, um die peinlichen Verzerrungen zurechtzurücken. Das geschah auch. Doch leider versäumte er es, eine ausführliche wissenschaftliche Abhandlung zu schreiben, zu der seine Kollegen Stellung nehmen konnten, denn mittlerweile war er in den Ruhestand getreten und widmete seine Untersuchungen der religiösen Erfahrung.

Die Theorie vom aquatischen Menschenaffen hat gleichwohl überlebt. Elaine Morgan, früher selbst in Oxford, hat zwei Bücher geschrieben, in denen sie Hardys Theorie unter die Leute brachte, 1972 den Bestseller *Der Mythos vom schwachen Geschlecht* und 1988 *Kinder des Ozeans*. Aktualisierungen der Theorie veröffentlicht sie regelmäßig im *New Scientist*, sobald sie an den entlegensten Stellen auf neues Beweismaterial stößt.

Die Anthropologen haben sich nicht recht entschließen können, auf die Wasseraffen-Theorie einzugehen, so als verletze die Art, in der sie eingeführt wurde, ihr Gefühl für die Etikette. Die Physiologen entdecken dagegen immer mehr Tatsachen über Wassersäugetiere, die für Hardys Theorie sprechen. Da gibt es zum Beispiel den sogenannten Tauchreflex, den alle erfolgreichen Taucher haben (auch tauchende Frösche), der den Herzschlag verlangsamt und die Blutzufuhr zur Haut beim Beginn des Tauchvorgangs herabsetzt. Diese Anpassung dient offenbar dem Ziel, die unter Wasser zugebrachte Zeit zu verlängern, indem der Sauerstoffverbrauch herabgesetzt und dadurch ermöglicht wird, tiefer zu tauchen und länger nach Nahrung zu suchen. Beim Menschen ist der Tauchreflex, der die Herzfrequenz halbiert, gut entwickelt. Einer der Auslöser dieser reflexartigen Verlangsamung des Herzschlags ist Wasser, das ins Gesicht spritzt; es könnte daher sein, daß das Tragen einer Tauchermaske den Reflex ausschaltet.

Was der Debatte zusätzlich Nahrung gab, war die Entdeckung der Physiologen, daß zwischen uns und anderen Landtieren eigenartige Unterschiede in der Regulierung der Körpersalze, besonders des Natriumchlorids, bestehen. Die meisten Landsäugetiere zeigen einen regelrechten Hunger nach Salz, wenn ihr Futter nicht genügend Salz enthält. Wenn ihr Salzbedarf gedeckt ist, hören sie auf, salzhaltige Nahrung aufzunehmen. Wir Menschen dagegen zeigen keinen Salzhunger, selbst dann nicht, wenn ein weitgehender Mangel eingetreten ist und beispielsweise Muskelkrämpfe einsetzen. Salzmangel ist eine der wesentlichen Todesursachen, denn in unterentwickelten Ländern sterben viele Kinder infolge von Durchfall (wobei der Salzverlust tödlich ist). Diese mangelhafte Regulierung der Salzaufnahme stand vermutlich auch während eines Großteils der Hominidenevolution einer erfolgreichen Anpassung im Wege.

Für Tiere, die im Meer leben, ist es schwierig, die Salzaufnahme zu regulieren, denn alles, was sie fressen, ist salzig. Sie werden daher verbesserte Mechanismen entwickeln, um den Überschuß loszuwerden. Dazu gehören natürlich die Nieren, aber auch Tränen (jawohl, auch dadurch wird man Salz los) und das Schwitzen. Warum also ist die Regulierung des Salzhaushalts im Menschen eher für Wasser- als für Landtiere typisch? Ist sie vielleicht darauf eingestellt, einen Salzüberschuß auszuscheiden, den der Mensch mit Fischen und Schalentieren in sich aufnimmt?

Viele in Richtung der Hominiden weisende anatomische Veränderungen findet man bei einem Primaten, der sich tatsächlich an das Leben im Wasser angepaßt hat, dem Sumpfmenschenaffen (oder, wie einige lieber sagen würden, Sumpfaffen) *Oreopithecus*, dessen Gebeine sich in großer Zahl erhalten haben, weil sie im Schlamm versanken. In einem italienischen Kohleflöz hat man ein vollständiges Skelett des *Oreopithecus* gefunden. Er hat das kurze, breite Becken eines Zweibeiners, die hominoiden Modifikationen des Ellbogens, das abgeflachte Gesicht, die kurzen Eckzähne und die gekrümmten Fingerknöchel, die typisch sind für Lucy und die anderen frühen Hominiden (physische Anthropologen sprechen über nichts lieber als über gerade oder gekrümmte Knochen, denn das ist ein Hinweis auf die Funktion). All das macht *Oreopithecus* zu einem potentiellen Vorläufer des Hominiden, wäre da nicht der Fundort, der ziemlich weit im Norden liegt, und wären da nicht die Zweifel, ob er zu den Menschenaffen zu rechnen ist. Man kann jedoch daran ablesen, wie sich das Leben im Sumpf auf einen Primaten auswirkt, wenn der Meeresspiegel steigt und die Inseln kleiner und kleiner werden. Man kann daran auch erkennen, wie solche Experimente mutmaßlich ausgehen werden: *Oreopithecus* ist ausgestorben. Es ist denkbar, daß ein solcher Prozeß mehrfach eingeleitet wurde, nur haben sich die natürlichen Bedingungen möglicherweise so schnell geändert, daß das biologische Anpassungsvermögen nicht Schritt zu halten vermochte.

Eine der ersten Vermutungen über die Entwicklung des Menschen aus einem einfacheren tierischen Lebewesen hatte ebenfalls etwas mit dem Wasser zu tun. Der griechische Philosoph Anaximander aus Milet wies vor 2500 Jahren darauf hin, daß menschliche Neugeborene sehr viel hilfloser seien als die Jungen anderer Tiere und sehr viel länger gestillt werden müssen. Sollten sie, so seine Überlegung, ursprünglich genauso hilflos gewesen sein wie heute, hätte die Menschheit nicht überleben können. Daraus folgerte Anaximander, daß dieser Mensch von Tieren abstammen müsse, die als Jungtiere selbständiger waren. Nach Ansicht Anaximanders war der Vorläufer des Menschen ein Wassertier. Seine Vermutung, diese »Fischmenschen« hätten sich allmählich in »Landmenschen« verwandelt, ist ein Meilenstein in der Geschichte des Evolutionsgedankens.

Gegen die Wasseraffen-Hypothese sind verschiedene Einwände vorgetragen worden. Es stimmt zwar, daß die meisten Primaten sich fürchten, ins Wasser zu fallen, doch andererseits hat die Evolution verschiedene Primaten hervorgebracht, die sich im Wasser wie zu Hause fühlen. Neben dem ausgestorbenen *Oreopithecus* gibt es dafür heutige Beispiele wie die Zwergmeerkatze in den Flüssen von Gabun, den Nasenaffen aus den Mangrovensümpfen Borneos, der gelegentlich aus unbekannten Gründen weit ins Meer hinausschwimmt, und den sich von Krebsen ernährenden Makaken der Philippinen. Von Gorillas, die in Zoos leben, wird berichtet, daß sie gern ins Wasser gehen und vor allem das Brustschwimmen lieben. Ein Verhaltensforscher, der frei lebende Schimpansen an verschiedenen Orten Afrikas beobachtet hat, berichtet, daß sie nicht wasserscheu seien. Frei lebende Zwergschimpansen wurden beobachtet, wie sie in Bächen waten und nach Fischen schnappen. So viel zu diesem Einwand.

> Ich stelle ihn mir watend vor, anfangs vielleicht noch kriechend, fast auf allen Vieren, im Wasser nach Schalentieren umhertastend, doch nach und nach wurde seine Geschicklichkeit im Schwimmen größer. Mit der Zeit sehe ich ihn mehr und mehr zu einem Wassertier werden, das sich weiter vom Ufer fortwagt. Ich sehe ihn nach Schalentieren tauchen, Würmer erbeuten, auf dem Grund seichter Meere Krebse und zweischalige Muscheln aus dem Sand graben, Seeigel aufbrechen und schließlich mit wachsender Geschicklichkeit Fische mit den Händen fangen.
> Der Physiologe Alister Hardy, 1960

Anthropologen weisen immer wieder darauf hin, daß wir ebenso viele Haarbälge haben wie die Schimpansen und unsere Nacktheit daher eine Illusion sei. Das hat jedoch nichts zu besagen. Elaine Morgan hat darauf hingewiesen, daß das Gesicht von Königin Victoria nicht weniger Haarbälge hatte als das von Charles Darwin, doch wäre Darwin wohl sehr erstaunt gewesen, wenn man ihm gesagt hätte, sein Bart sei eine Illusion. Entscheidend ist, wie dicht und wie schnell das Haar wächst, nicht aber, ob der Balg, aus dem es hervorgeht, vorhanden ist oder nicht. Die Anthropologen sind so sehr auf »harte« Beweise aus, daß sie immer wieder verlangen, die Diskussion so lange auszusetzen, bis irgendwann einmal unwiderlegbare fossile Beweise für den im Wasser lebenden Menschenaffen vorliegen werden. Daraus scheint auf den ersten Blick nüchterne wissenschaftliche Vorsicht zu sprechen, doch wird damit zugleich stillschweigend unterstellt, Fossilien seien die einzigen ernstzunehmenden Beweise und Hinweise auf unsere Abstammung, die von der vergleichenden Physiologie oder der Verhaltensforschung geliefert werden, seien keine Überlegung wert.

★

Da die Evolution am schnellsten verläuft, wenn Tiere unter harten klimatischen Bedingungen in kleinen Populationen isoliert sind, muß auch die Evolutionsbiologie in die Debatte einbezogen werden. Gleichgültig, ob man die Savannen-, die Küsten- oder sonst eine Hypothese vertritt, muß geprüft werden, ob der Rahmen, in dem sich die Evolution vom Menschenaffen zum Vormenschen vollzogen haben soll, überhaupt geeignet ist: Wie schnell haben sich dort Veränderungen vollziehen können? Ideal wäre ein afrikanisches Gebiet, das im ausgehenden Miozän, vielleicht vor sieben bis acht Millionen Jahren, bewaldet war, in dem Menschenaffen vorkamen und das dann vom übrigen Afrika isoliert wurde, mit all den Vorteilen, die Inseln für die Artbildung und Auslese bieten. Begrüßenswert wäre ferner, wenn die besagte Insel später wieder eine Landverbindung zum übrigen Afrika bekommen würde, so daß *Australopithecus afarensis* vor vier Millionen Jahren das Gebiet des ostafrikanischen Grabens bevölkern konnte. Um diesen hypothetischen Ablauf zu überprüfen, muß man sich vergewissern, wie hoch der Meeresspiegel einst gewesen ist, welche geologischen Ereignisse in jener Zeit stattgefunden haben und wie das Klima war.

Einen solchen idealen Ort hat Leon LaLumiere jr. an der Küste des Roten Meeres ausgemacht, und dieser Ort paßt sehr gut zur Hypothese vom aquatischen Menschenaffen, nicht aber zur Savannentheorie. Er

# Danakil-Region

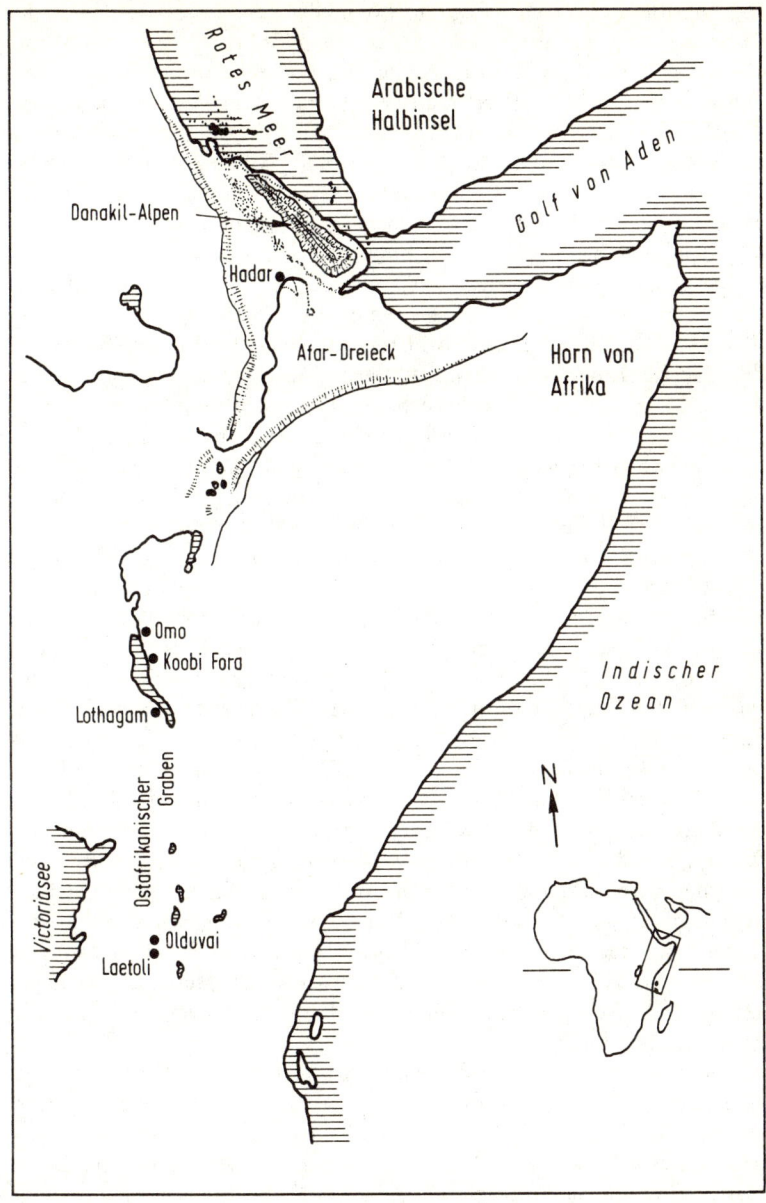

liegt nördlich der Hadar-Region, wo in der Spitze des Afar-Dreiecks Lucy und ihre Familie gefunden wurden. Nördlich von Djibouti und südlich vom heutigen Dahlak-Archipel gelegen, gehört diese Küste zu Eritrea, das wegen ständiger politischer Unruhen für Reisende lange Zeit unsicher und leider auch unzugänglich war. Die Geologen bezeichnen dieses Gebiet als die Danakil-Alpen. Etwa 75 Kilometer breit, bildet es über eine Strecke von 540 Kilometern die afrikanische Küste vor der Meerenge von Bab el-Mandeb, wo das Rote Meer in den Golf von Aden und den Indischen Ozean übergeht.

Am Beginn des Miozäns, vor etwa 20 Millionen Jahren, bildeten Afrika und Arabien eine einzige tektonische Platte. Diese tektonische Platte stieß mit der eurasischen Platte zusammen, wobei das Gebiet um das heutige Rote Meer nachgab und einsank. Zusammen mit etwas neuem Meeresboden, der sich zu bilden begann, entstand so das Proto-Rote-Meer, das mit dem Proto-Mittelmeer verbunden war, nicht mit dem Indischen Ozean (der zuvor Zeuge gewesen war, wie der indische »Kontinent« mit Asien zusammenprallte, wodurch der Himalaya hochgedrückt und Indien zu einem »Subkontinent« wurde).

Es entstand eine Senkung, aus der sich der Golf von Aden bildete (er trennt heute die Republik Somalia am Horn von Afrika vom südlichen Jemen, der auf der arabischen Halbinsel liegt, und vom Weltraum aus scheint es, als sei hier ein riesiger Büchsenöffner am Werk gewesen), der aber lange keine Verbindung zum Roten Meer hatte. Es blieb statt dessen eine bewaldete Landbrücke zwischen dem bewaldeten Afrika und dem bewaldeten Arabien (im Miozän erstreckten sich die feuchten Tropen bis ins südliche Eurasien), und beginnend vor etwa 17 Millionen Jahren wurde diese Landbrücke von zahllosen Arten afrikanischer Landtiere, die sich während des Miozäns nach Asien hinein ausbreiteten, als Wanderroute benutzt. Zu diesen wandernden Arten gehörte vermutlich auch der *Ramapithecus*, von dem man Überreste von Ungarn bis China gefunden hat, aber auch in Kenia. Die arabische Halbinsel, also die asiatische Seite der Landbrücke, ist bislang noch nicht auf Fossilien von Hominoiden untersucht worden, doch arbeiten sich die Anthropologen am ostafrikanischen Graben entlang in Richtung Norden vor, auf die ehemalige Landbrücke zu.

Der Zusammenstoß, das Zurückprallen und weitere Zusammenstöße zwischen Afrika und Arabien gingen einher mit Veränderungen in Afrika selbst, die weitreichende Folgen haben sollten. Bevor alles anfing, gab es kaum Vulkane, und die Hochflächen von Äthiopien und Kenia existierten noch nicht. Damals begann jedoch ein bis heute anhaltender

Prozeß, der Afrika zerreißt. Vor 15 Millionen Jahren waren in Kenia und Äthiopien zwei große Blasen entstanden, aus denen Lava hervorquoll, so daß sich die Landoberfläche um mehr als tausend Meter hob und die Hochflächen entstanden (auf ähnliche Weise hat sich wohl das Colorado-Plateau gehoben, das auf allen Seiten von Vulkanen umgeben ist). Die Erdkruste platzte an zahlreichen Stellen, überall entstanden Verwerfungen, vor allem in Nord-Süd-Richtung, wo sich nach und nach ein langgestrecktes Tal bildete. Heute verläuft der ostafrikanische Graben von der Ostküste Südafrikas in nördlicher Richtung durch das Afar-Dreieck, doch die Senke setzt sich durch das Rote Meer fort und reicht über das Tote Meer und den See Genezareth bis nach Syrien hinein. Die mit der Absenkung einhergehenden Erdbeben haben die Mauern von Jericho etliche Male einstürzen lassen (Josua muß dennoch einen hervorragenden Sinn für das richtige Timing gehabt haben). Der große, von Syrien über Ostafrika verlaufende Graben weitet sich noch immer, derzeit mit einem Tempo von einem Millimeter pro Jahr (dies ist allerdings zehnmal langsamer, als Europa und Nordamerika durch die Ausbreitung des Meeresbodens auseinandergedrückt werden).

Dies alles rief in Afrika natürlich Vulkane hervor, die noch höher waren als der heutige Kilimandjaro. Sobald das Hochland von Äthiopien und das von Kenia eine hinreichende Höhe erreicht hatten, um Niederschläge auszulösen, entstand östlich davon ein Regenschatten, und die tropischen Regenwälder begannen zu verdorren. Die Landschaft verwandelte sich in den Flickenteppich aus Wald und offenem Gelände, den wir Savanne nennen. Die dort lebenden Primaten paßten sich, wie es etwa die Paviane taten, an das Nahrungsangebot und die Raubtiere der Savanne an, oder sie zogen sich, wie es der Berggorilla machte, in Enklaven zurück, wo sie mit ihren alten Gewohnheiten aus dem Regenwald überleben konnten. (Das hat allerdings seinen Preis, denn heute leben nur noch 240 Berggorillas, zurückgedrängt auf eine »Insel«, die aus einigen feuchten Berggipfeln besteht – ihr Schicksal ähnelt dem des *Oreopithecus*, der vom Wasser eingeschlossen wurde.) Wie schon viele Male zuvor bewirkten die Plattentektonik und die Ausbreitung des Meeresbodens, daß bedeutende evolutionäre Veränderungen zusammenkamen.

Gegen Ende des Miozäns war das Rote Meer noch immer ein Golf des Mittelmeeres. Das Mittelmeer machte aber selbst eine dramatische Veränderung durch, denn es trocknete aus und verwandelte sich in eine Reihe von Salzseen. Anschließend füllte es sich wieder mit Wasser. Dies wiederholte sich elf- bis vierzehnmal, was vermutlich am südlichen Ende des damaligen südlichen Golfes große Zerstörungen mit sich brachte.

Dort ging es ohnehin schon turbulent zu infolge der gesteigerten tektonischen und vulkanischen Aktivität, die sich in der Zeit von elf bis neun Millionen Jahren vor der Gegenwart im Roten Meer und im Afar-Dreieck sowie über die gesamte Länge des ostafrikanischen Grabens abspielte (damals muß der letzte Vorfahre gelebt haben, den wir mit dem Gorilla gemeinsam haben).

Während vor etwa sieben Millionen Jahren die Schwankungen des Meeresspiegels sich fortsetzten, entfernte sich die afrikanische Platte von der arabischen Platte, und die Mikroplatte der Danakil-Alpen war nicht länger zwischen den Riesen eingeklemmt. Ähnlich den Krustenblöcken in Nevada, die man sehen kann, wenn man nördlich von Las Vegas durch das Basin-and-Range-Gebiet fährt, wo ebenfalls eine Absenkung stattfindet, haben sich die Danakil-Alpen in schwindelerregender Weise zur Seite geneigt, so daß ihre Sedimentschichten heute eine extreme Schieflage aufweisen – auch haben sie sich gegen den Uhrzeigersinn in ihre heutige Position gedreht. Ein Fall, der uns zeigt, wie die Dinge sich verändern können, wenn die Natur ihre Kräfte spielen läßt, und er macht uns deutlich, daß ganze Teile der Erde wie Eisberge umhertreiben können, bevor sie wieder an einem bestimmten Ort erstarren.

Die Danakil-Mikroplatte wurde, nachdem sie sich schließlich sowohl von der afrikanischen als auch von der arabischen Platte gelöst hatte, vom Meer umspült, und damit endete die große Landbrücke des Miozäns, die Afrika mit Eurasien verbunden hatte. Das Rote Meer erstreckte sich vor 6,7 Millionen Jahren nicht nur bis in den nördlichen Teil des Afar-Dreiecks, sondern von Süden her drang auch der Golf von Aden vor und schuf eine Verbindung zwischen den beiden Meeren (das Rote Meer hatte durch die Hebung der Landenge von Suez inzwischen die Verbindung zum Mittelmeer verloren). Das Rote Meer war nicht nur über die heutige Meerenge von Bab el-Mandeb, sondern auch über die weiter westlich gelegene »Danakil-Meerenge« mit dem Indischen Ozean verbunden. Die Danakil-Alpen wurden zu einer Insel.

★

Danakil war eine große Insel, möglicherweise doppelt so groß wie Sardinien, Korsika, Jamaica oder Puerto Rico, um ein paar bekannte Inseln zu nennen. Vielleicht verwandelte sich die Gegend auch in eine Inselkette, denn hier und da stiegen Vulkane auf, Korallenriffe entstanden, und Land, das bereits eine starke Neigung hatte, versank unter dem Meeresspiegel. Die Landfläche dürfte in diesem Fall in etwa der der Hawaii-Inselkette entsprochen haben. Die Hawaii-Inseln sind zudem insofern gut vergleichbar, als sie tropisch sind, und auch sie weisen Vulkane auf, die bis in Höhen reichen, die die Wolken zum Abregnen zwingen, so daß Süßwasser zum Trinken zur Verfügung steht. Die Menschenaffen, die auf den Inseln eingeschlossen waren, dürften Schwierigkeiten gehabt haben, und zwar nicht nur wegen all der Vulkanausbrüche und Erdbeben. Das Ende des Miozän ging weltweit mit einer Dürre einher, in der die Wälder sich in Grassteppen und sogar in Wüsten verwandelten. Wahrscheinlich hat es auch auf Danakil eine Savannenperiode gegeben, und so dürften die Hauptnahrungsquellen nicht im Inneren der Inseln zu finden gewesen sein, sondern an den Küsten. Wer noch nicht mit einer Tauchermaske im Roten Meer unterwegs gewesen ist, kann sich kaum vorstellen, wie vielfältig und reichhaltig das Leben im Meer sein kann. Auf Hawaii und in der Karibik läßt sich zwar recht hübsch beobachten, welches Leben sich um Korallenriffe entfaltet, doch im geschützten Roten Meer ist die Fülle des Lebens um eine Größenordnung reicher und nur vergleichbar mit dem Großen Barrier-Riff vor Australien. Im Roten Meer braucht man nicht einmal mit dem Boot zu einem Riff hinauszufahren, denn das Leben, das sich um die Korallenriffe abspielt, ist überall zu beobachten.

Man braucht nur in die Ufergewässer des Roten Meeres hineinzuwaten, und man glaubt in einem Supermarkt mit Fischen und Schalentieren zu sein. Das Nahrungsangebot ist schier unbegrenzt, man muß sich nur bedienen. Man findet nicht nur Venusmuscheln, Kammuscheln, Austern und dergleichen mit den harten Schalen, die dann später von den Archäologen in Form von Abfallhaufen wieder ausgegraben werden (es könnte zwar sein, daß sie vor dem Verzehr zu einem zentralen Lagerplatz gebracht wurden, doch wahrscheinlicher ist, daß sie gleich wieder ins Wasser geworfen und von der Flut fortgespült wurden). Dort lebende Menschenaffen könnten sich aus frischen Hummern und Krebsen ein fürstliches Mahl bereitet haben, und sie könnten gemeinsam ganze Schwärme von Korallenfischen in das seichte Wasser getrieben haben, wo sie mit den Händen zu greifen waren. Einen besonderen Vorzug dürften bestimmte Fische wie etwa der Barsch genossen haben, weil sie gut schmecken und weil sie groß sind. Zwar werden die Menschenaffen beim Waten im Flachwasser auf nicht allzu viele große Fische gestoßen sein, doch wenn sie nur ein wenig unter die Oberfläche tauchten, müßte es ihnen möglich gewesen sein, in den Nischen des Korallenriffs den einen oder anderen Fisch aufzuspießen. So wie die Schimpansen heute mit Stöcken nach Termiten angeln, könnten die Menschenaffen auf Danakil gelernt haben, mit ausgesuchten speerähnlichen Stöcken Fische zu jagen.

Nicht zu vergessen sind auch die Gezeiten. An der Mündung des Roten Meeres können die Gezeiten sehr stark gewesen sein, ähnlich wie an der Mündung des Puget Sound. Bei Seattle und Vancouver werden die Strände jeden Tag bis zu vier Meter tief bloßgelegt. Bei solchen Gezeiten werden viele angeschwemmte Tiere selbst dem wasserscheuesten Landbewohner zugänglich – und auf diese Weise könnten die Menschenaffen an Meerestieren Geschmack gefunden haben. Da der Gezeitenhub mit dem Abstand von der Mündung ins offene Meer abnimmt (bei Suez und Eilat ist er kaum zu bemerken), war Danakil optimal gelegen, um die Menschenaffen an den bei Ebbe freiligenden Stränden zum Probieren zu bewegen. So wie die kleinen garnelenartigen Flohkrebse am Colorado bei Niedrigwasser die Rennechsen anlocken.

Was hier beschrieben wurde, sind natürlich bloß die guten Zeiten, wie sie auf Danakil geherrscht haben mögen. Denn die starken geologischen Veränderungen am Übergang vom Miozän zum Pliozän haben sich vermutlich schädigend auf die Tierwelt ausgewirkt. Außerdem werden Schalentierpopulationen in regelmäßigen Abständen durch Krankheiten dezimiert. Die Lebensbedingungen auf Danakil dürften sich verschlechtert haben, mit der Folge, daß periodisch Menschenaffen ausgelesen wurden, die in der Lage waren, ins Meer hinauszuschwimmen und immer tiefer zu tauchen, um an die ständig knapper werdende Nahrung zu gelangen.

Wahrscheinlich wurde vor etwa 5,4 Millionen Jahren durch Lavaströme an der Südwestküste die Danakil-Meerenge geschlossen, und es entstand wieder eine Verbindung zwischen der Insel und dem afrikanischen Festland. Diese Basis der Danakil-Halbinsel war vermutlich auf lange Zeit eine biologische Wüste, da auf den ausgedehnten Basaltflächen nichts wuchs, und somit stellte sie eine gewisse Barriere dar für Landtiere, die auf ihrer Wanderung etwas zu fressen finden müssen. Die aquatischen Menschenaffen konnten dagegen an der Küste entlang wandern und sich unterwegs von Meerestieren ernähren, vorausgesetzt, sie fanden in den Bächen Trinkwasser.

Das Danakil-Gebiet war also vermutlich zwischen 6,7 und 5,4 Millionen Jahren vor der Gegenwart ziemlich isoliert. Ist es dort vielleicht zu einer Evolution unter den Menschenaffen gekommen, so daß sich die Hominidenlinie von der Linie der Menschenaffen abspaltete? Die DNA-Abweichungen zwischen Schimpanse und Mensch lassen vermuten, daß die Abspaltung zwischen 7,7 und 6,3 Millionen Jahren vor der Gegenwart stattfand, womit sie in die Zeit fällt, in der Danakil isoliert war.

★

Dieses Szenario der frühen Hominidenevolution zeigt also eine bemerkenswerte Übereinstimmung mit der Hardy-Hypothese, sofern man Danakil als einen idealen Ort für die Evolution der Menschenaffen akzeptiert. Wenn man von der Evolutionsbiologie ausgeht, ist Danakil aus mehreren Gründen ein idealer Ort. Die dort lebenden Menschenaffen waren vom Genpool der afrikanischen Menschenaffen isoliert, so daß die natürliche Auslese das Genom rasch in Richtung der selektierten Merkmale verändern konnte. Die Population war klein genug, so daß eine Artbildung eintreten konnte. Falls Danakil aus mehreren Inseln bestand, könnten sich sogar mehrere Arten von Hominiden entwickelt haben, die später wieder aufeinandertrafen, wie wir es bei den Vögeln auf den Galapagos-Inseln und den Fliegen auf Hawaii beobachtet haben, wobei die eine oder andere Art, die weniger »tauglich« war, verdrängt wurde. Auf Danakil könnte es außerdem zu Wellen der Auslese gekommen sein, wenn das Rote Meer zusammen mit dem Mittelmeer ausgetrocknet war und sich anschließend wieder mit Wasser gefüllt hat, oder wenn die Danakil-Meerenge sich immer wieder geöffnet und anschließend geschlossen hat, weil Lavaströme an der Südwestküste eine Landverbindung herstellten. Durch die Austrocknung, durch Vulkanausbrüche und Veränderungen der Gezeiten wurde das reiche Nahrungsangebot im Meer zuweilen knapp, mit der Folge, daß die Menschenaffenpopulation auf Danakil zurückging und nur die tüchtigsten überlebten. Unter diesen Bedingungen kann die Evolution sehr schnell verlaufen sein, sehr viel schneller als in der Savanne Ostafrikas.

Welches waren wohl die Merkmale, die durch die natürliche Auslese verstärkt wurden? Auf jeden Fall die Fähigkeit, im Wasser zu waten, aber schließlich auch die Fähigkeit, zu schwimmen und zu tauchen, die Fähigkeit, lange im Wasser zu bleiben, vielleicht sogar Säuglinge dorthin mitzunehmen. Knochigen, behaarten Menschenaffen dürfte es nicht so gut ergangen sein wie nackten, kurvenreichen Menschenaffen, die durch eine subkutane Fettschicht isoliert waren. Tiere mit einem Becken, das es ihnen erlaubte, die Beine parallel zum Rückgrat zu bewegen, waren den typischen Menschenaffen im Waten und Schwimmen überlegen und konnten daher besser für ihre Nachkommen sorgen. Tiere mit einem verbesserten Gleichgewichtssinn konnten sich unter Wasser, wo die Schwerkraft sich weniger stark bemerkbar macht, vermutlich besser zurechtfinden. Diejenigen, die den Atem anzuhalten verstanden, haben am Ende vermutlich tauchen gelernt, und ein Tauchreflex hat es ihnen dann ermöglicht, noch länger unten zu bleiben. Derartige Fähigkeiten könnten durch harte Lebensbedingungen selektiert worden sein.

Was in diesem Szenario nicht vorkommt, ist die Werkzeugherstellung, und sie braucht auch nicht eigens erwähnt zu werden, denn wenn schon der Schimpanse mit einem Stein eine Nuß aufhämmern kann, so dürfte das genügen, um auch ein Schalentier zu öffnen, und wenn der Schimpanse schon in der Lage ist, mit einem Stock in einen Termitenbau hineinzufahren, sollte es auch möglich sein, daß mit einem speerähnlichen Stock in den Nischen des Korallenriffs ein Fisch erlegt wird (schon Vögel bohren mit Stöcken in Ritzen, wie Dan Hartline am ersten Tag unserer Reise erzählte). Ein solcher Werkzeuggebrauch setzt keine großen Fähigkeiten in der Werkzeugherstellung voraus, doch ist es natürlich möglich, daß durch Zufall ein Werkzeug entstand, wie es etwa geschieht, wenn ein Schimpanse eine besonders harte Nuß aufhämmert und dabei ein Stück von einem Stein absplittert.

Die erforderlichen Anpassungen setzen im Grunde auch kein größeres Gehirn voraus. Allerdings hat man bei Säugetieren, die zu einem aquatischen Leben übergegangen sind, festgestellt, daß sie am Ende auch ein größeres Gehirn hatten, so als würde der Erwerb eines neuen Fortbewegungsrepertoires durch zusätzliche Hirnmasse erleichtert, in der der neue neurale Steuerungsapparat untergebracht wird. Bei der Zwergmeerkatze, einem in Gabun lebenden Affen, der in Flüssen schwimmt, ist das Gehirn relativ zur Körpergröße erheblich größer als beim Durchschnitt der Altwelt-Affen. Da aus dem Zeitabschnitt, der 16 bis vier Millionen Jahre zurückreicht, kaum fossile Schädel von Menschenaffen erhalten sind, wissen wir nicht, wann genau das Gehirn der Hominiden zuzunehmen begann, ob das Maß von 500 Kubikzentimetern schon früh erreicht wurde oder erst kurz vor Ende der vier Millionen Jahre zurückliegenden Zeit. Ein gewisses Hirnwachstum ist jedoch mit der Hypothese vom aquatischen Menschenaffen durchaus zu vereinbaren.

Wenn man also der Danakil-Version der aquatischen Hypothese folgt, dann hat sich die natürliche Auslese unabhängig und mosaikartig auf verschiedene Merkmale der Menschenaffen ausgewirkt, vor allem aber auf die Behaarung und die Fettschicht, die Fortbewegung und die Physiologie des Tauchens. Ihr zufolge können sich aufgrund der Insellage, der unruhigen Geologie, des Klimas im ausgehenden Miozän und der wechselvollen Geschichte des Mittelmeers, das wegen einer häufig wiederkehrenden Schließung der Meerenge von Gibraltar zeitweise trockenfiel, innerhalb einiger Millionen Jahre die Zyklen von Artbildung und Auslese etliche Male wiederholt haben. Eine Million Jahre kann angesichts der wiederholten Gelegenheiten zur Auslese und Artbildung vollkommen für all diese Veränderung ausgereicht haben – das wird sofort einleuchten, wenn man bedenkt, wie rasch Haustiere durch künstliche Auslese verändert werden. Selbst wenn eine rasche natürliche Auslese noch tausendmal langsamer verläuft als die künstliche Auslese, reicht die Zeit allemal.

Das Resultat war dann vermutlich ein menschenaffenähnlicher Hominide mit einigen omnivoren Anpassungen. Man braucht gar nicht von Intelligenz zu reden, um anzuerkennen, daß dieses Tier wahrscheinlich schlauer war, indem es die frühere Vielseitigkeit des sich von Pflanzen und Früchten ernährenden Menschenaffen beibehielt, sie jedoch ergänzte durch neue Fähigkeiten, die im Zusammenhang standen mit dem Leben am Wasser und dem regelmäßigen Verzehr des Fleisches unterschiedlicher Tierarten, die es auf unterschiedliche Weise in seinen Besitz brachte. Es war vermutlich ein Tier, das unterschiedliche afrikanische Nischen auszufüllen vermochte und unter schwierigen Bedingungen eher zu improvisieren verstand.

Als diese aquatischen Menschenaffen sich dann von Danakil aus verbreiteten, haben sie wahrscheinlich auch einige der nachteiligen Eigenschaften mitgenommen, die während des aquatischen Zwischenspiels entstanden waren. Dazu zählen die nackte Haut und Schweißdrüsen, die Salz und Wasser verschwenden, die Tatsache, daß ein Arm nicht mehr frei verfügbar war, weil ein Junges, das sich nicht mehr am Fell festklammern konnte, getragen werden mußte, und das Unvermögen, ebenso schnell zu laufen wie die vierbeinigen Vorfahren. Zunächst wird die Wanderung logischerweise der Küste des Roten Meeres gefolgt sein. Wenn das Schalentieraufkommen zurückging, werden sich die Menschenaffen aber wohl auch landeinwärts gewendet haben, durch das Afar-Dreieck dem Tal des Awash River stromaufwärts folgend bis nach Hadar, wo Lucy zu Hause war. Von dort könnten sie sich südwärts durch das Omo-Tal bis zum Turkanasee ausgebreitet haben, um weiter durch die Senke bis Olduvai und Laetoli zu gelangen, vielleicht sogar durch den ostafrikanischen Graben bis hinunter nach Südafrika und zu den Höhlen von Transvaal. Die Schlußfolgerung, der Graben sei ein bevorzugter Wanderweg der Hominiden gewesen, ist allerdings unzulässig, denn das übrige Afrika ist in dieser Hinsicht weitgehend unerforscht, und daß wir von dort keine Funde besitzen, besagt nichts. Man

Das Salz dieser Urmeere ist in unserem Blut, ihr Kalk in unseren Knochen. Jedesmal wenn wir an einem Strand entlanggehen, befällt uns ein Urtrieb, und wir legen Schuhe und Kleider ab, oder wir stöbern zwischen Seetang und gebleichtem Treibholz herum, wie die heimwehkranken Vertriebenen eines langen Krieges.

Loren Eiseley,
*The Unexpected Universe*, 1969

gräbt nun einmal bevorzugt in dieser Senke, weil sie sich weitet, so daß die Schichten der Erdkruste sich neigen und die ein bis vier Millionen Jahre alten Sedimente zutage treten, weshalb man nicht lange nach ihnen zu graben braucht, um sie freizulegen. Der ostafrikanische Graben ist also als ein Sonderfall zu betrachten, aber möglicherweise ist er der Ort, wo sich alles abgespielt hat.

★

Vor 34 Millionen Jahren entwickelten sich aus den Altwelt-Affen die Menschenaffen. Sie verloren den Schwanz und bekamen ein Schultergelenk von größerer Beweglichkeit. Mit dem Übergang vom Affen zum Menschenaffen kam aber nicht bloß eine größere Behendigkeit beim Kirschenpflücken und eine gewisse Zunahme des Hirnvolumens. Aus der Sicht der Verhaltensforscher ist sehr viel bedeutsamer, daß die Dauer der Kindheit sich verdoppelte. Affen können nach drei bis vier Jahren geschlechtsreif sein, Schimpansen brauchen fast zehn Jahre.

Wenn der Nachwuchs durch das Vorbild lernen soll, wenn man nicht nur Gene, sondern auch Meme weitergeben will, ist das äußerst wichtig. Nicht nur, daß in einer doppelt so langen Kindheit mehr passiert – es kommt hinzu, daß juvenile Tiere verspielt sind und zur Nachahmung neigen. An den japanischen Makaken, die Kartoffeln im Wasser abwaschen und den Sand aus den Weizenkörnern heraussieben, läßt sich beobachten, daß die Jungen eine größere Bereitschaft zeigen, mit einer neuen Technik zu experimentieren oder eine bis dahin unbekannte Nahrung auszuprobieren. Das wird dann von den älteren Tieren übernommen, mit Ausnahme der alten Männchen, die offenbar sehr unbeweglich sind.

Nicht immer ist das Herumprobieren angezeigt – in manchen Situationen muß man ohne Überlegung handeln und auf der Grundlage angeborener oder erworbener Neigungen instinktiv das Richtige tun. Wenn man alt genug ist, um Nachkommen zu haben, kommt es eher darauf an, daß man bei der Nahrungsbeschaffung effizient zu Werke geht, statt seine Zeit mit Experimenten zu vertrödeln. Die Verspieltheit der Jungen wird dadurch ermöglicht, daß die ernsthaften Erwachsenen sie beschützen. Eine großartige Sache war die Verdoppelung der Spielphase vor dem Eintritt in den Ernst des Erwachsenenlebens nur solange, wie die Art sich das leisten konnte.

Wie es scheint, hat die Sache auch eine Kehrseite. Die heute noch lebenden Menschenaffen haben es, wie Barbara anmerkte, mit der verlängerten Kindheit offenbar übertrieben. Bis zur nächsten Geburt können bei einem Schimpansenweibchen sechs Jahre vergehen, weil durch das Stillen die Ovulation unterdrückt wird – an sich nicht schlecht, weil das Muttertier sich jeweils nur um ein Junges kümmern kann. Manches Muttertier schafft es so bis zu seinem eigenen Tod kaum, zwei Nachkommen bis zum fortpflanzungsfähigen Alter großzuziehen, weil die Sterblichkeit unter den Neugeborenen und den Jungtieren sehr hoch ist. Da die Versorgung der Jungen ganz an dem Muttertier hängt, ist selbst unter günstigen Bedingungen kaum mit einer Vergrößerung der Schimpansenpopulation zu rechnen. Auch ohne die Tatsache, daß ihre tropischen Habitate durch die Ausbreitung der Menschen gefährdet sind, steht die Existenz der Menschenaffen heute auf dem Spiel. Es brauchen nur ein paar magere Jahre zu kommen, und sie könnten aussterben. Das ist nicht nur für sie, sondern auch für uns eine ernste Angelegenheit. Verhalten versteinert nicht, so daß man es später an Fossilien ablesen kann. Wie wir einmal gewesen sind und was aus uns hätte werden können, das läßt sich am besten an den lebenden Menschenaffen studieren. Wie sie in ihrem angestammten Ökosystem zurechtkommen, das läßt sich nicht in der künstlichen Umgebung eines Zoos oder eines Zirkus beobachten, sondern nur an frei lebenden Schimpansen.

Der Mensch ist noch weiter gegangen als der Menschenaffe und hat die Kindheit nochmals verdoppelt. Der Geburtenabstand hat sich jedoch bei primitiven Sammler-und-Jäger-Stämmen auf vier Jahre verringert, und er kann sich in agrarischen Gesellschaften weiter verringern.

»Gegenüber den Menschenaffen hat sich die Dauer der Kindheit bei uns verdoppelt«, sagte Rosalie. »Wie war das möglich, ohne einen Abstand von zehn bis zwölf Jahren zwischen zwei Babies?«

»Das stimmt«, antwortete Abby. »Selbst bei primitiven Sammler-und-Jäger-Stämmen beträgt der Geburtenabstand etwa vier Jahre. Es liegt also nicht an der Landwirtschaft, die allerdings dafür verantwortlich sein könnte, daß der Geburtenabstand heute bis auf zwei Jahre zurückgehen kann.«

»Man kann es mit einem Wort ausdrücken«, sagte Barbara schmunzelnd: »Lovejoy – Liebesgenuß. Daran liegt es.«

»Ist das ein Name oder ein Vorgang?« fragte Ben argwöhnisch.

»Beides«, antwortete Barbara vergnügt. »Es geht um C. Owen Lovejoy, einen physischen Anthropologen. Und es geht zugleich um einen Schlüsselbegriff seiner Theorie (und der einiger anderer), mit der erklärt wird, wie wir die Sackgasse überwunden haben, in die die Menschenaffen geraten sind.« Ich hatte den Eindruck, daß bei allen die Aufmerksamkeit stieg, denn jeder wollte wissen, was Liebe oder Genuß mit der Populationsökologie zu tun haben könnten.

»Wir sollten uns noch einmal mit den Vögeln befassen«, setzte Barbara an. »Eine der herkömmlichen Strategien zur Förderung der eigenen Gene besteht ja, wie ihr wißt, darin, sie in möglichst großer Zahl, manchmal sogar vollkommen wahllos, zu streuen. Es gibt aber auch eine andere Strategie: sich nach der Geburt eines Nachkommen um diese Gene zu kümmern und zu ihrem Überleben beizutragen. Sie wird in vielen Fällen von den Weibchen praktiziert. Bisweilen auch von Männchen, vor allem dann, wenn sie sicher sein können, daß die Jungen ihre Gene tragen und nicht die eines anderen Männchens.«

»Ich kenne Froschmännchen, die den Laich in einem speziellen Kehlsack ausbrüten«, meinte Ben. »Und ich weiß auch von männlichen Vögeln, die die Eier bebrüten. Manche tragen zur Fütterung der Jungen bei, und gelegentlich bringen sie auch für das Weibchen, das auf dem Nest bleibt, etwas mit.«

»Bei Vögeln ist das nichts Ungewöhnliches. Monogamie ist eines der Verfahren, um es dem Männchen schmackhaft zu machen, sich um die Jungen zu kümmern und sie zu versorgen, denn dann steckt es seine Energie wirklich in Nachkommen, die seine eigenen Gene tragen. Von allen Vogelarten sind rund 92 Prozent monogam, von den Säugetieren aber nur fünf Prozent. Unter den Menschenaffen gibt es nur eine monogame Art, den Gibbon, aber mit dem hatten wir zuletzt vor rund 22 Millionen Jahren einen gemeinsamen Vorfahren, während von unseren engeren Verwandten keiner an die Monogamie zu glauben scheint.«

Unsere engsten Verwandten, die afrikanischen Menschenaffen, zeichnen sich nicht gerade durch feste Paarbeziehungen aus. Gorillamännchen kämpfen untereinander um den zeitweiligen Besitz eines Harems, was zu einer sexuellen Auslese großer männlicher Tiere führt. Ausgewachsen sind sie nun doppelt so groß wie die Weibchen. Schimpansenweibchen paaren sich mit zahlreichen Männchen, so daß bei ihnen das Sperma in einer Art Lotterie um das Ei konkurriert. Nur bei Zwergschimpansen soll es längere Beziehungen zwischen Männchen und Weibchen geben.

Männliche Menschenaffen beteiligen sich allerdings auch ohne Monogamie in einem gewissen Maße an der Fürsorge für die Jungen. Sie beschützen zum Beispiel die Horde. Seine eigenen Gene kann das Männchen auf diese Weise allerdings nicht fördern, da es kaum wissen kann, welches Junge von ihm stammt, abgesehen von dem Fall, daß es langfristiger Besitzer eines Harems ist. An der Nahrungsbeschaffung beteiligt es sich kaum – eine Schimpansen- oder Gorillamutter sucht das Futter für sich und für die Jungen. Was das Männchen nach der Befruchtung für die Horde tut, dient also nicht bevorzugt dem Überleben seiner eigenen Gene. Anders bei der Mutter, deren Bemühungen in erster Linie den Jungen gelten, die ihre eigenen Gene tragen. Bei ihr fördern also die Erfolge vor und nach der Befruchtung ihre eigenen Genkombinationen. Beim Männchen dienen zwar die Bemühungen vor der Befruchtung der Förderung der eigenen Gene, doch wenn seine Erfolge nach der Befruchtung dazu beitragen sollen, daß diese Gene ihrerseits wieder fortpflanzungsfähig werden, muß es sich in gleicher Weise wie die Mutter um die Gene kümmern. Dieses Prinzip scheinen die Vögel im großen Maßstab zu praktizieren.

»Wie ist die Monogamie überhaupt aufgekommen, wenn es stimmt, daß sie so nützlich ist?«, fragte Abby. »Die Vorteile leuchten mir schon ein. Die verlängerte Kindheit wird unterstützt, und ein besonders tüchtiges Männchen trägt durch seine Bemühungen nach der Befruchtung dazu bei, daß seine Nachkommen größere Überlebenschancen haben. Doch was hat die Hominiden zur Monogamie bewogen?«

»Bei den Schimpansen ist ein gewisser Ansatz zu einer Dauerbeziehung zu beobachten, die sich bei anderen, inzwischen ausgestorbenen Menschenaffen zu einer echten Monogamie entwickelt haben könnte«, antwortete Barbara. »Oft kann man beobachten, daß ein brünstiges Schimpansenweibchen tagelang von einem oder zwei Männchen verfolgt wird. Es kommt sogar vor, daß ein Pärchen für einige Tage in den Büschen verschwindet. Man spricht dann von einer ›Partnerbeziehung‹. Wenn ein Weibchen auf einen Nußbaum klettert, hat auch der Partner auf diesem Baum etwas Wichtiges zu tun. Auch wenn das Weibchen die Avancen anderer Männchen nicht verschmäht, ist es doch wahrscheinlich, daß der männliche Partner etliche Samenzellen mehr in die Lotterie einbringen kann, abgesehen von der größeren Wahrscheinlichkeit, daß er genau dann zum Zuge kommt, wenn die Ovulation eintritt. Irgendwann muß es dazu gekommen sein, daß ein Weibchen den Zeitpunkt der Ovulationen nicht nach außen hin erkennbar machte, wie es beim Menschen der Fall ist, rätselhafterweise, denn unter den Primaten ist das unüblich. Die Ovulation tritt in der Mitte zwischen zwei Menstruationen ein...«

»Ist das dasselbe wie die Brunst?« frage Abby.

»Ja, die Verhaltensweisen, die das Weibchen um den Zeitpunkt der Ovulation zeigt, bezeichnet man zusammenfassend als Brunst«, antwortete Barbara. »Das hat sich dann aber auf der vormenschlichen Entwicklungsstufe geändert. Das Weibchen war seitdem dauernd sexuell empfänglich, und der Zeitpunkt der Ovulation wurde weder durch sexuelle Schwellungen am Hinterteil für alle sichtbar gemacht (so ist es bei den meisten Affen und Menschenaffen) noch durch Verhaltensänderungen angezeigt. Es gab keine Brunst mehr.

Wie könnte sich eine solche genetische Variante ausgewirkt haben?« fragte Barbara ihre aufmerksamen Zuhörer. »Höchstwahrscheinlich wird das Weibchen von jenem Männchen befruchtet, das ihm ständig folgt und es immer wieder probiert. Das Ausbleiben der Brunst um den Zeitpunkt der Ovulation – wir sprechen von verborgener Ovulation – bei den Weibchen selektiert eine bestimmte Variante von Männchen, nämlich diejenige, die das Weibchen ständig begleitet und es immer wieder versucht.«

»Aha! Hier kommt also der ›Liebesgenuß‹ zum Zuge!« rief Ben lachend aus.

»Das vermuten wir. Wahrscheinlich wurde der Sexualtrieb so stark, daß er diese ganze zeitraubende Paarungsaktivität außerhalb der Saison anzutreiben vermochte«, sagte Barbara schmunzelnd. »Und das, obwohl die Eileiter leer sind und es nicht zu einer Befruchtung kommen kann. Kaum eine andere Art verschwendet so viel Zeit und Energie auf die Paarung, wenn sie zwecklos ist.«

»Wahrscheinlich wurden dadurch Männchen selektiert, die sich eng an ein bevorzugtes Weibchen hielten«, sagte Rosalie, »denn dann ist die Wahrscheinlichkeit groß, daß sie das Weibchen mit der verborgenen Ovulation befruchten. Der Salzhunger scheint uns abhanden gekommen zu sein, was aber auf jeden Fall gewachsen ist, ist unser Sexhunger.«

★

Wenn wir einen Schimpansen befragen könnten, welche Verhaltensweisen uns voneinander trennen, könnte das Teilen der Nahrung der Punkt sein, der ihn am stärksten beeindruckt. »Stell dir vor, diese Menschen finden etwas zu essen, und statt es sogleich zu verzehren, wie es jeder vernünftige Menschenaffe tun würde, schleppen sie es fort und teilen es mit anderen.«
Der Archäologe
Glynn Llywellyn Isaac (1937–1985)

Im Hinblick auf die verborgene Ovulation bestand, wie Richard Alexander und Katherine Noonan 1979 festgestellt haben, das wichtigste Ergebnis der natürlichen Auslese darin, daß die männlichen Tiere dazu gebracht wurden, sich um den Nachwuchs zu kümmern. Damit sich bei den Hominiden die Monogamie entwickeln konnte, mußte die Partnerschaft zu einer festen Gewohnheit werden, einer regelrechten gegenseitigen Bindung, ähnlich dem Verhältnis von Müttern zu ihren kleinen Kindern, damit ein angehender Vater an die Mutter, die seine Gene in sich reifen ließ, in der gleichen Weise gebunden wurde, wie es bei den monogamen Vögeln der Fall ist. Haben die Weibchen das dadurch bewerkstelligt, daß sie Nahrungsgeschenke mit sexueller Empfänglichkeit belohnten, vergleichbar dem Paarungsritual zahlreicher Vogelarten, bei dem das Männchen seine Befähigung zum Nestbau vorführt und bei einem zufriedenstellenden Ergebnis mit sexueller Empfänglichkeit belohnt wird?

Jene Menschenaffenweibchen, deren Gene sie dazu brachten, Nahrungsgaben und feste Begleitung zu belohnen, hatten bestimmt größere Aussicht auf ein gut genährtes Junges, wenn die Partnerbeziehung von längerer Dauer war. Man sollte hier nicht an eine kurzfristige, direkte Tauschbeziehung im Sinne der modernen Prostitution denken. Eine Partnerbeziehung war schon dann nützlich, wenn lediglich eine gewisse Korrelation in dem Sinne bestand, daß das Weibchen sich eher mit einem Männchen zusammentat, das über Fleisch verfügte, von dem es etwas abgeben konnte, als mit einem Männchen, das kein Fleisch besaß. Um größere Chancen in der Befruchtungslotterie zu erhalten, brauchte das Männchen nur häufiger die Gesellschaft des Weibchens zu teilen.

Worum es uns gehen muß, sind plausible Evolutionsverläufe, sind die Dinge, mit denen sich wesentliche Unterschiede zwischen uns und den afrikanischen Menschenaffen erklären lassen. Zu diesen Unterschieden gehören unter anderem die verborgene Ovulation, die praktisch ununterbrochene sexuelle Bereitschaft, die Paarbindung und die Nahrungsbeschaffung durch die Männer. Diese Entwicklungen sind auf dem üblichen Wege genetischer Mutationen und Permutationen zustande gekommen. Sie haben sich auf dem üblichen Wege der natürlichen oder der sexuellen Auslese durchgesetzt. Und wahrscheinlich haben sie sich hin und wieder auf dem Wege der Artbildung erhalten.

Doch wann sind sie aufgetreten? Zu Beginn, in der Mitte oder gegen Ende der Hominidenevolution? Vor der Abspaltung der Schimpansen, die dann anschließend wieder in alte Verhaltensmuster zurückgefallen sind? Während eines Danakil-artigen, dem *Australopithecus* vorausgehenden Zwischenspiels? Nachdem *Australopithecus afarensis* mit aufrechtem Gang in die Savanne zurückkehrte, aber bevor das Gehirn zuzunehmen begann? Oder während der spektakulären Zunahme des Hirnvolumens in den letzten zwei Millionen Jahren? Der fossile Befund ist mager, aber einiges läßt sich doch daraus entnehmen, zum Beispiel die Tatsache, daß der Sexualdimorphismus bei *A. afarensis* ähnlich wie bei den Gorillas sehr viel ausgeprägter war als beim modernen Menschen (das ist die Auffassung einiger Fachleute; andere deuten den Größenunterschied zwischen den gefundenen Skeletten nicht als einen geschlechtlichen Unterschied, sondern nehmen an, daß es sich um zwei verschiedene Arten handelt). Sollte der Sexualdimorphismus bei *A. afarensis* tatsächlich sehr ausgeprägt gewesen sein, so würde das auf die anfängliche Praktizierung eines haremähnlichen Paarungssystems deuten und nicht auf eine länger Phase der Monogamie, die der durch sexuelle Auslese geförderten Größenzunahme der Männchen ein Ende gemacht hätte.

Es spricht etwas dafür, daß unsere Tendenzen zur Monogamie sich in der Zeit zwischen fünf und drei Millionen Jahren vor der Gegenwart zu entwickeln begannen, in der der aquatische Menschenaffe sich erneut an die Hochländer und Flußtäler Ostafrikas anpaßte. Wie die Praxis der Feuerland-Indianer zeigt, kann die Mutter watend und tauchend der Nahrungsbeschaffung nachgehen, während der Säugling auf dem Wasser treibt. Es ist also durchaus denkbar, daß die Weibchen der Danakil-Menschenaffen selbst die Nahrung für sich und ihre Nachkommen beschafft haben, wie es bei den Menschenaffen üblich ist, statt zu Hause darauf zu warten, daß das Männchen ihnen etwas zu essen herbeibrachte. In der Savanne mußte das Junge jedoch (bei aufrechter Haltung) auf dem Arm getragen werden, da es sich an dem inzwischen abhanden gekommenen Fell der Mutter nicht mehr festhalten konnte. Wegen der Raubtiere, die die Savanne unsicher machten, war es auch nicht möglich, das Kind irgendwo abzulegen, um Nahrung zu sammeln. Zwar konnte die Mutter, wie es Menschenmütter noch immer tun, die Kinder zum Sammeln mitnehmen, aber dabei kam wahrscheinlich eine fleischarme Kost zusammen, allenfalls Kleintiere und Vögel, die sie im Unterholz erwischen konnte, wie es die Paviane machen (vorausgesetzt, das Junge fing nicht im verkehrten Moment an zu schreien). Möglicherweise hatten sich die Geschmacksknospen der Menschenaffen mittlerweile auf den regelmäßigen Verzehr kalorienreichen Fleisches eingestellt. Die Männchen konnten, da sie nicht unmittelbar für die Kinder verantwortlich waren, weiter ausschwärmen und über größere Entfernungen jagen, so daß sie eher über Fleisch verfügten, wie wir es bei den Schimpansen beobachten.

Der Ursprung von Partnerbeziehungen könnte durchaus der Besitz von leckerem Fleisch gewesen sein, um das gebettelt wurde. Bei den Schimpansen wird dieses Bettelverhalten toleriert; die Weibchen und die juvenilen Habenichtse bitten die in der Regel männlichen Fleischbesitzer um ein Almosen – abgesehen von der Beziehung zwischen Mutter und Kind ist dies die bedeutendste Form des Essenteilens, die man bei Menschenaffen beobachtet. Wenn man zu dieser beim Menschenaffen vorkommenden Form des gemeinsamen Essens die verborgene Ovulation hinzunimmt, erhält man ein Szenario für die Entwicklung eines männlichen Tieres, das die Mutter und ihre Nachkommen mit Nahrung versorgt. Damit konnten sich alle Vorteile der Beteiligung beider Eltern entwickeln: Das Überleben der Nachkommen war durch die nach der Befruchtung weitergehenden Bemühungen des Vaters (wie auch der Mutter) nach dem Beispiel der Vögel gesichert, zugleich aber auch die Verdoppelung der Kindheit.

★

Dies ist mein Szenario für die Entwicklung der Hominiden vor Beginn der Encephalisierung, der Zunahme des Hirnvolumens. Ich stütze mich dabei stark auf Alexander und Noonan, Lovejoy und andere Biologen und Anthropologen, die sich mit diesen Dingen beschäftigt haben. Sicher werden andere die Teile anders zusammenfügen und dabei möglicherweise auch von einem anderen Zeitrahmen ausgehen. Ich habe, wie Sie bemerkt haben werden, die Periode nach dem letzten gemeinsamen Vorfahren unterteilt in eine frühe Phase (aquatisch, aufrechter Gang?) und eine mittlere Phase (Savanne, Monogamie?); es gibt dann noch eine Spätphase mit einem vergrößerten Gehirn (gemäßigte Zonen, Jagd?). Die Phasen dauerten je um zwei Millionen Jahre und begannen etwa 6,5, 4,5 beziehungsweise 2,5 Millionen Jahre vor der Gegenwart.

Wir einigten uns darauf, daß ein wichtiges Merkmal sich gut als Slogan für unser T-Shirt-Spiel eignen würde: VERBORGENE OVU-LATION WAR VERANTWORTLICH. Auch dies würde wahrscheinlich mißdeutet werden, denn die meisten würden denken, ein Hemd mit diesem Spruch könne nur von einer werdenden Mutter getragen werden, die sich bei der Empfängnisverhütung auf die Messung der Eisprungtemperatur verlassen hatte.

Die meisten Menschen denken natürlich, beim Sex gehe es um diese ständige sexuelle Aktivität. Diese Aktivität dient aber größtenteils nicht der Fortpflanzung, denn bei mehr als 80 Prozent der entsprechenden Gelegenheiten kann die Frau nicht empfangen, da die Eileiter leer sind. *In Wirklichkeit dient Sex nicht der Erzeugung eines weiteren Babys, sondern der Herstellung einer Paarbindung, damit beide Eltern sich um ihre Kinder kümmern und die Dauer der Kindheit verlängert werden kann.*

In dieser Auslegung der Hypothese von der verborgenen Ovulation steckt eine gewisse Ironie, denn was den Menschen eindeutig vom Menschenaffen unterscheidet und die Zwei-Eltern-Familie möglich gemacht hat, sind gerade die *nichtreproduktiven* Aspekte der sexuellen

Aktivität. Bestimmte religiöse Gruppierungen, die von der Biologie nur begrenzte Kenntnisse haben, verlangen jedoch, daß die sexuelle Aktivität im Dienst der Fortpflanzung stehen müsse – wie im Viehstall. Wollten sie nicht bloß das Produzieren von mehr Kindern, sondern das Familienleben als solches fördern, müßten sie eigentlich für die von der Natur selbst erfundene, nicht der Fortpflanzung dienende sexuelle Aktivität und für Mittel zur Geburtenkontrolle sein, die es ermöglichen, daß die Bindung zwischen den Eltern auch dann aufrecht erhalten wird, wenn die Fortpflanzung ihren erwünschten Verlauf genommen hat, aber noch nicht erwachsene Kinder zu versorgen sind. Wer behauptet, eine nicht im Dienst der Fortpflanzung stehende Sexualität sei unnatürlich, hat nicht verstanden, daß sie zu den Dingen gehört, die uns erst zu Menschen machen, daß sie eigentlich ein Aspekt dessen ist, was der Kirche am meisten am Herzen liegt, nämlich des Familienlebens.

★

Alan und seine Begleiter waren bis zum Surprise Valley gelaufen, berichten sie bei ihrer Rückkehr. Dort stießen sie auf die Wanderer, die den Umweg in das schalenförmige Tal gemacht und unterwegs die Ruinen der Anasazi besichtigt hatten. Bei der Thunder Spring hatten sie sich erfrischt.

Während der kurzen Bootsfahrt vom Deer Creek zu unserem Lagerplatz dachten wir uns ständig neue T-Shirt-Slogans aus, nachdem wir den Wanderern den Sinn des Spruches VERBORGENE OVULATION WAR VERANTWORTLICH erklärt hatten. Wir fingen an mit GRABE IN DANAKIL! Dann verfielen wir auf BENUTZE DEINE COLORADO-ZELLEN!, um die neue Bezeichnung für die grauen Zellen unter die Leute zu bringen. Wir waren nicht mehr zu bremsen. Was sie im T-Shirt-Laden in Flag denken werden, kann ich mir gut vorstellen. JEDER IST SEINER STOCHASTIK SCHMIED! DENKE NICHT RÜCKWÄRTS! Wieder einmal hat die Albernheit zugeschlagen.

# Meile 137
# Overhang Camp

## Neuntes Lager

Kritisch betrachtete Rosalie den Sandstrand, der in der Nachmittagssonne von einem großen überhängenden Fels überschattet wurde. Der
Fluß hatte hier die Klippe unterspült, so daß eine riesige Höhle entstanden war, in der alle ihren Schlafsack ausbreiten konnten und wo sogar
die Küche noch Platz fand. Heute abend würden wir kein Zelt aufstellen
müssen. Ich denke, die Flußfahrer waren nicht die ersten, die von diesem Unterschlupf Gebrauch machten, und vermutlich waren sie auch
nicht die ersten, die diesem Lager wegen des überhängenden Felsens den
Namen Overhang Camp gegeben haben.

»Ich verstehe diese Anasazi nicht«, sagte
Rosalie, eine Hand in die Seite gestützt, mit
einem Blick auf den Überhang. »Da hauen
sie kleine Höhlen in steile Felswände, die
Hunderte von Metern senkrecht zum Wasser abfallen. Dabei gibt es hier reichlich
Platz für die ganze Sippschaft, und so nah
am Fluß, daß er im Frühjahr auch noch den
Hausputz übernimmt. Womit er den Archäologen allerdings den ihnen zustehenden
Abfallhaufen wegnimmt.« Sie drehte sich um
zu uns. Wir saßen lachend gegen die Boote
gelehnt und tranken eine Dose Bier. »Mich
erinnern diese Häuser der Anasazi leider an
eine unübertreffliche Architekturbeschreibung, die ich einmal im *New
Yorker* fand. Dort hieß es über ein wenig ansprechendes Bauwerk: ›In
diesem ungewöhnlichen Entwurf verbinden sich die kleinen, vertrauten
Freuden des Herdfeuers mit den rauschhaften Gefühlen des Jüngsten
Gerichts‹.«

Nachdem sich das allgemeine Gelächter gelegt hatte, kramte J. B. eine
Dose kühles Bier aus seinem Boot und warf sie ihr zu. »Das Overhang
Camp hat schließlich einen Ruf zu verteidigen. Nicht umsonst nennen
wir es am nächsten Morgen Hangover Camp.«

All das, was sich jetzt in Kirchen,
Schulen, Rathäusern und Theatern
abspielt, hat sich in den Höhlen
konzentriert und intensiv und
gleichzeitig abgespielt. Nur so war
damals eine Einheit zwischen den
Menschen zu erreichen, eine
Gesamtheit von fügsamen und ge-
horsamen Menschen. Individuen
im modernen Sinne hätten nicht
überleben können.

John E. Pfeiffer,
*The Creative Explosion*, 1982

»Aha«, rief Ben aus, »jetzt verstehe ich, woher das Wort ›Hangover‹ kommt. Nach dem Genuß eines üblen Gebräus hat jemand die Wörter verdreht. Haben die Indianer übrigens Bier gebraut?«

»Wahrscheinlich sind sie durch Zufall darauf gekommen. Vermutlich hat es in ihre Kornkrüge hineingeregnet, und das fing dann in der heißen Sonne an zu gären«, überlegte Cam.

»Vielleicht sind sie auf diese Weise auch zufällig zu ihren Antibiotika gekommen«, sagte Rosalie lächelnd. »In den Nankoweap-Kornspeichern können sich Schimmelbakterien wie *Streptomycetes* phantastisch entwickeln. Sie kommen im Boden vor, und sie mögen eine sehr trockene, warme, alkalische Umgebung. Im Überlebenskampf gegen andere Bakterien entwickeln sie Streptomycin, ein sogenanntes Tetracyclin. Das bringt den Wasserhaushalt in den Zellen anderer Bakterien durcheinander, so daß sie anschwellen und platzen. Wenn man das Korn aus solchen kontaminierten Speichern benutzt, kann man jeden Tag unbemerkt mit dem Bier und dem Brot eine Dosis Antibiotika in sich aufnehmen. Dadurch platzen dann auch die Bakterien im eigenen Körper.«

Wir wollten wissen, ob die Indianer wirklich auf diese Weise zu Antibiotika gekommen sind.

»Bei den Nubiern im Sudan scheint es vor 1600 Jahren so gewesen zu sein. Es gehört zu den Eigenschaften des Tetracyclins, daß es sich gern mit dem Kalzium der Knochen verbindet, und diese Verbindungen fluoreszieren. In einer alten Grabstätte am Nil hat man Knochen gefunden, die die typische Fluoreszenz von Tetracyclin aufweisen. Ganz zufällig wurde das von Debra Martin entdeckt, als sie an dünnen Knochenschnitten routinemäßig die Wandstärke messen wollte. Für eine solche Routineaufgabe nimmt man normalerweise kein Fluoreszenz-Mikroskop, denn die Lampen sind teuer und schnell ausgebrannt. Weil aber kein anderes Mikroskop frei war, nahm sie ein Fluoreszenz-Mikroskop. Als sie das ultraviolette Licht einschaltete, leuchtete der Knochen auf wie ein fluoreszierender Weihnachtsbaum, wie bei der Knochenbiopsie von Patienten, die mit modernem Tetracyclin behandelt wurden.«

»Waren das Mumien?«

»Durch die trockene Wüstenluft waren sie auf natürliche Weise mumifiziert, von dem komplizierten ägyptischen Balsam fand sich keine Spur. Nein, eine äußerliche Kontamination scheidet aus. Und diese Fluoreszenz trat nicht nur bei einigen Knochen auf, wie es in einer modernen Reihenautopsie der Fall wäre – soweit ich weiß, enthalten alle Knochen aus dieser Grabstätte Tetracyclin. Demnach hatten alle es als eine Kontamination der Nahrung oder durch eine sonstige Umweltverschmutzung in sich aufgenommen.«

»Ich hab' schon immer gesagt, daß Bier gesund ist«, sagte J. B.»Früher scheint das Bier aber noch gesünder gewesen zu sein.«

»Dann müßten die Nubier eigentlich schneller dick geworden sein, genau wie die Rinder und Schweine, die heute von den Bauern routinemäßig mit Tetracyclin vollgestopft werden«, warf Sue Gilmore ein. »Die Hälfte der heute produzierten Antibiotika geht nämlich in die Mast von gesunden Tieren. Daduch werden kleinere Infektionen, die normalerweise das Wachstum hemmen, unterdrückt.«

»Die alten Grabstätten sind von den Anthropologen, die sich mit der früheren Verbreitung von Krankheiten befassen, ziemlich intensiv untersucht worden. Nach ihrer Auskunft gab es bei den Nubiern kaum Infektionskrankheiten«, antwortete Rosalie.»Aber die typischen Nebenwirkungen von Tetracyclin könnten bei ihnen natürlich auch aufgetreten sein. So wird zum Beispiel die Darmflora abgetötet, und dann scheint es, als hätte man Ruhr. Tetracyclin hemmt außerdem die Spermaproduktion, und bei längerer Einnahme geht die Zahl der erzeugten Samenzellen zurück. Bei Kleinkindern kann es das Knochenwachstum hemmen. Außerdem kann Vitamin B-Mangel auftreten. Man sollte es nur einnehmen, wenn es unbedingt sein muß.

Heute werden Antibiotika jedoch nicht mit der nötigen Vorsicht eingesetzt. Man mischt sie dem Futter von eigentlich gesunden Schlachttieren bei, und in unterentwickelten Ländern, wo sie rezeptfrei abgegeben werden, nimmt man sie bei jedem kleinen Wehwehchen. Das hat zu einem ernsten Problem geführt«, fuhr Rosalie fort.»Durch die natürliche Auslese entstehen nämlich Bakterien, die nicht mehr aufplatzen, wenn sie mit Antibiotika in Berührung kommen. Diese resistenten Bakterienstämme werden nicht durch unsere Antibiotika erschaffen. Letztere töten jedoch die anderen Bakterien, so daß die resistenten Arten, die normalerweise nur in geringer Zahl vorhanden sind, sich ausbreiten können. Der wahllose Einsatz von Antibiotika kann uns wieder auf den Punkt zurückwerfen, an dem wir uns vor der Entwicklung dieser Wundermittel befunden haben. Und das betrifft jeden, nicht nur die Leute, die die Antibiotika mißbrauchen. Die Antibiotika wirken dann nämlich bei niemandem mehr. Es muß uns allen daran gelegen sein, daß mit diesen Mitteln verantwortungsbewußt umgegangen wird. Bei anderen Arzneien, die sorglos eingenommen werden, mag man nach der Devise verfahren: leben und leben lassen. Das ist hier nicht angebracht.«

Rosalie nahm einen Schluck aus der Bierdose. »Als dieses Problem auftrat, beispielsweise bei der Choleraepidemie in Mexiko, und die üblichen Medikamente bei vielen Patienten nicht mehr anschlugen, war man ratlos. Man hielt die Resistenz der Bakterien für eine neue Erscheinung, die auf den verbreiteten Einsatz von Antibiotika nach dem Zweiten Weltkrieg zurückging. Dann stellte sich jedoch heraus, daß ›unberührte‹ Populationen, die eigentlich noch nie mit Antibiotika in Berührung gekommen waren, ebenfalls gewisse Resistenzfaktoren im Cytoplasma ihrer Zellen aufwiesen. Es scheint demnach, als seien Antibiotika seit langem unbewußt eingenommen worden, zumindest bei Wüstenbewohnern, die auf bewässerten Feldern Getreide anbauen und es dann über lange Zeit in heißen, trockenen, verschmutzten Vorratsbehältern aufbewahren.«

»Haben die Anasazi auch Tetracyclin verpaßt bekommen?« fragte Marsha.

»Soweit ich weiß, sind die Gebeine von Anasazi noch nicht untersucht worden – das wäre doch eine schöne Aufgabe für dich. Die Bedingungen sind jedenfalls ideal«, sagte Rosalie und deutete auf den Canyon, der uns umgab. »Wir haben hier ein Wüstenklima, in dem *Streptomycetes* wunderbar gedeihen, die Anasazi bewässerten ihre Felder, wie es auch die Nubier taten, und ihre Kornspeicher waren mit Lehm ausgekleidet. Es wäre also durchaus möglich.«

»Braucht man wirklich nur einen Mundvoll sudanesischen Wüstensand zu nehmen, um eine anständige Dosis Tetracyclin abzubekommen?« wollte Sue wissen. »Wahrscheinlich haben sie doch das, was sie aßen, nicht immer vorher abgewaschen, und auf diese Weise könnten sie eine Dosis abbekommen haben.«

> Der gute Mensch ohn' Unterschied
> liebt alles, was da kreucht und
> fleucht,
> Nur Streptokokk, auch Schöpfungs-
> glied,
> macht mir die Liebe nicht sehr
> leicht.
>
> Wallace Wilson

»Wenn man Erde in eine Petrischale tut, ist manchmal antibiotische Aktivität zu beobachten, denn ringsherum wird das Bakterienwachstum gehemmt. Ich weiß allerdings nicht, wieviel Erde man essen muß, um eine anständige Dosis zu kriegen, und welche Nebenwirkungen es hat, wenn man so viel Dreck ißt, weiß ich auch nicht«, sagte sie lachend. »Ein Vorratsspeicher voller Korn bietet wahrscheinlich hervorragende Wachstumsbedingungen – ein geschützter Ort und eine Fülle von Nährstoffen. Du siehst, Marsha, es gibt für dich noch allerhand zu entdecken.«

★

Das Leben in Höhlen ist wahrscheinlich so alt, wie es Höhlen und Menschen gibt. Katzen und Bären, Faultiere und Vögel – sie alle schätzen eine hübsche Höhle. Aus menschlicher Sicht bot manche Höhle einen zusätzlichen Vorteil: Der Boden trug dazu bei, das Lagerfeuer in Gang zu halten. Auf dem Boden von Höhlen sammelt sich der Kot von Vögel und Fledermäusen, und dieser Guano wird teilweise abgebaut, um daraus Sprengstoff herzustellen. Mitunter dürfte es schwierig gewesen sein, das Feuer unter Kontrolle zu halten. Der Architekturkritiker des *New Yorker* könnte hier seinen großen Tag erlebt haben, wenn sich in der bescheidenen Wohnung des Höhlenmenschen mit ihrem gemütlichen Herdfeuer tatsächlich das rauschhafte Erlebnis des Jüngsten Gerichts einstellte – bums!

Der erste Höhlenmensch könnte, falls er eine Höhle gefunden hat, *Australopithecus afarensis* gewesen sein. Daß die Neanderthaler gern in Höhlen wohnten, steht fest. Die jüngsten Höhlenmenschen sind wir, die wir hier ausgebreitet unter dem Hangover liegen. Pardon, ich meine Overhang.

Nach der Entwicklung des aufrechten Gangs ist einige Millionen Jahre lang nicht viel passiert, jedenfalls soweit uns bekannt ist. Vor vier Millionen Jahren, vielleicht auch schon früher, gingen die Hominiden aufrecht. Auf den nächsten unwiderlegbaren Beweis eines Fortschritts stoßen wird erst zwei Millionen Jahre später. Er ist dann allerdings in unseren Augen sehr beeindruckend: Werkzeuge in Fülle und ein Gehirn, das ständig zunimmt.

Von jener Zeit an kommen Steingeräte in großer Zahl vor, in der Art der Splitter und der übrig bleibenden halben Steine, wie Barbara sie nach jenem ereignisreichen Tag am Monument Creek herstellte. Aus früherer Zeit hat man keine gefunden, doch könnten die Hominiden sehr wohl Werkzeuge hergestellt haben, nur eben nicht in der Art von Barbara, wobei viel Abfall entsteht, der dann von den Archäologen entdeckt wird. Wahrscheinlich haben sie Nüsse gegessen und zum Aufknacken die gleichen Techniken benutzt, die wir heute noch bei den Schimpansen beobachten, die einen kurzen Stock oder einen Stein als Hammer benutzen. Bis ein Hammerstein die Scharten bekommt, die ihn als ein Artefakt kenntlich machen, muß er allerdings oftmals benutzt werden, und auch wenn wir einen solchen Stein in einem vier Millionen Jahre alten Umfeld entdecken würden, könnten wir nicht mit Sicherheit sagen, ob er von einem Schimpansen oder einem Hominiden benutzt wurde.

Abgesehen von diesen Steinsplittern, die dafür sprechen, daß Hominiden vor zwei Millionen Jahren Werkzeuge herstellten, beobachten wir

## Hirnvolumen einst und jetzt

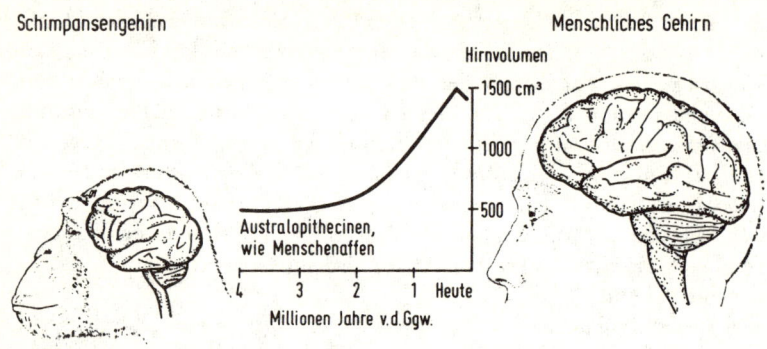

eine gewisse Größenzunahme des Gehirns. Sie ist freilich nicht sehr spektakulär. Erst rückblickend läßt sich sagen, daß die Zunahme des Hirnvolumens vor zwei bis drei Millionen Jahren begonnen haben muß. Wenn man die Veränderung des Hirnvolumens innerhalb von zwei Millionen Jahren bis zur Gegenwart graphisch darstellt, kann man eine gerade Linie ziehen, die darauf hindeutet, daß das Volumen, beginnend mit 500 Kubikzentimetern, regelmäßig zugenommen hat, bis es bei den Neanderthalern den aktuellen Wert von 1500 Kubikzentimetern erreichte. Würden wir diese Linie nach hinten verlängern, müßten wir zu dem Schluß gelangen, daß wir vor vier Millionen Jahren überhaupt kein Gehirn hatten.

Tatsache ist indessen, daß das Volumen von vier bis etwa 2,4 Millionen Jahre vor der Gegenwart konstant bei 500 Kubikzentimetern bleibt und daß dann die Kurve ansteigt, bis sie die gerade Linie erreicht, die die Meßwerte für die späteren Hominiden miteinander verbindet. Zufällig beträgt auch das Hirnvolumen von ausgewachsenen heutigen Schimpansen und Gorillas 300 bis 500 Kubikzentimeter, und deshalb wird hin und wieder gesagt, das Gehirn der Hominiden sei bis zu diesem Zeitpunkt so groß gewesen wie das von Menschenaffen. Was mag in jener Zeit zwischen 2,4 und 2,0 Millionen Jahre vor der Gegenwart für die Auslese größerer Gehirne verantwortlich gewesen sein?

War es der Umgang mit Werkzeugen? Wir wissen, daß sie damals in Gebrauch kamen. Aus Sauerstoffproben vom Meeresboden läßt sich außerdem entnehmen, daß schon vor drei Millionen Jahren die kleinen Eiszeiten einsetzten. Wir dürfen uns den Blick jedoch nicht allzu sehr durch die harten Beweise verstellen lassen. Denken Sie nur an all die Dinge, die sich nicht als Fossilien erhalten, an all die Artefakte, die mit Sicherheit zu Staub zerfallen. Lange bevor steinerne Speerspitzen im archäologischen Befund auftauchen, wurden wahrscheinlich hölzerne Speere benutzt. Vermutlich haben Jäger seit langem mit handlichen Steinen Kaninchen und Vögel zur Strecke gebracht, bevor sie speziell geformte Steine oder Speere zielsicher werfen konnten.

Eine größere Rolle als die Jagd hat einst wohl das Sammeln gespielt, doch Grabstöcke, die mit einem zerbrochenen Stein angespitzt waren, haben sich ebenfalls nicht erhalten. Aus der Blase von Tieren angefertigte Wasserbeutel haben sich nicht erhalten. Eine der wichtigsten Erfindungen dürfte nach Ansicht des Anthropologen Richard Lee die Tragetasche gewesen sein. Wenn man für seine Familie im Basislager etwas zu essen gesammelt hat, kann man auf dem Arm oder in den Händen nur eine begrenzte Zahl von Dingen mitnehmen. Sobald man beim Lebensmittelhändler mehr als vier Dinge eingekauft hat, braucht man einen Beutel oder einen Korb. Auch für den Jäger ist die Tragetasche sehr praktisch – er kann darin einen Vorrat an vertrauten, bewährten Wurfsteinen mitnehmen. Ohne eine Tasche kann der Jäger nur ein paar Würfe machen, dann muß er auf Steine zurückgreifen, die zufällig herumliegen. Aber auch Tragetaschen halten sich nicht sehr lange. Die zerfallenden, 1000 Jahre alten Tragetaschen der Anasazi können wir noch im Museum bewundern, aber die der afrikanischen Hominiden sind ein für allemal dahin. Hat die post-aquatische Frau möglicherweise die Tragetasche erfunden, um ihr Baby darin zu tragen, und später daraus eine Tasche für Besorgungen gemacht? Dafür spricht einiges, doch wird diese Frage wohl nie geklärt werden.

Nachdem bei den Australopithecinen das Hirnvolumen zugenommen hatte und die Werkzeugherstellung in Gang gekommen war, kam es zum ersten mehrgleisigen Hominidenexperiment. So wie es gegenwärtig bei den ostafrikanischen Menschenaffen zwei Haupttypen gibt (Schimpanse und Gorilla), lebten dort einst drei recht unterschiedliche Arten von Hominiden nebeneinander. Vor etwa zwei Millionen Jahren kam der *Homo habilis* auf, den es bis vor etwa 1,7 Millionen Jahren gab. Ihm folgte der *Homo erectus*, der ein noch größeres Gehirn hatte und bereits vor 1,75 Millionen Jahren auftauchte. Bis vor etwa 1,4 Millionen Jahren existierte zudem eine robustere Form der früheren Australopithecinen, die von Louis Leakey anfangs *Zinjanthropus* getauft wurde.

Bei Zinj und seinen robusten Verwandten war nicht das Hirnvolumen verdoppelt, sondern die Kaufläche der Backenzähne. Insgesamt von massigem Körperbau, besaß er wie der Gorilla einen Scheitelkamm, an dem seine massiven Kaumuskeln ansetzten. Wegen seines beeindruckenden Kauapparats wurde Zinj in den Zeitungen als »Nußknackermensch« bezeichnet, doch dürfte er gewiß bessere Methoden gekannt haben, Nüsse zu knacken, als auf der ungeöffneten Schale herumzukauen. Die großen Kauflächen lassen darauf schließen, daß er sich von faseriger Kost in großen Mengen ernährte, ähnlich wie der moderne Gorilla, der Blätter in rauhen Mengen verschlingt (er braucht täglich 27 Kilo). Zinj und Anverwandte starben vor etwa 1,4 Millionen Jahren aus, so daß *Homo erectus* mit seinem 800-Kubikzentimeter-Gehirn als einziger Hominide übrig blieb. Hat hier das Gehirn über die rohe Kraft gesiegt? Oder ist die Hauptnahrungspflanze von Zinj durch eine Klimaänderung verschwunden, und er war nicht flexibel genug, um etwas anderes auszuprobieren? Man weiß es nicht. Ebenso wenig weiß man, woher die neue Art kam. LaLumiere vermutet, daß *Homo habilis* als Nachzügler aus Danakil gekommen ist, sofern an diesem durch Lavaströme isolierten Küstenabschnitt des Roten Meeres noch immer neue Arten produziert wurden.

★

Es könnte sein, daß die Herstellung von Steinwerkzeugen nicht im Sinne unserer üblichen Vorstellungen von planmäßiger Bearbeitung begonnen hat, sondern auf indirektem Wege. Nicht nur Schimpansen, sondern auch Hominiden könnten Nüsse aufgehämmert haben, wobei die verwendeten Steine auseinanderbrachen, und für die scharfen Kanten des zerbrochenen Steins könnten sie eine neue Nutzung gefunden haben. Das Modell von Glynn Isaac, wonach zwei Steine gegeneinander geschlagen und anschließend aus den Fragmenten die brauchbaren Stücke herausgesucht werden, wäre dann eine weiterentwickelte Art von »stochastischer Werkzeugherstellung«. Daß vor etwa zwei Millionen Jahren eine Fülle von Steinfragmenten auftaucht, könnte bedeuten, daß man damals von der zufälligen zur bewußten Bearbeitung von Steinen überging.

An den frühesten bekannten Orten der Werkzeugherstellung, in der Olduvai-Schlucht und am Turkanasee, wurden sehr einfache Haumesser, Schaber und Spitzen gefunden, die im Laufe von 500 000 Jahren nach und nach Verbesserungen erfuhren. Vor 1,5 Millionen Jahren trat dann in Olduvai eine interessante Entwicklung ein. Wir können die heute angefertigten Küchenmesser und Silberbestecke ohne weiteres nach ihrem Stil auseinanderhalten, und ebenso können die Archäologen erkennen, wenn in der Werkzeugherstellung ein neuer Stil auftaucht. Den neuen Stil nannten sie Acheuléen. So wie bei modernen Bestecken unterschiedliche Stile nebeneinander bestehen, gab es auch bei den Steinwerkzeugen eine lang anhaltende Koexistenz zwischen dem Entwickelten Oldowan- und dem Acheuléen-Stil. Am Ende setzte sich, mehr als eine Million Jahre später, der Acheuléen-Stil durch. Er wurde schließlich zwischen 300 000 und 100 000 Jahre vor der Gegenwart durch einen neuen Stil ersetzt, bei dem es nicht mehr nur darum ging, ausgewählte Steinfragmente nachzubearbeiten.

> Eines der spezifischen Kennzeichen der menschlichen Abstammungslinie ist die Neigung, Gerätschaften herzustellen und wegzuwerfen. So entstand eine Spur aus Abfall, die sich zwei bis zweieinhalb Millionen Jahre zurückverfolgen läßt.
>
> Der Archäologe
> Glynn Llywellyn Isaac
> (1937–1985)

★

Eine riesige Pfeilspitze – so könnte man die Form eines »Acheuléen-Faustkeils« beschreiben, eines tropfenförmigen steinernen Artefakts, das vor 1,5 Millionen Jahren von *Homo erectus* in Afrika geschaffen wurde. Benannt nach dem ersten Fundort, dem französischen Saint Acheul, hat man diese Faustkeile überall gefunden, von Europa bis Südafrika, vom Mittelmeer über den indischen Subkontinent bis nach Südostasien. Sie müssen damals sehr beliebt gewesen sein, und sie haben sich mehr als eine Million Jahre lang gehalten.

Wenn ich meine Finger spreize, reichen sie gerade von einem Ende eines durchschnittlichen Faustkeils zum anderen; wenn ich ihn quer nehme, paßt er gut in meine Handfläche. Im Unterschied zur Pfeilspitze hat der Faustkeil keinen Befestigungspunkt – am hinteren Ende ist er abgerundet wie ein Diskus. Der Faustkeil wird aus einem flachen Stein hergestellt, von dem man so lange etwas abschlägt, bis eine konische Form entstanden ist. Es fällt deshalb schwer zu glauben, daß er wirklich in der Faust gehalten und wie ein Beil benutzt wurde: Da der Rand ringsum scharf ist, würde man sich, wenn man damit hämmern würde, selbst in die Hand schneiden, zwar nicht so schlimm wie bei einer zweischneidigen Rasierklinge, aber das Problem ist dasselbe. Wer diesem Werkzeug den Namen »Faustkeil« gegeben hat, hat es bestimmt nicht selber ausprobiert.

Sehr viel näher liegt die Vermutung, daß der Faustkeil zum Werfen benutzt wurde. Diese Idee wurde erstmals vor über 100 Jahren geäußert, und H. G. Wells hat sie sogar in seinen 1899 erschienenen *Tales of Time and Space* unter die Leute gebracht. Flache Steine haben eine hübsche aerodynamische Eigenschaft, die man auch an der Frisbeescheibe und am Diskus beobachten kann: Ein solches Wurfgeschoß kann durch die Drehung so stabilisiert werden, daß es mit der Schmalseite die Luft durchschneidet, und es fliegt oft weiter als ein runder oder unregelmäßig geformter Stein von gleichem Gewicht, der auf größeren Luftwiderstand stoßen wird.

Einen kleinen »Faustkeil« kann man, senkrecht gehalten, überkopf werfen, und es wird behauptet, so könne man gut damit Vögel jagen. Um einen kleinen Faustkeil in Drehung zu versetzen, faßt man ihn am spitzen Ende zwischen Daumen und gebeugtem Zeigefinger, und während man den Ellbogen ruckartig streckt, läßt man ihn mit einer zusätzlichen Bewegung des Handgelenks herausschnellen. Vielleicht ist diese Methode, ihn in Drehung zu versetzen, für die Tropfenform verantwortlich. Die größten Faustkeile sind zu schwer, um sie überkopf zu werfen, doch ein Diskuswerfer kommt mit ihnen ganz gut zurecht. Die Anthropologin Eileen O'Brien hat für ihre Magisterarbeit mit einer Glasfasernachbildung eines ostafrikanischen Faustkeils von 30 Zentimeter Durchmesser Versuche durchgeführt, für die sie sich der Hilfe einiger sportlicher Studenten versicherte. Die durchschnittliche Wurfweite betrug über 30 Meter. Obwohl er mit waagerechter Drehrichtung losgeschleudert wurde, ging der schwere Faustkeil, wenn er sich dem Boden näherte, in die Senkrechte über (was mir oft mit einem Frisbee passiert). Und bei fast jedem Wurf landete der Faustkeil auf der Kante und blieb im Boden stecken, oft mit der Spitze voran.

Diese an der Nachbildung festgestellte Tendenz, senkrecht zu landen, trägt vielleicht dazu bei, einige rätselhafte Aspekte der Archäologie von Faustkeilen zu erklären: Vielfach hat man sie auf der Kante stehend gefunden. Am häufigsten hat man sie an Stellen gefunden, wo einst ein flaches Gewässer war. Auf dem Land ringsum fand sich dagegen nicht ein einziger. Man könnte daraus schließen, daß sie dazu benutzt wurden, Jagdtiere, die zum Trinken ans Wasser kamen, aus dem Hinterhalt zu erlegen. Man kann zwar davon ausgehen, daß ein Jäger einen sehr guten Wurfstein zurückzuholen versucht, doch wenn er im See landete, war er möglicherweise unauffindbar, und auf diese Weise könnten mit der Zeit immer mehr Faustkeile im Schlamm steckengeblieben sein, wie es ähnlich auch so manchem verirrten Golfball ergeht (in Nordamerika hat man eine große Zahl indianischer Pfeilspitzen ebenfalls in flachen Gewässern gefunden). Eine solche Häufung im flachen Wasser ist nur zu verstehen, wenn sie als Wurfgeschosse benutzt wurden. Wären sie als

Beile benutzt worden, gäbe es keinen vernünftigen Grund dafür, daß man sie überwiegend im Wasser findet. Und dann auch noch auf der Kante stehend.

Ich frage mich daher, ob sie nicht ein Stadium in unserer Entwicklung des Werfens darstellen. Daß sie das erste Stadium waren, erscheint mir zweifelhaft; möglicherweise stellten sie eine Verbesserung dar gegenüber dem Werfen eines Steins von der Größe eines Pfirsichs. Mary Leakey hat in zwei Millionen Jahre alten Schichten in Ostafrika Häufungen von Steinen gefunden, die sie »manuports« – mit der Hand getragen – nennt und die sich zum Werfen eignen. Da sie nicht der örtlichen Geologie entstammen, müssen sie von anderswo her dorthin gebracht worden sein. Der Hauptvorteil eines Faustkeils gegenüber einem runden Stein ist die schmale Kante, die für das aerodynamische Verhalten wichtig ist. Außerdem kann man einen schweren Stein (und ein großer Faustkeil kann zwei Kilo wiegen) am besten über eine bestimmte Distanz werfen, wenn er diese Form hat. Zur Erzielung einer großen Schlagkraft kommt es theoretisch zwar mehr auf die Geschwindigkeit als auf das Gewicht an, denn die kinetische Energie wächst im Quadrat zur Geschwindigkeit, doch war man in einem früheren Stadium der Hirnentwicklung vielleicht noch nicht in der Lage, sowohl Geschwindigkeit als auch Genauigkeit zu erreichen.

Es ist unwahrscheinlich, daß sich bei seitwärts gehaltenem Arm mit einem großen Faustkeil die gleiche Genauigkeit erzielen ließ, wie man sie erreichen kann, wenn man einen kleinen runden Stein oder einen kleinen Faustkeil wie einen Dart überkopf wirft. Ein großer Faustkeil könnte sich jedoch wegen seines Gewichts dazu geeignet haben, ein Jagdtier von mittlerer Größe niederzuwerfen. Gleichgültig, wo der Stein das Tier trifft, seine Flucht wird so lange verzögert, daß der Jäger herbeilaufen und es packen kann. Auf gutes Zielen wird es zunächst nicht ankommen, wenn man den Stein in eine ganze Herde wirft, die zum Trinken an die Wasserstelle kommt, und es spielt auch keine Rolle, welches Tier getroffen wird. Durch Bildung eines dichten Rudels versuchen Tiere, die Gefährdung durch Raubtiere zu verringern (gefährdet sind nur die Tiere am äußeren Rand, ein kleiner Prozentsatz des Ganzen). Diese Strategie hat sich dann aber zu ihrem Nachteil ausgewirkt,

> Der moderne Mensch ist dafür bekannt, daß er aus der Entfernung tötet. Daß diese Verhaltensstrategie schon vor langer Zeit verfeinert wurde, dafür mag der Faustkeil als Beweis dienen... Ist es denkbar, daß die alten Griechen eine so weit zurückreichende Tradition in Form einer Sportart [Diskuswerfen] bewahrten?
>
> Die Anthropologin
> Eileen M. O'Brien, 1984

nachdem das Werfen einmal erfunden war und ein Jäger einen großen Stein mitten unter sie schleudern konnte.

★

Zum Nachtisch gab es Kuchen und Plätzchen. Die Plätzchen waren von der Marke Oreo. Wir feierten daher den *Oreopithecus* mit Oreo-Plätzchen, um all die hochentwickelten Arten zu ehren, die es nicht geschafft haben.

Bei der Gelegenheit äußerte Marsha die Vermutung, daß *Oreopithecus* möglicherweise das originale Krümelmonster gewesen ist.

★

»Jäger und Sammler« oder »Sammler und Jäger«? Wovon haben die Hominiden sich hauptsächlich ernährt, von Fleisch oder von Pflanzenkost? Die heutigen Menschenaffen sind überwiegend Sammler; einige sind auf Pflanzennahrung spezialisiert, etwa der Gorilla und der Orang-Utan, während der Schimpanse omnivor ist – er frißt praktisch alles, was die Jahreszeit gerade bietet, mit Ausnahme von Aas, also totem Fleisch. Leckeres Frischfleisch ist für sie aber etwas ganz anderes, seien es nun Antilopen, kleine Affen oder Pinselschweine, an die sich die Schimpansen geschickt heranpirschen, um sie zu töten, auseinanderzureißen und genüßlich zu verzehren. Doch auch Schimpansen sind hauptsächlich Sammler von Samen, Blättern, Blüten und Früchten. Sind Schimpansen also Sammler und Jäger (wie es die revisionistische Richtung unter den Anthropologen behauptet, die den vegetarischen Aspekt gegenüber dem karnivoren Aspekt betont)? Eigentlich nicht. Zum anthropologischen Begriff des Sammelns gehört, daß die Nahrung zu einem zentralen Platz gebracht wird, um die Familie daran teilhaben zu lassen. Schimpansen verzehren ihre Nahrung jedoch an Ort und Stelle. Von aufgeschobenem Genuß halten sie nichts. Gewiß schleppen Schimpansen schon einmal Nahrung fort, aber nur, um sie vor anderen Schimpansen in Sicherheit zu bringen und an einem versteckten Ort in Ruhe zu verzehren.

Nun kann man aber auch Fleisch essen, ohne selbst zu jagen, nämlich als Aasfresser. Das Fressen von Aas könnte nach Ansicht einiger Anthropologen für Frühmenschen eine Rolle gespielt haben, denn man hat Tierknochen gefunden, bei denen Spuren von Raubtierzähnen durch Spuren von steinernen Schabern überlagert sind. Dennoch dürfte klar sein, daß einige Frühmenschen hauptsächlich Jäger waren – vielleicht nicht in Afrika, wo es eine Alternative zum Jagen gab, aber in kälteren Klimaten, wo während eines Teils des Jahres überhaupt keine Pflanzennahrung zur Verfügung steht und von toten Tieren, deren Fleisch man fressen könnte, nicht sehr viele Menschen sich ernähren konnten. Ein extremes Beispiel dieses Jägerlebens bieten die Inuit in der Nähe des nördlichen Polarkreises. Sammeln ist dort kaum möglich, denn selbst die Beeren sind ziemlich klein. In einem solchen kalten Klima gedeihen nur Gräser und Büsche, die aber unverdaulich sind, wenn man nicht die Enzyme und die zusätzlichen Mägen besitzt, die zum Verdauungssystem von Weidetieren gehören. An die Kalorien, die im Gras stecken, kommt man am einfachsten heran, indem man die Muskeln ißt, die sie in einem Weidetier aufgebaut haben – beziehungsweise die Muskeln eines Raubtiers, das zuvor ein Weidetier geschlagen hat.

Vermutlich hat es alle möglichen Mischformen von Jagen und Sammeln gegeben, doch die Frage ist, welches Mischungsverhältnis in der Evolution der Hominiden die entscheidende Rolle gespielt hat. Welche Ernährungsweise erforderte die Herstellung und Nutzung von Werkzeugen, welcher Speiseplan erforderte ein vergrößertes Gehirn, eine längere Kindheit und alles, was damit verbunden ist?

Und welche Ernährungsweise bot die besten Chancen, um »voranzukommen«, um die Räder des evolutionären Wandels *schneller* laufen zu lassen? (Einmal in Gang gekommen, verlief der Prozeß der Hirnvergrößerung bei den Hominiden außerordentlich schnell.) Vielleicht Meeresfrüchte, die man am Strand einer Insel findet? Danakil bietet ein Beispiel, doch kann man sich die evolutionären Vorteile von Inseln auch noch auf andere Weise zunutze machen.

Es spricht einiges dafür, daß die Jagd die hauptsächliche Nahrungsquelle der Hominiden war, schon weil man in marginalen Klimaten auf Fleisch angewiesen war. Randgebiete spielen eine größere Rolle als die Gebiete mit großer Bevölkerungsdichte. In einem marginalen Klima ist der Selektionsdruck stärker, und die natürliche Auslese fördert eher solche wichtigen Fertigkeiten wie das Anpirschen, das Zielen und das Werfen. Wie das Beispiel der Inuit zeigt, können jagdliche Fertigkeiten in einem solchen Klima ungeheuer wichtig werden, um die Familie über den Winter zu bringen, denn wenn das Beutetier entkommt, kann man nicht auf gesammelte Früchte zurückgreifen, wie das in Afrika möglich ist. Außerdem spricht einiges dafür, daß solche in den Randgebieten erworbenen Merkmale durch anschließende Artbildung verankert wurden, da sie bei isolierten Gruppen auftraten, bei denen der Genpool nicht durch eine große, sich untereinander vermehrende Population abgepuffert war. In den Randgebieten leben nur wenige Stämme in weitem Abstand voneinander, weil das Land eine höhere Bevölkerungsdichte nicht zuläßt.

In den Tropen mögen die zum Sammeln erforderlichen Fähigkeiten durchaus eine größere Rolle gespielt haben – Anthropologen betonen das immer wieder, sobald die Jagd ins Spiel gebracht wird –, doch dürfte die natürliche Auslese sich dort nicht so rasch und so unerbittlich ausgewirkt haben wie in den Randgebieten. Es gibt dort zum Beispiel keinen Winter, in dem man sich nur durch die Jagd über Wasser halten kann. Sollte sich aber durch natürliche Auslese dennoch eine gewisse Fähigkeit herauskristallisieren, die sich in einem größeren Fortpflanzungserfolg niederschlägt, so wird sie in den Tropen nicht so schnell in den Genen verankert werden, weil es bei den vielen Paarungsmöglichkeiten kaum zur Herausbildung einer eigenen Art kommen kann, es sei denn auf einer Insel, wie in der Hypothese vom aquatischen Menschenaffen von Danakil. Die Savannen und Wälder Afrikas ebenso wie andere Gebiete, etwa im tropischen Asien, in denen Hominiden gelebt haben, konnten eine höhere Bevölkerungsdichte tragen als die Randgebiete, und dadurch ist es nicht zu größeren Abweichungen vom Durchschnitt gekommen, die ein eigenständiges Genom hätten begründen können, das dann durch den Prozeß der Artbildung die Anpassungen bewahrt hätte.

All das spricht dafür, daß die Evolution der Hominiden sich vor allem in den Randgebieten abgespielt hat, an Orten wie unserem Colorado-Plateau, zum Beispiel im Unkar-Delta, wo der Erfolg dünn gesät war, wo das Leben immer auf dem Spiel stand, wo die Bevölkerungszahl ständigen Schwankungen unterworfen war und wo es auf jedes Quentchen Schlauheit ankam. Das soll nicht heißen, daß hier jemals frühe Hominiden gelebt hätten (selbst ihre Vorläufer, die Menschenaffen und die Altwelt-Affen, haben es nicht bis in die Neue Welt geschafft, auch wenn man in Wyoming immerhin Zähne von frühen Primaten gefunden hat). Die Umstände, von denen die Evolution der Hominiden abhing, lassen sich aber an der Lebensweise der Inuit, die an den Grenzen der Eiszeit leben, oder an der Lebensweise der Anasazi, die ihr Leben der gebirgigen Wüste abtrotzen mußten, eher ablesen als an den Lebensbedingungen tropischer Bevölkerungen, die zum archäologischen Fundmaterial den größten Teil an Gebeinen und Steinwerkzeugen beigetragen haben.

Die Hominiden von Äquatorialafrika waren vermutlich das Produkt einer Evolution, die sich zuvor in den Randgebieten Afrikas vollzogen hatte, eher Nutznießer als Teilnehmer der wichtigen Auslese- und Artbildungsprozesse. Da Afrika sich aber nicht sehr weit nach Süden in die gemäßigten Breiten hinein erstreckt (nicht weiter nach Süden, als Mexiko oder Israel sich nach Norden erstrecken), kann man selbst in Südafrika kaum von einem Winter sprechen, wodurch solchen Inseln wie Danakil im Rahmen der Evolution in Afrika vor dem Beginn der Eiszeiten eine besondere Bedeutung zukommt. Als sich mit den Eiszeiten weltweit das Klima änderte, haben sich in Südafrika und in den Gebirgsgegenden rings um das Mittelmeer die winterlichen Lebensbedingungen wahrscheinlich verschlechtert und in jenen Teilpopulationen, die nicht in die Tropen ausweichen konnten, Jahr für Jahr zu einer verstärkten Auslese geführt.

Man hat dies nicht immer so gesehen, wie ich es hier darstelle. Nach der gradualistischen Theorie Darwins konnte man das Geschehen in den Schwerpunkten der gesamten Population als repräsentativ ansehen, da die Randgebiete wegen ihrer geringen Zahlen im Durchschnitt kaum zu Buche schlugen. Aus den Fortschritten, welche die Evolutionstheorie in den letzten Jahrzehnten zu verzeichnen hatte, wird jedoch deutlich, daß der Darwinsche Gradualismus, der in kleinen Populationen durchaus wirksam ist, kein realistisches Bild des detaillierten Mechanismus liefert, der eine ganze Art auf eine neue Entwicklungsstufe hebt, eines Mechanismus, der sowohl eine räumliche (die allopatrische Speziation von Mayr) als auch eine zeitliche Sequenz (das unterbrochene Gleichgewicht von Stanley, Eldredge und Gould) einschließt. Daraus ergeben sich Folgerungen für den Ort, an dem man graben sollte.

Diejenigen, die jahrelang unter der tropischen Sonne Ausgrabungen gemacht haben, um ein paar Hominidenknochen zu finden, werden diese Überlegung als ungerecht zurückweisen, denn für sie würde das heißen, daß sie an Orten graben müßten, wo die Bevölkerungsdichte zehnmal geringer war und wo sich wegen ungünstiger geologischer und klimatischer Bedingungen kaum Fossilien erhalten haben, was bedeuten würde, daß sie noch weniger Funde machen würden.

Das stimmt zwar, doch muß ich dabei an den Witz von dem Mann denken, der unter einer Straßenlaterne auf dem Bürgersteig herumkriecht und zwischen Glassplittern nach seiner verlorenen Kontaktlinse sucht – nicht, weil er sie dort verloren hätte, sondern weil das Licht dort besser ist...

Beim gegenwärtigen Stand der Hominidenforschung müssen wir, was den Ursprung der Hominiden betrifft, die Frage nach dem Was und dem Wann beantworten, und daher ist es sinnvoll, dort zu suchen, wo überhaupt eine Chance besteht, etwas zu finden, egal was. Wenn es uns aber um den Verlauf der Hominidenevolution geht und wir Antwort auf die Frage nach dem Wo, dem Warum und dem Wie suchen, werden wir schließlich doch an der richtigen Stelle suchen müssen. Auch wenn dort die Beleuchtung kümmerlich ist.

Genau wie in der modernen Industrie, wo die entscheidenden Innovationen (aber auch zahlreiche Konkurse) oft bei kleinen Firmen außerhalb der großen Industriestädte zu finden sind, werden wir dort suchen müssen, wo kleine Gruppen sich durchkämpfen, wenn wir verstehen wollen, wie es zu bleibenden Veränderungen kommt. Die industriellen Zentren werden am Ende die Massenproduktion übernehmen, welche die Gebrauchsartikel hervorbringt, die ein künftiger Archäologe des Computerzeitalters auf der Erde ausgraben wird, doch was diesen vorausgegangen ist, wird schwer auszumachen sein. Der meistverkaufte Computertyp von IBM, der PC, ist von der traditionsreichen IBM im Grunde weder entworfen noch gebaut worden; die Firma ist lediglich in den gut entwickelten Markt der Kleincomputer, der sie Ende der siebziger Jahre hinter sich gelassen hatte, eingestiegen und hat aus Teilen, die von kleinen innovativen Firmen entworfen worden waren und bereits produziert wurden, einen Computer zusammengebaut. Aus denselben Chips, denselben Speichern, denselben Monitoren, denselben Tastaturen und derselben Software stellten Hunderte von kleinen Firmen Systeme zusammen, die auf den Bedarf von kleinen und mittelgroßen Betrieben abgestimmt waren.

Nichts anderes tat IBM 1981, als sich die Firma an eine erfolgreiche Sache anhängte, nur sorgte die Bekanntheit des Markennamens dafür, daß sie den Markt eroberte. Erst später begann IBM, mehr Teile selbst herzustellen (von vielen wurde der IBM-PC scherzhaft als Importware bezeichnet, da viele der Teile aus dem Ausland kamen; aber das ging noch an: die Firma AT&T hat sogar nichts anderes getan, als ihren bekannten Markennamen auf einen eleganten italienischen Computer zu kleben). Die Mehrzahl der Käufer ging davon aus, daß die Computer von den vertrauenswürdigen, erfahrenen IBM-Ingenieuren entworfen und gebaut worden seien, von denen die bekannten Großrechner stammten. In Wirklichkeit hatte IBM nur ein kleines, kurzlebiges Tochterunternehmen in Florida gegründet, das die Teile einkaufte und den PC zusammenbaute (der 1981 noch nicht einmal dem Stand der Technik entsprach). Die IBM schlug Kapital aus ihrem Namen und nicht aus irgendeinem speziellen Talent, an dem es den Hunderten von kleineren Konkurrenten gefehlt hätte. Ich hoffe, daß der Computer-Archäologe nicht nur in der Nähe der IBM-Hauptverwaltung in New York graben wird. Wie in der Hominidenevolution muß man unterscheiden zwischen dem Ort, wo die technische Entwicklung durch Experimente und Fehlschläge vorangetrieben wird, und dem Ort, wo anschließend die standardisierte Massenproduktion stattfindet.

★

Die Bootsführer machen sich wieder einmal einen Spaß. Wir werden einen Wettkampf im Bootespringen erleben. Die sieben Boote liegen wie üblich nebeneinander, das Heck auf dem Land, der Bug im Wasser. Mit einiger Mühe kann man von einem Bug auf den anderen springen. Natürlich sinkt der Bug, auf dem man landet, ein Stück weit ein, um dann wieder zurückzuschnellen. Wenn man das Gleichgewicht verliert, fällt man entweder ins seichte Wasser oder in den vorderen Teil des Bootes. Normale Sterbliche geraten bei der Landung ins Wanken und fallen herunter, wenn sie nicht schon beim Absprung gefallen sind.

Gestärkt durch das Bier (mutmaßlich frei von Tetracyclin), nimmt der Bootsführer Anlauf, springt beim ersten Boot auf die linke Seite des Bugs, von dort hinüber auf die rechte Seite, von wo er zum nächsten Boot hinüberhüpft, und auf diese Weise versucht er alle sieben Boote zu schaffen, ohne herunterzufallen. Um Ihnen eine Vorstellung von den Ausmaßen des Unternehmens zu geben: Stellen Sie sich bitte vor, daß sieben nachgebende Wasserbetten nebeneinander liegen, auf denen jeweils zwei Bierfäßchen festgebunden sind, von denen man abspringt. Dies ist es, was die Physiker ein Gedankenexperiment nennen. Sollte jemand, was Gott verhüten möge, tatsächlich über sieben Wasserbetten und 14 Bierfäßchen sowie den entsprechenden Raum verfügen, um sie nebeneinander zu legen und Anlauf zu nehmen, so lehne ich jegliche Verantwortung für die eintretende Überschwemmung ab.

Schließlich versuchen alle Bootsführer und dazu noch sechs Passagiere ihr Glück. Howie hat sich ein weißes Laken als Cape umgelegt. Nach einigen Übungsläufen schaffen Alan und Jimmy unter lautem Jubel alle sieben Boote. Keiner gibt auf, und am Ende gelingt es sogar Passagieren mit guter Körperbeherrschung wie Dan Richard, alle Boote hinter sich zu bringen, ohne zu fallen.

Dann versucht es Jimmy mit seiner phantastischen Körperbeherrschung auf einem Bein. Zugegeben, für den Anlauf benutzt er beide Beine, aber dann hüpft er auf dem rechten Bein von Boot zu Boot, wobei das Bein wie ein Kolben auf und niedergeht. Beim dritten Versuch schafft er es. Was für ein Finale! Die Overhang-Höhle hallt wider von unserer Begeisterung.

Ob die Anasazi hier auch sportliche Wettbewerbe improvisiert haben? Und an welchem Punkt ihrer Evolution haben die Hominiden mit solchen spontanen Wettbewerben begonnen? Es ist noch nie beobachtet worden, daß Menschenaffen nacheinander ihre Fertigkeiten vorführen, sich gegenseitig anfeuern und beim nächsten Mal ihre Leistung zu verbessern suchen. Hier steckt mehr dahinter als das übliche Spielverhalten von Affen oder Menschenaffen. Vielleicht ist es zu solchen Wettbewerben während der verdoppelten Kindheit der Hominiden gekommen, in der so viel zusätzliche Zeit zum Spielen zur Verfügung stand.

# Von den Menschenaffen zum Homo sapiens

## Skizze des zeitlichen Ablaufs

Vor 7 Millionen Jahren:

Gemeinsamer Vorläufer von Schimpansen und Hominiden
Vielleicht wie Schimpanse bereits omnivor und schlau?
Eventuell Mutter-Kleinkind-Familie wie bei afrikanischen Menschenaffen?
Unbehaartheit und aufrechter Gang auf eine aquatische Phase der Menschenaffen zurückzuführen?
Häufige Auslesezyklen durch Vulkanismus, Veränderungen der Gezeiten und Vernichtung der Schalentiervorkommen durch Krankheitserreger

Vor 4 Millionen Jahren:

Frühe Savannenphase der Australopithecinen
Mütter schutzloser durch Tragen der Jungen?
Entwickelt sich eine verborgene Ovulation?
Entwicklung der Paarbindung, sorgt das Männchen auch für Familie?
Sammeln von Nahrung, Jagd auf Kleintiere wie bei Schimpansen und Pavianen
Erfindung von Wasserbeutel und Tragekorb?
Werfen zur Abschreckung von Karnivoren (Verteidigung, Aasräuberei); kleinere Auslese in Bezug auf Wurfgenauigkeit?
Auslesezyklen durch afrikanische Dürre und Vulkanausbrüche; alljährlicher Winterzyklus nur in Südafrika während bestimmter Klimaperioden oder auf »Berg-Inseln« an Abhängen hoher Vulkane

Vor 2,4 bis 2 Millionen Jahren:

Hirnvolumen beginnt mit *Homo habilis* zuzunehmen
Herstellung von steinernen Schneidwerkzeugen aufs Geratewohl
Erhebliche Klimaschwankungen alle 100 000 Jahre durch Vordringen und Rückzug der Eiszeiten

Vor 1,5 Millionen Jahren:

Diskusähnlicher »Faustkeil« wird an Wasserlöchern in Herden hineinge-
schleudert; Auslese nach Wurfweite, Zielen unwichtig
Gezieltes Werfen bei der Jagd auf kleine, dann auch größere Tiere?
Fortgesetzte Auslese nach Wurfgenauigkeit und -weite
Werkzeugherstellung durch Bearbeitung zerbrochener Steine; Standard-
Werkzeugausstattung
Beginnt Feuermachen durch Funken bei der Werkzeugherstellung?
Alljährliche winterliche Auslesezyklen für *Homo erectus* in der gemäßig-
ten Zone Europas und Asiens; weiterhin eiszeitliche Schwankungen
Fortgesetze Auslese nach jagdlichen Fähigkeiten
Sekundäre Nutzung des neuralen Steuerungsapparats für Werfen und
Hämmern?


Vor 0,1 Millionen Jahren:

Steigerungen des Hirnvolumens enden mit *Homo sapiens*
Verschiebung von der biologischen und kulturellen Evolution zur ausschließlich kulturellen Evolution

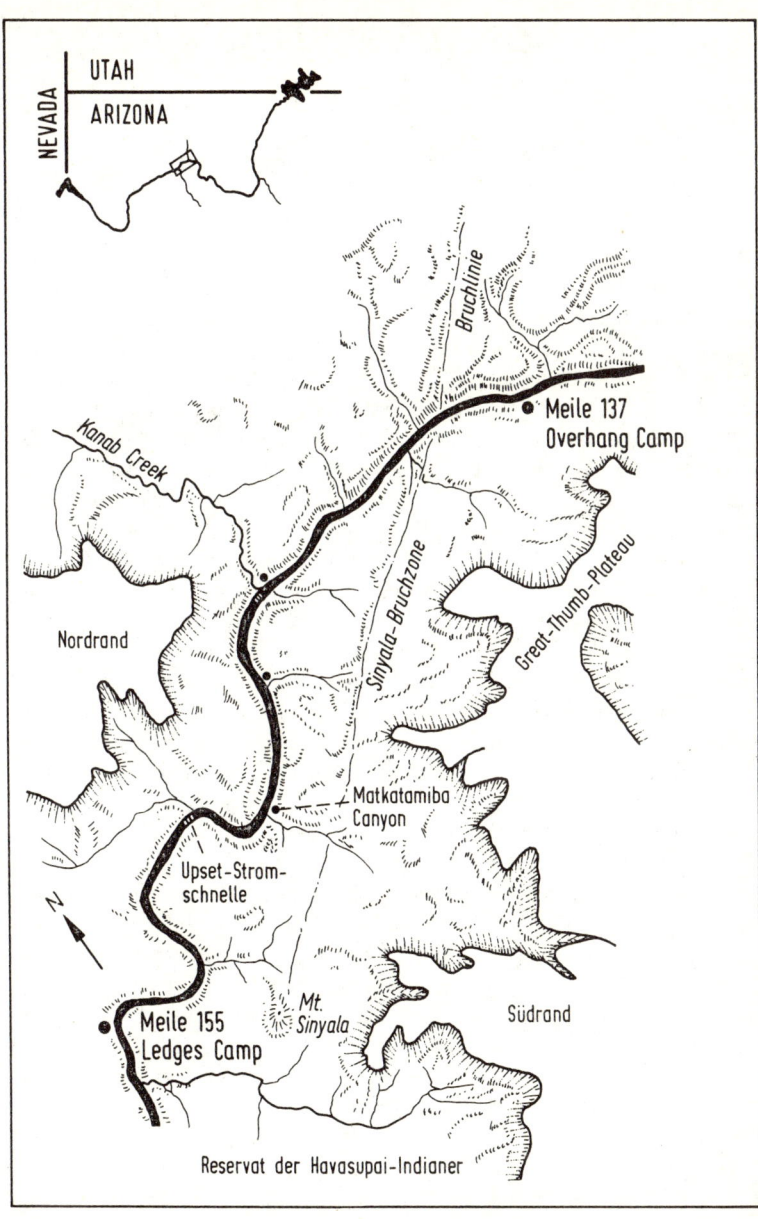

# Zehnter Tag
## Meile 137
## Overhang Camp

Beim Aufwachen im Overhang Camp gab es heute morgen keinen Kater. Beim Zähneputzen am Ufer fällt mir auf, daß der Fluß ungewöhlich schnell fließt. Es liegt vermutlich daran, daß der Canyon hier so schmal ist. Von unserer gemütlichen Feuerstelle dringt mir der Geruch von brutzelndem Speck in die Nase. Davon bin ich aufgewacht – in der »Höhle« unter dem Überhang bleiben die Kochgerüche hängen.

Die Anasazi haben hier vermutlich Dickhornschafe gebraten. Ein Stückchen flußabwärts sollen sich einige Kornspeicher der Anasazi befinden, in der Tapeats-Schicht, unmittelbar über dem darunterliegenden Tonschiefer.

Ich habe mich oberhalb des Überhangs in dem dortigen Canyon umgeschaut. Die geologischen Verhältnisse haben wir noch nicht ganz geklärt, aber ich vermute, daß hier eine alte Bruchlinie hindurchläuft: Oberhalb der Tapeats-Klippen befindet sich ein Bruch im Gestein, durch den aber kein Bach fließt. Es sieht ähnlich aus wie beim Eminence-Bruch bei Meile 43, wo man den Eindruck hatte, als sei ein Hackmesser vom Himmel gefallen und habe die Steine zertrümmert. Der Bruch verläuft hier durch die Muav-Schicht und ein wenig in den Redwall hinein. Wir befinden uns jetzt auf der Flußseite, auf der Jeremy gestern morgen die Dickhornschafe entdeckte, und wir sind nur fünf Kilometer flußabwärts. Ich kann aber kein Schaf entdecken.

Wir liegen jetzt ganz im Schatten, obwohl die Sonne beim Aufgehen fast bei uns hineinschaute. Das Overhang Camp liegt jedoch nach Norden und hat vermutlich fast den ganzen Tag über Schatten. Die Höhle hallt wider vom geselligen Treiben einer Flußfahrergemeinschaft. Wir kommen alle recht gut miteinander aus. Lebhafte Diskussionen am runden Tisch sind ständig im Gange. Auch ohne Tisch.

»Australopithecus und Homo habilis haben Afrika also nie verlassen und nie eine Eiszeit miterlebt?«, fragte Jackie bei ihrer zweiten Tasse Tee.

Barbara nickte. »Natürlich haben die Eiszeiten wohl auch das Klima in den Tropen verändert, schon weil die veränderten Meeresströmungen das Wettergeschehen beeinflußt haben. Sie mußten daher wohl in Afrika umherziehen, um dem Wild zu folgen oder Gebiete mit ausreichenden Niederschlägen zu finden, die sie mit Pflanzennahrung versorgten. Das Klima muß deshalb aber nicht strenger gewesen sein.«

»Aber der Homo erectus hat doch die Eiszeiten erlebt?« fragte Ben.

»Vor etwa 1,5 Millionen Jahren, kurz nachdem sich die beiden Stile in der Steinwerkzeugherstellung entwickelt hatten, wanderte Homo erectus aus Afrika aus und nahm dabei seine praktischen rotierenden Wurfgeschosse mit. Wenn wir uns nur an die vier klassischen Eiszeiten halten, deren Gletscher Steine vor sich hergeschoben haben, so haben sie vor 800 000, 460 000, 200 000 und 100 000 Jahren begonnen. Mindestens die ersten zwei oder drei hat Homo erectus miterlebt, und dazu noch etliche andere, die nicht so deutliche Spuren hinterlassen haben.«

»Kam Homo erectus denn so weit nach Norden, daß er sie miterlebt hat?«, wollte Jackie wissen.

»Der Pekingmensch, ein später Homo erectus, der vor 200 000 Jahren ausgestorben ist, lebte vor 500 000 Jahren auf dieser nördlichen Breite. Heute sind die Winter in Beijing streng und kalt, sehr viel kälter als in anderen Städten wie Neapel oder St. Louis, die auf derselben Breite liegen, und ich glaube nicht, daß der Winter in Beijing während einer Eiszeit wärmer gewesen ist. Homo erectus hat damals vermutlich Pelzkleidung getragen und in behaglichen Unterkünften gelebt«, erklärte Barbara.

»Lebte der Pekingmensch nicht in Höhlen?« fragte Dan Richard. »Ich meine, dort hätte man ihn gefunden.«

»Das stimmt. Das betreffende Höhlensystem ist im Laufe von 250 000 Jahren wiederholt benutzt worden. Die Höhlenbewohner kannten vermutlich schon das Feuer. Und zwar nicht nur, um sich wegen des kalten Klimas daran zu wärmen. Man hat in den Höhlen Holzkohle gefunden. Und dazu Brandspuren in verschiedenen Schichten des Höhlenbodens«, sagte Barbara. »Wahrscheinlich haben sie also auf dem Feuer ihr Essen gekocht und sich nachts um das Lagerfeuer geschart.«

»Ist in jener Zeit das Feuermachen erfunden worden?« fragte Jackie.

»Seit wann der Mensch das Feuer beherrscht, kann man nicht mit Sicherheit sagen. Aus Ostafrika wurden Funde gemeldet, bei denen Steine, die zu einer Art Feuerstelle angeordnet zu sein scheinen, durch Feuer geschwärzt sind. Es ist allerdings nicht völlig auszuschließen, daß ein Steppenbrand oder eine andere zufällige Ursache dahintersteckt. Diese Funde sind einige Millionen Jahre alt. Irgendwann zwischen jener Zeit und dem Pekingmenschen, vor 250 000 Jahren, ist das Feuermachen vermutlich erfunden worden. Und wieder in Vergessenheit geraten, um anschließend nochmals erfunden zu werden.«

Ben kam mit der Kaffeekanne und schenkte fast allen noch einmal nach. »Sagtest du nicht, die Werkzeuge hätten sich in dieser ganzen Zeit kaum verändert?« fragte er.

»Richtig. Erst spät im Laufe dieses Zeitraums kam der Moustérien-Stil auf, der aber hauptsächlich in einer verbesserten Herstellungsmethode besteht, die dort angebracht ist, wo geeignete Steine knapp sind. Man hat wunderschöne lange Klingen gefunden, die durch die nachträgliche Bearbeitung eines zufällig entstandenen Steinsplitters kaum hinzukriegen sind. Der Fortschritt bestand wohl weniger in neuen Verwendungsmöglichkeiten durch die hergestellten Werkzeuge als vielmehr in einem sparsameren Umgang mit dem Rohstoff. Er ist nicht zu vergleichen mit dem großen Sprung vom Tragen loser Häute zum Nähen von winddichten Kleidern oder vom Rohkostessen zur Zubereitung von gekochter Nahrung, die durch das Unschädlichmachen von pflanzlichen Toxinen die Speisekarte enorm erweiterte. Aber ich kann mich auch täuschen«, sagte Barbara.

»Und während dieser ganzen Homo-erectus-Periode hat das Hirnvolumen zugenommen?« wollte Jackie wissen.

»Auf den ersten Blick scheint es so zu sein. Vor 1,7 Millionen Jahren beginnen sie in Afrika mit rund 800 Kubikzentimetern, und vor 230 000 Jahren endet Homo erectus mit dem Pekingmenschen. Einige Schädel des Pekingmenschen hatten einen Inhalt von 1140 Kubikzentimetern, bei einem Mittelwert von 1088. Die Streuung ist allerdings sehr groß. Einige Fachleute – darunter Philip Rightmire – meinen, von einer stetigen Zunahme könne keine Rede sein.«

Ben, der inzwischen die Kaffeekanne zum Frühstückstisch zurückgebracht hatte, wollte wissen: »Durch wen wurde Homo erectus abgelöst? Durch den Homo sapiens?«

»Wenn ich das wüßte«, sagte Barbara und strich sich die störenden Haare aus dem Gesicht. »In Europa hat man 400 000 Jahre alte Schädel gefunden, die zum ›archaischen Homo sapiens‹ gerechnet werden, weil sie mehr Ähnlichkeit mit Homo sapiens als mit Homo erectus haben. Der moderne Homo sapiens taucht jedoch erst vor etwa 100 000 Jahren in Südafrika auf. Wir haben also eine Periode von 300 000 Jahren mit Übergangstypen, deren Zuordnung bislang noch nicht ganz geklärt ist. Und vor 100 000 Jahren tritt ebenfalls zum erstenmal der Neanderthaler auf. Wie der Wandel des Homo erectus zur archaischen Form und dann zu den beiden Typen des Homo sapiens verlaufen ist, ist bis heute unklar.«

»Zählt der Neanderthaler auch zum Homo sapiens?« fragte Ben.

»Ein Vorläufer von uns war er jedenfalls nicht. Er war ein Zeitgenosse unseres Vorläufers, mit einem gedrungenen Körperbau und einem größeren Gehirn, als wir es haben. Wir nennen ihn daher Homo sapiens neanderthalensis. Dadurch sind auch wir zu einer Unterart mit einem eigenen Namen geworden: Homo sapiens sapiens.«

»Der kluge Mensch, meinetwegen, aber doppelt klug? Ich glaube es nicht, wenn ich sehe, wie wir uns verhalten«, bemerkte Jackie.

»Da ist mir noch etwas unklar«, sagte Ben, nachdem er kurz überlegt hatte, und er wandte sich an mich. »Wenn ich mich nicht täusche, meinst du doch, die Zeit des Gehirnwachstums habe sich nicht direkt an die Savannenphase in Afrika angeschlossen, stimmt das?«

»Die Anfänge, also der Homo habilis und der frühe Homo erectus, mögen in der afrikanischen Savanne, im Hügelland oder in der Gezeitenzone von Danakil gelegen haben. Den ostafrikanischen Graben halte ich aber nicht für den geeigneten Ort, wo sich die Evolution nachhaltig im Sinne eines größeren Gehirns auswirken konnte«, antwortete ich. »Ich denke, daß die interessanten Dinge sich anderswo abgespielt haben, beginnend vor 1,4 Millionen Jahren. Damals begann Homo erectus sich über die ganze Erde auszubreiten. Und wie ich glaube, wurde damals bereits im großen Maßstab gejagt. Das Fleisch hat, wie Loren Eiseley zu sagen pflegte, die Energie geliefert, die den Menschen um die ganze Welt getragen hat.«

»Aber könnte die Zunahme des Hirnvolumens nicht mit der Werkzeugherstellung zusammenhängen?«, wollte Jackie wissen.

»In der Zeit, in der das Gehirn zunahm, haben sich die Werkzeuge ja gar nicht sehr verändert. Das habe ich doch gerade klargestellt«, warf Ben ein.

Ich ging über diesen Punkt hinweg. »Bei Licht besehen, sind wir, was das Hämmern betrifft, nicht sehr viel besser als die Schimpansen. Entscheidend waren nach meiner Ansicht die jagdlichen Fähigkeiten. Wo viel Wild ist, mag die Jagd vielleicht ein Zubrot liefern, doch in den Randgebieten ist sie von lebenswichtiger Bedeutung. Wer in Afrika kein Glück bei der Jagd hat, kann auf das Sammeln von pflanzlicher Nahrung zurückgreifen. Erst dort, wo eine Gruppe ihre übliche Nische verläßt, schlägt die Auslese unbarmherzig zu.«

»Aber wieso sollte ausgerechnet das Werfen zu einem größeren Gehirn geführt haben? Hat ein großes Gehirn nicht eher dazu gedient, andere Tiere zu überlisten, sich das eigene Territorium zu merken und dergleichen Dinge mehr?« hakte Jackie nach.

»Wahre Meister im Überlisten anderer Tierarten«, erklärte ich, »sind die Karnivoren. Ein größeres Gehirn haben sie deshalb nicht entwickelt. Ebenso wenig die Eichhörnchen und die Packratten, die sich genau merken, wo sie etwas versteckt haben, oder die Orang-Utans, die sich in einem sehr großen Territorium zurechtfinden. Ich glaube, in dieser dritten Evolutionsphase seit dem Schimpansen haben wir es mit einer ganz neuen Entwicklung zu tun – Voraussetzung für ein großes Gehirn ist etwas, das bei den anderen Menschenaffen kaum eine Rolle spielt.«

»Meinst du die Sprache?« fragte Rosalie und blickte von ihrem Fotoapparat auf, in den sie gerade einen neuen Film einlegte. »Das ist etwas völlig Neues, und darauf beruht unsere ganze kulturelle Entwicklung.«

»Die Sprache und die allgemeine Intelligenz werden sicher von den meisten an erster Stelle genannt, wenn es um Gründe für die Entwicklung eines großen Gehirns geht«, stimmte ich ihr zu. »Ich denke aber, daß sie keine hinreichende Schubkraft bieten, und setze eher auf die Jagd. Und zwar auf eine Art der Jagd, die bei den Menschenaffen unüblich ist: das Werfen mit Steinen. Das ist nicht bloß eine Verbesserung im Hämmern oder in der sozialen Verständigung, sondern eine wirklich neue Erfindung. Sie weist außerdem eine phantastische Wachstumskurve auf: Je größer das Gehirn wird, desto größer werden die Leistungen.«

»Aber wieso ist ein großes Gehirn nötig, um im Steinewerfen besser zu werden?«, fragte Jackie. »Das leuchtet mir nicht ganz ein. Daß ein größeres Gehirn mehr Informationen speichern kann und daß es größer werden mußte, um ein zusätzliches Sprachzentrum aufzunehmen, kann ich noch einsehen. Aber das Werfen ist doch eine Armbewegung, die sich nicht sehr vom Hämmern unterscheidet. Und das können schon die Schimpansen. Wieso ist zum Werfen ein größeres Gehirn nötig? Ist das nicht nur eine geringe Verbesserung gegenüber den Bewegungsabläufen, die beim Hämmern auftreten?«

»Und weshalb wird hier die natürliche Auslese so hervorgekehrt?« fragte Ben. »Ich dachte immer, Variationen und Auslese, das gehört zusammen wie zwei Seiten einer Medaille. Warum bleiben die anatomischen Variationen, die zu einem größeren Gehirn führen, außer Betracht?«

Ich setzte zu einer Antwort an, doch da rief Gary vom Ufer aus alle zu sich, um das heutige Tagesprogramm zu besprechen. Wir standen auf und gingen zu den Booten hinunter. Jetzt hatte der oberste Bootsführer das Wort. Meine Antwort hätte ohnehin längerer Ausführungen bedurft.

»Wir fahren heute zu einem wirklich schönen Fleckchen namens Matkatamiba. Das ist bei Meile 148, und wir werden dort den Nachmittag verbringen«, begann Gary. »Kurz vor Matkat werden wir wahrscheinlich anlegen, um bei einem hübschen Wasserfall im Olo Canyon unser Mittagessen einzunehmen. Der Vormittag wird aber ruhig verlaufen. Wir werden zwei Bruchlinien passieren, Sinyala und Fishtail. Die Fishtail-Stromschnelle wird euch gefallen. Danach kommen wir zum Kanab Creek. Dort werden wir anhalten, und ihr könnt ein Stück hinaufwandern und euch die Mäander ansehen.«

Mit warnend erhobener Hand fuhr Gary fort: »Das Wasser des Baches – auch ein Stück weit unterhalb seiner Einmündung in den Fluß – dürft ihr auf keinen Fall trinken. Der Kanab Creek kommt direkt aus Utah, und am Ende seines Canyons liegt das Städtchen Kanab. Wir werden unsere Wasserbehälter auffüllen, bevor wir zum Kanab Creek kommen. Ihr solltet auch eure Feldflaschen füllen, bevor wir hier das Lager abbrechen.

Haltet die Augen auf, heute könntet ihr Dickhornschafe sehen. Ach ja, noch etwas. Heute nachmittag, unmittelbar nach Matkat, kommen wir an eine große Stromschnelle, die Upset-Stromschnelle. Das wird euch wirklich Spaß machen. Das ist dann aber auch die letzte große Stromschnelle, bevor wir übermorgen zu den Lava Falls kommen. Heute abend werden wir bei Meile 155 oder 156 unser Lager aufschlagen, so daß wir morgen in aller Frühe den Havasu erkunden können. Hat noch jemand Fragen?«, schloß Gary.

»Dieser Oreo Canyon, wo wir Mittagessen«, fragte Marsha, »ist das dort, wo das Krümelmonster lebt?«

Ächz! Das fängt ja schön an. Erst wird das Overhang Camp in Hangover Camp umgetauft, und jetzt muß auch noch der arme Olo Canyon dran glauben.

# Meile 143
# Kanab Creek

Dies ist ein langer Seitencanyon mit der charakteristischen baumartigen Verzweigung eines Flusses, der es nicht eilig hat. Oberhalb der Einmündung zeigt der Bach die typischen Mäander, die man beim Überfliegen des Mississippi beobachten kann. Im Flachland können solche langen Flüsse alle paar Jahrhunderte ihre Mäander verlegen. Das kann der

Kanab Creek nicht. Seine Mäander sind sozusagen »eingepflügt« – sie haben einen so tiefen Canyon in das härtere Gestein gegraben, daß der Bach sein Bett nicht mehr verlegen kann, wie es noch in den weicheren oberen Gesteinsschichten möglich war. Die vor Urzeiten entstandenen Mäander sind eingefroren.

Man fragt sich, welche uralten Muster sich im Verlaufe der Evolution zum Menschen eingegraben haben. Die Werkzeugherstellung im größeren Maßstab und die Zunahme des Hirnvolumens könnten vor über zwei Millionen Jahren gemeinsam ihren Anfang genommen haben, doch wenn man davon ausgeht, daß die Acheuléen-Werkzeuge in der Zeit von 1,5 Millionen bis 300 000 Jahre vor der Gegenwart kaum Fortschritte gemacht haben, düften die Anforderungen der Werkzeugherstellung wohl kaum für die ständige Zunahme des Hirnvolumens bei unseren Vorfahren verantwortlich gewesen sein. Wenn es aber nicht die Werkzeugherstellung war, was war es dann? Was hat durch natürliche Auslese dafür gesorgt, daß größere Gehirnvarianten bessere Überlebens- und Fortpflanzungschancen hatten?

Die übliche Antwort lautet: »Allgemeine Intelligenz«. Schlauer ist besser, wenn man Eßbares, das weglaufen kann, erwischen möchte, und es ist besser für die Anpassung an eine sich ändernde Umwelt. Wenn größere Gehirne schlauer sind, dann sind größere Gehirne besser. Das paßt haargenau zu unserer vorgefaßten Meinung, daß der Mensch sich vor allem durch Intelligenz auszeichnet.

Das erste Problem, das diese sympathische Erklärung aufwirft, ist, daß es kein weiteres Beispiel dafür gibt. Warum haben nicht auch andere Primaten ihr Hirnvolumen verdoppelt oder verdreifacht? Auch wenn keine Art es so weit gebracht hat wie wir, müßte es in der Evolution doch eigentlich ein paar handfeste Beispiele geben, an denen wir die Wirksamkeit der Gleichung größer = schlauer = besser ablesen können. Es müßten ja nicht unbedingt 200 Prozent sein. Schon eine Zunahme um 50 Prozent würde uns genügen. Aber auch danach werden wir vergeblich suchen. Das einzige vergleichbare Beispiel ist die Vergrößerung des Gehirns vom Affen zum Menschenaffen. Vielleicht hat es Ansätze zu einem größeren Gehirn gegeben, die aber dazu führten, daß die Mutter bei der Geburt starb, weil der Kopf des Kindes zu groß war. Das ist die stärkste Form von natürlicher Auslese, die ich mir vorstellen kann, denn es wäre genauso, als ob jedesmal, wenn ein junger Jäger auf der Jagd umkam, auch seine Mutter und seine jüngeren Geschwister umgekommen wären. Die größeren Köpfe der Hominiden müssen in einer bestimmten Leistung auf spektakuläre Weise überlegen gewesen sein, damit ein solcher negativer Selektionsdruck durch die Vorteile aufgewogen wurde. Eine maßvolle Steigerung es IQ scheint mir kein ausreichender Grund zu sein, um dieses Hindernis zu überwinden.

Das zweite Problem ist, daß in der heutigen Population der Spezies mit dem anmaßenden Namen *Homo sapiens sapiens* größer nicht gleichbedeutend ist mit schlauer oder klüger. Eine gewisse Korrelation zwischen dem Hirnvolumen und dem einen oder anderen Aspekt von »Intelligenz« ist zwar nicht ausgeschlossen, doch Genies gibt es sicherlich in jeder Größenklasse von Gehirnen, bei Menschen von geringer Intelligenz ist das Gehirn nicht kleiner als der Durchschnitt, und wer glaubt, aus dem Hirnvolumen etwas folgern zu können, ist auf dem Holzweg. Es hilft einem nichts, wenn man weiß, welche Hutgröße jemand hat.

Und wenn wir uns im Tierreich umschauen, so gibt es bestimmt Arten, die schlauer als nötig sind, zum Beispiel Delphine, Gorillas, Orang-Utans und etliche andere. In ihren derzeitigen Nischen kämen diese Tiere wohl auch dann sehr gut zurecht, wenn ihre Lernfähigkeit, ihre Geschicklichkeit und ihre Fähigkeit zur Mimikry weit geringer wären. Es ist denkbar, daß diese Eigenschaften einmal durch Herausforderungen der Umwelt selektiert worden sind, daß diese Tiere sich aber auf eine Lebensweise eingestellt haben, in der solche Eigenschaften für das Überleben nicht mehr erforderlich sind – sie haben einen Weg gefunden, der ihnen ein Auskommen sichert, und sind dabei geblieben, so wie die Taxifahrer mit Doktortitel. Man wird auf diese Weise vielleicht nicht viel von der Welt sehen, aber wenn man sich an Früchte und Blätter hält, braucht man sich keine Sorgen zu machen, ob genügend Wild da ist oder ob die Getreideernte ausreichen wird, um die Familie über den Winter zu bringen. Schlauer mag besser sein, aber nur dann, wenn die Umwelt weiterhin Anforderungen stellt, nur dann, wenn das veränderte Genom durch fortbestehende Chancen der Artbildung davor bewahrt werden kann, in einer größeren Population aufzugehen.

★

Größer ist nicht unbedingt gleichbedeutend mit mehr Zellen, geschweige denn mit einem schlaueren Gehirn. Wenn der Körper des ausgewachsenen Tieres größer ist, dann ist in der Regel auch das Gehirn größer, aber die Zahl der Nervenzellen braucht deshalb nicht größer zu sein. Wenn eine Säugetierart im Laufe ihrer Entwicklung größer wird, wie es bei den Pferden der Fall war, nimmt zusammen mit dem übrigen Körper auch das Gehirn zu. Dabei breiten sich die Nervenzellen aus – die

Anzahl bleibt gleich, nur der Zwischenraum zwischen ihnen wächst. Gelegentlich entstehen aber auch mehr Zellen, und zwar, weil die individuelle Entwicklung darwinistisch verläuft: Anfangs werden sehr viel mehr Nervenzellen aufgebaut, als später überleben können. Jeder Gärtner weiß, daß die Sämlinge in einem Saatbeet zu dicht stehen, als daß alle überleben könnten – wenn er sie jedoch verzieht, werden mehr Sämlinge durchkommen. Mit dem aufs Dreifache angewachsenen menschlichen Gehirn hat sich die Anzahl der Nervenzellen nicht ebenfalls verdreifacht; man schätzt heute, daß die Hirnrinde des Menschen etwa 25 Prozent mehr Nervenzellen enthält als die des Schimpansen. Die übrigen 175 Prozent Zuwachs beruhen darauf, daß die Zellen nicht mehr so dicht gepackt sind.

Wie kann man dies nun auf Fossilien anwenden, bei denen lediglich der Schädelinhalt bekannt ist, während das Körpergewicht, ausgehend von der Dicke der Knochen und der Größe der Muskelansatzflächen, geschätzt werden muß? Die unterschiedliche Körpergröße läßt sich dadurch umgehen, daß man sich lediglich auf das Verhältnis zwischen Gehirn und Körper bezieht. Es gibt Formeln zur Berechnung des Verhältnisses zwischen Gehirn- und Körpergewicht, doch am sichersten geht man, wenn man Säugetiere von gleichem Körpergewicht miteinander vergleicht, etwa einen Bären, einen Schimpansen und einen Menschen von jeweils 40 Kilogramm. Auch nach diesem Verfahren ist unser Gehirn noch 3,6mal größer, als es die meisten Menschenaffen für einen Körper von unserer Größe benötigen würden, und 8,6mal so groß wie das eines durchschnittlichen Säugetiers von unserer Körpergröße.

Zur Beurteilung des Gehirnwachstums bei aufeinanderfolgenden Arten kann man auch auf Analogien zwischen Ontogenese und Phylogenese zurückgreifen. Während der Fötus, der Säugling und das Kind heranwachsen, nimmt auch das Hirnvolumen zu, aber jeweils mit unterschiedlichem Tempo. Der menschliche Fötus besteht in den ersten drei Schwangerschaftsmonaten zur Hälfte aus dem Kopf, der Gehirn-Körper-Quotient ist also sehr groß. Auch danach wächst der Kopf ziemlich schnell, doch irgendwann verlangsamt sich sein Wachstum, während das des Körpers sich beschleunigt, so daß der Gehirn-Körper-Quotient im Laufe der Kindheit ständig zurückgeht, bis er den Wert des ausgewachsenen Individuums erreicht. Ein größeres Gehirn bei einer neuen Art bedeutet einen veränderten Gehirn-Körper-Quotienten, also auch veränderte Wachstumsraten. Um das relative Hirnvolumen zu steigern, gibt es, wie die vergleichende Anatomie zeigt, einen sehr einfachen Weg. Man muß jung werden. Die Fachleute sprechen von Neotenie. Sie führt dazu, daß der Gehirn-Körper-Quotient beim ausgewachsenen Individuum größer ist. Sie ermöglicht es der Evolution, in der individuellen Entwicklung die eingegrabenen Mäander zu umgehen.

# Meile 145
# Olo Canyon

Das Mittagessen nehmen wir neben einem Wasserfall ein, der über einen Felsvorsprung herabstürzt – ein prächtiger Anblick. Vom Krümelmonster ist nichts zu sehen. Von der Oberseite des Wasserfalls baumelt ein Seil herunter, zurückgelassen von jemandem, der versucht hat, in den oberen Teil des Canyons zu gelangen. Es ist inzwischen verrottet, und Gary warnt uns, diesen Weg auszuprobieren.

Wir sprachen gerade darüber, daß die Evolution bisweilen Geschenke macht, im Gegensatz zu der gängigen Redensart, daß es im Leben nichts umsonst gibt. Der größte Teil der zufälligen Änderungen ist selbstverständlich nachteilig und wird durch natürliche Auslese eliminiert. Es könnte den Anschein haben, als setze die natürliche Auslese bei individuellen Merkmalen des menschlichen Körpers an, so daß beispielsweise die Unbehaartheit unabhängig vom Tauchreflex selektiert wird. Unser Körper wäre demnach ein Mosaik aus alten und jüngeren Merkmalen. Nach dieser adaptionistischen Auffassung wäre jedes Merkmal im Hinblick auf einen bestimmten Zweck geformt worden und nichts umsonst entstanden. Die Evolution als Mosaik.

Das ist jedoch falsch. Die natürliche Auslese ist nämlich nicht vollkommen. Das Ergebnis ähnelt, wie der Physiologe Lloyd Partridge betont, eher einer »gerade ausreichenden Lösung«. Wenn auf ein Problem, vor das die Umwelt einen Organismus stellt, eine ausreichende Lösung gefunden worden ist, wird das entsprechende Merkmal der natürlichen Auslese entzogen, die sonst vielleicht noch zu einer Verbes-

> Wann immer Sie mit Ihren Kindern in den Zoo gehen, werden Sie in den Augen der Menschenaffen, sofern diese nicht gerade gymnastische Kunststücke machen oder Nüsse knacken, eine sonderbare verhaltene Traurigkeit bemerken. Man kann sich gut vorstellen, daß sie das Gefühl haben, sie müßten Menschen werden, nur kommen sie nicht hinter das Geheimnis, wie man das anstellt.
>
> Bertrand Russell

serung geführt hätte. Ein Neurophysiologe kann sich durchaus vorstellen, daß unser Geschmackssinn sich noch verbessern ließe; so wichtig unser gegenwärtiges System in der Evolution der Omnivoren auch gewesen sein mag, ist es doch alles andere als vollkommen. Zu den Dingen, die ebenfalls nicht durch natürliche Auslese beseitigt wurden, gehören die Kurzsichtigkeit, der zu Entzündungen neigende Wurmfortsatz des Blinddarms, Muskelkrämpfe, Plattfüße, Kopfschmerzen, das prämenstruelle Syndrom und dergleichen Beweise für Unvollkommenheit in der menschlichen Evolution. Es gibt daneben Veränderungen, auf welche sich die natürliche Auslese kaum auswirkt, die von ihr weder belohnt noch bestraft werden. Eine mosaikartige Evolution ist nicht ausgeschlossen, doch kann man den Wandel insgesamt nicht darauf zurückführen, daß die Auslese sich gewissermaßen ein Merkmal nach dem anderen vornimmt.

Es gibt also Veränderungen, die man gewissermaßen »umsonst« erhält: Da viele Merkmale anatomisch miteinander zusammenhängen, führt die funktionale Auslese eines Merkmals dazu, daß andere anatomische Merkmale gratis mitgenommen werden. Als Trittbrettfahrer gewissermaßen. Eine für die Evolution zum Menschen entscheidende Gruppe von zusammenhängenden Merkmalen wird unter dem Begriff der Neotenie zusammengefaßt.

Sie werden sich vielleicht der Architekturmode erinnern, Neubauten unfertig aussehen zu lassen, auch wenn die Gebäude schon bezogen waren. Stahlträger blieben unverputzt, Heizungs- und Wasserrohre blieben sichtbar, so als sei die Baufirma nicht dazu gekommen, die Decke einzuhängen. Gemessen an seinen Vorläufern, den Bauwerken früherer Jahrzehnte, wirkte das Gebäude unfertig. Ich weiß noch, daß ich mich damals gefragt habe, wie weit sie diesen Trend treiben würden, ob sie als nächstes vielleicht die Fenster fortlassen würden.

Ich weiß nicht, ob die Architekturkritiker genügend über Biologie Bescheid wußten, um die Analogie zu erkennen, doch ein passender Name für die Mode mit dem unfertigen Äußeren wäre »architektonische Neotenie« gewesen. Die Neotenie (von einigen, die mit der Aussprache keine Schwierigkeiten haben, auch als Pädomorphismus oder Juvenilisation bezeichnet) ist eine biologische Mode, ein wichtiges Verfahren, um aus alten Tierarten neue hervorgehen zu lassen, und diese Mode ist alles andere als trivial: Dank dieser Mode sind aus den Affen die Menschenaffen und aus diesen die Menschen hervorgegangen. Wahrscheinlich auch die Wirbeltiere aus den Wirbellosen, weit zurück im Kambrium, während der Tapeats-Zeit. Sie hat also doch einiges zuwege gebracht.

Mit der Tendenz zur Verjugendlichung haben Jugendliche im Grunde kaum etwas zu tun – es ist eine Mode, der Erwachsene erliegen. Sie gehört zu den verbreitetsten und hartnäckigsten Moden. Täglich können wir beobachten, daß Erwachsene versuchen, jünger zu erscheinen, als sie sind. Äußere Erscheinung und Verhalten werden auf jugendlich getrimmt, freilich nicht immer mit dem gewünschten Erfolg. Zur Erläuterung führte Jackie die Damenmode als Beispiel an. Es ist, als würde die diesjährige Damenbekleidung verdächtig der letztjährigen Mädchenbekleidung ähneln. Uns geht es um den analogen biologischen Trend, der Erwachsene hervorbringt, die jünger aussehen und sich jünger verhalten als ein Erwachsener vom vorigen Modelljahr. Diese Mode wird durch mehrere Mechanismen ausgelöst, die wir aber nicht mit der Tendenz als solcher verwechseln dürfen.

Die einfachste Erscheinungsform der Neotenie besteht im Rückgriff auf eine frühere Evolutionsstufe, um so einer Überspezialisierung zu entgehen. Das zuletzt entwickelte Körpermodell stößt manchmal auf Bedingungen, denen es nicht angepaßt ist, so etwa wenn ein Lurch nach einer längeren Hitzeperiode merkt, daß sein Sumpf ausgetrocknet ist. Dem erwachsenen Tier ist es verwehrt, in das sicherere Wasser zurückzukehren, indem es auf der Stelle zur fötalen Form regrediert und sich wieder Kiemen wachsen läßt. Ein Jungtier kann unter diesen Bedingungen jedoch seine Entwicklung abbremsen und die Kiemen behalten. Am besten läßt sich das an dem mexikanischen Axolotl beobachten, einem molchähnlichen Salamander, der in den Restaurants von Mexico City ebenso geschätzt wird, wie Julian Huxley ihn für seine Entwicklungsstudien schätzte. Diese Lurchart, *Ambystoma* genannt, durchläuft gewöhnlich ein Larvenstadium, das dem Kaulquappenstadium des Frosches entspricht, verliert anschließend seine Kiemen und verläßt das Wasser als ein Luft atmendes, Land bewohnendes Tier, das sich auf allen Vieren fortbewegt. Wenn das Wetter jedoch ungünstig für Salamander war, findet diese Metamorphose von der Larve zum Salamander nicht statt. Für den Salamander ist es besser, wenn er im unreifen Stadium im Wasser bleibt. Er bremst daher seine Entwicklung ab, behält seine Kiemen und schwimmt bis an sein Ende fröhlich im Wasser umher.

Wenn man für immer Kind bleibt, hat das gewöhnlich den Haken, daß man sich nicht fortpflanzen kann. Doch zum Glück wird schon die Larvenform von *Ambystoma* geschlechtsreif. Die frühe Geschlechtsreife ist sogar der Hauptgrund dafür, daß die körperliche Entwicklung der Larve zum Stillstand kommt, bevor die Veränderungen eintreten, die aus dem Wassertier ein Landtier machen würden. Abgeschwächt kann man dieses Phänomen auch beim Menschen beobachten: Daß Männer größer sind als Frauen, liegt vor allem daran, daß Mädchen früher reifen als Jungen, wodurch das weitere Wachstum verlangsamt wird. Und Mädchen, die überdurchschnittlich früh geschlechtsreif werden, erreichen nicht dieselbe Körpergröße wie Mädchen, bei denen die Menstruation erst mit 16 Jahren einsetzt. Aber vorgezogene Pubertät ist nur einer der Mechanismen, um Neotenie zu erreichen.

Ein anderer Mechanismus ist die verzögerte Pubertät, verbunden mit einer noch stärkeren Verzögerung der allgemeinen körperlichen Entwicklung. Diesen Weg scheinen die Primaten wiederholt beschritten zu haben: Der ganze Primatenstammbaum hat die späteren Entwicklungsphasen zugunsten der Beibehaltung juveniler Formen hinausgeschoben.

Dies äußert sich bei den Primaten in einer Tendenz zu einem immer jugendlicher wirkenden Erscheinungsbild. Bei den aufeinanderfolgenden Arten wird nicht nur das Gesicht immer flacher, auch die Zähne werden kleiner, und das Gehirn wird (bezogen auf die Körpergröße) größer. Erwachsene Schimpansen ähneln daher juvenilen Affen, und erwachsene Menschen ähneln juvenilen Schimpansen. Diese Tendenz zu einem juvenileren Erwachsenen war schon Darwin aufgefallen, und Julius Kollmann, ein Zoologe aus Basel, nahm dafür 1884 den Begriff Neotenie. Havelock Ellis übertrug diese Idee 1894 auf die Evolution zum Menschen. Louis Bolk, ein Anatom aus Amsterdam, der die fötalen Entwicklungsstadien verschiedener Primaten mit denen des Menschen verglich, wählte dafür 1926 den Begriff »Fötalisierung«. Stephen Jay Gould spricht von Pädomorphismus (»Kindförmigkeit«). Der Begriff »Juvenilisation«, den Julian Huxley 1952 prägte, gefällt auch mir am besten, aber Sie können es nennen, wie Sie wollen.

> Die gewellte und eingekerbte Form des Schalenrandes [der Kammmuschel] rührt daher, daß der Rand schneller wächst als die Mitte. Kein Gen enthält ein Bild davon, wo die Einkerbungen hin sollen, kein Gen hat die Form der Schale in seinem Gedächtnis gespeichert; die Gene erlauben oder unterstützen lediglich, daß der Rand schneller wächst als die Mitte.
>
> Peter S. Stevens,
> *Patterns in Nature*, 1974

Ben wollte wissen, ob die Bezeichnungen sich jeweils nur ein Vierteljahrhundert halten oder ob jede neue Generation von Biologen die Erscheinung für sich neu entdecken mußte. Tatsächlich wird dieses Thema in den Lehrbüchern kaum behandelt, und es gibt viele Anthropologen und Neurobiologen, die noch nie etwas davon gehört haben, gleichgültig, unter welchem Namen.

★

Der Zusammenhang zwischen all diesen juvenilen Merkmalen beruht auf einem gemeinsamen Mechanismus: dem Verstellen der Uhren. Während bei *Ambystoma* die Uhr für die Geschlechtsreife schneller läuft, führt der Weg zum *Homo sapiens* über die Verlangsamung von zwei Reifungsprozessen. Die Geschlechtsreife tritt immer später ein: Ein Affe kann in drei bis vier Jahren geschlechtsreif sein, ein Schimpanse in acht bis neun Jahren, und beim Menschen dauert es noch viel länger. Der Wecker für die Pubertät läuft langsamer. Der Mechanismus beruht, so vermutet man, auf der Ausscheidung von Melatonin durch die Zirbeldrüse und andere Bereiche im mittleren Gehirn.

Verlangsamt wird auch das körperliche Wachstum. In diesem Jahr mögen ein juveniler Schimpanse und ein juveniler Affe noch miteinander spielen, doch nächstes Jahr wird der Affe sehr viel größer geworden sein als der Schimpanse, so daß der »zurückgebliebene« Schimpanse sich meistens einen jüngeren Spielkameraden suchen muß. Die Regulierung des Körperwachstums wird seit langem dem von der Hypophyse ausgeschiedenen Wachstumshormon zugeschrieben (inzwischen wissen wir, daß die Sache komplizierter ist). Einem Kind, das durch Hypophysenunterfunktion in seinem Wachstum zurückgeblieben ist, kann durch eine sich über zwei Jahre erstreckende Verabreichung von menschlichem Wachstumshormon geholfen werden, so daß sein Körperwachstum beschleunigt wird (früher war man, um das Hormon zu gewinnen, auf die Hypophysen von 100 bis 200 Verstorbenen angewiesen, doch heute kann man es mit Hilfe von rekombinanter DNA durch Bakterien erzeugen lassen).

Die Verlangsamung betrifft alle Lebensphasen und ist bei den »höheren« Arten mit einer längeren Lebensdauer verbunden (einer der Gründe, warum das Altern nicht nur eine Frage des Verschleißes ist). Würden beide Uhren, die der Geschlechtsreife und die des Körperwachstums, im gleichen Maße verlangsamt, so käme am Ende wohl, was die Körperform des erwachsenen Individuums betrifft, nichts anderes heraus, nur würde es viel länger dauern. Doch im Zuge der Primatenentwicklung wird das Körperwachstum von Stufe zu Stufe stärker verlangsamt als der Wecker der Pubertät, was in etwa auf eine Beschleunigung der Geschlechtsreife hinausläuft, wie wir sie beim *Ambystoma* beobachten, wobei aber zusätzlich die Kindheit für das kulturelle Lernen verlängert wird. Die Pubertät tritt also ein, wenn die Körperform noch juvenil ist, gemessen an den Maßstäben der erwachsenen Vorfahren. Das kann man aus den zahlreichen »neotenen« Merkmalen schließen, welche die Erwachsenen heute aufweisen, die aber nichts anderes sind als Über-

bleibsel aus ihrer juvenilen Zeit und sich während des Erwachsenenlebens nicht mehr ändern.

Nehmen wir zum Beispiel das abgeflachte Gesicht. Dieses Gesicht,
bei dem Nase und Lippen senkrecht unter den Augen liegen und das
Gehirn so weit nach vorn kommt, daß es über den Augen sitzt, ist ein
gemeinsames Merkmal der Säuglinge von Affen, Schimpansen und
Menschen. Wenn diese drei Primaten jedoch größer werden, beginnt
der untere Teil des Gesichts sich nach vorn zu schieben, und am Ende
liegt das Gehirn beim ausgewachsenen Affen und Schimpansen überwiegend hinter den Augen, die Augen liegen hinter den Nasenlöchern,
und die Lippen ragen noch weiter vor. Das gleiche beobachtet man bei
vielen Tieren, zum Beispiel bei unseren Haustieren Katze und Hund.
Die Jungen finden wir besonders niedlich, weil sie, genau wie menschliche Säuglinge, ein flaches Gesicht mit großen Augen (relativ zur
Gesichtsfläche) haben. Die Form des kindlichen Gesichts ist ein aus-
lösendes Merkmal, das Erwachsene anzieht, was von Bedeutung ist,
wenn das Kind Fürsorge und Schutz von den Erwachsenen erhalten
soll. So wie der rote Schlund des Kuckucks die Aufmerksamkeit der
Laubwürger-Stiefeltern auf sich lenkt, könnte die Anziehungskraft eines
Babygesichts auch noch anderen Zwecken dienen als demjenigen, für
den die Evolution es zunächst so unvollkommen entworfen hat, zum
Beispiel der Kennzeichnung des richtigen Objekts für die Liebe und
Fürsorge der Eltern.

Dann ist da noch die Verspieltheit. Einer der großen Unterschiede
zwischen Juvenilen und Erwachsenen liegt im Verhalten. Die Jungen
neigen mehr zum Spielen und haben Spaß daran, ihre neuentdeckten
Fähigkeiten auszuprobieren. Und sie sind viel flexibler als Erwachsene:
Das klassische Beispiel liefern die Makaken auf einer kleinen japanischen
Insel, die nach und nach neue Ernährungsmöglichkeiten annahmen. Die
Jungen lernten, Bonbons auszuwickeln und zu essen. Sie lernten, den
Sand von den Kartoffeln abzuwaschen. Körner, die auf dem Strand verstreut lagen, warfen sie mitsamt dem Sand ins Wasser, und als der Sand
gesunken war, schöpften sie die schwimmenden Körner ab. Keine dieser
Anpassungen an eine neue Nahrung wurde von den Erwachsenen erfunden, und es dauerte auch lange, bis diese sie übernahmen, obwohl sie
den Erfolg der Jungen mit eigenen Augen beobachtet hatten. Möglicherweise haben die Schimpansen und die Vorläufer des Menschen sich
dadurch an neue Nischen angepaßt, daß sie lernten, sich von anderen
Dingen zu ernähren als ihre Früchte liebenden Vorfahren. Es ist ohne
weiteres vorstellbar, daß die Nutzung vieler neuer Nahrungsquellen

durch die in der Erwachsenenphase beibehaltene jugendliche Neugier und Experimentierlust ermöglicht wurde. Und schließlich sind da noch die Zähne. Unsere Vorfahren hatten große Backenzähne, um die Nahrung zu zermahlen. Eigentlich lassen sich bei einem Tier, das alles zu essen versucht, für kleine Zähne kaum Vorteile anführen. Dennoch ist die Kaufläche der Backenzähne im Verlauf der prähumanen Evolution ständig zurückgegangen; sie halbierte sich, während das Gehirn sich verdreifachte. Waren die kleineren Zähne aus irgendeinem Grunde besser, wie es die traditionelle adaptionistische Auffassung behauptet? Oder liegt bei der Verkleinerung der Zähne wieder ein Trittbrettfahrereffekt vor: Wurden die halb so großen juvenilen Backenzähne bis ins Erwachsenenleben beibehalten, weil die natürliche Auslese einen anderen Aspekt der Neotenie belohnt hat?

Zur Neotenie ist auch das größere Gehirn zu rechnen. Aber ist das Gehirn des Erwachsenen nicht doch größer als das des Juvenilen? Durchaus, nur kommt es hier nicht auf die absolute Größe an, sondern auf das Verhältnis zwischen Gehirnumfang und Körpergröße. Der Embryo besteht anfangs zur Hälfte aus dem Kopf. Bei der Geburt nimmt der Kopf nur noch ein Viertel der Gesamtlänge ein. Bei Erwachsenen etwa ein Zehntel. Um also beim Erwachsenen ein größeres Verhältnis zwischen Gehirn und Körper zu erreichen, braucht nur der relativ große juvenile Kopf beibehalten zu werden.

Der erwachsene Mensch hat viele weitere juvenile Merkmale: So zeigt zum Beispiel bei juvenilen Affen und Schimpansen die große Zehe nach vorn, während sie bei erwachsenen Tieren nach außen gerichtet ist (sie ist »rotiert«). Die beim Menschen nach vorn zeigende große Zehe ist am einfachsten als ein weiterer Fall von Neotenie zu erklären, auch wenn die Adaptionisten sich mächtig ins Zeug legen, um sie mit dem aufrechten Gang in Verbindung zu bringen.

Die Neotenie ist nicht bei allen Primatennachkömmlingen gleich stark ausgeprägt. Die Auslese, die auf diese genetische Variation einwirkt, verändert den Genpool in der einen oder anderen Richtung. Die erwachsenen Tiere des Zwergschimpansen, *Pan paniscus*, ähneln den Jungtieren des gewöhnlichen Schimpansen, *Pan troglodytes*. Die erwachsenen Zwergschimpansen sehen daher dank der Neotenie noch »menschlicher« aus als die erwachsenen gewöhnlichen Schimpansen. Sie haben sich vor etwa drei Millionen Jahren von den gewöhnlichen Schimpansen abgespalten. Zwergschimpansen sind selten geworden, und angesichts ihrer Bedeutung für das Verständnis prähumaner Verhaltensweisen sollten wir wirklich beschützte Kolonien für sie schaffen, um ihnen das Überleben zu sichern.

> Die ungelöste Frage ist nicht, »wie aus Seescheiden Wirbeltiere wurden«, sondern wie die Wirbeltiere das Stadium der [adulten] Seescheide aus ihrer Entwicklungsgeschichte verbannt haben. Es ist eine durchaus vertretbare Annahme, daß dies durch Pädomorphismus [Neotenie] erreicht wurde.
>
> Der Pionier der Neurobiologie
> J. Z. Young, 1950

Bei Hunden sind neotene Merkmale systematisch herausgezüchtet worden, indem immer wieder, angefangen bei einem schakalähnlichen Hund und endend beim Mops, die Nachkommen mit der flacheren Schnauze miteinander gekreuzt wurden. Die meisten unserer Haustiere – Schweine, Kühe, Schafe, Hunde und in geringerem Umfang Katzen – sind neotene Spielarten ihrer wild lebenden Urformen. Wahrscheinlich hat die künstliche Auslese durch Menschen bei einigen Aspekten des Komplexes neotener Merkmale angesetzt, etwa bei der Formbarkeit des Verhaltens. Da junge Tiere aber auch fürsorgliche Antriebe auslösen, wurden diejenigen, die dieses Merkmal bis in die adulte Phase beibehielten, mit größerer Wahrscheinlichkeit von Menschen gefüttert und beschützt. Vielleicht sind auch wir Menschen durch eine auf Neotenie ausgerichtete Auslese »domestiziert« worden.

Die Neotenie hat noch an einem weiteren Knotenpunkt in unserer Evolution eine wichtige Rolle gespielt: beim Übergang von den Wirbellosen zu den Wirbeltieren. Das Larvenstadium der Seescheide hat eine verblüffende Ähnlichkeit mit einem primitiven Chordatier, und man vermutet, daß das erste Chordatier dadurch entstanden ist, daß die Entwicklung der Seescheide bis zur adulten Form unterbunden wurde. Es gibt eine französische Wendung, die dies alles sehr gut zusammenfaßt: *reculer pour mieux sauter* (»zurücktreten, um besser springen zu können«).

★

Anpassung oder »Gratisdreingabe«? Da sämtliche neotenen Merkmale einem gemeinsamen Mechanismus gehorchen – der Pubertäts-Wecker wird nicht so stark verlangsamt wie die Uhr des Körperwachstums –, können durch natürliche Auslese eines dieser Merkmale die anderen gratis mitgenommen werden. Wenn beispielsweise die Erweiterung des Speisezettels unseren Vorfahren mehr Erfolg brachte, dann muß die auf Formbarkeit des Verhaltens gerichtete Auslese jene Individuen begünstigt haben, die juveniler waren als andere. Ein größerer Gehirn-Körper-Quotient, ein flacheres Gesicht, kleinere Zähne und eine nicht rotierte große Zehe könnten jedoch zufällige Änderungen gewesen sein. Es müssen also nicht all diese Merkmale direkt durch die Auslese geformt worden sein – es genügte, wenn eines ein großer Erfolg war, um die anderen indirekt mitzuziehen. Doch während die Tatsache, daß scheinbar nicht miteinander zusammenhängende Merkmale durch ein einziges Gen kontrolliert werden (man spricht von Pleiotropie), in der Genetik allgemein anerkannt ist, gehört das Phänomen der Neotenie (auch Pädomorphismus oder Juvenilisation genannt) nicht zum traditionellen Lehrstoff der Humanbiologie, obwohl es schon vor über einem Jahrhundert entdeckt wurde.

Die Variationen betreffen in der Regel ganze Familien anatomischer Merkmale, doch die natürliche Auslese wirkt in der Regel auf die *Funktion* eines der Mitglieder der Familie. Während die Anatomie variiert, ist der Erfolg schließlich von der Physiologie abhängig.

Verdanken wir unser großes Gehirn also dem Erfolg der juvenilen Verspieltheit – oder vielleicht nur der Tendenz von Individuen, sich Partner auszusuchen, die mit ihrem flachen Gesicht und ihren großen Augen einem kindlichen Erscheinungsbild nacheifern? Dann wäre statt der natürlichen die sexuelle Auslese maßgebend gewesen. Bei einem Examen habe ich einmal den Studenten zur Auflockerung der Situation die folgende Aufgabe gestellt: Formulieren Sie eine Hypothese über den möglichen Zusammenhang zwischen der Größenzunahme des Gehirns und der gängigen Praxis, daß Frauen mit Hilfe von Lidschatten und Eyeliner das Aussehen ihres Gesichts verändern! Das Augenmakeup dient offensichtlich dem Zweck, die Augen größer erscheinen zu lassen, wodurch das Gesicht jugendlicher wirkt. Mit dieser Aufgabe wollte ich die Studenten darauf stoßen, daß mit diesem Makeup ein juveniles Aussehen erreicht werden soll und daß Erwachsene so »eingestellt« sind, daß der Anblick eines kindlichen Gesichts in ihnen den Wunsch weckt, das Kind zu beschützen und zu versorgen. Ferner sollten sie erkennen, daß die relativ größer erscheinenden Augen einer erwachsenen Frau einen Mann dazu bewegen könnten, ihr die Fürsorge zu widmen, die er sonst allein einem Kind vorbehalten hätte. Ich war dann ziemlich erstaunt, als einer meiner Studenten mich darauf hinwies, daß dies auch umgekehrt funktionieren müßte. Da Frauen nämlich noch stärker darauf eingestellt sind, auf Kindergesichter zu reagieren, müßte ein Mann, der Lidschatten benutzt, auf Frauen anziehend wirken. Daher sollte ich mir vielleicht überlegen, ob ich mir nicht meinen Bart abnehme, falls ich...

Wo waren wir stehengeblieben? Ach richtig, bei der Neotenie. Wenn all diese Merkmale miteinander verkoppelt sind, weil sie gemeinsam auf den Genen beruhen, die für die verlangsamten Uhren verantwortlich sind, wird es schwierig, Ursache und Wirkung auseinander zu halten. Es ist durchaus denkbar, daß drei Dinge zugleich selektiert werden: juvenile Gesichtszüge bei der Partnerwahl, juveniles Experimentieren mit unbekannter Nahrung und – über die allgemeine Intelligenz – die Anzahl der Neuronen. Kein Evolutionsvorgang läßt sich auf eine einzige »Ursache« zurückführen, doch bei zusammenhängenden Merkmalen wie dem Neotenie-Komplex ist die Ursache besonders schwer zu fassen.

Nun ist die Neotenie unter verschiedenen Namen seit mehr als 100 Jahren bekannt, doch zur Erklärung der menschlichen Phylogenese wird sie nur selten herangezogen. Von den Anthropologen wird sie kaum erwähnt, wenn diese ein Szenario für die Evolution der Hominiden aufstellen. Selbst unter Biologen scheint zu der Hypothese von der Juvenilisation eine Einstellung vorzuherrschen, die Dan Hartline mit der skeptischen Bemerkung zum Ausdruck brachte, wie man denn vorankommen könne, indem man einen Schritt zurück tue; wir seien schließlich keine juvenilen Schimpansen.

Tatsächlich verstößt die Neoteniehypothese gegen die verbreitete Vorstellung, daß Evolution gleichbedeutend sei mit »Fortschritt«. Aus ihr folgt nämlich, daß es einmal einen erwachsenen Menschenaffen-Hominiden gegeben hat, der überspezialisiert war und deshalb einen Schritt zurück tun mußte, damit wir uns entwickeln konnten. Aus ihr folgt, daß das Kind besser sein könnte als der Erwachsene, was unserer persönlichen Erfahrung widerspricht, daß unsere Kompetenz mit zunehmendem Alter wächst. Wenn man aber über diese oberflächlichen Reaktionen hinweggeht und sich näher mit den Dingen befaßt, erkennt man, daß die Neotenie die offenen Fragen der Hominidenevolution mindestens teilweise zu erklären vermag. Die Tatsachen, die einem ins Auge springen, sind einfach zu zahlreich: die verdoppelte und nochmals verdoppelte Kindheit, das flachere Gesicht, die kleineren Zähne und der größere Gehirn-Körper-Quotient.

Die Neotenie als solche ist nicht das Problem, die Frage ist vielmehr, ob nicht zusätzlich ein wichtiger Mechanismus am Werke ist. Ich denke dabei an eine Entwicklungstendenz, die das Kopfende des Körpers schneller wachsen läßt als das Schwanzende. Ein Beleg dafür könnte das Totenkopfäffchen sein, bei dem der Gehirn-Körper-Quotient mit 1:31 noch größer ist als bei uns, wo er 1:49 beträgt. Das Gegenbeispiel liefert der Gepard, bei dem der Körper im Verhältnis zum Kopf sehr viel größer ist als beim Durchschnitt der Katzenartigen. Sollte es einen zusätzlichen Mechanismus für relativ größere Kopfenden oder Schwanzenden geben, so wissen wir darüber bislang kaum etwas. Er hängt unzweifelhaft mit dem relativen Tempo der Entwicklungsuhren zusammen, doch unklar ist, welches in diesem Fall die zusammenhängenden Merkmale sind. Ebenso wenig wissen wir, durch was diese Merkmale selektiert werden, welche gratis mitgenommen werden und welche Nachteile mit diesem Mechanismus verbunden sind.

Schalten Sie sich nächstes Jahr wieder ein! Bis dahin geben wir allen ehrgeizigen Schimpansen den Rat: *Werde jung.*

Ich weiß nicht, wie ich anderen erscheinen mag, doch mir selbst ist es immer so vorgekommen, als sei ich stets der kleine Junge gewesen, der am Strand spielt und sich damit vergnügt, dann und wann einen ungewöhnlich glatten Kieselstein oder eine außergewöhnlich hübsche Muschel zu finden, während der große Ozean der Wahrheit gänzlich unentdeckt vor mir lag.

Der Naturphilosoph Isaac Newton (1642–1722)

In unserer tiefsten Seele sind wir Kinder und bleiben es unser Leben lang.

Der frühe Neurowissenschaftler Sigmund Freud (1856–1939)

Reife des Mannes: das heißt den Ernst wiedergefunden haben, den man als Kind hatte, beim Spiel.

Der Philosoph Friedrich Nietzsche (1844–1900)

[Kinder] sind ungeheuer daran interessiert, Dinge zu machen und ständig zu fragen »Warum? Warum? Warum?« In einem bestimmten Alter werden dann aus den Kindern Erwachsene, die an nichts mehr sonderlich interessiert sind, außer am Geldverdienen, am Sex und an der Macht... Tiefe Neugier zeichnet sie aus, solange sie jung sind. Ich denke, die Physiker sind die Peter Pans der Menschheit. Sie werden nie erwachsen, und sie bewahren sich ihre Neugier. Die Intellektuellen wissen zu viel, viel zu viel.

Der Kernphysiker Isidor Isaac Rabi, 1975

In einem gewissen Sinne ist die gesamte Wissenschaft, ist das ganze menschliche Denken eine Art Spiel. Abstraktes Denken ist die Neotenie des Intellekts, wodurch der Mensch in der Lage ist, Aktivitäten durchzuführen, die kein unmittelbares Ziel haben (andere Tiere spielen in ihrer Jugend), um sich auf langfristige Strategien und Pläne vorzubereiten.

Der Mathematiker Jacob Bronowski (1908–1974)

# Meile 148
# Matkatamiba Canyon

Der Matkatamiba Canyon ist etwas ganz Besonderes. Kurz oberhalb der Stromschnelle fahren wir in einen schmalen Seitencanyon hinein. Wenn man von diesem versteckten Platz nichts weiß, rauscht man daran vorbei und entdeckt den Canyoneingang erst, wenn es zu spät ist. Er verbirgt sich hinter einer Flußbiegung. Die Bootsführer fahren dicht an das linke Ufer heran, und als wir dann die Biegung umrundet haben, legen sie sich tüchtig in die Riemen, bis wir ins stille Fahrwasser kommen.

Der Eingang zum Matkat ist sehr eng und bietet nur einigen Booten Platz zum Festmachen. Die anderen werden dahinter vertäut, und die Fahrgäste steigen vorsichtig über die vorderen Boote hinweg an Land.

Die Matkat-Schlucht bleibt weiterhin eng, und wenn ich die Arme ausstrecke, kann ich fast überall beide Wände gleichzeitig berühren. An manchen Stellen, wo der Bach einen kleinen Wasserfall bildet und etwas Grün wächst, komme ich nur weiter, indem ich mich an beiden Wänden abstütze, wie bei der Silbergrotte. Ansonsten kann ich auf der einen Seite des Baches entlanggehen, indem ich mich mit beiden Händen auf die gegenüberliegende Wand stütze. Der Abstieg scheint an diesem Bach einfacher zu sein als der Aufstieg – an engen Stellen kann man einfach herunterrutschen, wie auf einem Kinderspielplatz. Schwierig ist der Aufstieg in ihnen, denn die Steine sind glattgeschliffen und durch den feinen Bewuchs in der Nähe des fließenden Wassers rutschig. Doch die Schichten des Muav-Kalksteins bieten einen Halt, und so kann ich mich unter Einhaltung eines Winkels von 45 Grad wie beim Kaminsteigen hinaufzwängen.

Nachdem dieses erste Hindernis überwunden ist, eröffnet sich mir ein angenehmer, flacher Abschnitt, durch den ich fröhlich hindurchstapfe, bis zu den Knöcheln im Wasser. Dann kommt wieder eine enge Stelle, durch die ich mich hinaufzwängen muß. Sollten Sie einmal auf diesem Weg an einen tiefen Spalt kommen, in dem sich Felsblöcke verklemmt haben und den Sie nur schaffen können, wenn Sie von unten Hilfestellung bekommen und Ihnen von oben her noch jemand die Hand reicht, dann sind Sie zu weit gegangen – dann müssen Sie zurück und rechts die Muav-Klippe hinaufklettern, weg vom Bach.

Dann weitet sich der Canyon, und bald kommt man zu einem Amphitheater im Redwall, direkt oberhalb der Muav-Schicht. Die Diskordanz ist hier ganz unübersehbar, die Schichten aus der Zeit zwischen 535 und 360 Millionen Jahren vor der Gegenwart fehlen. Für den Laien ist es vielleicht nicht gleich erkennbar, doch der Muav sieht hier so aus, als sei er abgetragen und eine andere Schichttorte auf ihn draufgeklebt worden. Der graugrüne Kalkstein-Sandstein bildet den Boden dieses Naturtheaters, und die roten Wände sind überzogen mit Streifen von schwarzem Wüstenfirnis, durchsetzt von gelegentlichen Fleckchen mit grünem Bewuchs. Im Muav hat der Bach einige Bassins von Badewannengröße ausgeschürft, durch die langsam das Wasser strömt. Wahrscheinlich sind sie während der Frühjahrsfluten durch stehende Wellen geschaffen worden. Das Wasser ist warm, und wir probieren sie alle der Reihe nach aus. Ich kehre immer wieder zu dem mittleren Becken zurück, und während ich dort, von dem warmen Wasser umströmt, ausgestreckt liege, beschließe ich für den Fall, daß ich einmal zu viel Geld kommen sollte, mir diesen magischen Ort einschließlich aller Wüstenpflanzen, die hier wachsen, von einem Landschaftsarchitekten kopieren und im Garten hinter meinem Haus installieren zu lassen. Leider würde ich für die Instandhaltung einen ganzen Trupp von Gärtnern benötigen. Matkat kommt dagegen sehr gut ohne Hilfe aus, weil eine jahrhundertelange Auslese durch die Umwelt alle Ingredienzien genau aufeinander abgestimmt hat. Es ist ein kleines Ökosystem, das sich nicht ohne weiteres anderswohin verpflanzen läßt.

Jetzt merke ich, daß die Felsplatte, auf der ich sitze, ebenfalls ein Meisterwerk kambrischer Würmer ist, wie am Deer Creek. Nur eine Schicht des Muav weist die Versteinerungen auf, während in den Schichten darunter jede Spur der fingerdicken Gänge, die das Gestein in allen Richtungen durchziehen, fehlt.

★

Es könnte durchaus sein, daß ein großes Gehirn nicht bloß als »Trittbrettfahrer« entstanden, sondern zugleich besser ist, um auf die landläufige Hypothese zurückzukommen. Etliche Erklärungen für die Große Encephalisation, die einem sofort einfallen, setzen tatsächlich größer mit schlauer und besser gleich. Manche dieser »Erklärungen« sind nichts als romantischer Quatsch, Glaubensartikel wie etwa der vollmundige Ausspruch von Robert Ardrey: »Wir denken nicht, weil unser Gehirn groß ist, unser Gehirn ist groß geworden, weil wir denken.« (Diese dramatische Aussage stammt wenigstens von einem Dramatiker; leider betet sie die Aussagen zahlreicher Anthropologen und Neurobiologen nach, die sich vor derart bequemen Vorstellungen mehr in acht nehmen sollten.)

Andere »Erklärungen« beruhen auf mechanistischen Analogien zu Systemen, die ganz anders arbeiten als das biologische Gehirn. Computerbenutzer kommen zum Beispiel gleich mit der Bemerkung, daß eine größere Speicherkapazität nützlich gewesen sein könnte (dabei ist der Speicher eines Computers aber schubladenartig organisiert und wird irgendwann einmal voll, während das verteilte Gedächtnis des Gehirns mit überlappenden Komitees arbeitet und möglicherweise nie voll wird, sondern allenfalls mehr Zeit benötigt, um etwas zu finden). Wenn ich mich gegen solche Vorstellungen wende, heißt das natürlich nicht, daß in ihnen nicht auch ein Körnchen Wahrheit stecken könnte. Tatsächlich könnte an fast allen Vorschlägen insofern etwas Wahres ein, als der vorgeschlagene Mechanismus irgendwann in der Hominidenevolution eine Rolle gespielt haben könnte. Doch auf so vage Überlegungen sind wir zum Glück nicht angewiesen.

Fragen wir uns doch, welches der vielen Dinge, die von einem größeren und vielseitigeren Gehirn profitiert haben könnten, am ehesten in der Lage war, in das Räderwerk der Evolution einzugreifen, und zwar sehr oft. Gab es eine Art Schnellweg zur Gehirnerweiterung, einen bestimmten Faktor, der immer wieder im Sinne eines größeren Gehirnvolumens wirksam wurde? Jeder Faktor, den wir dafür ins Auge fassen, muß nicht nur für die Evolution eines größeren Gehirns gesorgt haben, sondern er muß es auch sehr schnell getan haben, in den letzten zwei Millionen Jahren. Aus den Lehren der Evolutionsbiologie läßt sich ein Rezept für eine schnelle Evolution zusammenstellen:

★

*ERSTENS nehme man eine variable Population, in der einige ein kleineres und andere ein größeres Gehirn haben. Diese setze man einer scharfen natürlichen Auslese aus. Das heißt: starke Einschränkungen hinsichtlich der Ernährung, scharfe Eingriffe in den Bestand durch Freßfeinde, strenge Auslese durch Krankheiten und rauhe Klimabedingungen. Damit werden einige Varianten innerhalb der Population besser fertig als andere. Man kann sich die Situation vielleicht so vorstellen, daß ausgemergelte Teilpopulationen sich in einer fremden Umgebung, die das äußerste von ihnen verlangt, mit knapper Not durchschlagen. Kleine Mengen eignen sich für dieses Rezept am besten. Viele kleine isolierte Schüsseln sind besser als eine große Schüssel.*

★

ZWEITENS *unterlasse man nach der Auslese das Umrühren. Nicht nur kann die natürliche Auslese auf ein kleines Genom schneller einwirken als auf ein großes, sondern indem man die Population bis auf einen Rest einkochen läßt, um sie anschließend auf der Grundlage der paar Überlebenden in einer Bevölkerungsexplosion wachsen zu lassen, erhält man rasch ein so unverwechselbares Genom, daß es zur Artbildung kommt. Man wiederhole diesen Zyklus von Pleite und Aufschwung (die Fachleute sprechen vom Pionier- oder Flaschenhalseffekt, gefolgt von einem rasanten Populationsanstieg) ein paarmal, und schon wird sich (zumindest bei Insekten) die Fortpflanzungsisolation bemerkbar machen. Artbildung bedeutet, daß eine erfolgreiche Paarung zwischen den Mitgliedern der scharf selektierten Teilpopulation und den Mitgliedern der Zentralpopulation schwierig wird, sollten sie später wieder zusammentreffen. Da die Mitglieder der Teilpopulation sich nur untereinander erfolgreich paaren können, wird ihr neu erworbenes Genom davor bewahrt, in der Zentralpopulation, die ja sehr viel mehr Individuen zählt als eine isolierte Teilpopulation, gänzlich aufzugehen. Die Genfrequenzen der gesamten Art werden sich zwar nach einer erneuten Vermischung der selektierten Teilpopulation mit der Zentralpopulation durch das veränderte Genom ein wenig verschieben, doch eine ungleich stärkere Verschiebung tritt vor der erneuten Vermischung innerhalb der Teilpopulation selbst auf. Zwar wird sich auch in der Zentralpopulation auf längere Sicht einiges ändern, doch wir sprechen hier von Geschwindigkeit. Rasche Veränderungen werden durch die weitere Entwicklung der Teilpopulation erreicht, nicht durch die winzigen Verschiebungen innerhalb der gesamten Population, wie Darwin es sich zunächst vorstellte. Dieses Rezept verlangt also, daß hin und wieder die Sperrklinke der Artbildung in Funktion tritt, um zu verhindern, daß der bis dahin durch Auslese erreichte Fortschritt wieder verwässert wird – in ähnlicher Weise verhindert die Sperrklinke am Wagenheber, daß das Auto wieder herunterfällt, und die Sperrklinke im Uhrwerk, daß die gespannte Feder gleich wieder aufschnurrt.*

★

DRITTENS *wiederhole man den Zyklus so oft wie möglich. Die unruhige Geologie und die Gezeiten von Danakil? Gewiß, doch der Zyklus wird noch häufiger durchlaufen, wenn in gemäßigten Klimazonen, anders als in den Tropen, ein echter Winter auftritt, was die Auslese durch alljährlich eintretende harte Lebensbedingungen vorantreibt. Da ist außerdem der große Klimazyklus mit Phasen von 100 000 Jahren, der vor drei Millionen Jahren begann und durch kleine Eiszeiten Nieder-*

*schläge dem Kreislauf entzog. Nach den gängigen Erklärungen kam es*
*etwa nach einem massenhaften Aussterben zu einer adaptiven Radiation,*
*denn da viele Nischen unbesetzt waren und kaum Rivalen vorhanden*
*waren, trat eine rasche Diversifikation ein. Hier haben wir es aber mit*
*einer wiederholten Anpassung zu tun, die in eine ganz bestimmte Rich-*
*tung geht, und das ist ein völlig anderes Problem. Eine Wiederholung des*
*Zyklus führt nur so lange zu Ergebnissen, wie die natürliche Auslese*
*wirkt. Nehmen wir beispielsweise an, das große Gehirn sei lediglich eine*
*Nebenwirkung eines Ausleseprozesses, der auf dem Wege über die Neote-*
*nie auf Unbehaartheit zielt. Da Jungtiere bekanntlich weniger behaart*
*sind als erwachsene Tiere, könnte eine auf geringere Körperbehaarung*
*gerichtete Auslese in einer aquatischen Umgebung beim neotenen Merk-*
*malskomplex angesetzt haben, und wenn die Uhren des Entwicklungs-*
*tempos so selektiert wurden, daß bei den Erwachsenen eine geringere*
*Behaarung entstand, könnte das größere Gehirn umsonst mitgeschleppt*
*worden sein. Doch nach einiger Zeit wird ein fortgesetzter Selektions-*
*druck sich nicht mehr auswirken, denn nackter als nackt kann man*
*schließlich nicht werden. Die Kurve des verringerten Haarwuchses flacht*
*sich ab und erreicht einen Grenzwert. Es gibt jedoch andere Dinge, die*
*in einem weiten Bereich wachsen können. Am besten wäre es daher, die*
*natürliche Auslese zugunsten größerer Gehirne mit einem anderen Merk-*
*mal als der Körperbehaarung zu koppeln, einem Merkmal, welches das*
*Hirnwachstum unbegrenzt fördern könnte, und zwar vorzugsweise*
*einem Merkmal mit einer steilen Wachstumskurve.*

Dieses verläßliche Rezept für eine schnelle Evolution ist freilich nicht
bindend. Der Schritt der Artbildung ließe sich beispielsweise übergehen,
wenn man nicht das Risiko scheut, durch eine vorzeitige erneute Vermengung mit der Zentralpopulation alles zu verlieren. In vielen Fällen
können kulturbedingte Verhaltensaspekte die Funktion der Artbildung
übernehmen, denn bei der erneuten Vermengung könnten beide Gruppen dazu neigen, ihre jeweilige Kultur beizubehalten. Diejenigen, die
Werkzeuge im Stil des Entwickelten Oldowan herstellten, haben ja sehr
lange neben den Anhängern des Acheuléen-Stils (den Faustkeilwerfern)
existieren können. Eine solche kulturelle Trennung kann bewirken, daß
die Vermengung zweier Gruppen sehr gering bleibt. Es gibt eine ganze
Reihe solcher »Schranken« (wie sie von den Evolutionsbiologen genannt
werden), die einer Vermengung entgegenstehen.
    Weil aber stets die Gefahr einer wilden Wiedervermengung besteht –
etwa durch Frauenraub oder Vergewaltigung –, ist ein wiederholter Pro-

zeß der Artbildung eine gute Versicherung gegen den Verlust eines speziell selektierten Genoms. Niemand hat die Geschöpfe gezählt, die sich möglicherweise einmal entwickelt haben, dann aber, weil sie auf die Versicherung durch eine Sperrklinke verzichteten, durch Auflösung ihres Genoms in einer größeren Population wieder verschwunden sind. Im übrigen muß die Evolution auch nicht in einem gemäßigten Klima begonnen haben, wo die Auslese durch jeden Winter vorangetrieben wurde. Um zu einem raschen Wachstum des Gehirns zu gelangen, muß die Evolution nicht auf jede erdenkliche Weise beschleunigt werden. Wahrscheinlich ist das Tempo immer wieder von anderen Elementen beeinflußt worden, und gelegentlich könnte es zwei Schritte vorwärts und anschließend einen Schritt zurück gegangen sein.

★

Fassen wir die Argumente noch einmal zusammen: Die rasche Größenzunahme des menschlichen Gehirns beruht auf Unterschieden zwischen Menschenaffe und Mensch, die klimaabhängig sind, die in Randgebieten oder auf Inseln eine größere Rolle spielen als in der tropischen Zentralpopulation, die nicht so sehr mit einer theoretischen Intelligenz, sondern vielmehr direkt mit überlebenswichtigen Fähigkeiten zu tun haben und vermutlich auf einem der natürlichen Auslese ausgesetzten Aspekt des neotenen Merkmalskomplexes beruhen.

> Die Steigerung der Gehirngröße von durchschnittlich 460 g auf mehr als das Dreifache innerhalb so kurzer Zeit ist geradezu unglaublich schnell.
> Der Evolutionsbiologe
> Ernst Mayr, 1973

Könnte, wenn man bedenkt, daß die schlauesten Tiere gewöhnlich omnivor sind, die Ernährung der entscheidende Aspekt gewesen sein? Es ist zweifellos von Vorteil, wenn eine Art lernt, sich vielfältig zu ernähren, denn dadurch erweitert sich ihre Nische, und sie kann in unterschiedlichen Umgebungen leben. Dies mag ein gutes allgemeines Prinzip sein, doch habe ich Zweifel, ob der Sonderfall der Großen Encephalisation mit der Ernährung erklärt werden kann, denn auch Schimpansen ernähren sich schon weitgehend omnivor. Es kann dahingestellt bleiben, ob wir irgendwann Geschmack an totem Fleisch entwickelt haben, so daß wir tote Tiere für uns nutzen konnten, Steaks, die ein Schimpanse verschmäht hätte. Ich möchte die Rolle der Aasräuberei nicht herunterspielen – sie könnte durchaus zur Weiterentwicklung des Werfens (Vertreiben von Hyänen durch Werfen mit Steinen usw.) und des Hämmerns (unter den Überresten, die von Raubtieren zurückgelassen werden, befinden sich gut geschützte Gehirne und Knochenmark) beigetragen haben, und auf diese Weise könnten die Hominiden nach und nach zur Jagd mit Hilfe von Wurfgeschossen gekommen sein. Nun mag die Aasräuberei in der wildreichen Savanne von Äquatorialafrika vielleicht praktiziert worden sein, aber selbst dort dürfte sie nur eine sehr kleine Population von Vorläufern des Menschen ernährt haben, denn wir waren in diesem Fall von den Raubtieren an der Spitze der Nahrungskette abhängig – auch wenn wir diese selbst nicht verzehrt haben –, und schon ein einziger Löwe benötigt, um sich am Leben zu erhalten, eine ganze Menge Wild (und noch mehr, wenn wir ihm etwas von seiner Nahrung gestohlen haben sollten). Man braucht sich nur einmal – und von den Verfechtern der Aasräuberhypothese wird das gern vergessen – eine normale Nahrungskette anzusehen, um zu begreifen, daß die Zahl der Vorläufer des Menschen dann weit geringer gewesen sein muß als die Zahl der Löwen. Zudem kann die Aasräuberei außerhalb der Savannen mit ihrem hohen Wildbestand kaum etwas abgeworfen haben. Während Aasräuberei demnach innerhalb einer komplexeren Ernährungsweise nur eine geringe Rolle gespielt haben dürfte, so war doch der kulturelle Stimulus für eine biologische Veränderung, der durch ihren Einfluß auf das Hämmern und Werfen von ihr ausgegangen sein könnte, vielleicht von größerer Bedeutung.

Wie steht es mit dem Nahrungsammeln? Hier verhalten sich die Menschen kaum anders als Schimpansen oder Paviane. Gewiß benutzen wir Grabstöcke, und wir neigen auch dazu, den Konsum aufzuschieben und das, was wir gesammelt haben, zu den anderen zu bringen und gemeinsam mit ihnen zu verzehren. Aber gibt es irgendeinen Zusammenhang zwischen dem Nahrungsammeln und der Neotenie oder dem größeren Gehirn? Und was für eine Wachstumskurve könnte hier auftreten?

Wie ist es mit dem Jagdverhalten, das normalerweise im Anspringen oder Hetzen der Beutetiere besteht? Auch in dieser Hinsicht sind schon die Paviane und Schimpansen fast so weit wie die Menschen. Sie zeigen, wenn sie sich an die Beute heranpirschen, eine Kooperation, von der wir immer geglaubt haben, sie sei allein dem Menschen vorbehalten. Man könnte sagen, daß eine verbesserte räumliche Orientierung der Jagd zugute gekommen sei, doch schon Schimpansen und Orang-Utans sind in dieser Hinsicht weit entwickelt; unfehlbar finden sie immer wieder die fruchttragenden Bäume in abgelegenen Winkeln ihres Reviers, und zwar genau in der Woche des Jahres, in der die Früchte reif sind. Daran gemessen, kann die Ortung nicht die gesuchte beeindruckende Verbesserung sein.

Und das Jagen mit Hilfe von Wurfgeschossen? Es erfüllt einige der im Rezept genannten Punkte. Es spielt eine größere Rolle in gemäßigten und arktischen Klimaten, schon weil das Nahrungsammeln auf bestimmte Jahreszeiten beschränkt ist. Schon Menschenaffen benutzen Wurfgeschosse, um damit zu drohen, doch von einem gezielten Einsatz für die Jagd kann keine Rede sein. Ihre Geschicklichkeit im Hämmern und Werfen zu Drohzwecken leitet aber offensichtlich über zum Vertreiben von Raubtieren und anderen Aasräubern, die sich an einem Beutetier zu schaffen machen, und von dort zu grob gezielten, räuberischen Würfen in Tierherden an einer Wasserstelle (die Sache mit dem Faustkeil) – und schließlich zu genau gezielten Würfen, wie wir sie kennen. Das Werfen weist in der Geschichte der Hominiden eine lange Wachstumskurve auf, was sich schon an den Verbesserungen bei den verwendeten Wurfgeschossen ablesen läßt: ausgesuchte Steine, Diskusse vom Typ des Faustkeils, Holzspeere, Speere mit Steinspitze, Wurfstöcke, Schlingen und Schleudern, Pfeil und Bogen, um von den moderneren Geschossen ganz zu schweigen.

Dann gibt es da noch eine wesentliche Wachstumskurve, die der Wurftechnik. Man kann sie an Kindern unterschiedlichen Alters beobachten. Anfangs wirft ein Kind Dinge umher, ohne zu zielen oder den Wurf zu kontrollieren, ähnlich wie Schimpansen und Gorillas bei ihren Drohgebärden. Dann werden kleinere Steine ausgesucht, und das Kind bemüht sich, weit zu werfen und ein Ziel zu treffen. Es lernt, sich »startklar« zu machen, es konzentriert sich auf die Aufgabe und wirft immer wieder in stereotyper Weise. Dabei wird die Wurfgeschwindigkeit oder der Zeitpunkt, an dem es das Wurfgeschoß losläßt, geringfügig geändert, um das Geschoß an einem bestimmten Punkt auftreffen zu lassen.

Im Zusammenhang mit der Jagd sieht man sogleich, daß es noch eine dritte Wachstumskurve gibt: Genauigkeit oder, wie es sich in der Praxis äußert, »Annäherungsdistanz«. Da ein Ziel aus der Nähe leichter zu treffen ist als aus der Ferne, versucht der Jäger, so nah wie möglich an die Beute heranzukommen. Während Beutetiere vor einem vierbeinigen Raubtier Reißaus nehmen, schenken sie einem Menschen, der sich auf zwei Beinen nähert, oft keine Beachtung, aber wenn ein bestimmter Punkt erreicht ist, entfernen sie sich (das ist ihre »Annäherungsdistanz«), manchmal nur so weit, daß ein bestimmter Abstand eingehalten wird, und ansonsten laufen sie davon. Je weiter man von ihnen wegbleibt, desto weniger werden sie durch den Beginn der Wurfbewegung erschreckt. Die Fähigkeit, aus größerem Abstand mit derselben Genauigkeit zu werfen, bedeutet also mehr Erfolg.

Nun bietet es einen großen Vorteil, wenn man lernt, ein Ziel aus doppelt so großer Entfernung zu treffen wie zuvor. Um doppelt so weit zu werfen, muß man das Wurfgeschoß doppelt so schnell losschleudern, denn bei einer annähernd flachen Wurfbahn ist die überwundene Distanz der Anfangsgeschwindigkeit proportional. Wenn wir einmal den Luftwiderstand außer acht lassen, bedeutet dies, daß das Wurfgeschoß mit der doppelten Geschwindigkeit auf das Ziel trifft, so daß die kinetische Energie, die dem Quadrat der Geschwindigkeit proportional ist, viermal so groß sein kann wie beim ersten Wurf. Bei doppeltem Abstand vervierfacht sich also die »Schlagkraft« des Wurfgeschosses. Man kann daher größere Beutetiere angreifen und von Vögeln zu Kaninchen, von Kaninchen zu Pinselschweinen, von Pinselschweinen zu Gazellen und anderen Tieren übergehen. Weiter ist aus diesem zusätzlichen Grund gleichbedeutend mit besser. Auch dieses Phänomen hat eine hübsche Wachstumskurve, die nicht nur linear, sondern quadratisch zunimmt.

Es gibt also für das Werfen vier Arten von Wachstumskurven, die offenbar alle unbegrenzt sind. Der einzige Haken dabei ist, daß man, *um doppelt so weit zu werfen, mehr als doppelt so schnell Entscheidungen treffen muß, nämlich annähernd achtmal so schnell.*

★

Das Entscheidende beim Werfen ist die Zeit. Ein Neurophysiologe, der weiß, auf was er zu achten hat, erkennt das, wenn er sich eingehender mit dem Werfen befaßt. Als erstes wird ihm auffallen, daß die eingeleitete Wurfbewegung später nicht mehr durch Rückkoppelung korrigiert werden kann.

In den Muskeln ebenso wie in den Sehnen und den Gelenken befinden sich Sensoren, die dem Gehirn über Nervenimpulse mitteilen, wo sich der Arm befindet. Die benachbarten Muskeln werden von diesen Sensoren aber nicht unterrichtet, es sei denn über den langen Umweg zum Rückenmark und wieder zurück. Das Gehirn weiß lediglich, wo sich der Arm vor $\frac{1}{25}$ Sekunde befunden hat. Es kann $\frac{1}{50}$ Sekunde dauern, bis eine Botschaft vom Arm zum Rückenmark gelangt ist, und nochmals $\frac{1}{50}$ Sekunde (gewöhnlicher länger), bis das Rückenmark auch das Gehirn unterrichtet hat. Im Unterschied zu Drähten, durch die sich elektrische Signale mit annähernder Lichtgeschwindigkeit fortpflanzen, benutzen die Nerven ein Relaissystem, das eher mit einer brennenden Lunte oder mit einer Reihe umfallender Dominosteine verglichen werden kann. Es ist nicht so langsam wie die Post, aber auch nicht so schnell wie das Telefon. Ein Befehl, der vom Rückenmark zu einem Armmuskel geschickt wird, braucht noch länger (die motorischen Nerven sind, anders als die sensorischen Nerven, nicht auf Schnelligkeit ausgelegt). Außerdem erfordert es Zeit, im Gehirn Entscheidungen zu treffen; die Reaktionszeit kann $\frac{1}{10}$ bis $\frac{1}{4}$ Sekunde betragen oder noch länger, wenn man unschlüssig ist.

Am Anfang der Wurfbewegung kann man noch kleine Korrekturen anbringen. Natürlich nicht mehr, nachdem man losgelassen hat – das ist einer der Nachteile von Geschossen ohne Fernsteuerung. Korrekturen sind aber auch in der letzten $\frac{1}{10}$ Sekunde vor dem Loslassen nicht mehr möglich – es fehlt einfach die Zeit, um neue Daten zu sammeln, die Entscheidung zu treffen und die neuen Befehle an einen Muskel auszusenden. Von einem bestimmten Punkt an gibt es keine Rückkopplung mehr. Ist er überschritten, kann man keine Korrekturen mehr machen. Das Gehirn hat nichts mehr zu sagen.

Je schneller der Wurf, desto kürzer die Wurfzeit. Doch an der Zeit, in der keine Rückkopplung mehr möglich ist, ändert sich nichts, sie dauert weiterhin etwa 1/10 Sekunde. Je schneller man wirft, desto größer wird also der Anteil der Wurfzeit, der nicht mehr beeinflußbar ist. Man muß vorweg bestimmen, was geschehen soll, auf der Grundlage früher Mitteilungen aus dem Arm über dessen aktuelle Beschleunigung, und wenn dann anhand dessen die Bahn des Steins berechnet ist, muß man den Zeitpunkt bestimmen, an dem man ihn losläßt.

Bei einigen besonders schnellen Bewegungen (zum Beispiel dem Zwinkern der Augen) ist eine Muskel- und visuelle Rückkopplung völlig unmöglich, und man muß daher von vornherein die richtige Befehlssequenz an den Muskel schicken. Ballistische Bewegungen müssen sorgfältig geplant werden, damit man die Befehlssequenz nicht mittendrin korrigieren muß. Es ist vielleicht besser, wenn man weiter werfen kann, und vielleicht kommt es dabei entscheidend auf die Schnelligkeit an – fest steht jedenfalls, daß das arme Gehirn an dieser Aufgabe schwer zu knacken hat.

Betrachten wir einen einfachen Überkopfwurf, wobei wir uns den Körper der Einfachheit halber starr denken, um uns nur auf die Armbewegung zu konzentrieren. Der Ellbogen wird gebeugt, die Hand, die den Stein umfaßt, befindet sich über der Schulter, und jetzt werden beide Muskelgruppen kontrahiert: die Strecker, die den Ellbogen entspannen, und die Beuger, die ihn spannen. Durch die gleichzeitige Kontraktion der antagonistischen Muskelgruppen werden die Sehnen gedehnt, so daß sich in ihnen Energie speichert, wie in einer ausgezogenen

Springfeder. Beide Spannungen bleiben groß, aber genau gleich, damit
sich der Arm weder in der einen noch in der anderen Richtung bewegt.
Nun gibt das Gehirn den Befehl, die Kontraktion der Beugermuskeln zu
beenden. Die Spannung des Ellbogens läßt nach, und der Unterarm wird
sowohl durch die gespeicherte Dehnungsenergie als auch durch die aktiven Kräfte der immer stärker in Aktion tretenden Beuger beschleunigt,
so daß er sich in einem Aufwärtsbogen immer schneller bewegt. An
einem bestimmten Punkt fliegt der von der Hand umklammerte Stein
los. Der Zeitpunkt wird von den Handmuskeln bestimmt. Es kommt
darauf an, im richtigen Moment die Finger zu öffnen und den Stein loszulassen. Man kann sich eine Roboterhand vorstellen, die sich auf Befehl
öffnet. Die menschliche Hand ist komplizierter, doch die koordinierten
Bewegungen der Daumen- und Fingermuskeln müssen genauso präzise
getimt werden, wie wenn es eine Roboterhand wäre.

Wann ist der »richtige Moment«, um den Stein loszulassen? Das hängt
von der Entfernung des Ziels ab. Und von dessen Größe. Wenn man zu
früh losläßt, wird der Stein in hohem Bogen über das Ziel hinausfliegen.
Wenn man zu spät losläßt, wird er vor dem Ziel aufschlagen. Der richtige Moment ist der, aus dem eine Flugbahn resultiert, die den Stein auf
dem Ziel landen läßt.

Angenommen, das Ziel ist ein Kaninchen, das Ihnen zugewandt ist
und ruhig vor sich hin mümmelt. Es ist ahnungslos, denn die Evolution
hat ihm noch nicht beigebracht, daß Sie ein neumodischer Räuber mit
Fernwirkung sind. Das Durchschnittskaninchen soll zehn Zentimeter
hoch sein und von Kopf bis Schwanz 20 Zentimeter messen (die Breite
lassen wir unerwähnt, denn sie spielt keine wesentliche Rolle). Der richtige Zeitpunkt zum Loslassen (wir können ihn in Analogie zu den
Mondraketen als »Wurffenster« bezeichnen) liegt zwischen einem zu
frühen Moment, wobei der Stein etwas zu weit fliegt und auf den
Schwanz des Kaninchens fällt, und einem zu späten Moment, bei dem er
auf den Vorderpfoten des Kaninchens landet.

Die Bahn des Steins kann Ihnen jeder Physikstudent im ersten Semester ohne weiteres ausrechnen. Sie brauchen nur die Werte für verschiedene Öffnungszeiten der Hand einzugeben, und schon bekommen Sie
diejenigen, bei denen Sie das Ziel treffen. Etwas Ähnliches machen
Kanoniere, wenn sie beim »Einschießen« den genauen Aufschlagpunkt
einer Granate auf dem Ziel bestimmen, nur daß sie dabei den Winkel
des Geschützrohres verändern. Aber indem man den Zeitpunkt des Los-
lassens verändert, tut man ja im Grunde das gleiche: Wird er früh losgelassen, steigt der Stein in einem steilen Winkel in die Höhe, wird er

spät losgelassen, fliegt er horizontal davon. Jedem Zeitpunkt entspricht ein bestimmter Winkel.

Ein Durchschnittskaninchen aus vier Metern Entfernung zu treffen ist ziemlich einfach, und ich denke, die meisten von uns schaffen das nach minimaler Übung. Die Entfernung entspricht der Länge eines Kleinwagens. Stellen Sie sich vor, daß Sie neben der vorderen Stoßstange stehen und nach einem ausgestopften Kaninchen werfen, das neben der hinteren Stoßstange sitzt. Das mittlere Wurffenster bei einem 4-Meter-Wurf beträgt elf Millisekunden. Ungefähr so lange bleibt der Kameraverschluß auf, wenn der Apparat auf $\frac{1}{100}$ Sekunde eingestellt ist. Wenn Sie den Stein irgendwo innerhalb dieses Elf-Millisekunden-Fensters loslassen, wird er das Durchschnittskaninchen irgendwo vorn oder oben treffen.

Versetzen Sie nun das Kaninchen, so daß der Abstand doppelt so groß wird und der Länge von zwei Autos entspricht, die Stoßstange an Stoßstange stehen. Es wird jetzt ein bißchen schwieriger, das Ziel zu treffen, doch dürfte es den meisten nach einiger Übung gelingen. Sie werfen jetzt doppelt so schnell und erwarten daher, daß das Wurffenster sich halbiert. Das Kaninchen ist für Sie nun aber auch zu einem optisch kleineren Ziel geworden; bei doppeltem Abstand wird der Zielwinkel zwischen der hinteren, oberen und der vorderen, unteren Begrenzung des Kaninchens sich mehr als halbieren – er schrumpft, leider, auf ein Viertel seines ursprünglichen Werts. Es ist dann nicht mehr überraschend, daß das Wurffenster sich bei einem Abstand von acht Metern auf 1,4 Millisekunden verkürzt, ein Achtel des Wertes für den 4-Meter-Wurf. Um mit gleichen Erfolgschancen doppelt so weit zu werfen, muß das Timing achtmal besser sein. Deshalb ist es soviel schwieriger.

Reale Maschinen sind nicht von unendlicher Genauigkeit, und wir sind es auch nicht. Wenn wir es durch Üben schließlich schaffen, das Ziel aus doppelter Entfernung zu treffen, haben wir etwas getan, um die Präzision des Zusammenspiels zwischen Gehirn und Muskeln zu verbessern. Wir haben unser Timing verbessert.

Diejenigen unter uns, die des öfteren mit Uhren zu tun haben, welche in der Lage sind, eine Sekunde in Milliarden gleiche Teile aufzuspalten, werden überrascht sein, daß Nervenzellen dazu nicht imstande sind. Als Uhren sind sie ziemlich unbrauchbar, denn sie sind hochgradig ungenau. Dennoch bringt das Gehirn beim Timing Erstaunliches zuwege, wie uns durch erfahrene Werfer demonstriert wird. Wie ist das möglich? Das Gehirn spannt eine Vielzahl von ungenauen Zellen für ein und dieselbe Aufgabe ein.

Das Herz bedient sich ebenfalls dieses Tricks. Nehmen wir eine Herzzelle eines Embryos und bringen wir sie in eine Petrischale. Unter dem
Mikroskop sehen wir, daß die Zelle ein paarmal pro Sekunde zuckt. Der
Rhythmus ist nicht sehr regelmäßig, und manche Pausen zwischen den
Schlägen sind doppelt so lang wie andere. Die Schläge einer einzelnen
Zelle klingen, wenn man sie akustisch verstärkt, wie Regentropfen auf
dem Dach: sehr unregelmäßig. Jetzt nehmen wir noch eine Herzzelle
und legen sie neben die andere, so daß sie sich berühren. Herzzellen
heften sich nicht nur gern aneinander, sondern tauschen auch elektrische
Ströme miteinander aus. Getrennt voneinander schlägt jede der Zellen
ihren eigenen Rhythmus, doch wenn sie zusammenkommen, wird der
Schlag synchronisiert, und sie schlagen im gleichen Rhythmus. Außerdem passiert etwas Merkwürdiges: Der Herzschlag klingt regelmäßiger.
Die langen Pausen und die kurzen, schnellen Doppelschläge werden seltener.

Wenn man immer mehr Zellen hinzufügt (so baut man ein Herz!), hat
man bald eine Masse von Zellen, die sich synchron zusammenziehen. Je
mehr Zellen hinzukommen, desto rhythmischer wird der Schlag, er
bekommt eine große Regelmäßigkeit, und die Zwischenpausen gleichen
sich an. Es klingt jetzt wie ein schnell tropfender Wasserhahn, ganz
anders als die einzelne Zelle. Wenn man die Anzahl der miteinander verbundenen Zellen vervierfacht, geht die Ungenauigkeit, der Schwankungsbereich, um die Hälfte zurück. Bei 100 Zellen, die miteinander
verbunden sind, ist der Schwankungsbereich zehnmal kleiner als bei
einer einzelnen Zelle. Je mehr Zellen, desto besser. Für einen wirklich
rhythmischen Schlag braucht man viele Zellen. Unser regelmäßiger
Herzschlag kommt von Tausenden von Herzzellen (im Gebiet des
Sinusknotens), die auf diese Weise zusammen schlagen und für das
übrige Herz das Tempo angeben. Enthielte der Sinusknoten nur einige
Dutzend Schrittmacherzellen, würde unser Herz ziemlich unregelmäßig,
bald zu schnell und bald zu langsam, schlagen.

Auch Nervenzellen können sich diesen Trick zunutze machen, um das
Präzisionsproblem durch eine große Anzahl von Zellen zu lösen. Freilich zucken sie nicht sichtbar wie Muskelzellen (für den Neurophysiologen ist eine Muskelzelle nichts anderes als eine Nervenzelle, die sich
zusätzlich kontrahieren kann). Eine Nervenzelle kann in einem elektrischen Rhythmus schlagen (durch einen Verstärker hörbar gemacht,
klingt es wie ein tropfender Wasserhahn, tap, tap, tap); auf diese Weise
mißt die Zelle die Zeit. Um eine große Zahl von Nervenzellen synchron
»schlagen« zu lassen, braucht man sie nicht in direkten Kontakt mitein-

ander zu bringen. Nervenzellen sind sehr viel komplizierter gebaut als Herzzellen, und derselbe Zweck wird durch ihr Verdrahtungsschema erreicht. Außerdem bedarf es keiner speziellen Verdrahtung – schon durch die einfachste Parallelschaltung erhält man einen sehr präzisen Schlag, ein Timing von beliebiger Genauigkeit.

Alles, was man dazu braucht, sind viele Zellen. Um den Schwankungsbereich auf ein Achtel zu reduzieren, wie es bei einer Verdoppelung der Wurfweite erforderlich ist, benötigt man 64mal mehr Nervenzellen. Für die dreifache Wurfweite benötigt man 729mal soviele Zellen. Dies ist keine normale quadratische Wachstumskurve, denn die Anzahl der benötigten Nervenzellen wächst mit der sechsten Potenz der Wurfweite. Das genaue Werfen hat einen unersättlichen Bedarf an mehr und mehr synchronisierten Nervenzellen.

★

Es geht also um mehr Neurone, doch woher bekommt man so viele zusätzliche Neurone für das Timing? Hier geht es ja nicht bloß um eine Verdreifachung. Ich vermute, daß die die benötigten Neurone kurzfristig von anderen Hirnregionen ausgeborgt werden, wobei das primäre Gebiet die angrenzenden Gebiete um nachbarschaftliche Hilfe ersucht.

Worum geht es? Schnelle Bewegungsabläufe wie Hämmern und Werfen werden wahrscheinlich von einem Gebiet im linken Stirnlappen abgestimmt, das unmittelbar vor dem motorischen Streifen für Hand und Arm liegt. An der Koordination der Abläufe ist neben diesem prämotorischen Gebiet der Großhirnrinde wahrscheinlich auch das Kleinhirn (das sich vom Menschenaffen zum Menschen ebenfalls nahezu verdreifacht hat) maßgeblich beteiligt. Wenn die Zellen in diesen Gebieten gemeinsam ihr Bestes getan haben, um die Ungenauigkeit zu verringern, entsteht möglicherweise eine noch größere Schaltung durch Einbeziehung anderer Regionen des Stirnlappens oder durch Anleihen bei den Sprachzentren im Schläfen- und Hinterhauptslappen. Diese Gebiete sind stark untereinander vernetzt. Die normalen Verbindungen werden dann einfach abgeschaltet und an ihrer Stelle werden Verbindungen hergestellt, die jene massive Parallelschaltung entstehen lassen, durch die alle Neurone synchronisiert werden. Man ist daher möglicherweise nicht in der Lage, gleichzeitig zu sprechen und genau zu werfen. Oder Gesprochenes genau zu verfolgen, während man wirft. Wenn man sich konzentriert und zum Wurf ansetzt, wird also eine große parallele Hirnschaltung ausschließlich für die Befehlssequenz des Werfens aufgebaut. Nach der großen Anstrengung lockern sich die Schaltungen und wenden sich wieder ihren gewohnten Aufgaben zu – zumindest nach dieser Hypothese, die nicht bloß auf Vermutungen und Wunschdenken beruht.

Es könnte demnach sein, daß es in der Evolution um die Auslese von Gehirnen geht, die so verdrahtet sind, daß eine derartige temporäre Synchronisation möglich ist. Gibt es vielleicht im Rahmen der individuellen Entwicklung irgendwelche Vorgänge, die dies zu erleichtern versprechen? Ja, die gibt es in der Tat. In einer frühen Entwicklungsphase scheint es bisweilen, als sei alles mit allem verbunden, wobei viele dieser Verbindungen später verschwinden. Als wir neulich über das Zellsterben sprachen, erwähnte ich, daß Neurone aus nahezu allen Hirnregionen Verbindungen zum Rückenmark schicken, die im weiteren Verlauf der Entwicklung zum größten Teil unterbrochen werden, so daß nur die vom motorischen Streifen übrig bleiben. Die anderen Verbindungen werden entweder gekappt oder zurückgezogen. Zum neotenen Merkmalskomplex, der der Auslese unterliegt, könnte demnach auch eine größere Zahl von neuronalen Verbindungen gehören, falls eine so weitgehende Schlußfolgerung aus dieser ontogenetischen Beobachtung zulässig ist. Jedenfalls paßt diese Vermutung hervorragend mit einer neuen Theorie über die Hirnentwicklung bei Säugetieren zusammen. Wie der Neuroanatom Sven Ebbesson feststellt, sind anfangs sehr weitreichende Verbindungen vorhanden, die dann selektiv »gekappt« (mein Wort!) werden, um die Subsysteme des erwachsenen Gehirns klarer voneinander abzugrenzen. Durch das Einfrieren der weiteren Entwicklung des Gehirns in einem unreifen Stadium könnte demnach ein ausgedehnteres System von Verbindungen erhalten bleiben, das sich dann als nützlich erweist, wenn eine große Zahl von Neuronen in Parallelschaltung erforderlich ist, um gemeinsam ein mit dem Werfen zusammenhängendes Problem anzugehen.

Ebenso gut könnte die Evolution aber auch solche Varianten selektiert haben, die an den besonders wichtigen Stellen, etwa in der prämotorischen Rinde, mehr Neurone besaßen. Auch das wird am einfachsten durch Neotenie erreicht: Statt selektiv den prämotorischen Bereich zu vergrößern, könnte es einfacher sein, das Gehirn insgesamt größer zu machen. Die anderen Hirnregionen würden auf diese Weise, obwohl sie zur Ursache nichts beigesteuert haben, »umsonst« zu einer größeren Zellpopulation kommen. Das Gehör, das Erkennen von Gesichtern und viele weitere Funktionen, die nichts mit dem Werfen zu tun haben, könnten davon profitiert haben.

Die vormenschlichen Erwachsenen, bei denen neotene Merkmale stärker ausgeprägt waren, könnten demnach bessere Jäger gewesen sein als

andere, bei denen die Neotenie unterdurchschnittlich stark war. Ein grö-
ßeres Gehirn könnte nützlich gewesen sein für die Geschicklichkeit im
Werfen, die über den Erfolg und Mißerfolg beim Jagen der natürlichen
Auslese unterlag.

Da es für die Wachstumskurve des Jagens mit Hilfe von Wurfgeschossen praktisch keine Grenzen gibt, besteht nicht die Gefahr, daß diese
Auslesewirkung irgendwann einmal auf einen toten Punkt kommen
könnte, wie es bei der Unbehaartheit der Fall war. Beim Werfen kann es
gar nicht schnell genug gehen, je schneller, desto besser. Und je größer
das Gehirn wird, desto schneller kann es die geforderte Präzision im
Timing erreichen. Größer ist in diesem Sinne gleich schneller gleich besser. Endlich haben wir ein geeignetes mechanistisches Szenario, das der
Formel größer gleich besser entspricht.

Natürlich ist dies nicht die einzige Beziehung, in der ein größeres Gehirn zugleich
ein besseres Gehirn ist, und natürlich kann
ein größeres Gehirn auch auf andere Weise
durch den Erfolg eines anderen Merkmals
aus dem Neotenie-Komplex nebenbei ent-

> Die Hand ist die Schneide des
> Geistes.
> Der Universalgelehrte
> Jacob Bronowski

standen sein. Der hier beschriebene Mechanismus paßt jedoch besonders
gut zu dem Rezept für eine schnelle Evolution: Er verschafft allen aus
genetischen Permutationen hervorgegangenen Varianten mit einem größeren Gehirn eine unmittelbare Belohnung in der Form des Jagderfolges,
und der Jagderfolg ist von besonderer Bedeutung in Wintermonaten und
während Eiszeiten, die immer wieder den Ausleseprozeß vorantreiben.
Die Vergrößerung des Gehirns zum Zweck der Verbesserung der Wurfgenauigkeit – das scheint der Schnellweg der Evolution zu sein. Ob es
noch schnellere Wege gibt, bleibt zu prüfen.

★

Das Matkatamiba-Amphitheater hat einen Boden aus Muav, der von
einer Reihe paralleler Risse durchzogen ist. Fast sieht es so aus, als würden sie den Boden in ein großes Schachbrett aufgliedern. Richtig, der
Karte zufolge befindet sich hier in der Nähe die Matkatamiba-Synkline;
die Risse gehen also vermutlich darauf zurück, daß der Muav bei einer
früheren Hebung des Bodens gebogen wurde.

Irgendwie kam es zu einem Wurfwettbewerb, bei dem mein armer
Hut als Ziel dient. Wir stehen auf einem Riß und versuchen, das Ziel zu
treffen, das auf dem nächsten Riß liegt. Da die Teilnehmer durch Übung
immer besser werden, legen wir den Hut einen Riß weiter. Wenn die

Schimpansen doch nur gelernt hätten, solche Wettbewerbe im Werfen abzuhalten! Vielleicht hätten sie sich dann aus eigener Kraft auf eine höhere Stufe entwickelt.

★

Daß ich so begeistert meine Wurftheorie vertrete, müssen Sie zum Teil dem väterlichen Stolz zuschreiben. Eines Tages bin ich darauf gekommen, während ich am Strand entlang lief und mit Steinen warf. Zufällig befaßte ich mich in jener grauen Vorzeit, als ich an meiner Doktorarbeit schrieb, mit der Ursache der unregelmäßigen Pulse in den Nervenzellen des Rückenmarks, die für die Muskeln der Gliedmaßen zuständig sind (die Hauptursache waren, wie sich zeigte, »Stöße«, welche die Zellen durch ganz geringe, aber meßbare Reize erfuhren und die eine gewisse Ähnlichkeit mit der zufälligen Brownschen Bewegung hatten). Ich lernte, auch wenn es mir damals nicht klar war, etwas von Charles Darwin: Er hatte erkannt, daß nicht der Durchschnittstyp einer Spezies, sondern die individuellen Abweichungen von diesem Durchschnitt die Evolution vorantreiben. Die »Ungenauigkeit«, wenn man so will. Ich hatte nicht das durchschnittliche Timing, sondern die Abweichungen im Timing der Zellen untersucht und wollte wissen, ob etwas dahintersteckte. Zu greifbaren Ergebnissen bin ich damals nicht gekommen, doch vieles, was ich dabei gelernt habe, hat sich mir eingeprägt.

Als ich 15 Jahre später wieder an diesem Strand saß, wußte ich, daß einzelne Zellen im Timen allenfalls eine Genauigkeit von fünf Prozent erreichen können. Mein Instinkt sagte mir, daß das Werfen ein sehr viel genaueres Timing erfordert – aber wie genau muß es sein? Um diese Frage zu beantworten, braucht man keine Zeitlupenaufnahmen von Baseballwerfern zu machen – die physikalischen Formeln für Wurfbahnen bieten eine ausreichende Grundlage. Als ich vom Strand nach Hause kam, schaltete ich also den Computer ein und machte mich an die physikalischen Berechnungen, bei denen sich allerdings bald zeigte, daß die Gleichungen, die ich brauchte, nicht in den Lehrbüchern zu finden waren (dort wurden zu einfache Anfangsbedingungen angenommen). Es gab eine gewisse Verzögerung, weil ich die Gleichungen erst noch entwickeln mußte, unter Zugrundelegung der Newtonschen Bewegungsgesetze und der Integralrechnung. Und dann mußte ich noch ein Computerprogramm in BASIC schreiben.

Tatsächlich ergab sich, daß das Werfen manchmal eine Genauigkeit erfordert, die allenfalls eine Abweichung von einem Promille zuläßt. Doch wie kommt es überhaupt dazu, daß Schaltungen aus vielen Nervenzellen genauer sind als eine einzelne Zelle? Da erinnerte ich mich an den Artikel über die Herzzellen im *Biophysical Journal*, und mir fiel ein, daß ich in *Science* etwas über Computersimulationen von gewöhnlichen Nervenzellschaltungen gelesen hatte, bei denen es um die circadianen Rhythmen von Sandflöhen ging. Die erforderliche Genauigkeit ist erreichbar, wenn viele Zellen zusammenwirken, und das war vielleicht eine mögliche Erklärung dafür, daß größere Gehirne besser sind. Schließlich fiel mir das Gesetz der großen Zahl ein, wie die Mathematiker es nennen, und ich entdeckte, daß meine physiologischen Beobachtungen ein exakter Ausdruck dieses grundlegenden Gesetzes waren. Die Natur hat das Gesetz der großen Zahl offenbar lange vor Bernoulli entdeckt, der 1713 darauf stieß, und es benutzt, um einen regelmäßigen Herzschlag und ein genaueres Werfen zu erreichen.

★

Wenn jagdliche Fähigkeiten die Grundlage großer Gehirne sind und die Jagd von Männern ausgeübt wurde, heißt das dann, daß wir die Entwicklung unseres menschlichen Gehirns unseren männlichen Vorfahren verdanken? Ganz so einfach kann man die Dinge nicht sehen. Aus begrenzten Kenntnissen sollte man keine allzu weitreichenden Schlußfolgerungen ziehen.

Auch wenn die Jagd zu 95 Prozent eine Sache der Männer gewesen sein sollte, könnten die Fälle, in denen Frauen jagten, von entscheidender Bedeutung gewesen sein. Jagen ist nicht ungefährlich, denn man kann von einem Tier zerrissen werden oder bei einem plötzlichen Wetterumschwung erfrieren. Es ist bestimmt immer wieder vorgekommen, daß ein Mann nicht von der Jagd zurückkehrte. Dann war die Nahrungsbeschaffung allein Sache der Mutter, und im Winter konnte sie sich nur durch jagdliche Fähigkeiten vor dem Verhungern retten. Von ihrer Geschicklichkeit im Werfen haben Frauen vielleicht nicht so oft Gebrauch gemacht, und wenn, dann eher in Situationen auf Leben und Tod als unter alltäglichen Bedingungen.

Von wesentlicherer Bedeutung ist aber, daß die Geschicklichkeit im Werfen wahrscheinlich auf der gleichen evolutionären Grundlage beruht wie die raschen Bewegungsabläufe, mit deren Hilfe Schimpansen Nüsse aufhämmern. Es geht dabei um dieselbe Armbewegung und dieselbe präzise Kontrolle einer ballistischen Bewegung, nur wird der Ellbogen tiefer gehalten, und das Objekt wird nicht losgelassen. Angesichts der Tatsache, daß das Hämmern zu über 92 Prozent mit größter Geschicklichkeit von Schimpansenweibchen ausgeführt wird, ist es sehr gut möglich, daß wir unser Wurfvermögen zum großen Teil weiblichen Vorfahren verdanken. Es ist denkbar, daß die spätere Vergrößerung des Gehirns in nichts anderem bestand als in der vielfachen Wiederholung dieser elementaren Schaltungen für die Sequenzierung ballistischer Bewegungen. Die neurologische Grundlage des Werfens könnte demnach weiblich sein, auch wenn Männer von den zusätzlichen, untereinander verschalteten Kopien häufiger Gebrauch machen. Was ist wichtiger, die Grundlage oder ihre spätere Ausarbeitung? Das scheint mir eine sinnlose Frage zu sein.

# Meile 150
# Die Upset-Stromschnelle

Die einzige große Stromschnelle heute ist mit 8 bewertet, und es ist die letzte nennenswerte Stromschnelle, bevor wir übermorgen, etwa 50 Kilometer flußabwärts, zu den Lava Falls kommen. Der Name der Stromschnelle [upset bedeutet umkippen] ruft einen Vorfall in Erinnerung, der die Bootsführer veranlaßt, beim Beladen der Boote sehr sorgfältig vorzugehen und niemals ohne ein Messer am Gürtel eine große Stromschnelle zu durchqueren. 1967 ist hier ein Bootsführer ertrunken, als sein Gummiboot mit Außenbordmotor umkippte und seine Schwimmweste sich im Tauwerk des Bootes verfing. Die Passagiere kamen alle mit heiler Haut davon.

Bei den kleinen Ruderbooten wird die Ladung so vertäut, daß sie auch dann nicht verrutscht, wenn das Boot umkippt. Wenn beim Beladen keine Fehler gemacht wurden und alle Taue festgezurrt sind, sollten sie auch dann noch festsitzen, wenn das Boot umkippt. Als 1983 während der Idiotenflut drei große Motorflöße in der Crystal-Stromschnelle umkippten, fand man die Kühltruhen, die schwarzen Säcke und die Blechkisten, die sie an Bord gehabt hatten, über eine Flußstrecke von 150 Kilometern verstreut, und etliche sind vermutlich im Schlamm des Lake Mead versunken.

In der Upset-Stromschnelle wurden wir alle durch und durch naß, aber wir sind nicht umgekippt. Unsere letzte richtige Vorübung für die Lava Falls. Und das schwarze Loch. Oder sagen wir, das sogenannte schwarze Loch.

Die Sinyala-Stromschnelle bei Meile 153 ist nur mit 4 bewertet, und die Bootsführer haben nichts dagegen, daß Passagiere solche Stromschnellen durchschwimmen, wenn sie es denn unbedingt wollen. Das Flußwasser hat drei Tage Zeit gehabt, sich zu erwärmen, seit es aus dem Lake Dominy geströmt ist, und es ist einigermaßen erträglich. Die Luft ist dagegen glühend heiß.

Rosalie hatte schon seit Tagen mit dem Gedanken gespielt, eine Stromschnelle zu durchschwimmen. Nach meinem Eindruck war sie auf eine fast krankhafte Weise von der Idee besessen (mich hat es freilich nie im geringsten interessiert, durch eine Stromschnelle zu schwimmen). Jetzt, da ihr Adrenalinspiegel von der Fahrt durch die Upset-Stromschnelle noch hoch war, faßte sie den Entschluß. Jimmy gab ihr ein paar Ratschläge: Sie sollte mit den Beinen voran schwimmen, um sich an Felsblöcken abstoßen zu können. Und sie sollte den Mund geschlossen halten.

Rosalie zog ihre Schwimmweste fest. Mit einem Freudenschrei sprang sie über Bord und trieb, mit den Wellen auf und nieder hüpfend, den Fluß hinunter. Jimmy folgte ihr mit dem Boot, etwas seitlich von ihr, in kurzem Abstand.

Alles ging gut, abgesehen von ihren Klagen über die Wassertemperatur, bis wir in die erste große Welle der Stromschnelle gerieten. Sie muß von der Wasseroberfläche aus sehr viel größer gewirkt haben als aus unserer üblichen Position im Boot.

Recht deutlich hörten wir sie atemlos ein Stoßgebet sprechen: »Gegrüßet seist du, Maria, voller...« Weiter kam sie nicht, denn eine große kalte Welle schlug ihr voll ins Gesicht. Prustend kam sie wieder hoch und stieß hervor: »Heiliger Scheiß!«

Wir lachten noch immer, als wir sie unterhalb der Stromschnelle auflasen und ins Boot zogen. Sie verstand nicht, was wir so lustig fanden, und fragte, worüber wir lachten. Also erzählten wir ihr, was für einen interessanten Satz sie da gebildet hatte. Daraufhin lief Rosalie puterrot an. Was beweist, daß man, wenn zu der richtigen Erziehung eine hinreichende Ursache hinzukommt, trotz eines Sonnenbrandes erröten kann.

Ich ließ daraufhin die Bemerkung fallen, daß ihr supplementäres motorisches Feld wirklich enthemmt gewesen sein müsse, eine scherzhafte Äußerung, die mehr für die klinischen Neurobiologen unter uns bestimmt war, die Rosalie als Expertin für Schlaganfälle und Lähmungen aber sehr gut verstand. Allen anderen mußten wir es erklären. Die meisten Menschen wissen von dem Sprachzentrum in der linken Hirnhälfte, direkt über dem linken Ohr. Es gibt jedoch noch ein weiteres Sprach-

### Sprachzentren der linken Hirnhälfte

Die median gelegene Sprachregion in der supplementären motorischen Rinde scheint dem Rindengebiet für artspezifische Schreie und Rufe homolog zu sein.

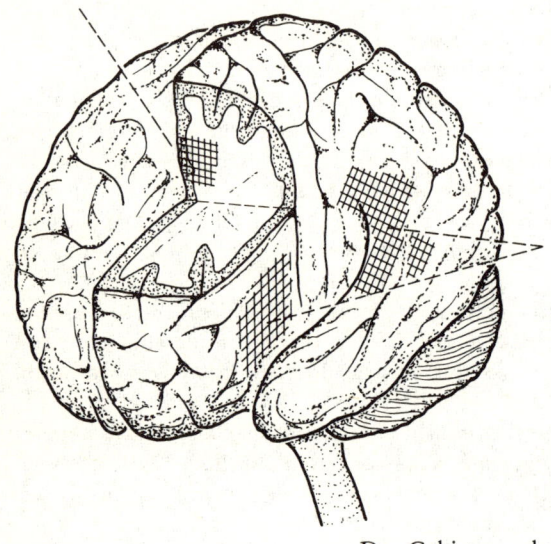

Laterale Sprachregion mit zentralem Kern, zuständig für das Entdekken von Klangsequenzen und die Erzeugung von Bewegungssequenzen von Mund und Gesicht.

Das Gebiet um den Kern ist zuständig für verbales Kurzzeitgedächtnis.

Zwischen Kern und Umgebung liegen isolierte Rindengebiete für Grammatik, Lesen, Namengebung.

zentrum in der Mitte des Gehirns, direkt über dem Corpus callosum, und dieses bezeichnet man als supplementäres motorisches Feld. Die beiden Gebiete liegen weit auseinander. Menschen, die nach einem Schlaganfall nicht mehr sprechen und nicht mehr verstehen können, was andere sagen (Aphasie), können in der Regel noch immer fluchen wie die Kesselflicker, zum großen Kummer ihrer Angehörigen. Nur der Schlag, der das supplementäre motorische Feld, also nicht der, der das Hauptsprachzentrum getroffen hat, läßt uns vollkommen verstummen.

Das Fluchzentrum des Gehirns (das übrigens Sir John Eccles' jüngster Kandidat für den Sitz der Seele ist, allerdings nicht aus diesem Grunde) verrät uns etwas Interessantes über den Ursprung der Sprache. Bei den Affen sind jene Hirnbereiche, die mit den vokalen Äußerungen wie Schreien, Bellen und Schnattern zu tun haben, nicht diejenigen, auf die man tippen würde, wenn man weiß, wo die menschliche Sprache ihren Sitz hat. Der wichtigste, an den vokalen Äußerungen beteiligte Teil der Rinde ist bei den Affen das supplementäre motorische Feld. Alle Rindengebiete, die dem Hauptsprachzentrum des Menschen entsprechen, scheinen mit den Vokalisationen der Affen kaum etwas zu tun zu haben. Es hat demnach den Anschein, als entspräche das Fluchen beim Menschen den Vokalisationen der Affen – und tatsächlich geht es in beiden Fällen um sehr emotionale Äußerungen. Wer das Fluchen für primitiv und unzivilisiert erklärt, ist der Wahrheit möglicherweise näher, als er ahnt.

Man fragt sich dann natürlich, aus was sich das Sprachzentrum in der Hirnrinde des Menschen entwickelt hat, wenn die Sprache nicht auf den verbreiteten emotionalen Vokalisationen aufbaut. Als Ausgangshypothese könnte man annehmen, daß ein benachbartes Gebiet sich ausgedehnt hat und sich dann später auf die Sprache spezialisierte. Aber welches sind die Nachbarn des menschlichen Sprachzentrums? Zu ihnen gehört offensichtlich die Hörrinde, wo Geräusche entziffert werden. Dazu gehört aber auch der motorische Rindenbereich, der für die Kehle, den Mund, die Lippen und das Gesicht zuständig ist, und der ist wiederum dem motorischen Streifen für Hand und Arm benachbart. Das wären also die logischen Kandidaten für den Ursprung der menschlichen Spezialisierung auf die Sprache. Hat unser Gehör eine bevorzugte Entwicklung erfahren? Oder die Mundbewegungen? Oder vielleicht die Bewegungen von Hand und Arm? Ist eine dieser Verbesserungen vielleicht die Grundlage, auf der unsere hochentwickelten sprachlichen Fähigkeiten aufbauen?

# Meile 155
# The Ledges

## Zehntes Lager

Zwar vermitteln die Schreie der Schimpansen elementare Informationen über gewisse Situationen und Individuen, doch dem Vergleich mit einer gesprochenen Sprache halten sie in den meisten Fällen nicht stand. Der Mensch kann durch Worte abstrakte Ideen mitteilen; er kann sich die Erfahrungen anderer zunutze machen, ohne selbst dabei gewesen zu sein; er kann intelligente Pläne für ein gemeinsames Handeln entwerfen. Doch wenn es um den Austausch emotionaler Gefühle geht, greifen die meisten Menschen auf die gestische Kommunikation zurück, die wir schon bei den Schimpansen beobachten: das aufmunternde Schulterklopfen, die begeisterte Umarmung, das Händeklatschen. Und auch wenn wir dabei Worte benutzen, verwenden wir sie oft im gleichen Sinne, wie der Schimpanse seine Schreie ausstößt: um die Emotion mitzuteilen, die uns gerade bewegt... Diese Verwendung von Wörtern auf der emotionalen Ebene ist von der Rhetorik, der Literatur und der intelligenten Konversation ebenso weit entfernt wie das Knurren und Johlen der Schimpansen.

Jane Goodall, *Wilde Schimpansen*, 1971

★

Dieser Lagerplatz ähnelt einem Ferienhotel aus dem Kambrium. Die Felsvorsprünge bilden Suiten, die sich drei Stockwerke hoch über den Fluß erheben. In der Mitte tropft Sickerwasser aus der Wand und bildet eine Travertinablagerung. Rings um das feuchte Gestein wachsen Pflanzen. Der Canyon ist hier schmal, der offene Himmel ähnelt fast dem Oberlicht in einem Dach. Die wellenförmig in den Fluß ragenden Vorsprünge erinnern an eine Reihe kleiner Landungsstege in einem neu errichteten Bootshafen. Unwillkürlich fragt man sich, wo denn hier die Anmeldung ist. Und das kleine Bronzeschild mit dem Namen des Architekten.

Die Suiten liegen in natürlichen Höhlen, die durch überhängende Felsen gebildet werden. Folglich ist es in ihnen heiß, was Dan und ich mittlerweile begriffen haben. Wenn wir uns aber wegen des kühlenden Windes auf dem flachen Muav am Flußufer ausbreiten, besteht die Gefahr, daß uns etwas in das brausende Wasser fällt. Ich habe den Fluß schon verschmutzt, als mir eine volle Dose Mineralwasser aus den Händen glitt und prompt hineinrollte. Wir achten darauf, alles, was wegwehen

könnte, mit einem Stein zu beschweren. Wie üblich hat keiner der
Räume ein eigenes Bad. Die Toilette befindet sich zwei Stockwerke
höher in einer mit Steinen gefüllten Rinne. Schon bei Dämmerung war
es schwierig genug, dorthin zu gelangen, und ich darf gar nicht daran
denken, wie es in der Nacht sein wird, wenn einer mit der Taschenlampe zum Klo muß. Auch wegen des Teppichbodens müssen wir aufpassen. Der Muav ist hier mit Travertin bedeckt, und Gary rät uns,
nicht barfuß zu laufen.

Es ist ein Glück, daß wir dieses Lager gefunden haben. Bei Havasu
(oder an einem der anderen Plätze, die tagsüber stark besucht werden,
etwa der Redwall Cavern, dem Little Colorado, der Elves Chasm und
dem Deer Creek) können wir nicht kampieren, und vor Havasu gibt es
nur noch einen Lagerplatz ein Stückchen stromabwärts, Last Chance
Camp genannt, der nicht nur alle Nachteile von The Ledges bietet, sondern außerdem noch kleiner ist und bei Dunkelheit nur unter Gefahr
angesteuert werden kann.

Weder dort noch hier gibt es einen Sandstrand. Der Muav-Vorsprung
fällt steil in den Fluß ab, der hier sehr viel schneller fließt als normal, da
keine Sandbank ihn bremst. Gary riet uns, bei einem nächtlichen Gang
ans Flußufer Schwimmwesten anzulegen, denn man kann hier leicht aus-
rutschen.

★

Beim Scharadespiel fällt uns auf, daß nonverbale Kommunikation für
viele Zwecke völlig ausreicht. Schon der Körperhaltung läßt sich so
manches entnehmen. Auf jemanden zugehen, ihn anblicken oder ihm
den Rücken kehren, das alles drückt etwas aus. Verfeinert wird diese
Körpersprache durch Gebärden, bei denen Hand- und Armbewegungen
zusätzliche Informationen vermitteln. Besonders wichtig ist bei Affen
und Menschenaffen der Gesichtsausdruck. Daß wir Schimpansen »so
menschlich« finden, liegt unter anderem daran, daß sie sich umarmen
und küssen, die Stirn runzeln, eine Schnute ziehen und manchmal
betrübt dreinblicken. Oder auch ärgerlich. Wir Menschen besitzen in der
rechten Hirnhälfte ein Gebiet, das auf die Deutung von Gesichtsausdrücken spezialisiert ist. Bei einem zeitweiligen Ausfall wird ein fröh-
liches Gesicht irrtümlich als traurig gedeutet, ein trauriges Gesicht als
angeekelt, wütend oder neutral. Beim Menschen verläuft die intensive
Kommunikation zwischen der Mutter und ihrem Baby über die Körperhaltung und den Gesichtsausdruck, und zusätzlich werden besänftigende
Worte benutzt, die möglicherweise eine vorsprachliche Funktion erfül-

len, und da Mütter ihre Kleinen gewöhnlich in ihrem linken Gesichtsfeld tragen (dessen Reize zunächst zur rechten Hirnhälfte gelangen), vermuten wir, daß dieses Gebiet der Deutung emotionaler Gesichtsausdrücke bei dieser elementaren Form menschlicher Kommunikation intensiv genutzt wird.

Zu alledem kommt dann die verbale Kommunikation hinzu, die besonders wichtig ist, wenn zwischen zwei Tieren kein Sichtkontakt besteht, weil sie etwa in den Bäumen sitzen, oder wenn sie etwas besonders Dringendes mitzuteilen haben, zum Beispiel das Auftauchen eines Leoparden. Wenn wir die verschiedenen Vokalisationen auflisten, gelangen wir beim Affen zu einem Dutzend unterschiedlicher Mitteilungen, beim Schimpansen zu einigen Dutzend. Das ist weit entfernt von der menschlichen Sprache.

Vergleicht man die menschliche Sprache mit dem Repertoire des Schimpansen, so ist die Zahl der Grundlaute nicht sehr viel größer (allerdings sind unsere Phoneme anders, in der Regel kürzer). Wir haben jedoch den Kunstgriff entwickelt, diese Laute miteinander zu verknüpfen, wodurch der Reihenfolge der Laute eine besondere Bedeutung für die Informationsvermittlung zukommt. Wir interpretieren eine Lautfolge, die durch eine stumme Pause beendet wird, als ein Wort, diese Phonemkette vergleichen wir mit einem im Gehirn gespeicherten akustischen Schema, und schließlich kramen wir aus unserem Gedächtnis eine Reihe von Assoziationen hervor, die möglichen Bedeutungen des Wortes.

So wie aus einer Reihe von Phonemen ein Wort entsteht, entsteht aus einer Reihe von Wörtern ein Satz. Auch hier kommt es sehr auf die Reihenfolge an – der interessante Satz, den Rosalie in der Stromschnelle bildete (und als nach dem Abendessen die Sprache darauf kam, wurde sie wieder rot und warf mit bemerkenswerter Genauigkeit ein Plätzchen nach mir), hätte bei umgekehrter Wortfolge keinen Anlaß zu Verlegenheit gegeben. Wir interpretieren die Reihe von Wörtern mit Hilfe mentaler Regeln für die Wortfolge, und daher hat der Satz »Bill rief Rosalie« eine andere Bedeutung als der Satz »Rosalie rief Bill«. Die im Englischen oder im Deutschen übliche Reihenfolge Subjekt-Verb-Objekt ist nicht universal. Das Japanische legt beispielsweise die Reihenfolge Subjekt-Objekt-Verb, das klassische Arabisch die Reihenfolge Verb-Subjekt-Objekt zugrunde. Beim Erlernen der Sprache erwerben wir Erwartungen bezüglich der Wortfolge, was uns in die Lage versetzt, den Satz genauso zu deuten wie andere Sprecher unserer Sprache. Diese Erwartungen bezüglich der Wortfolge nennen wir Grammatik oder Syntax.

Für die Sprache benötigt das Gehirn somit ein erheblich verbessertes Sequenzierungsvermögen und ein erweiterbares Gedächtnis für sequentielle Anordnungen, doch diese Fähigkeiten brauchen nicht auf die Sprache als solche beschränkt zu sein. Während die rechte Hirnhälfte mit den Emotionen in Verbindung gebracht wird, sagt man der linken (genauer, der von der Sprache dominierten) Hälfte nach, sich vornehmlich mit zeitlichen Sequenzen zu beschäftigen. Die Sprache macht nur einen Teil davon aus, denn auch rasche Bewegungssequenzen von Hand und Arm, sei es rechts oder links, werden von der linken Hirnhälfte kontrolliert. Gleiches gilt für Bewegungssequenzen von Mund und Gesicht: Beide Seiten des Gesichts werden bei sequentiellen Gesichtsausdrücken von der linken Hälfte kontrolliert. Die linke Hörrinde ist auf die Erkennung schneller Schallsequenzen spezialisiert, gleichgültig, ob es sich um Sprache, Musik oder sinnlose Geräusche handelt. Und es ist die linke Hälfte, die die Kette von motorischen Befehlen für rasche ballistische Bewegungen wie das Hämmern und Werfen zusammenstellt (bei diesen Tätigkeiten besteht übrigens die stärkste Tendenz zur Rechtshändigkeit). Die entscheidende Funktion könnte das Sequenzieren sein, und die Sprache wäre dann nur eine spätere Anwendung.

★

Die Linguistik hat von Anfang an nichts mit der Biologie zu tun gehabt, und so dürfte es Noam Chomsky einigen Mut gekostet haben, seine Vorstellung zu äußern, daß es im Gehirn aller Menschen ein »sprachliches Bioprogramm« (wie man heute sagt) gibt und daß diese »angeborene Neigung« die vielen rätselhaften Übereinstimmungen zwischen verschiedenen Sprachen ebenso erklären könnte wie die Art und Weise, in der

> Soweit wir darüber etwas sagen können, beruht die menschliche Sprache nicht auf einem hohen Intelligenzniveau, sondern auf einer bestimmten mentalen Organisation.
>
> Noam Chomsky,
> *Language and Mind*, 1965

Sprachen erlernt werden, und die typischen Fehler, die dabei gemacht werden. Das Bioprogramm stellt nicht die Wortfolge bereit – das sieht man ja an den Unterschieden zwischen den einzelnen Sprachen –, aber es liefert Kasusbeziehungen (Ursache von, Ziel von) und grammatikalische Funktionen (Subjekt von, direktes Objekt von).

Chomskys Idee, daß es im Gehirn ein spezifisch menschliches »Sprachorgan« gebe, greift in vielerlei Hinsicht lediglich auf Descartes' Ausspruch zurück, daß die Sprache etwas ausschließlich Menschliches sei, um die bei der vergleichenden Untersuchung von Sprachen auftauchenden Regelmäßigkeiten zu erklären. Dieses »Sprachorgan« ist als ein *organum ex machina* kritisiert worden, in Analogie zu der Art und Weise, wie klassische griechische Dramatiker schwierige Probleme der Dramenhandlung dadurch lösten, daß sie die Götter auftreten ließen, die dann den Schauspielern und dem Publikum eine Predigt hielten und so die Schwierigkeit ausräumten. In der klassischen Tragödie hat es wirklich eine »Göttermaschine« gegeben, ein erhöhtes Podium auf Rädern, das auf die Bühne gerollt wurde und von dem aus die Götter sprachen. Seitdem spricht man von einem *deus ex machina* (»Gott aus der Maschine«), wenn eine Schwierigkeit durch eine an den Haaren herbeigezogene Lösung behoben wird. Diejenigen, die Chomskys Sprachorgan als *organum ex machina* bezeichneten, hielten seine Erklärung für an den Haaren herbeigezogen. Nach ihrer Ansicht könnte die Sprache statt dessen ein emergentes Prinzip sein, das aus der koordinierten Nutzung anderer mentaler Fähigkeiten wie Kognition, Gedächtnis und Wahrnehmung hervorgeht, wobei ich an die Spitze dieser Aufzählung die Sequenzierung stellen würde.

Jemand fragte, ob die Neanderthaler sprechen konnten und von welchem Stadium der Hominidenevolution an der Sprechapparat hinreichend entwickelt war. Barbara erläuterte, wie es zu dieser Frage gekommen war (an den meisten Universitäten wendet man sich, wenn es um die Anatomie der Primaten geht, am besten an einen Anthropologen). Während der Entwicklung vollzieht sich bei den Säugetieren und auch bei Kleinkindern eine starke Veränderung im oberen Teil der Atemwege: Der Kehlkopf wandert im Hals nach unten. Wenn der Kehlkopf oben im Hals sitzt, kann das Tier gleichzeitig atmen und schlucken. Es verdankt diese Fähigkeit einer interessanten anatomischen Anordnung, dem piriformen Sinus, der einen früheren Konstruktionsfehler wettmacht: Der Beginn der Luftröhre liegt vor der Speiseröhre und nicht dahinter. Bis zum Alter von 18 bis 24 Monaten hat das Kleinkind einen hoch sitzenden Kehlkopf, wie die meisten Säugetiere. Neugeborene atmen, schlucken und vokalisieren ganz ähnlich wie die Schimpansen und die Affen. Irgendwann im zweiten Lebensjahr beginnt der Kehlkopf jedoch nach unten zu wandern, und das wirkt sich entscheidend auf das Atmen, Schlucken und Vokalisieren aus. Wegen dieser tieferen Lage des Kehlkopfs ist ein gleichzeitiges Schlucken und Atmen nicht mehr möglich. Beides muß vielmehr sorgfältig koordiniert werden, damit nicht Nahrung und Flüssigkeit in die Luftröhre dringen, wodurch das Kind ersticken könnte.

Warum der Kehlkopf absteigt, wissen wir nicht. Mit der Neotenie hat es jedenfalls nichts zu tun. Es sind damit allerlei Nachteile verbunden, zum Beispiel die Gefahr des Erstickens bei mangelhafter Koordination. Allerdings bietet es auch einen großartigen Vorteil: Die von den Stimmbändern erzeugten Schwingungen können durch Formänderungen der Kehle, der Zunge und der Lippen über einen sehr viel größeren Klangbereich moduliert werden, als es bei einem hoch sitzenden Kehlkopf möglich wäre. Vielleicht fangen Kinder deshalb nicht früher zu sprechen an (hämmern und werfen können sie nämlich schon früher!). Das läßt allerdings auch den Schluß zu, daß unseren Vorfahren möglicherweise der große Bereich menschlicher Klangerzeugung nicht zugänglich war.

Wie läßt sich die Klangerzeugung der Vorläufer des Menschen überhaupt untersuchen, da doch der knorplige Kehlkopf nicht fossilisiert? Es besteht, wie die vergleichenden Anatomen herausgefunden haben, eine interessante Korrelation zwischen der Kehlkopfstellung und der Form der Schädelbasis, die sich tatsächlich in fossiler Form erhalten hat. Bei den meisten Säugetieren und bei Kleinkindern vor dem Abstieg des Kehlkopfs ist die Schädelbasis ziemlich flach. Beim Menschen weist sie, nachdem der Kehlkopf abgestiegen ist, eine Wölbung auf. Damit drängt sich (im Rückblick!) die Frage auf: In welchem Stadium der Hominidenevolution tritt die gewölbte Schädelbasis auf? Die Australopithecinen haben, ebenso wie die Schimpansen und die Affen, eine flache Schädelbasis. *Homo erectus* zeigt Anzeichen einer beginnenden Wölbung, was darauf hindeutet, daß sein Kehlkopf nach unten wanderte und sein Klangrepertoire sich erweiterte. Einige ziehen daraus den Schluß, daß wesentliche anatomische Veränderungen eine Voraussetzung der menschlichen Sprache waren.

Wie jedoch in unserer Diskussion ziemlich energisch angemerkt wurde, verfügen Schimpansen über Dutzende verschiedener Vokalisationen, die sich nicht allzu sehr von den Phonemen einer beliebigen menschlichen Sprache unterscheiden. Es mögen nicht unsere Phoneme sein, doch die Schimpansen können sie sehr wohl auseinanderhalten. Was den Schimpansen fehlt, ist die Fähigkeit, Phoneme zu einer sinnvollen Reihenfolge zu verknüpfen. Diejenigen, die vergeblich versucht haben, Schimpansen und Gorillas eine gesprochene Sprache beizubringen, führen als ihren *deus ex machina* an, daß der Kehlkopf der Menschenaffen ungeeignet sei, unsere Bandbreite vokaler Äußerungen zu erzeugen. Als ob das entscheidend wäre! Menschenaffen können fast ebenso viele Vokalisationen erzeugen – und unterscheiden –, wie wir sie normalerweise benutzen, und wenn sie über den entsprechenden neuralen Sequenzierungsapparat verfügen würden, müßten sie auch in der Lage sein, die Phoneme auf geordnete Weise zu verknüpfen, um auf diese Weise von allen Vorteilen zu profitieren, die uns aus dieser schlauen Kodierungsmethode für den Informationsaustausch erwachsen. Wenn wir versuchsweise ihre »Phoneme« erlernen würden, so wie wir die der Delphine und Wale erlernt haben, würde sich möglicherweise herausstellen, daß es in ihrer »Sprache« länger dauert, einen langen Satz auszusprechen, als es in den menschlichen Sprachen der Fall ist. Sie hätten aber bestimmt eine Sprache, wenn sie nur die Sequenzierungsprobleme meistern könnten: Eine Sequenz produzieren, einer Sequenz zuhören und sie so lange im Kurzzeitgedächtnis behalten, daß sie mit Sequenzschemata (Wortfolgeregeln) im Langzeitgedächtnis verglichen werden kann. Und sie bekämen gewiß mehr von dem, was wir Bewußtsein nennen, wenn sie ihr Verhalten mit Hilfe solcher Sequenzschemata planen würden, wie wir es in einem stummen Monolog zu tun pflegen.

Anhand der Fehlschläge und der halbwegs geglückten Versuche, Menschenaffen eine Zeichensprache beizubringen, läßt sich nicht entscheiden, ob sie über eine sequentielle Sprache verfügen, denn solche Gebärdensprachen beruhen in der Regel nicht auf einer sequentiellen Ordnung. In vielen Zeichensprachen können mehrere, unterschiedliche Teile der Botschaft gleichzeitig ausgedrückt werden, genau wie in unseren gewohnten nichtverbalen Kommunikationsmethoden.

Die Sprachrevolution beruhte nicht auf einer Entwicklung der Vokalisation oder des Sprechapparats, sondern auf der sequentiellen Ordnung und ihren Regeln. Es mag sein, daß die Schimpansen statt dessen ihren Gesichtsausdruck und ihre Körperhaltung sequenzieren. Wenn sich feststellen ließe, daß es für die Anordnung der Elemente Regeln gibt, dank derer sich die Zahl der gleichzeitig gesendeten Botschaften stark erhöhen würde, müßten wir den Schimpansen zugestehen, daß sie über eine echte Sprache mit einer Syntax verfügen, auch wenn es dabei nicht um Laute geht.

Doch emotionale Äußerungen folgen natürlich nicht den Regeln der sequentiellen Sprache – sie bestehen überwiegend aus einzelnen Wörtern oder stehenden Wendungen, die nicht variiert werden. Wir hätten daher, meinte Rosalie, die falschen Regeln angewandt, als wir ihre interessante Satzkonstruktion in der Stromschnelle zusammenzogen; es habe sich um emotionale Äußerungen gehandelt, die unabhängig voneinander waren, und daher sei es nicht fair, sie zusammenzuziehen und ihnen einen zusätzlichen Sinn zu unterschieben.

Wir gaben ihr durchaus recht und erklärten, daß wir gern unser Lachen zurücknehmen würden, wenn sie ihre Schamröte zurücknähme. Wie in einem Film, der rückwärts läuft.

★

Die Sequenz ist die unerläßliche Voraussetzung der Sprache. Wenn wir uns – unabhängig von den emotionalen Vorläufern der Sprache – bei den Nachbarn des lateralen Sprachzentrums umschauen, ob sich dort vielleicht Hinweise darauf finden, wie die Sprache sich entwickelt haben könnte, sollten wir folglich darauf achten, wie bedeutsam die Sequenz für die jeweilige benachbarte Funktion ist.

Wie steht es in dieser Hinsicht mit der Hörrinde? Die wichtigsten Schallsequenzen (im Gegensatz zu Einzellauten) in der Umwelt des Menschenaffen sind die schon erwähnten emotionalen Vokalisationen anderer Menschenaffen und Affen und Leoparden. Sich steigernde Sequenzen von Vokalisationen zeigen eine wachsende soziale Spannung an. Vielleicht gibt es eine höherentwickelte Fähigkeit zur Erzeugung von Schallsequenzen, die zwischen den Menschenaffen und uns von Bedeutung ist, doch uns fiel kein Beispiel dafür ein.

Kommen wir nun zur motorischen Rinde und zu den prämotorischen Gebieten des Stirnlappens. Speziell der prämotorischen Rinde wird nachgesagt, daß sie sequentielle Bewegungen plant. Unter dem motorischen Streifen liegt das Gebiet, das den Kehlkopf und den Rachen, den Mund und die Lippen kontrolliert. Irgendwann im Laufe unserer Entwicklung mußten wir im Zusammenhang mit dem Tauchen einiges lernen, um den Atem zu regulieren (um die Atemfrequenz zu unterbrechen und für eine Minute die Luft anzuhalten, sind allerdings keine besonders raffinierten Schaltungen nötig). Wahrscheinlich bedurfte es auch, als der Kehlkopf abzusteigen begann, ungefähr zur Zeit des *Homo erectus*, einer neuen Koordination von Atmen und Schlucken. Doch die Befehlssequenzen für das Atmen und Schlucken und ähnliche Dinge gehen gewöhnlich nicht von der Großhirnrinde aus, sondern vom Hirnstamm, der näher am Rückenmark liegt. Wieder fiel unserer Gruppe, von der Sprache selbst abgesehen, kein passendes Beispiel für sequentielle Bewegungen ein, deren anatomische Grundlage im Laufe der Hominidenevolution dem Selektionsdruck ausgesetzt war.

Auf dem motorischen Streifen folgen sodann das Gesicht, der Daumen und die übrigen Finger, die Hand, das Handgelenk, der Arm und die Schulter. Unmittelbar vor diesen Gebieten des motorischen Streifens, also in nicht allzu großer Entfernung, finden sich im Stirnlappen Gebiete, die mit der Sprache zu tun haben. Diese prämotorische Rinde, der eine besondere Vorliebe für Sequenzen nachgesagt wird, besitzt besonders ausgedehnte Verbindungen zu dem Gebiet der motorischen Rinde, das für das Handgelenk verantwortlich ist.

Es ist denkbar, daß die Sprache sich durch serielle Verbesserungen bei Hand- und Armgebärden, dann beim Gesichtsausdruck und schließlich bei gesprochenen Sequenzen entwickelt hat. Es könnte aber auch sein, daß die Sequenzierungsfähigkeiten des neuronalen Apparats ursprünglich nichts mit der Sprache oder mit Gebärden zu tun hatten und erst später für die Sequenzierung von Klängen benutzt wurden. Die wichtigsten raschen Bewegungssequenzen sind die Hand- und Armbewegungen beim Knüppeln, Hämmern und Werfen. Sie unterlagen bestimmt der natürlichen Auslese, wenn auch jede mit einer anderen Wachstumskurve. Es ist denkbar, daß das Hämmern sich gegenüber dem Leistungsniveau der Schimpansen nicht mehr sonderlich optimiert hat. Möglich ist auch, daß eine dieser Sequenzen sich infolge von Verbesserungen bei einer anderen verbessert hat. So erfordert es beispielsweise keine großen Veränderungen beim motorischen Sequenzierer, wenn ein Wurf in eine hämmernde Bewegung umgewandelt wird (oder umgekehrt). Die Hypothese, daß sich alles innerhalb relativ kurzer Zeit abgespielt hat, erfaßt zahlreiche miteinander zusammenhängende Ursachen, und obwohl bislang noch nicht viele konkrete Meßergebnisse vorliegen, hat es den Anschein, als würde das Werfen bei diesem Ideenwettkampf das Rennen machen.

Die uralte Frage wartet noch immer auf eine Antwort: Welche Merkmale unseres Gehirns sind verantwortlich für unser Menschsein, unsere musikalische Kreativität, die unendliche Vielfalt unserer Artefakte, die Subtilität des Humors, die Fähigkeit zu ausgefeilten Zukunftsprojektionen (beim Schach, in der Politik, im Geschäftsleben), für unsere Poesie, Ekstase, Leidenschaft, für unsere verworrene Moral und für die ausschweifenden Rationalisierungen?
Der Neurobiologe
Theodore H. Bullock, 1984

Die Hypothese, die sich am Ende unseres abendlichen Gesprächs herausschälte, führt also den raschen Erwerb der Sprache und das rasche Wachstum unseres Gehirns darauf zurück, daß wir immer besser geworden sind in einer sensomotorischen Fähigkeit, die mit der Sprache gar nichts zu tun hat, nämlich dem Werfen von Steinen und Speeren auf Beutetiere. Ausgehend von allgemeinen philosophischen Prinzipien über menschliche Eigenschaften, wie Descartes es getan hat, würde man nie auf eine solche Hypothese kommen. Ebensowenig würde man bei ihr landen, wenn man vom Wissensstand der Linguistik ausginge.

Daß das Werfen eine wichtige Rolle bei der Entwicklung der Sprache gespielt haben soll, wird wohl noch lange als eine Ketzerei gelten, selbst wenn sich zeigen sollte, daß damit die Schwierigkeiten am einfachsten zu lösen sind. Es könnte durchaus sein, daß auch diese Hypothese das übliche Schicksal der meisten wissenschaftlichen Hypothesen teilt und sich, wenn wir erst ein Stückchen weiter gekommen sind, ebenfalls als *deus ex machina* entpuppt. Es könnte aber auch sein, daß wir wirklich den schnellen Weg gefunden haben, daß die Sprache eine emergente Eigenschaft von neuronalen Schaltungen ist, die komplizierte zeitliche Sequenzen erleichtern, von Schaltungen, die ihrerseits selektiert wurden durch den Jagderfolg marginaler Teilpopulationen, bei denen die Auslese strenger und die Artbildung leichter war.

Eben bin ich aus einem seltsamen Traum erwacht, durch irgendein Geräusch in der Nähe (und deshalb kritzele ich jetzt beim schwachen Licht einer Mini-Taschenlampe in meinem Notizbuch). Im Traum schaute meine Frau aus dem Fenster und bemerkte eine Maus oder Spitzmaus, die die Katze als Geschenk heimgebracht hatte. Das Tier lag unmittelbar vor dem Katzeneinlaß im Souterrain des Hauses, so als habe die Katze Zweifel gehabt, ob das Tier auch im Haus willkommen sei. Katherine ging hinaus und hob das Tier auf, und ich trat ans Fenster und schaute zu. Es war ein seltsames Tier, das wir noch nie gesehen hatten. Es hatte einen Schwanz (aber der war buschig und gestreift, gar nicht wie bei einer Ratte). Doch der Kopf hatte, so wie sie ihn beschrieb, »eine hohe gewölbte Stirn, genau so, wie sie ihn brauchen, um Käse zu essen«.

Was? Da erinnerte ich mich im Traum, daß der Kopf mancher Tiere, etwa der Schweine, speziell an das Wühlen angepaßt ist, so daß sie ihn in die Erde stecken und nach Wurzeln und anderen Leckereien suchen können. Die seitlich hervorstehenden Zähne sind gefährliche Waffen, wenn zwei Ferkel sich um den Platz an der Zitze streiten (die Bauern entfernen diese Zähne, um blutigen Rivalitäten zwischen Geschwistern vorzubeugen). Warum hatte die Ratte, Spitzmaus oder was es auch war eine hohe gewölbte Stirn? Im Traum wußte ich genau Bescheid darüber, was sich unter dem nach hinten abfallenden Schädeldach solcher Tiere befindet (man ist nicht umsonst Neurophysiologe), und deshalb kam es mir sonderbar vor, daß hier ein Exemplar mit gewölbter Stirn lag. Das war allein den Menschen vorbehalten. Dieses Tier, was immer es sein mochte, hatte nicht die entfernteste Ähnlichkeit mit einem Menschen.

Meine Frau, die Zoologin ist, erklärte mir im Traum, die gewölbte Stirn diene dem Zweck, gegen einen Laib Käse zu rennen, dadurch ein Stückchen abzubrechen, das dann mitgenommen und anderswo verzehrt werden kann. (Jetzt wird mir klar, daß dieses Schnapp-das-Geld-und-hau-ab-Szenario aus Filmen stammte, in denen ich neulich gesehen habe, wie Schimpansen Bananen in den Urwald schleppen, um sie dort, den Blicken der anderen entzogen, in aller Ruhe zu verschmausen.)

Aber mit der Stirn gegen einen Laib Käse rennen? Was für ein Tier macht das nur? An dieser Stelle wurde ich wach.

Und so liege ich im Mondschein und versuche dahinterzukommen, was mich auf die Idee gebracht haben könnte, daß Tiere mit dem Kopf auf etwas Käseartiges einhämmern, wobei die Form des Kopfes wichtig ist. Habe ich mir das nur zusammengeträumt, oder habe ich diese Vorstellungen schon im Kopf, weil ich sie irgendwo aufgeschnappt hatte? Der gestreifte Schwanz stamme natürlich von dem Katzenfrett, über das wir neulich morgens am Tapeats Creek gesprochen hatten. Aber der Kopf…?

Jetzt ist es mir endlich klar. Es war nicht Käse, sondern Wachs. Der gewölbte Kopf, das war der halbrunde Kopf einer Biene (tja, manchmal bringe ich die Tierstämme durcheinander). Bienen hämmern mit dem Kopf gegen die Wachswände der Tunnel, die sich durch ihren Stock ziehen. Bemerkenswert ist, daß auf wunderbare Weise Sechsecke entstehen, wenn viele Bienen mit ihren runden Köpfen auf dasselbe Stück Wachs einhämmern. Stellen Sie sich vor, daß Bergarbeiter einen Tunnel durch weichen Ton graben. Um die Wände in dem Tunnelnetz zu stabilisieren, stoßen sie mit ihren runden Bergarbeiterhelmen gegen die weiche Wand. Genauso machen es die Bergarbeiter in den angrenzenden Tunnels, ohne jegliche Koordination, einfach drauf los. Irgendwann würden die Tunnelwände eine sechseckige Form annehmen, ohne daß irgend jemand es so festgelegt hätte. Es ist eine emergente Eigenschaft.

★

*Später, zu Hause: Ich fand die Quelle meines Traumschemas in einer wissenschaftlichen Zeitschrift, die ich kurz vor der Flußfahrt gelesen hatte:*

*»Ein zufälliger Beobachter, dem die vollkommene sechseckige Struktur einer Honigwabe auffällt, ist geneigt anzunehmen, daß die Universalität und Perfektion der Struktur des Bienenkorbs durch den ›Instinkt‹ gewährleistet wird – oder genauer durch ein angeborenes sechseckiges Prinzip, das für die Bauweise der Bienen verantwortlich ist.« (Ich hoffe,*

*daß noch kein Anatom auf die Idee gekommen ist, im Gehirn der Biene nach einem Sechseck zu suchen.*)

*Inzwischen wissen wir jedoch, daß die sechseckige Struktur das zwangsläufige Resultat des ›Stapelprinzips‹ ist, eines mathematischen Gesetzes, welches das Verhalten von Kugeln bestimmt, die bei gleichmäßigem oder beliebigem Druck aus allen Richtungen aufeinander gestapelt werden. Das ›angeborene Wissen von Sechsecken‹ der Bienen braucht aus nichts anderem zu bestehen als einer Tendenz, das Wachs mit ihren halbrunden Köpfen zu verdichten ...*

*In diesem Sinne können Grammatiken [dies stammt aus Elizabeth Bates' Kritik an Chomskys angeborenem Bioprogramm für die Sprache] als eine Menge möglicher Lösungen für ein sehr viel komplexeres formales Problem aufgefaßt werden, wobei aus rein formalen Gründen einige Lösungen leichter zustande kommen als andere.«*

Diese Kritik auf der Linie des *Organum-ex-machina*-Arguments unterstellt, daß, wenn nur genügend viele Neurone ihre elektrischen Signale aussenden, irgendwann bestimmte Muster entstehen, die beispielsweise den Sechsecken entsprechen, und daß die Sprache sich dieser Muster bedient. Hier haben wieder die emergenten Prinzipien zugeschlagen. Und ich habe von ihnen geträumt (was den Anasazi wohl kaum passiert wäre). Hatten die kambrischen Wurmspuren, die wir gesehen haben, vielleicht auch einen sechseckigen Querschnitt? Es ist wohl besser, wenn ich mich wieder schlafen lege.

So wie wir im Traum denken, denken wir auch, wenn wir wach sind. All diese Bilder, die gleichzeitig da sind, Bilder, die wiederum andere Bilder hervorrufen, stürmen unablässig auf uns ein und erzeugen schließlich ein ganz neues Blickfeld, ein elektrisches Feld, das pulsiert und glüht und allmählich ganz den Charakter einer Migräne-Aura annimmt... Normalerweise verschaffen wir uns Beruhigung, um das Chaos nicht an uns herankommen zu lassen... Das heißt nicht unbedingt, daß wir zu Medikamenten greifen, durchaus nicht. Arbeit ist ein Beruhigungsmittel. Kinderliebe kann ein Beruhigungsmittel sein... Man kann das Chaos auch in der Weise bekämpfen, daß man versucht, ihm eine kohärente Struktur zu geben, es in die dramatische Form zu bringen, die wir unseren Träumen geben. Indem man, anders gesagt, Geschichten erfindet. Wir alle erfinden Geschichten. Einige unter uns, die Schriftsteller, schreiben diese Geschichten nieder, arbeiten konzentriert daran, schreiben sie um, werfen sie in den Papierkorb, holen sie wieder hervor und schreiben nochmals um, lenken unsere ganze Aufmerksamkeit, unsere ganze Emotion auf sie, machen sie zu Objekten.

Joan Didion, 1979

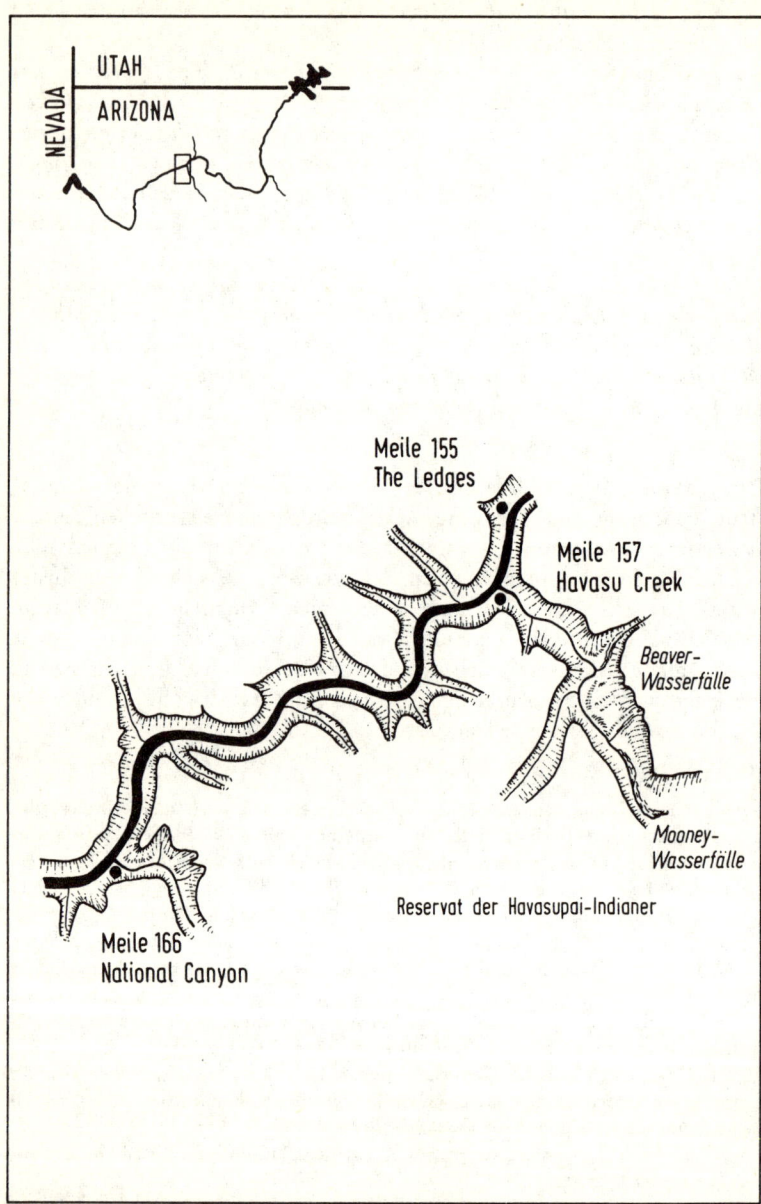

NEVADA
UTAH
ARIZONA

Meile 155
The Ledges

Meile 157
Havasu Creek

Beaver-
Wasserfälle

Mooney-
Wasserfälle

Reservat der Havasupai-Indianer

Meile 166
National Canyon

# Elfter Tag
## Meile 155
## The Ledges

Das Schlafen am Flußufer hat den Nachteil, daß mitten in der Nacht andere kommen und ihre Luftmatratzen ausbreiten, weil sie die Hitze in ihren Suiten nicht mehr aushalten. Doch im Morgenlicht sieht unser Lagerplatz wirklich aus wie der Idealentwurf eines Ferienhotels.

Beim Frühstück erzählte Michelle DuBois von der großen Entdeckung, die sie letzte Nacht gemacht hatte, bevor ich Gelegenheit bekam, von meiner Entdeckung zu sprechen. »Vorgestern habe ich vor dem Einschlafen lange die Sterne betrachtet. Der Himmel war unglaublich klar, bis auf eine lange, dünne Wolke. Als ich gestern abend wieder die Sterne betrachtete, war die Wolke wieder da. Eine sonderbare, lange, durchscheinende Wolke. An derselben Stelle. Wie war das möglich?

> Als Evolutionsforscher bin ich vertraut mit dem ungeheuer ausgedehnten emergenten Phänomen des Universums und seinem noch phantastischeren Schatten, dem Leben.
>
> Loren Eiseley,
> *The Night Country*, 1971

Da dämmerte es mir«, sagte Michelle und schlug sich mit der Hand an die Stirn, »daß das keine Wolke war, sondern nichts anderes als die Milchstraße. Ich wohne ja in der Umgebung von Boston, und ich glaube, es ist über zehn Jahre her, daß ich sie zum letztenmal gesehen habe.« Offenbar ist es der Hälfte unserer Frühstücksteilnehmer genauso ergangen, daß sie die Milchstraße gesehen und anfangs nicht erkannt haben. Einem Anasazi konnte es nicht passieren, daß er die Milchstraße vergaß. Es ist erschreckend, wie leicht man den Kontakt mit den elementarsten Dingen verlieren kann. Gewiß kommen wir hier unseren Wurzeln näher, aber es ist mühsam – ich habe noch nicht das Gefühl, daß ich die Dinge so wahrnehme, wie unsere Vorfahren sie wahrgenommen haben. Ich wünsche noch immer, ich könnte die Dinge mit ihren Augen sehen. Natürlich kann ich mir vorstellen, ein Jäger zu sein und eine Hirschkeule heimzutragen, aber darin hat sich das Leben gewiß nicht erschöpft.

★

Könnte es nicht doch so gewesen sein, daß die Sprache zuerst da war und daß dann die jagdlichen Fähigkeiten auf den Muskel-Sequenzierungsapparat der Sprache zurückgegriffen haben, um die Gliedmaßenmuskeln beim Werfen zu steuern? Diese Mutmaßung läuft darauf hinaus, daß man lieber die Taube in der Hand als den Spatz auf dem Dach hätte, denn damit wäre das Primat der Sprache und des bewußten Denkens als Grundlage der Einzigartigkeit des Menschen gerettet. Ich hatte den Eindruck, daß alle erleichtert aufatmeten, als Ben diese Frage stellte. Die Idee, daß eine Fähigkeit wie das Werfen bei der Entwicklung des menschlichen Gehirns eine entscheidende Rolle gespielt haben könnte, stößt im allgemeinen nicht auf große Begeisterung.

Man muß aber bedenken, wie schnell alles gegangen ist. Die Erweiterung des Gehirns hat sich hauptsächlich während der letzten zwei Millionen Jahre abgespielt, und das ist, ausgehend von der natürlichen Auslese, unglaublich schnell, fast so schnell wie ein Prozeß der künstlichen Auslese. Auf lange Sicht kann sicherlich auch das Prinzip, nach dem größer gleich schlauer gleich besser ist, zu einem größeren Gehirn führen. Aber könnte es nicht doch einen schnellen Mechanismus gegeben haben, der, etwa in Gestalt des Werfens, die Zahnräder der Evolution zu noch größerer Eile angetrieben und uns bei der Verbesserung des Sprachvermögens und des sequentiellen Denkens einen großen Vorsprung verschafft hat?

Es ist ziemlich unwahrscheinlich, daß das Denken innerhalb so kurzer Zeit zu unseren Fortschritten beigetragen haben könnte. Bei kleinen, isolierten Gruppen, die alljährlich im Winter und alle 100 000 Jahre während der Eiszeiten einer scharfen Auslese ausgesetzt sind, funktioniert das Denken nicht entscheidend besser. Landwirtschaft, Städte und allgemeines Bildungswesen, das sind die Bedingungen, unter denen das Denken und die mit ihm einhergehenden kulturellen Fortschritte am besten zu gedeihen scheinen. Solche Bedingungen wird man in den Randgebieten, wo das Leben schwer ist, kaum antreffen, wohl aber dort, wo das Leben leichter ist, wo die Bevölkerungsdichte größer ist, wo Ideen sich von Mund zu Mund schneller ausbreiten können. Große Zentralpopulationen mögen einer raschen kulturellen Entwicklung förderlich sein, doch auf die biologische Evolution wirken sie hemmend: keine Isolation, keine kleinen Gruppen, keine wiederholten scharfen Auslesewellen wie in den Randgebieten.

Die Kultur mag noch so nützlich gewesen sein, entscheidend war doch die biologische Evolution. Nur sie konnte bewirken, daß das Gehirn sehr rasch größer wurde, nur sie konnte die tödliche Gefahr überwinden, der die Mütter durch den großen Kopf der Kinder ausgesetzt waren. Unsere Vorstellungen über die kulturelle Evolution lassen sich meistens nicht auf die biologische Evolution übertragen.

★

Von irgendwoher erklingt Musik. Auf einem der Felsvorsprünge über mir, meinen Blicken entzogen, sitzt jemand und spielt Flöte, während wir untätig darauf warten, daß das Beladen der Boote beendet ist. Die klaren Töne schweben über dem Wasser, und von den Canyonwänden auf der anderen Flußseite dringt ein schwaches Echo zu uns. Mit seinem charakteristischen abfallenden Triller versucht ein Zaunkönig dagegen anzusingen. Die rekursiven zeitlichen Muster der Bach-Komposition wiederholen sich, schwellen an, wechseln die Tonart, kehren an ihren Ausgangspunkt zurück und umspielen ihr Thema in einer Weise, die der Seele wohltut.

Woran liegt es, daß die Musik uns so gefällt? Für mich hat Musik etwas mit der Sprache zu tun – auch ihre Elemente bilden eine zeitliche Sequenz, die Reihenfolge der Elemente ist von größter Bedeutung, und bestimmte Grundmuster wiederholen sich und werden variiert, wie die Rhythmen der Poesie. Ist Musik so etwas wie die sechseckigen Honigwaben, eine der Folgen des Apparats, mit dem wir zeitliche Sequenzen zu bestimmten Strukturen verarbeiten? Besitzt unsere Sprachrinde vielleicht einen so ausgedehnten Apparat für die Bildung zeitlicher Strukturen, daß er durch die gesprochene Sprache allein nicht ausgelastet ist, und lotet die Musik vielleicht erst die Tiefen unserer Fähigkeit aus, komplizierte Muster von zeitlichen Sequenzen wahrzunehmen und zu erinnern?

Sobald die ersten Takte eines Musikstücks unser Erinnerungsvermögen wachrütteln, beginnen wir, die nächsten Töne zu antizipieren und vorauszuahnen, was dann kommt. Es ist ein angenehmes Gefühl, die Zukunft auf diese Weise vorhersagen zu können (vorausgesetzt, es kommt kein falscher Ton oder etwas Disharmonisches). Ein ebenso angenehmes Gefühl ist es, wenn man in anderer Weise die Zukunft vorhersagen kann, zum Beispiel, wenn man den Stein im richtigen Moment losläßt und weiß, daß er diesmal treffen wird.

Sollte es universale Rhythmen geben, dann beruhen sie sicherlich auf angeborenen Eigenschaften unseres Gehirns. Genau wie die Tiefengrammatik, die Chomsky durch seine vergleichende Untersuchung der verschiedensten Sprachen entdeckte. Bestimmt gibt es eine Musik, die mit den natürlichen Rhythmen des Gehirns in Resonanz schwingt. Resonante Rhythmen – ich sollte diesen Begriff gleich als Warenzeichen anmelden. Ich kann es kaum erwarten, daß die Komponisten beginnen, die neurophysiologische Literatur nach Hinweisen auf eingängige Melodien zu durchstöbern.

★ ★ ★

Die Moral der Musik besteht in der Treue zu den unwandelbaren Gesetzen der musikalischen Schwerkraft (jenen Gesetzen, nach denen Melodien fallen und Sequenzen den tieferen Tonarten zustreben, bis sie in der Auflösung zur Ruhe kommen) und der Treue zu der emotionalen Kraft des jeweiligen Werkes, das heißt, zu der Kraft und dem Drängen einer aufsteigenden Tonfolge, der schmetternden Trompeten, der dröhnenden Trommeln, eines Flötentons. Große Musik drängt aufwärts, schwingt sich empor, sinkt, kämpft und gibt sich schließlich geschlagen oder scheitert oder gewinnt oder fügt sich, in Trauer oder Triumph, mit einem komischen Rülpser oder auf eine der unendlich vielen Weisen, über die sie verfügt. Ihre Mittel sind so unerschöpflich, daß keine Kompositionstheorie sie erfassen kann...

John Gardner, *On Moral Fiction*, 1978

Musik ist das Bemühen, uns selbst zu erklären, wie unser Gehirn funktioniert. Wie versteinert lauschen wir Bach, weil wir dabei einem menschlichen Geist lauschen.

Lewis Thomas, *The Medusa and the Snail*, 1979

★ ★ ★

Ist vielleicht auch die Musik eine emergente Eigenschaft, die wir unserer hochentwickelten Fähigkeit verdanken, zeitliche Sequenzen zu verarbeiten? Geht sie direkt auf die Sequenzierung zurück, so daß auch ein Kind, das keine Sprache erlernt hat, dennoch die Musik schätzen könnte? Oder ist sie abhängig von der Sprache, die wiederum noch elementarer von den Sequenzierungsfähigkeiten abhängt?

Ich weiß es nicht. Ich denke aber, wir sind zu einem *Homo seriatim* geworden.

Aus diesem Bild unseres Gehirns, das sich unablässig reorganisiert und erweitert, um immer bessere Werfer zu ermöglichen, ergeben sich gewisse Hinweise auf die neurale Basis, auf der wir unsere Äußerungen aufbauen und unsere Gedanken denken. Beim Aufhämmern von Nüssen in den Tropen mag das Gehirn gelernt haben, die Ellbogenbewegung präzis zu steuern. Doch verstreut in den eiszeitlichen Randgebieten lebend, haben unsere Vorfahren den Hungertod dank ihrer angeborenen Fähigkeit zum Werfen abgewendet. Mit Hilfe des Gesetzes der großen Zahl überlebten jene, deren Gehirn größer und besser organisiert war, und schließlich kamen schon ihre Kinder mit der angeborenen Fähigkeit zum Hämmern und Werfen auf die Welt. Aus dieser evolutionären Erweiterung des Hirnvolumens entstand unaufgefordert unser heutiges Gehirn mit seinem unbegrenzten Potential. Ob wir Basketball oder Tennis spielen, immer äußert sich darin das Vergnügen, das dieses Mosaik-Gehirn seit Urzeiten daran findet, eine Sequenz exakt zu timen. Über seine Anfänge hinausgewachsen, kann unser Gehirn heute mit Hilfe von Grammatik und Musik neuartige Sequenzen erzeugen. Blind für unsere Grundlagen, brachten wir dennoch Dichtung und Vernunft hervor; vielleicht können wir mit einem klareren Fundament darüber nachdenken, wie unser erweitertes Bewußtsein sich entwickelte und weiterhin entwickelt.

★

Im großen und ganzen ist das Tier bestrebt, seinen unmittelbaren Hunger und seine Fortpflanzungsinstinkte zu befriedigen. Der Mensch wird in dem Maße, wie sein Wortschatz und sein Gedächtnis sich erweitern, apperzeptiv statt nur perzeptiv. Er stellt sich Dinge vor, die er nicht sieht oder die in einer Stunde oder in einem Jahr geschehen werden... Wie Hallowell es so treffend formuliert hat, bildet sich der Begriff des Selbst. Das »Ich« hat eine Vorstellung von »sich«. Hier erfolgt, in inniger Verbindung mit der Sprache, der Quantensprung.

Der Anthropologe Loren Eiseley, 1967

Das große Abenteuer des Menschen ist die Evolution des Bewußtseins. Unsere Aufgabe in diesem Leben ist, die Seele zu erweitern und das Gehirn zu erhellen.

Der Romancier Tom Robbins, 1985

# Meile 157
# Havasu Canyon

Dies ist der größte von den Seitencanyons. Der Havasu Creek strömt einen Abhang hinunter, der in eine regelmäßige Reihe von Wasserfällen und Teichen mündet, eine Treppe, die dadurch entstanden ist, daß der im Wasser gelöste Kalkstein sich im Laufe der Jahrhunderte an Baumwurzeln und dergleichen abgesetzt hat. Eine erstarrte Treppe aus Travertin, die aus kleinen Teichen besteht, über deren breiten Rand das Wasser allenfalls einen Meter tief in den daruntergelegenen Teich fällt. Wo vorher nur ein Abhang war, ist eine Reihe von Stufen entstanden, wieder ein Beispiel für Ordnung, die aus Unordnung entsteht, wenn gespeicherte potentielle Energie umgewandelt wird. Einige Kilometer den Canyon hinauf, stürzt der Beaver-Wasserfall in ein großes Becken aus Travertin. Es gibt dort verborgene Gänge, die man unter Wasser durchschwimmen kann, Felsen, von denen man, wenn man Lust hat zu planschen, aus einigen Metern Höhe in das stille Wasser springen kann.

Man findet hier schattige Plätzchen, wo man sich mit einem guten Buch niederlassen kann. Man kann sich auch jenen anschließen, die den acht Kilometer langen »Todesmarsch« zu den Mooney-Wasserfällen hoch oben im Canyon unternehmen wollen. Fritz sagte: »Man rennt bloß hinauf, schaut sich um und rennt wieder das ganze Stück hinunter.« Das hat alle abgeschreckt, bis auf zwei. Noch vor dem Frühstück haben wir heute morgen ein Lunchpaket vorbereitet, das aus belegten Broten und Obst besteht. Unsere Feldflaschen haben wir mit Limonade gefüllt, da man das Wasser hier nicht trinken kann.

Das größte Problem ist, daß alle diesen herrlichen Flecken sehen wollen. Sogar Wanderer sind in diesem Paradies anzutreffen. Vom Südrand ist eine ganze Schar Pfadfinder durch das Havasupai-Indianerreservat herabgestiegen und hat oberhalb der Mooney-Fälle ihr Lager aufgeschlagen. Jetzt sind sie heruntergekommen, um sich den Fluß anzusehen. Außer unserer Gruppe habe ich schon sechs weitere Gruppen von lärmenden Flußfahrern gezählt, und es ist erst Vormittag.

Das andere große Problem, das mit dem ersten übrigens zusammenhängt, sind die vielen Pfade in diesem Canyon, die nirgendwohin führen. Immer wieder erlebt man, daß sich jemand verirrt hat. Etliche Pfade führen an die zehn Meter durch steiles Gelände hinauf und enden dann im Nichts. Wer das mehrmals gelaufen ist, wird ganz schön müde.

Wir haben einen Zufluchtsort auf einer Insel mitten im Bach gefunden. Das Wasser, das auf beiden Seiten vorüberströmt, kühlt, und die Bäume, die dort wachsen, spenden Schatten. Rings um dieses kleine Wasserparadies erstreckt sich die von der Sonne ausgedörrte, von Eidechsen bewohnte und hier und da mit Kakteen und Ocotillo bewachsene Wüste des unteren Canyons. Offenbar haben alle sich ein Buch mitgenommen, aber keiner liest. Die einen sprechen über das Bewußtsein, die anderen betrachten die Landschaft und spitzen derweil die Ohren.

Oh, da schiebt sich eine Wolke vor die Sonne. Zu klein, um das Versprechen eines kühlen Nachmittags halten zu können, aber groß genug, um augenblicklich für eine angenehme Temperatur zu sorgen. In den

Wochen um die Sommersonnenwende steht die Sonne hier nicht direkt
über einem, aber sie ist doch nur 14 Grad von der Senkrechten entfernt.
Und das bedeutet Hitze. Verständlich, daß hier in allen vier Jahreszeiten
gewandert wird, nur nicht im Sommer.

Das Wasser, das an mir vorüberfließt und nicht weit von hier einen
kleinen Wasserfall hinunterstürzt, und die leichte Brise, die von dort
einen kühlenden Hauch feiner Tröpfchen herüberweht – das hat etwas
Beruhigendes. Ich sitze einfach da und schaue zu, wie ganz allmählich
der Travertin wächst, inmitten eines spärlichen grünen Laubwerks vor
einem Hintergrund aus rotem und grauem Gestein.

Sobald ich einen Gegenstand außerhalb von mir wahrnahm, stellte sich das Bewußtsein, daß ich ihn sah, trennend zwischen mich und ihn und umgab ihn rings mit
einer geistigen Schicht, die mich hinderte, seine Substanz unmittelbar zu berühren.

Marcel Proust, *In Swanns Welt*

Der subjektive bewußte Geist ist ein Analogon dessen, was man die reale Welt
nennt. Er ist aufgebaut aus einem Vokabular oder einem lexikalischen Feld, dessen
Terme sämtlich Metaphern oder Analogien des Verhaltens in der physischen Welt
sind. Er besitzt die gleiche Realität wie die Mathematik. Er gestattet uns, Verhaltens-
prozesse abzukürzen und zu angemesseneren Entscheidungen zu gelangen. Er ist,
wie die Mathematik, ein Operator und nicht ein Ding oder ein Behältnis. Und er ist
eng verbunden mit dem Willen und der Entscheidung.

Der Psychologe Julian Jaynes, 1976

Das wichtigste Problem, zu dessen Lösung uns unser bewußtes Wissen befähigen
sollte, ist die Vorwegnahme künftiger Ereignisse, so daß wir unsere gegenwärtigen
Angelegenheiten in Übereinstimmung mit dieser Vorwegnahme regeln können.

Der Physiker Heinrich Hertz (1857–1894)

★

Neurobiologen, die in aller Ruhe über das Bewußtsein sprechen? Ich
glaube meinen Ohren nicht zu trauen, doch tatsächlich führen einige
meiner Kollegen ein zivilisiertes Gespräch über das Bewußtsein. Auch
das deutet darauf hin, daß der Canyon sich besänftigend auf uns ausgewirkt hat. Sonst drehen sich die Leute um und verlassen fluchtartig das
Zimmer, wenn dieses Thema angeschnitten wird. Oder sie äußern heftige verbale Ablehnung, wie sie Schopenhauer zu erkennen gibt, wenn er
über Hegel sagt, das, was er schreibe, sei Unsinn, und was er von sich
gebe, seien hohle Phrasen, die die Menschen gründlich um den Verstand
bringen.

Wenn in *The New York Review of Books* Artikel über das Bewußtsein erscheinen, stammen sie in der Regel von namhaften Physikern, und
diejenigen, die sich kritisch dazu äußern, sind in der Regel Molekularbiologen, die mit dem Nobelpreis ausgezeichnet wurden. Dabei scheinen
weder die einen noch die anderen mehr über das Bewußtsein zu wissen,
als was sie durch Introspektion herausgefunden haben. Hirnforscher
– ebenso wie Chemieprofessoren und Ökonomen – äußern sich kaum
über das Bewußtsein, und aus gutem Grund. Doch von Physikern und
DNA-Experten wird irgendwie erwartet, daß sie darüber etwas Brauch-
bares sagen können – und die Hirnforscher haben ihnen, wie ich zugeben muß, das Feld überlassen. Woran liegt das?

Was die Neurobiologen angeht, so sind sie im allgemeinen nicht immer
Neurobiologen gewesen. Und die meisten sind bei diesem Fach gelandet,
weil sie das natürliche Verlangen teilen, unseren Geist zu verstehen. Sie
werfen Fragen wie die folgenden auf: Was ist Bewußtsein? Gibt es ein
höheres Bewußtsein? Was ist Bedeutung? Worin besteht das Denken?
Wie entsteht eine Überzeugung oder ein Wille, etwas zu tun? Gibt es eine
Seele? Gibt es etwas, das über das Materielle hinausreicht? Wie kann ich
überhaupt etwas wissen? Was kann man über Absicht und Motiv, über
das Selbst oder das Ich sagen? Kann man von einem Dualismus ausgehen?

Es scheint auf der Hand zu liegen, daß unsere Wahrnehmungen von
Geschmacks- und Farbeindrücken etwas anderes sind als unsere Gedanken und Gefühle, unsere Erinnerungen und Träume, unsere Vorstellungen und Einsichten. Wir entwickeln Absichten, dies oder jenes zu tun,
unsere Handlungen entspringen gewöhnlich einem Willensakt – wir denken. Daher machen die meisten – vollkommen unabhängig von religiösen Vorstellungen über einen materiellen Körper und eine immaterielle
Seele, die sich irgendwie den Gesetzen der Physik entzieht – einen
Unterschied zwischen Geist und Gehirn. Aber könnte es nicht sein, daß
der Unterscheidung zwischen Geist und Gehirn gar kein realer Unterschied zugrunde liegt?

Dies sind natürlich die Grundfragen der Philosophie, und wenn es
vielleicht auch den einen oder anderen geben mag, der zunächst mit
Computern begonnen hat und dann zu den biologischen »Computern«
übergegangen ist, ohne jemals von diesen Fragen berührt worden zu
sein, so sind doch die meisten über das Interesse an solchen Fragen dazu
gekommen, sich mit dem Gehirn zu beschäftigen. Aber später wollen sie
davon nichts mehr wissen. Woran liegt es, daß der typische Neurobiologe derartige Begriffe entschieden meidet und nicht einmal das Wort
»Geist« in den Mund nehmen will?

Es liegt nicht daran, daß wir etwas gefunden hätten, was diese Begriffe ersetzen kann, und es hat auch nichts mit der Auseinandersetzung zwischen Reduktionisten und Holisten zu tun (für die Reduktionisten wäre es allerdings ein gefundenes Fressen, wenn es gelänge, das Bewußtsein auf eine Neuronenschaltung zu reduzieren!). Es ist die Aussichtslosigkeit, auf solche Fragen jemals eine Antwort zu finden, und deshalb will man angesichts der Fülle von Fragen, die leichter zugänglich sind, nicht seine Zeit damit verschwenden. Oder man gelangt zu der Einsicht, daß es sich um sinnlose Unterscheidungen handelt, um vorwissenschaftliche Fragen, die falsch formuliert sind, um Fragen, die nicht heuristisch sind, die einen nicht voranbringen. Wenn es dennoch hin und wieder gelingt, einem Neurowissenschaftler eine Antwort zu entlocken, läßt sie meistens sehr zu wünschen übrig. Fragen Sie einen Neurologen nach dem Bewußtsein, und er wird Ihnen eine brauchbare Definition des Komas liefern. Fragen Sie ihn nach dem höheren Bewußtsein, und er wird es als die Fähigkeit definieren, Sprichwörter zu paraphrasieren (Patienten mit einem Stirnlappenschaden können oft nicht erklären, was der Ausspruch »Wer im Glashaus sitzt, soll nicht mit Steinen werfen« bedeutet). Das mögen pragmatische, wichtige, manchmal lebensrettende Unterscheidungen sein, aber es ist wohl nicht das, was die meisten erwarten.

Das alles erinnert einen an die Verhaltenspsychologie, die das Bewußtsein überhaupt leugnet. Und an die Bemerkung von John Dewey, daß der Fortschritt der Philosophie nicht darauf beruht, daß sie Probleme löst, sondern daß sie sie fallen läßt.

Die Begründungen, mit denen man sich vor den philosophischen Fragen drückt, klingen ähnlich wie die Ausflüchte in der Art von »Ich habe Wichtigeres zu tun«, wenn einer nicht seinen Keller aufräumen will. Von Autoren wie Arthur Koestler und E. F. Schumacher, die es für unwissenschaftlich halten, das Offenkundige zu ignorieren, werden uns Neurowissenschaftlern wegen unserer Versäumnisse hin und wieder die Leviten gelesen. Auch Annie Dillard erhebt gegen bestimmte Wissenschaftler den Vorwurf, sie versuchten, aus der Unwissenheit eine Tugend zu machen, indem sie leugnen, daß es noch etwas anderes gibt. Das trifft den Nagel auf den Kopf.

★

Die Rennechsen machen wieder Liegestütz. Das tun sie hauptsächlich dann, wenn sie einer anderen Echse begegnen. Dann jagen sie einander zwischen den Steinen nach. Eine kleine Echse krabbelte an meinem Arm herunter und lief über mein Buch. War es Neugier, oder tat sie es nur,

> Das Bewußtsein... als Wirkung einer organischen Maschinerie einzustufen, heißt jedoch keineswegs, seine Potenz zu unterschätzen. Mit einer glänzenden Metapher sprach Charles Sherrington vom Gehirn als einem »verzauberten Webstuhl, auf dem Millionen von hin und her flitzenden Schiffchen ein vergängliches Muster weben«. Da der Geist die Realität aus den Abstraktionen von Sinneseindrücken nachbildet, kann er ebensogut Realität durch Erinnerung und Phantasie simulieren. Das Gehirn erfindet Geschichten und verlagert eingebildete und erinnerte Ereignisse beliebig in die Vergangenheit oder die Zukunft.
>
> Der Soziobiologe
> Edward O. Wilson,
> *Biologie als Schicksal*, 1979

weil es ihr gewohnter Weg war? Sie schien erst innezuhalten und über ihre Entscheidung nachzudenken, bevor sie diesen Weg nahm. Heißt das, daß sie Bewußtsein hat?

Es ist an der Zeit, im Keller aufzuräumen. Läßt sich etwas Sinnvolles über die Neurobiologie des Bewußtseins sagen? Das Bewußtsein macht nur einen Teil des gesamten mentalen Geschehens aus, das viele Dinge umfaßt, derer wir uns nicht bewußt sind – nicht nur autonome Vorgänge wie die Regulierung der Körpertemperatur und des Blutdrucks, sondern auch das unterbewußte Denken und Abwägen. So finden wir manchmal eine Antwort, zum Beispiel: »Dies ist schwerer als jenes«, können aber nicht die Gründe dafür angeben. Das Lernen taugt nicht als Definition des Bewußtseins, und ebenso wenig ist es sinnvoll, die verschiedenen schablonenartigen kognitiven Prozesse, mit deren Hilfe wir Reizkonfigurationen mit Gedächtnisschemata vergleichen, unter dem Begriff »Bewußtsein« zusammenzufassen. Unser innerer Zustand umfaßt nicht nur mentale Repräsentationen von Objekten und Ideen – das sind die erwähnten Schemata unseres Gedächtnisses –, sondern auch die Fähigkeit, mit ihnen zu spielen, also ein Objekt im Geist zu betrachten, es auf den Kopf zu stellen, an ihm herumzustochern. Dazu gehört auch, daß wir Schemata zu Geschichten verknüpfen.

Der Neurologe definiert Bewußtsein nicht einfach als Nicht-Unbewußtsein, obwohl Bewußtheit und Wachheit darin eine wichtige Rolle spielen. Neurologen verstehen unter Bewußtsein die Fähigkeit des Menschen, auf organisierte Weise auf seine Umwelt zu reagieren. Das ist keine üble Definition, wenn wir akzeptieren, daß sie nur das Erdgeschoß darstellt. Doch Neurologen, Neurochirurgen, Anästhesiologen und andere, die regelmäßig mit Bewußtseinsstörungen zu tun haben, unterscheiden eine Abfolge von Wachheitsstufen und die jeweilige Fähigkeit, durch einen erregenden Reiz auf ein höheres Niveau gehoben zu werden. Der Zustand der Schläfrigkeit ist gekennzeichnet durch leichte Ansprechbarkeit für Reize, verbale Reaktionen und Abwehrbewegungen bei schmerzhaften Reizen wie Kniffen oder Nadelstichen. Wenn ein

Patient sich im Stupor befindet, vermögen schmerzhafte Reize ihn nicht richtig zu wecken, er ächzt und stöhnt nicht, zeigt aber dennoch angemessene Abwehrbewegungen. Im leichten Koma zeigt der Patient keine Erregbarkeit, und auf schmerzhafte Reize reagiert er nur mit rudimentären und unkoordinierten Bewegungen, und bei einem tiefen Koma verschwinden auch diese. Bei den Säugetieren hat diese Art von Bewußtsein sogar einen Sitz – nicht die Zirbeldrüse, wie Descartes vermutete, sondern die Formatio reticularis im Hirnstamm; die im Locus caeruleus anzutreffenden riesigen Nervenzellen spielen eine wichtige Rolle für das Aufwachen. Wenn jemand im Koma liegt und wir durch die üblichen Bluttests die häufigen Ursachen wie etwa übermäßigen Drogengebrauch ausgeschlossen haben, stellt sich meist heraus, daß eine Schädigung des Hirnstamms die Ursache ist. Und die beruht meistens darauf, daß jemand nicht den Sicherheitsgurt angelegt hat, eine unglaubliche Dummheit.

Nun denke ich, daß man von einer gesunden Pflanze sagen könnte, sie befinde sich in einem leichten Koma, wenn man als Reaktionszeit Wachstumstage zugrunde legt, und im gleichen Sinne könnte man von einer Amöbe sagen, sie befinde sich im Stupor, aber das bringt uns wirklich nicht weiter. Wachheitsniveaus können nicht mit Bewußtseinsniveaus gleichgesetzt werden, jedenfalls nicht in dem Sinne, in dem wir intuitiv das Wort Bewußtsein gebrauchen.

So wie die Philosophen die Dinge einteilen, kommt nach der Reizbarkeit und der Wachheit das Selbst-Bewußtsein. Wir sind uns einer Handlungsabsicht bewußt, bevor wir handeln. Elektrophysiologen haben jedoch gezeigt, daß die elektrische Aktivität des Gehirns sich mehr als eine Drittelsekunde früher zu ändern beginnt als wir melden, uns einer Handlungsabsicht bewußt zu sein. Das wirft natürlich die Frage auf: Wenn nicht die bewußte Steuerung des eigenen Körpers die Bewegung einleitet, was dann? Vielleicht die Fähigkeit, eine Handlung durch Veto zu unterbinden, bevor sie ausgeführt wird?

★

Selbst-Bewußtsein schließt auch Vorstellungsvermögen oder Weitblick ein. Ich würde lieber von einer »Szenario«- oder »Simulations«-Fähigkeit sprechen, denn ich meine, daß eine solche, probeweise im Gehirn ablaufende Simulation, bei der zwischen alternativen Szenarien gewählt wird, die entscheidende Qualität ist, die über die Veränderung der Wachheitsstufen im Verhältnis zur unmittelbaren Umgebung hinausgeht.

Wir können eine Bewegung mental durchspielen, ohne daß unsere Muskeln daran beteiligt sind, um sie anschließend real auszuführen, wobei dann die Muskeln den Befehlen folgen. Wir können unsere Simulation in der Vergangenheit oder der Zukunft spielen lassen, wir können verschiedene Szenarien durchprobieren und das vorteilhafteste aussuchen. Das erlaubt uns, im voraus auf wahrscheinliche künftige Umgebungen zu reagieren; wir können uns einen Steinschlag vorstellen, der von einem Kletterer über uns ausgelöst wird, und uns deshalb von der Stelle fernhalten, wo der Steinschlag niedergehen würde.

> In der Wahrnehmung von Amerikanern rasen Tiere hektisch umher, machen dabei einen ungeheuren Wirbel und erreichen das gewünschte Resultat am Ende durch Zufall. In der Wahrnehmung von Deutschen sitzen die Tiere still und denken nach, und am Ende entwickeln sie die Lösung aus ihrem inneren Bewußtsein.
>
> Bertrand Russell, 1927

Aber ist das etwas qualitativ anderes als das, was die Echse tat, als sie beschloß, mein Buch zu untersuchen, statt um meine Füße herumzulaufen? Ich weiß nicht, wie groß die Simulationsfähigkeit der Echsen ist, doch gibt es hinsichtlich der Reaktion auf Situationen, auf welche die Evolution sie nicht vorbereitet hat, Unterschiede zwischen den Tieren. Nehmen wir zum Beispiel die Hunde, die mit ihrer Leine oft an einem Hindernis hängenbleiben. Statt dann einen Schritt zurück zu machen und sich so zu befreien, streben sie weiter in die gleiche Richtung. Schimpansen würden den Zusammenhang durchschauen, und deshalb neigen wir dazu, ihnen mehr »Einsicht« zuzusprechen.

Man könnte sagen, daß die Echse nicht sehr weit in die Zukunft blickt, daß ihr Verhalten nicht das Resultat einer bewußten Entscheidung ist, sondern eines motorischen Mustergenerators für die Nahrungssuche. Wir dagegen können in unseren Simulationen Monate voraussehen, doch das können, wie Michelle behauptet, Pferde auch. Sie erzählte, daß Bumper, eines ihrer beiden Pferde, nie ein Winterfell bekam, so daß es immer eine Decke brauchte, sobald es kalt wurde. Nach langem Rätselraten sei die Familie endlich hinter die Ursache gekommen. Im Herbst ließen sie abends immer das Licht im Stall brennen, weil die Kinder nach der Schule noch viel zu tun hatten. Der künstlich verlängerte Tag hatte das Pferd offensichtlich verwirrt und ihm den Hinweis – die kürzer werdenden Tage – genommen, den es brauchte, damit das Winterfell wuchs. Auf den Unterschied zwischen Sonnenlicht und künstlichem Licht hatte die Evolution die Pferde nicht vorbereitet. Das zweite Pferd von Michelle scheint sich aber auch nach anderen Hinweisen wie etwa der Lufttemperatur gerichtet zu haben, denn es bekam trotz der künstlich verlängerten Tage ein Winterfell. Jetzt sorgt ein Zeitschalter bei der Stallbeleuchtung dafür, daß Bumper im Winter keine Decke mehr braucht.

Das Ganze beruht auf dem Melatonin, einer eingebauten physiologischen Zukunftsvorhersage, deren Grundlage die nächtlichen Ausscheidungen der Zirbeldrüse sind. Wenn die Nächte länger werden, steigt die Menge dieses Hormons, das nur nachts ausgeschüttet wird (Licht hemmt seine Ausschüttung durch die Zirbeldrüse), und vielen Tieren zeigt die steigende Hormonmenge offenbar als ein Signal ihres inneren Kalenders an, daß der Winter naht. Ähnlich kündigen allmählich abnehmende Mengen den Frühling an. Dadurch wird vermutlich beim Abert-Hörnchen im März der Paarungstrieb ausgelöst (der aufgrund einer anderen Empfindlichkeitsschwelle beim Kaibab-Hörnchen erst im Juni ausgelöst wird). Ich vermute, daß das Bewußtsein zur Simulation von Szenarien neigt, die nicht so leicht vorhersagbar sind wie die Jahreszeiten, und daß es sich dazu höherer Hirnregionen bedient, aber wer kann da die Grenze ziehen? Wenn man Zukunftsszenarien als Bestandteil einer nichttrivialen Definition von Bewußtsein betrachtet, könnte man sagen, daß Descartes doch recht gehabt hat mit seiner Behauptung, die Zirbeldrüse sei der Sitz des Bewußtseins. Jedenfalls bei Michelles Pferd.

Das erste Anzeichen, das darauf hindeutet, daß aus einem Baby einmal ein Mensch und nicht ein schreiendes Haustier werden wird, sehen wir, wenn es damit beginnt, die Welt mit Namen zu versehen und nach den Geschichten zu verlangen, die zwischen den Teilen der Welt einen Zusammenhang herstellen. Sobald es die ersten Namen und Geschichten kennt, wird es sie seinem Teddybär weitergeben, wird es sein neugewonnenes Weltbild einem beliebigen Opfer im Sandkasten aufdrängen, wird es sich selbst Geschichten erzählen, die davon handeln, was es beim Spielen macht, und es wird Geschichten darüber erfinden, was es tun wird, wenn es groß ist. Es wird genau verfolgen, was andere tun, und seine Bezugsperson von beobachteten Abweichungen unterrichten. Es wird nach einer Gutenachtgeschichte verlangen. Nichts geschieht, ohne daß der Geist sich seiner bemächtigt und es in eine Geschichte einzufügen versucht oder in eine Vielzahl möglicher Szenarien...

Die Schriftstellerin Kathryn Morton, 1984

Unser Leben ist unablässig mit Erzählungen durchwoben, mit den Geschichten, die wir erzählen und die uns erzählt werden, mit denen, die wir erträumen oder ersinnen oder gern erzählen würden, und sie alle werden umgearbeitet zu einer Geschichte unseres eigenen Lebens, die wir uns in einem episodischen, manchmal halb bewußten, aber praktisch ununterbrochenen Monolog selbst erzählen. Eingebettet in Erzählungen, sind wir dabei, unsere bisherigen Handlungen immer wieder neu darzustellen und ihre Bedeutung immer wieder neu einzuschätzen, das Ergebnis unserer Zukunftsprojekte vorwegzunehmen und uns selbst im Schnittpunkt mehrerer Geschichten zu situieren, die noch nicht abgeschlossen sind.

Der Schriftsteller Peter Brooks, 1985

★

Aber wir erfinden Geschichten, in denen wir selbst die Hauptrolle spielen, und ich weiß nicht, ob Echsen und Pferde sich mit diesem Abstraktionsniveau plagen. Vermutlich haben sie einfach Lust auf etwas und tun es. Unsere Fähigkeit, uns selbst eine stumme Geschichte über die Zukunft zu erzählen, ist der Schlüssel zur modernen Konzeption des Bewußtseins.

Oft geht diese Konzeption einher mit der Überzeugung, daß unsere reiche verbale Sprache eine wesentliche Voraussetzung von Bewußtsein sei. Allzu leicht vergessen wir den Stummfilm. Oder die Pantomime. Man kann auch ohne Worte, ja selbst ohne verbale Ideen Geschichten erzählen. Aufstehen und irgendwo hingehen, etwas zurückbringen und es aufessen – das und ähnliches hat es lange vor der Sprache, lange vor den Menschen gegeben. Manchmal leisten Worte jedoch mehr, und so können umständliche Szenarien oft kurz und bündig in einem prägnanten Wortschema wie etwa »der Betrogene« zusammengefaßt werden. In manchen Fällen fügt die Sprache als solche dem narrativen Bewußtsein allerdings nicht viel mehr hinzu, als die Tonspur dem Stummfilm hinzufügte, sondern sie wird nur einer Erzähltechnik älterer Machart übergestülpt.

Aus den genannten Gründen kann ich mich nicht sehr für Theorien erwärmen, denen zufolge die Menschen bis vor wenigen tausend Jahren, weniger als ein Jahrtausend vor dem Auftreten der griechischen Philosophen, diese Fähigkeit, sich selbst etwas zu erzählen, nicht besessen haben sollen. Statt dessen, so die Theorie, wurden Selbstermahnungen als akustische Halluzinationen wahrgenommen, und deshalb glaubten die Menschen, die Götter sprächen zu ihnen. Der Psychologe Julian Jaynes spricht in diesem Zusammenhang vom auf zwei Kammern verteilten Geist, den er als ein Zwischenstadium betrachtet, bevor sich das moderne Bewußtsein mit seinem Erzähler entwickelte.

Aus meiner Sicht sind es neurophysiologische Gründe, die gegen diese Theorie sprechen, doch könnte Jaynes gleichwohl aus den falschen Gründen recht haben. Ich halte es durchaus für möglich, daß viele Menschen gesagt haben, sie hätten Stimmen gehört, die zu ihnen sprachen, und daß dies in der Tat einen wesentlichen Einfluß auf unsere Kultur gehabt hat. Es gibt immer einen bestimmten Prozentsatz von Menschen, die Stimmen hören. Einige sind Temporallappenepileptiker, einige sind schizophren, einige haben Tumore im Schläfenlappen (die in der guten alten Zeit nicht selten im Zusammenhang mit der Tuberkulose auftraten). Andere sind augenscheinlich normal. So wird von vielen Kindern berichtet, daß sie mit imaginären Spielkameraden Gespräche führen. Es ist durchaus möglich, daß das Phänomen durch bestimmte Übungen verstärkt wird, daß die Stimme nicht spontan zu sprechen beginnt, sondern durch bestimmte Geisteszustände beschworen wird, etwa durch das Meditieren an einem bestimmten Ort, zum Beispiel vor einem Götzenbild in einer Grotte.

Führer primitiver Gesellschaften hatten ein besonders gutes Motiv für die Behauptung, sie hätten Stimmen gehört: Es verlieh ihnen Autorität. Nehmen wir an, ein Schamane der Anasazi habe seinen Leuten eine gewisse Orientierung vermitteln wollen, ein Gefühl der Zusammengehörigkeit, der Schicksalsgemeinschaft. (Warum? Weil es funktioniert – Gruppen, die auf diese Weise zusammenhalten, haben größere Überlebenschancen.) Nun lebte der Schamane aber als gewöhnliches Mitglied seit langem in einer kleinen Gruppe, in der jeder jeden kennt, mit all seinen kleinen Schwächen und Heucheleien. Einem solchen Menschen dürfte es nicht leicht gefallen sein, hin und wieder den unbedingten Gehorsam der Gruppe zu erreichen. Also mußte der Schamane wahrscheinlich eine Distanz zwischen seiner gewohnten Erscheinung und der Rolle als Sprecher von etwas, das größer war als er, schaffen. Und zusätzlich eine Distanz zwischen sich und den anderen, damit sie sich ihm nicht so leicht widersetzten.

Es lag nahe, beide Arten von Distanz dadurch zu erzeugen, daß er angab, Stimmen gehört zu haben, die ihm einen Auftrag erteilten (ob das tatsächlich der Fall war, spielt keine Rolle, denn auf den Erfolg kam es an). Angesichts der Tatsache, daß es auf jeden Fall einen gewissen Prozentsatz von Menschen gibt, die Stimmen hören, kam diese Methode vermutlich dadurch auf, daß einige Schamanen wirklich Stimmen hörten, sehr überzeugend waren, ihrem Volk über schwere Zeiten oder einen Krieg hinweghalfen und damit eine Tradition begründeten. Andere Schamanen imitierten das vermutlich oder brachten sich selber bei, Stimmen zu hören. Da Menschen nun einmal dazu neigen, ihren Führern nachzueifern, wäre es nicht erstaunlich, wenn außer den Schamanen noch viele andere berichtet haben sollten, Stimmen zu hören, denn an der Tatsache, daß die Gesellschaft konformistisch ist, besteht kein Zweifel. Wenn diese Vermutung stimmt, könnte es sehr wohl so gewesen sein, daß die Tradition, von Gesprächen mit den Göttern zu berichten, den Verlauf unserer kulturellen Entwicklung beeinflußt hat. Und angesichts der Tatsache, daß die Moden kommen und gehen, könnte es sehr wohl sein, daß auch dieses Phänomen »historische Stadien« gekannt hat, die in der Literatur und in den Mythen sichtbar werden.

Daß aber das innere Selbstgespräch als eine Art biologische Entwicklungsstufe entstanden sein soll, auf der die rechte Hirnhälfte mit der linken sprach, was dann als eine Stimme von außen gedeutet wurde – das will mir nicht einleuchten; es ist zwar nicht ausgeschlossen, aber nach allem, was wir über die Evolution und das Gehirn wissen, ist diese Hypothese überflüssig.

Als Meister der Illusion, als Spezialisten in der sich entwickelnden Kunst der sozialen Kontrolle nahmen die Schamanen eine herausgehobene Position ein. Anders wäre es auch gar nicht möglich gewesen. Als Gleiche unter Gleichen hätten sie ihre Aufgabe niemals bewältigen können. Sie mußten die Menschen dazu bringen, in Gruppen zu überleben, sie mußten die gemeinsamen Erinnerungen ersinnen und verbreiten, die die Bindungen zwischen den Menschen verstärkten, sie davon überzeugten, einer gemeinsamen Sache zu dienen, eine Gemeinschaft stifteten, die so fest begründet war, daß sie Generationen überdauerte... Das zeremonielle Leben beförderte nicht Wissensdurst, sondern unerschütterlichen Glauben und Gehorsam... Es trägt zum Gehorsam bei, wenn der Schamane zwischen sich und der übrigen Gruppe eine Distanz schaffen kann... Er muß sich als etwas Besonderes darstellen und diese Besonderheit aufrechterhalten (was keineswegs einfach ist, wenn man seit langem einer kleinen Gruppe angehört), er muß sich mit Hilfe von Masken ein anderes Aussehen geben... und er muß anders klingen, altertümliche Wörter und Ausdrücke, Erinnerungen an die Vorfahren und an eine ferne Vergangenheit sowie spezielle Intonationen verwenden, die Autorität, Leidenschaft und Inspiration ausdrücken.

John E. Pfeiffer, *The Creative Explosion*, 1982

Von der biologischen Hypothese abgesehen, meine ich aber, daß Jaynes mit seinem zentralen Punkt recht hat, daß nämlich die Metapher in einem bestimmten Stadium der kulturellen Entwicklung aufblühte und die Menschen sich selbst als die Erzähler ihrer eigenen persönlichen Geschichte zu sehen begannen. Die Frage ist nur, *wann* das geschah. Jaynes behauptet aufgrund seiner Analyse der abendländischen literarischen Überlieferung, es sei vor 3000 Jahren geschehen. »Die Gestalten der *Ilias* setzen sich nicht hin, um zu überlegen, was sie tun sollen. Sie haben keinen bewußten Geist, wie wir es von uns sagen, und sie verfügen bestimmt nicht über die Introspektion.« In der *Odyssee* hat sich das geändert, und als vor etwa 2300 Jahren die griechischen Philosophen auftraten, war die Veränderung noch deutlicher. Man kann natürlich nicht ausschließen, daß es sich lediglich um eine Änderung des literarischen Stils handelte (es spricht einiges dafür, daß die historischen Stadien von Jaynes nichts anderes sind als das), doch ist das Ergebnis gleichwohl beeindruckend und von großer Bedeutung: Vom »wir« ging man über zum »ich«, von Ermahnungen, die eine indirekt erschlossene Autorität erteilte, zu einem ethischen Selbst, das seine eigenen Entscheidungen zu treffen hatte, das in seiner eigenen Lebensgeschichte als Akteur auftrat.

»Der alte Stil entsprach also, wenn wir einmal die Halluzinationen beiseite lassen, einer autoritären Religion oder einem sozialen Kastensystem, das einem wenig Autonomie läßt«, sagte Ben in einem Versuch, diese Überlegung auf andere Weise zu formulieren. »Auch heute gibt es ja Menschen, die beim Mannschaftssport von sich selbst loskommen wollen, die eine Gruppenidentität annehmen und die Verantwortung für ihr Leben auf eine religiöse Kommune oder auf die Armee übertragen. Anschließend ging man zu einem neuen Stil über, und das Selbst wurde zum Erzähler einer persönlichen Geschichte, das verschiedene Zukunftsmodelle gegeneinander abwägt und zwischen Alternativen entscheidet. Sehe ich das richtig?«

»Im großen und ganzen ja«, pflichtete ich ihm bei. »Ein freudianischer Psychoanalytiker hat das Selbst einmal als ›eine wimmelnde Menge von Selbst-Erzählungen‹ bezeichnet, und ich finde, das drückt den Kern sehr gut aus.«

»Wißt ihr«, begann Rosalie, »selbst in der Religion läßt sich diese Entwicklung beobachten. Nehmen wir zum Beispiel die Beichte. Sie ist erst Jahrhunderte nach Christus aufgekommen. Dann trat Augustinus auf und bekannte in einem Atemzug, daß er Sodomie und Poesie betrieben habe. Selbst in der katholischen Kirche war es zunächst üblich, daß man einmal im Jahr zur Beichte ging. Daraus wurde dann ein allwöchentliches Ereignis, jedenfalls in Boston. Bei der Beichte spielt das autonome Selbst eine sehr wichtige Rolle. Man muß ein hochentwickeltes Selbst-Bewußtsein haben, um richtig beichten zu können, ein Gefühl für seine eigene, persönliche Geschichte und für die falschen Entscheidungen, die man getroffen hat.«

»Nach Auffassung von Jaynes ist das Bewußtsein – und mit ihm unser Begriff des Selbst – einer raschen Entwicklung unterworfen«, sagte ich. »Er meint sogar, es habe sich in den wenigen Jahrhunderten seit Machiavelli und Shakespeare verändert, und er glaubt, daß es sich in den kommenden Jahrhunderten stark verändern wird. Ich neige dazu, ihm in diesem Punkt zuzustimmen. Anders ist es jedoch mit seiner Vorstellung von einem halluzinatorischen, aus zwei Kammern aufgebauten Geist, der sich innerhalb von 3000 Jahren zum moderneren Erzähler entwickelt haben soll. Selbst wenn man diese Idee teilt, was ich nicht tue, bleibt doch die Frage, inwieweit der vorhergehende Zustand eine Folge der vor 6000 Jahren entstandenen Ackerbauzivilisationen mit ihrer hohen Bevölkerungsdichte war. Haben deren Vorläufer, die Sammler und Jäger, vielleicht ein modernes Bewußtsein im Sinne von Jaynes gehabt? Haben die zivilisierten Völker, während sie sich unter einer gnadenlosen Sonne auf den Äckern abplagten, dieses Bewußtsein dann verloren? Haben sie dann, als die Macht der Reiche sich lockerte und die Reisemöglichkeiten wuchsen, den inneren Erzähler wiederentdeckt? Vielleicht ist gerade dadurch die Tradition des Geschichtenerzählens aufgeblüht, vielleicht wurde gerade dadurch der unterdrückte innere Erzähler der Sammler und Jäger wieder in seinen Stand eingesetzt. Alles, was Jaynes für seine Theorie anführt, läßt sich, wenn ich es richtig sehe, auch mit einer solchen alternativen Erklärung vereinbaren.«

»Es ist doch aberwitzig«, bemerkte Rosalie. »Wie kann man denn von dem vorbewußten Wesen, das Jaynes unterstellt, in nur 700 Jahren zu den griechischen Philosophen gelangen? Hat sich unsere Denkweise in den 650 Jahren seit Beginn der Renaissance wirklich sehr verändert? Daß die Griechen in nur 700 Jahren einen solchen Quantensprung geschafft haben sollen, kann ich nicht glauben.«

★

Auch die Gleichsetzung unserer sprachlichen Fähigkeiten mit unserem aktiven, bewußten Seelenleben könnte, wenn auch mit der falschen Begründung, berechtigt sein. Um ein Szenario aufzustellen, es im Gedächtnis zu behalten, während ein weiteres Szenario erstellt wird, und beide dann zu vergleichen, könnte ein neuraler Sequenzierungsapparat erforderlich sein, der im Laufe der Evolution des Menschen durch so etwas wie Werfen stark verbessert wurde. Das Vergleichen mit Gedächtnisinhalten ist sicherlich die Grundlage der Metapher. Es könnte sehr wohl sein, daß unsere erweiterte Sprache und das Szenarien aufstellende Bewußtsein eine gemeinsame Ursache haben, statt daß die Sprache die Ursache des Bewußtseins ist.

Wenn das stimmt, ist es mit der natürlichen Auslese, von der Sprache und Bewußtsein profitierten, ganz anders gewesen, als man gewöhnlich annimmt. Sie wurden nicht wegen ihrer Nützlichkeit durch die Auslese gefördert, sondern wir haben sie als Geschenke bekommen. Als Geschenke, bei denen wir uns immer noch den Kopf darüber zerbrechen, wie wir mit ihnen umgehen sollen.

★ ★ ★

Den Menschen könnte man – wenn auch einfach, so doch einigermaßen zutreffend – als ein zweibeiniges Paradox bezeichnen. An das tragische Wunder des Bewußtseins hat er sich bis heute nicht gewöhnt. Vielleicht trifft die Vermutung zu, daß seine Spezies noch nicht fertig, noch nicht geronnen ist, sondern sich noch in einem

Zustand des Werdens befindet, durch physische Erinnerungen gefesselt an eine Vergangenheit des Kampfes um das Überleben, in ihrer Zukunft begrenzt durch das Unbehagen des Denkens und des Bewußtseins.

John Steinbeck, *Log from the Sea of Cortez*, 1941

★ ★ ★

Die Rennechse ist wieder da und scheint sich zu überlegen, ob sie den Rückweg über mich nehmen soll, macht aber einen sehr zögerlichen Eindruck. Schließlich läuft sie um mich herum. Rosalie schlägt vor, ich solle sie auf dem Weg, den die Echse nimmt, Platz nehmen lassen, dann könne man, wenn sie wiederkommt, feststellen, ob sie geneigt ist, einen anderen Menschen kennenzulernen. Mit diesem üblen Trick, werfe ich ihr vor, wolle sie sich doch nur das schattigste Fleckchen der Insel sichern, jetzt wo die Sonne direkt über uns steht. Aber ich muß mir ohnehin einmal die Beine vertreten. Also überlasse ich ihr den Platz, unter der Bedingung, daß sie den Lockruf der Rennechsen ausstößt.

★

Das Schema ist der Ausgangspunkt einer Diskussion über das Szenarien aufstellende Bewußtsein. Ein Schema ist wie ein rundes Loch, in das ein runder Pflock gehört. Stellen Sie sich eine Reihe von Plätzchenformen vor, von denen nur eine zu einem bestimmten Weihnachtsplätzchen paßt. Die Schema-Schablonen im Gehirn, die ständig aufpassen, ob unter den Meldungen der Sinnesorgane ein Muster vorkommt, das zu ihnen paßt, stellen den Mittelwert der bisherigen Erfahrungen mit dem entsprechenden Muster dar, nicht einen spezifischen Einzelfall. Unsere Wahrnehmungen bestehen nicht in einer bleibenden Aufzeichnung, sondern in einem ständigen Prozeß des Vergleichens hereinkommender Muster mit den in Frage kommenden Schemata.

> Wenn wir zu einer Wissenschaft von der Realität kommen wollen, müssen die Gesetze des Denkens auch die Gesetze der Dinge sein. Das Denken und die Dinge sind Teil einer einzigen sich entwickelnden Matrix und können einander letztlich nicht widersprechen.
>
> John E. Boodin,
> *A Realistic Universe*, 1931
>
> Unsere Erinnerungen werden fortgesetzt verändert, verwandelt und verzerrt.
>
> Die Psychologin
> Elizabeth Loftus, 1980

Muster und Schema müssen nicht immer vollkommen übereinstimmen, was unangenehme Folgen nach sich ziehen kann. Wir neigen dazu, nicht vorhandene Einzelheiten zu ergänzen – weil sie im gespeicherten Schema vorhanden sind, glaubt man, sie in der Realität wahrzunehmen

> Der Geist selbst ist ein Kunstobjekt. Er ist ein Mondrian-Bild, in dessen von ihm selbst produziertes Raster er die von ihm selbst selektierten Produkte einfügt. Unser Wissen ist einzig und allein kontextuell. Ordnung und Erfindung fallen zusammen: Dieses Zusammenwirken nennen wir »Wissen«. Der Geist ist eine blaue Gitarre, auf der wir das Lied der Welt improvisieren.
>
> Annie Dillard,
> *Living by Fiction*, 1982

(erst bei genauem Hinsehen entdeckt man, daß an einem sternförmigen Weihnachtsplätzchen, das man als vollständig wahrgenommen hat, etwas fehlt). Bei der Vernehmung von Augenzeugen entstehen dadurch große Probleme, denn der Mensch neigt wirklich dazu, das zu sehen, was zu sehen er erwartet. Thoreau hat es sehr schön ausgedrückt: »Wir hören nur das, und wir nehmen nur das wahr, was wir bereits halbwegs kennen.«

So ist es vermutlich zu der Vorstellung von den Marskanälen gekommen. Der amerikanische Astronom Percival Lowell, der die Existenz des bis dahin unbekannten Planeten Pluto zutreffend vorhersagte, errichtete 1888 auf einem Hügel bei Flagstaff, der im Volksmund als Mars Hill bezeichnet wird, ein Teleskop, durch das er den Mars beobachtete. Was er sah, zeichnete er auf, und es ergab sich ein zusammenhängendes Netz von Linien, die Lowell an ein Netz von Kanälen erinnerten, wie sie im 18. und 19. Jahrhundert vor dem Aufkommen der Eisenbahn sehr verbreitet waren. Die Linien waren so regelmäßig, daß sie unmöglich natürlichen Ursprungs sein konnten. Es gab also nicht nur Leben auf dem Mars, sondern auch eine Zivilisation!

Andere, die ihr Teleskop gleichfalls auf den Mars richteten, um diese Wunder zu bestaunen, entdeckten nur einen Flickenteppich von Erscheinungen, die nach ihrer Meinung nichts mit Kanälen zu tun hatten. War es vielleicht so, daß einige etwas sahen, was andere nicht wahrnahmen, wie bei optischen Täuschungen? Anfang des 20. Jahrhunderts, auf dem Höhepunkt des Kanalfimmels, führte der britische Astronom Walter Maunder von der Sternwarte Greenwich mit Schuljungen ein Experiment durch. Er fertigte eine Reihe von Zeichnungen an, die die Verteilung von Licht und Schatten auf dem Mars zeigten, aber ohne die Kanäle. Diese Zeichnungen stellte er vor der Klasse auf, und dabei wählte er den Abstand so, daß die Schüler das Bild des Mars etwa in der Größe wahrnahmen, wie es den Astronomen im Teleskop erscheint. Die Jungen wurden aufgefordert, die Bilder abzuzeichnen. Etliche fügten in ihre Zeichnungen kanalähnliche Erscheinungen ein. Das gleiche Resultat erhielt Arthur C. Clarke, als er das Experiment 70 Jahre später mit einer Mädchenklasse in Sri Lanka wiederholte. Im Sprachgebrauch der modernen Psychologie würden wir sagen, daß Lowell und die Schulkinder ihre

Wahrnehmungen entsprechend einem Schema, das bereits in ihren Köpfen steckte, »ergänzt« haben. Verschiedene Menschen sehen tatsächlich verschiedene Dinge.

Gewöhnlich unterscheiden wir zwischen dem schematischen Gedächtnis, das häufig vorkommende Dinge, zum Beispiel vertraute Wörter, speichert, und dem episodischen Gedächtnis, das einmalige Ereignisse festhält. Sicher setzen sich auch Schemata aus einzelnen Episoden zusammen. Doch oft genug kann man die erste Episode im Gedächtnis nicht trennen von den Schemata, die sich entwickeln, wenn das entsprechende Ereignis wiederholt vorkommt. Ein solches wiederholtes Vorkommen kann leider auch dadurch entstehen, daß man sich eine Erinnerung ins Gedächtnis ruft und darüber nachdenkt.

Ein Schema entwickelt sich im Laufe der Zeit aus einer Reihe von Erfahrungen. Es ist das sensorische Gegenstück zu einer motorischen Fertigkeit. Das episodische Gedächtnis ist der Speicher für eine kurze Ereignisfolge, vergleichbar mit einer Filmszene. Natürlich bestehen Schemata aus dem Durchschnitt einer Reihe von Episoden. Leider kann die Erinnerung an die erste Episode durch einigermaßen ähnliche Wiederholungen verwischt werden (ich weiß nicht mehr, wann ich zum erstenmal den Ausdruck »der Betrogene« gehört habe). Inzwischen sprechen verschiedene Anzeichen dafür, daß auch das Aufrufen der Erinnerung an die erste Episode eine wiederholte Erfahrung darstellt, daß die Erinnerung, die man sich ins Gedächtnis ruft, die gespeicherte Erinnerung verändert. Das wäre nicht weiter schlimm, wenn wir uns niemals irren und niemals Dinge einfügen würden, die in Wirklichkeit nicht da sind. Doch da wir das nun einmal tun, ist unser Gedächtnis formbar.

Aussagen von Augenzeugen sind oft, wie Elizabeth Loftus gezeigt hat, durch frühere Versionen der Darstellung eingefärbt: Wenn ein Zeuge den Hergang zum dritten Mal schildert und dabei einen Fehler macht, ist es sehr wahrscheinlich, daß er diesen Fehler als wahres Detail in die vierte und fünfte Schilderung einbaut.

Es kommt vor, daß man sich buchstäblich selbst täuscht. Auch kann man einen Zeugen durch geschickte Beeinflussung vor dem Auftritt im Zeugenstand dazu bringen, die

Theorien, die den Geist materialistisch erklären, werden unsere Vorstellungen von Lob, Tadel und Verantwortung beeinflussen und unser Selbstverständnis tiefgreifend verändern.

Die Philosophin
Patricia Churchland, 1984

Objektivität heißt nicht Desinteresse, sondern Respekt, also die Fähigkeit, Dinge, Personen und sich selbst nicht verzerrt oder verfälscht wahrzunehmen.

Der Psychoanalytiker
Erich Fromm

Dinge anders zu sehen (und das braucht nicht einmal in böser Absicht zu geschehen – manchmal braucht man einem Zeugen nur Fotos aus dem Verbrecheralbum zu zeigen, um ihn dazu zu bringen, beim anschließenden Verhör das Gesicht auf dem Foto mit dem Gesicht zu verwechseln, das er wirklich gesehen hat). Da die korrekte Erinnerung ausgelöscht ist und nicht mehr das Gewissen peinigt, kann man einen sehr überzeugenden Eindruck machen.

★

Ein Schema kann alles mögliche repräsentieren, zum Beispiel ein Dreieck oder ein Viereck. Was das Hören angeht, kann es für den Laut »Ah« oder für das Geräusch einer ins Schloß fallenden Tür stehen. Es kann aber auch die Tastwahrnehmung eines Schlüssels oder eines Bleistifts enthalten. Und dann gibt es noch die Abstraktionen höheren Grades, die sich aus diesen elementareren Möglichkeiten zusammensetzen.

Betrachten wir als Beispiel einen Kamm. Da gibt es zunächst ein visuelles Schema, das die an einem Rücken befestigten Zähne beinhaltet. Da ein Kamm aber aus ganz unterschiedlichen Blickwinkeln wahrgenommen werden kann, müssen die Schemata imstande sein, ihn aus allen Richtungen zu erkennen. Da ist das Gefühl, das man empfindet, wenn ein Kamm durch das Haar fährt, und das ganz andere Gefühl, das ein Kamm erzeugt, wenn man in der Hosentasche oder in einer Handtasche nach ihm kramt. Ferner gibt es ein akustisches Schema, das »Kamm« signalisiert – jenes unverwechselbare Geräusch, das entsteht, wenn man mit dem Finger über die Zähne eines Kammes fährt. Schließlich hat ein Kamm einen charakteristischen Geruch. Sofern er an den Umgang mit einem Kamm gewöhnt ist, kann auch ein Schimpanse all diese Schemata besitzen, und wahrscheinlich wird er sie auch alle mit einem Kamm assoziieren. Die Sprache bringt ein weiteres Schema mit sich, das aus der zeitlichen Folge von Lauten besteht, der wir entnehmen, daß das Wort »Kamm« ausgesprochen wird. Schließlich gibt es noch (wenn ich den traditionellen Begriff des Schemas ein wenig erweitern darf) eine motorische Schablone, welche die Muskelbewegungen für das Atmen, die Mundhöhle und den Kehlkopf so ablaufen läßt, daß der Klang »Kamm« entsteht.

Es kann daher ein wenig kompliziert werden, wenn es um die Frage geht, ob der Begriff »Kamm« im Gehirn gespeichert ist. Wenn man einem Patienten mit einem Schlaganfall die Abbildung eines Kammes zeigt und er den Kamm nicht benennen kann, muß man herauszufinden versuchen, wo die Botschaft abhanden gekommen ist. Angenommen, der

Patient kann Abbildungen von Kämmen zuordnen, und er kann
»Kamm« sagen, wenn man ihn fragt, was K-A-M-M bedeutet. Wenn der
Schlag die Verbindungen zwischen der Sehrinde und der Sprachrinde
durchtrennt hat, kann der Patient Schwierigkeiten damit haben, eine
Abbildung eines Kammes zu benennen, doch wird er das Wort sofort
aussprechen, wenn man ihm einen Kamm in die Hand gibt. Dies ist
eines der sogenannten »Unterbrechungssyndrome«, mit denen es allerdings so einfach auch nicht ist. Da die Verbindungen zwischen der Sehrinde und der somatosensorischen Rinde sowie zwischen dieser und der
Sprachrinde im vorliegenden Fall intakt sind, gelingt es einigen Patienten, mit Hilfe des visuellen Schemas das somatosensorische Schema (wie
der Kamm sich anfühlt) und auf diesem Umweg schließlich das sprach-
liche Schema auszulösen.

Rosalie wies darauf hin, daß Patienten wie Howards Vater unter anderem durch solche raffinierten Schleifen am Ende ihre Leseprobleme
überwinden. Da sie einzelne Buchstaben nach wie vor erkennen können,
buchstabieren sie ein Wort laut vor sich hin: »H-U-T, da steht Hut!«,
bauen sie auf diese Weise eine Schleife auf, die vom Mund ausgeht und
durch die Ohren wieder zurückläuft. Zwar können die Direktverbindun-
gen von der Sehrinde zur Sprachrinde nicht mehr die visuelle Buchstabenkombination H-U-T dem Wort zuordnen, da die Nervenfasern
durchtrennt sind, doch löst in diesem Fall das Hören von H-U-T das
Wortschema in der Sprachrinde aus. Nach einiger Zeit brauchen solche
Patienten das Wort nur noch unhörbar mit den Lippen zu formen, da
offenbar schon die Rückkopplung von den Muskelbewegungen ausreicht, um das Wort zu identifizieren. An solchen Beispielen zeigt sich
außerdem, daß wir ein geläufiges Wort normalerweise nicht Buchstabe
für Buchstabe zusammensetzen, sondern daß wir Schemata besitzen, die
aus mehreren Buchstaben bestehende Gruppen auf Anhieb erkennen.

Die Schemata, die ein geläufiges Objekt repräsentieren, sind durch
viele Bahnen miteinander verknüpft. Einige dieser Bahnen sind schneller
und sicherer als andere. Es ist durchaus möglich, daß all die verschiedenen sensorischen Schemata eines Kammes in einem »Kamm-Komitee«
zusammengefaßt sind und daß jedes dieser Schemata allein den motorischen Apparat für das Aussprechen des Wortes »Kamm« in Gang setzen
kann. Ich darf allerdings darauf hinweisen, daß gewisse Konzepte höherer Ordnung, zum Beispiel die Assoziationen, die Sie mit diesem Buch
verbinden, nicht auf eine so sichere, verläßliche Art repräsentiert sind,
sondern lediglich durch ein loses Netz von Verbindungen, von denen
keine für sich allein wirksam ist. Wenn Sie dieses Buch zehnmal lesen

und es 50 Freunden schildern, könnte es am Ende sein eigenes Schema in Ihrer Sprachrinde bekommen. Ich vermute jedoch, daß die meisten Dinge durch lose Komitees repräsentiert sind, deren Mitglieder sich über das ganze Gehirn verteilen, und nicht durch einen einzelnen Spezialisten, der durch Auswendiglernen zustande gekommen ist.

Was auch immer wir tun, das Bewußtsein ist immer bereit, es zu erklären. Der Dieb stellt sein Handeln so dar, als beruhe es auf der Armut, der Dichter stellt sein Werk so dar, als sei es der Schönheit verpflichtet, und der Wissenschaftler stellt sein Werk so dar, als ziele es auf die Wahrheit. Ziel und Ursache sind in dem Raum, den das Verhalten im Bewußtsein einnimmt, unauflöslich miteinander verwoben... Eine vereinzelte Tatsache wird so dargestellt, daß sie mit einer anderen vereinzelten Tatsache zusammenpaßt... Eine Katze sitzt auf einem Baum, und wir stellen die Sache so dar, daß das Bild eines Hundes entsteht, der die Katze bis dorthin verfolgt hat.

Julian Jaynes, 1976

Mit einem Begleiter ist man zeitlich festgelegt, und zwar in der Gegenwart, doch wenn man sich dem Alleinsein überläßt, gibt es zwischen Vergangenheit, Gegenwart und Zukunft keine Grenzen mehr. Eine Erinnerung, ein Gegenwartsereignis und eine Zukunftsvorhersage, das alles ist gleichermaßen gegenwärtig.

John Steinbeck, *Travels with Charley*, 1962

★

Wir verknüpfen Dinge zu Szenarien. Das Bewußtsein gleicht dem Gedächtnis insofern, als es erlaubt, ein Schema aufzurufen und »es zu betrachten«. Doch gewöhnlich leistet das Bewußtsein mehr als das: Es erzeugt eine Kette von Schemata. Und anschließend eine weitere Kette, die etwas von der ersten abweicht. Es prüft, welche der beiden besser ist, und läßt es dabei bewenden, oder es setzt das Erfinden und Vergleichen noch etwas länger fort. Auf diese Weise können wir im Kopf aus Wortschemata einen kurzen Satz konstruieren, bevor wir ihn aussprechen. Manchmal sind wir uns auch des Auswahlprozesses bewußt. Das ist beispielsweise der Fall, wenn ich den Fluß betrachte und denke, er ist blau, dann zum Grün übergehe, mein Gedächtnis noch etwas mehr absuche, mich vielleicht für blaugrün entscheide oder für schlammig und dann sage: »Er erinnert mich an die rotzgrüne See, und das war der Ausdruck, mit dem James Joyce Homers Ausdruck von der weindunklen See parodiert hat.«

Das Bewußtsein ist oft sehr sequentiell: Wir erzeugen regelrecht einen Bewußtseinsstrom, in dem wir Elemente aus dem Gedächtnis und der Phantasie zusammenfügen, aus ihnen eine Erzählung zusammenbauen, diese als allzu phantastisch verwerfen (einen Kamm schmecken?) oder sie solange hin und her wenden, bis sie »stimmig« ist. Im Traum sind unsere Kriterien für das, was stimmig ist, weniger streng, und deshalb kann die Erzählung Sprünge machen, wodurch ein phantastisches Nebeneinander von unmöglichen Zeiten, Orten und Personen entsteht. Im Wachzustand werden die Schemata jedoch sorgfältig mit den einlaufenden Mustern verglichen, und das Bewußtsein webt sorgfältig Vergangenheit und Gegenwart zu einer plausiblen Erzählung zusammen. An Personen, die die Merkfähigkeit eingebüßt haben, etwa beim Korsakowschen Syndrom, kann man beobachten, wie dieser Prozeß mißlingt. Wenn man sie fragt, was sie zum Frühstück gegessen haben, werden sie etwas Plausibles erfinden, da sie nicht in der Lage waren, diese Information am Morgen, als sie tatsächlich ihr Frühstück einnahmen, zu speichern (wenn aus solchen Gründen Geschichten erfunden werden, spricht der Neurologe von »Konfabulation«). Die Patienten sind sich dessen, was sie da tun, vermutlich nicht bewußt – sie füllen einfach Lücken in einer Sequenz so gut wie möglich aus. Fehlende Details werden oft von unserem Bewußtseinsstrom ergänzt, so wie das visuelle Schema die fehlenden räumlichen Details eines nicht recht geglückten Plätzchens ergänzt.

Unsere Sequenzierungsfähigkeit liefert uns den neuralen Apparat, um mit Wörtern, die wir hören, und solchen, die wir auswählen, um sie auszusprechen, umzugehen. Der Sequenzierer könnte uns auch, unabhängig davon, mit einer erweiterten Fähigkeit ausstatten, Sequenzen zu überprüfen, also mit der Fähigkeit, weitere in Frage kommende Sequenzen zu durchdenken, mit einer längeren Aufmerksamkeitsspanne, um vor dem Handeln einen Plan zu entwerfen. Selbst in dem hypothetischen Fall, daß ein Menschenkind von Schimpansen ohne eine sequentielle Sprache und Grammatik aufgezogen würde, bei einer Art von umgekehrtem Washoe-Experiment (Washoe war eines der ersten Schimpansenjungen, das in einer Psychologenfamilie aufgezogen wurde), würde der menschliche neurale Sequenzierungsapparat dennoch ein erweitertes Bewußtsein liefern, das besser als das der Schimpansen in der Lage wäre, sich Szenarien auszudenken, vielleicht sogar erweiterte Sequenzen von List und Gegenlist (was dem Kind in einer Schimpansengesellschaft sehr zupaß kommen würde!).

Die Konkurrenz zwischen verschiedenen Szenarien kann sich natürlich auf einer Ebene oder auf mehreren Ebenen abspielen. Ein Beispiel für den Vergleich von Szenarien auf ein und derselben Ebene bestünde darin, daß zwei verschiedene Möglichkeiten, einen Affen zu fangen, miteinander verglichen werden: einerseits der Frontalangriff, andererseits das Heranschleichen mit einem anschließenden Überfall aus dem Hinterhalt. Beim mehrstufigen Vergleich steht dem Hinterhalts-Szenario ein imaginäres Szenario gegenüber, in dem auch noch berücksichtigt wird, wie der Affe reagieren könnte, auf welchen von zwei Bäumen er etwa zuspringen könnte. Wenn man über den Apparat verfügt, um solche Szenarien zu verarbeiten, kann man sich eine List ausdenken, eine Gegenlist, einen Gegen-Gegenlist und so weiter. Wir besitzen die Fähigkeit, viele Schritte in die Zukunft hineinzuprojizieren, und Beispiele dafür bieten das Vorausbedenken einer Schachstrategie oder gewerkschaftliche Tarifverhandlungen.

> Dort reicht das Auge nicht hin, die Sprache nicht und nicht der Geist. Wir wissen nicht, wir verstehen nicht, wie es gelehrt werden kann.
> Die Upanischaden
>
> Das Bewußtsein wird stets um einen Grad der Begreiflichkeit voraus sein.
> Goesta Carl Henrik Ehrensvard, 1965

Wenn das Planen seinerseits geplant wird, spricht man wohl am besten von einer Metaplanung. Ist das dann höheres Bewußtsein, wenn man sich selbst dabei beobachten kann, wie man über etwas nachdenkt? Vielleicht. Ich vermute aber, daß auch dies nicht genau das ist, was Ihnen bei dem Begriff »höheres Bewußtsein« vorschwebt. Es könnte durchaus sein, daß die Schemata höherer Ordnung, die durch das Zusammenfassen und Abstrahieren der Schemata niedrigerer Ordnung entstehen, ziemlich schwer in Worte zu fassen sind. So sagte der chinesische Philosoph Dschuang Dsi über die Umöglichkeit, absolutes Wissen zu vermitteln: »Wenn man darüber sprechen könnte, hätte jeder es längst seinem Bruder erzählt.«

★

Unsere Vorliebe für das Entwerfen von Zukunftsmodellen ist zwar unverkennbar nützlich, kann aber auch zu Problemen führen. Am häufigsten dürfte der Fall sein, daß man sich Sorgen macht, daß man unproduktiv seine Nerven aufreibt und sich keine alternativen Szenarien mehr einfallen läßt, sondern pausenlos die alten Szenarien hin und her wendet.

Die Wahrsager (von denen man sagt, sie seien das zweitälteste Gewerbe der Welt) beuten noch immer erfolgreich die Zukunftsangst der Menschen aus. Und dann ist da noch, wie Abby einwarf, die Astrologie – die Vorstellung, daß die Stellung der Planeten zum Zeitpunkt der Geburt einen Einfluß auf den weiteren Lebenslauf habe. Obwohl immer wieder nachgewiesen worden ist, daß die Persönlichkeitsbilder, welche die Astrologen auf der Grundlage von Geburtsort und -zeit erstellen, nicht zutreffender sind als irgendeine beliebige Vorhersage (man könnte genauso gut jedes andere Horoskop für sich nehmen), bringen die Zeitungen dennoch mehr über Astrologie als über Wissenschaft.

Am bedeutsamsten ist wohl, daß die Schemata im Gehirn die physikalische Grundlage des Willens sein könnten. Ein Organismus kann in seinen Handlungen von einem Regelkreis gesteuert werden: einer Reihe von Meldungen, die immer wieder von den Sinnesorganen zu den Hirnschemata, von diesen wieder zu den Sinnesorganen und zurück laufen, bis die Schemata sich »davon überzeugt haben«, daß die richtige Handlung ausgeführt wurde. Der Geist könnte eine Republik solcher Schemata sein, die darauf programmiert sind, untereinander um die Herrschaft über die Entscheidungszentren zu ringen, wobei ihr jeweiliger Einfluß in Reaktion auf die relative Dringlichkeit der physiologischen Bedürfnisse des Körpers... zunimmt oder abnimmt. Der Wille könnte das Resultat dieses Ringens sein, ohne daß ein »kleines Männchen« oder irgendeine andere äußere Kraft einzugreifen braucht... Es ist durchaus möglich, daß der Wille – die Seele, wenn man möchte – durch die Evolution von physiologischen Mechanismen entstand. Es ist jedoch klar, daß derartige Mechanismen weit komplexer sind als irgend etwas anderes auf der Erde.

Der Biologe Edward O. Wilson, *Biologie als Schicksal*, 1979

Ein zentraler Aspekt von Bewußtsein ist die Fähigkeit, vorauszublicken, die Fähigkeit, die wir »Voraussicht« nennen. Es ist die Fähigkeit zu planen und, was die Gesellschaft betrifft, ein Szenario dessen zu entwerfen, was in sozialen Interaktionen, die noch nicht stattgefunden haben, wahrscheinlich geschehen wird oder geschehen könnte... Es ist ein System, durch das wir unsere Chancen verbessern, das zu tun, was am ehesten unseren Interessen entspricht... Unter der »Willensfreiheit« verstehe ich unsere scheinbare Fähigkeit, zu entscheiden und nach jenem Szenario zu handeln, das uns am nützlichsten oder geeignetsten erscheint, wobei wir an der Vorstellung festhalten, daß solche Entscheidungen von uns selbst getroffen werden.

Der Biologe Richard D. Alexander
*Darwinism and Human Affairs*, 1979

[Loren Eiseley] erweist sich als ein Mann, der ungewöhnlich bewandert ist in der Praxis des Gebets, worunter ich die Praxis des Zuhörens verstehe... Der ernsthafte Aspekt des Gebets beginnt, wenn wir mit dem Bitten fertig sind und beginnen, auf die Stimme zu lauschen, die ich die Stimme des Heiligen Geistes nennen möchte, obwohl ich nichts dagegen habe, wenn andere es vorziehen, von der Stimme von Oz oder des Träumers oder des Gewissens zu sprechen, solange sie es nur nicht die Stimme des Über-Ichs nennen, denn diese »Entität« kann uns nur sagen, was wir bereits wissen, während die Stimme, von der ich spreche, immer etwas Neues und Unvorhersagbares sagt...

W. H. Auden, 1970

Die Idee, daß komplexe psychologische Erscheinungen im Prinzip mit der Struktur eines hochorganisierten Stücks Materie identifiziert werden können, mit dem menschlichen Gehirn, ist für viele Menschen entsetzlich. Etwas in ihrer geistigen Einstellung sträubt sich gegen die Idee, daß die farbige, liebenswerte Erfahrung ihrer selbst und anderer Menschen übersetzbar ist in die Schwarzweiß-Zeichnung einer Menge von logischen Beziehungen. Lieber lassen sie die Psyche unanalysiert und stellen sie sich als eine gesonderte Substanz vor, die, solange der Körper lebt, mit diesem eine fließende Verbindung eingeht. Wenn Ethnologen in anderen Gesellschaften auf diese Einstellung stoßen, sprechen sie von Animismus. Sie ist zugleich die am weitesten verbreitete psychologische Theorie in unserer eigenen Gesellschaft... Man muß sich jedoch klar machen, daß die animistische Ketzerei während der gesamten Geschichte der Philosophie mit der analytischen Haltung der Wissenschaft im Wettstreit lag.

Der Biophysiker Valentin Braitenberg
*Gehirngespinste*, 1977

Unsere Fähigkeit, uns über die Funktionsweise unseres Gehirns zu täuschen, ist fast unbegrenzt, hauptsächlich deshalb, weil wir über das, was in unserem Kopf vor sich geht, nur zu einem winzigen Bruchteil etwas aussagen können. Deshalb ist ein Großteil der Philosophie seit über 2000 Jahren so steril und wird es wohl auch bleiben, bis die Philosophen lernen, die Sprache der Informationsverarbeitung zu verstehen.

Der Molekularbiologe Francis H. C. Crick, 1979

Wir wünschten, wir wären Engel, nicht aus Fleisch und Blut.

Der Neurophysiologe Rodolfo Llinás, 1984

★ ★ ★

Für unser Bestreben, Geist und Körper zu trennen, gibt es viele Gründe. Und Wissenschaftler versuchen häufig, ihre Ideen den verbreiteten Vorstellungen anzupassen. So unterstützen Computerwissenschaftler noch immer die Vorstellung, der Unterschied zwischen Software und Hardware entspräche dem zwischen Geist und Körper. Dem halten Neurophysiologen wie Walter Freeman entgegen, daß der Computer, wie wir ihn kennen, eine hoffnungslos unzulängliche Analogie darstellt: »Tiere und Kinder verhalten sich – mehr noch als Erwachsene – in einer Weise, die in der geläufigen Einsicht zum Ausdruck kommt, daß sie ›einen eigenen Kopf haben‹... Sie zeigen Merkmale der Unabhängigkeit und der Selbstbezogenheit, die bei einem Wesen, das ein Gehirn besitzt, zu erwarten sind und bewundert werden, die aber bei einem Computer unerträglich wären und dazu führen würden, daß er zur Reparatur oder auf den Abfall kommt...«

Bewußtsein scheint Willensfreiheit und Individualität zu implizieren –
und damit Verantwortung für das eigene Handeln. Das kann man jedoch
auch haben, ohne den »Geist« als eine eigene Entität vom Gehirn zu
trennen. Nach meiner Auffassung besteht Bewußtsein grundsätzlich aus
der Fähigkeit des Gehirns, Vergangenheit und Zukunft zu simulieren,
Qualitätsurteile über alternative Szenarien zu treffen und auf diese Weise
auszuwählen und zu entscheiden. Individualität beruht nicht so sehr darauf, daß jeder von uns (eineiige Zwillinge ausgenommen) eine einzigartige Ansammlung von Genen besitzt, sondern darauf, daß die Lebenserfahrungen eines jeden verschieden sind. Daher hat jeder von uns eine
andere Ansammlung von Schemata, Qualitätsurteilen und so weiter. Wir
alle haben in der Vergangenheit eine Reihe von bewußten Entscheidungen getroffen, und jeder auf andere Weise.

Es geht dabei nicht unbedingt um absolute, sondern nur um relative
Qualitätsurteile. Wenn es an Phantasie oder an den erforderlichen Schemata fehlt, mit denen man spielen kann, fallen die Szenarien und mit
ihnen auch die relativen Qualitätsurteile dürftig aus, da nicht sehr viele
Szenarien entstehen werden, zwischen denen man wählen kann. Man
kann aber auch, nachdem man sich ein Szenario ausgedacht hat, an diesem hängenbleiben und nicht mehr imstande sein, sich ein weiteres Szenario auszudenken, weil man sich auf das erste fixiert hat, und dann
macht man schließlich, was einem zuerst »in den Sinn kam«.

Kenneth Craik hat darauf hingewiesen, daß ein wenig Verwirrung am
Anfang sogar nützlich sein kann (solange man die Dinge am Ende auseinander hält), denn dadurch kommen einem mehrere Schemata in den
Sinn, und das trägt dazu bei, Analogien zu erkennen. Dadurch erweitert
sich die Anzahl der Schemata, die man in Szenarienspiele einbringen
kann.

Doch woher kommt (um an die Frage von Pirsigs Phaidros zu erinnern) die Qualität? Einige Qualitätsurteile sind uns wahrscheinlich angeboren, darunter die Vorliebe der Primaten für den Geschmack von
Früchten gegenüber dem Geschmack von Zucchini – instinktiv geben
wir bestimmten Geschmacksrichtungen den Vorzug –, doch hauptsächlich entspringen sie unserer Erfahrung mit der Außenwelt, den Lernpro-
zessen unseres bisherigen Lebens. Diese Erfahrung kann jedoch mehrfach vermittelt sein: Wenn wir beispielsweise ein Szenario verwerfen, in
dem wir zum Chef gehen und eine Gehaltserhöhung fordern, so muß
das nicht darauf zurückgehen, daß jemand anders es probiert hat und
sich dabei eine Abfuhr einhandelte, sondern es kann auch darauf beruhen, daß wir schon zuvor über eine ähnliche Situation nachgedacht

und beschlossen haben, nicht in diesem Sinne zu handeln. Da diese frühere Entscheidung noch gespeichert ist, wird das Denken zu einem der Bestandteile unserer Erfahrung, neben dem Handeln und den direkten Sinneswahrnehmungen. Erfahrung ist nicht nur das, was wir getan haben, sondern auch das, was wir zu unterlassen beschlossen haben, nachdem wir uns ein Szenario ausgedacht und ein Qualitätsurteil darüber getroffen haben.

> Die Qualität, die die Welt erschafft, erwächst aus einer *Beziehung* zwischen dem Menschen und seiner Erfahrung. Er ist *beteiligt* an der Erschaffung aller Dinge. Das *Maß* aller Dinge – das paßt.
>
> Robert M. Pirsig, *Zen und die Kunst ein Motorrad zu warten*, 1976

Ein Experte ist, einer bestimmten Definition zufolge, jemand, der alle möglichen Fehler kennt und sie zu vermeiden weiß. Wenn wir jedoch von Menschen sagen, sie seien »weise«, dann nicht, weil sie alle erdenklichen Fehler, die man nur machen kann, begangen (und daraus gelernt) haben, sondern weil sie viele simulierte Szenarien gespeichert haben, weil die mit der Zeit zusammengekommenen Qualitätsurteile (ob sie nun umgesetzt wurden oder nicht) sie in besonderer Weise befähigt haben, ein neues Szenario einzuschätzen und uns zu raten, was wir tun sollen.

★

Nach all diesen Überlegungen gelangten wir zu dem Schluß, daß der Mechanismus der selektiven Aufmerksamkeit der rätselhafteste Aspekt des Bewußtseins sei. Während das retikuläre Aktivierungssystem im Hirnstamm den Grad der Wachheit regelt und ein schlafendes Gehirn weckt, vermuten die Neurophysiologen, daß der Thalamus das Schaltzentrum für unsere Aufmerksamkeit ist. Auf jeden Fall nimmt er eine zentrale Stellung ein: Anatomisch gesehen, verhält er sich zur Großhirnrinde wie der Kern einer Avocado zur Schale.

Auf der Funktionsebene der einzelnen Zelle ist es sogar schon gelungen, einige Aspekte der selektiven Aufmerksamkeit zu klären. So hat mein Jerusalemer Freund Shaul Hochstein gezeigt, daß bestimmte Nervenzellen im Affengehirn »Wechselzellen« (mein Ausdruck) sind: Sie können die Farbe besser registrieren als die Neigung von Linien, wenn der Affe für die korrekte Farbwahl belohnt wird, werden dagegen besser im Registrieren der Neigungswinkel (und weniger empfindlich für die Farbe), wenn statt dessen der gewünschte Neigungswinkel eine Belohnung bringt. Es gibt also gewisse Schablonen, die nicht fixiert sind – wird die Aufmerksamkeit statt auf die Ausrichtung auf die Farbe eines

Objekts konzentriert, so werden vermutlich mehr Zellen für die Farberkennung eingesetzt als sonst. Durch das Einsetzen von mehr Zellen
gelangt man zu genaueren Unterscheidungen, so wie man durch das Einsetzen von mehr Zellen für das Timing zu einer verbesserten Wurfgenauigkeit gelangt. Dadurch, daß die selektive Aufmerksamkeit bestimmten Mehrzweckzellen sensorische Prioritäten zuweist, hat sie Einfluß
darauf, welchem Gegenstand wir unsere Beachtung schenken, und das
hat wiederum Einfluß darauf, wie geschickt wir sensorische und motorische Aufgaben ausführen.

Doch wovon hängt es ab, ob ich meine Aufmerksamkeit auf die
Außenwelt richte oder ob ich in meinen Stirnlappen ein Szenario aus-
brüte? Wovon hängt es ab, ob ich mich an meinem ersten vorläufigen
Szenario festbeiße oder ob ich ein weiteres entwickele? Wie wechsele ich
von der Erinnerung an ein bestimmtes Szenario zu der an ein anderes
über, um zu sehen, welches mir am besten gefällt? Was sorgt eigentlich
dafür, daß meine Aufmerksamkeit sich auf diese Weise verlagert, daß ich
in einem Augenblick lausche, mich im nächsten erinnere, anschließend
ein Szenario entwickele, das ich dann wieder loslasse, um ein anderes
Szenario aufzustellen, daß ich einen Beschluß fasse und schließlich die
Hemmungen beseitige, die die Verbindung zwischen meinen Gedanken
und meinen Muskeln unterbrochen haben, und zum Handeln übergehe?

Leider denken wir in diesem Zusammenhang gern an einen Dirigenten
auf dem Podium, der ein Orchester leitet. Oder an jemanden, der in
einer Telefonzentrale die Verbindungen herstellt, an den Vorsitzenden,
der eine Vorstandssitzung leitet, oder an einen Zirkusdirektor, der in der
Manege Regie führt. Wie Descartes stellen wir uns gern einen Handeln-
den vor, der auf eine von ihm getrennte Masse einwirkt – aber ist das
wirklich nötig? Tatsächlich bringt der Dirigent ja keinen einzigen Ton
hervor, sondern er sorgt lediglich dafür, daß das Ganze koordiniert
wird. Wenn er einschliefe, würde das Orchester ohne ihn das Stück zu
Ende spielen, wenngleich dabei vielleicht einige der scharfen Übergänge
verlorengingen und besondere Effekte, die der Dirigent herausgearbeitet
hatte, verflachen würden. Dirigenten oder Koordinatoren müssen nicht
unbedingt besondere Entitäten sein, die im Scheinwerferlicht stehen. So
wie das Froschherz durch die Wechselwirkungen zwischen vielen ungenauen Zellen zu einem klaren, rhythmischen Puls kommt, könnte auch
der Koordinator des Gehirns eine emergente Eigenschaft eines weit verteilten Komitees sein.

Es könnte sein, daß selektive Aufmerksamkeit nichts anderes ist als
eine Vielzahl von Prozessen, die gleichzeitig ablaufen und um den

Zugang zum Sprachmechanismus konkurrieren (wodurch, da wir nicht zwei Dinge gleichzeitig sagen können, eine Art Flaschenhals entsteht). Es könnte sich dabei, anders gesagt, einfach um den Übergang von der parallelen zur seriellen Arbeitsweise handeln: Wenn wir sagen, wir könnten jeweils nur an eine Sache denken oder einer Sache unsere Aufmerksamkeit schenken, dann bedeutet das vielleicht nur, daß wir jeweils nur eine Sache ausdrücken können. Viele Dinge können gleichzeitig geschehen, doch wenn sie über unser Sprachsystem »nach draußen wollen«, kann es zu einem Gedränge kommen.

Schon richtig, meinte Rosalie, aber es gibt doch auch Gedanken, die sich leichter durchschlängeln. Dann kommt es nicht bloß auf den Engpaß an, sondern auf den seriellen Charakter. Unsere Denkweise wird oft, wenn auch nicht immer, von unserem sequentiellen Sprachsystem bestimmt, und wenn wir etwas stumm vor uns hinsagen, helfen uns die mächtigen Schemata der Sprache, einen Gedanken zu entwerfen. Auch wenn wir einen Satz nicht formulieren, machen wir doch ein Szenario, und dafür ist eventuell derselbe neurale Sequenzierungsapparat nötig wie für das Aussprechen. Die Anzahl der gleichzeitig bearbeiteten Sequenzen kann daher gewissen Beschränkungen unterliegen. Das ist wahrscheinlich von Mensch zu Mensch verschieden: Manche können vermutlich zwei einfache Sequenzen zugleich verarbeiten, so wie einige ja auch in der Lage sind, sich gleichzeitig den Bauch zu reiben und auf den Kopf zu klopfen.

Manchmal können solche Hintergrundsequenzen das ganze Bewußtsein beherrschen. Eine Halluzination könnte ein Gedanke sein, der sich selbständig gemacht hat und in die sensorischen Kanäle geraten ist, so daß man statt des Gedächtnisses die Augen und Ohren für die Quelle hält. Schon wieder will eine Rennechse an mir vorbei und macht Liegestütz. Halluziniert sie vielleicht eine andere Echse, oder sieht sie mich wirklich und hofft, ich würde ihr den Weg freimachen, wenn sie ihren üblichen Trick probiert?

Rosalie schlägt vor, ich solle auf das Tier eingehen, indem ich mich hinlege und ebenfalls Liegestütze mache. Ich ziehe mich mit dem Hinweis auf Eiseleys Spinne aus der Affäre, die nichts außerhalb der Spinnenwelt wahrnimmt, woraus ich folgere, daß die Echse mich möglicherweise für einen Felsblock hält.

★

Wir sind jetzt in den Wassermassen versunken, die der Bridge-Canyon-Staudamm bei Meile 238 aufstaut, erklären die Bootsführer, als wir den

Havasu Canyon verlassen wollen. Wäre dieser Staudamm gebaut worden (und in Arizona gibt es immer noch Politiker, die ihn bauen wollen), wäre das Wasser bis weit über Matkatamiba hinaus aufgestaut worden, und dieses herrliche Fleckchen wäre untergegangen. Aber das macht doch gar nichts, sagen die Dammbauer, der See wäre unsichtbar – jedenfalls vom Canyonrand aus. Von dort aus würde man nur die Hochspannungsleitungen auf dem Grund des Canyons sehen. Und die Zufahrtsstraßen, die den Canyon verschandeln. Anzeichen des Fortschritts. An dem neuen Staudamm hätte man sicher auch ein Besucherzentrum geschaffen, in dem die Menschen Fotos von der Errichtung des Damms bewundern könnten. Wenn die Dammbauer ihrer bisherigen Verfahrensweise (wie im Besucherzentrum vom Glen-Canyon-Staudamm) treu geblieben wären, hätte man dort allerdings nicht ein einziges Foto vom Matkatamiba Canyon, The Ledges, von Havasu, Lava Falls oder anderen Teilen des Canyons gezeigt, die dann unter dem Wasser verschwunden wären. Denn das hätte schließlich die Begeisterung für weitere Staudammprojekte dämpfen können.

Daß so viele Menschen bei jeder Gelegenheit der Stadt entfliehen, um in der Natur zu wandern, Kanu zu fahren und Ski zu laufen, liegt vor allem daran, daß die unverdorbene Natur einen Hauch von Abenteuer bietet, eine Chance, unsere alte, voragrarische, vorindustrielle Freiheit wiederzuentdecken. Wenn wir uns unter primitiven Bedingungen in Wälder und Wüsten, auf Berge und Flüsse wagen, erschließt sich uns, wie oberflächlich und kurzfristig auch immer, so etwas wie eine Proustsche Wiedergewinnung der vielfältigen Erlebnisse unserer früheren Existenz, unseres elementaren Erbes von Millionen Jahren des Jagens, Sammelns und Umherziehens.

Edward Abbey, Down the River, 1982

Beim Jagen fühlt sich die Luft, die über die Haut streicht oder in die Lungen dringt, anders, köstlicher an, die Felsen bekommen eine ausdrucksvollere Physiognomie, und die Vegetation lädt sich auf mit Bedeutung. Der Jäger duckt sich instinktiv, um nicht gesehen zu werden; seine ganze Umgebung nimmt er aus der Sicht des Tieres wahr, und er bemerkt alle Einzelheiten, auf die das Tier achtet. Dies nenne ich: in der Landschaft sein... Wind, Licht, Temperatur, Bodenkontur, Mineralien, Vegetation, alles spielt eine Rolle; es ist nicht einfach nur da, wie für den Touristen oder den Botaniker, sondern es hat eine Funktion, es ist aktiv. Und all diese Aspekte funktionieren nicht so wie in der Landwirtschaft..., sondern alle haben von innen heraus am Drama der Jagd teil.

José Ortega y Gasset

★

Als wir nachmittags den Fluß unterhalb von Havasu hinabtreiben, sind wir völlig entspannt. Vor uns liegen elf Kilometer ohne Stromschnellen, und bis zu unserem Lagerplatz beim National Canyon sind es nur 14 Kilometer. Unser Boot, das von Mike geführt wird, ist längsseits mit dem Boot von Fritz vertäut, und so treiben wir zusammen den Fluß hinab, während einer der beiden Bootsführer dann und wann am Riemen zieht, um uns vom Ufer fernzuhalten. So einen Nachmittag wünscht man sich öfter.

Man erzählt sich viel und tauscht Erfahrungen aus. Einige sind geschwommen, haben unter den Wasserfällen gestanden, haben den Canyon weiter hinauf erkundet. Um zu den Beaver-Wasserfällen zu kommen, muß man, wie es scheint, viermal den Bach durchwaten, und dann noch dreimal, um zu den Mooney-Wasserfällen zu kommen, vom Fluß aus hin und zurück 17,5 Kilometer. Fritz und die beiden, die mit ihr gingen, sind doch tatsächlich hinaufgelaufen und direkt wieder zurück. Danach sind sie in der Nähe der Stelle, wo die Boote festgemacht waren, zur Abkühlung in den Fluß gesprungen. Doch die meisten haben irgendwo gesessen, sich hin und wieder mit Wasser bespritzt und die Landschaft genossen. Die Lunchpakete hatten während der Wanderung den Canyon hinauf einiges mitgemacht und bestanden, als man sie aus den Plastikbeuteln holen wollte, nur noch aus klebriger Masse. Die weichen Sandwiches waren durch die Äpfel und Orangen völlig zerdrückt worden.

Bestehen die reflexiven Strukturen, die intellektuellen Muster und der Sinn, die wir in der Kunst antreffen, auch anderswo? Oder erfinden wir sie bloß, weil unser Geist so hervorragend darauf eingestellt ist, Dinge zu erfinden?

Das ist eine erschreckende Möglichkeit. Wenn unser Geist daraufhin selektiert wurde, Elemente von Ordnung zu erfinden, dann ist es die höchste Funktion der Kunst, Licht auf den Geist zu werfen. Und jedes menschliche Artefakt ist – schrecklich – ein Abklatsch des Geistes. Ein Theaterstück oder eine Regierung, ein Kanal oder eine Kultur, alles sind nur physische Repliken, in denen der Geist unbewußt seine eigenen Strukturen dupliziert, so wie ein Strang DNA sich in einem Bananenblatt repliziert. Wenn das wahr ist und die natürliche Welt, die den Geist hervorgebracht hat, ein Trümmerhaufen und ein Chaos ist, wie ein Steinschlag, dann ist der Geist wahrlich ein phantastisches Monstrum. Und das Kunstwerk ist (abgesehen davon, daß es die geringste unserer Sorgen darstellt) immer ein Gewaltakt, in dem der Geist Fähigkeiten zeigt, die in absurder Weise über ihre Überlebensfunktion hinausschießen oder zumindest für diese nebensächlich sind. Denn die Fähigkeit, Fresken und epische Gedichte und Symphonien und Romane zu ersinnen und auszuführen, ist ein grotesker Streich eines aus dem Tiegel der Möglichkeiten hervorgegangenen Gewebes, wie das übertrieben große Geweih des ausgestorbenen irischen Elchs...

In diesem Lichte gibt es nirgendwo Ordnung außer in unserem Gehirn, das auf einzigartige Weise darauf eingestellt ist, Ordnung zu erfinden und mit komplexen Abstraktionen umzugehen. Diese Fähigkeiten haben uns gute Dienste geleistet. Die einzige Bedeutung und der einzige Wert, die überall gelten, bestehen darin, daß der Geist diese fiktiven Qualitäten in den von ihm selbst erstellten Modellen erkennt. Wir erschaffen den Wert und verlegen ihn in unsere monströs überentwickelte mentale Selbstreplikation, in unsere stotternden Wiederholungen der Ordnung unseres Gehirns, mit denen wir die sinnlose Erde gepflastert haben.

Dies ist die trostloseste Sicht der Kunst und alles anderen, die ich mir vorstellen kann. Ich muß zugeben, daß es in diesem Buch eine Idee gibt, die sich mit dieser Sicht verträgt, nämlich die, daß... die menschliche Bedeutung die einzige Bedeutung ist...

Existieren die komplexen und ausgewogenen Beziehungen zwischen allen Teilen, die wir in der Kunst antreffen, bestehen ihr Sinn, ihre Bedeutung und ihre Harmonie auch in der Natur? Ist die Natur etwas Ganzes, wie ein vollendeter Gedanke? Ist die Geschichte sinnvoll? Ist das Universum der Materie bedeutsam? Es tut mir leid, ich weiß es nicht.

Annie Dillard, Living by Fiction, 1982

★ ★ ★

Rosalie wurde gefragt, wie weit sie in dem dünnen Bändchen mit Essays von Annie Dillard, das sie heute mitgenommen hatte, vorangekommen sei. »Drei Seiten«, antwortete sie, um dann mit einer die Anwesenden einbeziehenden Armbewegung fortzufahren: »Wir haben die ganze Zeit über das Bewußtsein gesprochen. Dabei ist irgendwann sogar der Geist aus dem Gehirn verbannt worden.«

Wie sollte ich nun nach einer solchen Einleitung auf die unvermeidlichen Fragen über das Bewußtsein antworten? Ich bestand darauf, daß Rosalie zunächst eine Zusammenfassung unserer Diskussion geben solle, denn schließlich habe sie uns dieses Thema aufgehalst. Darauf erwiderte sie, ich hätte mich ja geweigert, Liegestütz zu machen, um ihre Theorie über die Liegestütze der Rennechsen zu testen, und deshalb könne von mir mindestens erwartet werden, daß ich eine Erklärung des Bewußtseins gebe. Ich begann also mit Eiseleys Spinne: daß Eiseley in der Spinnenwelt vermutlich nicht vorkam. Und daß die Rennechse dementsprechend wohl gedacht habe, ich sei ein großer Stein. Hätte ich wirklich Liegestütz gemacht, so hätte ich eine Gruppe von Rennechsen psychologisch verunsichert. Sie würden denken, große Steine seien lebendig, da sie Liegestütz machen. Das würde sie zum Hungertod verurteilen, denn sobald sie auf ihrer Nahrungsuche auf einen anderen großen Stein stoßen würden, müßten sie ihre Zeit damit vergeuden, ihm gegenüber ihre eigene Überlegenheit zu beweisen. Freilich ließen sich die anderen durch meine Sorge um die geistige Gesundheit der Rennechsen nicht lange vom Problem des Bewußtseins ablenken.

Einleitend erklärte Rosalie, ihre neurologische Definition von Bewußtseinsniveaus sei nur schwer an den Mann zu bringen. Dabei gehe es um Bewußtseinsniveaus des Hirnstamms, während die meisten unter Bewußtsein die diencephalen (thalamischen und kortikalen) Aspekte von Bewußtsein verstünden, von denen geregelt wird, worauf wir unsere Aufmerksamkeit richten. Anschließend faßte sie kurz zusammen, was wir über Zukunftsszenarien gesagt hatten, und verwies auf Michelles Pferd Bumper, das anscheinend für Descartes' These spreche, wonach die Zirbeldrüse der Sitz des in die Zukunft blickenden Bewußtseins ist.

In Schwierigkeiten kam sie natürlich, als sie den anderen nahezubringen versuchte, daß viele der Dinge, die dem Geist zugeschrieben werden – Individualität, Willensfreiheit, Denken, Intentionen, Verantwortlichkeit, Motive –, ganz einfach damit zu erklären seien, daß das Gehirn eine überentwickelte Fähigkeit besitzt, Schemata zu Szenarien zu verknüpfen, verschiedene Szenarien miteinander zu vergleichen und Qualitätsurteile zu fällen, um schließlich die blockierten Muskeln des Körpers freizugeben, so daß sie das beste Szenario ausführen. Wer nicht mit der Vorstellung vertraut ist, daß im Gehirn Schemata am Werk sind, wird nicht ohne weiteres bereit sein, Verknüpfungen von Schemata als Erklärung für die vielfältige, abwechslungsreiche und dem Willen entspringende Erfahrung menschlichen Bewußtseins zu akzeptieren. Dieses Argument wird erst dann einsichtig, wenn man über die richtigen Bausteine der Wahrnehmung verfügt, und dazu gehört auch ein Schema für Schemata. Es ist daher verständlich, daß sie sich gegen diese Erklärung sträubten.

Nun ist es nicht einfach, in aller Kürze zu erklären, was ein Schema ist, wenn alle eine Frage stellen oder ihre Meinung über das Bewußtsein äußern wollen und zudem einige auch nicht dabei gewesen waren, als wir über die »Raubvogel-Schablonen« der Jungvögel gesprochen hatten. Die Diskussion spielte sich daher auf unterschiedlichen Ebenen ab, was einigermaßen frustrierend war, denn statt von unten nach oben mußten wir von oben nach unten vorgehen.

»Descartes hat uns dadurch in Schwierigkeiten gebracht, daß er die physische Basis des Willens hinwegzudiskutieren versuchte«, meinte

Rosalie. »Die starren Kategorien der aristotelischen Logik brachten ihn dazu, zwischen dem Kontrollierten und dem Kontrolleur zu unterscheiden. Da er von selbstorganisierenden Systemen oder Maschinenintelligenz keine Ahnung hatte, ging er davon aus, daß alles Physische – eben der Körper – kontrolliert wird. Damit blieb der Kontrolleur, der Geist, als eine gesonderte Entität übrig.«

»Hat Descartes nicht gesagt, nur Menschen hätten Bewußtsein?« fragte Abby.

»Das hätte Descartes niemals gesagt, wenn er einen Hund oder eine Katze gehabt hätte«, fügte Ben hinzu. »Für mich ist vollkommen klar, daß mein Hund Bewußtsein hat. Er kann doch praktisch meine Gedanken lesen. Und bestimmt hat er auch einen Begriff von der Zukunft. Einen Tag bevor ich verreise, drückt er sich wie eine verlorene Seele schmollend im Haus herum.«

»Descartes und seine Anhänger«, antwortete Rosalie, »hatten überhaupt keine Schwierigkeiten damit, dem Menschen Bewußtsein zuzuschreiben – das verstand sich von selbst –, doch den Tieren wollten sie es nicht zugestehen, weil diese uns nichts darüber mitteilen können und wir es auch nicht indirekt messen können. Damit entstand aber eine künstliche Unterscheidung zwischen den Menschen und den übrigen Tieren, die in der Natur wahrscheinlich nicht besteht.«

»In dem Punkt bin ich mit dir einig«, sagte ich. »Ein gewisses Maß an Bewußtsein gestehe ich Tieren zu, besonders wenn es darum geht, die Emotionen der Menschen, von denen sie ihr Futter bekommen, zu erspüren und darauf zu reagieren. Ich möchte nur nicht das Bewußtsein von der Hardware des Gehirns trennen, von Dingen, die wir beobachten können.«

»Wieso gehst du davon aus, daß der Geist – ob wir es nun Seele, Bewußtsein oder sonstwie nennen – keine gesonderte Einheit ist?« wollte Abby von mir wissen.

»Das hängt damit zusammen, daß einige von uns Neurophysiologen sind«, versuchte ich zu antworten. »Man vermeidet es, unnötige Annahmen zu machen. Ob der Geist wirklich etwas vom Gehirn Unabhängiges ist, kann man ja auch nur herausbekommen, indem man zunächst zu beweisen versucht, daß die Hardware des Gehirns ganz gut ohne ihn zurecht kommt, oder nicht?«

»Aber«, wandte Abby ein, »eine ganze Generation von Behavioristen hat sich doch so sehr an das Beobachtbare geklammert, daß sie, wären sie Physiker gewesen, die Quantenmechanik in Bausch und Bogen verworfen hätten, weil es unmöglich war, das Atom zu beschreiben, ohne

Annahmen zu machen, die nicht mit der klassischen Mechanik übereinstimmen. Außerdem bestanden die Prinzipien der Quantenmechanik in sehr unphysikalischen, verschwommenen Annahmen. Dennoch ist es den Physikern, die diesen Weg gegangen sind, sehr gut gelungen, die Welt zu erklären«, fügte sie triumphierend hinzu. »Was hindert dich daran, den Geist als existierend anzunehmen und dich damit abzufinden?«

»Rosalie«, sagte ich flehend, »das hast du mir eingebrockt. Jetzt mußt du mir auch heraushelfen.«

»Ich kann doch nichts dafür, daß du deine Liegestütze nicht gemacht hast«, scherzte sie. Ich drohte ihr mit einem Schöpfeimer voll Wasser, aber sie kannte mich zu gut, um sich davon beeindrucken zu lassen. »Du kannst doch sagen, daß es statt dem amorphen Geist etwas anderes gibt, das sich im Kopf herumtreibt und die Gehirnzellen reizt.«

»Ach, was höre ich da?«, fragte Abby. »Wie willst du denn mit elektrischen und chemischen Bestandteilen, die einander wie die Teile eines Uhrwerks antreiben, die Willensfreiheit erklären? Wie kommt es denn, daß ich mit dir rede, statt einen Eimer Wasser über dir auszuschütten? Hat vielleicht irgendwo bei mir ein Zahnrad nicht gepackt?«

»Das mußt du erklären!« befahl Mike, während er sachte am rechten Riemen zog. »Wenn uns deine Erklärung nicht gefällt, warten wir nicht bis Sonnenaufgang, um dich mit acht Eimern Wasser hinzurichten.«

»Und wir werden erst aufhören«, fügte Marsha hinzu, »nachdem wir uns davon überzeugt haben, daß du durch und durch naß bist.«

Ich saß in der Falle.

★

»Stellt euch darauf ein«, begann ich sadistisch, »daß ich Metaphern benutzen werde, um über Metaphern zu sprechen, und Analogien, um über Analogien zu sprechen. Kennt einer das romantische Gedicht von Heinrich Heine, das mit den Worten beginnt: ›Du bist wie eine Blume‹? In der Stilkunde spricht man von einem Vergleich, aber lassen wir das.« Aufgepaßt, die Eingeborenen werden unruhig und drohen mit ihren Eimern! »Darin wird der Begriff einer Blume mit einer bestimmten Person verknüpft. Das heißt nicht, daß sie gleich sind, daß sie in jeder Hinsicht übereinstimmen, daß die Person beispielsweise grüne Blätter hat. Außerdem ist im deutschen ›du‹ zusätzlich die Information enthalten, daß Heine zu jemandem spricht, mit dem er auf vertrautem Fuße steht.

Nun gibt es im Gehirn für jedes dieser Wörter oder jeden dieser Begriffe eine Gruppe von Nervenzellen, die gleichsam auf der Lauer liegen und aktiv werden, sobald sie ›Blume‹ oder ›du bist‹ und dergleichen entdecken. Dieses aus Neuronen bestehende Komitee stellt das Schema dar, oder die Schablone oder das Suchbild oder wie immer ihr es nennen wollt. Es kann auf unterschiedliche Weise aktiviert werden, natürlich, wenn ihr eine Blume seht, aber auch, wenn ihr nur an eine Blume denkt. Stellt euch eine Blume vor. Wünscht euch eine Blume. Für alle Wörter in unserem Wortschatz gibt es Schemata, und wenn Metaphern oder Übersetzungen existieren, sind sie untereinander verbunden. Schemata gibt es auch für Handlungen wie gehen und laufen und rudern und unter Wasserfällen stehen.«

> Aber die Weisheit, wo wird sie erlangt? Und welches ist die Stätte des Verstandes?
>
> Buch Hiob
>
> Kann der ganze Himmel
> Kann die ganze Welt
> In meiner Hirnschale liegen?
> Thomas Traherne (ca. 1636–1674)

»Man kann also«, bemerkte Abby, »aus Schemata ein Szenario aufbauen, indem man das Schema für ›gehen‹ nimmt, es mit dem Blumenschema verbindet, um sich vorzustellen, daß man zu einer Blume hingeht und sie abpflückt. Stimmt das?«

»Genau. Und dann kann man ein alternatives Szenario aufstellen, das aus den Schemata ›sitzenbleiben‹ und ›weiterhin im Buch lesen‹ besteht. Danach vergleicht man die beiden und entscheidet, was man tun will. Viele Kombinationen von Schemata sind unsinnig, zum Beispiel die, daß dieses Boot über den Mesquitebaum dort fliegt. Solche Kombinationen werden durch Überprüfung an der Realität ausgeschieden. Wir haben noch nie ein Gummiboot fliegen gesehen.«.

»Ach wirklich?«, fiel Mike mir in die Rede. »Dann warte nur, bis wir zu den Lava Falls kommen.«

»Manche«, sagte ich und warf ihm einen tadelnden Blick zu, »wenden diese Realitätsprüfung strenger auf ihre Tagträume an als andere. Doch nachts träumen wir Szenarien, die auf verrückte, unmögliche Weise Menschen und Orte miteinander verbinden. Nicht die Schemata selbst sind verrückt, sondern die Art, wie sie miteinander verknüpft sind. Ein Schema ruft ein anderes, mit ihm verwandtes auf, und das führt wieder anderswo hin, und so weiter. Der Bewußtseinsstrom. Und, wie ich hinzufügen würde, der des Unbewußten.«

»Das ist also das Unbewußte? All die Szenarien, die im Augenblick nicht mit dem Sprachbewußtsein verbunden sind?« fragte Rosalie, um mir mit einem passenden Stichwort beizuspringen. Erleichtert gab ich ihr recht.

»Wieviele Schemata kann man denn miteinander verknüpfen?« wollte Ben wissen.

»Das hängt davon ab. Wenn du die richtige Reihenfolge einhalten willst, vielleicht sechs zur gleichen Zeit. Es ist behauptet worden, wenn wir einen Satz anfangen, der aus mehr als sechs Wörtern besteht, wüßten wir nicht, mit welchen Wörtern der Satz endet. Wenn man sich eine längere Kette merken will, muß man die Kette unterteilen, also aus einer Gruppe von Schemata ein Schema höherer Ordnung machen, um in der Kette Platz für weitere Schemata zu schaffen.«

»Und wieviele Ketten kann man gleichzeitig verarbeiten?« fragte Dan Richard aus dem anderen Boot. »Das Faszinierendste am Bewußtsein ist für mich das unbewußte Problemlösen, das stattfindet, während ich mit etwas anderem beschäftigt bin. Ich zerbreche mir den Kopf darüber, was ich Sue zum Geburtstag kaufen soll, aber mir fällt nichts ein. Und während ich dann beim Abendessen sitze und über etwas ganz anderes spreche, habe ich plötzlich die Lösung.«

»Ich weiß nicht, mit wievielen man gleichzeitig jonglieren kann. Nach der Wurftheorie steht im Gehirn eine ganze Reihe von unabhängigen Sequenzierern bereit, zumindest solange sie nicht für ein präzises Timing zusammenarbeiten müssen. Vielleicht kann nur einer davon jeweils mit den Sprachschaltungen verbunden sein, aber deshalb brauchen die anderen Sequenzierer nicht aufzuhören, weitere Verknüpfungen von Schemata herzustellen«, antwortete ich.

»Ich muß sagen«, begann Ben, »daß mich das sehr ans Träumen erinnert. All diese komplizierten Sequenzen, die nach und nach in etwas ganz anderes übergehen, wobei es auf ein winziges Detail ankommt, das dann ein Bild aus einer anderen Geschichte heraufbeschwört. So als liefe im Hintergrund unbemerkt eine zweite Geschichte.«

»Das stimmt«, erwiderte ich. »Ich vermute, daß der Apparat, der die Szenarien entwirft, beim Träumen unkontrolliert bleibt, daß er nicht den Qualitätsurteilen unterworfen ist, die wir im Wachzustand fällen, wenn wir etwas als lächerlich oder falsch einstufen.

> Ein Thema zu variieren, ist die wirkliche Crux der Kreativität.
> Douglas R. Hofstadter,
> *Metamagicum*, 1988

Auch die Gedächtnismechanismen funktionieren beim Träumen anders. Inhalte aus dem Kurzzeitgedächtnis werden nicht so leicht in das Langzeitgedächtnis übernommen. Um einen Traum im Langzeitgedächtnis zu speichern, muß man sich ihn, wenn man richtig wach ist, noch einmal ins Gedächtnis rufen. Doch abgesehen von diesen Unterschieden, was die Beurteilung und das Gedächtnis betrifft, ist es sehr gut möglich, daß beim Träumen die Szenarienmaschinerie tätig ist, die hin und wieder zu einer anderen Geschichte umschaltet, die in einem anderen Sequenzierer läuft. Ich denke, daß Tiere, die nicht einen so hochentwickelten Apparat für das Aufstellen von Szenarien besitzen, anders träumen als wir.«

Abby war noch nicht überzeugt. Schließlich fragte sie: »Das Gehirn kann also Szenarien aufstellen. Aber wer entscheidet zwischen ihnen? Woher kommen die Qualitätsurteile?«

Darauf gab Rosalie die Antwort. »Die Qualitätsurteile beruhen auf deinen Lebenserfahrungen, die insgesamt etwas Einmaliges sind, die nur du in dieser Kombination erlebt hast. Aber denken ist auch eine Art von Erfahrung. Wenn du einmal ein Szenario entworfen und es als unrealistisch eingestuft oder zugunsten eines anderen, besseren Szenarios verworfen hast, dann könnte dieses Urteil als Teil deiner Erfahrung gespeichert sein. Um urteilsfähig zu werden, brauchst du nicht alle erdenklichen Fehler gemacht zu haben, du kannst sie dir auch einfach vorstellen. Die Qualität steckt in deinem Gehirn.«

»Inwiefern unterscheidet sich diese Auffassung von dem, was die kognitive Psychologie behauptet?« fragte Abby. »Wie heißt es doch gleich? Kognitionswissenschaft? Sie sei ein ›halluziniertes Fach‹, habe ich irgendwo gelesen, und damit feiert die Introspektion fröhliche Urständ. Kommt damit nicht, nur etwas anders eingekleidet, das kleine Männchen im Kopf wieder zu Ehren? Nur daß es jetzt mehrere davon gibt: eines für die Erkennung von Symbolen oder Situationen, ein anderes für den Karteikasten der Erinnerungen und wieder ein anderes für die Muskeln. Sollen wir vielleicht glauben, daß aus dieser Ansammlung von dummen Computern der Geist hervorgeht?«

»Wir Neurobiologen möchten nicht nur wissen, wie die ›Hirnprogramme‹ aussehen, sondern auch, wie die Hirnapparatur mit ihnen arbeitet. Die Vertreter der Künstlichen Intelligenz glauben, sie könnten einen Hardware-Computer bauen, der die Funktionsweise des Geistes nachahmt, falls es ihnen gelingt, ein Programm zu entwerfen, das in gleicher Weise zu arbeiten scheint, wobei sie dann statt der feuchten und unzuverlässigen Nervenzellen Chips aus Silizium verwenden«, antwortete ich. Dann nahm ich erst einmal einen Schluck aus der Feldflasche.

»Wir Neurobiologen arbeiten in der Regel von unten nach oben. Wir versuchen zunächst, die Verarbeitungsprozesse der einzelnen Bausteine zu verstehen. Wir haben es ständig mit parallelen Prozessen zu tun, mit denen die KI-Leute sich jetzt erst zu beschäftigen beginnen. Ich halte es für einen Irrtum der KI-Vertreter, wenn sie versuchen, die Unzuverlässigkeit der individuellen Zellen, der eigentlichen Rechenelemente realer Gehirne, zu umgehen. Sie wollen die ungenauen Zellen durch zuverlässige Schubladen-Computer ersetzen. Dabei beruht die Funktionsweise des Gehirns gerade auf den unzuverlässigen Zellen, genauso wie die Evolution immer kompliziertere Lebewesen dadurch hervorgebracht hat, daß sie mit der geschlechtlichen Fortpflanzung gerade den Zufall institutionalisierte. Philosophisch gesehen, gehen jedoch sowohl die Neurobiologen als auch die KI-Leute von der Prämisse aus, daß der Geist erklärt werden kann, daß er nicht über unseren Verstand geht. Und die meisten von uns neigen zu der Annahme, daß der Geist aus einer gelungenen Kombination von elementareren, ›dummen‹ Prozessen hervorgeht.«

»Ich verstehe einfach nicht«, begann Steve, der bislang nichts gesagt hatte, »daß aus etwas so Einfachem wie dem Vergleichen von Schablonenketten etwas so Kompliziertes wie das Denken hervorgehen soll. Genauso ist es mit der Behauptung, daß das menschliche Auge, ein verdammt kompliziertes optisches Gerät, um von der Bildverarbeitung in der Netzhaut ganz zu schweigen, ausschließlich auf Unterschieden im Wachstumstempo beruht. Etwas so Kompliziertes kann unmöglich eine so einfache Ursache haben. Und mit dem Geist ist es genauso.«

»Auch ich habe da manchmal Schwierigkeiten«, antwortete ich. »Es ist, als würde man sagen, der Geschwindigkeitsunterschied zwischen Schildkröte und Hase habe eine ganze Rennbahn einschließlich Tribünen und Würstchenbuden entstehen lassen. Unser Problem ist, daß wir in unserer Alltagserfahrung zu wenig mit solchen Dingen zu tun haben, daß uns keine Analogien einfallen, die uns weiterhelfen würden. Die unwahrscheinlichen Zusammenhänge, die in einer über Tausende von Generationen währenden Auslese unsere Welt geformt haben, sind für uns unfaßbar. Biologen, Psychologen und Computerwissenschaftler können zwar auf mehr geeignete Beispiele zurückgreifen, doch auch ihnen fällt das Begreifen schwer.

Den entscheidenden Gesichtspunkt liefert uns hier der bekannte Ausspruch: Das Ganze ist mehr als die Summe seiner Teile. Das Bewußtsein gehört zu den Dingen, die entstehen, wenn man all die Nervenzellen zusammenfaßt. Es existiert nicht unabhängig von den Nervenzellen. Man kann das Bewußtsein nicht an einer bestimmten Nervenzelle festmachen, man kann nicht ein identifizierbares Teil aus dem Puzzle herausnehmen und sagen: ›Hier ist es, Leute, hier sitzt das Bewußtsein, genau hier.‹ Das Bewußtsein hängt mit bestimmten Dingen stärker zusammen als mit anderen: Es hat kaum etwas zu tun mit jenen Hirnregionen, welche den Herzschlag oder die Körpertemperatur regeln, doch es hat viel zu tun mit den Sequenzierungsmechanismen, welche die Schemata aneinanderreihen. Aber es ist wirklich eine emergente Eigenschaft, einer von den unerwarteten Seitensprüngen der Evolution, bei denen sich herausstellt, daß eine neue Kombination von schon vorhandenen Dingen für etwas völlig Neues verwendet werden kann.« So ging es hin und her, unterbrochen allein durch die kleine Stromschnelle bei Meile 164. Die Bootsführer machten sich nicht einmal die Mühe, die Boote voneinander loszumachen – wir fuhren einfach hindurch, miteinander vertäut, und glitten über die Wellen hinweg. Manchmal schweiften wir vom Thema ab und sprachen etwa über Umwelt und ganzheitliche Medizin, wo es gilt, das Wohl des Ganzen im Auge zu behalten und sowohl die Zusammenhänge als auch die Teile zu bewahren. Am Ende kamen wir aber wieder auf Beispiele dafür zurück, daß das Ganze größer ist als die Summe seiner Teile, wodurch eine neue Eigenschaft entsteht.

»Das Problem ist, glaube ich«, sagte Rosalie, »daß die meisten von uns – und dabei beziehe ich mich ein – nicht daran gewöhnt sind, über Probleme nachzudenken, bei denen das Ganze mehr ist als die Summe seiner Teile. Wo aus einer Fusion etwas Neues hervorgeht. Ich bin aber überzeugt, daß es überall Beispiele dafür gibt. Man muß sich nur umschauen und Worte dafür finden. Man braucht nur das passende Schema!«

Unmittelbar vor uns tat sich am linken Ufer der National Canyon auf. Mike und Fritz machten die beiden Boote voneinander los, um nach Passieren der kleinen Stromschnelle das Ufer ansteuern zu können. Ich schlug vor, eine Liste aller emergenten Eigenschaften aufzustellen, die wir während der Flußfahrt gesehen hatten, angefangen bei den Vögeln. Wenn jemandem ein Beispiel einfiele, sollte er es mir sagen, ich würde es dann im Flußtagebuch festhalten.

★ ★ ★

Man wird keinen Verkehrsstau ausmachen, wenn man sich nur auf das Innere eines einzigen Taxis beschränkt... Ein Verkehrsstau hat eine andere Ebene als ein einzelnes Auto... Es liegt in der Natur kollektiver Phänomene, daß sie Muster sind, die sich aus Teilen zusammenfügen, die wiederum starke Einflüsse auf die Teile ausüben und so agieren, daß diese bei der Stange bleiben. Man denke an Wirbelstürme, Leben, Intelligenz.

Der Computerwissenschaftler Douglas R. Hofstadter,
*Metamagicum*, 1988

Was die sichtbaren Formen angeht, hat die Natur offenbar gewisse Favoriten. Dazu gehören Spiralen, Mäander, Verzweigungsmuster und Winkel von 120 Grad. Auf diese Muster stoßen wir überall. Die Natur handelt wie ein Theaterproduzent, der Abend für Abend dieselben Schauspieler in anderen Kostümen und anderen Rollen auf die Bühne stellt. Die Schauspieler beherrschen nur ein begrenztes Repertoire. Fünfecke sind bei den meisten Blumen, aber bei keinem Kristall anzutreffen. Sechsecke kommen bei den meisten sich wiederholenden zweidimensionalen Mustern vor, schließen aber allein in keinem Fall einen dreidimensionalen Raum ein. Die größte Vielseitigkeit zeigt dagegen die Spirale. Sie spielt bei der Replikation des kleinsten Virus ebenso eine Rolle wie bei der Anordnung der Materie in der größten Galaxie.
Der Architekt Peter S. Stevens, *Patterns in Nature*, 1974

# Meile 166
# National Canyon

## Elftes Lager

Diejenigen unter uns, die heute morgen nicht an der Wanderung durch den Havasu Canyon teilgenommen hatten und statt dessen auf der Insel geblieben waren, waren, nachdem das Lager stand, noch zu einem Spaziergang aufgelegt. Wir entdeckten den großartigen steinernen »Wasserfall«, den der Bach aus dem Fels herausgemeißelt hatte. Der prächtige Eindruck wurde noch dadurch verstärkt, daß die langen Schatten nun die Farben besonders akzentuierten. Ausnehmend schön war auch der Sonnenuntergang, weil einige Wolken sich genau an der richtigen Stelle befanden. Als wir zurückkamen, standen die anderen bereits Schlange, um das Abendessen in Empfang zu nehmen.

Einige kamen, nachdem sie am Fluß ihre Teller gespült hatten, zu mir, während ich noch an meiner zweiten Portion saß. Sie nannten Beispiele von emergenten Eigenschaften, die sie während der Flußfahrt wahrgenommen hatten, und so mußte ich eine Zeitlang zwischen Essen und Notizbuch hin und her wechseln. Hier folgt unser Katalog der emergenten Eigenschaften.

★ ★ ★

Wellen sind ein gutes Beispiel für die Wechselwirkung zwischen einem schnelleren und einem langsameren Tempo. Windwellen treten auf, wenn die Wasseroberfläche dazu getrieben wird, sich schneller zu bewegen als die Strömungen darunter; dadurch eilt das Oberflächenwasser über das tiefere Wasser hinweg und bildet einen Kamm, der dann bricht. In Ufernähe entstehen Wellen umgekehrt. Wenn eine Welle auf das Ufer zuläuft, wird das tiefere Wasser durch den Kontakt mit dem Boden verlangsamt, während das Oberflächenwasser weitereilt und sich wiederum bricht. Wo die Strömung auf einen festen Grund stößt, verlangsamt sie sich; je näher man zum Grund kommt, desto langsamer fließt sie, bis an der Berührungsfläche selbst nichts mehr fließt. Deshalb bläst der Wind zwischen den Regenfällen nicht den Staub von den Blättern – oder von den Flügeln eines Flugzeugs. Das gilt auch, wenn wir ein Ruder ins Wasser stecken, dann fließen die Wassermoleküle direkt auf der Oberfläche des Ruderblatts nicht. Durch die allmähliche Verlangsamung in der Nähe der Oberfläche entsteht Turbulenz, und deshalb beobachten wir hinter dem Ruder spiralförmige Wirbel.

Auf die gleiche Weise entstehen unterhalb von Stromschnellen zurückströmende Wirbel. Auch dies ist eine emergente Eigenschaft. Am Rand der Stromschnelle verlangsamt sich das Wasser, und dadurch entsteht eine »Seitwärtswelle«, wenn der Fluß unterhalb der Stromschnelle breiter wird. Bei abwärts gerichteten Energieflüssen scheinen sich leicht Spiralen zu bilden, aufgrund der Randeffekte, wo der Fluß in der Nähe einer Grenze verlangsamt wird, etwa an einem Ufer. Aber auch zwischen zwei in entgegengesetzter Richtung fließenden Strömungen gibt es ein Gebiet, in dem die Geschwindigkeit des Wassers auf Null absinkt. Dadurch können sich mitten im Strom, weit vom Ufer entfernt, neue Wirbel bilden, die von dem Gebiet mit Null-Strömung ausgehen.

Der durchschnittliche Wirbel bewegt sich gleichförmig über eine Strecke, die etwa seinem eigenen Durchmesser entspricht, bevor er kleine Wirbel erzeugt, die in der Regel in die entgegengesetzte Richtung wandern. Diese kleineren Wirbel erzeugen ihrerseits noch kleinere Wirbel, und dieser Prozeß setzt sich fort, bis die gesamte Energie in Form von Wärme durch molekulare Bewegung zerstreut ist…, wie es so treffend in dem Gedicht von L. F. Richardson beschrieben wird:

> *Große Wirbel haben kleine,*
> *die fressen ihnen ihr Tempo auf.*
> *Und kleine Wirbel haben kleinere,*
> *das ist der Viskositäten Lauf.*
> Zitiert von Peter S. Stevens, 1974

Albert Einstein hat sich einmal mit dem Problem der Mäander befaßt, jener Neigung von Flüssen, immer wieder ihre Richtung zu ändern, statt geraden Wegs von einem Hügel herunterzufließen. Er kam zu dem Schluß, daß hier dieselben Prinzipien, die wir bei Meereswellen und Wirbeln beobachten, in einer ausgefallenen dreidimensionalen Version vorliegen. Alles geht aus dem abwärts gerichteten Energiefluß hervor. Er pumpt emergente Erscheinungen, darunter besonders die Evolution selbst, in die Höhe. Die Evolution ist der Strom, der bergauf fließt.

★ ★ ★

Dickhornschafe sind emergent, wenigstens die spiralförmige Krümmung ihrer Hörner! Ist das Wachstumstempo an der Vorderseite des Horns größer ist als an der Rückseite, wird das Horn nach hinten gebogen. Wenn die Innenseite schneller wächst als die Außenseite, wird das Horn nach außen wachsen. Und wenn beide Prozesse gleichzeitig ablaufen? Dann wird die Kombination der beiden Differenzen im Wachstumstempo zu den korkenzieherförmigen Hörnern der Dickhornschafe führen.

Auch die Form von Schneckenhäusern beruht auf Differenzen im Wachstumstempo. Die Helix der doppelsträngigen DNA entsteht jedoch auf andere Weise, nicht durch differierende Wachstumsraten. Es gibt mehr als einen Weg, um eine Spirale oder einen Korkenzieher zu formen. Die Astronomen sind noch immer bemüht, aus den Spiralnebeln schlau zu werden, jenen himmlischen Erscheinungen, die so aussehen, als hätte ein kreisender Rasensprenger Sterne ausgespuckt.

★ ★ ★

Die Travertinbecken im Havasu Canyon sind ein weiteres Beispiel einer Organisation, die während eines abwärts gerichteten Energieflusses entsteht – in diesem Fall herabströmendes Wasser. Statt der Mäander, die ein bergab fließender Bach erzeugt, ist hier eine Reihe von Teichen entstanden, mit kleinen Dämmen dazwischen wie bei einem terrassierten Berghang. Die Dämme entstehen ganz ohne die Mitwirkung von Bibern und ihrem Instinkt, Stöcke und Schlamm dahin zu schieben, wo sie fließendes Wasser hören (obwohl auch das eine emergente Eigenschaft ist). Das Kalziumcarbonat (der im Wasser gelöste Kalkstein) schlägt sich nieder an den Ästen, die in den Bach fallen, an den Baumwurzeln, die durch das fließende Wasser freigelegt werden, und an allem, was sich dazu eignet. Wie ein Gipsverband um einen gebrochenen Arm verdickt das den Ast. Ein anderer, vom Wasser herbeigeschwemmter Ast verfängt sich darin. Auch er wird nach und nach beschichtet und dadurch einzementiert. Auch wenn das Holz verrottet, bleibt die Travertinumhüllung erhalten und wächst weiter. Jahrhundertelang.

Schließlich wird der Widerstand, auf den das fließende Wasser stößt, so groß, daß es, statt zwischen den Zweigen hindurchzufließen, über den Rand des Gewirrs gedrängt wird. Dann beginnt aber auch die Oberkante anzuwachsen und bildet eine glatte Lippe. Durch diesen einfachen Vorgang der Ausfällung von Kalk in fließendem Wasser entsteht eine Reihe von kleinen Dämmen, die jene treppenförmig abgestuften stillen Becken bilden, die wir heute genossen haben. Aus Chaos entsteht Ordnung.

An verschiedenen Stellen des Flusses ist auf Felsvorsprüngen, die sich mehrere Stockwerke oberhalb des derzeitigen Wasserspiegels befinden, Treibholz liegen geblieben, woran man sieht, wie hoch einst das Wasser während der Frühjahrsüberschwemmungen reichte. Das ist ein Beispiel der stratifizierten Stabilität; so bezeichnet Jacob Bronowski die Erscheinung, daß hin und wieder durch Tumult etwas auf eine höhere Organisationsstufe gelangt, die es daran hindert, zurückzufallen. Der Vorsprung unter dem Treibholz ist nicht direkt eine emergente Eigenschaft, aber er zeigt, wie das Chaos einer Frühjahrsüberschwemmung zu Ordnung führen kann, wenn etwas da ist, um das Treibholz aufzufangen und vorm Herunterfallen zu bewahren.

Besonders bedeutsam ist die Stabilität der Proteinketten. Sie haben eine bestimmte Form und ähneln Bretzeln, die in der Mitte zusammengebacken sind. Die Form ist wichtig, denn nur dank ihrer Winkel und Löcher können die Ketten als Enzyme fungieren. Die Aufgabe des Enzyms besteht in der Steuerung der Reaktion biologischer Substrate – eines aus einer ganzen Klasse von Substraten – innerhalb eines wechselwirkenden chemischen Prozesses.

Strudellöcher sind emergente Erscheinungen. Zumindest jene Art von Strudelloch, die wir am Deer Creek sahen, worin der Baum wuchs. Gerät ein Stein in eine Vertiefung und wird von dem strömenden Wasser umhergewirbelt, so kann er sich tiefer eingraben. In den meisten Fällen wird eine Flutwelle den Stein mit sich reißen, so daß der Prozeß unterbrochen ist, bis ein anderer Stein in die gleiche Lage gerät. Wenn das Loch jedoch tief genug und der Stein schwer genug ist, kann nicht mehr genügend Wasser in die Vertiefung gelangen, um den großen Stein mit sich zu reißen. Dann sitzt er fest, noch fester als das Treibholz auf den Felsvorsprüngen. Das Strudellochprinzip – gibt es da nicht etwas Ähnliches im Großstadtverkehr?

Wieder kommt die stratifizierte Stabilität zur Geltung. Jahrein, jahraus wird der Fels herumgewirbelt in einem Loch, das tiefer und tiefer wird, bis ein regelrechtes Strudelloch entstanden ist. Zwischen den großen Überschwemmungen geraten kleinere Steine oder Sand in das Loch, und so können Bäume und Blumen dort für eine Zeitlang Wurzel schlagen. Regenwasser sammelt sich, und so können Löcher während der Zeit, in der die Bäche ausgetrocknet sind, als Trinkwasserreserve dienen. Auf den Wanderkarten vom Grand Canyon sind einige der Strudellöcher als Trinkwasserquellen für Wanderer angegeben. Die Dickhornschafe brauchen keine Karten.

★ ★ ★

Stehende Wellen sind emergent. Und Bäche haben während Überschwemmungen jene Reihe von Badewannen ausgegraben, die wir im Matkat und im Blacktail Canyon genossen haben.

Eine andere Manifestation stehender Wellen sind die waschbrettartigen Querrinnen auf unbefestigten Straßen. Die Rinnen sind das Ergebnis der Zusammensetzung des Bodens, der Elastizität der Stoßdämpfer und Reifen und der durchschnittlichen Geschwindigkeit, mit der die Autos auf diesen Straßen fahren.

★ ★ ★

Eine weitere emergente Erscheinung ist das Sortieren nach Größe. Wir können es hier im National Canyon beobachten, während wir den Sandstrand entlanggehen. Oben am Bach sind die Steine groß. Je weiter man hinunterkommt, desto kleiner werden sie, weil der Fluß während einer Überschwemmung die kleineren Steine leichter mitreißen kann. Mit der Zeit wird der Fluß die Steine nach Größe sortieren, wiederum eine Folge des abwärts gerichteten Energieflusses. Das war sehr wichtig, bevor Leben entstand, denn Ton ist ein guter Katalysator.

Ordnung entsteht sogar, wenn ein Vulkan seinen Gipfel absprengt: Wenn Bäume umgeblasen werden, liegen sie säuberlich parallel aufgereiht, wie Streichhölzer. Die Hügel um den Mount St. Helens sehen aus wie zerfallende Bruchstücke eines riesigen Weidenkorbes.

Emergent sind Stapelprinzipien wie die sechseckigen Querschnitte der Honigwaben in meinem Traum letzte Nacht. Ähnliche Regeln bestimmen die Form von Kristallen und die Anordnung der Körner in einer Ähre. Vielleicht sogar die Struktur des Weltalls.

Einstein... war lange von einer Vision erfüllt: Es gibt nichts in der Welt außer dem gekrümmten leeren Raum. Auf eine bestimmte Weise gekrümmt, beschreibt die Geometrie hier die Gravitation. Dort auf andere Weise gekräuselt, manifestiert sie alle Eigenschaften einer elektromagnetischen Welle. An einer wiederum anderen Stelle angeregt, zeigt sich das magische Material, das der Raum ist, als ein Teilchen. Der Raum enthält nichts, was ihm fremd und »physikalisch« wäre.

Der Physiker John A. Wheeler

Schlauheit bei Omnivoren kann – einfach durch die Kombination mehrerer Strategien der Nahrungsbeschaffung – zu einem Verhalten führen, das vielseitiger ist als die Summe der darin eingegangenen Verhaltensweisen. So könnte die Fähigkeit der Seemöve, Nahrung im Schnabel zu befördern, kombiniert mit ihrer Fähigkeit, Muscheln zu fressen, die bereits von den an die Küste schlagenden Wellen aufgebrochen sind, zu der Fähigkeit geführt haben, Muscheln dadurch zu öffnen, daß sie sie aus der Luft auf Felsen fallen läßt. Im Besitz dieser beiden Fähigkeiten braucht die Möve nur noch zu entdecken, daß es Spaß macht, Muscheln fallen zu lassen. So wie ein Kind entdeckt, daß es Spaß macht, den Löffel vom Hochstuhl herunterfallen zu lassen.

Scharfe Steinwerkzeuge aus herunterfallenden Steinen. Barbaras Demonstration der stochastischen Werkzeugherstellung war lediglich eine Beschleunigung dessen, was die Natur langsamer macht, wenn sie Steine so tief fallen läßt, daß Splitter davon abbrechen. Daß man hier nicht am

Fuß einer jeden Klippe Haufen scharfer Steine findet, liegt vermutlich daran, daß die kleineren Stücke eher von der Flut fortgetragen und dabei so herumgestoßen werden, daß sie sich abschleifen. Auf diese Weise werden sie nach Größe sortiert.

★ ★ ★

Dann gibt es noch die großen Seitensprünge in der Evolution der mehrzelligen Tiere. Sie brachten, vergleichbar mit den Federn, die der Isolation dienten, aber den Vogelflug ermöglichten, etwas hervor, das nichts mit dem zu tun hatte, worum sich der Konkurrenzkampf zu drehen schien.

Die Weltgeschichte scheint zu einem Großteil aus der Geschichte unbeholfener kleiner Wesen ohne sonderliches Zukunftspotential zu bestehen, die wie das arme kleine Mädchen Alice in ein Kaninchenloch oder einen unerwarteten Spalt fallen und in einem anderen Reich landen, wo alles auf dem Kopf zu stehen scheint... Der erste Fisch, der an Land ging, war nach heutigen Maßstäben ein plumpes und ineffizientes Wirbeltier. Er war, bildlich gesprochen, im Wasser ein Versager, dem es gelang, an Land zu klettern, auf einen Kontinent, auf dem es keine Wirbeltiere gab. In einem kritischen Moment war er seinen Feinden entronnen... Der nasse Fisch, der in der rauhen Luft keuchend auf dem Ufer liegt, das warmblütige Säugetier, das ungehindert durch die erstarrte Reptiliennacht streift, der Echsenvogel, der sich zu einem kurzen, unbeholfenen Flug aufschwingt – sie widerlegen alle nur auf dem Konkurrenzprinzip beruhenden Überlegungen.

Loren Eiseley

Man muß sich einmal vorstellen, welche Vorteile das erste warmblütige Säugetier nachts gehabt haben muß, wenn alle Reptilien sich wegen der Abkühlung in einem schläfrigen Zustand befanden und sich nicht wehren konnten. Dabei war es doch (aus der Sicht der Kaltblüter) ein außergewöhnlich ineffizientes Tier, das Energie vergeudete, indem es Nahrung umsetzte, wenn dies gar nicht für die Bewegung erforderlich war. Dadurch wurde jedoch die Körpertemperatur hochgehalten, und so war das Tier angenehm überrascht von all den schlafenden Beutetieren, auf die es stieß. Die verschwendete Energie wurde dadurch mehr als wettgemacht. Wenn Sie wieder einmal ein Evolutionsargument hören, das sich auf die Effizienz beruft, denken Sie nur an diese verschwenderischen warmblütigen Tiere.

★ ★ ★

Das Verhältnis zwischen Oberfläche und Volumen. Sie wissen, daß man kleine Kinder warm anzieht, um sie vor der winterlichen Kälte zu schützen. Wissen Sie auch, warum Babies viel schneller warm werden oder auskühlen als Erwachsene? Es liegt daran, daß bei ihnen das Verhältnis von Oberfläche zu Volumen größer ist. Die in uns enthaltene Wärme-Kalorienzahl hängt ab von unserer Größe, unserem Gewicht, unserem Volumen. Wärmegewinn oder -verlust vollziehen sich normalerweise über die Oberfläche unseres Körpers. Wächst ein Baby zum doppelten Gewicht (und doppelten Volumen) heran, so verdoppelt sich seine Oberfläche dadurch nicht. Die Körpertemperatur kann sich dann nicht mehr so schnell ändern. Der relative Wärmeverlust (der Anteil der Körperwärme, die man innerhalb eines bestimmten Zeitraums verliert) entspricht der Körperoberfläche, geteilt durch das Volumen, kurz, dem Verhältnis von Oberfläche zu Volumen. Verdoppelt man den Durchmesser einer Kugel, vergrößert sich die Oberfläche auf das Vierfache. Da ihr Volumen aber mit der dritten Potenz des Durchmessers wächst, verachtfacht es sich. Die Verdoppelung des Durchmessers halbiert das Verhältnis von Oberfläche zu Volumen (1:1 wird 4:8). Die Temperatur der großen Kugel sinkt daher nur halb so schnell wie die der kleineren. So ist es auch mit Babies: Je größer sie werden, desto langsamer verlieren sie Wärme, und desto weniger müssen die Eltern daran denken, sie im Winter für einen kurzen Gang über die Straße warm einzupacken. Nicht umsonst sind Eisbären so groß.

Dasselbe einfache Größenprinzip (das dem zugrunde liegt, was die Biologen Allometrie nennen) ist in der Natur noch auf manche andere Weise wirksam. Nehmen wir zum Beispiel zwei Fischschwärme, von denen der eine doppelt so viele Fische umfaßt wie der andere, während der durchschnittliche Abstand zwischen den Fischen derselbe ist. Große Raubfische, die es nach einem Mahl gelüstet, nähern sich dem Schwarm normalerweise von der Seite, woraufhin dieser kehrt macht und davonsaust. Nur die Fische am Rande des Schwarms laufen Gefahr, geschnappt zu werden. Bei dem größeren Schwarm schwimmen zwar mehr Fische am Rand, doch der Anteil der Fischpopulation, der dem Räuber ausgesetzt ist, ist kleiner, weil das Volumen (proportional zur Anzahl der Fische in einem Schwarm) schneller wächst als die Oberfläche (die Anzahl der den Räubern ausgesetzten Fische). Die Fische brauchen die allometrischen Prinzipien nicht zu »kennen« – es genügt, daß Fische, die sich gern in größerer Gesellschaft aufhalten, auch größere Chancen haben, lange genug zu leben, um sich fortzupflanzen. Bei den Tieren, die in Afrika zu den Wasserstellen kamen, wirkte sich dieses Herdenprinzip gegen sie aus, denn *Homo erectus* schleuderte seinen scharfen Diskus mitten zwischen sie, wo sie dicht beieinanderstanden. Er überlistete ihre Gesellungsstrategie.

Wenn man jedoch eine möglichst schnelle Wärmeleitung erreichen will, muß man durch ein möglichst kleines Format für ein großes Verhältnis von Oberfläche zu Volumen sorgen. Wenn beispielsweise ein Steak schnell gar werden soll, muß man es in viele kleine Stücke schneiden, die der Hitzequelle eine sehr viel größere Oberfläche darbieten und daher schneller gar werden.

Heute abend gibt es – Sie werden es erraten haben – Steak, und jeder bereitet es sich selbst. Ich habe Marsha gerade gezeigt, wie meine Mutter es machte: Sie schnitt das rohe Steak in dünne Streifen, die sie einzeln briet (sie mochte es gern durchgebraten). Bäume verfahren ähnlich, um die Rate der Photosynthese zu steigern: Sie vergrößern ihre Oberfläche, indem sie viele dünne, flache Strukturen ausbilden, die wir Blätter nennen, statt die Photosynthese an der Oberfläche ihrer zylindrischen Äste zu betreiben (richtig, deshalb hat der Mormonen-Teebaum keine Blätter – statt ihrer übernimmt die »Rinde« die Photosynthese). Nur eine kleine Regel der Geometrie, die aber für die Größe der Dinge allerlei Folgen hat.

★ ★ ★

Später fiel mir ein, daß vielleicht auch die Evolutionsgeschwindigkeit teilweise auf dem Verhältnis von Oberfläche zu Volumen beruht haben könnte. Am wirksamsten ist die natürliche Auslese an den Rändern einer Population, wo die Überlebensbedingungen bereits marginal sind (wie bei dem Fischschwarm). Doch wie schnell kann die Auslese dort die Merkmale der gesamten Population graduell verändern, wenn der Genpool ständig gut umgerührt wird?

Denken Sie sich die Population als die Fläche eines Kreises, wobei Veränderungen nur am Umfang des Kreises auftreten: Das Verhältnis von Umfang zu Fläche des Kreises deckt sich mit dem Verhältnis von Oberfläche zu Volumen der Kugel, woraus folgt, daß die Veränderungsrate sich umgekehrt proportional zum Durchmesser verhält. Wenn die Population sich vervierfacht, nimmt der Umfang, an dem die natürliche Auslese stattfindet, nur auf das Zweifache zu, wodurch sich die Evolutionsgeschwindigkeit unter sonst gleichen Bedingungen halbiert. Wächst eine Population auf das Hundertfache ihrer ursprünglichen Größe, während Veränderungen sich weiterhin nur am Rand vollziehen, wird die

## Populationsgröße beeinflußt Evolutionstempo

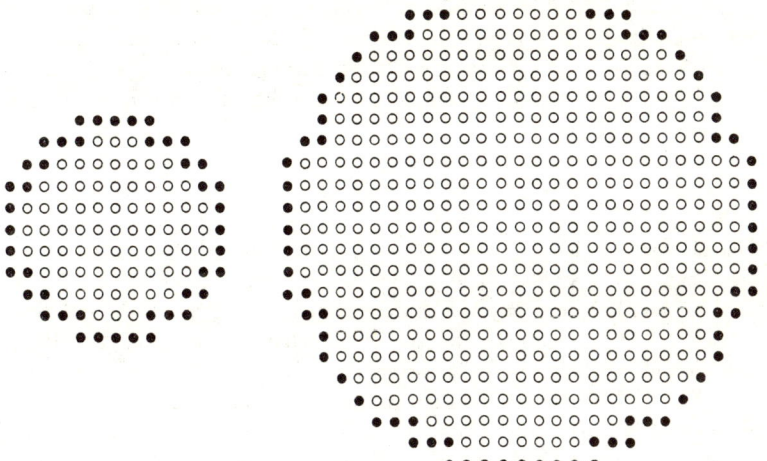

Findet Selektion hauptsächlich an der Peripherie statt, wobei aber der Genpool durchmischt wird, so sind bei Vervierfachung der Population nur doppelt so viele Individuen von der Selektion betroffen, *das Tempo der graduellen Veränderung wird also halbiert.*

Wächst eine Population aufs Tausendfache, wie es bei der Menschheit in den letzten 10 000 Jahren der Fall war, so sinkt das Tempo der graduellen biologischen Evolution auf drei Prozent des ursprünglichen Werts. Dies ist einer der Gründe, warum große Populationen sich langsam und kleine sich schnell verändern.

Evolutionsgeschwindigkeit auf zehn Prozent ihres ursprünglichen Wertes zurückgehen. Wenn wir die Weltbevölkerung nehmen, die sich gegenüber dem Stand vor Aufkommen der Landwirtschaft vertausendfacht hat, so muß sich das Tempo der graduellen menschlichen Evolution auf drei Prozent des Tempos verlangsamt haben, das sie noch vor 10 000 Jahren hatte, allein wegen dieser Bevölkerungszunahme und dieses einfachen Größenprinzips (in Wirklichkeit verändern sich größere Populationen nicht gleichförmig, weil der Genpool nicht mehr gründlich durchmischt wird). Als die großen Seen Ostafrikas durch die Hebung des Landes in viele kleinere Seen zerfielen, wurden die Fische in ihrer

Beweglichkeit eingeschränkt. Dadurch spalteten sich die Barsche in viele getrennte Arten auf, die sich jeweils schneller zu entwickeln begannen. Der Erfolg hat also, zumindest, wenn man ihn in Zahlen mißt, die Tendenz, das Evolutionstempo bis zum Kriechgang zu verlangsamen. Daneben hängt die Evolutionsgeschwindigkeit natürlich noch von anderen Einflüssen ab, darunter den Meteoriten, die gelegentlich das Ganze ins Wanken bringen.

★ ★ ★

Ein hervorragendes Beispiel für emergente Eigenschaften sind selbstorganisierende Systeme. Dazu gehört das erwähnte Beispiel des Immunsystems, das anhand von zwei einfachen Regeln eine große Vielfalt von Abwehrzellen erzeugt, von denen keine sich gegen körpereigene Proteine richtet. Die bekannten automatischen Computersimulationen *Conway Game* und *Game of Life* machen deutlich, wie zwei einfache Regeln für Geburt und Tod hochkomplizierte Muster in Raum und Zeit generieren können. Während sich das Spiel auf einem Schachbrett entwickelt, schicken einige der Muster »Segler« aus, die davonschweben, und andere Muster können, ohne sich dabei zu verändern, Segler schlucken.

Das Erreichen einer neuen Dimensionsebene ist... ein kritisches Ereignis in der Evolutionsgeschichte. Ich schlage vor, von evolutionärer Transzendenz zu sprechen... Transzendieren heißt, die Grenzen eines Systems zu überschreiten beziehungsweise seine gewohnten, bekannten, bisher genutzten und ausgeweideten Möglichkeiten hinter sich zu lassen.

Der theoretische Biologe Theodosius Dobzhansky, 1969

★ ★ ★

Ich nehme an, daß Transzendenz eine andere Bezeichnung für Seitensprünge ist – Charles Darwins »Funktionswandel bei struktureller Kontinuität« springt bei äußerlichen Strukturen wie den Federn ins Auge, doch so richtig kommt er erst beim Verhalten zur Geltung, bei Strukturen, die sich in der komplexen Neuroanatomie verstecken. Beim Radfahren wird ein neuraler Apparat, der durch die Auslese für andere Dinge als das Radfahren geformt wurde, sekundär genutzt. Das Treten der Pedale wird vermutlich von der neuralen Schaltung gesteuert, die für das zweibeinige Gehen verantwortlich ist, und stellt wohl eine zeitweilige Modifikation innerhalb des Spektrums der möglichen Gangarten dar.

Das hervorragende Balancieren geht aber vermutlich auf Fähigkeiten zurück, sich unter Wasser zu orientieren, die in einer aquatischen Phase vor sechs Millionen Jahren am stärksten der natürlichen Auslese unterworfen waren. Die Kombination der beiden Verhaltensweisen – gehen und balancieren – bringt sehr viel schneller eine neue Fähigkeit hervor, als die Kombination zweier Verdauungsenzyme einen neuen Nahrungsbestandteil verfügbar macht. Im Verhalten lassen sich unschwer Elemente miteinander kombinieren, die scheinbar nichts miteinander zu tun haben. Deshalb ist das Gehirn eine so machtvolle Erfindung der Evolution.

★ ★ ★

Die natürliche Auslese konnte den wilden Menschen allenfalls mit einem Gehirn ausstatten, das dem eines Menschenaffen nur um einige Grade überlegen ist, wohingegen er in Wirklichkeit über ein Gehirn verfügt, das dem eines Philosophen kaum unterlegen ist.

Alfred Russel Wallace (1823–1913)

Seitensprünge, bei denen alte Dinge eine neue Verwendung finden, sind auch emergente Eigenschaften. Das wird einfach von vielen Menschen nicht bedacht, die der Ansicht sind, das Gehirn könne unmöglich eine Folge der natürlichen Auslese sein. In einem gewissen Sinne haben diese Menschen schon recht, nur umfassen evolutionäre Erklärungen eben nicht bloß Anpassungen. Die natürliche Auslese formt die ursprüngliche Fertigkeit, zum Beispiel das Werfen, doch dann wechselt sie die Spur und geht zu etwas Unerwartetem über, zum Beispiel zur Sprache. Auch auf dieser neuen Spur ist die natürliche Auslese wirksam, verhilft sie der emergenten Fertigkeit aus ihren groben Anfängen zu einer verfeinerten Gestalt, doch die Ursache dieser Seitensprung-Transzendenz ist sie natürlich nicht. Diese ergibt sich ungewollt. So wie der Lungenfisch das Land eroberte, so wie das gefiederte Reptil die Luft eroberte, hat sich das Gehirn unseres Philosophen durch einen selbstorganisierenden Seitensprung der Evolutionsgeschichte ergeben und einen neuen Bereich erobert.

Seitensprünge sind so etwas wie »Sprünge in den Hyperraum« in den Computerspielen, wo man sich vor anfliegenden Raketen durch Drücken einer Nottaste retten kann, was dazu führt, daß das eigene Raumschiff vom Bildschirm verschwindet und an einer anderen, beliebig gewählten Stelle des Bildschirms wieder auftaucht (die aber auch nicht unbedingt ein sicherer Ort sein muß – manchmal gerät man dabei vom Regen in die Traufe). Natürliche Auslese findet vor und nach dem Sprung statt, doch der Sprung selbst ist eine Diskontinuität.

Ist das Ergebnis von evolutionären Seitensprüngen wirklich zufällig, oder werden die Seitensprünge von Prinzipien bestimmt, die wir noch nicht entdeckt haben? So wie viele mathematische Prinzipien bei einer Diskontinuität versagen, kann auch unser adaptionistisches Denken einen Seitensprung nicht überbrücken.

★ ★ ★

Lassen sich die emergenten Eigenschaften in verschiedene Klassen einteilen? Offenbar werden ganze Familien emergenter Eigenschaften durch Stapelprinzipien und durch ein Verhältnis von Oberfläche zu Volumen hervorgerufen. Das ist ermutigend, denn es besagt, daß eine emergente Eigenschaft nicht unbedingt ganz und gar einzigartig, *sui generis*, zu sein braucht, sondern daß einige sich zu Familien bündeln, daß es Prinzipien gibt, die man verstehen kann.

Es gibt in der Tat emergente Erscheinungen, die andere emergente Erscheinungen ermöglichen: Der Neurobiologe David G. King nennt sie Metaptationen (denken Sie einfach an »Meta-Adaptationen«, wobei freilich auch zu bedenken ist, daß, wie Steve Gould und Elizabeth Vrba in ihrer Diskussion über den Ausdruck »Exaptation« als Ersatz für die irreführende »Präadaption« gezeigt haben, die Vorsilbe »Ad-« insofern ungeeignet ist, als sie die Vermutung einer Gerichtetheit »auf etwas hin« enthält).

Was ist unter einer Metaptation zu verstehen? Es handelt sich dabei um eine evolutionäre Veränderung, die eine ganze Reihe völlig neuer evolutionärer Veränderungen erschließt. Gewiß handelt es sich auch hier um einen Seitensprung, um eine emergente Erscheinung, aber eine solche von besonderer Art, die auf lange Sicht fundamentaler ist als die Federn, die zum Fliegen führen. Die Sexualität ist eine Metaptation: Sie hat, indem sie den Zufall institutionalisierte, statt ihn willkürlichen Mutationen zu überlassen, eine ganze Reihe anderer möglicher Seitensprünge eröffnet. Erst Genduplikation, dann Diversifikation, das gehört zu meiner Liste der Metaptationen.

Eine wichtige Metaptation war auch die Erfindung des Gehirns: So wie das Gehirn »Äpfel« und »Birnen« zusammenzählen kann, um auf eine bestimmte Anzahl »Früchte« zu kommen, kann es auch Verhaltensweisen, die wenig miteinander zu tun haben, zu einer ganz neuen Verhaltensweise kombinieren. Dem Gehirn fällt es sehr viel leichter als einer einzelnen, reizbaren Zelle, Verhaltensweisen, Erinnerungen und Strategien zusammenzufassen, und auf diese Weise hat das Gehirn eine ganze Reihe von evolutionären Entwicklungen in Gang gesetzt.

Auch das Gesetz der großen Zahl läßt eine ganze Familie von vielfältigen emergenten Eigenschaften entstehen. Es sorgt für den regelmäßigen Schlag des Herzens und für die Präzision, mit der der Jäger wirft. Vielleicht ist es sogar die Grundlage unserer Liebe zur Musik. Der Physiker Erwin Schrödinger hat das Gesetz der großen Zahl in seinem wichtigen, 1944 erschienenen Buch zur Biologie, »Was ist Leben?«, als das »Prinzip der Ordnung aus Unordnung« bezeichnet.

Angewandt auf Sequenzen, besagt das Gesetz der großen Zahl, daß viele parallele Sequenzierer, die alle der gleichen Aufgabe dienen, imstande sein müßten, genauer getimte Sequenzen zu erbringen. Das kommt beim Werfen sehr gelegen. Vielleicht werden diese einzelnen Sequenzierer aber nur bei besonderen Anlässen gekoppelt und können, wenn nicht gerade eine Spitzenleistung im Timing verlangt wird, ihre eigenen Wege gehen. Was mag herauskommen, wenn all die Sequenzierer untätig herumsitzen und sich die Zeit damit vertreiben, Szenarien miteinander zu verknüpfen? Ist es das, was wir Bewußtsein nennen? Ist es vielleicht aus all den Sequenzierern hervorgegangen? Ist das menschliche Bewußtsein vielleicht deshalb um eine Größenordnung komplexer als das der Tiere, weil wir, um gute Werfer zu werden, so viele Sequenzierer entwickelt haben?

Von den Leuten, die nach dem Abendessen zusammengeblieben waren, wurde ich gefragt, was ich unter einem Sequenzierer verstehe, und Rosalie kam mit einem vollendeten Beispiel: dem Drehknopf, mit dem das Programm der Waschmaschine eingestellt werden kann. Die Schemata, die er in eine Reihenfolge bringt, sind allesamt Bewegungen, nämlich »Wasser zuführen, waschen, spülen, leerpumpen, schleudern, bremsen«. Er kann die Dauer der einzelnen Arbeitsgänge variieren, kann, falls gewünscht, einige überspringen, oder vielleicht eine Spülen-leerpumpen-Sequenz wiederholen. Die Sequenzierer im Gehirn arbeiten statt in Minuten in Sekundenbruchteilen, aber ansonsten ist das Prinzip dasselbe.

Angenommen, wir bräuchten für bestimmte Anlässe eine Waschmaschine, deren Arbeitsgänge exakt zehn Minuten dauern, bis auf die

Sekunde, daß aber das vorhandene Modell mal acht, mal elf Minuten läuft, daß es also ungenau ist. Dieses Problem läßt sich auf eine schlaue, wenn auch ziemlich ausgefallene Weise umgehen. Wir könnten 100 unzuverlässige Waschmaschinensteuerungen nehmen und sie alle zusammen mit einer Waschmaschine laufen lassen (wobei ein Arbeitsgang dann eingeschaltet würde, wenn die Hälfte der Steuerungen darin übereinstimmt, daß es nun an der Zeit sei). Dieses »Mitteln« der Zeiten in den 100 Steuerungen wird die Präzision des Timing um einen Faktor zehn verbessern: Wenn die einzelne Steuerung eine Abweichung von einer Minute zeigt, wird die Zusammenschaltung der Steuerungen nur noch um $1/10$ Minute abweichen. Wenn Sie eine Genauigkeit von $1/100$ Minute wünschen, brauchen Sie nur 10 000 Steuerungen zu nehmen.

Außerhalb dieser ganz speziellen Anlässe, bei denen Sie übervorsichtig sind und sich beim Waschen Ihrer empfindlichsten Sachen exakt an die in der Vorschrift angegebene Zeit halten, würden Ihnen 99 Steuerungen zur Verfügung stehen, für die es keine Verwendung gibt. Angenommen, die Steuerungen könnten auch sensorische Schemata wie Bücher, Blumen, Boote und Stiefel verarbeiten, die sie zusammen mit »waschen« und »schleudern« zu neuen Szenarien verknüpfen würden. Es würde aber einen Zensor geben, der über den Grad des »Realismus« der entworfenen Szenarien wacht und beispielsweise urteilt: »Boote waschen ist eine gängige Praxis, aber Bücher waschen ist in Ihrem Leben bislang kaum vorgekommen.« Selbst wenn sich die Szenarien von 95 der untätigen Steuerungen als unrealistisch erweisen sollten, könnten vier doch realistische Szenarien liefern, die sich freilich in der »Qualitäts«beurteilung unterscheiden würden. Stellen Sie sich nun vor, Sie würden für Ihre nächste Handlung das Programm mit dem höchsten Qualitätsurteil auswählen – wäre das allzu weit hergeholt?

Eine größere Zahl von auswählbaren Szenarien sorgt für »schlauere« Tiere. Das ist die Situation, die das Werfen geschaffen haben könnte, indem einfach solche Individuen selektiert wurden, bei denen gerade ein paar Sequenzsteuerungen übrig waren, die bei besonderen Wurf-Angelegenheiten zusammengeschaltet werden konnten. Haben Menschen vielleicht deshalb mehr Bewußtsein als Hunde? Oder steckt mehr dahinter?

Die Natur ist verschwenderisch. Das belegen all die Bärenwelpen, die sterben müssen, oder die Millionen von Mückeneiern, von denen nur eines eine Mücke liefert, die wiederum Eier legt. Wenn die Fabrik erst einmal läuft, ist nichts einfacher, als ein paar zusätzliche Nervenzellen zu machen, und sie werden ja auch während der Schwangerschaft im Übermaß produziert, und die überzähligen sterben ab. Wenn Präzision gefordert ist, liefert das Ranklotzen einer riesigen Zahl ungenauer Nervenzellen oft eine brauchbare Lösung.

Es ist etwas Seltsames an der Idee, daß das Gehirn des Menschen, die größte aller Maschinen, in seinem winzigen Netzwerk Vorgänge, die sich auf den entlegensten Sternen abspielen, nachbildet, deren Erscheinen genau vorhersagt und diese Fähigkeit, erfolgreiche Vorhersagen zu machen und mitzuteilen, als das höchste Anzeichen von Bewußtsein betrachtet... Unser Denken besitzt daher objektive Gültigkeit, weil es nicht fundamental von der objektiven Realität verschieden, sondern vielmehr besonders geeignet ist, diese nachzubilden...
Der Physiologe Kenneth J. W. Craik, *The Nature of Explanation*, 1943

Ich denke, das folgende kann als ein Alptraum gelten (dies notiere ich wieder mitten in der Nacht). Mir träumte soeben, daß es dem Waschmaschinentechniker gelungen war, eine bessere Steuerung einzubauen, so daß die 100 parallel geschalteten Steuerungen am Ende überflüssig waren.

Danach träumte mir, daß die Neurone von Menschenaffen im genauen Timing zehnmal besser sind, als es in Wirklichkeit der Fall ist. Damit wäre die Notwendigkeit einer hundertfachen Steigerung der Sequenzierer im menschlichen Gehirn entfallen – und damit wiederum das große Gehirn: Menschenaffen hätten auch ohne ein solches Gehirn gute Werfer sein können. Aus redundanten Sequenzierern wäre kein höheres Bewußtsein hervorgegangen. Wir wären zwar zu phantastischen Jägern geworden, aber schlauer, gesprächiger oder besser im Planen als die Schimpansen würden wir dennoch nicht sein. *Denn für die Sprache und das Ersinnen von Szenarien benötigen wir nicht so sehr das phantastische Timing, sondern nur all die zusätzlichen Sequenzierer, die vom Kopplungsverfahren gefördert werden.* Die aber nur dann und wann gemeinsam genutzt werden.

Dem Himmel sei dank für die rauschenden Neurone. Eine kleine Ungenauigkeit im Timing war ein Segen. In der Hominidenevolution gibt es ein Rauschfenster. Kein Seitensprung ohne ausreichendes Rauschen. Nicht nur, daß die komplexeren Gebilde der Evolution auf einer durch die geschlechtliche Fortpflanzung vermehrten Zufälligkeit beruhen – auch das menschliche Gehirn mag in seiner jüngeren Vergangenheit dem Zufall viel zu verdanken haben. Untertitel: *Wie ich lernte, das Rauschen zu lieben.*

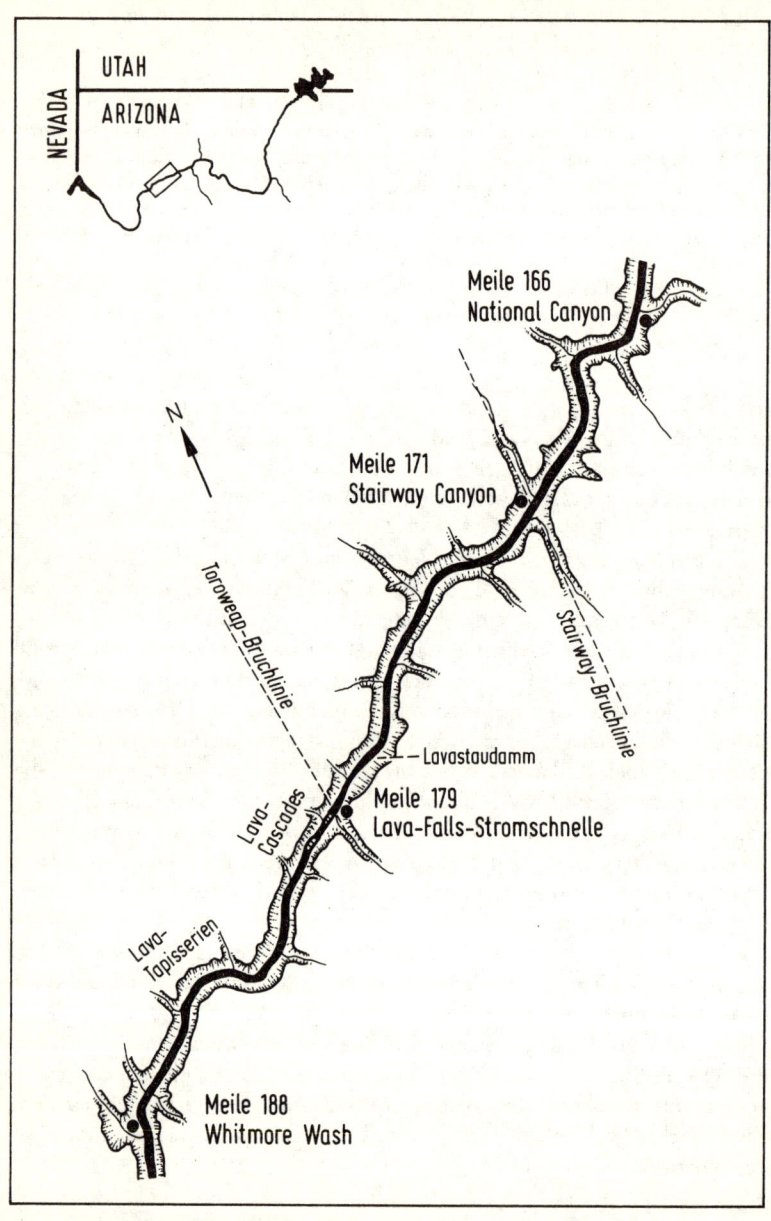

NEVADA
UTAH
ARIZONA

N

Meile 166
National Canyon

Meile 171
Stairway Canyon

Toroweap-Bruchlinie

Stairway-Bruchlinie

Lavastaudamm

Lava-Cascades

Meile 179
Lava-Falls-Stromschnelle

Lava-Tapisserien

Meile 188
Whitmore Wash

# Zwölfter Tag
## Meile 166
## National Canyon

Es ist ein bißchen früh für Wolken. Wir sind beim Geschirrspülen vor dem Frühstück, als der Himmel bereits bedeckt ist. Monsunwolken kommen in der Regel erst am Nachmittag auf, wenn die aus dem Canyon aufsteigende Hitze die vom Pazifik und vom Golf von Kalifornien kommende feuchte Meeresluft in die Höhe drückt. Diese Wolken müssen daher zu einem Tief gehören. Das gefällt mir nicht. Aber Monsunwolken gehören auch auf die Liste mit emergenten Eigenschaften – Wolken sind emergent!

Vielleicht sollten wir der Liste auch die Musik hinzufügen, als einen Seitensprung von der Sequenzierung. Und dann hatten wir am ersten Nachmittag auf dem Fluß doch noch etwas – ach richtig, den Humor. Können wir auch ihn als einen Seitensprung von der Sequenzierung erklären? Tatsächlich scheint er mit unserem Szenarien bildenden Bewußtsein zu tun zu haben – das überraschende Ende, das mit unseren Erwartungen spielt, und dergleichen.

»Doch was ist mit dem Lachen?« warf Abby ein, die ursprünglich diese Frage gestellt hatte. »Ich meine, es ist fast unwillkürlich, wie ein Reflex. Warum?«

Wir ließen uns die Sache durch den Kopf gehen, während wir zum Frühstück anstanden. Die beste Erklärung, die uns einfiel, war, daß das explosive Ausatmen mit der Atemkontrolle zusammenhängen könnte, die wir, vielleicht in unserer aquatischen Phase, für das Tauchen erworben hatten. Wie das aber mit der getäuschten Erwartung zusammenhing, wußte keiner.

Vielleicht, meinte Ben, hänge der Ausbruch des Gelächters damit zusammen, daß man buchstäblich »den Atem anhält«, während man gespannt wartet, wie der Witz ausgeht.

> Mathematische Beziehungen zeigen oft eine immer wieder überraschende elementare Einfachheit, so als implizierten sie, daß der unendlichen Vielfalt an beobachtbaren Einzelheiten, die sich unseren Sinnen darbietet, bestimmte, relativ wenige fundamentale Gesetze oder Varianten davon zugrunde liegen. Wenn man entdeckt, daß das Universum nach mathematischen Gesetzen strukturiert ist und sich bewegt, erfährt man eine der tiefsten Einsichten in die elementare Ordnung des Kosmos.
> Der Historiker Thomas Goldstein, *Dawn of Modern Science*, 1980

★

Eine unerwartete gesellschaftliche Folge des Gesetzes der großen Zahl kam nach dem Frühstück zur Sprache, während wir beisammen saßen und versuchten, nicht das Thema anzuschneiden, das, ein Stück flußabwärts angesiedelt, allen auf der Seele lag. Man kann diese soziale Erscheinung bei der Einstellung von öffentlichen Bediensteten und – was uns besonders betraf – bei der Gewährung von Forschungsgeldern beobachten. Unser Beispiel stammt zwar aus der Wissenschaftssoziologie, doch gilt ähnliches für viele Entscheidungsprozesse, an denen Gremien beteiligt sind, und auch für große Unternehmen ist es bedeutsam.

In den meisten Wissenschaften gibt es eine Prioritätenliste. Die Stellen, die die Mittel vergeben, richten sich nach der Dringlichkeit, über die sie namhafte Fachleute urteilen lassen. Diese wissenschaftlichen Experten sind nicht kleinlich, aber das Geld ist knapp. Von den Anträgen, die ihre fachkundigen Berater als förderungswürdig anerkennen, können die Stellen allenfalls 20 bis 30 Prozent finanzieren (es waren einmal 50 bis 65 Prozent). Das behindert eine kritische Auseinandersetzung mit vorliegenden Forschungsergebnissen (»Das ist schon untersucht worden, das kann also nicht so dringlich sein«). Hinzu kommt der Druck, der von den Tierschützern ausgeht. Dann gibt es noch die Parlamentarier, die sich abfällig über »doppelte Arbeit« äußern, so als seien die Grundlagenforscher Rüstungsfabrikanten, die mit dem Vorschlag kommen, ein bestehendes Flugzeug nochmals zu entwerfen.

Schlimmer ist aber, daß diese nur auf die Spitze der Liste ausgerichtete Finanzierung ungewollt die Vielfalt abwürgt. Zu den demokratischen Idealen, die wir Amerikaner hochhalten, in der Hoffnung, daß die übrige Welt uns darin folgt, gehört die Vielfalt politischer Standpunkte und eine Vielfalt von Unternehmen, die um die Gunst des Verbrauchers konkurrieren. Deshalb sind wir Verfechter der Meinungsfreiheit, des Pluralismus in der Presse und in den anderen Medien, eines Kapitalismus ohne Monopole, der Rechte der Einzelstaaten und des Rechts der Minderheit, anderer Ansicht zu sein, ohne daß die Mehrheit ihr den Mund stopft (dieses Bürgerrecht ist im ersten Zusatzartikel zur amerikanischen Verfassung festgelegt). Über die Inhalte von Schulbüchern entscheiden Hunderte von Schulausschüssen; einheitliche, von oben verordnete Schulbücher gibt es nicht. Wir ermutigen Investoren und Kleinunternehmer, Risiken einzugehen. Unseren Kindern stellen wir diejenigen, die die Experten widerlegt haben, und die Erfinder, die sich gegen alle Widerstände durchgesetzt haben, als Helden hin.

Ungeachtet dieser Ideale haben wir ein System geschaffen, das die Wissenschaftler zur Anpassung zwingt, und wir lassen dieses System weiterbestehen. Früher befaßten sich unsere Helden der Wissenschaft mit den Dingen, die ihnen am meisten zusagten, betrachteten sie es als ihre Pflicht, die wesentlichen Erkenntnisse anderer kritisch nachzuvollziehen, waren sie unabhängig – es waren, genau wie die Ritter des Mittellters, die umherzogen, um gute Taten zu verrichten, in der Regel Männer, die dank ihres Vermögens die Muße und das nötige Kleingeld hatten, um sich ihren Forschungen zu widmen, ohne sich erst um die Genehmigung eines Gremiums bemühen und anschließend jahrelang warten zu müssen, bis sie ihre Idee umsetzen konnten. Die meisten Wissenschaftler verdienen heute weniger als Müllmänner. Viele können es sich nicht leisten, ihre Kinder auf die Universitäten zu schicken, an denen sie selbst studiert haben. In vielen Fällen ist ihre Anstellung auf die Dauer eines zwei- oder dreijährigen Vertrages oder auf die Laufzeit der Forschungsförderung begrenzt. Vollkommen abhängig von dem auf Akkordleistungen abgestellten Finanzierungssystem, werden sie vorsichtig, hüten sie sich, andere gegen sich aufzubringen, von deren Beurteilung es abhängen könnte, ob ihnen weitere Forschungsmittel gewährt werden, und sie wissen aus den Erfahrungen von Freunden, daß jahrelange sorgfältige Forschung »beendet« werden kann, wenn ihr nächster Verlängerungsantrag es nicht in die obersten 16 Prozent der förderungswürdigen Anträge schafft, so daß fachlich ausgebildete Mitarbeiter in alle Winde zerstreut werden, während man sich bemüht, neues Geld aufzutreiben. Die Situation ist noch schlimmer als die eines vom Bankrott bedrohten Kleinunternehmers, denn es besteht keine Chance, entgangene Forschungsmittel in einem guten Jahr wieder wettzumachen.

Die Finanzierung der Grundlagenforschung durch die amerikanische Bundesregierung folgt Mechanismen, die in den Jahren unmittelbar nach dem Zweiten Weltkrieg entwickelt wurden. Sie tragen den Stempel einer eigentümlichen Wissenschaftsauffassung, die den Parlamentariern durch das Manhattan Project eingeimpft worden war, bei dem Naturwissenschaftler aus ihrer akademischen Tätigkeit herausgezogen und zur Entwicklung der Atombombe zusammengeholt wurden, weil es galt, Hitler zu besiegen. Dieses Modell ist aus mehreren Gründen nicht repräsentativ: Es betraf Physik und Chemie und nicht die ganze Skala der sozialen, biologischen und sonstigen Naturwissenschaften. Es ging um einen technologischen Eilauftrag und nicht um Grundlagenforschung – die Beteiligten waren zwar überwiegend Mathematik-, Chemie- und Physikprofessoren, doch was sie zeitweilig betrieben, war angewandte technische Forschung und nicht die Suche nach unbekannten Prinzipien, die für wahre Grundlagenforschung kennzeichnend ist (die Prinzipien, mit deren Hilfe die ungeheure Explosivkraft, die im Atomkern steckt, freigesetzt werden kann, waren den Physikern seit den dreißiger Jahren bekannt; das Manhattan Project von 1942 bis 1945 war eine groß angelegte technische Anstrengung, um eine transportierbare Bombe zu bauen). Eine der Folgen dieses Projekts ist die Vorstellung, daß Gruppenforschung besser sei als individuelle Forschung – und daß man Forscher finanziell an einer kurzen Leine halten sollte.

Die Regeln, nach denen die U.S. National Science Foundation und die National Institutes of Health Forschungsmittel gewähren, scheinen (oberflächlich betrachtet) vernünftiger zu sein als jenes Prinzip, daß nur eine Person entscheidet, nach dem bei den Streitkräften vielfach Forschungsmittel gewährt werden (immerhin kann man in einigen Forschungsbereichen auch von dort Geld bekommen, sofern einem die potentielle Zensur nicht zuwider ist). Es ist fast nicht zu glauben, und es mag ja auch sein, daß der oder die Betreffende noch Berater hinzuzieht, doch es kommt vor, daß ein junger Offizier mit Ingenieurdiplom über die gesamte Finanzierung für weite Bereiche der Grundlagenforschung entscheidet. Die zivilen Stellen bedienen sich eher der *peer-review*, worunter wörtlich eine Jury aus wissenschaftlich gleichrangigen Kollegen des Antragstellers zu verstehen ist, die sich aber meistens aus älteren, etablierten Wissenschaftlern zusammensetzt (und nicht von der wissenschaftlichen Gemeinschaft gewählt, sondern von einem Bürokraten berufen wird). Das Verfahren der zivilen Stellen scheint »demokratischer« zu sein, ist aber mit einigen überraschenden, unerwünschten Folgen behaftet, so daß das militärische System vielleicht am Ende das bessere ist, weil es aus vielen verschiedenen Töpfen besteht, die immer wieder von anderen Personen verwaltet werden, da man die zuständigen Offiziere turnusmäßig auswechselt.

Rosalie sagte, es sei für sie unbegreiflich, daß zwölf Personen, die jede für sich genommen, intelligente, ideenreiche, gebildete, hervorragende Wissenschaftler seien, sich, wenn man sie in einer Kommission zur Beurteilung von Forschungsanträgen zusammenbrächte, in zwölf konservative Wissenschaftler mit beschränktem Horizont verwandeln konnten. War das eine Auswirkung der Kommission, wurden sie dadurch alle zu Konformisten, die nur noch »angepaßte« Leute förderten, aber selten solche, die sich mit ungewöhnlichen Projekten befaßten? Vielleicht. Die wahrscheinlichere Erklärung ist jedoch, daß auch hier wieder das Gesetz der großen Zahl zugeschlagen hat.

Von einer Auswahlkommission wird allgemein erwartet, daß sie die Anträge in Kategorien einteilt: der Beste, die Zweitbesten, diejenigen, die unter ferner liefen kommen, und die Ungenügenden. Dabei geht es nicht um ein Pferderennen – es ist eher so, als würde man Äpfel mit Birnen vergleichen. Die Qualität sollte entscheidend sein, doch oft gibt die eigene Präferenz den Ausschlag. Es ist nicht anzunehmen, daß mehr als zehn Prozent (oft dürfte es keiner sein) der Kommissionsmitglieder sich in dem speziellen Fach, dem ein vorliegender Antrag gilt, so gut auskennen, daß sie den Antrag anders als aufgrund seiner »Attraktivität« beurteilen könnten. Es erhebt sich die Frage, was unter diesen Bedingungen den Vorzug erhält.

Eine Kommission wird sich zwar bemühen, »den Besten« auszuwählen, doch statt dessen wird derjenige den Vorzug erhalten, der für die meisten akzeptabel ist, der für die Kommissionsmitglieder mit ihrem je eigenen Geschmack am attraktivsten ist. Wie könnte es auch anders sein? Die Anträge, die schließlich befürwortet werden, bilden lediglich den kleinsten gemeinsamen Nenner der unterschiedlichen Neigungen der Kommissionsmitglieder. Diese mögen zwar glauben, daß nicht Konsens, sondern »Qualität« ihr Auswahlkriterium ist, doch wird das Qualitätsurteil eines Experten in vielen Fällen dadurch entwertet, daß ein anderes, weniger sachkundiges Kommissionsmitglied sich bei seiner Entscheidung von Sympathiegefühlen leiten läßt. Auch dann, wenn jedes einzelne Mitglied wirklich unparteiisch und qualitätsbewußt und repräsentativ und auf der Höhe der Materie ist, kann ein solcher Kommissionsprozeß gleichwohl zur Schmälerung der Vielfalt führen – *wenn die verfügbaren Mittel nur für einen kleinen Bruchteil der förderungswürdigen Anträge ausreichen.*

Was geschieht, wenn eine aus unterschiedlichen Gruppen zusammengesetzte Kommission aus einer Anzahl von unterschiedlichen Bewerbern nur zwei auswählen kann? Stellen wir uns beispielsweise vor, ein Gemeinderat habe über die Anstellung von Beamten zu entscheiden. Da eine einstimmige Beurteilung über die meisten Kandidaten kaum erreichbar ist, werden schließlich diejenigen Bewerber eingestellt, die für eine Mehrheit akzeptabel sind (und das können durchaus solche sein, die bei niemandem die erste Priorität oder das höchste Qualitätsurteil gefunden haben). Wenn dann wieder zwei Stellen offen sind, passiert genau das gleiche. Man beachte, daß *die Beschäftigten insgesamt am Ende weniger vielfältig zusammengesetzt sein werden als die Kommission, von der sie eingestellt wurden.* Auch wenn die Kommission als solche immer vielfältiger zusammengesetzt wird, heißt das nicht unbedingt, daß die Vielfalt insgesamt wächst, und deshalb wird es in der Regel so sein, daß Durchschnittsbewerber genommen werden.

Unvermeidlich ist dies nicht, denn man kann diesem Angleichungs-effekt auf die eine oder andere Weise entgehen. Eine gewisse Vielfalt wird sich von selbst ergeben, wenn nicht zwei, sondern 50 Stellen gleichzeitig zu besetzen sind. Eine größere Vielfalt des Personals wird sich auch dann einstellen, wenn die Kommissionsmitglieder sich in einem Kuhhandel darauf einigen können, daß mal der Favorit der einen, mal der der anderen Gruppe angestellt wird. Es mag sogar Kommissionen geben, die besonders aufgeklärt sind und von sich aus eine gewisse Vielfalt anstreben, doch nach dem Gesetz der großen Zahl ist davon auszugehen, daß die typische Kommission eine natürliche Neigung zeigt, Bewerber auszuwählen, die insgesamt in ihren Interessen weniger vielfältig sind als die Kommission selbst. Dieses Ergebnis steht völlig im Gegensatz zu der Wahrnehmung der wohlmeinenden Kommissionsmitglieder, die alle überzeugt sind, daß nur Qualität zählt. Doch das Ganze ist etwas anderes als die Summe seiner Teile, und was bei einer Kommission herauskommt, ist nicht bloß die Summe von einem Dutzend Qualitätsurteilen, *wenn außerdem noch ein gewisses Spektrum von Interessen beteiligt ist.*

Wenn das Geld knapp ist und die Auswahlkommission mehr einer altmodischen Jury entspricht, der es verboten ist, auf der Basis gegenseitiger Gefälligkeiten einen Kuhhandel zu betreiben (und das sind in der Tat die Regeln dieser Kommissionen zur gegenseitigen Beurteilung der wissenschaftlichen Forschung), dann werden immer wieder die durchschnittlichen Projekte den Vorzug erhalten. Nun kann in der Wissenschaft die durchschnittliche Vielfalt durchaus von hoher Qualität sein, und sie ist es meistens auch, denn 95 Prozent der Förderungsanträge kann man keineswegs als mittelmäßig bezeichnen.

Die Gefahr bei diesem System ist, daß die von Außenseitern verkörperte Vielfalt aus der wissenschaftlichen Population weggezüchtet wird, so wie die Inzucht bei Tieren gewisse Merkmale, die gelegentlich nützlich werden können, zugunsten von Eigenschaften, die gerade populär sind, eliminiert. Bei wild lebenden Tierpopulationen weist der Genpool meistens eine große Vielfalt auf; gleichgültig, was das Klima künftig an Schwierigkeiten oder Chancen bieten wird, es werden immer einige Mitglieder der Art da sein, bei denen die isolierende Behaarung oder die Schweißdrüsen, die Weide- oder Jagdinstinkte, die Neigung zu einer begrenzten oder zu einer massenhaften Fortpflanzung, eine frühe oder eine späte Paarungszeit den eintretenden Umständen ungefähr angepaßt sind. Dadurch kann die Art überleben. Eine Inzucht-Art, deren Mitglieder allesamt bei der Umsetzung von Getreide in Fleisch großartig abschneiden, wird dagegen wohl untergehen, wenn das Klima sich ändert.

In der Wissenschaft kann man nie sagen, was zukunftsträchtig ist, wo die bahnbrechenden Erkenntnisse auftauchen werden (wer hätte je geahnt, daß die Beschäftigung mit dem Schicksal der Dinosaurier Licht auf einen vorher unbekannten Mechanismus wirft, der zum Untergang der Menschheit führen könnte?). Selbst bei bestem Willen können wir noch nicht einmal die technischen Wunder vorhersagen, die uns in zehn Jahren erwarten, geschweige denn die wissenschaftlichen. Die akademische Grundlagenforschung hat von der Vielfalt sehr viel mehr als von der Förderung der doch nur künstlich ermittelten »Besten«. Wenn man die Finanzmittel breiter streut, kann es natürlich passieren, daß gelegentlich auch Nieten unterstützt werden und daß hin und wieder auch Pseudowissenschaftler Mittel erhalten, die man – aus nachträglicher Sicht – besser anderswo eingesetzt hätte. Statt aber im Kongreß über »verschleudertes Geld« zu jammern und die Stundenleistung von Forschern durch Wirtschaftsprüfer untersuchen zu lassen (als ließe sich unser Lebenswerk genauso messen wie die Akkordarbeit in einer Reparaturwerkstatt), sollte man eher die Risikobereitschaft unter die Lupe nehmen und fragen: Werden genügend Projekte unterstützt, die nichts bringen? In einem guten Krankenhaus werden die Leistungen eines Chirurgen danach beurteilt, wieviel Patienten ihm unter den Händen gestorben sind, und er schneidet schlecht ab, wenn es zu viele sind, aber auch, wenn es zu wenige sind. Sterbeziffern hängen nicht nur vom Operationsgeschick des Chirurgen ab – eine wichtige, wenn auch weniger offenkundige Rolle spielen auch sein Urteilsvermögen und seine Risikobereitschaft. Ein Chirurg, dem keine Fehler unterlaufen, geht so sehr auf Nummer Sicher, daß er einen Patienten, der »wohl ohnehin sterben wird«, gar nicht erst operiert. Dabei könnte so mancher Patient gerettet werden, aber nur, wenn der Chirurg bereit ist, ein persönliches Risiko einzugehen. Forscher müssen in der Lage sein, auch Wagnisse einzugehen, doch unser gegenwärtiges Finanzierungssystem bestraft das.

Falls die Mittelknappheit anhalten sollte, kann eine Kommission, die nur einen kleinen Kuchen zu verteilen hat, schlimmer sein als die völlige Abschaffung aller Kommissionen. Wenn eine einzige Kommission für ein ganzes Fachgebiet zuständig ist, werden die Randbereiche, also die Außenseiter und die Wagemutigen, immer wieder durchfallen. Falls wir eine Chance haben sollen, uns aus der nuklearen und ökologischen Patsche zu befreien, in die uns verblendete Regierungen und der Moloch Wirtschaft hineingebracht haben, brauchen wir sowohl wissenschaftliche Grundlagen als auch wissenschaftliche Vielseitigkeit, um die Probleme zu diagnostizieren und Therapien zu entwickeln. Wir werden das tun müssen, was das Manhattan Project letztlich tat: Statt theoretisch nach dem Verfahren zu suchen, das am besten geeignet war, das seltene Uranisotop abzutrennen, probierte man alle drei bekannten Verfahren aus. Gleichzeitig. Parallel.

Natürlich brauchen wir mehr Geld. Die Forschung hat einen seit langem überfälligen Anspruch darauf, daß ein Teil der Profite aus den Ideen und Verfahren, die dem Markt von der Grundlagenforschung unentgeltlich zur Verfügung gestellt wurden, wieder in die Forschung zurückfließt (denken Sie nur nicht, daß die Familie von Hertz oder die Universität, an der er tätig war, für jedes hergestellte Radio Lizenzgebühren bekommt, ganz zu schweigen von der Familie oder der Universität von Maxwell, auf dessen Gleichungen das Ganze beruht). Wir müssen aber auch die wissenschaftlichen Minderheiten vor den wohlmeinenden Kommissionsmehrheiten in Schutz nehmen. Es darf nicht mehr so weitergehen, daß die gesamten Mittel durch ein oder zwei Siebe gefiltert werden, so daß sich nur die mehrheitsfähigen Projekte durchsetzen. In einem Land, das sich etwas darauf zugute hält, politische Minderheiten zu schützen, ist es schwer zu begreifen, daß die Tendenz in der Forschungspolitik dahin geht, daß die Mitte und die Gewinner alles bekommen.

# Meile 170
# Lake Lava

Wir sind zu dem Schluß gekommen, daß Langeweile in evolutionärer Hinsicht sehr wichtig ist. Könnte es zu irgendetwas nütze sein, daß wir unser Essen manchmal nicht mehr ausstehen können? Ich denke schon. Es bringt uns dazu, uns um andere Nahrungsmittel zu bemühen, die Vitamine und Spurenelemente enthalten, und fördert dadurch eine vielseitigere Ernährung. Der Überdruß trägt also dazu bei, Mangelkrankheiten vorzubeugen. Wenn uns ein bestimmter Geschmack langweilig wird, äußert sich das bisweilen darin, daß wir unsere gewohnten Verhaltensweisen ändern, indem wir zum Beispiel für eine Weile zu einer anderen Strategie der Nahrungsbeschaffung übergehen, also buchstäblich »etwas anderes tun«.

Manche Tiere kommen freilich auch mit einer monotonen Strategie der Nahrungsbeschaffung zu einer ausgeglichenen Ernährung, etwa

Gorillas, die ihre Pflanzen kauen, oder Delphine, die ihre Fische fangen. Für diese Arten könnte das Fehlen von Langeweile (derer sie offenbar nicht bedürfen, um Mangelkrankheiten zu vermeiden) gleichbedeutend sein mit einer evolutionären Sackgasse. Ohne den Anstoß, sich durch ungewohnte Verhaltensweisen ungewohnte Nahrung zu verschaffen, entgehen ihnen die Vorteile, die eine neue Kombination schon bestehender Verhaltensweisen mit sich brächte. Langeweile könnte also ein wichtiger Stimulus für die Evolution von Tieren gewesen sein, besonders von omnivoren.

Wenn es ums Denken geht, wird uns klar, daß Langeweile ein entscheidender Parameter ist. Wenn wir uns zu wenig langweilen, verfallen wir in einen Trott. Wenn wir uns zu häufig langweilen, entwickeln wir Überaktivität, tun wir bald dies, bald das, ohne auf irgendeinem Gebiet Kenner zu werden. Sollten wir jemals eine »denkende Maschine« im wahren Sinne dieses allzu häufig gebrauchten Ausdrucks bauen, so werden wir ihren »Langeweilefaktor« sorgfältig einstellen müssen, damit sie Vielseitigkeit mit gelegentlicher Gedankentiefe verbindet.

Der gesunde Menschenverstand kommt auf dieser Fahrt nicht besonders gut weg. Was wir da an Vorzügen zusammentragen, erscheint paradox: Zufälligkeit, Feiglinge, unzuverlässige Nervenzellen und jetzt auch noch Langeweile. Was ist als nächstes dran, fragte Cam augenzwinkernd: vielleicht Krankheit? Daraufhin erinnerten wir ihn an unsere Hypothese, wonach die Rettung vor Krankheitserregern der Ursprung der Sexualität und damit auch unserer großen evolutionären Vielfalt sein könnte.

★

Daß Hirnstörungen erblich sein können, ist für Kreationisten vollkommen rätselhaft, verständlicher dagegen aus evolutionärer Sicht, was nicht heißt, daß sie deshalb als Vorteil gelten können. Man sieht daran, daß

> Was heute Allgemeingut ist, war gestern Wissenschaft.
> Der Physiker Niels Bohr

die natürliche Auslese unvollkommen ist, denn Hirnstörungen kommen sehr viel häufiger vor als beispielsweise eine akute Blinddarmentzündung. Mindestens ein Prozent der Bevölkerung leidet an Epilepsie, ein weiteres Prozent an Schizophrenie (bei zurückhaltender Schätzung – Pessimisten gehen vom Doppelten aus), und für die Depression reichen die Zahlen von einigen Prozent bis zu 15 Prozent, je nachdem, wie man das Leiden definiert. Ein nennenswerter Teil der Fälle scheint auf Vererbung zu beruhen, wenngleich eher eine Veranlagung als die Störung selbst vererbt wird. Wie konnten diese Störungen der natürlichen Auslese entgehen?

Eine Möglichkeit wäre, daß sie mit vorteilhaften Merkmalen gekoppelt sind, so daß ihre Ausschaltung die Überlebensfähigkeit nicht steigern, sondern insgesamt herabsetzen würde. So gibt es zwischen Langeweile und Schizophrenie insofern einen Zusammenhang, als Schizophrene oft unfähig sind, bei einem Thema zu bleiben: Bei einem Gespräch drängen sich ihnen sachfremde Gedanken auf, sie halluzinieren, oder sie hören eine Stimme, die ihr Handeln laufend kommentiert. Es ist, als hätte der Langeweile-Mechanismus sich selbständig gemacht und den unbewußten Gedanken allzu leichten Zugang zum Sprachbewußtsein verschafft, vergleichbar mit einem Menschen, der zwanghaft alle paar Sekunden von einem Fernsehprogramm zum anderen wechselt. Ich denke nicht im entferntesten daran, daß die Schizophrenie eine so einfache Ursache haben könnte wie einen falsch eingestellten Langeweile-Parameter, doch gewisse Aspekte könnte man so interpretieren.

Bei den Pavianen ist die Epilepsie der natürlichen Auslese entgangen: Es gibt Teilpopulationen von *Papio papio*, die an photosensitiver Epilepsie leiden, bei der rasch flackerndes Licht einen Anfall auslöst. Im Wald lebende Tiere – und das sind die meisten Affenarten – haben ständig mit flackerndem Licht zu tun, da sie sich bald in der Sonne, bald im Schatten bewegen. Bei einem tagaktiven, im Wald lebenden Tier wäre die photosensitive Epilepsie daher vermutlich der Auslese zum Opfer gefallen. Der Pavian ist jedoch ein Affe, der sich an die Savanne mit ihrem spärlichen Baumbestand angepaßt hat. Er ist nicht sehr oft flackernden Lichteffekten ausgesetzt, und wenn sich zufällig im Laufe der Evolution eine Neigung zur Epilepsie herausgebildet haben sollte, wird sie nicht so schnell ausgelesen.

Beim Menschen könnten gewisse Formen der Epilepsie Nebenwirkungen einer Verbesserung der neuralen Maschinerie sein, die mit solchen Erfolgen verbunden war, daß es (für die Evolution, nicht für die betroffenen Individuen) kaum eine Rolle spielt, wenn ein Prozent der Bevölkerung dadurch Schwierigkeiten bekommt. Eine bei Menschen häufig vorkommende Form ist beispielsweise die Temporallappen-Epilepsie, die man bei Tieren in der Natur nicht beobachtet hat. Von diesem Leiden kann man viele Patienten befreien, indem man einfach die Spitze des Schläfenlappens (ein pflaumengroßes Stück Hirngewebe) entfernt, was erstaunlicherweise keinen Funktionsverlust nach sich zieht. Überhaupt sind kaum Veränderungen am Patienten zu beobachten, außer daß die Anfälle seltener werden oder ganz ausbleiben. Wie es der Zufall will, sind die Spitze des Schläfenlappens und die prämotorischen Regionen des unteren Stirnlappens die Hauptkandidaten für jene Stellen, wo sich viele der zusätzlich einsetzbaren Sequenzierer des Gehirns befinden, die durch das Zusammenschalten die Präzision des Timings erhöhen. Auf diese zusätzlichen Sequenzierer kommt es aber nur beim Werfen an (jedenfalls nach meiner Theorie), und das könnte erklären, warum die Entfernung der Spitze des Schläfenlappens die normale Funktion kaum zu beeinträchtigen scheint. (Leider pflegen die Neurologen nicht die Wurfgenauigkeit zu prüfen!)

Dies könnte auch erklären, warum gerade der Schläfenlappen zur Epilepsie neigt: Ein Anfall wird dadurch ausgelöst, daß eine Gruppe von Nervenzellen in eine unkontrollierte Schwingung gerät, ähnlich wie meine Waschmaschine zu Hause, wenn sich beim Beginn des Schleudergangs alle Handtücher auf einer Seite der Trommel befinden und dadurch die Ladung im Ungleichgewicht ist. Die Zeitgeber des Gehirns sind selbstverständlich natürliche Oszillatoren. Wenn viele von ihnen zusammenkommen – und dies gilt besonders, wenn sie zum Zweck der Synchronisation zusammengeschaltet sind (wie ich es für die »Startklar«-Phase des Werfens postuliert habe) –, ergeben sie einen Schrittmacher, der durchaus in der Lage sein könnte, das übrige Gehirn in einen Anfall hineinzutreiben. Ob diese Überlegung nun zutrifft oder nicht, jedenfalls illustriert sie die Verlegenheit, in welche die Evolution geraten kann, wenn sie um eines Vorteils willen Nachteile in Kauf nehmen muß.

Daß die natürliche Auslese gegen epileptische Anfälle nichts ausrichtet, könnte also darauf beruhen, daß die Nachteile zu eng mit dem Vorteil verknüpft sind. Daneben gibt es die Möglichkeit, daß die Zeit nicht ausgereicht hat, um die negativen Merkmale durch Auslese zu eliminieren (falls sie sich relativ spät in der Evolution entwickelt haben). Vielleicht sind sie auch zu dem Zeitpunkt, an dem sie auf die Vererbung Einfluß nehmen, nicht der natürlichen Auslese »ausgesetzt«. Daran liegt es wahrscheinlich, daß viele Arten der Depression sich in der Evolution erhalten haben: Oft entwickelt sich eine Depression erst in einem Alter, wenn alle Kinder schon geboren sind. In den meisten Fällen erfolgt die erste Einweisung wegen schwerer Depression im 55. Lebensjahr (anders bei der Schizophrenie, wegen derer Männer am häufigsten mit 18 und Frauen mit 29 Jahren erstmals eingewiesen werden, weshalb man für die Tatsache, daß die Schizophrenie der natürlichen Auslese entgangen ist, nach einer anderen Erklärung suchen muß). Großeltern sind zwar in den meisten Gesellschaften recht nützlich, einerseits wegen ihrer Lebenserfahrung, andererseits als Babysitter, doch ist ihr Nutzen nicht so entscheidend wie der von Eltern, die die Nahrung heranschaffen und das Kleinkind stillen. Deshalb entgehen viele spät auftretende Merkmale der natürlichen Auslese – wenn mit 55 oder 70 Jahren etwas schief geht, kann sich das kaum noch auf den Genpool auswirken.

★

Auch das Altern könnte weitgehend auf spät wirksam werdenden Genen beruhen, die der natürlichen Auslese entgangen sind. Viele Gene werden normalerweise »unterdrückt«, wobei ihre DNA-Sequenz regelrecht von einem Protein verdeckt wird, so daß keine RNA-Kopien davon gemacht werden können. Erst wenn bestimmte Bedingungen erfüllt sind, wird der Unterdrücker (Repressor) entfernt, und erst dann können von diesen Genen Enzyme und andere Proteine hergestellt werden. Es gibt zum Beispiel DNA-Codes für verschiedenen Arten von Hämoglobin. Die eine Version kommt beim Fötus vor, die andere ersetzt nach und nach diese erste Version. Im Sauerstofftransport sind beide hervorragend. Die Gene für das fötale Hämoglobin sind weiterhin vorhanden, nur werden sie mit zunehmendem Alter weitgehend unterdrückt, und während der Umstellungsphase wird das erwachsene Hämoglobin, das während der Schwangerschaft unterdrückt war, in zunehmendem Maße exprimiert.

Solche Übergänge von einer Version eines Genprodukts zu einer eng verwandten Form kommen wahrscheinlich während des ganzen Lebens und in zahlreichen Systemen des Körpers vor (das Gen für die Herstellung des Enzyms, das die Verdauung von Milch ermöglicht, ist bei manchen Erwachsenen unterdrückt). Vielleicht sind solche Genrepertoires – und nicht Abnutzung – für die meisten Veränderungen in der äußerlichen Erscheinung verantwortlich, an denen wir das Alter eines Menschen ablesen können: Das Alter von Kindern entnehmen wir hauptsächlich der Form des Gesichts und der Größe des Kopfes im Verhältnis zum Körper, während Falten und eine breitere Taille uns verraten, ob jemand 20 oder 50 ist. Durch die Neotenie werden bei den Primaten alle Lebensphasen verlängert: Nicht nur die Schwangerschaft, die Säuglingsperiode und die Kindheit werden verdoppelt, sondern auch die Erwachsenenphase. Wäre eine längere Lebenszeit wirklich wünschenswert, so läge es nahe, das durch eine Verlangsamung der sexuellen und der somatischen Uhr zu erreichen. Wahrscheinlich hängt es von ihnen ab, wann eine neue Version eines Gens in Aktion tritt.

Eine der wesentlichen verborgenen Manifestationen des Alterns, die mit der Adoleszenz einsetzt, ist ein Rückgang vieler Neurotransmitterstoffe, durch die die Nervenzellen miteinander kommunizieren. Die

Funktion wird durch diesen Rückgang nicht merklich beeinträchtigt, da fast alle Nervenzellen nicht so sehr auf die absolute Größe eines Reizes, sondern vielmehr auf das Verhältnis zwischen positiven und negativen Reizen reagieren. An der Gesamtbilanz ändert sich nichts, wenn zwischen dem 20. und dem 70. Lebensjahr sowohl positive als auch negative Reize um die Hälfte zurückgehen. Doch wenn einer stärker zurückgeht als der andere, muß das System dies irgendwie kompensieren, damit alles normal weiterläuft. Bei der Parkinsonschen Krankheit ist die graue Substanz (eine mandelgroße Ansammlung von pigmentierten Nervenzellen unterhalb des Thalamus) beeinträchtigt. Wenn beispielsweise eine Virusinfektion im Alter von 30 Jahren die Hälfte der Nervenzellen an dieser Stelle tötet, hat das für die Funktion keine erkennbaren Folgen. Wenn dann aber der altersbedingte Verlust an Nervenzellen hinzukommt, der sich auf fünf bis sieben Prozent pro Jahrzehnt beläuft, und nur noch 20 Prozent übrig bleiben, setzen Symptome wie Muskelstarre, Schütteln und so weiter ein. Warum funktioniert das System nicht länger, wenn nur noch 20 Prozent der Zellen übrig sind? Vielleicht liegt es auch hier am Gesetz der großen Zahl, und die Schwankungen um den Mittelwert sind zu stark. Das Rauschen ist zu groß.

> Das Geheimnis, über deinen Geburtstag glücklich zu sein, besteht darin, daß du lernst, das Altern als etwas ebenso Schönes und Natürliches zu akzeptieren wie das prämenstruelle Syndrom.
> Eine Geburtstagsglückwunschkarte

Während die graue Substanz während des Erwachsenenlebens »normal« 25 bis 35 Prozent ihrer Neurone einbüßt, gilt dies nicht für andere Hirnbereiche; gleich nebenan, in der Formatio reticularis, kann der Verlust minimal sein, so daß mit 70 Jahren noch 98 Prozent der ursprünglichen Zellen vorhanden sind. Wovon ist diese Verlustrate abhängig? Vermutlich von der Genexpression und nicht von sportlicher Betätigung oder einem tugendhaften Lebenswandel, doch Genaues weiß man darüber noch nicht.

Die mit zunehmendem Alter immer häufiger auftretende Depression könnte ihre Ursache in Genen haben, die so spät in unserem Leben aktiv werden, daß die natürliche Auslese nur noch das Individuum und nicht mehr die Nachkommen betrifft. Unsere Vorfahren haben nicht dafür gesorgt, daß die betreffenden Versionen der Gene verbessert wurden. Daß wir uns bis zum 45. Lebensjahr einer leidlichen Gesundheit erfreuen, verdanken wir unseren Vorfahren, besonders aber denjenigen, die keine Gelegenheit mehr hatten, zu unseren Vorfahren zu werden, weil die natürliche Auslese sie dahinraffte, bevor sie viele ihrer Gene

## Längsschnitt des Flußkorridors

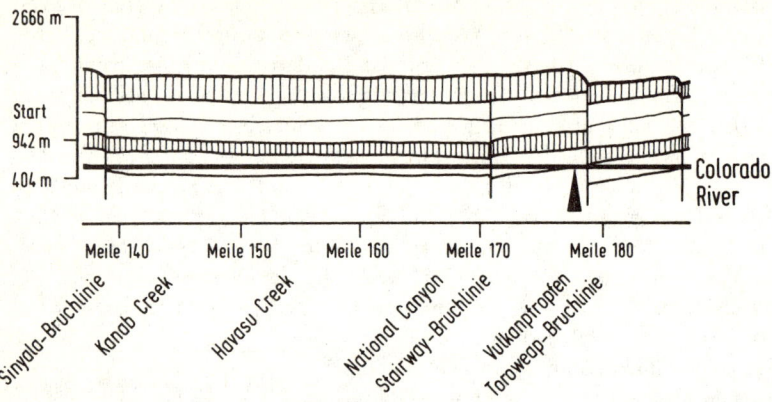

zum gemeinsamen Bestand beisteuern konnten. Nach 45 beginnt ein ganz neues Spiel, für das die Evolution kaum Regeln aufgestellt hat, weil die speziellen Kombinationen der dann wirksamen Gene nicht der natürlichen Auslese unterlagen. Sofern heute noch eine Evolution beim Menschen stattfindet, dann in der Gruppe, die das Fortpflanzungsalter überschritten hat und weitgehend unbeeinträchtigt (aber auch ungeschützt) durch die üblichen evolutionären Zwänge lebt, die unsere Spezies geformt haben.

# Meile 171
# Gateway-Stromschnelle

Die Stairway-Willow-Spring-Verwerfung läuft hier quer zum Grand Canyon, so daß wir an dieser Stelle zwei Seitencanyons haben, die in den Fluß entwässern. Das ist, wie bei der Badger-Stromschnelle am ersten Tag, eine gute Voraussetzung für eine große Stromschnelle, doch die Gateway-Stromschnelle wird gegenwärtig nur mit 3 eingestuft.

Die beiden Seitenwände des Stairway Canyons sind deutlich gegeneinander verschoben; auf der flußabwärts gelegenen Seite sind die Schichten

um fast zwölf Meter höher hinaufgedrückt als auf der flußaufwärts gelegenen Seite. Im Laufe des Tages und morgen sollen wir noch eine
Menge Verwerfungen zu sehen bekommen. Der Colorado schneidet sich
jetzt wieder in den Bright-Angel-Schiefer hinein. Ich frage mich, ob wir
noch auf weitere große Erdrutsche stoßen werden wie den, der das Surprise Valley entstehen ließ.

Auf und ab, aber immer wieder anders.

Hier wachsen jetzt auch andere Pflanzen, zum Beispiel der Kreosote-
strauch. Überall Kakteen. Irgendwo sollen auch Dickhornschafe sein.
Ich halte aber vergebens Ausschau nach Felsblöcken, die sich bewegen.

Es ist noch bewölkt, aber ich denke, daß es aufklaren wird. Wahrscheinlich wird es heiß sein, wenn wir zu den Lava Falls kommen, und
dort werden wir dann gehörig abgekühlt. Heute morgen wird viel über
die Lava Falls gewitzelt, es ist Galgenhumor. Jemand bietet Wetten
darüber an, ob es dort wirklich ein schwarzes Loch gibt. Ebenso gut
könnte er wetten, daß es Linguini mit Muscheln geben wird.

Das Leben mancher Menschen wird dadurch überschattet, daß sie mit
einem »Geburtsfehler« behaftet sind. Wir sind alle verschieden, doch es
besteht eine Neigung, Variationen, die weit vom Durchschnitt abweichen, als Unvollkommenheiten zu betrachten. In der Gesellschaft, in der
wir leben, gelten gewissen Variationen als Konstruktionsmängel, und
wenn Menschen außerstande sind, lesen zu lernen, führt man das auf
einen »Entwicklungsfehler«, ein verhängnisvolles Gen, ein unwillkom-
menes Vorkommnis zurück. Vielleicht sind sie aber nur ein Beleg für
das Verfahren der Natur, viele Variationen hervorzubringen und den
Markt entscheiden zu lassen. Es könnte doch sein, daß einst eine falsch
verdrahtete Sehrinde ein besseres Farbensehen ermöglichte und daß die
glücklichen Affen, die diese Variation aufwiesen, besser die Früchte im
Laubwerk entdecken konnten.

Ich denke, daß wir einmal dahin kommen werden, viele Geisteskrank-
heiten in dieser Weise zu deuten, als Ergebnis von Varianten in der Verdrahtung des Gehirns, wie es vermutlich auch bei den verschiedenen
Lesestörungen der Fall ist. Und es gibt eben Variationen, die man
schwer los wird, weil sie erst spät im Leben auftauchen.

★

Wo schon von deprimierenden Themen die Rede ist: Wie steht es
mit dem Schmerz? Es gibt in der Tat offenkundige Zusammenhänge
zwischen Schmerz und Depression, zwischen Leiden und Bewußtsein.

Bei den folgenden Verhaltensweisen müssen wir uns fragen, unter welchen Umständen sie nützlich sein könnten: Lethargie, Schläfrigkeit tagsüber, Verlust des Sexualtriebs, Verlust des Appetits und die Neigung, sich möglichst wenig zu bewegen. Ähnlich verhält sich ein verwundeter Hirsch, wenn er sich eine Woche lange verkriecht, ohne sich zu rühren, um dem Heilungsprozeß eine Chance zu geben. Und nicht nur Hirsche, sondern die meisten von uns verhalten sich so, wenn sie verletzt worden sind.

Dieses Verhaltenssyndrom kann auch auf andere Weise ausgelöst werden, und manche der Auslöser sind unangemessen. Unser Schmerzsystem ist nicht besonders raffiniert, denn das »Verkriechen« kann auch durch Zahnschmerzen oder Neuralgien ausgelöst werden, obwohl es in diesen Fällen nichts hilft.

Die genannten Verhaltensweisen sind sehr charakteristisch für die Geistesstörung, die wir Depression nennen. Kann man daraus schließen, daß die Depression eine teilweise unangemessene Reaktion auf eine Art chronischen Schmerz ist? Das Umgekehrte ist jedenfalls häufig der Fall: Schmerzspezialisten haben entdeckt, daß sie Patienten mit chronischen Schmerzen, bei denen Aspirin nichts hilft, mit Antidepressiva behandeln können, oft mit der Folge, daß die Patienten eine Besserung im Verhalten zeigen und daß zugleich die Schmerzen verschwinden. Aus dieser Beobachtung folgerte Rosalie, daß eine Behandlungsstrategie darin bestehen könnte, das Gehirn davon zu überzeugen, daß ein physischer Schmerz oder auch ein psychischer »Schmerz« wie der, den wir empfinden, wenn wir »genervt« sind, nicht wichtig ist, daß es unangemessen ist, darauf mit Verkriechen zu reagieren. Auf diese Weise könnten Behandlungsmethoden wie die Psychotherapie funktionieren.

Depression, das ist natürlich mehr als sich verkriechen. Ein wesentlicher, wenn auch nicht essentieller Teil des Syndroms der Depression ist die Melancholie. Das führt zu der Frage der Unterscheidung zwischen den Phasen des Schmerzes. Wir Schmerzforscher (na gut, auf dieser Fahrt bin ich wohl der einzige) entdecken immer mehr über die spezialisierten neuralen Bahnen für die Meldung und Bewertung von Empfindungen, das mit Gewebeschäden zusammenhängen könnte. Solche »Feueralarm«-ähnlichen Empfindungen sind natürlich nützlich, und vermutlich stimmen sie beim Hirsch und beim Menschen ziemlich überein. Doch nicht in jedem Fall rufen sie Schmerzempfindungen hervor. Von den Patienten, die man in der Notaufnahme eines Montrealer Krankenhauses untersucht hat, gaben 37 Prozent noch Stunden nach ihrer Verletzung an, keinen Schmerz zu empfinden, trotz Knochenbrüchen, großer Abschürfungen und anderer Gründe, die ihre sensorischen Nerven eigentlich hätten veranlassen müssen, viele Schmerzbotschaften zum Gehirn zu schicken. Neurophysiologen unterscheiden deshalb zwischen »Nocizeption« und »Schmerz«: Schmerz ist das, was man (manchmal) meldet, wenn nociceptive Botschaften zum Gehirn gelangen. In evolutionärer Hinsicht ist es vernünftig, wenn die Empfindung ausreicht, uns dazu zu bewegen, die schmerzverursachende Situation zu verlassen, doch wäre es bestimmt nicht wünschenswert, wenn direkt nach einer Verletzung die Phase des Sichverkriechens beginnen würde. Zum Glück entwickelt sich die Empfindlichkeit einer verletzten Region nicht sofort, sondern erst mit stundenlanger Verzögerung.

Neben der Nocizeption und dem Schmerz kennen wir das Leiden. Die Zukunftsaspekte des Bewußtseins tragen dazu bei, das Leiden zu verstärken. Wir können voraussehen, was auf uns zukommt, und das bereitet uns zusätzliche Pein über den Schmerz hinaus, der uns im Augenblick von unseren sensorischen Nerven gemeldet wird. Wir leiden weniger, wenn wir wissen, daß die Schmerzempfindungen von kurzer Dauer sein werden (etwa auf dem Behandlungsstuhl des Zahnarztes) oder daß sie harmlos sind (zum Beispiel beim Einlaufen neuer Schuhe). Nun hat der Mensch aber nach der Szenariotheorie ein schärferes Bewußtsein als der Hirsch, und deshalb leiden wir möglicherweise stärker. Aus evolutionärer Perspektive brauchen wir den Tieren zwar nicht ein »Leiden« von gleichem Ausmaß zuzuschreiben, wie wir es in einer entsprechenden Situation empfinden würden, doch könnte das Tier im Augenblick größeren »Schmerz« empfinden als wir, weil es nicht wissen kann, ob ein Schmerz harmlos ist oder von kurzer Dauer sein wird. Wie groß die Not des Tieres ist und in welchem Maße diese Faktoren dazu beitragen, ist schwer zu sagen; um Anzeichen der Beunruhigung festzustellen, muß man in manchen Fällen den Blutdruck des Tieres beobachten.

Erst seit kurzem befassen wir uns mit Schmerz und Leiden aus biologischer Sicht. Wir wollen wissen, welche Rolle sie bei Tieren spielen und welche Phasen die Reaktion auf Verletzungen normalerweise durchläuft. Bislang hat es den Anschein, als sei die anfängliche Schmerzempfindung (die von den meisten Forschern untersucht, von den meisten Ärzten getestet und von Schmerzmitteln beeinflußt wird) das geringste Problem, da ihre Funktion lediglich darin besteht, einer weiteren Verletzung zuvorzukommen. Was uns (abgesehen von den Neuralgien, die fälschlich eine nicht vorhandene Verletzung signalisieren) im Zusammenhang mit dem Schmerz vor die größten Probleme stellt, sind die verzögerte Überempfindlichkeit und das anhaltende Syndrom des Sichverkriechens, und diese Erscheinungen könnten mit einigen häufig vorkommenden Formen der Depression zusammenhängen. Was das Leiden betrifft, das dann noch hinzukommt, wissen wir nicht, wie weit die Tiere es mit uns gemein haben.

Unser Gehirn und unsere sensorischen Nerven sind eigentlich nicht sehr gut, wenn es darum geht, Gewebeschäden genau zu melden, sowohl was die exakte Stelle (können Sie genau sagen, welcher Zahn weh tut?) als auch was den Umfang betrifft. Es kommen alle möglichen Fehler vor, so zum Beispiel, daß eine Herzattacke als ein Schmerz im linken Arm und nicht in der Brust wahrgenommen wird. Aber vielleicht kam es in der Zeit, in der die Evolution uns geformt hat und als es noch keine Ärzte gab, nicht darauf an, genau zu wissen, wo es weh tut. Wenn die Hauptfunktion des Schmerzes darin besteht, unser Verhalten zu ändern, um den Schaden zu begrenzen, ist die genaue Kenntnis der Stelle und des Umfangs der Verletzung unwichtig. Wieder ein Fall einer »gerade hinreichenden« Lösung. Auch was die zweite Funktion des Schmerzes betrifft, die Unterstützung des Heilungsprozesses während der Wiederherstellung, kann die bloße Meldung, ob Überempfindlichkeit vorliegt oder nicht, die gleichen Dienste leisten wie eine detaillierte Beschreibung des Schadens. Für die Evolution braucht man nicht genau zu wissen, wo eine Verletzung vorliegt, um sie zu reparieren – das macht der Körper automatisch, und er muß dazu nicht bewußt auf die verletzte Stelle ausgerichtet sein.

Der Schmerz kann, wenn man es sich genau überlegt, keinem sehr starken Selektionsdruck ausgesetzt gewesen sein, vielleicht abgesehen von dem Mechanismus, der dafür sorgt, daß Fehlalarm korrigiert wird. Was jedoch Dysfunktionen wie die Neuralgien betrifft, so sind auch sie vorwiegend auf die postreproduktive Lebensphase beschränkt und dadurch der natürlichen Auslese entgangen.

Aus dieser evolutionären Sicht können wir etwas so Sinnloses und Unmenschliches wie den mit Krebs verbundenen Schmerz besser verstehen. Auf natürliche Weise ist dieser Schmerz, nachdem er seine Warnfunktion erfüllt hat, offenbar nicht auszuschalten. Für die Ausschaltung kurzfristig auftretender Schmerzen, wie sie etwa ein erschöpfter Athlet empfindet, hat die Evolution offenbar vorgesorgt, damit solche Schmerzen nicht der Flucht aus einer bedrohlichen Situation im Wege stehen, doch für die Ausschaltung der lang anhaltenden Wundschmerzen während der Wiederherstellungsphase hat sie (soweit wir bisher feststellen konnten) offenbar nichts getan. Fast während der gesamten Evolution war eine schwere Verletzung schließlich lebensgefährlich – man konnte nur von ihr genesen oder umkommen. Deshalb haben die Menschen bis in die jüngste Zeit hinein mit dem weisen Rat Senecas leben müssen: »Ignoriere den Schmerz. Entweder wird er vergehen, oder du wirst vergehen.«

Die Schmerzkontrolle ist eine der wesentlichen Möglichkeiten, unsere Lebensqualität zu verbessern. Sie ist ein weit humaneres Ziel als alle Bemühungen, die Lebensdauer zu verlängern. Da die Natur auf diesem Gebiet nicht viel für uns getan hat, werden wir hier mehr als üblich die Evolution selbst in die Hand nehmen, und unsere Maßnahmen werden in einem engen Zusammenhang mit den übrigen Zielen stehen, die wir uns im Sinne der Verbesserung der Lebensqualität für unsere Gesellschaft vornehmen werden.

★

In diesem unteren Abschnitt beginnt sich das Bild des Grand Canyon wirklich zu wandeln. Hoch über uns sehen wir viele Geröllhalden, die durch Erdrutsche entstanden sind. Aber auch die Canyonwände sehen anders aus, denn zwischen dem roten Gestein gedeihen hier und da Pflanzen. Daran kann man erkennen, ob ein Foto den unteren Abschnitt des Grand Canyon oder dieselben Gesteinsschichten im oberen Abschnitt zeigt, zumindest wenn es kurz vor der Aufnahme geregnet hat. Hier unten sind die Winter weniger streng, und die Pflanzenwelt gleicht sich allmählich der Vegetation der Mojave-Wüste an.

Vorn in Jimmys Boot meint jemand scherzhaft, daß wir unserem persönlichen Rendezvous mit der natürlichen Auslese entgegenfahren.

Ein grauer Tag.

★

Plötzlich, wenn auch zunächst kaum merklich, taucht bei Meile 177 schwarze Lava auf. In einer Geröllhalde aus gewöhnlichem Gestein, das mit schwarzem Wüstenfirnis überzogen ist, verstecken sich ein paar Lavabrocken. Die Lava hier ist nach geologischen Maßstäben ziemlich jung, verglichen mit all den übrigen Gesteinen des Canyons, zum Beispiel der Cardenas-Lava bei den Furnace Flats, die ein Alter von 1,2 Milliarden Jahren hat. Diese Lava stammt aus den letzten Jahrmillionen, in denen die Eiszeiten auftraten und die Verdreifachung des menschlichen Gehirns sich vollzog. Es sind Überreste eines gewaltigen Lavastroms, der den Colorado River hier in der Nähe aufstaute und diesen Teil des Canyons fast bis zum Rand mit schlammigem Wasser füllte.

Seit Tagen ist Sagenhaftes über diese Stromschnelle bei Meile 179,6 Lava Falls verbreitet worden. An dieser Stromschnelle erweist sich, ob der Geologe seiner Wissenschaft unter allen Umständen treu ist. Wird er angesichts einer so unglaublich wilden Stromschnelle imstande sein, die Kaskaden schwarzer Lava wahrzunehmen, die sich einst in den Grand Canyon ergossen und an seinen Wänden erstarrt sind? Wird er dieses Gestein mit seinen kleinen Olivinkristallen, seiner glasigen Grundmasse und seinen säulenförmigen Verbindungen untersuchen und zu dem Schluß kommen, daß es, nachdem es in den Canyon geflossen ist, rasch erkaltet sein muß? Wird er die Schlackenkegel oben auf dem Canyonrand wahrnehmen? Wird er sich erinnern, daß dieses Gestein nur eine Million Jahre alt und damit das jüngste aller Gesteine des Grand Canyon ist? Wahrscheinlich nicht.

Michael Collier,
*Grand Canyon Geology*, 1980

Die Lava dort oben, rund 300 Meter über dem Wasserspiegel, ist wahrscheinlich ein Überrest jenes gewaltigen Lavastaudamms. Inspiriert von der Vision, in der sich Edward Abbey das Ende des Glen-Canyon-Staudamms und des Lake Dominy ausmalte, witzeln wir darüber, was für ein gewaltiger Anblick es gewesen sein muß, als der Lavadamm brach. Einer der Bootsführer hat an seine Mütze einen Button gesteckt, auf dem es heißt: *»I Want to Run DOMINY FALLS, Glen Canyon«.*

Im rechten Teil des Flußbettes liegt ein riesiger, 15 Meter hoher schwarzer Felsblock. Vulcan's Forge war einmal ein aktiver Vulkan, der eines Tages das Wasser des Flusses zum Kochen brachte und dann mitten im Fluß ausbrach. Jetzt ist davon nur noch ein Block übrig, ein sogenannter Vulkanpfropfen, der uns daran gemahnt, wie schnell die Dinge entstehen und wieder vergehen können. Hier in der Gegend soll es auch echten Marmor geben, entstanden durch Kontaktmetamorphose, wie der Asbest, den wir bei der Deubendorff-Stromschnelle von den Felsen geschält haben. Nur war es hier nicht Asbest oder Tonschiefer, sondern Kalkstein, der sich durch Erhitzung in Marmor verwandelte.

Die Flußfahrt ist heute morgen sehr ruhig verlaufen. Es gab keine nennenswerten Stromschnellen, nicht eine. Über annähernd dreißig Flußmeilen haben wir fast nur kleine Wellen und Strudel erlebt. Jetzt wird der Canyon breiter, und von der rechten Canyonwand erstrecken sich große Ströme schwarzer Lava bis ans Flußufer. Auch der Fluß wird breiter und langsamer, in Erwartung der größten Stromschnelle, die er in seinem Verlauf zu bieten hat. Die Bootsführer nennen diesen Flußabschnitt »Lake Lava«, und sie legen sich stärker in die Riemen, um sich für das große Ereignis aufzuwärmen.

Bald ist schwach das tiefe, anhaltende Grollen eines fernen Gewitters zu vernehmen. Da sich aber die Wolken verziehen, müssen es wohl die Lava Falls sein, die sich mit diesem Geräusch ankündigen.

Ein schwarzes Loch in den Lava Falls? Das kann nur ein Witz sein. Aha! Ich wette, es ist ein Loch inmitten von schwarzen Lavablöcken. Das muß es sein. Oder es ist eine Anspielung auf eine Eigenschaft, die man Schwarzen Löchern zuschreibt: daß sie nicht wieder hergeben, was einmal hineingeraten ist.

# Meile 179
# Die Lava-Falls-Stromschnelle

Die Boote liegen am rechten Ufer unter einer Reihe von Trauerweiden vertäut. Wir klettern den schwarzen, kiesigen Pfad durch die Lava hinauf und stehen in der heißen Sonne, denn die Wolken haben sich verzogen, und die Mittagszeit mit ihrer Gluthitze rückt näher. Das schwarze Gestein ist so heiß, daß man es nicht anfassen kann, doch ist die Lava ohnehin zu rauh, als daß man sich an ihr festhalten könnte. Doch der Pfad ist nicht schwierig und führt nur bis zu einem nahen Aussichtspunkt, der den Bootsführern einen guten Überblick bietet, so daß sie sich überlegen können, wie sie durch die Stromschnelle kommen.

Wir überlassen die Bootsführer sich selbst, wie sie dort oben auf ihrem vorgeschobenen Posten, immer wieder hinunter deutend und gestikulierend, die möglichen Routen erörtern. Wir bleiben ein wenig zurück, überwältigt von der Hitze, die von oben auf uns herunterbrennt und von dem heißen schwarzen Gestein unter unseren Füßen aufsteigt. Die Stromschnelle wummert unaufhörlich und so laut, wie wir es noch nie erlebt haben – es ist eine tiefe Schwingung, die einem durch Mark und Bein geht und der man nicht entrinnen kann.

Lava Falls ist eine treffende Bezeichnung, denn dies gleicht wirklich mehr einem Was-

Man muß einsehen, daß man in den Lava Falls nicht naßgespritzt wird – man wird regelrecht überflutet. Eine der wesentlichen Erfahrungen beim Durchfahren dieser Stromschnelle ist, daß man sich in eine kompakte Wasserwand hineinbohrt. Viele Flußfahrer haben sich hinterher klar erinnert, daß sie zwar in einem Boot saßen, aber vollständig unter Wasser und einige beklemmende Sekunden lang außerstande waren zu atmen. Bei einer erstaunlichen Fahrt überschlug sich ein Boot, während es auf einer Welle ritt, und landete auf der nächsten, die richtige Seite nach oben. Die Insassen, die dabei auf ihren Sitzen geblieben waren, konnten nur durch einen vom Ufer aus gedrehten Film davon überzeugt werden, daß sie einen vollen Überschlag gemacht hatten.
Robert O. Collins und Roderick Nash, *The Big Drops*, 1978

serfall als einer der Stromschnellen, die wir bisher erlebt haben. In Crystal, bislang der schlimmsten, war der Höhenunterschied anderthalb Stockwerke. Lava Falls stürzt drei, fast vier Stockwerke tiefer. Und das auch noch über eine ziemlich kurze Strecke: Es sieht aus wie eine steile Treppe voller Felsblöcke. Verteilt darüber ist eine Reihe von schäumenden Löchern, manche in der linken, einige in der mittleren und andere in der rechten Fahrrinne. Die rechte Seite ist von schwarzen Felsen gesäumt. Alle Löcher sind offenbar von schwarzen Felsen umgeben. Unmittelbar unterhalb des letzten Loches in der rechten Fahrrinne liegt ein besonders großer schwarzer Fels, der nicht von Wasser überströmt wird.

Es ist klar, daß wir bei diesem Wasserstand nicht direkt durch die Mitte fahren können. Irgendwie werden die Bootsführer den Fluß queren müssen: Erst muß man rechts an dem Wasserloch am Beginn der Stromschnelle vorbei, dann nach links hinüber, um dem großen Loch direkt voraus auszuweichen. Aber nicht zu weit nach links. Einen sicheren Weg durch die Stromschnelle vermag ich nicht zu erkennen, aber ich bin ja auch kein Profi. Während wir darauf warten, daß die Profis mit der Besprechung der möglichen Routen fertig werden, diskutieren wir als Amateure über dasselbe Thema. Beim Vergleich der verschiedenen Vorschläge fällt mir auf, daß das Wasserloch links oben in den letzten 15 Minuten seine Lage verändert hat.

Die Bootsführer lassen zwar noch nicht erkennen, daß sie mit ihrer Planung fertig sind – sie entwerfen noch immer alternative Szenarien –, doch die meisten sind jetzt zu den Booten zurückgekehrt. Das Bild, das sich uns geboten hat, und das durchdringende Dröhnen haben uns überzeugt, daß die Lava Falls nicht mit anderen Stromschnellen zu vergleichen sind, daß sie wohl doch ihren Ruf verdient haben. Ich mache noch ein letztes Foto und gehe dann auch hinunter. Es ist zu heiß und ungeschützt hier oben, fast eine Mondlandschaft. Bei den Booten ist es stiller und kühler, und der Schatten, den die Bäume dort spenden, tut gut. Die Leute sind ziemlich still und allesamt ernst. Einem der Teenager gelingt es sogar, gelangweilt dreinzublicken.

Unaufgefordert beginnen wir, alles festzumachen und das Nylonnetz zu spannen, das unsere Vorratskisten und Schöpfeimer festhalten soll. Nachdem wir die Lava Falls gesehen haben, fällt es uns nicht schwer, den Warnungen der Bootsführer zu glauben, daß alles gesichert werden muß.

Die Schwimmwesten werden angelegt, und die Gurte fester gezogen als je zuvor. Die meisten machen ihre Hüte irgendwo am Boot fest, weil sie meinen, die schweren Wellen würden sie ihnen vom Kopf reißen. Ich mache es umgekehrt und ziehe den Kinnriemen fester, denn ich hoffe, daß der breite Hutrand wie zuvor mein Gesicht schützen wird. Ich versuche, mein Messer aus der Scheide zu ziehen, und bin erstaunt, wie schwer es geht. Zunächst schnalle ich die Scheide straffer am Gurt der Schwimmweste fest, damit sie nicht mitgeht, wenn ich das Messer herausziehen will. Dann fege ich den Sand ab, der an Messer und Scheide klebt. Ich lasse das Messer in der Scheide mehrmals auf und nieder gleiten, um das Leder zu lockern, bis es gerade noch eng genug ist, um das Messer festzuhalten. Messer gehören nicht zur offiziellen Packliste, doch vor einigen Jahren ist ein Neurobiologe, den ich kannte, Donald Wilson, bei einem Wildwasserunfall in Idaho ertrunken, weil er sich unter Wasser in einem Tau verfangen hatte. Er arbeitete auf demselben Teilgebiet der Neurophysiologie wie Dan Hartline und ich, und wir sprechen noch oft über eine seiner letzten Entdeckungen, ein einfaches Verfahren, um Rhythmen zu erzeugen, eine der ersten emergenten Eigenschaften, die im Zusammenhang mit neuralen Komitees entdeckt wurden.

Sandy taucht wieder auf, und durch das Geäst der Trauerweiden hört man auch die anderen Bootsführer kommen. Ich bin froh, daß ich heute mit Sandy Heavenrich fahre. Er ist vermutlich von allen Bootsführern der stärkste, und bei den Lava Falls könnte es durchaus darauf ankommen. Ich frage ihn, welche Route er fahren wird. »Am Anfang links, dann auf der seitlichen Welle nach rechts, um das Loch rechts oben herum, dann wieder zur linken Seite hinüber, um das große Loch rechts unten zu umfahren.« Umsichtig wie immer überwacht Sandy unsere Vorbereitungen und prüft alles zweimal nach. Er rollt das Tau zum Festmachen zusammen, schlägt damit gegen die Bootsseite, um den Sand abzuschütteln, und schwingt sich auf seinen Sitz über der Kühlbox. Dann wiederholt er noch einmal den Vortrag über das Ausbalancieren des Bootes und was man tun muß, wenn man in den Fluß fällt. Und bitte unbedingt aufpassen, daß man sich nirgendwo verfängt.

Als wir auf den Fluß hinausrudern, wird mir klar, daß wir das erste Boot sein sollen, das in die Stromschnelle hineinfährt. Wir werden die Versuchskaninchen sein, die die Strömungen ausprobieren müssen. Doch der Führer des ersten Bootes wählt gewöhnlich eine vorsichtige Route – diejenigen, die danach losfahren, können gewagtere Routen wählen, weil flußabwärts jemand da ist, der sie auffängt, wenn sie in Schwierigkeiten kommen. Unsere Gruppe besteht aus drei Booten, doch die beiden anderen bleiben zurück, wohl um abzuwarten, wie es uns ergeht, bevor sie ablegen. Auf den Felsen am oberen Rand der Stromschnelle steht Gary Casey, um unsere Abfahrt zu beobachten. Er wird die beiden anderen Boote unterrichten, denn sie können uns dann nicht mehr sehen.

Die Mitfahrer aus den restlichen vier Booten werden uns vom Ufer aus zusehen, wie bei dem Fotolauf durch die Hermit-Stromschnelle, und dann sind sie an der Reihe, während wir vom unteren Ufer aus zuschauen. Als wir ein Stück den Fluß hinaufrudern, um uns in die richtige Position links von der Mitte der Fahrrinne zu bringen, sehe ich einige Fahrgäste aus den übrigen Booten, die eine Gnadenfrist genießen, den heißen Lavapfad hinaufklettern, die Kameras mit Teleobjektiven ausgerüstet.

Sandy beugt sich auf beiden Seiten zum Bootsrand, um nach den dort befestigten Ersatzriemen zu schauen. Normalerweise sind sie so angebunden, daß man einen Riemen mit einem kurzen Messerhieb freikriegt. Heute hat Sandy sie jedoch so festgemacht, daß man nur an einem Ende des ähnlich wie eine Schleife gebundenen Kreuzknotens zu ziehen braucht, um sie zu lösen. Den Passagieren im hinteren Teil des Bootes, Laura Sirota und mir, gibt er Anweisung, den Knoten nur aufzuziehen, wenn er uns dazu auffordert. Ich habe mir sagen lassen, daß die Lava Falls öfters einen Riemen zu packen kriegen, ihn aus der Dolle reißen und nicht wieder hergeben. Aber das erwähnt Sandy nicht. Er ist stark, wortkarg und sehr tüchtig.

Wir fahren links von der Mitte auf den Beginn der Stromschnelle zu. Unser Heck ist, ein wenig stromaufwärts, auf das linke Ufer gerichtet. Sandy denkt offenbar schon im voraus an die scharfe Linkswendung, die er vor dem rechten Ufer machen muß, nachdem die Seitenwelle uns nach rechts mitgenommen hat, vorbei an der Oberkante des Felsblocks mit dem Wasserloch. Zunächst richtet Sandy also den Bug des Bootes nach rechts aus, indem er gegen die Riemen drückt. Es ist ein schwächerer Ruderschlag als der, den er anschließend wird ausführen müssen, um uns in einer U-förmigen Kehre von der Wand wegzubringen, doch der Drückschlag von Sandy ist ebenso stark wie der Zugschlag so manch eines Bootsführers. Laura nimmt ihre Brille ab, klappt sie hastig zusammen und steckt sie in eine Tasche, die sie zuknöpft. Als wir genau auf dem Rand sind, bin ich überrascht, wie weit ich die Stromschnelle hinunterblicken kann – im Vergleich zu den bisherigen Stromschnellen ist diese wirklich steil. Es ist, als würde man vom zweiten Rang eines Theaters auf die Bühne hinunterschauen. Und dann machen wir den ersten Schritt, der mit dem sanften Beginn der meisten Stromschnellen nichts zu tun hat. Plötzlich scheint überall Wasser zu sein, das im Sonnenlicht funkelt. Wir sind sofort durchweicht.

Während ein Schwall übers Heck in das Boot schlägt, werden wir in die quer nach rechts verlaufende Welle hineingerissen. Mit schnellen, kräftigen Schlägen versucht Sandy sofort, uns zusätzliche Fahrt zu geben. Tatsächlich werden wir schneller. Wieder werden wir von einer Welle durchnäßt. Sandy rudert schneller, als ich ihn je rudern gesehen habe. Trotzdem sind wir zu langsam, und ich merke, daß wir stärker auf den Felsblock zutreiben als zu der Stelle hin, wo wir die Kehre machen wollten. So war das nicht vorgesehen. Unterhalb des Felsblocks ist ein Wasserloch.

Es ist, als würde man ein schleuderndes Auto direkt auf sich zukommen sehen, ohne daß man ausweichen kann, und man weiß, daß es gleich krachen wird. Es ist wie ein verrückter Traum in Zeitlupe, aus dem man nicht herauskommt, vollkommen hilflos. Quatsch, das kann mir nicht passieren. Doch der Felsblock ist jetzt fast direkt unter uns, und gleich werden wir in das Loch hineinstürzen. Naja, eigentlich hatte ich immer schon wissen wollen, wie das ist.

Ganz langsam fallen wir. Das Boot biegt sich durch und macht einen Buckel. Wir klatschen in das schäumende Loch hinein, überall von Wildwasser umgeben, im Boot, neben dem Boot, über unseren Köpfen, das Sonnenlicht streuend. Unser rechter Riemen wird gegen den Felsblock gedrückt und klemmt sich irgendwo ein. Ohnmächtig müssen wir zusehen, wie er aus der Dolle springt und Sandy aus der starken Faust gerissen wird. Jetzt stürzt der Wasserfall ins Boot – ich sehe Laura nicht mehr. Sie sitzt unter dem Wasserfall. Dann macht das Boot eine Drehung, und sie taucht wieder auf. Sie schüttelt den Kopf. Da sehe ich, wie der lange Riemen am Ende des Taus, mit dem er noch am Boot befestigt ist, beängstigend hin und her schlägt. Um Laura, die direkt daneben sitzt, außer Gefahr zu bringen, drücke ich sie auf den Boden des Bootes. Selbst wenn sie ohne Brille sehen könnte, hätte sie sich davor nicht retten können. Mit ausgestreckten Armen versuche ich über sie hinweg den Riemen abzuhalten oder zu ergreifen. Sandy macht einen kurzen Versuch, den wie ein Dreschflegel hin und her schlagenden Riemen hereinzuholen, aber schnell überläßt er es mir. Jetzt zieht er mit beiden Händen an dem anderen Riemen und versucht, in dem schäumenden Wasser Widerstand zu finden.

Auf einmal ist die Sonne wieder da, und ich begreife, daß wir aus dem Loch heraus sind. Einfach so. Aber wir sind immer noch mitten in den Lava Falls, und unterhalb des Loches scheint der Fluß kaum weniger zu schäumen als im Loch selbst. Den Riemen kriege ich noch immer nicht zu packen; ich fasse ständig nur ins Wasser hinein. Ich bin noch immer über Laura gebeugt; sie wird sich sicher fragen, was über ihr vor sich geht und womit ich so lange beschäftigt bin.

Wieder treiben wir auf einer schnellen Strömung zwischen kleineren Felsen hindurch den Fluß hinunter. Sandy gibt sich größte Mühe, uns mit dem einen Riemen aus der rechten Fahrrinne herauszubringen, mehr zu Flußmitte hin. Und von dem großen Loch fort. Aber wieder kommen wir bei dem Versuch, quer zur Flußrichtung zu fahren, nicht schnell genug voran, und wir werden zurück in die rechte Fahrrinne gezogen.

Oh nein, nicht schon wieder! Hat denn niemand was von erworbener Immunität gehört? Das kann mir doch nicht zweimal passieren. Doch erneut treiben wir auf einen Abgrund zu. Für einen kurzen Augenblick hängt das Boot über dem großen Felsblock. Dann biegt es sich, und wir fallen – ein richtiger Sturz aus vielleicht zwei Meter Höhe – in die explodierenden Wellen hinein, die von allen Seiten über uns zusammenschlagen. Wenigstens sind wir nicht gekentert. Den herausgeflogenen rechten Riemen habe ich inzwischen aufgegeben und sitze wieder in meiner Ecke hinten links, in der ich mich so fest wie möglich verkeile. Laura sitzt noch immer mit eingezogenem Kopf, und der lose Riemen ist bei dem schäumenden Wasser, das um uns aufstiebt, kaum zu sehen. Das Boot biegt sich durch, läuft immer mehr mit Wasser voll, schlägt überall auf und dreht Runden. Wir werden umhergeworfen und sitzen offenbar in dem Loch fest, ganz so wie in den Erzählungen, die wir darüber gehört haben. Sandy versucht unentwegt, mit dem einen Riemen, an dem er kräftig mit beiden Armen zieht, in tieferem Wasser Halt zu finden, aber er stößt nur auf Schaum. Immer wieder.

Mir geht durch den Kopf, was über Schwarze Löcher gesagt wird: Wenn man einmal drin ist, kommt man nicht mehr raus.

Nirgendwo ist eine feste Form zu erkennen. Ich sehe weder Sandy noch die Stelle, wo ich mich am Boot festklammere. Überall nur weißes schäumendes Wasser. Wäre das Licht nicht, könnte es genauso gut schwarz sein. Aber dann kommt noch mehr Wasser. Und das Licht beginnt tatsächlich nachzulassen. Wenn ich zu atmen versuche, spucke ich Wasser aus.

Ich wandte mich und sah unter der Sonne, daß nicht den Schnellen der Lauf gehört, und nicht den Helden der Krieg, und auch nicht den Weisen das Brot, und auch nicht den Verständigen der Reichtum, und auch nicht den Kenntnisreichen die Gunst; denn Zeit und Schicksal trifft sie alle.

Prediger 9.11, ca. 200 v. Chr.

Und auf einmal sind wir frei, keiner weiß wie. Vielleicht hat das Loch uns einfach ausgespuckt. Wir sind ausgestoßen worden. Wir richten uns auf, um Luft zu schnappen und richtiges Sonnenlicht zu sehen und durch das schäumende Wasser hindurch Bruchstücke der Flußuferlandschaft. Sandy kriegt jetzt ohne Schwierigkeiten den losen Riemen zu fassen, und zusammen hängen wir ihn in die Dolle ein. Laura prustet. Jetzt, da ich nicht mehr über sie hingebeugt bin, richtet sie sich auf und wischt sich das Wasser aus dem Gesicht. Sie macht die Augen auf, um zu sehen, wo wir sind. Wir sind außer Gefahr. Die Stromschnelle ist noch nicht vorüber, aber wir sind außer Gefahr. Wir beginnen das randvolle Boot auszuschöpfen, und ich muß den Gurt meiner Schwimmweste lockern, um mich leichter bücken zu können. Mein Hut sitzt noch fest auf dem Kopf, und ich schiebe ihn erleichtert zurück, endlich frei.

Sandy rudert uns hinüber zum rechten Ufer, in die ersten kleine Bucht, wo das Wasser ruhig kreist. Laura zieht ihre Brille aus der Tasche, setzt sie, obwohl die Gläser noch naß sind, auf und schaut sich um. Wir blicken zurück auf den Weg, den wir genommen haben, und versuchen zu begreifen, was wir soeben erlebt haben. Zumindest sind uns all die Löcher in der linken und mittleren Fahrrinne erspart geblieben. Unser Blick geht hinauf zu der drei Stockwerke hohen, weiß schäumenden Treppe und den beiden großen Löchern, die wir überstanden haben. Es kommt uns ganz unglaublich vor.

»Schätze, wir haben tüchtig Prügel bezogen«, meint Sandy mit einem breiten Grinsen. »Schaut mal da hoch, sie gucken zu uns runter.« Er deutet stromaufwärts und gibt dann mit dem triumphierenden Winken eines Preisboxers zu verstehen, daß bei uns alles in Ordnung ist.

Wir sehen ein anderes Boot am Rand der Lava Falls auftauchen, aber es wird offenbar zurückgehalten. Sie haben nicht sehen können, wie unsere Fahrt verlaufen ist. Es ist aber anzunehmen, daß Gary, der dort, wo die Stromschnelle beginnt, am Ufer steht, den folgenden Bootsführer durch Zuruf davon unterrichtet hat, daß die nach rechts verlaufende Seitenwelle sehr viel langsamer ist, als wir vermutet hatten. Wahrscheinlich sind die Pläne in einem lauten Rufdialog korrigiert worden.

Nachdem wir das Boot ausgeschöpft haben, läßt Sandy die übrigen Passagiere aussteigen und bereitet sich auf die Möglichkeit vor, als Retter eingreifen zu müssen. Er klettert nach vorn, macht am Karabinerhaken, der sich am Bug des Bootes befindet, ein langes, nicht zu dickes Tau fest und prüft den Knoten. Dann winkt er mich zu sich und drückt mir die Taurolle in die Hände. Während wir ein Stück flußauf rudern und hinter einem kleinen Felsblock, der einen gewissen Schutz vor der schnellen Strömung bietet, Position beziehen, erklärt Sandy mir, wozu diese Leine benutzt werden kann. Ich könnte sie zum Beispiel einem Schwimmer zuwerfen (allerdings habe ich seit meiner Kindheit nicht mehr Lasso geworfen). Wir müssen aber darauf achten, daß der Schwimmer sich talwärts von uns befindet, denn wenn einer von oben kommt, wird er bei dem Versuch, ihn an Bord zu ziehen, von der Strömung unter das Boot gedrückt. Deshalb muß ich ihn um den Bug herum auf die Talseite lenken, bevor ich versuche, ihn an Bord zu hieven, sagt Sandy. Außerdem könnte die Leine dazu dienen, ein anderes Boot ins Schlepptau zu nehmen.

Um zu üben, werfe ich die Leine mit einer seitlichen Armbewegung zu einem kleinen Fels im Fluß, und tatsächlich landet sie dort, auch wenn ich nicht ganz so weit geworfen habe, wie ich wollte. In der Annahme, daß ich bei meinem ersten Versuch mehr Glück als Verstand hatte, rolle ich das nasse Tau sorgfältig wieder zusammen. Ich bin immer noch verärgert darüber, daß es mir oben zwischen den beiden Wasserlöchern nicht gelungen ist, den Riemen wieder einzufangen.

Während wir durch Sandys regelmäßige Ruderschläge hinter unserem Felsblock Position halten, beobachten wir, wie die anderen Boote durch die Lava Falls hinunterkommen. Die beiden ersten scheinen es ohne Mühe zu schaffen – allerdings übernehmen sie eine ganze Menge Wasser. Nachdem die beiden Boote unter emsigem Einsatz aller Passagiere leergeschöpft sind, beziehen auch sie Rettungsposition am anderen Ufer, das eine uns gegenüber, das andere etwas weiter flußabwärts.

Wir müssen lange warten, bis die Passagiere der zweiten Gruppe mit ihren Kameras vom Aussichtspunkt zu den noch verbleibenden vier Booten zurückgekehrt sind. Ich finde es erstaunlich, daß keiner von ihnen, nachdem er gesehen hat, wie sehr wir uns abmühen mußten, zu dem Entschluß kommt, die Stromschnelle zu Fuß zu umgehen – der Weg ist sehr bequem. Wir können sie jetzt nicht mehr sehen, aber wir stellen uns vor, wie sie ein Stück weit den Fluß hinaufrudern, um sich links von der Flußmitte in Position zu bringen. Lange passiert gar nichts. Vielleicht, meint Sandy zu mir, rudern sie das ganze Stück zurück bis zu dem Vulkanpfropfen, oder gar bis zur Phantom Ranch. Doch dann taucht am Rand der Stromschnelle ein Boot auf und beginnt die Treppe hinunterzusausen. Während der Fahrt quer zur Flußrichtung ist es unseren Blicken entzogen, aber dann erscheint es wieder in der mittleren Fahrrinne.

Es ist etwas völlig anderes als unsere Zeitlupenfahrt durch die Stromschnelle. Es ist gerade mal eine Minute vergangen, als sie an uns vorbeiflitzen – durchnäßt, aber fröhlich. Kurz darauf sind sie wie verrückt am Ausschöpfen.

Tatsächlich kommen alle Boote ohne Zwischenfälle durch. Einige nehmen eine ganz andere Route, als wir geplant hatten, keines folgt unserer weißen Treppe, und keines braucht unsere Rettungs- und Abschleppdienste in Anspruch zu nehmen.

Nachdem das letzte Boot durch ist, legen die beiden anderen wartenden Boote ab. Wir haben eine kleine Verzögerung, weil wir unsere drei glücklich gestrandeten Passagiere mit ihren Kameras noch an Land abholen müssen. Etwas verspätet folgen wir den anderen Booten und fahren allein durch die Lower-Lava-Stromschnelle. Es ist bloß eine 5. Immerhin zwingt sie uns, das Boot noch einmal auszuschöpfen.

★

Etwa anderthalb Kilometer unterhalb der Lava Falls drängen sich alle auf einem schmalen Muav-Vorsprung am linken Ufer. Es sieht aus wie eine Bühne voller Schauspieler. Unser verspätetes Eintreffen wird mit Beifall aufgenommen – nun haben wir das Gefühl, auf der Bühne zu sein. Offenbar haben sie sich, während sie auf unseren verzögerten Soloauftritt warteten, ausschließlich über uns unterhalten.

Wir stürzen uns auf die Limonade. Nach dem zu urteilen, was die zweite Gruppe vom Ufer aus gesehen hat, muß unser Abenteuer noch erschreckender gewesen sein, als wir dachten. Während wir in den Wasserlöchern saßen, konnten sie uns nicht sehen, und da wir nicht gleich wieder auftauchten, haben sie sich Sorgen gemacht. Wie es scheint, haben sie ebenso die Luft angehalten wie wir, nur daß wir es taten, um kein Wasser einzuatmen. Sie sahen, wie unser Boot sich nach oben durchbog und anschließend nach unten zusammenknickte, sie sahen, wie unser Riemen irgendwann aus der Dolle sprang und herumflog (Joanne Kerbavaz sagt, sie hätte mit dem Tele ein Foto von uns gemacht, genau in dem Moment, als wir im ersten Loch den Riemen verloren), sie sahen, wie wir die mittlere Fahrrinne verfehlten und auf das zweite Loch zutrieben, bis wir darin verschwanden. Wir geben uns natürlich ganz lässig, so als wäre es für uns etwas Alltägliches gewesen. Selbst das schwarze Loch. Unsere Limonadenbecher zittern nur, weil uns in unseren nassen Kleidern ein bißchen fröstelt.

Ich kann mir vorstellen, daß den anderen in den übrigen sechs Booten nach unserer Erfahrung etwas flau im Magen war bei dem Gedanken, durch die Lava Falls zu fahren. Doch das einzige wirkliche Opfer der Lava Falls war Ben. Eine schwere Welle warf ihn zurück, so daß er mit dem Knie des Bootsführers zusammenstieß und sich eine blutige Nase holte. Alans Knie scheint unversehrt zu sein.

Nicht lange, und das Mittagessen ist fertig. Alle sind in lebhafte Gespräche verwickelt, und die Bootsführer zeigen eine ausgelassene Fröhlichkeit. Ich vermute, daß der Adrenalinspiegel noch ziemlich hoch ist. Die Lava Falls liegen hinter uns, sind Geschichte, gehören der Vergangenheit an. Erledigt. Noch nie habe ich unsere Gruppe so aufgedreht erlebt.

> Was die Urwunder betrifft..., so müssen Sie sie selbst erobern, schweißgebadet, sonnenverbrannt, lachend, in Staub und Regen, mit nur wenigen Gefährten.
>
> Nancy Newhall, 1960

An die Weiterfahrt denkt im Augenblick niemand. Nachdem das zweite Sandwich verzehrt ist, kommt ein drittes. Ständig fällt den Leuten der Belag heraus, weil sie beim Essen gestikulieren. Zwei Raben haben sich eingestellt, bereit, sauberzumachen, sobald wir uns verzogen haben. Sandy stellt einen zweiten Limonadenkühler bereit, denn der erste ist leer. Der Vorrat an Plätzchen wird bis zum letzten Krümel verzehrt, und auch die beiden Eimer mit Orangen und Äpfeln gehen restlos weg.

Außerdem ist es auf den flachen, schattigen Vorsprüngen aus Muav-Kalkstein, die vom Wasser glattgeschliffen wurden, recht gemütlich. Der eine oder andere streckt sich aus und macht ein kleines Nickerchen.

★

Eine Schlange ist an mir vorbeigekrochen. Larry Anderson weckt mich auf und sagt, eben sei eine lange, herrliche Schlange direkt an meinem Kopf vorbeigeflitzt. Jetzt versteckt sie sich in einer winzigen, flachen Höhle, gebildet durch Muav-Schichten, die unmittelbar über der Bühne, auf der wir uns ausgebreitet haben, ein wenig vorspringen. Er findet es unglaublich, wie schnell diese Schlange sich bewegte. Damit kann es kaum eine Canyon-Klapperschlange gewesen sein, denn die ist nicht gerade für rasche Fortbewegung bekannt. Ich lasse mich also auf die Knie nieder und schaue an der Stelle nach, die Larry mir zeigt. Von einer Schlange ist jedoch nichts zu sehen. Schließlich nehme ich aus dem Augenwinkel wahr, wie sie zweimal züngelt. Schlangen machen das, um eine Luftprobe zu nehmen: Die eingezogene Zunge wird dann gegen den oberen Gaumen geführt und dort auf Geschmacksstoffe geprüft. Eine sonderbare Art zu riechen, aber sie spart sich damit das Einatmen. Jetzt hat die Schlange uns vermutlich gerochen.

Was für eine herrliche Schlange! Sie ist khakifarben, oder vielleicht eher von einem hellen rötlichen Braun, das vollkommen mit der Farbe des Muav übereinstimmt. Außerdem ist sie genauso dick wie eine Kalksteinschicht, so daß ich Mühe habe, zwischen den Windungen des abgestuften Vorsprungs, auf dem sie in der »Höhle« ausgestreckt liegt, ihre Körperumrisse zu erkennen. Man könnte meinen, die Schlange sei ein kleiner Streifen von farblich abgestimmtem Modellierton, der auf den Muav aufgetragen wurde. An einer Stelle ist der Körper auf die nächst tiefere Schicht abgesenkt – es sieht genau aus wie eine Krümmung des Gesteins. Nachdem ich mich fünfmal geirrt habe, kann ich endlich ausmachen, wo sich der Schwanz befindet. Eine phantastische Tarnung. Die Schlange und der wellenförmige Vorsprung wirken wie eine subtile, ausgewogene Skulptur. Larry und ich schätzen die Länge auf ungefähr anderthalb Meter. Hätte Larry nicht gesehen, wie sie in die niedrige Höhle kroch, hätten wir sie niemals entdeckt. Abgesehen von der Zunge, die gelegentlich ausgestreckt wird, befindet sich die Schlange in vollkommener Ruhe.

Vorsichtig begebe ich mich zwischen den Schlafenden hindurch zu Alan, der allein auf seinem Boot sitzt, und beschreibe ihm flüsternd die Schlange. »Wahrscheinlich eine Rote Peitschennatter«, sagt er, läßt aber nicht die geringste Neigung erkennen, aufzustehen und nachzuschauen. Ich vermute, daß sich jetzt die Abspannung bemerkbar macht. Die Lethargie nach dem Adrenalin. Ich sehe, daß wieder ein Eimer mit Obst bereitgestellt wurde, und nehme mir eine Orange.

Ich gehe zurück und entdecke nach genauerem Hinschauen, daß die Schlange immer noch da ist, ungefähr eine Elle von meinem Gesicht entfernt. Sie prüft wieder die Luft, vollkommen verschmolzen mit den Kalksteinschichten, und wartet geduldig, daß eine Eidechse am Eingang ihrer Höhle vorbeikommt. Um nicht ahnungslose Eidechsen zu verscheuchen, ziehen Larry und ich uns ans Flußufer zurück. Eine gute halbe Stunde lang starre ich hinüber, in der Hoffnung, daß entweder eine Eidechse auftaucht oder die Schlange wegkriecht. Es passiert nichts. Die Schatten wandern, der Fluß steigt ein wenig an, Menschen bewegen sich im Schlaf.

Menschen scheinen die Rote Peitschennatter überhaupt nicht zu interessieren. Menschen sind eine zeitweilige Erscheinung, Eidechsen sind immer da. Schließlich rappeln sich alle wieder auf, doch bevor wir unseren gemütlichen Muav-Vorsprung verlassen, schauen Larry und ich noch einmal in der niedrigen Höhle nach. Es dauert eine Weile, bis wir alle Möglichkeiten durchprobiert haben, doch es hat den Anschein, als sei die Rote Peitschennatter verschwunden, als wir gerade nicht hinschauten. Larry meint, bei der Geschwindigkeit, mit der sie sich vorher bewegt hat, könnte es genügt haben, daß wir sie drei Sekunden aus den Augen ließen. Ich bin enttäuscht, denn ich hätte sie zu gern selber rennen gesehen.

★

Keines der beiden Löcher, die wir unfreiwillig erkundet haben, war das schwarze Loch der Lava Falls, erklärt J. B., als wir uns für die Weiterfahrt rüsten. Wie es sich für ein Schwarzes Loch gehört, konnten wir das Große Schwarze Loch der Lava Falls nicht sehen – es existiert nämlich nur bei wirklich hohem Wasserstand, zum Beispiel während der Idiotenflut von 1983. Der große schwarze Felsblock, den wir rechts unter uns sahen, während wir in dem zweiten Loch herumwirbelten, kann manchmal, wenn der Fluß sehr viel Wasser führt, ganz unter Wasser verschwinden.

Der große schwarze Felsblock erzeugt ein monströses Wasserloch und einen riesigen Wirbel, der noch weiter flußabwärts reicht als die Felsen, hinter denen wir Schutz suchten, während wir beobachteten, wie die anderen Boote die Stromschnelle hinunterkommen. Wenn das Wasser doppelt so schnell fließt, so wie es bei Hochwasser vorkommen kann, kann sich die Größe eines Wirbels verachtfachen. Wieder ein Beispiel der Thermodynamik, die aus Schwankungen Ordnung entstehen läßt. Ein solcher Riesenwirbel ist so stark, daß alles, was das Pech hat, von ihm eingefangen zu werden, unausweichlich stromaufwärts mitgerissen wird und gewöhnlich im Loch landet. Bei Hochwasser treten außerdem große, seitwärts verlaufende Wellen auf, die bis in die Mitte des Flusses hineinreichen und ebenfalls Opfer in den Wirbel hineinziehen. Stöcke und sogar ganze Baumstämme, die durch die Frühjahrsüberschwemmungen aus den Seitencanyons in den Fluß geschwemmt werden, geraten in das Loch, das sie dann und wann in die Luft schleudert, um sie anschließend wieder einzufangen – eine überwältigende Kraftdarbietung, die jeden Betrachter von der unerreichten Stärke und Wildheit dieses monströsen Lochs überzeugt.

Das letzte Loch in der rechten Fahrrinne kann, wenn es auftritt, mit Recht als ein Schwarzes Loch bezeichnet werden. Wenn dort, betonen die Bootsführer, ein Boot hinein geriete, würde es in Fetzen gerissen werden (1983 ließen die Flußreedereien die Passagiere oft aussteigen und die Bootsführer die Boote allein durch die Lava Falls bringen). Dieses schwarze Loch ist wohl am ehesten mit einem Mixer zu vergleichen.

Hätte Dante einen großen Wirbel mit einem Wasserloch wie hier bei den Lava Falls erlebt, hätten sie ihm das ideale Gleichnis für das Fegefeuer mitsamt der Hölle geliefert. Der zurückströmende Wirbel hält einen fest, und man kreist endlos in ihm, um nur gelegentlich in das stromauf gelegene Loch hineingeschleudert zu werden. Einmal darin, kommt man nicht mehr heraus und wird regelrecht zermalmt.

★

Es gibt Flüsse wie beispielsweise den Middle-Fork-Abschnitt des Salmon River in Idaho, wo ich Alan und Subie kennenlernte, da geht es die ganze Zeit steil bergab, fast immer Wildwasser und eine ständige Herausforderung. Andere Flüsse wie der Colorado ähneln mehr einer Treppe als einer Rampe. Unterhalb der Stromschnellen fließt das Wasser langsam, um dann, wenn es eng und seicht wird, durch die Stromschnellen zu schießen. Die Stromschnellen des Colorado, durch das Geröll aus den Seitencanyons entstanden, stellen die Fähigkeiten der Bootsführer immer wieder auf die Probe, aber zwischendurch kann man dann auch wieder aufatmen.

> Mein Fachgebiet ist die Zeit, in der sich der Mensch in den Menschen verwandelte. Doch wie ein Fluß, der sich windet, ausweicht, über einige träge Meilen hinweg zaudert, um sich dann über eine Reihe von Katarakten hinweg ungestüm in die Tiefe zu stürzen, kann der Mensch ein krisenhaftes Wesen genannt werden. Die Krise ist das stärkste Element in seiner Definition.
>
> Loren Eiseley,
> *The Night Country*, 1971

Wir entdecken immer mehr Übereinstimmungen zwischen der Evolution und dem Colorado. Bislang betrachtete man die Evolution als einen graduellen Prozeß, der mit einer Rampe wie dem Middle Fork vergleichbar ist, einen Prozeß, der ständig am Genpool der Organismen – seien es nun Bakterien, Pflanzen oder Tiere – gearbeitet hat, so daß die aufeinanderfolgenden Generationen immer besser an die Umgebung, in der sich der Organismus befand, angepaßt waren. Bei isolierten Teilpopulationen kann es sicherlich zu einem solchen Darwinschen Gradualismus kommen, doch läßt er sich leicht umkehren – er wird gewissermaßen wieder aufgeräufelt –, so daß sich nunmehr insgesamt ein Bild ergibt, das eher mit der Treppe des Colorado zu vergleichen ist. Eine lange Phase der Ruhe, vergleichbar mit dem Lake Lava, dann eine kurze Phase der Anspannung, in der es auf bestimmte Fähigkeiten und schnelle Urteile ankommt, danach eine Phase, in der man das Boot durch kunstvolles Balancieren durch die wirbelnden Wasser führen muß, während der Fluß sich einen neuen Lauf sucht und seine verschiedenen Strömungen sich entwirren, und schließlich wieder ein stiller See, der den Bootsführern Gelegenheit gibt, Erfahrungen auszutauschen, verschiedenen Techniken auszuprobieren und zu überlegen, wie sie der Situation beim nächsten Mal besser Herr werden können.

Sie besitzen also Fähigkeiten, die über das, was normalerweise verlangt wird, hinausreichen, eben weil sie bei bestimmten Gelegenheiten wichtig sind. Auch wir verfügen über Fertigkeiten, die weit über das hinausreichen, was täglich von uns gefordert wird, einfach weil unsere Vorfahren sie brauchten, um die Treppe der Eiszeiten zu überstehen.

Die häufigste wiederkehrende Herausforderung ist jedoch der Winter. Die meisten Pflanzen- und Tierarten kommen in den Tropen vor, wo sie niemals dem Frost ausgesetzt sind. Eine Woche mit Temperaturen unter Null kann viele tropische Pflanzenarten auslöschen – einer der Gründe, warum das Szenario vom nuklearen Winter so erschreckend ist. Die Pflanzen, die eine Frostperiode überstehen, haben gelernt, das kühler werdende Herbstwetter und die kürzer werdenden Tage als Hinweise zu verstehen und sich auf das Eintreten des Frostes vorzubereiten, doch plötzliche, unangekündigte Fröste können auch ihnen zum Verhängnis werden. Unbelaubt sind die schlafenden Pflanzen nicht sehr nahrhaft, und es bleibt nur das Gras, womit sich auch erklärt, warum das Weiden so verbreitet ist. In den Klimazonen, die einen Winter kennen, haben viele Tiere eine Verhaltensstrategie entwickelt, um über den Winter zu kommen. Einige halten einen Winterschlaf, währenddessen sie von ihren Fettreserven leben. Andere, zum Beispiel die Eichhörnchen, bewahren ihr Winterfutter in Depots auf. Einige wenige sind darauf angewiesen, andere Tiere zu fressen, die die eine oder andere dieser Strategien anwenden, und erhalten so Gras und Nüsse aus zweiter Hand, wobei freilich weniger als zehn Prozent der ursprünglichen Kalorien übrig bleiben.

Die Neigung der Rotationsachse der Erde hat daher vermutlich mit größter Regelmäßigkeit zur Evolution höherer Tiere beigetragen. Viele Tiere, die wir heute in den Tropen antreffen, haben möglicherweise die Auslese durch den Winter durchgemacht und sind daher bei der Rückkehr in die Tropen dank der erworbenen Fertigkeiten, zum Beispiel größerer Schlauheit bei der Nahrungssuche, zu erfolgreichen Konkurrenten der Arten geworden, von denen sie abstammten. Einer der häufigsten Fehler, die man in der Biologie begeht, dürfte darin bestehen, daß man von einem Tier, das in einer tropischen Umgebung angetroffen wird, auch annimmt, es habe sich dort entwickelt.

Die wichtigste Herausforderung für Tiere, die sich nicht auf Dauer in wärmere Klimazonen zurückgezogen haben, ist zweifellos der Winter, doch gleich danach kommen Klimaschwankungen, die sich über Jahrzehnte erstrecken. Auch in den Tropen kann es zu schweren Zeiten kommen, wenn der Monsunregen ausbleibt. Die Anasazi im Grand

Canyon haben die Dürre am eigenen Leib erfahren. Die Zeiten, in denen das Unkar-Delta unbewohnt war, decken sich mit den Jahrzehnten, in denen es, nach den Jahresringen der Bäume zu urteilen, kaum geregnet hat.

Für das Verschwinden der Anasazi – mit Ausnahme derjenigen, die sich dorthin flüchteten, wo heute die Pueblos leben – wird gewöhnlich eine anhaltende Dürreperiode verantwortlich gemacht. Während die Anasazi um das Jahr 1130 überall, von den bescheidenen Niederlassungen im Grand Canyon bis zu den großartigen Wohnkomplexen des Chaco Canyon, eine Blütezeit erlebten, ging ihre Zahl im Laufe der folgenden zwei Jahrhunderte allmählich zurück, da der Regen ausblieb. Die Jahresniederschlagsmenge hängt in dieser Gegend zum größten Teil vom Sommermonsum ab, der feuchten Meeresluft, die landeinwärts treibt und sich jeden Nachmittag, wenn die heiße Luft vom Colorado-Plateau aufsteigt, in Gewitterschauern abregnet. Freilich sieht man die Gewitterwolken häufiger, als daß man ihre Feuchtigkeit abbekommt, denn es sind immer nur kleine Gebiete – ein oder zwei Seitencanyons –, wo es tatsächlich regnet. Im Unterschied zu den winterlichen Frontensystemen, die hier durchziehen und alles, was auf ihrer breiten Bahn liegt, mit Schnee bedecken (wobei sich der Schnee in der Tiefe des Canyons oft in Regen verwandelt oder sogar schon vorher verdampft), sind die sommerlichen Schauer eine Glückssache. Und in manchen Jahrzehnten oder gar Jahrhunderten hat das Glück diese Gegend im Stich gelassen.

Wenn wir einen größeren Zeitraum ins Auge fassen, kommt es etwa alle 100 000 Jahre zu einem Abschmelzen größerer Eismassen, mit den entsprechenden Veränderungen des Meeresspiegels. Aber das ist, geologisch gesehen, eine aktuelle Entwicklung. Es hat zwar vor etwa 450 Millionen Jahren und dann wieder vor etwa 260 Millionen Jahren für kurze Zeit eine Vergletscherung gegeben, doch während der letzten 20 Millionen Jahre haben sich die Gletscher infolge einer längeren Abkühlungsperiode ausgedehnt. Von einer Eiszeit sprechen wir, wenn die Vereisungen einen größeren Umfang einnehmen und gelegentlich bis zu 30 Prozent der Landmasse bedecken, doch nach rund 100 000 Jahren schmelzen die Eismassen wieder ab. Eine so ausgeprägte regelmäßige Schwankung der südlichen Grenze des nördlichen Vergletscherns ist nur für die letzten zwei bis drei Millionen Jahre nachgewiesen. Es kann natürlich Zufall sein, aber dies ist auch in etwa die Zeit, in der das Hominidengehirn zu wachsen begann, bis es schließlich 3,6mal so groß war wie das Gehirn von Menschenaffen und mehr als dreimal so groß wie das Gehirn von *Australopithecus afarensis*, der vor drei Millionen Jahren lebte.

Von den eiszeitlichen Schwankungen sind, wenn überhaupt, nur wenige Tiere so stark beeinflußt worden wie die Hominiden. Soweit es um tropische Tiere geht, ist das nicht erstaunlich, wenngleich es sicherlich auch in Äquatorialafrika Klimaänderungen gegeben hat, weil die Meeresströmungen sich änderten und damit auch das Wettergeschehen. Eher ist bei Tieren, die in den gemäßigten Zonen lebten, mit Veränderungen zu rechnen, doch auch dort hat keine Tierart, die wir kennen, eine entsprechende Hirnvergrößerung erfahren.

Nichts deutet darauf hin, daß in den mittleren Breiten Hominiden lebten, bis *Homo erectus* sich vor etwa einer Million Jahre in Europa niederließ und vor etwa einer halben Million Jahre die Höhlen bei Beijing bezog. Bis dahin hatte sich der Hirnumfang aber schon verdoppelt. Das Fehlen von Beweisen kann natürlich darauf beruhen, daß die fossilen Funde lückenhaft sind. Nach allem, was wir wissen, wurden die Hominidenarten an den Eiszeitgrenzen geformt, fanden es dann aber einfacher, in den Tropen zu leben.

Der Ort, wo die natürliche Auslese stattfand, der Ort, wo es anschließend zur Bevölkerungsexplosion kam, und der Ort, wo Fossilien von Hominiden am einfachsten zu bergen sind – das können durchaus ganz verschiedene Orte sein. Es muß sich nicht alles im ostafrikanischen Graben abgespielt haben, wie von vielen Anthropologen angenommen wird (und wohl auch angenommen werden muß, weil sie sonst zu ihren eigenen Lebzeiten nicht mehr ihre Hypothesen anhand des verfügbaren Materials überprüfen könnten).

★

Was passiert nun eigentlich alle 100 000 Jahre? Wird das Feuer nachgelegt, damit die Sonne heller scheint? Nach dem, was wir über die Sonne wissen, ist das unwahrscheinlich. Seit vor 4,6 Milliarden Jahren die Erde entstand, ist die Sonne etwa 30 Prozent heller geworden. Zwar schwankt die Energiemenge, die von der Sonne freigesetzt wird, doch das Wetter hing immer von der Energie ab, die tatsächlich auf der Erdoberfläche ankommt.

Kepler erkannte, daß die Umlaufbahn der Erde nicht ein Kreis ist, sondern eine Ellipse. Wegen des wechselnden Abstands zur Sonne schwankt die Lichtmenge, die zur Erde gelangt, je nach Jahreszeit um sieben Prozent. Die Ellipsenform ist allerdings nicht konstant, unter anderem infolge der Anziehungskraft von Mars und Venus, so daß die Umlaufbahn der Erde manchmal beinahe kreisförmig ist (dann entfällt die jährliche Schwankung um sieben Prozent), während sie zu anderen

Zeiten noch elliptischer sein kann als gegenwärtig, mit der Folge, daß die jahreszeitlichen Unterschiede noch ausgeprägter sind. In bestimmten Abständen hört die Abflachung der Ellipse auf, und sie gleicht sich wieder mehr der Kreisform an. Als der Geologe und Physiker James Croll dies im Jahre 1864 erkannte, wußte man noch nichts Genaues über den Rhythmus der Eiszeiten. Der Effekt, übers ganze Jahr gemittelt, ist allerdings gering, wie Croll mit Hilfe der Integralrechnung korrekt vorhersagte. Nach einer modernen Berechnung dürfte der Gesamtbetrag der Sonnenenergie, die im Jahresverlauf die obere Atmosphäre erreicht, während des gesamten Zyklus, in dem die Exzentrität sich verändert, um nicht mehr als 0,3 Prozent schwanken.

Die Periode, innerhalb derer sich diese Veränderung der Exzentrizität vollzieht, beträgt etwa 100 000 Jahre (tatsächlich ist es eine Überlagerung von Rhythmen mit einer Dauer von 412 000, 95 000 und 123 000 Jahren). Wir wissen inzwischen, daß diese Periode mit den großen Perioden der Gletscherschmelze übereinstimmt und daß sie sich mit dem Ablauf der letzten sechs Eiszeiten deckt. Da die jährlich empfangene Energiemenge im Laufe der Jahrhunderte nur so geringfügig schwankt, vermögen sich die meisten Wissenschaftler kaum vorzustellen, daß daraus ein so großer Effekt erwachsen soll. Man vermutet natürlich, daß an der Eisbildung und Eisschmelze auf der Erde irgendein Faktor mit einem natürlichen Zyklus beteiligt ist, der so nah an die 100 000 Jahre herankommt, daß die geringfügige Veränderung der jährlich zur Erde gelangenden Energiemenge durch diese Resonanz in ihrer Auswirkung verstärkt wird.

Eine Vereisung baut sich im Laufe der Jahre auf, weil das, was im Winter hinzukommt, im folgenden Sommer nicht vollkommen wegschmilzt. Das Gefrieren und Schmelzen des Eises scheint zwar ein symmetrischer Prozeß zu sein, soweit es um den Wärmeaustausch bei einer Schale mit Eiswürfeln geht, doch bei Poleiskappen von großer Mächtigkeit und Ausdehnung weist der Wärmeaustausch erhebliche Asymmetrien auf. Betrachten wir beispielsweise einen Gletscher. Wenn das Klima kühler wird, nimmt das Eis Schicht um Schicht zu, wenn es sich aber erwärmt, wird sich schließlich unter der Eisschicht Schmelzwasser sammeln, das als Gleitmittel dafür sorgt, daß der Gletscher zu wandern beginnt. Daraufhin beginnt die Eismasse innerhalb weniger Monate einzusinken und sich über mehrere Kilometer auszubreiten. Wenn Risse entstehen, kommt eine größere Oberfläche mit warmer Luft in Berührung, was das Abschmelzen in einer Weise beschleunigt, für die es beim umgekehrten Prozeß der Eisbildung keine Entsprechung gibt. Wenn Eisblöcke dann in die Meere gelangen, schmilzt das Eis schließlich in wär-

meren Breiten als jenen, in denen es sich gebildet hat. Man nimmt an,
daß der Eisschelf in der Antarktis, wo Gletscher sich über ganze Buchten erstrecken, dadurch abkalbt, daß wärmeres Meereswasser ihn von
unten her erodiert. Ganze Eisberge gelangen auf diese Weise in die
Meeresströmungen, wodurch das Abschmelzen sich wiederum in wärmere Gegenden verlagert.

Was die Sache noch komplizierter macht, ist das Problem, daß das
Land unter dem Gewicht der Eismassen einsinkt, so wie Hawaii unter
dem Gewicht der aus seinen Vulkanen aufsteigenden Lava zu sinken
scheint. Das ist zwar ein langsamer Prozeß, doch kann das Einsinken
des Landes dazu beitragen, daß das Eis aufbricht, weil die Berührungsfläche zwischen Gletscher und Land unter den Meeresspiegel absinkt,
was in wärmeren Zeiten dazu führt, daß die Gletscher durch Schmelzwasser unterminiert werden, während die Küstengletscher sich in einen
verletzlicheren Eisschelf verwandeln. Wie schnell das Land sinkt, weiß
man nicht genau, doch wenn das Gewicht fort ist, steigt es wieder an.
Der während der letzten Eiszeit von Gletschern bedeckte Teil Skandina-
viens hebt sich noch immer, um ungefähr 3,5 Meter in 300 Jahren.

★

Wenn die Sommer sich erwärmen und die Winter sich im gleichen Maße
abkühlen, gleicht sich das wegen dieser Asymmetrie in der Eisbildung
und dem Abschmelzen nicht aus. Es gibt eine Reihe von astronomischen
Mechanismen, die für extreme Sommer sorgen. Etwa ein halbes Jahrhundert nachdem James Croll die Bahnexzentrizität unseres Planeten untersucht hatte, geriet ein serbischer Mathematiker während des Ersten
Weltkriegs in österreichisch-ungarische Kriegsgefangenschaft. Wahrscheinlich hat er sich die Zeit mit der Berechnung der Planetenbahnen
vertrieben, denn 1920, kurz nach seiner Freilassung, veröffentlichte
Milutin Milankovič seine Berechnungen über die Erdbahn, aus denen
hervorging, wie diese sich im Laufe von Hunderttausenden von Jahren
aufgrund der Anziehungskraft der übrigen Planeten verändert hatte.

Nicht nur die Exzentrizität der Erdbahn ändert sich, sondern auch der
Zeitpunkt, an dem die Erde auf ihrer Umlaufbahn der Sonne am näch-
sten kommt (man spricht vom Perihel). Gegenwärtig erreichen wir den
geringsten Sonnenabstand am 2. Januar, während wir im Juli rund drei
Prozent weiter von der Sonne entfernt sind, wodurch sich die Sonnen-
einstrahlung um rund sieben Prozent verringert. Doch das Datum des
Perihels verändert sich und fällt jedes Jahr ein bißchen später, da die
Achse, um die die Erde sich dreht, sich verlagert, ähnlich wie bei einem

Kreisel, der über den Fußboden wandert (im Zusammenhang mit dieser zeitlichen Verschiebung des Perihels sprechen die Astronomen von der »Präzession der Äquinoktialpunkte«). Vor ungefähr 11 000 Jahren waren wir der Sonne im Juni am nächsten. Das Datum des Perihels verschiebt sich innerhalb des Jahres, und ein vollständiger Zyklus kann zwischen 13 000 und 25 000 Jahren dauern. Der Durchschnitt liegt bei 22 000 Jahren (tatsächlich handelt es sich um eine Kombination zweier Rhythmen von 19 000 bzw. 23 700 Jahren, wodurch das Ergebnis immer wieder anders ausfällt). Wenn das Perihel in den Juni fällt, haben wir auf der Nordhalbkugel wärmere Sommer und kältere Winter. Auf der Südhalbkugel ist es natürlich umgekehrt, doch – wieder eine Asymmetrie – gibt es im Süden nicht so große Landmassen in höheren Breiten, auf denen Gletscher entstehen können. Man braucht sich nur einen Globus anzuschauen: Zwischen 50 und 70 Grad südlicher Breite gibt es kaum Land, während die entsprechenden nördlichen Breiten Alaska, Kanada, das südliche Grönland, Nordeuropa und die riesigen Weiten Sibiriens umfassen.

Die saisonale Verteilung der jährlich eingestrahlten Sonnenenergie wird auch dadurch beeinflußt, daß die Neigung der Erdachse sich im Laufe von rund 41 000 Jahren veschiebt. Bei minimaler Neigung (22 Grad) kommt die Sonne in nördlicher Richtung nicht weiter über den Äquator hinaus als bis zur Isla de Pinos vor der Südküste Kubas. Derzeit schafft sie es gerade bis kurz hinter Havanna (23,4 Grad). Doch wenn die Erdachse ihre größte Neigung erreicht, steht die Sonne mittags senkrecht über Key West in Florida (24,5 Grad). Dieser Breitenunterschied von 2,5 Grad entspricht der Entfernung zwischen New York und Washington, zwischen Edinburgh und Manchester oder zwischen Genf und der Riviera. In Florida macht diese Differenz von 2,5 Grad vielleicht keinen großen Unterschied, doch in mittleren Breiten sorgt sie dafür, daß (da der Cosinus des Winkels sich stärker verändert) zehn Prozent mehr Sonnenlicht um die Mittagszeit einstrahlen. Dieser Schwankungszyklus scheint sich alle 41 000 Jahre zu wiederholen, doch auch hier handelt es sich um eine komplizierte Schwingung, deren wesentliche Komponenten von 39 700 bis zu 53 600 Jahren reichen. Bei maximaler Neigung der Erdachse erhalten die höheren Breiten sehr viel mehr Sonnenlicht als sonst.

Da diese beiden Prozesse – die Verschiebung des Perihels und die Verlagerung der Erdachse –, die auf die Sommertemperatur in den nördlichen Breiten einen Einfluß haben, von unterschiedlicher Dauer sind, treten sie meistens nicht phasengleich auf (wie das auch gegenwärtig der

Fall ist). Wenn jedoch der geringste Sonnenabstand in den Frühsommer fällt und gleichzeitig die Neigung des Nordpols zur Sonne am größten ist, entstehen optimale Bedingungen für das Abschmelzen von Gletschern: Die Sonneneinstrahlung, die dann täglich im Juni den Nordpol erreicht, ist 28 Prozent größer als unter den schlechtesten Bedingungen. Eine solche maximale Sonneneinstrahlung im Juni gab es vor 11 000, vor 127 000, vor 210 000 und vor 335 000 Jahren. Man könnte dieses annähernde Zusammenfallen der beiden Rhythmen als »Erdachsen-Perihel-Rhythmus« bezeichnen. Es ist denkbar, daß der Rhythmus der großen Eiszeiten von solchen heißen Sommern in nördlichen Breiten bestimmt wird, in denen die Gletscher besonders stark abschmelzen, und nicht so sehr von der Menge des normalerweise eingestrahlen Sonnenlichts.

All diese Rhythmen kann man aus Proben vom Meeresboden herauslesen, in denen sich die klimatisch bedingten Veränderungen der Eisdecke niedergeschlagen haben. Dazu wird eine lange senkrechte Bohrung in das Sediment vorgetrieben, und der Bohrkern wird dann analysiert. Der im Wasser gebundene Sauerstoff besteht ganz überwiegend aus dem häufigen Sauerstoffisotop mit dem Atomgewicht 16, doch 0,2 Prozent weisen zwei zusätzliche Neutronen auf, und wenn $H_2O$ diesen Bestandteil enthält, verdunstet es nicht so leicht an der Meeresoberfläche. Eis enthält daher bevorzugt Sauerstoff-16; im Meerwasser ist dagegen der Anteil des schwereren Sauerstoff-18 leicht erhöht, da von dem leichteren Isotop mehr verdunstet, als durch Niederschläge zurückkommt. Bei der Untersuchung des Kalksteins vom Meeresboden stellt sich heraus, daß der Mengenanteil der beiden Isotope im Laufe von Jahrtausenden schwankt, und aus diesen Schwankungen lassen sich die Prozesse der Eisbildung und des Schmelzens erschließen. Die Proben vom Meeresboden geben sehr viel eindeutigeren Aufschluß über den Rhythmus der Eiszeiten, als es Proben vom Land könnten, denn auf Land besteht die Möglichkeit, daß die Überreste einer Eiszeit durch das Vorrücken der nächsten verschoben und zermahlen wurden. Aus Moränen und dergleichen hat man früher geschlossen, daß es nur vier Eiszeiten gegeben habe, die alle in den letzten 800 000 Jahren aufgetreten sind. Inzwischen weiß man, daß es im Laufe der letzten drei Millionen Jahre einige Dutzend Eiszeiten gegeben hat.

Die Rhythmen, die wir am Meeresboden ablesen können, setzen sich in komplizierter Weise aus einer ganzen Reihe von Frequenzen zusammen, die einander überlagern wie die Klänge eines Streichquartetts, doch lassen sich auch hier bestimmte Komponenten erkennen. Die Komponente mit der größten Dauer erstreckt sich über etwa 413 000 Jahre, und diese deckt sich mit der Hauptkomponente des Veränderungszyklus der Exzentrizität der elliptischen Erdbahn. Die Komponente von 105 000 Jahren in den Bohrkernen stimmt gut mit den übrigen Komponenten des Exzentrizitätsrhythmus überein. Die Kerne lassen außerdem erkennen, daß die Eisbildung mit einer Periode von 41 000 Jahren schwankt, was wiederum mit der Periode übereinstimmt, in der sich die Neigung der Erdachse verändert. Außerdem kann man an den Bohrkernen Rhythmen von 24 000 und 19 500 Jahren ablesen, die sich mit den beiden Hauptkomponenten der Präzessionsperiode decken. Wir können an den Kernen sogar einen schwach ausgeprägten Rhythmus von 60 000 Jahren ablesen, den der belgische Astronom André Berger aufgrund der Wechselwirkung zwischen der Neigung der Erdachse und der Präzession vorhersagte, während Milankovič ihn übersah. Dies alles trägt zu den Eisrhythmen bei, doch der entscheidende Faktor dürfte der Wechsel vom Eisaufbau zum Abschmelzen sein, da das Schmelzen sich schneller vollzieht als der Aufbau.

# Meile 185
# Lava-Tapisserien

Lava-Tapisserien zieren das rechte Ufer – Wände von der Größe einer Reklametafel, die sich aus zahlreichen senkrechten Säulen zusammensetzen, die kristalline Form, welche flüssige Lava annimmt, wenn sie sehr rasch abkühlt. Die hohen, sechs ebene Seiten aufweisenden Säulen bilden sich durch die Risse, die entstehen, wenn die Lava beim Abkühlen schrumpft. Hier haben wir wieder ein Beispiel für das Stapelprinzip: Die Säulenschar erinnert nämlich mit ihren sechseckigen Strukturen an eine aufgebrochene Honigwabe. Einige der hohen sechseckigen Säulen sind abgebrochen und ragen auf wie Stalagmiten, deren offen liegendes Ende den Durchmesser eines Schöpfeimers hat. Das ganze wirkt wie eine riesige Version von Asbestkristallen. Wo der Fluß am Werk gewesen ist, schimmert die Sonne auf den polierten, dunkelbronzenen Oberflächen.

Durch die Reliefwirkung ähneln die Säulen einer modernen Skulptur, die in einer Kunstgalerie eine ganze Wand einnimmt. Eigentlich müßte ein Künstler hierher kommen und Silikonabdrücke von der Struktur machen, um sie in Bronze ausgießen zu lassen. Das wäre im Geiste der

Nationalparkverwaltung, die den Besuchern empfiehlt: Hinterlasse nur Fußspuren, mache nur Fotos. Aber tritt nicht auf die Moose und Flechten! Einer der Lavaströme erstreckt sich bis unter den Wasserspiegel des Flusses. Das trägt Rosalie uns aus einem geologischen Führer vor. An einer Wand kann man erkennen, daß das Flußbett einmal ganz mit Lava gefüllt war, so daß der Fluß sich einen neuen Weg suchen mußte. Auch das neue Bett war teilweise mit Lava gefüllt, doch der Fluß konnte sich hindurchfressen. Das alles kann man an den Gesteinen ablesen. Wenn man einen geübten Blick hat.

★

Möglicherweise hingerissen von Seiner unvergleichlichen Schöpfung, dem Garten Eden, vergaß Er zu erwähnen, daß Er uns lediglich eine Zwischeneiszeit gewährte.
Der Dramatiker Robert Ardrey, 1976

Angesichts all dieser engen Parallelen scheint klar zu sein, daß die Veränderungen der Erdbahn und der Rotationsachse der Erde für die Eiszeiten verantwortlich sind, wenngleich eine exakte Erklärung der Eisbildungs- und Schmelzperioden noch aussteht. Einem Modell zufolge verläuft das Abschmelzen in einem sich erwärmenden Klima viermal schneller als die Eisbildung in einem sich abkühlenden Klima. Eine Abschmelzrate von 63 Prozent innerhalb von 10 600 Jahren stimmt ziemlich genau mit allen Klimaschwankungen innerhalb der letzten 100 000 Jahre überein, sofern man für diese die entsprechenden Rhythmen der Präzession und der Verschiebung der Erdachse zugrunde legt.

So warm wie heute war das Klima letztmals vor 128 000 Jahren – und diese warme »Zwischeneiszeit« dauerte nur 15 000 Jahre, bis wieder eine Abkühlung eintrat, die eine Eisbildung von 50 Prozent der maximalen Vereisung mit sich brachte. Anhand der astronomischen Zyklen und von Modellen der Eiszeiten läßt sich vorhersagen, daß eine solche »halbe« Vereisung schon in 3 000 Jahren eintreten könnte, wobei allerdings abzusehen ist, daß die maximale Vereisung erst wieder in 114 000 Jahren eintreten wird. Die gegenwärtige Periode einer unterdurchschnittlichen Vereisung haben wir vermutlich schon zu 75 Prozent hinter uns. Dabei muß man allerdings eine Ungenauigkeit von 5 000 Jahren berücksichtigen – demnach hätte die Vereisung schon irgendwann während der letzten 2 000 Jahre einsetzen können, was aber noch nicht geschehen ist.

All diese Vorhersagen werden natürlich umgestoßen durch die Veränderungen, die unsere Zivilisation in den letzten 100 Jahren in der Atmosphäre und in der Pflanzenwelt angerichtet hat. Unsere erste Sorge hat vermutlich einem weiteren Abschmelzen durch eine treibhausartige Erwärmung zu gelten, die uns statt der vorhergesagten Eisbildungsperiode eine Periode stark beschleunigten Abschmelzens bescheren könnte.

Von einigen wird behauptet, daß eine globale Klimaerwärmung, von den Problemen der Küstenstädte einmal abgesehen, der landwirtschaftlichen Erzeugung zugute kommen könnte, da sowohl die Wärme als auch der erhöhte $CO_2$-Anteil der Luft dem Pflanzenwachstum förderlich wären. Für die westlichen US-Staaten wäre das jedoch eine Katastrophe, und erst recht für die Flußfahrer: Eine Erwärmung um 2 Grad würde die Wassermenge des Colorado River um 40 Prozent und die des Rio Grande um 75 Prozent verringern. Man vergißt allzu leicht, daß unser bestes Beispiel für ein wärmeres Klima, die 4 000 bis 8 000 Jahre zurückliegende Zeit, als selbst in der Sahara Gras und Bäume wuchsen (dieses »klimatische Maximum« beruhte auf dem Zusammenfallen von Effekten der Erdachse und des Perihels vor ungefähr 11 000 Jahren), zugleich Klimaänderungen mit sich brachte, die den feuchten »Maisgürtel« Nordamerikas (der seine Feuchtigkeit hauptsächlich aus dem Golf von Mexiko bezieht) austrocknen ließen sowie Bodenerosion und Sandstürme zur Folge hatten. Gewiß ist nicht auszuschließen, daß in der Sahara, in Arabien und im Westen Australiens mehr Regen für den Ackerbau fallen würde, als im mittleren Westen Amerikas ausbliebe, doch ist der Boden in den Subtropen relativ arm. Er ist nicht zu vergleichen mit den hervorragenden Ackerböden Europas und Nordamerikas. Angesichts der Tatsache, daß der amerikanische Mittelwesten heute sehr viel mehr Menschen ernährt als nur die Bewohner Nordamerikas, könnte eine Erwärmung zu einer ungeheuren Hungersnot führen.

Wie es scheint, kann es während Schmelzperioden des öfteren zu paradoxen Frosterscheinungen kommen. So kann ein plötzliches Abschmelzen der Eismassen dazu führen, daß der Salzgehalt des Meerwassers sinkt und infolgedessen sein Gefrierpunkt steigt. Wenn das Wasser leichter gefriert, wird sich das winterliche Packeis der arktischen Breiten sehr viel weiter nach Süden erstrecken, und da das Licht, das sonst absorbiert würde, dann durch die weiße Oberfläche in den Raum zurückgestrahlt wird, kann es zeitweilig zu einer allgemeinen Abkühlung kommen. Eine geringe Erwärmung zöge also eine erhebliche Kälte nach sich. Während der letzten Eiszeit könnte es fünf solcher raschen Umkehrungen innerhalb eines Erwärmungstrends gegeben haben, kurze Kälteperioden, die meistens nach einigen Jahrhunderten vorüber waren, von denen eine aber 10 000 Jahre gedauert hat.

Bei einer allgemeinen Erwärmung würde uns nicht nur paradoxe Kälte zu schaffen machen, sondern auch eine Überflutung von Küstengebieten und niedrigen Inseln. Wenn der Meeresspiegel nur um einige Stockwerke anstiege, würde Florida überwiegend unter Wasser liegen. Als vor etwa 11 600 Jahren die große nordamerikanische Eisdecke abschmolz, könnte sich ein Teil dieser Eismasse durch das viele Schmelzwasser, das sich darunter sammelte, in Bewegung gesetzt und bis zur Mitte Wisconsins vorgedrungen sein. Dadurch strömte dieser Interpretation zufolge soviel Wasser den Mississippi hinunter, daß der Meeresspiegel rasch anstieg. Dieses Datum ist mit einem anderen Datum in Verbindung gebracht worden, das von Platos Vorgänger Solon genannt worden ist: Er will von ägyptischen Priestern gehört haben, daß die Sintflut, die Atlantis zerstörte, 9000 Jahre vor ihrer Zeit stattgefunden habe. Das wäre also vor etwa 11 500 Jahren gewesen.

Wir können es dahingestellt sein lassen, ob das Wisconsineis für eine Sintflut verantwortlich war oder nicht. Jedenfalls können solche unangenehmen Dinge passieren, wenn Eisdecken sich zurückbilden. Darüber müssen wir uns Gedanken machen, weil die Treibhausgase, die wir in die Atmosphäre schicken, schließlich zu einer solchen Erwärmung führen könnten, daß das Grönlandeis und die Antarktis abzuschmelzen beginnen. Die meisten denken zuerst an das »fossile« $CO_2$ aus der Verbrennung von Kohle und Erdöl, dessen Anteil an der Atmosphäre in den letzten 100 Jahren um 40 Prozent gestiegen ist. Hinzu kommen aber auch die Gase, die in Kühlsystemen und Sprühdosen verwendet werden, die von Düngemitteln ausgehenden Stickoxide und selbst etwas so Prosaisches wie das Methan, das als Darmgas von den Menschen und von all den vom Menschen gezüchteten Weidetieren freigesetzt wird (der Methananteil steigt mit einem Prozent jährlich, und es ist das wirksamste Treibhausgas, das wir kennen).

Seit die Eismassen der letzten Eiszeit weggeschmolzen sind, hat die Landwirtschaft das Gesicht der Erde verändert, und dank ihrer konnte sich die Population der Sammler und Jäger vertausendfachen. Gegenwärtig sind wir emsig dabei, die Erde auf jede erdenkliche Weise zu schädigen. Wir holzen die Regenwälder ab, wir verschmutzen die Meere, wir verbrennen den fossilen Kohlenstoff, der sich über Hunderte von Jahrmillionen in Form von Kohle und Erdöl abgelagert hat, wir übersäuern die Seen durch die Abgase unserer Industrie – und das alles in einem Zeitraum von weniger als 200 Jahren. Wir dürfen nicht erwarten, daß die Erde solche Veränderungen abzupuffern vermag. Solchen Angriffen waren die Ökosysteme früher nicht ausgesetzt, und für die Entwicklung von widerstandsfähigen Ökosystemen stand einfach keine Zeit zur Verfügung.

Jedes Rädchen und Schräubchen aufzubewahren ist die erste Vorsichtsmaßregel eines intelligenten Bastlers.

Der Ökologe Aldo Leopold
*The Sand County Almanac*, 1949

# Meile 188
# Whitmore Wash

## Zwölftes Lager

Niemand hat Lust, die Umgebung zu erkunden. Zu aufdringlich sind die unerfreulichen Spuren der Zivilisation. Zum Beispiel die Piste für Geländewagen, die bis an den Rand der Klippe führt, die hinter uns aufragt. Oder der von einer nahegelegenen Klippe herabhängende Schlauch, mit dem man einmal Benzin bis an den Fluß hinuntergebracht hat. Es klingt vielleicht unglaublich, doch 1960 hat die Parkverwaltung erlaubt, daß Rennboote, die mit gewaltigen Motoren bestückt waren, im Sinne einer Sensationsnummer den Versuch unternahmen, vom Lake Mead aus den Fluß hinaufzufahren (»Düsengetriebene Boote bezwingen die großen Stromschnellen!« kreischten die Schlagzeilen). Und hier wurden sie aufgetankt. Die Wüste erholt sich nur langsam von solchen Anschlägen. Wir besuchen lieber die Whitmore-Wash-Kunstgalerie.

Hier sind keine Lava-Tapisserien zu bewundern, sondern ein Stück oberhalb der Sanddünen auf dem rechten Ufer erhebt sich eine flache Felswand aus Sandstein, etwa so groß wie zwei Reklametafeln. Schon vom Fluß aus sieht man, daß sie mit roten Symbolen bemalt ist. Ein überhängender Fels scheint sie seit 1000 Jahren vor Regen geschützt zu haben.

Aus der Nähe erkennen wir, daß es rötliche Piktogramme im typischen Anasazi-Stil sind. Einige befinden sich in einer solchen Höhe, daß man sich fragt, ob die Anasazi Leitern benutzt haben, um dorthin zu gelangen. Es könnte aber auch sein, daß frühere Besucher einen Sandsteinvorsprung, der aus der Felswand ragte, im Laufe der Jahrhunderte ausgetreten haben, bis er schließlich verschwand. Dieser Sandstein verwandelt sich leicht wieder in Sand, wie ich bemerkte, als der Rand des Pfades unter meinem linken Fuß wegbröckelte. Der Pfad steigt ein wenig an, und jetzt sind noch mehr Piktogramme zu sehen. Dies muß ein beliebter Platz gewesen sein. Und die Höhlen, die sich unter gewissen Sandsteinschichten am Fuß des Pfades gebildet haben, sehen ganz danach aus, als ob es sich dort gut leben ließ. Major Powell hat hier noch einige hölzerne Paiute-Hütten gesehen, von denen aber nichts mehr übrig ist.

Unter den Anasazi-Piktogrammen findet sich kaum eine realistische Abbildung. »Moderne Kunst« hat den Realismus also schon viel früher verdrängt, als ich gedacht hatte. Abgesehen von einigen offenkundigen Sonnensymbolen und den in Spritztechnik aufgebrachten Konturen einer Hand, kann man bei den meisten Piktogrammen kaum erraten, was sie darstellen sollen. Die Piktogramme der Anasazi ähneln mehr modernen Markenzeichen und Logos als den internationalen Informationssymbolen von heute. Einige mögen einfach Clansymbole sein, wie die Piktogramme, die wir bei den Hopi-Salzminen sahen. Die präkolumbianische Kunst in Nord- und Südamerika hat nie solche realistischen Abbildungen hervorgebracht, wie wir sie in der Höhlenmalerei antreffen, die auf dem Höhepunkt der letzten Eiszeit in Europa ihre Blütezeit erlebte. Vor etwa 27 000 Jahren begann man, Höhlen in Frankreich und Spanien mit Jagdszenen zu dekorieren, und wahrscheinlich wurden in diesen Grotten die angehenden Jäger beim Licht von Öllampen in die Geheimnisse der Großwildjagd eingeführt.

Warum dieser späte Beginn der Kunst? Schon vor 100 000 Jahren ist der moderne *Homo sapiens* in Südafrika aufgetreten, doch scheint die Verdrängung des Neanderthalers in Europa, die sich zwischen 41 000 und 33 000 Jahren vor der Gegenwart vollzog, nicht gerade den Beginn einer neuen, künstlerischen Menschenspezies eingeläutet zu haben.

Obwohl der Mensch ursprünglich tropischer Herkunft ist, hat das Eis in seiner ungeschriebenen Geschichte eine große Rolle gespielt. Zu Zeiten hat es seine Bewegungen beschränkt und damit die genetische Selektion beeinflußt, die ihn geformt hat. Zudem hat das Eis Bedingungen geschaffen, unter denen der Mensch seine ganze Findigkeit einsetzen mußte, um zu überleben. Es hat indessen auch Zeiten gegeben, da das Eis sich weiter zurückgezogen hatte als heute, um sich dann wie ein schlafender Drache langsam auszubreiten und den Menschen erneut in Bedrängnis zu bringen. Dieser seltsame, wechselvolle Kampf zwischen dem Menschen und dem Eis hat sich über mehrere Millionen Jahre hingezogen.

Loren Eiseley, 1972

★

Das Vordringen und Zurückweichen der Gletscher hat unsere Vorfahren mit Sicherheit beeinflußt. Wo auch immer sie lebten – das Klima hat sich vermutlich in einem gewissen Umfang geändert. Selbst die Hominiden in Afrika könnten auf hohen Bergen wie dem Kilimandjaro Gletscher gesehen haben (sowohl dieser Berg als auch der Mauna Loa auf Hawaii und – auf der Südhalbkugel – die Berge von Neuseeland trugen während der letzten Eiszeit Gletscher).

Die Hominiden, die sich bemühten, in den gemäßigten Zonen ein Auskommen zu finden (Südafrika mag zwar trocken sein, doch gibt es dort häufige Hagelschauer, und selbst mitten im Sommer kann dort Schnee fallen), standen vor der Wahl, entweder vor den vorrückenden Gletschern auszuweichen oder direkt in die Tropen abzuwandern. Die Abwanderung ist eine verständliche Antwort auf das Winterproblem, und viele Tierarten haben diese Lösung gewählt. Sie hängt jedoch davon ab, ob die wärmeren Regionen genügend Nahrung bieten. Wenn Artgenossen, die dort ganzjährig leben, sich so stark vermehrt haben, daß die Nische vollkommen ausgefüllt ist, werden die Schönwetter-Migranten auf beträchtlichen Widerstand stoßen. Diese »Winterregel« läßt sich sicherlich auch auf eiszeitliche Klimaänderungen übertragen. Entweder wird die Population schrumpfen, oder die Bewohner der Grenzgebiete werden lernen müssen, mit den eiszeitlichen Bedingungen fertig zu werden. Vor demselben Problem werden die Anasazi des Grand Canyon gestanden haben, als die Dürre sie zur Auswanderung zwang: Das gute Land ringsherum war bereits von anderen besetzt.

Der Bevölkerungsboom während der Zwischeneiszeiten dürfte für die Bewohner der gemäßigten Zonen gewissen Anreize geschaffen haben, an Ort und Stelle zu bleiben und sich während der Klimaverschlechterung an die Situation anzupassen. Sie waren vermutlich gezwungen, das Land nicht zu dicht zu besiedeln, so wie wir es heute bei den Inuit in der arktischen Zone beobachten. Um über den Winter zu kommen, mußten sie entweder lernen, Gras zu essen, oder sich von Tieren zu ernähren, die ihrerseits von Gras lebten. An der Küste bieten sich zusätzliche Möglichkeiten, sich vom Fischfang oder von Seehunden und Bären, die Fische fangen, zu ernähren. Das Anlegen von Vorräten ist ganz gut und schön, wird aber hinderlich, wenn man seinen Standort immer wieder verlegen muß, was in marginalen Jagdgebieten unvermeidlich ist, sobald der Wildbestand erschöpft ist (oder die Tiere der Taktik der Jäger auf die Schliche kommen).

Unter den Hominiden, die zum Jagen gezwungen waren, werden wohl diejenigen, die durch ihr Gehirn besser für die Jagd gerüstet waren, von der natürlichen Auslese bevorzugt worden sein. Zwar ist das Werfen nicht Bestandteil aller Formen der Jagd, doch irgendwann müssen Wurffähigkeiten unter einem erheblichen Selektionsdruck gestanden haben, was sich daran ablesen läßt, daß unsere Fähigkeiten auf diesem Gebiet die der Schimpansen und Gorillas weit übertreffen. Bei denen, die sich mit mehr tropischen Populationen vermischten, werden sich diese Merkmale wegen der Vermengung der Gene nicht sehr gut erhalten haben. Die Stämme, die isolierter lebten und Inzucht trieben, werden mehr von ihren Anpassungen an die Jagd bewahrt haben. Allerdings ist die Inzucht mit erheblichen Risiken verbunden (zum Beispiel verringerte Effizienz des Immunsystems), ganz zu schweigen von der Möglichkeit, daß ein kleiner Stamm durch ein Zufallsereignis vollständig ausgelöscht werden kann. Anthropologen haben errechnet, daß ein Stamm mindestens 500 Individuen umfassen muß, beispielsweise 20 Gruppen zu je fünf Familien, damit für jedes Individuum im heiratsfähigen Alter ein Partner zur Verfügung steht.

Abgesehen von der Monogamie, können ganz ähnliche Argumente für viele Tierarten angeführt werden, besonders für Omnivoren. Warum wir? Warum nicht andere Menschenaffen? Warum nicht Bären? Was haben wir anders gemacht, so daß die genannten Bedingungen bei uns ein größeres Gehirn selektierten? Eine mögliche Antwort ist natürlich die, daß die Eiszeiten sehr wohl einen entsprechenden Einfluß auch auf andere Menschenaffenarten gehabt haben könnten, diese aber nicht überlebt beziehungsweise keine leicht zugänglichen Fossilien hinterlassen haben. Bei einem so singulären Fall muß alles, was zwischenzeitlich geschehen ist, als wesentlich betrachtet werden. Deshalb sind Argumente, die für eine beschleunigte Entwicklung sprechen, bei der Abwägung möglicher Faktoren, die zur Vergrößerung des Hirnvolumens beigetragen haben könnten, so wichtig.

Das Werfen ist mit Sicherheit eine Methode zur Beschleunigung der Entwicklung, vielleicht sogar die schnellste. Es ist eine lebenswichtige Fertigkeit in den Randgebieten, wo die natürliche Auslese am schärfsten ist, wo die Möglichkeiten der genetischen Verwässerung beschränkt sind und die Artbildung eine große Wahrscheinlichkeit hat. Von entscheidender Bedeutung ist es alljährlich im Winter, wenn es zum Fleisch kaum eine Alternative gibt. Die nach jeder Eiszeit eintretende Klimaverbesserung hat vermutlich zu einer allmählichen Bevölkerungszunahme in den Randgebieten geführt, aber nicht unbedingt in den Tropen, die schon ziemlich dicht bevölkert waren. Wenn der Hirnapparat für das Werfen auch für das Aufstellen von Szenarien und damit für Bewußtsein, Schlauheit und Sprache genutzt werden kann, könnte er dazu geführt haben, daß Hominiden aus den Randgebieten, die durch das vordringende Eis nach Süden getrieben wurden, in der Lage waren, die tropische Population zu verdrängen, auch wenn dort das Werfen als solches keine lebenswichtige Rolle spielte. Erst wird das Zentrum eingeengt, und anschließend wird die Peripherie ausgeweitet. Von den Eiszeiten immer wieder zurückgeworfen, um sich anschließend wieder auszubreiten, hat die Bevölkerung der Randgebiete vermutlich Schritt für Schritt ihre jagdlichen Fähigkeiten verbessert.

*Per aspera ad astra*
(Über rauhe Pfade zu den Sternen)
Lateinisches Motto

★

Geht die Evolution unter den Menschen weiter? Diese unvermeidliche Frage wird am späten Abend aufgeworfen. Der Gradualismus der Darwinschen Theorie hat zu der Vorstellung geführt, daß die Evolution ständig voranschreitet und uns nach und nach in etwas »Besseres« verwandelt. Aus der Theorie, deren Evolutionsmetapher der abgestufte Colorado River ist (beziehungsweise der Theorie vom unterbrochenen Gleichgewicht, falls Ihnen das lieber ist) geht dagegen hervor, daß einmal entstandene Arten sich nicht mehr sehr stark verändern. Wir stehen zwar in einer Wechselwirkung mit unserer Umwelt, und einige Narren scheitern auch an ihr, doch ist der menschliche Genpool so riesig, daß das Gesetz der großen Zahl kaum zu überwinden ist. Wir sind im Grunde überqualifiziert, zumindest für die Bedingungen, unter denen der größte Teil der Weltbevölkerung heute lebt. Wir sterben durch Unfälle, an Krankheiten oder an Altersschwäche, aber kaum deshalb, weil uns relevante Fähigkeiten fehlen, die unsere Nachbarn besitzen. Einmal angenommen, die unter marginalen Bedingungen lebenden Menschen, beispielsweise die Inuit vom Polarkreis und die San der Kalahari, wären in gewissen angeborenen Fähigkeiten durch die natürliche Auslese doppelt so gut wie andere Gruppen, so würden diese Fähigkeiten doch wahrscheinlich durch Kreuzung mit Außenstehenden verwässert. Angesichts der heutigen Reisemöglichkeiten wird der Genpool so stark umgerührt wie nie zuvor. Die natürliche Auslese ist für die Menschen unserer

Zeit bedeutungslos geworden. Einzelne sind zwar noch von ihr betrof-fen, doch der durchschnittliche Charakter der menschlichen Spezies wird sich wohl nicht mehr sehr stark ändern. Er hat sich vermutlich seit dem Beginn des Ackerbaus nicht geändert.

Selbst wenn eine herkömmliche Katastrophe eintreten sollte (ein Meteorit, ein Vulkanausbruch oder eine Eiszeit), dürfte sich allein wegen der Größe der menschlichen Population kaum etwas ändern. Sollte sich doch etwas ändern, so läge die Ursache wahrscheinlich bei einer zufälli-gen Abweichung des Genoms, durch die bei einer kleinen Gruppe, die einem scharfen Selektionsdruck ausgesetzt ist, Fortpflanzungsisolation eintreten würde. Die natürliche Auslese im herkömmlichen Verständnis hat jedenfalls ausgespielt. Die Ansicht, daß man Benachteiligten keine staatliche Unterstützung gewähren solle, läßt sich wissenschaftlich jeden-falls nicht begründen.

Im übrigen verläuft die menschliche Evolution seit langem auf einer suprabiologischen Spur, nämlich in den Bahnen der kulturellen Evolu-tion. Sie folgt anderen Regeln und ist sehr viel schneller als die biologi-sche Evolution. Das Bewußtsein bringt in Verbindung mit kulturellen Entwicklungen wie der Schrift und der Wissenschaft Innovationen her-vor, die für die Biologie fast unvorstellbar sind. Die zunächst biologisch verankerte Kooperation, die der verbreiteten Auffassung von einem dar-winistischen »Kampf aller gegen alle« augenscheinlich widerspricht, hat nun solche kulturellen Neuerungen wie die gemeinschaftliche Kinder-betreuung und das Bankwesen hervorgebracht. Und dazu noch andere kollektive Einrichtungen wie Versicherungsgesellschaften, die sich das Gesetz der großen Zahl zunutze machen.

Es ist durchaus denkbar, daß wir Übermenschen entwickeln, ohne daß deshalb eine neue Art entstehen muß. Um mehr Genies zu bekommen als bisher, brauchen wir nur die Variabilität am oberen Ende der Begabungs-skala zu vergrößern. Die Tatsache, daß geniale Fähigkeiten in der Gesell-schaft bald hier, bald da aufblitzen, läßt den Schluß zu, daß sie auch in der Natur zufällig verteilt sind, so daß kluge Eltern nicht unbedingt auch kluge Kinder haben müssen. Bildung ist der bei weitem verläßlichste Weg, um außergewöhnliche Menschen hervorzubringen. Genie beruht im Grunde darauf, daß die Teile des Gehirns bei dem betreffenden Individuum beson-ders gut zusammenarbeiten, und das ist nicht irgendeinem »Genie-Gen« zu verdanken, sondern einer besonders wirksamen *Kombination* aus zahl-reichen Genen, Bildung und Umwelt. Es gibt bestimmt bessere Methoden, eine solche Feinabstimmung zu erreichen, als diese dem Zufall unseres derzeitigen unterernährten Bildungssystems zu überlassen.

Dennoch könnte es sein, daß die biologische Evolution des Menschen noch nicht zu Ende ist.

Doch es ist spät. Als wir endlich aufstehen, um uns schlafen zu legen, steigt über den Canyonwänden der Halbmond auf. Nach dem Stand des Großen Bären zu urteilen, dürfte Mitternacht vorüber sein. Ich habe gelernt, die Zeigersterne als Uhr zu benutzen (die beiden letzten Sterne des Großen Bären bilden eine Linie mit dem Polarstern). Im Frühsommer wandert der Zeiger von etwa zehn Uhr abends bis sechs Uhr morgens, zwischen Abend- und Morgendämmerung, um den Polarstern. Meistens lege ich meinen Schlafsack so, daß ich nach Norden schaue, und wenn ich dann mitten in der Nacht aufwache, kann ich gleich die Uhrzeit ablesen.

Skinner schrieb, daß »die für nichterlerntes Verhalten verantwortlichen Bedingungen vor langer Zeit wirksam waren«, so als sei die Evolution der Mechanismen für die Erzeugung endogenen Verhaltens vorüber, so als seien sie ein für allemal genetisch festgelegt und als spielten jetzt nur noch ontogenetische Varianten eine Rolle. Ich behaupte, daß in jedem Organismus und damit auch beim Menschen ständig Genmutationen erfolgen, von denen Neurone, Bahnen, Modulatoren, Transmitter und Ionenkanäle betroffen sind, Mutationen, deren Folge eine genetisch determinierte Verhaltensvariation ist. Die entstehenden Verhaltensvarianten unterliegen in diesem Augenblick der natürlichen Auslese. Selbst wenn die genetischen Veränderungen lediglich die zeitlichen Abhängigkeiten eines einzigen Ionenkanals beeinflussen, können sie doch die Welt verändern.

Der Neurobiologe Graham Hoyle (1923–1985)

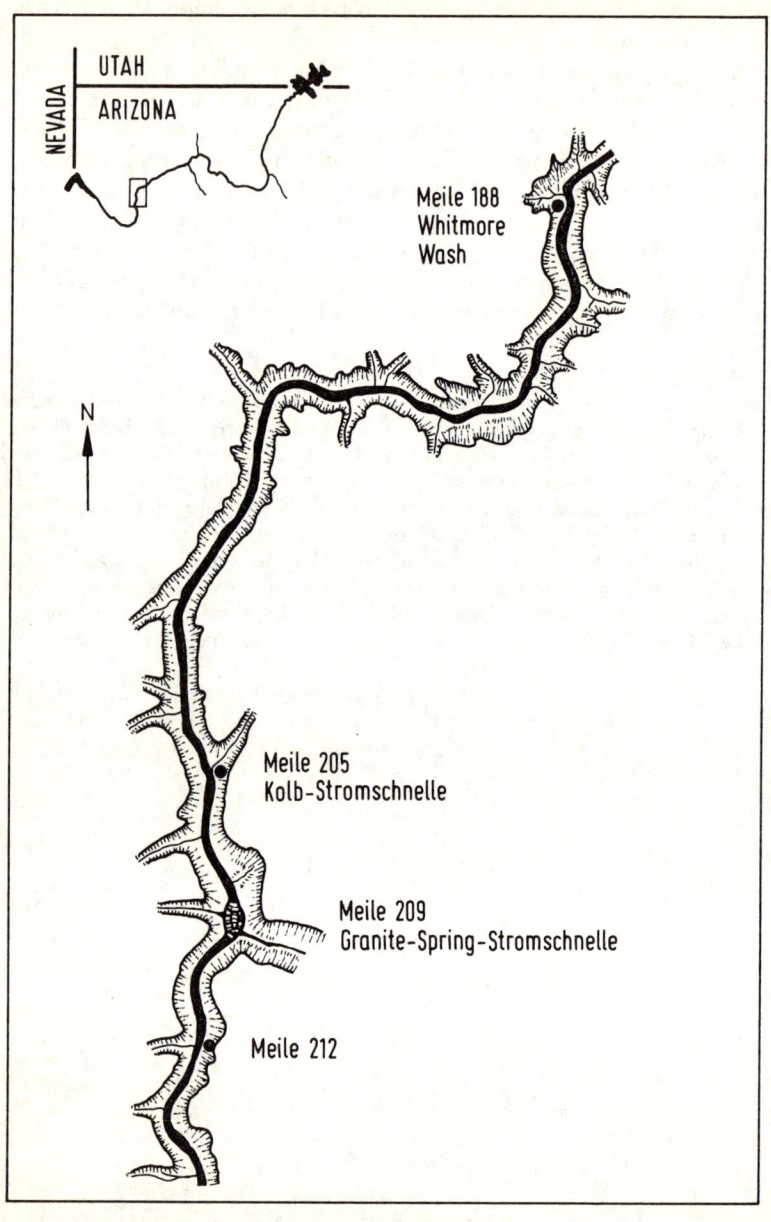

UTAH

ARIZONA

NEVADA

Meile 188
Whitmore
Wash

N

Meile 205
Kolb-Stromschnelle

Meile 209
Granite-Spring-Stromschnelle

Meile 212

# Dreizehnter Tag
## Meile 188
## Whitmore Wash

Heute Morgen wieder spät zum Frühstück, auch ohne nächtliche Notizen. Nur einmal aufgewacht. Der letzte Rest des Sonnenaufgangs, der
auf den Lava-Tapisserien ein Stück flußabwärts spielt, ist schön.

Was diesen Tagesanbruch auf jeden Fall
von allen vorangegangenen am Fluß unterscheidet, ist die Tatsache, daß uns heute
flußabwärts keine Lava Falls mehr erwarten.
Es kommen noch etliche Stromschnellen,
aber keine Wasserfälle vom Kaliber 10$^+$. Da
wir die meisten Bewährungsproben bestanden haben, würde es mich nicht überra-
schen, wenn durch natürliche Auslese eine
Subspezies entstehen würde, der *Homo
sapiens flussfahrerus* L.

Die Zukunft des Menschen ist
noch unklarer als sein Anfang. Wer
es wagt, diese beiden Tiefen auszuloten, betritt ein unbekanntes und
möglicherweise unerkennbares Gebiet, doch es ist charakteristisch für
den Menschen, daß er diese Reisen
immer wieder unternimmt.
Loren Eiseley, 1967

★

Warum sind wir eigentlich nicht alle zwerg-
wüchsige Pygmäen? Abby stellte diese
durchaus vernünftige Frage, als wir über die
Neotenie sprachen. Gerade wie die Zwergschimpansen vermutlich eine Schrumpfform
der normalgroßen Schimpansen darstellen,
sollte man erwarten, daß durch die Neo-
tenieprozesse, die wiederholt abgelaufen
sind, seit wir vor sieben Millionen Jahren
einen gemeinsamen Vorfahren mit den
Schimpansen teilten, mehrfach verkleinerte
Formen der Vorläufer des Menschen entstanden sind.

Es ist möglich anzunehmen, daß
die gesamte Vergangenheit nur der
Beginn eines Beginns ist und daß
alles, was ist und gewesen ist, nur
die Dämmerung des Tagesanbruchs
ist... Diese ganze Welt ist voll der
Erwartung größerer Dinge, und es
wird kommen ein Tag, ein Tag in
der nicht endenden Folge von Tagen, da Wesen, die jetzt latent in
unseren Gedanken und in unseren
Lenden verborgen sind, auf dieser
Erde stehen werden, wie man auf
einem Schemel steht, und lachend
ihre Hände zu den Sternen ausstrecken werden.
H. G. Wells, 1902

Wir haben aber ungefähr dieselbe Größe wie zumindest ein hochge-
wachsenes Exemplar des *Homo erectus* aus der Zeit vor 1,6 Millionen
Jahren, und seither hat das Gehirn ansehnlich zugenommen. Nach allem,

was auf den ersten Blick (!) dafür spricht, daß neotene Prozesse bei uns am Werk gewesen sind, muß noch ein anderer Selektionsdruck wirksam gewesen sein, der immer dann, wenn durch Neotenie die Körpergröße verringert wurde, über einen anderen Mechanismus für einen größeren Körper gesorgt hat.

Auch bei den marinen Weichtierarten, die zwischen drei und zehn Millionen Jahre existiert haben, bevor sie schlagartig durch eine andere Spezies abgelöst wurden, beobachten wir eine Tendenz zu einer allmählichen Zunahme des Körperumfangs. Mehrere Gründe sprechen dafür, daß größer auch zugleich besser ist. Da ist zum Beispiel das »Großmaul-Prinzip«. Ihm zufolge hat ein Tier, je größer es ist, eine um so größere Auswahl hinsichtlich seiner Ernährung, und natürlich gibt es dann auch weniger Raubtiere, die es mit Haut und Haar verschlingen können. Dieses Prinzip dürfte beim Übergang vom Menschenaffen zum Menschen kaum eine Rolle gespielt haben, sehr wohl aber das Verhältnis von Oberfläche zu Volumen, das bei der Regelung der Körpertemperatur sehr deutlich hervortritt: Je größer der Körper, desto langsamer ändert sich seine Temperatur, und desto länger kann man extreme Außentemperaturen aushalten, bevor eine kritische Innentemperatur erreicht wird. Nun verfügen warmblütige Tiere zwar über eine ganze Reihe von internen Mechanismen der Temperaturregelung, doch Extremsituationen wie Schneestürme begünstigen einen großen Körper, der in bestimmten Klimaverhältnissen besser überleben kann. Während bei männlichen Tieren der Konkurrenzkampf um Partnerinnen eine Selektion nach Körpergröße bewirken kann, gibt es andere Konflikte innerhalb der Art, die bei beiden Geschlechtern das Prinzip befördern, daß größer auch besser ist.

Es ist demnach vorstellbar, daß zunächst eine Auslese im Sinne größerer Wurfgenauigkeit erfolgt und eine Neoteniebildung anstößt (denn die Beibehaltung der juvenilen intracortikalen Bahnen müßte dem Zusammenwirken verschiedener neuraler Zentren und der Genauigkeit des Timing zugute kommen), daß anschließend aber die Körpergröße allmählich wieder zunimmt. Dabei würde die Verminderung der Körpergröße auf einer Auslese aus den Variationen im Jahr der Geschlechtsreife beruhen, die allmähliche Wiedervergrößerung dagegen auf einer Auslese aus den Varianten hinsichtlich der Körpergröße (bei denen der juvenile Status nur ein Faktor ist). Das Endergebnis wären Individuen von der ursprünglichen, nicht durch Neotenie beeinflußten Körpergröße, die aber die juvenileren, mit früher Geschlechtsreife einhergehenden Merkmale beibehalten hätten.

Mit einem Szenario wiederholter Neoteniebildung ohne anschließende Größenzunahme ist nicht nur unsere heutige Körpergröße unvereinbar, sondern auch die Verdoppelung unserer Lebensphasen: Die
Neotenie an sich läßt eine kürzere, nicht eine längere Kindheit erwarten. Gibt es also in diesem Verbund ein drittes Element, eine Variation
über das Thema des körperlichen Entwicklungstempos (beispielsweise
über die Menge des von der Hypophyse ausgeschütteten Wachstums-
hormons), und eine dritte Art von natürlicher Auslese im Sinne der
Verlangsamung?

Möglicherweise ist die Verlangsamung durch einen Engpaß bedingt,
der in einem frühen Entwicklungsstadium auftritt. Vielleicht wurde die
fötale Entwicklung verlangsamt, und diese Verlangsamung wurde dann
auch auf die postnatalen Lebensphasen übertragen. Tatsächlich gibt es
am Ende der fötalen Entwicklung einen sehr bedeutenden Engpaß: Der
Kopf muß durch den Geburtskanal. Eine Selektion zugunsten eines größeren Kopfumfangs führt unweigerlich zum Tod der Mutter, wenn nicht
irgendein Ausgleich gefunden wird. Er könnte darin bestehen, daß der
Fötus ausgetrieben wird, wenn er erst (zumindest im Vergleich zum
Reifezustand von Menschenaffen bei der Geburt) zu 60 Prozent fertig
ist. Das könnte eine Lösung sein, sofern die Frühgeburt durch elterliche
Fürsorge am Leben erhalten werden kann.

Die Lösung des Problems der wiederholten Neotenie hat also mehrere
Facetten: Das Werfen selektiert eine juvenilere Verdrahtung des Gehirns,
der Winter oder die sexuelle Rivalität selektiert einen größeren Körper,
und wenn diese beiden Aspekte dafür sorgen, daß der Kopf sich vergrößert, selektiert der Geburtskanal eine Verlangsamung der Entwicklung.
Es könnte sein, daß es in der Periode des *Homo erectus* und des frühen
*Homo sapiens* tatsächlich Schwankungen in der Körpergröße gegeben
hat, eindeutige Zyklen, die man eines Tages vielleicht an fossilen Funden
wird belegen können, Zyklen, an denen sich zeigen wird, daß erst die
eine und dann die andere Facette ins Spiel kam. Theoretisch spricht
jedoch nichts dagegen, daß innerhalb des heutigen Bereichs der Körpergröße des Menschen alle drei Facetten zugleich auftraten.

Das alles ist recht ernüchternd. Unser relativ großer Kopf mag zwar
nur eine Folgeerscheinung der Beibehaltung juveniler gekoppelter Verbindungen im Gehirn sein, doch hat er sicherlich viel Leid und Tod
während des Geburtsvorgangs mit sich gebracht, bis eine verlangsamte
Entwicklung Erleichterung schuf. Hatte sich die Entwicklung aber einmal verlangsamt und nebenbei den Beginn der Fruchtbarkeit auf das
ursprüngliche Jahr zurückverlegt, so konnte sich der ganze Zyklus stän-

dig wiederholen. Bei einer geeigneten Verknüpfung der einzelnen Facetten ergibt sich ein Szenario für »ewige Neotenie«.

★

Ewige Neotenie? Ach, richtig, gestern abend hatte ich wohl behauptet, daß die natürliche Auslese bei *Homo sapiens* kaum noch eine Rolle spiele. Daß sie wohl noch für Individuen bedeutsam sei, aber nicht mehr eine neue Spezies erschaffen könne. Aber gibt es nicht doch Möglichkeiten, daß die biologische Evolution des Menschen weitergeht? Wenn wir zum Beispiel Kolonien im Weltraum errichten würden, deren Bewohner isoliert wären und unter einen scharfen Selektionsdruck gerieten, könnte die Population entsprechend klein sein, um eine andere menschliche Spezies entstehen zu lassen. Anders schon, aber wer weiß, in welchem Sinne? Jetzt fällt mir ein, auf welche Weise sich das Neotenie-Experiment der letzten 34 Millionen Jahre der Menschenaffen-Evolution fortsetzen ließe.

Nein, ich denke nicht daran, Ehen zwischen Partnern mit einem ausgesprochen kindlichen Gesicht zu fördern (darauf werden selbst die begeisterten Anhänger der Eugenik nicht gekommen sein). Ich denke an die unsichtbare Auslese, die *in utero* stattfindet. Wenn die Eizelle unter den vielen Samenzellen eine Auswahl trifft und wenn mehr als die Hälfte aller Schwangerschaften mit einer spontanen Fehlgeburt endet, bestehen doch viele Möglichkeiten, auf die Grundlagen des Erfolges Einfluß zu nehmen. Es ist also durchaus möglich, daß schon jetzt eine Art von verborgener Auslese stattfindet. Wenn man bedenkt, wie groß die Zahl der möglichen Ziele ist, könnte die pränatale Auslese durchaus ebenso bedeutend sein wie die postnatale, an die wir gewöhnlich denken. Wenn *in utero* tatsächlich eine unsichtbare natürliche oder sexuelle Auslese stattfindet, wird die künstliche Auslese sicherlich nicht mehr lange auf sich warten lassen.

Angenommen, die Proteine der für das Entwicklungstempo des Menschen verantwortlichen Gene werden, ähnlich wie es bei den Genen des Immunsystems der Fall ist, an der Kernmembran der Zygote exprimiert. Angenommen, sie beeinflussen die Chancen einer erfolgreichen Implantation der Zygote in die Uteruswand oder die Chance, daß diese vom Immunsystem der Mutter angegriffen wird, oder die Durchblutung der Plazenta oder einen anderen Mechanismus, der für die normalerweise geringen Überlebenschancen bestimmend ist. Angenommen, man könnte die Dinge so manipulieren, daß Zygoten, bei denen die tempobestimmenden Proteine stärker neoten ausgeprägt sind, größere Chancen haben

als andere. Dadurch könnte der Anteil der das Erwachsenenalter errei-
chenden Individuen mit stärker neotenen Zügen steigen. Bei ihnen wäre
das Aufwachsen verlangsamt, als Erwachsene würden sie kindlicher aussehen, und auch das Altern könnte bei ihnen verlangsamt sein. Die Entwicklung, die von den Wirbellosen zu den Wirbeltieren, von den Affen
zu den Menschenaffen und von den Menschenaffen zu den Menschen
geführt hat, würde dadurch einen kleinen Schritt weitergeführt.

Ob sie schlauer wären oder musikalischer oder bessere Baseballwerfer,
muß offen bleiben. Vielleicht setzt die Neotenie nicht beim Individuum,
sondern bei der gesamten Spezies an, vielleicht besteht, über die Gesamtbevölkerung betrachtet, kaum eine Korrelation zwischen einem kindliche-
ren Gesicht und einer größeren musikalischen oder sonstigen Begabung.
Ich weiß es nicht. Diese einfache Überlegung zeigt aber, daß die Zusammensetzung der überlebenden Embryos und damit die Merkmale der Spezies *Homo sapiens* verändert werden könnten, wenn wir erst mehr über
die Gene, die das Tempo bestimmen, und den Überlebensprozeß *in utero*
wissen. Es ist vorstellbar, daß die Gentechnik auf die das Entwicklungstempo bestimmenden Gene Einfluß nimmt, auch wenn wir es gesellschaftlich vielleicht nicht für wünschenswert halten, daß Paare, die es sich
leisten können, sich ein garantiert kluges Kind »kaufen«, so wie sie bereits
das gewünschte Geschlecht ihres nächsten Kindes bestimmen. Wenn man
vermeiden will, daß die Unterschiede zwischen den Armen und den
Wohlhabenden sich weiter verschärfen, spricht doch einiges dafür, die
Sache weiterhin dem Zufall zu überlassen, der bislang dafür verantwortlich sein dürfte, ob ein Genie entsteht oder nicht.

Natürlich würde bei verstärkter Neotenie nicht eine Spezies von
Übermenschen entstehen – die Menschen würden bleiben, wie sie sind,
nur würde die Variabilität erweitert. Es hätte Einfluß auf den biologischen Vorsprung, mit dem einige Individuen in den gleichwohl bedeutenderen Bildungsprozeß eintreten. Ich möchte ein solches Experiment
keineswegs empfehlen, sondern lediglich darauf hinweisen, daß die
biologische Evolution des Menschen möglicherweise noch nicht zu Ende
ist – und daß wir bei der Überlegung, wie die künftige Gesellschaft aussehen soll, von dieser Möglichkeit wissen müssen.

★

Um Übermenschen zu erreichen, kann man auch den Menschen erwei-
tern. Statt Menschen zu züchten, die beispielsweise ein besseres
Gedächtnis haben, kann man einfach versuchen, das Gedächtnis des
Menschen durch Computer-Hardware zu erweitern. Statt Neuronen

nimmt man Silizium, sobald eine Methode gefunden wurde, sie miteinander zu verbinden. (Vielleicht wird man einen kleinen Computer hinter
dem Ohr implantieren?)

Nein, das wird nicht ausreichen, denn ein Hilfsgehirn wird einen großen Speicher benötigen.

Erweiterte Menschen? Implantiertes Silizium? Bev Williams, die Mutter von Alan, warf an dieser Stelle ein, daß ich den anderen unbedingt
von den Nudisten erzählen müsse, die wir vorgestern im Havasu
Canyon getroffen hatten. Einige dieser Nudisten hatten die Zukunft
vorweggenommen.

Ich habe es bislang nicht erwähnt, aber nach dem Mittagessen sind wir
den Havasu zu den Beaver Falls hinaufgewandert. Abgesehen von den
zahlreichen falschen Pfaden, die in die Irre führen, kamen wir auch auf
dem richtigen Pfad stellenweise nur schwer voran. In einem Abschnitt
ist das Gestrüpp so dicht, obwohl täglich Wanderer hindurchziehen, daß
man nicht sehen kann, ob sich auf diesem einspurigen Weg aus der
Gegenrichtung jemand nähert. Hören kann man ihn auch nicht, weil der
Bach alles übertönt. Wenn man hinaufgeht, kann man regelrecht mit
einem herunterkommenden Wanderer zusammenstoßen, so daß beide
erstaunt zurückprallen.

Und darin steckt der Clou der Geschichte. Bev und ich waren nachmittags auf dem Rückweg zu den Booten und schlugen uns in dem
erwähnten Abschnitt des Pfades durch das Gestrüpp. Da hörten wir von
hinten dumpfe Schritte, begleitet vom Geklirre von Halsketten. Es war
Dawn, sicherlich die Ansehnlichste aus der Gruppe von Nudisten, mit
denen wir oben am Wasserfall gesprochen hatten. Sie trug Wander-
schuhe. Dawn, gleichmäßig braungebrannt, ist eine wahre Amazone,
schwerer gebaut als die meisten Männer, aber von entschieden weiblichen Proportionen, deren ausladende Brüste noch akzentuiert werden
durch das obligatorische Goldkettchen, zu dem noch ein paar andere,
klirrende Ketten hinzukommen. Wir traten zur Seite, denn Dawn raste,
durch die Geräusche ihrer Annäherung den Weg vor sich freimachend,
scheinbar unaufhaltsam den Berg hinunter. »Oh, da sieht man sich
wieder«, sagte sie freundlich und sauste vorbei.

Wir machten uns wieder auf den Weg, wobei wir uns fragten, wie sie
es schaffte, daß die Weiden und die hohen Gräser vor ihr auswichen und
wie ihre Haut das ohne den Schutz der Kleidung überstand. Kurz darauf
drang gedämpft ein weiteres »Hallo« an unser Ohr, und wir fragten uns,
wen sie diesmal getroffen hatte. Stille. Keine Antwort, kein Kommentar,
nur Stille.

Wir gingen weiter. Da kamen uns drei Wanderer entgegen, Pfadfinder mit frischer Gesichtsfarbe und kurzgeschnittenen blonden Haaren, die vorschriftsmäßig mit Feldflasche und Rucksack ausgerüstet waren. Sie machten, wie Bev später bemerkte, einen durch und durch unschuldigen und behüteten Eindruck.

Wir traten zur Seite, um sie durchzulassen. Ich weiß nicht, ob sie uns gesehen haben. Ihre Blicke waren in die Ferne gerichtet. Sie sagten nichts. Automatisch setzten sie einen Fuß vor den anderen. Als wäre ihre Zunge gelähmt, zogen sie vorüber.

Als sie außer Sicht- und Hörweite waren, konnten Bev und ich nicht mehr an uns halten. Wir brachen in Gelächter aus. Vom Lachen ganz geschwächt, setzten wir uns schließlich auf einen Stein und fragten uns gegenseitig: »Hast du das gesehen?«

Wie sie das erlebt haben müssen, konnten wir uns nur allzu gut vorstellen. Sie stapften in der glühenden Sonne mühsam bergauf, als plötzlich aus dem Gestrüpp vor ihnen eine nackte Amazone auftauchte und so schnell auf sie zukam, daß sie sie um ein Haar wie eine Reihe Kegel umgerissen hätte. »Hallo« sagte diese Erscheinung in dem gewinnenden Ton einer Dame der Gesellschaft und sauste wie ein Wirbelsturm an ihnen vorüber, um ein Stückchen weiter unten wieder vom Strauchwerk verschlungen zu werden, bevor sie noch genauer hinschauen und sehen konnten, daß sie zumindest die vorschriftsmäßigen Wanderstiefel trug.

Wäre ich an ihrer Stelle gewesen, ich hätte, angesichts meiner Ausbildung als Physiologe, bestimmt angenommen, eine Halluzination zu haben, möglicherweise verursacht durch den versehentlichen Verzehr des Stechapfels, der hier wild wächst. Oder durch einen von der Hitze hervorgerufenen Erschöpfungszustand, der es mir hätte ratsam erscheinen lassen, kurz zur Abkühlung in den Bach zu springen, bevor mich die gesamte Truppe der Folies-Bergères zu Boden trampelte. Es ist einfach unvorstellbar, daß so etwas sich in der Realität zutragen könnte. Käme das, was diese Pfadfinder erlebt hatten, in einem Roman vor, würde doch jeder denken, es sei an den Haaren herbeigezogen, oder nicht? Doch Bev Williams ist meine Zeugin, daß es sich wirklich so abgespielt hat.

Sie erinnern sich vielleicht noch an die Bemerkung von John DuBois, der erklärt hatte, die menschliche Intelligenz werde eines Tages auf einer internen Verbindung von biologischen und elektronischen Schaltungen beruhen, und wir würden künftig »teils *Homo*, teils Silizium« sein. Ich habe eine gute Nachricht für ihn: Die Zukunft ist bereits eingetreten. Ein Mensch, der sich mit chirurgischen Narben auskennt, sagte mir anschließend, viele der weiblichen Nudisten am Wasserfall hätten unverkennbar Brustimplantate getragen. Vielleicht könnte ein solches Silikonkissen künftig sowohl eine dekorative als auch eine funktionale Aufgabe erfüllen und als Mehrzweckimplantat gleichzeitig der Hebung des Äußeren und der Verbesserung der Denkleistungen dienen. Vielleicht sollte ich mir diesen Einfall gleich patentieren lassen: *Intelligenz in der Brust.* Bei Männern ließe sich die Sache vielleicht in einem Schulterpolster unterbringen. Nein, ich hab's: *Intelligenz im Bizeps!*

★

Ich habe keinen Zweifel, daß die Zukunft in Wirklichkeit viel überraschender sein wird als alles, was ich mir vorstellen kann. Ich habe sogar den Verdacht, daß das Universum nicht nur sonderbarer ist, als wir vermuten, sondern viel sonderbarer, als wir vermuten können.
Der Biologe
J. B. S. Haldane, 1927

Nun, da wir das Problem der Unterbringung gelöst haben, erhebt sich die Frage, welcher Aspekt des menschlichen Gehirns durch ein solches Siliziumimplantat verbessert werden sollte. Ich persönlich hätte gern ein besseres Gedächtnis, um mich an alle Dinge, denen meine Aufmerksamkeit gegolten hat, besser erinnern zu können. Das biologische Gedächtnis ist nicht nur dafür bekannt, daß es sich immer wieder irrt, ihm gehen auch allzu leicht Dinge verloren. Woran mir nichts liegt, ist eine wortwörtliche Aufzeichnung all meiner Erlebnisse, denn dann ergeht es einem so wie mit der Videosammlung: Man braucht viel zu lange, um in dem ganzen unbearbeiteten Plunder etwas zu finden. Aber ich lese viel und streiche mir immer bestimmte Stellen an, und es wäre mir sehr recht, wenn ein Hilfsgedächtnis all diese wichtigen Passagen speichern würde, denn dann bräuchte ich nicht mehr stundenlang in Karteikästen und Bücherregalen zu wühlen, um den vollständigen Text einer Passage zu finden, die mir halbwegs im Gedächtnis haften geblieben ist. Mein Hilfsgedächtnis sollte außerdem tragbar sein, damit ich, wenn ich im Flugzeug etwas lese, gleich bestimmte Dinge darin abspeichern und beispielsweise bei einer Strandwanderung wieder abrufen kann. Die Dateneingabe sollte einfach sein, vielleicht über ein Kehlkopfmikrophon, das unhörbare Stimmbandbewegungen aufzeichnet, während ich das Gelesene unhörbar vor mich hinsage. Es sollte ein Such- und Abfragesystem in natürlicher Form besitzen. Ich könnte mir das so vorstellen, daß ich unhörbar ein Schlüsselwort oder einen Schlüsselsatz spreche, und in Sekundenbruchteilen würde mir das Gedächtnis über einen Ohrhörer entsprechende Satzfragmente vorspielen, bis ich den Befehl gebe, zu einer bestimmten Stelle zurückzugehen und die entsprechende Passage ausführlicher zu wiederholen. Das Erkennen der Zusammenhänge zwischen Suchbegriffen und gespeicherten Inhalten erfordert sicher eine ganze Menge an programmierter Intelligenz, doch unmöglich erscheint mir das nicht.

Ich weiß nicht, was andere darüber denken, aber für mich wäre es eine echte Bewußtseinserweiterung. Wir stellen ja ohnehin aus unseren abgespeicherten Schemata Was-wäre-wenn-Szenarien auf, und mit Hilfe dieses Zusatzgedächtnisses könnte ich, bevor ich zu denken beginne, mehr relevante Informationen in mein Gehirn laden, ich könnte leichter meine Szenarien anhand von Tatsachen überprüfen, und ich könnte unausgesprochene Gedanken, die ich später bearbeiten will, abspeichern.

Außer dem Gedächtnis ließe sich vielleicht die Konstruktion von Szenarien erweitern. Ich könnte dann den Silizium-Helfer meine Szenarien auf jede erdenkliche Weise anordnen oder bestimmte Schemata durch andere ersetzen lassen. Anschließend könnte ich mir die Favoriten meines elektronischen Ego vorspielen lassen, um zu sehen, was ich davon halte. Ich verbringe viel Zeit mit der Formulierung von Sätzen. Ich ordne die Satzelemente immer wieder neu an, um herauszufinden, wie es am besten klingt, wie es am knappsten zu formulieren ist und wie die Bedeutung am besten ausgedrückt wird. Solche trivialen Probleme könnte ich von meinem zusätzlichen Szenarienmacher bearbeiten lassen, während ich etwas anderes tue, um mir später die Ergebnisse anzusehen. Ein solches Hilfsgehirn aus Silizium müßte über einen großen Wortschatz verfügen und einige Grammatikregeln kennen, doch es könnte durchaus hilfreich sein, sofern ich bereit wäre, auch den ganzen Unsinn durchzuackern, den es zwangsläufig mitproduzieren würde.

Man könnte meinen, dazu sei ein ungeheurer Programmierungsaufwand erforderlich. *Wenn wir uns jedoch fragen, wie Gehirne solche Aufgaben lösen, könnte sich herausstellen, daß – wie im Fall eines selbstorganisierenden Systems – ein paar einfache Regeln genügen, um Wunder zu verrichten, und nur das Produkt kompliziert erscheint.*

Schließlich könnte man in diesen Silizium-Helfer auch »Qualitätsurteile« einbauen, so daß er nach und nach ein Gefühl dafür entwickeln würde, was sein Besitzer im Laufe der Jahre verworfen hat, und sich in der Bewertung von geprüften Szenarien danach richten würde. Vielleicht könnte ich ihn, wenn er nichts für mich zu erledigen hat, auf eigene Faust arbeiten lassen, um zu sehen, was dabei herauskommt. Möglicherweise würde er auf dem begrenzten Gebiet der Verarbeitung von Informationen, die verbal ausgedrückt werden können, nach und nach meine Denkweise übernehmen.

Nach entsprechender Ausbildung eines Silizium-Helfers könnte ich jederzeit eine Kopie seines aktuellen Programms machen und diese meinen Freunden überlassen, gegen eine Kopie des aktuellen Programms ihrer Helfer. Dadurch könnte ich zeitweilig mein Programm wechseln und in der Weise denken, wie es ein anderer seinem Silizium-Helfer beigebracht hat. Zunächst würde ich mir bestimmte Dinge mit meinem natürlichen Gehirn überlegen, um dann zu schauen, was mein Silizium darüber denkt, ob es vielleicht etwas aus seinem verläßlicheren, aber weniger vollständigen Gedächtnis hinzuzufügen hat. Dann würde ich meinen Silizium-Helfer mit einem anderen Programm ausstatten und ihn so denken lassen wie ein von mir bewunderter Künstler oder wie ein erfahrener Jurist (ich höre schon das Programm meines Schwiegervaters sagen: »Du wirst merken, daß es in dem ganzen Wirrwarr nur zwei zentrale Fragen sind, von denen deine Entscheidung abhängt, und daß alles andere nebensächlich ist, und das wird sich zeigen, wenn du dich nur darauf konzentrierst, wie die beiden zentralen Fragen sich zueinander verhalten«) oder schließlich wie ein Studienanfänger, der gewisse Dinge noch durcheinander bringt, wobei aber gelegentlich etwas Kreatives entsteht. Die Schlußfolgerungen würde ich gleichwohl selber ziehen, aber ich hätte auf diese Weise nicht nur mein Gedächtnis, sondern auch mein Bewußtsein und meine Kreativität erweitert.

> Sollte ich jemals auf einen originellen Gedanken kommen, dann wird es daran liegen, daß ich eine ausgeprägte Neigung zu verworrenen Gedanken habe… und dadurch auf versteckte Analogien und Zusammenhänge gestoßen bin, die andere nicht in Erwägung gezogen haben. Andere denken selten in so verworrenen Bahnen und halten sich an die präzise Analyse.
>
> Der Physiologe
> Kenneth J. W. Craik, 1943

★

Künstliche Intelligenz ist ein Gebiet, mit dem sich die Hirnforscher kaum befassen. Sie ist die Domäne der Computerwissenschaftler. Was heute als KI firmiert, hat mit der von mir beschriebenen schrittweisen Verbesserung eines Zusatz-Gehirns nichts zu tun. Die KI-Leute zeigen in der Regel kein Interesse an der Neurobiologie und der Evolutionsbiologie, von denen sie lernen könnten, wie man, ausgehend von zahlreichen probabilistischen Elementen und den Regeln für selbstorganisierende Systeme, von unten her etwas aufbaut. Sie folgen vielmehr der logischen Denkweise, die für das Programmieren von Computern erforderlich ist, und gehen von oben nach unten vor. Sie wollen erreichen, daß die Maschine eine Reihe von aristotelischen logischen Propositionen abarbeitet. Gegen diesen Ansatz spricht durchaus nichts, und es können dabei gewiß faszinierende Maschinen herauskommen, doch habe ich Zweifel, ob sie sich auf zwanglose Weise mit dem menschlichen Denken verbinden lassen werden.

Man kann sich ohne weiteres eine Maschine vorstellen, die viele menschliche Denkprozesse nachahmt, sie schneller und genauer ausführt und in einem gewissen Sinne ein Übermensch ohne biologische Komponenten ist. Bei der Abstimmung einer solchen denkenden Maschine müßte, wie schon erwähnt, ihr »Langeweile-Parameter« so eingestellt werden, daß sie nicht hängenbleibt, daß ihr also immer wieder etwas Neues einfällt. Das könnte wiederum dazu führen, daß sie gelegentlich übernervös wird. Dann müßte man einen solchen Computer beurlauben, vielleicht bräuchte er sogar ein Freisemester.

Die Hirnforscher können von der KI und der Computerwissenschaft insgesamt einige wichtige Analogien beziehen, die ihnen in der Forschung weiterhelfen. Schemata spielen in diesem Bereich eine wichtige Rolle. Die Tatsache, daß die digitalen Computer von heute ganz anders verdrahtet sind als biologische Gehirne, schließt funktionale Übereinstimmung nicht aus. Wir Neurobiologen können alle erreichbaren Analogien verwenden, auch wenn wir am Ende die meisten als hoffnungslos unzureichend verwerfen. Suchstrategien für Datenbanken sind ein Beispiel, anhand dessen wir überlegen, auf welche Weise das menschliche Gehirn eine Reihe von zusammenhängenden Tatsachen aufspürt, auch wenn klar ist, daß das Gehirn, anders als der Computer, die Information nicht in bestimmten Schubladen abspeichert (sondern eher in der Art eines sich überlagernden Hologramms). Auch die Betriebssysteme von Computern liefern uns hilfreiche Analogien, wenn es um die Befehlsfunktionen des Gehirns geht, beispielsweise darum, wie sich die funktionale Architektur ändert, wenn wir vom Gehen zum Sprechen und von dort zum Klavierspielen übergehen. (Wenn es aber um die Stabilität des Gehirns geht, helfen Computer uns nicht weiter. Wenn Architekten, pflegt Gerald Weinberg zu sagen, ihre Häuser in der Weise errichten würden, in der Programmierer ihre Software aufbauen, bräuchte nur ein Specht zu kommen, und die ganze Zivilisation bräche zusammen.)

In der Zielsetzung bestehen zwischen Hirnforschung und KI große Differenzen, die etwas mit den Unterschieden zwischen Wissenschaft und Technik zu tun haben. Der Computer-»Wissenschaft« geht es darum, jeden Erkenntnisfortschritt technisch umzusetzen, jede noch so kleine Verbesserung der Rechengeschwindigkeit oder der Speicherkapazität praktisch auszunützen, wie es bei den Handwerkern der Fall war, die uns aus der Steinzeit in die Bronzezeit und dann in die Eisenzeit gebracht haben. Den Neurobiologen geht es darum, natürliche Gehirne zu verstehen und herauszufinden, wie der Mensch funktioniert. An praktische Anwendungen denken wir in der Regel überhaupt nicht, und wenn doch, geht es zunächst darum, wie man die Defizite eines teilweise beschädigten Gehirns kompensieren kann. Auf diese Weise nähern wir uns der Frage, wie man die Funktionen des menschlichen Gehirns schrittweise erweitern könnte, mit natürlichen neurologischen Schnittstellen, und nicht in der Weise, daß die Logik des Gehirns in einem künstlichen, ganz anders gearteten Gebilde nachgeahmt wird.

Es ist irreführend, wenn bei den heute verfolgten Ansätzen davon gesprochen wird, daß ein Computer-»Gehirn« denkt. Viele KI-Vertreter machen nicht einmal den Versuch, das menschliche Problemlösungsverfahren nachzuahmen, und kaum einer denkt daran, ein Arbeitsmodell auf der Grundlage der Schaltprinzipien realer Gehirne zu schaffen.

> Das Gehirn des Menschen ist ein Instrument, dem nichts auf diesem Planeten gleichkommt, ein Instrument, um Neues zu produzieren, um mehr aus der Natur herauszuholen, als das selbstgenügsame Auge einer in der Sonne liegenden Eidechse oder eines Vogels wahrnimmt. Die Rolle des Gehirns ist entfernt vergleichbar mit der Wirkung der Mutation, die im organischen Bereich Unwahrscheinlichkeiten schafft.
> Loren Eiseley, 1967

> In Wahrheit erschaffen wir nichts. Wir plagiieren lediglich die Natur.
> Jean Baitaillon

Ich stelle mir die Arbeitsweise realer Gehirne etwa folgendermaßen vor: 1) Nimm die einzelnen Elemente des Problems und suche durch freie Assoziation verwandte Schemata zu finden; 2) nimm diese erweiterte Menge von Schemata und versuche, sie durch Erzeugung zahlreicher Permutationen und Kombinationen zu verschiedenen Szenarien zu ordnen; 3) verwirf die absurden Szenarien und schau dir die möglichen näher an; 4) bewerte diese anhand deiner gesammelten Erfahrungen auf ihre Qualität hin (dabei können logische Überlegungen einfließen oder auch nicht); und 5) führe das beste Szenario aus oder laß alles auf sich beruhen. In der Realität verläuft das Denken allerdings nicht so geordnet, sondern alles geht durcheinander.

Falls das kreative Denken diesem Modell der »Variationen über ein Thema« folgt, hat es große Ähnlichkeit mit der biologischen Evolution, in der durch Genvermischung und geschlechtliche Fortpflanzung eine große Familie von unterschiedlichen Kombinationen entsteht, die absurden Kombinationen durch spontane Fehlgeburt ausgeschieden und die Überlebenden von der natürlichen Auslese danach bewertet werden, wie gut sie der Umgebung angepaßt sind. Es hat keinerlei Ähnlichkeit mit den formalen Klassifikationssystemen und logischen Deduktionen, auf denen die Philosophie (und die KI) beruht. Für die Menschen ist Logik schon wichtig, aber vermutlich ist sie nur die Glasur auf einer Schichttorte. Unser Denken ähnelt mehr dem Hin- und Herprobieren, bis etwas paßt, in der Art, wie der Zimmermann eine Tür einhängt.

★

Die Vorstellung, daß ein Computer sich langweilen könnte, wirkte heute morgen sehr anregend auf das Gespräch. Alle konnten sich leicht ausmalen, zu welchen Problemen das führen könnte: Der Computer könnte sich wie ein hyperaktives Kind verhalten, nur eine kurze Aufmerksamkeitsspanne haben und ständig von einer Sache zur anderen springen (was nach Ansicht von Ben ganz nach *time-sharing* aussieht). Der Computer könnte sich aber auch festfahren, ähnlich wie ein Stirnlappenpatient, der eine einmal gewählte Strategie auch dann nicht aufgibt, wenn sie keinerlei Erfolge zeitigt (vergleichbar einem Computer, der, weil seine Unterbrecher nicht funktionieren, nicht mehr aus einer Schleife heraus kommt).

Und ein Urlaub für einen Computer? »Wann kriege ich eigentlich ein Freisemester?« beklagte sich Rosalie. »In meiner Fakultät hat noch keiner jemals eines genommen. Einer, der sich für ein Jahr beurlauben lassen möchte, gilt dort als Außenseiter, der sich vor den gemeinsamen Aufgaben drücken möchte.« An unseren Universitäten gibt es denn doch gewisse Unterschiede zwischen den Medizinern und der Mitgliedern der übrigen Fakultäten.

»Wer wirklich einen Jahresurlaub bräuchte, das sind die Sekretärinnen und die Fabrikarbeiter«, sagte Jackie. »Man muß sich das einmal vorstellen: Tag für Tag dieselbe Arbeit. Das ist einfach unmenschlich. In der guten alten Zeit war das Leben bestimmt abwechslungsreicher.«

Diese Spezialisierung hat wahrscheinlich schon mit dem Ackerbau und nicht erst mit der Industrie- oder Büroarbeit eingesetzt. Es gibt wohl nichts Langweiligeres, als den ganzen Tag hinter einem Pflug herzulaufen, abgesehen vom Baumwollpflücken, bei dem man den ganzen Tag gebückt gehen muß, während die Sonne einem auf den Schädel knallt. Wenn es je eine gute alte Zeit gegeben hat, muß sie weiter zurückliegen als der Beginn der gegenwärtigen Zwischeneiszeit, mit dem die ganze Spezialisierung anfing. Jeder mußte vielseitig sein. Auch wer im Nähen, in der Herstellung von Steingeräten oder im Korbflechten eine gewisse Könnerschaft entwickelte, widmete sich daneben dem Sammeln von Nahrung und der Kleinwildjagd und ging mit offenen Augen durchs

Land. Der natürlichen Auslese verdanken wir eine gewisse Neigung, uns für alles Neue zu interessieren, mal dies, mal das zu tun und gelegentlich unsere Umgebung zu wechseln – und ebenso die Neigung, knuddelige Babies zu beschützen. Wenn man das verkennt, macht man die Menschen unglücklich.

Es ist schon schlimm genug, wenn man dazu verurteilt ist, den ganzen Tag lang immer nur dasselbe zu machen, aber unsere moderne Gesellschaft neigt dazu, die Dinge so einzurichten, daß aus einem monotonen Tag Monate oder gar Jahre werden. Die meisten beruflichen Tätigkeiten lassen sich innerhalb weniger Tage erlernen und bieten danach nichts Neues mehr. Der Drang zur Spezialisierung ignoriert unsere evolutionäre Vergangenheit, ignoriert die Tatsache, daß es uns Freude bereitet, unsere vielseitigen Fähigkeiten anzuwenden und mit unserem je eigenen Tempo neue Fähigkeiten zu entwickeln. Deshalb sehen wir so viele Menschen, die ihre Arbeit ohne Freude verrichten, nur um das Geld zu verdienen, das sie in die Lage versetzt, am Wochenende etwas Interessanteres zu tun. Arbeit, die der Computer erledigen kann, sollte der Computer erledigen, so wie das Baumwollpflücken von einer Maschine erledigt werden sollte.

Zu den Dingen, die möglich werden, sobald zehn Prozent der Bevölkerung genügen, um alle anderen zu ernähren, gehört es, daß jeder noch halb so lange arbeitet. Noch neigen wir dazu, uns mit unserer Arbeit zu identifizieren, doch viele Menschen identifizieren sich mehr und mehr mit ihrem Hobby oder ihrem Sport. Wenn sie in der halbierten Arbeitszeit außerdem noch selbstgewählte Tätigkeiten verrichten können, werden sie ein ganzes Stück glücklicher sein. Mit steigender Produktivität wachsen auch die Möglichkeiten, ein weniger eingeschränktes Leben zu führen und einige der Dinge zu genießen, die uns dank unserer Evolution Freude bereiten.

»Daß die Leute arbeiten, um spielen zu können, sehe ich auch in meiner Nachbarschaft«, bemerkte Rosalie. »Das Hauptergebnis der gesteigerten Produktivität ist jedoch nicht der ganzjährige Urlaub, sondern eine größere Kinderzahl. Und dann sitzen die Eltern in der Falle und müssen Tag und Nacht arbeiten, um die Kinder großzuziehen. Daß man sich viele Kinder leisten kann – das ist das Symbol des Erfolges. Du brauchst dich nur in Mexiko oder Indien oder Ägypten umzuschauen.«

Das Gewicht und die Windungen von Einsteins Gehirn finde ich nicht so interessant wie die nahezu gewisse Tatsache, daß auf den Baumwollfeldern und in Fabriken Menschen mit gleichen Talenten gelebt haben und gestorben sind.

Der Paläontologe Stephen Jay Gould, 1980

Ein Prophet kann nur aus der Zivilisation kommen, aber jeder Prophet muß in die Wüste gehen. Zunächst muß er eine komplexe Gesellschaft und alles, was sie zu bieten vermag, auf sich einwirken lassen, aber dann muß er eine gewisse Zeit in Einsamkeit und Meditation verbringen.

Winston S. Churchill in einem Plädoyer für das Urlaubsjahr

★ ★ ★

# Meile 205
# Die Kolb-Stromschnelle

Da ist doch tatsächlich eines unserer Boote in einen Strudel geraten. Alle hatten die erste große Stromschnelle des heutigen Tages, eine 7, hinter sich gebracht, als der große Wirbel eines der Boote packte. Das Packboot, das von Ken Williams, dem Bruder von Alan, gerudert wird, steckt fest in dem Wirbel drüben auf der rechten Flußseite, wo eine Klippe in den Fluß hineinragt und eine Art Bucht schafft. Für Ken ist es die erste Befahrung des Colorado als angehender Bootsführer (um Grand Canyon-Erfahrungen zu sammeln, muß man zunächst das Packboot ohne Passagiere rudern). Die erfahreneren Bootsführer rufen ihm Ratschläge zu. Doch so sehr er sich auch bemüht, Ken bekommt nicht genügend Geschwindigkeit, um auszubrechen. Und da auf dem schweren Boot keine Passagiere mitfahren, kann ihm auch keiner helfen.

J. B. gibt zu, daß jeder Bootsführer dann und wann in einen Strudel gerät. »Du mußt ständig auf der Hut sein, sonst packt sich einer dieser ekelhaften Wirbel dein Boot«, erklärt er uns. »Manchmal sind sie schwer zu entdecken, besonders wenn man sich ganz darauf konzentriert, durch die Stromschnelle zu kommen. Sieht diese kleine Bucht nicht ganz still und friedlich aus? Jedenfalls sieht man nicht, daß sie bösartig ist, oder? Aber so leicht man hinein gerät, so schwer ist es, wieder herauszukommen. Du drehst dich immer nur langsam im Kreis.«

Nachdem Ken sich zehn Minuten lang vergeblich bemüht, sein Boot freizubekommen, sehen wir Alan, der sein Boot flußabwärts festgemacht hat, die Felsen am Ufer erklimmen. Kurz darauf steht er auf der zehn Meter hohen Klippe, die den Wirbel überragt. Er versucht die Stelle auszumachen, an der Ken aus der kreisenden Strömung herauskommen

## Längsschnitt des Flußkorridors

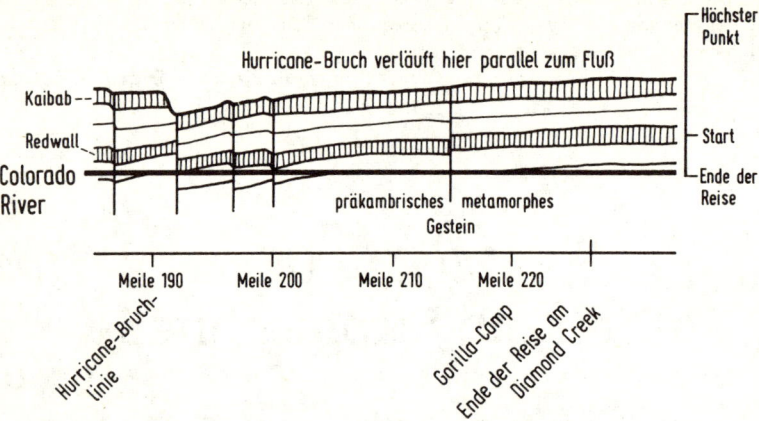

Hurricane-Bruch verläuft hier parallel zum Fluß

Kaibab

Redwall

Colorado River

präkambrisches | metamorphes Gestein

Höchster Punkt

Start

Ende der Reise

Meile 190    Meile 200    Meile 210    Meile 220

Hurricane-Bruch-linie

Gorilla-Camp
Ende der Reise am Diamond Creek

könnte und zeigt sie ihm. Doch auch dort hat Ken kein Glück, und bald steckt er wieder mitten drin und dreht, nach Luft schnappend, langsam eine Runde nach der anderen. Er ist einer dieser verflixten emergenten Eigenschaften in die Falle gegangen.

Jetzt wirft Alan etwas ins Boot hinunter. Zwei Dinge. Seine Sandalen? Es scheint so, denn Alan macht Anstalten, von der Klippe herunterzuspringen. Ich höre Bev besorgt flüstern: »Mach keinen Kopfsprung!« Aber sie braucht sich keine Sorgen zu machen. Alan macht einen Hocksprung und landet ein Stückchen vom Boot entfernt im Wasser. Er schwimmt zum Boot und zieht sich mit einem geübten Schwung hinauf.

Jetzt sitzen zwei Bootsführer Seite an Seite und legen sich gemeinsam in die Riemen: die Williams Brothers. Sie erreichen zwar eine gewisse Geschwindigkeit, werden aber doch wieder in die Bucht getrieben. Sie versuchen es noch einmal, und unter lautem Jubel kommen sie frei.

Zeit zum Mittagessen. Auch das Zuschauen war Schwerarbeit.

★

Die Fähigkeit, vorauszusehen und ein wenig zu planen, am besten anhand alternativer Szenarien, gehört zu den Dingen, die wir den Schimpansen voraus haben. Unfehlbar ist diese Methode nicht, wie unsere gestrige Fahrt durch die Lava Falls gezeigt hat, doch es ist fast immer besser, als blindlings loszustürzen und mitzunehmen, was sich gerade bietet. Eine gewisse Voraussicht müssen die Bootsführer schon besitzen, denn genau wie Berufssportler können sie nicht ihr Leben lang den Fluß befahren. Irgendwann lassen die Kräfte nach. Im Unterschied zu den Parkwächtern, mit denen sie ansonsten einiges gemein haben, bekommen sie keine Pension, und für die Hälfte des Jahres müssen sie sich eine andere Beschäftigung suchen. Da jede Saison auf dem Fluß einmal endet, blicken sie in die Zukunft und versuchen sich etwas Vernünftiges zu überlegen. Es ist allerdings nicht leicht, von dieser herrlichen Gegend Abschied zu nehmen.

> Wie kann ich den Fluß verlassen? Welche Richtung kommt nach stromabwärts?
> Der Bootsführer Larry Stevens, 1981

Wie Rosalie beim Essen erklärt, gehört die Zukunftsplanung zu den Aufgaben, welche die Stirnlappen des Gehirns für uns erledigen. Sie machen Pläne für Minuten, für Stunden und für Jahre. Der berühmte Neurochirurg Wilder Penfield aus Montreal hatte eine Schwester, erzählt Rosalie. Sie war eine dieser begnadeten Köchinnen, die vier Stunden in der Küche stehen, um ein fünfgängiges Essen vorzubereiten, und denen alles gelingt. Nichts wurde kalt, und nichts verkochte, weil es immer genau dann, wenn es benötigt wurde, vom Gas oder aus dem Ofen kam. Da kann man wirklich von einem Szenario mit präzisem Timing sprechen.

Doch irgendwann begann Penfields Schwester diese Fähigkeit zu verlieren. Im Laufe der Jahre sah sie den großen festlichen Anlässen, bei denen sie für die ganze Familie kochte, mit wachsender Sorge entgegen, weil sie die Dinge nicht mehr wie früher in den Griff bekam. Das normale Abendessen gelang ihr nach wie vor. Die meisten Ärzte hätten solche subtilen Anzeichen übersehen. Doch Penfields klinisches Gespür sagte ihm, daß sie einen Stirnlappentumor haben könnte. So war es. Er operierte. Sie wurde wieder gesund.

Die Planungsfähigkeit, die sie besaß, wird in unserer Welt sehr geschätzt. Es ist diese Fähigkeit, die Fabriken davor bewahrt, wegen fehlender Teile stillgelegt zu werden, die Bauwerke in die Höhe wachsen läßt, die wissenschaftlichen Experimente zu verläßlichen Resultaten verhilft, die für die Einhaltung von Flugplänen verantwortlich ist und dafür sorgt, daß die Bauern genau zur richtigen Jahreszeit die Saat ausbringen. Besonders Manager müssen nicht nur ihre täglichen Aktivitäten organisieren, sondern auch Zukunftspläne machen und über den richtigen Kurs entscheiden. Bei der üblichen Abwägung von Verkaufspreis und Produktionsmenge muß der Manager zum Beispiel unterschiedliche Absatzerwartungen durchrechnen, um zu entscheiden, ob ein niedrigerer Preis den Absatz so stark ankurbeln wird, daß der Rabatt, der beim Einkauf einer größeren Materialmenge zu erzielen ist, den Gewinn steigert.

Nicht allzu viele dieser Aufgaben kann ein vielbeschäftigter Manager an andere delegieren. Wenn er alles von einem Assistenten berechnen läßt, bekommt er kein richtiges Gespür dafür, wie die einzelnen Posten sich zueinander verhalten, wie die vorgesehenen Einsparungen an einer Stelle sich auf Kosten oder Gewinne bei einem anderen Budgetposten auswirken. Um herauszubekommen, wie sich eine Verdoppelung der Produktion auf das Budget auswirken wird, muß man bei den Lohnkosten einen bestimmten Prozentsatz aufschlagen, den Einkauf verdoppeln, wobei aber Mengenrabatte zu berücksichtigen sind, usw. Der Manager muß ein Gefühl dafür haben, wie sich Veränderungen an dieser oder jener Stelle auf das Budget auswirken, und das bekommt er nicht, wenn er sich die Dinge von jemand anderem vortragen läßt. Und auch wenn man den Budgetvorschlag eines anderes prüft, kommt man nicht umhin, die Sachen selbst durchzurechnen. Es bedeutet eine Menge Arbeit, die künftigen Risiken und Chancen detailliert abzuwägen.

So mancher Manager hat deshalb all die schönen Darstellungen, die der Firmencomputer ausgespuckt hat, links liegen gelassen und bis tief in die Nacht mit Schmierpapier und Rechenmaschine gearbeitet. Mein Vater war Vorstandsmitglied einer Versicherungsgesellschaft und hat oft eine uralte mechanische Rechenmaschine mit nach Hause gebracht, um das ganze Wochenende über am Budget zu sitzen. Er lieh sich dieses unförmige Gerät, das so groß war wie eine tragbare Nähmaschine, von der Buchhaltung aus. Das Ding hatte Hunderte von Drucktasten, die zwangsläufig klein waren, so als seien sie für Kinderfinger gemacht (Erwachsene nahmen einen Radierstift zu Hilfe). Das klobige Ding gab knirschende Geräusche von sich, der Wagen bewegte sich unter lautem Geratter wie ein großes mechanisches Spielzeug, und wenn das Fenster offen war, wurden davon garantiert alle Kinder aus der Nachbarschaft herbeigelockt.

Wenn es so mühsam ist, wird man nicht allzu viele verschiedene Budgets aufstellen – die Zahl der Szenarien, die man mit vertretbarem Aufwand ausprobieren kann, ist wirklich begrenzt. Auf einmal gab es dann ein wichtiges Hilfsmittel für Manager, ein Computerprogramm für Tabellenkalkulation, ein sogenanntes »Spreadsheet«. Als das erste Programm dieser Art, Visicalc, 1979 auf einer Computermesse vorgeführt wurde, saß sein Schöpfer, Dan Bricklin, einsam und weitgehend unbeachtet in einem Nebenraum. Die Computerfachleute sahen Textverarbeitung und Datenverarbeitung weiterhin als zwei getrennte Bereiche an, und das waren Routineaufgaben, für welche die Manager entsprechende Fachkräfte einstellten. Kaum einer der Experten sah, welcher Benutzerkreis für eine Tabellenkalkulation in Frage kam. Es war kein richtiges Buchführungspaket, es war keine Textverarbeitung, es war nicht aus einem Programm für Großrechner abgeleitet, usw. Und außerdem: Wieviele Manager würden bereit sein, selbst Daten einzutippen? Wer würde der Sekretärin erklären, wie man damit umgeht?

Sie unterschätzten die Manager. Es dauerte kein Jahr, und Visicalc war zum Renner geworden. Bald kamen Imitationen auf den Markt, die Verbesserungen gegenüber dem Original aufwiesen. Innerhalb weniger Jahre wurden Mikrocomputer in riesigen Mengen abgesetzt, und mit ihrer Hilfe konnten Direktionsmitglieder leichter und effektiver ihre Budgetberechnungen machen. Es war praktisch die Spreadsheet-Software, die der Hardware zum Absatz verhalf. Und nachdem erst der Chef oder die Chefin einen eigenen PC oder gar einen tragbaren Computer hatte, konnte man sich eher mit der Vorstellung anfreunden, daß jeder im Betrieb damit ausgestattet wurde. Zuvor galt jemand, der einen Rechner auf dem Schreibtisch stehen hatte, mehr oder weniger als Schreibkraft oder als einer, der mit Datenverarbeitung zu tun hatte, nicht aber als regulärer Manager. Und natürlich mußte die Sekretärin des Chefs einen kompatiblen Computer haben, um die Zahlen, die der Chef im Flugzeug ausgearbeitet hatte, vom Laptop in einen Brief oder Bericht zu übernehmen. Nachdem erst die Direktionssekretärinnen einen Computer hatten, ließ auch bei den übrigen Sekretärinnen der Widerstand nach, ihre geliebte Schreibmaschine gegen einen Mikrocomputer einzutauschen. Durch die Mengenrabatte, die den Firmen für Großeinkäufe eingeräumt wurden, sank der Preis so stark, daß auch Studenten sich einen PC für ihre Semesterarbeiten anschaffen konnten. Der Mikrocomputer begann die allgegenwärtige Reiseschreibmaschine in den Studentenheimen zu verdrängen. Es war ein Softwareprodukt, das mit seinen vielen Nachahmern und Nachfolgern den Absatz der Mikrocomputer lawinenartig ansteigen ließ.

Natürlich kann man die Geschichte der Mikrocomputer-Ära auch so schreiben, daß andere Aspekte dieser vielseitigen Maschinen in den Vordergrund rücken, doch habe ich nicht ohne Absicht diese kleine Parabel gewählt: Wenn vor 1980 kaum jemand erkannte, daß ein Bedarf für Spreadsheet-Software bestand, wie sicher läßt sich dann die künftige Entwicklung der Technik vorhersagen? Unsere Fähigkeit, die technische

Entwicklung vorauszusehen und auch nur für wenige Jahre vorherzusagen, was geschehen wird, ist leider nur gering. Mit Hilfe von Spreadsheets läßt sich anhand bekannter Variablen Schritt für Schritt die Entwicklung des Budgets prognostizieren, doch können sie – und ebenso
wenig das Vorstellungsvermögen der meisten Menschen – die überraschenden Seitensprünge der kulturellen Evolution nicht berücksichtigen.
Eine Sache, die für einen ganz bestimmten Zweck entwickelt wurde,
kann sich plötzlich als nützlich für einen anderen Zweck erweisen, und
dann kann etwas anderes hinzukommen und eine Lawine auslösen. Für
Phantasie und Vorstellungskraft gibt es keinen Ersatz.

★ ★ ★

Zweifellos wurden [die Wasser- und Sonnenuhren der Griechen] gelegentlich auch in
der Absicht hergestellt, einem praktischen Zweck zu dienen, doch insgesamt scheint
ihre Zielsetzung in der ästhetischen und religiösen Befriedigung bestanden zu haben,
die mit der Herstellung eines Geräts verbunden ist, das den Himmel simuliert.
            Der Wissenschaftshistoriker Derek De Solla Price, 1975

In den Grotten und bei den Fontänen, die sich in unseren königlichen Gärten befinden, werden Sie vielleicht gesehen haben, daß die einfache Kraft, mit der sich das
Wasser bewegt..., ausreicht, um verschiedene Maschinen in Gang zu setzen und
sogar verschiedene Instrumente zum Spielen zu bringen oder sie Worte aussprechen
zu lassen, entsprechend der jeweiligen Anordnung der Rohre, die das Wasser leiten... [Sich nähernde Besucher] treten unweigerlich auf bestimmte Ziegel oder Platten, die so angeordnet sind, daß die Besucher, falls sie sich einer badenden Diana
nähern, durch das Betreten der Platten bewirken, daß Diana sich in den Rosen-
büschen verbirgt, und wenn sie ihr zu folgen versuchen, bewirken sie, daß Neptun
ihnen mit seinem drohend erhobenen Dreizack entgegentritt.
            Der Philosoph René Descartes, 1634

Wenn man mit Hilfe von Spreadsheets verschiedene Budget-Szenarien
durchgeht, entdeckt man unter anderem, daß Knauserigkeit bei Investi-
tionen oder bei Forschung und Entwicklung große Verluste nach sich
ziehen kann. Wenn man nicht genügend investiert, wird irgendwann die
Produktionskapazität durch das Wachstum vollständig ausgelastet, und
wenn man dann einige Jahre später die Fabrik erweitert, haben sich die
enttäuschten Kunden anderweitig orientiert, die Vorteile der Massenproduktion gehen verloren, und vielleicht ist die Wachstumskurve sogar
rückläufig, wodurch die Situation sich immer mehr verschlimmert. Piloten kennen dieses Phänomen: Wenn man zu langsam fliegt, kann Gas-
geben dazu führen, daß das Flugzeug noch langsamer wird. Man spricht

in diesem Fall vom »Absinken der Leistungskurve«, und die empfohlene Lösung besteht darin, durch einen Sturzflug Geschwindigkeit zu gewinnen (statt die Maschine weiter aufzudrehen). Um mit dieser paradoxen Erscheinung Bekanntschaft zu machen, braucht man heutzutage kein Flugzeug mehr abstürzen zu lassen. Viele der beteiligten Faktoren kann man in einer Computersimulation kennenlernen, und man kann am Modell verschiedene Rettungsmöglichkeiten ausprobieren. Am Computer lassen sich auch ökonomische Modelle simulieren, ferner Modelle, die den Einfluß der Luftverschmutzung auf das Wetter zeigen, Modelle von Stromversorgungsnetzen und so weiter.

Rich Muller, Astrophysiker, teilt sich den Weltrekord für langfristige Vorhersagen mit den Entdeckern des 28-Millionen-Jahre-Zyklus, in dem sich Fälle massenhaften Aussterbens und gehäufter Meteoriteneinschläge wiederholen. Er erzählt eine interessante Geschichte darüber, daß Kleinbetriebe Pleite machen, obwohl sie scheinbar gut gehen. Er glaubt endlich herausgefunden zu haben, warum so viele gute kleine Restaurants an der Bucht von San Francisco nach ungefähr einjährigem Betrieb, wenn sie so richtig gut zu laufen scheinen, Bankrott machen. Für ihn war es rätselhaft, warum diese Restaurants, die an einem Tag noch voll von zufriedenen Kunden waren, am nächsten Tag auf Antrag der Gläubiger geschlossen wurden.

Diesen Restaurants, sagt er, geht es glänzend, solange der Umsatz von Monat zu Monat steigt. Wenn der Zuwachs nachläßt, kommen sie in Schwierigkeiten. Das liegt daran, daß sie zuvor die Kunden subventioniert haben, indem sie Preise verlangten, die zu niedrig waren, um die realen Kosten zu decken – das Essen kostete mehr, als auf der Rechnung stand, aber das merkten sie erst, als das Wachstum nachließ. Die Kunden bezahlen bar, doch die Lieferanten werden erst einen Monat später bezahlt, aus den dann gestiegenen Einnahmen. Solange von Monat zu Monat die Zahl der Gäste steigt, können die Lieferanten bezahlt werden, und alles scheint in Ordnung zu sein. Erst wenn das Wachstum stagniert, wird deutlich, daß der Besitzer bei den Speisen, die seine Gäste bestellt haben, draufgezahlt hat.

Das kommt einem bekannt vor, denn dasselbe passiert auch in größerem Maßstab. Obwohl die Einwohnerzahl von Städten wie New York längst die Kapazität der Straßen, der Kanalisation und der Untergrundbahn übersteigt, sind der Bürgermeister und alle anderen Instanzen ganz verrückt darauf, immer größere Gebäude in die Höhe zu ziehen, Großunternehmen dafür zu gewinnen, ihre Hauptverwaltung hier anzusiedeln und immer mehr Menschen in die Stadt zu holen. Wie sollten sie auch sonst die Rechnungen des abgelaufenen Jahres bezahlen (zum Beispiel für die unbedingt notwendige Instandhaltung der U-Bahn), wenn sie kein neues Geld hereinbekommen? Wenn die Steuern erhöht werden, um die wahren Kosten zu decken, ziehen die Unternehmen fort. Deshalb ist die Stadt New York bemüht, immer schneller zu wachsen, nur um mit dem neuen Geld weiterhin ihre Rechnungen bezahlen zu können. Regierungen, die Geld drucken, um damit ihre Rechnungen zu bezahlen, verbrauchen zumindest keine Ressourcen und verschmutzen somit auch nicht die Umwelt.

Mullers Restaurantregel könnte auf unsere ganze Zivilisation zutreffen: Auch wir alle zusammen könnten Bankrott gehen, während es uns scheinbar gut geht. Wenn wir die wahren Kosten für eine Tonne Stahl bezahlen müßten, deren Rohstoff nicht mehr aus dem Tagebau, sondern vom Schrottplatz stammt (und über kurz oder lang wird es dahin kommen), könnte unsere ganze Wirtschaft ins Wanken geraten. Die Kosten für die Umweltverschmutzung und die Überbevölkerung holen uns rasch ein, doch wenn empfohlen wird, das Wachstum zu verlangsamen, reagiert man ebenso abwehrend, wie die gegenwärtige Stadtregierung von New York sich gegen die Vorstellung wehrt, durch einen Baustop die Zahl der Menschen, die in Manhattan arbeiten, zu begrenzen.

Hoffentlich werden angehende Restaurantbesitzer mit Hilfe von Spreadsheets vermeiden können, ihre Gäste durch zu niedrige Preise zu subventionieren. Solche Prognosen funktionieren aber nur, wenn realistische Kosten eingesetzt werden können. Was die Verarbeitung von Eisenerz wirklich kostet, ist schwer herauszubekommen. Die Auswirkungen auf die Gesundheit der Bergarbeiter, auf die Gesundheit der Menschen, die in der Rauchfahne eines Hochofens leben, und auf die Gesundheit von Ökosystemen, die dem sauren Regen ausgesetzt sind, sind uns erst seit kurzem bekannt. Für diese Kosten sind die Eigentümer der Hochöfen bislang nicht aufgekommen – das haben sie den künftigen Steuerzahlern überlassen. Es wäre toll, wenn wir es schaffen würden, zu einem Nullwachstum der Bevölkerung, zum vollständigen Rohstoffrecycling und zum Bezahlen der wahren Kosten überzugehen. Um herauszufinden, wie das geschehen könnte, werden wir jedenfalls eine Menge Computermodelle benötigen.

Die Anfertigung praktischer Modelle von Systemen ist nichts Neues. Wenn man so will, haben die Griechen damit vor über 2300 Jahren begonnen, als sie Uhrwerke schufen, die den Himmel nachahmten. Es könnte allerdings sein, daß ihre Wasseruhren kaum etwas mit der Zeitmessung zu tun hatten. Das Motiv für ihren Bau könnte darin bestanden haben, das Wirken der Götter nachzuahmen, indem man ein Modell anfertigt, das den Mond und die Planeten nach dem Plan der Götter durch ein Modell-Sternenfeld wandern ließ.

Automaten hatten schon immer etwas Faszinierendes, und gleichgültig, ob sie der Vorhersage dienten oder nur geschaffen wurden, um Eindruck zu machen, haben sie das Denken vieler Menschen stimuliert. Plato könnte eine Maschine gesehen haben, die den Himmel nachahmte. Auf jeden Fall stand zur Römerzeit auf der Agora von Athen eine monumentale Wasseruhr, der Turm der Winde, eine Uhr, in der regelmäßig herabfallende Wassertropfen »tickten«. Sie zeigte an einem praktischen Modell, wie der Mond und die Planeten über einen Hintergrund von Fixsternen hinwegziehen. Descartes' Idee eines vom Körper getrennten Geistes könnte daher rühren, daß er sich mit den Automaten in den königlichen Gärten befaßt hat, bei denen ausgeklügelte Wasserströme dafür sorgten, daß die Statuen sich bewegten, Musikinstrumente spielten und Worte sprachen. Descartes stellte sich vor, daß die Nerven so etwas ähnliches sein könnten wie die Röhren, die den Wasserdruck zu kolbenartigen Muskeln beförderten, während das Ganze durch das Nervensystem orchestriert wurde. Heute wissen wir, daß die Signale nicht hydraulisch, sondern elektrisch sind, daß gleitende Filamente in den Muskeln für deren Kontraktion verantwortlich sind und daß es eines getrennten Geistes nicht bedarf – und doch stimulieren Automaten noch immer unser Denken, wenn es um die höheren Funktionen des Gehirns geht.

Durch raffinierte Computersimulation von beschädigten Nerven ist man darauf gekommen, wie sich gewisse Probleme, die durch Krankheit oder Verletzung entstanden sind, beheben ließen. Simulationen ganzer Mosaiken von Nervenzellen haben, genau wie Spreadsheets, den Neurologen gezeigt, was alles möglich ist, und sie dazu angeregt, Experimente zu entwerfen, mit deren Hilfe herausgefunden werden soll, nach welchem System das Gehirn tatsächlich funktioniert. Ich habe damit 1959 begonnen, als ich noch Physikstudent war. Auf der Grundlage der Forschungsergebnisse von Keffer Hartline und seinen Nachfolgern baute ich ein Modell der menschlichen Netzhaut. Der einzige Computer, der mir damals zur Verfügung stand, war ein IBM 650, der nicht einmal einen Kernspeicher hatte. Jeder einzelne Befehl mußte von dem damaligen Äquivalent eines Diskettenlaufwerks eingelesen werden (tatsächlich war es ein großer rotierender Zylinder, der im Notfall gestoppt werden konnte, falls, so sagte man, der Mann vom IBM-Kundendienst mit seinem Schlips hinein geriet). Um die Maschine für meine Aufgabe nutzen zu können, ging ich gegen Mitternacht in das Computerzentrum (das in einer alten Sternwarte untergebracht war) und arbeitete dort bis Tagesanbruch, da der Computer in diesen Stunden von niemandem sonst benötigt wurde. Nicht einmal die Astronomen, diese traditionellen Nachteulen, leisteten mir Gesellschaft, denn die Sternwarte war für seriöse astronomische Forschungen ein bißchen zu veraltet.

Ich merkte bald, daß die Aktivität der Netzhautzellen heftigen Schwankungen unterlag, wenn ihre gegenseitigen Verbindungen nicht genau auf die richtige Stärke eingestellt waren. Ich merkte auch, daß viele Informationen nicht vorlagen, so daß ich, was die Funktionsweise bestimmter Komponenten betraf, auf Vermutungen angewiesen war. Der Versuch, die fehlenden Informationen aus einer realen Nervenzelle zu gewinnen, hat mich dazu bewogen, mich in den folgenden 20 Jahren der experimentellen Neurobiologie zu widmen (jetzt bin ich wieder dabei, Modelle zu machen).

Computermodelle von Netzwerken haben seit damals erhebliche Fortschritte gemacht. Mit ihrer Hilfe läßt sich sehr gut im voraus zeigen, wie ein System entgleisen kann. Wenn über ein reales System genügend Daten vorliegen, läßt sich gelegentlich ein recht detailliertes Modell davon erstellen. Was das Wetter betrifft, wird dies in Kürze der Fall sein. Die Atmosphäre wird im Computerprogramm durch einen riesigen Stapel kleiner Würfel dargestellt, die entsprechend den Gesetzen der Physik mit ihren unmittelbaren Nachbarn Zahlen über den Wind, die Temperatur und die Luftfeuchtigkeit austauschen. Auf kurze Sicht bekommt man dadurch eine Wettervorhersage für die nächsten sieben Tage. An größeren Modellen läßt sich die Wirkung größerer Klimastörungen zeigen, wenn etwa durch Eisdecken in den nördlichen Breiten das Äquivalent von Bergketten entsteht, die Troposphärenwinde umlenken. Auch kann man zeigen, wie verheerend ein Atomkrieg für alle Pflanzen und Tiere der Erde wäre – durch die plötzliche Klimastörung, die er hervorrufen würde.

★

An Computersimulationen von Falken und Tauben, die von den Verhaltensforschern entwickelt wurden, lassen sich verschiedene wichtige Eigenschaften von konkurrierenden Arten in der Natur ablesen. Koexistenz ist möglich, wenn keine der Arten in der Fortpflanzung über die Stränge schlägt. Bei exponentiellem Wachstum kann es passieren, daß eine Art schließlich gewinnt und die andere verdrängt. Wenn dann jedoch eine dritte Art antritt, die eine entsprechende Überlegenheit besitzt, kann sie am Ende die beiden anderen verdrängen.

So haben wir uns die Evolution schon immer seit Darwin vorgestellt. Doch die Computerergebnisse haben etwas Ernüchterndes: *Wenn eine Art hyperbolisches Wachstum zeigt, kann sie sämtliche Konkurrenten für immer ausschalten.*

Gibt es denn überhaupt Arten, die ein derart bedrohliches Wachstum zeigen? Leider ja. Seit dem Beginn der Landwirtschaft hat der Mensch ein hyperbolisches Wachstum gezeigt, und die für eine Verdoppelung der Bevölkerung benötigte Zeit wird immer kürzer. Außerdem konkurrieren wir mit zahlreichen anderen Arten um Nahrung und Raum, was dazu führt, daß Tierarten in einem beunruhigenden Umfang aussterben.

Im begrenzten Lebensraum führt Wachstum zur »Sättigung«. Die Gesamtmenge ist auf eine maximale Größe festgelegt. Die einzelnen Untermengen legen hingegen – je nach Wachstumsgesetz – höchst differenziertes Verhalten an den Tag:
1. Koexistenz bei linearer Zunahme oder gegenseitiger Stabilisierung,
2. Konkurrenz und Selektion bei exponentieller Vermehrung,
3. Alles-oder-Nichts-Entscheidung bei hyperbolischem Wachstum.

[Wachstumsgesetze für konkurrierende Arten, die sich in gemeinsame Ressourcen teilen müssen]:
1. Lineares Wachstum führt immer zur Koexistenz mit Populationsdichten, die (im Mittel) vom Verhältnis der Auf- und Abbauraten bestimmt werden.
[»Koexistenz«-Szenario]
2. Exponentielles und hyperbolisches Wachstum haben eindeutige Selektion einer Art zur Folge, solange nicht stabilisierende Wechselwirkungen zwischen verschiedenen Spezies deren Koexistenz erzwingen.
[»Konkurrenz und Selektion«-Szenario]
3. Im Falle exponentiellen Wachstums können »qualifizierte« Konkurrenten (das sind Mutanten mit klar definiertem selektiven Vorteil) jederzeit hochwachsen. Bei hyperbolischem Wachstum ist dies dagegen praktisch ausgeschlossen, sobald sich einmal eine Spezies qualifiziert und etabliert hat.
[»Alles-oder-nichts-Entscheidungs«-Szenario]
4. Die Regeln 2 und 3 gelten in eindeutiger Weise nur, wenn *keine* funktionellen Verknüpfungen zwischen den Konkurrenten bestehen. Derartige Verknüpfungen können sowohl eine wechselseitige Stabilisierung der betreffenden Partner als auch eine Verschärfung der Konkurrenz oder gar die vollständige Auslöschung aller Spezies verursachen.
Manfred Eigen und Ruthild Winkler, *Das Spiel*, 1975

★ ★ ★

Während dieser Reise sind wir immer wieder auf emergente Eigenschaften gestoßen. Zusammengesetzte Dinge sind wirklich viel mehr als die

Summe ihrer Teile. Sie liefern uns, wenn wir Evolutionsregeln wie das unterbrochene Gleichgewicht hinzunehmen, ein viel besseres Bild von der Entwicklung des Lebens. Aber selbst mit viel Phantasie ist es schwierig, den künftigen Verlauf der Evolution vorherzusagen, wegen all der Seitensprünge und der Lawinen, die sie gelegentlich auslösen.

Was die Evolution zum Menschen betrifft, so sehen wir jetzt die Möglichkeit, daß viele unserer hochgepriesenen mentalen Fähigkeiten, die uns vom Menschenaffen unterscheiden, anfangs Seitensprünge waren. Nicht vorrangig einem auf Planungsfähigkeit gerichteten Prozeß natürlicher Auslese entsprungen, könnte unser höheres Bewußtsein ein Gratisgeschenk sein, dessen Potentiale wir noch immer zu ergründen versuchen. Ein Geschenk scheint auf jeden Fall die Musik zu sein, denn es ist unwahrscheinlich, daß ihr vielfältiger Reichtum sich durch natürliche Auslese entwickelt hat.

Auf jeden Fall sind wir flexibler als die übrigen Menschenaffen. Wir sind imstande, uns in alle möglichen Lebensbedingungen hineinzuversetzen, die unsere fernen Vorfahren in Angst und Schrecken versetzt hätten (zum Beispiel Hochhaus-Wohnungen oder die U-Bahn von New York). Sie hätten wohl nur Verachtung für unsere Lebensweise übrig gehabt, eingesperrt in Gebäude und endlos dieselben Tätigkeiten verrichtend, so wie wir die Schimpansen bedauern, die wir auf menschenunwürdige Weise im Zoo in kleine Käfige sperren.

Wie das Beispiel der Wirbel mit Gegenströmung zeigt, können emergente Eigenschaften sich der Unvorsichtigen bemächtigen und sie unentrinnbar auf eine Reise ins Nirgendwo schicken. So wie die Plantagenarbeiter der Dritten Welt und andere Menschen, die aus dem Kreislauf der Armut keinen Ausweg finden, könnte auch die Menschheit insgesamt sich in ökologischen Fallstricken verfangen. Wenn es uns nicht gelingt, das Bevölkerungswachstum und die Umweltverschmutzung zu stoppen, könnte es uns passieren, daß die Erde sich in einen toten Winkel des Universums verwandelt.

Emergente Eigenschaften können aber auch neue Ausblicke eröffnen, gleichsam als Prämien für hervorragende Leistungen in der Evolution. Doch unsere biologische Ausstattung ist weitgehend unverändert geblieben, unabhängig von der kulturellen Umgebung, in der wir leben. Es ist die Biologie von Säugetieren, Primaten, Menschenaffen, möglicherweise aquatisch, afrikanisch, mit Sicherheit eiszeitlich. Mögen unsere Ängste und Freuden auch noch so sehr verfeinert sein durch die Kultur, in die wir zufällig hineingeboren wurden – im Grunde werden sie doch von unserer biologischen Herkunft bestimmt. Trotz aller Kultur werden die

meisten von uns eine Vorliebe für knuddelige Babies, Lagerfeuer, Wett-
läufe, natürliche Umgebungen, Schalentiere, Fleisch und Früchte zeigen.
Es wird sich nichts an unserer Neigung ändern, unsere Fertigkeiten zu
verbessern, Beobachtungen mit anderen auszutauschen und die Paa-
rungsrituale zu befolgen, die uns von den Menschenaffen unterscheiden.
Die Auslese hat uns so geformt, daß wir Vergnügen daran finden, der
Umwelt mit Neugier zu begegnen und an Dingen herumzubasteln, und
das wird sicherlich so bleiben.

Für einige der angeborenen Neigungen gilt, daß sie um der Zukunft
unserer Kinder willen beschränkt und rationiert werden müssen. Unsere
aggressiven Seiten haben wir durch ein System von Gesetzen gezügelt,
und unsere guten Seiten haben wir durch die Entwicklung eines kulturellen Systems der Ethik hervorgekehrt. Im gleichen Sinne werden wir
auch einigen unserer Vergnügungen Zügel auferlegen müssen. Zum Beispiel dem Vergnügen, uns mit einer großen Kinderschar zu umgeben.
Oder unserer Vorliebe für eine tägliche Fleischmahlzeit (leider dient die
systematische Abholzung der Regenwälder zum größten Teil dem
Zweck, Weideland zu gewinnen und dadurch den Export von billigem
Gefrierfleisch zu steigern – im Zusammenhang mit der Umwandlung des
brasilianischen Regenwaldes in Buletten hat man von der »Hamburgeri-
sierung des Amazonas« gesprochen).

Und wenn wir wollen, daß auch unsere Kinder noch die Möglichkeit
haben, zwei Wochen fern der Zivilisation zu verbringen, werden wir
viele solcher Naturgebiete vor Beeinträchtigungen schützen müssen, und
zwar ganz entschieden, ohne irgendwelche Ausnahmen, die in wirtschaftlich schlechten Zeiten eine Ausbeutung der Natur erlauben. Wenn
die Welt sich weiterhin in einem so schwindelerregenden Tempo verändert, wie wir es gegenwärtig erleben, werden unsere Kinder hin und
wieder das Bedürfnis empfinden, sich aus dieser künstlichen Welt zu
lösen und für eine gewisse Zeit zu einem natürlicheren Zustand zurückzukehren, um über die Dinge nachzudenken, eine neue Perspektive zu
gewinnen und ihre eigenen Wurzeln zu erleben. Sie werden auf solche
Gebiete wie den Grand Canyon noch dringender angewiesen sein als
wir.

# Meile 212
# Hangout Rock

Auf diesem Flußabschnitt gibt es nachmittags kaum Schatten. Die Bootsführer machen gern an einer Stelle auf dem linken Ufer Halt, wo ein hoher Felsvorsprung ein wenig Schatten spendet. Und eine Plattform bietet, von der man in einen geschützten Bereich des Flusses springen kann. Unser Lagerplatz bei Meile 220 liegt jetzt noch voll in der Sonne, und wenn wir dort zu früh ankommen würden, wäre es einfach zu heiß. Hier ist Schatten, also bleiben wir hier. In einer Wüste kommt es sehr auf gute Planung an. Denjenigen, die, was Wasser und Sonnenlicht betrifft, nicht vorausdenken, zeigt sich die Wüste von ihrer unfreundlichen Seite. Allerdings ist die Hitze für uns nicht ein so großes Problem wie für die kleineren Wüstentiere, denn dank unserer Größe steigt unsere Körpertemperatur nicht so rasch an.

Zu den wesentlichen Dingen, die uns die Biologie lehrt, gehört es, daß die Größe immer eine Rolle spielt. Wir können nicht einfach irgendetwas in der Größe verdoppeln, ohne die Folgen zu bedenken, zum Beispiel die Tatsache, daß sich dann das Tempo der Wärmeaufnahme oder des Wärmeverlusts halbiert. Den Architekten und Ingenieuren mag das Verhältnis zwischen Oberfläche und Volumen seit langem vertraut sein, doch könnten wir auch anderen Beschränkungen unterliegen, die nicht so offenkundig sind. Können wir unsere Städte weiter wuchern lassen, ohne daß das soziale Gefüge Schaden nimmt? Kann das menschliche Fortpflanzungsverhalten, das von der Evolution den Klimaschwankungen der Eiszeiten und einer verstreut lebenden Bevölkerung von einigen Millionen Sammlern und Jägern angepaßt wurde, auch dann noch ungestraft fortgesetzt werden, wenn die Weltbevölkerung auf sechs Milliarden ansteigt?

Was wird aus dem menschlichen Sozialverhalten, das sich in kleinen Gruppen von vielleicht 25 Menschen und ihren Verwandten in einem größeren Stamm von ungefähr 20 solcher Gruppen entwickelt hat (denken Sie an ein kleines Dorf mit 500 Einwohnern), wenn der Mensch täglich mit einer unpersönlichen Gesellschaft konfrontiert ist, die sich nur aus Fremden zusammensetzt? Wenn er sich auf eine Arbeit spezialisieren muß, die das Vergnügen an der Vielseitigkeit und an der Natur ausschließt? Es mag »wirtschaftlich sinnvoll« sein, immer höhere Wolkenkratzer zu bauen und die Menschen immer dichter aufeinander zu packen, aber ist es auch human? Zeitweilig mag so etwas erträglich sein, aber ist das wirklich die Gesellschaft, die wir wollen, oder gehen wir nur der Entscheidung aus dem Weg und lassen uns treiben? Das wirtschaftlich Sinnvolle ist nicht das einzige, was zählt.

Es hat Folgen, wenn man nicht vorausplant. Wenn die Bevölkerungszahl so groß wird, daß die in schlechten Jahren verfügbare Nahrungsmenge nicht mehr reicht, werden Menschen verhungern. Wenn wir uns nicht auf das beschränken, was die Natur ständig nachwachsen läßt, werden irgendwann die Ressourcen erschöpft sein, und auch dann werden Menschen sterben. Auch wer sich auf den Standpunkt stellt, es sei »deren Problem«, wird erkennen müssen, daß hungrige Menschen Regierungen zu Fall bringen können, daß sie außerstande sind, ihre Schulden zurückzuzahlen, und dadurch das internationale Währungssystem ins Wanken bringen können, daß sie sich zusammenrotten und in Nachbarländer einfallen können, die nicht so dicht bevölkert sind, und daß ihre Frustration sich in irrationalen, unverantwortlichen Handlungen entladen kann (einschließlich Terrorismus). So wie die herzigen Löwenwelpen, die sterben müssen, wenn ihre Eltern sie nicht mehr füttern, mag eine große Kinderzahl durchaus »natürlich« sein, doch human ist sie auf keinen Fall – und für die Zivilisation stellen Überbevölkerung und Zerstörung von Ökosystemen nicht bloß »lokale Störungen« dar, sondern eine gefährliche weltweite Instabilität.

Dank der Wissenschaft lernen wir, diese Zusammenhänge allmählich einzusehen. Wir können die bekannten Wachstumsprozesse (der Bevölkerung, der Umweltverschmutzung oder des Energieverbrauchs) mit Hilfe von Simulationsmodellen in die Zukunft projizieren, wir können vor Fehlentwicklungen warnen und positive Optionen benennen (allerdings kann die Wissenschaft oft nicht sagen, welchen Wertmaßstäben wir folgen sollten). Das alles wird aber nur dann etwas ändern, wenn die entsprechenden Informationen breit gestreut werden, wenn sie das dringende Bedürfnis wecken, etwas zu tun, um für unsere Kinder eine bewohnbare Welt zu erhalten. Sie werden, so fürchte ich, denken, daß 20. Jahrhundert sei eine einzige unverantwortliche Party gewesen, bei der alles konsumiert wurde, so als ob es danach keine Zukunft mehr gäbe. Ich fürchte, daß wir ihnen statt des Erbes, das ihnen rechtmäßig zusteht, nur den Kater und einen verwüstete Welt hinterlassen. So gedankenlos wie ein Heuschreckenschwarm.

★

Nach meinem Tod werden andere kommen. Wenn die Menschen weiter töten, töten, wird es keine Büffel mehr geben, keine Nashörner. Wenn sie weiter fällen, fällen, wird es keine Bäume mehr geben, keinen Sauerstoff, keinen Regen. Wie eine Wüste. Was werden meine Töchter denken? Sie werden kommen, und es wird nichts da sein. *Unser Vater war dumm*, werden sie sagen.

Renatas, Nationalparkwächter in Tanzania, 1985

Gewiß, die Lage der Menschheit ist heute gefährlicher, als sie jemals war. Potentiell aber ist unsere Kultur durch die von ihrer Naturwissenschaft geleistete Reflexion in die Lage versetzt, dem Untergang zu entgehen, dem bisher alle Hochkulturen zum Opfer gefallen sind. *Zum erstenmal* in der Weltgeschichte ist das so.

Der Verhaltensforscher Konrad Lorenz, 1973

★ ★ ★

# Meile 220
# Gorilla Camp

## Dreizehntes Lager

Auf dem Abhang, der vom Lager aus auf der anderen Flußseite liegt, sollen angeblich in verschiedenen Höhen fünf Dickhornschafe grasen. Auch ein Gorilla soll sich dort befinden, oberhalb der Schafe. Das versuchen jedenfalls Jim und Jeremy der skeptischen Marsha weiszumachen. Marsha fragt Mike, der aus der Tiefe seines Bootes die Zutaten für das Abendessen hervorholt, ob dort wirklich ein Gorilla sei. Ohne aufzublicken versichert Mike ihr, daß dort tatsächlich ein Gorilla sei.

»Wie kannst du das denn wissen, wenn du gar nicht hinsiehst?« fragt Marsha argwöhnisch.

»Wenn er nicht mehr da wäre, hätte ich es gemerkt«, lautet Mikes weise Antwort.

»Und woher weißt du, daß es keine sie ist?« will Marsha wissen.

»Bei Gorillas ist der Sexualdimorphismus sehr ausgeprägt«, sagt Mike schmunzelnd.

Plötzlich sieht auch Marsha den Gorilla und läuft fort, um es Rosalie zu erzählen. Daher schaue auch ich genauer hin. Tatsächlich, dort sind fünf wandelnde Felsen, drei davon auf einem Haufen. Aber ein Gorilla?

Ach, das ist es! Das Profil der Hügelkante ähnelt dem Profil eines großen Gorilla-Männchens, von links hinten gesehen. Man erkennt den Höcker auf dem Kopf, an dem die großen Kaumuskeln ansetzen, mit deren Hilfe er die Blattpflanzen seines eintönigen Speisezettels zermahlt. Und den Jochbogen, der, unterhalb der Schläfe beginnend, nach vorn verläuft und in dem großen Gesichtsknochen unterhalb des Auges endet. Von meinem Standort bei den Booten aus kann ich den Gorilla sehen, aber ich finde, daß der Höcker auf dem Kopf allzu übertrieben ist, selbst für ein großes Silberrücken-Männchen. Mike sagt, von der Mitte des Lagers aus sei es überzeugender. Ich gehe also hinauf zu den Zelten, und er hat tatsächlich recht. Ein richtiges Gorilla-Männchen, das flußaufwärts zu der Schlucht blickt, aus der wir herausgekommen sind. Ein riesenhafter Wächter.

Ich winke Rosalie und Marsha herbei, und auch sie bewundern die verbesserte Aussicht. Wir fragen uns, wie die Anasazi es wohl genannt haben mögen, die ja kein Gorilla-Schema im Kopf hatten. Übrigens haben wohl auch Major Powell und seine Mannschaft nie einen Gorilla zu Gesicht bekommen. Selbst in den wissenschaftlichen Zeitschriften des 19. Jahrhunderts war die Beschreibung der Menschenaffen nicht sehr systematisch. Schon damals ziemlich selten, wurden sie sehr viel später beschrieben als die meisten übrigen Primaten. Heute sind sie noch seltener geworden, und ihr Lebensraum schrumpft zusehends.

Durch das Fernglas sehen wir die drei Dickhornschafe, die eben noch beieinander standen, eins nach dem anderen verschwinden. Sie wandern über den Kamm des Hügelrückens und sind unseren Blicken entzogen. Die Vorstellung ist beendet.

Als die Schatten länger werden, schlendern wir ganz entspannt zur Küche hinüber, um zu sehen, was heute abend auf den Tisch kommt. In den zwei Wochen unserer Reise hat sich der Speisezettel nach und nach verändert: Erst gab es Frisches, dann Tiefgefrorenes, dann Essen aus der Dose.

Das ist doch nicht wahr! Ich hätte es ahnen können: Zu diesem letzten Abendessen gibt es tatsächlich Linguini mit Muscheln. Auf dem Küchentisch steht eine große Dose, wie sie in der Küche von Restaurants benutzt wird, und in fetten Lettern steht darauf, für jedermann deutlich erkennbar, geschrieben: MUSCHELSOSSE FÜR LINGUINI. Ehrenwort!

Die Bootsführer hatten, als von dieser Delikatesse die Rede war, nicht gesagt, *wann* sie auf den Tisch kommen würde. Als J. B. vor Tagen vier zu eins wetten wollte, daß tatsächlich Linguini mit Muscheln auf den

Tisch kommen würden, hatte niemand eingeschlagen. Aber die Bootsführer mogeln, denn es sind ganz gewöhnliche Spaghetti, über die sie die
Muschelsoße verteilen. Es würde mich allerdings nicht wundern, wenn
J. B. ein Päckchen mit echten Linguini dabei hätte, für den Fall, daß
jemand auf seine Wette eingegangen wäre. Mit Bootsführern sollte man
keine Wetten abschließen!

★

Those who will not reason
Perish in the act;
Those who will not act
Perish for that reason.
(Wer nicht logisch denken will,
Scheitert im Handeln;
Wer nicht handeln will,
Scheitert aus diesem Grund.)
W. H. Auden (1907–1973)

Es ist eine beruhigende alte Gewohnheit, um
ein Lagerfeuer zu sitzen, eine der Wurzeln,
welche die Frühzeit des Menschen wieder in
uns wach werden lassen. Da es im Sommer
verboten ist, im Grand Canyon Treibholz
zu sammeln, mußten wir uns mit der Holzkohle behelfen, die vom Backen des Dessert-
kuchens übrig war. Zusätzlich warfen wir
brennbare Abfälle in die Flammen. Da dies
unser letzter Abend am Fluß ist, verbrau-
chen wir den restlichen Holzkohlenvorrat, den die Boote mitgeführt
haben. Auch ein vom Wasser beschädigtes und in seine Einzelteile zer-
fallenes Taschenbuch ist dem Feuer geopfert worden. Die Atmosphäre
stimmt trotzdem – dem Lagerfeuer ist es egal, womit es genährt wird.
So ein Feuer schafft eine freundliche, gesammelte Stimmung.

»Ich wette«, sagte Rosalie, »das die meisten von euch jetzt denken,
die Überbevölkerung und die Vernichtung der Regenwälder ließen sich
verhindern, wenn erst einmal die Umwelterziehung in den Entwicklungsländern greift. Und der nukleare Winter ließe sich verhindern,
wenn man nur erst die anderen darüber aufklärt, wie gefährlich er
ist.

Vielleicht ist euch dann noch der Gedanke gekommen«, fuhr sie fort,
»daß die Zeit hoffentlich noch reicht. Ihr wißt, was ich meine – daß die
Erde bis zu dem Zeitpunkt, wo die Situation sich durch ein erhöhtes
Umweltbewußtsein ändert, die Schäden verkraften wird.«

Scharf trat ihr Gesicht in dem flackernden Licht des Lagerfeuers hervor, während sie sich Bestätigung heischend umsah. »Wenn es nicht das
war, was ihr gedacht habt, dann habt ihr vermutlich gedacht – und so
etwas reden sich ja auch die süchtigen Raucher ein –, daß die Dinge
noch nicht restlos wissenschaftlich geklärt sind, daß all diese schrecklichen Vorhersagen sich möglicherweise, hoffentlich, irgendwie« – sie
dehnte das Wort – »als ein Mißverständnis erweisen werden. Oder ihr

hofft, daß die Wissenschaft schon irgendeinen Notbehelf finden werde, um uns aus der Patsche zu helfen. Stimmt's?«

Jetzt sah man hier und da ein verlegenes Lächeln, den einen oder anderen, der zerstreut Figuren in den Sand malte und zustimmend nickte.

»Ich muß euch etwas sagen. Die Kenntnis solcher Umweltgefahren bringt euch und mich in eine ganz besondere Situation. Dadurch liegt die Verantwortung, etwas dagegen zu tun, bei uns. Es ist wie bei dem Bürger, der zufällig einen Brand entdeckt. Auch er hat die unabweisliche Pflicht, die Bewohner des Hauses zu warnen und dann die Feuerwehr zu rufen. Ob er gerade etwas Wichtiges zu besorgen hat, spielt dann keine Rolle.

Wir mit unseren Fachkenntnissen haben aber eine zusätzliche Verantwortung, die weit darüber hinausgeht, bloß einen Brand zu melden. Die Griechen haben es sehr schön ausgedrückt, und ihr Wort richtete sich an diejenigen, die damals vor allem Spezialkenntnisse besaßen.« Sie lächelte. »Ich habe den alten Spruch sogar auswendig gelernt, für die feierliche Überreichung des Doktordiploms:

*Das Leben ist kurz, die Kunst lang, die Gelegenheit flüchtig, die Erfahrung unsicher, das Urteil schwierig. Der Arzt muß bereit sein, nicht nur selbst seine Pflicht zu tun, sondern sich auch der Mitwirkung des Patienten, der Umstehenden und von Außenstehenden zu versichern.*

Das ist Hippokrates. An der grundlegenden Verpflichtung hat sich jedoch in den letzten 2 500 Jahren nichts geändert, und sie gilt auch dann, wenn das Wissen unvollständig und die Zeit knapp ist. Inzwischen ist nur die ganze Menschheit zum Patienten geworden. Und vielleicht noch mehr.«

Sie hielt inne, um ihre Worte auf uns wirken zu lassen, und fuhr dann fort: »Das bedeutet, daß man handeln muß, auch wenn die Daten unvollständig sind – die Gelegenheit ist flüchtig, das Urteil immer schwierig.

Und der letzte Teil dieses Zitats von Hippokrates erinnert uns deutlich an einen der schwierigsten nicht-wissenschaftlichen Aspekte des Problems. Man muß andere dazu bewegen können, Dinge zu tun, die im Interesse des Patienten sind, auch wenn ihnen das Spezialwissen fehlt, um zu begreifen, warum diese Dinge getan werden müssen – ›sich der Mitwirkung versichern‹ bedeutet, daß man bei der ganzen Behandlung auch Regie führen muß, so als wäre es ein griechisches Drama.«

Sie schwieg einen Augenblick und wiederholte dann: »Es genügt nicht, als Spezialist zu handeln, man muß außerdem noch Regisseur sein.«

Rosalie beugte sich vor und blickte in die Runde, und wieder ließ die Nähe des Lagerfeuers ihr Gesicht hell aufleuchten. »Laßt euch nicht durch die Wörter ›Arzt‹ und ›Patient‹ täuschen – damals waren Arzt, Wissenschaftler und Philosoph ziemlich dasselbe, alles in einer Person vereint. Diese griechische Ermahnung aus der Vergangenheit gilt für uns alle, für alle Gebildeten und nicht nur für den spezialisierten Arzt von heute, der mit dem Leben eines anderen spielen darf. Und wenn in diesem Fall die ganze Menschheit, die ganze Erde der Patient ist, dann geht es hier nicht nur um die Ärzte, sondern um jeden, der das Problem auch nur ein wenig verstanden hat. Jeder von euch versteht mehr von der Ökologie, als die griechischen Philosophen-Ärzte damals von der Physiologie verstanden haben. Und trotzdem mußten sie handeln.

Das Leben ist noch immer ziemlich kurz. Die Erfahrung ist noch immer kein verläßlicher Führer. Das Zeitfenster, in dem ihr Gelegenheit habt, effektiv zu handeln, ist bestimmt flüchtig. Das Urteil ist noch immer schwierig – und trotzdem müßt ihr handeln und dürft die Dinge nicht auf die lange Bank schieben. Ihr könnt es nicht damit bewenden lassen, eure Pflicht zu tun, indem ihr auf die Situation aufmerksam macht und die nächste Generation, wenn ihr dazu Gelegenheit bekommt, aufklärt. Nicht jeder – jedenfalls nicht in den Entwicklungsländern – kann es sich leisten, die Dinge so lange zu studieren, bis er euer Verständnis der ökologischen Zusammenhänge erworben hat. Mit Umweltbewußtsein wird dieses Problem nicht zu lösen sein. Ihr müßt hinausgehen und euch der Mitwirkung des Patienten versichern und bei alledem die Regie führen.«

Sie nahm ihre Finger zum Abzählen zu Hilfe. »Es ist unbedingt erforderlich, daß die Staaten schnellstens handeln. Erstens muß das Bevölkerungswachstum gebremst werden, das alle unsere Fortschritte auf diesem Gebiet zunichte machen und die Ressourcen aufzehren kann, die eine künftige Generation für den Wiederaufbau benötigen wird. Zweitens muß mit dem Abholzen der Tropenwälder Schluß gemacht werden, das zu einem massiven Artensterben führt. Drittens müssen die Supermächte gezwungen werden, ihre nuklearen Machoposen aufzugeben, die einen realen Alptraum auslösen könnten. Viertens muß dafür gesorgt werden, daß künftig kein Land, das zeitweilig verrückt spielt, die Fähigkeit bekommt, die ganze Menschheit zu gefährden. Fünftens müssen wir einsehen, daß es nicht mehr angeht, zwischen uns und denen zu unterscheiden, daß wir in dieser Beziehung alle in einem Boot sitzen, daß die ganze Menschheit ein Volk ist.

Wir müssen die Sache in die Hand nehmen. Und nicht bloß die Ökologen oder die Ärzte. Wenn die Menschen, die die Situation mehr oder
weniger verstanden haben, nicht anfangen, sind wir verloren.«

★

Seit dem Sonnenuntergang hat der Große Bär eine Vierteldrehung um
den Polarstern vollzogen. Sechs Stunden nach meiner Himmelsuhr. Das
bedeutet, daß es jetzt Mitternacht ist. In einigen Stunden bricht der
Morgen an. Alle scheinen Schwierigkeiten mit dem Einschlafen zu
haben. Wenn mein Ohr mich nicht täuscht, werfen sie sich hin und her,
setzen sich auf und legen sich wieder hin.

Als hätte uns jemand eine uralte Erbse unter die Matratze gelegt. Im
Sternenlicht sehe ich zwei Menschen am Strand entlangschreiten, der
eine stromaufwärts, der andere stromabwärts. In Kürze wird der Mond
aufgehen, und die Milchstraße wird verblassen. Zumindest brauchen wir
nicht das ganze Universum vor uns selbst zu schützen, sondern nur
unsere Erde.

Allzu lange haben wir uns durch allgemeines Wunschdenken be-
schwichtigen lassen. Es gibt jedoch keine Garantien. Auch die Evolution
hat uns nicht für die heutige Welt gerüstet. Wir müssen improvisieren.
Wahrscheinlich sind wir allein, und es wird Zeit, daß wir auf uns selbst
aufpassen.

Es kann sein, daß wir der Aufgabe nicht gewachsen sind, aber wir
müssen uns ihr stellen. Wir müssen eine neue emergente Eigenschaft
zuwege bringen und aus der Mentalität von Sammlern und Jägern
die verantwortungsbewußte Haltung von Weltbürgern machen, deren
Nischen sich ständig erweitern, und zwar unverzüglich. Sie meinen, das
sei unwahrscheinlich? Na und? Die ganze Welt ist unwahrscheinlich.
Trotzdem gibt es sie. Und dabei sollte es auch bleiben.

Wahre Kunst... erhellt das Leben, errichtet Modelle menschlichen Handelns, wirft
Netze in die Zukunft aus, urteilt sorgfältig über die richtigen und die falschen Wege,
die wir einschlagen, feiert und trauert. Sie trumpft nicht auf. Sie höhnt und kichert
nicht im Angesicht des Todes, sie erfindet Gebete und Waffen. Sie entwirft Visio-
nen, die es wert sind, verwirklicht zu werden. Sie jammert nicht, sie verkriecht sich
nicht, sie verzagt nicht, und sie schaut nicht weg. Sie macht die Hoffnung nicht von
der Übernahme einer religiösen Theorie abhängig. Sie schlägt ein wie ein Blitz, ja,
sie *ist* ein Blitz – welcher auch immer.

Der Romancier John Gardner (1933–1982)

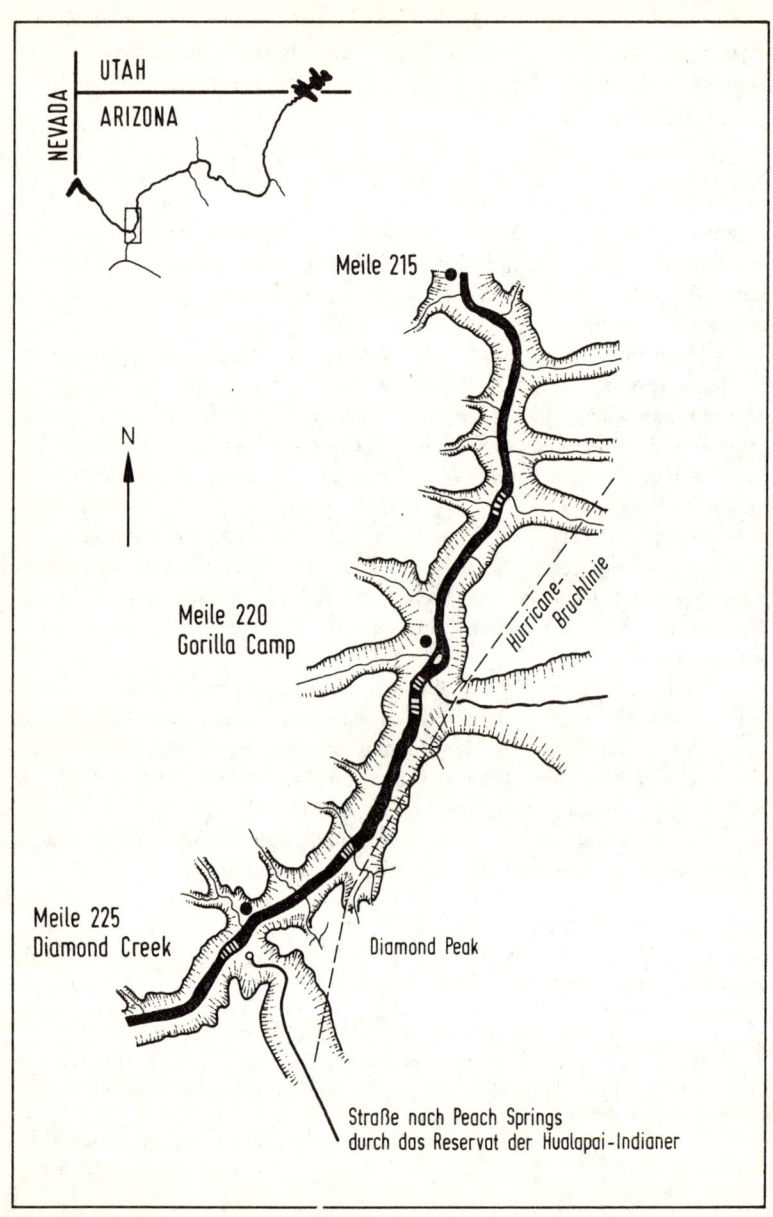

UTAH
ARIZONA
NEVADA

Meile 215

N

Hurricane-Bruchlinie

Meile 220
Gorilla Camp

Meile 225
Diamond Creek

Diamond Peak

Straße nach Peach Springs
durch das Reservat der Hualapai-Indianer

# Vierzehnter Tag
## Meile 220
## Gorilla Camp

Oft machen die Bootsführer, die den Colorado River befahren, einen ausgelassenen Eindruck, aber wenn sie am letzten Tag den Grand Canyon verlassen, scheinen sie in sich gekehrt zu sein. Sie glauben an die Stille. Wir standen zwei Stunden vor Sonnenaufgang auf, im Licht eines gerade im Osten aufgegangenen Halbmonds und der im Westen verblassenden Sterne. Schweigend stolperten wir über den steinigen Lagerplatz und versammelten uns bei den Booten. Wortlos beluden wir die Boote mit unseren wasserdichten schwarzen Säcken, und wir versuchten, das übliche Scheppern der Metallbecher und der wasserdichten Vorratskisten zu dämpfen. Gesten, die im Mondlicht erkennbar waren, ersetzten die Sprache.

Kein Frühstück, nicht einmal Tee oder Kaffee, um den neuen Tag anzuzeigen. Wir brachen das Lager ab und stahlen uns wie Diebe in der Nacht davon. Die Dämmerung hatte noch nicht eingesetzt, als wir langsam unseren Fluß hinabtrieben.

Der Colorado River ist jetzt ebenso farblos wie der mondbeschienene Canyon, doch die Wasseroberfläche schimmert in der windstillen Nacht. Ich sitze im ersten Boot, und wenn ich mich umschaue, sehe ich die anderen sechs Boote als geisterhafte Silhouetten uns folgen. Weder die Boote noch ihre Insassen sind zu erkennen. Hinter uns im Osten beginnt die Sonne aufzugehen, aber hier unten ist es noch Nacht. Jeder von uns ist allein, in eine schwarzgraue Stille eingehüllt, so als sei dies die Fortsetzung seines nächtlichen Traums.

An den Ufern sind nur Umrisse zu sehen, auf dem Wasser nur die wirbelnde Bewegung der Wellen, die das Mondlicht zurückwerfen. Das lauteste Geräusch ist das Klatschen der Wellen unter unserem Bug, das hin und wieder stärker wird, wenn der Wind zunimmt.

Bei einem Blick zu den Bergen, die sich dunkel gegen den milchigen Himmel abheben, glaube ich ein Dickhornschaf zu sehen, das uns beobachtet. Vielleicht ist es eines von den fünf, die wir gestern abend gesehen haben. Doch dann entpuppt es sich als etwas anderes. Es ist nur ein seltsam geformter Ocotillostrauch, der über den Horizont ragt. Die

einzigen Tiere, die ich mit Sicherheit erkenne, sind die Fledermäuse, die
noch immer eifrig Fluginsekten über dem Fluß fangen. Während sie flattern und schwirren und an unseren Booten vorbeisegeln, hört man
schwach ihr schnalzendes Sonar.

> To see a World in a Grain of Sand,
> And a Heaven in a Wild Flower,
> Hold Infinity in the palm of your hand,
> And Eternity in an hour.
>
> William Blake (1757–1827)

> Eine Welt zu sehn im Körnchen Sand,
> Einen Himmel im Wildblütenmund,
> Halt Unendlichkeit in der offenen Hand
> Und Ewigkeit in einer Stund.
>
> Deutsch von Hans Ulrich Möhring

★

Was liegt vor uns? Auf dem Fluß – neue Aussichten, neue Stromschnellen, die Erfahrungen eines neuen Tages. Vorausblickend fragt man sich,
was für Nachrichten uns erwarten, wenn wir unsere Isolation auf dem
Fluß beenden werden. Der abrupte Einbruch der Außenwelt bei der
Phantom Ranch letzte Woche ist uns nur allzu lebhaft in Erinnerung.

Aber wir, die wir als Menschen abgeschieden auf einem blaugrünen
Planeten leben, der einen unbedeutenden Stern in einem durchschnitt-
lichen Abschnitt der Milchstraße umkreist, die ihrerseits zur lokalen
Gruppe des Universums gehört – wir fragen uns in diesem größeren
Zusammenhang, was die Zukunft für die menschliche Spezies bereithält.
Was wird der nächste Schritt der Evolution bringen? Welche unserer
heutigen Fertigkeiten und Institutionen werden unbeabsichtigt die
Grundlage für etwas ganz Neues liefern? In welchem neuen Sinne werden wir zu fliegen beginnen? Können wir lediglich zurückblicken und
versuchen, den Weg zu verstehen, den wir zurückgelegt haben, um dort
anzukommen, wo wir heute sind? Oder können wir erraten, was vor
uns liegt, so wie wir den vor uns liegenden Teil des Canyons nach den
verräterischen Seitencanyons absuchen, die uns die nächste Stromschnelle ankündigen?

Am westlichen Himmel verblassen die Sterne. Für diejenigen, die zu
dieser frühen Stunde noch zu schlafen pflegen: Es sind nicht die vertrauten Sterne des Abendhimmels. Nur einige der hellsten Sterne sind noch
sichtbar. Meine Gedanken wenden sich den Seitensprüngen der Evolu-

tion zu, im Gegensatz zum bloßen »Fortschritt«. Das wirklich Verblüffende sowohl an der biologischen wie an der kulturellen Evolution sind die unerwarteten Seitensprünge und nicht die üblichen gradlinigen Verbesserungen in der Fortbewegung oder der Intelligenz.

Irgendwann waren die Vordergliedmaßen hinreichend gefiedert, um eine neue, unerwartete Eigenschaft hervortreten zu lassen, das Fliegen. Immer wieder komme ich darauf zurück. Die Theorie der Thermodynamik enthält nichts, was auf die Fähigkeit des Fliegens oder Segelns hindeuten würde, und doch entstand dank der unerwarteten Eigenschaften von Federn eine ganz neue Klasse von Wirbeltieren, die Vögel, die den Luftraum der Erde beherrschen sollten, bis es den Menschen im 20. Jahrhundert schließlich gelang, ihre grundlegenden aerodynamischen Eigenschaften nachzuahmen und mit Hilfe der technischen Kenntnisse, die ihre Vorfahren im Laufe von Jahrhunderten gesammelt hatten, eine Flugmaschine zu bauen.

Auch die Newtonschen Gesetze, die das Verhalten eines geworfenen Steins oder Speers beschreiben, enthalten nichts, was auf die Entfaltung des Hirnvolumens, des Bewußtseins und der Sprache hindeuten würde. Doch solche Seitensprünge – mehr isolierende Federn oder mehr Neurone für das Timing, die unerwartete Eigenschaften zeigen – sind das, was im Laufe der Jahrtausende an der biologischen Evolution wirklich spannend ist. Aber auch – bei einem Zeitraum von nur einer Generation oder noch weniger – an der kulturellen Evolution. Sie sind die Wasserfälle des Stromes, der bergauf fließt.

★

Eine Stromschnelle unterbricht meinen Gedankengang. Sie ist bestimmt kein Traum. Der Fluß verpaßt uns die kälteste Dusche, die man sich vorstellen kann, und einige von uns brauchten das wohl auch, um an diesem besonderen Tag wach zu werden. Es ist die erste Stromschnelle, in der mein Gesicht nicht durch Sonnenbrille und Hutrand geschützt ist, und so verpaßt mir das bißchen Flußwasser, das unerwartet über den Bug schlägt, eine gründliche Gesichtswäsche. Danach habe ich den Eindruck, die Dinge klarer zu sehen. Auch mein Gehör ist geschärft. Wenn man mitten in der Stromschnelle steckt, nimmt man über dem allgemeinen Dröhnen die Geräusche der einzelnen Wellen wahr. Die Leistung des Gehirns wird umverteilt: Wenn man nicht sehen kann, hört man besser.

Der Halbmond wird begleitet von einem einsamen Morgenstern, der Venus, die tief am östlichen Himmel unmittelbar über der Canyonwand

steht. Das Licht der Dämmerung ist jetzt so stark, den höchsten Redwall-Klippen eine schokoladen-orangefarbene Tönung zu verleihen.
Alles, was darunter liegt, bleibt jedoch weiterhin monochrom. Nicht
einmal die orangefarbenen Schwimmwesten in den anderen Booten ste-
chen von den geisterhaften dunklen Silhouetten ab, die uns den Fluß
hinab folgen. In der Tiefe des Canyons bricht der Tag eine Stunde später an als oben auf dem Rand, und die Zeit des Dämmerlichts wird
dadurch angenehm verlängert.

Die verwitterten Felsformationen haben bisweilen eine Gestalt angenommen, die suggestiv an menschliche Architektur erinnert. Besonders
wenn man nur die Umrisse und nicht die Details sieht, lassen sie so manches Schema in der Einbildung wach werden. Führe man vor Sonnenaufgang den Nil bei Luxor hinab, so würden sich wohl ähnliche Formen von
Tempeln und Monumenten am Ufer zeigen. Flußabwärts sehen wir sogar
eine dreieckige Pyramide: den Diamond Peak, dessen schräge Gesteinsschichten in dem dämmrigen Licht an einen Weg denken lassen, der sich
zum Gipfel hinaufwindet. Gestern Abend sahen wir einen falschen Diamond Peak, einen von mehreren Doppelgängern des echten, im wechselnden Licht der dahinjagenden Wolken nach einem drohenden Gewitter,
eingerahmt von einem großartigen Regenbogen, der wiederum von einem
zweiten, durchbrochenen Bogen umfaßt wurde. Heute Morgen ist dagegen kaum ein Hauch von Farbe zu erkennen in dem dämmrigen Licht,
das auf den echten Diamond Peak fällt, der den Eindruck erweckt, als
habe man ein Dreieck aus Redwall in eine gestreifte Umgebung eingefügt.

> Denn wir sehen jetzt durch einen
> Spiegel, undeutlich, dann aber von
> Angesicht zu Angesicht.
> Erster Brief des Paulus an die
> Korinther, vor 1800 Jahren

Die rechte Canyonwand zeigt die übliche
Schichtung, während auf der linken seit längerem keinerlei Merkmale zu erkennen gewesen sind. Doch nun ragt ein riesiger, fast
quadratischer Block dunkler Lava aus dem
Hang hervor, eine junge Erscheinung der
letzten Million Jahre, als das Colorado-Pla-
teau und seine Vulkane sich zum letztenmal hoben. Ich vermute, daß die
Lava ein Honigwabenmuster aufweist, das wegen des schwachen Lichts
aber nicht zu erkennen ist. Dadurch bleibt auch sein Entstehungsprozeß
verborgen: Zunächst trat rotglühendes Magma aus der Erde, das in einer
dicken Schicht langsam bergab floß, eine zähe Masse, die sich vorwärts
schob und alles ausfüllte, bis sie zu der dunklen, felsartigen Form von
heute erstarrte, wobei sich im Zuge der Abkühlung die sechseckigen
Säulen bildeten.

★

Jetzt fällt mir ein, was ich in einem geologischen Führer gelesen habe. Danach muß der Weg, dem der Fluß hier folgt, der Hurricane-Bruch sein. Am linken Ufer ist der Redwall um ein ganzes Stück angehoben, was allerdings unter den niedrigen, erodierten Hügeln nicht zu sehen ist. Die Hebung macht sogar ein ganzes Drittel der Tiefe des Canyons aus. Wenn man sich den Canyon in eine Großstadt verlegt denkt, ist es so, als hätte sich der Boden unter einem Gebäude so weit gehoben, daß man vom Bürgersteig aus in den 120. Stock des Wolkenkratzers auf der anderen Straßenseite hineinsehen könnte. Erst allmählich werden einem die Ausmaße dieses Vorgangs klar. Das ganze metamorphe Gestein ist einst durch ein wahrhaft erderschütterndes Ereignis aus den heißen Tiefen der Erdkruste in die Höhe gedrückt worden.

Unsere geordnete, geschichtete Welt scheint zur Seite gekippt zu sein und schief zu stehen. Wir befinden uns auf der Grenze zwischen zwei alten Welten – gelassen und ahnungslos treiben wir auf einem großen, mächtigen Riß in der Erdkruste entlang. Auf einem Bruch, der hin und wieder noch bebt.

Und die schattenhaften Boote da hinten folgen uns weiterhin. Ob ihnen klar ist, wo wir uns befinden?

Doch unsere stillschweigende Übereinkunft, nicht zu sprechen, hält mich davon ab, den anderen Booten etwas zuzurufen. Blindlings folgen sie uns durch den großen Riß. Einen Augenblick lang muß ich daran denken, wie wir Ingmar Bergmans Filmszene nachspielten, in der der Tod vor dem mondhellen Nachthimmel einer langen Reihe seiner Opfer voranschreitet, an diese ausgelassene nächtliche Inszenierung, kurz bevor der Mond in den Schatten der Erde geriet und sich verfinsterte.

In meiner Vorstellung vermischt sich dieses Bild mit einer anderen mythologischen Figur. Mit dem Bild von Charon, dem Fährmann auf dem Styx, das mir von Michelangelos Fresko an der Decke der Sixtinischen Kapelle in Erinnerung ist. Und aus der griechischen Mythologie, wenn ich mich recht erinnere. Charon, der seine schweigenden Passagiere übersetzte, auf dem Weg zur Hölle, von der es kein Zurück gibt.

Mich schaudert, aber nur, so rede ich mir selbst ein, weil die Sonne noch nicht da ist, um meine durchnäßten Kleider zu trocknen.

★

Nachdem wir als erste eine kleinere Stromschnelle hinter uns gelassen haben, schaue ich mich nach den anderen Booten um. Es sieht aus, als seien sie ein fester Bestandteil der spiegelglatten Wasserfläche oberhalb des Beginns der Stromschnelle. Dann gleitet eines nach dem anderen in das tosende Wasser hinein, tanzt auf den stehenden Wellen auf und nieder und gelangt schließlich in die kochenden Wirbel am Fuß der Stromschnelle.

Das Wasser wogt hin und her, läßt kleine Strudel entstehen und wieder vergehen, bevor es einen neuen Weg einschlägt. Ein Großteil des Oberflächenwassers macht kehrt und fließt in einer Gegenströmung zur Stromschnelle zurück. So wie die Evolution, die gelegentlich auch zurückfällt. Wir versuchen uns auf einem schmalen, schäumenden Streifen zu halten, der die Gegenströmungen rechts und links von uns trennt, um nicht wieder zurückgetrieben zu werden. Die Bootsführer bedienen die Riemen nur, um uns in diesem sich ständig verlagernden Kanal zu halten, und nachdem wir die Stromschnelle hinter uns haben, ist das Knarren der Dollen das einzige Geräusch neben dem Gesang der Vögel, die allmählich erwachen.

Am östlichen Himmel tauchen jetzt aus dem monochromen Grau einige Pastelltöne auf, und allmählich wird das Orange unserer Schwimmwesten erkennbar. Sogar ein Kolibri ist herbeigeflogen, um sie zu inspizieren, doch er verschmäht dieses sonderbare, übergroße Blüte. Der nasse Ufersand hat einen purpurnen Pastellton angenommen, eine Farbe, die ich bei Sand noch nie gesehen habe. Auch noch nicht auf einem Gemälde. Plötzlich stößt ein anderer, größerer Vogel auf mich nieder, streift beinahe meinen Kopf und fliegt mit einem enttäuscht klingenden »tschiep-tschiep« davon.

Ständig geht mir Musik im Kopf herum. Es ist Beethoven. Die Neunte Symphonie, ich glaube, der Chor. Nicht der ganze, Gottseidank, nur ein Teil des letzten Satzes. Irgendwie paßt sie sehr gut. Jedenfalls ist es nicht Mozarts *Requiem*, das er kurz vor seinem Tode komponierte. Mit 37 Jahren.

★

Die Luft ist sehr klar, und wenn der Verlauf des Canyons es zuläßt und die Wände des unteren Teils uns nicht den Blick versperren, können wir kilometerweit sehen. Weiß zeichnen sich die hohen Kalksteinklippen ab. Die Zikaden merken allmählich, daß es zu tagen beginnt, und ihr Chor mischt sich in das Rauschen des Wassers, das über einige kleinere Steine im Fluß hinwegströmt, das Klatschen der Windwellen, die hin und wieder gegen die Unterseite des Bootes schlagen, und das ferne Donnern einer Stromschnelle, auf die wir zufahren.

Zwei große Raben fliegen über uns hinweg und behalten ihre geordnete Formation auch inmitten der umherflatternden Fledermäuse bei, so

als seien sie Boten des Königs, die zielstrebig einer wichtigen Verab-
redung flußabwärts entgegen eilen. Wohin mag es sie ziehen?

Flußabwärts tauchen auf den weißen Klippen ein paar rote Flecken
auf, die wie ein unvollständiges Makeup aussehen. Doch daß die Sonne
wirklich aufgegangen ist, sehen wir an der Rötung der Kumulonimbuswolken, die von dem gestern abend drohenden Gewitter übriggeblieben
sind. Dunkel und unheilschwanger zeichnen diese Wolken sich gegen
den östlichen Himmel ab, doch ihre Unterseite hat eine blaßrote Färbung angenommen. Unter den Wolken wechseln die Farben des Himmels von einem tiefen Blau zu Purpur und Violett und gehen dann fast
in ein Rosarot über, das an den rötlichen Malventon des felsigen
Canyonrands angrenzt. Eine solche Farbenpracht habe ich noch nicht
erlebt, auch nicht bei Regenbogen.

Da es inzwischen hell genug ist, schaue ich mich im Boot um, denn
ich möchte wissen, wer an diesem letzten Morgen meine Mitpassagiere
sind. Alle haben bislang kaum etwas miteinander zu tun gehabt: eine
Frau aus New York, ein Mann aus Alaska, eine Frau aus der Schweiz
und unser Chef-Bootsführer Gary Casey. Man ist sich einig, daß jeder
seinen eigenen Gedanken nachhängt, doch gemeinsam reisen wir durch
diesen Augenblick in der Zeit.

Nach einer Flußbiegung kündigt sich mit gedämpftem Getöse die
nächste Stromschnelle an. Wild schießt das Wasser über den Rand unseres spiegelglatten Flusses auf. Der Gang unseres Lebens und selbst das
Voranschreiten zu komplexeren Stufen der Evolution hat eine gewisse
Ähnlichkeit mit dem Verlauf des Flusses. Auch wir haben unsere ruhigen Momente, in denen die Zeit ereignislos verstreicht, aber auch
Phasen, in denen wir durch Ungewißheiten und Turbulenzen hindurch
müssen, und auch wir haben Momente, in denen wir, wenn das Schäumen sich erst gelegt hat, einen neuen Kurs suchen müssen. Aber überall
stoßen wir auf Wirbel, die uns bald in diese, bald in jene Richtung
ziehen.

Das kalte Wasser der wirklichen Stromschnelle ist jedoch keine Metapher.

★

Der Abstieg längs des Energiegradienten erzeugt einen selbstorganisierenden Aufstieg, fast wie ein Strom, der bergauf fließt. Vom Abstieg
zum Aufstieg: Wie ist das möglich? Wie konnte aus der chaotischen
Welt der Existentialisten unser geordnetes Universum werden? Das ist
schnell beantwortet: durch die irreversible Thermodynamik und durch

geschichtete Stabilität. Bei der Biologie läßt sich dann aber kein Prinzip mehr angeben, und es kommt ganz auf die konkreten Details an, denn der Weg, den das Leben eingeschlagen hat, hatte nichts Unvermeidliches. Hier wird die Geschichte von überragender Bedeutung.

So wie die Dutzende von Stromschnellen des Colorado einen merklichen Abstieg mit sich bringen, sind wir während unserer Evolutionsgeschichte durch Dutzende von Aufstiegen emporgehoben worden. Von der Quantenstrahlung über die Quarks zur Materie. Von den Elementarteilchen zu einfachen Atomen wie Wasserstoff und Helium. Emporgehoben durch Supernovae zu schwereren Elementen wie Kohlenstoff und Sauerstoff. Emporgehoben durch die Vulkane und den Regen auf einem glücklich gelegenen Planeten, einfach weil die entstehenden Flüsse die Teilchen nach Größe sortierten. Aufsteigend über den Ton, der die richtige Umgebung bot, um komplexere Moleküle zu katalysieren. Und dann der enorme Schritt zu sich selbst replizierenden Molekülen.

Große Schritte in der Selbstorganisation sind es allemal, doch einige sind revolutionärer als andere. Die Selbstreplikation ist der entscheidende Schritt zum Leben, wie wir es kennen – mit ihr setzte eine grundlegend neue Evolution ein, denn sie erlaubte es, daß kleine Effekte gespeichert werden. Zeit und Wandel hatte es auch vorher gegeben, doch jetzt ereignete sich Geschichte.

Ein weiterer großer Schritt war die Zelle, die Umhüllung des sich selbst replizierenden Mechanismus. Die kleinen Bakterien, die sich schließlich vor 3,5 Milliarden Jahren entwickelten, fingen sich das Sonnenlicht ein und verwandelten es in noch mehr Bakterien. Sie erfüllten die Ozeane mit Leben. Der nächste große Schritt war die Superzelle, die den Erfolg der Hülle mit dem Erfolg des Komitees verband, wobei durch die Summe der symbiotischen Teile eine Zelle entstand, die in der Lage war, weit kompliziertere Lebensformen entstehen zu lassen.

Ein Superseitensprung war auch die Genduplikation, gefolgt von der Diversifikation – eine Metaptation. Und die Sexualität, denn sie institutionalisierte den Zufall und brachte auf diese Weise mehr erbliche Varianten hervor, an denen die natürliche Auslese ansetzen konnte.

Auch die Mehrzelligkeit war ein Schritt, der einen weiteren Superseitensprung nach sich zog: Nervenzellen, dann Nervensysteme und schließlich Gehirne. Gehirne waren zwar nützlich, um die Verteidigung gegen Räuber zu koordinieren, doch der Superseitensprung bestand in der Fähigkeit des Gehirns, Verhaltensweisen, die nichts miteinander zu tun haben, zu einem gänzlich neuen Verhalten zu kombinieren. Damit war die rasche Innovation institutionalisiert.

Die Explosion der Lebensformen im Kambrium könnte als ein großer Schritt betrachtet werden – wir fahren wieder an der Großen Diskordanz entlang –, aber sie ist kein wirklicher Seitensprung. Den Weichtieren war es nicht verwehrt, sich zu etwas so Kompliziertem wie den höheren Primaten zu entwickeln – der Octopus hat es schließlich weit gebracht. Die Säugetiere und besonders die Abstammungslinie der Primaten besitzen jedoch etwas, das sich für die Neotenie zu eignen scheint, so daß das proportional größere Gehirn und die juvenilen Verhaltensweisen wie Neugier und Verspieltheit wiederholt verstärkt wurden, was die Komplexität nochmals steigerte: einen Schritt zurücktreten, um besser zu springen und durch die geschichtete Stabilität auf einem höheren Niveau aufgefangen zu werden. So ist es schließlich zu unserer hochentwickelten Form von Bewußtsein gekommen, mit der Fähigkeit, Szenarien für die Vergangenheit und die Zukunft aufzustellen, wobei wir selbst den Schnittpunkt mehrerer möglicher Zukünfte darstellen – eine Fähigkeit, die sicherlich wiederum einen bedeutenden Ausgangspunkt markiert, eine neue Metaptation.

Auch die kulturelle Evolution muß als ein Superseitensprung betrachtet werden, als ein weiterer umgekehrter Wasserfall: Sie ist zwar nicht auf den Menschen beschränkt, doch im Kontext des menschlichen Gehirns ermöglicht sie weitere Seitensprünge wie die Sprache. Oder die Schrift. Die geschriebene Geschichte. Die Wissenschaft. Oder den Bau eines Computers mit Eigenschaften, die dem Gehirn nahekommen – ein Seitensprung der Evolution, der sich als der nächste Superseitensprung erweisen könnte.

Wir müssen nur herauszufinden versuchen, welche der bevorstehenden Schritte in Wirklichkeit verkappte Wirbel sind, die uns in eine Gegenströmung hineintreiben, Wege, die nirgendwo hinführen. Und uns blockieren.

★

Jetzt fällt das Sonnenlicht direkt auf die obersten Schichten der westlichen Canyonwand, und es sieht aus wie eine rosa Glasur auf einer Schokoladentorte. Der Halbmond zeichnet sich mit seinen deutlich erkennbaren Ebenen scharf vor dem blauen Hintergrund des Morgenhimmels ab. Der Canyon hinter unserem Boot liegt immer noch tief im Schatten.

Eine erfrischende Morgenbrise weht uns entgegen, kräuselt die schimmernde Wasseroberfläche und führt neue Gerüche mit sich. Ein Zaunkönig pfeift seine aus acht absteigenden Tönen bestehende Erkennungsmelodie, so als übe er für die Gesangstunde, und versucht die Wellen, die gegen das Boot schlagen, zu übertönen. Wir fahren jetzt zwischen großen, geschieferten Granitplatten hindurch, die hochkant stehen. Der Fluß verengt sich hier wegen des Granits auf beiden Seiten, und die Strömungsgeschwindigkeit nimmt zu, da die Wassermassen sich durch die schmaler werdende Öffnung pressen, die in das harte Gestein geschliffen wurde. Die Hügelspitzen sind gesäumt von Ocotillosträuchern, gleichmäßig aufgereiht wie Wachtposten, die eine Auffahrt flankieren. Als wir stromaufwärts blicken, glitzert nicht nur das Wasser, sondern auch der Ufergranit wirft an den Stellen, die jahrhundertelang vom Fluß poliert wurden, das frühe Morgenlicht zurück. Die anderen Boote treiben still an diesen marmornen Toren vorbei. Das Knarren der Dollen ist das einzige Fahrtgeräusch.

Abgesehen von unseren schweigsamen Bootsführern weiß keiner von uns, welche Biegung des Flusses uns zu dem Strand bringen wird, wo unsere Reise endet, weiß keiner von uns, welche Stromschnelle die letzte für uns sein wird. Und keiner weiß, was für Nachrichten uns erwarten, wenn wir in die Zivilisation zurückkehren und die Eidechsen aufstören, die sich in einer einsamen Telefonzelle in der Wüste eingerichtet haben.

Hinter einem im Schatten liegenden, weit vorspringenden Felsen wird jetzt ein ganz neuer, voll im Sonnenlicht liegender Canyonabschnitt sichtbar. Jeder Ruderschlag offenbart uns mehr von den roten und weißen Gesteinsschichten. Schichttortengeologie, die Lage für Lage von oben her allmählich mit einer breiten Quaste eingefärbt wird.

★

Ein lautes Geräusch durchbricht unsere Stille. Wie wenn ein großer Stein in den Fluß fällt. Mir schießt der Gedanke durch den Kopf, dies könnte wieder einer der seltenen Fälle sein, in denen wir Zeugen der allmählichen Erosion des Grand Canyon werden, eine Wiederholung des ersten Abends am Fluß. Doch von kleinen Steinen, die bei einem Steinschlag meistens hinterher kommen, ist nichts zu sehen und zu hören.

Verwundert halte ich weiter Ausschau. »Plumps.« Wieder schrecken wir durch das einzelne klatschende Geräusch auf, das jetzt noch dichter bei uns erklingt.

Schweigend deutet Gary auf die Stelle, und da sehe ich es: Vor uns schwimmt ein Biber. Mit glänzendem Fell und gebieterischem Auftreten versucht er, uns zu verscheuchen, indem er mit seinem flachen Schwanz aufs Wasser schlägt. Er hat nicht bloß Alarm geschlagen, um unser

Kommen anzukündigen – indem er uns mit einem Schlag seines mächtigen Schwanzes droht, versucht er uns wirklich zu vertreiben.

Hütet euch, die ihr hier eintretet! Kehrt um, bleibt fort! Nach jedem schallenden Schlag mit seinem Schwanz taucht der Biber unter, um nach etlichen Sekunden wieder aufzutauchen und uns erneut herauszufordern.

Der Biber schwimmt uns ständig voraus. Man könnte meinen, er bewege sich in einem orangefarbenen Teich. Ich blicke auf. Es ist die Farbe der hohen Klippen flußabwärts, die das Sonnenlicht, das jetzt zu ihnen vorgedrungen ist, zurückwerfen. Der Biber schwimmt uns im gleichbleibenden Abstand voraus und wendet sich gelegentlich zu uns um, wie ein Schäferhund, der uns zur Seite zu drängen versucht und uns warnt, nicht näherzukommen. Er läßt dann seinen Schwanz auf das orangefarbene Wasser klatschen, um uns energisch darauf hinzuweisen, daß dies sein Territorium ist. Hoffentlich wird er nicht wie einige Hunde, die ich gekannt habe und die es auf Autos abgesehen hatten, nach dem vorübergleitenden Gummi schnappen, denn mit seinen Zähnen könnte er ohne weiteres ein Loch in den Schwimmer beißen, was für den armen Biber denn doch eine böse Überraschung gäbe.

Die Weiden und Tamarisken am Ufer scheinen von seiner Nagetätigkeit unberührt zu sein – vielleicht hat er einfach alle gefällten Bäume aufgefressen, nachdem es ihm nicht gelungen ist, den großen Fluß aufzustauen. Dieser Fluß ist stark genug, um tausend Biber zu entmutigen, außer – Gott sei's geklagt – jener fleißigen Art, die Beton gießt. Nach einem letzten mächtigen Knall mit seinem Schwanz läßt unser Biber sich nicht mehr sehen.

Der Fluß wirkt verlassen ohne ihn. Eigentlich kommen Biber am ganzen Fluß vor, aber da sie nachtaktiv sind, waren wir nie zu rechten Zeit da, um einem zu begegnen.

Ich beginne seine Gesellschaft zu vermissen, auch wenn sie nicht besonders freundlich war. Da hören wir ihn wieder, jetzt etwas weiter weg. Wir schauen zurück und sehen, daß er seine unbeachteten Warnungen beim zweiten Boot unseres stillen Konvois wiederholt. Dieser Biber ist wirklich unerschrocken. Wir, die wir unbefugt in sein Territorium eingedrungen sind, machen uns schleunigst davon.

# Meile 225
# Diamond Creek

Der Eindruck, daß wir uns vor der Schwelle eines verbotenen Reichs befinden, wird dadurch verstärkt, daß der Charakter des linken Ufers sich ändert. Große, hochkant stehende Platten Vishnu-Tonschiefer ragen himmelwärts, kathedralenartige Türme steigen auf aus dem Ufergestein, das von Granitadern durchzogen ist.

Der Fluß scheint ebenfalls eine Sackgasse erreicht zu haben, denn direkt vor uns ragt steil die Canyonwand empor. Er endet dort einfach.

Für uns ist das nichts Neues. Inzwischen wissen wir, daß es sich um eine Illusion handelt, die darauf beruht, daß der Fluß einen scharfen Knick macht. Aber in welche Richtung? Wir haben ein Spiel daraus gemacht, und jeder im Boot muß seine Meinung sagen. Heute behalte ich meine Vermutung für mich. Nach links, denke ich, während ich mir die Mauer anschaue und die rechte mit der linken Seite vergleiche, ohne freilich bei diesem Licht Einzelheiten erkennen zu können.

Aber jetzt fällt das Sonnenlicht wie ein Scheinwerfer direkt auf eine... Also, ich würde schwören, daß es eine polierte, schwarze, marmorartige Säule ist, die frei im Fluß steht. Das kann doch nicht wahr sein! Aber die Säule wirft unzweideutig ein langes Spiegelbild auf die unruhige Oberfläche des Flusses...

Was ist das? Es steht frei im Wasser, von der Sonne beschienen. Jetzt muß gleich *Also sprach Zarathustra* von Strauss erklingen, die Musik aus der Eröffnungsszene des Films *2001*. Hat Arthur C. Clarke jemals diese Flußfahrt gemacht? Jetzt, wo wir näher dran sind, sehe ich auch die anderen verwundert nach der auffälligen schwarzen Säule starren.

Langsam fährt unser Boot in den kleinen, sonnenbeschienenen Flußabschnitt hinein, und wir sehen hinter einer Klippe in unserem Rücken die aufsteigende Sonne zum Vorschein kommen. Wir treiben nur ein wenig weiter, da ist sie schon verschwunden, und wir geraten wieder in den Schatten. Ich muß an die Anasazi denken, die getreuen Beobachter des Sonnenauf- und Untergangs, die jeden Morgen auf einer bestimmten Hügelspitze im Canyon saßen und auf das erste Zeichen des neuen Tages warteten.

Wir beginnen uns nach links zu wenden, und der Blick endet nicht mehr an der Mauer, sondern schweift nach links in die scharfe Biegung, die der Fluß sich hier gegraben hat. Jetzt, da wir an der rätselhaften schwarzen Säule vorbeigefahren sind und zu ihr zurückschauen, sehen wir, daß sie nicht so regelmäßig und poliert ist, wie es aus der Ferne erschien. Es ist bloß eine rechteckige, mehrere Stockwerke hohe Fels-platte, die am Ufer vor der eigentlichen Tonschieferwand aus schrägen, vertikalen Schichten steht. Als der Fluß noch ungezähmt war, ist sie ein wenig von den Frühjahrsüberschwemmungen poliert worden. Flüssiges Schmirgelpapier. Da die Frühjahrsüberschwemmungen mit ihren Schlammfluten seit dem Dammbau ausbleiben, wird an dem Stein wohl kaum mehr gearbeitet werden, bis der Damm einmal seinen Geist auf-gibt.

Die Musik von Strauss verklingt. Aber die Stimmung ist weiterhin erwartungsvoll, reich an gemischten Gefühlen.

★

Wieder hören wir das vertraute Geräusch einer großen Stromschnelle, von der wir allerdings nichts sehen. Doch, flußabwärts auf der linken Seite sieht man jetzt einen großen Seitencanyon. Ist das der Diamond Creek, mit der Verbindung zum Hurricane-Bruch? Jener Bruchlinie, längs derer jetzt eine unbefestigte Straße aus dem Canyon hinausführt, durch das Hualapai-Indianerreservat nach Peach Springs? Kündigt dieser hell beschienene Teil des Grand Canyon unsere Rückkehr in die Zivili-sation an?

Ich drehe mich um und schaue weg – hin zu unserem Halbmond und unserer sonnenbeschienenen Pyramide, zurück in den Canyon zu unse-rem empörten Biber und unseren stillen Booten, zu den warmen und vollen Farben der Dämmerung im Grand Canyon.

Als ich schließlich wieder hinschaue, sehe ich flußabwärts hinter den Büschen auf einem breiten sandigen Strand einige Picknicktische aus Beton auftauchen, erbarmungslos. Seit Lee's Ferry, wo unsere Reise durch die Wildnis begann, haben wir keine Picknicktische gesehen. Ich kann gut und gern auf sie verzichten.

Und dann sieht man, sofern man hinzuschauen wagt, einen gelände-tüchtigen blauen Lastwagen. Unverkennbare, unausweichliche Anzei-chen dafür, daß wir in Kürze unsere Wildnis werden verlassen müssen. Wir treiben immer näher auf das linke Ufer zu.

Als wir fast angelangt sind, springe ich von der Längsseite des Bootes in den Fluß und wate zum sandigen Strand hinauf, das zusammenge-rollte Tau zum Festmachen in den Händen. Es gefällt mir gar nicht, daß ich der erste sein soll, der aus dem ersten Boot an Land geht. Ich drehe den Zeichen der Zivilisation den Rücken zu und versuche, den Vorderteil des Bootes auf den Sand zu ziehen, und dabei ist mein Blick ständig dem Fluß und den Reisenden zugewandt. Ich sehe die Gesichter meiner Mitreisenden, während auch ihre Boote sich langsam, eines nach dem anderen, dem Strand nähern, wo unsere Reise endet.

Es ist eine rätselhafte Prozession, deren knarrende Dollen den Kontrapunkt setzen zu dem an- und abschwellenden Chor der Zikaden in den Bäumen, zu dem morgendlichen Konzert der Vögel, zu dem nicht endenden Gedonner der flußabwärts vernehmbaren Stromschnelle.

Wir alle sind ausnahmslos still, wehmütig und nachdenklich. Wie an einem geweihten Ort.

Vielleicht. Während ich den Strand hinaufgehe und den anderen Booten an Land helfe, schaue ich in weitere Gesichter. Kummer lese ich aus ihnen ab. So als wollten sie nicht ganz glauben, daß es wahr ist. Wo habe ich auf so vielen Gesichtern zugleich schon diesen Ausdruck gesehen?

Ich behalte die Gesichter im Auge, während weitere Boote einlaufen.

Die Augen sind in eine unbestimmte Ferne gerichtet, die Unterkiefer hängen herab...

Wie damals – jetzt fällt es mir ein – bei der Beerdigung eines jungen Studenten, der plötzlich gestorben war.

Unerwartet. Er war zu früh gestorben, noch früher als Mozart. Das ist der Gesichtsausdruck, den wir jetzt zeigen.

Keiner möchte, daß unsere Reise endet, dieses fließende Zwischenspiel in einem Leben, das viel zu kurz ist.

Die knarrenden Dollen sind verstummt. Das Hämmern und Dröhnen der Stromschnelle flußabwärts geht weiter. Doch durch diese werden wir nicht mehr fahren.

★ ★ ★

> Die Zeit... ist ein Fluß, der mich davonreißt,
> aber ich bin der Fluß;
> sie ist ein Tiger, der mich zerfleischt,
> aber ich bin der Tiger;
> sie ist ein Feuer, das mich verzehrt,
> aber ich bin das Feuer.

Jorge Luis Borges
*Geschichte der Ewigkeit*

> Vergänglich sind alle Gebilde,
> strebt ohne Unterlaß!

Die letzten Worte Buddhas

# Nachwort

Der Schriftsteller mißt ein Buch daran, ob es ihm einen Raum bietet, in dem er ganz
spontan sagen kann, was er will.

Virginia Woolf

Dieses Buch ist zwar ein Sachbuch, doch den einen oder anderen Vorfall
habe ich aus rhetorischen Gründen zu einer Collage verarbeitet, einige
Charaktere sind reine Erfindung, verschiedene Materialien, die mit dem
Fluß nichts zu tun haben, sind importiert worden, und ich habe vier
Fahrten auf dem Colorado River zu dieser einen Reise verschmolzen.
Die Bootsführer vom Colorado werden mir hoffentlich verzeihen, wenn
ich die Lieblingsgeschichte des einen einem anderen in den Mund gelegt
habe. Sie sind Menschen, wie sie John Maynard Keynes vorschwebten,
als er sagte:

*Wir sollten wieder einmal das Gute dem Nützlichen vorziehen. Wir
sollten diejenigen ehren, die uns lehren, die Stunde und den Tag recht-
schaffen und gut zu nutzen, die reizenden Menschen, die fähig sind, die
Dinge unmittelbar zu genießen.*

Ich muß mich bei ihnen allen bedanken. Meine Freunde Alan R. Fisk-
Williams und Susan P. Bassett, zwei professionelle Bootsführer, von
denen ich viel über den Grand Canyon gelernt habe, haben mir sehr
geholfen, indem sie eine erste Fassung dieses Buches kritisch lasen. Ich
hoffe, daß sich seit ihren letzten Anmerkungen zum Manuskript keine
Fehler bezüglich des Flusses eingeschlichen haben. Meine Frau, Katherine Graubard, hat mich immer wieder an ihren Gedanken teilhaben lassen und einige gute Metaphern beigesteuert. Zwei erfahrene freiwillige
Lektorinnen, Blanche Kazon Graubard und Kathryn Moen Braeman,
haben mir uneigennützig geholfen. Solche Unterstützung kann ich nur
jedem wünschen. Einige Leser der ersten Fassung haben sehr zweck-
dienliche Anmerkungen gemacht: Beatrice Bruteau, John DuBois,
Michelle DuBois, Seymour Graubard, Dan Hartline, Christine Phillips,
Dan Richard und Beverly Williams. Studenten meines Spezialkurses über
Gehirne und Evolution haben mir maßgeblich bei der Entscheidung
geholfen, welche Themen für den Durchschnittsleser von Interesse sein
könnten; Ajit Limaye und Laurel Brown waren später so freundlich, das
Werk ihres Professors mit dem Rotstift durchzugehen. Der Autor
Michael Talbot und mein literarischer Agent John Brockman haben mir

klugerweise von meinem ursprünglichen Plan abgeraten, das Buch in Romanform zu schreiben. Die sorgfältige Lektorierung durch Charles Levine und Robert Nieweg beim Verlag Macmillan hat sich in Verbesserungen auf fast jeder Manuskriptseite niedergeschlagen. Robert C. Euler, Experte für die Anthropologie des Grand Canyon, war mir in vielen Fällen behilflich. Barbara Isaac, der verstorbene Glynn Isaac, Terry Deacon und ihre Anthropologiestudenten an der Harvard University haben mir mit ihren Kenntnissen von der Archäologie Afrikas beigestanden. Meine Kollegen von der Universität von Washington, John Edwards, Joan Lockard, John Loeser, George Ojemann, John Palka, Robert Pinter, Wayne Potts und Dennis Willows, haben mich in etlichen Fällen auf den richtigen Weg gelotst. Von unschätzbarem Wert war die von Stephen Porter organisierte Vorlesungsreihe des Quaternary Research Center. Dem Neurobiologen David G. King verdanke ich Anregungen zur Evolutionsbiologie und zu den Seitensprüngen. Ihnen allen bin ich sehr zu Dank verpflichtet.

Besonderen Dank schulde ich dem Gehirn, der Evolution und dem Grand Canyon. Einem Schriftsteller geht es manchmal so, als habe das Buch die Regie übernommen: Es entwickelt ein Eigenleben, stellt ihn unter Kuratel und schreibt sich, wenn der Rahmen einmal feststeht, fast von selbst. Der Autor muß dann versuchen, den Erwartungen des Buches zu genügen. Als ich auf das Zitat von Virginia Woolf stieß, bestärkte es mich in einer seit langem gehegten Überzeugung: daß dieses Buch mit der Kombination von Sachthemen und Rahmenhandlung eine einmalige Gelegenheit bot, Dinge zu sagen, die so mancher Wissenschaftler gern seinen Freunden vermitteln würde, die nicht vom Fach sind. Als ich 1975 meine erste Fahrt auf dem Colorado River machte, bestand die Gruppe zur Hälfte aus Neurobiologen. Die andere Hälfte waren Nicht-Wissenschaftler, die mich alles in allem an einen älteren Rechtsanwalt erinnerten, der sich höflich bemüht, die Fakten zu ergründen, sich aber das Recht vorbehält, seine eigenen Folgerungen zu ziehen. Auf dieser Fahrt kam mir die Idee, daß es möglich sein müßte, dem Dialog zwischen Wissenschaftlern und Nicht-Wissenschaftlern eine ungezwungene Form zu geben.

Dieses Buch verdankt der Fahrt von 1975 aber lediglich die Inspiration. Es beruht auch nicht ausschließlich auf der Fahrt, bei der ich die Mondfinsternis erlebte, die von Kennern des *Nautical Almanac* anhand der geschilderten Bewegungen von Sonne und Mond unschwer auf die erste Hälfte des Juli 1982 datiert werden kann. Die vierzehn Tage, die das Buch schildert, sind eher ein Potpourri von Ereignissen, an deren

Beschreibung ich über drei Jahre gefeilt habe. Die meisten Fakten und Interpretationen sind schon in Fachpublikationen veröffentlicht worden. Nur einige Ideen erscheinen hier erstmals im Druck, zum Beispiel meine Parkhaus-Metapher, mein Eiszeit-Szenario der Höherentwicklung, bei der das Zentrum eingeengt wird und die Peripherie sich ausbreitet, und der Prozeß der Neoteniebildung mit anschließender Verlangsamung. Viele der Interpretationen, speziell in Bezug auf Fächer außerhalb der Neurobiologie, beruhen auf Vorlesungen und populärwissenschaftlichen Artikeln von anderen. Die *Spekulationen*, etwa über Archäoastronomie, postaquatische Monogamie, verborgene Selektion, Erweiterung des Hirnvolumens, Bewußtsein, Musik und Hilfs-Speicher, gehen jedoch größtenteils auf meine Rechnung.

Ich bin noch nicht dahinter gekommen, wie man das Durchfahren einer Stromschnelle beschreiben kann, außer so, wie ich es selbst erlebt habe. Wenn ich als Schriftsteller mehr Erfahrung besäße, hätte ich nicht die erste Person benutzen müssen. Für einen Wissenschaftler ist das schon ein echtes Problem. Ich mußte mir immer wieder »einen anderen Hut aufsetzen«: Mal mußte ich mit der autoritativen Stimme der Wissenschaft sprechen, mal galt es, mit einer gewissen Unsicherheit drauflos zu spekulieren, und ein anderes Mal schien es angebracht, statt vorsichtig abgewogener Formulierungen eine drastische Übertreibung zu wählen, um mich nicht allzu sehr in Einzelheiten zu verheddern. Auch seriöse Wissenschaftler möchten sich's manchmal etwas leichter machen. Ich habe versucht, die Stimmung bei einer Flußfahrt auf dem Colorado River einzufangen. Deshalb sollte man nicht alle Aussagen auf die Goldwaage legen, sowohl die wissenschaftlichen (das Verhalten der Biber und der Vögel ist komplexer als hier beschrieben; siehe die Anmerkungen am Schluß des Buches) als auch die unwissenschaftlichen (Phoenix, Las Vegas und der Glen-Canyon-Staudamm haben sicher auch positive Aspekte – Sie brauchen sich nur bei der jeweiligen Industrie- und Handelskammer zu erkundigen). Die Anmerkungen können nicht ganz wettmachen, was im Text alles ausgelassen wurde, doch zumindest wird dort auf umfassendere Darstellungen verwiesen, jedenfalls was die wissenschaftlichen Themen angeht.

Was die Frage der schnellen Zunahme des Hirnvolumens betrifft, habe ich mich bemüht, zunächst geeignete Kriterien einer Erklärung anzuführen, sodann die alternativen Vorstellungen über die biologische Entstehung von Variationen sowie über das Wie, Wo und Wann der Auslese, die an diesen Varianten ansetzt, ausgewogen darzustellen, um schließlich – nachdem der Leser hoffentlich hinreichend gerüstet ist, sich ein eigenes Urteil zu bilden – die von mir bevorzugte Hypothese zur Diskussion zu stellen. Bei der Behandlung anderer Themen, die in diesem Buch zur Sprache kommen, hätte ich ebenso verfahren sollen, doch wegen der Form des Reisetagebuchs und wegen Platzmangels konnte das Für und Wider nicht immer in aller Ausführlichkeit dargestellt werden, und dann habe ich es bei der von mir bevorzugten Version bewenden lassen. Dieses Buch gibt sich, glaube ich, nicht den Anschein, die herrschende Lehrmeinung in Biologie und Anthropologie unvoreingenommen darzustellen. Es gibt nicht den allgemeinen Konsens wieder, sondern meine persönliche Sicht.

Für den, der sich ernsthaft mit den behandelten Fragen beschäftigen möchte, dürfte die ausführliche Bibliographie in meinem 1983 erschienenen Essayband *The Throwing Madonna* hilfreicher sein als die Anmerkungen am Schluß dieses Buches. Jener Band, gewissermaßen eine Fingerübung für dieses Flußtagebuch, diskutiert ausführlicher einige der Verhaltens- und neurophysiologischen Aspekte, insbesondere das Werfen und seine Implikationen für die Sprache. In der Zwischenzeit haben sich meine Ansichten im Hinblick auf selbstorganisierende Systeme, die Bedeutung des dem Werfen dienenden neuralen Apparats für Bewußtsein und Musik, die oszillierende Eiszeitgrenze (die das Hirnvolumen steigerte, indem sie die Zentralpopulation schrumpfen ließ, aber der vielseitigeren Randpopulation mehr Expansionsmöglichkeiten bot) und die entsetzliche Schuld, in der wir bei den werdenden Müttern stehen, die in diesem Prozeß ihr Leben lassen mußten, beträchtlich weiterentwickelt.

Die Geschichten von der Flußfahrt, zum Beispiel die von den »gefriergetrockneten Kaulquappen« oder die von der Frau, die so kreativ fluchte, als sie durch die Stromschnelle schwamm (doch, das hat sie wirklich gesagt), habe ich ein wenig modifiziert, um auf eine wissenschaftliche Frage hinzulenken. Einige habe ich auch ein bißchen ausgeschmückt; so habe ich Alans Kaulquappen um die gefriergetrockneten c-Moll-Zikaden bereichert. Die Halskette mit dem genetischen Code ist von A bis Z erfunden. Die andere Geschichte, von der man meinen könnte, sie sei zu didaktischen Zwecken erfunden worden, nämlich die von dem Wissenschaftler, der auf einem einsamen Vorposten der Zivilisation erfährt, daß sein Vater einen ungewöhnlichen Gehirnschlag erlitten hat, und der dann zu Fuß den anderthalb Kilometer tiefen Grand Canyon verläßt, trifft leider zu; es war mein Vater. Ihm hätte dieses Buch sicherlich gefallen. Die Flußfahrt und all die Gespräche über wissenschaftliche Dinge hätten ihm bestimmt große Freude gemacht.

W. H. C.

# Anmerkungen
# und Literaturhinweise

### Der Fluß

John Blaustein, Edward Abbey and Martin Litton, *The Hidden Canyon: A River Journey*, Viking, New York (1977; 1978 Penguin-Taschenbuch). Eine großartige Sammlung von Flußbildern von Bootsführer und Fotograf John Blaustein, mit einem Flußtagebuch von Ed Abbey und einer Einführung von Martin Litton.

Robert O. Collins und Roderick Nash, mit Fotos von John Blaustein, *The Big Drops: Ten Legendary Rapids*, Sierra Club Books, San Francisco (1978).

W. Kenneth Hamblin und J. Keith Rigby, *Guidebook to the Colorado River*, 2 Teile, Brigham Young University Geology Studies, Provo, Utah (1968). Hier werden die geologischen Besonderheiten des Grand Canyon Meile für Meile aus der Sicht eines Flußfahrers beschrieben.

François Leydet, *Time and the River Flowing: Grand Canyon*, Sierra Club/ Ballantine, gekürzte Ausgabe (1968).

John Wesley Powell (Tagebuch von 1869) und Eliot Porter (Fotos von 1969), *Down the Colorado*, Promontory Press (1969).

Larry Stevens, *The Colorado River in Grand Canyon: A Comprehensive Guide to its Natural and Human History*, Red Lake Books, P.O. Box 1315, Flagstaff, Arizona 86002 (zweite Aufl. 1984). Der beste Flußführer, liebevoll gemacht von einem Biologen und Bootsführer.

### Der Canyon

Harvey Butchart, *Grand Canyon Treks*, La Siesta Press, Glendale (1976). Zusammen mit *Treks II* und *Treks III* die wichtigste Fundstelle für nicht überlaufene Wander- und Kletterrouten im Canyon.

Michael Collier, *An Introduction to Grand Canyon Geology*, Grand Canyon Natural History Association, Grand Canyon (1980). Eine weitere schöne Publikation in der Bootsführertradition, diesmal von einem Geologen. (»Bootsführer werden für einen zusätzlichen Trip alles tun – sogar akademische geologische Untersuchungen durchführen«).

Robert C. Euler und Frank Tikalsky (Hg.), *The Grand Canyon: Up Close and Personal*, Western Montana College Foundation (1980). Eine herrliche Sammlung von Fotos und Essays, von Fachleuten für die Ökologie, Anthropologie, Geologie und Biologie des Canyons und für das Flußfahren und Wandern im Canyon. Zu beziehen per Post vom Buchladen des Museum of Northern

Arizona, Route 4, Box 720, Flagstaff, Arizona 86001, oder von Ken Sleight Books, Box 1270, Moab, Utah 84532.

Paul F. Geerlings, *Down the Grand Staircase*, Grand Canyon Publications, Salt Lake City (1980).

Ron Redfern, *Corridors of Time*, Times Books, New York (1980).

## Nach der Ver-Dammung

Steven W. Carothers und Robert Dolan, »Dam changes on the Colorado River«, *Natural History* 91(1):74–83 (1982).

Robert Dolan, A. Howard und A. Gallenson, »Man's impact on the Colorado River in the Grand Canyon«, *American Scientist* 62:392–401 (1974).

Philip L. Fradkin, *A River No More: The Colorado River and the West*, Alfred A. Knopf, New York (1981). Für eine kürzere und bildhaftere Darstellung siehe John Boslough »Rationing a river«, *Science* 81 2(5):26–37 (Juni 1981).

Donald Worster, *Rivers of Empire: Water, Aridity, and the Growth of the American West*, Pantheon, New York (1986). »Totale Macht, totale Inbesitznahme lautete das Programm«, schreibt er. »Der Natur im Westen wurde nicht gestattet, sich diesem Programm zu widersetzen, und auch menschlicher Hartnäckigkeit nicht.«

»Water on the Plateau« ist eine Sondernummer von *Plateau*, der Publikation des Museum of Northern Arizona (Sommer 1981).

## Die Anasazi

J. Richard Ambler, *The Anasazi*, Museum of Northern Arizona, Flagstaff (1977). »... die Anasazi... waren etwas kleinwüchsiger als der heutige Durchschnitt, hatten glatte schwarze Haare, und ihre Sprache war für das westliche Ohr unverständlich. Sie sorgten sich um ihre Ernten und ihre Kinder, gedachten der Vergangenheit und machten sich Gedanken über die Zukunft.«

Don D. Fowler, Robert C. Euler und Catherine S. Fowler, »John Wesley Powell and the anthropology of the canyon country«, Geological Survey professional paper 670, U. S. Geological Survey, Washington D.C. (1969). Ein Gesamtüberblick über die Anasazi-Ruinen im Colorado-Tal.

Alfonso Ortiz (Hg.), *Handbook of North American Indians*, Bd. 9, *Southwest*. Smithsonian Institution, Washington D.C. (1979). Etliche Kapitel über Archäologie und moderne Zeugnisse der Pueblo-Indianer.

## Anmerkungen

### Vorwort

Owen J. Flanagan, Jr., *The Science of the Mind*, MIT Press, Cambridge (1984), S. 19.

»Neurophysiologen«: Die vielfältigen Bezeichnungen für Hirnforscher können Verwirrung stiften und sollten am besten ignoriert werden. Hier jedoch einige Erläuterungen zu den einzelnen Fachgebieten. Ein *Neurowissenschaftler* ist ein Hirnforscher; dazu zählen Neurobiologen, aber auch in der Forschung tätige Neurologen, Psychiater, Neurochirurgen und Neuropathologen. Ein *Neurobiologe* ist meistens ein außerhalb des klinischen Bereichs tätiger Neurowissenschaftler, oft mit einer biologischen oder psychologischen, nicht aber einer medizinischen Ausbildung, meistens also kein Dr. med. (Psychiater, die an Wirbellosen forschen, werden aber meistens auch als Neurobiologen bezeichnet). Innerhalb der Neurobiologie gibt es Unterteilungen nach Interessen und methodologischen Fachkenntnissen. Ich bin *Neurophysiologe*, habe mehr mit der Funktion als mit der Anatomie zu tun (das Gegenteil gilt für den *Neuroanatomen*); ich beschäftige mich vornehmlich mit der Theorie (stelle mathematische Modelle auf, führe Computersimulationen durch, versuche ein Gesamtbild zu entwerfen), galt bislang aber eher als experimenteller Neurophysiologe (der die elektrischen Eigenschaften von Nervenzellen und die Ver- und Entschlüsselung der Information durch Nervenzellen untersuchte). Innerhalb der Neurowissenschaften gibt es natürlich auch Neuropsychologen, Neurochemiker, Entwicklungsspezialisten und viele andere. Man sollte diesen Bezeichnungen kein zu großes Gewicht beimessen, denn viele Wissenschaftler betätigen sich auf mehreren Fachgebieten zugleich. Ich habe mich beispielsweise seit meiner Abkehr von der Physik mit vergleichender Anatomie der Primaten, vergleichender Verhaltensforschung, der Membran-Biophysik stochastischer Prozesse, vergleichender Neurophysiologie der Wirbeltiere und der Wirbellosen, mit klinischer Neurophysiologie bestimmter menschlicher Nervenzellen bei Patienten mit Epilepsie und Schmerzproblemen befaßt; ferner mit der mathematischen Modellierung auf der Ebene der Membran, der ganzen Zelle, der Nervenbahn und der Wahrnehmung; schließlich mit der Modellierung von Evolutionsprozessen, die mit dem Hirnvolumen bei den Vorläufern des Menschen zu tun haben. Trotzdem verstehe ich mich immer noch als Neurophysiologe mit einer biophysikalischen Neigung (vermutlich aufgrund der Promotion in Physiologie und Biophysik). Eine entsprechende Vielseitigkeit ließe sich von vielen Neurobiologen berichten, wobei allerdings hinzuzufügen ist, daß die meisten Fortschritte denen zu verdanken sind, die sich auf ein begrenztes Fachgebiet verlegen und sorgfältig Methoden entwickeln, mit deren Hilfe sie das Nervensystem zwingen können, auf genau formulierte Fragen eindeutige Antworten zu geben.

Die Anhänger von ganzheitlichen Betrachtungsweisen werden in diesem Buch einige Beispiele finden, doch möchte ich hier eine Warnung aussprechen: *In der Praxis ist der Holismus auf den Reduktionismus angewiesen, entweder den eigenen oder den von anderen.* Um vor lauter Bäumen auch den Wald zu sehen, muß man sich klarmachen, daß der Baum der geeignete Baustein ist, aus dem Wälder sich zusammensetzen (während etwa Grashalme nicht die biologischen Basiseinheiten eines Rasens sind). Was den Wald des Gehirns angeht, versuchen wir noch die Einheiten der Funktion und der Informationsspeicherung herauszufinden; siehe W. H. Calvin und K. Graubard, »Styles of neuronal computation«, in *The Neurosciences, Fourth Study Program*, hrsg. v. F. O. Schmitt und F. G. Worden (MIT Press, 1979), Kap. 29.

## Prolog

»Kilometerdicke Eismassen« siehe Jonathan Weiner, »The Grimsel glacier«, *The Sciences* (New York Academy of Sciences), 25(2):22–29 (März 1985).

Hervorragende Abbildungen vom Marble-Plateau und vom Grand Canyon enthält Redferns *Corridors of Time* auf S. 38–39 (das Marble-Plateau ist nicht als solches gekennzeichnet, aber der Marble Canyon durchschneidet es). *Ich werde immer wieder auf die Seiten in den verschiedenen Bildbänden verweisen, wo der Leser, der es genau wissen möchte, eine Farbwiedergabe von verschiedenen Ansichten des Grand Canyon finden kann.*

Glynn Llywelyn Isaac, »Aspects of human evolution«, in *Essays of Evolution: A Darwin Centenary Volume* (Cambridge University Press, 1983). Sein Nachruf erschien in *Nature* 319:15 (2. Januar 1986).

## Erster Tag

### Meile 1

Bei einem symmetrischen Boot ist nicht so leicht zu erkennen, wo vorn und hinten ist, wo Bug und Heck liegen. Im Ruderboot schaut der Ruderer zum Heck, weil der Schlag kräftiger ist, wenn er am Riemen zieht, als wenn er ihn drückt. Ich benutze lieber das Bild der symmetrischen Fähre, auf der das Ende, das der Kapitän im Auge hat, als »Bug« definiert ist; seit Nathaniel T. Galloway 1897 die Technik entwickelte, blicken die Canyon-Fahrer bei der Durchquerung von Stromschnellen in Fahrtrichtung und steuern mit Druckschlägen. In unseren Booten ist das Gepäck in einem großen Sack aus Zelttuch im vorderen Abteil verstaut. Das gibt zusätzlichen Ballast, dank dessen Wellen mit dem Bug durchschnitten werden können. Im hinteren Abteil befinden sich das Tau zum Festmachen und der größere Schöpfeimer.

### Meile 4

S. W. Janes, »The apparent use of rocks by a raven in nest defense«, *Condor* 78:409 (1976).

Geier, die Eier bombardieren: Jane Goodall, »Tool-using in primates and other vertebrates«, *Advances in the Study of Behaviour* 3:195–249 (1970).

### Meile 5

Für eine Diskussion der Anfänge des Fliegens siehe S. J. Gould, »Not necessarily a wing«, *Natural History* 94:12 (Oktober 1985); J. G. Kingsolver und

M. A. R. Koehl, »Aerocynamics, thermoregulation, and the evolution of insect wings: Differential scaling and evolutionary change«, *Evolution* 39:488–504. John S. Edwards neigt dazu, die Anfänge des Fliegens Insekten zuzuschreiben, die sich durch einen Sprung mit Anlauf vor einem Freßfeind, etwa einer Spinne, in Sicherheit bringen (alle bekannten Fluginsekten starten mit einem solchen Sprung); siehe »Predator evasion and the origin of insect flight: an exercise in evolutionary ethology«, *Society for Neuroscience Abstracts* 152:10 (1985). Zur Phylogenese der Vögel und ihrer Abstammung von den Dinosauriern (»The dinosaurs aren't extinct – we just call them birds«) siehe J. H. Ostrom, »The origin of birds«, *Annual Review of Earth and Planetary Sciences* 3:55–77 (1975).

Die segelnde Schlange ist *Chrysopelea*; siehe S. 100 in David Attenborough, *The Living Planet*, Little Brown, Boston (1984).

Das Verhalten ist zuerst da, dann folgt die Anatomie: Die Idee geht zurück auf Lamarck (siehe S. J. Gould, *The Flamingo's Smile*, S. 36). Anders formuliert es R. F. Ewer: »Das Verhalten ist der Struktur stets einen Sprung voraus und spielt dadurch eine entscheidende Rolle in der Evolution.« Siehe Alister C. Hardy, *The Living Stream: a Restatement of Evolution Theory*, Collins, London (1965).

## Meile 8
Fotos von der Badger-Stromschnelle Nr. 10 und 11 in Blaustein; gegenüber S. 152 in Collins et al.

## Meile 10
Tatsächlich sind Evolutionsszenarien für das Lachen entworfen worden, und die meisten (darunter Freud) betrachten es als eine Form der Aggression. Siehe den Überblick in Irenäus Eibl-Eibesfeldt, *Krieg und Frieden*, Piper, München (1975). Meine Auffassung erläutere ich am zwölften Tag.

## Meile 12
David Barash, *The Whisperings Within; Evolution and the Origin of Human Nature*, Harper and Row, New York (1979). Der Absatz über die nicht »vorausschauende« Evolution lehnt sich an C. Pittendrigh an.

## Meile 17
Glen Canyon-Quellen: Siehe Fotos in Leydet, S. 151–160; Powell und Porter, und in Eliot Porter, *The Place No One Knew: Glen Canyon on the Colorado* (1963).

## Meile 18
E. J. Kollar und C. Fisher, »Tooth induction in chick epithelium: Expression of quiescent genes for enamel synthesis«, *Science* 207:993–995 (1980). Fossile Fußspuren, siehe Anm. Meile 136.

Meile 21

Das Sternbild *Ursa maior,* in Nordamerika gewöhnlich als »Big Dipper« (Großer Schöpflöffel) bezeichnet, heißt bei den Franzosen »Casserole«, bei den Engländern »the Plough« (der Pflug), bei den Chinesen »Himmlischer Bürokrat« und bei den Navajo »Kreisender Mann«. Siehe S. 46 f. in Carl Sagan, *Cosmos,* Random House, New York (1980).

Timothy Ferris, *The Red Limit,* William Morrow and Co., New York (1977). Eine hervorragende Geschichte der Kosmologie mit einem Glossar.

Eric Chaisson, *Cosmic Dawn: The Origins of Matter and Life,* Atlantic Monthly Press, Boston, (1981).

Paul S. Henry, »A simple description of the 3°K cosmic microwave background«, *Science* 207:939–942 (29. Februar 1980). Für eine Geschichte der Entdeckung der fossilen Photonen siehe Jeremy Bernstein, »Three degrees above zero«, *New Yorker,* S. 42–70 (20. August 1984), oder James S. Trefil, *The Moment of Creation,* Scribner's, New York (1983).

John McPhee, *The Curve of Binding Energy,* Farrar, Straus, and Giroux, New York (1974).

Don Mathewson, »The clouds of Magellan«, *Scientific American* 252(4): 107–114 (April 1985).

Bildung schwererer Elemente: Hans Bethe und Gerald Brown, »How a supernova explodes«, *Scientific American* 252(5):60 (Mai 1985).

Nach einer neueren, allerdings vorsichtigen Schätzung beträgt das Alter des Universums 13 Milliarden Jahre; dabei wurde die Hubble-Konstante geeicht anhand des (durch einen Gravitationslinseneffekt entstandenen) Doppelbildes eines fernen Quasars, mit einem auf unterschiedlichen Weglängen beruhenden Abstand zwischen den beiden Bildern von 18 Monaten. Siehe den neuen Artikel von John Gribbin, »A new way to date the universe«, *New Scientist,* S. 24 (7. März 1985).

Die Expansion des Universums nach dem Urknall hat den Theoretikern immer Schwierigkeiten bereitet, einerseits wegen der gleichförmig aus allen Richtungen eintreffenden fossilen Photonen, aber auch wegen der nahezu gleichförmigen Verteilung der Materie im Universum. Ungeachtet des »leeren Raumes« zwischen der Lokalen Gruppe und dem Virgo-Haufen ist das Universum im größeren Maßstab viel zu gleichförmig, als daß es aus einer einfachen Explosion hervorgegangen sein könnte, welche die Materie von einer punktförmigen Quelle aus streute (die Massendichte würde in diesem Fall, wie die Lichtintensität, abnehmen). Für eine neuere Zusammenfassung der Theorie siehe Alan H. Guth und Paul J. Steinhardt, »The inflationary universe«, *Scientific American* 250(5):116 (Mai 1984), und Andrei Linde, »The universe: Inflation out of chaos«, *New Scientist,* S. 14 (7. März 1985). John P. Huchra, Margaret J. Geller und Valerie de Lapparent weisen (in den *Astrophysical Journal Letters* vom 1. März 1986) darauf hin, daß Galaxienhaufen an den Schnittpunkten großer »Blasen« von leerem Raum liegen; Jeremiah P. Ostriker und Lennox L.

Cowie stellten 1981 die Hypothese auf, daß eine Blasenstruktur des Universums aus den Schockwellen einer Reihe von Supernova-Explosionen entstanden sein könnte.

## Zweiter Tag
### Meile 21
Der Teich im North Canyon, Foto 17 in Blaustein.

### Meile 23
Gesteinsschichten sind abgebildet in Redfern, S. 36–37, 66.

### Meile 26
Der Wüstenfirnis läßt sich datieren und gibt so Aufschluß darüber, ob Gestein durch den Menschen verändert wurde: Siehe Ronald I. Dorn et al., »Cation-ratio and accelerator radio-carbon dating of rock varnish on Mojave artifacts and landforms«, *Science* 231:830–833 (21. Februar 1986).

### Meile 29
Der erste Teich der Silbergrotte ist abgebildet nach S. 63 in Powell und Porter (allerdings unter falscher Bezeichnung).

### Meile 30
Die DDT-Geschichte mit den am Fallschirm abgeworfenen Katzen findet sich in dem hervorragenden Lehrbuch *Biological Science* von William T. Keeton, dritte Aufl., W. W. Norton, New York (1980), S. 854. Es gibt eine ganze Reihe brauchbarer Biologie-Lehrbücher für die College-Stufe, doch Keeton ist zugleich eines der besten Nachschlagewerke; die vorgesehene vierte Auflage wird von James L. Gould bearbeitet.

### Meile 31
Die Petroglyphen im South Canyon zeigt Blaustein auf den Fotos 27 und 28; »Sonnenzeichen«-Spiralen, siehe Anm. zu Meile 71.

Angeblich bleibt der durchschnittliche Besucher des Grand Canyon-Nationalparks nur drei Stunden, von denen er zweieinhalb in Andenkenläden verbringt; *New York Times* vom 24. Mai 1986.

Über Blutgruppen und Datierung siehe J. S. Jones und S. Rouhani, »How small was the bottleneck?«, *Nature* 319:449–450 (6. Februar 1986).

Peter Farb, *Man's Rise to Civilization: The Cultural Ascent of the Indians of North America*, zweite Aufl., Dutton, New York (1978). Die genetischen Überlegungen sind entnommen aus W. F. Bodmer und L. L. Cavalli-Sforza, *Genetics, Evolution, and Man*, Freeman, San Francisco (1976).

Tom D. Dillehay, »Ice-age settlement in southern Chile«, *Scientific American* 251(4):106 (Oktober 1984).

Daß die Beringstraße selbst bei höherem Meeresspiegel kein Hindernis war und vor 13 000 bis 14 000 Jahren ein offener Korridor bestand, durch den der Graubär nach Süden vordrang: Vortrag von R. Dale Guthrie, »Ice age mammals and early man in Alaska«, in der Universität von Washington, Seattle, 15. Mai 1984.

Taos-Ausspruch: Jeannette Henry, Vine Delora, Jr., M. Scott Momaday, Bea Medicine und Alfonso Ortiz (Hg.), *Indian Voices: The First Convocation of American Indian Scholars,* The Indian Historical Press, San Francisco, S. 35 (1970).

## Dritter Tag

### Meile 32

Kondore der Vorzeit, siehe Steven D. Emslie, »Canyon echos of the condor«, *Natural History* 95(4):10–14 (April 1986).

### Meile 33

Vasey's Paradise, Redwall Cavern, Fotos 19–21 in Blaustein. Euler und Tikalsky (S. 37) und Redfern (S. 152) zeigen eine Figur aus gespleißten Weidenzweigen.

Aspirin und Weiden: siehe Gerald Weissmans Kolumne in *Discover,* S. 78–79 (Februar 1986). Die Indianer sollen sich zur Bekämpfung von Kopfschmerzen zerdrückte Weidenrinde auf die Stirn gelegt haben: siehe *New Scientist,* S. 19 (27. März 1986).

Peter Molnar, »The geological history and structure of the Himalaya«, *American Scientist* 74(2):144–154 (März-April 1986).

### Meile 35

Den Flußkorridor in der Nähe des Nautiloid Canyon zeigt Blaustein auf Foto 22. Zum Stammbaum der Nautiloiden siehe S. 254 von G. L. Stebbins, *Darwin to DNA, Molecules to Humanity,* Freeman, San Francisco (1982).

### Meile 39

John McPhee, *Encounters with the Archdruid,* Farrar, Straus, and Giroux, New York (1971). Mehr über den Dammbau am Colorado River siehe Fradkin (1981). Was das Salz angeht, siehe die Artikel von Janet Ratloff in *Science News* 126:289, 298, 305, 314 (1984).

Näheres über das Verhalten der Biber siehe L. Wilson, *My Beaver Colony,* Doubleday, New York (1968), und Victor B. Scheffer, *Spires of Form: Glimpses of Evolution,* University of Washington Press, Seattle (1983), S. 33–35. Das Geräusch fließenden Wassers wurde analysiert von L. Wilson, »Observations and experiments on the ethology of the European beaver (*Castor fiber* L.), a study in the development of phylogenetically adapted behavior in a highly specialized mammal«, *Viltrevy, Swedish Wildlife* 8:117–266 (1971). Da Biber an langsam fließendem, stillem Wasser Dämme bauen, ist es nicht bloß das Geräusch fließenden Wassers, was sie zum Dammbau anregt. Noch beeindruckkender ist, wie Scheffer bemerkt, die Fähigkeit der Biber, Kanäle zu bauen, auf denen sie Baumaterial herbeischaffen.

Eric Seaborg, »The battle for Hetch Hetchy«, *Sierra Club Bulletin* 66(5):61 (November-Dezember 1981).

Meile 41
Royal Arches, Foto in Leydet, S. 47.

Meile 47
Schlaue Tiere: siehe Euan M. Macphail, *Brain and Intelligence in Vertebrates,* Clarendon Press, Oxford (1982).

Meile 52
Ein Bild vom Nankoweap-Kornspeicherpfad zeigt Blaustein auf Foto 29. Der Kornspeicher ist Blausteins Nr. 26, Redfern S. 156–157. Euler und Tikalsky (S. 38) zeigen das Innere eines solchen Nahrungsverstecks.

Kolumbus entdeckte die »Indianer«: Daniel J. Boorstin, *The Discoverers,* Random House, New York (1983), bespricht die erstaunlich genaue (15 Prozent zu groß) Berechnung des Erdumfangs durch Erastosthenes (276?-195? v.Chr.), die Irrtümer des Ptolemäus (90–168 n.Chr.), der den Umfang um 25 Prozent zu niedrig ansetzte und die Ausdehnung Asiens stark übertrieb, und wie die Karte des Ptolemäus, die den unbekannten Teil der Welt schrumpfen ließ, von den Europäern übernommen wurde. Carl Sagan weist in *Cosmos,* Random House, New York (1980), S. 15–17 darauf hin, daß Christoph Kolumbus 1492 bei der Berechnung der Strecke, die er durch unbekannte Teile der Erde westwärts zurückzulegen hatte, um nach Indien zu gelangen, gemogelt hat, um sowohl gegenüber seinen Geldgebern als auch gegenüber denen, die für sein Unternehmen ihr Leben aufs Spiel setzten, die mutmaßliche Entfernung geringer erscheinen zu lassen. Diese Verkaufstechnik ist vom militärisch-industriellen Komplex übernommen worden, der die Kosten der von ihm geplanten Unternehmungen systematisch herunterrechnet (1985 waren z. B. die *durchschnittlichen* Kosten eines neuen Schiffs der US-Marine um 65 Prozent höher als die Voraussschätzung).

Die Anasazi als Astronomen: siehe John A. Eddy, »Archaeoastronomy in North America: Cliffs, mounds, and medicine wheels«, Kap. 4, in *Search of Ancient Astronomies,* hrsg. von E. C. Krupp (Doubleday, New York, 1978); und Ray A. Williamson, *Living the Sky: The Cosmos of the American Indian,* Houghton Mifflin, Boston (1984).

J. C. Brandt, S. P. Maran, R. Williamson, R. S. Harrington, C. Cochran, M. Kennedy, W. J. Kennedy und V. D. Chamberlain, »Possible rock art records of the Crab nebula supernova in the western United States«, in *Archaeoastronomy in Pre-Columbian America,* hrsg. von A. F. Aveni, University of Texas Press, Austin (1975), S. 45–58. Sagans *Cosmos* zeigt ein Foto des Chaco-Canyon-Piktogramms auf S. 232.

William C. Miller, »Two possible astronomical pictographs found in northern Arizona«, *Plateau* 27(4):6–13 (1955).

David H. Clark und R. Richard Stephenson, *The Historical Supernovae,* Pergamon, Oxford (1977). Kap. 8 behandelt die Krebsnebel-Supernova von 1054. Es könnte sein, daß die älteren Anasazi in ihrer Jugendzeit für Supernovae sensibilisiert wurden durch die Supernova von 1006, die hellste und am längsten anhaltende, seit es geschichtliche Aufzeichnungen gibt. Sie erreichte die dreifache scheinbare Ausdehnung der Venus und lieferte nachts so viel Helligkeit wie ein Drittel der Mondscheibe. Über Supernovae aus heutiger Sicht siehe Ellen Fried, »The ungentle death of a giant star«, *SCIENCE 86,* S. 60–64 (Januar–Februar 1986).

### Vierter Tag
Meile 56

Die East-Kaibab-Monokline: siehe Redfern, S. 42.

Stephen Trimble, *The Bright Edge: A Guide to the National Parks of the Colorado Plateau,* Museum of Northern Arizona Press, Flagstaff, Arizona (1979), S. 7.

Meile 61

Die grauen Zellen werden durch die Einwirkung von Konservierungsmitteln grau. Kaum ein Buch zeigt das frisch herauspräparierte menschliche Gehirn in dem Zustand, bei dem sich die ursprüngliche »Colorado«-Farbe einigermaßen erhalten hat, siehe aber S. 276 in Carl Sagans *Cosmos* (1980); ich beziehe mich auf das Rötlich-Braun der tieferen Schichten (am besten auf dem unteren Bild rechts zu erkennen), nicht auf das eindeutige Rot der feinen äußeren Blutgefäße.

Steven M. Stanley, »Mass extinction in the ocean«, *Scientific American* 250(6):64–72 (Juni 1984). Er verweist darauf, daß sich das Aussterben der Dinosaurier über mehrere Millionen Jahre hinzog; dies würde sich decken mit der Zeitspanne, in der ein »Schauer« von Meteoriten auf der Erde niederging und vielfache Einschläge das Klima störten.

P. Ward, »The extinction of ammonites«, *Scientific American* 249(4):136–147 (Oktober 1983). Martin A. Buzas und Stephen J. Culver, »Species duration and evolution: benthic foraminifera on the Atlantic continental margin of North America«, *Science* 225:829–830 (24. August 1984).

Die Hypothesen zum durch Kometen verursachten massenhaften Aussterben finden sich in der Ausgabe von *Nature* vom 19. April 1984. Siehe ferner Stephen Jay Gould, »The cosmic dance of Shiva«, *Natural History* 93(8):14–19 (August 1984) und das letzte Kapitel in *The Flamingo's Smile,* W. W. Norton, New York (1985). Die Aufregung, die diese wichtige Theorie unter Wissenschaftlern auslöste, wird von den Medien nicht immer richtig eingeschätzt; die *New York Times* vom 2. April 1985 sprach ihre Mißbilligung aus. Dort hieß es in einem Kommentar, der von vielen Wissenschaftlern als unglaublich wissenschaftsfeindlich und antiintellektuell verstanden wurde, daß man derartige »Spekulationen« über die Auswirkungen außerirdischer Phänomene auf das irdische Leben den Astrologen überlassen solle!

David M. Raup und J. John Sepkoski, Jr., »Periodic extinction of families and genera«, *Science* 231:833–836 (21. Februar 1986). Siehe ferner *Patterns and Processes in the History of Life,* hrsg. von David Jablonski und David M. Raup, Springer Verlag, New York (1986), und Steve Goulds *Flamingo's Smile*, Kap. 15.

Datierung von Meteoritenkratern: Stephen R. Sutton, Leserbrief, *Nature* 309:203 (17. Mai 1984).

## Meile 64

Fred B. Eiseman, Jr., »The Hopi salt trail«, *Plateau* (Museum of Northern Arizona) 32:25–32 (1959).

## Meile 65

Furnace Flats abgebildet in Powell und Porter (vor S. 69); zeigt den Desert View Tower und den Tanner Trail.

B. Bloeser, J. W. Schopf, R. J. Horodyski und W. J. Breed, »Chitinozoans from the late precambrian Chuar group of the Grand Canyon«, *Science* 195:676–679 (1977). Sie datieren dieses einzellige Zooplankton auf die Zeit vor 750 Millionen Jahren. Chuar Butte mit seinen dramatisch geneigten Gesteinsschichten liegt zwischen den Flußmeilen 61 und 64 auf dem Westufer ein Stück weit den Carbon Creek hinauf.

Stromatolithenbildung: Siehe S. 30–31 in William Day, *Genesis on Planet Earth*, zweite Aufl., Yale University Press, New Haven (1984), und Stefi Weisbund, »The microbes that loved the sun«, *Science News* 129:108–110 (15. Februar 1986). Stevens' Führer, die »blaue Bibel«, zeigt Subie auf einem großen Stromatolithen sitzend. Frühe Daten: Siehe Gary L. Byerly, Donald R. Lower und Maud M. Walsh, »Stromatolites from the 3,300–3,500-Myr Swaziland Supergroup, Barberton Mountain Land, South Africa«, *Nature* 319:489–491 (6. Februar 1986).

## Meile 71

Cardenas Creek und Unkar-Delta sind bei Geerling abgebildet auf S. 100 (Ruine auf der Hügelspitze im Mittelpunkt einer dreispitzigen Hügelkette, Lagerplatz Mitte unterer Teil, Delta Mitte oberer linker Teil, Stromschnellen verschwommen), S. 130 (nur das Delta, Klippen links). Das Foto auf S. 100 ist falsch beschriftet; es ist eine Luftaufnahme von einem Punkt oberhalb Meile 70 aus, nicht vom Desert View Tower aus. Redferns großes Ausklappbild auf S. 15–18 zeigt den vom Nordrand herunterkommenden Unkar Creek. Das Foto auf S. 67 zeigt das Unkar-Delta und die Klippen oberhalb der Stromschnelle; die Ruine auf der Hügelspitze befindet sich 3 mm links von dem dunklen Wolkenschatten in der oberen Mitte des Bildes (eine Nahaufnahme zeigen Euler und Tikalsky auf S. 51). Siehe ferner Foto 7 in Blaustein.

Douglas W. Schwartz, Richard C. Chapman und Jane Kepp, *Archaeology of the Grand Canyon: Unkar Delta,* School of American Research Press, Santa Fe, NM, Bd. 2 (1981).

Robert C. Euler, George J. Gumerman, Thor N. V. Karlstrom, Jeffrey S. Dean und Richard H. Hevly, »The Colorado plateau: Cultural dynamics and paleoenvironment«, *Science* 205:1089–1101 (14. September 1979).

Die Sache mit dem »Sonnenzeichen« im Chaco Canyon wird zusammenfassend dargestellt in Anna Sofaer, Rolf M. Sinclair und L. E. Doggett, »Lunar markings of Fajada Butte, Chaco Canyon, New Mexico«, in *Archaeoastronomy in the New World,* hrsg. v. A. F. Aveni, Cambridge University Press, Cambridge (1982), S. 169–181. Den Teil der Story, der sich nur auf die Sonne bezieht, findet man in A. Sofaer, V. Zinser und R. M. Sinclair, »A unique solar marking construct«, *Science* 206:283–291 (1979). Siehe Williamson (1984) für einen Kommentar und Kontrast zu einem anderen Anasazi-»Sonnenzeichen« bei Hovenweap. Zweifel an der Interpretation von Sofaer et al. äußern M. Zeilik, *Science* 228:1311–1313 (1985) und J. E. Reyman, *Science* 229:817 (1985).

Andere astronomische Piktogramme: Die Entdeckungen der Prestons sind abgebildet in *Arizona Highways Magazine,* S. 22–25 (Februar 1985).

Den besten Eindruck von der Mondfinsternis erhält man vielleicht, wenn man während des Lesens der Komposition »On the Long Total Eclipse of the Moon, July 6, 1982« von Alan Hovaness lauscht. Jene Finsternis lag auch diesem Abschnitt des Buches zugrunde (siehe Anmerkungen zu Tag 14).

Thomas Goldstein, *Dawn of Modern Science,* Houghton Mifflin, Boston (1980).

Mondkalender und Korrekturen: Die frühen Römer hatten einen sehr komplizierten und ungenauen, auf den Mondzyklen basierenden Kalender. Voltaire hat einmal gewitzelt, die römischen Generäle hätten stets gesiegt, aber nie gewußt, auf welchen Tag der Sieg fiel.

Horizont-Kalender: siehe Williamson (1984) und Stephen C. McCluskey, »Historical archaeoastronomy: The Hopi example«, in *Archaeoastronomy in the New World,* hrsg. v. A. F. Aveni, Cambridge University Press, Cambridge (1982), S. 31–57.

Mögliche biologische Grundlage der Religion: siehe Lionel Tigers Buchbesprechung in *The Sciences* (New York Academy of Sciences), 25(2):61–63 (März 1985).

## Fünfter Tag
### Meile 71

Was in diesem Abschnitt zur Populationsökologie gesagt wird, stützt sich weitgehend auf Paul Colinvaux, *The Fates of Nations: A Biological Theory of History,* Simon and Schuster, New York (1980). Eine Kurzfassung ist Paul

Colinvaux, »Towards a theory of history: fitness, niche, and clutch of *Homo sapiens* L.«, *Journal of Ecology* (1982), (in der 1984 erschienenen Penguin-Taschenbuchausgabe von Colinvaux' Buch wiederabgedruckt als Anhang). Die vorgetragenen Schlußfolgerungen sind jedoch meine.

Die wiederkehrende Bevölkerungsexplosion der Lemminge wird durch einen Mechanismus hervorgerufen, der an die »Groundhog Day«-Story bezüglich des spätwinterlichen Wetters erinnert; siehe Paul Colinvaux, *Why Big Fierce Animals Are Rare*, Princeton University Press, Princeton (1978), Kap. 6.

Ökosysteme bieten zahlreiche Beispiele einfacher Regeln mit komplexen Resultaten: siehe A. K. Dewdney in *Scientific American* 251(6):13–22 (Dezember 1984) für eine Computersimulation der Populationszyklen des Luchses und des Hasen an der Hudsonbai.

Daniel R. Vining, Jr., »The growth of core regions of the third world«, *Scientific American* 252(4):42–49 (April 1985).

Die hormonalen Einflüsse auf den Geburtenabstand werden dargestellt von Melvin Konner, »The nursing knot«, *The Sciences* (New York Academy of Sciences) 25(6):10–12 (Dezember 1985).

Zahlen über Fehlgeburten sind aus C. J. Roberts und C. R. Lowe, »Where have all the conceptions gone?«, *Lancet* i:498 (1975), und Paul S. Weatherbee, »Early reproductive loss and the factors that influence its occurence«, *Journal of Reproductive Medicine* 25:315–318 (1980).

Constance Holden, »Population studies age prematurely«, *Science* 225:1003 (7. September 1984). Bericht über eine Untersuchung der Ford Foundation von Jack und Pat Caldwell.

Klimaschwankungen in Afrika: siehe Bericht von Richard A. Kerr, »Fifteen years of African drought«, *Science* 227:1452–55 (22. März 1985), und Artikel in *Science News* 127:282–285 (4. Mai 1985).

Meile 76

Hance-Stromschnelle: siehe Fotos um S. 153 in Collins et al., Geerlings S. 105 u. 106. Redfern S. 36–37 zeigt den Übergang von Furnace Flats (Unkar-Delta Mitte rechts) zur inneren Schlucht bei der Hance-Stromschnelle (Mitte links).

Ilya Prigogine, *Dialog mit der Natur*, Piper, München (1981).

Meile 84

Ausgekehlter Granit und Tonschiefer, Fotos in Powell und Porter, gegenüber S. 80; Geerlings, S. 3; Leydet, S. 90.

Präbiotische Evolution und der genetische Code: siehe William Day, *Genesis on Planet Earth*, 2. Aufl., Yale University Press, New Haven (1984).

Meile 88

Redfern, S. 176–177, zeigt den Blick vom Südrand hinunter zur Phantom Ranch; dies ist fast alles, was die meisten Besucher des Grand Canyon vom

660 Anmerkungen und Literaturhinweise

Colorado River sehen, und das auch nur, wenn sie von der richtigen Stelle aus genau hinschauen.

Die Alexie wird beschrieben von W. H. Calvin und G. A. Ojemann, *Inside the Brain*, NAL (1980), S. 32. Für mehr solcher Geschichten siehe Oliver Sacks, *Der Mann der seine Frau mit einem Hut verwechselte*, Rowohlt, Reinbek (1990).

## Meile 93

Monument Creek-Lagerplatz, Foto in Leydet, S. 123; Blaustein Foto 46.

George E. Simpson, *Melville J. Herskovits*, Columbia University Press, New York (1973). Herskovits (1895–1963) hat in den Vereinigten Staaten praktisch die Afrikaforschung und die afro-amerikanischen Studien begründet. 1936 sagte er: »Was wir der Gesellschaft, die uns erhält, schulden, muß langfristig abgezahlt werden, in Gestalt unserer fundamentalen Beiträge zu einem Verständnis des Wesens und der Prozesse der Kultur, und dadurch zur Lösung einiger unserer tiefgreifenden Probleme.«

Werkzeugherstellung aufs Geratewohl: siehe Anmerkungen zu Meile 137. Genetischer Code, siehe jedes neuere Biologie-Lehrbuch; Days Buch (Meile 84) ist besonders gedankenreich.

Die Abgrenzung des Enkephalin-Gens ist in Wirklichkeit komplizierter; es genügt nicht, die üblichen Start- und Stopcodons zu identifizieren, die für diese Halskette benutzt wurden. Der RNA-Strang wird von einer DNA-Sequenz kopiert, die erheblich länger ist, und umfaßt die DNA-Anweisungen für die Herstellung des Streßhormons ACTH; den ACTH- und Enkephalin-Anweisungen geht ein spezieller Code voraus. Wenn viele Corticosteroide im Blutstrom zirkulieren, wird die RNA-Kopie von den Enkephalin-Anweisungen gemacht; wenn wenige Corticosteroide in Umlauf sind, werden statt dessen die ACTH-Anweisungen kopiert. Es hängt also von der Menge der zirkulierenden Corticosteroide ab, ob ACTH hergestellt wird (und damit mehr Corticosteroide in der Nebennierenrinde) oder mehr Enkephalin.

## Sechster Tag

### Meile 95

Stehende Wellen in der Hermit-Stromschnelle, Foto in Geerlings, S. 106.

Multiple sensorische Karten: Michael M. Merzenich und Jon H. Kaas, »Reorganization of mammalian somatosensory cortex following peripheral nerve injury«, *Trends in Neurosciences*, S. 434–436 (Dezember 1982). Eine brauchbare Zusammenfassung gibt der Bericht von Jeffrey L. Fox, »Research News: The brain's dynamic way of keeping in touch«, *Science* 225:820–1 (24. August 1984).

Schablonen: siehe »rezeptive Felder« in jedem Neurobiologie- oder Physiologie-Lehrbuch, oder Kapitel 11 in William H. Calvin und G. A. Ojemann, *Inside the Brain*, New American Library, New York (1980). Die Rechenbausteine des Gehirns werden erörtert in William H. Calvin und Katherine Graubard, »Styles of neuronal computation«, in *The Neurosciences, Fourth Study Program*, hrsg. v. F. O. Schmitt und F. G. Worden, MIT Press, Cambridge (1979), S. 503.

## Meile 97

Die Parkverwaltung hat vor einiger Zeit von sich aus auf Motorboote verzichtet; die großartigen, engagierten Park Ranger benutzen zur Überwachung des Flußlaufs jetzt Ruderboote, die den unseren ähneln.

V4-Zellen für die Farb- und Tiefenwahrnehmung: siehe M. Zeki, »Cells responding to changing image size and disparity in the cortex of the rhesus monkey«, *Journal of Physiology* 242:827–841 (1974).

Genduplikation, Crossing over usw.: Tim Hunkapiller et al., »The impact of modern genetics on evolutionary theory«, Kap. 10 in *Perspectives on Evolution*, hrsg. v. Roger Milkman, Sinauer, Sunderland MA (1982).

## Meile 99

Crystal-Stromschnelle, Fotos in Blaustein et al., Collins et al. und Redfern.

Thomas J. Wolf, *High Country News* (12. Dezember 1983) berichtet, wie der Glen-Canyon-Staudamm beinahe zerstört worden wäre. Die Flut von 1983 ist dokumentiert in einer Presseübersicht, die das Flußkomitee des Sierra Club führt. Für eine Zusammenfassung siehe James R. Udall, »After the flood: Grand Canyon 1983«, *Sierra Club Bulletin*, S. 28–32 (November 1983).

## Meile 104

Martin Seligman und Joanne Hager, *Biological Boundaries of Learning*, Meredith, New York (1972). Diskutiert das Erlernen von Geschmacksvermeidung nach einmaligem Versuch.

Sing- und Raubvögel: siehe Irenäus Eibl-Eibesfeldt, *Ethology*, Holt, Rinehart & Winston, New York (1975), S. 87–88.

Lernen bei Bienen: siehe James L. Gould und Carol Grant Gould, »The Instinct to Learn«, *SCIENCE 81* 2(4):44–50 (Mai 1981).

## Meile 106

Hermann Weyl, *Symmetry*, Princeton University Press (1952).

Wissenschaftlicher Berater einer Fernsehsendung, zitiert von Gerry Wheeler in *The Sciences*, S. 8–9 (September 1980).

Victor H. Denenberg, »Hemispheric laterality in animals and the effects of early experience«, *Behavioral and Brain Sciences* 4:1–50 (März 1981).

Eine brauchbare Sammlung von Besprechungen menschlicher Hirnasymmetrien findet man in *Cerebral Dominance*, hrsg. v. dem verstorbenen Norman Geschwind und von Albert M. Galaburda, Harvard University Press, Cambridge (1984).

Hirnasymmetrien erkennt man an dem frisch entnommenen menschlichen Gehirn, das in Carl Sagans *Cosmos* auf S. 276 abgebildet ist. Ich mache darauf aufmerksam, daß die rechte Hirnhälfte sehr viel größer ist als die linke, daß der rechte Stirnpol (unten links auf dem oberen Bild S. 276) und der linke Hinterhauptspol (oben rechts auf dem Bild) über ihre Nachbarn hinausragen. Seine »Schiefe« ist typisch für die meisten menschlichen Gehirne; sein Volumenunterschied zwischen links und rechts ist größer als bei den meisten Gehirnen.

Meile 109

Horace B. Barlow, *Nature* 304:209 (21. Juli 1983).

Victor Weisskopf, zitiert in K. C. Cole, *Sympathetic Vibrations: Reflections on Physics as a Way of Life* (Bantam, 1985).

Stephen Jay Gould, »The meaning of punctuated equilibrium and its role in validating a hierarchical approach to macroevolution«, Kap. 5 in *Perspectives on Evolution*, hrsg. v. Roger Milkman, Sinauer, Sunderland, Masachusetts (1982).

Steven M. Stanley, *The New Evolutionary Timetable: Fossils, Genes, and the Origin of Species*, Basic Books, New York (1981).

Ernst Mayr, *The Growth of Biological Thought*, Harvard University Press, Cambridge (1982). Gulick, Hagedoorn und Sewell Wright hatten zuvor die Bedeutung kleiner Populationen für die Evolution unterstrichen; Mayr zeigte dann in den vierziger Jahren, daß bestimmte Arten von Evolution in großen Populationen nicht möglich sind, z. B. diejenigen, die aus fortgesetzter Inzucht resultieren.

Ein hervorragendes Lehrbuch über die Evolution ist G. L. Stebbins, *Darwin to DNA, Molecules to Humanity*, Freeman, San Francisco (1982).

### Siebter Tag

Meile 109

Das Powell-Plateau, vom Fluß aus gesehen, zeigen Euler und Tikalsky (S. 73).

Richard W. Effland, Jr., A. Trinkle Jones und Robert C. Euler, *The Archaeology of Powell Plateau: Regional Interaction at Grand Canyon*, Grand Canyon Natural History Association Monograph 3 (1981).

Meile 111

Eine hervorragende Einführung in Artbildungs- und Isolationsmechanismen bietet Keetons Kapitel 18. Zu den Paarungszeiten der Abert- und Kaibab-Hörnchen siehe Donald F. Hoffmeister, *Mammals of Grand Canyon*, University of Illinois Press, Urbana (1971). Sie haben eine von der Nahrung abhängige Paarungszeit, die nur 18 Stunden im Jahr dauert – und das nicht jedes Jahr! D. F. Hoffmeister und V. E. Diersing, »Review of the tassel-eared squirrels of the subgenus *Otosciurus*«, *Journal of Mammalogy* 59:402–413 (1978).

Abstammung der Hunde: siehe Konrad Lorenz, *King Salomon's Ring*, Methuen, London (1952), S. 134–5. »Der nordische Wolf (*Canis lupus*) kommt in der Ahnenreihe unserer heutigen Hunderassen nur deshalb vor, weil er mit bereits domestizierten Aureus [Schakal-]Hunden gekreuzt wurde. Entgegen der verbreiteten Ansicht, daß der Wolf in der Ahnenreihe der großen Hunderassen eine wesentliche Rolle spiele, hat die vergleichende Verhaltensforschung gezeigt, daß alle europäischen Hunde... rein Aureus sind und allenfalls eine Spur Wolfsblut enthalten. Die reinsten Wolfshunde, die es gibt, sind bestimmte Rassen des arktischen Amerika, insbesondere die sogenannten Eskimohunde, Huskies usw.« Auf S. 136 diskutiert er auch die Neotenie in der Domestikation der Hunde. Sein 1953 erschienenes Buch *Man Meets Dog* setzt diese Geschichte fort.

## Meile 115

Das unpaarige XY-Chromosom kommt nur bei männlichen Individuen vor, aber dies gilt nur für Säugetiere. Bei den Vögeln ist es umgekehrt: Die Weibchen haben XY, die Männchen XX. Wirkliches Erkennungsmerkmal von Männchen und Weibchen ist der Dimorphismus der Gameten: kleine Samenzelle, große Eizelle. Mit der Entwicklung dieser Anisogamie (es wird behauptet, daß eine auch nur geringfügige Größendifferenz, nachdem sie sich einmal herausgebildet hatte, instabil gewesen sein muß und sich sogleich ins Extrem entwickelt hat, da die »Samenzelle« keine Nahrung für die Zygote enthält) begann vor einer Milliarde Jahre die Sexualität, zusammen mit dem Crossing over und dem Kreuzen von nicht miteinander verwandten Individuen. Es gibt Gründe für die Annahme, daß die letzteren Phänomene auf genetische Reparaturmechanismen und genetische Komplementierung zurückgehen – und daß die Variation nur eine Nebenfolge ist: H. Bernstein et al., »Genetic damage, mutation, and the evolution of sex«, *Science* 229:1277–1281 (20. September 1985).

## Meile 116

Gregory E. Vink, W. Jason Morgan und Peter R. Vogt, »The earth's hot spots«, *Scientific American* 252(4):50–57 (April 1985).

Harold T. Stearns, *Road Guide to Points of Geological Interest in the Hawaiian Islands*, 2. Aufl., Pacific Books, Palo Alto (1978).

Roger Lewin, »Hawaiian Drosophila: Young Islands, Old Flies«, *Science* 229:1072–4 (13. September 1985).

Die Plattentektonik ist illustriert in Redfern (S. 23); eine brauchbare Einführung gibt Preston Clouds »Beyond Plate Tectonics«, *American Scientist* 68:381–387 (Juli 1980). Für eine Besprechung der nordamerikanischen Fragmente siehe Richard A. Kerr, »The bits and pieces of plate tectonics«, *Science* 207:1059–1061 (7. März 1980). Die Hebung des Colorado-Plateaus ist komplex: siehe D. I. Gough, »Mantle upflow under North America and plate dynamics«, *Nature* 311:428–433 (4. Oktober 1984).

Die Geologiebücher von John McPhee sind *Basin and Range* (1981) und *In Suspect Terrain* (1983), Farrar, Straus, and Giroux, New York. Seine Serie über die Hebung der Rocky Mountains beginnt im *New Yorker* vom 24. Februar 1986.

John W. Harrington, *Dance of the Continents: Adventures with Rocks and Time*, Houghton Mifflin, Boston (1983).

Fotos von Elves Chasm in Blaustein (Nr. 56), Porter (gegenüber S. 126), Leydet (S. 104).

## Meile 118

George Gaylord Simpson, »The concept of progress in organic evolution«, *Social Research* 41(1):51 (1974).

Romers Regel in der Formulierung von C. F. Hockett und R. Ascher, »The Human Revolution«, *American Scientist* 52:72 (1964).

William V. Mayer (Professor emeritus der University of Colorado), »The arrogance of ignorance – ignoring the ubiquitous«, *American Zoologist* 24:423 (1984). Für eine Beschreibung des geistigen Klimas, in dem die Darstellung der Evolution in amerikanischen wissenschaftlichen Lehrbüchern stattfindet, siehe Thomas H. Jukes, »The fight for science textbooks«, *Nature* 319:367–368 (30. Januar 1986).

Für eine Darstellung der von Edward Blyth gefundenen Charakterisierung der natürlichen Auslese (etwa zur gleichen Zeit, in der Darwin darauf kam) siehe Loren Eiseleys posthumes Buch *Darwin and the Mysterious Mr. X*, Dutton, New York (1979). Blyth gab zwar eine frühe Beschreibung der natürlichen Auslese, sah ihre Rolle aber darin, Artmerkmale zu erhalten (sogenannte konvergente Evolution, tatsächlich die häufigste Rolle der natürlichen Auslese), während er ihre schöpferische Rolle nicht sah. Es waren Darwin und nach ihm Wallace, die erkannten, daß die natürliche Auslese Divergenzen erzeugen und so zur Entstehung neuer Arten führen kann. Siehe auch *Flamingo's Smile*, S. 335 ff. Für eine Geschichte des Evolutionsgedankens siehe Peter J. Bowler, *Evolution: The History of an Idea*, University of California Press, Berkeley (1984).

Jacques Monod, *Zufall und Notwendigkeit*, Piper, München (1971).

Ralph Estling, »The trouble with thinking backwards«, *New Scientist* S. 619–621 (2. Juni 1983). Zahlen über Fehlgeburten siehe Anm. Meile 71.

Wenn ich die Fehlgeburt als »etwas ganz Natürliches« bezeichne, so trägt das hoffentlich zu der dringend erforderlichen Diskussion der Frage bei, wann denn die »Persönlichkeit« im gesetzlichen Sinne beginnt; ich bin natürlich nicht der Ansicht, daß sie mit der Zeugung beginnt. Ich selbst weiß nicht, wo man in gesetzlicher oder moralischer Hinsicht die Grenze ziehen soll; auf jeden Fall finde ich es widerlich, wenn eine schwangere Frau eine potentielle Person durch Alkohol und Rauchen gefährdet, aber ich halte es auch für unmoralisch (und sehe darin eine Form der Sklaverei), wenn man eine Frau zu zwingen versucht, eine ungewollte Schwangerschaft fortzusetzen. Und weil Föten von neun Monaten den Entwicklungsstand anderer Primaten bei der Geburt erst zu 60 Prozent erreicht haben, sprechen aus meiner Sicht keine besonderen Gründe dafür, den gesetzlichen Schutz unbedingt mit der Geburt einsetzen zu lassen, und ich glaube, daß man den Eltern, die für die Aufzucht eines Neugeborenen verantwortlich sind, einen weiten Entscheidungsspielraum lassen sollte, wenn es sich um ein Neugeborenes mit einer ungünstigen Prognose handelt. Man wirft in dem Streit um die Föten hemmungslos mit schlichten Schlagwörtern um sich und übergeht dabei die realen Probleme, daß Föten beispielsweise durch Rauchen und Alkohol gefährdet werden, daß kleine Kinder nicht hinreichend vor Verkehrsunfällen geschützt werden und daß viele unserer Kinder in skandalöser Weise an Unterernährung leiden, sowohl im buchstäblichen als auch in dem Sinne, daß ihre gesundheitliche Versorgung und Erziehung vernachlässigt wird. In einer Welt, in der es diese realen Probleme gibt, brauchen wir keine zusätzlichen zu erfinden.

## Meile 119

Der Zelltod als Bildhauer während der Entwicklung: siehe Kap. 6 in Dale Purves und Jeff Lichtman, *Principles of Neural Development,* Sinauer, Sunderland, Massachusetts (1985). Für einen knappen Überblick über die neurale Entwicklung siehe Hilary Anderson, John S. Edwards und John Palka, »Developmental neurobiology of invertebrates«, *Annual Review of Neuroscience* 3:97–139 (1980). Für gewisse Zusammenhänge zwischen der Neontologie (Entwicklung) und der Paläontologie (Evolution der Art) siehe Wallace Arthur, *Mechanisms of Morphological Evolution: A Combined Genetic, Developmental and Ecological Approach,* Wiley-Interscience (1984).

Donald O. Hebb, in »Alice in Wonderland, or: Psychology among the biological sciences«. Aus *Biological and Biochemical Basis of Behavior,* hrsg. v. H. F. Harlow und C. N. Woolsey, Unversity of Wisconsin Press, Madison (1958).

## Meile 120

Neben dem Ausspruch von Peter Medawar gibt es eine andere alte Redensart im Hinblick auf neue Ideen. Zunächst ist eine neue Idee bloß falsch. Dann heißt es, sie sei gegen die Religion. Schließlich sagt man, daß jeder sie seit jeher gekannt habe, wozu dann also die Aufregung? Die Idee vom unterbrochenen Gleichgewicht soll jetzt in die dritte Phase eingetreten sein; siehe Roger Lewin, »Punctuated equilibrium is now old hat«, *Science* 231:672–673 (14. Februar 1986).

Glenn Hausfater und Sarah Blaffer Hrdy (Hg.), *Infanticide: Comparative and Evolutionary Perspectives,* Aldine, New York (1984). Siehe auch *Current Anthropology* 25:500–501 (1984). Eine weitere Quelle ist die Zeitschrift *Ethology and Sociobiology*; in ihrer ersten Ausgabe (1979) war Sarah Hrdys Analyse der Kindestötung unter dem Aspekt der natürlichen Auslese ein bedeutender Meilenstein auf diesem Gebiet.

Barbara Burke, »Infanticide«, *SCIENCE 84* 5(4):26–31 (Mai 1984).

Richard Dawkins, *The Extended Phenotype,* Freeman, San Francisco (1982).

Michael Ruse und Edward O. Wilson, »The evolution of ethics«, *New Scientist,* S. 50–51 (17. Oktober 1985).

Melvin Konner, *The Tangled Wing: Biological Constraints on the Human Spirit*, Holt, Rinehart, Winston, New York (1982).

Stephen Jay Gould, *The Mismeasure of Man*, W. W. Norton, New York (1981). Eine ernüchternde Darstellung des biologischen »Determinismus«, aber auch der wissenschaftlichen Suche nach einem Korrelat für größere Gehirne.

Robert Trivers, *Social Evolution*, Benjamin/Cummings, Palo Alto (1985).

Philip Kitcher *Vaulting Ambition: Sociobiology and the Quest for Human Nature*, MIT Press (1985). Siehe auch die Besprechung dieses Buches durch John Maynard Smith, *Nature* 318:121–122 (14. November 1985).

Theodosius Dobshansky, *Genetic Diversity and Human Equality*, Basic Books, New York (1973).

Hirnspezialisierungen für Kooperation: Das Entdecken von Lügen ist eine der Funktionen des rechten Schläfenlappens. Für Anwendung auf das Geschwätz von Politiker-Schauspielern siehe S. 77–79 von Oliver Sacks, *Der Mann der seine Frau mit einem Hut verwechselte*, Rowohlt, Reinbek (1990).

## Achter Tag

### Meile 120

Francis H. C. Crick, »Thinking about the brain«, *Scientific American* 241 (September 1979).

Vorhersage jungfräulicher Geburten: siehe *New Scientist* (18. Dezember 1980).

John Maynard Smith, »Game theory and the evolution of behaviour«, *Behavioral and Brain Sciences* 7(1):95–126 (März 1984).

Robert Axelrod, *Die Evolution der Kooperation*, Oldenbourg, München, 2. Aufl. (1991). Der klassische Aufsatz unter gleichem Titel ist von Robert Axelrod und William D. Hamilton, *Science* 211:1190–1196 (1981). Für eine geschichtliche Darstellung und Diskussion siehe die Kolumnen von Douglas Hofstadter in *Scientific American* (Mai und Juni 1983), wiederabgedruckt als Kapitel 28 und 29 in *Metamagicum*, Klett-Cotta, Stuttgart (1988).

### Meile 127

Erst Eva, dann Adam: siehe Jeremy Cherfas und John Gribbin, *The Redundant Male*, Pantheon, New York (1985).

Rüstungswettlauf zwischen Pflanzen und Insekten: Vortrag von May Berenbaum, »Chemical ecology synergisms«, in der Universität von Ottawa (19. Januar 1985). Die Vorstellung vom Rüstungswettlauf in der Ökologie wurde – wohl wieder ein Beispiel dafür, daß die Technik gelegentlich das theoretische Denken in der Biologie angeregt hat – entwickelt von Paul R. Ehrlich und Peter H. Raven, »Butterflies and plants: a study in coevolution«, *Evolution* 18:586–608 (1964). Siehe auch Lawrence E. Gilbert und Peter H. Raven (Hg.), *Coevolution of Animals and Plants*, University of Texas Press, Austin, überarb. Aufl. (1980).

A. Rosenfeld, »When man becomes as God: the biological prospect«, *Saturday Review* 5:15–20 (1977).

Den Hyperzyklus der asiatischen Grippe diskutiert Erich Jantsch in *Die Selbstorganisation des Universums*, Hanser, München, erw. Neuaufl. 1992, auf S. 262.

Selbstorganisation des Immunsystems: siehe Manfred Eigen und Ruthild Winkler, *Das Spiel*, Piper, München (1976). Das Buch beschreibt das Modell von Schlüssel und Schloß für eine Abwehrzelle und der Selbstorganisation für Vielfalt und Selbsterkennung. Die Übertragung dieser Idee auf eine begrenzte Aufbauphase in der pränatalen Entwicklung unter Verwendung der Strategie mit den sterilen Männchen stammt, soweit ich sehe, von mir (aber vielleicht habe ich ja auch das Rad zum zweiten Mal erfunden). Meine Was-Wenn-Beschreibung von Antigenen und Antikörpern ist eine allzu grobe Vereinfachung: siehe Niels K. Jerne, »The generative grammar of the immune system«, *Science* 229:1057–1059 (13. September 1985).

### Meile 132

Foto vom Stone Creek in Powell und Porter (gegenüber S. 91). Redfern (S. 28–29) illustriert eine Zeitlinie.

Evolution neuraler Mechanismen: für eine Diskussion der Evolution des Proteins, das den Natriumkanal in Nerven- und Muskelmembranen kontrolliert, siehe Bertil Hilles *Ionic Channels of Excitable Membranes*, Sinauer, Sunderland, Massachusetts (1984).

William H. Calvin und Daniel K. Hartline, »Retrograde invasion of lobster stretch receptor somata in the control of firing rate and extra spike patterning«, *Journal of Neurophysiology* 40:106–118 (Januar 1977). Für Signalcode-Vergleiche siehe W. H. Calvin, »Normal repetitive firing and its pathophysiology«, in *Epilepsy: A Window to Brain Mechanisms*, hrsg. v. Joan S. Lockard und Arthur A. Ward, Jr., Raven Press (1980), S. 97–121.

Eindringen von Kalzium beim Pantoffeltierchen: siehe Roger Ekert und David Randall, *Animal Physiology: Mechanisms and Adaptations*, 2. Aufl., Freeman, San Francisco (1983), S. 324, 401.

Für ein Beispiel von Prinzipien der Selbstorganisation bei neuralen Schaltungen für sensorische Schablonen (»Schemata«) siehe George N. Reeke, Jr., und Gerald M. Edelman, »Selective networks and recognition automata«, *Annals of the New York Academy of Sciences* 426:181–201 (1984). Siehe auch Gerald M. Edelman und Vernon B. Mountcastle, *The Mindful Brain*, MIT Press, Cambridge (1978).

### Meile 134

Den Tapeats Canyon oberhalb von Bright Angel zeigt Blaustein auf Foto 60, den Colorado River in der Nähe des Lagerplatzes auf Foto 63. Den Tapeats Creek in der Nähe der Mündung zeigen Powell und Porter auf dem Foto gegenüber S. 102. Die Thunder Springs zeigen Blaustein auf Foto 61 sowie Powell und Porter gegenüber S. 104.

Ausspruch von R. C. Euler in Fowler et al. (1969), zitiert bei Meile 52.

Ann Trinkle Jones und Robert C. Euler, *A Sketch of Grand Canyon Prehistory*, Grand Canyon Natural History Association, Grand Canyon (1979).

Erdrutsch am Mount St. Helens: Die Spuren der großen Woge kann man sehen, wenn man am Ende der Forststraße etwa 40 km südlich von Randle, Washington, in Richtung Windy Ridge fährt.

Tropische Böden: siehe Paul Colinvaux, *Why Big Fierce Animals Are Rare*, Princeton University Press, Princeton (1978).

Daniel Simberloff, Buchbesprechung in *The Sciences* (New York Academy of Sciences) 25(1):54 (Januar 1985). E. O. Wilson, *Biophilia*, Harvard University Press, Cambridge (1984).

Norman Myers, *The Primary Source: Tropical Forests and Our Future*, W. W. Norton, New York (1984).

Catherine Caufield, *In the Rainforest*, Alfred A. Knopf, New York (1985).

Stephen H. Schneider und Randi Londer, *The Coevolution of Climate and Life*, Sierra Club Books, San Francisco (1984).

Mick Kelly, »Not with a bang but a winter«, *New Scientist*, S. 33–36 (13. September 1984).

Der TTAP-Artikel und die Beurteilung der Biologen in *Science* 222(4630):1283–1300 (23. Dezember 1983); wiederabgedruckt als Anhang in Paul R. Ehrlich, Carl Sagan, Donald Kennedy und Walter Orr Roberts, *The Cold and the Dark: The World after Nuclear War*, W. W. Norton, New York (1984). Siehe ferner: National Academy of Sciences (U.S.), *The Effects on the Atmosphere of a Major Nuclear Exchange*, National Academy Press, Washington, D.C. (1985).

Über die Untersuchung von Crutzen berichtet Dennis Overbye, »Prophet of the cold and dark«, *Discover*, S. 24–32 (Januar 1985). Die Entdeckung von Alvarez schildert Richard A. Muller, »An adventure in science«, *New York Times Magazine*, S. 34–50 (24. März 1985).

Valmore C. LaMarche, Jr., und Katherine K. Hirschboeck (1984). »Frost rings in trees are records of major volcanic eruptions«, *Nature* 307:121–126 (12. Januar 1984).

Stephen H. Schneider, »Atmospheric double exposure«, *Natural History* 93(4):98–101 (April 1984).

## Neunter Tag
Meile 134

Katzenfretts: siehe Donald F. Hoffmeister, *Mammals of Grand Canyon*, University of Illinois Press, Urbana (1971).

DNA-Daten: siehe Charles G. Sibley und Jon E. Ahlquist, »The phylogeny of hominoid primates, as indicated by DNA-DNA hybridization«, *Journal of Molecular Evolution* 20:2–15 (1984).

Steven M. Stanley, *The New Evolutionary Timetable: Fossils, Genes, and the Origin of Species*, Basic Books, New York (1981).

Stephen Jay Gould, »The cosmic dance of Shiva«, *Natural History* 93(8):14–19 (1984).

John A. O'Keefe, »The terminal Eocene event: formation of a ring system around the Earth?«, *Nature* 285:309–311 (1980). Siehe auch *New Scientist*, S. 13 (21. März 1985) für Hinweise auf eine Herkunft der Tektite aus Mondvulkanen.

Meile 136

Die unteren Wasserfälle des Deer Creek sind abgebildet in Geerlings auf S. 120, in Blaustein auf Foto 67. Den Zugang zu dem versteckten Tal zeigen Powell und Porter gegenüber S. 113, in Richtung des Colorado zu dem Punkt zurückblickend, wo der Pfad hervortritt. Gegenüber S. 118 findet man eine Ansicht der Katarakte. Leydet, S. 139, zeigt den oberhalb der Katarakte ins Tal hineinführenden Pfad; S. 141 zeigt die »begrenzte« Ansicht der oberen Deer Creek Falls, mit denen der Katarakt beginnt.

Alister C. Hardy, »Was man more aquatic in the past?«, *New Scientist* 7:642–645 (1960).

Elaine Morgan, *Der Mythos vom schwachen Geschlecht*, Econ, Düsseldorf (1972), und *Kinder des Ozeans*, Goldmann, München (1989). Im Anhang von 1989 ist ein größerer Auszug aus Leon LaLumieres Artikel zusammen mit den Artikeln von Alister Hardy abgedruckt. Aktuelle Nachträge finden sich im *New Scientist* vom 12. April 1984 (S. 11, über Salzregulation), 21. März 1985 (S. 27, über Schwitzen und Weinen) und 6. März 1986 (S. 62–63, über die Evolution des Kehlkopfes). Für den »Wasser auf dem Gesicht«-Effekt siehe Masaud Mukhtar und John Patrick, *Journal of Physiology* (London) 370:13 (1986). Für eine Bibliographie siehe Marc J. B. Verhaegen, »The aquatic ape theory: Evidence and a possible scenario«, *Medical Hypotheses* 16:17–33 (1985).

Für eine neuere Gesamtdarstellung dessen, was geologisch in der alten Danakil-Meerenge passiert, siehe P. Choukroune et al., »Tectonics of the westernmost Gulf of Aden and the Gulf of Tadjoura from submersible observations«, *Nature* 319:396–399 (30. Januar 1986).

Shlomo Cohen, *Red Sea Diver's Guide*, Red Sea Publications, Tel Aviv, Israel (1975). Nachdem Israel 1982 den Sinai an Ägypten zurückgegeben hatte, kehrten ägyptische Fischer in die Sinai-Gewässer zurück, die mit Dynamit die Fische töteten und abräumten, was nach oben trieb, wobei sie zahlreiche, Millionen Jahre alte Korallenriffe zerstörten.

Randall Susmans Beobachtungen von Zwergschimpansen, die im Wasser waten und Fische fangen, werden geschildert von Raul Raeburn, »An uncommon chimp«, *SCIENCE 83* 4(5):40–48 (Juni 1983).

Adrienne L. Zihlman, John E. Cronin, Douglas L. Cramer und Vincent M. Sarich, »Pygmy chimpanzee as a possible prototype for the common ancestor of humans, chimpanzees, and gorillas«, *Nature* 275:744–746 (1978).

John Emsley, »There is no substitute for salt«, *New Scientist* 1433:28–32 (6. Dezember 1984). Eine enzyklopädische Darstellung gibt Derek Denton, *The Hunger for Salt*, Springer Verlag, New York (1982).

Jane Goodall, *Wilde Schimpansen*, Rowohlt, Reinbek (1971).

Jane Goodall, »Continuities between chimpanzee and human behavior«, in *Human Origins: Louis Leakey and the East African Evidence*, Bd. 3 von *Persepctives on Human Evolution*, hrsg. v. Glynn Ll. Isaac und Elizabeth R. McCown, W. A. Benjamin, Menlo Park, California (1976), S. 81–96.

Jane Goodall, »The behavior of free-living chimpanzees in the Gombe Stream Preserve«, *Animal Behavior Monographs* 1(3):161–311 (1986). Siehe S. 203 für Wurfdaten.

Geza Teleki, »The omnivorous chimp«, *Scientific American* 228(1):32–42 (1973).

Frans de Waal, *Wilde Diplomaten: Versöhnung und Entspannungspolitik bei Affen und Menschen*, Hanser, München und Wien, 1991.

Dian Fossey, *Gorillas im Nebel. Mein Leben mit den sanften Riesen*, Kindler, München (1989). Ihr Lebenswerk (sie wurde Ende 1985 ermordet) ermöglicht es, Gorillas und Schimpansen in ihrer natürlichen Umgebung miteinander zu vergleichen; die unterschiedlichen Ernährungs- und Paarungssysteme tragen dazu bei, sich ein denkbares zusammengesetztes Bild von unserem Urahn vor zehn Millionen Jahren auszumalen.

Lewis R. Binford, *In Pursuit of the Past: Decoding the Archaeological Record*, Thames and Hudson, New York (1983).

Robin Dunbar, »The ecology of monogamy«, *New Scientist* 103:12–15 (30. August 1984).

Nancy Makepeace Tanner, *On Becoming Human*, Cambridge University Press, New York (1981). Es kommt bei Schimpansen gelegentlich zum Teilen der Nahrung, wenn etwa erbeutete Kleintiere, darunter junge Pinselschweine und Affen, aufgeteilt werden.

Partnerbeziehungen bei Primaten: für Paviane siehe Shirley C. Strum, »Baboons may be smarter than people«, *Animal Kingdom* (New York Zoological Society) 88(2):12–15 (April 1985). Für Schimpansen siehe de Waal und Goodall.

David R. Carrier, »The energetic paradox of human running and hominid evolution«, *Current Anthropology* (August 1984).

Eric Delson, »Oreopithecus is a cercopithecoid after all«, *American Journal of Physical Anthropology* 50(3):431–432 (1979).

Verborgene Ovulation: siehe Richard D. Alexander und Katherine N. Noonan, »Concealment of ovulation, parental care, and human social evolution«, S. 436–453 in *Evolutionary Biology and Human Social Behavior: An Anthropological Perspective*, hrsg. v. N. A. Chagnon und W. G. Irons, Duxbury Press, North Sciuate, Massachusetts (1979). Zusammengefaßt in R. D. Alexander, *Darwinism and Human Affairs*, University of Washington Press, Seattle (1979).

C. Owen Lovejoy, »The natural detective«, *Natural History* 93(10):24–28 (November 1984). Für eine moderne Savannentheorie siehe C. Owen Lovejoy, »The origin of man«, *Science* 211:341–350 (23. Januar 1981). Was er zur Reproduktionsstrategie sagt, schildern Donald Johanson und Maitland Edey in *Lucy: The Beginnings of Humankind,* Simon and Schuster, New York (1981).

Richard B. Lee, »What hunters do for a living or, how to make out on scarce resources«, in *Man the Hunter,* hrsg. v. R. B. Lee und I. DeVore, Aldine, Chicago (1968), S. 30–48.

Sarah Blaffer Hrdy, *The Woman That Never Evolved,* Harvard University Press, Cambridge (1981).

Lucy und ihre Familie werden besprochen von Donald C. Johanson und Tim D. White, »A systematic assessment of early African hominids«, *Science* 203:321–330 (1979), und in dem populärwissenschaftlichen Buch von Donald Johanson und Maitland Edey, *Lucy: The Beginnings of Humankind,* Simon and Schuster, New York (1981). Der Afarensis-Fan sollte das *Journal of Physical Anthropology,* 57:373–724 (1982) nachlesen. Über die Datierung des aufrechten Gangs berichten Richard L. Hay und Mary D. Leakey, »The fossil footprints of Laetoli«, *Scientific American* 246:50–57 (1982).

## Meile 137

Everett J. Bassett, Margaret S. Keith, George J. Armelagos, Debra L. Martin und Antonio R. Villanueva, »Tetracycline-labeled human bone from ancient Sudanese Nubia (A.D. 350)«, *Science* 209: 1532–34 (26. September 1980).

Richard Potts, »Home bases and early hominids«, *American Scientist* 72:338–347 (Juli-August 1984). Weist darauf hin, daß die frühen Fundstätten nicht Wohnorte, sondern Schauplätze von Gemetzeln sein könnten. Sammler und Jäger von heute beziehen, wenn sie in ein früher genutztes Gebiet zurückkehren, nicht wieder exakt den gleichen Ort, da der zurückgelassene Abfall Ameisen und dergleichen angezogen hat. Für die Homiden könnte es das beste gewesen sein, auf Bäumen zu wohnen und und die Beute nicht direkt daneben zu zerlegen.

Höhlenwohnungen und Feuer beim Pekingmenschen: siehe Einwände von Lewis Binford und Chuan Kun Ho in *Current Anthropology* 26:413 (1985).

Glynn Ll. Isaac und Diana C. Crader, »To what extent were early hominids carnivorous? An archeological perspective«, Kap. 3 in *Omnivorous Primates: Gathering and Hunting in Human Evolution,* hrsg. v. Robert S. O. Harding und Geza Teleki, Columbia University Press, New York (1981).

Eileen M. O'Brien, »What was the Acheulean hand ax?«, *Natural History* 93:20–23 (Juli 1984).

Eileen O'Brien, »The projectile capabilities of an Acheulian handaxe from Olorgesailie«, *Current Anthropology* 22:76–79 (Februar 1981).

M. D. W. Jeffreys, »The handbolt«, *Man* 65:153–154 (1965).

Acheuléen-Faustkeile gibt es in zwei Hauptvarianten: solche, bei denen ein Ende schwerer ist, und eiförmige, bei denen der Schwerpunkt in der Mitte liegt und der Rand auf dem gesamten Umfang zu einer scharfen Kante zurechtgestutzt ist. Siehe S. 46 in *Flint Implements*, hsg. v. British Museum, 3. Aufl. (1968). »Oft ist auch das hintere Ende eines zugespitzten Faustkeils zu einer so scharfen Kante ausgebildet, daß man kaum glauben kann, daß er in der Hand gehalten wurde, während die Spitze oft so fein ist, daß man meint, sie sei zu zerbrechlich für eine Nutzung, die dem vergleichsweise massiven hinteren Ende angemessen wäre... Man kann natürlich nicht ausschließen, daß die eiförmigen Keile nach der Beute geworfen wurden.«

Wegen des aerodynamischen Auftriebs fliegt der Diskus weiter, wenn man ihn *gegen* die Windrichtung wirft, was den Jägern, die sich aus der dem Wind abgekehrten Richtung an die Beute heranzupirschen versuchten, vermutlich zupaß kam. Siehe Peter J. Brancazio, *Sport Science: Physical Laws and Optimum Performance*, Simon and Schuster, New York (1984), S. 367.

Mit dem Ausdruck »stochastische Werkzeugherstellung« ziele ich auf das Zerschlagen von kartoffelgroßen Steinen durch rohe Kraft, aufs Geratewohl (siehe Fünfter Tag, Meile 93). Der verstorbene Archäologe Glynn Ll. Isaac demonstrierte die Methode am 31. Januar 1984 in einem Vortrag an der Universität von Washington unter dem Titel »Frühe Hominiden: Evolution und Umweltbedingungen, technische und soziale Initiativen«. Der Berkeley-Archäologe Nicholas Toth beschreibt seine Versuche mit Verfahren der Geräteherstellung eingehend in »The Oldowan reassessed: a closer look at early stone artifacts«, *Journal of Archaeological Sciences* 12:101 (1985) sowie in »Archaeological evidence for preferential right-handedness in the lower and middle Pleistocene, and its possible implications«, *Journal of Human Evolution* 14:607 (1985); damit zusammenhängende Probleme werden besprochen von Sarah Bunney, »The origins of manual dexterity«, *New Scientist*, S. 24 (28. November 1985), und Roger Lewin, »When stones can be deceptive«, *Science* 231:113–115 (10. Januar 1986).

Glynn Llywelyn Isaac, »Aspects of human evolution«, in *Essays on Evolution: A Darwin Centenary Volume* (Cambridge University Press, 1983).

Für eine kurze Geschichte des IBM-PC und das 1985 eingetretene Ende des unabhängigen Ablegers von IBM in Florida siehe Dennis Kneale, »IBM will move headquarters of PC division«, *Wall Street Journal*, S. 2 (14. Juni 1985). Der Ableger »begann 1981 als eigenständige ›unabhängige Unternehmenseinheit‹ mit einer Handvoll Angestellter, die nicht der scharfen Aufsicht des IBM-Konzerns unterstanden. Die Einheit entwickelte in nur drei Monaten einen PC-Prototyp und brachte die Maschine knapp ein Jahr später auf den Markt, indem sie mit der starren Regel von IBM brach und für viele Teile konzernfremde Lieferanten heranzog.«

Mit der Energieeinsparung in der Nahrungskette ist natürlich gemeint, daß durch jede Zwischenstufe 90 Prozent der Kalorien vergeudet werden. Bauern halten bevorzugt Tiere, bei denen der Wirkungsgrad günstiger ist als $\frac{1}{10}$, zumindest bei der Umwandlung von Getreide in Fleisch: ⅛ bei Rindern, ¼ bei Schweinen und ½ bei Geflügel (im günstigsten Fall). Die halbe Getreideproduktion der Welt wird heute von Tieren verzehrt, damit statt des Getreides selbst Fleisch auf die Teller der westlichen Welt kommt. E. J. Kahn, Jr., »Profiles (Corn)«, *New Yorker* (18. Juni 1984); siehe auch sein *Staffs of Life*, Little, Brown, Boston (1985).

## Zehnter Tag
### Meile 137
Hirnvolumen bei *Homo erectus:* G. Philip Rightmire, Vortrag unter dem Titel »Early hominids in southeast Asia« an der Universität von Washington, 6. März 1984. Daß das Hirnvolumen sich in den 1,5 Millionen Jahren des *Homo erectus* verändert hat, zeigt Milford H. Wolpoff in *Paleobiology* (Herbst 1984).

Wu Rukang und Lin Shenglong, »Peking Man«, *Scientific American* 248:86−94 (Juni 1983).

Erik Trinkaus und William W. Howells, »The Neanderthals«, *Scientific American* 241(6):118−133, Dezember 1979.

Eine Zusammenschau von Primatenverhalten und Hominidenevolution bietet John E. Pfeiffer, *The Emergence of Humankind,* Harper and Row, New York (1985).

Die afrikanischen Ursprünge des anatomisch modernen *Homo sapiens sapiens* vor 100 000 Jahren und die explosionsartige Vermehrung der relativ kleinen Gruppen, die aus Afrika auswanderten, diskutieren J. S. Wainscoat et al., »Evolutionary relationships of human populations from an analysis of nuclear DNA polymorphisms«, *Nature* 319:491−493 (6. Februar 1986).

### Meile 143
Randall L. Susman (Hg.), *The Pygmy Chimpanzee,* Plenum, New York (1984). Gavin de Beer, *Embryos and Ancestors,* Oxford University Press (1958).

Stephen Jay Gould, *Ontogeny and Phylogeny,* Harvard University Press, Cambridge (1977).

Ashley Montagu, *Zum Kind reifen,* Klett-Cotta, Stuttgart (1984).

Raymond P. Coppinger und C. Kay Smith, Buchbesprechung in *The Sciences* (New York Academy of Sciences) 23(3):50−54 (Mai-Juni 1983).

Lloyd D. Partridge, »The good enough calculi of evolving control systems: Evolution is not engineering«, *American Journal of Physiology* 242:R173-R177 (1982).

Die »explosionsartige Speziation« der Buntbarsche in ostafrikanischen Seen, siehe P. H. Greenwood, *Bulletin of the Britisch Museum (Natural History), Zoology Supplement* 6:1−13 (1974). Die vielen neuen Arten werden jedoch durch das gedankenlose Einsetzen von räuberischen Fischarten in den afrikanischen Seen vernichtet; das Einsetzen des Nil-Flußbarsches war eine Katastrophe; die wirtschaftlich bedeutsamen angestammten Fischarten sind nicht nur zurückgegangen, sondern praktisch verschwunden. Siehe C. D. N. Barel et al., »Destruction of fisheries in Africa's lakes«, *Nature* 315:19–20 (2. Mai 1985).

Mosaikartige Selektion hochgejubelt: Die primäre »Herausforderung« für den Darwinismus geht heute nicht von den Kreationisten aus, sondern von Evolutionisten, die an den Darwinismus glauben, aber der Meinung sind, daß zufällige Variationen und natürliche Auslese nicht alles sind, daß Entwicklungsprozesse und selbstorganisierende Eigenschaften der Materie dafür sorgen, daß die Variationen streng genommen nicht zufällig sind. Siehe Mae-Wan Ho, Peter Saunders und Sidney Fox, »A new paradigm for evolution«, *New Scientist* 149:41–43 (27. Februar 1986).

## Meile 145

Ein umfassendes Lehrbuch der physischen Anthropologie ist Bernard Campbells *Human Evolution*, 3. Aufl., Aldine, New York (1985). Siehe auch Fred H. Smith und Frank Spencer (Hg.), *The Origins of Modern Humans*, Liss, New York (1984).

Kopfgröße im Verhältnis zum übrigen Körper auf verschiedenen Entwicklungsstufen: Siehe Abb. 17.17 in W. T. Keetons Lehrbuch *Biological Science*, 3. Aufl. (1980), und W. M. Krogman, »Growth changes in the skull, face, jaws, and teeth of the chimpanzee«, in *The Chimpanzee: Anatomy, Behavior, and Diseases*, hrsg. v. G. H. Bourne, Karger, Basel (1969), S. 104–164.

Für einen Vergleich zwischen Primaten bezüglich des Hirnvolumens siehe Richard Passinghams hervorragendes Lehrbuch *The Human Primate*, Freeman, San Francisco (1982), S. 112. Passingham gelingt es bemerkenswerterweise, den für die Hominidenevolution bedeutsamen Komplex von Juvenilisation-Neotenie-Pädomorphismus zu umgehen. Die Anthropologen stehen mit dieser Neigung leider nicht allein; die Neotenie ist ein auch von vielen Biologie-Lehrbüchern, z. B. Keeton, gemiedenes Thema.

Die folgende Tabelle über Dauer der Trächtigkeit bzw. Schwangerschaft, Entwöhnungsalter, Alter bei der Menarche und Lebenszeit (beim Menschen auf voragrarische Gesellschaften bezogen) für eine Reihe von Primaten-Spezies stammt aus P. H. Harvey und T. H. Clutton-Brock, »Life history variation in primates«, *Evolution* 39:559–581 (Mai 1985).

| | Trächtigkeit | Entwöhnung | Menarche | Lebenszeit |
|---|---|---|---|---|
| | | (alle Angaben in Jahren) | | |
| Lemur | 0,36 | 0,3 | 2,0 | 30 |
| Rhesus | 0,46 | 1,0 | 4,0 | 30 |
| Pavian | 0,50 | 1,2 | 3,8 | 35 |
| Gibbon | 0,57 | 2,0 | 8,0 | 31 |
| Orang-Utan | 0,71 | 3,0 | 7,0 | 50 |
| Gorilla | 0,70 | 4,3 | 6,5 | 39 |
| Schimpanse | 0,62 | 4,0 | 10,0 | 45 |
| Homo sapiens | (0,73) | 6,0 | 16,5 | 70 |

Dauert die Tragezeit beim Schimpansen etwa acht Monate, so müßte die Schwangerschaft beim Menschen doppelt so lang sein (1,3 Jahre), wenn wir bei der Geburt ebenso reif sein sollten wie andere Menschenaffen (gemessen an solchen Kennzeichen der Entwicklung wie der Fähigkeit, aufrecht zu sitzen, und der Schließung der Schädelnähte). Siehe J. M. Tanner, *Foetus into Man: Physical Growth from Conception to Maturity*, Harvard University Press, Cambridge (1978). Man könnte sagen, daß das erste Halbjahr nach der Geburt eine extrauterine Schwangerschaftsphase darstellt, die 40 Prozent der gesamten Schwangerschaft ausmacht (der Hauptgrund für die »vorzeitige« Geburt ist natürlich der Kopfumfang des Fötus). Es ist so ähnlich wie bei den Känguruhs, nur ohne Beutel. Stephen Jay Gould diskutiert dies in bezug auf den *Homo erectus* in einem Essay, der in *Discover* (Dezember 1985), S. 53–58, abgedruckt ist. Vom Schimpansen zum Menschen verdoppeln sich ungefähr alle Lebensphasen, entsprechend halbiert sich die Gangart der Entwicklungsuhr.

Masao Kawai, »Newly acquired precultural behavior of the natural troop monkeys on Koshima islet«, *Primates* 6:1–30 (1965).

Werkzeugherstellung beim Orang-Utan: R. V. S. Wrights Untersuchung ist dargestellt in Passingham, S. 135 ff.

Für eine allgemeinere Behandlung des Hirnvolumens bei Wirbeltieren siehe Paul H. Harvey et al., »Brain size and ecology in small animals and primates«, *Proceedings of the National Academy of Sciences* (U.S.) 77:4387–4389 (1980).

## Meile 148

Matkatamiba wird gezeigt auf Blaustein Fotos 73–75, bei Powell und Porter gegenüber S. 77 und bei Redfern auf S. 154.

»Wir denken nicht, weil unser Gehirn groß ist...«: Robert Ardrey, *The Hunting Hypothesis*, Atheneum, New York (1976), S. 106. Treffend (wie immer) hat es Stephen Jay Gould ausgedrückt in *Flamingo's Smile*, S. 401: »Man hüte sich stets vor Schlußfolgerungen, die eine unkritische Hoffnung bestärken und den beschwichtigenden Traditionen des abendländischen Denkens folgen.«

Das »verläßliche Rezept für eine schnelle Evolution«: In diesem Rezept für eine Beschleunigung der Evolution spielen, wie Sie bemerkt haben werden, Mutationsraten keine wesentliche Rolle; die auf der Sexualität beruhende Permutation wird als völlig ausreichend betrachtet. Es gibt jedoch Zyklen, die eine erhöhte kosmische Strahlung und damit eine höhere Zahl von Punktmutationen mit sich bringen: Das Magnetfeld der Erde hat sich in den letzten zwei Millionen Jahren mehrmals umgekehrt; bei diesen Umkehrungen sind die Van-Allen-Gürtel, die normalerweise einen Teil der einfallenden Teilchen draußen im All abfangen, zeitweilig aufgehoben. Man weiß nicht, wie wichtig diese Umkehrungen sind; ihre Wirkung könnte darin bestehen, daß Mutationen häufiger vorkommen, oder einfach in einer Verschärfung der natürlichen Auslese durch eine Verknappung des Nahrungsangebots. Seit 0,73 Millionen Jahren hat sich das Feld nicht mehr umgekehrt, doch wenn seine Stärke weiterhin so schnell abnimmt, wie wir es seit etwa 1950 beobachten, könnte es in 250 Jahren erneut zu einer Umkehrung kommen.

Diskussion der Aasräuberei: siehe Pat Shipman, »The ancestor that wasn't«, *The Sciences* 25(2):43–48 (März 1985), und den Bericht von Bruce Bower, »Hunting ancient scavengers«, *Science News* 127:155–157 (9. März 1985). Wenn man von einem seltenen Raubtier an der Spitze als Mittelsmann abhängig ist, werden quantitative energetische Überlegungen sehr bedeutsam, doch in der Regel bleibt diese offenkundige Beschränkung der Größe der eigenen Nische innerhalb der Nahrungskette unerwähnt; Aasräuberei ist ein gutes Beispiel für eine begrenzte Wachstumskurve.

William H. Calvin, »A stone's throw and its launch window: Timing precision and its implications for language and hominid brains«, *Journal of Theoretical Biology* 104:121–135 (September 1983).

William H. Calvin, *The Throwing Madonna: Essays on the Brain*, McGraw-Hill, New York (1983). Im Anhang ist mein Artikel aus *Ethology and Sociobiology* von 1982 abgedruckt; was ich dort für die Anfänge des Werfens bei den Vorläufern des Menschen anführte, ist weitgehend überholt durch die hier genannten Gründe, darunter das Werfen als Drohgebärde seitens von Aasräubern, das wahllose Hineinschleudern des Faustkeils in Herden am Wasserloch, das sich zu einem gezielten Wurf auf kleinere Einzelziele entwickelt. Ich danke meiner Kollegin Joan Lockard für den Hinweis auf das Werfen als Drohgebärde. Für eine neuere Diskussion der Ursprünge der Händigkeit siehe Peter F. MacNeilage, Michael G. Studdert-Kennedy und Björn Lindblom, »Primate handedness reconsidered«, *Behavioral and Brain Sciences*, in Vorbereitung.

William H. Calvin und Charles F. Stevens, »Synaptic noise and other sources of randomness in motoneuron interspike intervals«, *Journal of Neurophysiology* 31:574–587 (Juli 1968).

Philip J. Darlington, Jr., *Evolution for Naturalists*, Wiley, New York (1980). Einer der ersten Verfechter der evolutionären Rolle des Werfens.

Jane Goodall, *Wilde Schimpansen*, Rowohlt, Reinbek (1971).

Darwin erkannte, daß nicht der Durchschnittstyp einer Spezies, sondern die individuellen Abweichungen von diesem Durchschnitt die Evolution vorantreiben: siehe Richard C. Lewontin, »Darwin's revolution«, *New York Review of Books* (16. Juni 1983).

Sven O. E. Ebbesson, »Evolution and ontogeny of neural circuits«, *Behavioral and Brain Sciences* 7(3):321–331 (September 1984). Mein Kommentar: »Precision timing requirements suggest wider brain connections, not more restricted ones« erscheint in der genannten Ausgabe auf S. 334. Erhaltung ausgedehnter Verbindungen innerhalb der Großhirnrinde: Dies ist nur ein neuroanatomisches Beispiel für das verbreitete biologische Prinzip der Progenese, das Zurücktreten von einer überspezialisierten Körperform, um wieder zu einer stärker generalisierten zu gelangen.

Wissenschaftler benutzen dauernd das Gesetz der großen Zahl, wegen seiner Anwendung auf die Statistik (deshalb bemüht man sich um eine große Zahl gesonderter Meßwerte, durch die zufällige Fehlerquellen im Mittelwert verschwinden); um den Meßfehler zu halbieren, muß man viermal so viele Messungen machen. Wenn es jedoch um die Natur geht, vergessen wir leicht das Gesetz der großen Zahl. Es hat nämlich etwas mit Addieren und Subtrahieren und Dividieren zu tun, und das ist etwas, das wir bei einem wissenschaftlichen Versuch mit Papier und Bleistift erledigen. Dies ist aber etwas so Künstliches, daß wir uns nicht vorstellen können, daß die Natur genau dasselbe tut. Doch gelegentlich tut die Natur es eben doch, wenn beispielsweise die unregelmäßigen elektrischen Ströme von Herzzellen gepoolt werden, damit der Herzschlag regelmäßiger wird. Jeder ist seiner Stochastik Schmied!

Meile 150

Weibliche Szenarien für die Entwicklung von Hämmern und Werfen: siehe die Kapitel 1 und 3 in William H. Calvin, *The Throwing Madonna: Essays on the Brain*, McGraw-Hill, New York (1983). Daß Frauen auf Jagd gegangen sein könnten, erörtert Agnes Estioko-Griffin, »Daughters of the forest«, *Natural History* 95(5):36–43 (Mai 1986).

William McGrew, »Evolutionary implications of sex differences in chimpanzee predation and tool use«, in *The Great Apes*, Bd. 5 von *Perspectives on Human Evolution*, hrsg. v. David A. Hamburg und Elizabeth R. McCown, Benjamin/Cummings, Menlo Park, California (1979), S. 441–464.

Christophe Boesch und Hedwige Boesch, »Sex differences in the use of natural hammers by wild chimpanzees: A preliminary report«, *Journal of Human Evolution* 10:585–593 (1981).

Jane Goodall, »Tool-using in Primates and Other Vertebrates«, *Advances in the Study of Behaviour* 3:195–249 (1970).

Frances Dahlberg (Hg.), *Woman the Gatherer*, Yale University Press, New Haven (1981). Enthält eine Diskussion der Agta auf den Philippinen, wo die Frauen systematisch jagen.

Meile 153

Ich hoffe, daß Katholiken an dem von mir gewählten illustrativen Beispiel (»Gegrüßet seist Du, Maria« usw.) keinen Anstoß nehmen; es hat sich tatsächlich so zugetragen, wie ich es berichte, und die Frau war so katholisch, wie man durch jahrelangen Besuch einer von Nonnen betriebenen Schule nur werden kann. Die abendliche Diskussion über seriell geordnete und emotionale Sprache sollte eigentlich jedem klar machen: Wenn es sich nicht so zugetragen hätte, hätte ich etwas Ähnliches als Lehrbeispiel erfinden müssen. So auch bei der Diskussion über tierisches Verhalten als Modell für menschliches Sexualverhalten bei Meile 136: Der Kontrast zwischen den Ansichten der katholischen Kirche über eine Sexualität, die nicht der Fortpflanzung dient, und ihrer oftmals geäußerten Sorge um den Erhalt der Familie liefert ein lehrreiches Beispiel dafür, daß mangelndes Verständnis der Soziobiologie der Fortpflanzung einem humanitären Ziel schaden kann. Wenn man wie ich in einem Land lebt, wo ein Viertel aller Kinder in Armut lebt, weil vielfach nur ein Elternteil da ist, wo die Scheidungszahlen doppelt so hoch sind wie in dem Land mit der zweithöchsten Scheidungsziffer, kann man nur wünschen, daß jeder die Aufzucht der Kinder so ernst nimmt wie die katholische Kirche.

## Meile 155

William H. Calvin und G. A. Ojemann, *Inside the Brain: Mapping the Cortex, Exploring the Neuron*, New American Library, New York (Mentor-Paperback 1980). Dieses Lehrbuch, vor der Formulierung der Wurftheorie verfaßt, erläutert Karten des Gehirns und eignet sich besonders als Einführung in die sprachlichen Spezialisierungen. Für eine fortgeschrittene Darstellung siehe George A. Ojemann, »Brain organization for language from the perspective of electrical stimulation mapping«, *Behavioral and Brain Sciences* 6(2):189–230 (Juni 1983).

Doreen Kimura, »Neuromotor mechanisms in the evolution of human communication«, in *Neurobiology of Social Communication in Primates*, hrsg. v. H. D. Steklis und M. J. Raleigh, Academic Press, New York (1979), S. 197–219.

Ashley Montagu, »Toolmaking, hunting, and the origin of language«, *Annals of the New York Academy of Sciences* 280:266–274 (1976).

Sowohl die Phonemfolge auf der Ebene der Wörter als auch die Wortfolge auf der Ebene der Sätze beachten den Unterschied zwischen der Repräsentation von Signalen und der Bedeutung; man spricht hier vom Dualismus der Strukturen. Siehe C. F. Hockett, »The origin of speech«, *Scientific American* 203:88–108 (1960).

Ovid J. L. Tzeng und William S. Y. Wang, »Search for a common neurocognitive mechanism for language and movements«, *American Journal of Physiology* 246:R904-R911 (1984). Sequenzieren ist als neuraler Vorläufer von Sprache zu sehen.

Vorläufer von Wortfolgeregeln in Verhaltensmustern von Primaten: siehe Rom Harre und Vernon Reynolds (Hg.), *The Meaning of Primate Signals*, Cambridge University Press (1984).

Sue Taylor Parker und Kathleen Rita Gibson, »A developmental model for the evolution of language and intelligence in early hominids«, *Behavioral and Brain Sciences* 2:367–408 (1979). Siehe auch die anschließenden Kommentare in der Ausgabe vom Juni 1982.

Dwight Sutton, »Mechanisms underlying vocal control in nonhuman primates«, in *Neurobiology of Social Communication in Primates*, hrsg. v. H. D. Steklis und M. J. Raleigh, Academic Press, New York (1979), S. 45–68.

J. L. Bradshaw und N. C. Nettleton, »The nature of hemispheric specialization in man«, *Behavioral and Brain Sciences* 4:52–92 (März 1981).

Nachbarn der Sprachrinde: Die prämotorische Rinde, üblicherweise mit solchen Dingen wie der Planung sequentieller motorischer Handlungen in Verbindung gebracht (tatsächlich bestehen ausgedehnte Verbindungen zum Handgelenk-Teil der motorischen Rinde), dient bei Menschen auch als sprachlicher Bereich (siehe Ojemanns Karten). Stephen P. Wise, »The primate premotor cortex«, *Annual Reviews of Neuroscience* 8:1–19 (1985); K. F. Muakassa und Peter L. Strick, »Frontal lobe inputs to primate motor cortex: Evidence for four somatotopically organized ›premotor‹ areas«, *Brain Research* 177:176–182 (1979); Gary Goldberg, »Supplementary motor area structure and function: Review and hypotheses«, *Behavioral and Brain Sciences* 8(4):567–616 (Dezember 1985).

Der Abstieg des Kehlkopfes: siehe Jeffrey T. Laitman, »The anatomy of human speech«, *Natural History* 93(8):20–27 (August 1984).

Für einen Überblick über die Biologie der Sprache siehe William S. Y. Wangs Sammlung von Beiträgen zu *Scientific American* unter dem Titel *Human Communication: Language and its Psychobiological Bases,* Freeman, San Francisco (1982). Siehe auch Philip Liebermans *The Biology and Evolution of Language,* Harvard University Press, Cambridge (1984). Er weist zutreffend darauf hin, daß der Abstieg des Kehlkopfes beim anatomisch modernen *Homo sapiens sapiens* nicht mit Neotenie erklärt werden kann; die Neotenie als ein wesentlicher Faktor der Hominidenevolution wird dadurch nicht »widerlegt«, sondern es zeigt sich nur ein weiteres Mal, daß mit ihr nicht alles erklärt werden kann. Die Neotenie kann auch nicht die Form unserer Nase erklären, und die ist nicht subtil und versteckt (Elaine Morgan vermutet, daß unsere Nasenform eine aquatische Anpassung darstellt).

Nichtverbale Kommunikation: siehe Alison Jolly, »The evolution of primate behavior«, *American Scientist* 73:230–239 (1985); und Joan S. Lockard (Hg.), *Evolution of Human Social Behavior,* Elsevier, Amsterdam (1980).

Elizabeth Bates, »Bioprograms and the innateness hypothesis«, *Behavioral and Brain Sciences* 7:188–189 (1984).

Theodore Holmes Bullock, »Comparative neuroscience holds promise for quiet revolutions«, *Science* 225:473–478 (3. August 1984).

Joan Didion, *Michigan Quarterly Review,* 18(4):521–534 (Herbst 1979).

## Elfter Tag
Meile 155
Manfred Clynes (Hg.), *Music, Mind, and Brain,* Plenum, New York (1982).

Meile 157
Der Havasu Canyon ist abgebildet auf Blausteins Fotos 76 und 77; bei Geerlings auf S. 124–128. Für eine Geschichte der heute im Grand Canyon lebenden Indianer siehe »The Havasupai«, *Plateau* (Museum of Northern Arizona) 56(4) (1986).

Loren Eiseley, »Man and novelty«, in *Time and Stratigraphy in the Evolution of Man*, U.S. National Academy of Sciences, Publ. 1469 (1967), S. 65–79.

Melatonin, das in der Zirbeldrüse gebildete Hormon, ist nicht verwandt mit dem Melanin, dem Hautpigment. Es wurde jedoch nach ihm benannt, weil Melatonin eine Anreicherung von Melanin in Froschhaut bewirkt.

Melatonin – Zirbeldrüse: siehe den Symposiumband »The medical and biological effects of light«, *Annals of the New York Academy of Sciences* 453 (1985). Siehe auch Bruce Fellman, »A clockwork gland«, *SCIENCE 85* 6(4):76–81 (Mai 1985).

Bewußtheit als Bewußtsein: Neurologen können Beispiele von Hirnschäden nennen, bei denen der Patient bestreitet, ein Licht zu sehen, aber genau darauf zeigt, wenn man ihn anzudeuten bittet, wo es sein könnte. Wir sprechen von Blindsicht.

Die klassische Quelle, wo man nachlesen kann, wie die Common-sense-Auffassung von Bewußtsein zu Absurditäten führt, ist Gilbert Ryle, *Der Begriff des Geistes*, Stuttgart 1964; von Interesse mag auch Arthur Koestlers *Das Gespenst in der Maschine* (Molden, Wien und München, 1968) sein. Die serielle Anordnung von Konzepten als entscheidender Aspekt des Bewußtseins wurde herausgearbeitet von G. Humphrey, *Thinking*, Methuen, London (1951), und von K. S. Lashley, »Cerebral organization in behavior«, in L. A. Jeffress (Hg.), *Cerebral Mechanisms in Behavior*, Wiley, New York (1951), S. 112–146.

Kathryn Morton, »The Story-Telling Animal«, *New York Times Book Review*, S. 1–2 (23. Dezember 1984).

Peter Brooks, *Reading for the Plot*, Vintage (1985).

Walter J. Freeman, »A physiological hypothesis of perception«, *Perspectives in Biology and Medicine* (Sommer 1981), S. 561–592.

Edward O. Wilson, *Biologie als Schicksal*. Die soziobiologischen Grundlagen menschlichen Verhaltens. Ullstein, Frankfurt am Main, Berlin, Wien (1980).

Richard D. Alexander, *Darwinism and Human Affairs*, University of Washington Press, Seattle (1979).

Zufallselemente wesentlich fürs Denken: siehe Gregory Bateson, *Mind and Nature*, E. P. Dutton, New York (1979).

W. H. Auden, in *The New Yorker* (1970), zitiert von Loren Eiseley in *The Star Thrower*, S. 20.

Elizabeth Loftus, *Memory*, Addison-Wesley, Boston (1980).

Kanäle auf dem Mars: siehe Arthur C. Clarke, *1984: Spring, A Choice of Futures*, Ballantine Books, New York (1984).

Julian Jaynes, Vortrag »The Self« vor der New Yorker Akademie der Wissenschaften am 9. Dezember 1985, und *The Origin of Consciousness in the Breakdown of the Bicameral Mind*, Houghton Mifflin, Boston (1976). Der erste Teil seines Buches faßt gut zusammen, was das Bewußtsein *nicht* ist. Man wird nicht meine derzeitige Auffassung vom Bewußtsein finden (der Erzähler, der aus zeitweilig unabhängigen Schaltungen für die Sequenzierung hervorgeht, die mit

Schemata spielen, von denen das »vernünftigste« durch den seriellen Flaschenhals der Sprache geschleust wird), die ich ausführlicher an anderer Stelle dargelegt habe; die folgenden Quellen beziehen sich überwiegend auf klassische Auffassungen.

Für Handlungsabsichten, die einsetzen, bevor man sich dessen bewußt ist, siehe Benjamin Libet et al., »Subjective referral of the timing for a conscious sensory experience«, *Brain* 102 (März 1979), und die verschiedenen Einwände in *Behavioral and Brain Sciences* 8(4):529–566 (Dezember 1985).

Donald R. Griffin, *Animal Thinking*, Harvard University Press, Cambridge (1984). Eine Darstellung tierischen Bewußtseins, allerdings ohne einen Vergleich sequentieller Planungsfähigkeiten bei verschiedenen Tieren.

Eine verbreitete Auffassung von Bewußtsein äußert sich in der Neigung, Tieren weitgehend so etwas wie unsere menschliche Bewußtheit zuzuerkennen, indem man etwa bei einem Affen, der ein Werkzeug zu Hilfe nimmt, sagt »Ist das nicht schlau?«, und ihnen jene Einsicht und Planung zuzuschreiben, derer Menschen manchmal fähig sind. Verhaltensforschung und Verhaltenspsychologie neigen zu einer begrenzteren Auffassung, suchen nach Vorläufern des Werkzeuggebrauchs und studieren die Art und Weise, wie es in einer naturwüchsigen Population zu Werkzeuggebrauch kommt. Kapuzineraffen gehören zu den schlauesten Werkzeugbenutzern außerhalb der Menschenaffen; die Entdeckung, wie man mit Hilfe eines abgebrochenen Zweiges an den Sirup herankommt, der in einem Loch versteckt ist, scheint dennoch weniger ein »Heureka«-Phänomen zu sein, sondern eher dem allmählichen Zusammenfügen der Teile eines Puzzle durch Versuch und Irrtum zu ähneln, wobei das fertige Konzept dann durch Beobachtungslernen verbreitet und zur Anfertigung des geeigneten Werkzeugs verarbeitet wird. Vortrag von Professor Doree Fragaszy an der Universität von Washington am 28. Mai 1985 unter dem Titel »Capuchin monkeys making and using tools: How do they measure up to chimps?«

Francis H. Crick, »Thinking about the brain«, *Scientific American* 241 (September 1979).

Die Auffassungen von Neurowissenschaftlern zum Problem von Geist und Gehirn werden annehmbar dargestellt von Ronald Chase in »The mentalist hypothesis and invertebrate neurobiology«, *Perspectives in Biology and Medicine*, S. 103–117 (Herbst 1979). Siehe ferner Gordon Rattray Taylor, *The Natural History of the Mind*, Dutton, New York (1979). Besondere Beachtung verdienen die Bücher des Neurophysiologen John C. Eccles [z. B. *Das Rätsel Mensch*, Ernst Reinhardt, München (1989) und *Die Psyche des Menschen*, Ernst Reinhardt, München (1985); er ist einer der kenntnisreichsten und vollendetsten Neurophysiologen, doch seine geschickten, aber, wie ich finde, immer weniger gelingenden Bemühungen, unser Wissen über das Gehirn in einen klassischen philosophischen Rahmen zu pressen, zeigen mir, daß die Fragen innerhalb der klassischen Auffassung falsch gestellt werden und wir schon aus heuristischen Gründen versuchen müssen, uns im Hinblick auf das Leib-Seele-Problem etwas Neues einfallen zu lassen.

Mein Modell der Satzformulierung, aufbauend auf Qualitätsurteilen über viele zufällige Permutationen von Schemata, die einem einfallen, stellt möglicherweise ein vergleichbares mechanistisches Modell zu Noam Chomskys Auffassung dar, derzufolge die Syntax eine Fülle von Sätzen generiert und dann in Gestalt eines Systems von Filtern und Beschränkungen der logischen Form eine weitestgehende Reduktion vornimmt. Das ist der Ausgangspunkt der sogenannten Pfadtheorie in der Linguistik: siehe *Binding and Filtering*, hrsg. v. Frank Henry, MIT Press, Cambridge (1982).

Selektive Aufmerksamkeit: siehe S. Hochstein und J. H. R. Maunsell, »Dimensional attention effects in the responses of V4 neurons of the macaque monkey«, *Society for Neuroscience Abstracts* 364.6 (1985). Lösung von Präzisionsproblemen durch eine große Zahl von Neuronen: Ich habe die Theorie außer auf das Werfen auf feine sensorische Unterscheidungen wie die Tiefenwahrnehmung übertragen; siehe William H. Calvin, »Fine discrimination as an emergent property of parallel neural circuits«, *Society for Neuroscience Abstracts* 10(2):756 (1984); dieses Prinzip gilt auch für Farbunterscheidungen.

Shawn Carlson, »A double-blind test of astrology«, *Nature* 318:419–425 (5. Dezember 1985).

### Meile 163

Der Ausspruch von Thomas Traherne stammt aus R. Miller, *Meaning and Consciousness in the Intact Brain*, Clarendon Press, Oxford (1981).

### Meile 166

Der »Wasserfall« des National Canyon ist abgebildet in Powell und Porter gegenüber S. 142.

Peter K. Stevens, *Patterns in Nature*, Little Brown, Boston (1974). Der Klassiker ist D'Arcy Thompson, *On Growth and Form*, Cambridge University Press (1917; gekürzte Ausgabe 1971); zu seinen zahlreichen Beispielen zählt das Korkenzieherhorn des Dickhornschafs.

Emergente Muster aus einfachen Bestandteilen: Stephen Wolfram, »Cellular automata as models of complexity«, *Nature* 311:419–424 (4. Oktober 1984). Leider ist das umgekehrte Problem schwieriger: Welche Regeln und Anfangsbedingungen tendieren dazu, selbstorganisierende Muster zu ergeben?

Erwin Schrödinger, *Was ist Leben?*, Francke, München (1951).

*Conway Game* und *Game of Life*: siehe Eigen und Winkler (1976) sowie William Poundstones *The Recursive Universe*, Morrow, New York (1984).

David G. King, »Metaptation: The product of selection at the second tier«, eingereicht bei *Paleobiology* (1985). Siehe auch Elizabeth Vrba und Niles Eldredge, »Individuals, hierarchies, and processes: towards a more complete evolutionary theory«, *Paleobiology* 10:146–171 (1984).

Knut Schmidt-Nielsen, *Scaling: Why is animal size so important?*, Cambridge University Press (1984).

Sprünge in den Hyperraum: So funktionierte es jedenfalls bei dem ersten dieser Computerspiele, Spacewar, das ich 1961 auf dem PDP-1-Computer am MIT zu spielen pflegte. Für eine Schilderung jener rauschhaften Zeit siehe Kap. 3 von Steven Levys *Hackers*, Doubleday, New York (1984). Ein wichtiger Aspekt der Geschichte des Mikrocomputer wird darin nicht behandelt; siehe William H. Calvin, »The Missing LINC«, *Byte* 7(4):20 (April 1982).

J. B. S. Haldane, *On Being the Right Size (and Other Essays)*, Oxford University Press (1985).

Theodosius Dobshansky, *The Biology of Ultimate Concern*, Rapp and Whiting, London (1969).

## Zwölfter Tag
### Meile 166
Loren Eiseley, »Man and novelty«, in *Time and Stratigraphy in the Evolution of Man*, U.S. National Academy of Sciences, Publ. 1469 (1967), S. 65–79.

Die entscheidende Untersuchung, mit der eine Reihe von wissenschaftlichen Fortschritten eingeleitet wurde, galt, wie die historische Forschung gezeigt hat, zu ihrer Zeit als so weit entfernt von dem Gebiet, auf das sie schließlich ein Licht warf, daß man sie für irrelevant hielt. Siehe das Buch des medizinischen Physiologen Julius Comroe, *Retrospectroscope: Insights into Medical Discovery*, Von Gohr Press (1977). Eine Kurzfassung findet man in *Science* 192:105–111 (1976). Eine ähnliche Feststellung für die Naturwissenschaften liefert Leon M. Lederman, »The value of fundamental research«, *Scientific American* 251(5):40 (November 1984).

### Meile 170
Zahlenangaben über Zelltod bei der Parkinsonschen Krankheit zusammengefaßt in J. W. Langston, »The case of the tainted heroin«, *The Sciences* (New York Academy of Sciences) 25(1):40 (Januar 1985).

Selektion nach der Menopause ohne evolutionäre Auswirkung außer bei der Aufzucht vorhandener Nachkommen: Mir fällt dazu eine wichtige Ausnahme ein. Weil sich durch Juvenilisation plus Verlangsamung die Dauer der Lebensphasen verdoppelt, könnte das Alter von 45 Jahren bei uns einem Alter von 22 Jahren bei unseren menschenaffenähnlichen Vorfahren entsprechen; Schimpansen sind noch zehn Jahre nach diesem Alter fortpflanzungsfähig (z. B. »Flo« im Gombe-Nationalpark), was dann einem Alter von 65 Jahren bei uns entspräche. Unsere Menschenaffen-Vorfahren könnten also einer gewissen Auslese in Richtung auf unsere Art von Langlebigkeit ausgesetzt gewesen sein, auch wenn Hominiden jüngeren Datums es nicht sind. Einen Teil unserer Lebensspanne nach der Menopause könnten wir unseren langlebigen Menschenaffen-Vorfahren und nicht moderneren langlebigen Hominiden-Vorfahren verdanken.

Ronald Melzack und Patrick D. Wall, *The Challenge of Pain*, Basic Books (1984).

Meile 177
Vulcan's Forge und Lavadamm: siehe Redfern, S. 108–110.

Meile 179
Fotos von den Lava Falls in Blaustein et al., Collins et al. und Redfern
S. 104–105, 190–191.

Ich habe den Leser bisher mit einer Schilderung meiner 1984 absolvierten
Durchquerung der Lava Falls verschont. Sie war nicht so erschreckend wie die
im Text beschriebene Fahrt von 1982, aber dafür in anderer Hinsicht bestürzend. Über den Lava Falls kreiste ein gelber Hubschrauber (Kennzeichen
N93MI); er flog wiederholt über die Stromschnelle hinweg, so daß eine Fernsehkamera ein kleines Einmannboot verfolgen konnte; das Boot wurde anschließend aufgeladen und wieder flußauf befördert, damit die Fahrt noch einmal
abgefilmt werden konnte. Das Ganze diente der Zigarettenwerbung im deutschen Fernsehen. Während wir auf dem Felsvorsprung unterhalb von Lava
unser Mittagsbrot verzehrten, flog der Hubschrauber ein halbes Dutzend mal in
niedriger Höhe über uns hinweg und gehorchte seinem üblen Auftrag, eine
Drogenabhängigkeit zu fördern, indem leichtgläubigen Zuschauern eingeredet
wurde, daß echte Naturburschen Zigaretten rauchen. Unsere Gruppe bestand
aus mehreren Dutzend »Naturburschen« (bei jener Fahrt überwiegend Nichtwissenschaftler), unter denen nur einer regelmäßig rauchte (ein Siebzehnjähriger,
genau die Altersgruppe, auf die diese Werbung zielte); von den Bootsführern
rauchte keiner.

Von den ständigen Touristenrundflügen abgesehen, flog 1980 eine F-15 in 50
Meter Höhe über uns hinweg; später, bei Meile 220, flog ein kleines Flugzeug
bei Dämmerung in dem engen Canyon viermal zehn Meter über dem Fluß an
uns vorbei. Es versuchte, bei einer Gruppe von »super de Luxe« Motorboot-Touristen, die flußabwärts von uns kampierten, Eiskrem abzuwerfen. 1985
stürzte ein Hubschrauber bei Meile 4 in den Fluß, wobei zwei Menschen, die
gerade einen Film drehten, umkamen. Tagsüber ist der praktisch unregulierte
Flugverkehr an vielen Stellen im Canyon fast ständig zu hören; der Gouverneur
von Arizona vergleicht den Lärm mit Phoenix zur Hauptverkehrszeit. Der amerikanische Innenminister (der für die Nationalparks verantwortlich ist) soll zu
den zunehmenden Klagen wegen des Flugverkehrs über dem Grand Canyon im
August 1985 erklärt haben, sie seien unerheblich. Ich habe nichts gegen kleine
Flugzeuge (ich besitze selbst einen Pilotenschein für Privatflugzeuge), aber ihr
ständiger Einsatz in Naturschutzgebieten und Nationalparks ist offensichtlich
unvereinbar mit den Gründen, aus denen wir solche Gebiete ausweisen. Siehe
Dennis Brownridge, »Dogfight over Grand Canyon continues«, *High Country
News*, S. 26 (26. Mai 1986).

Meile 182
Sechseckige Basalt-»Tapisserien« zeigt Blaustein auf den Fotos 88 und 91.

Loren Eiseley, *The Star Thrower*, S. 202 (1978).

Stephen H. Schneider und Randi Londer, *The Coevolution of Climate and Life*, Sierra Club Books, San Francisco (1984).

John Imbrie und K. P. Imbrie, *Ice Ages: Solving the Problem*, Enslow, Short Hills, N.J. (1979).

John Imbrie und J. Z. Imbrie, »Modeling the climatic response to orbital variations«, *Science* 207:943–953 (1980).

John Gribbin, »New statistics tie climate theories together«, *New Scientist*, S. 20 (7. Februar 1985).

Niederschlagsveränderungen aufgrund der $CO_2$-Erwärmung: siehe Gina Maranto, »Are we close to the road's end?«, *Discover*, S. 28–50 (Januar 1986).

Methan ist das wirksamste der Treibhausgase; siehe den Leitartikel in *Science* 231:1233 (14. März 1986).

G. Kukla, A. Berger, R. Lotti und J. Brown, »Orbital signature of interglacials«, *Nature* 290:295–300 (26. März 1981).

Andre Berger, »Support for the astronomical theory of climate change«, *Nature* 269:44–45 (1. September 1977).

Aldo Leopold, *Sand County Almanac*, Oxford University Press, Oxford (1949), S. 190.

Meile 186

William F. Ruddiman, Vortrag unter dem Titel »CLI-MAP reconstruction of the last interglaciation«, 7. Mai 1985, Universität von Washington.

Daten über die Eisdecke während der letzten Eiszeit zusammengefaßt dargestellt in Wallace S. Broecker, Dorothy M. Peteet und David Rind, »Does the ocean-atmosphere system have more than one stable mode of operation?«, *Nature* 315:21–26 (2. Mai 1985). Man beachte in ihrer Abbildung 2 die vielen kurzen »Spitzen« intensiver Kälte, die viele Jahrhunderte andauerten; sie ereigneten sich in der Zeit zwischen 32 000 und 10 000 Jahren vor der Gegenwart in Grönland (aber nicht in der Antarktis). Das stärkste Ereignis, ein Kälteeinbruch gegen Ende der letzten Eiszeit, der von 11 000 bis 10 200 vor der Gegenwart anhielt, wirkte sich in der Flora Europas aus, aber nicht in Nordamerika (er ist bekannt als Jüngere Dryas). Diese Spitzen erkennt man in Eisbohrkernen, nicht aber in Tiefseebohrkernen (Würmer, die sich durch den Meeresboden arbeiten, gleichen die kurzen Schwankungen aus; man entdeckte dies, als bei der Messung der oberen Schichten des Meeresboden 3000 Jahre alte Strahlenwerte herauskamen! Die Würmer tragen dazu bei, die Daten der letzten 6000 Jahre auszugleichen. Charles Darwin, der in der Erforschung der Bodenbearbeitung durch Würmer Pionierarbeit geleistet hat, hätte das sicher amüsiert zur Kenntnis genommen.)

Meile 188

Höhlenmalerei: siehe John E. Pfeiffer, *The Creative Explosion*, Harper and Row, New York (1982).

Immunologische Gefahren der Inzucht sind beim Geparden offensichtlich; alle lebenden Individuen scheinen eng miteinander verwandt zu sein, so als ginge die heutige Population wegen eines Flaschenhalses auf nur einige wenige Vorfahren zurück. Siehe S. J. O'Brien et al., »Genetic basis for species vulnerability in the cheetah«, *Science* 227:1428–1434 (22. März 1985).

Graham Hoyle, »Behavior in the light of identified neurons«, *Behavioral and Brain Sciences* 7:690–691 (Dezember 1984).

### Dreizehnter Tag

Meile 188

Foto von Whitmore Wash in Leydet, S. 118.

Neotene Prozesse: Ich mache darauf aufmerksam, daß Veränderungen im Gesamtbild täuschen können. Die verbesserte Ernährung, die in den letzten 300 Jahren das Alter der Menarche um 25 Prozent verkürzt hat, hat gewisse Veränderungen bezüglich der Juvenilisation mit sich gebracht, so wie sie zum Beispiel auch die Körpergröße der Erwachsenen hat zunehmen lassen, doch hat das auf unseren Genpool keinen Einfluß gehabt. Wären nun diejenigen Individuen mit einem geringeren Grad der Juvenilisation (z. B. einem geringen Jagderfolg in einem winterlichen Klima) durch irgend etwas eliminiert worden, so hätte das den Genpool verändert. Mit »Größe« ist natürlich nicht die bloße Körperlänge gemeint, sondern das (dem Gewicht proportionale) Volumen; man muß sich hier einen gedrungenen Eskimo vorstellen, nicht einen Ostafrikaner.

Loren Eiseley, »Man and novelty«, in *Time and Stratigraphy in the Evolution of Man*, U.S. National Academy of Sciences, Publ. 1469 (1967), S. 65–79.

H. G. Wells, »The discovery of the future«, *Nature* 65:326 (1902).

Weitere Verlangsamung des Entwicklungstempos führt zu weiterer Juvenilisation: siehe den Vergleich zwischen Lemur, Schimpanse und Mensch in den Anmerkungen zu Meile 145. Sollte eine Verdoppelung der menschlichen Lebenszeit wünschenswert erscheinen, so wäre eine nochmalige Halbierung des Entwicklungstempos eine Möglichkeit. Siehe jedoch den warnenden Roman von Aldous Huxley, *After Many a Summer Dies the Swan*, Harper, New York (1939); Ashley Montagu gibt in *Zum Kind reifen* eine kurze Zusammenfassung.

Kreatives Denken durch Variationen über vorhandene Schemata: siehe Kenneth Craik, *The Nature of Explanation*, Cambridge University Press (1943), und Douglas R. Hofstadter, »Variationen über ein Thema als Crux der Kreativität«, in seinem Buch *Metamagicum*, Klett-Cotta, Stuttgart (1988).

Meile 200

Stephen Jay Gould, *The Mismeasure of Man*, W. W. Norton, New York (1981).

Loren Eiseley, »Man and novelty«, in *Time and Stratigraphy in the Evolution of Man*, U.S. National Academy of Sciences, Publ. 1469 (1967), S. 65–79.

Parallelverarbeitung im Gehirn: siehe Dana H. Ballard, »Cortical connections and parallel processing: Structure and function«, *Behavioral and Brain Sciences* 9(1):67–120 (1986).

## Meile 205

Larry Stevens, »A boatsman's lessons«, *Plateau* 53(3):24–28 (Sommer 1981).

Penfields Schwester: angelehnt an einen Vortrag von Brenda Milner, Kongreß der Society for Neuroscience, 1981. Für einen Überblick über die Erforschung des Stirnlappens siehe *Trends in Neurosciences* (November 1984).

Richard A. Muller, persönliche Mitteilung, New York, 4. Dezember 1985.

Derek De Solla Price, *Science since Babylon*, Yale University Press (1975).

Computersimulation von beschädigten Nerven, besprochen in William H. Calvin, »To spike or not to spike? Controlling the neuron's rhythm, preventing the ectopic beat«, in *Abnormal Nerves and Muscles as Impulse Generators*, hrsg. v. W. J. Culp und J. Ochoa, Oxford University Press, New York (1982), S. 295–321.

## Meile 212

Parkwächter in Tanzania zitiert von Bunny McBride, »If people be killing killing...« *Sierra Club Bulletin* 70(2):67 (März 1985). In vielen Sprachen wird das Verb durch Wiederholung intensiviert.

Zitat von Lorenz: K. Lorenz, *Die Rückseite des Spiegels*, Piper, München (1973).

## Meile 220

Hippokrates: Dies stammt nicht aus dem Hippokratischen Eid, sondern aus den Aphorismen seiner Schule.

John Gardner, *On Moral Fiction*, Basic Books, New York (1978).

Was das Aktionsprogramm eines Ökologen angeht, siehe Paul R. Ehrlich, *The Machinery of Nature*, Simon and Schuster, New York (1986).

## Vierzehnter Tag

### Meile 222

Purpurfarbener Sand usw.: Es kann sein, daß einige der hier geschilderten, in der Dämmerung auftretenden Farben sich nicht regelmäßig wieder einstellen. Meine Aufzeichnungen stammen vom Juli 1982. Die Farben des Sonnenaufgangs waren beeinflußt vom drei Monate zuvor erfolgten Ausbruch des mexikanischen Vulkans El Chichon, dessen Wolke sich um die ganze Erde verbreitet hatte. Ungewöhnlich leuchtende und lang anhaltende Sonnenauf- und -untergänge wurden einen Monat nach dem Ausbruch in Arizona beobachtet; statt des üblichen glänzenden Blau zeigte der Himmel eine Zeitlang ein milchigweißes Blau. Nach solchen Eruptionen, die Aerosole in die obere Atmosphäre schleudern, beginnen die Sonnenuntergänge in der Regel mit einem lavendelfarbenen Glühen hoch über dem Horizont, das allmählich in Gelb und Orange übergeht. Nachdem die Sonne untergegangen ist, erscheint noch höher über dem Horizont oft ein intensives rotes Nachleuchten (vgl. den Sonnenuntergang am achten Tag), das ins Purpurne changiert. Siehe Michael R. Rampino und Stephen Self, »The atmospheric effects of El Chichon«, *Scientific American* 250(1):56 (Januar 1984).

### Nachwort

John Maynard Keynes, *Essays in Persuasion,* Harcourt, New York (1932), S. 371–373.

# Personenregister

# Begriffsregister

Chauvinismus 222

Chile 92

China 93, 108, 168, 172, 388, 506

Chlorophyll 189

Chordaten 47, 137, 350, 442

Chromosomen 233f, 252, 272, 274, 293, 296ff, 326

Computer 225, 287, 420, 462f, 488, 508, 521f, 535, 602ff, 610

Corpus callosum 466

Crossing over 234, 298, 323, 326f, 330

Dammbauer 107f, 513, 638f

Dämme 52, 93, 112f, 115, 165, 189, 237ff, 526f

– Bridge Canyon (i. Pl.) 107, 512f

– Glen Canyon 106, 120

– Marble Canyon (i. Pl.) 106

– prähistorische 354, 559f

Danakil 387ff, 403, 417

Darmgase 584

Darwinscher Gradualismus 263, 371ff, 419, 573, 589

Datierung

– der Anansazi 149, 575

– des Hominiden-Stammbaums 91f, 140, 344ff, 575f

– Iridium 360

– Jahresringe 360

Daumen 230, 414, 455f, 475

DDT 86f

Delphi 155

Delphine 381, 383, 433, 474, 549

demographisch-wirtschaftliche Entwicklung 171

Depressionen 316, 549ff

Detektoren 227, 259f

Determinismus, genetischer 314

Deutschland 362, 470, 492

Diabetes 331

Dickhornschafe 149f, 153, 221, 259, 370, 372, 426, 526, 622f

Dinosaurier 39, 53, 138, 140, 343, 360, 378, 547

Diskontinuität 77, 536

Diskordanz 77, 141ff, 275ff, 322, 341, 446f, 637

Diskus 413ff, 424, 453, 532

Diversifikation 233, 450, 536, 636

DNA 47, 191f, 205f, 211, 233ff, 274, 298, 325, 332, 334, 337, 350, 375, 392, 439, 514, 526, 552

Down-Syndrom 234

Dürreperioden 120, 149, 163, 353, 575, 587

$E=mc^2$ 63, 66, 188

Echinodermen 103, 137

Ecuador 361

Eichhörnchen 268, 345, 430, 574

Eidechsen 33, 56f, 120, 371, 392, 489f, 494, 512, 530, 571, 638

Eier 36, 133f, 166, 367

Eiszeiten 18f, 54, 91ff, 99, 139, 165, 347, 366, 418, 423f, 426f, 461, 482, 484, 559, 575ff, 618

El Niño 361

Elch, irischer 285, 515

Elektrizität 134, 189, 238, 258, 613

Elemente, Bildung der 334, 636

Eltern 38, 134, 166, 171f, 309, 551f, 590, 595, 621

Embryos 186, 293, 350, 441, 458, 597

emergente Eigenschaften 116, 228, 260, 321, 331, 348, 377, 472, 479, 481, 511, 523, 524–539, 541, 563, 608, 618, 627

Emergenz (Definition) 57

Emotionen 253, 469ff, 517

Empfängnisverhütung 166, 175, 403

– durch Temperaturmessung 403

Empfindlichkeit 557ff

Encephalisation 447, 451

Energie 63, 66f, 181, 188, 201, 348, 359, 454f, 486, 525f, 528

England 149, 470

Enkephalin 210ff, 310ff

Entropie 181

Entwicklung 233ff, 286f, 290ff, 433ff, 437ff, 442, 459f, 472f, 555, 594f

– pränatale 326, 330

– Raten der 434, 437, 595ff

– Stadien der 329

– Tendenzen der 286, 460, 594, 597

– Verlangsamung der 285, 290, 437, 439, 442, 595

s. auch Evolution

Enzyme 186, 211, 298, 417, 527, 535, 552

Eozän 140, 374

Epilepsie 494, 549

Erdbeben 354, 388f, 391

**Z**eit ist in den Worten von Albert Einstein »eine wenn auch hartnäckige Illusion«. Aus dieser Erkenntnis hat sich eine Flut von Paradoxien, Rätseln und neuen Problemen ergossen, in die sich die moderne Naturwissenschaft mit immer größerer Intensität vertieft. In seinem neuen Buch stellt

# *Ein neuer Blick*
## *auf die Interpretationen fundamentaler Theorien der Physik*

Henning Genz dieses Forschungsprojekt dar. Er antwortet auf die Fragen, ob die Zeit mit dem Urknall erst begonnen oder ob dieser bereits in einer zuvor schon gegebenen Zeit stattgefunden hat. Höchst komplexe Zusammenhänge von Zeit, Ordnung, Entropie, Strukturbildung werden klar dargelegt und münden schließlich in die Frage, ob die fundamentalen Naturgesetze einen von den Geschehnissen unabhängigen Zeitparameter enthalten müssen.

344 Seiten mit ca. 40 Abbildungen. Gebunden.

Foto: Jens Steffen Galster

HANSER
HANSER
HANSER
HANSER
H

# Naturgeschehen
# Naturerkenntnis
# Naturwissenschaft

Schämen sollen sich die Menschen, die sich
gedankenlos der Wissenschaft und Technik
bedienen und nicht mehr davon geistig erfaßt
haben als die Kuh von der Botanik der
Pflanzen, die sie mit Wohlbehagen frißt.

*Albert Einstein*

Timothy Ferris:
**Das intelligente
Universum**
dtv 30479

Karl Grammer:
**Signale der Liebe**
Die biologischen
Gesetze der Partner-
schaft
dtv 30498

Philip Johnson
Laird:
**Der Computer im
Kopf**
dtv 30499

**Was ist Zeit?**
Zeit und Verant-
wortung in Wissen-
schaft, Technik und
Religion
Hrsg. von Kurt Weis
dtv 30525

Jeanne Ruber:
**Was Frauen und
Männer so
im Kopf haben**
dtv 30524 (März)

Paul Davies /
John Gribbin:
**Auf dem Weg zur
Weltformel**
Superstrings, Chaos,
Komplexität
Über den neuesten
Stand der Physik
dtv 30506

**What's What?**
Naturwissenschaft-
liche Plaudereien
Herausgegeben von
Don Glass
dtv 30511 (Dez.)

Jean Guitton/Grichka
u. Igor Bogdanov:
**Gott und die
Wissenschaft**
Auf dem Weg zum
Meta-Realismus
dtv 30516
(Januar)

**Darwin lesen**
Eine Auswahl aus
seinem Werk
Herausgegeben von
Mark Ridley
dtv 30519
(Februar)

# Carl Friedrich von Weizsäcker im dtv

Foto: Isolde Ohlbaum

**Aufbau der Physik**
Das Standardwerk über die
Einheit der Physik und ihren
philosophischen Sinn, also ihre
Rolle bei unserem Bestreben,
uns der Einheit der Wirklichkeit
zu öffnen.
dtv 4632

**Bewußtseinswandel**
Die hier gesammelten Aufsätze
behandeln die zentrale Thematik
um Krise, Chancen und Zukunft
der Menschheit.
dtv 11388

**Deutlichkeit**
Beiträge zu politischen und
religiösen Gegenwartsfragen
dtv 1687

**Die Einheit der Natur**
Mit diesem längst zum Klassiker
gewordenen Buch beleuchtet der
Physiker und Philosoph die
Grundfrage der modernen
Wissenschaft: die Frage nach der
Einheit der Natur und der Ein-
heit der Naturerkenntnis.
dtv 4660

**Wahrnehmung der Neuzeit**
Aufsätze um die wesentlichen
Fragen und Probleme unserer
Zeit.
dtv 10498

**Der Mensch in seiner
Geschichte**
Ein autobiographischer Rückblick, der Antworten auf die
wichtigsten Fragen der modernen Naturwissenschaften und
Philosophie gibt: Wer sind wir?
Woher kommen wir? Wohin
gehen wir?
dtv 30378

**Zeit und Wissen**
Was heißt Sein? Was heißt
Wissen? Was heißt Zeit? In
einem Rundgang durch die
Naturwissenschaften, die
Philosophie, Religion und
Kunst werden die fundamentalen
Positionen aufgezeigt und ihr
Zusammenhang erläutert.
So verbindet sich eine um-
fassende Weltsicht mit dem
Entwurf einer zukünftigen
Philosophie.
dtv 4643

# Hoimar von Ditfurth im dtv

Foto: York-Foto, Freiburg i. Br.

**Der Geist fiel nicht vom Himmel**
Die Evolution
unseres Bewußtseins

Die Entstehung menschlichen
Bewußtseins als notwendiges
Ergebnis einer Jahrmilliarden
langen Entwicklungsgeschichte.
dtv 30080

**Im Anfang war der Wasserstoff**

Ein Report über 13 Milliarden
Jahre Naturgeschichte vom
Urknall bis zur Möglichkeit
interplanetarisch-galaktischer
Kommunikation.
dtv 30015

**Kinder des Weltalls**
Der Roman unserer Existenz

Anhand wissenschaftlicher
Erkenntnisse geht Ditfurth der
Frage nach, warum auf unserer
Erde Leben entstehen konnte
und wie dabei kosmische Vorgänge ineinandergreifen.
dtv 10039

**Wir sind nicht nur
von dieser Welt**
Naturwissenschaft, Religion und
die Zukunft des Menschen

Dies Buch zeigt, daß naturwissen-
schaftliche und religiöse Deutung
der Welt und des Menschen miteinander in Einklang zu bringen
sind.
dtv 30058

**Innenansichten eines Artgenossen**
Meine Bilanz

Ditfurths letztes und reifstes Buch
– das Weltbild eines Denkers,
der die Grenzen zwischen den
Wissenschaften überschritten hat.
dtv 30022

**Das Erbe des Neandertalers**
Weltbild zwischen Wissenschaft
und Glaube

Schriften der Jahre 1946 bis 1989:
Dokumente des grenzüberschrei-
tenden Interesses eines der größten
Wissenschaftspublizisten.
dtv 30433

**Die Sterne leuchten,
auch wenn wir sie nicht sehen**
Über Wissenschaft, Politik und
Religion

Schriften aus dem Nachlaß –
Vermächtnis und Mahnung an
nachfolgende Generationen.
dtv 30533

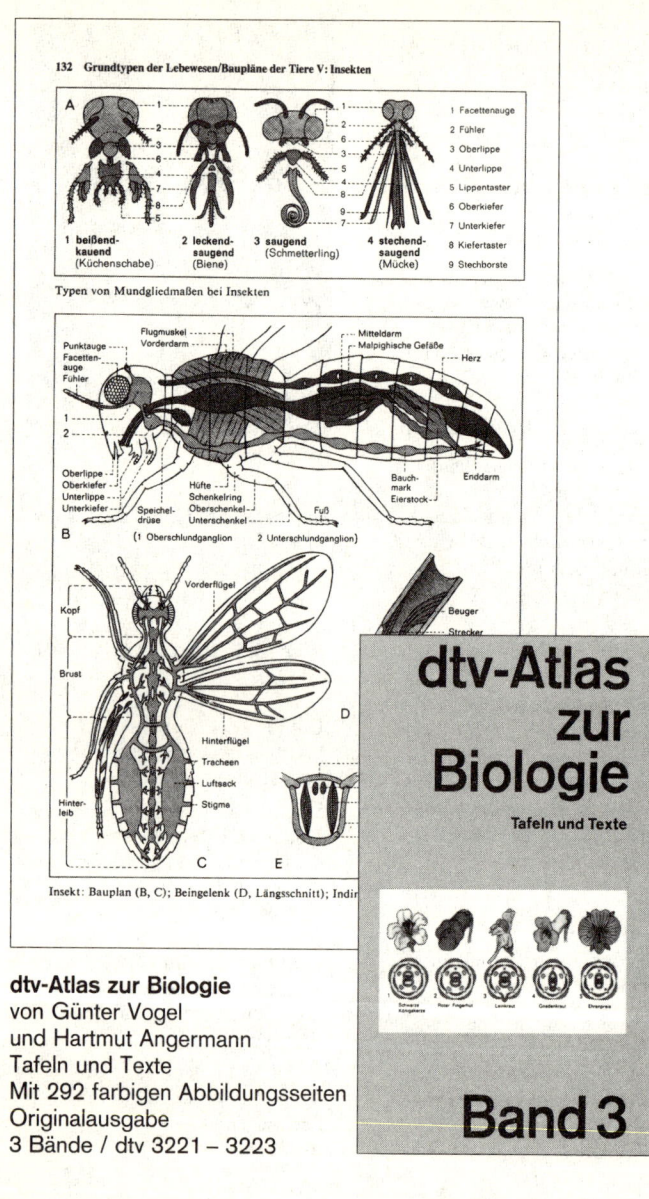

132 Grundtypen der Lebewesen/Baupläne der Tiere V: Insekten

**A**

1 beißend-kauend (Küchenschabe)
2 leckend-saugend (Biene)
3 saugend (Schmetterling)
4 stechend-saugend (Mücke)

1 Facettenauge
2 Fühler
3 Oberlippe
4 Unterlippe
5 Lippentaster
6 Oberkiefer
7 Unterkiefer
8 Kiefertaster
9 Stechborste

Typen von Mundgliedmaßen bei Insekten

**B**
Punktauge
Facetten-auge
Fühler
Oberlippe
Oberkiefer
Unterlippe
Unterkiefer
Speichel-drüse
Flugmuskel
Vorderdarm
Hüfte
Schenkelring
Oberschenkel
Unterschenkel
Fuß
Mitteldarm
Malpighische Gefäße
Herz
Bauch-mark
Eierstock
Enddarm
(1 Oberschlundganglion   2 Unterschlundganglion)

**C**
Kopf
Brust
Hinter-leib
Vorderflügel
Hinterflügel
Tracheen
Luftsack
Stigma

**D**
Beuger
Strecker

**E**

Insekt: Bauplan (B, C); Beingelenk (D, Längsschnitt); Indir

---

**dtv-Atlas zur Biologie**
von Günter Vogel
und Hartmut Angermann
Tafeln und Texte
Mit 292 farbigen Abbildungsseiten
Originalausgabe
3 Bände / dtv 3221 – 3223

**dtv-Atlas zur Biologie**
Tafeln und Texte

**Band 3**

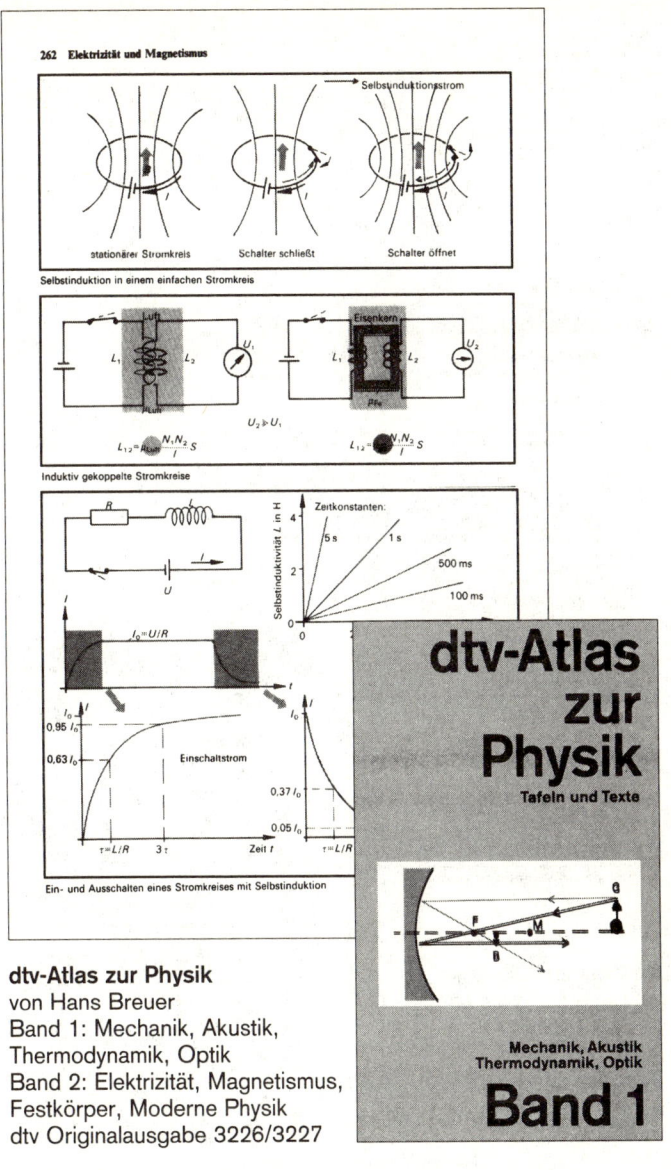

Selbstinduktion in einem einfachen Stromkreis

Induktiv gekoppelte Stromkreise

Ein- und Ausschalten eines Stromkreises mit Selbstinduktion

**dtv-Atlas zur Physik**
von Hans Breuer
Band 1: Mechanik, Akustik,
Thermodynamik, Optik
Band 2: Elektrizität, Magnetismus,
Festkörper, Moderne Physik
dtv Originalausgabe 3226/3227

# dtv-Atlas
# zur
# Physik
### Tafeln und Texte

**Mechanik, Akustik,
Thermodynamik, Optik**

# Band 1

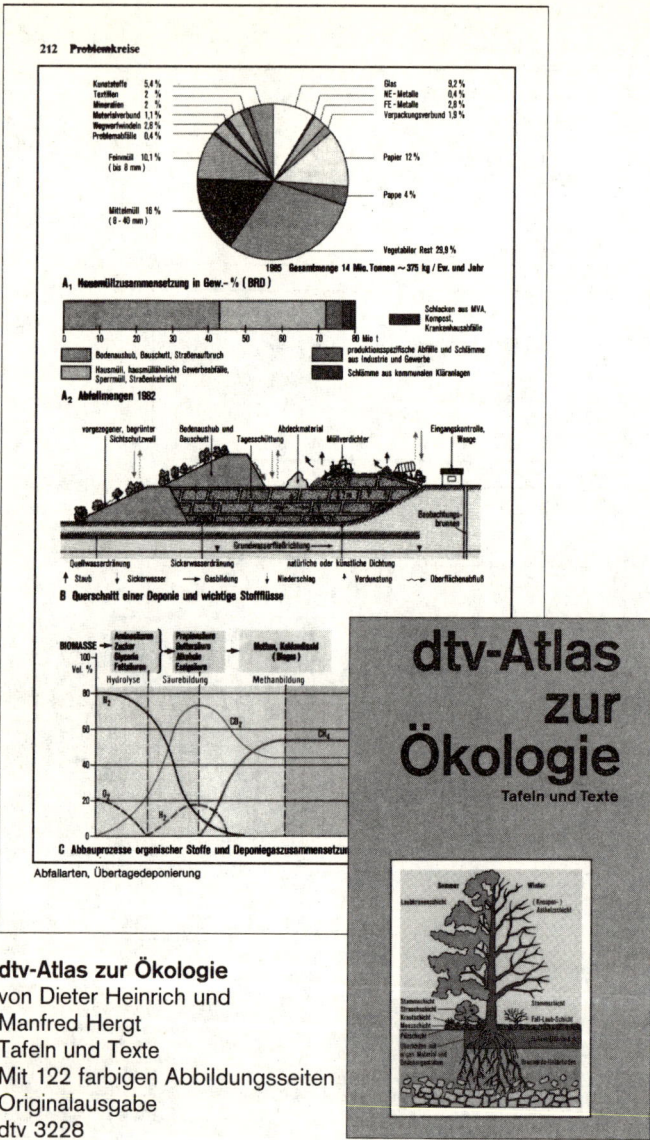

**dtv-Atlas zur Ökologie**
von Dieter Heinrich und
Manfred Hergt
Tafeln und Texte
Mit 122 farbigen Abbildungsseiten
Originalausgabe
dtv 3228

# Wissen ist die beste Medizin

Das ›Wörterbuch der Medizin‹
ist ein modernes und zuver-
lässiges Nachschlagewerk: Es
erklärt verständlich und genau
über 22000 Begriffe aus allen
medizinischen Gebieten. Mit
über 500 farbigen Abbildungen
und 70 Tabellen.
Aktuell und auf dem neuesten
Stand der Forschung wird es
dem Wunsch nach Aufklärung
von Laien ebenso gerecht wie
den Ansprüchen von Ärzten,
Medizinstudenten und allen in
Heil- und Pflegeberufen Tätigen.

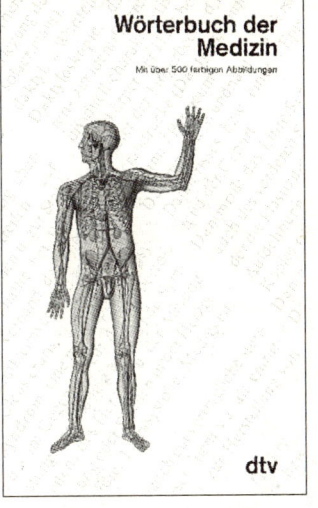

**Wörterbuch der Medizin**
dtv 3355

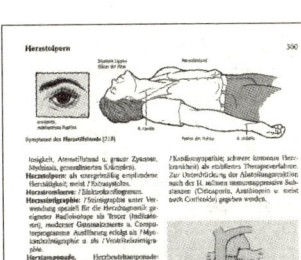

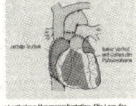

# Wissen hilft:
# gesund essen – gesünder leben

Fisch oder Fleisch? Obst oder Gemüse? Milch oder Tee? Leitungswasser oder Mineralwasser? Eier zum Frühstück oder nicht? Was soll man essen, was kann man essen, was darf man auf gar keinen Fall essen? Gesunde Ernährung ist Gottseidank keine Gesinnungsfrage mehr – es hat sich inzwischen bis zu Gourmet-Päpsten und Hobbyköchen herumgesprochen, daß die Öko-Freiland-Tomate einfach besser schmeckt als die wäßrige, überdüngte und mit reichlich Agrargiften beglückte Treibhaustomate. Daß gesunde Ernährung darüber hinaus weit mehr ist, als täglich einen Apfel zu essen und zu hoffen, daß man damit seinen Bedarf an Vitaminen gedeckt hat, auch diese Erkenntnis setzt sich langsam durch. Industrielle Verarbeitung, Schad- und Zusatzstoffe haben unsere Nahrungsmittel so sehr verändert, daß man eigentlich kaum noch weiß, was man unbesorgt essen kann. Hier bietet das ›Handbuch der gesunden Ernährung‹ Halt, Hilfe und Orientierung. Es klärt auf über:
Ahornsirup – Anbauverbände – Babytees – Butter – Calcium – Carob – Dinkel – Distelöl – Düngemittel – Fett – Fleisch – Fruchtzucker – Gemüse – Getreide – Haferflocken – Haltbarmachung – Herbizide –

**Handbuch der gesunden Ernährung**
Von Ahornsirup bis Zusatzstoffe

Von Franz Binder und Josef Wahler

dtv

Insulin – Kaffee – Kefir – Kukuruz – Margarine – Mehl – Mineralstoffe – Nährwert – Naturkost – Nudeln – Obst – Parodontose – Phosphor – Quecksilber – Radioaktivität – Salz – Schimmel – Schokolade – Sojabohnen – Stoffwechsel – Tee – Trinkwasser – Ursüße – Verdauung – Vitamine – Vollkornbrot – Weizen – Wurst – Zitrusfrüchte – Zucker und vieles mehr.

Franz Binder/Josef Wahler:
**Handbuch der gesunden Ernährung**
dtv 36006

# Das 20bändige dtv-Lexikon

bietet alles, was zu einem großen Lexikon gehört – auf 6872 Seiten, mit über 130.000 Stichwörtern, Werks- und Literaturangaben, über 6000 Abbildungen und 120 Farbtafeln.

20 Bände im Taschenbuch-Großformat 12,4 x 19,2 cm. In einer praktischen Klarsichtkassette stets griffbereit am Schreibtisch, im Büro und zu Hause. Ein universales Nachschlagewerk für Beruf, Schule und Studium. Und das alles zum Taschenbuchpreis.

dtv 5998
DM **198,–**